KB057166

2판

한 권으로 보는 인물 과학사

코페르니쿠스에서 왓슨까지

송성수 지음

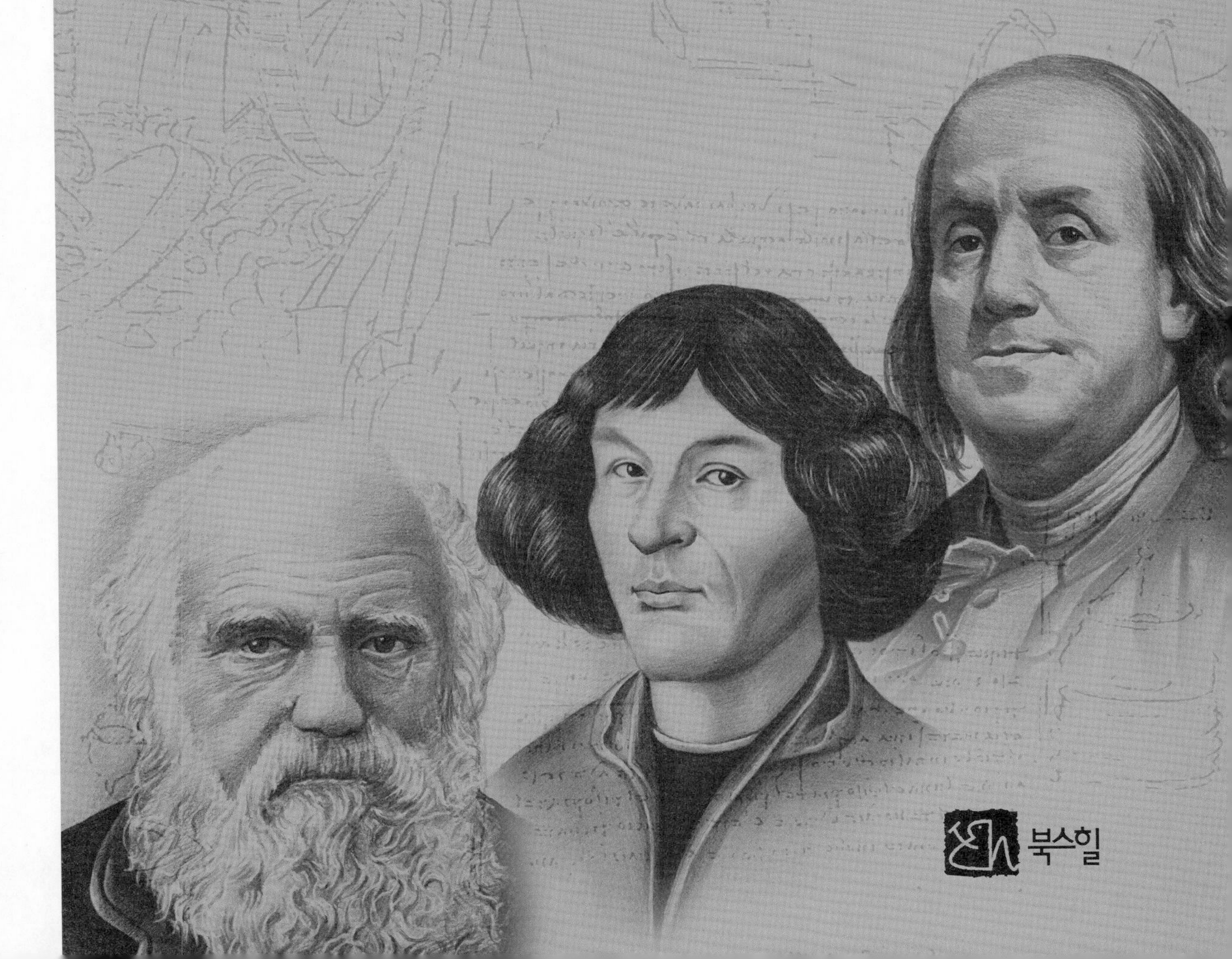

북스힐

제2판 서문

《한 권으로 보는 인물과학사》가 큰 사랑은 아니더라도 꾸준한 사랑을 받고 있음에 감사드린다. 인물과학사와 나의 인연은 1994년에 당시 대학원 동료들과 《과학 이야기 주머니》라는 책을 내면서 시작되었다. 이후에도 과학자의 일생에 대한 자료를 찾아 읽으면서 몇몇 잡지에 인물과학사를 연재하기도 했다. 이제는 가랑비에 옷이 젖는 격으로 인물과학사와 친해지게 되었다. 역사를 매개로 인물, 과학, 사회를 연결시켜 에세이를 만들어보는 것은 참으로 매력적인 일이 아닐 수 없다. 그러나 다양한 요소들 사이에 균형을 잡으면서 제대로 된 인물과학사를 쓴다는 것이 녹록하지 않다는 점도 느끼게 된다.

이 책은 부산대학교의 과학사 수업에서도 활용되고 있다. 나는 수업을 하면서 몇 가지 불편한 점을 느꼈고 그것을 시정하기 위해 개정증보판을 내게 되었다. 우선 이 책의 초판은 고대와 중세의 과학을 다루지 않고 있는데, 이번 개정증보판에서는 이를 〈프롤로그〉의 형태로 담아내고자 했다. 내친 김에 〈에필로그〉를 덧붙여 20세기 과학기술의 역사에 대한 지형도도 그려 보았다. 또한 이 책이 과학사를 다루고 있지만 경우에 따라 기술사가 필요하기도 해서 이와 관련된 인물로 와트, 퍼킨, 에디슨을 포함시켰다. 이와 함께 평소에 보완하려고 했던 토리첼리(기압계), 레벤후크(현미경), 볼테르(계몽사조), 뷔퐁(자연사), 퀴비에(고생물학), 배비지(컴퓨터과학), 아레니우스(물리화학), 러더퍼드(핵물리학), 가모프(천체물리학)를 추가하였다. 초판에 있었던 제르맹과 해밀턴에 관한 글은 제외했는데, 여성 과학자의 삶과 업적은 이후에 별도의 책자를 통해 선보일 예정이다. 이런 식으로 책의 내용을 다시 구성함으로써 이번 개정증보판에서 소개하는 과학자는 기존의 60명에서 70명으로 늘어났다.

이처럼 새로운 내용을 추가하는 것 이외에도 기존의 원고를 수정하고 보완하는 작업도 병행하였다. 초판에는 잘못 표기한 사항이나 개선해야 할 사항이 제법 있었고, 이를 감안하여 원고를 다듬는 데에도 적지 않은 노력이 요구되었다. 하지만 이번 개정증보판에도 실수나 오류가 있을 것이며, 이에 대해서 독자 분들이 비평과 충고를 아끼지 않았으면 하고 기대해 본다.

책의 구성에도 약간의 변화를 주었다. 앞서 언급한 〈프롤로그〉와 〈에필로그〉가 추가된 것과 함께 초판에서 4개의 파트로 구성되어 있던 것을 5개의 파트로 재편하였다. 20세기를 다룬 기존의 4부가 너무 방대한 느낌이 들어 그것을 4부와 5부로 나눈 것이다. 4부와 5부를 구분한 기준은 다소 자의적인데, 5부는 주로 1930년대 이후에 중요한 성취를 이룬 과학자들을 배치했다.

과학사 수업에 열심히 참여해 준 학생들과 개정증보판 발간의 기회를 주신 북스힐 관계자들께 감사드리며, 이번의 개정과 보완으로 이 책이 더욱 알차고 흥미로운 책으로 평가받기를 기대한다.

올해는 광복 70주년이라 역사의 의미를 새기기에 적격이다. 에스파냐 태생의 미국 철학자 산타야나(George Santayana)는 "과거를 기억하지 못하는 자는 되풀이할 수밖에 없다"는 경구를 남겼다. 《역사란 무엇인가》로 유명한 카(Edward Hallett Carr)는 "역사란 과거와 현재의 끊임없는 대화"라고 하여 역사적 사실과 역사가의 해석 사이의 부단한 상호작용을 강조했다. 2012년에 타개한 위대한 역사가 홉스봄(Eric Hobsbawm)은 여기서 한 걸음 더 나아가 역사가 과거의 힘을 빌려 만들어가는 미래와의 대화라고 설파했다. 과학사도 역사의 일종인 만큼 이러한 문제의식을 적극적으로 수용해야 할 것이다. 역사적 사실을 기록하는 것을 넘어 그것을 어떻게 해석할 것인지, 그리고 어떤 교훈을 도출할 수 있는지에 대해 보다 많은 관심을 기울여야 하는 것이다.

광복 70주년에 역사의 의미를 되새기며

삼가 송성수 씀

머리말

과학은 우리 주변에 널려 있다. 우리가 접하는 많은 현상은 과학에 의해 규명되고 있으며, 우리가 사용하는 제품이나 서비스에도 과학이 녹아 있다. 예를 들어 우리는 중력 덕분에 땅을 딛고 살 수 있고, 전자기파를 매개로 서로 연락을 취할 수 있다. 과학은 우리의 삶과 별개의 것이 아니라 밀접히 연관되어 있는 것이다.

그런데 과학에 대한 체감 지수는 매우 낮다. 많은 사람이 과학을 어렵게 여긴다. 과학 교과서는 대부분 이론의 나열에 불과하다. 학생들은 아직도 과학을 단순히 암기하고 있을 뿐 진지한 탐구의 대상으로 생각하지 않는다. 이러한 상황은 계속 이어진다. 청소년 때는 물론 어른이 되어서도 과학과 별로 친하지 않다.

참으로 심각한 문제가 아닐 수 없다. 과학은 인류의 소중한 지적 유산이자 오늘날 사회를 바꾸는 중요한 매개물이다. 지금 이 순간에 벌어지고 있는 많은 일들도 과학과 직간접적으로 연결되어 있다. 과학에 대한 관심과 이해가 부족한 것은 현대 사회의 일원으로 마땅히 누리고 갖추어야 할 권리와 의무를 포기하는 것과 다름없다.

이 책은 과학자의 일생이라는 렌즈를 통해 과학에 접근하고자 하는 의도에서 준비되었다. 이 책을 통해 독자는 과학자의 삶과 업적을 생생하게 이해함과 동시에 과학의 또 다른 면모를 음미할 수 있을 것이다. 더 나아가 과학자의 일생에 자신의 상상력을 결부시켜봄으로써 경험과 이해의 폭을 더욱 확장할 수 있기를 기대한다.

인물을 통해 과학에 접근하는 방법이 효과적이라는 점은 충분히 인식되고 있는 듯하다. 그것은 최근 몇 년 사이에 '인물과학사' 혹은 '과학자 전기'의 형태를 띤 책들이 많이 발간되었다는 점에서 확인할 수 있다. 이러한 책들을 통해 우리는 과학자의 삶에 대한 정보를 보다 풍성하게 얻을 수 있게 되었다.

이 책이 다른 책에 비해 뛰어난 것은 결코 아니다. 다만 필자가 과학기술의 역사를 전공한 사람이기 때문에 상대적으로 충실한 내용과 흥미로운 해석을 담을 수 있다고 생각한다. 아울러 이 책은 과학자 1명당 원고지 40~50매 내외의 분량을 할애했다. 그보다 분량이 적으면 내용이 빈곤하게 되고 너무 많으면 접근성이 떨어진다는 것이 필자의 판단이다.

이 책은 필자가 2002년에 발간한 《청소년을 위한 과학자 이야기》를 출발점으로 삼았다. 그 책에서는 물리 7명, 화학 8명, 생물 8명, 기술 7명 등 30명의 과학자들을 다루었다. 그 중 기술자를 다룬 부분은 추가적인 작업을 거쳐 《사람의 역사, 기술의 역사》라는 별도의 책으로 발간되었고, 이번에는 남은 과학자 23명을 바탕으로 내용을 보완하고 인물을 확장하는 일을 했다. 처음에는 40명 정도로 생각했으나 결과적으로는 60명으로 늘어났다. 아직도 하고 싶은 얘기가 많은 모양이다.

이 책을 준비하면서 많은 분께 도움을 받았다. 무엇보다도 필자에게 과학사를 가르쳐 주신 송상용 선생님, 박성래 선생님, 김영식 선생님께 머리를 숙인다. 또한 과학사를 매개로 숱한 고민을 나누었던 선배님들과 후배들, 그리고 참고문헌에 소개된 책자를 집필하거나 번역하신 분들께 감사드린다. 출판의 기회를 주신 도서출판 북스힐의 조승식 대표와 훌륭한 편집을 위해 수고해 주신 북스힐 관계자 분들께도 감사의 마음을 전한다. 끝으로 사랑하는 아내 이윤주와 벌써 고등학생이 된 든든한 아들 송영은과 출판의 기쁨을 함께하고자 한다. 고맙게도 이윤주는 이번에 원고를 교정하는 일도 도와주었다.

세상에 100%는 없는 법이며, 따라서 늘 최선을 다하는 수밖에 없다. 이 책에도 실수나 오류가 있을 것이고, 이번에 다루지 못한 과학자 또한 많다. 이 책이 널리 읽혀서 개정증보판을 준비할 수 있는 기회가 오기를 기대한다.

금정산 기슭에서 과학과 기술의 역사를 공부하고 가르치며
송 성 수

차례

1부 근대 과학의 출현, 16~17세기

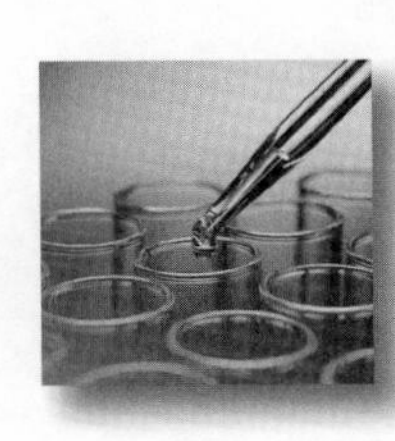

2부 계몽의 시대, 18세기

3부 과학의 전문화, 19세기

4부 현대 과학의 길, 20세기 초

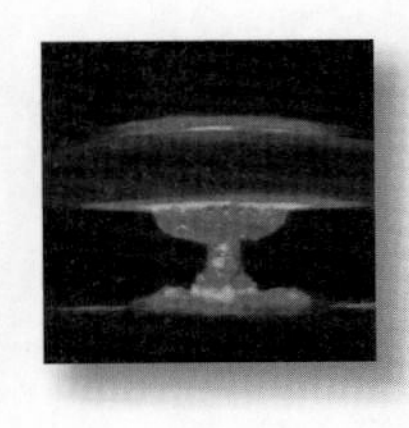

5부 논쟁하는 과학, 20세기 중 · 후반

프롤로그

고대와 중세에는 어떤 과학이 있었나

과학(science)은 '안다'라는 뜻의 라틴어인 '스키엔티아(scientia)'에서 파생된 용어로 18세기 이후에야 널리 사용되기 시작했다. 과학이 학문 전체를 뜻하는 철학(philosophy)에서 분리 · 독립된 이후에 과학(科學)이란 용어가 본격적으로 사용된 것이다. 그것은 과학자(scientist)의 경우도 마찬가지이다. 과학자라는 용어는 1833년에 영국의 휴얼(William Whewell)이 처음 사용한 것으로 전해진다. 이전과 달리 과학 활동에 전념하는 것으로도 생계를 유지할 수 있고 사회에 공헌할 수 있는 사람들이 점차 많아졌기 때문이다. 과학이나 과학자라는 용어가 나오기 전에는 자연철학(natural philosophy)이나 자연철학자라는 말이 주로 사용되었다.

과학의 시작

그렇다면, 과학은 언제 시작되었는가? 이 질문에 답을 하려면 "과학이란 무엇인가"에 대한 논의가 전제되어야 한다. 인간이 자연과 관계를 맺는 것을 과학으로 본다면, 과학은 인류의 탄생과 함께 시작되었을 것이다. 인류는 거친 자연 환경 속에서 생존하기 위해 도구를 만들고 활용하는 데 많은 노력을 기울여 왔다. 이와 달리 자연에 대한 관념, 즉 자연관을 과학의 요체로 간주한다면, 생각하는 인간을 뜻하는 호모 사피엔스가 등장함으로써 과학이 시작되었다고 볼 수 있다. 현생 인류는 오랫동안 신화적 자연관을 가지고 있는데, 그것은 신의 의지, 사랑, 미움 등을 통해 자연현상을 설명하는 형태를 띠었다. 자연현상에 대한 관점을 넘어 자연현상에 대한 기록을 과학으로 규정한다면, 문자가 발명되고 도시 문명이 출현한 시기에 과학이 시작된 것으로 보아야 한다. 대략 기원전 3000년을 전후하여 이집트, 메소포타미아, 인도, 중국 등지에서는 하늘이나 땅에서 벌어지는 각종 자연현상을 지속적으로 기록하는 작업이 전개되었던 것이다. 그밖에 오늘날의 과학 교과서에 실린 지식을 과학으로 간주하는 사람들은 과학이 16~17세기에 시작되었다고 할 것이고, 직업으로서의 과학에 주목한다면 과학에 대한 교육과 연구가 제도화된 19세기에 이르러서야 과학이 시작되었다고 볼 수 있다.

철학의 아버지 혹은 과학의 아버지로 불리는 탈레스

많은 과학사학자들은 과학이 기원전 6세기에 밀레토스 학파에서 시작되었다고 평가한다. 밀레토스 학파는 만물을 지배하는 근본물질 혹은 원질(arche)이 무엇인지에 대해 논의하였다. 탈레스(Thales)는 만물의 근원이 물이라는 의견을 제시하면서 지진이 일어나는 것은 물 위에 떠 있는 땅덩이가 흔들리기 때문이라고 설명했다. 아낙시만드로스(Anaximandros)는 물에서 불이 나올 수 없다고 반박하면서 경계를 지을 수 없는 무한자(無限者, apeiron)가 만물의 근원이며 이로부터 따뜻함과 차가움의 싹이 생겨난다고 주장했다. 아낙시메네스(Anaximenes)는 무한자와 같은 추상적 물질은 존재하지 않는다고 반박한 후 공기를 근본물질로 보면서 공기가 농축되면 물이 되고 공기가 희박해지면 불이 된다고 설명했다.

밀레토스 학파의 논의는 오늘날의 관점에서 보면 유치한 것에 지나지 않지만, 이전과는 다른 성격을 띠고 있었다. 이전에는 자연현상의 변화를 초자연적인 존재의 탓으로 돌렸지만 기원전 6세기부터는 자연 안에서 자연현상의 원인을 찾기 시작했다. 예를 들어 이전 사람들은 지진이 신(神)적인 존재가 일으킨 현상으로 간주했지만, 탈레스는 지진이 땅덩이가 물 위에 떠 있으면서 흔들릴 때 발생한다고 보았다. 이보다 더욱 중요한 것은 합리적 토론과 비판의 전통이 생겨났다는 점에서 찾을 수 있다. 즉 당시의 학자들은 서로의 주장을 비판하고 더 나은 주장을 제시하려고 노력하면서 자연현상에 대한 논의를 보다 합리적이고 체계적으로 만들었던 것이다. 더 나아가 밀레토스 학파는 구체적인 사물이나 현상에 대해 탐구하는 것을 넘어서서 근본물질과 같은 추상적이고 일반적인 물음을 제기하였다. 대부분의 경우에 과학은 특수 언명인 사실로부터 보편 언명인 법칙이나 이론을 끌어내는 것을 지향하고 있는 것이다.

기원전 5세기에는 근본물질과 함께 변화를 설명하는 것이 중요한 과제로 부상하였다. 헤라클레이토스(Heracleitos)는 불을 근본물질로 보면서 만물은 끊임없이 변화한다고 주장했으며, "한 번 담근 강물에 두 번 발을 담글 수 없다"는 명언을 남겼다. 이에 반해 파르메니데스(Parmenides)는 어떤 것이 다른 것으로 변한다는 생각은 감각의 속임수에 불과하다고 반박했으며, 그를 추종했던 제논(Zenon)은 세 가지 역설을 통해 이를 입증하려고 시도하였다. 이에 대한 절충안으로 엠페도클레스(Empedocles)는 존재의 유일성을 부인함으로써 변화를 설명할 수 있는 4원소설을 제시했다. 흙, 물, 불, 공기의 네 가지 물질이 만물의 뿌리(rhizomata)이며, 그것들이 서로 사랑하거나 투쟁하는 가운데 다양한 존재가 형성된다는 것이었다. 네 가지 근본물질로 모든 현상을 설명할 수 없다는 비판도 제기되었다. 아낙사고라스(Anaxagoras)는 존재하는 모든 것에는 그것의 일부가 모두 들어 있다는 씨앗(spermata)설을 제안하였고, 레우키포스(Leucippus)와 데모크리토스(Democritos)는 더 이상 나눌 수 없는 무수히 많은 원자(atom)들이 모여서 갖가지 물질이나 물체가 만들어진다는 원자설을 주창했다.

기원전 6~5세기에는 특정한 분야를 중심으로 학파가 생겨나기도 했다. 수학에는 피타고라스 학파가, 의학에는 히포크라테스 학파가 있었던 것이다. 피타고라스(Pythagoras)는 직각삼각형에 대한 정리로 유명한 사람이다. 직각삼각형에서 직각을 끼고 있는 두 변의 제곱의 합은 빗변의 길이의 제곱과 같다는 것이다. 이러한 관계는 이전부터 알려져 있었지만 그것을 논리적으로 증명한 사람은 피타고라스였다. 피타고라스는 당시의 학자들과 달리 질적인 요소보다는 양적인 요소에 주목하면서 만물의 근원을 수로 보았다. 하지만 피타고라스 학파가 추구한 것은 오늘날의 수학이라기보다는 수비학(數秘學, numerology)에 가까웠다. 2는 여성을, 3은 남성을 상징하며, 따라서 2와 3을 합한 5는 결혼을 뜻한다는 식이었다. 이처럼 피타고라스 학파의 활동은 신비주의적 색채를 강하게 띠고 있었지만, 자연현상을 수학적으로 이해할 수 있다는 신념을 표방했다는 의의를 가지고 있다. 피타고라스 학파는 지구가 우주의 중심이 아니라 지구와 태양이 중심불(central fire) 주위를 돈다고 주장하기도 했다.

히포크라테스(Hippocrates)는 의사들의 윤리가 집약된 히포크라테스의 선서로 유명한 사람이다. 기존의 의사들이 질병의 즉각적인 치료를 중시했던 반면, 히포크라테스는 질병의 진행을 정확히 기록하고 예측하는 데 많은 노력을 기울였다. 히포크라테스와 그의 제자들의 논의는 《히포크라테스 전집》으로 집대성되어 있는데, 여기에는 "인생은 짧고 의술은 길다"는 명언도 담겨져 있다. 히포크라테스는 사람의 몸이 혈액(blood), 점액(phlegm), 황담즙(yellow bile), 흑담즙(black bile) 등 4가지 체액(humor)으로 구성되어 있으며, 그것들이 서로 조화를 이룰 때 건강을 유지할 수 있다는 4체액설을 제안하기도 했다.

플라톤과 아리스토텔레스의 자연철학

기원전 5세기 초에는 그리스 본토인 아테네가 학문의 중심지가 되면서 자연현상보다는 인간과 사회의 문제가 더욱 중요하게 논의되었다. 유명한 소피스트인 프로타고라스(Protagoras)는 "인간은 만물의 척도"라 하여 진리의 상대성을 설파했던 반면, 최초의 진정한 철학자로 평가받기도 하는 소크라테스는 보편적 이성을 가진 존재로서 "너 자신을 알라"고 주문하였다. 이어 고대의 위대한 두 학자 플라톤(Platon, 영어명은 Plato)과 아리스토텔레스(Aristoteles, 영어명은 Aristotle)는 자연, 인간, 사회를 두루 망라하면서 고대 학문을 집대성하는 내공을 보여주었다. 플라톤이 아카데미아(Akademia)를, 아리스토텔레스가 리케이온(Likeion)을 세워 많은 제자들을 양성했다는 점도 주목할 만하다. 당시의 교육은 한 명의 스승이 여러 명의 제자를 가르치는 방식으로 진행되었으며, 과학이 독립적으로 가르쳐지지는 않았다.

플라톤은 《티마이오스(Timaeos)》를 통해 자연세계에 대한 자신의 견해를 밝혔다. 이 책에는 조물주(demiourgos)가 핵심적인 존재로 등장한다. 플라톤의 조물주는 기독교의 창조주와는 다른 존재이다. 창조주는 무의 상태에서 우주를 만드는 존재이지만, 조물주는 이미 존재하는 혼동 속의 물질에 질서와 조화를 가하여 우주를 만들어내는 존재이다. 플라톤은 4원소설을 받아들인 후 이를 간단한 입체 모형으로 설명하는 기하학적 원소설을 제시했다. 흙은 정육면체, 불은 정사면체, 공기는 정팔면체, 물은 정이십면체에 해당한다는 것이었다.

라파엘로가 1511년에 완성한 〈아테네학당〉. 가운데 두 사람이 플라톤과 아리스토텔레스이다.

여기서 흙을 제외한 나머지 원소들은 그것들이 이루고 있는 기하학적 성분의 결합과 분리를 통해 서로 변환될 수 있다. 이 외의 정다면체인 정십이면체는 하늘을 구성하는 원소인 제5원소에 대응된다.

플라톤은 추상적인 기하학적 모형을 통해 물질의 근원을 표현하려고 했듯이, 감각적인 경험보다는 이성적인 추론을 강조했다. 그는 감각보다는 이성이 우월하고 이성 중에도 수학적 이성이 가장 완벽하다고 믿었다. 그것은 플라톤의 핵심 사상인 이데아 이론에 반영되어 있다. 이데아의 세계는 이성이 지배하는 세계로서 변하지 않는 반면, 현실 세계는 감각이 지배하는 세계로서 항상 변화를 경험한다. 칠판 위에 우리가 무수한 원을 그릴 수 있지만 그것들은 완전하지 않으며, 완전한 원은 이성적인 추론에 의해서만 파악할 수 있다는 것이다.

아리스토텔레스도 플라톤을 따라 자연세계가 이성적 계획의 산물이라고 믿었지만, 플라톤과 달리 이상적 세계가 현실 세계를 반영한 것이라고 생각했다. 예를 들어 플라톤에게는 책상의 이데아가 현실 세계에 존재하는 책상들과 따로 존재하는 것이지만, 아리스토텔레스가 말하는 책상의 형상은 현실 세계에 존재하는 책상들의 공통적인 성질을 추상해서 얻은 것이다. 이처럼 아리스토텔레스는 경험적 자연관을 강조했으며 그것은 생물학 분야의 많은 업적으로 이어졌다. 그는 다양한 저작을 통해 500종이 넘는 동물에 대해 서술했으며, 특히 동물을 해부하여 각 기관의 목적과 기능을 연구하였다.

생물의 분류와 관련하여 아리스토텔레스는 '자연의 사다리(scala naturae)'라는 개념을 가지고 있었다. 자연계의 질서는 단순한 것에서 복잡한 것으로 일종의 계단을 이루고 있다는 것이었다. 그는 생명체에는 세 가지 종류가 있으며, 서로 다른 혼(魂, anima)이 존재한다고 생각하였다. 그에 따르면, 식물은 영양을 섭취하면서 번식하는 영양혼을 가지고 있고, 동물은 영양혼과 함께 감각혼을 가지고 있어 운동을 하고 쾌감이나 고통을 느끼며, 인간에게는 두 가지 영혼 이외에 이성혼이 있어 논리적 사고가 가능하다. 아리스토텔레스는 시간에 따라 생물이 변화한다는 생각을 하기도 했지만, 낮은 단계에서 높은 단계로의 이동은 고려하지 않았다.

아리스토텔레스는 우주론, 물질이론, 운동이론을 체계적으로 연결시킨 고대 최고의 과학자였다. 그의 과학이 이후에 많은 비판을 받았음에도 불구하고 약 2천 년 동안 계속 유지될 수 있었던 것은 바로 이러한 체계성 덕분이라고 할 수 있다. 아리스토텔레스는 우주

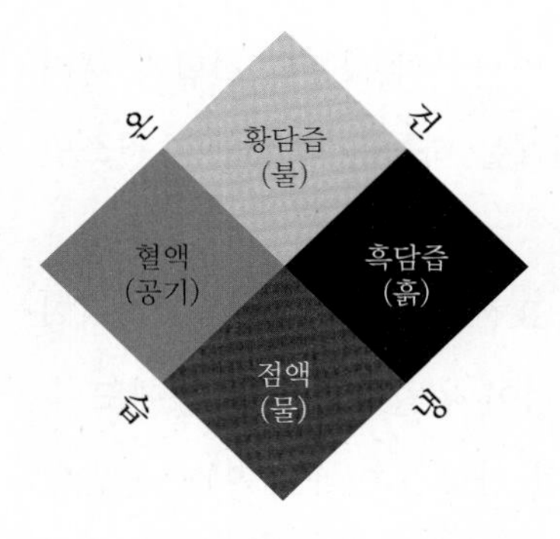

히포크라테스의 4체액설과 아리스토텔레스의 4원소설이 결합된 개념도

가 무한하다면 중심이 없을 것이므로 우주가 유한하다고 간주했다. 그는 《천체에 관하여(De Caelo)》에서 지구를 중심에 두고 55개의 천구가 겹겹이 싸여 있는 우주 모형을 제안했으며, 천구의 움직임을 주관하는 존재를 부동의 기동자(unmoved mover)로 보았다. 이어 아리스토텔레스는 달을 기준으로 영구불변의 세계인 천상계와 불완전한 세계인 지상계를 구분했다. 천상계에는 완전한 제5원소인 에테르(aether)로 구성되어 있으며, 지상계에는 흙, 물, 공기, 불의 4원소가 지구의 중심에서 무거운 순서대로 자리 잡고 있다. 4원소 중에서 흙은 차고 따뜻하며, 물은 차고 습하며, 공기는 따뜻하고 건조하며, 불은 따뜻하고 습하다. 아리스토텔레스는 이러한 성질들이 서로 바뀌면서 원소들이 서로 변환될 수 있다고 보았고, 그것은 이후에 연금술의 이론적 기반으로 작용하기도 했다.

아리스토텔레스는 《자연학(Physica)》에서 운동을 "잠재성의 실재화"로 규정한 후 물체가 가진 본래의 속성인 자연스러운 운동(natural motion)과 그렇지 않은 강제적 운동(violent motion)으로 구분했다. 천상계의 원운동이 자연스러운 운동의 대표적인 예이며, 지상계에서는 가벼운 것이 올라가고 무거운 것이 아래로 내려가는 수직운동이 자연스러운 운동이다. 반면 강제적 운동은 외부의 운동원인(mover)에 의한 것으로 지상계에서만 발생하는데, 돌을 던진다거나 수레를 미는 것이 그 예가 된다. 아리스토텔레스는 운동원인이 움직이는 물체와 접촉해서 작용한다고 생각했으며, 진공은 존재하지 않는다고 보았다. 또한 그는 물체의 운동속도가 그 물체에 가해진 힘에 비례하고 저항에 반비례한다고 주장했는데, 그것을 식으로 표현하면 $v \propto F/R$가 된다. 이 식에 따르면, 진공이 존재할 경우에는 물체의 운동속도가 무한으로 되는 결과가 유발된다.

고대에서 중세로

알렉산드로스 대왕이 페르시아 제국을 정복한 기원전 330년부터 로마가 이집트를 병합한 기원전 30년까지는 헬레니즘 시대로 불린다. 헬레니즘 시대에는 지적 영역이 크게 확대되면서 이집트의 알렉산드리아를 중심으로 과학이 번성하였다. 특히 당시의 프톨레마이오스 왕조는 무세이온(Museion)을 설립하여 학문 활동을 적극적으로 지원했는데, 무세이온은 학문의 전당이자 종교적 성소로서 거대한 도서관을 구비하고 있었다. 당시의 과학발전에 크게 기여한 사람으로는 헤로필로스(Herophilos), 에우클레이데스(Eucleides, 영어명은 Euclid), 아르키메데스(Archimedes), 에라토스테네스(Eratosthenes), 헤론(Heron of Alexandria), 프톨레마이오스(Ptolemaios, 영어명은 Ptolemy) 등을 들 수 있다. 헤로필로스는 인체 해부를 통해 뇌의 중요성에 주목하였고, 에우클레이데스는 《기하학원론(Stoicheia)》을 통해 기하학의 공리를 정식화했으며, 부력의 원리를 발견했던 아르키메데스는 수학과 기술에서 상당한 재능을 보였다. 에라토스테네스는 당시의 지리학을 종합하면서 지구의 둘레를 측정했고, 헤론은 증기기구와 수력 오르간을 비롯한 다양한 발명품을 선보였으며, 프톨레마이오스는 방대한 관측 자료를 바탕으로 지구중심설(천동설)을 집대성하면서 《알마게스트(Almagest)》를 출간하였다.

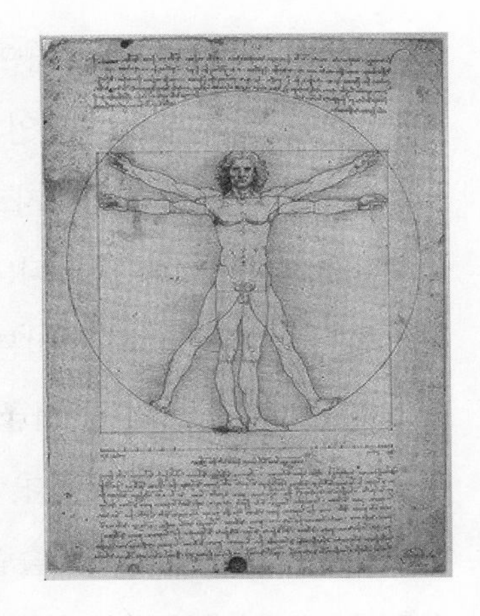

비트루비우스의 이론을 따라 레오나르도 다빈치가 그린 인체 비례도

한편, 지중해 지역을 정복하고 있었던 로마에서는 과학 활동이 점차 약화된 반면 도로와 건축을 매개로 기술이 크게 발전하였다. 로마 시대의 과학적 저술들은 독창적인 이론을 전개하기보다는 이전부터 알려진 각종 지식을 정리하여 전달하는 형태를 띠고 있었다. 당시의 과학발전에 기여한 사람으로는 비트루비우스(Vitruvius), 플리니우스(Plinius), 갈레노스(Galenos, 영어명은 Galen) 등이 있다. 비트루비우스는 10권으로 된 《건축에 대하여(De Architectura)》에서 각종 기술의 현황을 종합하면서 인체비례에 대한 이론을 남겼고, 플리니우스는 37권짜리 백과사전인 《자연사(Naturalis Historia)》를 통해 광물, 식물, 동물 등에 관한 지식을 정리했으며, 갈레노스는 4체액설과 같은 기존 논의에 대한 분석과 왕성한 동물 해부를 바탕으로 인체의 주요 기능인 소화, 호흡, 신경에 관한 종합적인 이론을 제시하였다.

중세 전반기에 과학은 암흑기를 맞이했다. 기독교가 지배하면서 세속적인 학문이 배척을 당했으며 유능한 인재들이 신학에 종사했기 때문이다. 당시의 과학 수준은 몇몇 학자들이 기존의 학문을 백과사전으로 정리하여 명맥을 유지하는 정도에 지나지 않았다. 반면 이슬람 지역에서는 7~11세기에 그리스 과학의 전통을 계승 · 발전시키는 일이 전개되었다. 특히 제4대 칼리프인 알 마문(Al-Ma'mun)이 828년에 지혜의 집(Bayt al-Hikmah)을 설립한 후 수많은 서적들이 아랍어로 번역 · 보급되었으며, 이를 바탕으로 그리스 과학이 탐구되면서 정교하고 자세한 주석이 붙여졌다. 또한 대수학(algebra), 알고리즘(algorithm), 연금술(alchemy), 알코올(alcohol), 알칼리(alkali) 등이 아랍어에서 유래했을 정도로 이슬람에서는 그리스 과학을 계승하는 것을 넘어 독자적인 과학을 추구하는 작업이 활발히 전개되었다.

이슬람의 대표적인 과학자로는 자비르 이븐 하이얀(Jabir ibn Hayan, 라틴명은 Geber), 알 콰리즈미(Al-Khwarizmi), 알 바타니(Al Battani), 알 라지(Al-Razi, 라틴명은 Rhazes), 이븐 알 하이삼(Ibn al-Haitham, 라틴명은 Alhazen), 이븐 시나(Ibn Sina, 라틴명은 Avicenna), 이븐 루시드(Ibn Rushd, 라틴명은 Averroes) 등을 들 수 있다. 연금술의 아버지로 불리는 자비르는 황과 수은이 결합해 모든 금속이 만들어진다고 주장했다. 알고리즘의 어원이 된 알 콰리즈미는 아리비아 숫자를 보급하는 데 크게 기여했고, 이슬람 최대의 천문학자로 평가되는 알 바타니는 프톨레마이오스 천문학을 구면삼각법과 같은 기하학적 방법으로 보완하였다. 알 라지는 천연두나 홍역과 같은 전염병을 자세히 탐구했으며, 이븐 시나는 당시의 의학을 5권으로 된 《의학정전》으로 집대성했다. 알하젠은 《광학의 서》에서 빛이 눈에서 나갔다가 되돌아오는 것이 아니라 제3의 광원으로부터 받은 빛을 물체가 반사하여 눈으로 전달한다는 이론을 제창했다. 아베로이스는 아리스토텔레스의 저작에 체계적인 주석을 단 인물로, 당시에 아리스토텔레스는 '가장 위대한 철학자(the Philosopher)'로, 아베로이스는 '가장 위대한 주석가(the Commentator)'로 불렸다.

중세 과학의 성취와 한계

유럽의 과학은 11세기에 들어와 암흑의 상태에서 벗어나기 시작했다. 특히 1085년에 십자군이 스페인 지방의 톨레도를 탈환하는 것을 계기로 기독교 문명권과 이슬람 문명권의 접촉이 빈번해졌다. 아랍어로 번역되어 연구되던 고대 과학에 관한 문헌들은 다시 라틴어로 번역되었다. 특히 12세기에는 수많은 번역가들이 출현해서 활발한 번역 활동을 했는데 그것은 '12세기 르네상스'로 불리기도 한다. 당시에 제라르(Gerard of Gremona)는 아리스토텔레스의 《자연학》, 에우클레이데스의 《기하학원론》, 프톨레마이오스의 《알마게스트》, 아비센나의 《의학정전》 등 70여 권의 책을 아랍어에서 라틴어로 번역하기도 했다.

방대한 지식을 배우고 전수하고자 하는 사람들이 많아지면서 성당에 설치되었던 조그만 학교들은 대학으로 발전하기 시작했다. 볼로냐 대학, 파리 대학, 옥스퍼드 대학을 필두로 13~14세기에는 유럽의 여러 지역에 대학이 생겨났다. 중세 대학에는 신학, 법학, 의학 등 3개의 고급학부(higher faculties)와 모든 학생들이 공통으로 이수하는 교양학부 혹은 학예학부(faculty of liberal arts)가 있었다. 당시에 교양학부에서 가르쳤던 교과목은 문법, 수사, 논리 등의 3학(三學, trivium)과 산수, 기하, 천문, 음악 등의 4과(四科, quadrivium)로 이루어졌다. 과학은 이런 교양과목을 가르치면서 부수적으로 중세 대학에서 자리를 잡게 되었던 것이다. 중세 대학의 학풍은 실재와는 무관하게 문장 하나하나를 사변적으로 따지는 스콜라 학풍으로 대표된다. 예를 들어 진공의 존재가 가능한가 하는 질문이 제기되면 그 문제에 대한 찬성과 반대의 근거를 논리적으로 살핌으로써 진공의 본질을 파악할 수 있다는 것이다.

중세대학의 수업 광경

12세기 후반 이후에 아리스토텔레스의 학문이 유입되면서 과학과 신학은 갈등적 관계를 형성하였다. 아리스토텔레스주의는 "세계는 영원하다", "어떠한 속성도 물질적 실체와 따로 떨어져 존재할 수 없다", "자연의 과정은 규칙적이고 변하지 않는다", "영혼은 육신이 죽은 뒤에는 살지 못 한다" 등을 강조하는 특성을 가지고 있는데, 그것들은 각각 천지창조와 최후의 심판, 성찬식, 신의 기적, 천국과 부활 등을 주장하는 기독교 교리와 상충되었던 것이다. 이러한 배경에서 아리스토텔레스 학문에 대한 금지령이 몇 차례 내려졌는데, 특히 1277년에는 문제가 되는 조항을 구체적으로 도출하여 금지하는 조치가 취해졌다.

1277년의 금지령 이후에 스콜라 학풍에는 커다란 변화가 나타났다. 그 대표적인 예로는 오컴(William of Ockham)의 유명론(nominalism)을 들 수 있다. 우주에 존재하는 유일한 실재는 신이며, 그 밖의 것들은 모두 추상적인 이름에 불과하다는 것이었다. 또한 신이 언제라도 개입해서 기적을 행할 수 있다는 것을 강조하기 위해 아리스토텔레스주의의 핵심이었던 인과율이 부정되었다. 이를 배경으로 14세기 과학에서는 자연현상의 원인을 묻지 않고 이를 정확하게 서술하는 데 초점을 두거나 실재의 문제를 언급하지 않은 채 모든 가능성을 상상해 보는 논의들이 주를 이루었다. 이러한 과정에서 물체의 운동이 수학적으로 취급되는 가운데 몇몇 새로운 개념이나 이론이 등장하기도 했지만, 그것이 아리스토텔레스의 체계를 완전히 벗어나지는 못했다.

그 대표적인 예로는 속도, 힘, 저항의 관계에 대한 논의를 들 수 있다. 아리스토텔레스는 운동속도가 힘에 비례하고 저항에 반비례한다고 주장했는데, 이로부터 중세의 학자들은

$v \propto F/R$ 이라는 식을 얻어냈다. 그런데 이 식에서는 힘이 저항보다 작은 경우에도 속도가 존재하는 문제가 있어, 이에 대한 대안으로 $v \propto (F-R)$ 이라는 식이 제안되었다. 이 경우에는 다시 음의 속도라는 복잡한 문제가 발생하였고, 또 다른 대안으로 $v \propto \log(F/R)$ 이 제안되었다. 물론 이 식도 실제 현상과 부합하지는 않는다. 그러나 당시의 학자들에게 중요한 것은 아리스토텔레스의 언급이 지니는 문제점을 적당히 해소하여 현상을 구제하는 데 있었기 때문에 그들은 더 이상의 논의를 진전시키지 않았다.

이러한 경향은 파리 대학의 뷔리당(Jean Buridan)에 의해 종합된 임페투스(impetus) 이론에서도 엿볼 수 있다. 임페투스는 운동하는 물체가 최초의 운동원인 때문에 얻게 되는 양으로 그것이 물체에 남아 운동원인으로 계속 작용하여 물체의 운동을 지속시켜 준다. 임페투스의 크기는 물체의 속도와 질량에 의해 정해진다. 이 개념을 낙하하는 물체에 적용시키면 낙하하는 동안 무게가 계속 작용하므로 임페투스가 계속 증가하게 되고 이것이 낙하하는 물체의 속도가 증가하는 원인이라는 설명이 얻어진다. 또한 보통 물체의 임페투스는 불완전해서 점점 줄어들어 결국은 운동이 정지해 버리지만, 천체는 완전한 임페투스를 지녀서 이것이 영원히 보존되고 운동을 계속하게 된다. 임페투스는 표면상으로는 근대역학의 운동량이나 관성의 개념을 떠올리게 하지만, 사실은 아리스토텔레스의 운동원인이라는 개념을 고수하기 위해 도입된 관념적인 운동원인의 성격을 띠고 있었다. 운동의 원인이 매질에서 물체로 옮아갔을 뿐 운동원인이라는 개념은 계속 남아있었던 것이다.

오늘날과 달리 고대와 중세의 학자들에게는 과학이 직업으로 자리 잡지 못했다. 과학을 통해 경제적인 도움을 받는 경우는 극히 드물었고, 과학을 하는 동기는 학문을 함으로써 생기는 내적 즐거움에 있었다. 특히 그들은 개개인의 직접적인 경험보다는 원전을 읽고 해석하는 것을 더욱 중요시했다. 물론 아리스토텔레스가 경험을 강조하긴 했지만, 그에게 경험적 사실이란 무수히 반복되며 일상적으로 부딪히는 현상에 대한 보편적인 진술을 의미했다. 경험은 이미 주어진 것이었고 경험적 사실이 부족하다는 논변은 성립되기 어려웠던 것이다. 이와 함께 고대와 중세에는 과학이 물질적 진보의 열쇠라는 생각이 결여되어 있었으며, 심지어 물질적 진보라는 관념 자체가 거의 없었다.

1부

근대 과학의 출현, 16~17세기

©Book's-Hill

천문학 혁명의 문을 열다
니콜라우스 코페르니쿠스

회전에서 혁명으로

근대과학은 16~17세기 유럽에서 출현하였다. 역사가들은 근대과학이 형성된 일련의 사건을 '과학혁명(The Scientific Revolution)'으로 부르고 있는데, 그 용어는 제1세대 과학사학자인 꼬아레(Alexandre Koyré)가 1939년에 발간한 《갈릴레오 연구》에서 처음 사용한 것으로 알려져 있다. 20세기의 유명한 역사가로 케임브리지 대학 교수를 지낸 버터필터 경(Sir Herbert Butterfield)은 1949년에 발간한 《근대과학의 기원들》에서 다음과 같이 썼다. "과학혁명은 유럽 역사상 기독교의 출현 이래 어떤 사건보다도 훨씬 더 중대한 일이었다. 과학혁명에 비하면 종교개혁이나 르네상스는 중세 기독교 사회 내의 단순한 에피소드에 지나지 않는 작은 변화였다."

과학사와 과학철학의 발전에 크게 기여한 쿤(Thomas Kuhn)은 이와는 다른 의미로 과학혁명이란 용어를 사용하였다. 1962년에 초판이 발간된 《과학혁명의 구조(The Structure of Scientific Revolutions)》에서 그가 주제로 삼은 과학혁명은 특정한 과학 분야에서 발생한 급격한 변화를 뜻한다. 코페르니쿠스의 태양중심설, 뉴턴의 고전역학, 라부아지에의 연소이론, 다윈의 진화론 등이 크고 작은 과학혁명을 가져왔다는 것이다. 쿤은 16~17세기의 과학혁명이 아니라 다양한 과학혁명'들'에 주목하면서 그러한 과학혁명들에 공통된 구조가 있다는 점을 밝히고자 했던 셈이다.

다시 16~17세기 과학혁명으로 돌아가자. 과학혁명이 전개되는 과정에서는 과학지식뿐만 아니라 과학의 방법, 과학 활동, 과학의 사회적 지위에서도 중요한 변화가 있었다. 지식의 측면에서는 천체 현상에 대한 논의가 지구중심설(천동설)이 태양중심설(지동설)로 바뀌었고, 고전역학(classical mechanics)이 형성되어 물체의 운동을 새로운 각도에서 다루었으며, 인체해부가 널리 시행되는 가운데 혈액순환설로 대표되는 근대적 생리학이 등장하였다. 과학혁명의 시기에는 오늘날 과학의 중요한 방법으로 간주되고 있는 실험적 방법과 수학적 방법이 본격적으로 사용되기 시작하였고, 그것의 철학적 배경이 되는 베이컨주의나 기계적 철학이 융성하였다. 활동의 측면에서는 과학에 주된 관심을 가지고 이를 탐구하는 사람들이 속속 등장하는 가운데 왕립학회(Royal Society)와 과학아카데미(Académie des Sciences)로 대표되는 과학단체들이 출현하였다. 그 밖에 과학혁명을 매개로 과학(科學)은 철학에서 분리되어 독립적인 분과학문으로 자리를 잡았으며, 과학을 근대성(modernity)의 상징으로 보는 사회적 분위기가 조성되기 시작하였다.

폴란드 화가 얀 마테이코가 1872년에 그린 〈신과 대화하는 코페르니쿠스〉

과학혁명이 언제 시작되어 언제 끝났는지를 엄밀하게 규정하기는 어렵다. 굳이 과학혁명의 시점과 종점을 꼽는다면, 1543년과 1687년을 들 수 있다. 1543년에는 코페르니쿠스의 《천구의 회전에 관하여》와 베살리우스의 《인체의 구조에 관하여》가 출간되었고, 1687년에는 뉴턴의 《프린키피아》가 발간되었던 것이다. 《천구의 회전에 관하여》는 천문학의 혁명을, 《인체의 구조에 관하여》는 생명과학의 변화를 촉발했으며, 《프린키피아》는 동일한 힘을 바탕으로 천상계와 지상계의 운동을 통합적으로 설명하였다. 흥미롭게도 1543년은 서양 문명이 동아시아에 처음으로 전래되었던 해이기도 하다. 1543년에 일본 서남쪽의 카고시마(鹿兒島) 앞바다에 포르투갈의 배가 표류해 들어와 서양식 소총과 자명종 등을 전했던 것이다.

이처럼 니콜라우스 코페르니쿠스(Nicolaus Copernicus, 1473~1543)는 과학혁명의 시작을 상징하는 인물이다. 그가 제창한 태양중심설은 'revolution'의 의미와도 연관 지을 수 있다. 그의 대표작인 《천구의 회전에 관하여》에서 revolution은 회전을 뜻하는 용어였다. 그러나 태양중심설이 가진 의미는 천구의 회전에 국한되지 않았다. 사실상 지구중심설은 2천 년이 넘는 세월 동안 세상을 지배해 왔으며 사람들의 종교나 생활에 잘 부합하는 것으로 간주되고 있었다. 이에 따라 태양중심설이 수용되기 위해서는 세상을 바라보는 관점, 즉 세계관 자체가 바뀌어야 했다. 코페르니쿠스는 태양 대신에 지구를 '회전'시킴으로써 천문학과 세계관의 '혁명'을 예고했던 것이다.

코페르니쿠스의 업적에 깊은 감동을 받았던 사람으로는 19세기 독일의 대철학자 칸트(Immanuel Kant)를 들 수 있다. 그는 주관의 선천적 형식이 대상에 대한 인식을 성립시킨다고 주장했는데, 그것은 인식이 대상에 의거한다고 간주했던 기존의 사유방식을 역전시킨 것에 다름 아니었다. 칸트는 자신의 철학이 가진 성격을 '코페르니쿠스적 전환' 혹은 '코페르니쿠스적 전회'로 표현했다. 그 이후에 코페르니쿠스적 전환은 사고방식이나 견해가 이전과 크게 달라지는 경우를 지칭하는 용어로 정착되기 시작했다. 칸트는 혁명을 정치적 혁명과 사유방식의 혁명으로 구분하기도 했는데, 코페르니쿠스적 전환은 사유방식의 혁명에 해당하는 것이었다.

아버지를 대신한 외삼촌

코페르니쿠스는 1473년에 동유럽에 있는 에름란트의 토룬에서 태어났다. 당시에 토룬은 폴란드 왕이 다스리고 있었지만 나중에는 독일의 지배를 받았다. 아버지는 유복한 상인이었고 어머니는 독일계 정치가 집안의 출신이었다. 코페르니쿠스는 10살 때 아버지를 여의고 외삼촌인 루카스 바첸로데(Lucas Watzenrode)의 손에서 자랐다. 외삼촌은 학자이자 성직자로서 1749년에 에름란트의 주교가 된 사람이었다. 외삼촌은 코페르니쿠스의 인생에 지대한 영향을 미쳤다.

코페르니쿠스의 어린 시절은 잘 알려져 있지 않지만 상당한 교육을 받았던 것으로 보인다. 1491년부터 그는 새로운 인문주의 교육의 중심지로 부상하고 있었던 크라쿠프 대학을 다녔다. 그 대학은 고대 학자들의 원전을 익히는 것을 높이 평가하였고, 상당한 수준을 가진 천문학에 대한 수업도 제공하고 있었다. 천문학에 흥미를 느낀 코페르니쿠스는 이탈리아로 가서 공부를 더 해야겠다고 생각했다. 외삼촌은 "눈을 하늘에서 땅으로 돌려라"고 충고하면서 코페르니쿠스에게 법학이나 의학을 공부하라고 권했다. 코페르니쿠스는 1496년에 외삼촌의 도움으로 이탈리아 유학길에 올랐다.

르네상스의 중심지였던 이탈리아에서는 자유롭고 활발한 토론을 바탕으로 새로운 학문에 대한 요구가 무르익고 있었다. 천문학의 경우에도 예외는 아니었다. 고대부터 율리우스

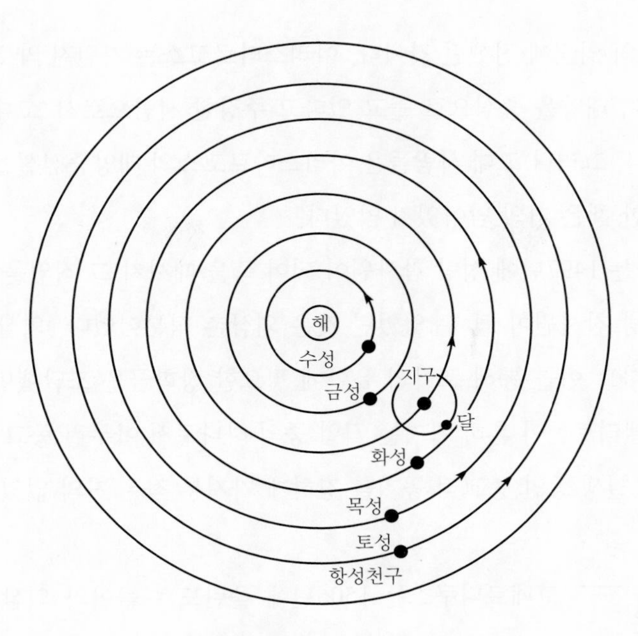

지구중심설(천동설)의 우주구조

력이 달력을 만드는 기준으로 사용되어 왔지만 많은 시간이 경과되면서 오차가 누적되었다. 특히 14세기 이후에 항해 활동이 빈번히 전개되면서 정확한 달력을 만드는 것이 매우 중요한 문제로 떠올랐다. 또한 과거의 저작을 발굴하는 작업이 활발히 전개되는 것을 배경으로 천문학에 관한 고대의 주요 연구업적이 알려지기 시작했다. 예를 들어 지구중심설을 체계화했던 프톨레마이오스(톨레미)의 《알마게스트(Almagest)》는 12세기에 번역된 후 점차적으로 이해되어 15세기에는 충분히 소화된 상태였다.

코페르니쿠스는 1496년에 볼로냐 대학에 입학하여 그리스어, 수학, 철학, 천문학 등을 공부하였다. 볼로냐 대학에서 그는 프톨레마이오스 체계에 비판적이었던 도메니코 노바라(Domenico Maria Novara) 교수의 영향을 받았다. 코페르니쿠스는 1500년 11월에 월식(月蝕)을 관측하면서 그것이 전개되는 장면을 그대로 스케치하기도 했다. 월식은 예나 지금이나 환상적인 우주 쇼이다. 이후에 그는 월식에 대한 강의를 통해 참석자들로부터 많은 박수갈채를 받았다. 1501년에 그는 파도바 대학으로 자리를 옮겨 의학을 공부하였고 1503년에는 페라라 대학에서 교회법을 전공하여 박사 학위를 받았다.

이탈리아 유학 시절에 코페르니쿠스는 고대 그리스의 천문학자였던 아리스타르코스(Aristarchos)를 알게 되었다. 아르키메데스가 쓴 〈모래알 계산법〉을 읽던 중 그 속에 언급된 아리스타르코스의 업적에 접했던 것이다. 아리스타르코스는 기원전 약 260년에 지구를 포함한 모든 행성이 태양을 중심으로 돌고 있다고 주장한 사람으로서 '고대의 코페르니쿠스'로 불리기도 한다. 그러나 고대 사람들은 아리스타르코스의 태양중심설을 무시했기 때문에 그 이론을 설명한 책은 거의 남아있지 않았다.

코페르니쿠스는 1497년에 성당 참사원이 되어 죽을 때까지 그 직업을 유지하였다. 대학생 신분으로 성당 참사원이 될 수 있었던 것은 외삼촌 덕분이었다. 외삼촌은 조카가 성당 참사원이 되게 하고 이를 통해 조카의 유학에 필요한 장학금을 조달했던 것이다. 성당 참사원은 당시의 엘리트들이 흔히 가지는 직업 중의 하나로서 아무런 종교적 의무도 없었다. 코페르니쿠스도 일생 동안 종교적 동기를 강하게 가져본 적은 거의 없었다.

성당 옥상에 세운 천문대

코페르니쿠스는 1506년에 폴란드로 돌아와 외삼촌의 의학 고문을 맡았다. 1512년에 외삼촌이 사망하자 코페르니쿠스는 동프로이센에 새로 세워진 프라우엔부르크 대성당에서 참사원으로 일했다. 거기서 코페르니쿠스는 의사, 행정관, 판사, 세금 수금원 등으로 활동하였다. 그가 이처럼 다양한 역할을 소화할 수 있었던 데에는 이탈리아 유학 시절의 폭넓은 공부가 크게 기여했을 것이다.

프라우엔부르크에서 코페르니쿠스는 정성껏 환자들을 치료했고 유능한 의사로 이름을 날렸다. 다른 의사들이 치료를 포기한 환자들이 몰려들기도 했으며, 코페르니쿠스에게 치료법에 대해 조언을 구하는 의사들도 있었다. 프라우엔부르크는 산 위에 있어서 주민들이 식수난을 겪고 있었는데 코페르니쿠스는 이를 해결하는 데에도 힘을 보탰다. 댐을 건설하여 강의 수위를 높이고 산기슭으로 물줄기를 돌린 뒤 기계를 설치하여 파이프를 통해 물을 공급했던 것이다. 지역 주민들은 그 기계 앞에 공적비를 세우고 코페르니쿠스의 이름을 새겨 넣었다.

코페르니쿠스가 가장 많은 관심을 기울였던 것은 천문학이었다. 그는 개인적인 시간을 주로 천문학 연구에 할애하였다. 미사가 없는 날에는 하루 종일 서고에 틀어박혀 천문학 서적을 탐독하였다. 코페르니쿠스는 1513년에 저녁 하늘을 관찰하기 위하여 성당 건물의 옥상에 개인용 천문대를 만들었다. 그는 밤이 되면 한 손에는 랜턴을 들고, 다른 한 손에는 몇 개의 자를 붙인 이상한 기구를 들고 천문대에 어김없이 나타났다. 말이 천문대였지 실제로

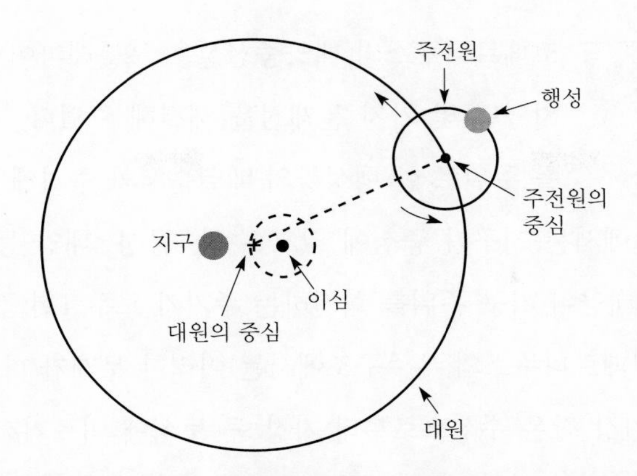

행성의 운동을 설명하기 위해 프톨레마이오스는 구차한 개념과 기법을 사용해야 했다.

는 허리를 겨우 기댈 만한 담을 쌓아올린 작은 탑에 불과하였다. 더구나 당시에는 망원경도 없던 시절이어서 모든 관측을 눈에 의존해야 했다.

코페르니쿠스는 문헌이나 관측을 통해 확보한 자료를 분석하면서 점차적으로 태양중심설에 확신을 가지게 되었다. 프톨레마이오스의 지구중심설로는 이러한 자료를 충분히 해석할 수 없었고 수많은 보조가설이 만들어져야 했다. 지구중심설에서는 행성의 복잡한 운동을 설명하기 위해 주전원(epicycle)이나 이심(equant point)과 같은 구차한 개념이 도입되어야 했던 것이다. 행성은 천구 상의 임의의 점을 중심으로 하는 작은 원형 궤도인 주전원을 따라 운동을 하며, 행성 운동의 중심점은 지구가 아니라 지구를 약간 벗어난 이심이라는 것이다. 새로운 관찰 결과가 등장할 때마다 주전원의 수는 계속 증가하여 코페르니쿠스가 천문학을 연구할 당시에는 80개를 넘어서고 있었다.

코페르니쿠스는 매우 복잡한 우주구조가 수학적 조화를 중시하는 신의 섭리와 맞지 않을 것으로 생각했다. 그는 주전원의 수를 가능한 많이 줄이면서 행성의 운동을 수학적으로 간단하게 기술하는 방법을 찾고자 했다. 결국 코페르니쿠스는 "태양이 우주의 중심이며, 모든 행성이 태양을 중심으로 회전한다"는 결론에 이르렀다. 그는 지구와 태양의 위치를 바꾸어 태양을 우주의 중심에 오게 한 다음, 달을 지구의 위성으로 위치시켰다. 그리고 항성 천구의 1일 1회전 운동을 없애는 대신 지구가 자체적인 축으로 자전하도록 하였다. 이른바 지구중심설을 대신한 태양중심설이 탄생했던 것이다. 이로써 지구는 우주의 중심에서 일개의 행성으로 전락하였다.

태양중심설로 설명한 행성의 운동

코페르니쿠스의 태양중심설은 프톨레마이오스의 지구중심설이 지녔던 몇 가지 문제점을 해결해 주었다. 첫 번째 문제는 지구를 주위로 한 행성들의 배열순서와 주기에 관한 것이다. 프톨레마이오스의 우주구조에서는 지구가 중심에 있고 수성, 금성, 태양 등의 순서로 배치되어 있는데, 수성, 금성, 태양이 지구 주위를 회전하는 주기가 모두 1년 정도로 서로 비슷하다는 문제가 있었다. 코페르니쿠스의 우주구조에서는 이러한 문제가 나타나지 않는다. 태양 주위의 회전주기가 가장 작은 수성으로부터 가장 큰 토성에 이르기까지 순서대로 배열되어 있기 때문이다.

두 번째 문제는 내행성(지구보다 안쪽에서 태양의 주위를 도는 행성)과 태양 사이의 거리에 관한 것이다. 코페르니쿠스의 우주구조에서는 태양을 중심으로 한 내행성의 궤도가 완전히 지구의 궤도 속에 포함되어 있기 때문에 지구에서 봤을 때 태양과 행성 사이에는 최대 이각이 존재하게 된다. 그러나 프톨레마이오스의 우주구조에서는 태양과 내행성이 지구를 중심으로 각각 독자적인 원운동을 하기 때문에 그렇게 될 이유가 없게 된다.

세 번째 문제로는 행성의 역행운동(retrograde motion)을 들 수 있다. 아래의 오른쪽 그림에서 E1, E2, … E7은 지구의 위치이고, P1, P2, … P7은 행성의 위치이며, 1, 2, … 7은 사람이 관측하는 행성의 위치이다. 사람이 관측하는 위치는 1−2−3에서는 앞으로 움직이다가 3−4−5에서는 거꾸로 움직이고 다시 5−6−7에서는 원래의 방향으로 움직이게 되는데 이러한 방식의 운동을 역행운동이라고 한다. 이처럼 태양중심설에서는 역행운동이 간단하면서도 체계적으로 설명될 수 있는 반면 지구중심설에서는 수많은 주전원을 억지로 조합해야만 겨우 설명될 수 있었다.

그 밖에 지구에서 관측했을 때 행성이 지구 주위를 도는 주기가 항상 일정하지 않다는

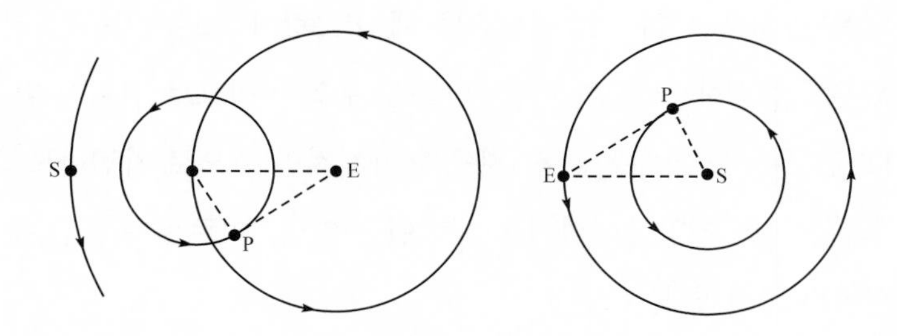

내행성과 태양 사이의 거리와 각도에 대한 프톨레마이오스(왼쪽)와 코페르니쿠스의 설명(오른쪽)

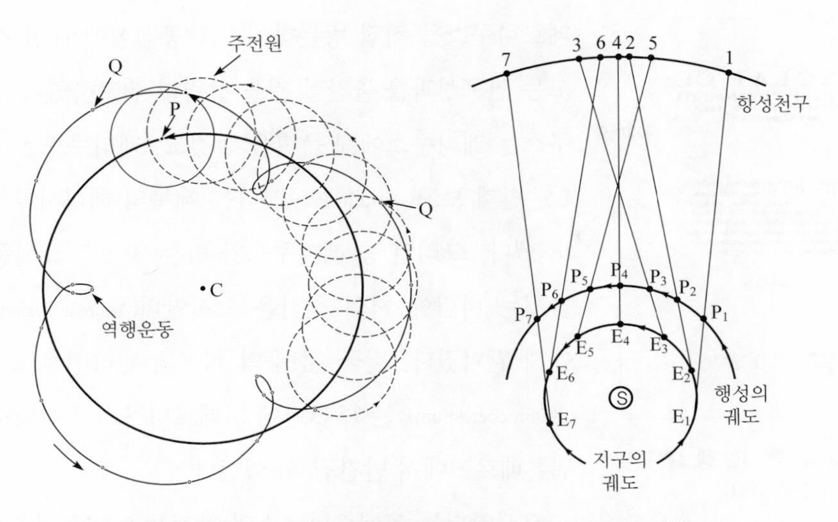

프톨레마이오스(왼쪽)와 코페르니쿠스(오른쪽)가 역행운동을 설명한 방식

문제점도 있었다. 태양중심설에서는 지구도 태양을 돌고 다른 행성도 태양을 돌기 때문에 이러한 현상이 어렵지 않게 설명될 수 있었다. 그러나 지구중심의 우주구조에서는 이해하기가 쉽지 않았기 때문에 주전원을 포함한 복잡한 설명이 요구되었다.

과도기의 신중한 개혁가

코페르니쿠스는 1510년대에 이미 태양중심설에 확신을 가지고 있었지만 자신의 생각을 발표하는 데 신중한 태도를 보였다. 그것은 새로운 우주구조가 유발할 파문을 염려했기 때문이었다. 신이 가장 아끼는 피조물인 인간이 사는 지구가 우주의 중심에 있는 것은 너무나 당연했으며, 사실상 사람들은 지구 위에서 매우 안정된 생활을 영위해 왔던 것이다. 행성의 운동을 보다 쉽게 설명할 수 있다는 이유로 2천 년 이상을 이어온 종교와 상식을 포기한다는 것은 얼마나 어려운 일인가?

코페르니쿠스는 1512년에 태양중심설에 대한 요지를 담은 문건인 《코멘타리오루스(Commentariolus)》를 작성하였다. 자신의 의견을 공개적으로 발표하는 대신에 주변 동료들을 통해 자신의 주장에 대한 반응을 알아보려는 신중한 자세를 보였던 것이다. 《코멘타리오루스》는 필사본으로 유포되었으며 이를 읽고 태양중심설에 동조하는 천문학자들도 생겨났다. 코페르니쿠스는 자신의 주장을 온전하게 담아낸 책을 1530년경에 완성했지만 곧바로 출판하지 않았다. 1539년에는 레티쿠스(Georg Joachim Rheticus)라는 독일의 수학자가 코페르니쿠스를 직접 방문하여 태양중심설에 대한 설명을 듣고는 연구성과를 출간할 것을 강력히 권고하였다. 코페르니쿠스는 레티쿠스에게 출판을 맡겼고, 레티쿠스는 1540년에 《첫 번째 보고(Narratio Prima)》라는 제목의 해설서를 발간하기도 했다. 그러던 중 레티쿠스가 다른 지역으로 활동 무대를 옮기는 바람에 책의 출간은 오시안더(Andreas Osiander) 신부에게 맡겨졌다. 결국 《천구의 회전에 관하여(De revolutionibus orbium coelestium)》는 1543년에 코페르니쿠스가 사망한 직후에 뉘른베르크에서 발간될 수 있었다.

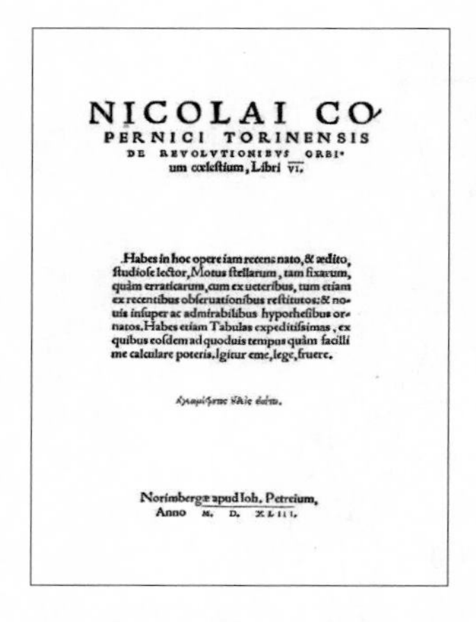

NICOLAI CO-
PERNICI TORINENSIS
DE REVOLVTIONIBVS ORBI-
um cœlestium, Libri VI.

Habes in hoc opere iam recens nato, & ædito, studiose lector, Motus stellarum, tam fixarum, quàm erraticarum, cum ex ueteribus, tum etiam ex recentibus obseruationibus restitutos: & nouis insuper ac admirabilibus hypothesibus ornatos. Habes etiam Tabulas expeditissimas, ex quibus eosdem ad quoduis tempus quàm facillime calculare poteris. Igitur eme, lege, fruere.

Norimbergæ apud Ioh. Petreium,
Anno M. D. XLIII.

과학혁명의 시작을 알린 책, 《천구의 회전에 관하여》의 표지

오시안더는 코페르니쿠스의 안전을 염려하여 "이 이론은 실제적인 우주구조가 아니고 다만 행성의 위치를 쉽게 계산하기 위한 수학적인 가설에 불과하다"는 문구를 책의 서문에 몰래 추가하였다. 그 덕분인지 《천구의 회전에 관하여》는 1616년까지 금서목록에 오르지 않았다. 그러나 당시의 사람들은 저자가 그 문구를 쓴 것으로 알고 있었기 때문에 코페르니쿠스의 주장이 가진 가치를 낮게 평가하는 경향을 보였다. 케플러(Johannes Kepler)는 이후에 이 사실을 알게 되었고 1609년에 책의 서문에 관한 진실을 발표하였다.

코페르니쿠스가 서문을 쓰면서 상당히 전략적인 자세를 취했다는 점도 주목할 만하다. 책의 앞부분에서는 다음과 같이 겸손하게 썼다. "교황님! 저는 천구의 회전에 관한 저의 책에서 몇 가지 운동의 원인이 지구 때문이라고 주장했는데 이를 읽는 몇몇 사람들은 아마도 저의 의견을 받아들일 수 없을 것으로 생각합니다. 제 연구가 저 스스로에게도 만족스럽지 못하므로, 저는 다른 사람들이 제 연구에 대해 어떤 비평을 할 것인지에 대해서 큰 고려를 하지 않습니다."

그러나 뒷부분으로 가면 논조가 달라진다. "중상모략에는 약이 없다는 말이 있긴 하지만, 교황님께서 공정한 판단이라는 권위를 통해 저를 비방자들의 모략에서 가히 보호해 주실 수 있을 것입니다. 하지만 수학에 대해서는 무지하면서도 말하기를 좋아하는 게으름뱅이들이 뻔뻔스럽게도 성서 구절의 의미를 왜곡하여 그들의 목적에 맞게 사용하면서 저의 저술을 공격한다 해도 저는 개의치 않을 것이며 오히려 그들의 무모한 비판을 경멸할 것입니다."

코페르니쿠스의 한계

코페르니쿠스의 태양중심설에 대해 종교계에서는 구교와 신교를 막론하고 대부분 거부 반응을 보였다. 당시의 몇몇 반응을 인용하면 다음과 같다. "그 친구는 성서도 못 보았나. 신부인 주제에 여호와가 멈추라고 한 것은 태양이지 지구가 아니란 것도 모르고 있었단 말인가?" "24시간 만에 하늘이 지구의 둘레를 한 바퀴 돈다는 것은 우리의 눈이 증명하고 있는데 무슨 잠꼬대 같은 소리를 지껄이는 거야?" "코페르니쿠스는 단지 자신의 지적 허영심을 만족시키기 위해 이미 옛날에 단순한 유희로 간주되었던 불확실한 가설을 퍼뜨리고 있다." 그러나 프톨레마이오스의 천문학에 불만을 느끼고 있었던 학자들을 중심으로 코페르니쿠스의 저작은 점차적으로 확산되었다.

과학의 역사가 보여주듯이, 한 사람의 능력만으로 완벽한 변화가 이루어지지는 않는다. 코페르니쿠스도 마찬가지였다. 책의 제목에도 있는 것처럼 그는 이전부터 사용되어 왔던 천구에 집착하고 있었다. 또한 그는 완전성을 상징하는 것으로 간주되어 왔던 등속원운동의 개념도 고수하고 있었다. 이에 따라 코페르니쿠스의 우주구조에서도 주전원과 이심이 여전히 남아있었다. 물론 코페르니쿠스의 우주에서는 프톨레마이오스의 우주에 비해 주전원이 80개에서 30개 정도로 줄어들긴 했지만, 그것은 정도의 차이에 지나지 않았다고 볼 수 있다. 이러한 의미에서 코페르니쿠스는 최초의 근대적 천문학자이자 마지막 프톨레마이오스주의 천문학자로 평가되기도 한다.

더 나아가 코페르니쿠스는 태양중심설이 제기하는 새로운 문제들에 거의 관심을 기울이지 않았다. 코페르니쿠스의 우주구조에서는 지구가 태양 주위를 돌기 때문에 지구에서 별을 관측할 때 시차(parallax)가 나타나야 했지만 당시에는 그것이 관측되지 못했다. 이 문제는 당시의 유명한 관측천문학자인 티코 브라헤(Tycho Brache)가 코페르니쿠스의 주장을 거부했던 중요한 이유로 작용했다. 사실상 코페르니쿠스의 우주구조를 받아들이기 위해서는 우주의 크기를 거의 무한으로 확장시키는 것이 필요했고, 그렇게 되면 우주에서 '중심'과 같은 관념이 더 이상 의미를 지니지 못하게 되었

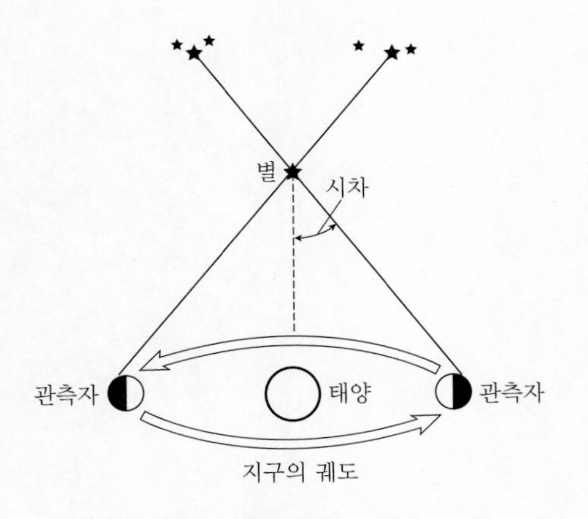

별의 시차에 대해 설명하고 있는 그림

다. 별에 대한 시차는 1838년에 독일의 과학자인 베셀(Friedrich Wilhelm Bessel)이 처음 관측한 바 있다.

그 밖에 일반인들도 생각할 수 있는 직관적인 문제도 있었다. 지구가 하루에 한 바퀴씩 빠른 운동을 하는데 그 위에 사는 사람들은 왜 그것을 느끼지 못하는가? 지구가 움직이고 있는데 왜 지구 위에서 던져 올린 물체는 바로 밑으로 떨어지는가? 등이 그것이다.

이러한 코페르니쿠스의 한계는 케플러와 갈릴레오에 의해 극복되기 시작하였다. 케플러는 티코 브라헤의 엄밀한 관측 자료를 바탕으로 행성이 부등속 타원운동을 한다는 점을 밝히면서 행성의 운동 속도와 거리에 대한 법칙을 도출하였다. 갈릴레오는 자신이 직접 만든 망원경으로 하늘을 관측하여 태양중심설에 대한 증거를 제시하였고 코페르니쿠스의 천문학이 제기한 역학적 문제를 해결하였다. 서두에서 언급한 쿤이 1957년에 발간한《코페르니쿠스 혁명》에서 적절히 지적했듯이, 코페르니쿠스가 "혁명적"이었다기보다는 "혁명을 시작했다"고 평가하는 것이 무난할 것이다.

© Book's-Hill

연금술에서 의화학으로

파라켈수스

켈수스보다 뛰어난 사람

16세기 의사이자 연금술사인 파라켈수스(Philippus Paracelsus, 1493~1541)의 생애는 수많은 의문과 논쟁으로 가득 차 있다. 그의 본명은 필리푸스 아우레올루스 테오프라스투스 봄바스투스 폰 호펜하임(Philippus Aureolus Theophrastus Bombastus von Hohenheim)으로 세상에서 가장 긴 이름인 것 같다. 파라켈수스는 자신이 붙인 별명인데, 그것은 헬레니즘 시대의 시인이자 의사였던 켈수스(Aulus Cornelius Celsus)보다 뛰어나다는 뜻이다. 파라켈수스는 주로 의사로 활동하면서 의학과 연금술을 결합시켜 의화학(iratrochemistry)이라는 새로운 분야를 개척하였다. 의화학은 기존 의학의 대안이었으며 동시에 연금술이 화학으로 발전하는 교량 역할을 담당하였다.

파라켈수스는 1493년에 스위스의 아인지델른에서 태어났다. 아버지는 독일인 의사이자 화학자였다. 어린 시절에 파라켈수스는 독일 아우크스부르크의 부유한 은행가인 푸거가(Fugger family)가 세운 베르그슐레에 들어가 금속의 분석과 광산의 관리에 대한 훈련을 받았다. 그는 광부들이 금속은 땅속에서 "자란다"라고 말하는 것을 들었고, 커다란 용해통에서 금속이 끓어 넘치며 변화하는 것을 지켜보았다. 파라켈수스는 연금술사들이 그랬던 것처럼 자신도 언젠가는 납을 금으로 바꾸는 방법을 발견하게 되지 않을까 하고 기대했다.

파라켈수스는 14살이 되던 1507년부터 여러 대학을 돌아다니며 공부하였다. 당시의 젊은 학도들에게는 이 대학에서 저 대학으로 유명한 교수를 찾아 유럽을 방랑하는 것이 일종의 유행처럼 여겨졌다. 파라켈수스는 5년 동안 바젤, 튀빙겐, 빈, 비텐베르크, 라이프치히,

하이델베르크, 쾰른 등에 소재한 여러 대학들을 다녔지만 어느 곳에서나 실망을 느꼈다고 한다. 그는 "어떻게 고급 대학들에서 그렇게 많은 고급 바보들을 만들어낼 수 있는지 놀라웠다"고 비꼬기도 했다.

파라켈수스는 1510년에 빈 대학에서 의학사 학위를 받았다. 그의 주장에 따르면, 1516년에는 이탈리아의 페라라 대학에서 의학박사 학위를 받았다. 그러나 파라켈수스가 의학에 관한 많은 지식을 가진 것은 분명하지만 그가 박사 학위를 받았는지는 분명하지 않다. 파라켈수스는 평소에 자신을 의학박사라고 불렀으나 그의 책에서는 신학박사, 그의 유서에서는 문학박사라고 칭했다. 1522년에 그는 유럽의 끊임없는 전쟁 와중에 군의관으로 일했는데, 거기서 그는 외과의를 무식한 기능공으로 경멸하는 당시의 의사들에 반감을 품었다.

1527년에 파라켈수스는 바젤 시의 공의(公醫)이자 의과대학 교수로 임명되었다. 여기에는 당시의 유명한 인문주의자이자 출판업자인 프로벤(John Froben)의 질병을 치료한 것이 중요한 계기로 작용하였다. 프로벤은 말에서 떨어져 2년 동안 괴저(壞疽, 상처나 감염으로 인해 혈액공급이 오랫동안 중단되어 동물의 연조직이 국소적으로 죽은 상태)로 고생하고 있었는데, 파라켈수스가 6개월 동안 치료를 한 후에 건강이 현격하게 회복되었던 것이다.

그러나 프로벤은 다시 말을 타다가 떨어지면서 머리를 다쳐 죽고 말았다. 파라켈수스를 비판하는 사람들은 "프로벤이 치료되지 않았다"고 주장했고, 파라켈수스의 지지자들은 "치료는 완전했는데 프로벤이 말을 타지 마라는 파라켈수스의 충고를 받아들이지 않았기 때문에 죽었다"고 주장했다. 그러나 감염에 의한 괴저가 2년 동안 지속될 수 없다는 점을 고려한다면 이와 같은 주장들은 신빙성을 잃게 된다. 이에 대해 프로벤이 순환기 질병을 앓고 있었고 낙상(落傷)으로 인해 병이 악화되고 있었는데, 파라켈수스가 아편으로 고통을 진정시켰다는 설명도 제기되고 있다. 진정제를 먹은 사람은 균형을 유지하기 어렵기 때문에 말을 타게 되면 매우 위험해지는 것이다.

권위를 불사른 새로운 도전자

파라켈수스는 바젤에서 학문 용어인 라틴어 대신에 모국어인 독일어로 강의를 하였고, 약사와 이발 외과의를 강의에 초빙함으로써 장인과 학자의 구별을 없애기도 했다. 그것은 기존의 전통을 깨뜨리는 파격적인 행위였다. 루터(Martin Luther)가 로마 교황의 교서를 불태운 것과 마찬가지로 파라켈수스는 오랫동안 의학의 권위자로 인식되어 왔던 갈레노스(갈렌)와 이븐 시나(아비센나)의 서적을 불태우면서 강의를 시작하였다. 루터는 연금술에 깊은 관심을 가지고 있었고 파라켈수스를 "학식이 풍부한 인물"로 칭찬했다. 연금술은 죽음과 부활의 과정에 의해 비천한 금속을 고귀한 것으로 바꾼다는 종교적인 관념을 구현하고 있었기 때문이었다.

바젤에서 파라켈수스의 경력은 2년 만에 갑작스럽게 끝났다. 그는 100굴덴의 비용을 받기로 하고 어떤 판사의 통증을 아편으로 치료하였다. 그런데 치료를 받은 판사가 돈을 지불하지 않았고 이에 파라켈수스는 그를 고소하였다. 파라켈수스는 재판에서 패하자 노골적으로 판사와 법정을 비난하였다. 이러한 소동은 파라켈수스의 친구들이 겨우 그를 진정시키고 그가 바젤을 떠남으로써 막이 내렸다. 그 후 파라켈수스는 의사로서 몇 가지 지위를 제안 받기도 했지만, 어디에도 정착하지 않고 북부 독일을 방랑하면서 여생을 보냈다. 그는 "지식은 사람을 쫓지 않기 때문에 사람이 지식을 쫓아야 하며 여행은 난로 옆에 있는 것보다 많은 지식을 주는 것"으로 생각하였다. 프랑스의 유명한 소설가인 유르스나르(Marguerite Yourcenar)는 방랑하는 파라켈수스를 모델로 〈어둠 속의 작업〉이라는 소설을 쓰기도 했다.

파라켈수스는 의학에 해박한 사람이었고 뛰어난 의료인이었다. 그는 환자의 통증을 감소시키기 위하여 최면제, 진정제, 그리고 아편과 같은 마약을 사용하였다. 19세기에 미국의 모턴(William Morton)과 롱(Crawford Long)이 마취제로 에테르를 사용하기 300년 전에 파라켈수스는 에테르의 효과를 밝히기 위해 동물 실험을 하기도 했다. 그는 약품의 정제를 강조하였고 조심스럽게 복용량을 조절했으며 독약도 소량만 복용하면 이익이 된다는 점을 감지하였다. 또한 그는 모든 질병들이 서로 다른 것이며 그것들은 오로지 특이한 약품에 의해서만 치료될 수 있다고 믿었다. 실제로 그는 의학에서 '특이한(specific)'이란 용어를 처음으로 사용하였고 질병과 치료의 특이성에 관하여 많은 연구를 하였다.

파라켈수스는 기존의 의학 이론에서 무시되었던 것을 가지고 질병과 치료에 관한 자신의 이론을 만들었다. 갈레노스주의자들의 치료법은 전쟁, 인구 집중, 자유로운 여행 등으로 인하여 당시 유럽을 유린했던 각종 감염성 질환에는 전혀 효과가 없었다. 파라켈수스는 페스트, 매독, 천연두 등에 주목하여 질병의 요인을 육체적 조건뿐만 아니라 나쁜 작인의

플랑드르의 화가 테니르스의 작품인 〈연금술사〉

침입에서 찾았다. 그는 '질병의 종자'라는 개념을 바탕으로 "각 질병은 자신의 종자나 원인을 가지고 있으며 따라서 자신의 특이한 치료법과 치료약이 있다"고 주장하였다. 이러한 사상은 당시 연금술사들이 추구했던 만병통치약을 배척하는 것으로서 개별적인 질병에 대한 연구를 자극했으며 유익한 약제와 해로운 약제를 구별하는 데 도움을 주었다.

파라켈수스가 처방했던 치료약에는 중금속 염들이 많이 포함되어 있었다. 비스무트와 안티몬은 위장병의 치료약으로 사용되었고 수은염은 매독을 비롯한 각종 피부병에 이용되었다. 이러한 치료약들은 대부분 시행착오를 통해 발견되었지만 그 효과가 밝혀지면 파라켈수스는 해당 치료약을 정당화하는 작업을 전개하였다. 예를 들어 빈혈증에 철의 염류가 효과적이라는 것이 밝혀지자, 그는 "혈액은 화성의 색과 같은 붉은 색이고 화성은 혈액과 철의 군신인 마르스(Mars)와 결부되어 있기 때문에 철이 결핍되면 혈색이 나빠진다"는 식으로 철의 효과를 설명하였다. 당시만 해도 동서양을 막론하고 식물은 약재로 많이 사용되었던 반면 광물질은 그다지 사용되지 않았는데, 파라켈수스는 적극적으로 광물질을 약재로 사용하였다. 이 때문에 그는 화학요법의 선구자로 평가되고 있다.

인체는 일종의 화학계이다

파라켈수스는 고대 이래로 널리 수용되어 왔던 4원소설이나 4체액설을 거부하면서 3원리(tria prima)설을 제안하기도 했다. 인체가 하나의 화학계로서 가연성을 나타내는 황, 휘발성 혹은 유동성을 나타내는 수은, 그리고 고체성 혹은 안정성을 나타내는 염으로 구성되어 있다는 것이었다. 파라켈수스의 3원리설은 기독교의 삼위일체설과 비슷하게 삼중의 복합성을 가지고 있으며, 황은 영혼을, 수은은 정신을, 염은 육체를 상징한다. 황과 수은은 이전부터 연금술의 기본적 원소로 간주되어 왔으며, 염은 파라켈수스가 제3의 원소로 추가한 것이었다.

갈레노스주의자들이 체액의 불균형을 질병의 원인으로 간주했듯이, 파라켈수스도 3원리 간의 균형이 결여될 때 질병이 발생한다고 생각하였다. 그러나 갈레노스주의자들은 질병의 본질을 인체의 병적 상태로 생각했던 반면 파라켈수스는 질병 자체를 하나의 존재로 간주하였다. 인체가 화학계라는 파라켈수스의 견해는 종전의 체액설보다는 훨씬 유용한 것으로서 각종 무기의약품을 발견하는 기초로 작용하였다.

파라켈수스는 당시의 많은 자연철학자들처럼 의학의 기초를 자신의 독특한 신학에서 찾았다. 태초에 신은 하나의 원초물질과 그 속에서 생장할 수 있는 다수의 종자를 창조했으며, 개개의 종자는 예정된 기간에 특정한 존재로 발전한 후 존재가 소멸하더라도 살아남아서 새로운 생장을 시작한다는 것이다. “신은 만물을 창조했다. 그는 무(無)에서 무엇인가를 창조했다. 이 무엇이 바로 종자다. 종자 속에 그 효용과 목적이 처음부터 내재하고 있다.”

이처럼 개개의 종자 속에는 생장을 촉진하는 힘이 내재되어 있는데, 파라켈수스는 그러한 힘을 ‘아르케우스(archeus)’라고 불렀다. 아르케우스는 섭취한 음식물 중에서 유용한 것을 무용한 것에서 분리하고 영양물을 신체의 조직으로 전환시킨다. 파라켈수스는 질병도 일종의 생명적인 힘으로 생각했고, 그것이 신체를 습격하면 몸에 존재하고 있던 아르케우스와 싸운다고 간주했으며, 특효약에 해당하는 광물질을 몸에 넣어 주면 약물의 아르케우스가 병의 아르케우스를 눌러 이기게 된다고 설명하였다.

파라켈수스 의학의 또 다른 기초는 연금술이었다. 그는 연금술을 “천연의 가공되지 않은 물질들을 가공된 생성물로 변환하는 기술”이라고 정의했다. 이러한 정의에 따르면, 요리사, 제과공, 방적공, 약제사 모두가 연금술사들이고, 그들이 충분하게 연금술을 익힐 경우에만 진정한 전문가가 될 수 있다. 파라켈수스는 의사들이 연금술을 실행할 것을 촉구하면서 진정한 의사에 대하여 다음과 같이 썼다. “진정한 의사는 게으름뱅이들과 사귀지 않으며 사치하는 데 열중하지 않고 불 속에서의 작업과 연금술을 익히는 데 바쁘다.”

당시의 연금술사들이 화학물질을 하늘의 별들과 결부시켰듯이 파라켈수스는 신체의 부위를 항성이나 행성들과 관련지었다. 그에 의하면, 태양은 심장, 달은 뇌, 수성은 허파, 목성은 간, 금성은 콩팥, 화성은 담낭에 해당되는 것이었다. 이에 따라 항성 또는 행성과 상응하는 물질들은 치료약으로 가공되었고 이전부터 치료약으로 판명된 물질들은 하늘의 별들과 결부되어 설명되었다.

이러한 입장에서 파라켈수스는 아리스토텔레스의 논리학과 스콜라적인 연역적 추리에 불신을 품게 되었다. “그러한 것은 그리스인의 물리적 과학이다. 그것은 눈으로 본 것으로부터만 연역하려고 하며 정신의 실험에 의해 숨겨진 것을 알아내는 일은 결코 하지 않고 있다.” 파라켈수스에게 지식은 신비적인 통찰과 유추에 의한 탐색, 특히 소우주(小宇宙)인 인간과 대우주(大宇宙)인 자연 사이의 대비에 의해 얻을 수 있는 것이었다. 예를 들어 그는 “천둥, 바람, 폭풍의 원천을 아는 사람은 복통의 울화가 어디서 오는지 안다”고 단언하였다.

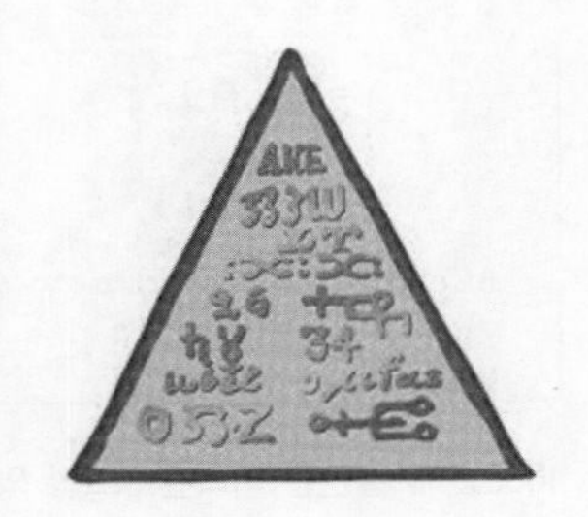
파라켈수스가 만든 부적

중세와 근대의 기묘한 동거

파라켈수스는 1541년에 잘츠부르크의 한 여인숙에서 48세의 나이로 세상을 떠났다. 그의 저작은 사후에 출간되어 당시의 의학계에서 상당한 호평을 받았다. 많은 궁정 의사들과 약제사들은 파라켈수스의 저작을 바탕으로 환자들을 성공적으로 치료할 수 있었다. 대학에서는 한 동안 파라켈수스의 저작이 금지되었지만 그것은 오래가지 못했다. 16세기 후반에 파리 대학과 하이델베르크 대학에서 학생들이 파라켈수스의 학설을 금지한 것에 항의하여 소동을 일으켰던 것이다.

특히 파라켈수스는 약제사들의 활동에 이론적 근거를 부여함으로써 그들이 독자적으로 의료에 종사할 수 있는 발판을 제공하였다. 1608년 영국의 약제사들은 약품 판매상들의 '식료품 조합'에서 탈퇴하여 자신들만의 '약사 조합'을 설립하였고 그것을 계기로 널리 의료 활동에 관여하기 시작하였다. 1665년과 1666년에 런던에서는 악성 전염병이 크게 번졌는데, 갈레노스주의자들은 대부분 도시를 탈출했던 반면 약제사들은 도시에 남아 시민에게 봉사하는 선례를 남겼다. 결국 1703년에 약제사들은 의료에 종사할 수 있는 권리를 인정받았고 19세기까지 그 권리는 지속되었다.

파라켈수스는 화학의 발전에도 큰 흔적을 남겼다. 그의 3원리설은 17세기 말에 화학반응을 설명하는 플로지스톤(phlogiston) 이론으로 편입되어 18세기 말에 라부아지에가 연소설을 제시하기 전까지 화학 활동의 구심점으로 작용하였다. 또한 그는 새로운 치료약을 찾으려는 연구를 통해 그 동안 알려지지 않았던 물질이나 반응을 제공했으며, 물질의 순도와 정량적 조성을 강조함으로써 화학 분석의 발전에도 기여하였다. 근대의 화학자들이 실험실에서 작업을 하게 된 것도 파라켈수스의 영향으로 평가되고 있다.

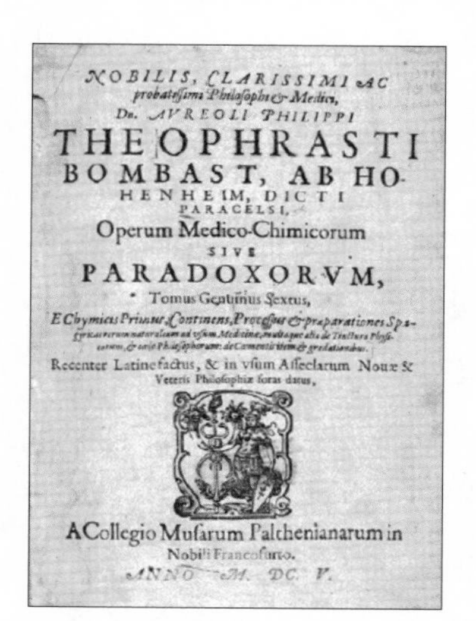

NOBILIS, CLARISSIMI AC
probatissimi Philosophi & Medici,
Dn. AVREOLI PHILIPPI
THEOPHRASTI
BOMBAST, AB HO-
HENHEIM, DICTI
PARACELSI,
Operum Medico-Chimicorum
SIVE
PARADOXORVM,
Tomus Genuinus Sextus,
Recenter Latine factus, & in vsum Asseclarum Nouæ &
Veteris Philosophiæ foras datus,
A Collegio Musarum Palthenianarum in
Nobili Francofurto.
ANNO M. DC. V.

1605년에 발간된 파라켈수스의 의화학에 대한 저술

파라켈수스가 태어나고 활동했던 시기는 그야말로 격변과 혼돈으로 가득 차 있었다. 당시에는 중세적 세계관이 근대적 세계관으로 변화하고 있었지만, 중세적 세계관이 완전히 종말을 고한 것도 아니었고 근대적 세계관이 뚜렷한 모습을 드러낸 것도 아니었다. 파라켈수스의 학문에도 신비주의적 특징과 합리주의적 특징이 모두 나타나고 있었다. 그는 자연 그 자체에 대한 연구를 바탕으로 새로운 지식을 획득하기도 했지만, 궁극적 실재에 대한 내면적인 체험을 중시하는 신비주의적 분위기도 지니고 있었다. 그에게는 중세와 근대가 기묘하게 동거하고 있었던 것이다.

©Book's-Hill

근대과학의 방법론적 기초를 닦다
프란시스 베이컨

새로운 과학을 찾아서

16~17세기에 과학혁명이 진행되는 동안 여러 분야에서 괄목할만한 과학적 발전이 있었지만, 새로운 과학의 특성은 충분히 알려지지 않고 있었다. 특히 오랫동안 분리되어 있었던 학자적 전통과 장인적 전통이 경계를 허물기 시작했지만, 그것의 본질과 잠재력을 이해하고 있었던 사람은 많지 않았다. 영국의 정치가이자 철학자인 프란시스 베이컨(Francis Bacon, 1561~1626)이야말로 과학의 역사적 의의와 인간생활에서 과학의 역할을 인식하고 있었던 선구자 중의 한 명이었다. 그는 과학의 일반적 방법론을 규정하고 그 응용방법을 보여줌으로써 새로운 과학운동의 방향을 제시하려고 했다.

사실상 과학혁명의 주역들은 대부분 자신들이 이전과는 다른 새로운 일을 하고 있다는 관념을 가지고 있었다. 당시에 과학을 하던 사람들이 생산한 지식이나 사용한 방법은 매우 다양했지만, 그들은 무언가 새로운 일이 진행되고 있다는 인식을 공유하고 있었다. 과학혁명의 주역들이 남긴 저서 중에도 '새로운'이라는 제목을 단 것이 제법 있다. 예를 들어 케플러는 1609년에 《새로운 천문학》을 발간하였고, 갈릴레오는 1638년에 《새로운 두 과학》을 썼다.

'새로운'이란 말을 가장 많이 사용한 사람은 아마도 베이컨일 것이다. 그는 1620년에 《신기관(Novum Organum)》을, 1627년에는 《새로운 아틀란티스(New Atlantis)》를 발간하였다. 《새로운 아틀란티스》는 플라톤이 언급한 아틀란티스제국을 염두에 두고 계획한 것이었다. 플라톤이 수천 년 전에 바다 속으로 가라앉았다는 전설의 섬을 통해 이상의 상실을 한탄했다면, 베이컨은 새로운 아틀란티스에서 더 나은 미래를 꿈꿨다. 《신기관》은 아리스토텔레스의 논리학에 관한 저서인 《기관(Organum)》에 대항하는 의미를 담고 있었다. 베이컨은 아리스토텔레스의 연역적 논리학에 이의를 제기하면서 새로운 논리학의 기초로 귀납적 방법을 제창했던 것이다.

대법관을 지낸 과학자

프란시스 베이컨은 1561년에 영국 런던의 요크하우스에서 니콜라스 베이컨(Nicolaus Bacon)의 다섯째 아들로 태어났다. 아버지는 당시 영국의 저명한 정치가로 옥새상서(옥새를 관리하면서 국왕의 명령을 공식화하는 직책)와 대법관을 지냈던 인물이다. 프란시스 베이컨이 훗날 아버지와 같이 옥새상서와 대법관을 역임했다는 점도 흥미롭다. 사실상 베이컨은 서양 철학사를 통틀어 가장 높은 관직에 올랐던 인물로 평가되고 있다.

베이컨은 매우 영리하고 조숙한 소년이었다. 그는 1573년에 12살의 어린 나이로 케임브리지 대학의 트리니티 칼리지에 입학했다. 그러나 교육방법에 혐오감을 느낀 나머지 3년 뒤에 대학을 그만 두고 말았다. 케임브리지 대학은 당시 대부분의 대학과 마찬가지로 아리스토텔레스의 원전을 중심으로 스콜라적 논쟁을 벌이고 있었는데, 베이컨은 인간의 행복을 해명하고 증진시키는 데 그러한 교육방법이 적절하지 않다고 느꼈다. 그는 케임브리지 시절에 엘리자베스 1세를 만나기도 했다. 당시 여왕은 베이컨의 남다른 지적 능력에 감탄하며 청소년 베이컨을 '젊은 옥새상서'라 일컬었다.

1576년에 베이컨은 그레이 법학원(Gray's Inn)에서 법학을 배우기 시작했다. 법학원을 다니던 중에 그는 프랑스 주재 영국대사의 수행원이 되어 파리로 갔다. 파리에서 베이컨은 대륙의 지식인들과 어울리면서 많은 것을 배울 수 있었다. 특히 그는 그 무렵 파리에서 새롭고 다양하게 나타나기 시작했던 실용적 학문의 중요성을 깊이 인식하게 되었다.

베이컨은 1579년에 예기치 않았던 시련을 겪었다. 아버지가 갑자기 사망하는 바람에 재산을 거의 상속받지 못했던 것이다. 런던으로 돌아온 그는 유력한 친척들에게 경제적 곤경에서 벗어날 수 있도록 도와줄 것을 부탁하였다. 그러나 친척들은 베이컨의 독립심을 키워주어야 한다는 명분을 들어 그의 간청을 들어주지 않았다.

이제 베이컨은 스스로의 힘으로 인생을 개척해야만 했다. 그는 훌륭한 법률가가 되면 경제적인 보상도 따를 것으로 판단했다. 베이컨은 다시 법학원에 복귀한 후 1582년에 변호사의 자격을 얻었다. 1586년부터는 법학원 대표위원을 맡았고, 1588년에는 법학원 교수가 되었다. 베이컨은 법률 사무에 종사하면서 정치에 대한 꿈도 키웠다. 그는 1584년에 타운턴 시를 대표해 의회에 진출한 후 의욕적인 활동을 펼쳤다. 그의 연설은 간결하고 생동감이 넘쳤으며 덕분에 그는 선거 때마다 의석을 차지할 수 있었다.

그러던 중 베이컨은 엘리자베스 여왕의 사랑을 거절하였던 에식스 백작과 가깝게 지내게 되었다. 에식스는 베이컨에게 높은 지위를 얻어주지 못한 것을 미안하게 생각하여 자신의 땅을 베이컨에게 선사하기도 했다. 그러나 에식스는 1598년에 엘리자베스를 가두고 왕위 계승자를 뽑으려는 음모를 꾸몄다. 음모는 들통이 났고 에식스는 사형을 당하고 말았다. 이 때 베이컨은 엘리자베스 앞에서 끊임없이 에식스를 변호했기 때문에 정적(政敵)들에게 둘러싸여 요직을 차지하지 못한 채 살았다.

1603년에 제임스 1세가 왕위를 계승한 뒤에는 베이컨의 정치적 지위가 급속히 상승되었다. 그는 1606년에 법무차관, 1613년에는 검찰총장이 되었고, 1617년에는 옥새상서, 1618년에는 대법관이 되었다. 1603년에는 기사 작위를, 1618년에는 남작 작위를, 1621년에는 자작 작위를 받았다. 그의 마지막 호칭은 세인트 앨번스 자작(Viscount of Saint Albans)이었다.

베이컨이 승승장구할 수 있었던 것은 그가 다재다능한 사람이었기 때문이었다. 그는 정치적 감각도 뛰어났지만 학문적으로도 상당한 능력을 가지고 있었다. 사실상 베이컨은 세상의 모든 지식을 자신의 영역으로 생각하면서 거의 무한에 가까운 지식을 보유하고 있었다. 베이컨은 1597년에 《수상록》을 시작으로 많은 책을 썼는데, 생전과 사후에 발간된 그의 책은 30권에 이른다. 우리말로는 《학문의 진보》, 《신기관》, 《베이컨 수필집》 등이 번역되어 있다.

베이컨은 사치스러운 생활을 즐기는 사람이기도 했다. 예를 들어 그는 1607년에 45세의 나이로 14세의 소녀와 결혼했는데, 지나치게 화려한 결혼식을 준비하느라 부인의 지참금이 모두 바닥을 드러내고 말았다. 한 목격자는 다음과 같이 묘사했다. "그는 머리끝에서 발끝까지 보라색 옷으로 차려 입었고, 자신과 아내를 어마어마한 양의 금은 장신구로 치장했다. 아내의 가족들에게 깊은 인상을 주고자 한 행동이었다."

이러한 베이컨에게는 항상 돈이 필요했다. 그는 소송을 의뢰하는 사람들로부터 많은 뇌물을 받았다. 급기야 1621년에는 부정부패의 혐의로 유죄판결을 받아 4만 파운드의 벌금을 물어야 했다. 또한 "국가나 공공복지의 영역에서 어떤 직책과 지위를 맡거나 업무를 수행하는 것을 영구히 금지하며 왕의 마음이 변할 때까지 탑에 갇혀 있어야 한다"는 조치도 취해졌다. 다행히도 왕은 곧바로 베이컨을 동정하여 며칠 뒤에 석방했다.

1621년에 베이컨은 60세의 나이로 모든 공직에서 물러났다. 그 후 5년 동안 베이컨은 익숙하지 못한 가난에 시달렸지만, 연구와 저술을 위안으로 삼아 집에서 조용히 은거하면서 지냈다. 그는 좀 더 일찍 정치를 단념하고 학문에 전념하지 못한 것을 후회하기도 했다. 〈죽음에 대하여〉라는 수필에서 그는 "중상을 입고 피를 흘리면서도 상처를 입는 순간에는 아픔을 느끼지 못하듯이 이렇게 열심히 연구를 하다가 죽기를 바란다"고 말했다.

마침내 베이컨의 소망은 이루어졌다. 1626년 3월에 그는 말을 타고 달리다가 "고기를 눈으로 덮어두면 얼마동안 보존될 수 있을까" 하는 문제를 생각하기 시작했고 그 문제를 당장 실험해 보기로 결심했다. 그는 농가에서 말을 멈추고 닭을 한 마리 사서 죽인 다음 뱃속에 눈을 채워 넣었다. 그러는 동안 그의 몸에서 오한이 나기 시작했다. 다양한 관심과 불규칙한 생활로 그의 몸은 이미 망쳐진 상태였던 것이다. 말을 타고 집으로 돌아오는 길에 베이컨은 자신의 상태가 매우 심각하다는 것을 알고 가까운 저택을 찾아가 침대에 누웠다. 그 순간에도 그는 삶에 대한 강한 애착을 가진 채 쾌활하게 "실험은 매우 성공적이었다"고 종이에 썼다. 그러나 그것은 베이컨의 마지막 기록이 되고 말았다.

네 가지 우상에 대한 비판

베이컨은 정치와 문학 등 다방면에 유능한 사람이었지만 그의 근본적인 관심은 과학에 있었다. 그는 자연현상의 구조와 법칙에 관한 지식을 얻고 그것을 바탕으로 자연을 실질적으로 지배할 수 있는 방법을 발견하고 보급하는 데 심혈을 기울였다. 베이컨은 사람들이 끊임없이 식량문제와 전염병으로 고통 받는 것을 무수히 보아왔다. 그래서 그는 인간이 자연의 힘 앞에 무력했을 때 겪는 고통을 극복하기 위하여 인간이 자연을 지배할 수 있는 기초를 닦는 데 주력했던 것이다.

베이컨은 뚜렷한 과학적 업적을 남기지는 못했지만, 과학적 방법론을 체계화하여 새로운 과학을 가장 강력하게 예언하였다. 그는 과학적 방법의 개혁에서 모든 학문을 개선시킬 수 있는 가능성을 발견했던 것이다. 당시 학문이 지닌 결점들과 새로운 방법의 필요성에 관한 그의 생각을 적은 최초의 저작은 1605년에 출판된 《학문의 진보》였다. 이 책에서 베이

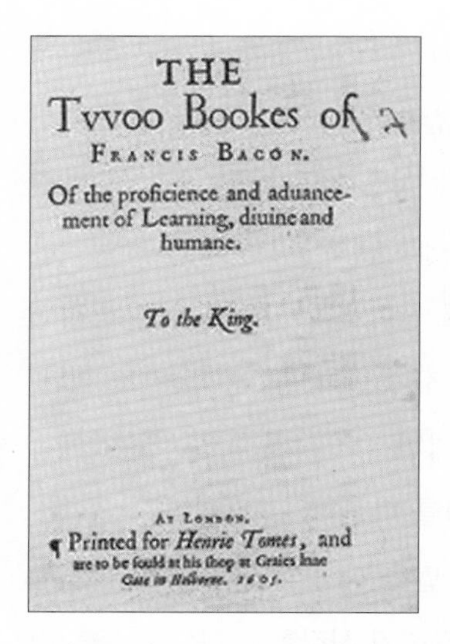
THE

Tvvoo Bookes of

FRANCIS BACON.

Of the proficience and aduancement of Learning, diuine and humane.

To the King.

AT LONDON.

Printed for *Henrie Tomes*, and are to be sould at his shop at Graies Inne Gate in Holborne. 1605.

베이컨이 1605년에 발간한 《학문의 진보》. 중간에 'To the King'이라는 글귀가 새겨져 있다.

컨은 소크라테스 이전의 학자들(Pre-Socratic Philosophers)은 올바른 방향으로 자연을 탐구하고 있었지만, 플라톤과 아리스토텔레스에 와서는 학문이 경험과의 접촉을 잃어버리게 되었으며, 급기야 중세에는 종교적 교리까지 섞여 들어서 학문이 타락하게 되었다고 진단하였다.

베이컨은 학문이 타락한 원인을 네 가지 우상(idol), 즉 종족, 동굴, 시장, 극장의 우상에서 찾았다. 종족의 우상은 감각의 불완전성과 이성의 한계에서 비롯되는 인간 본유의 폐단이며, 동굴의 우상은 각 개인의 특수한 환경에서 생기는 주관과 선입견에 의한 폐단이다. 시장의 우상은 인간이 적절하지 않는 언어나 부호를 사용함으로써 생기는 폐단이며, 극장의 우상은 자연현상을 학문의 체계나 학파에 억지로 맞추려고 할 때 발생하는 폐단을 지칭한다.

이러한 폐단을 해결하기 위하여 베이컨은 실험적 방법과 협동연구의 필요성을 강조하였다. 그는 연금술이나 장인적 기술에서 자연을 적극적으로 조작하는 태도를 배워야 한다고 주장하였다. 자연을 수동적으로 명상하기만 한다면 인간의 정신은 미리 지니고 있던 생각을 지지하는 사실들만을 받아들이는 반면, 자연을 능동적으로 조작하면 자연에 숨어 있는 작용이 드러나서 사람들이 주목하게 된다는 것이다.

베이컨은 연금술이 과학의 역사에서 담당한 역할을 다음과 같이 평가했다. "연금술은 아마도 아들에게 자신의 포도원 어딘가에 금을 묻어두었노라고 이야기하는 사람에 비유될 수 있을 것이다. 아들은 땅을 파서 금을 발견하지는 못했지만, 포도뿌리를 덮고 있던 흙무더기를 헤쳐 놓아 풍성한 포도수확을 거둘 수 있었던 것이다. 금을 만들고자 노력했던 사람들은 여러 가지 유용한 발명과 유익한 실험들을 가져다주었다."

이와 동시에 베이컨은 협동연구의 필요성을 강조하면서 연금술을 신랄하게 비판하기도 했다. 연금술이나 마술은 비밀스럽고 사리사욕을 탐하기 때문에 지속적으로 발전하기도 힘들고 인류의 복지에도 도움이 되지 않는다는 것이었다.

베이컨이 가장 높게 평가한 것은 장인적 기술이었다. 그는 "당시의 학문적 전통은 타락하고 있는데 반해 장인적 기술은 점점 새로운 힘과 능력을 획득하고 있다"고 말했다. 당시 유럽 사회에서는 경제활동이 증가함에 따라 장인들의 사회적 지위가 높아졌으며, 그들은 자신의 분야에 대한 학문적 탐구를 통해 지적 지위도 향상시키려고 했다. 또한 몇몇 과학자들도 비생산적인 논쟁 대신에 경험적인 연구의 중요성을 인식하면서 기술적 지식을 본받을 것을 강조하였다. 베이컨은 기술이 새로운 지식의 원천일 뿐만 아니라 공개적이고 협동적이며 그 성과가 인류의 복지를 증진하는 데 도움을 준다고 생각했다. 그러나 그는 기술적 지식이 최종적인 결과를 얻어내는 데만 관심이 있어서 올바른 절차에 대해서는 주목하지 않기 때문에 그 발전이 느리고 순조롭지 못하다고 비판하기도 했다.

베이컨이 옹호했던 지식은 인류의 이익을 위해 '빛을 비춰주는(luciferous)' 지식이었다. 그가 남긴 유명한 말인 "아는 것은 힘이다"도 이러한 맥락에서 해석할 수 있다. 동서양을 막론하고 옛날에는 아는 것이 학자의 즐거움에 지나지 않았다. "배우고 때때로 익히면 이 또한 즐겁지 아니한가" 하는 식이었다. 그러나 베이컨은 단순히 지식을 습득하는 것을 넘어 지식을 활용하여 세상을 변화시킬 수 있어야 한다고 주장했다. 참된 지식에는 세상을 변화시킬 수 있는 힘이 있다는 것이었다. 이처럼 베이컨은 인류의 이익에 기여하는 지식의 진보를 갈구했으며, 과학연구가 기술발전에 기여해야 한다는 강한 믿음을 가지고 있었다.

귀납적 방법을 제창하다

이러한 진단을 바탕으로 베이컨은 1620년에 발간한 《신기관》에서 귀납적 방법을 제창하였다. 앞서 언급했듯이, 《신기관》은 아리스토텔레스의 논리학에 관한 저술을 모은 《기관》에 대항하는 의미를 가지고 있다. 논리학 저서에 '기관'이란 이름이 붙은 것은 논리학이 특정한 주제에 국한되지 않고 온갖 종류의 영역에서 도구적으로 사용될 수 있기 때문이었다.

《신기관》에서 베이컨은 자신의 방법론이 가진 유용성을 설명하기 위해 '거미-개미-꿀벌'의 비유를 제시하고 있다. 독단적인 추리와 관념적인 교리만을 강조하거나 연역적 사유 방식에만 머물러 있는 사람들은 자기 자신 속에 있는 것을 풀어서 집을 짓는 거미와 같고, 유용한 결론을 제시하지 못하고 관찰과 실험의 결과만을 수집하는 사람들은 개미와 같다. 이에 반해 꿀벌은 들에 핀 꽃에서 재료를 모아 자신의 힘으로 변화시키고 소화시켜서 유용한 꿀을 생산해낸다. 이와 마찬가지로 참된 학문은 이성의 힘에만 의존하지도 않고 사실의 나열에만 머물지도 않으며, 수집한 사실을 바탕으로 유용한 결과를 얻어 냄으로써 세계를 이해하고 변화시키는 능력을 키워준다.

베이컨은 학문을 진보시키는 방법에서 제일 먼저 필요한 것은 새로운 사실을 수집하고 밝혀내는 것이라고 주장하면서, 자료를 수집하여 정리된 경험적 지식을 '자연사(natural history)' 혹은 '실험사(experimental history)'로 불렀다. 그는 1세기 로마 시대에 플리니우스(Gaius Plinius Secundus Major)가 37권으로 집필했던 《자연사(Historia Naturalis)》의 6배 크기가 되는 지식이 집대성되면 모든 자연현상을 설명할 수 있을 것으로 생각하기도 했다. 베이컨은 방대한 자료를 수집하기 위해서 과거의 서적, 기술적 지식, 믿을만한 보고, 계획된 관찰과 실험 등 모든 통로를 활용할 것을 강조하였다. 실제로 그는 연구할 가치가 있다고 판단되는 주제를 130개 정도로 열거한 뒤 국가적 차원에서 관련된 자료를 수집할 수 있도록 제임스 1세에게 건의하기도 했다.

베이컨에 따르면, 수집된 자료는 체계적인 분류 작업을 거쳐야만 한다. 처음에는 문제가 되는 현상들의 존재표(table of presence), 즉 그 현상이 어디에 존재하는가 하는 사례의 리스트가 작성되어야 한다. 예를 들어 열의 본질을 규명하는 경우에는 태양광선이나 불꽃 등이 고려되어야 할 것이다. 그 다음에는 부재표(table of absence)라는 리스트가 필요한데, 그것은 어떤 현상이 일어나지 않는 경우를 포괄한다. 이를테면 흙과 물에는 열이 존재하지 않는다는 것이다. 마지막 리스트는 현상이 존재하는 정도를 나타내는 정도표(table of comparison)이다. 예를 들면 동물의 열은 운동하기에 따라 달라진다든지 마찰열은 마찰의 강약과 지속시간에 따라 차이가 난다는 것 따위이다. 이러한 리스트를 바탕으로 여러 가설을 세우고 그것을 음미하여 있을 법 하지 않는 것은 버리고 있을 법 한 것은 한층 더 세밀하게 살핌으로써 과학적 지식이 얻어진다. 가설을 선별하는 과정에서는 문제의 현상이 다른 현상들과 관계없이 독립적인 '고립된 사례'와 어떤 현상이 가장 강한 형태로 나타나 있는 '현저한 사례'가 도출된다.

베이컨은 이러한 방법으로 열의 성질에 대한 여러 가설들을 음미한 뒤 열의 본질은 입자의 운동이라는 결론에 도달했다. 열이 발견되는 곳에서는 어떤 형태로든 운동이 있으며 운동의 주체는 물체를 구성하고 있는 미세한 입자일 것이기 때문이었다. 그는 눈에 보이는 자연세계의 배후에 우리의 감각기관이 알 수 없는 구조와 변화가 있다고 생각했고 이를 '잠재구조'와 '잠재과정'으로 불렀다. 물체의 잠재구조는 미세한 입자로 이루어진 것이며 잠재과정은 그러한 입자의 운동에 기인한다는 것이다. 여기서 베이컨은 수집된 사실로부터 끌어낸 가설은 각 단계마다 반드시 실험적으로 검사되어야 하며 그 결과가 적합한 것이라면 인간의 필요를 위해 제공되어야 한다는 점을 강조하였다.

베이컨에 따르면, 귀납적 방법에 의해서 얻어진 정리는 그것들을 얻게 해 준 경험적 사실들을 단순히 합친 것보다 더 범위가 넓을 뿐만 아니라 애초에는 포함되지 않았던 새로운 사실들을 예측할 수 있게 해 준다. 그의 귀납적 방법은 단순히 경험적 사실들을 나열하고 대비하는 과거의 경험적 방법과도 달랐고, 삼단논법에 매몰되어 새로운 사실로 확장될 수 없는 아리스토텔레스의 연역적 방법과도 달랐다. 또한 베이컨은 귀납적 방법으로 얻어진 과학의 피라미드에서 각 단계가 똑같은 성과를 내는 것이 아니라 중간 단계의 일반화가 가장 유용하다고 생각했다. "가장 낮은 공리는 단순한 경험과 다를 바가 없다. 가장 일반적인 공리는 추상적이다. 하지만 중간의 것은 구체적으로 살아있는 공리로서 인간의 사건과 운명은 여기에 의존하는 것이다."

《위대한 부활》의 표지. 파도 밑에는 "많은 사람이 여기로 넘어가고 지식은 증가한다"는 라틴어로 된 글귀가 새겨져 있다.

베이컨은 자신의 새로운 과학적 방법론을 《위대한 부활(Instauratio Magma)》이라는 책으로 집대성하기로 마음먹었다. 그는 이 책을 6부로 나누어 발간할 계획을 가지고 있었지만, 생전에는 2부만을 완성하는 것으로 그쳤다. 제1부는 서설로서 《학문의 진보》에서 다룬 내용을 담았으며, 제2부는 귀납적 방법론에 대한 분석으로서 《신기관》에서 다룬 것을 포괄하였다. 제3부는 장인적 기술과 실험적 사실에 대한 백과사전이 될 예정이었으며, 제4부는 새로운 방법이 이러한 사실들에 어떻게 응용되는가를 보여줄 계획이었다. 그리고 제5부는 종래의 과학학설을, 제6부는 새로운 자연철학을 다룰 예정이었다. 베이컨이 완성하지 못한 부분들은 18세기 프랑스 계몽사조(Enlightenment)의 가장 중요한 지적 작업에 해당하는 《백과전서(Encyclopédie)》에서 구현된 것으로 평가되고 있다.

과학연구의 유토피아를 향한 꿈

베이컨의 귀납적 방법에 따른 과학연구는 한 사람의 힘으로는 불가능했으며 여러 사람들의 협동을 요구하였다. 이러한 점에서 베이컨의 주장은 16~17세기에 출현한 과학단체들에 상당한 영향을 미쳤으며, 왕립학회와 과학아카데미를 비롯한 과학단체의 주역들은 거의 예외 없이 강력한 베이컨주의자들이었다. 실제로 베이컨 자신도 1624년의 저서인 《새로운 아틀란티스》에서 과학자들의 협동연구를 보장하는 '살로몬의 집(Salomon's House)'이라는 과학연구의 이상향을 건설하자고 제안하였다. 베이컨이 생각했던 이상향은 과학연구에 필요한 시설과 재정에 대한 지원을 바탕으로 과학자들이 귀납적 방법을 사용하여 자연을 탐구하고 그로부터 유용한 지식을 얻어내어 인류 복지의 증진에 기여하는 곳이었다.

영국의 왕립학회는 살로몬의 집을 모델로 설립되었다. 그림은 스프랫(Thomas Sprat)이 1667년에 쓴 《왕립학회의 역사》의 표지이다. 가운데에 찰스 2세의 흉상이 놓여 있고, 왼편에는 왕립학회의 초대 회장인 윌킨스(Maurice Wilkins), 오른편에는 과학단체의 필요성을 역설한 베이컨이 있다. 그림의 배경에는 공기펌프를 비롯한 다양한 과학기구들이 놓여 있다.

《새로운 아틀란티스》는 난파당한 선원들이 '신(新)아틀란티스'라는 섬에 상륙하면서 시작된다. 그 섬을 통해 베이컨은 유용한 지식의 생산에 관심이 많은 사람들이 모여서 합리적으로 통치되는 국가를 꿈꿨다. 그 섬의 수도인 벤살렘(Bensalem)에는 정부가 운영하는 연구소인 살로몬의 집이 있다. 베이컨은 살로몬의 집에 소속된 사람들의 역할과 유형에 대해 자세히 설명했다. 사실을 수집하기 위해 세계를 돌아다니는 사람들, 새로운 사실을 만들어내기 위해 실험을 수행하는 사람들, 실험으로 검증해 볼 만한 사실들을 서적에서 찾아내는 사람들, 확실하게 검증된 사실을 취합하고 이를 바탕으로 진리를 만드는 사람들, 과학적 진리로부터 실용적 지식을 도출해내는 사람들 등이었다.

살로몬의 집에는 20개가 넘는 시설이 있다. 기상과 인공강우를 연구하는 거대한 실험실이 있는가 하면, 누에와 벌꿀을 사육하는 작은 농장도 있고, 로봇을 비롯한 자동기계를 생산하는 공장도 있다. 흥미롭게도 사기실험실(house of deceit)도 존재한다. 기적의 의사나 마술사라는 칭호를 달고 정부에 기어들어가 국민을 우롱하는 과학자들의 실체를 폭로하는 곳이다. 연구소 소장은 "우리는 어떤 발명과 실험을 개발해야 하는지, 또 어떤 것은 공개하고 어떤 것은 금지해야 하는지에 대해 결정합니다"고 말한다. 살로몬의 집을 방문한 뒤 선원들은 거기서 배운 모든 것을 "다른 국가의 안녕을 위해 공표해도 된다"는 허락을 받고 섬을 떠난다.

그러나 베이컨의 귀납적 방법론에도 몇 가지 결함이 있다. 우선 그의 방법은 지나치게 형식적이다. 사실상 베이컨 자신도 실제 과학연구에 있어서 자신의 복잡한 규칙을 제대로 지키는 경우가 드물었다. 그보다 더욱 본질적인 비판은 베이컨이 수학이나 연역적 논리를 신뢰하지 않았다는 점에서 찾을 수 있다. 그가 수학의 중요성을 몰랐던 것은 아니지만, 그는 "수학이 논리학처럼 이미 충분히 발전해버려 이제는 과학의 종복이 아니라 오히려 과학을 지배하고 있다"고 생각하였다. 그는 갈릴레오가 복잡한 현상 전체를 연구하지 않고 그중 일부를 분리하여 측정할 수 있는 현상만을 연구한 뒤 그것을 토대로 수학적 이론을 세우는 것에 반대하였다. 베이컨은 특정한 문제와 관련되는 모든 사실을 고찰하려고 했던 것이다.

이러한 태도로 인하여 베이컨은 코페르니쿠스의 태양중심설(지동설)을 수용할 수 없었다. 베이컨은 천문학과 관련된 모든 사실을 생각한 나머지 "지구가 회전한다고 생각하는 사람의 주장이나 옛날의 우주구조를 믿는 사람의 주장 모두가 부분적으로 뒷받침되고 있다"는 어중간한 견해에 도달하였다. 현상과의 부합이라는 측면에서 당시로서는 프톨레마이오스의 천문학과 코페르니쿠스의 천문학 사이에 우열을 가리기 힘들었던 것이다. 그러나 베이컨은 천상계의 물리학과 지상계의 물리학이 달라서 천체는 등속원운동만 한다는 아리스토텔레스의 견해가 "계산의 편의를 위해 억지로 가정된 것"에 지나지 않는다고 반박하였다. 이처럼 베이컨은 사실의 세밀한 수집을 강조하였고, 성급한 결론에는 그것이 과거의 것이든 새로운 것이든 공감하지 않았던 것이다.

베이컨의 방법론이 실제로 미친 영향은 과학 분야에 따라 달랐다. 귀납적 방법은 과학혁명의 주류를 형성했던 천문학과 역학 분야에는 크게 기여하지 못했다. 과학혁명기의 천문학과 역학은 주로 수학적 방법이나 연역적 추론에 의해서 발전했던 것이다. 오히려 베이컨의 방법론은 빛, 열, 소리, 전기, 자기, 화학 등의 분야가 광범위한 사실 수집을 바탕으로 새롭게 출현하는 데 기여했다. 이러한 분야들에서 체계적인 이론이 구성된 것은 19세기의 일이었으며 그것도 수학적 방법을 채용함으로써 가능했다. 베이컨의 방법론이 오랫동안 위력을 발휘했던 분야는 지질학과 생물학이라고 할 수 있다. 이러한 분야는 18세기까지 분류학 위주로 발전된 후 19세기에 주로 귀납적 방법을 통해 다양한 이론들이 제안되는 경향을 보였다.

© Book's-Hill

그래도 지구는 돈다?

갈릴레오 갈릴레이*

과학을 하는 세 가지 경로

옛날에는 한 사람의 학자가 다양한 분야에서 활동했지만, 16~17세기에는 과학을 주로 하는 사람들이 등장하기 시작하였다. 그러나 16~17세기에 과학이 직업의 의미를 가졌던 것은 아니었다. 과학이 본격적으로 제도화되면서 전문직업으로 정착된 것은 19세기의 일이었다. '과학자(scientist)'란 용어도 1833년에 휴얼(William Whewell)이 사용하기 시작한 것으로 알려져 있다. 이전에는 과학자 대신에 '자연철학자' 혹은 '수학자'라는 호칭이 널리 사용되었다. 뉴턴이 1687년에 발간했던 《프린키피아》도 《자연철학의 수학적 원리(Philosophiae Naturalis Principia Mathematica)》를 줄여서 쓴 것이다.

그렇다면 16~17세기의 사람들은 무엇으로 과학 활동에 필요한 재원을 어떻게 충당했을까? 첫째로는 집안이 부유한 경우를 들 수 있는데, 귀족 출신인 보일이 그 대표적인 예이다. 두 번째는 다른 직업을 가진 경우이다. 예컨대, 하비는 의사의 직업을 가지면서 생리학을 연구하였다. 집안도 부유하지 않고 직업도 변변치 않은 경우에는 다른 사람의 후원이 필요했다. 당시의 후원은 오늘날과 달리 주로 개인적 후원이 지배적이었지만, 후원이 과학 활동을 촉진하는 중요한 매개체가 되었다는 것은 분명한 사실이다. 이러한 점을 잘 보여주는 사람이 바로 갈릴레오 갈릴레이(Galileo Galilei, 1564~1642)이다.

---

* 이 글은 송성수, 《과학기술의 개척자들: 갈릴레오에서 아인슈타인까지》 (살림, 2009), pp. 3~19를 보완한 것이다.

갈릴레오 갈릴레이는 과학혁명의 주역 가운데 한 사람으로서 천문학과 역학의 변혁에 크게 기여했다. 당시에는 성(姓)보다는 이름이 중요하게 여겨졌으므로 갈릴레오 갈릴레이를 줄여서 부를 때에는 '갈릴레오'라고 하는 것이 적합하다. 사실상 17세기 이전에는 성을 가지지 못한 사람들이 더욱 많았다. 예를 들어 레오나르도 다빈치(Leonardo da Vinci, 1452~1519)는 '빈치 마을의 레오나르도'라는 뜻을 가지고 있다. 서구 사회에서는 민족국가가 본격적으로 등장하기 시작한 17세기부터 이름보다 성이 통용되었던 것으로 평가되고 있다.

갈릴레오에 관해서는 숱한 이야기들이 따라다닌다. 피사의 사탑에서 무거운 물체와 가벼운 물체가 동시에 떨어지는 실험을 했던 사람, 망원경을 손수 제작하여 태양중심설(지동설)에 관한 증거를 찾아낸 사람, 종교재판으로 박해를 받기도 했지만 "그래도 지구는 돈다"라고 중얼거린 사람 등이 그것이다. 이러한 이야기들은 어느 정도 사실일까?

진자의 등시성에 얽힌 오해

갈릴레오는 1564년에 이탈리아의 피사에서 빈센치오 갈릴레이(Vincenzio Galilei)의 장남으로 태어났다. 1564년은 르네상스 시대의 유명한 화가인 미켈란젤로가 죽고 영국의 대문호인 셰익스피어가 태어난 해이기도 하다. 빈센치오 갈릴레이는 피렌체의 귀족 출신으로 직물상을 생업으로 했으며 음악에 조예가 깊은 인물로 궁정의 음악인으로 활동하기도 했다. 그는 여러 악기 중에 류트(lute, 기타와 비슷한 현악기로 16~18세기 유럽에서 널리 유행했다)를 잘 다루었고, 악기 실험을 통해 화음을 구성하는 새로운 이론을 제시하기도 했다. 갈릴레오도 아버지의 영향을 받아 류트 연주에 소질을 보였으며 왕성한 실험 정신을 가지고 있었다.

갈릴레오는 아버지로부터 글을 배운 후 14살에 수도원에 입문하여 3년 동안 생활했다. 수도원에서 갈릴레오는 그리스의 유명한 철학자이자 과학자인 아리스토텔레스에 심취했고, 어떻게 해서든지 자신도 유명한 과학자가 될 것이라고 마음먹었다. 동시에 수도원 생활은 갈릴레오가 나중에 교회의 권위와 마찰을 일으켰음에도 불구하고 평생 동안 독실한 가톨릭 교인으로 살아갈 수 있는 발판으로 작용했다.

갈릴레오는 17살이 되던 1581년에 아버지의 권유로 피사 대학의 의학부에 입학했다. 그러나 갈릴레오에게 의학 강의는 매우 유치한 것이었다. 그는 의학부에 다니면서도 수학과 과학에 열중했다. 그는 아리스토텔레스의 저작을 많이 읽으면서 거기에 나타난 몇 가지 문제점을 인식하기 시작했고, 점차 기록되어 있는 지식보다 자연현상 자체를 중요시하는 태도를 가지게 되었다. 이 때문에 갈릴레오는 과거의 학설을 맹목적으로 수용하는 교수들과 잦은 논쟁을 벌였고, 급기야 "논쟁꾼"이라는 별명을 얻기도 했다. 대학 졸업이 큰 의미가 없었는지, 갈릴레오는 피사 대학을 3년 반 다닌 후 그만두고 말았다.

갈릴레오는 진자의 등시성을 처음 발견한 사람으로 알려져 있는데, 이에 대해서는 다음과 같은 일화가 전해지고 있다. 1583년 어느 날 피사의 로마네스크 성당에 들어선 갈릴레오는 천장에서 길게 늘어져 흔들리는 샹들리에를 보았다. 그는 손목의 맥박을 재면서 샹들리에의 흔들림을 유심히 관찰하다가 "그렇다! 틀림없다!"라고 소리를 쳤다. 샹들리에의 흔들리는 폭은 점점 줄어들었으나 흔들림이 크건 작건 한 번 왕복하는 데 걸리는 시간은 동일했다. 당시만 해도 흔들거리는 물체의 폭이 좁을수록 시간이 적게 소요될 것으로 믿어지고 있었지만, 갈릴레오는 진자가 진동하는 주기가 진폭과는 관계없이 일정하다는 사실을 발견했다는 것이다.

이러한 일화는 갈릴레오의 제자로서 갈릴레오에 대한 최초의 전기를 쓴 비비아니(Vincenzo Viviani)에 의해 소개된 바 있다. 그러나 그것은 신빙성이 떨어진다. 왜냐하면 이후의 학자들에 의해 갈릴레오가 1583년에 보았다는 로마네스크 성당의 샹들리에는 1587년에 설치되었던 것으로 밝혀졌기 때문이다. 그렇다면 비비아니가 이러한 일화를 만든 이유는 무엇일까? 아마도 비비아니는 대부분의 사람들이 종교적 의례에 시간을 낭비하고 있을 때 자신의 위대한 스승 갈릴레오는 과학적 진리를 추구하는 데 전념하고 있었다는 점을 부각시키고자 했을 것이다.

이에 대하여 갈릴레오가 본 샹들리에가 성당 안의 샹들리에가 아니라 성당 뒤편의 강당에 있던 샹들리에라는 견해도 있다. 아무튼 갈릴레오는 샹들리에가 흔들리는 것을 보고 번득이는 영감을 얻었던 것으로 보인다. 그리고 집으로 돌아와서 크고 작은 두 개의 진자를 흔들어 본 다음 진자의 주기를 꼼꼼히 측정했을 것이다. 그때 그가 시간을 측정하기 위해 시계를 사용했는지, 맥박을 짚었는지는 분명하지 않다.

어쨌든 갈릴레오가 진자의 등시성을 처음 발견한 사람이라는 점은 역사적 사실로 인정되고 있으며, 갈릴레오가 진자의 등시성에 대해 신중한 실험을 한 시기는 1602년경으로 알려져 있다. 갈릴레오에 이어 진자의 등시성에 대해 연구한 사람은 네덜란드의 과학자인 하위헌스(Christiaan Huygens, 네덜란드어 표기법 제정 이전에는 '호이겐스'라는 표기가 쓰였다)였다. 그는 1657년에 오늘날 진자의 등시성을 나타내는 공식인 $T=2\pi\sqrt{l/g}$ 을 유도하였고, 진자의 등시성을 활용하여 정교한 추시계를 만드는 데도 성공했다.

피사의 사탑에 대한 신화

갈릴레오는 피사 대학을 중퇴한 후 개인 교사로 생계를 유지하면서 과학에 대한 연구를 계속했다. 1586년에 그는 아르키메데스의 저술을 분석한 《작은 저울》이라는 소책자에서 저울에 대한 개량된 설계를 제시하여 과학자사회의 주목을 받기 시작하였다. 이와 함께 고체의 무게중심과 관련된 기하학적 문제를 연구하여 그 결과를 작은 논문으로 발표하기도 했다. 갈릴레오는 당시의 유명한 수학자였던 구이도발도 델 몬테(Guidobaldo del Monte), 크리스토퍼 클라비우스(Christopher Clavius) 등과 서신을 교환하였고, 결국 그들의 도움으로 1589년에 피사 대학의 수학 교수가 될 수 있었다.

갈릴레오는 학생들에게 낡은 지식을 그대로 가르치지 않았고, 아리스토텔레스의 학설 중 잘못된 점을 지적하면서 강의했다. 심지어 갈릴레오는 대학인이 항상 가운을 입어야 한다는 규정에 대해 신랄하게 비판하는 풍자의 글을 쓰기도 했다. 이 때문에 선배 교수들은 그를 매우 싫어했으며, 갈릴레오도 피사 대학에서 활동하는 데 많은 제약을 받았다. 갈릴레오는 1590년경에 《운동에 관하여》라는 습작 노트를 집필했는데, 당시의 갈릴레오의 운동이론은 완전히 새로운 것이라기보다는 아리스토텔레스의 잔재가 남아있는 과도기적 형태를 띠고 있었다.

피사 대학의 교수 시절에 있었던 유명한 일화로는 피사의 사탑에서 벌어진 공개 실험을 들 수 있다. 전하는 이야기에 따르면, 갈릴레오가 무게가 다른 두 개의 물체를 동시에 땅에 떨어뜨렸을 때 두 물체가 동시에 "쿵" 하는 소리를 내면서 땅바닥에 떨어졌고, 이 실험을 목격한 사람들은 크게 놀랐다.

갈릴레오가 낙하실험을 했다고 전해지고 있는 피사의 사탑

그러나 이러한 실험이 성립하기 위해서는 진공 상태가 가정되어야 하는데, 피사의 사탑 부근을 진공으로 만든다는 것은 상상하기 어렵다. 게다가 갈릴레오가 활동했던 시절에는 진공 상태를 유지할 수 있는 방법이 개발되지 않았다. 일상적인 판단에 따르면 무거운 물체가 가벼운 물체보다 빨리 떨어지며, 우리는 이것이 공기의 저

항력에서 기인한 것으로 알고 있다. 흥미롭게도 갈릴레오에 앞서 네덜란드의 과학자 스테빈(Simon Stevin)이 1586년에 낙하실험을 실시했다는 기록도 있다.

그렇다면 갈릴레오는 어떻게 해서 낙하운동에 관한 법칙을 알아낼 수 있었을까? 그것은 아르키메데스의 논의를 이론적으로 추상화하는 과정에서 얻어졌다. 아르키메데스는 낙하하는 물체의 속도가 그 물체의 밀도와 매질이 가진 밀도의 차이에 비례한다고 생각했다. 갈릴레오는 이를 받아들인 후에 매질의 밀도가 영(zero)인 상황, 즉 진공을 가정했다. 진공의 상황에 아르키메데스의 논의를 적용해 보면 낙하하는 물체의 속도는 그 물체의 밀도에 비례하게 될 뿐 무게와는 상관없게 되는 것이다.

낙하운동의 법칙을 찾아서

갈릴레오는 27세가 되던 1591년에 두 가지의 커다란 변화를 맞이하였다. 하나는 아버지의 죽음으로 그 때부터 갈릴레오는 가족을 부양해야 하는 책임을 가지게 되었다. 아버지는 자식들에게 유산을 남기기는커녕, 죽기 얼마 전에 딸의 결혼을 위해 막대한 지참금 지급을 약속해 놓고 있었다. 남동생도 호탕하게 돈을 쓰면서 유랑하는 음악가였기 때문에 갈릴레오에게는 큰 짐이 되었다. 갈릴레오가 다른 과학자들과는 달리 이재(理財)에 밝았던 것은 이러한 점에서 연유한 것으로 보인다.

1591년에 있었던 또 다른 일은 갈릴레오가 파도바 대학으로 자리를 옮긴 것이었다. 피사 대학과 달리 파도바 대학은 사상의 자유를 보장했으며 독자적으로 대학을 운영하고 있었다. 갈릴레오는 파도바 대학에서 당시에 널리 소개되기 시작한 새로운 지식들을 폭넓게 익혔다. 그는 코페르니쿠스의 《천구의 회전에 관하여》를 읽으면서 태양중심설에 공감하게 되었고, 1597년에는 케플러의 《우주의 신비》를 지지하는 편지를 쓰기도 했다. 아리스토텔레스와 프톨레마이오스의 지구중심설(천동설)로는 바다의 조수(潮水) 현상을 설명할 수 없다는 것이었다. 그때 케플러는 갈릴레오의 생각을 공개할 것을 종용했지만, 지동설을 공개적으로 지지하면 가톨릭 교인으로서의 입장이 곤란해진다는 생각에 갈릴레오는 그 편지를 없애 버렸다.

1600년에는 브루노(Giordano Bruno)가 무한우주설을 끝까지 고집하여 화형에 당하는 사건이 발생했다. 갈릴레오는 더욱 신중해져서 우주론의 문제에 관여하는 대신 운동 자체를 정확하게 기술하는 데 전념했다. 당시에 그는 물체의 낙하에 따라 속도가 어떻게 증가하는지를 수학적으로 표현하고자 했다. 처음에 그는 "낙하속도가 거리에 비례한다"는 가정에서 출발했지만, 얼마 안 되어 "낙하속도가 시간에 비례한다"는 가정을 바탕으로 "물체의 낙하거리가 시간의 제곱에 비례한다"는 점을 알아냈다.

낙하하는 물체의 속도를 측정하기 위해 갈릴레오가 수행했던 경사면 실험을 복원한 장치로 현재 이탈리아 피렌체 과학사박물관에 소장되어 있다.

낙하하는 물체의 속도를 직접 재는 것은 거의 불가능했기 때문에 갈릴레오는 '경사면'이라는 특별한 장치를 고안했다. 그는 긴 막대를 만들고 매끈한 고랑을 판 후 막대를 기울여 청동 공이 굴러가게 했다. 경사면을 90도 가까이 가파르게 세우고 홈을 매끈하게 하면 공중에서 공이 떨어지는 경우와 비슷해지는 것이다. 문제는 시간을 측정하는 것이었는데, 이에 대해서는 의견이 갈린다. 갈릴레오가 작은 구멍으로 떨어지는 물방울을 그릇에 받아 그 무게를 측정함으로써 공이 구르는 시간을 알아냈다는 견해도 있고, 갈릴레오가 경사면 고랑을 따라 프렛(fret, 현악기에서 현의 분할 사용을 쉽게 하기 위한 장치)을 설치하여 구르는 공이 프렛을 스쳐가는 시간 간격을 측정했다는 견해도 있다. 훗날 갈릴레오는 자신의 경사면 실험 결과를 정당화하기 위해 그것이 "수백 번에 걸쳐" 반복한 결과임을 강조하기도 했다.

갈릴레오는 결혼을 하지는 않았지만 마리나 감바(Marina Gamba)와 함께 살았고 세 명의 아이를 두었다. 그들은 1600년에 첫딸인 비르지니아(Virginia)를, 1601년에 둘째 딸인 리비아(Livia)를, 1606년에는 아들 빈센치오(Vincenzio)를 낳았다. 갈릴레오는 딸이 사생아이기 때문에 결혼해서는 안 된다고 여겼다. 두 딸은 아르체트리의 성 마테오 수녀원으로 보내졌다. 비르지니아는 수녀원에 들어가 마리아 첼레스테(Maria Celeste)라는 이름을 받았는데, 그녀는 아버지에게 수백 통의 편지를 보낸 것으로 유명하다. 그녀는 1634년에 죽었으며, 갈릴레오와 함께 피렌체의 산타 크로체 대성당에 묻혔다.

갈릴레오가 망원경으로 본 것은?

갈릴레오는 과학적 도구를 만드는 데에도 일가견을 가지고 있었다. 1586년경에 그는 진자의 등시성을 활용하여 맥박계를 만들었던 것으로 전해진다. 진자의 길이를 바꾸어가면서 진자의 왕복 시간이 환자의 맥박과 정확히 일치하는 지점을 찾아낸다는 것이었다. 1592년경에 그는 초보적인 온도계를 발명하기도 했다. 갈릴레오 온도계는 온도 측정을 위한 팽창 매질로 공기를 사용했으며, 구체적인 온도 단계가 없어 정밀한 측정에는 적합하지 않았다. 그런대로 성공적인 발명품은 1597년경에 만든 컴퍼스였다. 컴퍼스는 수학적 계산을 위해 금속에 눈금을 새긴 것으로서 당시에는 특정한 지점에 대포를 쏘기 위해 필요한 각도를 알아내는 데 주로 사용되었다. 갈릴레오에게 맥박계, 온도계, 컴퍼스보다 더욱 중요한 도구는 망원경이었다.

갈릴레오는 1609년 여름에 베네치아를 여행하다가 망원경에 대한 이야기를 들었다. 망원경은 1608년에 네덜란드의 안경 제작자인 리페르셰이(Hans Lippershey)가 처음 발명한 것으로 알려져 있는데, 그의 망원경은 사물이 3배 정도 확대된 영상만 보여주기만 할 뿐 위아래가 바뀐다는 약점을 가지고 있었다. 갈릴레오는 망원경에 대한 설명서를 구하여 스스로 망원경을 만들기 시작했다. 처음에 제작된 망원경은 장난감에 가까웠지만 점차 선명도와 배율이 높은 것으로 개량되었다. 특히 갈릴레오는 볼록렌즈를 눈에서 먼 대물렌즈로, 오목렌즈를 눈에 붙이는 접안렌즈로 사용하여 영상이 똑바로 맺히게 하였다.

갈릴레오는 자신이 만든 망원경을 가지고 당시 이탈리아에서 드물게 공화제를 시행하고 있었던 베네치아 원로회를 찾아갔다. 그는 베네치아 원로회 의원들과 함께 높은 탑 위에서 항구로 들어오는 배를 관찰했다. 배를 맨 눈으로 보는 데에는 두 시간이나 걸렸는데 망원경으로는 바로 볼 수 있었다. 항상 외적의 침입을 걱정하고 있었던 베네치아 의원들에게 갈릴레오의 망원경은 첨단무기에 다름 아니었다. 베네치아 의원들은 상당한 상금을 지불하기로 약속했지만, 갈릴레오가 처음 제시한 가격이 너무 세다고 생각하여 흥정을 시도했다. 그러던 중 그들은 망원경이 베네치아 시내에서 이미 널리 퍼져있다는 점을 알게 되었고, 갈릴레오에게 속았다고 생각하면서 그 약속을 실행하지 않았다.

그 후 갈릴레오는 망원경을 하늘로 돌림으로써 망원경의 새로운 용도를 개척했다. 그는 자신이 만든 30배율의 망원경을 가지고 1609년 11월부터 하늘을 관측하기 시작했다. 그 결과는 1610년 3월에 《별의 전령》 혹은 《시데레우스 눈치우스(Sidereus Nuncius)》으로 출간되었다. 그 책은 출간된 지 5년이 안 되어 중국어로 번역될 정도로 세상의 주목을 받았다. 갈릴레오는 《별의 전령》을 출간한 이후에도 망원경 관측을 계속하였고, 1613년에는 〈태양의 흑점에 관하여〉라는 논문을 발표하기도 했다.

갈릴레오가 망원경을 통해 본 하늘은 놀랄 만한 것이었다. 그는 곧 관측 사실을 바탕으로 코페르니쿠스 우주론의 적합성을 선전하여 일약 스타로 부상했다. 우선 갈릴레오는 별들의 크기가 육안으로 보는 것보다 훨씬 작다는 것을 알았다. 그것은 별이 지구로부터 멀리 떨어져 있음을 의미하는 것으로서 '무한우주'의 관념을 뒷받침했다. 또한 그는 태양에 흑점이 있으며 그것이 불규칙하게 운동한다는 사실을 알아냈고, 이를 통해 천상계가 완전하고 불변하다는 기존의 관념을 깨뜨릴 수 있었다.

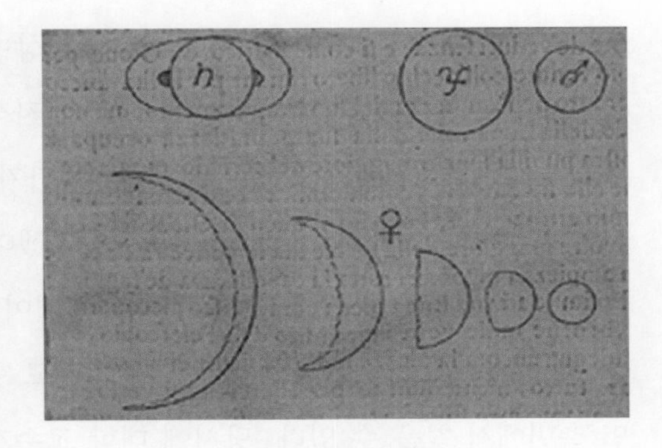
갈릴레오가 기록한 금성의 변화

태양에 이어 갈릴레오가 관찰한 대상은 달이었다. 망원경을 통해 그의 눈에 비친 달은 매끄러운 공 모양이 아닌 울퉁불퉁한 모양을 띠고 있었다. 그것은 달도 천체의 하나이기 때문에 그 표면이 매끄러워야 한다는 이전의 생각과 대비되는 것이었다. 더 나아가 갈릴레오는 달의 분화구를 관찰한 후 그 결과를 자세한 그림으로 출판했으며, 그 그림을 바탕으로 일련의 계산을 수행하여 달의 분화구가 지구에 존재하는 가장 높은 산보다 더욱 높다고 결론지었다.

그 다음에 갈릴레오의 망원경이 향한 곳은 행성이었다. 그는 목성을 관측하던 중에 4개의 위성이 목성 주위를 일정한 궤도로 회전하고 있다는 점을 발견했다. 그것은 지구와 같은 행성이 달과 같은 위성을 가진다는 코페르니쿠스의 우주론을 지지하는 증거가 될 수 있었다. 코페르니쿠스 우주론에 대한 가장 결정적인 증거는 금성의 모양에 대한 관측이었다. 지구에서 보이는 금성의 모양은 초승달, 반달, 보름달 모양이 모두 가능하고 보름달 모양의 경우에 금성의 크기가 가장 작으며 반대의 경우가 가장 컸던 것이다.

갈릴레오는 처세술에 능한 사람이었다. 그는 목성을 도는 위성에 '메디치의 별'이라는 이름을 붙였다. 메디치 가문은 15세기 초부터 피렌체 공국을 통치하고 있었으며, 코시모 1세는 1537년에 피렌체 공작이 된 후 1569년에 토스카나 대공(大公)의 지위에 올랐다. 1609년에는 그의 뒤를 이어 코시모 2세가 토스카나 대공이 되었는데, 갈릴레오는 《별의 전령》을 코시모 2세에게 헌정했다. 그 책에서 코시모(Cosimo)는 우주(cosmos)에 연결되었고, 코시모 1세는 신들의 아버지인 주피터(Jupiter, 그리스 신화의 제우스에 해당함)에 비유되었다. 이와 함께 코시모 1세의 미덕이 네 개의 위성을 통해 세상에 널리 퍼진다는 설명도 덧붙여졌는데, 흥미롭게도 코시모 2세를 포함한 코시모 1세의 자식들은 위성의 수와 마찬가지로 네 명이었다.

이렇게 아부하는 과학자를 마다할 권력가가 있겠는가? 코시모 2세는 1610년 가을에 갈릴레오를 '대공의 철학자 겸 수학자'로 임명했다. 요컨대 갈릴레오는 자신이 발견한 별에 유력한 군주의 가문을 연결시킴으로써 궁정인이 되는 데 성공했던 것이다.

그렇다면 갈릴레오는 왜 궁정인이 되려고 했을까? 쉽게 생각할 수 있는 대답은 경제적인 측면에서 찾을 수 있다. 당시에 대학 교수가 받는 보수는 그리 높지 않았다. 특히 수학 교수의 보수는 더욱 낮아서 컴퍼스와 같은 기구를 만들어 팔거나 학생들에 대한 개인교습을 부업으로 삼는 경우가 많았다. 갈릴레오도 군사학, 기계학, 천문학 등에 관한 개인교습과 기구제작으로 경제적 수입을 보충했고, 심지어 자신의 집에 학생들을 하숙시키기도 했다. 갈릴레오는 이와 같은 하찮은 일에 자신의 시간을 소모하는 것을 달가워하지 않았다. 따라서 연구에 필요한 시간을 보장해 주면서 동시에 경제적인 여유를 제공해 줄 수 있는 궁정인은 매우 매력적인 목표가 될 수 있었다. 실제로 갈릴레오는 대공의 철학자 겸 수학자로 임명된 후에 별도로 교육을 할 의무를 가지지 않으면서도 궁정의 고관들이나 받을 수 있는 높은 연봉을 받을 수 있었다.

이보다 더욱 중요한 이유는 학문적 지위의 상승에서 찾을 수 있다. 여기서 우리는 갈릴레오의 지위가 파도바 대학의 '수학' 교수에서 대공의 '철학자' 겸 수학자로 바뀌었다는 점에 주목할 필요가 있다. 당시에는 교수 사이에도 서열이 존재하여 철학 교수는 수학 교수보다 학문적으로 높은 지위를 누리고 있었다. 철학 교수에게는 현상의 본질과 원인을 탐구할 수 있는 자격이 주어졌던 반면, 수학 교수는 단지 현상을 정확히 서술하는 일을 맡았던 것이다. 이에 따라 수학 교수가 자연현상의 원인에 대해 왈가왈부하는 것은 학계의 규범을 어기는 일에 해당했다. 그것은 갈릴레오에게 심각한 문제가 되었다. 코페르니쿠스의 우주론에 대해 논의하는 것은 자연철학자들의 학문 영역이었기 때문이다. 갈릴레오가 새로운 우주론에 대해 자유롭게 논의하기 위해서는 이러한 학문의 위계를 넘어설 수 있는 자원이 필요했다. 갈릴레오는 그것을 메디치 가문에서 찾았던 것이다.

사실상 갈릴레오와 메디치 가문의 인연은 훨씬 이전부터 시작되었다. 갈릴레오의 아버지는 메디치 가문의 궁정 음악가였다. 갈릴레오는 파도바 대학으로 자리를 옮긴 후에도 메디치 가문과의 연결고리를 놓지 않았다. 그는 코시모 2세의 어린 시절에 수학 교사를 자청하여 방학마다 메디치 궁정을 왕래했다. 또한 갈릴레오는 1608년에 코시모 2세가 결혼할 때 기념 메달의 문장(紋章)을 만들었고, 그것을 통해 메디치 가문의 권력이 쇠붙이를 끌어들이는 자석의 힘에 해당한다고 설명했다. 이런 식으로 갈릴레오는 기회가 있을 때마다 메디치 가문에게 자신의 존재를 부각시켰던 것이다.

갈릴레오는 1611년에 로마에 가서 자신이 망원경으로 관측한 사실을 널리 선전하였다. 로마에 머무는 동안 갈릴레오는 린체이 아카데미(Accademia dei Lincei)의 회원으로 추대되었다. 린체이 아카데미는 1601년에 체시(Federigo Cesi) 공의 후원으로 설립된 것으로 세계 최초의 과학단체에 해당한다. 린체이 아카데미 회원들이 마련한 연회에서는 갈릴레오가 천문 관측을 위해 사용한 장비에 '망원경'이라는 이름이 붙여지기도 했다. 그러나 린체이 아카데미는 개인적 친분에 의해 운영되는 구조를 가지고 있었고, 1630년에 체시 공이 사망하면서 와해되고 말았다. 이어 1657년에는 실험을 중시하는 치멘토 아카데미(Accademia del Cimento)가 피렌체에서 설립되었지만, 그 역시 주된 후원자였던 레오폴트(Leopold) 1세가 1667년에 추기경이 되는 것을 계기로 별다른 활동을 벌이지 못했다. 과학단체는 1660년에 영국의 왕립학회가, 1666년에 프랑스의 과학아카데미가 설립되면서 개인 위주에서 조직 위주로 탈바꿈할 수 있었다.

갈릴레오와 종교재판

태양중심설에 대한 갈릴레오의 주장은 가톨릭교회 당국에 큰 불안을 안겨주었다. 그동안 받아들여져 오던 프톨레마이오스의 지구중심설, 즉 지구가 중심에 있고 맨 바깥에 신이 사는 하늘이 있는 우주체계가 깨어지면, 그것에 바탕을 둔 기독교의 교리도 타격을 받을 것이 분명했다. 이런 이유에서 내려진 것이 1616년의 금지령이었다. 이 금지령의 내용은 "코페르니쿠스 우주론은 가톨릭 교리는 물론 참된 철학에도 위배되며 따라서 가톨릭교도는 코페르니쿠스 우주론을 옳다고 주장해서는 안 된다"라는 것이었다. 갈릴레오는 그해 3월에 코페르니쿠스의 견해를 지지하지 않을 것이며 글이나 말로 그것을 가르치지 않겠다고 서약했다.

갈릴레오는 1623년에 《시금자(Il Saggiatore, 영어로는 The Assayer)》라는 책을 출간했다. 그는 《시금자》를 통해 천문 관측에 대해 자신의 반대자들이 제기하는 문제에 답하면서 과학적 사실의 성격과 과학연구 방법론에 대한 자신의 견해를 피력했다. 특히 그 책은 다음과 같은 구절로 유명하다. "[우주는] 먼저 그 언어와 그 언어를 이루고 있는 자음과 모음을 배워서 이해하지 않는 한 이해할 수 없다. 그것은 수학의 언어로 쓰여 있고, 그 철자는 삼각형, 원, 기타 기하학적 도형들이다. 그것 없이는 인간은 단 한 글자도 이해할 길이 없다. 그것이 없다면 우리는 어두운 미궁에서 방황하게 될 것이다."

그러던 중 1628년에는 우르바누스(Urbanus) 8세가 새로운 교황으로 즉위했다. 그는 유식하고 이해심이 많으며 과학에도 조예가 깊다는 평판을 받고 있었다. 특히 우르바누스 2세는 자신에게 헌정된 갈릴레오의 《시금자》를 무척 좋아해서 식사를 할 때 낭송하기도 했다고 한다. 이러한 분위기 속에서 갈릴레오의 측근들은 우르바누스 8세에게 접근하였고, 프톨레마이오스 우주론과 코페르니쿠스 우주론의 장단점을 공정하게 밝힐 수 있는 책을 쓰기로 합의하였다. 그러나 그 결과는 곧 동상이몽(同床異夢)임이 밝혀졌다. 교황은 교회가 코페르니쿠스의 우주론을 충분히 고찰한 후에 금지한 것임을 보이려고 했던 반면, 갈릴레오는 이번 기회를 통해 코페르니쿠스의 우주론이 우수하다는 점을 알리려고 했던 것이다.

갈릴레오는 이전부터 준비해 두었던 책을 완성하여 1632년에 《두 가지 주된 우주체계에 관한 대화(Dialogue Concerning the Two Chief World Systems)》를 출판했다. 그는 책머리에 "참된 진리는 신만이 아는 것이어서 두 가지 우주구조는 모두 가상적인 것에 불과하고, 따라서 그것의 진위(眞僞)는 결국 교회당국이 정하는 바를 좇아야 한다"라고 기술했다. 그러나 책의 실제 내용은 전혀 달랐다.

《두 가지 주된 우주체계에 관한 대화》는 세 사람이 대화를 하는 형식으로 구성되어 있다. 프톨레마이오스의 주장을 대표하는 심플리치오(Simplicio), 코페르니쿠스의 주장을 대변하는 살비아티(Salviati), 그리고 중립적인 위치에 있는 사그레도(Sagredo)가 그들이다. 살비아티와 사그레도는 갈릴레오의 친구들 이름을 따서 붙였으며, 심플리치오는 6세기에 살았던 아리스토텔레스주의자의 이름에서 연유했다. 그 책에서 살비아티의 명쾌하고 정연한 주장에 대하여 심플리치오는 어리석은 반박이나 억지 주장을 하고 있다. 더 나아가 살비아티의 주장에 사그레도가 가세한 후 심플리치오를 조롱하기도 하며, 결국에는 심플리치오가 설득당하고 만다. 이러한 구성은 독자

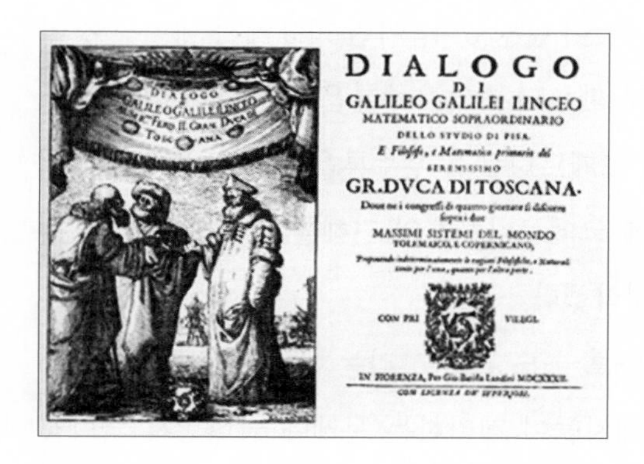

《두 가지 주된 우주체계에 관한 대화》의 머리그림과 표지(1632년). 머리그림의 먼 배경에는 베네치아의 병기창이 보인다.

들로 하여금 코페르니쿠스의 우주구조가 분명히 옳고 프톨레마이오스의 우주구조는 믿을 수 없다는 메시지를 담은 것이었다.

《두 가지 주된 우주체계에 관한 대화》는 과학 도서로는 드물게 베스트셀러의 반열에 올랐다. 라틴어가 아닌 이탈리아어로 쓰였고, 갈릴레오의 문장력도 탁월했기 때문이었다. 교회당국은 뒤늦게 자신들의 실수를 깨달았다. 그들은 갈릴레오의 책이 다른 프로테스탄트들보다 가톨릭교회에 더욱 위협적이라고 생각했다. 교회당국을 더욱 분노하게 한 것은 그들이 그 책을 사전검열까지 했다는 사실과 심플리치오의 모델이 교황이라는 소문이었다. 결국 《두 가지 주된 우주체계에 관한 대화》는 출판된 지 얼마 되지 않아 금서 목록에 오르고 말았다. 1633년 4월에 갈릴레오는 로마교황청에 소환되었는데, 그때의 죄목은 "1616년에 교회에 행한 서약을 위반했다"는 것이었다.

정식 심문은 한 번밖에 열리지 않았다. 그렇게도 자신만만했던 갈릴레오가 고문의 위협에 소신을 굽히고 말았던 것이다. 그는 코페르니쿠스의 우주론이 가진 문제점을 제시하는 것이 책을 쓴 의도였다고 하면서 이를 분명히 할 수 있도록 한 장(章)을 더 쓰게 해 달라고 간청하기도 했다. 심판관들은 갈릴레오가 거짓말을 한다는 것을 잘 알고 있었지만, 그의 굴복을 받아 낸 이상 그것을 문제 삼지 않았다. 판결은 무기징역으로 내려졌고 이내 가택연금으로 감형되었다.

당시의 상황으로 보아 갈릴레오가 법정을 나서며 "그래도 지구는 돈다"라고 중얼거렸을 가능성은 희박하다. 이미 그는 나이 70세가 다 된 병든 몸이어서 그런 말을 할 수 있는 용기가 없었을 것이다. 더구나 독실한 가톨릭 교인이었던 갈릴레오에게는 죄인이 되어 교회 묘지에 묻히지 못하게 되는 것이 매우 두려운 일이었다. 그 말은 갈릴레오의 묘비명에 새겨져 있는데, 아마도 훗날 누군가가 지어낸 것으로 보인다.

종교재판을 받고 있는 갈릴레오

사실상 갈릴레오는 성경이 제대로 해석되기만 한다면 자신이 옹호하는 코페르니쿠스 우주론과 아무런 모순을 일으키지 않는다고 믿었다. 갈릴레오는 성경이 글자 그대로가 아니라 비유적으로 해석되어야 한다는 입장을 견지하고 있었다. 이에 따라 그는 종교재판 이후 죽을 때까지 자신이 부당한 대우를 받았다고 생각했다. 아마도 그에게 종교재판은 참다운 종교인인 자신을 가톨릭교회의 불순분자들이 모함해서 벌어진 사건이었을 것이다.

갈릴레오가《두 가지 주된 우주체계에 관한 대화》에서 조수(潮水) 현상을 설명한 것도 흥미롭다. 그는 밀물과 썰물이 반복되는 현상을 지구의 자전과 공전의 결합에 의해 설명했다. 지구의 자전과 공전의 방향이 같을 때에는 두 운동이 더해지는 효과를 내고, 지구의 자전과 공전이 반대 방향일 때에는 두 운동이 차감되는 효과가 나타난다는 것이었다. 이처럼 갈릴레오는 코페르니쿠스의 태양중심설을 옹호하기 위해 조수 현상에 주목했지만, 그의 설명은 실제적인 현상과 일치하지 않는 문제점을 가지고 있었다. 갈릴레오의 설명에 따르면 밀물과 썰물이 하루에 한 번씩밖에 발생하지 않지만, 실제적인 조수 현상은 하루에 두 번씩 나타나는 것이다. 이러한 한계는 뉴턴의 만유인력 이론이 등장한 후에 극복될 수 있었다.

천문학에서 역학으로

1633년에 있었던 판결과 달리 갈릴레오는 하루도 감방에서 자지 않았다. 그는 큰 저택에서 하인까지 부리면서 생활했다. 말년에 갈릴레오는 천문학에 대한 논의는 삼간 채 역학을 연구하는 데 전념한 것으로 알려져 있다. 그러나 그러한 해석은 절반 정도만 맞다. 당시에 갈릴레오는 코페르니쿠스의 천문학이 제기한 역학상의 문제점을 해결하는 데 많은 주의를 기울였던 것이다.

지구가 태양을 돈다면 왜 지구에 살고 있는 사람들은 그것을 느끼지 못하는가? 이에 대한 대답으로 갈릴레오는 운동의 상대성(relativity)을 제시했다. 운동이란 운동을 하지 않는 물체에 대해 상대적으로 나타나며 그 운동을 함께 하고 있는 물체에 대해서는 나타나지 않는다는 것이다. 갈릴레오는 잔잔한 물 위에서 일정하게 움직이고 있는 배에 탄 사람과 강둑 위에서 그 광경을 지켜보고 있는 사람의 예를 들었다. 이때 배 안에 있는 사람은 자신이 정지해 있다고 느끼지만, 강둑에서 지켜보는 사람은 배에 탄 사람이 움직이고 있다고 인식한다. 이와 마찬가지로 지구와 운동을 함께 하고 있는 사람들은 지구의 운동을 느끼지 못하기 때문에 하늘이 움직이는 것으로 생각할 수 있다.

이렇게 되면, 운동이란 물체가 처한 하나의 상태에 불과하며 물체의 본연적 성질과는 아무런 관계가 없다. 물체의 성질이 운동에 무관하다면 여러 가지 운동이 한 물체에 동시에 일어날 수도 있다. 그 예로서 갈릴레오는 탄환의 포물선운동이 수평 방향의 등속운동과 수직 방향의 낙하운동이 결합된 것임을 보이고 경사가 45도일 때 사정거리가 가장 길다는 것을 수학적으로 증명하였다. 이처럼 갈릴레오는 운동의 복합법칙을 사용함으로써 복잡한 운동을 간단한 요소로 분해해서 취급할 수 있었다.

또한 갈릴레오는 코페르니쿠스의 천문학이 제기한 문제점을 해결하는 과정에서 초보적인 관성(inertia)의 개념에도 도달했다. 높은 건물에서 물체를 떨어뜨리면 지구가 움직였는데도 불구하고 왜 물체가 뒤처지지 않고 건물 밑으로 떨어지는가? 그는 지상의 모든 물체가 지구의 원운동을 그대로 지니기 때문에 떨어지는 물체가 가지는 수평 방향의 속도는 지구가 원운동을 하는 속도와 같다고 생각했다. 어떤 물체가 공중에 머무는 동안에는 수평 방향으로 작용하는 외부의 힘이 없고 그 물체는 지구가 운동하는 것과 동일한 속도로 움직이기 때문에 물체가 자신이 던져졌던 원래의 위치로 떨어진다는 것이었다. 더 나아가 갈릴레오는 만약 물체가 지구의 운동에 의한 속도 이외에 수평 방향의 속도를 처음부터 가지고 있다면 물체가 계속 그 속도를 유지하면서 지구의 주위를 회전할 것으로 추측했다. 그렇다면, 마찰이 없는 수평면에서 공을 굴리면 공은 처음 속도와 동일한 속도로 계속해서 굴러갈 것인데, 그것은 수평면을 지구의 중심에서 같은 거리에 있는 면으로 간주할 수 있기 때문이었다.

갈릴레오는 자신의 가설을 증명하기 위하여 흥미로운 실험을 했다. 홈이 파인 두 개의 경사면을 만든 후 그것들을 연결시킨 다음 공을 한쪽에서 굴리면 공은 다른 쪽으로 올라가게 된다. 반대쪽 경사면을 가파르게 하면 공의 속도가 줄어들고 공이 움직이는 거리가 감소하며, 이와 반대로 경사면을 낮추면 공의 속도와 움직이는 거리가 증가하지만, 어느 경우든지 공이 올라가는 높이는 같다. 여기서 갈릴레오는 만약 한쪽 경사면을 평면으로 만들면 공은 무한히 쉬지 않고 굴러간다는 추론을 했다. 이처럼 경사면 실험을 통해 그는 외부의 영향력이 없다면 물체가 처음의 운동 상태를 계속 유지한다는 관성의 개념에 접근했던 것이다.

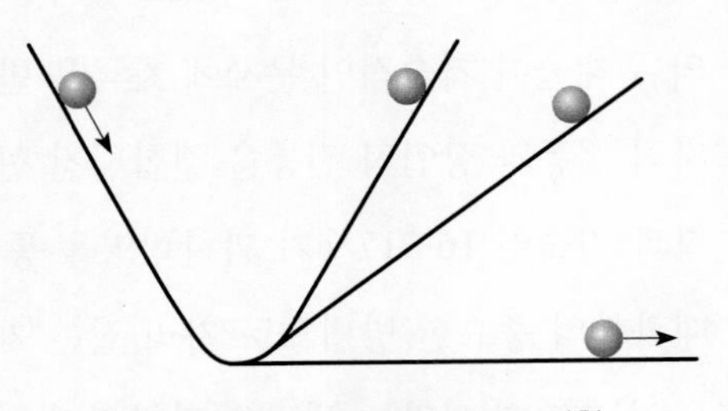
관성에 관한 갈릴레오의 경사면 실험

그러나 오늘날의 관점에서 보면 갈릴레오와 같은 거인에게도 한계는 있었다. 그의 관성에 대한 개념은 등속원운동이 지속된다는 생각에 바탕을 두고 있었고, 오늘날과 같은 직선운동으로서의 관성은 나중에 데카르트에 의해 개념화되었다. 또한 갈릴레오는 우주구조에 대한 설명에서도 원운동을 고수했으며, 타원운동을 수용하지 않았다. 그 밖에 갈릴레오는 중력을 여전히 물체 자체가 가진 성질로 보았다. 그는 중력에 의한 낙하운동을 '자연스럽게 가속되는 운동'이라고 해서 다른 가속운동과는 다르다고 생각했다. 갈릴레오는 상당 부분 아리스토텔레스를 넘어섰지만 완전히 벗어나지는 못했던 것이다.

실험과학의 아버지?

눈이 하나씩 멀어 가는 가운데 갈릴레오는 1638년에 《새로운 두 과학에 대한 논의와 수학적 논증(Discourses and Mathematical Demonstrations Relating to Two New Sciences)》을 완성했다. 여기서 새로운 두 과학이란 물체의 운동에 대한 과학과 물체의 강도에 대한 과학을 뜻한다. 갈릴레오는 이 책을 통해 자신이 대학생 시절부터 평생 동안 고민해 왔던 역학에 대한 논의를 집대성하고자 했다. 이 책도 《두 가지 주된 우주체계에 관한 대화》와 마찬가지로 살비아티, 사그레도, 심플리치오가 토론하는 형식으로 이루어져 있다. 갈릴레오는 《새로운 두 과학》에서 4일 동안 벌어진 세 사람의 토론을 통해 물질의 구성, 공기의 무게, 빛의 속도, 자유낙하, 포물선운동, 진자의 등시성 등을 집중적으로 다루고 있다.

갈릴레오는 살비아티의 입을 빌어 《새로운 두 과학》의 첫째 날 이야기를 다음과 같이 시작하고 있다. "당신네 베네치아 사람들은 병기창에서 끊임없이 뭔가를 만들어내고 있어. 그것은 꼼꼼한 사람들에게 연구할 기회를 제공해 주지. 특히 역학과 관련된 분야의 일이 많아. 많은 기술자들이 이 분야에서 온갖 종류의 기구와 기계를 계속해서 만들고 있거든. 그들은 경험을 이어 받거나 스스로의 관찰을 통해 아주 뛰어난 전문가가 되었지. 그들 중에는 설명을 잘하는 사람들도 있어."

갈릴레오는 당시의 다른 과학자들과 달리 기술자들과 자주 교류했고 그들을 대상으로 기계, 건축, 역학 등을 가르치기도 했다. 이와 함께 포물선운동과 같이 갈릴레오가 다룬 역학의 주제들이 기술적인 문제에 자극을 받아 촉진되기도 했다. 이러한 점에서 갈릴레오는 학자적 전통과 장인적 전통을 결합시킨 선구적 인물에 해당한다. 오랫동안 분리되어 왔던 과학과 기술이 16~17세기 과학혁명을 통해 처음으로 만나기 시작했으며, 그것은 실험이 근대과학의 중요한 방법으로 자리 잡는 계기로 작용했던 것이다. 이러한 맥락에서 갈릴레오는 '실험과학'이라는 새로운 과학의 방향을 제시한 인물로 평가되기도 한다.

실제로 갈릴레오는 많은 실험을 했다. 그러나 그의 과학적 업적에서 실험의 위치가 어느 정도였는지는 분명치 않다. 그는 다양한 실험을 매개로 자신의 주장을 전개했지만, 새로운 사실을 알아내는 데에는 주로 수학적 추론에 의존했다. 갈릴레오는 상식적인 경험을 반대하면서 "수학이 자연의 비밀을 푸는 열쇠"라고 생각했고, 그에게 실험이란 단순한 경험과는 달리 수학적 언어로 정식화된 경험을 의미했다. 갈릴레오가 《새로운 두 과학》에서 과거의 과학에 집착하는 심플리치오가 경험을 강조한 반면, 새로운 과학의 대변자인 살비아티가 이성에 호소하고 있는 것도 이러한 맥락에서 이해할 수 있다.

갈릴레오는 말년에 심한 눈병으로 고생하다가 1642년에 피렌체 인근의 아르체트리에서 세상을 떠났다. 흥미롭게도 갈릴리오가 숨을 거둔 해에 그의 학문을 계승하여 발전시킨 뉴턴이 태어났다. 갈릴레오가 사망한 지 350년이 지난 뒤에 교황 요한 바오로 2세는 "지난날의 유죄 판결은 다시 되풀이되어서는 안 될 가톨릭교회와 과학 간의 비극적인 상호 이해의 부족에서 비롯된 것"이라고 말함으로써 가톨릭교회가 갈릴레오에게 부당한 대우를 했다고 시인했다. 당시 《뉴욕 타임스》는 다음과 같은 제목의 기사를 실었다. "350년이 지난 후에 바티칸은 갈릴레오가 옳았다고 말했다. 지구는 돈다."

© Book's-Hill

우주의 신비와 법칙을 캐다
요하네스 케플러

어수선한 집안 분위기

우리는 어릴 적에 동화책이나 만화영화에서 많은 마녀를 만났다. 그중에는 뾰족한 턱에 매부리코를 한 빗자루를 타고 다니는 마녀도 있었다. 마녀는 주술을 행하는 여자로서 사람들이 생활에서 닥치는 어려움을 해결해 주는 존재였다. 그러한 마녀가 14세기 이후에는 핍박을 받기 시작한다. 중세 가톨릭을 복고하는 데 정신이 없었던 사람들이 마녀를 악마와 연관시키면서 이단으로 몰아세웠다. 그것이 이른바 '마녀 사냥'이다.

마녀 사냥 때문에 고생한 사람의 명단에는 근대 천문학을 정립한 케플러(Johannes Kepler, 1571~1630)도 포함되어 있다. 그의 어머니가 1617~1620년에 마녀 재판을 받았던 것이다. 이웃에 살던 어떤 여자가 병에 걸렸는데 케플러의 어머니에 의해 마법에 걸렸다는 소문이 퍼졌다. 더구나 어머니는 이미 마녀로 화형을 당한 친척 밑에서 교육을 받았던 이력도 가지고 있었다. 케플러는 어머니를 구하기 위하여 3년 동안이나 애를 썼고 그 때문에 완전히 빈털터리가 되었다. 그에게는 어머니의 생명만이 문제는 아니었다. 숱한 사람들이 아무런 죄도 없이 마녀 재판으로 희생되는 것이 안타까웠다. 이런 식으로 근대의 과학자들은 과거의 지식뿐만 아니라 관습과도 싸워야만 했다.

케플러는 1571년에 독일의 작은 도시인 바일에서 태어났다. 그의 집안은 한 마디로 '콩가루 집안'이었다. 아버지는 우쭐대는 것을 좋아했고 어머니는 수다스러운 사람이었다. 우쭐대기와 수다쟁이는 신혼 첫 날부터 티격태격 싸웠다. 아버지는 보수가 불확실한 용병 일로 벌이를 했는데, 케플러가 17살 때인 1588년에 사망했다. 어머니는 가난한 집안 살림을 꾸려 나갈 능력도 의지도 없었다. 케플러는 자기 아버지를 "사악하고 융통성이 없고 싸움을 좋아하고 말년이 좋지 않은 팔자로 어머니를 학대하다 세상을 떠났다"고 묘사했다. 또한 어머니에 대해서는 "수다스럽고 싸움질 잘 하고 성질이 고약했다"고 표현했다.

케플러는 미숙아로 태어나 4살 때 천연두로 시력을 잃을 뻔했고 이후에도 계속해서 건강하지 못했다. 대신에 그는 날카로운 지성과 탁월한 집중력을 가진 사람이었다. 케플러는 어린 시절부터 당시 지식인의 주요 언어였던 라틴어에 뛰어난 재능을 보였다. 훗날 그가 발간했던 저작들도 복잡한 라틴어 문체로 되어 있다. 그는 13살 때 가족으로부터 독립하기 위하여 수도원에 들어갔고 그곳에서 문학과 신학을 공부했다.

케플러는 1587년에 장학금을 받아 루터 파의 중심지 중의 하나였던 튀빙겐 대학에 진학하였다. 그는 최상급의 성적을 기록하는 촉망받는 학생으로서 계속해서 장학금을 받을 수 있었다. 튀빙겐 대학에서 케플러는 천문학 교수였던 미카엘 마에스틀린(Michael Maestlin)의 영향을 받았다. 마에스틀린은 코페르니쿠스의 《천구의 회전에 관하여》를 가지고 있었고 이를 통해 케플러는 태양중심설을 접할 수 있었다. 케플러는 천문학에도 관심을 가지게 되었지만 당시에는 천문학자가 될 생각이 없었다. 그는 1591년에 대학을 졸업한 후 목사가 되기 위하여 신학 과정에 들어갔다.

행성의 수가 6개인 까닭은?

신학 과정을 이수하는 도중에 케플러의 인생을 바꾸어 놓는 사건이 일어났다. 오스트리아의 그라츠에 있는 루터 파의 김나지움에서 수학 교사가 사망하자 튀빙겐 대학에 후임자 추천을 부탁했던 것이다. 케플러는 마에스틀린의 추천으로 1594년부터 교편을 잡을 수 있었다. 수학 교사로 사회에 첫 발을 내디딘 케플러는 목사가 되려던 원래의 꿈을 미련 없이 떨쳐 버렸다. 그는 김나지움에서 수학, 천문학, 수사학 등을 강의하였다.

케플러는 강의를 마치면 재빨리 퇴근했다. 달력을 만들기 위해서였다. 교사의 월급만으로는 생계를 유지하기 어려웠기 때문에 달력을 만들어 팔기로 했던 것이다. 그는 기존의 점성술에 관한 정보를 수집하여 날씨의 변동과 정치적 사건을 예언하는 달력을 만들었다. 신기하게도 케플러의 점성술 달력은 1595년의 심한 추위, 농민 폭동, 터키의 침략 등을 적중시켰다. 그는 유명한 점성술가로 이름을 날렸으며 이후에도 5년 동안 계속 달력을 발간하였다. 또한 점성술 달력 덕분에 그는 합스부르크 왕가의 궁정 수학자로 채용될 수 있었다.

케플러는 생활에 여유가 생기면서 천문학 연구에 몰두하기 시작하였다. 당시의 상황을 그는 다음과 같이 묘사하고 있다. "튀빙겐에서 뛰어난 미카엘 마에스틀린 밑에서 공부하던 나는 통상 받아들여지고 있는 우주 이론에 문제가 있음을 알게 되었다. 마에스틀린을 통해 코페르니쿠스를 접한 나는 매우 기뻤고 학생들 간의 논쟁에서 코페르니쿠스를 옹호하곤 했다. … 나는 차츰 코페르니쿠스가 프톨레마이오스에 비해 뛰어난 장점들을 모았다. 1595년 어느 날, 수업 중간의 쉬는 시간에 나는 이 주제에 대해 모든 힘을 다해 심사숙고하게 되었다. 그리고 왜 코페르니쿠스의 이론이 아니면 안 되는지를 보여주는 세 가지 이유를 생각해 냈다. 그것은 숫자, 차원, 그리고 궤도이다."

케플러는 코페르니쿠스의 이론이 옳다는 확신을 가지고 그것을 증명하는 데 몰두했다. 케플러는 처음에 관측 데이터를 사용하지 않고 기하학적 원리를 통해 행성의 궤도를 설명하는 방법을 택했다. 그는 20번에 걸친 시도를 통해 다섯 개의 정다면체가 당시에 알려져 있었던 행성들의 궤도와 일치한다는 결론에 도달했다. "행성의 수가 6개인 이유는 정다면체가 5개뿐"이기 때문이라는 것이었다. 케플러는 우주의 중심에 지구를 배치한 후 가장 바깥에는 토성의 천구를 배치하였다. 토성의 천구 안에 정육면체를 그리면 거기에 내접하는 것이 목성의 천구이고, 목성의 천구 안에 정사면체를 그리면 그 안에 위치하는 것이 화성의 천구이며, 화성의 천구 안에 정십이면체를 그리면 거기에 지구의 궤도가 내접한다는 것이었다. 이와 마찬가지로 지구의 궤도 안쪽에 정이십면체를 내접시키고 그 안에 다시 구를 놓으면 그것이 금성의 천구였고, 금성의 천구 안에 정팔면체를 그리면 거기에 내접하는 것이 수성의 천구였다. 이처럼 6개의 행성들이 태양 주위를 공전하는 반지름의 비율은 5개의 정다면체에 의해 정해진다는 것이 케플러의 '신비한' 우주구조였다. 그는 이러한 내용을 담은 《우주의 신비》를 1596년에 발간하여 티코 브라헤와 갈릴레오에게 보냈다.

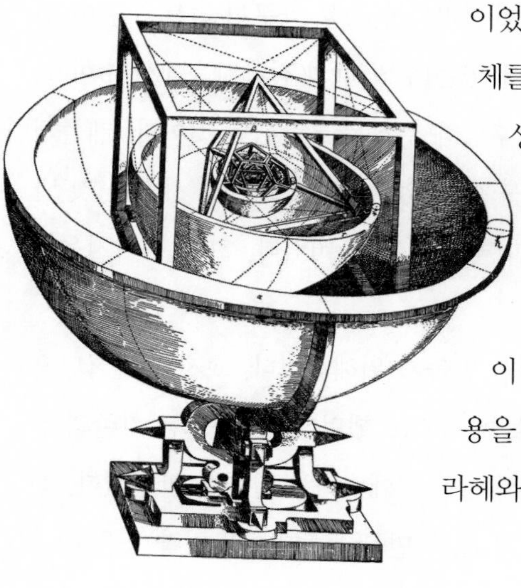

케플러의 새둥지 우주 모형

티코 브라헤와의 만남

케플러가 자신의 이름이 붙은 세 가지 법칙을 도출할 수 있었던 것은 티코 브라헤의 정밀한 관측 자료 덕분이었다. 덴마크의 귀족이었던 티코는 1576년에 왕으로부터 하사 받은 벤 섬에 거대한 천문대를 설립한 후 20년 동안 다양한 천체 현상을 관측하는 데 몰두하였다. 티코가 운영했던 천문대 이름은 하늘에 떠 있는 성이라는 의미를 가진 우라니보르(Uraniborg)였다. 그가 관측한 데이터는 분(1분은 1도의 1/60에 해당되는 각이다) 단위의 정밀도로 기록되었으며, 망원경이 도입될 때까지 최고의 정밀도를 가진 것으로 평가받았다. 그는 덴마크 왕과 다투게 되자 그 자료를 가지고 프라하로 가서 루돌프 2세의 신임을 받아 궁정 수학자의 직위를 부여받았다.

케플러가 티코를 만나게 된 것은 우연한 사건의 결과였다. 합스부르크 왕가는 당시에 가톨릭을 옹호하고 있었는데, 1598년에 새로운 황제가 즉위하면서 케플러와 같은 프로테스탄트 교사들을 모두 추방했던 것이다. 1597년에 결혼하여 행복한 가정을 꾸리고 있었던 케플러에게는 날벼락과 같은 일이었다. 그는 헝가리로 잠시 피신했다가 다시 귀국하긴 했지만, 신앙을 바꾸지 않았기 때문에 계속해서 감시의 대상이 되었다. 스승인 마에스틀린에게 도움을 요청했으나 그것도 허사였다. 그러던 중 케플러는 1599년 8월에 티코가 루돌프 2세의 궁정에 갔다는 소식을 들었고, 1600년 1월에는 프라하로 가서 티코를 만났다. 티코는

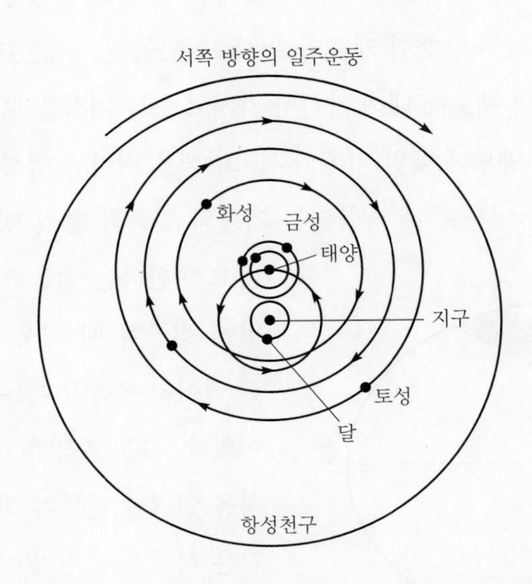

과도기적 천문학자였던 티코 브라헤의 우주구조. 지구는 우주의 중심에 정지해 있고 그 주위를 달과 태양이 돌며, 다른 행성들은 태양을 중심으로 돈다. 티코의 우주구조에서는 태양의 천구와 행성의 천구가 교차하게 되며, 이에 따라 천구는 가상의 궤도로 간주될 수 있었다.

한 눈에 케플러의 재능을 알아본 뒤 그를 조수로 채용했다. 당시 티코는 53세의 노인이었고, 케플러는 28세의 청년이었다.

케플러는 티코와 함께 일을 하면서 정확하고 믿을 만한 관측이 얼마나 중요한 것인지 실감했다. 티코가 만든 관측 자료는 매우 정교했으며 이에 탄복한 케플러는 티코의 열렬한 팬이 되었다. 케플러는 화성의 관찰에 집중했다. 왜냐하면 화성은 다른 행성들보다 불규칙한 운동을 하고 있어 화성의 운동을 설명하는 것이 가장 어려웠기 때문이다. 그러던 와중에 티코는 1601년 10월에 갑작스럽게 사망하였고 케플러는 그의 자리를 물려받았다. 티코의 사망 원인으로는 수은 중독이 거론되고 있다.

끈질긴 노력으로 밝혀낸 행성 운동의 법칙

케플러는 티코가 남긴 자료를 바탕으로 행성의 운동을 지배하는 법칙을 도출하고자 했다. 케플러는 처음에 "그 수수께끼를 8일 만에 풀 수 있을 것"으로 자신했지만, 실제로는 8년이라는 긴 세월이 걸렸다. 그는 행성의 운동을 체계적으로 설명하기 위하여 원 궤도에서 출발했지만 그것은 티코의 관측 데이터와 잘 들어맞지 않았다. 특히 화성의 운동이 커다란 문제를 제기했는데, 케플러가 아무리 노력을 해도 8분 이상의 오차가 났던 것이다. 일반적인 천문학자였다면 그 정도의 오차를 대수롭지 않게 여길 수도 있었겠지만, 4분 이내의 오차를 지닌 티코의 데이터를 사용했던 케플러로서는 받아들일 수 없었다.

결국 케플러는 행성의 궤도에 대해 자신이 가지고 있는 지식을 모두 버리기로 결정했다. 다시 말해 그는 행성의 궤도에 대한 기존의 사고방식을 버리고 행성의 운동을 원점에서 다시 검토하기 시작했다. 이를 통해 케플러는 기존의 믿음과 달리 행성의 속도가 일정하지 않고 변한다는 점을 알게 되었다. 행성이 태양에 접근할 때 더욱 빨라지며 태양에서 멀리 떨어져 움직일 때는 속도가 느려진다는 것이었다. 그는 수많은 계산을 통해 태양과 행성을 연결한 선분이 행성의 위치와 관계없이 같은 시간에 같은 넓이를 휩쓸며 지나간다는 점을 밝혀냈다. 그것이 바로 케플러의 제2법칙으로 불리는 면적 속도 일정의 법칙이다.

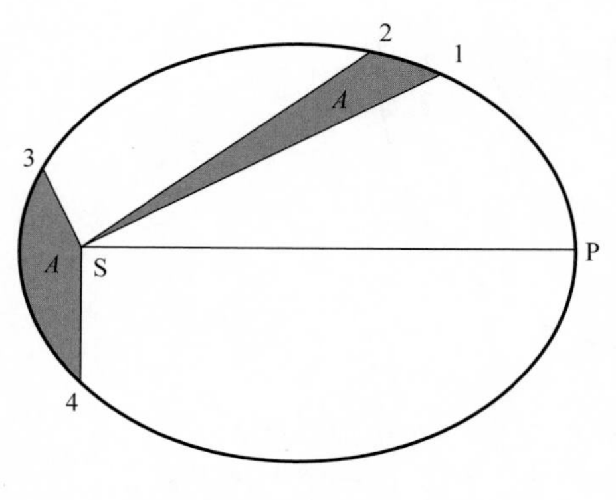

케플러의 제2법칙에 대한 개념도

다음에 케플러는 행성의 궤도가 어떤 형태인가 하는 문제에 도전하였다. 한참을 망설인 끝에 그는 원을 포기하고 행성의 궤도가 달걀형이라는 가정에서 다시 출발했다. 그것도 여의치 않자 케플러는 타원형을 도입하여 결국 행성의 궤도가 태양을 하나의 초점으로 하는 타원이라는 점을 밝혀냈다. 이로써 케플러의 제1법칙인 타원의 법칙이 탄생하였다. 당시의 상황에 대하여 케플러는 다음과 같이 썼다. "인식한다는 것은 외적으로 지각한 바를 내면의 그림과 짜 맞추고 그 일치를 판정한다는 것이다. 사람들은 이를 '잠에서 깨어난다'는 말로 매우 아름답게 표현한다."

케플러가 제1법칙을 알아내기 위해 사용한 과학적 방법은 귀추법(abductive method)으로 평가되고 있다. 귀추법은 주어진 사실에서 시작해 가장 그럴듯한 혹은 최선의 설명을 추론하는 것으로 연역법이나 귀납법과는 다르다. 사실상 케플러는 화성의 궤도가 타원이라는 가설에서 시작하여 관측을 통해 확인할 수 있는 사실들을 연역해 내지 않았다. 오히려 케플러는 티코 브라헤가 남긴 관측 자료로부터 그것을 잘 설명할 수 있는 가설로 타원 궤도를 제안했던 것이다. 또한 케플러의 타원 궤도에 대한 가설이 관측 자료를 단순히 통계적으로 종합한 귀납법에 입각하고 있다는 평가도 부당하다. 케플러는 관측 자료를 설명하기 위해 원을 포기한 후 행성의 궤도가 달걀형이라는 가정에서 출발했지만 그것이 여의치 않자 다시 타원형을 도입했던 것이다.

오늘날에는 간단한 수학적 계산을 통해 케플러의 법칙을 도출할 수 있지만 케플러가 이러한 법칙을 도출하는 데에는 엄청난 노력이 필요했다. 예를 들어 태양과 행성을 연결한 선분으로 이루어진 타원의 많은 조각들이 가진 면적을 일일이 계산하는 것은 아무나 할 수 있는 일이 아니었다. 그것은 산수, 대수, 삼각법 등을 이용한 끈질긴 작업을 요구하였다. 이러한 점에서 케플러는 티코가 관찰했던 것 이상의 일을 해내었다고 할 수 있다.

케플러는 자신의 연구 결과를 1609년에 《새로운 천문학》이라는 책으로 출간하였다. 그는 그 책에 "화성의 운동에 관하여"라는 부제를 붙이면서 루돌프 2세에게 다음과 같은 헌정사를 썼다. "천문학자들은 이제까지 화성을 정복할 수 없었습니다. 그러나 우수한 장군 티코는 20년의 야간 전투를 치르고서 적의 동태를 완전히 파악하는 데 성공했습니다. 그에 힘입어 저는 용기를 얻고 화성을 정복하는 데 성공했습니다. 앞으로 화성의 형제들인 목성, 금성, 그리고 수성까지도 정복해 주실 것을 황제께 청원하나이다."

1610년에 케플러는 갈릴레오가 쓴 《별의 전령》에 접했다. 케플러는 갈릴레오의 책자를 지지하기 위해 〈별의 전령과의 대화〉라는 편지를 보냈다. 이와 함께 케플러는 스스로 망원경을 만든 후 목성과 그 위성을 관측했다. 그는 또다시 갈릴레오를 지지하는 자신의 입장을 나타내기 위해 《목성에서 관측된 네 위성과의 이야기》라는 책자를 선보였다.

1611년에 케플러는 망원경과 렌즈로 다양한 실험을 한 후 그 결과 《굴절광학》을 출간했다. 이 책에서 그는 자신이 고안한 새로운 망원경에 대해 설명했는데, 그것은 두 개의 볼록렌즈를 사용하여 상이 뒤집어져서 확대되도록 하는 망원경이었다. 이에 반해 갈릴레오가 만든 망원경은 눈으로 들여다보는 쪽에 오목렌즈를 사용한 것이었다. 케플러 식 굴절망원경은 갈릴레오 식 망원경보다 시야가 넓기 때문에 이후 대부분의 천체망원경은 케플러 식으로 만들어지게 되었다.

계속되는 탐구의 열정

케플러는 1611~1612년에 다시 중대한 시련에 부딪혔다. 부인이 심한 병을 앓아 사망했으며 세 명의 자녀들이 천연두에 걸려 아들 하나가 죽었다. 루돌프 2세도 내란으로 왕위에서 물러난 후 사망했다. 케플러는 정든 프라하를 떠날 수밖에 없었다. 그는 1612년 5월에 린츠의 수학 교사로 새로운 둥지를 틀었다. 수학을 가르치고 측량을 감독하는 일이었다.

린츠 시절에 케플러는 두 번째 부인을 맞이하여 안정과 행복을 되찾았다. 그는 1619년에 《우주의 조화에 관하여》라는 책을 썼다. 그는 기하학, 음악, 점성술, 천문학 등의 네 가지 영역을 활용하여 우주의 조화를 밝혔다. 그 책에는 조화의 법칙으로 불리는 케플러의 제3법칙이 담겨 있다. 행성이 태양의 궤도를 한 바퀴 도는 데 걸리는 시간의 제곱은 태양과 행성 사이의 평균 거리의 세제곱에 비례한다는 것이다. 흥미롭게도 케플러는 자신의 법칙 중에서 제3법칙을 가장 좋아했다고 한다.

이와 관련하여 케플러는 전형적인 신(新)플라톤주의자로 평가되고 있다. 신플라톤주의(Neo-Platonism)는 아리스토텔레스 일색의 지적 풍조에 대한 반발의 일환으로 플라톤의 사조를 부활시킨 것에 해당한다. 신플라톤주의는 수학을 사용한 조화와 질서를 높이 평가했으며 태양을 우주에 존재하는 모든 생명력의 근원으로 간주하였다. 케플러가 수학과 태양을 중시한 코페르니쿠스의 이론을 조기에 수용했던 것도 신플라톤주의의 영향으로 풀이할 수 있다. 또한 케플러가 《우주의 신비》에서 새둥지 우주 모형을 제안하고 자신의 세 가지 법칙 중 조화의 법칙을 가장 좋아했던 이유도 신플라톤주의에서 찾을 수 있다.

케플러는 행성이 운행하면서 내는 소리를 음악으로 표현하기도 했다.

케플러는 행성의 운동에 대해 역학적 설명을 시도하기도 했다. 등속원운동은 자연스러운 운동으로서 외부의 원인을 설명할 필요가 없었다. 그러나 케플러의 주장대로 행성이 부등속 타원운동을 하게 되면 문제는 달라진다. 왜 행성이 그러한 운동을 하게 되는가에 대한 별도의 설명이 요구되는 것이다. 케플러는 1600년에 발간된 길버트(William Gilbert)의 《자석에 관하여》를 읽고 태양에서 방출되는 자기적 힘에 의해 행성이 움직인다고 설명했다. 케플러의 이러한 한계는 훗날 뉴턴이 만유인력을 도입함으로써 해결되었다.

케플러는 1618~1621년에 《코페르니쿠스 천문학 개요》를 세 부분으로 나누어 출간하였다. 케플러는 그 책에서 코페르니쿠스의 이론이 처음 발표되었을 때와 비교하여 어떻게 수정되었는가에 대해 설명했다. 책의 제목이 '케플러 천문학 개요'도 아니고 '코페르니쿠스 천문학 신론'도 아닌 것을 보면, 케플러가 선배 학자의 업적을 얼마나 소중히 여겼는가를 알 수 있다. 케플러의 《코페르니쿠스 천문학 개요》는 당시 유럽에서 새로운 천문학의 교과서로 가장 널리 읽혔다.

케플러는 항성에 대한 정확한 일람표를 만드는 일도 추진하여 그 결과를 1627년에 《루돌프 목록》으로 발간하였다. 루돌프 2세가 천문학을 지원한 공적을 기리기 위함이었다. 케플러는 티코가 관측한 777개의 별에다 자신의 관측결과를 추가하여 별의 수를 1,005개로 확장했다. 또한 케플러의 목록은 기존의 목록보다 두 배나 정확했기 때문에 이후 100여 년 동안 유럽에서 소위 "하늘의 등대"로 사용될 수 있었다. 《루돌프 목록》은 1631년 11월 7일에 금성이 태양 면을 통과할 것으로 예언했는데, 케플러가 죽은 뒤 파리 천문대에서 실제 관측에 성공할 수 있었다.

말년에 케플러는 유럽의 여러 지역을 여행하며 후원자들에게 점성술이나 천문학에 관한 이야기를 해주며 여생을 보냈다. 마지막 저작인 《꿈》은 그가 죽기 직전에 완성되었다. 이 작품은 풍부한 상상력을 바탕으로 달의 여행을 서술하면서 태양중심설을 지지하고 있었다.

케플러는 1630년에 바이에른에서 파란만장한 일생을 마감하였다. 그는 죽은 후에도 편안히 잠들 수 없었다. 30년 전쟁으로 그의 무덤이 파괴당했던 것이다. 그러나 케플러의 무덤 위에는 우아하게 춤추고 있는 광활한 우주가 펼쳐져 있었다.

20세기의 위대한 과학자 아인슈타인은 1930년에 케플러 사망 300주년을 기념하여 다음과 같이 썼다. "근심 많고 불확실한 우리 시대에 인간성과 인간사에서 즐거움을 찾기는 힘들지만 케플러처럼 탁월하고도 과묵한 사람에 대해 생각하는 것은 특별한 위로가 된다. 케플러는 자연에서 법칙의 지배가 아직 확실하지 않았던 시대에 살았다. 자연법칙의 존재에 대한 그의 믿음이 얼마나 컸던지, 그는 수십 년을 누구의 지지도 없이 이해해 주는 사람도 별로 없이 행성 운동을 경험적으로 탐구하고 그것의 수학적 운동법칙을 규명하는 데 바쳤다. … 케플러의 놀라운 업적은 지식이 경험만으로는 얻어질 수 없고 관찰 사실과 지적 창조물 사이의 비교를 통해서만 얻어질 수 있다는 진리의 특히 좋은 예이다."

근대 생리학을 개척한 의사
윌리엄 하비

시골 소년에서 최고의 의사로

16~17세기의 과학혁명에서는 주로 천문학과 역학을 비롯한 물리과학 분야에서 급격한 변화가 있었지만, 생명과학 분야에서도 적지 않은 성과가 있었다. 비록 인공적 체계이긴 했지만 분류학이 발달하여 생물학적 지식이 폭넓게 정리될 수 있었고, 현미경의 사용으로 이전에는 상상하지 못했던 생명체나 기관의 존재가 보고되었으며, 근대적 형태의 해부학과 생리학이 출현하여 생명체의 구조와 기능이 본격적으로 탐구되기 시작했던 것이다. 당시에 많은 과학자들이 생명체 연구에 도전했는데, 특히 윌리엄 하비(William Harvey, 1578~1657)는 혈액순환설을 제창하여 근대 생리학의 출현에 크게 기여하였다.

하비는 1578년에 영국 포크스톤의 작은 해안 마을에서 열 명의 형제 중 장남으로 태어났다. 그는 지주였던 아버지 덕분에 별다른 어려움을 겪지 않고 수준 높은 교육을 받을 수 있었다. 하비의 어린 시절에 대해서는 잘 알려져 있지 않으나 아버지의 농장 일을 도우면서 생명체에 관심을 가지게 된 것으로 보인다. 그가 어머니와 함께 부엌에서 작은 동물들을 해부하고 그 결과를 자세히 기록했다는 이야기도 전해지고 있다.

하비는 10살 때 캔터베리의 킹스 스쿨에 입학했다. 그 학교의 학생들은 운동장에서도 라틴어와 그리스어를 써야 했다. 그때의 영향 때문이었는지 그는 이후에 논문이나 저서를 집필할 때에도 라틴어를 고집했다. 1593년에 하비는 케임브리지 대학의 곤빌 앤 카이우스 칼리지(Gonville and Caius College)에 입학하여 해부학을 접했다. 그 곳은 당시 영국에서 가장 우수한 의과대학으로 해마다 처형된 범죄자 2명의 시체를 해부하는 관행을 가지고 있었다.

하비는 케임브리지를 졸업한 후 1600년에 이탈리아의 파도바 대학으로 유학을 갔다. 당시에는 파도바 대학을 중심으로 인체해부학이 발전하면서 갈레노스의 체계에 문제점을 제기하는 다양한 발견이 이루어졌다. 근대 해부학의 아버지로 불리는 베살리우스는 인체를 직접 해부하고 연구하면서 주로 동물해부를 바탕으로 정립되었던 갈레노스의 해부학을 대폭 수정하였다. 베살리우스는 1543년에 《인체의 구조에 관하여(De humani corporis fabrica libri septem)》라는 책을 출간했는데, 그 책은 줄여서 《파브리카(Fabrica)》로 불리기도 한다. 베살리우스는 《파브리카》를 준비하면서 훌륭한 화가를 고용하여 자신이 해부한 인체의 내부를 자세히 그리도록 했다. 그러한 그림들은 과학적인 측면에서 매우 정확했을 뿐만 아니라 아름다운 미술 작품으로도 손색이 없었다.

또한 갈레노스는 피가 심장의 우심실에 들어오면 두터운 격막(septum)을 통과해서 좌심실로 전달된다고 주장했지만, 파도바 대학의 콜롬보(Realdo Colombo)는 허파정맥에 피가 들어 있다는 해부학적 사실을 바탕으로 새로운 이론을 제기하였다. 피가 심장의 격막을 통과하는 것이 아니라 우심실에서 허파로 갔다가 다시 좌심실로 돌아온다는 것이다. 그것은 당시에 '허파 통과 이론'으로 불렸는데, 오늘날의 개념으로는 소순환(小循環) 혹은 허파순환에 해당한다. 그밖에 베살리우스의 교수직을 이어받은 팔로피우스(Gabriel Fallopius)는 난소와 자궁을 연결하는 나팔관을 처음으로 발견했으며, 팔로피우스의 제자인 파브리키우스(Hieronymus Fabricius)는 정맥판막을 정확히 묘사하여 자신의 제자인 하비가 혈액순환설을 세울 수 있는 기초를 마련하였다.

여인의 팔을 해부하는 베살리우스. 《인체의 구조에 관하여》의 속표지에 실린 그림이다.

하비는 1602년에 파도바 대학에서 의학박사 학위를 받은 후 런던으로 돌아와 개인 병원을 열었다. 그는 곧 프란시스 베이컨, 제임스 1세, 찰스 1세 같이 당대의 유명 인사들을 환자로 받아 매우 유명해졌다. 1604년에 하비는 엘리자베스 브라운(Elizabeth Brown)과 결혼했는데, 당시에 그녀의 아버지는 제임스 1세의 시의(侍醫)를 맡고 있었다. 하비는 1607년에 왕립의사학회의 회원이 되었으며, 2년 후에는 빈민 치료 기관으로 유명한 성 바솔로뮤 병원에서 일했다.

하비는 영국 최고의 의사로서 두 왕을 모셨다. 1618년에는 장인을 대신해 제임스 1세의 시의가 되었고, 1625년에는 새로운 왕인 찰스 1세의 시의가 되었다. 두 왕은 모두 하비를 특별히 신임했다. 특히 찰스 1세는 왕실 정원의 사슴을 연구용으로 사용해도 좋다고 허락하였다. 게다가 하비는 연간 400파운드의 급여에다가 왕의 궁전에 있는 거처까지 제공받았다. 슬하에 자식이 없었던 것만 제외한다면 그는 세상에서 부러울 것이 없는 사람이었다.

혈액은 돌고 돈다

하비는 시의로 일하는 동안 매우 중요한 연구를 수행했다. 바로 심장의 움직임과 혈액의 순환에 관한 연구였다. 하비의 업적을 제대로 이해하기 위해서는 갈레노스의 생리학에 대해 알 필요가 있다. 갈레노스 생리학의 목적은 인체의 세 가지 주요 기능인 소화, 호흡, 신경을 체계적으로 설명하는 데 있었다. 소화에 의해 음식이 영양분으로 몸에 섭취되고, 호흡에 의해 인체가 생명력과 열과 기운을 얻게 되며, 신경에 의해 인간의 두뇌 및 정신 활동이 가능하다는 것이었다. 갈레노스는 이러한 기능을 담당하는 세 가지 영(靈)을 가정했다. 소화에 의한 영양분은 자연의 영(natural spirit), 호흡에 의한 생명력은 생명의 영(vital spirit), 그리고 정신활동은 동물의 영(animal spirit)이 담당한다는 것이었다.

갈레노스는 소화, 호흡, 신경의 체계에 대하여 다음과 같이 설명했다. 소화의 체계에서는 음식물이 몸에 들어와서 위와 장을 거쳐 간에 이르러 자연의 영, 즉 피로 바뀌어서 정맥을 통해 온몸으로 전달되면서 영양분으로 소모된다. 호흡의 체계에서는 정맥을 통해 심장에 들어온 피가 허파에서 전달된 공기를 받아 생명의 영으로 바뀐 후 동맥을 통해 온몸으로 전달되면서 생명력, 기운, 열 등으로 소모된다. 신경의 체계에서는 동맥에 있는 생명의 영이 해부학적 위치가 확실치 않은 '레테 미라빌레(rete mirabile)'라는 곳에서 동물의 영으로 바뀌어 뇌에 전달이 되고 그것이 신경을 통해 온몸에 전달되면서 정신활동으로 소모된다. 여기서 각 체계는 세 가지 영이 생성되는 곳에서만 연결되어 있을 뿐 모두 시작과 끝이 있고 그 기능이 전혀 다른 완전히 분리된 체계에 해당한다.

하비는 정량적 고찰을 통해 갈레노스 이론의 문제점을 지적하였다. 그는 맥박이 한 번 뛸 때마다 방출되는 피의 양을 1/4온스(약 7그램) 정도로, 그리고 맥박이 뛰는 횟수를 30분에 1,000번 정도로 잡았다. 이렇게 아주 작게 잡아도 30분 동안에 심장으로부터 방출되는 피의

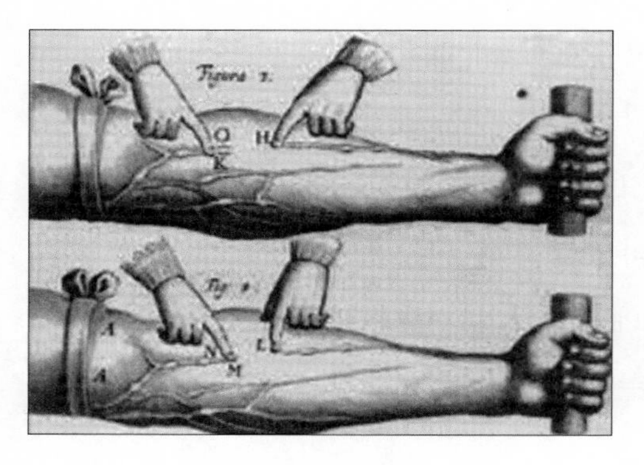

하비의 결찰사 실험

양은 7킬로그램이나 되고, 1시간에는 14킬로그램 정도, 하루에는 300킬로그램이 넘는 양의 피가 방출되는 셈이 된다. 이처럼 건장한 어른 서너 명의 몸무게에 해당하는 많은 양의 피가 매일 음식물로부터 새로 생성된다는 것은 도저히 받아들일 수 없는 생각이었다. 이로부터 하비는 심장으로부터 나간 피가 소모되는 것이 아니라 다시 되돌아온다는 가설을 도출할 수 있었다.

하비는 피가 순환한다고 생각한 후 그것을 확인하기 위해 몇 가지 실험을 실시하였다. 우선 그는 절제된 정맥에 가는 철사를 집어넣어 한 방향으로만 쉽게 들어간다는 점을 보임으로써 정맥의 판막이 심장을 향하고 있다는 사실을 입증하였다. 그보다 더욱 유명한 것은 자신의 팔에 직접 행했던 결찰사 실험(ligature experiment)이다. 하비는 결찰사로 팔을 동여매어 동맥과 정맥의 흐름을 모두 중단시켰는데 팔은 점차 차가워지고 결찰사 위의 동맥은 피로 가득 찼다. 다음에는 정맥은 막힌 채로 두고 동맥은 자유스럽도록 결찰사를 풀어 주었는데 피가 팔을 통해 흘러감에 따라 따뜻한 느낌을 가지게 되었고, 팔이 자주색으로 변하면서 정맥의 결찰사 아래 부분이 눈에 띄게 부풀어 올랐다. 이러한 실험은 동맥을 통해 전달된 피가 정맥을 통해 되돌아온다는 사실을 입증했으며, 누구나 쉽게 해 볼 수 있다는 점에서 매우 강한 설득력을 가지고 있었다.

아리스토텔레스를 신봉한 하비

하비는 1628년에 발간된 《심장과 피의 운동에 관하여》에서 자신의 혈액순환설을 집대성하였다. 그 책자는 당대의 유명한 철학자이자 과학자인 데카르트의 주목을 받았다. 데카르트는 하비의 연구가 자신의 기계적 철학(mechanical philosophy)을 입증한다고 생각했다. 하비가 심장을 일종의 펌프로 보고 피의 양을 계산했으며 피가 폐쇄된 회로 속에서 움직인다고 생각했다는 것이다. 당시에는 데카르트를 따라 기계의 원리를 바탕으로 생명체의 구조와 기능을 연구하는 의역학(iatromechanics)이 크게 번성하기도 했다.

그러나 하비는 데카르트와 같은 기계론자가 아니었다. 오히려 하비는 아리스토텔레스주의적 경향을 지니고 있었다. 하비는 아리스토텔레스와 같이 뇌가 아닌 심장이 나머지 모든 인체를 지배한다는 심주설(心主說)을 신봉하였다. 또한 하비는 순환을 가장 완전한 운동으로 보는 아리스토텔레스의 견해를 좇았으며, 아리스토텔레스와 마찬가지로 생명체의 목적인(目的因)에 대해 깊은 관심을 표방하였다. 이와 관련하여 하비가 혈액순환설을 정립하는 데에는 아리스토텔레스주의적 경향이 가장 중요한 역할을 했다는 주장도 있다.

하비는 《심장과 피의 운동에 관하여》에서 다음과 같이 썼다. "나는 피의 운동이 원운동처럼 일어나고 있지 않은가 라고 생각하게 되었고, 지금에 와서는 이것이 사실임을 알게 되었다. … 아리스토텔레스가 공기와 비는 하늘의 물체들이 순환운동을 본받는다고 한 것과 마찬가지로 이 운동도 순환적이라고 불러도 좋을 것이다. … 그리고 이 모든 것이 심장의 운동과 작용에 달려 있다. 결과적으로 심장은 생명의 시작이며, 마치 태양을 우주의 심장이라고 부를 수 있듯이 심장은 소우주(小宇宙)의 태양이다. 왜냐하면 심장이야말로 생명의 기본이며 모든 작용의 원천이기 때문이다."

하비의 혈액순환설은 당시의 의사들로부터 상당한 비판을 받았다. 그중 가장 유명한 사람은 파리의과대학의 해부학자이자 의사였던 장 리올랑(Jean Riolan)이었다. 그는 하비의 저작이 갈레노스의 해부학뿐만 아니라 갈레노스 의학 전체에 치명적인 타격을 줄 수 있다고 보았다. 리올랑은 대정맥과 대동맥을 통해 혈액이 일부 순환할 수는 있지만 인체 전체에 해당하는 것은 아니라고 주장했다. 논쟁을 극구 피했던 하비도 리올랑에게는 반박하지 않을 수 없었다.

하비는 "피가 순환한다는 사실을 이해하는 데 내가 실제로 이뤄낸 것에 초점을 맞추는 것이 타당하다"고 지적한 후 다음과 같이 말했다. "나는 다른 사람의 책이 아니라 실제 조사를 통해 심장의 운동과 기능을 알고자 했다. 처음 동물실험을 했을 때 나는 그것이 얼마나 어려운 일인지를 깨달았다. 심장의 운동은 오로지 하느님만이 알 수 있다는 말을 믿고 싶을 지경이었다. 운반되는 피의 양이 얼마나 되는지, 피의 운반이 얼마나 빠르게 일어나는지를 깨달은 뒤 나는 피가 일종의 순환운동을 하는 것이 아닌가 생각하기 시작했고, 나중에 이것이 사실임을 알아냈다. … 결국 나는 동물의 체내에 있는 피가 끊임없는 순환운동을 통해 움직이고, 심장의 작용 또는 기능이 이런 일을 하는 것이라는 결론에 도달했다."

이후에 젊은 세대의 의사들은 혈액순환설을 지지하는 다양한 증거들을 찾아냈고, 이에 따라 하비가 죽을 무렵에는 대부분의 의사들이 혈액순환을 사실로 받아들이게 되었다. 그러나 리올랑을 비롯한 몇몇 의사들은 여전히 과거를 고수했다. 그들은 한 세기가 지나도록 갈레노스를 따라 채액을 의학의 토대로 생각하고 피를 뽑아내거나 설사를 하게 하는 전통적인 방법으로 환자들을 치료했다.

모든 역사가 그렇듯이, 하비에게도 한계가 있었다. 예를 들어 그는 동맥의 피를 정맥으로 전달해 주는 모세혈관의 존재를 알지 못했다. 혈액순환의 결정적 증거가 되는 모세혈관은 1661년에 이탈리아의 말피기(Marcello Malpighi)에 의해 발견되었다. 또한 하비는 피의 순환에만 관심을 집중했을 뿐 그것이 호흡이나 소화와 어떤 관계가 있는지에 대해서는 별다른 관심을 기울이지 않았다. 그러나 하비가 정량적이고 실험적인 방법을 통해 생리학을 한 단계 높은 차원으로 승화시킨 인물임에는 반박의 여지가 없을 것이다.

하비도 자신의 연구가 가진 의의와 한계를 잘 알고 있었다. 그는 연구의 목적이 생명현상을 이해하는 데 있다는 점을 강조하면서 "우리가 그 원인을 모른다고 해서 현상이 존재한다는 것 자체를 부정해서는 안 된다"고 말했다. 또한 그는 앞으로도 혈액순환에 대한 연구가 지속되어야 한다는 점을 주문하면서 과학자가 열린 자세, 겸손한 태도, 비판적 사고를 가져야 한다는 점을 강조했다.

"진리와 지식을 갈구하는 진정한 과학자라면 자기가 이미 잘 알고 있다는 생각을 결코 해서는 안 된다. 말하는 사람과 출처에 상관없이 새로운 정보를 받아들이고, 예로부터 내려오는 예술이나 과학에 대해서도 상상의 나래를 펼 수 있는 열린 자세를 가져야 한다. 그리고 우리가 알고 있는 것보다 모르고 있는 것이 훨씬 더 많다는 사실을 명심해야 한다. 과학자는 다른 사람의 가르침이나 주장을 맹신하여 생각의 자유를 잃어서도 안 된다."

정치적 격동기 속에서

하비는 《심장과 피의 운동에 관하여》에서 심장과 왕을 비교하는 내용의 헌사를 찰스 1세에게 바쳤다. "피조물의 심장은 생명의 근원이며 만물의 제왕이며 소우주의 태양입니다. … 마찬가지로 폐하는 왕국의 토대이며 … 나라의 심장으로 모든 권력과 자비가 심장에서 나옵니다. 저는 감히 폐하께 심장에 대해 쓴 것을 헌정합니다." 하비는 정치에는 큰 관심을 두지 않았지만 왕의 측근이었기 때문에 정치적 격동기를 직접 경험할 수밖에 없었다.

왕의 신성한 권위를 믿었던 찰스 1세는 1629년 의회를 폐지하였고 그것은 왕과 의회의 대립을 낳는 계기가 되었다. 1642년에는 '청교도 혁명'으로 불리는 내전이 왕당파와 의회파 사이에서 발생하였다. 왕이 옥스퍼드로 도망치자 하비도 그 뒤를 따랐다. 의회파 군대는 런던의 화이트홀 궁전을 약탈했으며, 그로 인해 하비가 모아 두었던 연구자료들도 모두 사라지고 말았다. 청교도 혁명이 의회파의 승리로 이어지면서 찰스 1세는 1649년에 반역죄로 처형을 당했다.

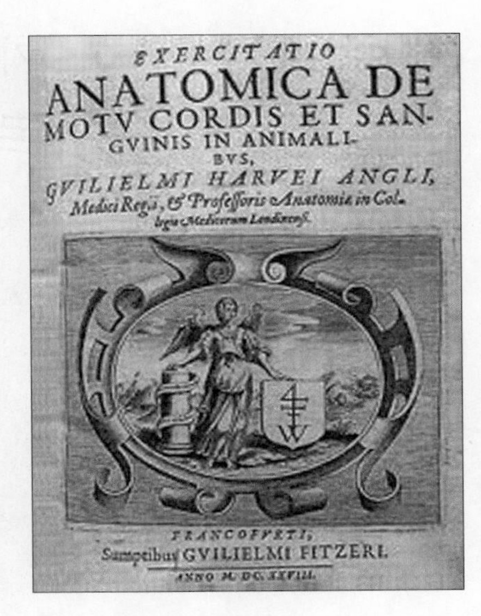
EXERCITATIO
ANATOMICA DE
MOTV CORDIS ET SAN-
GVINIS IN ANIMALI-
BVS,
GVILIELMI HARVEI ANGLI,
Medici Regii, & Professoris Anatomiæ in Col-
legio Medicorum Londinensi.

FRANCOFVRTI,
Sumptibus GVILIELMI FITZERI.
ANNO M. DC. XXVIII.

하비의 대표작인 《심장과 피의 운동에 관하여》는 찰스 1세에게 헌정되었다.

내전이 계속되는 와중에서도 하비는 연구에 박차를 가해 1651년에 《동물의 발생에 관하여》라는 책자를 발간하였다. 그는 생물이 어떤 식으로 수정란에서 한 개체로 자라는지에 큰 관심을 기울였다. 생물이 어떻게 발생하게 되는지에 대해서는 여러 의견이 분분했다. 그중 전성설(preformation theory)은 완전한 축소판의 작은 생물이 이미 알 속에 들어 있다는 이론으로 당시 교회의 폭넓은 지지를 받고 있었다. 이에 반해 몇몇 의사들은 혈액과 섞인 정액이 생물의 수정란이 된다는 일종의 후성설(epigenesis)을 지지했는데, 하비도 전성설에 문제가 있다는 점을 지적하였다. 그는 동물의 배 발생을 정확하게 관찰하고 기록하는 과정을 통해 동물의 생식이 정자와 난자가 만나서 이루어진다고 주장하였다. 이를 통해 하비는 또다시 위대한 과학자의 명성을 얻었지만, 모든 동물이 알에서 발생한다는 잘못된 믿음을 가지고 있었다.

하비는 왕립의사학회의 발전에도 크게 기여한 인물이었다. 그는 왕실에서 일하는 동안 학회에서 활발하게 활동하지는 못했지만, 도서관을 짓고 사서의 월급을 주는 데 필요한 돈을 학회에 기부하였다. 하비는 1654년에 왕립의사학회의 회장에 추대되었지만 고령의 나이를 들어 회장직을 거절하였다. 그는 1657년에 69세의 일기로 세상을 떠났고, 에식스의 헴스테드 교회에 있는 가족 납골묘에 묻혔다.

하비는 커피를 즐겨 마셨던 인물로도 유명하다. 그는 커피에 대해 다음과 같이 분석했다. “각성도와 경계상태를 높이고 운동 활동을 증진시킨다. 수면 욕구를 감소시키고, 만족감과 활력을 주며, 인지 능력을 강화한다.” 하비가 죽기 직전에 자신의 변호사에게 내밀었던 것도 커피콩이었다. “이 자그마한 열매가 바로 나의 행복과 재치의 원천이다.” 죽어가는 그의 목소리는 약했지만 눈빛은 아침에 마신 커피 덕분에 여전히 번뜩이고 있었다.

© Book's-Hill

기계적 철학으로 접근한 자연세계
르네 데카르트

"아침 늦게까지 침대에 누워 있어도 좋다"

르네 데카르트(René Descartes, 1596~1650)는 학문의 역사에서 큰 획을 그은 인물이다. "근대 유럽 철학은 데카르트에 대한 각주다"는 말이 있을 정도이다. 그는 2천년 동안 유럽 사회를 지배해 온 아리스토텔레스주의를 대체할 수 있는 철학적 체계인 기계적 철학(mechanical philosophy)을 만들었다. 기계적 철학은 세상의 모든 현상을 물질(matter)과 운동(motion)으로 설명하려는 거대한 기획이었다. 그러나 데카르트의 기계적 철학이 완벽한 것은 아니었고, 이후의 사람들에 의해 지속적으로 보완되었다. 예를 들어 보일은 기계적 철학을 실험과 연결시키는 일을 담당했으며, 뉴턴은 물질과 운동 이외에 힘(force)을 추가하여 자연현상을 수학적으로 설명하고자 했다.

데카르트는 1596년에 프랑스 투렌 지방의 라에(현재의 데카르트 시)에서 귀족 집안의 자제로 태어났다. 그는 태어난 지 얼마 되지 않아 어머니를 잃었고 외할머니의 따뜻한 보살핌을 받으며 자랐다. 아버지는 재혼을 했지만 끊임없이 데카르트를 주의 깊게 보살피곤 했다. 그러나 데카르트는 평생 동안 아버지와 그리 좋은 사이를 유지하지 못했다.

데카르트는 10살이 된 1606년에 라플레슈에 있는 예수회 학교에 입학했다. 그 학교는 예수회가 풍기는 근엄한 이미지와는 달리 상당히 자유로운 분위기를 가지고 있었다. 학생 체벌을 최대한 금지했으며 적당한 오락이나 체육을 장려했던 것이다. 특히 그 학교의 교장은 몸이 허약한 데카르트에게 "아침 늦게까지 침대에 누워 있어도 좋다"고 허락했다. 그 이후에 데카르트는 생각하고 싶을 때에는 아침을 침대에서 보내는 습관을 가지게 되었다. 데카르트는 예수회 학교에서 당시의 학문적 언어였던 라틴어와 그리스어를 배웠고, 아리스토텔레스의 논리학, 에우클레이데스의 기하학, 키케로의 수사학 등 다양한 분야를 섭렵했다. 데카르트는 크게 노력하지 않고도 1등을 도맡아 했으며, 특히 수학에 뛰어난 재능을 보였다고 한다.

데카르트는 18살 때 "세상이라는 거대한 책"을 읽겠다는 결심을 하고 유럽의 이곳저곳을 돌아다니기 시작했다. 그는《방법서설》에서 당시의 상황에 대해 다음과 같이 썼다. "나는 스승들의 감독을 벗어날 수 있는 나이에 이르자 곧 학교 공부를 전적으로 포기하고 말았다. 그래서 오직 나 자신이나 세상이라는 거대한 책 속에서 발견할 수 있는 학식 이외에는 어떠한 학식도 탐구하지 않겠다고 결심했다. 내 젊음의 남은 시기를 송두리째 바쳐 여행을 하며 여러 궁정과 군대를 견문하고 서로 기질과 환경이 다른 인사들과 자주 상종하며 잡다한 경험을 쌓았다. 운명이 허락한 사건들 속에서 나 자신을 시험해 보기도 했으며 내가 만난 것들에 대해 숙고함으로써 무엇인가를 얻고자 했다."

데카르트는 한 동안 유흥과 도박에 탐닉하기도 했지만, 그런 생활은 오래 가지 않았다. 그는 2년 동안 교외의 한적한 곳에서 하숙을 하면서 수학 연구에 몰두했고, 1616년에는 푸아티에 대학에 진학하여 법학을 전공으로 하면서 의학에 대한 지식을 쌓기도 했다. 유흥을 함께 했던 친구들이 다시 찾아오자 데카르트는 군대로 피신하기로 마음을 먹었다. 그는 1618년에 네덜란드로 가서 오라네 공(Prince of Orange)의 군대에 입대했는데, 전쟁이 없었던 덕분에 군사와 건축에 대한 지식도 쌓을 수 있었다. 데카르트에게 기계적 철학의 아이디어를 심어 준 베이크만(Isaac Beeckman)을 만난 것도 이 무렵이었다. 데카르트는 네덜란드에서 15개월 동안 머문 뒤 독일의 바이에른으로 가서 막시밀리안(Maximilian) 1세의 로마 가톨릭 군대에 들어갔다.

1619년 11월 10일에 데카르트는 세 가지의 생생한 꿈을 꾸었는데, 그에 의하면 "이 꿈이 자신의 진로를 바꾸어 놓았다"고 한다. 첫 번째 꿈에서 데카르트는 거리를 걸어가던 중이었는데, 유령이 나타나고 바람이 세차게 불어 목적지인 성당에 갈 수 없었다. 그는 괴로워하며 눈을 떴지만 곧 다시 잠에 빠져 들었다. 두 번째 꿈에서는 그냥 천둥소리만 계속 들렸다. 너무 시끄러워 다시 잠에서 깨어났는데, 눈을 뜨자 방 안에 불꽃이 번쩍이는 것 같은 느낌이 들었다. 겨우 안정을 찾아 다시 잠자리에 든 그는 세 번째 꿈을 꾸었다. 이번 꿈은 무섭지 않고 편안했다. 꿈속에서 데카르트는 책상 위에 사전과 시집이 있는 것을 보고 책장을 넘겼다. "나는 어떤 인생길을 걸어가야 할까?"라는 물음이 들어 있는 시를 읽었고, '존재와 비존재'라는 글귀로 시작하는 텍스트를 읊조리는 사람을 보았다. 데카르트는 마지막으로 눈을 뜨기에 앞서 꿈의 의미를 새겨보았다. 첫 번째 꿈은 자신이 과거에 저질렀던 오류에 대한 경고이고, 두 번째 꿈은 진리의 정신이 다가온다는 의미이며, 마지막 꿈은 참된 지식으로 가는 길을 여는 것이라고 생각했다.

프랑스와는 별로 궁합이 맞지 않았던 사람

데카르트는 1621년에 군대 생활을 접고 유럽 각지를 돌아다니다가 1622년에 프랑스로 돌아와 메르센느(Marin Marsenne) 신부를 만났다. 메르센느는 부지런한 편지 쓰기를 통해 유럽 지식인들 사이에서 소식통 역할을 했던 사람으로 유명하다. 이탈리아의 갈릴레오가 태양의 흑점을 관측한 소식을 메르센느에게 알리면, 메르센느는 그 소식을 독일의 케플러에게 전해 준다. 갈릴레오의 관측에 의문이 생기면 케플러는 메르센느를 통해 다시 갈릴레오에게 질문을 던진다. 그러면 메르센느는 그 소식을 다시 다른 사람들에게 편지로 알려준다. 이런 식으로 메르센느는 한 개인이 학술지나 과학단체의 역할을 맡았던 것이다. 데카르트가 자신의 이름을 유럽 지식인 사회에 널리 알릴 수 있었던 것도 메르센느 덕분이었다.

1628년 말에 데카르트는 다시 프랑스를 떠나 네덜란드로 이주했다. 그는 거주지를 철저한 비밀에 붙인 채 20년 동안 네덜란드에 머물렀고, 프랑스는 서너 차례밖에 방문하지 않았다. 데카르트의 주요 저작인 《세계》(1633년), 《방법서설》(1637년), 《성찰》(1641년), 《철학의 원리》(1644년), 《정념론》(1649년) 등은 모두 이 시기에 집필되었다. 그중에서 《방법서설》은 《자신의 이성을 올바르게 인도하고 모든 학문의 진리를 탐구하기 위한 방법서설 및 이 방법의 시론인 굴절광학, 기상학, 그리고 기하학》을 줄인 것이다. 이후에 그 책은 《방법서설》, 《굴절광학》, 《기상학》, 《기하학》 등으로 분리되어 발간되기도 했다.

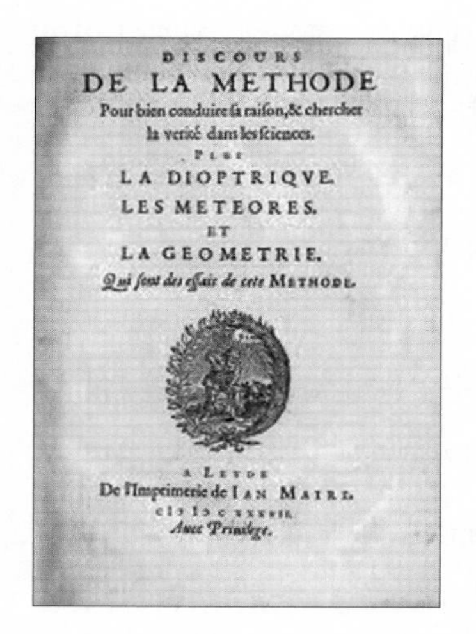
DISCOURS
DE LA METHODE
Pour bien conduire sa raison, & chercher
la verité dans les sciences.
PLUS
LA DIOPTRIQVE.
LES METEORES.
ET
LA GEOMETRIE.
Qui sont des essais de cete METHODE.

A LEYDE
De l'Imprimerie de IAN MAIRE.
CIↃ IↃ C XXXVII.
Avec Privilege.

데카르트의 대표적인 저작인 《방법서설》은 《굴절광학》, 《기상학》, 《기하학》 등도 포함하고 있다.

데카르트가 네덜란드에서 머물렀던 마을에는 프리드리히 5세의 장녀인 엘리자베스(Elizabeth)가 망명해 있었다. 그녀는 데카르트에게 청하여 수학과 철학을 배웠다. 엘리자베스는 매우 사려 깊고 영특한 사람이었다. 데카르트가 "나의 논문을 모조리, 그리고 완전하게 이해한 사람은 엘리자베스 단 한 사람뿐이다"고 말할 정도였다. 엘리자베스는 네덜란드를 떠난 후에도 데카르트와 편지를 교환했으며, 데카르트가 죽은 뒤 그의 저서를 출판하는 데도 힘을 보탰다.

데카르트는 1649년에 스웨덴으로 가서 크리스티나(Alexandra Christina) 여왕에게 철학을 가르쳤다. 이제 막 23세가 된 여왕은 외모는 그리 매력적이지 않았지만 엄청난 지적인 열정을 가지고 있었다. 여왕은 데카르트의 학문세계에 접한 뒤 무한한 존경심을 느껴 그를 자신의 스승으로 맞이하기로 결심했다. 본래부터 추위에 약했던 데카르트는 북구의 동토로 가는 것이 내키지 않아 처음에는 이 제의를 정중히 거절했으나 여왕의 수개월에 걸친 열렬한 구애작전은 유럽 최고의 지식인을 감동시키기에 충분했다. 그녀는 데카르트를 모셔오기 위해 군함까지 딸려 보냈다고 한다.

결과적으로 보면, 데카르트가 스웨덴으로 간 것은 비극이라고 할 수 있다. 매우 부지런했던 크리스티나 여왕은 데카르트에게 새벽 5시에 철학 강의를 해 달라고 부탁했다. 아침 일찍 일어나는 일이 고역이었지만 여왕의 부탁을 거절하기는 힘들었다. 1650년 어느 날, 데카르트는 새벽의 끔찍한 추위 속에서 감기에 걸렸는데, 그것이 폐렴으로 악화되어 결국 스웨덴에서 눈을 감고 말았다. 데카르트의 유해는 1667년에 고국인 프랑스로 옮겨져 파리의 한 성당에 안치되었지만, 바로 그 해에 그의 저서들은 로마 교황청의 금서 목록에 오르고 말았다. 이래저래 데카르트는 프랑스와는 별로 궁합이 맞지 않았던 사람이었다.

모든 것을 의심하고 남는 것은?

16~17세기의 유럽 사회는 지식의 위기로 홍역을 치르고 있었다. 14~15세기의 르네상스를 통해 그 동안 알려지지 않았던 고대의 고전들이 라틴어로 대거 번역되었는데, 그것은 한편으로는 지적인 풍요를 가져왔지만 다른 한편으로는 혼란을 유발했다. 고대의 지식인들이 하는 이야기가 너무 달라서 도대체 무엇을 믿어야 할지, 무엇이 옳은 것인지 판단하기가 어려웠던 것이다. 당시의 상황을 더욱 곤란하게 만든 것은 고대의 극단적 회의주의인 피론주의(Pyrrhonism)였다. 피론주의에 따르면, 참다운 지식은 있을 수도 없고 있다고 하더라도 그 기준이 없다. 왜냐하면 사람의 감각은 믿을 수가 없으며, 설사 그것을 믿을 수 있다고 하더라도 그것이 실제 세계의 현상이나 그것의 본질에 대해서 아무것도 말해 주지 않기 때문이다.

이와 같은 피론주의에 대항하기 위해 데카르트는 '체계적 의심의 방법(method of systematic doubt)'을 사용하였다. 그것은 회의주의의 기본적인 입장을 수용하면서도 그 한계를 벗어날 수 있는 새로운 방법이었다. 데카르트는 자신이 피론주의자가 된 것처럼, 권위에 기대는 지식, 감각적 경험에서 나오는 지식, 수학적 추론에 의한 지식 등 모든 지식들을 의심했다. 이렇게 해서 모든 것을 부정한 후에 남게 된 것은 자신이 생각한다는 사실이었다. 물론 그 생각의 내용은 악마의 속임수일 수도 있어 의심이 가능하지만, 생각한다는 사실만은 의심할 수 없었다. 그리고 데카르트는 자신이 생각한다는 바로 그 사실이 자신의 존재를 증명해 주는 것으로 생각했다. 그의 유명한 명제, "나는 생각한다. 그러므로 나는 존재한다(cogito, ergo sum)"는 이런 식으로 등장했던 것이다.

곧 이어 데카르트는 확실한 지식의 근거가 무엇인가를 묻게 되었고, 그 대답으로 그 지식이 지닌 '명증성(évidence, 영어로는 clarity)'을 들었다. 그리고 다른 지식도 명증성을 지니면 참된 지식으로 받아들일 수 있다고 생각했으며, 이를 바탕으로 새로운 지식의 체계를 구축했다. 우선, 데카르트는 신의 존재를 다음과 같은 식으로 증명했다. 인간은 불완전한 존재이다. 만약 인간이 완전한 존재라면 어떻게 의심으로 가득 찰 수 있겠는가? 그런데 '불완전'은 '완전'을 전제로 한 개념이다. 그렇다면 완전이라는 개념은 어디에서 왔을까? 인간과 같이 불완전한 존재가 완전이라는 개념을 알고 있는 것을 보면 완전한 무언가가 이 세상에 존재한다. 그 존재가 바로 신이다.

데카르트는 외부 세계에 대해서도 똑같은 논리를 적용했다. 그는 외부 세계에서 감각을 일으키는 각종 속성들을 하나하나씩 제거했다. 마지막에는 아무런 특성도 없이 오직 공간을 채우고 있는 것만 남게 되었다. 처음에 데카르트는 외부 세계의 본질을 '외연(extension)'으로 부르다가 외부 세계의 모든 공간이 결국은 물질로 이루어져 있음을 근거로 삼아 외연이 바로 물질이라는 결론을 내렸다. 또한 그는 물질 이외에 운동이 실재하는 것도 분명하다고 주장했다. 물질로 이루어진 외부 세계의 상이 망막에 전달되는 이유는 무언가가 움직이고 있기 때문이라는 것이었다. 이런 식으로 해서 외부 세계에서 가장 근본적이고 확실한 실재로서 물질과 운동이 얻어졌다. 물질과 운동은 데카르트의 체계(Cartesian system)에서 가장 근본적인 요소가 되었고 훗날 보일은 데카르트의 체계를 '기계적 철학'으로 불렀다.

자연현상에 대한 지식체계를 세우다

데카르트는 외부 세계가 진공이 없고 완전히 꽉 찬 물질공간, 즉 플레넘(plenum)의 상태라고 생각했다. 플레넘은 세 종류의 물질로 채워져 있다. 첫 번째 물질은 불의 원소로 형태와 크기가 없어 쉽게 변한다. 두 번째 물질인 공기의 원소는 아주 작지만 크기나 모양을 지니고 있다. 세 번째인 흙의 원소는 불이나 공기의 원소보다 크며 모양과 크기가 다양하다. 데카르트는 일체의 다른 감각적 속성 없이 크기, 모양, 배열, 운동만으로 물질을 정의했고, 그로부터 아리스토텔레스가 중요하게 여겼던 차가움, 뜨거움, 습함, 건조함과 같은 질적인 개념들을 도출할 수 있다고 생각했다.

데카르트는 태초에 신이 물질을 창조하면서 그것에 운동을 부여했으며, 신이 만든 세계는 다음과 같은 세 가지 자연의 법칙에 따라 운동한다고 생각했다. 첫째, 모든 물체는 다른 물체와 충돌해서 상태를 변화시키지 않는 한 똑같은 상태로 남아있다. 둘째, 물체가 움직일 때 물체를 구성하는 각각의 부분들은 직선으로 운동하려는 경향이 있다. 셋째, 한 물체가 다른 물체를 밀 때 자신의 운동을 잃지 않는 한 다른 물체에 운동을 줄 수 없다. 또한 자신의 운동이 증가하지 않는 한 다른 물체에서 운동을 빼앗을 수도 없다.

이 중에서 첫째와 둘째 법칙은 관성의 원리에 해당하는 것으로 갈릴레오가 원운동의 관성에 머물렀던 데 비해 데카르트는 관성을 직선운동으로 파악했다. 데카르트에게 직선운동은 신이 부여한 자연법칙에 따라 일어나는 운동이었고, 이에 따라 원운동은 자연스러운 운동이 아니라 부가적인 설명이 필요한 운동으로 변모하였다. 셋째 법칙은 충돌의 과정에서 운동의 양(quantity of motion)이 보존된다는 것으로 데카르트는 운동의 양을 물질의 양(quantity of matter)과 속력의 곱으로 표현하였다. 이처럼 데카르트는 크기와 방향을 가진 '속도'가 아닌 크기만 있는 '속력'에 주목했기 때문에 그가 설명한 충돌 현상은 실제적인 현상과 어긋나는 경우가 많았다. 이러한 한계는 네덜란드의 하위헌스가 운동의 상대성을 바탕으로 데카르트의 오류를 지적하고, 독일의 라이프니츠(Gottfried Wilhelm von Leibniz)가 충돌을 통해 실제로 보존되는 양은 mv^2의 크기를 가진 '살아있는 힘(vis viva)'이라고 주장하면서 돌파되기 시작했다.

데카르트는 자신의 운동법칙을 바탕으로 천체의 운동과 빛의 운동을 설명했다. 데카르트의 우주는 소용돌이(vortex)에서 시작된다. 각 소용돌이의 바깥쪽에서는 무겁고 빠르게 움직이는 물질들이 커다란 원을 그리며 돌고 있고, 안쪽으로 갈수록 가볍고 느리게 회전하

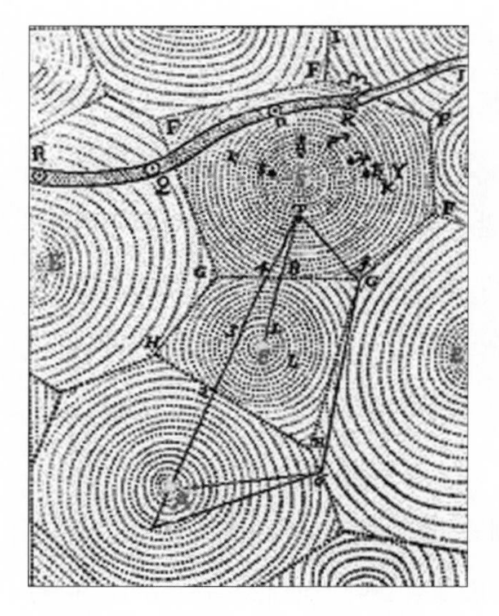

데카르트의 소용돌이 우주론. 각각의 동심원들은 그 하나하나가 태양계를 구성하고, 동심원의 중앙에는 태양(S)이, 태양의 주위에는 행성이 소용돌이를 이루며 돌고 있다.

는 물질들이 작은 원을 그리며 돌고 있다. 소용돌이 운동이 계속될수록 가벼운 불의 원소는 점점 중앙으로 몰리게 된다. 이렇게 소용돌이의 중앙에 불의 원소들이 모인 것이 바로 태양이다. 태양을 구성하는 불의 원소들은 완벽한 유체이기 때문에 매우 빠르게 회전하고 그로 인해 발생하는 원심적 압력(centrifugal pressure)이 다른 물질들을 태양 표면의 바깥으로 밀어낸다. 이러한 압력이 공기의 원소를 통해 전달되는 것이 바로 태양에서 나오는 빛이다. 그리고 흙의 원소들이 모여서 여러 개의 행성과 혜성을 구성한다. 공기의 원소들이 태양계의 소용돌이를 만들어냄으로써 행성의 운동이 발생하는데, 행성이 어떤 위치에 들어서면 행성이 바깥으로 나가려는 원심적 압력과 바깥쪽 소용돌이가 행성을 미는 힘이 같아져서 행성은 안정된 궤도를 유지하며 공전하게 된다. 만약 어떤 행성이 두 개의 태양계가 만나는 지점에서 길을 잃어 다른 태양계로 들어가면 혜성이 된다. 데카르트는 빛에 대해서도 자신의 기계적 철학을 적용시켰다. 그는 불의 원소가 빛을 만들고, 공기의 원소는 빛을 전달하며, 흙의 원소는 빛을 반사시킨다고 생각했다. 빛의 직진, 반사, 굴절은 테니스공의 운동에 비유되었다. 테니스공을 라켓으로 치면 공은 관성에 따라 직선운동을 하게 되는데, 데카르트는 빛의 직진이 이와 같다고 설명했다. 그는 테니스공의 운동을 땅바닥에 수평한 성분과 수직한 성분으로 분해하여 빛의 반사를 다루었다. 공이 바닥에 부딪힐 때 바닥에 수평한 운동 성분은 변하지 않으며, 수직한 운동 성분은 크기는 변하지 않지만 방향이 반대로 변한다. 빛도 이와 마찬가지이기 때문에 빛이 벽에 입사한 각도와 반사되는 각도가 동일하게 된다.

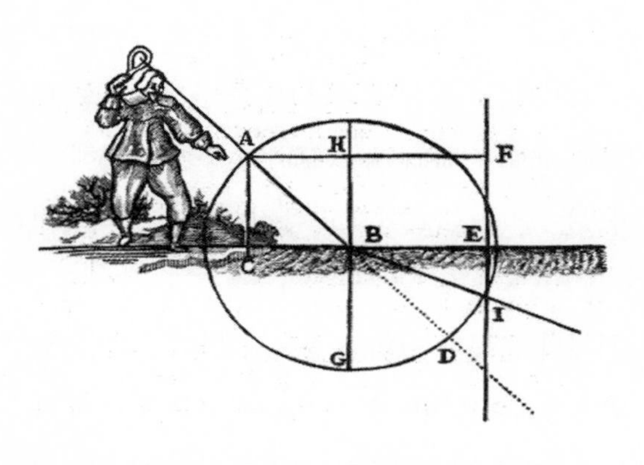

빛의 굴절에 대한 데카르트의 설명을 나타낸 그림

빛의 굴절은 천을 통과하는 공에 비유되었다. 천을 통과할 때 천에 수평한 운동

성분은 변화가 없지만 수직한 운동 성분은 크기가 증가하거나 줄어들며, 이로 인해 공의 방향이 휘게 된다. 이와 유사하게 데카르트는 빛이 공기에서 유리로 들어갈 때 경계면에 수평한 운동은 변화를 겪지 않지만 수직한 운동의 크기가 변하여 빛의 경로가 굴절된다고 보았다. 더 나아가 그는 오늘날 스넬의 법칙(Snell's law)으로 알려진 굴절의 사인법칙을 기하학적으로 증명하기도 했다.

수학과 생물학에 남긴 업적

데카르트는 오늘날의 물리학뿐만 아니라 수학과 생물학에서도 많은 업적을 남겼다. 그는 직교좌표계를 처음으로 제안한 사람으로도 유명하다. 이러한 연유에서 직교좌표계는 데카르트 좌표계(Cartesian coordinate system)로 불리기도 한다. 2차원 직교좌표계는 *xy*평면을 이루는 서로 직교하는 *x*축(수평 방향)과 *y*축(수직 방향)으로 정의되며, *x*축과 *y*축이 만나는 점을 원점이라고 부른다. 또한 3차원의 위치를 나타내려면, *z*축을 하나 더 붙이면 된다. 전하는 이야기에 따르면, 데카르트는 파리 한 마리가 방 안에서 윙윙거리며 날아다니는 것을 멍하니 바라보고 있다가 직교좌표계에 대한 아이디어를 떠올렸다고 한다.

x, y, z 등을 미지수로 사용하고 x와 y의 곱을 xy로, x의 제곱을 x^2으로 표시하여 수학적 논의를 매우 간편하게 한 사람도 데카르트였다. 그는 기하학적 곡선들을 대수적 수식을 통해 다루는 해석기하학을 발전시키는 데도 크게 기여하였다. 그동안 대수학과 기하학은 별도로 존재해 왔지만, 데카르트에 의해 수식과 도형이 서로 연결된 하나의 체계로 자리 잡기 시작했던 것이다. 더 나아가 그는 자신이 개발한 해석기하학의 방법을 사용하여 시력교정용 렌즈의 곡면 형태를 예측한 뒤 실제로 렌즈 깎는 기구를 고안해서 그 예측의 타당성을 증명하기도 했다.

데카르트는 자신의 기계적 철학을 생명체에도 적용했다. 그는 인체를 각종 실, 관, 구멍으로 가득 찬 기계로 파악하고 기계가 작동하는 원리에 따라 인체가 움직이는 것으로 이해했다. 다른 동물이 작동하는 원리도 인간과 마찬가지로 기계적이었다. 그러나 데카르트는 "오직 인간만이 사고할 수 있는 이성을 가지고 있다"고 말함으로써 인간과 동물의 경계를 명확히 하였다. 인간의 경우에도 기계적 철학이 적용되는 영역을 몸에 국한시킴으로써 정신과 신체를 엄격하게 구분하였다.

데카르트는 평생을 통해 아리스토텔레스주의에 대한 포괄적인 대안을 제시하는 작업에

데카르트는 인간의 감각도 기계적 철학으로 설명했다. 아이가 발을 불에 가까이 가져가면 불을 구성하는 물질이 발의 피부에 충돌해서 발부터 머리까지 연결되어 있는 가는 실을 잡아당긴다. 그러면 그 실 끝에 연결된 작은 구멍의 뚜껑이 열리면서 여기를 통해 동물의 영(animal spirit)이 빠져 나오게 되고, 그 영의 작용으로 아이는 불에서 발을 빼게 된다.

매달렸다. 데카르트는 자신의 기계적 철학을 통해 다양한 자연현상을 포괄적이고도 명쾌하게 설명할 수 있는 가능성을 보여주고자 했으며, 자신이 제시한 이론이 자연에서 실제로 일어나는 것을 보여주는 진리라고 강하게 주장하지는 않았다. 사실상 그는 눈에 보이지 않는 미시적인 메커니즘을 제안하는 바람에 실제 세계와 일치하지 않는 설명을 하기도 했다. 데카르트의 기획을 진리의 수준으로 끌어올리는 일은 후배 과학자들이 풀어야 할 과제로 남겨졌다.

이와 관련하여 회의주의의 역사를 깊이 있게 연구한 포프킨(Richard H. Popkin)은 16~17세기 지식의 위기에 대응하여 데카르트가 취한 입장은 '신(新)독단론(new dogmatism)'이었고 학자들 사이에서 최종적으로 수용된 것은 '완화된 회의론(mitigated skepticism)'이었다고 주장한 바 있다. 완화된 회의론은 "어떠한 지식의 체계이든지, 그것이 수학적으로 표현되어 있고 무엇을 얻게 해 주는 지식이라면, 훌륭한 지식의 기준을 만족한다"는 것을 골자로 삼고 있었다. 이처럼 절대적으로 확실한 지식을 요구하지 않고 충분히 받아들일 만한 지식을 추구하는 완화된 회의론은 오늘날의 과학에서도 받아들여지고 있는 입장이라 할 수 있겠다.

기압과 진공을 찾아서
에반젤리스타 토리첼리

갈릴레오와의 인연

옛날부터 과학자들은 공기를 중요한 탐구의 대상으로 삼아 왔다. 공기는 우리 눈에 보이지 않지만 질량, 무게, 압력 등을 가지고 있다. 공기의 압력, 즉 기압은 날씨를 이해하고 예측하는 데 필수적인 잣대로 사용된다. 이러한 기압을 처음으로 측정한 사람이 바로 이탈리아의 과학자인 에반젤리스타 토리첼리(Evangelista Torricelli, 1608~1647)이다. 그는 갈릴레오의 제자로도 유명하며, 오늘날의 대기과학뿐만 아니라 수학과 역학에서도 뚜렷한 발자취를 남겼다. 그의 이름은 토리첼리의 관(Torricellian tube), 토리첼리의 진공(Torricellian vacuum), 토리첼리의 정리(Torricelli's theorem) 등을 통해 남아있다.

토리첼리는 1608년에 이탈리아 중북부 지방의 파엔차에서 태어났다. 그의 집안은 부유한 명문 집안이었고, 아버지는 직물 기술공을 하고 있었다. 토리첼리는 어린 시절에 부모를 여의고 수도사인 삼촌의 보살핌을 받았던 것으로 전해진다. 토리첼리는 13살 때 파엔차에 있던 예수회 학교에 들어가 수학과 철학을 공부했다. 그는 학교에서 항상 주목을 받는 우수한 학생이었고, 삼촌은 이러한 조카를 매우 기특하게 여겼다.

토리첼리는 1628년에 삼촌의 지원으로 로마에 있는 사피엔차 대학으로 유학을 갔다. 이곳에서 그는 당시의 유명한 수학자이자 엔지니어인 카스텔리(Benedetto Castelli)의 지도를 받았다. 카스텔리는 갈릴레오의 제자로서 1639년에 서양 최초로 우량계를 만든 사람으로 유명하다. 토리첼리는 카스텔리를 통해 갈릴레오의 업적에 접할 수 있었고, 카스텔리는 토리첼리의 논리적이고 창의적인 사고방식에 매료되었다.

1632년에 토리첼리는 갈릴레오에게 편지를 썼다. 갈릴레오가 카스텔리에게 편지를 보냈는데, 카스텔리가 여행 중이었던 관계로 그를 대신해서 토리첼리가 답장을 했던 것이다. 거기서 토리첼리는 갈릴레오의 업적에 대해 찬양하면서 자신이 제법 실력 있는 수학자라는 점을 피력할 수 있었다. 이후에 토리첼리는 갈릴레오가 1638년에 발간한《새로운 두 과학》을 읽고 갈릴레오를 지지하는 논문을 발표하기도 했다.

토리첼리와 갈릴레오의 본격적인 인연은 1641년에 맺어졌다. 당시에 카스텔리는 갈릴레오에게 토리첼리를 조수로 채용하여 역학에 대한 부수적인 강의를 담당하도록 하면 어떻겠냐고 제안했다. 갈릴레오는 그 제안을 흔쾌히 받아들였고, 토리첼리는 피렌체 인근의 아르체트리에 있는 갈릴레오의 집에 머물게 되었다. 토리첼리는 1641년 10월부터 갈릴레오의 조수가 되었지만, 갈릴레오가 1642년 1월에 사망하는 바람에 두 사람의 공식적인 교류는 3개월로 끝나고 말았다. 당시에 갈릴레오는 토스카나 대공의 수학자 겸 철학자라는 직책을 가지고 있었고, 갈릴레오가 사망하면서 그 직책은 토리첼리에게로 넘어갔다.

자연은 진공을 혐오하는가?

세상을 떠나기 직전에 갈릴레오는 토리첼리에게 진공을 만들어보라고 권했다. 진공의 존재 여부는 옛날부터 과학자들이 지속적으로 주목해 왔던 문제였다. 특히 아리스토텔레스는 진공의 존재를 인정하지 않았으며, 그것은 "자연은 진공을 혐오한다(Nature abhors a vacuum)"는 명제로 정식화되기도 했다. 아리스토텔레스의 과학을 비판하고 있었던 갈릴레오는 진공의 가능성을 인정한 선구적인 인물이었지만, 진공을 실제로 구현하는 데에는 이르지 못하고 있었다.

그렇다면, 아리스토텔레스는 왜 자연계에서 진공 상태가 불가능하다고 생각했을까? 우선, 그는 '아무것도 아닌 것'이나 '아무것도 없는 빈 공간'이 논리적으로 성립되지 않는다고 보았다. 그보다 더욱 중요한 이유는 아리스토텔레스의 운동이론에서 찾을 수 있다. 그는 공기 중에서 낙하하는 물체의 속도는 물체가 무거울수록 커지고, 물체가 운동하고 있는 매질의 저항이 클수록 줄어든다고 생각했다. 이러한 설명 체계에서는 만약 매질의 저항이 없게 되면 물체의 속도가 무한대로 되는 난점이 발생하게 된다. 이러한 난점을 피하기 위해서 아리스토텔레스는 진공을 절대 용인할 수 없었던 것이다. 그 밖의 이유로는 아리스토텔레스가 적대적인 자세를 취했던 원자론자들이 진공의 가능성을 믿고 있었다는 점을 들 수 있다.

당시의 학자들은 진공 혐오에 대한 아리스토텔레스의 견해를 정당화하기 위하여 펌프의 예를 들어 설명하기도 했다. 펌프를 작동시키면 펌프 안에 일시적으로 진공이 생기게 되는데, 이때 자연이 진공을 싫어해서 곧 아래쪽의 물을 펌프의 관 위쪽으로 밀어 올린다는 것이었다. 그러나 광산에서 일했던 광부들은 이미 오래전부터 흡입펌프(siphon)가 34피트(약 10미터) 넘게 물을 빨아들일 수 없다는 사실을 경험적으로 알고 있었다. 이러한 광부들의 경험은 왜 10미터라는 한계가 발생하는지에 대한 이론적 설명을 요구했다.

이런 상황에서 1640년에는 토스카나 대공이 정원에 우물을 파던 도중에 광부와 비슷한 문제점에 봉착하였다. 13미터 정도 땅을 파 내려가 물이 나오는 지점에 펌프를 설치했는데, 물을 전혀 끌어올릴 수가 없었던 것이다. 토스카나 대공은 자신의 수학자 겸 철학자인 갈릴레오에게 이 문제를 해결하도록 지시했다. 이에 대하여 갈릴레오는 진공의 힘에 대한 가설을 내놓았다. "펌프 안에 생기는 진공은 일정한 힘을 가지고 있는데, 그 힘의 크기는 10미터가 넘는 높이의 물기둥을 잡아당기기에는 부족하기 때문에, 어떤 펌프라도 10미터가 넘지 않도록 설치해야 한다." 이와 같은 갈릴레오의 주장은 발리아니(Giovanni Baliani)에 의해 반박되었다. 발리아니는 진공의 힘이 아니라 공기의 압력 때문에 흡입펌프가 제대로 작동하지 않는다고 생각했다. 갈릴레오와 발리아니의 논쟁은 계속되었고, 갈릴레오는 이에 대한 연구를 토리첼리에게 주문했던 것이다.

기압과 진공에 관한 실험

1643년에 토리첼리는 이러한 논쟁을 해결하기 위해 유리관 실험을 준비했다. 그는 영리하게도 물 대신에 수은을 실험 재료로 선택했다. 수은은 당시에 폭넓게 사용되고 있었을 뿐만 아니라 상온에서도 유체 상태를 유지할 수 있었다. 특히 수은은 물보다 밀도가 매우 크기 때문에 실험의 효과를 높이는 데 안성맞춤이었다. 물을 사용하면 대기의 무게와 평형을 이루는 유리관의 높이가 10미터 이상이 되어야 했던 반면, 물보다 밀도가 약 13.5배가 큰 수은을 사용하면 유리관의 높이가 1미터도 되지 않을 것이었다. 이러한 생각을 바탕으로 토리첼리는 갈릴레오의 또 다른 제자인 비비아니(Vincenzo Viviani)의 도움을 받아 수은을 사용한 유리관 실험을 실시했다.

토리첼리는 한쪽 끝은 막히고 다른 쪽 끝은 열린 1.2미터 높이의 유리관에 수은을 가득 채워 공기가 들어가지 못하게 하였다. 이어 손가락으로 열린 끝을 막은 다음 유리관을 뒤

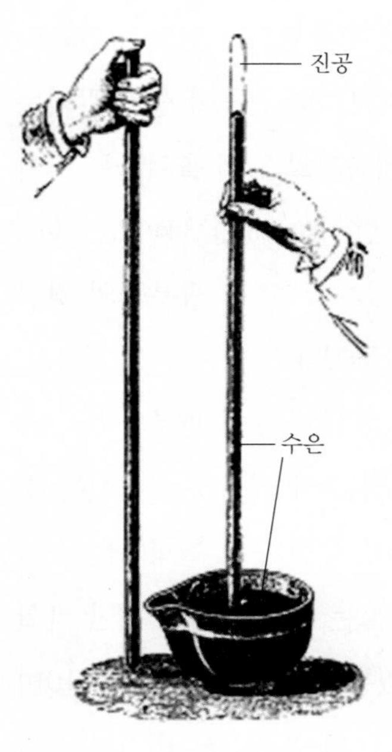

토리첼리 실험에 대한 개념도

집어 사발 속으로 가져갔다. 그 후 손가락을 떼었더니 수은의 일부가 유리관에서 나와 사발 속을 채우기 시작했다. 흥미롭게도 유리관 내의 수은은 약 760밀리미터의 높이에서 멈추었다. 수은이 유리관 밖으로 나가게 되면 유리관 상층부의 기압은 계속해서 감소했으며, 외부 공기가 수은을 다시 유리관 속으로 밀어 넣어 유리관이 완전히 비지 않도록 했던 것이다.

이러한 토리첼리의 실험은 과학의 역사에서 다양한 의미를 가지고 있다. 우선, 토리첼리는 기압을 측정하기 위한 기기로 수은기압계(mercury barometer)를 만든 최초의 인물이 되었다. 또한 토리첼리는 공기가 무게를 가지고 있으며 대기압의 크기가 760밀리미터 수은주의 높이에 해당한다는 점을 보였다. 그는 수은주의 높이를 1밀리미터 올릴 수 있는 압력의 크기를 토르(torr)로 명명했는데, 이를 적용하면 1기압은 760토르가 된다. 더 나아가 토리첼리의 실험은 진공을 만든 최초의 실험에 해당한다. 유리관 상층부의 경우에는 공기나 다른 무엇이 들어갔다고 볼 수 없으므로 결국 아무것도 존재하지 않는 진공이 되는 것이다.

기압과 진공에 대한 토리첼리의 논의는 이후에 프랑스의 파스칼(Blaise Pascal)과 독일의 게리케(Otto von Guericke)에 의해 더욱 정교화되었다. 파스칼은 "인간은 가장 나약한 갈대에 불과하지만, 생각하는 갈대이다", "클레오파트라의 코가 조금만 더 낮았더라면, 세계 역사는 다시 쓰였을지도 모른다" 등과 같은 명언을 남겼다. 그는 공기의 무게가 실제로 존재하여 수은주가 특정한 높이를 유지하도록 한다면, 고도가 높은 곳으로 올라갈수록 수은주에 부과하는 공기가 적어져 결과적으로 수은주의 높이가 낮아질 것으로 생각했다. 당시에 파스칼은 건강이 좋지 않았고 파리에는 높은 산이 없었기 때문에 그가 직접 실험을 수행하기는 어려웠다. 그는 1648년에 프랑스 남부의 산악지대에 살고 있던 처남인 페리에(Florin Perrier)에게 두 대의 수은기압계를 보내 실험을 부탁하였다. 페리에는 한 대의 기압계를 가지고 3,000피트에 달하는 퓌드돔(Puy-de-Dôme)을 올라갔고, 다른 한 대의 기압계는 산 아래에 놓아두었다. 산 아래의 기압계는 하루 종일 변화가 없었지만, 산으로 가져간 기압계의 경우

마그데부르크의 반구 실험을 묘사한 그림

에는 고도가 증가함에 따라 수은주의 높이가 감소하였다.

이어 1654년에는 게리케가 '마그데부르크의 반구 실험'으로 불리는 유명한 실험을 벌였다. 아마추어 과학자로서 당시에 마그데부르크의 시장을 맡고 있었던 게리케는 1650년경에 진공펌프 혹은 공기펌프를 만든 후 여러 가지 실험을 해 왔다. 1654년에 그는 페르디난드 3세를 초빙한 후 레겐스부르크 교외에서 공개적인 실험을 하였다. 게리케는 지름 35센티미터 정도의 구리 반구 2개를 잘 접촉시킨 다음 진공펌프로 공기를 빼냈다. 두 개의 구리 반구는 건장한 사람들이 온갖 힘을 들여도 떨어지지 않았다. 반구는 한 쪽에 8마리씩, 모두 16마리의 말이 양쪽에서 끄는 힘으로 겨우 떼어질 수 있었다. 폭발음과 같은 무서운 소리와 함께 마그데부르크의 반구가 떨어졌던 것이다. 이러한 실험을 통해 사람들은 진공의 존재를 확인할 수 있게 되었으며, 대기압이 얼마나 강한 힘을 가지고 있는지를 알 수 있었다. 게리케의 실험 소식을 접한 영국의 보일(Robert Boyle)은 공기펌프를 성능을 개선한 후 진공에 대한 논의를 더욱 발전시켰다.

수학과 역학에 남긴 업적

토리첼리의 연구는 계속되었다. 그는 기압의 분포를 바탕으로 공기의 흐름을 설명했던 최초의 과학자였다. 토리첼리는 바람이 축축한 지면에서 수증기가 증발할 때 나타나는 현상이 아니라 기압의 변화에 의해 발생한다는 점을 주장했다. 바람은 기압이 높은 지역에서 낮은 지역으로 공기가 흐름으로써 형성되며, 기압 차이가 크면 클수록 바람의 세기도 더욱 커진다는 것이었다. 그는 예배당 입구에서 발생하는 바람에 대해 다음과 같이 설명했다. "큰 예배당 가운데 있는 공기는 주위의 공기에 비해 훨씬 차갑고 무겁다. 따라서 예배당 속의 공기는, 마치 고여 있던 물이 측면 구멍으로 급속히 유출되는 것과 마찬가지로 예배당 입구로 빠져나가게 된다."

토리첼리의 연구 주제는 진공과 기압에 국한되지 않았다. 그것은 토리첼리가 1644년에 발간한 책의 제목이《기하학 연구(Opera geometrica)》라는 점에서 잘 드러난다. 이 책에서 토리첼리는 불가분량(indivisible)과 사이클로이드(cycloid)를 중심으로 기하학을 체계화하는 데 크게 기여하였다. 불가분량은 곡선으로 되어 있는 면적을 계산하는 데 사용되는 매우 작은 삼각형을 말하며, 사이클로이드는 회전하는 원의 원주상의 점을 따라 만들어지는 원을 뜻한다. 한번은 프랑스의 유명한 수학자인 페르마(Pierre de Fermat)가 토리첼리에게 "삼각형의 세 꼭짓점으로부터의 거리의 합이 최소가 되는 점을 구하라"는 문제를 냈는데, 이 문제는 오늘날 '토리첼리의 문제'로 불리고 있다.

이러한 수학적 재능을 바탕으로 토리첼리는 유체동역학에서도 중요한 업적을 남겼다. 그는 갈릴레오가 최초로 논의한 포물선 궤적에 많은 관심을 가지고 있었고, 이를 물과 같은 액체의 움직임에 대한 논의로 확장하였다. 그는《기하학 연구》에서 액체가 들어있는 용기의 측면에 비교적 작은 구멍을 뚫었을 때 액체가 뿜어져 나오는 속도에 대한 정리를 선보였다. 그것은 오늘날 '토리첼리의 정리'로 불리고 있는데, 중력가속도를 g, 액체의 수면과 구멍의 높낮이 차이를 h, 유출 속도를 v라고 하면 $v=\sqrt{2gh}$라는 관계가 성립한다는 것이다. 토리첼리 정리는 베르누이 정리의 특수한 형태에 해당하며, 주위의 대기압이 일정하고 수면이 떨어지는 속도를 무시할 수 있는 경우에 적용된다.

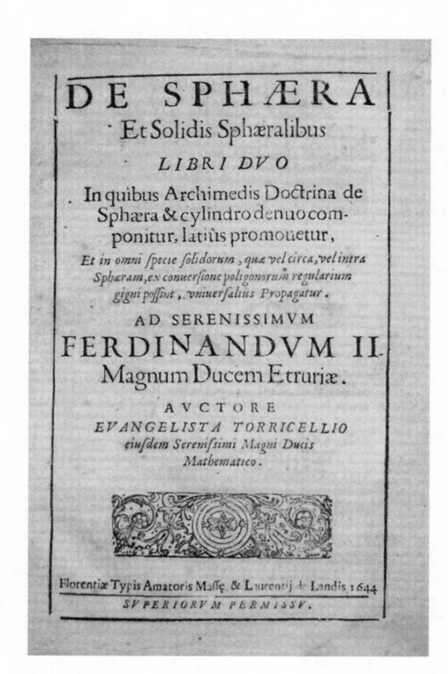
DE SPHÆRA
Et Solidis Sphæralibus
LIBRI DVO
In quibus Archimedis Doctrina de Sphæra & cylindro denuo componitur, latiùs promouetur,
Et in omni specie solidorum, quæ vel circa, vel intra Sphæram, ex conuersione poligonorum regularium gigni possint, vniuersalius Propagatur.
AD SERENISSIMVM
FERDINANDVM II.
Magnum Ducem Etruriæ.
AVCTORE
EVANGELISTA TORRICELLIO
eiusdem Serenissimi Magni Ducis Mathematico.
Florentiæ Typis Amatoris Massę & Laurentij de Landis 1644
SVPERIORVM PERMISSV.

토리첼리의 저작 중 유일하게 남아있는《기하학 연구》

토리첼리는《기하학 연구》에서 근대 역학에 관한 중요한 생각을 펼치기도 했다. 그는 "서로 연결된 두 무거운 물체들은 그것들의 중력의 중심(center of gravity)이 내려가지 않는 한 운동을 시작할 수 없다"는 생각을 제시했다. 예를 들어 두 물체가 도르래의 양쪽에 밧줄로 매달려 있다면, 중력의 중심이 내려가는 경우에만 한 물체가 아래로 가면서 다른 물체를 위로 끌어올릴 수 있는 것이다. 더 나아가 토리첼리는 외부의 영향으로부터 고립된 두 물체는 그 중력의 중심에 있는 한 물체로 취급될 수 있다는 점을 깨달았다. 이를 통해 그는 무거운 물체들에 대한 갈릴레오의 논의를 여러 물체들로 이루어진 계(system)로 확장할 수 있었다. 충격량과 그것이 작용하는 시간의 곱이 운동량의 변화와 같다($F\Delta t=m\Delta v$)는 점을 처음으로 정식화한 사람도 토리첼리였다.

이처럼 다양한 과학 연구를 수행하던 도중에 토리첼리는 예상치 못한 운명을 맞이하였다. 1647년에 장티푸스에 걸리는 바람에 갑자기 세상을 떠나고 말았던 것이다. 당시 그의 나이는 39세에 불과했다. 토리첼리의 인생은 짧았지만, 기존의 견해에 의문을 제기하고 실험을 통해 논쟁을 해결하려는 태도는 오늘날의 과학자들에게도 귀감이 되고 있다.

© Book's-Hill

과학적 진리는 실험에 기초한다
로버트 보일

"권위만으로는 아무것도 이루어지지 않는다"

로버트 보일(Robert Boyle, 1627~1691)은 우리가 화학 시간에 기체의 성질을 배울 때 등장하는 인물이다. 그는 온도가 일정할 때 기체의 부피는 압력에 반비례한다는 '보일의 법칙'을 발견한 사람이다. 보일은 공기펌프를 개발하여 공기에 관한 수많은 실험을 수행한 사람으로도 알려져 있다. 또한 그는 유명한 과학단체인 영국 왕립학회의 창설 멤버이자 주도적인 활동가로도 이름을 날렸으며, 그가 명명한 기계적 철학은 전통적인 과학의 기초를 허물고 새로운 과학 활동을 추진하는 데 중요한 역할을 담당하였다. 이처럼 보일은 17세기 과학혁명의 핵심적 인물로서 근대과학의 출현에 커다란 발자취를 남겼다.

로버트 보일은 1627년에 아일랜드 코크 주의 리즈모어에서 엘리자베스 시대의 유명한 탐험가이자 백작의 작위를 가졌던 리처드 보일(Richard Boyle)의 아들로 태어났다. 14번째 아이이자 7번째 아들이었다. 아버지는 주로 "코크 백작"으로 불렸는데 영국에서 둘째라면 서러워할 정도의 부자였다. 로버트 보일은 어려서부터 독서를 몹시 좋아했다. 보일은 생전에 끊임없이 책을 읽었는데, 그를 진찰한 의사는 다음과 같이 경고하기도 했다. "당신의 지나친 독서는 두뇌를 약하게 만들고 충혈을 일으키며 폐를 손상시킬 수도 있다."

보일은 8살에 어머니가 사망하자 아버지의 친구가 감독관으로 있었던 명문 사립학교인 이튼 학교에 입학하였다. 이튼 학교는 교육과정에서 운동을 매우 중시했으며, 이튼 파이브즈(테니스의 일종), 이튼 월(축구의 일종)과 같이 그 학교에서만 하는 독특한 운동경기도 있었다.

보일은 몸이 그다지 건강하지 못했지만, 이튼 학교의 각종 운동경기에도 열심히 참여했다. 다만 운동 때문에 공부 시간이 빼앗기는 것은 매우 싫어했다.

1639년에 영국 내전의 전초전 격인 주교전쟁(Bishops War)이 발발하자 아버지는 가정교사를 붙여 보일과 그의 형 프란시스(Francis)가 유럽을 순회하는 여행을 하도록 하였다. 20세기 초까지 영국의 부자들은 자식들을 유럽 대륙으로 보내 각종 유적지를 둘러보게 하는 것을 훌륭한 교육으로 생각했다고 한다. 보일 형제는 유럽의 곳곳을 신나게 돌아다녔다. 보일이 15살이 되었던 1642년에는 피렌체에 도착했는데, 그 무렵에는 과학혁명의 기수인 갈릴레오가 세상을 떠났다. 보일은 위대한 과학자의 죽음으로 이탈리아 전체가 들썩거리는 모습에 깊은 인상을 받았다. 그때부터 보일은 갈릴레오에 관한 책이라면 모조리 구해서 읽었고 일생 과학 연구에 열중하기로 결심하였다.

1646년에 영국으로 돌아온 보일은 누이인 캐서린(Catherine)의 영향을 받아 의회파의 일원이 되었다. 그녀는 보일을 새로운 과학자 모임인 '보이지 않는 대학(Invisible College)'에 넣어주기도 했다. 그 모임에는 과학의 유용성과 실험의 중요성을 강조한 베이컨에 동조하는 영국의 젊은 과학자들이 참여하였다. 보이지 않는 대학을 통하여 의학이나 농업과 같은 실제적인 문제에 관심을 가지게 된 보일은 1647년에 《독약을 의약으로 변화시키는 일에 대해서》라는 책을 저술하기도 하였다.

1660년 왕정복고 이후에 런던에 정착한 보일은 윌킨스(Maurice Wilkins)와 함께 보이지 않는 대학을 모태로 새로운 과학단체인 왕립학회를 설립하는 데 주도적인 역할을 담당하였다. 왕립학회는 "권위만으로는 아무것도 이루어지지 않는다"를 모토로 내걸었는데, 그 모토는 과학의 발전이 위대한 이론가의 권위에 의존하는 것이 아니라 수많은 사람들의 경험과 실험이 꾸준히 축적됨으로써 가능하다는 사상을 표방하고 있었다.

로버트 훅에 대한 상상도. 그의 초상화는 남아있지 않다.

아버지로부터 많은 유산을 받았던 보일은 그 재산으로 자신의 집에 연구실을 꾸몄다. 보일의 연구실은 매우 규모가 컸으며 많은 과학기구들을 보유하고 있었다. 게다가 보일은 자신의 연구를 도와 줄 조수까지 두었다. 보일의 연구실은 항상 개방되어 있었기 때문에 방문객들이 끊이지 않았고 많은 과학자들이 의견을 교환하는 장소로 자리 잡았다. 보일의 연구실을 거쳐 간 조수 중에는 이후에 유명한 과학자가 된 사람도 있는데, 로버트 훅(Robert Hooke, 1635~1703)이 그 대표적인 예이다. 훅은 용수철의 늘어나는 길이가 용수철을 당기는 힘의 크기에 비례한다는 법칙을 찾아냈으며, 현미경을 통해 역사상 최초로 세포벽을 발견하면서 세포(cell)라는 용어를 만들기도 했다.

기계적 철학의 신봉자

보일은 의학과 농업의 문제에 관심을 가지고 있었으며, 그것의 기초가 되는 화학을 집중적으로 탐구했다. "과학적 진리는 실험에 입각하고 있다"는 투철한 정신으로 보일은 그의 조수와 함께 수많은 실험기구를 제작하고 그것으로 실험을 수행하는 작업을 반복하였다. 보일은 자신의 실험 결과를 1660년에 발간된《공기의 탄성과 그 효과를 다룬 새로운 물리-역학적 실험》에서 선보였고, 1662년에는 몇몇 실험을 추가하여《공기의 탄성》2판을 발간했다.

보일은 길이가 3미터를 넘는 유리관을 만든 뒤 수은을 부어 넣는 방법으로 당시에 중요한 연구주제로 부상하고 있었던 대기의 압력에 관한 실험을 진척시켰다. 한쪽 유리관을 막고 위에서 수은을 쏟아 부으면 수은이 밀려들어가 공기가 압축된다. 여기서 보일은 압력을 변화시키면 수은 기둥의 높이가 어떻게 변화하는지를 측정하였다. 그는 꼭 막힌 유리관 속의 공기의 압력을 2배로 하면 부피가 본래의 절반이 된다는 것을 반복적으로 확인한 후, 공기에 압력을 가하면 언제나 같은 비율로 부피가 줄어든다는 것을 확인했다.

보일은 자신의 실험 대상을 공기 이외의 다른 기체로 확장하였고, 실험 방법도 피스톤을 사용하는 것으로 개선하였다. 이러한 다양한 실험의 결과 보일은 1662년에 온도가 일정할 때 기체의 부피와 압력은 반비례 관계를 가진다는 사실을 발견하였다. 그는 자신이 발견한 내용을 오늘날과 같은 수학적 공식으로 표현하지는 않았지만, 이후의 과학자들은 보일이 발견한 사실을 $PV=k$(P는 압력, V는 부피, k는 상수)로 정리하고 이를 '보일의 법칙'으로 명명하였다. 보일의 법칙에 대한 실험 결과는《공기의 탄성》2판의 부록에 실렸다. 당시에 보일이 사용했던 피스톤은 이후에 증기기관을 비롯한 열기관에 대한 실험에서 활용되기도 했다.

보일은 기체의 성질을 발견하는 것을 넘어 기체의 본질이 무엇인가에 대한 철학적인 고찰에도 주의를 기울였다. 그는 기체가 압축이 가능한 것은 기체가 작은 알맹이로 이루어져 있기 때문이라고 생각하였다. 보일은 모든 물체가 흙, 물, 불, 공기로 이루어져 있다는 아리스토텔레스의 4원소설을 믿지 않았다. 대신에 보일은 "모든 물체는 기본 입자의 운동을 통해서 구성된다"는 기계적 철학을 주장하였다. 그는 이러한 기본 입자를 '원소(element)'라 부르면서 1661년에 발간된 《회의적인 화학자(Sceptical Chymist)》에서 다음과 같이 썼다. "원소라고 하는 것은 근원적이고 단순한 어떤 물질, 혹은 다른 어떤 것과도 전혀 섞이지 않은 물질을 말한다. 물체는 다른 어떤 물질로도 이루어지지 않은 이들 원소가 혼합된 복합체이며, 결국에는 이 성분들로 분해된다."

기계적 철학의 핵심 내용은 데카르트가 정립했지만, 기계적 철학이란 용어를 만들고 수많은 실험을 바탕으로 그것의 타당성을 입증했던 사람은 보일이었다. 보일은 기계적 철학이 자연세계의 모든 것을 드러내기 때문에 실험에 의해 검증할 수 있는 기회를 제공해 준다고 생각하였다. 보일의 활동을 매개로 17세기 후반에는 유럽의 많은 과학자들이 기계적 철학을 새로운 과학의 철학적 기초로 수용하게 되었다. 기계적 철학은 당시의 과학 활동에 기본적인 틀을 규정해 주었으며, 기계적 철학의 언어를 통해 중요한 문제들이 제기되었고 이에 대한 해답도 기계적 철학의 언어를 통해 주어졌다. 보일과 그의 동시대인들은 '기계적'이란 용어를 '아리스토텔레스적' 혹은 '신비적'이라는 말과 반대되는 것으로 여겼고, 사실상 17세기 후반에는 자연철학, 기계적 철학, 실험철학 등이 거의 동의어처럼 사용되었다.

보일은 자신의 기계적 철학으로 자연세계의 많은 현상을 설명하였다. 그는 열이라는 것이 물질입자의 운동 때문에 생기는 것으로 파악하였다. 기체 분자를 가열하면 운동이 활발해져서 분자들이 계속 충돌함으로써 열이 발생한다는 것이었다. 또한 그는 물체의 색깔도 기계적 철학을 통해 설명하였다. 빛은 물리적으로 변하지 않는데, 물체의 물질 입자들이 작용함으로써 색깔이 발생한다는 것이었다. 더 나아가 그는 이러한 색깔 변화가 물질의 종류를 확인하고 그것을 화학적으로 분류하는 데 사용할 수 있다고 지적하면서 수많은 화학물질의 조성을 분석하였다.

보일의 공기펌프 실험

보일의 일생에서 가장 흥미로운 부분은 공기펌프를 이용한 실험과 관련되어 있다. 1657년에 보일은 독일의 정치가이며 과학자였던 게리케(Otto von Guericke)의 공기펌프에 대한 책을 읽은 뒤 훅의 도움을 받아 성능이 더욱 향상된 공기펌프를 고안하였다. 1659년에 제작된 보일의 공기펌프는 둥근 용기의 모양을 가지고 있었고 윗부분에 마개가 달려 있었으며 표면에는 공기가 새지 않도록 시멘트가 발라져 있었다. 보일은 그 기계를 가지고 공기에 관한 여러 가지 실험을 수행하여 수많은 과학적 사실을 발견하였다.

보일은 공기와 소리의 관계를 알아내기 위하여 유리 용기 속에 자명종을 넣었다. 처음에는 똑딱똑딱 하는 소리가 명확하게 들렸으나 공기펌프로 그릇 속의 공기를 계속 뽑아낸 결과 나중에는 소리가 나지 않았다. 이로써 보일은 소리가 공기에 의해 전달된다는 사실을 알아냈다. 그는 또 촛불을 유리 용기 속에 넣었다. 처음에는 잘 타던 촛불이 공기를 빼자 바로 꺼져 버렸다. 이것은 어떤 물질이 연소하기 위해서는 반드시 공기가 있어야 한다는 점을 보여주었다. 그 다음에 보일은 작은 벌레를 잡아 용기에 넣은 뒤 공기를 빼 보았다. 그 벌레는 버둥거리다가 곧 죽고 말았다. 동물이 호흡하며 살아가기 위해서는 공기가 필수불가결하다는 점을 입증했던 것이다.

이러한 여러 가지 실험을 바탕으로 보일은 실험이 과학탐구의 매우 유력한 방법이라는 점을 적극적으로 선전하였다. 특히 보일은 물질적 기술, 문헌적 기술, 사회적 기술을 적절히 사용함으로써 자신의 실험 결과를 객관화하는 데 성공하였다.

첫째, 보일은 공기펌프를 제대로 제작하기만 하면 똑같은 실험 결과가 나온다는 점을 강조함으로써 자신의 실험이 보편적이라고 주장하였다. 즉 실험을 성공시킨 것은 주관적인 실험자가 아니라 객관적인 실험기구이며, 실험이 실패하는 것은 실험자의 잘못이 아니라 실험기구의 결함 때문이라는 것이다.

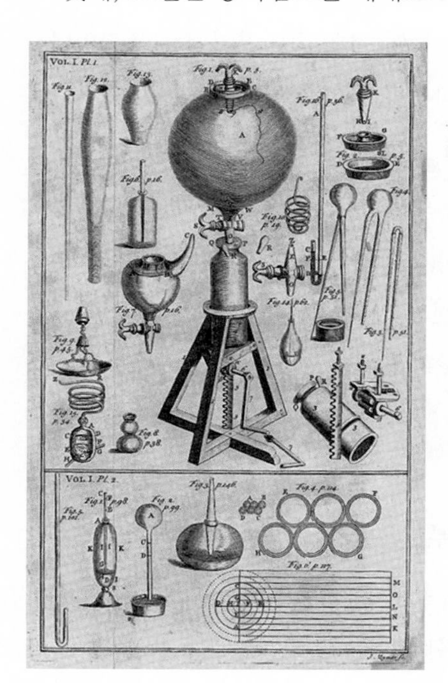

보일이 사용한 공기펌프에 대한 개요도

둘째, 보일은 새로운 스타일의 실험 보고 방식을 사용하였다. 예를 들어 1661년에 발간된 보일의 대표적인 저작인 《회의적인 화학자》는 네 명의 참여자가 자유롭게 의견을 개진하여 합의에 도달하는 서술방식을 취하고 있다. 또한 보일은 겸손하게 실험 과정을 설명하고 자신의 실수를 솔직하게 인정했는데, 이에 따라 대중들은 보일을 도덕적이고 균형 잡힌 지식인으로 받아들였다. 이러한 수사적 전략으로 인해 보일에 대한 신뢰는 그의 실험에 대한 신뢰로 이어졌던 것이다.

셋째, 보일은 자신의 실험을 왕립학회와 같은 공적인 자리에서 재현함으로써 다른 사람들에게 집단적인 체험의 기회를 제공하였다. 이제 실험의 객관성을 보장하는 것은 실험자 개인이 아니라 실험을 목격한 집단이 되는 것이다. 더 나아가 보일은 실험의 모든 세부 사항을 자세히 알려주는 보고 방식을 사용함으로써 직접 실험을 보지 않은 가상의 목격자도 크게 증가시켰다. 이와 관련하여 보일의 공기펌프 실험을 둘러싼 논쟁을 자세히 연구했던 섀핀(Steven Shapin)과 섀퍼(Simon Schaffer)는 '목격자 늘리기(multiplying witness)'라는 흥미로운 개념을 제기한 바 있다.

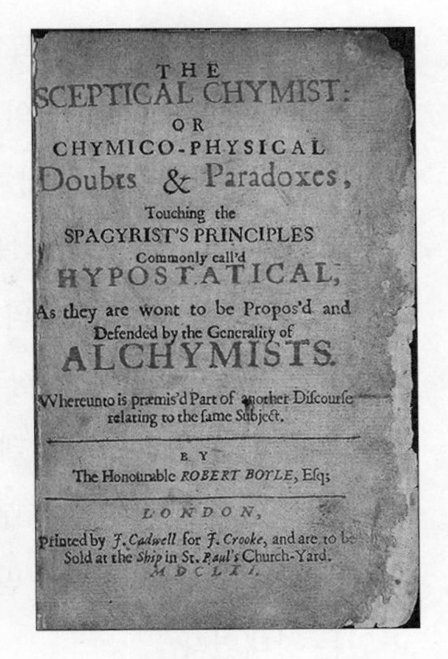
THE
SCEPTICAL CHYMIST:
OR
CHYMICO-PHYSICAL
Doubts & Paradoxes,
Touching the
SPAGYRIST'S PRINCIPLES
Commonly call'd
HYPOSTATICAL,
As they are wont to be Propos'd and
Defended by the Generality of
ALCHYMISTS.
Whereunto is præmis'd Part of another Discourse
relating to the same Subject.
BY
The Honourable ROBERT BOYLE, Esq;
LONDON,
Printed by J. Cadwell for J. Crooke, and are to be
Sold at the Ship in St. Paul's Church-Yard.
MDCLXI.

1661년에 발간된 보일의 대표적인 저작인 《회의적인 화학자》

보일과 홉스의 논쟁

보일의 공기펌프 실험과 관련하여 흥미로운 것은 보일의 실험에 관한 홉스(Thomas Hobbes)의 비판이다. 그는 1651년에 《리바이어던(Leviathan)》을 발간한 정치철학자로 유명하지만 오늘날의 과학에 해당하는 자연철학에도 조예가 깊었다. 홉스는 보일의 공기펌프가 새는 곳이 많으며 작동시키기도 어려웠음을 지적하였다. 또한 홉스에 따르면, 보일은 공기펌프를 계속 개조함으로써 펌프의 복제를 힘들게 하여 다른 사람들이 보일의 이론을 검증하는 것은 거의 불가능하였다. 더 나아가 홉스는 언제든지 다시 펌프 안으로 되돌아가 빈 공간을 채울 수 있는 미묘한 공기가 있기 때문에 공기펌프가 진공상태를 만들 수 없다고 주장하였다.

보일과 홉스의 논쟁이 진공의 존재 여부만을 놓고 벌어진 것은 아니었다. 보일과 홉스의 상이한 과학관은 서로 다른 사회사상과 직결되어 있었다. 보일의 실험철학은 원인의 불가지성을 표방한 확률적 지식을 목표로 하고 있었기 때문에 모든 사람의 동의나 그것을 강제할 절대자가 필요하지는 않았고, 보일의 이상적인 사회상은 실험철학에 동조하는 사람들이 모여서 자유로운 의사소통과 의견수렴의 광장을 건설하는 데 있었다. 반면 홉스가 자연철학의 모델로 삼았던 기하학은 모든 사람에게 자명한 규범을 제시하는 것이었고, 홉스는 절대적 권위를 가진 지도자가 행위의 원칙을 제시하고 모든 사람이 이에 복종함으로써 만장

일치가 이루어지는 사회를 목표로 삼았다.

이상과 같은 홉스와 보일의 논쟁은 결국 보일의 승리로 귀결되었다. 그렇다면 보일이 성공한 이유는 무엇인가? 이에 대한 해답은 당시 영국의 사회적 맥락과 실험자 집단의 대응에서 찾을 수 있다. 사치스러운 궁정과 청빈한 지방의 대립, 국교도와 청교도의 대립, 크롬웰을 중심으로 한 급진파의 득세와 같은 이전의 혼란에 대처하여 왕정복고기에는 급진주의를 배격하고 복고된 왕정과 새로운 계층의 이해를 타협시키는 것이 중요한 과제로 부상하였다. 이러한 상황에서 태동한 왕립학회는 급진적인 성향을 가지고 있지 않으며 오히려 중용적인 사회 분위기에 부합한다는 것을 보여야 했다. 더욱이 당시의 왕립학회는 기대했던 왕의 재정적 지원을 받지 못했을 뿐만 아니라 신학자들로부터 무신론자로 공격받고 있는 상태였다.

이에 대처하여 보일을 비롯한 왕립학회 회원들은 자신들이 표방하고 있는 실험철학이 당시의 사회적 문제들을 해결할 수 있다고 주장하였다. 실험철학은 어떠한 독단적 권위도 부인하기 때문에 관용적인 종교와 균형 잡힌 정치의 기반이 된다는 것이다. 더 나아가 그들은 실험철학을 공동으로 추구하는 왕립학회가 당시 영국 사회의 지향점인 개인과 전체의 조화를 이미 달성했다고 주장하였다. 이러한 왕립학회의 선전이 성공함으로써 실험철학은 영국 사회에서 굳건히 자리 잡았던 것이다.

무신론을 반박한 과학자

보일은 종교에 대해서도 일가견을 가진 사람으로 유명하다. 그는 과학과 종교 사이에서 양심의 갈등을 겪지 않았다. 보일은 "신이 운동하는 물질을 창조하고 특정한 법칙을 따르도록 하여 그 법칙에 따라 우주가 질서정연한 방식으로 존재하게 된다"고 확신했다. 그의 생각으로는 아무렇게나 우주를 만든 신보다 기계적 우주를 창조한 신이 더욱 경배되어야 했다. 그는 이러한 주제에 대해 계속 글을 썼고 자연의 신비를 연구하면 할수록 자신의 생각이 더욱 경건해진다고 느꼈다.

과학과 종교에 대한 보일의 생각이 잘 나타나 있는 저작으로는 1690년에 발간된 《기독교도 버튜오소(The Christian Virtuoso)》를 들 수 있다. 《기독교도 버튜오소》의 표지에는 "이 책은 실험철학에 몰두함으로써 훌륭한 기독교인이 되고자 하는 사람을 위한 것이다"는 글귀가 새겨져 있다. 보일은 과학과 종교 모두가 완전히 이해될 수 없는 근본원리에 입각하고 있으며 다양한 역사적 사실을 바탕으로 세워졌다는 점을 강조하였다. 또한 그는 사변적 철학자와 실험적 철학자를 구분하면서 후자는 자신이 완전히 이해하지 못한 개념도 사용할 용의가 있다고 생각했다. 그에 따르면, 실험적이고 경험적인 과학은 종교의 동맹자이며, 오로지 사변적 형이상학과 '진정한 과학을 포괄하는 종교(religion-cum-true science)' 사이에만 적대적 관계가 존재한다.

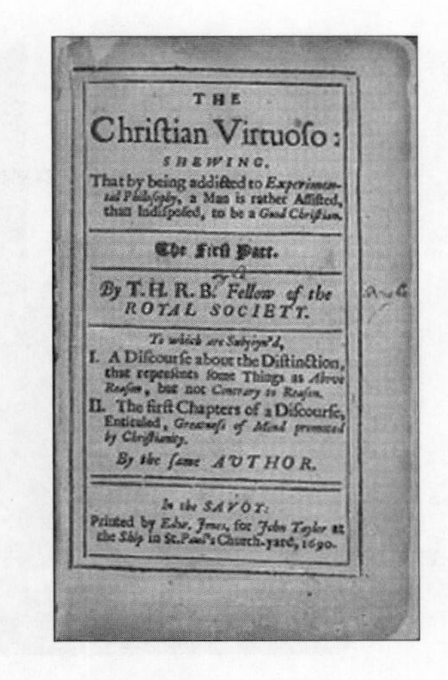
THE
Chriſtian Virtuoſo:
SHEWING,
That by being addicted to Experimental Philoſophy, a Man is rather Aſſiſted, than Indiſpoſed, to be a Good Chriſtian.

The Firſt Part.

By T. H. R. B. Fellow of the ROYAL SOCIETY.

To which are Subjoyn'd,
I. A Diſcourſe about the Diſtinction, that repreſents ſome Things as Above Reaſon, but not Contrary to Reaſon.
II. The firſt Chapters of a Diſcourſe, Entituled, Greatneſs of Mind promoted by Chriſtianity.
By the ſame AUTHOR.

In the SAVOY:
Printed by Edw. Jones, for John Taylor at the Ship in St. Paul's Church-yard, 1690.

1690년에 발간된《기독교도 버튜오소》의 표지

보일은 말년에 자신의 신학을 전파하기 위하여 '보일 강좌'를 설립했다. 벤틀리(Robert Bentley)를 비롯한 강사들은 보일의 의도에 따라 당시의 과학적 성과를 바탕으로 무신론을 반박하는 논증을 도출하는 강의를 선보였다. 보일은 1691년에 64세를 일기로 세상을 떠났다. 그로부터 1년이 지난 1692년에는 보일의 원고를 바탕으로《공기의 일반적인 역사》가 출간되었다.

보일은 일생동안 수많은 중요한 발견을 하였고, 40권이 넘는 저술을 남겼다. 그는 귀족 집안의 자손으로서 물려받은 많은 재산을 과학탐구에 사용하였다. 보일은 모든 명예를 사양하면서 과학 활동에 전념한 사람이었다. 그의 기계적 철학과 실험철학은 자연세계를 분석하는 유력한 철학적 기반과 과학적 방법을 제공하였고, 그의 공기에 관한 연구는 이후에 화학, 물리학, 생리학 발전의 기초가 되었으며, 그가 주축이 되었던 왕립학회는 새로운 과학 활동의 구심점으로 작용하였다. 보일은 과학지식, 과학방법, 과학제도를 포괄하는 과학의 모든 측면에서 왕성한 활동을 벌인 위대한 과학자였다.

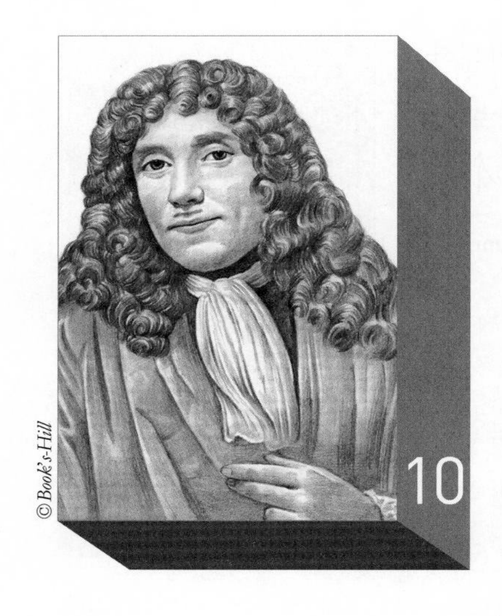

©Book's-Hill

현미경으로 밝힌 자연의 비밀
안토니 판 레벤후크

17세기 현미경 3인방

근대과학의 출현에는 과학기구도 한 몫을 담당했다. 갈릴레오는 망원경으로 태양중심설의 증거를 찾아냈고, 말피기는 현미경으로 혈액순환설의 근거가 되는 모세혈관을 발견하였다. 또한 토리첼리는 기압계를 사용하여 대기압의 크기를 알 수 있었으며, 보일은 진공펌프 덕분에 진공의 존재를 주장할 수 있었다. 이와 함께 17세기에는 온도계, 시계 등도 정밀도가 높아져 과학기구로 사용할 수 있게 되었다. 옛날에는 인간의 감각기관으로 자연현상을 관찰하면 그만이었지만, 17세기부터는 자연현상을 탐구하는 데 과학기구가 본격적으로 사용되기 시작했던 것이다.

그중에서 현미경은 1590년경에 네덜란드의 얀센 부자가 처음 고안했던 것으로 전해지고 있다. 당시에 안경 제조업자였던 자하리아 얀센(Zaccharias Janssen)과 그의 아버지 한스 얀센(Hans Janssen)은 사물을 약 20배로 확대해 볼 수 있는 최초의 현미경을 제작하였다. 볼록렌즈와 오목렌즈 한 쌍이 약 45센티미터 길이의 양쪽 관에 설치된 것이었다. 당시의 현미경은 벼룩과 같은 작은 동물이 벌이는 신기한 서커스를 보는 데 사용된 장난감의 성격을 띠고 있었다. 이 때문에 현미경은 오랫동안 '벼룩 안경'으로 불리기도 했다.

현미경이 과학기구로 본격적으로 사용된 데에는 17세기 과학자인 말피기(Marcello Malpighi, 1628~1694), 레벤후크(Antonie van Leeuwenhoek, 1632~1723), 훅(Robert Hooke, 1635~1708)의 역할이 컸다. 이들 3인방은 '고전 현미경 학파'로 불리기도 한다. 말피기는 1661년에 모세혈관을 관찰한 사람으로, 훅은 1665년에 세포(cell)라는 용어를 처음 사용한 사람으로 유명하다. 그러나 말피기와 훅은 주로 육안으로 식별할 수 있는 생물의 내부를 자세히 관찰하는 데 초점을 두었던 반면, 레벤후크는 매우 작아서 눈으로는 볼 수 없는 미생물까지 집요하게 관찰했다. 레벤후크에게 '미생물학의 아버지'라는 호칭이 부여되는 것도 이러한 까닭이다. 그의 이름을 네덜란드 표기법으로 하면 '안톤 반 레이우엔훅'이 되는데, 우리나라에서는 아직 널리 사용되지 않고 있다.

포목상 도제에서 공무원으로

레벤후크는 1632년에 네덜란드의 델프트에서 7남매 중 첫째로 태어났다. 아버지는 광주리를 만들어 팔면서 생계를 유지하고 있었는데, 안타깝게도 레벤후크가 6살 때 세상을 떠났다. 레벤후크는 8살 때 집에서 32킬로미터나 떨어진 문법학교에 다니기 시작했다. 집에서 학교까지의 거리가 너무 멀어 삼촌의 집에서 살게 되었다. 당시에 삼촌은 변호사를 하면서 마을의 서기도 맡고 있었다. 삼촌은 언어나 예술에도 관심이 많은 지식인이었지만, 레벤후크가 삼촌의 영향을 받은 것 같지는 않다.

레벤후크는 16살 때 오늘날 고등학교에 해당하는 기숙학교를 졸업한 뒤 암스테르담으로 가서 포목상의 도제로 일했다. 그는 두뇌가 명석했던지, 보통 3년이 걸리는 도제 생활을 6개월 만에 끝냈다. 게다가 근면하고 책임감도 강해서 지배인의 역할과 함께 회계의 역할도 맡을 수 있었다. 레벤후크는 암스테르담에서 약 5년 동안 머물면서 포목 사업에 관한 다양한 경험을 쌓을 수 있었다.

레벤후크는 1654년에 고향인 델프트로 돌아왔다. 그에게는 1654년이 일생에서 가장 행복했던 해였던 것 같다. 결혼도 하고 집도 하고 가게도 열었기 때문이다. 레벤후크는 3살 연상의 바바라 드 메이(Barbara de Mey)와 결혼했으며, 두 사람 사이에는 3남 1녀가 태어났다. 레벤후크는 이전의 경험을 바탕으로 델프트에서 포목상으로 활동했는데, 사업도 제법 자리를 잡아 상당한 성공을 거두었다. 그는 대부분의 시간을 옷감을 살펴보고 옷, 단추, 리본 등을 파는 데 보냈으며, 틈틈이 시간을 내어 토지측량사를 비롯한 여러 자격증을 따기도 했다.

레벤후크는 1660년에 공직의 길로 들어섰다. 1660~1669년에는 델프트 시청의 공무원으로 일했다. 사법관 비서로 시작해서 나중에는 도량형 검열관을 맡았다. 1666년에 바바라가 사망하면서 약간 실의에 빠지기도 했지만, 1671년에 그녀의 친척인 코넬리아 스왈미우스(Cornelia Swalmius)와 재혼하여 다시 안정을 찾을 수 있었다. 레벤후크는 특별히 부유하지는 않았지만 여유 있는 삶을 즐겼다. 그는 1669년부터 죽을 때까지 네덜란드 궁정의 조사관으로 활동했다. 궁정이 보유한 토지나 궁정에 반입되는 옷감과 와인을 조사하는 업무였다. 그런 일은 특별히 어렵거나 많은 시간을 요구하지 않았고, 덕분에 레벤후크는 조사관 생활을 하면서도 개인적인 연구에 몰두할 수 있었다.

단일 현미경을 고집한 레벤후크

그렇다면 레벤후크는 언제 현미경에 관심을 가지게 되었을까? 아마도 암스테르담에 있는 동안 현미경에 처음 관심을 가졌을 가능성이 크다. 당시 포목상은 확대경을 사용해 직물의 품질을 검사했기 때문에 레벤후크는 렌즈에 매우 친숙했을 것이다. 그가 도제 생활을 하면서 유리를 입으로 불어 형태를 만드는 기술을 배웠다는 얘기도 전해진다.

레벤후크가 현미경에 본격적인 관심을 가기게 된 계기는 1665년에 로버트 훅이 발간한 《마이크로그라피아(Micrographia)》가 제공했다. 갈릴레오의 《별의 전령》이 거대 우주에 대한 사람들의 시야를 열어주었다면, 《마이크로그라피아》는 미시 세계에 대한 시야를 열어준 책으로 평가되고 있다. 1668년에 레벤후크는 공무상 런던에 갈 일이 있었고, 그때 런던에 체류하면서 당시 장안의 화제였던 《마이크로그라피아》에 접했다. 그 책은 벼룩, 벌, 파리, 씨앗, 곰팡이 등등을 현미경으로 관찰해 그린 그림들로 가득 차 있었다. 훅은 그 책에서 코르크의 세포를 발견했다고 보고했는데, 사실은 세포가 아니라 세포벽인 것으로 알려져 있다.

델프트로 돌아온 레벤후크는 훅이 《마이크로그라피아》의 서문에서 설명한 것을 참조하여 현미경에 대한 도안을 개발하기 시작했다. 이를 바탕으로 레벤후크는 배율이 40배에서 300배에 이르는 다양한 현미경을 만들었다. 당시에 일급 현미경의 배율이 약 42배 정도였다고 하니, 레벤후크의 현미경은 성능이 매우 우수했다고 평가할 수 있다. 게다가 그의 현미경은 초점을 맞추는 조절나사를 포함해도 폭 3센티미터, 높이 7센티미터밖에 되지 않을 정도로 작았다.

흥미로운 점은 레벤후크가 복합 현미경 대신에 단일 현미경을 고집했다는 사실이다. 당시의 지배적인 현미경은 렌즈가 두 개 이상인 복합 현미경이었다. 복합 현미경은 색상이 선명하지 못하고 초점거리가 일정하지 않으며 관찰 대상의 실제 모습이 왜곡되는 색수차 현상을 일으킨다. 레벤후크는 이러한 문제점이 렌즈를 하나만 사용하는 단일 현미경으로 극복할 수 있다고 생각했다. 그가 다른 사람과 달리 미생물의 세계를 관찰할 수 있었던 것도

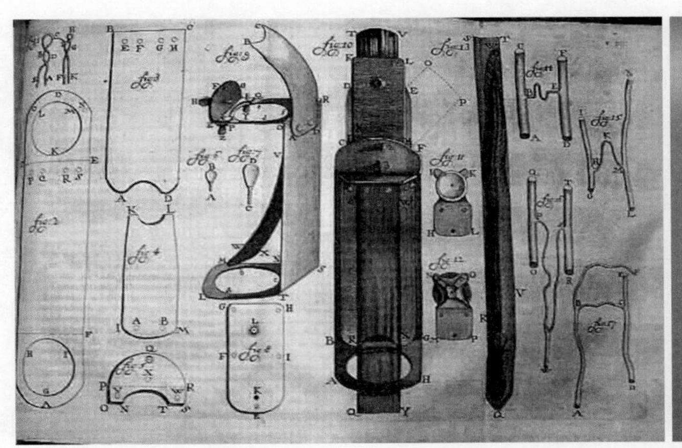
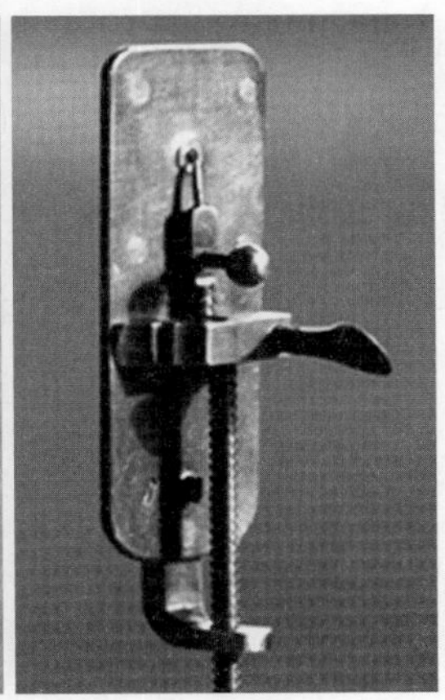

레벤후크의 도안과 그것을 바탕으로 복원한 현미경

바로 단일 현미경을 선택했기 때문이었다.

이에 반해 훅이 주로 사용한 것은 영국 왕립학회에서 연구용으로 구입한 복합 현미경이었다. 그것은 다른 전문가들이 제작했을 뿐만 아니라 보기에도 근사했다. 물론 훅도 경우에 따라 단일 현미경을 사용했다. 그러나 단일 현미경은 계속 손으로 들고 사용해야 하는 불편한 물건이어서 그것을 오랫동안 사용하기 위해서는 상당한 집중력과 인내심이 필요했다. 레벤후크는 의욕이 넘치는 아마추어였기 때문에 단일 현미경을 직접 만들었고 사용상의 불편함도 감수할 수 있었다. 기본적으로 훅은 학자적 전통에, 레벤후크는 장인적 전통에 가까웠던 것이다.

왕립학회에 보내진 편지

1673년 4월, 네덜란드의 의사인 그라프(Reinier de Graaf)가 소문을 듣고 레벤후크를 직접 찾아가서 현미경을 살펴보았다. 그라프는 큰 감명을 받고 영국의 왕립학회에 편지를 보내 다음과 같이 보고했다. "레벤후크라는 대단히 재간이 뛰어난 우리나라 사람이 지금까지 보았던 것들보다 훨씬 뛰어난 현미경을 고안했습니다." 이 편지에는 레벤후크가 쓴 글도 동봉되었다. 〈피부에 난 곰팡이와 벌침 등에 관해 반 레벤후크가 제작한 현미경으로 관찰한 몇 개의 표본〉이라는 긴 제목의 글이었다. 당시 왕립학회의 서기를 맡고 있었던 올덴버그(Henry Oldenburg)는 큰 감동을 받았고 레벤후크의 글을 같은 해 5월에 발간된 《철학회보》에 실었다.

그라프가 편지를 보낸 덕분에 레벤후크에게는 왕립학회의 문이 열리기 시작했다. 사실상 레벤후크는 네덜란드어 이외에 다른 언어는 구사하지 못했고, 간결하고 분명한 과학적 글쓰기에도 익숙하지 않았다. 이런 상황에서 그라프는 레벤후크를 왕립학회에 소개하는 것은 물론 레벤후크의 글을 영어로 번역하여 동봉하는 수고를 아끼지 않았던 것이다. 게다가 레벤후크는 다른 사람의 간섭을 받지 않고 자유롭게 사는 것을 즐기는 사람이었다. 그는 특이한 것을 발견하고 이를 기록하는 것은 즐겼지만, 논문이나 책과 같은 공식적인 문건을 만들지는 않았다. 따라서 그라프의 중개가 없었더라면, 레벤후크의 업적은 이후에 알려지지 않았거나 그저 아마추어 애호가의 소일거리 정도로 여겨졌을지도 모른다.

그 후로 레벤후크는 영국 왕립학회에 자주 편지를 보냈다. 주된 내용은 훅이 《마이크로그라피아》에 제시한 그림에 이의를 제기하는 것이었다. 레벤후크는 훅과 유사한 표본을 사용하면서도 더욱 정밀하게 관찰을 했던 것이다. 레벤후크는 현미경을 만들고 그것으로 관찰하는 솜씨에 못지않게 박편을 만드는 데에도 일가견이 있었다. 예를 들어 1674년 6월에 그는 생체의 일부를 잘라낸 박편을 왕립학회로 보냈는데, 그것은 지금도 보관되어 있을 정도로 상태가 매우 훌륭하다.

세계 최초의 미생물 발견

1674~1676년에 레벤후크는 중요한 발견을 했다. 역사상 처음으로 미생물을 발견한 것이었다. 1674년 어느 날, 그는 호수를 건너다 호수 물을 살펴보고 있었다. 겨울철에는 물이 맑았는데, 여름이 다가오면서 하얗거나 초록빛을 띤 작은 것들이 생겨나기 시작했다. 마을 사람들은 밤이슬 때문이라고 했지만, 레벤후크는 그 말이 믿기지 않았다. 작은 약병에 그 호수의 물을 조금 담아 와서 현미경으로 관찰해 보았더니 갖가지 흙먼지 같은 것들이 둥둥 떠다니고 있었다.

그 후로 레벤후크는 매년 여름철이 되면 민물에 사는 표본들을 체계적으로 조사했다. 당시에 그가 조사했던 생명체들이 이전에 보고된 바 있는 물벼룩이 아닌 것은 분명했다. 물벼룩은 맨눈으로 볼 수 있는 동물이었지만, 레벤후크가 본 것들은 물벼룩보다 1만 배는 더 작아 보였다. 그는 이와 같은 미세한 피조물을 '극미동물(animalcule)'로 불렀는데, 여기에는 오늘날 원생동물이나 윤형동물로 분류되는 것들이 포함되어 있었다.

레벤후크는 1676년 10월에 왕립학회의 올덴버그에게 이 사실을 편지로 보냈다. 편지의 내용 중 일부를 소개하면 다음과 같다. "작은 알을 지닌 그 생물은 어떤 미립자나 작은 꽃실에 부딪히기만 해도 제 몸 안으로 오그라들었다. 그런 다음 달걀 같이 생긴 것 속으로 제 몸을 밀어 넣고, 꼬리를 늘어뜨리느라 몸을 팽팽하게 뻗쳐 버둥거렸다. 그 다음엔 그들의 몸 전체가 꼬리의 알을 향하여 뒤로 휘어졌고, 그리고는 꼬리를 뱀처럼 돌돌 말았다. 그 모양이 꼭 구리선이나 철선이 둥근 막대에 찰싹 붙어서 칭칭 감겨 있는 식이다. 그런 다음 동그랗게 말린 모양새를 그대로 유지하며 뛰어 올랐다."

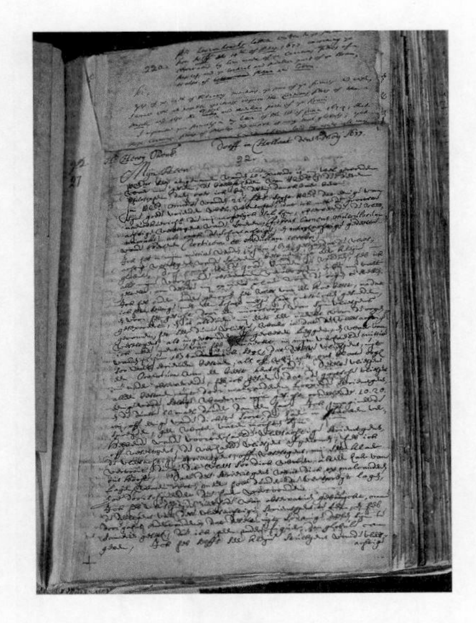

1676년에 레벤후크가 올덴버그에게 미생물의 발견을 보고한 편지

레벤후크의 편지는 왕립학회의 회의에서 소개된 후 1677년 3월에 간행된《철학회보》에 실렸다. 레벤후크의 놀라운 보고에 접한 왕립학회 회원들은 그 내용을 믿어야 할지 말아야 할지 혼란스러워 했다. 더구나 몇몇 회원들이 해당 호수의 빗물을 모아 관찰을 했으나 레벤후크와 같은 결과를 얻어내지 못했다. 이를 계기로 소란이 심해지자 왕립학회는 자타가 공인하는 현미경 전문가인 훅을 불러 레벤후크가 발견한 사실을 확인해 달라고 요청했다. 그러나 훅도 아무것도 발견할 수 없었다고 왕립학회에 보고했다.

레벤후크는 왕립학회가 자신의 보고를 믿지 않자 단단히 화가 났다. 그는 자신이 발견한 내용을 증명해 줄 델프트 시민 10명을 집으로 불렀다. 그중에는 서기 2명과 공증인 1명도 포함되어 있었다. 레벤후크는 이들에게 자신의 현미경으로 미생물이 존재한다는 사실을 직접 확인하게 했다. 사태가 이런 식으로 전개되자 왕립학회는 또다시 훅에게 확인을 요청했다. 이번에 훅이 보고한 내용은 이전과 달랐다. 그는 "레벤후크야말로 진정 현미경의 아버지라 불릴 자격이 있다"는 말과 함께 개숫물에서 미생물을 발견했다고 발표했다. 만약 자신의 실험을 반복해서 확인해 준 훅이 없었더라면, 레벤후크가 세계적인 명성을 얻기는 어려웠을 것이다. 다른 각도에서 보면, 훅은 뛰어난 현미경 전문가였기 때문에 레벤후크의 현미경 기술을 빠른 속도로 따라잡을 수 있었다고 볼 수 있다.

계속되는 탐구와 찬사

레벤후크의 연구는 계속되었다. 그는 올덴버그의 제안을 바탕으로 정액을 조사했다. 그 결과 레벤후크는 사람의 정액 속에 수많은 정자들이 헤엄쳐 다니는 것을 발견했다. 이어 그는 곤충, 갑각류, 어류, 조류, 양서류, 포유류 등 다양한 동물들에게도 정액 속에 정자가 들어 있다는 점을 관찰했다. 이를 바탕으로 레벤후크는 정자세포가 여성의 몸에서 만들어진 난자세포와 만나 자손을 만든다고 주장했다. 그리고 여성의 난자와 자궁이 새 생명이 자랄 수 있도록 양분과 피난처를 제공한다고 믿었다.

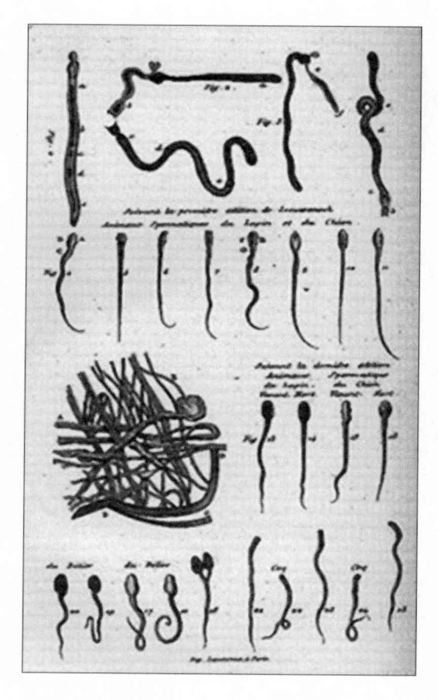

정자에 대한 레벤후크의 스케치

레벤후크는 1677년 9월에 왕립학회에 다음과 같은 편지를 보냈다. "저는 정액 속에 사는 수많은 매우 미세한 동물들이 깨알만한 공간에서 움직이고 있는 것을 보았습니다. … 이러한 관찰 결과가 학자들 사이에 혐오감을 주거나 분노를 불러일으킬 소지가 있다고 생각된다면, 간곡히 바라옵건대 부디 비밀에 부쳐 주시고, 출판을 할 것인지 폐기할 것인지는 귀하의 뜻에 맡기겠습니다."

1680년 영국 왕립학회는 상당한 격론 끝에 레벤후크를 정회원이 아닌 외국인 회원으로 추대했다. 그가 신사계층에 맞지 않은 장인이라는 이유로 반대하는 사람들이 제법 있었던 것이다. 레벤후크는 왕립학회의 제안을 감사히 받아들였고, 학회는 메달을 수여했다. 그 메달에는 라틴어로 다음과 같이 적혀 있었다. "그의 연구는 아주 작은 것을 대상으로 하지만, 그 영광은 결코 적지 않다."

1683년 레벤후크는 인간의 몸속에 미생물이 살고 있다는 내용의 편지를 왕립학회에 보냈다. 그는 자신이 소금으로 매일 양치질을 할 만큼 청결한 생활습관을 가지고 있음에도 치아 표면에 약간 희고 끈적거리는 물질이 생긴다는 점에 호기심을 느꼈다. 그 물질을 현미경으로 관찰하자 온갖 세균들이 버글거리고 있었다. 더 나아가 레벤후크는 규칙적으로 이를 닦지 않는 사람들에게서 채취한 물질들을 조사했는데, 이 경우에는 새로운 모양의 세균들을 더욱 많이 발견할 수 있었다. 그는 이와 같은 입 속에 있는 세균들이 호흡기병을 유발하는 원인이 된다고 주장했다. 이런 식으로 레벤후크는 어떤 것에 호기심이 생길 때마다 현미경 관찰로 그 답을 얻었다.

1683년은 레벤후크가 모세혈관을 발견한 해이기도 하다. 그는 과학논문을 거의 읽지 않았기 때문에 이탈리아의 말피기가 이미 1661년에 모세혈관의 존재를 보고했다는 사실을 모르고 있었다. 레벤후크는 순전히 자신의 노력으로 모세혈관의 존재를 알아냈으며, 결과적으로는 말피기의 업적을 다시 발견한 셈이 되었다.

흥미롭고 신기한 발견 덕분에 레벤후크는 유럽 전역에서 유명세를 떨쳤다. 그를 만나기 위해 찾아온 국왕만 해도 프러시아의 프리드리히, 영국의 제임스 2세, 토스카나의 코시모 3세 등이 있었다. 1698년에는 러시아의 피터 대제가 레벤후크를 자신의 배에 초대했는데, 레벤후크는 이에 화답하여 현미경 2대를 선물로 주었다. 네덜란드의 동인도회사가 아시아에서 채집한 곤충을 보내 레벤후크의 연구를 도와준 일도 있었다. 1699년에 레벤후크는 프랑스 과학아카데미의 통신회원으로 임명되었으며, 1716년에는 루베인 대학이 레벤후크에게 명예 메달과 헌시를 수여했다.

레벤후크는 말년에 호흡기 질환을 앓다가 1723년에 90세의 나이로 세상을 떴다. 그는 평생 동안 500개가 넘는 렌즈를 갈았고, 학회나 학자들에게 약 560통의 편지를 썼다. 레벤후크는 현미경 26개를 왕립학회에 기증하라는 유언을 남겼지만, 그 대부분은 이후에 소실되고 말았다. 더욱 안타까운 점은 레벤후크가 현미경 제작법과 활용법을 평생 공개하지 않았고, 현미경이나 미생물에 관한 책을 한 권도 쓰지 않았다는 사실이다.

한번은 레벤후크가 왜 현미경에 대한 책을 쓰지 않느냐는 질문을 받은 적이 있다. 이에 대해 그는 글을 잘 쓰지 못한다고 했는데, 그것은 전혀 사실이 아니었다. 레벤후크의 편지를 보면, 그에게 자연현상을 생생하게 묘사하거나 상대방의 입장을 감안하는 재주가 있었다는 점을 알 수 있는 것이다. 당시 과학계의 통용어인 라틴어를 모르기 때문이라는 이유도 댔다. 네덜란드어로 책을 써도 되고 번역가를 활용해도 되기 때문에 이 역시 별로 문제가 되지 않는다. 마지막 이유로 레벤후크는 책의 내용으로 인해 다른 사람들로부터 공격을 받는 게 싫어서 책을 내지 않는다는 점을 거론했다. 아마도 이것이 가장 사실에 가까운 이유인 것 같다. 레벤후크는 다른 사람의 간섭을 매우 싫어했으며, 모든 생활에서 완전히 독립적인 존재로 남기를 원했던 것이다.

과학혁명을 완성한 최후의 마술사

아이작 뉴턴*

뉴턴이여, 나타나라!

영국의 시인인 포프(Alexander Pope)는 다음과 같이 읊었다. "자연과 자연의 법칙은 캄캄한 밤의 어둠 속에 숨겨져 있었다. 그때 신이 말했다. "뉴턴이여, 나타나라!(Let Newton Be!)" 그러자 모든 것이 환하게 밝아졌다."

뉴턴(Isaac Newton, 1642~1727)은 1642년 크리스마스에 영국 링컨셔 지역의 울즈소프에서 가냘픈 체구의 아기로 태어났다. 뉴턴이 태어날 때 얼마나 작았던지 "1리터짜리 단지에 들어갈 수 있을 정도"였다고 한다. 동네 사람들은 그가 그리 오래 살지 못할 것으로 생각했지만, 뉴턴은 84세까지 장수하면서 16~17세기 과학혁명을 완성한 최고의 과학자로 성장하였다.

뉴턴이 1642년생이 아니라 1643년생이라는 주장도 있다. 1642년 12월 25일은 율리우스력에 의한 날짜이고, 그것을 그레고리력으로 환산하면 1643년 1월 4일이 되기 때문이다. 기원전 46년에 제정된 율리우스력은 시간이 지남에 따라 많은 오차가 누적되었고, 이를 바로잡기 위해 로마 교황청은 1582년에 그레고리력을 도입했다. 그러나 그레고리력으로 전환하는 시기는 국가별로 차이가 있었고, 영국은 1754년이 되어서야 그레고리력을 받아 들였다. 이처럼 뉴턴이 태어났던 해에 영국은 여전히 율리우스력을 사용하고 있었으므로 뉴턴의 출생 연도는 1642년으로 하는 것이 적합하다.

뉴턴의 어린 시절은 그다지 순탄하지 못했다. 농부였던 그의 아버지는 뉴턴이 태어나기

---

* 이 글은 송성수, 《과학기술의 개척자들: 갈릴레오에서 아인슈타인까지》 (살림, 2009), pp. 20~33을 보완한 것이다.

3개월 전에 세상을 떠났고, 어머니는 뉴턴이 3살 때 재혼하였다. 어머니의 새 남편은 전 남편의 자식을 원하지 않았기 때문에 뉴턴은 외할아버지 집에 맡겨졌다. 뉴턴은 어머니를 빼앗겼다는 생각으로 계부를 매우 증오하였다. 계부와 어머니에게 "당신들과 집을 불태워버리겠다"고 협박한 적도 있었다.

외할아버지와 외할머니는 뉴턴을 잘 키우려고 노력했지만 연로한 탓에 뉴턴을 제대로 돌보기 어려웠다. 그래서 뉴턴을 학교에 보내기로 했다. 그것은 뉴턴과 과학계에 큰 축복이었다고 할 수 있다. 만약 아버지가 살아있었다면, 뉴턴은 아버지의 뒤를 이어 평범한 농부로 살다가 죽었을 가능성이 많았을 것이다.

뉴턴은 어떻게 대학에 갈 수 있었나

11살 때 계부가 죽자 뉴턴은 어머니가 있는 농장으로 갔다. 이어 12살 때에는 울즈소프에서 가까운 그랜섬에 있는 킹스 스쿨에 입학했다. 킹스 스쿨에 다니면서 뉴턴은 주로 그리스어와 라틴어를 배웠고, 공부에 제법 소질을 보였다. 킹스 스쿨을 다니는 동안 뉴턴은 하숙을 했는데, 여주인에게는 배빙턴(Humphrey Babington)이라는 오빠가 있었다. 당시에 케임브리지의 트리니티 칼리지에서 특별연구원으로 있던 배빙턴은 뉴턴을 재능을 간파하면서 남달리 총애하는 모습을 보였다.

그러나 킹스 스쿨에서도 뉴턴은 외로웠다. 말이 별로 없었고 늘 생각에 잠겨 있었으며 공부에만 집중하였다. 그 때문에 뉴턴은 짓궂은 아이들의 표적이 되어 괴롭힘을 당하곤 했다. 그는 평소에는 조용히 지내다가도 화가 나면 불같이 폭발하는 성격을 지니고 있었다. 한번은 덩치가 큰 아이가 계속 괴롭히자 그 아이를 흠씬 두들겨 패기도 했다. 이러한 성격 덕분에 아이들은 감히 뉴턴을 건드리지 못했다.

뉴턴은 청소년 시절에 기계장치를 만들거나 자연현상을 탐구하는 것을 좋아했다. 마을에 있는 풍차를 관찰하면서 이에 대한 모형을 만들기도 했고, 조그만 해시계를 제작한 후 시간을 측정해 보기도 했으며, 한밤중에 종이로 만든 등을 달고 하늘을 나는 연을 띄어 보기도 했다. 엄청난 폭풍이 불어 왔을 때 폭풍의 힘을 측정하기 위하여 한 번은 폭풍과 같은 방향으로, 또 한 번은 반대 방향으로 넓이뛰기를 했다는 일화도 전해진다. 당시에 뉴턴은 자신의 실험을 수학적으로 표현하려고 노력했고, 바람의 힘이 주어진 표면적에 비례한다는 결론을 도출했다고 한다.

뉴턴은 17살 때 어머니의 요청으로 학교를 그만 두고 농장 일을 거들었다. 그러나 뉴턴은 농장 일에 전혀 소질이 없었다. 가축을 돌보라고 맡겨 놓으면 풀밭에 앉아 책을 읽으며 시간을 보냈다. 그러는 사이에 가축들이 이웃의 밭에 들어가 농작물을 망쳐 놓는 바람에 여러 차례 벌금을 물기도 했다.

어머니는 아들이 농장 일에 맞지 않다는 결론을 내렸다. 이때 뉴턴의 외삼촌은 뉴턴이 원하는 것을 할 수 있도록 대학에 보내라고 권고했다. 킹스 스쿨의 교장 선생님도 동일한 의견을 가지고 있었다. 외삼촌의 권유와 교장 선생님의 설득에 힘입어 어머니는 뉴턴이 대학에 진학하는 것을 마지못해 허락했다. 뉴턴은 19살이 되던 1661년에 케임브리지 대학의 트리니티 칼리지에 입학했다.

뉴턴은 근로 장학생의 신분으로 대학을 다녔는데, 당시에 근로 장학생은 자비로 대학을 다니는 사람들의 하인 역할을 했다. 뉴턴의 집안이 그렇게 가난하지는 않았지만, 사치를 싫어했던 어머니가 충분한 지원을 하지 않았기 때문이었다. 다행스럽게도 뉴턴은 배빙턴의 근로 장학생으로 일할 수 있었다. 배빙턴은 뉴턴에게 주인과 하인의 관계를 강요하지 않았을 뿐만 아니라 목사 일로 바빠서 대학에 거의 나타나지 않았다.

기적의 해, 1666년

당시의 케임브리지 대학은 학문을 탐구하기에 적합한 곳이 아니었다. 여전히 중세 시절의 교육과정을 답습하고 있었고, 과학을 비롯한 새로운 학문은 거의 가르치지 않았다. 뉴턴은 원하는 공부를 스스로 하기로 결심한 뒤 끊임없이 책 속으로 파고들면서 깊은 사색에 빠졌다. 대학 시절에 그는 플라톤이나 아리스토텔레스와 같은 고전적 인물은 물론이고, 갈릴레오, 케플러, 베이컨, 데카르트, 보일과 같은 과학혁명 선구자들의 사상과 업적도 열심히 탐구하였다. 1664년의 노트에서 뉴턴은 "플라톤과 아리스토텔레스는 나의 친구이다. 그러나 나의 가장 좋은 친구는 진리이다"라고 썼다. 특히 뉴턴은 데카르트의 《기하학》에 심취하여 1,500쪽 이상을 자신의 노트에 베껴서 쓰는가 하면, 내용이 이해되지 않으면 첫 장부터 다시 읽는 열정을 보였다.

또한 뉴턴은 모어(Henry More)를 통해 당시 연금술사들과 마술사들의 사상인 헤르메스주의(Hermeticism)도 접했다. 15세기 말에는 고대 지식의 부활을 추구하던 르네상스의 분위기 속에서 《헤르메스 전집》이 발간되었는데, 그 책의 원저자로 알려진 헤르메스(Hermes Trismegistus)는 구약성서에 등장하는 모세와 동시대에 살았던 이집트 사람으로 연금술에 대한 방대한 자료를 남겼다. 헤르메스주의에서는 자연을 멀리 떨어져서 관찰해야 하는 대상으로 보지 않았고, 자연을 직접 조작함으로써 자연에 숨겨져 있는 비밀을 찾아내고 그것을 이용할 수 있다고 보았다. 자연은 신비적인 힘들로 짜인 일종의 네트워크에 해당하며, 인간은 그러한 힘들과 서로 작용해서 자연현상에 영향을 미칠 수 있다는 것이었다.

1665년에는 페스트가 유행하여 케임브리지 대학이 휴교령을 내렸다. 뉴턴은 고향인 울즈소프로 돌아갔다. 훗날 뉴턴은 귀향을 젊은 날에 있었던 가장 운 좋은 사건으로 회고하였다. "내가 완성한 연구는 모두 페스트가 퍼지고 있었던 1665년과 1666년의 2년 동안에 이루어진 것이었다. 그때만큼 수학과 철학을 마음에 두고 중요한 발견을 한 적은 없었다." 뉴턴의 대표적인 과학적 업적인 만유인력의 법칙, 미적분학(유율법), 색깔에 관한 이론은 모두 그때 구상되었던 것으로 알려져 있다.

이와 관련하여 1666년은 '기적의 해(Annus mirabilis)'로 불리고 있다. 1666년에는 뉴턴이 중요한 과학적 업적을 성취했을 뿐만 아니라 영국이 네덜란드 함대를 격파하고 런던의 대화재가 복구되는 등 기적 같은 일들이 생겨났던 것이다. 영국의 시인인 드라이든(John Dryden)은 1667년에 〈기적의 해〉라는 시를 쓰면서 흑사병, 런던 대화재, 네덜란드와의 전쟁으로 점철된 1666년을 영국의 역사에서 기적의 해라고 불렀다. 나중에 뉴턴이 위대한 과학자의 반열에 오르면서 기적의 해는 1666년경에 있었던 뉴턴의 업적을 칭송하기 위한 표현으로도 사용되었다.

전하는 일화에 따르면, 뉴턴은 떨어지는 사과를 보고 만유인력의 법칙을 발견했다. 다른 사람과 달리 뉴턴은 떨어지는 사과를 보고 그 이유를 지구의 인력에서 찾았다는 것이다. 뉴턴은 자신의 생각을 더욱 발전시켜 그 힘이 달에도 미칠 수 있다고 추측했다. 그렇다면 달은 왜 사과처럼 지구로 떨어지지 않을까? 뉴턴은 달이 지구에 의해 당겨지고 있지만 달의 공전 속도가 지구로 추락하는 것을 막아주고 있다고 보았다. 사과가 떨어지는 것을 본 사람은 무수히 있었지만, 그 원인을 생각하고 달까지 상상력을 확장한 최초의 사람은 뉴턴이었던 것이다.

이와 같은 '뉴턴의 사과'는 뉴턴 자신이 진술한 내용이기도 하다. 그는 말년에 "어떻게 만유인력의 법칙을 발견했느냐"는 질문에 "내가 사실은 케임브리지 대학에 다닐 때 교정에 앉아 있다가 사과가 떨어지는 것을 보고 두 물체가 서로 끌어당기는 것은 아닐까 생각하고 만유인력을 발견했다"는 식으로 술회한 바 있었다. 그러나 과학사학자들은 이러한 뉴

북한의 우표에도 등장하는 뉴턴의 사과

턴의 회고를 액면 그대로 믿지 않으며, 뉴턴이 만유인력의 법칙에 대한 우선권을 확보하기 위해 지어낸 이야기로 간주하고 있다. 즉, 당시에 뉴턴은 "누가 먼저 만유인력을 발견했는가"는 문제를 가지고 로버트 훅(Robert Hooke)과 논쟁을 벌이고 있었는데, 훅이 먼저 발견했다는 주장에 대해 뉴턴이 자신을 변호하기 위해 사과 이야기를 만들어냈다는 것이다.

뉴턴은 1667년에 케임브리지 대학 트리니티 칼리지의 특별연구원이 되었고, 1669년에는 루카스 수학 석좌교수(Lucasian Chair of Mathematics)가 되었다. 뉴턴이 교수가 되었던 데에는 그의 스승이자 그와 이름이 같은 아이작 배로(Isaac Barrow)의 배려 덕분이었다. 배로는 1663년에 케임브리지 대학에 루카스 수학 강좌가 신설되자 초대 석좌교수로 부임했는데, 자신보다 12살 어리지만 학문적으로 뛰어난 뉴턴에게 많은 호의를 베풀어 주었다. 뉴턴에게 데카르트의 저술을 꼼꼼히 읽어보라고 추천한 사람도 배로였다. 1669년에 배로는 27세의 젊은 뉴턴에게 교수의 자리를 물려준 뒤 자신의 오랜 꿈이었던 성직자가 되었다.

뉴턴은 케임브리지 대학에서 매우 인기 없는 교수였다. 그의 강의를 들으러 온 학생은 극소수였으며, 강의를 이해하는 사람은 더욱 적었다. 수강생이 한 명도 없을 때도 있어서 뉴턴이 벽을 향해 강의를 했다는 전설도 전해진다. 훗날 뉴턴이 영국에서 가장 유명한 과학자가 되었을 때도 그의 수업을 잘 들었다고 회상한 사람은 거의 없었다. 1702년에 뉴턴의 뒤를 이어 루카스 석좌교수에 오른 휘스턴(William Whiston)도 뉴턴의 수업을 거의 이해하지 못했다고 한다.

거인들의 어깨에 서서?

뉴턴은 케임브리지 대학에서 망원경을 개량하는 일에도 많은 노력을 기울였다. 당시에 널리 사용되고 있었던 굴절망원경은 색수차나 구면수차 때문에 상이 찌그러지거나 흐릿하게 보였기 때문이었다. 1668년에 뉴턴은 볼록 렌즈 대신에 오목 거울을 사용하는 방법에 착안하여 훌륭한 반사망원경을 만들었다. 그 망원경은 길이가 6인치에 불과했지만 매우 교묘하게 설계되고 정교하게 만들어져 그보다 훨씬 큰 망원경에 못지않은 성능을 가지고 있었다. 뉴턴의 반사망원경은 아이작 배로를 매개로 1671년에 영국 왕립학회에 보내졌고, '기적의 망원경'이라는 찬사를 받았다. 이어 뉴턴은 1672년에 반사망원경을 국왕인 찰스 2세에게 기증했으며, 찰스 2세는 답례로 뉴턴을 왕립학회의 회원으로 추천하였다. 뉴턴은 6인치 반사망원경을 매개로 1672년에 왕립학회의 회원이 되면서 과학자 사회의 주목을 받기 시작하였다.

뉴턴이 만든 6인치 반사망원경

뉴턴은 왕립학회 회원이 되기 직전에 〈빛과 색깔에 관한 새로운 이론〉이라는 논문을 제출하였다. 무지개가 왜 생기며, 빛이 프리즘을 통과할 때 어떻게 굴절되는지 등을 설명한 논문이었다. 뉴턴은 빛의 색깔에 대하여 데카르트와는 다른 설명을 내 놓았다. 데카르트는 빛을 전달하는 입자들이 프리즘과 같은 다른 매질 속을 지나면서 회전속도에 차이가 나게 되며, 이러한 차이가 여러 가지 색깔로 나타나는 것이라고 주장했다. 백색인 빛 입자의 성질이 변해서 다른 색의 빛 입자가 되었다는 것이다. 이에 대하여 뉴턴은 백색광 안에는 이미 모든 무지개 색의 빛들이 그대로 들어 있고, 프리즘은 그러한 빛줄기를 분해시키는 일을 담당하는 것으로 생각했다.

이와 같은 논쟁적인 문제를 어떻게 해결할 것인가? 여기서 뉴턴은 자신이 '결정적 실험(experimentum crusis, 영어로는 crucial experiment)'이라고 부른 두 개의 프리즘을 사용한 실험을 제시하였다. 뉴턴은 암실에 친 블라인드에 구멍을 뚫어 햇빛이 들어오게 한 다음 프리즘을 통과시켜 스크린에 무지개 색상이 생기게 하였다. 무지개 색은 원형의 빛줄기가 갈라졌기 때문에 길쭉한 타원 형태였다. 그 빛줄기가 다시 다른 프리즘을 통과하도록 했더니 상이 퍼지지 않고 색도 바뀌지 않은 채 빨간색 원형의 상만이 다른 쪽 스크린에 생겼다. 이러한 실험을 통해 뉴턴은 이미 한 번 분해된 빛은 다시 분해되지 않는다고 주장했다. 데카르트의 주장대로 빛이 프리즘과 상호작용하여 회전속도가 달라진다면, 두 번째 프리즘을 통과할 때에도 빛이 회전수의 변화를 겪

뉴턴의 프리즘 실험을 묘사한 그림

으면서 다른 색들로 갈라져야 했을 것이다. 이처럼 결정적인 실험을 설계함으로써 논쟁을 종식시켜 나가는 방법은 이후의 과학실험에서도 널리 사용되었다.

뉴턴의 프리즘 실험에 대해서는 흥미로운 이야기가 전해진다. 《인간 등정의 발자취》를 쓴 브로노우스키(Jacob Bronowski)는 뉴턴의 빛과 색깔에 대한 연구를 매개로 영국인의 색채 감각이 향상되었다는 점을 지적한 바 있다. "화가들의 팔레트는 한층 다양해졌고, 동방에서 들여오는 풍요로운 색깔의 상품들에 대한 기호가 늘어났으며, 수많은 색채 언어를 사용하는 경향이 자연스러워졌다"는 것이다.

뉴턴이 무지개가 빨주노초파남보의 7가지 색깔을 띤다고 간주했다는 점도 주목할 만하다. 사실상 무지개를 통해 7가지가 넘는 매우 다양한 색깔을 관찰할 수 있지만, 뉴턴은 한 옥타브가 도레미파솔라시의 7개 음으로 이루어져 있다는 점에 대한 유비로 무지개의 색깔을 7가지로 분류했다고 한다. 그렇다면 우리 눈에 여전히 무지개가 7가지 색깔로 보이고 있는 것도 뉴턴의 영향이라 할 수 있겠다.

뉴턴의 빛과 색깔에 관한 논문은 아주 훌륭했지만, 그중 일부는 훅이 1665년에 발간한 《마이크로그라피아》에서 묘사한 실험을 활용하고 있었다. 그런데 뉴턴은 1672년에 논문을 발표하면서 훅의 기여에 대해 분명하게 밝히지 않았고, 이에 대해 훅은 몹시 분개했다. 새파란 애송이 과학자가 자신의 연구를 슬쩍 베끼고는 아무런 경의도 표시하지 않다니! … 과학계의 대선배인 자신이 무시를 당했다는 생각에 화가 치밀어 올랐다. 어느 누구에게도 고개를 숙이려 하지 않는 뉴턴의 성격도 문제였다. 뉴턴은 자신과 어깨를 견줄 만한 사람은 아무도 없다고 자신했다. 훅이 불쾌해 하든 말든 조금도 개의치 않았다.

훅과 뉴턴은 편지를 주고받으며 설전을 벌였고, 왕립학회도 가만히 있을 수 없게 되었다. 왕립학회는 두 사람에게 서로 사과의 편지를 쓰고 싸움을 중단할 것을 요구했다. 훅은 자존심을 접고 뉴턴에게 편지를 보냈고, 뉴턴도 답장을 보냈다. 뉴턴은 훅의 연구를 칭찬하는 듯한 분위기를 풍기면서, 만약 자신이 훅보다 더 멀리 본 것이 있다면 "거인들의 어깨에서 있기 때문(standing on the shoulders of Giants)"이라고 덧붙였다. 사람들은 옛 사람들에게 공을 돌리는 이 표현을 보고 뉴턴이 아주 겸손하다고 생각했다. 그러나 실상은 전혀 그렇지 않았다. 뉴턴은 '거인들'을 대문자로 써서 'Giants'로 표기했는데, 훅은 등이 굽어 키가 작은 사람이었다. 뉴턴은 "혹시 내가 옛 사람들의 아이디어를 빌려왔을 수는 있지만, 당신처럼 작은 사람의 아이디어는 훔칠 필요가 전혀 없었다"는 뜻으로 이런 표현을 사용했던 것이다.

자연철학의 수학적 원리를 찾아서

뉴턴이 만유인력에 대해 다시 생각할 수 있는 기회를 제공한 사람도 훅이었다. 훅은 1679년에 원운동을 새롭게 분석한 자신의 가설을 담은 편지를 뉴턴에게 보냈다. 데카르트에게 원운동은 원의 중심을 향하는 구심적 경향과 바깥으로 나가려는 원심적 경향이 평형 상태를 유지하기 때문에 일어나는 현상이었다. 이에 반해 훅은 직선을 기본으로 하여 원운동을 분석했다. 그는 원운동이란 직선으로 운동하려는 물체에 원의 중심으로 향하는 힘이 끊임없이 작용하여 직선 궤도가 휘는 것으로 이해했다. 뉴턴은 서신 교환을 다시 하자는 훅의 제안을 거절했지만, 훅의 아이디어는 뉴턴이 데카르트의 잔재인 원심적 경향을 벗어나는 데 큰 도움이 되었다.

1684년 1월에는 세 사람이 왕립학회에 모여서 행성에 작용하는 힘으로부터 행성의 궤도를 구하는 문제에 대해 토론하고 있었다. 세 명의 인물은 훅, 렌(Christopher Wren), 핼리(Edmond Halley)였다. 그 모임에서 훅은 거리의 제곱에 반비례하는 힘에서 천체의 운동에 관한 법칙을 도출할 수 있다고 주장했지만, 이에 대해 렌과 핼리는 회의적인 반응을 보였다. 훅이 실험에는 뛰어난 재능을 보였지만 천체의 운동 법칙을 끌어낼 만큼의 수학 실력을 갖추지 못했기 때문이었다. 당시에 렌은 역제곱 법칙을 먼저 증명하는 사람에게 40실링을 주겠다고 현상을 걸었다. 그러나 훅은 그 해 8월이 다가도록 그것을 수학적으로 증명하지 못했다.

1684년 8월의 어느 날, 핼리는 뉴턴의 자문을 얻기 위해 케임브리지로 갔다. 핼리는 뉴턴에게 다음과 같은 질문을 했다. "선생님, 만약 거리의 제곱에 반비례라는 힘을 받고 움직이는 물체가 있다면 그것은 어떤 궤적을 그리게 됩니까?" 뉴턴은 즉시 대답했다. "그것은 타원이지요." 핼리가 "왜 그럴까요?"라고 다시 묻자 뉴턴은 "그야 내가 전에 계산한 적이 있는데 … "라고 말했다.

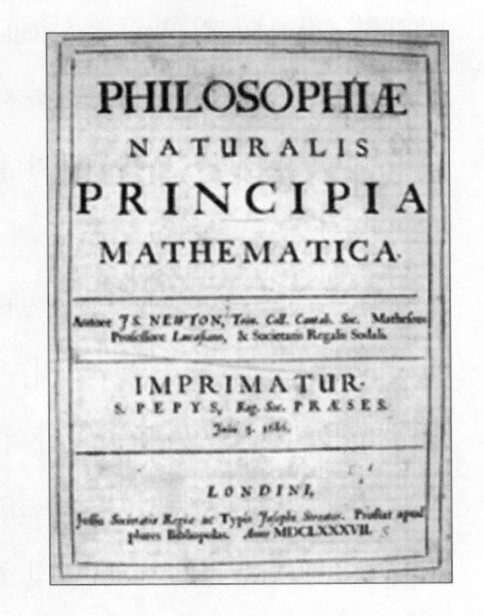

1687년에 발간된 《프린키피아》 초판의 표지. 프린키피아는 '원리'를 뜻하는 라틴어이다.

핼리의 방문을 계기로 뉴턴은 만유인력의 법칙을 상세히 논의하는 데 몰두하였다. 1684년 11월에 뉴턴은 〈물체의 궤도 운동에 관하여〉라는 9쪽 짜리 논문을 만들어 핼리에게 보냈다. 핼리는 그 논문에 큰 감명을 받았고, 뉴턴에게 이를 좀 더 완성된 이론으로 발전시킬 것을 권유하였다. 그 후 뉴턴은 약 3년 동안의 노력 끝에 자신의 가장 유명한 저서인《자연철학의 수학적 원리(Philosophiae Naturalis Principia Mathematica)》를 완성했는데, 그것은 흔히《프린키피아》로 줄여서 불린다.《프린키피아》는 1687년에 초판이 발간된 후 1713년에는 2판이, 1727년에는 3판이 발간되었다.《프린키피아》초판은 라틴어로 쓰였고 전체 분량이 510쪽에 달했으며 세 권으로 구성되어 있었다.

당시에 핼리는 계속해서 뉴턴의 집필을 격려했을 뿐만 아니라 출판을 약속했던 왕립학회의 재정 상태가 나빠지자 자신의 사재를 털기도 했다. 1705년에 핼리는《혜성 천문학 개요》라는 책을 출간하면서 뉴턴의《프린키피아》를 이용하여 혜성의 주기를 예언했으며, 1758년에는 핼리의 예언대로 혜성이 다시 나타났다. 그 혜성은 핼리의 업적을 기려 '핼리혜성'으로 불린다. 핼리혜성은 과학이 기존의 사실을 설명하는 것을 넘어 새로운 사실을 예측하는 것을 보여주는 사례에 해당한다.

뉴턴은《프린키피아》초판의 서문에서 다음과 같이 썼다. "나는 이 책을 [자연]철학의 수학적 원리들로 제시한다. 왜냐하면 [자연]철학의 임무 전체가 운동의 현상으로부터 자연의 힘을 탐구하고, 그 힘으로부터 다른 현상을 보여주는 데 있기 때문이다." 실제로 뉴턴은 천상계의 운동으로부터 만유인력이란 힘을 얻어내고, 그것을 활용하여 지상계의 운동을 설명할 수 있었다. 여기서 만유인력은 운동의 일차적인 원인에 해당하지만, 뉴턴은 만유인력의 원인, 즉 원인의 원인에 대해서는 묻지 않았다. 이에 반해 데카르트가 1644년에 발간한《철학의 원리(Principia Philosophiae)》는 자연현상의 궁극적 원인을 밝혀내고자 했다. 사실상 뉴턴의《자연철학의 수학적 원리》라는 책 이름도 데카르트의《철학의 원리》를 겨냥하고 있었다. 뉴턴은 자연현상의 원리를 철학적인 방식이 아닌 수학적인 방식으로 밝히는 것을 강조했던 것이다.

뉴턴은《프린키피아》에서 에우클레이데스(유클리드)의《기하학원론》과 흡사하게 운동에 관한 논의를 정의, 공리, 법칙, 정리, 보조정리, 명제 등으로 분류해서 체계적으로 전개하였다. 제1권은 진공 중의 입자의 운동을 다루고 있다. 제1권의 처음 부분에는 관성의 법칙, 힘과 가속도에 관한 법칙($F=ma$), 작용–반작용의 법칙 등 세 가지 운동법칙이 등장한다. 제2권은 유체역학에 해당하는 것으로서 저항이 있는 매질 내의 운동을 다루고 있다. 제2권에서 뉴턴은 소용돌이의 원심력에 의해 행성의 운동을 설명했던 데카르트의 이론을 반박하였다. 제3권은 천체역학에 해당한다. 여기서 뉴턴은 만유인력이라는 새로운 힘을 도입하여 케플러의 법칙을 수학적으로 증명하고, 이를 바탕으로 지구의 세차운동, 달의 불규칙한 운동, 조석운동, 혜성의 운동 등을 설명하였다.

《프린키피아》의 출판을 계기로 뉴턴은 유럽 전역에 명성을 떨쳤고 많은 사람들의 주목을 받았다. 이러한 반응이 더욱 놀라운 것은 《프린키피아》가 매우 어려운 책이기 때문이었다. 특히 《프린키피아》는 간편한 해석학적 방법이 아닌 일일이 도형이 수반되고 증명이 요구되는 기하학적 방법을 채택하고 있어서 전문적인 학자들도 그 책의 세부적인 내용을 이해하기 어려웠다. 더구나 데카르트의 기계적 철학의 영향이 강했던 유럽 대륙에서는 원격작용(action at a distance)의 성격을 가진 만유인력을 도입한 사실 때문에 반발이 더욱 거셌다. 그러나 《프린키피아》가 커다란 충격과 깊은 인상을 남긴 것은 분명한 사실이다. 무엇보다도 《프린키피아》를 통해 오랜 기간 동안 분리되어 왔던 지상계에 대한 과학과 천상계에 대한 과학이 '뉴턴과학(Newtonian science)'으로 종합될 수 있었던 것이다.

연금술에 몰두한 뉴턴

뉴턴은 오늘날과 같은 의미의 과학연구에만 몰두한 사람이 아니었다. 사실상 뉴턴이 가장 많은 관심을 기울인 분야는 연금술이었다. 그는 수학보다 연금술을 더 좋아했으며, 수학에 너무 많은 시간을 빼앗기는 현실을 안타까워하기도 했다. 그는 다른 연금술사들과 마찬가지로 보통의 금속을 금으로 바꾸는 '현자의 돌(philosopher's stone)'을 믿었고 그것을 찾는 데 많은 시간을 소비했다. 뉴턴이 남긴 자료 중에는 연금술을 다룬 《화학색인(Index Chemicus)》이 있는데, 큰 제목만 879개이며 분량도 100쪽이 넘는다.

뉴턴이 연금술에 몰두한 이유는 무엇이었을까? 금을 만들어 돈을 많이 벌겠다는 의도는 아니었을 것이다. 아마도 뉴턴은 매우 작은 입자에서 가장 큰 별에 이르는 모든 물질의 근원적 성질에 대해 궁금했을 것이다. 과학자라면 이러한 모든 것을 알고 있어야 된다고 생각했던 것이다. 게다가 뉴턴은 연금술에 관심을 가지고 있었기 때문에 분리된 상태에서 작용하는 힘의 개념을 자연스럽게 도입할 수 있었다. 물

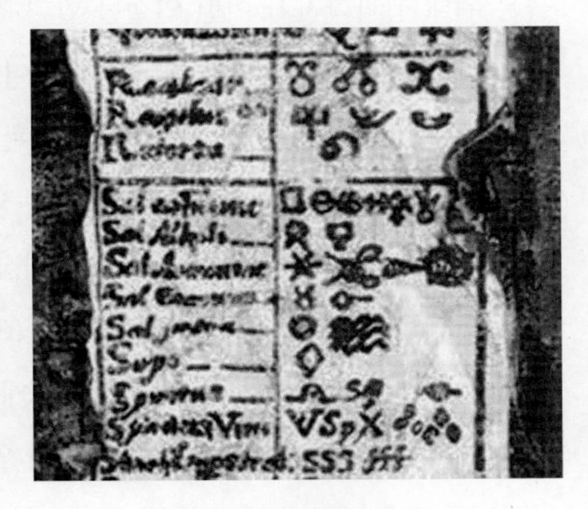

뉴턴이 작성한 연금술에 관한 노트

론 연금술과 달리 뉴턴이 다룬 힘은 정량적으로 정의할 수 있도록 변형되었으며, 그것이 바로 뉴턴의 중요한 업적이었다.

뿐만 아니라 뉴턴은 신학에 대하여 100만 단어 이상의 저술을 남겼다. 그 대표적인 예는 뉴턴 사후인 1733년에 출간된 《다니엘서와 요한묵시록의 예언에 관한 고찰》을 들 수 있다. 그 저술은 주로 우주의 신비를 성경 속에서 찾으려는 시도로 가득 차 있지만, 어떤 경우에는 삼위일체설을 부정하는 견해도 나타나 있다. 이러한 맥락에서 독일의 과학자이자 철학자인 라이프니츠(Gottfried Wilhelm von Leibniz)는 "뉴턴이 한 걸음만 더 갔으면 무신론자가 되었을 것"이라고 평가한 바 있다.

뉴턴의 이러한 면모는 20세기의 유명한 경제학자인 케인즈(John Maynard Keynes)에 의해 본격적으로 조명되기 시작하였다. 케인즈는 뉴턴이 사망한 지 200여 년이 지난 후에 뉴턴의 연금술과 신학에 관한 수많은 문서를 발굴하였다. 이러한 문건을 바탕으로 케인즈는 뉴턴을 다음과 같이 평가했다. "그는 이성의 시대를 개척한 사람이 아니었다. 그는 최후의 마술사이자 마지막 바빌론인이고 마지막 수메르인이며, 일찍이 1만 년 가까운 옛날에 우리의 지적 유산을 정립하기 시작한 사람들과 똑같은 시각으로 눈에 보이는 세계와 눈에 보이지 않는 영혼의 세계를 꿰뚫어볼 수 있었던 마지막 위대한 사상가였다."

뛰어난 행정가로의 변신

뉴턴은 1689년에 케임브리지 대학을 대표하여 하원의원으로 선출되기도 했다. 하지만 그는 의회에서 별다른 활동을 하지 않았고 조용히 지냈다. 그러던 어느 날 갑자기 뉴턴이 자리에서 일어나자 동료 의원들은 위대한 과학자가 어떤 연설을 할지 잔뜩 기대를 걸었다. 그때 뉴턴은 수위를 향해 다음과 같이 명령했다고 한다. "바람이 들어오니 창문을 닫아 주시오."

뉴턴은 1696년에 왕립조폐국의 감독관 직을 제의받자마자 이를 주저하지 않고 받아들였다. 뉴턴을 추천한 사람은 당시에 재무장관을 맡고 있었던 찰스 몬터규(Charles Montague)인데, 그는 1695~1698년에 왕립학회의 회장을 역임했으며 1699년에는 귀족 작위를 받아 핼리팩스 경(Lord Halifax)이 되었다. 뉴턴은 조폐국에서 자신의 화학 지식과 실험 기법을 광물 분석에 활용했지만 화폐 제조법 자체를 개혁하지는 않았다. 대신에 그는 화폐 생산량을 크게 증가시켜 화폐 부족으로 인한 국가적 위기를 극복하는 데 힘을 보탰다. 또한 그는 위조지폐범들에게 공포의 대상이 될 정도로, 런던에 있는 수많은 위조지폐범들을 색출하고 처형시키는 일을 진척시켰다. 1699년에 조폐국장이던 토머스 닐(Thomas Neil)이 세상을 떠나자 뉴턴은 조폐국장으로 승진하였다. 뉴턴은 조폐국장의 지위를 이용하여 후배 과학자들이 공직을 얻는 데에도 많은 힘을 보탰다.

뉴턴은 조폐국에서의 성공을 기반으로 정치적 야심을 키웠다. 그는 1701년에 케임브리지의 루카스 교수직을 사임한 후 1701~1702년에 다시 하원의원으로 활동했다. 당시에는 앤 여왕이 영국을 통치하고 있었으며, 핼리팩스 백작이 상당한 정치적 영향력을 발휘했다. 1705년의 총선을 맞이하여 앤 여왕은 뉴턴, 핼리팩스의 부하, 그리고 핼리팩스의 동생에게 기사 작위를 내렸다. 비록 정치적인 이유이긴 했지만, 뉴턴이 받은 작위는 과학자로서는 최초의 것이었다. 그러나 기대와 달리 핼리팩스의 휘그당은 총선에서 패배하고 말았고, 뉴턴은 그 선거에서 지면서 두 번 다시 영국의 정치에 관여하지 않았다.

《프린키피아》와 쌍벽을 이루는 뉴턴의 저작으로는 1704년에 발간된 《광학(Opticks)》을 들 수 있다. 《광학》은 이미 1672년경에 거의 완성되어 있었지만 뉴턴은 발간 시기를 저울질 해 왔다. 때마침 1703년에는 그의 논적이었던 훅이 사망하였고 뉴턴이 왕립학회의 회장으로 추대되었다. 《광학》은 《프린키피아》와 달리 영어로 쓰였으며 실험에 입각한 과학연구를 강조하였다. 《광학》은 뉴턴의 과학적 재능을 확고부동한 것으로 만들었다.

뉴턴은 《광학》에서 빛을 입자로 보고 새로운 실험도구인 프리즘을 이용하여 빛과 색의 다양한 성질에 대해 논의하였다. 특히 《광학》의 질문(Query) 31은 중력, 전기, 자기, 열, 불, 화학결합 등 여러 자연현상들에 독특한 힘들이 있으며 그것들의 수학적 형태를 찾아내면 모든 자연현상을 체계적으로 설명할 수 있다는 의견을 피력하고 있다. 18세기에는 뉴턴이 제안한 방식에 따라 많은 자연현상들이 연구되었다. 그중에서 전기 분야에서는 만유인력의 법칙과 유사한 형태의 쿨롱의 법칙이 얻어지기도 했다. 그러나 화학의 경우에는 화학결합의 차이를 '화학적 친화도(chemical affinity)'라는 근거리 인력으로 설명하려는 시도가 있었지만 결국 실패하고 말았다.

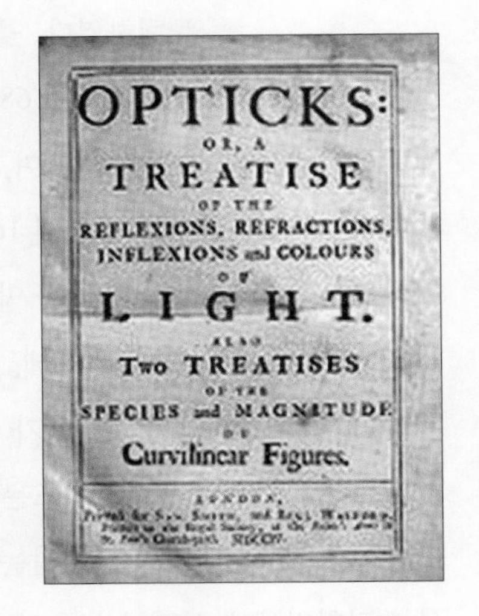

1704년에 발간된 뉴턴의 《광학》

《광학》을 발간했을 때 뉴턴의 직위는 왕립학회 회장이었다. 그는 1703년에 왕립학회의 회장으로 추대되었고, 죽을 때까지 회장의 자리를 유지하였다. 왕립학회 회장으로서 뉴턴은 학문적 문제보다는 행정적 문제를 해결하는 데 많은 노력을 기울였다. 왕립학회의 회원 수는 1670년대 초에 200명이 넘었지만 뉴턴이 회장으로 취임할 때에는 그 절반에도 미치지 못했다. 뉴턴이 회장을 맡으면서 왕립학회는 다시 번영하기 시작했다. 특히 그는 자연철학을 수학과 역학, 천문학과 광학, 동물학, 식물학, 화학 등의 5개 분야로 나누어 각 분야에 대하여 수당을 받는 실습 담당자들을 임명하였다. 뉴턴은 왕립학회를 철권으로 통치했으며 모든 안건을 위엄 있게 처리하였다. 뉴턴과 친분이 두터웠던 의사 스터클리(William Stukeley)는 당시 왕립학회의 회의에 대해 다음과 같이 회고하였다. "그가 참석했다는 사실이 좌중에 자연스러운 경외감을 불러 일으켰다. 거기에는 가벼움이나 무례함이 있을 수 없었다."

뉴턴은 왕립학회에서 과거에 훅이 맡았던 실험책임자라는 직책에 혹스비(Francis Hauksbee)와 데자굴리어(John Desaguliers)를 새롭게 임명했다. 그들은 뉴턴을 열렬히 추종했으며, 왕립학회의 모임이 있을 때마다 뉴턴주의에 입각한 실험들을 고안하여 시연했다. 그중 데자굴리어는 왕립학회에 만족하지 않고 런던 시내에 적당한 장소를 대여해 대중용 과학강연을 개최하기도 했다. 그는 18세기 전반에 영국에서 가장 유명한 대중강연가로 이름을 날렸다. 데자굴리어는 왕립학회가 수여하는 코플리 메달을 세 번이나 받은 사람으로도 유명하다.

최고 과학자의 논쟁법

뉴턴은 앞서 언급한 훅 이외에도 여러 사람들과 논쟁을 벌였다. 뉴턴은 천체관측 자료를 매개로 플램스티드(John Flamsteed)와 지속적으로 대립하였다. 플램스티드는 1675년에 창설된 그리니치 천문대의 초대 대장을 지냈던 인물이다. 그는 1687년에 《프린키피아》 초판이 발간되자 자신의 관측 자료가 뉴턴의 이론에 도움이 되었으며, 따라서 뉴턴이 그것을 인정해야 한다고 주장하기도 했다. 두 사람 사이의 관계는 뉴턴이 1694년부터 《프린키피아》 2판을 준비하기 위해 플램스티드에게 자료를 요청하면서 더욱 악화되었다. 플램스티드는 요청받은 자료에 덧붙여 자신의 계산결과를 일부 건네주었는데, 하필이면 그 계산에 몇 개의 실수가 있었다. 이에 뉴턴은 폭언을 퍼부으며 자신은 자료가 필요할 뿐 플램스티드의 엉터리 결론 따위에는 관심이 없다고 말했다. 이에 플램스티드는 자신을 편파적으로 바라보지 말라고 응수했지만, 뉴턴은 플램스티드에게 자료를 넘겨받는 대가로 돈을 지불하겠다고 제안했다. 명예를 존중하는 성실한 과학자에게 상당한 모욕이 아닐 수 없었다.

1704년에 당시 왕립학회의 회장이었던 뉴턴은 플램스티드에게 관측 자료를 넘기고 새로운 천체목록을 출간하라고 요청했지만, 플램스티드는 강하게 거부하였다. 이러한 상황은 국왕의 권위에 의해 비로소 해결될 수 있었다. 1710년 앤 여왕은 뉴턴에게 왕립학회의 특별회원을 중심으로 천문대 방문위원회를 구성할 수 있는 권한을 부여했다. 방문위원회는 플램스티드가 축적한 모든 자료를 요구했고, 위원회의 일원이었던 핼리는 플램스티드의 자료를 정리하여 책으로 출간하는 일을 맡았다. 결국 1712년에는 플램스티드의 《천체목록》 초판이 출간되었지만, 논쟁은 거기서 멈추지 않았다. 플램스티드가 죽은 지 6년 뒤인 1725년에 그의 미망인은 《천체목록》 별쇄본을 발간했는데, 그 책의 서문에서 플램스티드는 다음과 같이 말했다. "간교한 뉴턴은 더 많은 잘못을 저지른 후 그것을 감추기 위해 온갖 새로운 핑계를 만들어낸다. 내게는 오로지 정직하고 명예를 중시하는 마음뿐이다."

이보다도 더욱 치열한 논쟁은 미적분학을 누가 먼저 발견했는가를 놓고 전개되었던 라이프니츠와의 논쟁을 들 수 있다. 그 논쟁은 1699년에 듀일리에(Nicolas Fatio de Duillier)라는 수학자가 왕립학회에서 라이프니츠의 미적분이 뉴턴의 이론을 도용한 것이라고 주장한 데서 비롯되었다. 이에 라이프니츠는 1705년에 뉴턴이 자신의 방법을 도용했다는 요지의 글을 발표했지만, 이번에는 옥스퍼드 대학의 케일(John Keill)이 라이프니츠를 강경한 어조로 비난하였다. 라이프니츠는 케일의 발언을 취소시키려고 왕립학회에 제소했는데, 묘하게도 당시의 왕립학회 회장이 뉴턴이었다.

뉴턴은 곧바로 조사위원회를 조직했지만, 위원회는 뉴턴을 지지하는 사람들로 구성되었다. 뿐만 아니라 그 위원회가 발간한 것으로 되어 있는 조사보고서도 뉴턴이 직접 작성하였다. 더 나아가 그는 비밀로 처리되어야 할 보고서의 내용을 왕립학회가 발간하는 학술지인 《철학회보(Philosophical Transactions)》에 투고하기도 하였다. 또한 그 보고서의 라틴어 판에는 '독자들에게'라는 제목의 새로운 서문이 익명으로 추가되었는데, 그 역시 뉴턴의 작품이었다. 따라서 왕립학회의 위원회가 라이프니츠의 표절로 결론을 내린 것은 당연한 수순이었다.

뉴턴과 미적분학을 동시에 발견한 라이프니츠

이제 싸움의 양상은 '뉴턴 대 라이프니츠'를 넘어서 '영국 대 대륙'으로 확대되었다. 뉴턴과 라이프니츠는 평생 동안 서로 원수처럼 지냈으며, 유럽의 학계는 두 파로 나누어져서 100년 이상의 격렬한 논쟁을 되풀이하였다. 결국 1820년대가 되어서야 뉴턴과 라이프니츠의 사람의 독립적인 발견이 공인되어 두 사람은 미적분학의 동시발견자로 역사에 기록되었다. 미적분학의 발견은 뉴턴이 빨랐지만 발표는 라이프니츠가 먼저 했다는 것이 통설이다. 또한 뉴턴의 미적분학은 다소 원시적인 것으로 유율법(流率法, method of fluxion)으로 불리며, 오늘날 우리가 사용하는 미적분학의 연산 방식은 라이프니츠의 것을 따르고 있다.

거대한 진리의 바다를 헤맸던 소년?

뉴턴은 1713년에 《프린키피아》 2판을 출간하면서 책의 말미에 〈일반주해(General Scholium)〉를 추가했다. 〈일반주해〉에는 "나는 가설을 설정하지 않는다(Hypotheses non fingo)"라는 유명한 구절이 나오는데, 여기서 가설은 실험이나 관측에 의해 경험적으로 검증할 수 없는 가정을 의미한다. 이러한 가설의 예로 뉴턴이 주목한 것은 소용돌이 이론과 같이 데카르트의 기계적 철학에서 나타나는 다양한 미시적 모델이었다. 이와 함께 뉴턴은 만유인력이 연금술에서의 신비한 힘과 별반 다를 바가 없다는 당시의 비판을 염두에 두고 있었다. 이에 대하여 뉴턴은 자신의 힘이 경험적으로 입증된다고 주장했으며, 오히려 눈에 보이지 않는 입자들의 운동을 통해 자연을 설명하려는 기계적 철학자들의 시도를 가설이라고 폄하했던 것이다.

뉴턴은 죽음을 맞이하기 전에 다음과 같은 말을 남긴 것으로 전해진다. "나는 세상 사람들이 나를 어떻게 보고 있는지 모른다. 그러나 나 자신에게 비쳐진 나는 바닷가에서 놀고 있는 소년이었다. 거대한 진리의 바다는 아무것도 가르쳐 주지 않으면서 내 앞에 펼쳐져 있었고, 나는 바닷가에서 놀다가 가끔씩 보통 것보다 더 매끈한 돌이나 더 예쁜 조개껍질을 찾고 즐거워했다."

뉴턴은 1727년에 84세의 나이로 세상을 떠났다. 그는 영국의 왕이나 위대한 정치가가 묻힌 웨스트민스터 대사원에 안치되었다. 그의 묘비에는 서두에서 언급한 포프의 시가 새겨져 있다. 그런데 그 시의 바로 밑에 어떤 사람이 낙서를 했다고 한다. "과도한 밝음은 사람의 눈을 현혹시킨다. 신이 말했다. 아인슈타인이여 나오라! 그러자 모든 것이 다시 어두워졌다."

뉴턴은 죽었지만 그의 영향력은 지금까지도 이어지고 있다. 특히 18세기에는 '뉴턴과학' 혹은 '뉴턴주의'라는 용어가 한 시대를 풍미했다. 그 동안 자연에 대한 지식은 여러 갈래로 나누어져 존재해 왔지만 뉴턴에 이르러 '과학'이라는 단일한 분야가 되었다는 생각이 자리를 잡게 된 것이었다. 더 나아가 과학은 '근대성(modernity)'을 상징하는 아이콘이 되었고 이에 따라 근대 사회의 구성원들은 과학을 선호하든 그렇지 않든 간에 과학에 반응하지 않을 수 없게 되었다.

1795년에 윌리엄 블레이크가 그린 〈뉴턴〉. 블레이크는 뉴턴을 감성은 박탈당하고 이성만 남은 신인 유리즌(Urizen)으로 생각했다.

2부

계몽의 시대, 18세기

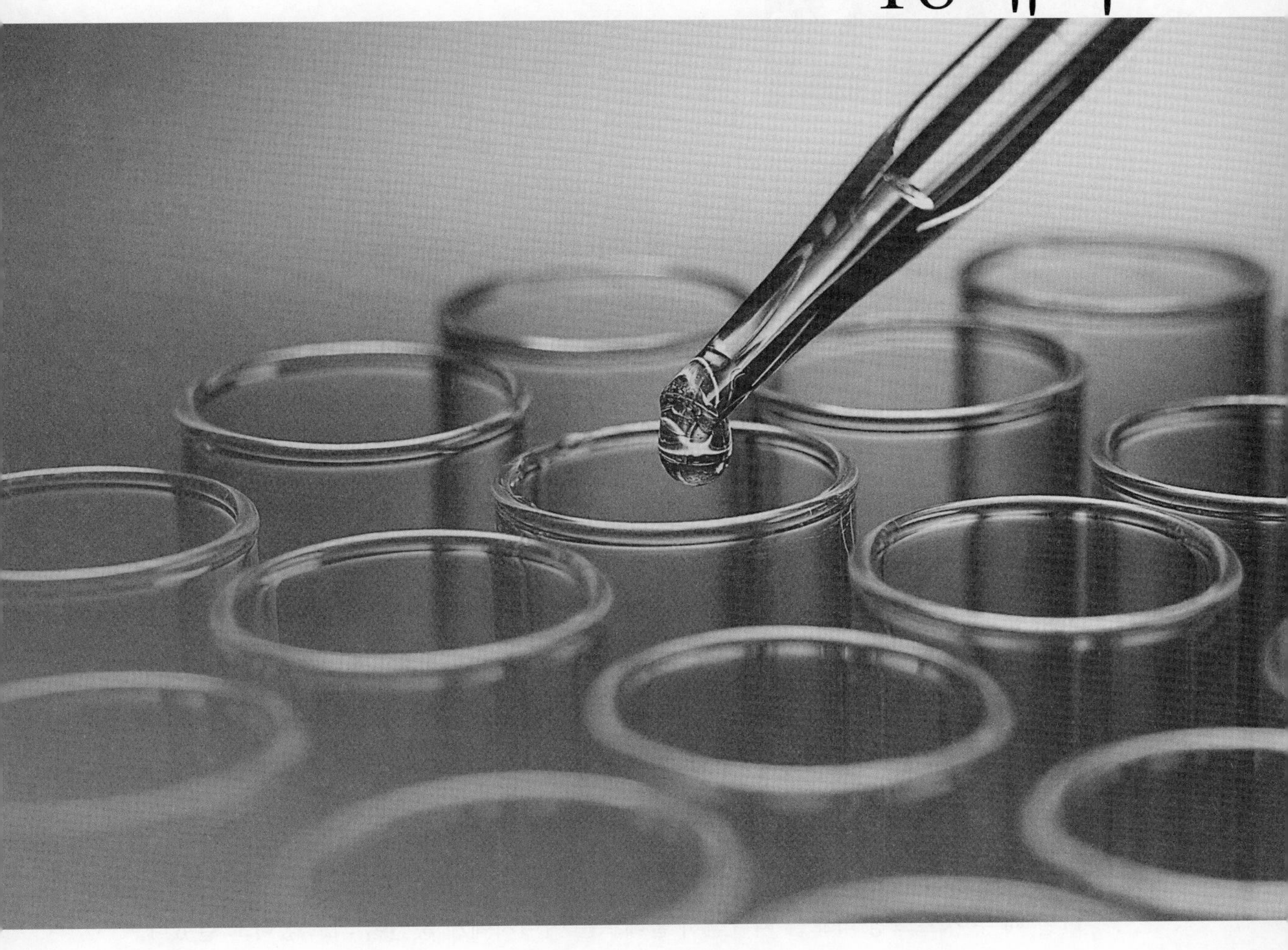

© Book's-Hill

계몽의 무기가 된 뉴턴과학
볼테르

문학 살롱을 드나든 법학도

18세기 유럽을 휩쓸었던 사상적 경향은 '계몽사조(Enlightenment)'로 불린다. 계몽이란 용어는 18세기 지식인들이 그들 자신에 대해 사용한 것이었다. 그들은 자신이 계몽된 사람이라고 생각했으며, 자신이 살던 시기를 계몽된 시기라고 보았다. 계몽철학자들이 가진 구체적인 견해는 달랐고 그들 사이에 논쟁도 많았지만, 계몽사조의 전반적인 특징으로는 중세적 질서에 대한 비판, 이성과 진보에 대한 신뢰, 종교적 관용 등을 들 수 있다. 이러한 특징은 18세기 프랑스에서 뚜렷하게 드러났으며, 이를 대표하는 인물이 바로 볼테르(Voltaire, 1694~1778)이다. 볼테르는 필명이고, 본명은 프랑수아 마리 아루에(François Marie Arouet)이다.

볼테르는 1694년에 프랑스 파리의 공증인 집안에서 출생했다. 그는 10살 때 예수회가 운영하던 루이 르그랑(Louis le Grand) 학교에 들어가 금세 두각을 나타냈다. 당시에 볼테르를 가르쳤던 신부들은 "총명한 아이이지만 비상한 악동"이라고 평가하기도 했다. 그는 12살 때 이미 쾌락주의적이고 무신론적인 귀족들과 시인들이 모이는 탕플(Temple)이라는 문학 살롱에 출입했다고 한다.

17살 때 루이 르그랑 학교를 떠나면서 볼테르는 아버지에게 문인이 되고 싶다고 말했다. 그러나 아버지는 이에 반대하며 법조계를 택하라고 강경하게 권했다. 할 수 없이 볼테르는 파리 대학의 법학부에 등록했지만 그의 관심은 여전히 문학에 있었다. 그는 탕플을 포함한 여러 살롱을 드나들면서 타고난 재치와 입담으로 많은 사람들을 사로잡았다.

1717년에 볼테르는 루이 15세의 섭정 오를레앙 공작 필리프 2세를 풍자한 시를 썼다고 오인되어 투옥당하고 말았다. 그는 수감 생활을 하는 동안 한 자리에 앉아서 뭔가를 깊이 생각할 여유를 얻을 수 있었다. 그가 《오이디푸스(Oedipus)》라는 비극 작품을 준비한 것도 바로 이때였다. 볼테르는 1718년에 출옥한 직후에 《오이디푸스》를 발간하여 문인으로서 세간의 주목을 받기 시작했다. 그때 그는 '아루에(Arouet)'라는 평민의 성을 버리고 자칭 '드 볼테르 씨(M. de Voltaire)'가 되었다.

볼테르가 영국에서 본 것은?

볼테르의 인생은 1726년에 벌어진 한 사건 때문에 전혀 엉뚱한 방향으로 흘러갔다. 어느 날 밤 파리 오페라 좌에서 슈발리에 드 로앙(Chevalier de Rohan)이라는 귀족이 "당신의 이름은 드 볼테르 씨인가 아루에 씨인가?"하고 시비를 걸었다. 그때 볼테르는 "내가 갖고 있는 이름이 대단한 것은 아니나, 나는 적어도 그 이름을 어떻게 하면 명예롭게 하는지 압니다"라고 당당하게 응수했다. 이에 격분한 슈발리에는 며칠 후에 하인들을 시켜 볼테르를 곤봉으로 후려치게 했다. 볼테르는 슈발리에에게 결투를 요구했지만, 그것이 불손한 행위로 간주되어 바스티유 감옥에 투옥되었다. 볼테르는 그곳에서 영국으로 건너간다는 약속을 하고서야 겨우 풀려날 수 있었다.

볼테르에게 영국은 자신의 조국인 프랑스와는 전혀 다르게 보였다. 억울하게 조국을 떠나야 했던 그에게는 영국의 장점만이 부각되었는지도 모른다. 볼테르가 보기에, 영국에는 프랑스와 달리 국왕의 독재가 없었고 종교적 박해가 없었으며 다양한 세력이 조화를 이루고 있었다. 또한 영국에서는 학식을 갖춘 사람들이 존경을 받고 귀족들과 대등하게 어울리는 것처럼 보였다. 특히 볼테르는 1627년에 웨스트민스터 사원에서 뉴턴의 장례식이 성대하게 거행되는 것을 목격하고 큰 감동을 받았다. 영국에서는 소지주의 아들로 태어난 사람도 훌륭한 업적을 쌓으면 대단한 존경을 받는 것처럼 보였다. 뉴턴의 장례식을 계기로 볼테르는 뉴턴에 대한 정보를 수집하고 뉴턴의 저작을 탐구하는 데 열성을 보였으며, 뉴턴의 영향을 받았던 로크(John Locke)의 저술도 열심히 읽었다.

결국 볼테르는 종교의 자유, 학자에 대한 우대, 뉴턴의 과학, 로크의 입헌정치 등이 서로 연결된 것이라는 믿음을 가지게 되었다. 물론 이러한 요소들이 공존한 것은 당시 영국 사회의 독특한 상황 때문에 빚어진 역사적 현상이라고 볼 수 있다. 그러나 볼테르에게는 이러한

볼테르보다 과학에 뛰어났던 에밀리 뒤 샤틀레

요소들이 본질적으로 서로 연관되어 있는 것처럼 보였다. 볼테르에게 영향을 준 것은 영국의 특정한 과학이나 사상이 아니라 당시 영국의 전반적인 문화체계였다고 할 수 있다.

볼테르는 3년 동안의 영국 체류를 마치고 1729년에 프랑스로 돌아왔다. 그는 영국에서의 경험을 바탕으로 1734년에 《철학서간(Lettres philosophiques)》을 발간했는데, 그 책은 "구체제(ancien régime)에 던져진 최초의 폭탄"으로 평가되기도 한다. 프랑스 정부는 "종교와 도덕에 반하고 기존 질서를 업신여기는 창피스러운 작품"이라고 하여 금서 조치를 내리고 책을 수거하여 불태워 버렸다. 볼테르가 정부 당국에 의해 체포될 위기에 처했을 때 그를 적극적으로 도와준 사람은 당시 프랑스의 대표적인 여성 과학자였던 에밀리 뒤 샤틀레(Émilie du Châtelet, 1706~1749)였다.

볼테르의 연인, 마담 샤틀레

에밀리 뒤 샤틀레는 본명이 가브리엘 에밀리(Gabrielle Émilie)이며 샤틀레 부인으로 널리 알려져 있다. 그녀는 아버지의 후원으로 남자 형제들과 동등한 교육을 받았으며, 수학, 문학, 과학에 뛰어난 재능을 보였다. 에밀리는 18살의 나이에 샤틀레 후작인 플로랑 클로드(Florent Claude)와 결혼하여 아이 셋을 낳았다. 남편은 관할 지역을 감독하느라 바빴으며, 아내가 공부하는 것을 존중해 주었다. 에밀리는 당대의 유명한 수학자이자 물리학자인 모페르튀이(Pierre-Louis de Maupertuis)를 만나 함께 공부하면서 가깝게 지냈다. 모페르튀이는 당시 프랑스에서 잘 받아들여지지 않았던 뉴턴의 학설을 지지하였고, 에밀리도 이에 동조하였다.

에밀리는 28세에 볼테르를 만난 후 10년 동안 연인으로 지냈으며 죽을 때까지도 특별한 관계를 유지했다. 에밀리와 볼테르는 샤틀레 후작의 소유였던 시레(Cirey) 성을 개조하여 함께 살았다. 시레 성은 파리의 과학아카데미에 견줄 만한 도서관과 런던에서 수입해온 최신 실험 장비를 보유하고 있었으며, 방문객들이 이용할 수 있는 객실과 세미나실도 갖추고 있었다. 시레 성은 프랑스에서 뉴턴과학에 대한 연구가 이루어지는 거점이었으며, 유럽의 많은 과학자들이 머물고 가는 명소로 각광을 받았다.

볼테르는 자신의 가장 활동적인 시기를 뉴턴과학을 공부하고 소개하는 데 바쳤다. 그는 에밀리와 같이 뉴턴의 저작을 공부하면서 1738년에 《뉴턴철학의 요소들(Eléments de la philosophie de Newton)》을 발간했다. 그 책은 뉴턴과학 중에서 상대적으로 쉬운 내용을 다루는 것에 지나지 않았으나, 당시 프랑스 지식인 사회에 뉴턴과학의 중요성을 전달하는 데 크게 기여했다. 책의 많은 부분은 에밀리가 쓴 것으로 전해지지만, 저자에는 볼테르만 포함되어 있었다. 대신에 볼테르는 뉴턴의 빛을 에밀리가 거울로 반사해 자신에게 전해주었다는 뜻의 그림을 책에 덧붙여 그녀의 공적을 기렸다.

《뉴턴철학의 요소들》에 수록된 그림

볼테르는 뉴턴과학에서 알아낸 것은 무엇일까? 볼테르는 《프린키피아》에서 원인의 원인을 묻지 않는 태도를 배웠고, 《광학》에서 관찰과 실험의 방법론을 찾아냈으며, 뉴턴의 신에서 인간의 자유의지가 가진 가능성을 읽어냈다. 이러한 요소들은 뉴턴에게도 통합되어 있지 않았지만, 볼테르에게는 큰 문제가 되지 않았다. 왜냐하면 그것이 구체적인 과학연구에 적용될 것은 아니었기 때문이다. 그에게 뉴턴과학은 선험적인 프랑스 과학에 비해 올바르고 정당한 것이었다. 이처럼 볼테르에게 뉴턴과학은 가치중립적인 것이 아니었다. 뉴턴과학은 독단과 미신에 대해 사실을, 선험에 대해 경험을, 추상적 사고에 대해 관찰과 실험을, 그리고 현학에 대해 유용성을 제공해 주는 것이었다.

사실상 과학적 능력이나 업적에서는 에밀리가 볼테르보다 앞섰다. 그녀는 1738년에 과학아카데미가 불의 성질에 대한 논문을 공모하자 〈불의 특성과 그 전파에 관한 논문〉을 제출했다. 비록 상을 받지는 못했지만, 그녀의 논문은 과학아카데미가 경비를 대는 조건으로 1744년에 발간되었다. 또한 에밀리는 데카르트와 뉴턴은 물론 라이프니츠의 과학도 탐구했으며, 두 물체가 충돌할 때 보존되는 물리량은 운동량이 아니라 살아있는 힘(vis viva)이라는 라이프니츠의 견해에 동조하였다. 이처럼 그녀는 당시의 과학적 논의를 비판적으로 탐구했으며, 이를 바탕으로 1740년에 《자연학의 체제(Institutions de physique)》를 발간했다. 에밀리는 1745년에 뉴턴의 《프린키피아》를 프랑스어로 번역한 작업에 착수했지만, 안타깝게도 1749년에 산고로 사망하고 말았다. 1756년에는 볼테르가 서문을 쓴 프랑스어판 《프린키피아》의 일부가 출판되었고, 1759년에는 완역본이 출판되었다. 에밀리가 주동이 된 그 책은 지금도 《프린키피아》의 유일한 프랑스어판 번역본으로 남아있다.

백과전서 운동에 참여하다

볼테르는 1743년에 파리로 돌아온 후 루이 15세의 총애를 받았고, 1746년에는 아카데미 프랑세즈의 회원으로 선출되었다. 주위에 자신의 출세를 시기하는 사람들이 많아지자 볼테르는 1750년에 프로이센의 프리드리히 2세의 초청을 받고 프랑스를 떠났다. 하지만 프리드리히 2세와의 관계도 좋지 않게 끝나고 말았고, 볼테르는 1754년에 프랑스로 돌아가는 대신 스위스에 자리를 잡았다. 그는 프랑스와 스위스의 국경 지역에 집을 여러 채 마련해 두고, 양국 가운데 어느 한쪽과 마찰을 빚을 경우에 언제든지 신속하게 도피할 수 있도록 했다. “뒤쫓아 오는 개들을 피하기 위해, 철학자라면 땅속에 굴이 두세 개는 되어야 한다.”

당시에 볼테르는 《백과전서(Encyclopédie)》의 편찬에 관여하여 여러 항목을 집필했다. 《백과전서》의 편찬을 주도한 사람은 디드로(Denis Diderot)와 달랑베르(Jean Le Rond d'Alembert)였다. 그들은 학문적 세계가 넓고 서로 보완적인 관계를 형성하고 있어 《백과전서》의 공동 편집인으로 환상의 호흡을 보였다. 디드로는 철학자이자 문인이면서 과학에 관심이 많았고, 달랑베르는 수학자이자 물리학자면서 사상에 관심이 많았던 것이다. 《백과전서》의 집필에는 디드로, 달랑베르, 볼테르 이외에도 몽테스키외(Charles Louis de Montesquieu), 루소(Jean Jacques Rousseau), 케네(François Quesnay), 튀르고(Anne Robert Jacques Turgot), 돌바크(Paul Henri D'Holbach) 등과 같은 당대의 지식인들이 대거 참여하였다.

처음에 《백과전서》는 당시 영국의 기술적 발전을 요약했던 2권짜리 백과사전인 《체임버스 백과사전(Chambers's Encyclopaedia, 1728)》을 프랑스어로 번역하겠다는 의도에서 시작되었다. 그러나 디드로와 달랑베르의 발상은 점점 커져서 기술은 물론 당시의 과학이나 문화에 대한 논의를 포괄하는 것으로 확대되었다. 《백과전서》는 1751~1772년의 21년 동안 총 28권(본문 17권, 도해 11권)으로 간행되었으며, 전체 제목은 《백과전서, 또는 과학 · 기술 · 공예의 이성적 사전》이다. 볼테르는 《백과전서》의 형식을 좇아 1764년에 《휴대용 철학사전(Dictionnaire philosophique portatif)》이라는 독립적인 저술을 펴내기도 했다.

《백과전서》의 중요성은 매우 막대하여 백과전서파(Encyclopédistes)라는 말이 계몽철학자(philosophe)와 거의 동의어로 쓰일 정도였다. 《백과전서》는 추구하는 목적에 있어서도 이전의 백과사전들과는 차원을 달리했다. 이전의 백과사전들은 지식을 수집해서 보존하는 것을 목적으로 삼고 있었지만, 《백과전서》는 그러한 지식에 대한 이해를 바탕으로 인간의 사고를 바꾸고 세상의 질서를 바꾸는 것을 추구했던 것이다. 이와 관련하여 디드로는 《백과전서》 서문에서 "지식의 일반적 체계를 동시대의 인간에게 제시함과 동시에 미래의 인간에게도 이것을 전달한다"고 명시한 바 있다.

이처럼 《백과전서》는 단순한 책이 아니라 일종의 사상운동 혹은 사회운동이었다. 《백과전서》는 근대과학에 바탕을 둔 개혁의 이념을 표방하고 있었으며, 18세기 유럽 사회 전역에 상당한 영향을 미쳤다. 이러한 이념적 색채 덕분에 《백과전서》는 정부 당국에 의해 간행이 금지되기도 했지만, 그것이 《백과전서》의 성공을 막기에는 역부족이었다. 《백과전서》는 18세기 말까지 2만 5천 질이 판매되었는데, 당시로서는 유례가 없는 일이었다. 《백과전서》는 역사상 가장 출간하기 힘들었고, 또 가장 큰 영향을 미쳤던 백과사전으로 평가되고 있다.

계몽철학자들은 대부분 과학을 계몽의 무기로 사용했지만, 계몽철학자들이 과학을 보는 구체적인 시각에는 상당한 차이가 있었다. 예를 들어 디드로는 수학이나 물리학이 인간의 문제에 무력하다고 진단하면서 화학이나 자연사로 자신의 관심을 돌렸다. 루소는 근대과학이 자연과 인간 사이에 장막을 드리운다고 생각하면서 "자연으로 돌아가라!(Zurück zur Natur!)"는 유명한 말을 남겼다. 이러한 반응은 과학에 대한 합리주의적 전통에 대비하여 낭

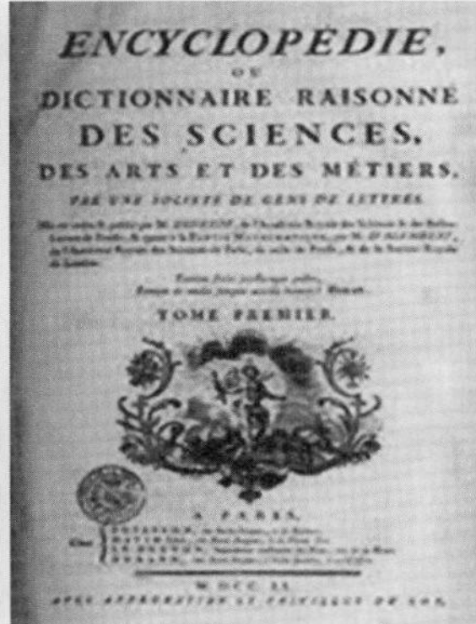
ENCYCLOPEDIE,
OU
DICTIONNAIRE RAISONNÉ
DES SCIENCES,
DES ARTS ET DES MÉTIERS,
TOME PREMIER.
A PARIS,

《백과전서》의 편집을 주관한 디드로와 달랑베르, 그리고 《백과전서》의 표지와 속표지

만주의적 전통이 형성되는 것으로 이어졌다. 수학화되고 기계론적이 된 과학이 인간의 욕구나 감정과는 무관해지고 자연으로부터 조화, 생명, 신비, 멋 같은 것들을 제거해 버린다는 것이었다. 하지만 낭만주의적 반응도 과학이 사회적으로 중요해졌다는 점을 전제로 한 것이라 볼 수 있다. 근대 사회의 구성원들은 과학을 선호하든 비판하든지 간에 과학에 대해 반응하지 않을 수 없게 된 것이다.

행동하는 양심

볼테르는 노년이 되어서도 숱한 화제작을 내놓았다. 《자디그(Zadig, ou la Destinée, 1748)》, 《캉디드(Candide, ou l'Optimisme, 1759)》, 《관용론(Traité sur la tolérance, 1763), 《랭제뉘(L'Ingénu, 1767)》 등은 그 대표적인 예이다. 그중에서 볼테르의 최고 걸작으로 꼽히는 《캉디드》는 순진한 청년 캉디드를 통해 낙천적 세계관을 조소하면서 사회적 부정과 불합리를 수려한 문체로 고발하고 있다. 《철학이야기》의 저자 듀런트(William Durant)는 《캉디드》를 가리켜 다음과 같이 적었다. "이렇게 유쾌하게 비관주의를 논한 책은 없을 것이다. 이 세상이 슬프다는 것을 배우면서 사람들이 마음껏 웃은 일은 일찍이 없었다."

《관용론》을 집필하게 된 계기가 된 것은 1762년에 있었던 장 칼라스(Jean Calas) 사건이었다. 칼라스는 프랑스 남부 툴루즈에 살던 60대 상인으로 신교도였는데, 어느 날 그의 아들이 목을 매달아 죽은 사건이 발생했다. 이에 대해 아들이 가톨릭으로 개종하려 했기 때문에 칼라스가 홧김에 아들을 죽였다는 헛소문이 돌았고, 툴루즈 법정은 정확한 조사도 없이 칼라스를 범인으로 몰아 거열형(車裂刑, 수레바퀴에 매달아 사지를 찢어 죽이는 형벌)을 선고하고 말았다. 칼라스는 바퀴에 묶여 죽어가면서도 하나님을 불러 자신의 결백의 증인으로 삼았으며, 잘못을 저지른 판사들을 용서해 달라고 기원했다. 볼테르는 《관용론》을 통해 칼라스 사건의 부당성을 조목조목 반박하였고, 결국 1765년에는 칼라스의 혐의에 대해 무죄 선고가 내려졌다.

《관용론》은 종교에 대한 맹목적인 믿음과 그에 따른 비인간적 박해를 비판하면서 그에 대한 대안으로 관용의 중요성을 역설하고 있다. 볼테르에게 관용은 소극적 인정과 방임을 넘어 다른 종류의 사고방식과 행위양식을 존중하고 자유롭게 승인하는 태도였다. 다음의 문장은 관용에 관한 볼테르의 명언으로 종종 인용되고 있다. "나는 당신이 하는 말에 찬성하지는 않지만, 당신이 그렇게 말할 권리를 지켜주기 위해서라면 내 목숨이라도 기꺼이 내놓겠다." 하지만 이 문장은 볼테르가 직접 언급한 것이 아니라 후대의 어느 작가가 볼테르의 견해를 매우 요령 있게 요약한 것이다.

볼테르는 루이 15세가 사망한 후 1778년 2월 1일에 파리로 돌아와 열광적인 환영을 받았다. 그리고 그 해 5월 30일에 프랑스 혁명을 보지 못한 채 84세의 나이로 파란만장한 일생을 마감했다. 1791년에는 프랑스를 위해 크게 공헌한 인물들에게만 허용되는 팡테옹(Panthéon)에 안치되었다. 그의 무덤에는 "인간의 정신에 강한 자극을 주고, 우리를 위해 자유를 준비했다"고 쓰여 있다.

볼테르는 생전에 수많은 명언을 남겼다. 그중 몇 개를 추려보면 다음과 같다. "영혼을 가진 지성적 존재로 사람을 대하면 모든 것을 잃지는 않는다. 반대로 소 떼로 취급하면 모든 것을 잃게 된다. 언젠가 그 뿔로 당신을 들이받게 될 테니까." "종파는 모두 다르다. 인간의 것이기에. 도덕은 어디서나 같다. 신의 것이기에." "노동은 세 개의 악, 즉 지루함과 부도덕, 그리고 가난을 제거한다." "미모는 눈만을 즐겁게 하나 상냥한 태도는 영혼을 매료시킨다."

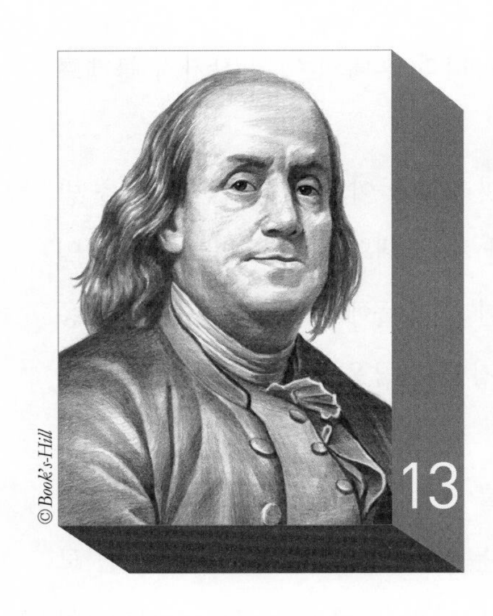

미국 과학을 세운 팔방미인
벤저민 프랭클린

100달러 지폐의 주인공

역사상 위대한 과학자 중에는 다양한 분야에서 재능을 가진 사람들이 많다. 특히 그것은 과학이 전문화된 19세기 이전까지는 무척 자연스러운 현상이었다고 할 수 있다. 그러한 과학자들에게는 더욱 인간적인 냄새가 나기 마련이다. 그 대표적인 예로는 미국 과학의 선구자에 해당하는 벤저민 프랭클린(Benjamin Franklin, 1706~1790)을 들 수 있다. 그는 과학과 기술뿐만 아니라 정치와 경제에 이르는 모든 활동에서 괄목할 만한 발자취를 남겼다.

미국에서 통용되는 지폐에는 1달러, 2달러, 5달러, 10달러, 20달러, 50달러, 100달러 지폐가 있다. 각 지폐에는 워싱턴(George Washington, 1달러), 제퍼슨(Thomas Jefferson, 2달러), 링컨(Abraham Lincoln, 5달러), 해밀턴(Alexander Hamilton, 10달러), 잭슨(Andrew Jackson, 20달러), 그랜트(Ulysses Grant, 50달러), 프랭클린(100달러)이 그려져 있다. 프랭클린이 가장 비싼 지폐의 인물로 선정되어 있는 것이다. 또한 프랭클린과 해밀턴을 제외한 모든 인물이 미국의 대통령을 지냈다는 점을 감안한다면, 프랭클린이 미국인으로부터 얼마나 커다란 존경을 받고 있는지 알 수 있다. 우리나라의 유명한 과학자 이휘소(李輝昭)가 자신의 영문 이름을 벤저민 리(Benjamin Whisoh Lee)로 한 것도 벤저민 프랭클린을 존경했기 때문이라고 한다.

프랭클린은 1706년 미국 보스턴에서 양초 제조업자의 13남매 가운데 10번째 아이로 태어났다. 12살이 되었을 때 그는 필라델피아에서 인쇄공으로 일하고 있었던 형의 조수가 되었다. 당시 인쇄업에 종사하는 사람들은 자신들의 직업에 매우 큰 긍지를 가지고 있었다.

인쇄업은 고도의 숙련과 기술을 요하는 첨단 직종이었고 인쇄공들은 노동자들의 실질적인 지도자로 행세했다. 프랭클린은 1788년에 유언을 쓰면서 "나, 필라델피아의 인쇄공 벤저민 프랭클린"이라는 말로 시작한 바 있다.

토론 클럽을 만든 필라델피아의 인쇄공

프랭클린은 18살 때 부유한 사업가의 후원을 받으면서 인쇄소를 운영할 수 있는 기회를 잡았다. 그는 인쇄소 개업에 필요한 활자를 구입하러 영국으로 갔다. 그러나 후원자의 말과 달리 런던에는 그의 신용거래처가 없었다. 프랭클린은 런던에서 발이 묶였으나 곧 인쇄공으로 자리를 구하여 2년 반 동안 런던에서 체류하였다. 런던에 체류하는 동안 그는 자유방임적인 경제학 사상에 매료되었다. 만년에 프랭클린은 아담 스미스(Adam Smith)와 친분이 두터웠는데, 스미스가 《국부론》에서 미국에 관해 언급한 것도 프랭클린의 영향으로 풀이되고 있다.

프랭클린은 필라델피아로 돌아온 뒤 경제이론에 대한 토론 클럽을 만들었다. 그 클럽은 이후에 회원제 도서관과 미국철학회의 기초로 작용했다. 클럽의 회원들은 낡은 규제나 전통을 비판하면서 사회 구성원이 자신의 이익을 추구하는 행위를 찬양했다. 경쟁이 어떠한 형태의 사회적 통제나 계획보다도 우수한 조정 장치라는 것이었다. 한번은 클럽에서 지폐 유통량의 증가에 대한 토론이 있었다. 이에 대하여 당시의 토지 소유자들은 지폐 증발에 반대했던 반면 자영업자들은 찬성했는데, 클럽의 토론은 자영업자의 입장을 대변했다. 프랭클린은 〈유통지폐의 본질과 필요에 관한 소고(小考)〉라는 익명의 팸플릿에서 지폐 증발의 필요성을 주장하면서 모든 가치의 참다운 원천은 노동이라고 역설했다. 카를 마르크스(Karl Marx)는 이 팸플릿이 노동가치론을 최초로 표현한 글이라고 평가한 바 있다.

프랭클린은 자신의 생각을 소박하지만 멋진 문장으로 표현하는 데 남다른 재능을 발휘했다. 그는 1732년부터 《가난한 리처드의 달력》을 출판하기 시작했는데 거기에는 프랭클린이 수집하거나 손수 작성한 경구가 실려 있었다. "시장이 반찬", "지갑이 가벼우면 마음이 무겁다", "빈수레가 요란하다", "성공의 비결은 남의 험담을 하지 않으며 장점을 드러내는 데 있다", "겸손이 없는 권력은 위험하다" 등은 그 대표적인 예이다. 프랭클린은 모든 공부의 기초가 되는 읽기, 생각하기, 쓰기의 의미를 간파하기도 했다. "독서는 정신적으로 충실한 사람을 만든다. 사색은 사려 깊은 사람을 만든다. 그리고 논술은 확실한 사람을 만든다."

프랭클린의 말투는 그의 사상과 합치되어 있었다. 그는 형식적인 신앙이나 경직된 독단론의 논점에는 관심을 두지 않았으며 특정한 종파가 진리를 독점하는 것을 인정하지 않았다. 그는 이미 완성된 책보다는 살아있는 생각을 담은 팸플릿을 즐겨 읽었다. 영국에 있는 친구 콜린슨(Peter Collinson)에게 "어떠한 제목이라도 읽을 만한 새로운 팸플릿은 나에게 보내달라"고 부탁할 정도였다.

달력의 출판과 판매로 가게가 번창하자 프랭클린은 다른 일에도 관심을 돌렸다. 그는 왕성한 탐구정신과 숙련된 솜씨를 겸비한 사람이었다. 독서 중에 잦은 불편을 느낀 프랭클린은 복(複)초점 안경을 손수 제작하기도 했으며, 높은 서가에 있는 책을 꺼내본 후 다시 꽂을 수 있는 기계 팔도 만들었다. 프랭클린의 발명품 목록에는 석면으로 만든 지갑과 실용적인 스토브도 포함되어 있다. 필라델피아 토론 클럽의 주제도 경제이론에서 시작되었지만 점차적으로 과학과 기술로 확장되었다. 예를 들어 그 클럽에서는 "어떻게 하면 연기 나는 굴뚝을 가장 좋은 방법으로 고칠 수 있는가"라는 주제가 심각하게 토론되기도 했다.

대중적인 오락이 된 전기실험

그러나 이러한 재능도 프랭클린이 전기 분야에서 성취한 업적에 비하면 부차적인 것에 지나지 않는다. 그가 전기에 대하여 관심을 갖기 시작했을 때에는 전기에 관한 연구가 막 시작되는 단계에 있어서 직업적 과학자는 물론 많은 아마추어들이 전기현상에 관하여 무성한 논의를 하였다. 영국의 아마추어 실험가였던 그레이(Stephen Gray)는 1729년에 전기를 잘 전하는 물질과 그렇지 않은 물질, 즉 도체와 부도체를 구별하였다. 1733년에 프랑스의 보병장교였던 뒤페(Charles François du Fay)는 전기에 수지(樹脂) 전기(호박과 같은 수지성 물질을 마찰시켜 만든 전기)와 유리 전기(유리병과 같은 유리성 물질을 마찰시켜 만든 전기)의 두 가지 종류가 있다고 주장했다. 수지 전기와 유리 전기는 서로 끌어당기는 반면, 같은 종류의 전기들은 서로 밀친다는 것이었다.

1745년경에는 전기를 저장할 수 있는 장치인 라이덴병(Leyden jar)이 개발되어 전기현상을 자유롭게 실험할 수 있게 되었다. 네덜란드 라이덴 대학의 뮈스헨브루크(Pieter van Musschenbroek)가 기전기(起電機)에서 철사로 전기를 끌어낸 다음 그것을 병 속에 있는 물에 비축했던 것이다. 우리나라의 경우에도 1820년대에 정전기 발생장치가 들어와 있었다. 조선 후기의 실학자인 이규경(李圭景)은 《오주연문장전산고(五洲衍文長箋散稿)》에서 당시 서울의 몇몇 저택에는 뇌법기(雷法器)가 있었으며, 그것을 돌리면 별이 흐르듯 불꽃이 난다고 기록한 바 있다.

1730년에 그레이가 시연한 대전된 소년. 소년은 47파운드의 명주실에 매
달려 있었고, 놋쇠 판에서 전기적으로 유도된 작은 입자들을 끌어당겼다.

당시 유럽에서는 일반인을 대상으로 전기에 대해 실험하는 것이 유행처럼 번졌다. 비싼 관람료에도 불구하고 많은 사람들이 전기실험을 구경하기 위해 몰려들었다. 그레이는 사람이 도체인지 부도체인지를 확인하기 위한 실험을 공개적으로 수행했다. 그레이는 건강한 젊은이 한 사람을 줄에 매어 공중에 띄워 놓고 전기를 띤 유리 막대를 그 젊은이의 발끝에 대게 한 후 그의 머리에 손을 얹었다. 그랬더니 그레이의 손에는 직접 자신이 유리 막대를 만진 것과 같은 짜릿한 자극이 전해졌다.

영국에 그레이가 있었다면 프랑스에는 놀레(Jean-Antoine Nollet)가 있었다. 제법 유명한 신부였던 놀레는 사람들을 놀라게 하는 전기실험을 열중했다. 한번은 어린이를 공중에 매달아 놓고 그 발바닥에 전기를 대었는데, 그의 손끝에 가까이 놓아둔 금박지 조각이 달라붙었다. 가장 인상적인 것은 루이 15세가 지켜보는 가운데 시행된 라이덴병의 효력에 관한 실험이었다. 180명의 호위병이 서로 손을 잡고 빙 둘러섰다. 첫 병사에게는 한 손으로 큼직한 라이덴병의 바깥을 잡게 하고 마지막 병사에게는 그 병의 주둥이에 나와 있는 둥근 꼭지를 만지게 했다. 그 순간 180명의 모든 호위병들은 전기 자극으로 깜짝 놀라면서 펄쩍 뛰고 말았다.

전기는 단일한 유체로 이루어져 있다

프랭클린은 《자서전》에서 1744년에 보스턴에서 소년을 매달아 놓은 전기실험을 처음 보았다고 말했다. 2년 뒤에 프랭클린은 콜린슨으로부터 전기실험에 대한 설명서와 함께 유리관을 받았고, 프랭클린은 그 유리관으로 실험을 시작하였다. “나는 이 기회를 이용하여 일찍이 보스턴에서 본 실험을 되풀이해 보았다. 실험에 익숙해지면서 나는 영국에서 온 설명서에 있는 실험도 아주 쉽게 할 수 있었고, 몇 가지 새로운 실험도 시도해 볼 수 있었다. 나의 집은 한 참 동안은 새로운 기적을 보러 오는 사람들로 가득 찼다.”

프랭클린은 전기실험을 통해 1747년에 몇 가지 사실을 발견하였다. 최초의 발견은 끝이 뾰쪽한 도체가 “전기 불꽃을 당기는 데 있어서나 튕기는 데 있어서 각별히 효과적”이라는 것이었다. 또한 그는 두 종류의 전기가 존재한다는 통념을 비판하기 시작하였다. 그는 전류는 한 종류이지만 상태에 따라서 양전기와 음전기 두 상태를 띨 수 있다고 생각하였다. 그는 이러한 가설을 확인하기 위해 새로운 라이덴병을 제작하였다.

그 결과 프랭클린은 전기가 마찰로 생기지는 않으며 마찰은 전기의 분포를 달라지게 할 뿐 이라는 사실을 밝혀냈다. 그렇다면 수지나 유리와 같은 대전체(帶電體)의 종류에 따라 전기를 두 종류로 나눈다는 것은 잘못된 견해이다. 여기서 프랭클린은 전기의 본질이 무게가 없는 단일한 유체로 이루어져 있으며 그것은 공간의 모든 곳에 고르게 퍼져 있다는 ‘단일유체이론(one-fluid theory)’을 제창하였다. 물체 속에 있는 유체의 농도와 바깥에 있는 농도가 같으면 전기적으로 중성이고, 물체 속의 유체가 많으면 그 물체는 양전기를 띠며, 그 반대의 경우에는 물체가 음전기를 띤다는 것이다. 프랭클린은 유리 전기는 전류가 넘치는 상태이고 수지 전기는 전류가 모자라는 상태라고 해석하였다. 이러한 연구 결과는 콜린슨을 통해 1748년에 영국의 왕립학회에 전해졌고 그 학회의 학술지인 《철학회보》에 상세히 인용되었다.

그러나 프랭클린의 이론에도 문제점이 있었다. 전하가 물체 속에 고르게 퍼져 있다고 가정하고 있었던 것이다. 이미 영국의 그레이는 1729년에 떡갈나무로 속이 비어 있는 공과 속이 꽉 찬 공을 같은 크기로 만든 후 실험을 통해 두 경우의 전기 효과가 동일하며 전하는 표면에만 집중된다는 것을 밝혔다. 프리스틀리도 1767년에 같은 실험을 수행하여 속이 빈 물체의 구멍 안에 있는 전하에 대해서는 밖의 전기가 아무런 힘도 미치지 못한다는 점을 보였다. 그는 “구각의 형태를 한 물체는 그 속의 물체에 대하여 아무런 인력도 작용시키지 않는다”는 뉴턴의 구각정리(껍질정리)를 바탕으로 중력과 마찬가지로 전기력도 역제곱 법칙에 따른다는 것

독서에 열중한 프랭클린을 묘사하고 있는 1767년의 초상화. 책상에 놓인 것은 아이작 뉴턴의 흉상이다.

을 확신하기도 했다. 또한 1750년에 미첼(John Michell)은 자침을 실로 달아맨 뒤 그것에 자석을 가까이 하고 그 실의 뒤틀림을 측정하여 자극 사이의 반발력이 역제곱 법칙에 따른다는 것을 밝혔다. 이러한 업적들을 바탕으로 프랑스의 과학자 쿨롱(Charles Augustin de Coulomb)은 1785~1789년에 일련의 실험을 수행하여 전기를 띤 물체 사이의 인력과 반발력이 거리의 제곱에 반비례한다는 것을 정식화하였다.

번갯불에 대한 전기실험

다양한 전기실험을 하던 도중 프랭클린은 구름의 방전(放電)과 번갯불이 동일하다고 생각하여 1749년에 이 가설을 콜린슨에게 편지로 알렸다. 프랭클린은 이 가설이 새로운 것이라고 하였지만 사실은 다른 과학자들도 이미 프랭클린과 비슷한 생각을 하고 있었다. 그러나 프랭클린은 다른 과학자들과는 달리 이 가설을 실험해 볼 것을 제안하였고 그에 대한 구체적인 실험계획을 가지고 있었다. "번갯불을 안고 있는 구름이 방전하고 있는가 아닌가의 문제를 확정하기 위하여 나는 편리한 장소에서 실험을 해 보아야 한다고 제안하는 바이다. 높은 탑의 꼭대기에 사람 한 명과 전기스탠드를 넣을 만한 크기의 보초막을 세워 놓는다. 이 스탠드의 중앙에 철봉을 하나 세우고 그것을 문 밖으로 내보낸 후 20내지 30피트 높이로 세우고 끝을 뾰쪽하게 만든다. 번개구름이 낮게 통과할 때 철봉이 구름으로부터 전기를 사람으로 당기기 때문에 스탠드 위에 서 있는 사람은 대전되어 불꽃을 튕기게 될 것이다."

영국 왕립학회는 프랭클린의 명석한 문체와 참신한 주제에 찬사를 보냈고 콜린슨은 프랭클린의 전기 연구에 대한 업적과 편지를 묶어 1751년에 《전기에 관한 실험과 관찰 기록》을 출판하였다. 그 책은 프랑스의 유명한 과학자 뷔퐁(Georger-Louis Buffon)의 주목을 받았고, 뷔퐁은 달리바르(Jean-François Dalibard)라는 전기실험가에게 프랑스어로 번역하게 하였다. 급기야 프랑스 궁중은 '필라델피아의 실험'이라고 불린 이 실험을 즉각적으로 시도해 볼 것을 희망하였다. 1752년 5월 10일 달리바르는 이 실험을 실행하여 3일 후 의기양양하게 자신의 성공을 과학아카데미에 통고하였다. 달리바르의 뒤를 이어 다른 프랑스 과학자들도 비슷한 실험에 성공했으며 루이 15세는 경의에 찬 감사장을 프랭클린에게 보내라고 명령했다. 영국 왕립학회도 1753년에 프랭클린에게 코플리 메달을 수여하였고 1756년에는 프랭클린을 회원으로 추대하였다.

프랭클린은 프랑스에서 있었던 공개실험에 대한 소식이 전해지기 전에 또 다른 실험을 생각하고 있었다. 그것은 높은 건물을 사용하는 대신 번개구름 속에서 연을 날려 구름 속의 전하를 직접 끄집어내는 실험이었다. 그는 가늘고 긴 나무막대 두 개를 십자형으로 만들고 큰 손수건으로 네 귀퉁이를 묶었다. 세로로 된 나무에 그는 긴 철사를 잡아매고 연 꼭대기에서 약 1피트 위로 나오게 하였다. 연을 띄우는 데에는 삼베로 된 젖은 끈을 사용하기로 했는데 삼베 끈은 전기가 잘 통하므로 그는 끈 밑에 명주 리본을 매달고 끈과 리본의 매듭 사이에 쇠로 된 큰 열쇠를 달았다. 부도체인 명주 리본을 손으로 잡고 그것이 비에 젖지 않도록 처마 밑에서 연을 띄워서 쇼크를 받지 않도록 하였다. 이런 식으로 연을 띄운 후에 손가락을 열쇠 가까이 가져가면 전기가 흘러내려 왔는지를 관찰할 수 있었다. 실험 준비를 끝낸 프랭클린이 손가락을 열쇠 가까이 가져가자 불꽃이 일어났다. 곧 그는 라이덴병의 마개를 열쇠에 대어 충전시켰다. 이렇게 충전된 병은 보통 방법으로 충전했을 때와 다르지 않았다. 전기와 번개는 그 본성이 같았던 것이다.

번갯불에 대한 전기실험은 비극적인 사건을 낳기도 했다. 1753년에 러시아의 과학자 리흐만(Georg Wilhelm Richmann)이 페테르부르크에서 번갯불에 대한 실험을 하던 중에 그만 사망하고 말았던 것이다. 그는 실험 장치를 점검하기 위하여 자신의 머리를 실험 장치로부터 1피트 떨어진 곳에 두고 있었다. "갑자기 주먹만 한 크기의 푸른 불덩어리가 실험 장치에서 리흐만의 머리로 떨어졌다. 불꽃과 함께 피스톨을 쏘았을 때와 같은 폭음이 나고 실험 장치가 산산조각이 났으며 문짝이 문틀로부터 떨어져 나갔다. 리흐만은 그 자리에서 즉사했으며 그의 왼발에는 푸른 상처가 남아 있었다." 달리바르와 프랭클린은 운 좋게 피해를 면한 셈이었다.

리흐만의 죽음을 계기로 프랭클린은 '프랭클린의 막대'라고 불린 피뢰침을 개발하였다. 그는《가난한 리처드의 달력》에 자신의 피뢰침에 대하여 다음과 같이 설명하였다. "신은 인류에 대한 자비심에서 사람들의 집이나 다른 건물들을 벼락의 재해에서 구하는 방법을 주셨다. 그 방법이란 다음과 같다. 가는 쇠막대를 준비하여 한쪽 끝은 축축한 땅 속으로 3~4피트 깊이로 묻고 다른 끝은 건물 꼭대기보다 6~8피트 위로 솟게 설치한다. 이 막대 위쪽에는 바늘 굵기의 1피트짜리 놋쇠철사를 단다. 이 장치를 한

오늘날 우리가 사용하는 피뢰침은 프랭클린에 의해 처음 발명되었다.

집은 벼락의 피해를 입지 않게 될 것인데, 그것은 벼락이 철사 끝에 끌려서 막대를 타고 지면으로 흐르기 때문이다."

미국의 독립을 위하여

프랭클린이 과학 연구에 몰두하고 있었던 동안 유럽 열강은 아메리카 대륙의 지배권을 획득하기 위하여 격돌하고 있었다. 1747년 프랑스와 스페인 간의 전쟁이 펜실베이니아를 위협하였을 때 프랭클린은 〈명백한 진리〉라는 팸플릿에서 의용군을 조직하여 대항할 것을 제안하였다. 그 결과 약 1만 명의 의용군이 모집되었고 프랭클린은 대령 계급으로 의용군을 지휘하여 펜실베이니아를 보호하였다. 이 사건을 계기로 그는 식민지 상호 간의 연합체에 대한 생각을 하기 시작하였다. 1754년 프랑스가 오하이오 강 지역을 지배하기 위하여 인디언과 전쟁을 일으켰을 때 식민지 대표들은 공동 방위를 협의하기 위해 올버니 회의를 소집했는데, 이때 프랭클린은 식민지 회의를 통일된 연방으로 발전시키려고 하였다. 그 전쟁은 영국과 프랑스의 전면전인 7년 전쟁으로 확대되었고 이 전쟁에서 미국은 영국 편에 서서 전투에 참여하였다.

7년 전쟁이 영국의 승리로 끝나자 이제는 영국 정부가 미국 식민지를 지배하려는 야심을 보였다. 영국은 오랜 전쟁으로 늘어난 채무를 해결하기 위하여 설탕법, 인지세법 등을 제정하여 미국 식민지에 세금을 부과하려고 하였다. 이에 미국 식민지인들은 1765년에 뉴욕에서 인지세법 의회를 소집하여 "대표 없이 과세 없다(No taxation without representation)"는 원칙을 표명하였다. 과세권의 부정과 영국 상품 배척이 큰 반항을 일으키자 영국 정부는 1767년에 내국세 징수 대신에 관세를 부과하기 위한 법을 제정하였다. 그러나 그것은 1773년에 보스턴 차당(Boston Tea Party) 사건으로 이어졌고 영국 정부는 이를 응징하기 위하여 1774년에 미국인들이 '참을 수 없는 법'으로 칭한 3개의 악법을 제정하였다. 그 해 9월 필라델피아에서는 제1차 대륙회의가 소집되어 영국과의 통상 중지와 영국 상품의 수입금지가 만장일치로 통과되었다. 영국은 이 회

"뭉치면 살고, 흩어지면 죽는다." 프랭클린이 프렌치 인디언 전쟁 때 식민지의 단결을 호소하며 《펜실베이니아 가제트》에 수록한 구절이다. 조각난 뱀의 몸뚱이마다 적혀 있는 알파벳은 당시 아메리카 식민지의 이니셜이다.

의의 주도자를 체포하기 위하여 군대를 파견하였고 영국군과 미국의 민병대가 콩코드와 렉싱턴에서 충돌하였다. 사태가 심각해지자 1775년에는 필라델피아에서 다시 제2차 대륙회의가 소집되었고 그 회의는 1776년 7월 4일 독립선언서를 공식적으로 채택하였다.

프랭클린은 1764년부터 1775년까지 영국에 체류하면서 미국의 명분을 호소하고 조지 3세의 실정(失政)에 반대하는 영국의 야당 세력들을 규합하였다. 미국과의 전쟁 중에 조지 3세는 무엇이든지 프랭클린의 제안을 물리치는 것이 명예로운 일이라 생각하고 화약고나 궁전에 뾰쪽한 피뢰침을 뭉툭한 것으로 바꾸라고 명령하였다. 더 나아가 왕은 피뢰침을 갈아치우는 것에 만족하지 않고 왕립학회 회장에게 뭉툭한 것이 뾰쪽한 것보다 안전하다고 선언하도록 하였다. 그러나 프링글(John Pringle)은 왕립학회 회장직을 사임하면서 다음과 같이 말했다. "국민으로서 의무로나 개인적인 호의로 볼 때 폐하가 원하시는 대로 하고 싶은 마음이 태산 같사오나 자연의 법칙과 운행에 거역할 수는 없습니다." 당시 프랭클린도 "왕이 어떤 종류의 피뢰침이라도 사용하는 것을 거부했으면 좋겠다. 왕 같은 인간은 벼락에 맞아 죽는 편이 나을 것이다"고 비평하기도 했다.

1775년에 미국으로 돌아온 후 프랭클린은 제2차 대륙회의의 대표로 선출되어 독립선언서를 만드는 작업에 참여하였다. 독립선언서는 프랭클린(펜실베이니아), 애덤스(John Adams, 매사추세츠), 리빙스턴(Robert Livingston, 뉴욕), 셔먼(Roger Sherman, 코네티컷), 제퍼슨(버지니아) 등의 다섯 사람에 의해 준비되었다. 제퍼슨이 작성한 독립선언서의 초안에는 "신성하고 부인될 수 없는" 이란 말로 시작되었는데 프랭클린은 이를 "자명한"이란 문구로 대체하였다. 이 수정에서 우리는 프랭클린이 신성한 권위에 반대하고 소박한 말을 좋아하며 과학적 습관에 길들여져 있음을 엿볼 수 있다.

존 트럼불(John Trumbull)이 1818년에 그린 〈독립 선언서〉. 5인 위원회가 독립 선언서를 대륙회의에 제출하고 있다. 오늘날 미국은 7월 4일을 독립선언일로 삼아 축제를 하고 있다.

미국혁명 후 프랭클린은 1776년부터 1785년까지 프랑스에 주재하면서 미국의 대표로 활동하였다. 프랑스인들은 프랭클린의 대리석 흉상을 조각하여 "그는 하늘에서 벼락을 빼앗아 폭군에게 내렸다"는 구절을 새겼다. 1772년에 그는 외국인으로서는 얻기 어려운 프랑스 과학아카데미의 회원으로 선출되기도 하였다. 그 후 그는 필라델피아로 돌아와 여생을 보내다가 1790년에 84세의 나이로 세상을 떠났다.

행복한 인생을 위한 13가지 덕목

프랭클린은 죽었지만 그의 이름은 미국 필라델피아에 있는 프랭클린 연구소에 영원히 남아있다. 그 연구소는 1824년에 설립되었으며 프랭클린 연구센터, 프랭클린 연구실험실, 프랭클린 과학박물관, 천문관, 프랭클린 국립기념관 등을 포함하고 있다. 프랭클린 연구소는 1884년 미국 최초의 국제전기박람회를 개최했으며, 1916년에는 그곳에서 대륙간 전화통신에 대한 공개실험이 세계 최초로 거행되었다. 1938년에 설립된 프랭클린 국립기념관에는 대리석으로 된 6미터 크기의 동상이 세워져 있으며, 과학기술에 대한 서적들이 다양하게 구비되어 있다.

프랭클린은 행복한 인생을 살아가는 데 필요한 13가지 덕목을 제안한 사람으로도 유명하다. 그는《자서전》에서 다음과 같이 썼다. "이때쯤[1728년] 나는 도덕적으로 완벽해지고자 하는 무모하고도 어려운 계획을 마음에 품고 있었다. 그러나 완벽하게 덕 있는 사람이 되어야지 하는 마음속의 신념만으로는 실수를 막을 수 없다는 결론에 도달했다. 늘 정확하고 일관성 있는 행동을 하려면 나쁜 습관들을 깨부수고 좋은 습관을 익혀야 했다. 마침내 내게 필요하고 바람직한 덕목을 13가지로 정리했다."

프랭클린의 13가지 덕목은 다음과 같다. ① 절제(temperance): 과식과 과음을 삼가라. ② 침묵(silence): 타인과 자신에게 이로운 것 외에는 말을 삼가고, 쓸데없는 대화를 피하라. ③ 질서(order): 모든 물건은 제자리에 정돈하고, 모든 일은 정해진 시간을 지켜라. ④ 결단(resolution): 해야 할 일은 하기로 결심하고, 결심한 일은 반드시 행하라. ⑤ 절약(frugality): 타인과 자신을 이롭게 하는 것 외에는 지출을 삼가고, 낭비하지 말라. ⑥ 근면(industry): 시간을 헛되이 쓰지 말고, 항상 유익한 일을 행하며, 필요 없는 행동은 하지 말라. ⑦ 진실(sincerity): 남을 일부러 속이려 하지 말고, 순수하고 정의롭게 생각하라, 말과 행동을 일치하라. ⑧ 정의(justice): 남에게 피해를 주거나 응당 돌아갈 이익을 주지 않거나 하지 말라. ⑨ 중용(moderation): 극단을 피하고, 원망할 만한 일을 한 사람조차 원망하지 말라. ⑩ 청결(cleanness): 몸과 옷차림, 집안을 청결하게 하라. ⑪ 침착(tranquility): 사소한 일, 일상적인 사고, 혹은 불가피한 사고에 불안해하지 마라. ⑫ 순결(chastity): 건강이나 자녀 때문이 아니면 성 관계를 삼가라. 특히 감각이 둔해지거나 몸이 약해지거나 자신과 타인의 평화와 평판에 해가 될 정도까지는 하지 말라. ⑬ 겸손(humility): 예수와 소크라테스를 본받으라.

1978~2001년에 《타임》 편집장을 지냈던 월터 아이작슨(Walter Isaacson)은 《벤저민 프랭클린: 인생의 발견》에서 다음과 같이 프랭클린의 인생을 종합했다. "프랭클린은 여든네 살까지 살면서 미국 최고의 과학자, 발명가, 외교관, 저술가, 비즈니스 전략가로 활동했다. 그리고 가장 심오하지는 않더라도 가장 실용적인 정치사상가 중 한 사람이었다. 그는 연날리기를 통해 번개가 전기라는 사실을 증명했고, 번개에 대처하기 위해 피뢰침을 발명했다. 그는 복초점 안경, 고효율 안경, 멕시코 만류 도표, 감기의 전염성에 대한 이론 등을 만들어냈다. 그는 대출 도서관, 대학교, 의용 소방대, 보험 협회 등 다양한 도시발전 프로그램을 만들었다. 또한 미국 특유의 소박한 유머 스타일이나 실용주의 철학의 탄생에 일조하기도 했다. 외교정책 면에서는 힘의 균형을 꾀하는 현실주의와 이상주의의 결합 방식을 개발했으며, 정치 분야에서는 식민지 연합과 단일 정부를 위한 연방 모델을 제안하는 생산적인 기획안을 구상했다. 그러나 프랭클린이 발명한 것 중에서 가장 흥미롭고 끊임없이 재창조된 것은 바로 그 자신이다."

©Book's-Hill

이명법으로 생물을 분류하다
칼 폰 린네

분류학의 아버지, 린네

만약 누군가가 사자를 "꼬리 끝에 털 뭉치가 달려 있는 고양이", 호랑이를 "길고 검은 무늬를 가진 황색 고양이"로 불렀다고 하자. 이러한 이름을 듣고 사자나 호랑이를 떠올릴 수 있을까? 지구에는 약 1,000만 종의 생물이 살고 있는데, 생물들을 이런 식으로 부른다면 어떻게 될까?

18세기 중엽만 하더라도 같은 동식물에 대한 이름이 지역마다 달라서 과학자들의 의사소통에 많은 문제점이 있었다. 1750년 무렵에는 동식물에 대한 분류체계가 25종류에 이를 정도로 질서가 잡혀져 있지 않았다. 그렇다면 전 세계에 공통적으로 사용되는 동식물 이름은 누가 만들었을까? 그 사람은 바로 '분류학의 아버지'로 불리는 스웨덴의 생물학자 칼 폰 린네(Carl von Linné, 1707~1778)이다. 린네는 귀족이 된 이후의 이름이며, 본명은 카를로스 린나에우스(Carolus Linnaeus)이다. 린네의 이름은 그가 귀족이 되면서 라틴어 버전에서 자국어 버전으로 바뀌었던 것이다.

린네가 고안했던 동식물 명명법은 이명법(二名法, binomial system)이다. 이명법은 사람을 호모 사피엔스(*Homo sapiens*)라 부르는 것과 같이, 라틴어로 속명(호모)과 종명(사피엔스)을 나란히 쓰는 방법이다. 이명법에서 속명의 첫 글자는 대문자로, 종명은 소문자로 쓰도록 규정되어 있으며, 일반적으로 이탤릭체로 표기한다. 오늘날 흔히 사용하는 수컷의 기호 ♂와 암컷의 기호 ♀를 처음으로 사용한 사람도 린네였다. 이러한 기호는 그리스 신화에서 비롯된 것으로서 ♂은 군신 마르스(Mars)의 방패와 창을, ♀는 여신 비너스(Venus)의 거울을 상징하고 있다.

"꼬마 식물학자"

린네는 1707년에 스웨덴 남부의 작은 마을인 로슐트에서 태어났다. 아버지는 조그만 시골 교회를 운영하고 있었던 목사이자 아마추어 식물학자였다. 그의 집은 붉은 칠을 한 아담한 2층집으로 근처에는 넓은 정원과 채소밭이 있었다. 어린 시절에 린네는 집 근처의 정원을 돌아다니며 아버지와 꽃의 이름을 맞추는 놀이를 즐겼다. 린네가 7살이 되었을 때 부모님은 가정교사를 고용했지만, 린네는 가정교사와 공부하는 것보다 정원에서 자연을 관찰하는 것을 더 좋아했다.

린네가 9살이 되자 부모님은 아들을 벡쇼로 보냈고 린네는 그곳에서 고등학교까지 마쳤다. 그는 식물에 관한 책이라면 닥치는 대로 읽었고 낯선 식물을 보면 그냥 넘기지 않았다. 덕분에 린네는 "꼬마 식물학자"라는 별명을 얻기도 했다. 학교 선생님은 린네에게 로스만(Johan Rothman)이라는 식물학자를 소개시켜 주었고, 로스만은 린네에게 식물을 이용해 약을 만드는 공부를 해보라고 권유했다.

린네의 고등학교 졸업이 임박하자 아버지는 벡쇼를 방문해 린네의 선생님을 만났다. 선생님은 린네가 신학보다는 식물학을 공부하는 편이 낫다는 의견을 보였다. 아버지는 낙담했지만, 로스만의 충고를 듣고는 아들을 식물학자로 키우기로 마음먹었다. 고맙게도 로스만은 린네에게 식물학과 의학에 대한 개인 강의를 해 주기도 했다.

당시 유럽에서는 탐험가들의 항해를 통해 새로운 동식물이 지속적으로 발견되었다. 이에 많은 학자들이 동물학이나 식물학 연구에 뛰어들어 새로 발견한 생물들과 기존 생물들 사이의 연관성을 정리하기 시작했다. 그러나 여러 학자들이 제안한 분류 방법은 각양각색이었다. 가령 식물을 분류하는 데에도 화관의 모양, 열매의 종류, 떡잎의 수 등과 같은 다양한 기준이 사용되고 있었다.

당시에는 식물학이 의학의 한 분야로 간주되었기 때문에 린네도 의과대학에 진학하였다. 그는 1727년에 룬트 대학에 입학했으나 그 대학의 교육수준에 실망하여 1728년에 웁살라 대학으로 옮겼다. 웁살라 대학 역시 교육의 내용은 신통하지 못했지만, 그 대학에는 희귀한 외국 식물을 보유한 식물원이 있었다. 린네는 당시에 식물학 연구로 명성을 얻고 있었던 루드벡(Olaf Rudbeck)과 자연사에 정통한 신학 교수인 셀시우스(Olaf Celsius)를 만났다. 셀시우스 교수는 섭씨온도계를 발명했던 천문학자인 안드레스 셀시우스(Andres Celsius)의 삼촌이기도 하다. 린네는 셀시우스 교수의 배려로 식물원에서 일하면서 식물학 연구자로서의 자질을 키워 나갔다.

웁살라 대학에는 새해가 되면 학생이 자기가 좋아하는 교수에게 시를 보내는 전통이 있었다. 린네는 셀시우스에게 간단한 시 대신에 식물의 수분에 관한 글을 보냈다. 이 글에서 린네는 식물의 생식을 동물과 비교해서 논의하였다. 그는 식물의 꽃밥이나 씨방을 없애는 것은 동물의 정소나 난소를 제거하는 것과 마찬가지라고 설명했다. 비슷한 종류의 식물들 사이에서 일어나는 수분을 근친상간에 비유했고, 꽃 하나에 복수의 수술이 있는 것을 이중 결혼에 비유했다. 린네의 글에 감명을 받은 셀시우스는 린네에게 식물학 강의를 맡겼다. 루드벡도 자신의 세 아들을 가르치는 가정교사로 린네를 고용했다.

린네는 다양한 일을 하느라 정신없이 바빴지만 결코 식물학 공부를 게을리 하지 않았다. 특히 셀시우스 교수의 도서관은 린네에게 좋은 연구실이 되었다. 린네는 선배 식물학자들의 저술들을 접하면서 자신의 분류체계를 만들어가기 시작했다. 기존의 연구가 일부 식물에 국한해 암수의 성 구분을 허용하고 있었던 반면, 린네는 암수의 성 구분이 식물의 일반적 현상일 가능성에 주목했다. 그는 1730~1731년에 식물 분류에 관한 카탈로그와 꽃의 해부학에 관한 소책자를 발간하여 자신의 이름을 학계에 알리기 시작했다.

자연사의 본 고장에서 교류하다

1732년 5월, 린네는 웁살라 왕립과학아카데미의 지원으로 라플란드를 탐사하기 시작했다. 라플란드는 노르웨이, 스웨덴, 핀란드, 러시아에 걸쳐 있는 유럽의 최북단에 위치한 지역이었다. 당시 유럽의 각 국가들은 자국의 생물들을 조사하여 활용하는 데 관심이 컸기 때문에 이런 탐사활동이 활발하게 이루어지고 있었다. 린네는 4개월 동안 라플란드를 탐사하면서 갖은 고생을 겪었지만, 그 지역의 거대한 자연에 일종의 경외감을 느꼈다. 그는 이전에 볼 수 없었던 식물, 동물, 광물을 관찰하고 이를 수집하는 데 열성을 보였다. 이 탐사를 통해 린네는 100종이 넘는 새로운 식물을 발견했으며, 그 결과는 1737년에 《라플란드의 식물상》으로 출간되었다.

1734년에 린네는 달라나 지방으로부터 초대를 받았다. 라플란드에서 했던 것처럼 달라나를 조사해 달라는 것이었다. 린네는 그 지역을 조사하고 자연자원의 카탈로그를 만드는 일을 했다. 그 해 크리스마스에는 웁살라 대학의 학생인 솔버그(Claes Sohlberg)의 집을 방문했다. 린네는 솔버그의 아버지가 운영하던 구리 광산을 탐사했는데, 그곳에서 사라 엘리자베스(Sara Elisabeth Moræa)를 만나 사랑에 빠졌다. 그러나 사라의 아버지는 장래가 불투명한 린네에게 딸을 맡기지 않으려고 했다.

그러던 중 린네에게 유럽 여행의 기회가 주어졌다. 솔버그의 아버지가 자신의 아들을 가르치며 유럽을 여행하도록 린네에게 재정적 지원을 해 주었던 것이다. 당시에는 부유한 집안의 자제가 가정교사와 함께 여러 나라를 돌아다니며 견문을 쌓는 것이 유행이었다. 린네와 솔버그는 1735년 4월에 네덜란드로 향했다. 린네는 유럽에서 영향력 있는 학자들과 교류하기 위해서는 박사 학위를 따는 것이 유리하다고 판단했다. 그는 같은 해 6월에 하더위크(Harderwijk) 대학에 등록한 후 곧바로 의학박사 학위를 받았다. 그 대학은 소정의 자격을 갖춘 사람에게 일주일 만에 학위를 수여하는 것으로 유명했다. 린네는 이미 대학 강의의 경험도 가지고 있었고 식물학에 관한 논문도 출간했기 때문에 학위 취득에 별다른 어려움이 없었다.

다음 여행 장소는 거대한 식물원을 운영하고 있었던 라이덴 대학이었다. 린네는 라이덴에서 그로노비우스(Johan Frederik Gronovius)와 로슨(Isaac Lawson)을 비롯한 저명한 학자들을 만났다. 그로노비우스는 린네가 준비 중이었던 《자연의 체계》 원고를 보고 감명을 받아 출간을 지원해 주었다. 1736년에 발간된 《자연의 체계》 초판은 14쪽에 불과했지만, 다른 학자들보다 더욱 보편적이고 체계적인 분류법을 제안하고 있었다. 린네는 인공적인 기준이 아닌 자연적인 기준으로 식물을 분류하기로 결정한 후 식물의 성(性)을 구분할 수 있는 암술과 수술을 기준으로 삼았던 것이다.

1735년 9월에 린네는 네덜란드 동인도 회사를 운영하고 있던 클리포드 3세(George Clifford Ⅲ)를 만났다. 클리포드는 부유한 상인이자 열성적인 식물학자로 멋진 정원을 소유하고 있었다. 린네는 클리포드와 함께 지내면서 개인 주치의이자 정원 감독관의 역할을 맡았다. 1736년 7월에 린네는 클리포드의 지원으로 영국을 여행했다. 린네는 런던과 옥스퍼드를 방문하여 슬로안(Hans Sloane), 밀러(Philip Miller), 딜레니우스(Johann Jacob Dillenius)를 비롯한 많은 사람들과 식물학에 대해 교류했다. 특히 린네는 자신의 분류체계를 소개하는 데 열성을 보였고, 영국의 학자들도 린네의 의견에 동조하기 시작했다.

린네는 1737년에 두 권의 책을 펴냈다. 《클리포드의 정원》과 《식물의 속》이 그것이다. 《클리포드의 정원》에는 그 정원에 있는 모든 식물에 관한 자세한 묘사와 식물의 생장환경

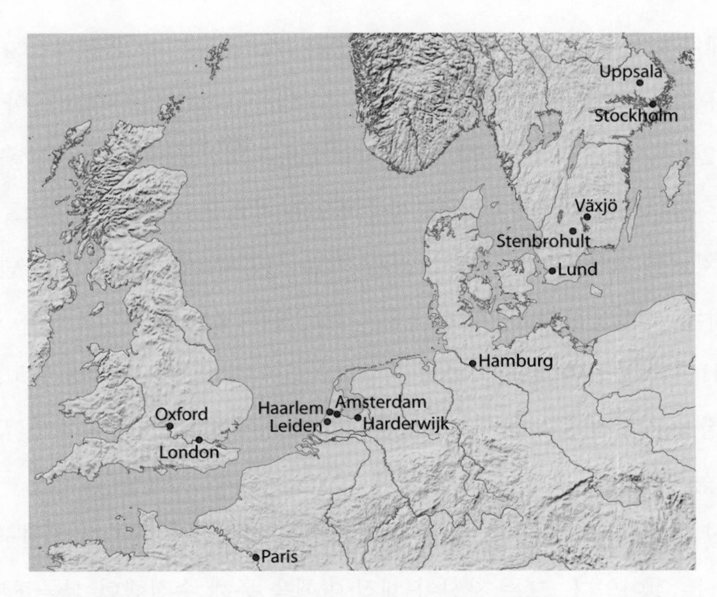

린네가 머물렀던 도시들. 스웨덴 이외의 지역은 모두 1735~1738년에 다녀왔다.

에 대한 과학적 분석이 담겨 있었다. 《식물의 속》에서 린네는 당시에 알려져 있던 1,000여 종의 식물을 자신의 체계에 따라 분류하고 기술하였다. 이처럼 린네는 식물학 연구와 교류에서 왕성한 활동을 벌였고, 이를 통해 유럽의 과학자사회를 이끌 차세대 주자로 부상할 수 있었다.

린네가 머물렀던 네덜란드와 영국이 자연사의 중심지였다는 점에도 주의를 기울일 필요가 있다. 네덜란드와 영국은 16세기 이래 강력한 해상국가로 발돋움하고 있었다. 특히 두 국가는 동인도회사를 설립하여 항해와 무역을 조직화하는 모습을 보였다. 동인도회사는 차, 커피, 향신료, 염료 등에 대한 정확한 정보를 필요로 했는데, 그러한 정보는 다름 아닌 개별 식물이나 동물에 대한 자연사적 정보였다. 이와 함께 새롭게 진출한 지역의 풍토병을 치료할 수 있는 약재도 요구되었고, 이 역시 해당 식물에 대한 자연사적 정보를 통해 확보될 수 있었다. 이러한 정보를 바탕으로 네덜란드와 영국의 학자들은 자연사에 대한 연구를 본격적으로 추진했던 것이다.

"과학자 만세! 린네 만세!"

린네는 1738년 6월에 스웨덴으로 돌아왔다. 그는 스톡홀름에서 의사로 개업했다. 사라의 아버지가 요구한 대로 사라를 먹여 살릴 수 있다는 것을 증명하기 위해서였다. 그러나 환자들은 경험이 부족하고 식물을 사랑하는 린네에게 의료 처방을 받는 것을 주저했다. 그러던 중 임질에 걸린 어떤 청년이 린네를 방문했다. 그는 몇몇 병원을 거쳤는데, 모든 의사들이 엉터리라고 쏘아 붙였다. 린네는 그 환자를 2주 만에 치료할 수 있었고, 이를 계기로 의사로서의 명성을 쌓을 수 있었다. 게다가 린네는 상원의원 부인의 독감도 성공적으로 치료했고, 이를 인연으로 궁정에 출입하여 여왕의 치료를 담당하기도 했다. 결국 린네는 1739년에 자신이 바라던 대로 사라와 결혼식을 올리는 데 성공했다. 당시 린네의 나이는 32세였다.

린네는 1741년에 자신의 모교인 웁살라 대학의 의학부 교수로 부임하였고, 다음 해부터는 식물원 원장을 겸임하게 되었다. 그는 웁살라 대학에서 관리자, 교육자, 연구자로서 더할 나위 없는 능력을 보였다.

린네가 웁살라 대학에서 착수했던 첫 번째 작업은 식물원을 발전시켜 연구와 교육의 공간으로 활용하는 것이었다. 그는 자신이 채집 여행을 통해 수집했던 식물표본을 전시하는 것은 물론 네덜란드와 영국에 있으면서 친분을 쌓았던 수많은 학자와 후원자를 통하여 희귀한 식물들을 대거 입수하였다. 이를 통해 웁살라 대학의 식물원이 보유한 종의 수는 1742년에 300종에 불과했던 것이 10년 뒤에는 3,000종을 넘어서게 되었다. 린네의 식물원이 점차 유명해지자 러시아의 여왕과 아프리카의 여러 나라에서도 수백 종에 이르는 꽃씨와 희귀 식물표본을 보내왔다.

린네는 학생들 사이에 매우 인기가 많은 교수였다. 웁살라 대학에서 그의 강의를 듣지 않고 졸업한 학생이 없었을 정도였다. 그는 식물학 수업과 자연사 수업을 통해 유머와 재치가 넘치는 강의를 전개했으며, 상식 밖의 아이디어를 전개하여 학생들의 마음을 사로잡았다.

린네의 수업에서 절정을 이룬 것은 채집을 위한 야외 수업이었다. 그는 150명에 이르는 학생들을 인솔하고 스웨덴의 산과 들을 누비면서 식물을 채집하였다. 누구든지 처음 보는 식물이나 희귀한 표본을 발견했을 때에는 깃발을 흔들었다. 날이 어두워져 웁살라로 돌아오는 길은 더욱 요란하였다. 린네의 학생들은 북장단에 맞추어 행진하였고 트럼펫과 드럼이 이를 거들었다. 행진의 마지막에는 학생들이 린네의 집 앞에서 "과학자 만세! 린네 만세!"를 외치곤 했다.

린네는 야외 수업에서 학생들을 군사조직처럼 엄격하게 다루었다. 학생들은 자신들이 '식물학 유니폼'으로 불렀던 아주 밝은 색의 옷을 입어야만 했다. 그들은 언제나 정각 오전 7시에 출발했고, 오후 2시에 식사와 휴식, 4시에 짧은 휴식을 취했는데, 린네는 매 30분마다 시간을 알려주었다. 이와 관련하여 린네에게 오늘날 '야스퍼스 증후군'으로 불리는 일종의 자폐 증상이 있었다는 의견도 있다. 야스퍼스 증후군을 가진 사람은 병적으로 어떤 것에 집착하게 되는데, 린네가 분류학의 체계를 세우는 데는 이와 같은 편집증적인 경향이 오히려 도움이 되었다고 할 수 있다. 린네도 스스로를 "체계적이고 질서정연하지 않으면 그 어떤 것도 이해할 수 없는 사람"으로 평하기도 했다.

사람은 특별한 동물

린네의 연구 분야는 주로 식물이었지만 점차 동물로 확장되었고, 나중에는 생물에 대한 분류법을 집대성하는 것으로 나아갔다. 그는 1746년에 발간한 《스베치카의 동물》에서 동물을 포유류, 조류, 양서류, 어류, 곤충류, 벌레류 등 6개의 강으로 나누었다. 더 나아가 린네는 1753년에 《식물의 종》을 발간하면서 동식물의 이름으로 반드시 라틴어를 사용하고 속명 다음에 종명을 나란히 붙이는 이명법을 제안했다.

린네의 대표작인 《자연의 체계》는 1735년에 초판이 발간된 후 계속해서 개정되었다. 초판은 겨우 14쪽에 불과했지만 1768년에 나온 제12판은 3권짜리로 2,300쪽을 넘어섰다. 《자연의 체계》 서문에서 린네는 다음과 같이 썼다. "지식의 첫 걸음은 바로 사물 그 자체를 정확하게 이해하는 것이다. 합리적인 분류와 명명을 통해서만 사물을 구분하고 인식할 수 있다. … 분류와 명명은 과학의 기초인 것이다."

린네는 자연을 동물계, 식물계, 광물계로 나누면서 인위적인 것은 절대 자연이 아니라고 못 박았다. 몸통은 있지만 생명도 감각도 없는 것은 광물, 본체가 있고 살아있지만 감각이 없는 것은 식물, 본체가 있고 살아있는 것은 물론 감각과 운동 능력까지 있는 것은 동물로 규정되었다. 그리고 지적 능력을 타고난 인간은 이 모든 본체를 알 수 있으며, 이름 짓기를 통해 그들을 구별할 수 있다고 했다.

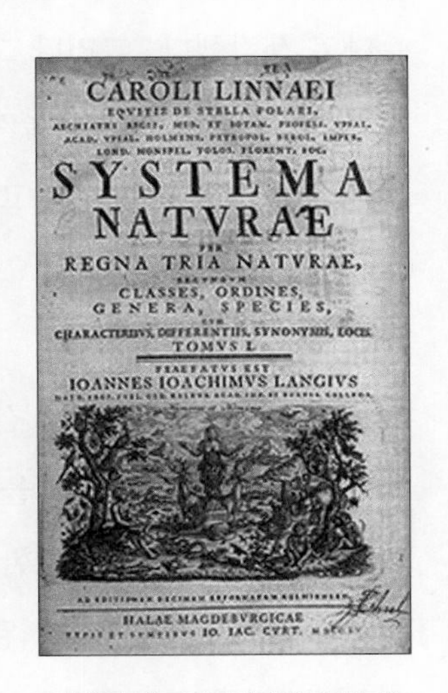

린네의 대표작인 《자연의 체계》

이보다 더욱 중요한 것은 린네가 《자연의 체계》를 통해 생물을 분류하는 계층적 방법을 도입했다는 점이다. 예를 들어 그는 수술과 암술의 형태, 크기, 수량 등을 기준으로 식물계를 24강, 116목, 1천여 속, 1만여 종으로 분류했다. 계, 강, 목, 속, 종을 포함하는 5등급의 계층적 분류체계가 제안된 것이었다. 린네는 식물의 생식 과정을 순결한 사랑, 화려한 결혼식, 간통 등과 같은 인간의 행동에 비유하기도 했다. 이에 대해 린네의 분류체계가 "음란하고 방탕하며 외설스럽기 짝이 없는 그의 마음이 반영된 메스꺼운 것"이라는 비판도 있었다.

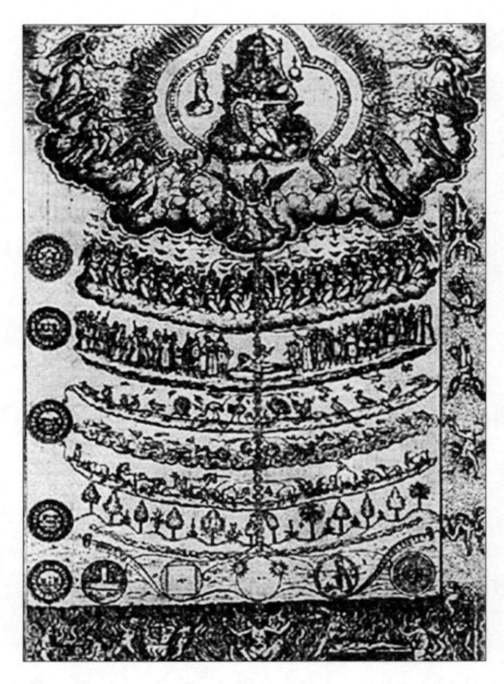
존재의 대사슬을 표현한 그림. 사슬은 신에서 시작하여 천사, 별, 달, 사람, 동물, 식물, 광물 등의 순서로 내려간다.

린네는 당시로서는 매우 과감한 시도를 했다. 사람을 동물의 분류체계 속에 집어넣었던 것이다. 당시의 지배적인 믿음에 따르면, 하느님이 자신의 형상을 따서 사람을 만들었기 때문에 사람은 동물과는 완전히 다른 존재였다. 그러나 린네의 분류법에 따르면, 사람은 포유동물강에 속하는 동물의 일종에 불과했다. 그렇다고 해서 린네에게 사람이 평범한 동물은 아니었다. 사람은 여전히 '존재의 대사슬(great chain of being)'에서 다른 동물보다 높은 위치를 차지하고 있었고, 호모라는 속에는 사피엔스라는 종 하나만 존재했다. 결국 린네에게 사람은 '특별한 동물'이었던 셈이다.

린네는《자연의 세계》초판을 발간할 때만 해도 신이 창조한 세상의 모든 종이 변하지 않는다고 생각했다. 그러나 그는 오랜 연구를 바탕으로 생물에 변종이 생긴다는 점을 알 수 있었다. 신이 창조한 생물계와 현재의 생물계 사이에 현저한 차이가 있었던 것이다. 결국 그는 기존의 관점을 버리고 종의 가변성(可變性)을 인정하기에 이르렀다. 그러나 린네는 이러한 변종들이 특별히 중요하다고는 생각하지 않았으며, 그저 환경적 조건에 영향을 받아 생긴 것뿐이라고 여겼다.

린네의 분류법은 매우 간단하면서도 정확해서 빠른 속도로 수용될 수 있었다. 이와 함께 유럽 각지로부터 유학을 온 린네의 제자들은 스승의 분류법을 전파하는 데 큰 몫을 담당하였다. 프랑스의 유명한 철학자 루소(Jean-Jacques Rousseau)는 린네의 분류법을 공부한 후 "내가 마치 자연사학자가 된 기분을 느꼈으며 자연을 사랑할 수 있게 되었다"고 고백하기도 했다. 린네의 분류법을 오늘날과 같은 형태로 발전시킨 사람은 프랑스의 식물학자인 앙투안 쥐시외(Antoine-Laurent de Jussieu)였다. 그는 1789년에 《식물의 속》을 발간하면서 계, 문, 강, 목, 과, 속, 종이라는 7등급의 분류체계를 세웠다.

린네는 1747년에 스웨덴의 궁정 의사로 임명되었으며, 왕실이 소장하고 있었던 동식물 표본을 조사하고 기록하는 일도 맡았다. 그는 특유의 사교적인 재능을 발휘하여 얼마 되지 않아 왕실 사람들과도 매우 친해졌다. 그는 1758년에 기사 작위를 받았고 1761년에 귀족이 된 뒤 1762년에 칼 폰 린네라는 이름을 받았다.

일생 동안 정력적으로 활동했던 린네는 뇌졸중으로 1774년에 강의를 그만두어야 했다. 그는 1776년에 또 한 번의 발작을 일으킨 후 1778년에 사망하였다. 린네는 평생 동안 7,700여 종의 식물과 4,400여 종의 동물의 정체를 밝혀낸 기록을 남겼다. 그는 스웨덴에서 매우 추앙받는 인물로 스웨덴의 100크로나 지폐에 새겨져 있다.

포유류가 된 사연

린네의 사망으로 웁살라 대학의 식물원은 주인을 잃고 말았다. 식물원은 점차 폐허가 되었고 수많은 표본도 파손되어 갔다. 우연한 기회에 그러한 소식을 전해 들었던 영국의 의사 스미스(James E. Smith)는 린네의 소장품을 구입하는 데 강한 의지를 보였다. 1784년에 스미스는 린네의 가족과 웁살라 대학으로부터 린네의 연구논문집과 각종 수집품을 구입하여 영국 선박에 실었다. 책이 여섯 상자, 식물이 다섯 상자, 광물이 네 상자, 조개, 고기, 산호가 각각 세 상자를 차지할 정도였다.

이에 대해서는 한 가지 에피소드가 전해지고 있다. 즉, 스웨덴 국왕은 자기 나라의 값진 과학 유산이 해외로 유출된다는 소식을 듣고 급히 군함을 파견하여 영국 상선을 추격했으나 끝내 뜻을 이루지 못했다는 것이다. 어쨌든, 린네의 소장품을 바탕으로 영국 런던에서는 1788년에 린네학회(Linnaean Society)가 발족되었으며, 스미스는 초대 회장으로 선출되면서 기사 작위를 받았다. 다윈의 진화론에 대한 논문도 1858년에 개최된 린네학회를 통해 발표된 바 있다.

린네가 원장으로 있었던 웁살라 대학의 식물원

최근에 여성 과학사학자들은 린네

왜 포유류라는 명칭이 생겼을까?

의 남성중심적인 사고에 주목하고 있다. 예를 들어 쉬빙거(Londa Schiebinger)는 〈왜 포유류는 포유류라고 불리게 되었는가?(Why Mammals Are Called Mammals?)〉라는 논문에서 린네가 여성의 영역을 가정으로 제한하려는 의도를 가지고 포유류라는 이름을 붙였다고 주장하였다.

린네는 고래, 말, 원숭이, 인간 등의 동물이 새끼를 낳아 젖을 먹여 기르는 특징을 공통적으로 가졌다고 해서 포유류라는 이름을 지었다. 이것은 얼핏 보면 자연적인 사실에 기초한 이름이라고 볼 수 있다. 하지만 조류, 양서류, 어류 등은 신체의 특징이나 서식지를 기준으로 삼았는데 반해 왜 하필이면 인간을 포함한 포유류의 경우에만 생식 기능을 강조했을까?

포유류가 새끼를 젖으로 기르는 것은 분명히 사실이지만, 엄밀하게 말하자면 수유(授乳)는 포유류에 속하는 동물 중에서 암컷만의 기능이고 그것도 암컷의 일생 중에서 극히 짧은 기간에만 가지는 특징이라 할 수 있다. 더구나 포유류는 수유 기능 이외에도 심장구조가 2심방 2심실이라든지, 온 몸에 털이 있다든지, 네 발을 가지고 있다든지 등과 같은 다른 공통점도 가지고 있다. 당시의 분류학자들은 대부분 네 발 달린 동물의 뜻을 가진 '쿠아드루페디아(Quadrupedia)'라는 용어를 썼고 린네도 초기에는 이 단어를 그대로 사용했다.

그렇다면 린네는 왜 포유류에 대한 이름을 지으면서 포유류의 절반에만 해당하고 그것도 한시적인 특징에 불과한 수유 기능을 기준으로 삼았을까? 이 질문에 대한 대답은 린네가 살았던 18세기의 사회 분위기와 밀접한 관련이 있다. 18세기의 유럽 사회에서는 여권에 대한 담론이 확산되기 시작하면서 상류층 여성들이 아이를 유모에게 맡기고 사교활동에 전념하거나 일부 급진적인 여성들은 아예 아이를 낳지 않으려는 경향이 강했다. 당시의 지배 집단은 적정한 수의 아이들이 있어야 미래의 노동력과 군사력을 보장받을 수 있다고 믿었다. 국가의 장래를 위해 지배 집단은 출산과 육아의 중요성을 강조함으로써 여성들을 가정에 제한하려고 했으며, 린네도 이러한 취지에 적극적으로 동조하였다. 실제로 린네의 부인은 7명의 자녀를 낳았으며 모든 자녀를 모유로 키워냈다. 이러한 사고방식으로 인하여 린네는 자신의 분류체계를 만들면서 포유류라는 개념을 도입했다는 것이다.

© Book's-Hill

자연사에 대한 열정

조르주루이 뷔퐁

수학을 사랑한 법학도

생명현상에 대한 탐구는 지속적으로 이루어져 왔지만, 생물학(biology)이란 단어는 19세기에 들어서야 사용되기 시작했다. 그렇다면 오랫동안 생물학은 어떤 학문의 일환으로 탐구되었을까? 생물학의 기원은 의학적 전통과 자연사(natural history) 전통으로 구분할 수 있다. 의학적 전통에서는 생리학이나 해부학을 매개로 생명체의 기능과 구조를 이해하는 일이 추구되었고, 자연사 전통에서는 식물과 동물의 형태, 분포, 변화 등에 대한 조사와 서술이 이루어졌던 것이다.

자연사는 1세기 로마의 정치가이자 학자인 플리니우스(Gaius Plinius Secundus Major)가 자연에 대한 37권짜리 백과사전을 저술하면서 붙인 용어에서 시작되었다. 자연사는 광물, 식물, 동물 등 자연의 실태를 다루는 학문을 의미하며, 박물학(博物學) 혹은 박물지(博物誌)로 불리기도 한다. 플리니우스 이후에 자연사는 자연을 탐구하는 중요한 전통으로 자리를 잡았으며, 16~17세기 과학혁명기에는 자연사가 '주류 과학'으로 평가될 정도로 많은 사람들의 관심과 투자를 이끌어 내기도 했다. 자연사는 18세기에 들어와 보다 체계화되는 양상을 보였는데, 당시에 자연사를 집대성하고 대중화하는 데 크게 기여한 인물이 바로 조르주루이 르클레르 뷔퐁(Georger-Louis Leclerc de Buffon, 1707~1788)이다.

뷔퐁은 1707년에 프랑스 부르고뉴 주 디종의 북서쪽에 위치한 몽바르에서 태어났다. 아버지인 방자맹 프랑수아 르클레르(Benjamin-François Leclerc)는 지방정부에서 세금을 걷는 하위직 공무원이었다. 1714년에 뷔퐁의 외삼촌이 죽으면서 어머니에게 엄청난 재산을 물려

주었고, 그 돈으로 방자맹은 부동산에 투자하여 신흥 갑부가 되었다. 1717년에 방자맹은 부르고뉴 주 참사원 의원이 되었으며, 온 가족이 부르고뉴 주의 중심지인 디종으로 이사를 갔다.

뷔퐁은 아버지의 뜻을 따라 예수회 대학에 입학하여 1726년에 법학 자격증을 받았다. 그러나 뷔퐁의 관심을 끈 것은 법학이 아니라 수학이었다. 예수회 대학을 다니면서 그는 뉴턴의 이항정리를 스스로 도출해 보기도 했다. 뷔퐁은 21살이 되던 1728년에 수학에 대한 갈증으로 디종을 떠나 앙제로 갔다. 그는 앙제 대학의 자유스러운 분위기를 매우 좋아했다. 당시에 그는 친구에게 "무엇인가 보람 있는 일을 하려면 집을 떠나야 한다"고 말했다고 한다. 앙제 대학에서 뷔퐁은 뉴턴의 저술들을 탐독했고, 식물 채집도 했으며, 몇몇 의학 강좌를 들었다.

"천재는 거대한 인내일 뿐이다"

그러나 앙제에서 어떤 식물학자와 결투를 벌이는 바람에 뷔퐁은 다시 디종으로 돌아와야 했다. 거기서 뷔퐁은 영국의 젊은 귀족인 킹스턴 공작(Duke of Kingston)과 그의 가정교사인 힉맨(Nathan Hickman)을 만나 매우 가깝게 지냈다. 당시에 뷔퐁은 자신이 소유한 부동산을 일부 처분했는데, 그때 자신을 '르클레르 드 뷔퐁'으로 서명했다. 아마도 친구인 킹스턴 공작과 어울리는 귀족적인 이름을 가지고 싶었던 모양이다.

뷔퐁, 킹스턴, 힉맨은 의기투합하여 1730년 12월부터 프랑스 곳곳을 여행하기 시작했다. 1731년 여름, 어머니의 병세가 악화되자 뷔퐁은 동료들을 남겨두고 디종으로 돌아왔다. 그는 어머니의 장례식을 치르고 리옹에서 영국 친구들과 다시 합류한 후 스위스와 이탈리아를 돌아다녔다. 1732년 가을, 뷔퐁이 파리에 도착했을 때, 아버지는 재혼을 하면서 어머니가 뷔퐁에게 물려준 몫까지 독차지하려고 했다. 당시 25세였던 뷔퐁은 아버지와 유산을 둘러싸고 싸움을 벌여 자신의 몫을 되찾을 수 있었다. 그 뒤로 뷔퐁은 아버지와 결별을 선언했으며, 자신의 이름에서 '르클레르'를 빼버렸다.

뷔퐁은 어머니가 남긴 유산 덕분에 엄청난 부자가 되었다. 그러나 그는 이에 안주하지 않고 독자적인 사업을 벌여 재산을 더욱 늘렸다. 도로에 가로수로 쓸 나무를 제공하려고 묘목 밭을 개발하기도 했으며, 부르고뉴 운하 주변에 상당한 규모의 제철소를 운영하기도 했다. 뷔퐁의 수입은 1년에 약 8만 리브르에 달했다. 그것은 당시에 신사가 품위를 유지하는 데 필요한 비용의 8배나 되는 금액이었다.

이제 뷔퐁은 경제적 문제에 신경을 쓰지 않고 자신이 하고 싶은 일을 마음껏 할 수 있게 되었다. 그가 선택한 분야는 자신이 평소에 좋아했던 수학이었다. 천성적인 게으름을 극복하기 위해 그는 자신을 새벽 5시에 깨워줄 사람을 고용했다. 그 후 뷔퐁의 일과는 매우 규칙적인 것으로 변했다. 그는 새벽 5시에 일어난 뒤 일을 시작해서 아침 9시에 식사를 하고 오후 2시까지 일을 했다. 그 후 여유로운 점심식사를 한 다음에 손님을 맞이하거나 산책을 했으며, 오후 5시부터 7시까지 집중적으로 작업을 한 다음 저녁식사는 하지 않고 9시에 잠자리에 들었다. 훗날 뷔퐁은 한결같이 새벽 5시에 자신을 깨워준 하인을 칭송했으며, "천재는 거대한 인내일 뿐이다"는 명언을 남기기도 했다.

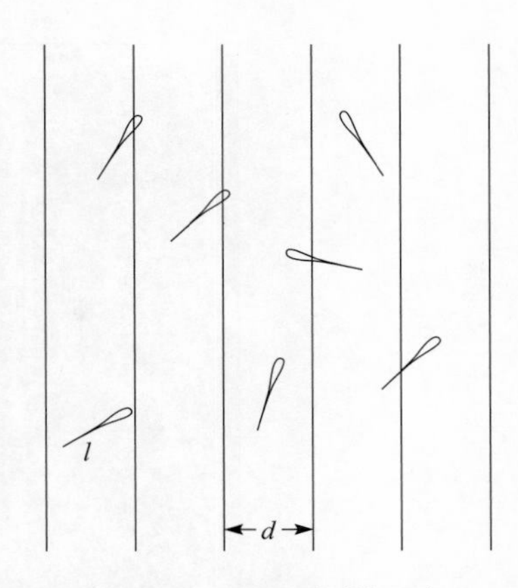

뷔퐁의 바늘 문제를 예시한 그림

1733년에 뷔퐁은 '바늘 문제'로 알려진 흥미로운 문제를 풀고자 했다. 바닥에 평행선을 그려 놓고 바로 위에서 바늘을 던졌을 때 바늘이 평행선과 교차할 확률을 계산하는 것이었다. 그것은 기하학적인 확률 문제로 적분을 이용하여 풀이할 수 있는데, 듀퐁은 이에 대한 논문을 프랑스 과학아카데미에 제출하여 좋은 평가를 받았다. 같은 해에 뷔퐁은 나무의 강도에 대한 실험도 추진하였다. 결함이 없는 수천 개의 나무를 대상으로 인장강도를 측정하여 어떤 것이 건축구조물로 적합한지에 대해 탐구했다. 당시에 루이 15세의 총애를 받고 있었던 해군성 장관 모르파(Jean-Frédéric Maurepas)는 나무의 인장강도에 많은 관심을 가졌고, 덕분에 뷔퐁은 1734년에 과학아카데미의 회원으로 선출될 수 있었다.

41년 동안 지킨 왕립식물원 원장

뷔퐁은 인장강도 실험을 하던 사유지에 나무를 심어 울창한 숲을 조성한 후 자연을 관찰하는 데 몰두했다. 연중 대부분의 시간을 그곳에서 보내면서 식물이 보여주는 다양하고 화려한 세계에 푹 빠져들었다. 이제 뷔퐁의 관심사는 수학에서 자연사로 바뀌었다. 당시에 그는 "[과거에] 일어났거나 앞으로 일어날 일들을 알려면 지금 현재 일어나고 있는 일들을 잘 살펴야 한다"는 의견을 개진했다. 1735년에 뷔퐁은 영국의 과학자인 헤일즈(Stephen Hales)가 썼던 《식물 정역학

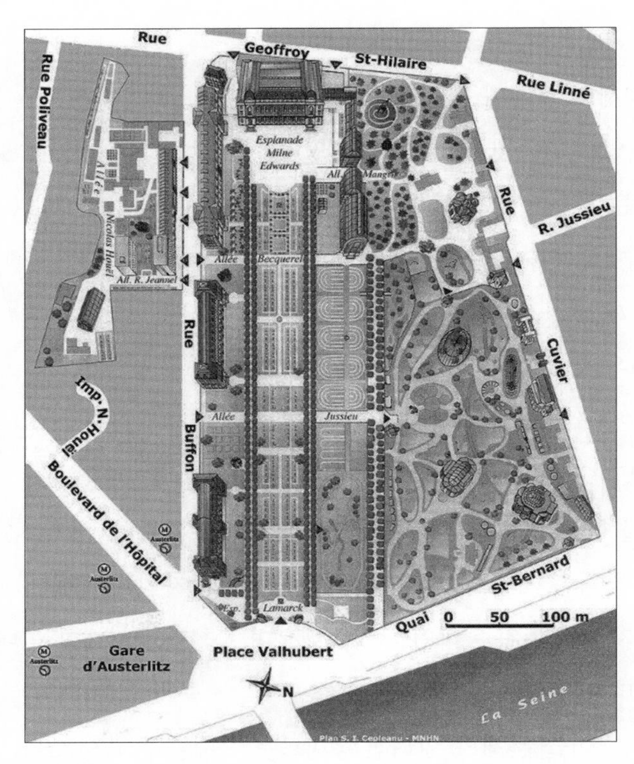

프랑스 국립자연사박물관에 소속된 식물원의 지도. 식물원 본관에서 남쪽으로 길게 뻗은 길이 뷔퐁 거리이다. 그 밖의 국립자연사박물관의 거리로는 퀴비에 거리, 생틸레르 거리, 린네 거리, 쥐시외 거리 등이 있다.

(Vegetable Staticks)》을 프랑스어로 번역하기도 했다.

1739년에 뷔퐁은 과학아카데미의 소속 부서를 변경해 줄 것을 요청했다. 당시에 과학아카데미는 수학부, 실험과학부, 자연사부로 구성되어 있었는데, 그는 수학부 대신에 자연사부를 희망했던 것이다. 그러한 선택은 결과적으로 뷔퐁에게 뜻밖의 행운을 안겨 주었다. 당시 왕립식물원의 원장을 맡고 있었던 베르나르 쥐시외(Bernard de Jussieu)가 정계로 진출하면서 원장 자리가 공석이 되었던 것이다. 뷔퐁은 자신과 가까운 궁정의 실세들에게 접근하여 왕립식물원 원장 자리를 차지하려고 애썼다. 이번에도 모르파가 힘을 써 준 덕분에 뷔퐁은 다른 유력한 후보들을 제치고 원장으로 추대될 수 있었다. 당시 뷔퐁의 나이는 32세에 불과했고, 그는 41년 동안 왕립식물원 원장의 자리를 지켰다. 왕립식물원은 1635년에 설립된 왕립약초원을 모태로 1718년에 탄생한 기관으로 1793년에는 국립자연사박물관으로 확대된 바 있다.

뷔퐁이 원장으로 임명되자마자 모르파는 왕립식물원의 식물 목록을 작성하도록 요청했다. 뷔퐁은 자신의 보좌관으로 도벵통(Louis-Jean-Marie Daubenton)을 뽑아 그 일을 맡겼다. 도벵통은 몽바르 출신의 의사이자 식물학자로서 뷔퐁의 일가였다. 뷔퐁은 원장으로 취임한 이후에 왕립식물원에 있던 식물들을 대상으로 연구를 진행하는 한편, 전 세계에 있는 동식물들을 모아 키우는 데에도 많은 노력을 기울였다. 그는 왕립식물원을 자연사 연구의 중심지이자 대규모 박물관으로 만들고자 했던 것이다.

뷔퐁은 매우 대중적인 활동가이기도 했다. 1747년에 그는 대중 앞에 커다란 거울을 설치한 후 태양빛을 모아 200피트 떨어져 있는 나무에 불을 붙일 수 있다는 점을 보여주었다. 이는 기원전 3세기에 아르키메데스가 시라쿠사에서 로마 함대를 물리칠 때 사용했던 방식으로 전해지고 있다. 1752년에 뒤퐁은 벤저민 프랭클린의 전기 실험에 대해서도 많은 관심을 기울였다. 그는 전기실험가인 달리바르(Jean-François Dalibard)를 통해 프랭클린의 책자를 번역하게 했으며, 달리바르는 프랑스 궁정에 피뢰침을 설치한 후 번개에 대한 실험을 성공적으로 수행하기도 했다.

뷔퐁은 1752년에 44세의 나이로 20세의 처녀인 마리 프랑수아즈(Marie Françoise)와 결혼했다. 그들의 첫째 딸은 유년 시절에 세상을 떠났고, 1764년에는 아들이 태어났다. 그러나 마리는 아들을 낳은 후 시름시름 앓다가 1769년에 숨을 거두고 말았다. 게다가 뷔퐁넷(Buffonet)이라는 별명으로 불린 아들은 계속해서 아버지를 괴롭혔다. 이처럼 뷔퐁은 대외적으로 매우 활발한 활동을 벌였지만, 그의 가족사는 그리 순탄하지 못했다.

18세기에 가장 널리 읽힌 책, 《자연사》

뒤퐁이 일생동안 가장 많은 정성을 기울인 일은 자연사에 대한 방대한 저술을 작성하는 데 있었다. 몸을 혹사할 정도로 연구와 집필에 전념한 결과, 뷔퐁은 모두 36권에 달하는 대작《자연사, 일반과 특수(Histoire Naturelle, Générale et Particulière)》를 내놓았다. 원래 뷔퐁은《자연사》를 총 50권으로 발간하려는 야심찬 계획을 가지고 있었지만, 결과적으로《자연사》는 총 44권이 되었다. 첫 3권은 1749년에 선을 보였고, 1753~1767년에는 네발짐승에 관한 12권이 출간되었다. 이상의 15권을 보완하기 위해 1774~1779년에는 7권이 발간되었는데, 그중에 5번째인《자연의 신기원》이 유명하다. 이어 1780~1783년에는 조류에 관한 9권이, 1783~1786년에는 광물에 관한 5권이 출간되었다. 뒤퐁이 죽은 후 1788~1804년에는 그의 제자였던 라세페드(Bernard-Germain de Lacépède)가 파충류와 어류를 다룬 8권을 추가로 발행했다.

뒤퐁의 《자연사》는 태양계, 지구, 지각, 바다, 화석, 식물, 육상동물 등의 7가지 주제를 따라 자연사에 관한 사항을 포괄적으로 다루고 있다. 《자연사》 제1권에서 뷔퐁은 다음과 같이 썼다. "자연사는 어느 모로 보나 광대한 역사로, 우주가 우리에게 제공한 만물을 두루 포함한다. 헤아릴 수 없이 많은 네발짐승, 조류, 어류, 곤충류, 식물, 광물 등등이 호기심 많은 인간에게 어마어마한 장관을 펼쳐 보인다. 그 모두가 하나로 어우러진 장관은 겉보기에도, 실제로도 대단히 넓고 커서 세세한 것들을 낱낱이 적자면 끝도 한도 없다."

뷔퐁의 《자연사》는 매우 현란한 문체로 쓰였다. 예를 들어 그는 사자에 대해 다음과 같이 썼다. "사자의 겉모습에는 내면의 훌륭한 자질이 거짓 없이 그대로 드러나 있다. 그 늠름한 자태, 의젓한 표정, 자신만만한 몸짓, 우렁찬 목소리가 모두 내면에서 나온 것이다. 몸집은 코끼리나 코뿔소보다 못할지라도, 건강이 넘치고 균형이 잘 잡힌 사자의 몸매야말로 힘과 날렵함을 겸비한 이상적인 모습이다. 쓸데없는 살도 지방도 없이 오직 힘줄과 근육으로만 이루어진 단단한 근육질 몸매이다."

뒤퐁의 《자연사》는 무미건조한 과학 논문이 아니라 흥미로운 소설처럼 술술 읽혔다. 게다가 그 책에는 흥미로운 삽화도 많이 실려 있었다. 사실상 그는 전문적인 과학자나 연구원이 아니라 교양 있고 과학을 좋아하는 일반 대중을 독자로 삼았다. 뷔퐁의 《자연사》는 발간되자마자 대단한 성공을 거두었다. 초판이 발행 6주 만에 매진되는 등 뒤퐁의 《자연사》는 18세기에 가장 널리 읽힌 책으로 평가되고 있다. 고생물학의 창시자 퀴비에(Georges Cuvier)는 뒤퐁의 《자연사》가 "부녀자들의 화장대에도 문학자들의 서재에도 보였다"고 보고한 바 있다. 퀴비에는 어린 시절에 목사인 삼촌이 구비한 《자연사》를 모두 읽고 과학자의 꿈을 키웠다고 한다.

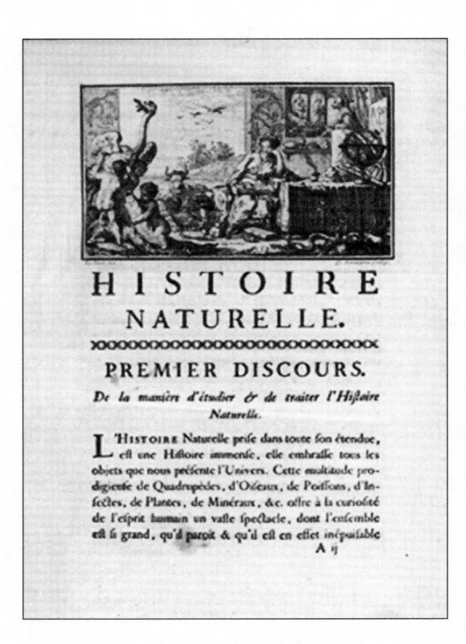

HISTOIRE
NATURELLE.

PREMIER DISCOURS.

De la manière d'étudier & de traiter l'Hiſtoire Naturelle.

L'HISTOIRE Naturelle priſe dans toute ſon étendue, eſt une Hiſtoire immenſe, elle embraſſe tous les objets que nous préſente l'Univers. Cette multitude prodigieuſe de Quadrupèdes, d'Oiſeaux, de Poiſſons, d'Inſectes, de Plantes, de Minéraux, &c. offre à la curioſité de l'eſprit humain un vaſte ſpectacle, dont l'enſemble eſt ſi grand, qu'il paroît & qu'il eſt en effet inépuiſable

A ij

선풍적인 인기를 얻었던 뷔퐁의 《자연사》 제1권

뷔퐁의 《자연사》는 대중에게 널리 사랑을 받으면서 과학의 대중화에 크게 기여했다. 그 책을 읽은 사람들은 자연사에 관한 자료를 모아 개인 전시실을 마련하고자 했으며, 프랑스 전역에는 다양한 형태의 박물관이나 진열실이 우후죽순으로 생겨났다. 뷔퐁의《자연사》는 대중을 과학의 길로 안내하는 중요한 통로가 되었고, 이러한 대중의 관심은 자연사 연구에 활력을 불어넣는 자극제가 되었다.

뷔퐁의《자연사》에 대한 혹평도 있었다. "교육 받은 사람들은 그다지 좋은 반응을 보이지 않았으며, 그렇지 않은 여성들만 큰 관심을 보였다"는 식이었다. 특히 몇몇 과학자들은 현란한 문체에 가려 책에 담긴 내용이 제대로 전달되지 않는다고 비판했다. 그러나 바로 그것 때문에 뷔퐁의《자연사》가 계속 출판될 수 있었다는 점도 놓치지 말아야 한다. 또한 과학자들에게는 현란한 문체였지만, 문인들에게는 멋진 글쓰기였다는 점에도 유념해야 할 것이다. 뒤퐁은 뛰어난 글쓰기 능력을 인정받아 1753년에 아카데미 프랑세즈(Académie Française)의 회원으로 추대되었다. 1760년에 그는 아카데미 프랑세즈의 회장을 맡았는데, 다음 해 1월에 있었던 회장 취임 연설에서 "글은 곧 사람이다"는 명언을 남기기도 했다.

19세기 생물학과 지질학의 요람

뷔퐁의《자연사》에는 과학적인 측면에서도 혁신적인 사상이 담겨 있었다. 그것은 오늘날에는 지극히 당연한 사실로 수용되고 있지만, 당시로서는 매우 급진적인 사상이었다. 뷔퐁은 인간이 기본적으로는 여느 동물과 다를 바가 없다고 생각하여 인간을 동물로 분류한 뒤 인간과 유인원의 유사점에 대해 논했다. 또한 그는 '생명체의 소립자'를 통해 생명체가 변화하는 과정을 서술하는 데에도 많은 지면을 할애했다. 이와 함께 뒤퐁은 지구의 나이가 교회에서 선언한 것보다 훨씬 많다는 사실을 주장하기도 했다.

사실상 뷔퐁은《자연사》를 통해 다윈이 진화론에 포함시킨 거의 모든 중요한 요소를 언어냈다. 그러나 다윈의 진화론과 반대로 뷔퐁은 하나님이 창조한 생명체가 완전한 것에서 점차적으로 퇴화되는 과정에 주목했다. 예를 들어 뷔퐁은 인간과 원숭이의 공통점을 알았지만, 원숭이에서 인간이 된 것이 아니라 원숭이를 아담의 퇴화한 후손으로 보았다. 이러한 맥락에서 뷔퐁은 유색 인종이 백색 인종에 비해 열등하다는 편견도 가지고 있었다.

뷔퐁이 가장 심혈을 기울여 논의한 것은 지구의 나이에 관한 문제였다. 그는 혜성이 태양을 가까이 스쳐갈 때, 그 영향으로 매우 뜨거운 물질이 떨어져 나와 지구가 되었다고 주장했다. 태양에서 떨어져 나온 액체 상태의 물질 덩어리가 시간이 지나면서 생명체가 살 수 있도록 서서히 식었다는 것이다. 뷔퐁은 그 덩어리가 식어서 딱딱하게 굳으려면 어느 정도의 시간이 걸리는지 계산하고자 했다. 그것은 정확하지는 않았지만 과학적 방법으로 지구의 나이를 계산하려는 최초의 시도로 평가되고 있다.

뷔퐁은 다양한 크기의 쇳덩어리를 새빨갛게 달군 후 손으로 쥘 수 있을 만한 온도로 식는 데 시간이 얼마나 걸리는지 측정했다. 그런 다음 그 값을 지구 크기의 구에 적용하여 지구의 나이가 최소한 7만 5,000년이 된다는 결론을 얻었고, 주저 없이 그것을 발표했다. 이 수치는 오늘날 우리가 알고 있는 45억 년에는 훨씬 미치지 못하지만, 18세기 사람들에게는 상상하기 어려운 충격적인 것이었다. 당시에는 구약성서에 기록되어 있는 인물의 계보를 바탕으로 지구의 나이를 약 6천 년으로 추정하고 있었던 것이다.

1820년에 프랑스의 유명한 수학자 푸리에(Jean Fourier)는 뷔퐁이 아주 커다란 물체가 식을 때 바깥쪽이 먼저 식으면서 단단한 껍질을 만든다는 사실을 간과했다는 점을 알아 차렸다. 이 껍질이 안쪽의 뜨거운 물질을 둘러싸서 열이 빠져 나오는 속도를 늦추기 때문에 지구의 나이는 뷔퐁이 계산한 것보다 훨씬 더 많을 것이었다. 이러한 생각을 바탕으로 푸리에는 열이 어떻게 흘러가는지 알아보기 위한 방정식을 만들었다. 그 식을 이용해 지구의 나이를 계산해 보니, 1억 년이라는 값이 나왔다. 푸리에는 자신이 계산한 지구의 나이에 깜짝 놀라 그 결과를 발표하지 않았다. 이 값 역시 오늘날 밝혀진 지구의 나이보다는 훨씬 적은데, 그 이유는 푸리에가 방사능의 존재를 몰랐기 때문이다.

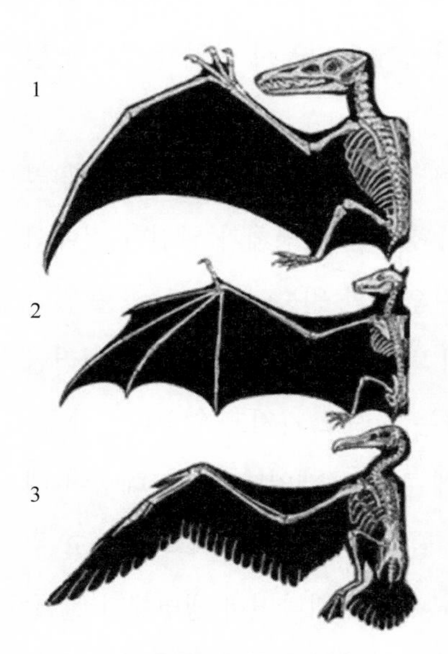

뷔퐁이 묘사한 상동기관에 대한 개념도

뷔퐁은 진화에 대한 생각이나 지구의 나이에 대한 계산 이외에도 분류학, 비교지질학, 비교해부학 등에서 뚜렷한 흔적을 남겼다. 그는 생식기관을 기준으로 삼은 린네의 분류체계를 거부하면서 모든 인위적 분류는 '형이상학적 오류'에 지나지 않는다고 주장하였다. 뷔퐁에 따르면, 이러한 오류는 자연현상이 항상 점진적 단계를 밟아 일어난다는 점을 이해하지 못한 데서 비롯되었다. 비교지질학에서 뷔퐁은 환경이 비슷한 지역에서도 서로 다른 개체들의 집단이 존재한다는 것을 최초로 인식했으며, 그것은 '뷔퐁의 법칙'으로 불리기도 한다. 비교해부학과 관련하여 뷔퐁은 상동기관에 주목함으로써 그것을 보유한 동물이 같은 조상에서 유래되었음을 주장하였다. 개의 팔, 새의 날개, 물고기의 지느러미 같은 것들은 다른 역할을 담당하고 있지만 해부학적으로 비슷한 모양을 하고 있다는 것이었다. 이것은 오늘날 상동기관으로 불리는데, 이러한 개념은 1843년에 영국의 해부학자인 오언(Richard Owen)에 의해 확립되었다.

뷔퐁은 독재자였는가?

이와 같은 다양한 논의를 통해 뷔퐁은 이후에 생물학과 지질학이 발전할 수 있는 중요한 토대를 닦았다. 게다가 뷔퐁은 41년 동안 왕립식물원 원장 자리를 지켰고 이를 매개로 수많은 제자들을 양성했다. 그는 지배 권력과도 상당히 가까운 친분을 유지했으며, 필요한 경우에는 아부도 서슴지 않았다. 이러한 점을 적극적으로 활용하여 뷔퐁은 프랑스 과학계를 좌우하는 인물이 될 수 있었다.

뷔퐁은 1771년에 왕립식물원 원장을 그만 두고 고향인 몽바르로 돌아갔다. 다음 해인 1772년에는 프랑스의 번영과 학문의 발전에 크게 기여한 공로로 백작의 작위를 받았다. 1773년에는 뷔퐁의 대리석 흉상이, 1776년에는 3미터 높이의 동상이 제작되어 왕립식물원에 배치되기도 했다. 그가 살아있는 동안에 흉상과 동상이 만들어졌다는 점은 뷔퐁이 매우 대단한 권력가였다는 점을 단적으로 보여주고 있다.

뷔퐁에게도 골칫거리는 있었다. 바로 그의 아들인 뷔퐁넷이었다. 아들은 낭비벽이 심했고 지적으로도 뛰어나지 못했다. 그는 프랑스 육군에서 장교로 활동했지만, 그 자리 역시 실력으로 임관된 것이 아니라 돈으로 산 것이었다. 그럼에도 뷔퐁은 자신의 아들이 식물원 원장 자리를 물려받을 수 있도록 조치를 취해 놓았다. 그러나 뷔퐁이 말년에 중병을 앓게 되자 당국은 재빨리 승계 조치를 철회하는 절차를 밟았다. 결국 뷔퐁넷은 프랑스 혁명 이후 공포정치의 희생양이 되어 1794년에 단두대에서 최후를 맞이하고 말았다.

1788년 4월 16일에 뷔퐁이 세상을 떠나자 몇몇 과학자들은 쾌재를 불렀다. 19세의 청년인 퀴비에는 기쁨을 감추지 못하고 "드디어 뷔퐁 백작이 죽어 땅에 묻혔다"고 외쳤다. 과학아카데미의 회원으로 뷔퐁의 추도사를 맡은 콩도르세(Nicolas de Condorcet)는 고인의 업적을 기리는 대신에 공격을 퍼부었다. 뷔퐁이 사망하기 몇 달 전에 파리 린네학회를 결성했던 신진 과학자들은 왕립식물원을 장악하고 있었던 뷔퐁 지지자들과 대립하기 시작했다. 그로부터 1년도 지나지 않아 프랑스도, 프랑스 과학계도 완전히 새로운 국면을 맞이하게 되었다.

© Book's-Hill

연구에만 몰두한 괴짜 과학자
헨리 캐번디시

공기는 화합물이다

오늘날 자연스럽게 수용되고 있는 과학적 사실도 옛날에는 당연하지 않았던 것이 많다. 원소의 개념은 그 대표적인 예이다. 기원전 4세기에 아리스토텔레스는 지상계가 흙, 물, 공기, 불의 4원소로 이루어져 있다고 주장했다. 오늘날 우리는 이러한 네 가지 물질이 모두 원소가 아니라는 점을 알고 있지만, 그것이 최종적으로 밝혀지는 데에는 2천 년이 넘게 소요되었다.

특히 공기가 원소가 아니라 여러 기체의 화합물이라는 사실은 18세기에 이르러서야 여러 과학자들의 연구에 의해 밝혀지기 시작하였다. 당시에는 영국의 스코틀랜드를 중심으로 기체의 성질에 대해서 연구하는 '기체화학(pneumatic chemistry)'의 전통이 형성되고 있었다. 헤일즈(Stephen Hales)는 기체수집기(pneumatic trough)를 발명하여 기체 연구의 포문을 열었고, 이후에 블랙(Joseph Black), 캐번디시(Henry Cavendish), 스웨덴의 셸레(Carl Wilhelm Scheele), 프리스틀리(Joseph Priestley) 등이 보통의 공기와는 성질이 다른 기체들을 분리하였다. 블랙의 고정된 공기(fixed air, 오늘날의 이산화탄소), 캐번디시의 가연성 공기(inflammable air, 오늘날의 수소), 셸레의 불의 공기(fire air, 오늘날의 산소), 프리스틀리의 나빠진 공기(vitiated air, 오늘날의 질소)와 초석의 공기(nitrous air, 오늘날의 일산화탄소) 등은 그 대표적인 예이다. 그중에서 캐번디시(1731~1810)는 수소를 처음 발견한 사람으로서 그의 이름은 지구의 밀도를 측정한 '캐번디시 실험'과 세계적인 과학연구소인 '캐번디시 연구소'에도 남아있다.

캐번디시는 1731년에 프랑스의 관광지로 유명한 니스에서 태어났다. 건강이 좋지 않았던 어머니가 니스에서 요양을 하던 중에 첫째 아들인 캐번디시를 낳았던 것이다. 그의 집안은 어머니가 먼 지역까지 요양을 갈 정도로 부유했다. 그의 집안은 데번셔 공작(Duke of Devonshire)의 직계로서 아버지는 데번셔 2세의 다섯 번째 아들이었다.

캐번디시가 2살 때 어머니는 세상을 떠나고 말았다. 이에 따라 그는 아버지의 영향을 많이 받을 수밖에 없었다. 아버지는 궁정에서 일하고 있었는데, 기상학을 비롯한 과학실험에 많은 관심을 가지고 있었다. 캐번디시는 아버지를 따라 어릴 적부터 자연스럽게 과학실험에 친숙하게 되었다.

캐번디시는 일생을 영국 런던에서 살았다. 그가 공식적으로 런던을 떠나 있었던 시기는 케임브리지 대학에서 수학과 과학을 공부했던 1749년부터 1753년까지였다. 대학을 5년 동안이나 다녔는데도 불구하고 캐번디시는 학위를 받기 전에 학교를 그만 둔 것으로 알려져 있다. 아마도 우아한 귀족 출신으로서 학위 따위에는 연연하지 않았는지도 모른다.

대신에 캐번디시는 자신의 독자적인 연구 공간을 만들어 과학연구에 몰두하였다. 그는 런던의 클래펌에 별장을 지어 응접실은 실험실, 거실은 도서관, 2층은 천문대로 사용했다. 그의 별장에는 과학연구에 필요한 모든 장비와 기구가 갖추어져 있었다. 그가 하는 일이라고는 집에 가서 식사를 하고 잠을 자는 것을 제외하면 별장의 여러 곳을 왔다 갔다 하면서 과학 책을 읽거나 과학실험을 하는 것뿐이었다.

당시 영국에서는 산업혁명의 물결이 거세게 휘몰아치고 있어서 귀족이 몰락하는 사태가 빈번히 발생했지만, 캐번디시는 그러한 세속적인 일에는 아랑곳하지 않고 오직 과학 연구에만 몰두했다. 그는 큰 부자였지만 과학연구 이외에는 별다른 관심이 없었다. 옷 한 벌로 몇 년을 버티다가 닳아서 더 이상 입지 못하게 되면 똑같은 모양의 옷을 사서 또 몇 년을 버텼다. 식사 습관도 변하지 않아서 거의 양고기만 먹고 살았다고 한다.

캐번디시는 매우 내성적인 사람이었다. 그는 다른 사람들과 만나는 것을 좋아하지 않았고 말하기도 싫어했다. 그의 거의 유일한 외출은 왕립학회에 참석하는 것이었다. 혹시라도 왕립학회의 회합에 늦게 도착하면 절대로 혼자서는 들어가지 않고 다른 사람이 나타날 때까지 문 밖에서 기다렸다가 함께 들어갔다고 한다. 그의 초상화는 단 1점만이 남아있는데, 그것도 어떤 사람이 캐번디시 몰래 그린 것으로 전해진다.

캐번디시는 집에서도 홀로 지냈으며 다른 사람과 대화하는 일이 거의 없었다. 아플 때를 빼고는 남자 하인과 하루에 두 세 번의 말을 건넬 뿐이었다. 더욱이 여자 하인에게는 결코 입을 열지 않았다. 여자 하인이 그의 주변에 얼씬거리지 못하게 했으며, 식사로 무엇을 먹겠다는 메모를 적어 책상 위에 올려놓을 정도였다. 한번은 실수로 계단에서 여자 하인과 마주치는 일이 있었다. 그는 곧바로 뒤편에 층계를 하나 더 만들어 다시는 그런 일이 벌어지지 않도록 했다. 심지어 캐번디시는 하나뿐인 동생도 자신의 생활권에 접근하지 못하게 했다.

기체에 대한 연구에 몰두하다

캐번디시의 초기 연구는 열에 관한 것이었다. 1765년에 그는 수은의 비열(比熱), 물과 얼음의 잠열, 산과 알칼리의 중화열에 대해서 정밀하게 측정하였다. 또한 열을 물체 입자의 운동이라고 규정하였고 열에너지와 운동에너지의 상호변환에 관한 연구도 수행하였다.

캐번디시는 그의 생애의 황금기를 기체에 대한 연구로 보냈다. 당시에 블랙은 석회석을 가열해서 탄산가스를 만들어냈는데, 캐번디시는 석회석을 가열하지 않고 탄산가스를 발생시킬 수 있는 방법에 주목하였다. 석회석에 염산을 조금씩 첨가하자 부글부글 끓더니 거품이 일어나며 가스가 나왔다. 그 가스를 시험관에 잡아넣은 후 촛불을 켜서 시험관 속에 놓았더니 촛불은 곧 꺼져 버렸다. 이러한 실험을 통해 그는 탄산가스를 발생시키는 새로운 방법을 알아낼 수 있었다.

캐번디시는 또한 황산을 석회석에 부어 보았다. 이번에도 염산의 경우와 마찬가지로 황산이 부글부글 끓어올라 거품을 내며 가스가 발생했다. 같은 방법으로 실험을 해 본 결과 그 가스도 탄산가스임을 알 수 있었다. 이로써 그는 석회석에 산을 주입하면 화학작용이 일어나 탄산가스가 발생한다는 사실을 알 수 있었다.

캐번디시의 다음 연구 주제는 수소에 관한 것이었다. 그는 어떤 과학자가 철에다 황산을 부었더니 이상한 기체가 발생하였고, 그 기체에 불을 붙였더니 "펑"하는 소리와 함께 불꽃이 났다는 이야기를 읽었다. 또한 그는 다른 과학자가 탄광의 광부들이 '불타는 증기'라고 부르는 기체를 모아 불을 붙여 보았더니 파란 불꽃을 내며 타 들어갔다는 기록도 접했다.

캐번디시는 불타는 증기로 불린 기체의 정체를 알아내기 위하여 철이나 아연과 같은 금속에 염산이나 황산과 같은 산을 첨가하는 실험을 계속하였다. 1766년에 그는 유리병에 아연과 묽은 황산을 넣고 발생하는 기체의 거품을 막기 위해 유리관을 꼽은 후 그 위에 실린더를 설치하였다. 그 실린더의 끝에는 탄산칼륨을 넣어 발생되는 기체 중의 습기를 흡수하게 하였다. 이러한 실험을 통하여 그는 가장 가벼우면서 불에 잘 타는 성질을 가진 '가연성 공기'를 발견했는데, 그것은 오늘날의 수소에 해당한다.

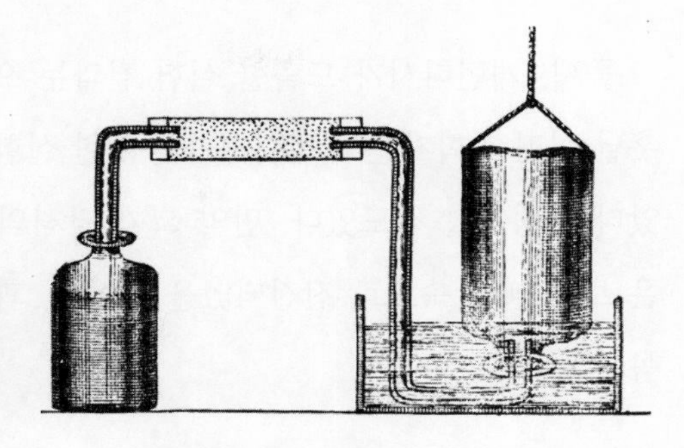
캐번디시가 수소 실험에 사용한 기구

캐번디시는 수소를 발견한 후에 그것의 성질에 대해 본격적으로 연구하였다. 캐번디시 이전의 과학자들은 수소가 불에 잘 탄다는 사실만 알았을 뿐 그 밖에 수소가 가진 물질적 특성에 대해서는 거의 모르고 있었다. 이런 상황에서 캐번디시는 수소의 비중을 알아보는 실험부터 시작하였다. 그는 발생하는 수소의 무게를 측정하고 이론적으로 발생되어야 할 수소의 부피를 계산한 후 부피로 무게를 나누어 수소의 비중을 탐구하였다. 여러 번의 실험을 되풀이한 끝에 그는 수소의 비중이 물의 1/8,760이며, 보통 공기의 1/12라는 점을 알아냈다. 또한 캐번디시는 수소와 보통 공기의 결합 비율에 일정한 관계가 있다는 점을 확인한 후 그 비율이 3:7이라는 점도 밝혀냈으며, 수소와 보통 공기가 얼마만큼씩 혼합될 때 가장 큰 폭발을 일으키며 그 소리의 크기는 얼마가 되는가도 측정하였다.

더 나아가 캐번디시는 수소와 산소에 전기 불꽃을 가하면 소량의 물이 생긴다는 사실도 발견하였다. 그것은 물이 원소가 아니라 화합물이라는 사실을 보여줄 수 있는 매우 중요한 실험이었다. 1784년에 캐번디시는 물에 대한 실험과 이론적 해석을 정리한 논문을 왕립학회가 발간하는《철학회보》에 실었다. 그러나 그는 당시에 유행하던 플로지스톤(phlogiston) 이론에 사로잡힌 나머지 물의 형성을 오늘날과는 다른 방식으로 설명하였다. 수소와 산소의 결합이 아니라 '플로지스톤이 과잉된 물'과 '플로지스톤이 결핍된 물'의 결합을 통해 물이 만들어진다는 것이었다. 그 논문에서 캐번디시는 자신의 이론만을 주장한 것이 아니라 라부아지에의 이론도 소개하는 신사다운 자세를 보였다. 두 이론 모두 나름대로의 가치가 있다는 것이 캐번디시의 주장이었다.

캐번디시의 수소에 대한 실험은 두 가지 면에서 주목할 만하다. 첫째, 수소에 대한 실험은 매우 위험하다. 수소에 불을 붙이면 어떤 때에는 불이 잘 타지만 어떤 때에는 큰 폭음을 내면서 폭발하게 된다. 오늘날에도 수소는 취급을 특히 주의해야 하는 물질로 간주되고 있다. 이처럼 수소의 성질은 캐번디시가 갖은 위험을 무릅쓰고 실험을 계속한 결과 밝혀진 것이었다.

둘째, 캐번디시가 도출한 실험 결과는 오늘날의 기준으로 볼 때에도 매우 정확하였다. 훗날 어떤 과학자는 캐번디시가 수행한 실험의 정확도가 거의 100년 동안이나 개선되지 않았다고 평가할 정도였다. 만약 그가 당시의 과학자들과 적극적으로 교류했다면 실험기법은 보다 빠른 속도로 진전되었을 것이다. 과학에서 커뮤니케이션의 중요성이 실감나는 대목이다.

지구의 밀도를 측정한 정밀한 실험

캐번디시는 수소에 관한 실험을 마친 후에도 계속해서 과학 연구에 몰두하였다. 그의 또 다른 관심사는 오늘날의 전기 이론에 해당하는 것이었다. 그는 18세기 미국의 정치가이자 과학자인 벤저민 프랭클린의 영향을 받아 1871년부터 10여 년 동안 수많은 전기 실험을 하였다. 캐번디시는 다양한 실험을 통해 2개의 하전된 물체 사이에 존재하는 인력과 척력의 성질을 정의하였다. 또한 그는 오늘날 흔히 전압이라고 부르는 전위차의 개념을 가지고 있었고, 어떤 물질이 전기를 저장할 수 있는 방법을 연구했으며, 흐르는 전류량이 도체를 구성하는 물질에 따라 다르다는 점을 증명하였다. 그 밖에 그는 오늘날 전기 현상에 대한 가장 기본적인 법칙 중 하나인 옴의 법칙(저항의 크기는 전압의 크기에 비례하고 전류의 크기에 반비례한다는 법칙)과 비슷한 형태의 연구 결과를 도출하기도 하였다.

1797~1798년에 캐번디시는 또 하나의 실험에 도전했다. 그것은 지구의 밀도를 측정하기 위한 정밀한 실험으로 '캐번디시 실험'으로 불린다. 일찍이 뉴턴은 "지구를 구성하는 물질 전체의 밀도는 지구가 물로 이루어져 있다고 가정했을 때보다 대여섯 배 정도 크다"고 했다. 지구의 밀도를 측정하는 것은 18세기 과학의 중요한 과제로 부상했으며, 급기야 1772년에 왕립학회는 지구의 밀도를 측정하기 위한 인력 위원회를 구성했다. 위원회는 추를 사용하여 만유인력을 감지하기로 결정한 뒤 1775년에 실험을 수행하기 위한 원정대를 조직했다. 실험의 설계는 캐번디시가 맡았지만, 실제 실험은 천문학자인 매스켈린(Nevil Maskeline)이 수행했다. 실험은 스코틀랜드의 쉬핼리언 산에서 이루어졌고, 실험이 끝난 후에는 성대한 잔치가 열렸다. 원정대는 지구의 밀도와 산의 밀도의 비가 9/5이며, 산의 밀도가 물의 밀도보다 2.5배 크다고 가정했을 때 지구의 밀도는 물의 밀도보다 4.5배 크다는 결론을 내렸다. 왕립협회는 "드디어 뉴턴의 체계가 완성되었다"고 선언했으며, 매스켈린은 지구의 밀도를 측정한 공로로 훈장을 받았다.

그러나 캐번디시는 결론에 따라붙은 여러 가정 때문에 마음이 편하지 않았다. 지구의 밀도와 산의 밀도의 비가 9/5라거나 산의 밀도가 물의 밀도보다 2.5배 크다는 사실을 어떻게 확신할 수 있을까? 산의 물질 구성과 정확한 부피를 확인하기 전에는 1775년에 측정된 지구의 밀도를 신뢰하기 어려웠던 것이다. 캐번디시는 지구의 밀도를 정확히 측정하기 위해서는 조성과 모양이 잘 알려진 물체들을 사용하여 실험하는 수밖에 없다고 생각했다. 난점은 측정해야 할 힘의 크기가 너무 작다는 것이 문제였다.

캐번디시는 지구의 밀도를 측정하는 문제에 대해 깊이 고민하다가 자신의 몇 안 되는 친구인 미첼(John Michell)과 의논하였다. 미첼은 1760년에 캐번디시와 함께 왕립학회의 회원이 된 사람으로서 지구의 내부구조를 연구하고 있었던 목사였다. 미첼은 10년 동안의 노력 끝에 지구의 무게를 재는 장치를 만들었지만 1793년에 사망하고 말았고, 캐번디시는 미첼이 남긴 장치를 몇 년 동안 다듬어 정밀도를 높인 뒤 1797년 가을에 실험을 시작했다. 캐번디시는 이미 67살의 노인이 되었지만 믿기지 않을 정도의 정력을 실험에 쏟아 부었다. 한번 관찰을 시작하면 몇 시간씩 꼼짝하지 않았으며, 오류가 발생하면 끈질기게 그 원인을 찾아냈다. 캐번디시의 실험 결과는 57쪽짜리 논문으로 완성되어 1798년 6월에 발간된《철학회보》에 실렸다. 캐번디시가 오류의 원인을 추적하는 작업에 대해 어찌나 꼼꼼하게 설명했던지, 어떤 사람은 그 논문이 "마치 오류에 관한 논문인 것 같다"고 불평하기도 했다.

캐번디시는 클래펌의 집에 있는 작은 건물의 한 방을 폐쇄하고 그 안에 미첼의 설계를 개량하여 만든 장치를 설치했다. 캐번디시는 납으로 된 무거운 공들을 도르래에 설치하여 방 밖에서 천천히 움직일 수 있게 했다. 역기처럼 막대기 끝에 달린 작은 두 공에는 버니어 측정기와 같은 역할을 하도록 상아로 된 지침을 달았는데, 덕택에 작은 공의 위치를 1/100센티미터보다 정밀하게 측정할 수 있었다. 벽에는 망원경을 달아 방 밖에서 지침을 관찰할 수 있도록 하였다. 그 후 캐번디시는 무거운 공을 움직여 막대기에 달린 채 상자에 갇혀 있는 가벼운 공 근처로 천천히 움직였다. 두 공 사이의 인력은 막대기를 끌어당겼고 막대기는 움직이기 시작했다. 그 미세한 진동을 측정하기 위해서는 2시간 동안 주의 깊게 지켜봐야 했다.

캐번디시는 두 공의 밀도를 알고 있었고, 공과 지구 사이의 인력 크기도 알고 있었다. 이제 두 공 사이의 인력의 크기만 재면 물체들 사이의 인력 비에 따라 물체들 사이의 밀도 비를 알게 되고, 그러면 바로 지구의 평균 밀도를 계산할 수 있었다. 캐번디시는 "실험을 통

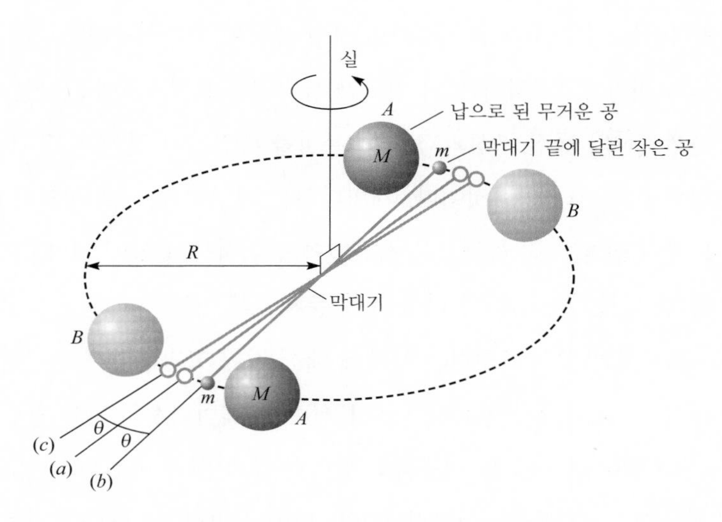

지구의 밀도를 측정하기 위한 캐번디시 실험의 개념도

해 지구의 밀도는 물의 밀도보다 5.48배 크다"는 결론을 내렸다. 23년 전에 쉬헬리언 산에서 측정했던 결과와 상당한 차이가 있었던 것이다. 그리고 캐번디시는 다음과 같이 덧붙였다. "내가 미처 측정하지 못한 어떤 불규칙성 때문에 앞서 말한 결론이 영향을 받았을 수도 있으므로, 그 점을 더욱 면밀히 검토해보기 전까지는 단언은 삼가겠다." 캐번디시에게도 오류는 있었다. 1894년에 영국의 물리학자인 포인팅(John Henry Poynting)은 캐번디시가 수학적 계산에서 약간의 오류를 범했다는 점을 밝히면서 지구의 밀도가 물의 밀도보다 5.448배 크다고 정정하였다.

과학연구의 메카, 캐번디시 연구소

캐번디시는 1810년에 79세의 나이로 세상을 떠났다. 그는 마지막 순간에도 그의 병을 간호하던 심부름꾼 아이를 밖으로 보낸 채 고독 속에서 숨을 거두었다. 그가 세상을 떠날 때 남긴 재산은 무려 100만 파운드나 되었다. 오늘날 우리 돈의 가치로 따지면 약 2조 원에 해당하는 어마어마한 규모였다. 당시 프랑스의 과학자 비오(Jean-Baptiste Biot)는 캐번디시를 "학식 있는 사람 중에 가장 부자인 동시에 부자 중에서 가장 학식 있는 사람"으로 평가하기도 했다.

캐번디시는 죽었지만 그의 이름은 캐번디시 연구소(Cavendish Laboratory)를 통해 우리에게 기억되고 있다. 19세기 후반에 영국에서는 과학을 진흥시키기 위한 기운이 팽배한 가운데 1871년에 케임브리지 대학은 캐번디시 연구소의 문을 열었다. 연구소는 당시의 대학 총장이었던 데번셔 7세의 기부에 의해 설립되었는데, 그는 데번셔 가문 중에서 뛰어난 과학자였던 캐번디시를 추모하는 뜻에서 그 연구소의 이름을 지었다.

캐번디시 연구소의 전경

캐번디시 연구소의 소장은 전자기학을 집대성한 맥스웰, 아르곤을 발견하여 1904년 노벨 물리학상을 수상한 레일리, 전자를 발견하여 1906년 노벨 물리학상을 수상한 조지프 톰슨, 방사화학을 개척한 공로로 1908년 노벨 화학상을 수상한 러더퍼드, X선 결정학 연구로 1915년 노벨 물리학상을 수상한 윌리엄 로렌스 브래그 등과 같은 기라성 같은 과학자들이 맡았다. 캐번디시 연구소는 19세기 말부터 20세기 중엽까지 과학 연구를 주도하는 메카로 자리 잡았고, 그 연구소를 거쳐 간 과학자 중에는 노벨상을 받은 사람들이 많았다. 캐번디시가 세상에 알려진 것은 그의 연구 결과를 정리하여 발표한 맥스웰 덕분이었다.

기체화학을 정립한 자유주의자
조지프 프리스틀리

근면하고 성실한 칼뱅파

조지프 프리스틀리(Joseph Priestley, 1733~1804)는 18세기와 함께한 범상치 않은 인물이다. 과학사에서 그는 산소를 발견한 화학자로 알려져 있으며, 전기 분야에서도 많은 공헌을 했다. 또한 프리스틀리는 비국교도 신학자였고 영국 국교회와 심각한 논쟁에 휘말리기도 했다. 이와 함께 그는 프랑스 혁명과 미국 독립운동을 지지한 진취적인 정치가로 기억되고 있다.

프리스틀리는 1733년에 영국 북부의 리즈 근방에 있는 필드헤드에서 태어났다. 가난한 직공의 여섯 남매 중 맏이였다. 비좁은 집에서 가족이 함께 살기가 어려워 프리스틀리는 할아버지 집에 살다가 나중에는 슬하에 자식이 없었던 고모 집에서 자랐다. 그는 자주 병에 걸리곤 했지만, 모르는 것을 배우고 익히는 데에는 상당한 열정을 가지고 있었다. 프리스틀리는 4살 때 이미 웨스트민스터 소교리문답(Westminster Shorter Catechism)의 모든 질문과 답을 외우기도 했다.

프리스틀리 집안은 독실한 칼뱅파 신도였다. 칼뱅파를 비롯한 청교도들은 영국의 정통 국교에 흡수되기를 거부한 까닭에 비국교도라 불렸다. 당시에 비국교도는 영국의 주요 대학에 입학하거나 번듯한 일자리를 얻을 수 없었다. 프리스틀리는 부유한 고모의 보호를 받으면서 독실한 칼뱅주의자로 성장했다. 그는 어릴 적부터 근면하고 성실한 성품을 보였다. 매일 아침 6시에 일어났고 매일 일기를 썼는데, 그러한 습관은 평생 계속되었다. 프리스틀리는 12살 때 문법학교를 다니기 시작했고, 휴일이면 비국교도 목사에게서 히브리어를 배우곤 했다.

프리스틀리는 1752년에 데번트리에 위치한 신학교에 입학하였다. 당시에 비국교도들이 운영했던 학교 중에는 교육수준이 정규 대학교보다 더 뛰어난 곳이 제법 있었다. 프리스틀리가 간 신학교도 그러한 경우에 해당했으며, 그 학교는 자유로운 교육과 토론을 중시하였다. 그는 데번트리 신학교에서 3년에 걸쳐 정규 교육과정 이외에 별도로 역사, 철학, 과학 등을 공부할 수 있었다.

신학교를 마친 뒤 프리스틀리는 1755년부터 조그만 장로교 교회에서 목사 생활을 하다가 1758년에 낸트위치에 위치한 교회로 옮겨갔다. 그곳에는 두 개의 학교가 있었는데, 둘 모두 비국교도들에게 입학이 허용되지 않은데다가 교육과정 역시 제한되어 있었다. 이에 프리스틀리는 자신이 새롭게 학교를 세웠고 1761년까지 3년 동안 학생들을 가르쳤다. 그는 라틴어, 문법, 수학 등을 가르쳤고 공기펌프와 같은 간단한 실험기구를 소개하기도 했다. 그가 1761년에 집필한 《영어 문법의 원리》는 실제 영어 사용에 적합한 문법을 표방했으며, 향후 50년 동안 사용될 만큼 큰 인기를 누렸다.

낸트위치에서 했던 강의가 좋은 반응을 얻으면서 프리스틀리는 1761년에 워링턴 아카데미의 문학 강사로 취직할 수 있었다. 1762년에 그는 워링턴의 비국교도파 목사가 되었으며, 제철업자 아이작 윌킨슨(Isaac Wilkinson)의 외동딸인 18살의 매리 윌킨슨(Mary Wilkinson)과 결혼하였다. 이들 사이에 한 명의 딸과 세 명의 아들이 태어났다. 1765년에 프리스틀리는 《전기(傳記)》, 《서민적이고 적극적인 생활을 위한 자유교육 과정 소론》과 같은 책을 집필하였고, 에든버러 대학교로부터 법학 박사 학위를 받기도 했다.

세계 최초로 개발한 인공 소다수

프리스틀리는 워링턴에서 거주할 때부터 과학에 대하여 본격적인 관심을 가지기 시작하였다. 그는 1763년부터 1765년까지 리버풀의 의사인 터너(Matthew Turner)에게서 화학 강의를 들었고, 1765년부터는 해마다 한 달씩 런던에 체류하였다. 런던에서 그는 미국의 벤저민 프랭클린을 비롯한 많은 과학자를 만났다. 프리스틀리는 미국의 독립운동을 적극 지지했기 때문에 그와 프랭클린은 금방 친해질 수 있었다. 당시 프랭클린은 전기(電氣) 연구에 몰두하고 있었는데, 그 열정은 프리스틀리에게도 전염되었다.

프리스틀리는 전기에 대한 많은 책을 구하고 각종 실험을 하면서 그 결과를 지속적으로

프리스틀리가 전기 실험에 사용한 기구

발표하였다. 그는 속이 빈 구(求)의 내부는 전하를 띠지 않는다는 사실을 발견하였고, 전기력은 거리의 제곱에 반비례한다는 역제곱 법칙을 예측했으며, 전기와 화학반응이 서로 관련되어 있다는 점을 알아냈다. 이와 같은 노력에 힘입어 프리스틀리는 1766년에 왕립학회의 회원이 될 수 있었다. 또한 그는 1767년에 《전기의 역사와 현황》을 출간했는데, 그 책은 당시 전기학에 입문하는 사람들의 필독서로 자리 잡았다.

1767년에 프리스틀리는 요크셔 주의 리즈에 위치한 밀 힐 교회의 목사로 임명되었다. 당시에 그의 집은 맥주 공장 근처에 있었다. 맥주는 보리에 홉과 효모를 섞어 큰 나무통에 넣어 만드는데, 효모가 액체를 발효시키면 많은 거품과 가스가 나오게 된다. 그는 맥주가 발효하면서 생기는 가스에 관심을 가지고 여러 가지 실험을 해 보았다. 맥주통 위에는 20~30센티미터의 가스층이 생겼는데, 불붙은 나무토막을 그 속에 넣었더니 곧 불이 꺼졌다. 또한 프리스틀리는 가스의 움직임을 관찰하면서 그것이 공기보다 무겁다는 사실도 알아냈다. 프리스틀리는 그 가스가 바로 1754년에 블랙이 발견했던 고정된 공기(오늘날의 이산화탄소)라는 점을 알 수 있었다.

그 다음에 프리스틀리는 고정된 공기를 물과 섞는 방법을 생각하였다. 고정된 공기를 용기 안에 가두었다가 물에 녹이자 물이 거품을 내는 소다수가 되었다. 당시의 사람들은 이미 소다수를 잘 알고 있었다. 세계 곳곳에서는 광천수가 채취되고 있었으며, 특히 독일의 피어몬트 광천수는 매우 비싼 가격으로 판매되고 있었다. 프리스틀리는 피어몬트 광천수를 흉내내어 그가 만든 소다수에 타타르산과 식초를 약간 섞어 맛있고 상쾌한 음료로 만들어냈다. 피어몬트 광천수와는 비교할 수 없는 싼 값으로 인공 청량음료가 처음 개발된 것이었다. 인공 소다수 덕분에 프리스틀리는 갑자기 유럽 전역에서 유명한 사람이 되었고, 1773년에는 왕립학회로부터 코플리 메달을 받았다.

프리스틀리의 기체 연구는 이산화탄소에 국한되지 않았다. 당시까지 알려져 있었던 기체는 공기, 이산화탄소, 수소 등에 불과하였다. 프리스틀리는 금속과 질산을 가지고 실험을 진행하다가 일산화질소를 발견했으며, 일산화질소를 공기와 섞어 이산화질소가 발생하는 것도 발견하였다. 이어 그는 일산화이질소와 염화수소도 발견하고 수많은 실험 기구를 고안함으로써 기체 연구를 더욱 풍성하게 하였다. 프리스틀리는 기체 연구에 대한 결과를 왕립학회가 발간하는《철학회보》에 자주 기고했으며, 그것은 프랑스의 라부아지에를 비롯한 많은 과학자들의 관심을 끌었다.

프리스틀리는 리즈 시절에 정치이론가로도 활동하였다. 그는 18세기 자유주의를 대변하였고, 인류의 진보와 완전성을 확고히 믿었다. 이와 관련된 대표적인 저술로는 1768년에 출판된《통치의 제1원리에 관한 소론》을 들 수 있다. 프리스틀리는 그 책에서 국민은 정부에 대한 발언의 권리나 독자적인 행동을 할 수 있는 권리를 누려야 한다고 주장했으며, 정책 결정은 다수의 이익과 행복을 따라야 하고 이에 위배될 경우 국민이 혁명권을 가진다고 역설하였다. 벤담(Jeremy Bentham)은 그 책의 영향을 받아 '최대의 행복은 다수의 행복'이라는 공리주의 사상을 도출할 수 있었다.

산소는 플로지스톤이 없는 공기?

1773년에 프리스틀리는 윌트셔 주의 칸에 정착하였다. 영국의 유명한 정치가로 나중에 수상까지 역임한 셸번 경(Lord Shelburne)이 프리스틀리의 연구에 감명을 받아 자신의 사서이자 동료가 되어 줄 것을 요청했던 것이다. 프리스틀리는 봉급으로 연간 250파운드를 받았는데, 사서로서 해야 할 일은 별로 없었다. 대신에 그는 셸번에게 정치적인 문제에 조언을 해 주고 그의 두 아들을 가르치면서 자신이 좋아하는 과학 실험을 마음껏 할 수 있었다.

프리스틀리는 다양한 실험을 통해 공기가 소모되면 생명체가 더 이상 생명을 유지할 수 없다는 점을 알아냈다. 그는 생쥐를 밀폐된 유리 용기 속에 가둔 뒤, 공기를 다 소모하여 숨이 넘어가기 직전의 상태에 이르렀을 때 신선한 공기를 넣어 주었다. 그랬더니 죽어가던 생쥐가 다시 살아났다. 프리스틀리는 또한 식물이 있으면 소모된 공기가 복원될 수 있다는 점도 발견하였다. 그것은 식물이 공기 중의 이산화탄소를 흡수하고 산소를 방출한다는 사실을 알려주는 중요한 단서였다.

1774년 8월 1일, 프리스틀리는 산화수은을 가열하는 실험을 했다. 당시에는 분젠 버너가 발명되기 전이어서 실험을 할 때 물질을 가열하는 것이 쉽지 않았다. 프리스틀리는 렌즈로 햇빛을 모아 가열하는 매우 고달픈 방법을 사용할 수밖에 없었다. 산화수은을 가열하자

기체가 빠져나가면서 순수한 수은으로 변했다. 그 기체를 유리병에 가득 채우고 거기에 촛불을 집어넣었더니, 아주 강렬한 빛을 내며 활활 타올랐다. 다음에는 그 병 속에 생쥐를 넣었는데, 보통의 공기가 든 같은 크기의 유리병에서보다 두 배나 더 오랫동안 아무 탈 없이 지냈다. 당시의 상황에 대해 프리스틀리는 다음과 같이 기록했다. "이 놀라운 공기를 마셔 볼 수 있는 특권을 누린 것은 아직까지는 나랑 우리 쥐 두 마리 뿐입니다."

프리스틀리가 살았던 시대의 사람들은 물질이 탈 때 거기서 무언가가 빠져 나간다고 믿었으며, 그 무언가를 플로지스톤(phlogiston)이라 불렀다. 프리스틀리는 자신이 발견한 그 기체 속에서 물체가 훨씬 더 잘 타는 것을 보고 그 기체가 플로지스톤이 모두 빠져나간 공기라고 생각하였다. 플로지스톤이 없기 때문에 물질에서 빠져나가는 플로지스톤을 더 잘 흡수하게 된다는 것이었다. 프리스틀리는 그 기체를 '플로지스톤이 없는 공기(dephlogisticated air)'로 명명하였고, 이를 1775년 3월에 《철학회보》를 통해 발표하였다. 프리스틀리의 플로지스톤이 없는 공기는 오늘날 산소에 해당한다. 스웨덴의 과학자인 셸레(Carl Wilhelm Scheele)는 1772년에 산소를 발견한 후 '불의 공기(fire air)'란 이름을 붙였지만, 1777년에야 자신의 연구 결과를 발표할 수 있었다.

프리스틀리에게 플로지스톤은 자연의 섭리에서 핵심적인 위치를 차지하고 있었다. 연소나 호흡은 플로지스톤을 대기 중으로 방출하는 과정이었고, 식물의 성장이나 물의 흐름은 공기에서 플로지스톤을 제거하는 과정이었다. 이러한 플로지스톤의 방출과 제거를 통해 자연은 평형을 유지할 수 있었다. 프리스틀리에 따르면, 인류에게 좋은 공기는 플로지스톤이 적게 함유된 공기였다. 따라서 그가 발견한 플로지스톤이 없는 공기는 가장 고결한 공기로

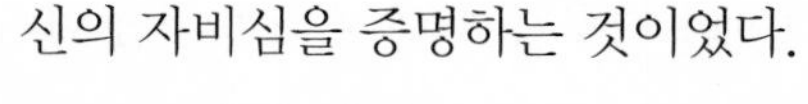
신의 자비심을 증명하는 것이었다.

1774년에 셸번은 프리스틀리에게 자신의 유럽 여행에 동행해 줄 것을 희망하였다. 프리스틀리로서는 처음으로 외국에 가는 기회였다. 그는 당시의 유럽 여행을 다음과 같이 회상한 바 있다. "새로운 국가들의 풍경과 건물, 새로운 풍습, 그리고 아직 의미가 통하지 않는 새로운 언어를 귀에 익힘으로써 새로운 아이디어를 찾는 데 큰 도움이 되었다. 나에게 이 짧은 나날은 매우 즐겁고 유익했다." 프리스틀리에게는 "새

산소를 먼저 발견했지만 발표는 늦었던 셸레

롭다"는 것이 매우 큰 감명을 준 모양이다.

같은 해 10월에 프리스틀리는 파리에서 라부아지에를 만났다. 당시에 라부아지에는 수은을 가열하면 수은의 금속재인 산화수은이 생성되며 그것이 수은과 공기의 일부의 결합임을 알아냈다. 그러나 그는 공기 중의 어떠한 성분이 수은과 결합하는지는 밝히지 못하고 있었다. 프리스틀리는 라부아지에에게 자신의 플로지스톤이 없는 공기에 대해 설명해 주었고, 라부아지에는 자신이 찾는 기체가 플로지스톤이 없는 공기라는 점을 알게 되었다. 라부아지에는 추가적인 실험을 통해서 플로지스톤이 없는 공기가 수은과 반응하여 산화수은을 생성하는 것을 확인하였다. 그리고 라부아지에는 그 기체가 비금속 물질과 반응해서 산(acid)을 만든다는 사실을 발견한 후 그 기체를 '산을 만드는 원리'라는 뜻에서 '산소'로 명명하였다. 이렇게 해서 연소는 물질이 플로지스톤을 내어놓은 과정이 아니라 산소와 결합하는 현상이 되었다.

결과적으로 프리스틀리의 실험은 라부아지에가 플로지스톤 이론을 무너뜨리고 산소 이론을 확립하는 데 큰 역할을 담당하였다. 그러나 정작 프리스틀리는 플로지스톤 이론을 끝까지 신봉하였다. 프리스틀리와 라부아지에의 차이는 당시 영국과 프랑스의 과학 활동이 가진 스타일을 반영한다고도 볼 수 있다. 영국의 과학 활동은 경험적이고 산발적이었던 반면, 프랑스의 과학 활동은 이론적이고 체계적이었던 것이다. 프리스틀리는 산소 이외에도 암모니아, 이산화황, 일산화탄소 등에 대해서 연구했으며, 자신의 연구를 종합하여 《여러 종류의 공기에 관한 실험과 관찰》을 발간하였다. 그 책은 1774년부터 1786년까지 총 6권으로 발간되었으며 18세기 기체화학의 대표적인 성과로 손꼽히고 있다.

혁명의 소용돌이 속에서

1780년에 프리스틀리는 칸을 떠나 버밍엄으로 이주하여 뉴 미팅 교회의 목사가 되었다. 버밍엄은 산업혁명을 배경으로 크게 번창하고 있었던 도시였다. 그곳에는 과학, 종교, 정치 등에서 흥미로운 생각을 가진 사람들이 모여 1765년에 만든 루나 협회(Lunar Society)가 있었다. 프리스틀리는 루나 협회의 회원으로 활발하게 활동했으며, 당시의 회원 중에는 찰스 다윈의 할아버지인 에라스무스 다윈(Erasmus Darwin), 도자기 제조업자인 웨지우드(Josiah Wedgwood), 증기기관을 개량하고 보급한 와트(James Watt)와 볼튼(Matthew Boulton) 등이 있었다. 루나 협회의 회원들은 모두 비국교도라는 공통점을 가지고 있었으며, 과학을 실생활이나 산업에 적용하는 데 많은 관심을 기울였다.

프리스틀리는 18세기 후반의 영국 사회에서 과학 대중 강연자로도 이름을 떨쳤다. 그는 광장에 사람들을 모아 놓고 연소나 전기에 대한 실험을 흥미롭게 소개하였다. 그의 강연은 지역 신문에서 광고를 할 정도로 큰 인기를 끌었으며, 사람들은 이 유명한 강연자를 '플로지스톤 박사님'으로 부르기도 했다. 프리스틀리는 대중 강연을 통해 과학의 유용성과 가치를 설파했으며, 강연에 참여한 사람들은 과학이 놀랍고 좋은 것이라는 생각을 공유하게 되었다.

1789년에 프랑스 혁명이 일어나자 프리스틀리는 이를 적극적으로 지지하였다. 프랑스 정부는 프리스틀리에게 프랑스의 명예시민 자격을 주기도 했다. 그러나 당시 영국의 사회적 분위기는 더욱 보수화되어 갔고, 소수자들의 의견을 더 이상 받아들이지 않게 되었다. 프리스틀리의 사상도 점점 비타협적으로 변해갔다. 그는 1791년에 영국의 보수적 정치가인 버크(Edmund Burke)가 프랑스 혁명에 반대하여 쓴 글인 《프랑스 혁명에 관한 성찰》을 비판하는 글을 기고하였고, 같은 해에 《통치의 일반적 원리에 관한 정치적 대화》라는 책을 출판하였다. 이전까지 그는 국가의 권력은 국왕, 귀족, 평민의 균형 위에 존재해야 한다고 생각했으나, 이 책에서는 권력은 세 개의 세력의 균형이 아니라 오로지 국민에게만 귀속되어야 한다고 주장하였다. 이러한 그의 주장은 당시 영국인들에게 큰 반감을 불러일으켰다.

이러한 프리스틀리의 사상과 행동은 대중들을 분노하게 만들었고, "화약고 프리스틀리"라는 별명까지 얻게 되었다. 1791년 7월 14일에는 프랑스 혁명에 찬성하는 사람들의 모임인 혁명동지회가 바스티유 감옥의 함락을 기념하기 위해서 만찬회를 가졌는데, 이를 알게 된 버밍엄의 대중들은 폭동을 일으켜 이들을 습격하였다. 이와 동시에 프리스틀리의 집, 도서관, 연구소, 교회를 포함하여 많은 비국교도의 삶의 터전이 파괴되는 일도 벌어졌다. 이 사건은 '버밍엄 폭동' 혹은 '프리스틀리 폭동'으로 불리고 있다. 그 후 프리스틀리는 버밍엄에서 추방되어 런던 근교로 피신했다가 결국 미국으로 망명하고 말았다.

1791년 버밍엄 폭동 때 프리스틀리의 자택이 파괴되는 장면

프리스틀리는 미국으로 망명하면서 다음과 같은 눈물겨운 말을 남겼다. "나는 지금 바다 건너

저편 낯선 땅으로 떠난다. 그러나 떠나는 나에게는 아무런 원한도 없으며, 어떤 분노의 흔적도 남아 있지 않다. 단지 좋은 시절이 오고 내 목숨이 남아 있어 다시 고국 땅으로 돌아오기를 바라는 희망만을 안고 고국을 떠나는 것이다. 이러한 뜻을 품는 것은 내 뼈를 묻을 곳은 오직 나를 길러준 내 고향밖에 없기 때문이다. 잘 있거라, 내 사랑하는 동포여! 안녕히 계시게나."

프리스틀리는 1794년 4월 7일 영국을 떠나 6월 4일에 미국 뉴욕에 도착하였다. 그는 미국에서 큰 환영을 받았고, 펜실베이니아 주 중부의 작은 도시인 노섬벌랜드에 정착하였다. 프리스틀리는 펜실베이니아 대학교의 교수직을 제의받았기도 했으나 이를 사양한 뒤 노섬벌랜드에서 목사로서 남은 일생을 보냈다. 당시에 그는 존 애덤스, 토머스 제퍼슨 등과 같은 미국의 혁명 지도자들과 친구로 지내기도 했다.

프리스틀리는 1800년에 자신의 마지막 과학 저서인《플로지스톤 독트린에 대한 고찰》을 발간했다. 이 책은 플로지스톤 이론이 거의 무너졌음에도 불구하고 프리스틀리가 여전히 플로지스톤 이론을 신봉했다는 점을 보여주고 있다. 그는 정치나 종교에서는 매우 진취적이었지만 과학에서는 매우 보수적인 태도를 보였던 셈이다.

프리스틀리는 1804년에 펜실베이니아 주의 노섬벌랜드에서 70세를 일기로 세상을 떠났다. 1874년에 미국에서 화학을 하던 사람들은 프리스틀리가 여생을 보냈던 노섬벌랜드의 자택에 모여들었다. 프리스틀리가 산소(플로지스톤이 없는 공기)를 발견한 지 100주년이 되는 해였다. 그 모임을 계기로 1876년에는 미국화학회(American Chemical Society)가 결성되었고, 미국화학회는 1922년부터 최우수 회원에게 프리스틀리 메달을 수여하고 있다.

프리스틀리는 생전에 다음과 같은 말을 남겼다. "인간의 행복은 추구할 목표가 있는가, 그 목표를 달성하기 위해 자신의 재능을 발휘하고 있는가에 달려 있습니다."

© Book's-Hill

증기기관에 얽힌 신화
제임스 와트*

1년 만에 마친 도제 훈련

산업혁명(Industrial Revolution)이란 용어는 19세기 후반에 사회개혁가로 활동했던 토인비(Arnold Toynbee)의 《18세기 영국 산업혁명 강의》가 1884년에 출간되면서 널리 사용되기 시작하였다. 산업혁명은 18세기 중엽부터 19세기 중엽에 이르는 약 100년 동안 영국을 중심으로 발생했던 기술적 · 조직적 · 경제적 · 사회적 변화를 지칭하는 용어이다. 기술적 측면에서는 도구에서 기계로의 전환이 본격화되었고 조직적 측면에서는 기존의 가내공업제(domestic system)를 대신하여 공장제(factory system)가 정착되었다. 경제적 측면에서는 국내 시장과 해외 식민지를 바탕으로 광범위한 자본축적이 이루어졌고, 사회적 측면에서는 산업자본가와 임금노동자를 중심으로 한 계급사회가 형성되었다. 산업혁명을 통하여 인류는 자본주의의 발전에 필요한 물적 토대를 구축하게 되었으며 농업 사회에서 공업 사회로 급속히 재편되기 시작하였다.

증기기관(steam engine)은 산업혁명의 상징이라 할 수 있다. 우리는 흔히 와트(James Watt, 1736~1819)가 증기기관을 처음 발명한 것으로 알고 있지만 와트 이전에도 증기기관은 있었다. 와트의 업적은 기존의 증기기관을 획기적으로 개선하고 그 용도를 확대한 데 있다. 와트에 대해서는 여러 가지 전설이 전해진다. 가장 많이 알려진 것은 와트가 주전자의 물이 끓는 것을 지켜보면서 증기기관의 원리를 생각해 냈다는 이야기이다. 또한 와트의 증기기

* 이 글은 송성수, 《사람의 역사, 기술의 역사》(부산대학교출판부, 2011), pp. 53~63을 보완한 것이다.

관은 과학지식이 기술개발에 응용된 모범적인 사례로 간주되기도 한다. 그러나 나중에 언급하겠지만, 이러한 이야기에는 잘못된 부분이 많다.

와트는 영국 스코틀랜드 지방의 그리녹에서 태어났다. 그의 아버지는 가구에서 선박에 이르기까지 무엇이든 만들 수 있는 솜씨 좋은 목수였다. 할아버지는 수학을 가르치던 교사였고, 삼촌은 측량 기사였다. 이러한 환경 속에서 와트는 어릴 적부터 과학과 기술에 많은 관심을 가졌다.

와트는 어린 시절 편두통이 심했기 때문에 학교에 다니기가 곤란했다. 대신에 그는 부모로부터 교육을 받았다. 어머니는 책읽기와 글쓰기를 가르쳤고, 아버지는 산수를 가르쳤다. 한번은 아버지가 목공구 세트를 주었는데, 그것은 와트에게 훌륭한 장난감이 되었다. 그는 작은 톱과 끌로 자신의 장난감을 산산 조각낸 후 그것을 다시 조립해서 새로운 장난감을 만들기도 했다.

와트는 11살 때 그리녹 문법학교에 들어갔다. 그는 손재주가 훌륭하고 수학에 뛰어난 학생으로 통했지만, 라틴어와 그리스어에는 별로 관심이 없었다. 와트의 교육에서 학교보다 더욱 중요했던 곳은 아버지의 작업장이었다. 와트는 아버지의 작업장에 자신의 공구와 작업대를 갖추고 각종 기구의 모형을 제작하는 일에 몰두하였다.

와트는 17살이 되던 1753년에 도구제작자가 되기로 결심한 후 외가 친척이 살고 있던 글래스고로 갔다. 거기서 그는 글래스고 대학의 자연철학 교수이자 의사인 딕(Robert Dick)을 만났다. 딕은 와트에게 과학기구를 빌려주기도 하고 임시 직장을 마련해 주기도 했다. 그러나 와트가 자신의 꿈을 키우기 위한 특별한 교육을 받기는 어려웠다. 딕은 런던에서 스승을 찾아보라고 조언하면서 소개장을 써 주었다.

와트는 1755년에 런던으로 갔다. 시계 길드에서 도제(徒弟) 훈련을 받는 것이 그의 계획이었다. 런던의 시계공 중에는 항해용 크로노미터를 만든 해리슨(John Harrison)도 있었다. 와트는 우여곡절 끝에 모건(John Morgan)이라는 길드 조합원의 제자가 될 수 있었다. 와트는 놋쇠를 이용하여 컴퍼스와 사분의(四分儀)를 만드는 일을 익혔다. 그는 과로와 영양실조로 고통을 받을 만큼 열심히 일했고, 1년 만에 장인과 대등한 실력을 갖추었다는 인증을 받을 수 있었다. 당시에 도제 훈련 기간은 7년 정도였으니 대단한 발전이 아닐 수 없었다.

뉴커먼 기관에서 시작된 와트의 발명

와트는 20살이 되던 1756년에 다시 글래스고로 왔다. 그러나 글래스고에서 정착하는 것도 쉽지 않았다. 당시 글래스고의 길드는 7년 이상의 도제 기간을 거쳐야 한다는 규정을 보유했고, 다른 지역의 출신들을 배척하고 있었다. 때마침 자메이카에서 활동했던 무역상이자 수학자인 맥팔레인(Alexander Macfarlane)이 자신의 소장품을 모교인 글래스고 대학에 기증하였고, 와트는 딕 교수의 도움으로 맥팔레인의 소장품을 수리하는 일을 맡을 수 있었다. 와트가 도구를 다루는 데 상당한 실력을 보이자 대학 당국은 학내에 도구제작 상점을 차릴 수 있도록 허락하였다. 와트는 장인의 손과 수학적 두뇌를 겸비하고 있었던 것이다.

와트는 글래스고 대학에서 도구제작자로 일하면서 많은 과학자들과 교류할 수 있었다. 특히 수학을 전공하던 대학원생인 로빈슨(John Robinson)과 화학을 가르치던 교수인 블랙(Joseph Black)은 와트의 친한 친구가 되었다. 로빈슨은 와트와의 만남을 다음과 같이 회고한 바 있다. "내가 꽤 우수하다고 여겼던 것은 자만이라는 생각이 들었다. 나는 와트가 훨씬 우수하다는 것을 깨닫고 조금 굴욕감을 느꼈다. 하지만 그는 교만하지 않고 누구나 함께 대화하기를 즐겼다. 나는 그와 오랜 시간을 빈둥거렸다. 그리고 종종 그의 농담을 즐기기도 했다. 그렇게 우리의 만남은 시작되었다."

와트가 새로운 증기기관을 발명하게 된 계기는 앤더슨(John Anderson)이 제공하였다. 앤더슨은 딕의 후임으로 자연철학 교수가 된 사람으로 그 역시 와트에게 호감을 가지고 있었다. 당시에 앤더슨은 자연철학 수업에서 뉴커먼 기관(Newcomen engine)의 모형을 사용하여 증기기관의 작동원리를 설명하곤 했다. 그런데 그 모형이 망가지면서 와트에게 그것을 고쳐달라고 부탁했던 것이다. 그때가 1763년 겨울이었다.

뉴커먼 기관이 작동하는 모습

뉴커먼 기관은 1712년에 영국의 대장장이인 뉴커먼(Thomas Newcomen)이 개발한 증기기관이다. 뉴커먼은 군사기술자인 세이버리(Thomas Savery)가 1693년에 발명한 양수펌프를 개량하여 이를 실용화시켰다. 뉴커먼 기관은 보일러 위에 증기를 가득 채우는 실린더를 두었으며, 실린더에 부착된 피스톤에 저울과 같은 막대의 한쪽 끝을 연결시키고 있었다. 뉴커먼 기관은 탄광용 펌프로 널리 사용되었는데, 실린더 내에 증기를 가득 채웠다가 수축시켜 피스톤을 상하로 운동시키고 그 운동을 펌프에 전달하여 물을 끌어올렸다. 뉴커먼 기관의 경우에는 지하 100피트의 깊이에서 2.5톤의 물을 끌어올리는 데 약 28킬로그램의 석탄이 필요했다고 한다.

와트는 뉴커먼 기관을 분석하면서 그것이 증기를 크게 낭비하고 있다는 사실에 충격을 받았다. 이어 와트는 뉴커먼 기관의 구체적인 결함이 무엇인가를 알아내는 데 몰두하였다. 뉴커먼 기관은 증기의 동력을 사용한 후 냉각시킬 때 실린더 속에 냉수를 넣는 방법을 사용하고 있었다. 이때 냉수는 증기를 냉각시키는 동시에 실린더도 냉각시키게 되며 이에 따라 다시 실린더를 가열하려면 그만큼 많은 석탄이 사용되었다. 와트는 "만일 실린더를 냉각시키지 않아도 된다면 실린더의 열을 그대로 보존하면서 다음 작업을 수행할 수 있게 되고, 따라서 석탄 사용량이 크게 줄어들 것"으로 판단하였다.

와트의 이러한 생각은 분리응축기(separate condenser)를 고안하는 것으로 이어졌다. 이전과 같이 수증기를 실린더 안에서 직접 냉각시키는 것이 아니라 실린더로부터 분리된 응축기를 별도로 만들어 실린더 안의 수증기를 관을 통해 뽑아낸 후 실린더 바깥에서 냉각시킨다는 것이었다. 와트는 분리응축기를 사용하면 증기기관의 열효율이 이전보다 2~4배 향상될 수 있다고 생각했다. 그는 1765년부터 분리응축기가 설치된 증기기관의 모형을 설계하고 개선하는 작업을 꾸준히 추진했다. 드디어 1769년 1월 5일, 와트는 〈화력기관에서 증기와 연료의 소모를 줄이는 새롭게 고안한 방법〉으로 특허를 받았다.

와트는 1764년에 사촌인 마가렛 밀러(Margaret Miller)와 결혼하여 다섯 명의 아이를 두었는데, 그중 세 명은 오래 살지 못했다. 밀러는 1772년에 아이를 낳다가 세상을 떠났으며, 와트는 1777년에 염색업자의 딸인 앤 맥그레고어(Ann MacGregor)와 재혼하였다.

볼턴과의 만남

와트는 분리응축기를 발명한 것에 만족하지 않고 증기기관의 성능을 더욱 향상시키는 작업을 추진하려고 했다. 그는 보일러를 잘 만들면 증기의 힘을 얼마든지 크게 할 수 있다는 점을 출발점으로 삼았다. 만일, 강력한 보일러에서 나오는 증기력을 이용한다면 광산의 양수펌프뿐만 아니라 수많은 기계를 움직일 수도 있을 것이었다. 그러한 증기기관을 만들기 위해서는 막대한 자금과 기계 제작 기술이 필요했다. 그러나 아버지는 이미 사업에 실패한 상태였고 실린더 내면을 가공할 수 있는 기술도 개발되지 않았다. 이 때문에 증기기관을 개량하는 작업은 늦추어질 수밖에 없었다. 와트는 1766년부터 8년 동안 스코틀랜드에 건설되는 운하의 경로를 작성하는 일로 바쁜 시간을 보냈다.

드디어 와트에게 기회가 왔다. 와트는 1768년부터 로벅(James Roebuck)과 동업자 관계를 유지하고 있었다. 그런데 로벅이 1772년에 도산하면서 와트의 특허권은 당시의 유명한 기술자이자 사업가인 볼턴(Matthew Boulton, 1728~1809)에게로 넘어갔다. 증기기관의 상업적 가치를 간파한 볼턴은 1774년에 와트에게 전격적인 제안을 하였다. "와트 씨, 용기를 내시오. 당신의 발명이 성공한다면 세계 여러 나라의 모든 기업가들이 대단히 기뻐할 것이오. 동시에 그들은 그 놀라운 힘을 가진 기계를 서로 다투어 가며 사려고 할 것이오. 돈은 얼마든지 내가 댈 테니 우리 공장에서 연구를 계속하시오." 더 이상 증기기관에 대해 연구를 할 수 없게 된 자신을 슬퍼하며 우울한 나날을 보내고 있었던 와트에게는 희소식이 아닐 수 없었다.

당시에 볼턴은 버밍엄 북부에 소호제작소(Soho Foundry)를 운영하고 있었다. 다섯 개의 건물로 이루어진 소호제작소는 언덕 위의 저수지를 사용하여 주로 금속세공품과 도자기를 생산하고 있었다. 와트도 1762년에 소호제작소를 방문하여 공장의 우수한 설비에 감탄한 바 있었다. 볼턴은 와트에게 자금을 제공하는 것은 물론 어려운 일이 있을 때마다 와트를 격려하고 해결책을 제안하는 역할도 맡았다. 이런 점에서 볼턴은 오늘날의 벤처 캐피탈리스트와 유사한 면모를 보였다. 아마도 와트가 볼턴을 만나지 못했다면 자신의 재능을 충분히 살리지 못했을 것이다.

소호제작소의 광경

볼턴은 새로운 기술을 받아들이고 개선하는 것을 즐기는 사람이었다. 그의 저택도 당시의 영국에서 기술적으로 가장 진보한 것이었다. 거기에 설치된 중앙난방장치는 집안 구석구석까지 뜨거운 공기를 보낼 수 있을 정도로 정밀하게 설계되었다. 그 장치는 1995년에 버밍엄 시가 복구 작업에 착수했을 때에도 여전히 작동이 가능한 상태였다. 저택의 외부에는 집을 증축해도 동일한 외양이 유지될 수 있도록 특수한 석판 외벽이 사용되었다. 석판을 박으면서 생긴 망치 자국은 볼턴의 공장에서 생산된 버튼으로 가려졌다.

와트는 볼턴의 제안을 받자마자 버밍엄으로 이사하여 그 다음 날부터 상업용 증기기관을 개발하는 일에 매진하였다. 때마침 1774년에는 윌킨슨(John Wilkinson)이 내면굴착용 선반을 발명했는데, 이 선반을 이용하면 완전한 원통형 실린더를 제작할 수 있었다. 1775년에는 볼턴 앤 와트(Boulton & Watt)라는 새로운 기업이 설립되어 증기기관에 대한 사업을 본격적으로 전개할 채비를 갖추었다. 윌킨스는 볼턴의 사업에 흔쾌히 합류했고, 그 후 20년 동안 와트의 증기기관에 필요한 실린더를 단독으로 공급할 수 있었다.

증기기관, 만능동력원이 되다

상업용 증기기관의 개발이 눈앞에 다가오자 영국 의회가 나섰다. 당시 영국의 특허권은 14년 동안 유지될 수 있었으므로 와트의 1769년 특허는 1783년에 만료될 판이었다. 그런데 영국 의회가 1775년에 와트의 증기기관에 대한 특허권을 1800년까지 연장해 주는 유래 없는 조치를 취했다. 영국은 국가적 차원에서 증기기관이 매우 중요한 발명이라는 점을 인정하고 이를 적극적으로 지원했던 것이다. 그러나 이러한 조치가 영국 산업의 발전을 저해했다는 평가도 있다.

"와트의 특허를 연장하기로 결정함으로써 의회는 한 개인에게 너무 큰 권력을 쥐어 주었다. 와트는 특허권의 양도를 거부함으로써 기관차에 대한 실험을 방해하고 고압 증기의 활용에 적대적인 태도를 취했다. 그래서 당사자들은 즐거움을 누렸는지 모르지만 기계 산업의 발전은 한 세대가 넘는 동안 저지되었다. 만약 와트의 독점이 1783년에 종식되었더라면 영국은 훨씬 더 일찍 철도를 가지게 되었을 것이다."

1776년 3월 8일에는 와트가 개발한 새로운 증기기관이 블룸필드의 탄광에서 시운전되었다. 굴뚝에서는 검은 연기가 뿜어 오르고 피스톤이 실린더 내부에서 움직이기 시작하자 탄갱의 지하수가 파이프를 통해 계속 지상에 쏟아져 나왔다. 구경하던 많은 사람들은 일시에 환성을 올리면서 우레와 같은 박수로 와트의 놀라운 발명을 축하하였다. 1776년은 미국의 독립이 이루어지고 스미스(Adam Smith)의 《국부론》이 발간된 해이기도 하다.

와트는 증기기관의 용도를 탄광용 펌프에 국한시키지 않았다. 그는 제분소, 방직 공장, 제철소 등에 널리 사용될 수 있는 회전식 증기기관(rotative steam engine)을 탐색하기 시작했다.

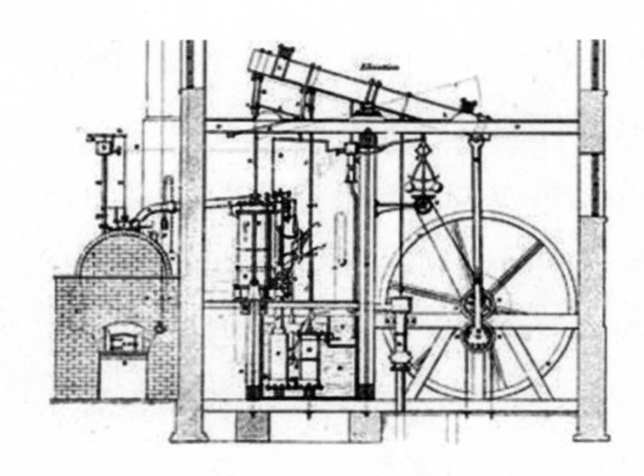

와트의 증기기관에 대한 모형도(1787년)

이를 위해서는 왕복운동을 회전운동으로 바꿀 수 있는 장치가 필요했는데, 와트는 머독(William Murdock)의 도움으로 1781년에 유성식(遊星式) 기어를 고안하여 문제를 해결하였다. 그것은 맞물린 한 쌍의 톱니바퀴 중에서 한쪽을 고정시키고 다른 쪽이 고정된 톱니바퀴를 도는 장치였다. 이 장치 덕분에 와트의 증기기관은 방직기와 같이 상하, 좌우, 회전 운동을 모두 필요로 하는 기계를 움직일 수 있었다.

이어 1782년에 와트는 실린더의 양 끝을 응축기와 보일러에 밸브 장치로 연결함으로써 피스톤의 상하운동을 모두 동력으로 활용할 수 있는 복동식 증기기관(double-acting steam engine)을 개발했다. 피스톤의 하강운동뿐만 아니라 상승운동에서도 증기압을 이용할 수 있게 된 것이었다. 이후에도 와트는 보다 완벽한 증기기관을 만들기 위해 지속적인 노력을 기울였다. 1789년에는 증기기관의 속도를 자동적으로 제어하는 원심조속기가 활용되었고, 1790년에는 성능이 매우 뛰어난 압력계가 개발되었다.

1790년을 전후하여 본격적으로 생산되기 시작한 와트의 새로운 증기기관은 용도에 제한을 받지 않는 만능동력원으로 각광을 받았다. 특히 카트라이트(Edmund Caartwright)가 1790년에 역직기의 동력원으로 증기기관을 채택하고, 트레비식(Richard Trevithick)이 1804년에 철도 궤간을 달릴 수 있는 증기기관차를 제작함으로써 증기기관의 용도는 일반 기계와 수송수단으로도 확산되었다. 와트의 증기기관을 매개로 수행된 기술혁신은 꼬리에 꼬리를 물고 발생하였고, 이러한 기술혁신은 산업혁명의 핵심 과정에 놓여 있었다. 볼턴의 말에 따르면, "나라 전체가 증기기관에 미친 상태"였다.

와트의 다른 모습

와트는 자신의 발명품에 집착하는 모습을 보였다. 그는 증기기관의 모방을 방지하기 위하여 특허 설명서를 매우 모호하게 작성했다. 와트의 증기기관에 관심이 많았던 어떤 사업가는 다음과 같이 말했다. "엔지니어들이 볼턴 앤 와트의 특허 설명서를 읽고 나서 어떤 종류의 기계를 만들지는 전혀 알 수 없다. 아마도 그들이 수세식 화장실을 만들지도 모를 일이다."

와트는 증기기관차의 개발에 반대했던 사람으로도 유명하다. 증기기관차가 작동하기 위해서는 고압의 상태가 유지되어야 하는데 와트는 그것이 매우 위험하다고 생각하였다. 실제로 와트는 그의 조수인 머독이 증기기관차를 개발하는 데 관심을 보이자 쓸데없는 일에 시간을 낭비하지 말 것을 요청하기도 하였다. 그러나 와트의 생각과 달리 고압 증기기관은 그렇게 위험하지도 않았고 훨씬 간단한 구조로 강력한 동력을 생산할 수 있었다.

증기기관이 와트의 모든 관심사는 아니었다. 그와 볼턴은 과학의 진보를 바라는 신사들의 모임인 루나협회(Lunar Society)의 핵심 회원이었다. 루나협회의 회원으로는 당대의 유명한 목사이자 화학자인 프리스틀리(Joseph Priestley), 영국 토목공학의 아버지로 불리는 스미튼(John Smeaton), 찰스 다윈의 할아버지로 진화론을 조기에 수용했던 에라스무스 다윈(Erasmus Darwin), 도자기 산업을 일구어낸 웨지우드(Josiah Wedgwood), 당대 최고의 천문학자인 윌리엄 허셜(William Herschel) 등이 있었다.

루나협회를 매개로 버밍엄 주변의 과학자, 제조업자, 의사, 법률가 등은 보름달이 뜨는 날에 모여 과학과 기술을 비롯한 당대의 온갖 문제를 보고하고 토론하였다. 이를 통해 루나협회는 런던 중심의 귀족 사회와는 구별되는 독자적인 독특한 신흥 중간계층의 문화를 형성하고 있었다. 이와 함께 루나협회와 같은 새로운 과학단체들은 오랫동안 개별적으로 활동해 왔던 과학자와 기술자의 인적 연결이 이루어질 수 있는 매개물로 작용하였다. 즉, 과학자와 기술자의 교류가 빈번해지면서 두 집단이 서로의 문제를 실질적으로 이해하면서 상당한 동질성을 갖게 되었던 것이다.

와트는 다양한 과학 실험을 하면서 루나협회를 통해 발표하였다. 그가 다룬 주제에는 화학 반응, 재료의 강도, 에너지 변환 등이 있었다. 특히 와트는 100파운드의 무게를 1분간에 100미터의 높이로 들어 올리는 데 사용되는 에너지의 크기를 1마력으로 정의하였고, 그것은 지금도 통용되고 있다. 와트는 염산으로 직물을 표백할 수 있다는 점도 알아냈지만, 그것을 상업화하는 데에는 타이밍을 놓치고 말았다.

런던의 세인트폴 성당에 있는 제임스 와트 상(像)

와트는 1785년에 볼턴과 함께 영국 왕립학회의 회원으로 선출되었고, 1806년에는 글래스고 대학에서 명예박사 학위를 받았으며, 1814년에는 프랑스 과학아카데미의 외국인 준회원이 되었다. 말년에도 와트는 발명에 대한 꿈을 접지 않았다. 그의 특허 목록에는 투시도를 그리는 기계, 편지를 복제하는 기계, 유성기어 없이 회전운동을 만들어내는 바퀴 등이 포함되어 있다. 그는 임종 직전에 마지막으로 발명한 것은 조각품을 복제하는 기계였다.

와트는 1819년에 83세를 일기로 세상을 떠났다. 영국 정부는 와트의 공적을 기념하기 위하여 웨스트민스터 사원에 기념비를 세웠다. 기념비는 이후에 런던의 세인트폴 성당으로 옮겨졌는데, 다음과 같은 문구가 새겨져 있다. "독창적 천재성의 힘을 발휘하여 증기기관을 개선해 조국의 자산을 확장시키고 인간의 힘을 향상시켰으며, 가장 영광스러운 과학의 꽃들 가운데에서도 탁월한 위치에 올랐다. 그는 세상을 진정으로 이롭게 했다."

와트의 이름은 일률에 대한 단위로 정해져 과학 교과서에도 영원히 기록되고 있다. 1889년에 영국과학진흥협회는 '와트'를 일률의 단위로 채택했고, 1960년 제11차 도량형총회는 와트를 국제단위계의 하나로 인정하였다.

와트와 증기기관에 대한 오해

이제 서두에서 언급한 와트와 관련된 두 가지 신화(神話)에 대해 살펴보자. 첫 번째 신화는 와트가 주전자의 물이 끓는 것을 보고 증기기관을 구상했다는 이야기이다. 주전자 속의 물이 끓는 것은 매우 흔하게 접할 수 있는 현상이기 때문에 이것이 곧바로 위대한 발견이나 발명으로 이어졌다고 보기는 어렵다. 오히려 와트가 이미 증기기관을 염두에 두고 있었기 때문에 주전자의 물이 끓는 현상을 새롭게 이해할 수 있었다고 풀이하는 것이 더욱 합당해 보인다. 이러한 점은 뉴턴의 사과 이야기와 같은 경우에도 마찬가지이다. 흥미롭게도 뉴커먼의 경우에도 주전자에서 물이 끓는 것을 유심히 관찰했다는 일화가 전해진다.

사실상 대부분의 새로운 기술은 기존의 기술이 가진 문제점을 해결하는 과정에서 출현한다. 와트가 분리응축기를 발명할 수 있었던 것도 뉴커먼 기관이라는 이전의 기술이 존재했기 때문에 가능하였다. 또한 하나의 기술이 제대로 된 모습을 드러내기 위해서는 수많은 후속 작업이 지속적으로 수행되어야 한다. 와트의 경우에도 분리응축기에서 시작한 후 추가적인 보완을 거쳐 회전식 증기기관과 복동식 증기기관을 개발했던 것이다. 한 가지 아이디어가 곧바로 완벽한 발명품으로 이어질 수는 없는 법이다.

두 번째 신화는 와트의 증기기관이 블랙의 잠열(latent heat) 이론과 같은 과학지식을 응용함으로써 탄생했다는 주장이다. 그러나 와트의 탐구 과정을 엄밀히 검토한 과학기술사 연구는 이와는 다른 해석을 제기하고 있다. 와트가 블랙과 가까운 사이이긴 했지만 잠열 이론을 바탕으로 증기기관을 개량하지는 않았으며, 오히려 와트가 기본적인 문제를 해결한 후에 자신의 발명을 과학지식을 통해 이해할 수 있었다는 것이다. 그렇다고 해서 와트의 탐구가 과학의 영향을 받지 않은 채 주먹구구로 이루어졌다고 볼 수는 없다. 와트가 증기기관을 개량하는 데에는 뉴커먼 기관의 문제점을 구체적으로 분석하고 일반화된 모델을 만들어 실험을 하는 방법이 큰 역할을 했으며, 이는 과학자들의 연구방법과 거의 동일한 것이었다.

이러한 점은 와트의 회고에서도 단적으로 드러난다. "내가 이를[물의 상태 변화를] 나의 벗인 블랙 박사에게 언급하자 그는 자신의 잠열 원리를 설명했다. 나는 이 멋진 이론이 지지하던 중요한 사실을 우연히 발견했다. 블랙 박사의 잠열 이론이 증기기관을 개선했다고 내세울 수는 없지만, 추론의 정확한 방법과 내게 제시해 준 사례로 설계한 실험은 분명히 발명이 쉽게 진보할 수 있도록 아주 큰 도움을 주었다."

증기기관은 과학과 기술의 관계를 논의할 때 자주 등장하는 주제에 해당한다. 19~20세기 미국의 과학자 헨더슨(Lawrence J. Henderson)은 "증기기관이 과학에 빚지고 있는 것보다 과학이 증기기관에 빚지고 있는 것이 더 많다."는 유명한 말을 남긴 바 있다. 사실상 증기기관은 당대의 과학적 지식을 직접 활용하여 발명된 것이 아니었다. 오히려 증기기관이 널리 확산되면서 과학자들은 열과 일의 변환과정을 본격적으로 연구하기 시작했고, 그것은 오늘날과 같은 열역학이 정립되는 데 중요한 기반으로 작용했던 것이다.

천왕성을 발견한 늦둥이 과학자
윌리엄 허셜

아버지의 유산

윌리엄 허셜(William Herschel, 1738~1822)은 독일 출신의 영국 과학자로서 세계 최초로 천왕성을 발견했으며 항성천문학을 개척했다. 눈에 보이지 않는 광선인 적외선을 최초로 발견한 사람도 허셜이다. 그는 정규 과학교육을 받지 못했고 매우 고생스럽게 살다가 40대가 되어서야 과학계로부터 인정을 받았던 입지전적 인물이다. 그는 자신이 손수 제작한 망원경으로 하늘을 관측하는 것을 즐겼으며 평생 음악을 사랑한 사람이기도 하다.

허셜은 1738년에 독일의 하노버에서 군악대 대원의 둘째 아들로 태어났다. 원래 이름은 프리드리히 빌헬름 허셀(Friedrich Wilhelm Herschel)이었지만 1793년에 영국인으로 귀화하면서 윌리엄 허셜로 고쳤다. 그의 아버지는 하노버 친위대의 군악대에서 오보에를 연주하는 사람이었다. 또한 아버지는 천문학을 대단히 찬미했으며 그 방면의 지식도 제법 가지고 있었다. 날이 맑게 갠 날이면 아이들을 데리고 밖으로 나가 별자리를 가르쳐 주면서 거기에 얽힌 전설도 이야기해 주었다.

부전자전(父傳子傳)이라 했던가? 윌리엄 허셜도 어릴 적부터 음악에 소질을 보였다. 그는 바이올린과 오보에를 잘 연주하였고 아버지의 뒤를 이어 15살 때 군악대의 멤버가 되었다. 군악대에 들어간 허셜은 악기를 연주하는 것뿐만 아니라 작곡하는 법과 악사가 갖추어야 할 일 등을 열심히 익혔다. 허셜 부자는 종종 궁정의 오케스트라에 불려갔다. 궁정에 다녀온 날에는 그 날의 연주에 대해 진지하게 토론하곤 했다.

허셜은 과학을 좋아한다는 점에서도 아버지를 닮았다. 아버지는 아들과 함께 과학 책을 읽고 토론하는 것을 즐겼다. 뉴턴, 라이프니츠, 오일러 등과 같은 유명한 과학자들이 허셜 부자의 입방아에 올랐다. 토론은 늦은 밤까지 이어졌고 점점 열기를 더해 마치 웅변 대회장을 방불케 했다. 어머니가 이를 지켜보고 있다가 제발 목소리를 낮추라고 주의를 주기가 일쑤였다. 허셜은 아버지와 함께 각종 도구를 만들기도 했다. 거기에는 적도와 황도의 눈금을 새긴 4인치 지구의도 포함되어 있었다.

낮에는 음악, 밤에는 천문학

1756년에는 프로이센과 프랑스 사이에 7년 전쟁이 발발했다. 아들의 장래를 염려한 부모는 허셜에게 영국으로 피신할 것을 권유하였다. 1757년에 영국으로 건너간 허셜은 10년 동안 여러 도시를 전전하면서 악기 연주로 간신히 생계를 유지하였다. 낮에는 극장에서 밤에는 무도회에서 오르간을 연주하여 돈을 벌었던 것이다. 그는 28살이 되던 1766년에 온천지로 유명한 바스의 옥타곤 교회에서 오르간을 연주하는 일자리를 얻었다.

1772년에는 허셜의 남동생인 알렉산더(Alexander)와 여동생인 캐롤라인(Caroline)이 바스로 왔다. 당시에 허셜은 옥타곤 교회의 지휘자가 되었고 시간적 여유를 활용하여 과학 책을 구해 읽었다. 특히 그는 케임브리지 대학의 천문학 교수였던 스미스(Robert Smith)가 집필한 《광학》을 읽고 큰 감명을 받았다. 그 책을 읽은 후 허셜은 '낮에는 음악 활동에 전념하고 밤에는 별을 연구하는 사람이 될 거야'라고 마음먹었다.

1773년 어느 날, 캐롤라인이 생활비를 저축한 돈으로 2.5피트 망원경을 빌려왔다. 틈만 나면 망원경 가게를 어슬렁거리는 오빠의 모습이 딱했던 모양이다. 그러나 빌려온 망원경은 작고 조잡하여 깨끗한 영상을 얻을 수 없었다. 그래서 허셜과 캐롤라인은 망원경을 손수 만들기로 결심했다. 그들은 17세기 과학자인 하위헌스의 책을 바탕으로 5.5피트 반사망원경을 만드는 데 도전했다. 이를 위해 허셜은 중고 연장을 구입했으나 별로 쓸모가 없어서 모든 연장을 손수 만들다시피 했다. 렌즈를 깎고 금속을 녹이는 일이 계속되었고 금세 집 전체가 작업장이 되었다. 1774년에 망원경을 완성하자 허셜 남매는 부둥켜안고 감격의 눈물을 흘렸다. 다음 해에는 7피트 망원경을 만들었다.

허셜은 자신이 만든 망원경으로 매일 밤 천체를 관측하는 데 몰두했다. 캐롤라인은 오빠 옆에서 관측치를 기록하였다. 체감 온도가 영하 20도에 이르는 추운 겨울에는 잉크가 얼어붙었다. 캐롤라인은 얼어붙은 잉크를 체온으로 녹여 가며 관측기록을 작성했다. 허셜 남매가 공동으로 관측한 자료는 해를 거듭할수록 늘어갔다. 허셜은 1780년에 달의 산맥에 관한 논문을 작성하여 영국 왕립학회에서 발표하였다. 42세의 늦은 나이로 과학계에 데뷔했던 것이다.

두 배로 넓어진 태양계

1781년 3월 13일, 허셜 남매는 여느 때와 마찬가지로 밤하늘을 순찰하고 있었다. 그러던 중 쌍둥이자리 한쪽 구석에 파란빛을 내는 작은 원반을 보았다. 허셜은 당시에 알려진 별을 거의 다 알고 있었는데 그 별은 기억 속에 없었다. 허셜 남매는 처음에 혜성으로 생각하면서 그 별의 궤적을 상세하게 기록했다. 그러나 혜성이라고 보기에는 별이 너무 느린 속도로 움직였기 때문에 허셜은 아직 알려지지 않은 행성일 것으로 추측했다. 그는 왕립학회에 자신의 관측 결과를 보고했고 당시의 많은 과학자들도 허셜을 따라 새로운 행성의 존재를 확인하였다.

그리하여 허셜은 거의 5천 년만에 처음으로 새로운 행성을 발견한 사람이 되었다. 고대 문명의 발상지인 메소포타미아와 이집트의 사람들은 이미 기원전 3천 년경에 수성, 금성, 화성, 목성, 토성을 알고 있었다. 허셜이 발견한 새로운 행성은 태양에서 약 29억 킬로미터나 떨어져 있었다. 그것은 태양에서 토성까지의 거리보다 두 배나 길었다. 허셜의 발견으로 인간이 다룰 수 있는 태양계의 범위가 대폭 확대되었던 것이다.

몇몇 과학자들은 허셜이 새로운 행성을 발견한 것을 우연한 행운이라고 했다. 아마도 정규 과학교육을 받지 못한 허셜에게 묘한 질투심이 있었던 모양이다. 그러나 그러한 행운은 사실상 허셜 남매의 피나는 노력이 가져다 준 대가였다. 새로운 행성의 보일 듯 말 듯한 움직임을 끈질기게 추적한 집념에 하늘도 감동한 것이 아닐까?

허셜은 당시 영국의 국왕이었던 조지 3세를 기념하여 새로운 행성을 '조지움 시두스(Georgium Sidus)'로 칭했다. 새로운 행성의 발견으로 허셜은 갑자기 유명한 사람이 되었다. 그는 1782년에 코플리 메달을 받으면서 왕립학회의 회원이 되었고 조지 3세에 의해 왕실 천문관으로 임명되어 매년 200파운드의 연금을 받았다.

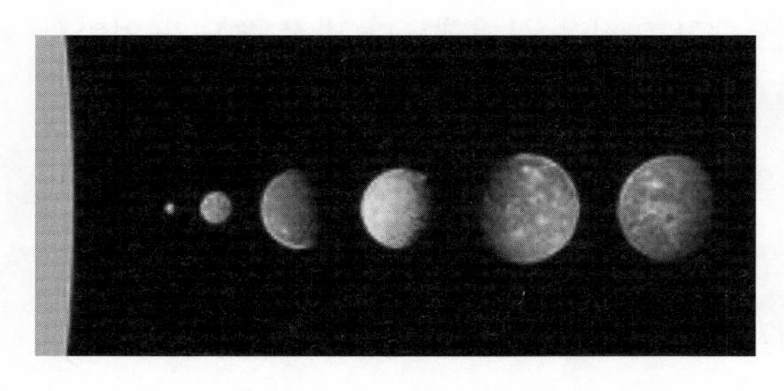

1781년 3월 13일에 허셜이 발견한 천왕성의 모습

허셜이 새로운 행성에 영국 국왕의 이름을 붙인 것에 대해 유럽 대륙의 과학자들은 극렬히 반대했다. 별에 개인의 이름을 붙이는 것은 이치에 맞지 않으며 그동안의 관례를 따라 그리스 신화에 나오는 신의 이름을 사용하는 것이 정석이라는 논리였다. 독일의 천문학자인 보데(Johann E. Bode)는 토성(Saturn)의 아버지인 '우라누스(Uranus)'를 새로운 행성의 이름으로 제안하였다. 영국 과학계도 이를 수용했는데 여기에는 조지 3세가 정신병의 징후를 보였다는 점도 중요한 배경으로 작용하였다. 우라누스는 하늘을 다스리는 신이므로 우리말로는 '천왕성(天王星)'으로 번역된다.

천왕성에 이어 1846년에는 해왕성(Neptune)이, 1930년에는 명왕성(Pluto)이 발견되었는데, 해왕성이 발견된 과정도 흥미롭다. 그동안 관측된 천왕성의 궤도가 뉴턴 역학의 예측과 어긋난다는 점이 알려지면서 19세기에 들어서는 뉴턴 역학을 포기해야 한다는 주장이 고개를 들기 시작했다. 그러나 뉴턴 역학의 궁극적인 성공을 굳게 믿었던 프랑스의 르베리에(Urbain Le Verrier)와 영국의 애덤스(John Adams)는 또 다른 새로운 별이 천왕성 바깥의 적당한 위치에 적당한 질량을 가지고 존재한다면 천왕성의 궤도가 설명될 수 있다는 과감한 제안을 내놓았다. 행성 하나를 더 만들어냄으로써 예측과 관측치의 차이를 해결하려 했던 것이다. 이러한 시도는 1846년에 독일의 갈레(Johann Galle)에 의해 해왕성이 존재한다는 것이 발견됨으로써 결국 성공으로 끝났다. 해왕성의 발견은 오랫동안 변칙 사례로 남아있던 문제가 기존의 패러다임을 바탕으로 해결된 경우에 해당한다.

대형 망원경으로 관측한 은하

1782년에 허셜 남매는 런던으로 이사했다. 허셜은 음악에 상당한 재주가 있었기 때문에 얼마 되지 않아 런던의 사교계에서 유명한 사람이 되었다. 그에게 접근한 여인은 돈 많은 과부인 메어리 피트(Mary Pitt)였다. 그들은 1788년에 결혼했고 덕분에 허셜은 단번에 부자가 되어 마음 놓고 연구에 몰두할 수 있게 되었다. 그들 사이에 태어난 존 허셜도 아버지의 뒤를 이어 유명한 과학자가 되었다.

윌리엄 허셜의 연구는 계속되었다. 그는 1785년에 배율을 두 배로 높인 망원경 제작을 계획했는데, 당시에 영국 국왕은 4,000파운드를 격려금으로 내 놓기도 했다. 이를 바탕으로 허셜은 1787년에 새로운 반사망원경을 고안할 수 있었다. 반사망원경은 주경(主鏡)이 비스듬하게 기울어져 있어서 기존의 망원경처럼 별도의 반사경을 사용할 필요가 없었다. 이

허셜이 만든 40피트 망원경

러한 원리를 바탕으로 그는 1789년에 구경이 49인치이고 초점거리가 40피트인 망원경을 만들었는데 그것은 나중에 '허셜 망원경'으로 명명되었다. 길이가 13미터이었고 무게가 907킬로그램이었기 때문에 사람들은 '대포 망원경'으로 부르기도 했다. 망원경의 방향을 바꾸려면 바퀴가 달린 받침대를 여러 사람이 움직여야만 했다.

대형 망원경을 완성한 허셜은 윈저 근처에 있는 천문대에서 쉬지 않고 연구했다. 연구 결과를 발표하기 위해 학회를 갈 때를 제외하고는 천문대를 비운 적이 없을 정도였다. 귀중한 관측 자료들이 그 천문대에서 쏟아져 나왔다. 천왕성을 도는 두 개의 위성을 발견하고 태양 복사의 성질을 관찰하는 등 수많은 별들과 그것들의 특성이 규명되었다.

허셜이 수행했던 연구의 가장 중요한 의의는 그동안 태양계에 국한되었던 천문학의 범위를 은하계로 확장했다는 점에서 찾을 수 있다. 그는 하늘을 조직적으로 관측하여 1786년, 1789년, 1802년의 3회에 걸쳐 총 2,500개의 성운과 성단의 목록을 작성하였다. 이러한 목록을 바탕으로 은하의 형태를 맷돌 모양으로 묘사했는데, 그것은 오늘날의 관점에서도 상당히 정확한 것이었다. 또한 허셜은 천체의 기원에 관한 가설을 세웠다. 전혀 별개였던 별들이 인력의 작용에 의해 점차적으로 더욱 크고 밀집된 무리에 이끌려 성단과 성운을 만든다는 것이었다. 허셜의 은하에 대한 논의는 이후에 계속해서 천문학의 중요한 토론거리가 되었다.

1800년에 허셜은 또 다른 중요한 발견을 하였다. 그는 천문 관측을 위해 각기 다른 색의 필터를 사용했는데, 어느 날 우연히 서로 다른 필터 아래 손을 놓았을 때 자신의 손이 느끼는 열의 정도에 차이가 있다는 점을 알아차렸다. 이로 인해 허셜은 다른 색깔의 광선이 전달하는 열의 투과와 흡수에 대해 탐구하게 되었으며, 그것은 눈에 보이지 않는 광선인 적외선(赤外線)을 발견하는 성과로 이어졌다. 이처럼 허셜이 적외선을 발견하는 과정에서는 별다른 이론이 필요하지 않았다. 허셜의 적외선 발견은 오늘날 과학철학에서 관찰이 반드시 이론에 의존적인 것이 아니라 관찰이 이론으로부터 독립해 있다는 점을 지지하는 사례로 자주 언급되고 있다.

자외선(紫外線)의 발견에 관한 이야기도 흥미롭다. 독일의 과학자 리터(Johann Ritter)는 자연에 항상 반대의 성질이 존재한다는 자연철학주의(Naturphilosophie)를 신봉하는 사람이었다. 그는 빛의 붉은 색 파장 뒤에 적외선이 발견되었으므로, 보라색 파장 뒤에도 눈에 보이지 않는 광선이 있을 것이라고 생각했다. 이를 바탕으로 리터는 수많은 실험을 한 끝에 1801년에 자외선을 발견하였다. 리터의 자외선 발견은 독일의 자연철학주의라는 철학적 사조가 과학적 연구에 영향을 미친 사례에 해당한다.

가업(家業)이 된 천문학 연구

허셜은 1818년까지 한 해도 거르지 않고 논문을 발표하는 노익장을 과시하였다. 42세에 과학계에 데뷔했던 허셜은 80세까지 계속해서 왕성한 연구활동을 전개했던 것이다. 그는 1816년에 작위(爵位)를 받았으며 1822년에는 왕립천문학회의 회장이 되었다. 그러나 천문학자로서 최고의 영예를 얻었던 그 해에 그는 84세를 일기로 세상을 떠났다. 그는 아들이 자신의 업(業)을 계승해 주기를 간절히 바랬다. "캐롤라인, 은하에 대해서 기록한 내 논문과 관측 자료들을 꺼내서 존에게 주렴." 자신이 구경했던 은하의 세계로 긴 여행을 떠나면서 윌리엄 허셜이 남긴 마지막 말이었다.

윌리엄 허셜의 여동생이자 동료였던 캐롤라인도 독립적인 천문학자로 성장하였다. 그녀는 1787년부터 영국 왕실의 천문관으로 활동했는데, 이는 역사상 최초의 여성 천문관에 해당한다. 그녀는 8개의 혜성과 3개의 성운을 발견하였고 안드로메다 성운의 동반성운을 처음 관찰하기도 했다. 말년에는 영국 왕립학회의 명예회원이 되었으며 프로이센의 왕으로부터 금메달을 받았다. 캐롤라인은 98살까지 장수한 후 1848년에 세상을 떠났다.

역사상 최초의 여성 천문관으로 평가되고 있는 캐롤라인 허셜

윌리엄 허셜의 외아들인 존 허셜은 과학적 업적이 탁월했을 뿐만 아니라 학문에 대한 식견이 높고 인품도 훌륭하여 19세기 영국의 과학계를 대표하는 사람으로 성장하였다. 존 허셜은 1838년에 남아프리카의 케이프타운에서 남천역(南天域)을 관측하는 것을 시작으

로 천문학에 관한 연구 결과를 지속적으로 발표하였다. 그의 연구는 1864년에 5,079개의 성운과 성단을 망라한《성운·성단 총목록》을 발간하는 것으로 이어졌다. 1등성이 6등성보다 100배 밝다는 것을 밝혀내고 천체 사진술을 개발한 것도 존 허셜의 공적이다. 아황산염을 사진의 정착액으로 제안한 것으로 보아 화학에도 능통했다는 점을 알 수 있다. 그가 집필한《자연철학 입문》(1830년)과《천문학 개관》(1849년)은 당시의 과학도가 반드시 읽어야 할 필독서였다. 그중에서《천문학 개관》은 1859년에 중국에서《담천(談天)》으로 번역되었으며, 이를 토대로 최한기는 1867년에《성기운화(星氣運化)》를 출간하기도 했다.

화학혁명과 프랑스 혁명 속에서 앙투안 라부아지에

과학아카데미의 최연소 회원

앙투안 라부아지에(Antoine-Laurent de Lavoisier, 1743~1794)는 화학의 근대적 체계를 구축한 것으로 유명한 과학자이다. 그는 산소의 분리와 결합에 바탕을 둔 연소이론을 정립했으며, 무게를 측정하는 정량적인 방법을 화학에 도입하였고, 새로운 명명법을 만들어 화학물질과 화학반응에 적용하였다. 동시에 라부아지에는 국가권력과 밀접한 관계를 맺었으며 물질적 풍요에 대해서도 관심이 많았던 사람이었다. 그는 일찍이 천재로 두각을 나타냈고 평생 실패를 몰랐지만, 결국 단두대의 이슬로 사라지는 불행한 최후를 맞이하기도 했다.

라부아지에는 1743년에 프랑스 파리에서 가톨릭 집안의 장남으로 태어났다. 그의 할아버지와 아버지는 모두 성공한 법률가였다. 라부아지에는 1754년에 콜레주 마자랭(Collége Mazarin)에 입학하여 고전, 문학, 과학 등을 배웠다. 그는 집안의 전통을 따라 1761년에 파리 대학 법학부에 입학했다. 1763년에 법학사 학위를 받았고, 1764년에는 학사와 박사 사이에 해당하는 준(準)박사(licentiate) 자격을 얻었다.

그러나 대학 시절에 라부아지에의 관심을 끈 것은 과학이었다. 뉴턴의 《프린키피아》와 디드로(Denis Diderot)의 《백과전서》를 읽었으며, 베르나르 쥐시외(Bernard de Jussieu)의 식물학 강의와 루엘(Guillaume François Rouelle)의 화학 강의를 들었다. 대학 졸업 직전에는 아버지의 친구이자 유명한 지질학자인 게타르(Jean Etiene Guettard)와 함께 프랑스 전역을 도는 긴 여행을 했다. 프랑스의 지질도를 작성하기 위해 각 지역에 대한 지질을 조사하는 것이 여행의 목적이었다.

라부아지에는 20대 초반부터 프랑스 과학아카데미의 회원이 되기를 간절히 바랐다. 과학아카데미는 영국의 왕립학회와는 다른 방식으로 운영되어 왔다. 왕립학회는 특별한 공식적 역할이 없었으며 신사들의 사교적 모임과 같은 성격을 띠고 있었다. 이에 반해 과학아카데미는 정부의 자금 지원을 바탕으로 중요한 과제를 수행하였고, 회원들이 다른 직업을 가지고 있더라도 급여가 지급되었다. 이처럼 과학아카데미의 회원이 되면 과학연구에 몰두할 수 있었기 때문에 과학아카데미는 당시 프랑스 과학자들의 선망의 대상이 되었던 것이다.

라부아지에는 1765년에 회반죽을 만들 때 쓰던 석고의 성질에 관한 보고서를 작성한 뒤 과학아카데미에서 발표했다. 당시 과학아카데미는 파리 시내의 가로등을 개선하는 방법을 공모했는데, 라부아지에는 그 문제에 대한 탁월한 해답을 제시하여 1766년에 금메달을 받았다. 이어 1767년에는 정부가 게타르의 지질조사를 공식적으로 후원하게 되었고, 라부아지에는 알사스-로렌 지역을 조사하는 작업에 참여했다. 이러한 과학적 업적과 게타르의 전폭적인 지지를 바탕으로 라부아지에는 1768년에 과학아카데미의 최연소 회원으로 선출될 수 있었다. 당시 그의 나이는 25세에 불과했다.

1770년에 라부아지에는 물이 끓을 때 나오는 고체 침전의 성격에 대해 연구했다. 유리병에 있는 물이 증발하여 사라질 때까지 가열하면 소량의 침전물이 남는 것을 볼 수 있다. 당시의 과학자들은 그것을 흙이라고 생각했다. 물이라는 원소에 불이라는 원소가 가해짐으로써 흙이라는 원소로 변한다는 것이었다. 라부아지에는 실험 전후에 실험 장치의 무게와 고체 침전물의 무게를 정교하게 측정하여 고체 침전은 유리병이 녹아서 나온 것임을 보였다. 그 실험으로 인해 라부아지에는 프랑스 과학계에서 차세대 유망주로 부상하였다. 무게 측정이라는 정량적 방법을 통해 기존의 이론이 가진 오류를 명확히 밝혀낸 것이었다.

세금관리인이 된 라부아지에

1768년은 라부아지에가 다른 직업을 가진 해이기도 했다. 그가 선택한 직업은 세금관리인이었다. 어머니가 남긴 유산의 일부인 50만 프랑을 세금관리인조합에 투자하여 조합의 간부가 되었던 것이다. 당시에 세금관리인조합은 국가로부터 지시받은 세금의 3~4배를 징수하여 납부하고는 그 대가로 수수료를 챙겼다. 세금을 내지 못하는 집에 찾아가 먹을 것마저 빼앗고 매달리는 어린이를 매몰차게 뿌리치는 일도 많았다. 때문에 세금관리인은 '징세 청부인'으로 불렸고 숱한 원성과 혐오의 대상이었다.

라부아지에는 왜 세금관리인이 되었을까? 전하는 이야기에 따르면 과학연구에 필요한 도구와 재료를 구입하기 위한 비용을 마련하기 위해서였다고 한다. 그러나 라부아지에의 집안이 매우 부유했다는 점에 비추어 볼 때 그 이야기는 신빙성이 떨어진다. 그는 실제로 돈벌이에도 흥미가 많았고 그것을 위해서는 수단과 방법을 가리지 않았다. 수재형의 인간이 종종 그러하듯이 라부아지에는 냉혹한 성격의 소유자였다. 물론 그가 벌어들인 수입의 상당 부분이 과학연구를 위해 사용되었을 것이다. 그러나 그러한 선택은 결국 라부아지에를 파멸의 길로 이끌었다.

1771년에 라부아지에는 14살 연하인 마리안 폴즈(Marie-Anne Pierrette Paulze)와 결혼하였다. 그녀는 조합장의 딸로서 지성과 미모를 겸비한 여성이었다. 두 사람 사이에는 자녀가 없었지만 서로 조화로운 결혼 생활을 했다. 그녀는 남편의 실험을 준비하고 정리하는 일을 도맡아 하였다. 영어를 못하는 남편을 대신해 영어로 발표된 화학 논문들을 프랑스어로 번역하는 것도 마리안의 일이었다. 또한 그녀는 그림 실력도 뛰어나 남편의 1789년 저작인 《화학요론(Traité élémentaire de chimie, '화학원론'으로 번역되기도 한다)》에 들어간 각종 그림을 손수 그려 주었다. 라부아지에 부부는 프랑스 지식인 사회의 부러움을 한 몸에 받았다.

이처럼 마리안은 자신이 직접 연구를 기획하지는 않았지만 라부아지에가 연구를 수행하는 데 매우 중요한 역할을 담당하였다. 그러나 라부아지에가 과학연구에서 마리안을 진정한 동료로 생각했는지에 대해서는 의문이 제기되고 있다. 라부아지에는 마리안을 논문이나 책의 공동저자로 넣지도 않았으며, 마리안의 기여를 인정하는 데에도 인색한 모습을 보였다는 것이다. 이와 관련하여 마리안이 "남편도 세상도 나를 알아주

라부아지에 부부에 대한 그림으로 다비드(Jacques-Louis David)의 1778년 작품이다. 다비드는 프랑스 혁명기와 나폴레옹 시대에 명성을 떨쳤던 화가로, 루브르 박물관에 걸려 있는 〈나폴레옹의 대관식〉도 그의 작품이다. 라부아지에의 부인 마리안 폴즈도 다비드 밑에서 미술 공부를 했다.

지 않는구나"고 탄식했다는 이야기도 전해지고 있다.

마리안은 매우 당찬 여성이었던 것으로 보인다. 그녀는 1794년에 라부아지에가 처형된 이후에도 남편의 결백을 주장했으며, 결국 1796년에 라부아지에의 유품을 돌려받을 수 있었다. 마리안은 1804년에 당시의 유명한 정치가이자 과학자인 벤저민 톰프슨(Benjamin Thompson)과 재혼했고 2년 뒤에 이혼하기도 했다. 톰프슨은 미국에서 태어나 유럽에서 활약한 사람으로 1791년에 독일에서 럼퍼드 백작(Count Rumford)의 칭호를 받았고, 1799년에는 영국의 왕립연구소(Royal Institution)를 설립하는 데 크게 기여하였다. 그는 독일의 병기공장에서 대포를 깎아낼 때 마찰에 의해 열이 계속해서 발생하는 현상에 주목했으며, 이를 근거로 열을 물질입자의 일종으로 보는 칼로릭(caloric) 이론에 의문을 제기하면서 열이 운동의 한 형태라는 점을 주장하기도 했다. 그는 열효율을 획기적으로 개선한 벽난로인 '럼퍼드 난로'를 개발하여 큰 반향을 불러일으킨 사람으로도 유명하다.

산소는 누가 발견했는가?

나무가 타는 연소(combustion)나 쇠가 녹스는 하소(calcination)는 매우 흔하게 접할 수 있는 화학반응이다. 이에 대한 이론적 설명으로 16~17세기의 연금술사들은 파라켈수스(Paracelsus)의 3원리설을 선호하였다. 자연세계는 황, 수은, 염의 세 가지 원리로 구성되어 있는데, 어떤 물질이 연소하는 것은 그 물질 안에 포함되어 있는 황이 빠져나가는 과정이고, 금속이 하소하는 것은 수은이 빠져나가는 과정이라는 것이었다. 이어 1700년경에 독일의 과학자이자 의사인 슈탈(Georg Ernst Stahl)은 플로지스톤(phlogiston) 이론을 제창했는데, 플로지스톤은 '불꽃'을 뜻하는 그리스어로 연소나 하소를 일으키는 가상의 입자에 해당한다. 플로지스톤 이론에 따르면, 나무나 기름과 같은 가연성 물질은 모두 플로지스톤을 포함하고 있고 그것이 연소될 때 플로지스톤이 빠져 나오게 된다. 그 이론은 금속의 하소에도 적용되어 금속에서 플로지스톤이 빠져나와 금속재(calx)로 변한다고 설명했다. 또한 플로지스톤 이론은 광석을 숯불로 가열해서 금속을 얻는 제련과정도 설명해 주었다. 즉, 숯이 탈 때 빠져 나온 플로지스톤이 광석과 결합함으로써 금속이 생성된다는 것이었다.

우리는 나무가 타거나 쇠가 녹스는 것은 그것들이 산소와 결합하기 때문이라는 사실을 잘 알고 있다. 따라서 연소나 하소가 물질 속의 무엇인가가 빠져나가는 현상이라는 설명은 아주 이상하게 보일 것이다. 플로지스톤 이론은 오늘날의 관점에서 한 마디로 거꾸로 된 이론이다. 그렇지만 일상적인 경험에 비추어 보면 플로지스톤 이론도 그럴듯해 보인다. 나무나 석탄이 타고나면 원래의 물질은 거의 없어지고 재만 남기 때문에 무엇인가가 빠져나가는 것으로 생각하기 쉽다. 금속에 녹이 슨 경우에도 뭔가가 빠져나간 듯한 모양새를 보인다. 또한 이전의 연금술사들이 연소를 황이 빠져나가는 과정으로, 하소를 수은이 빠져나가는 과정으로 설명했던 반면, 플로지스톤 이론을 적용하면 연소와 하소의 두 현상이 종합적으로 설명될 수 있었다. 게다가 플로지스톤은 입자이기 때문에 18세기 과학의 큰 흐름이었던 뉴턴주의에도 부합하는 특징을 보였다.

이러한 맥락에서 18세기의 많은 화학자들에게 플로지스톤 이론은 상당한 설득력을 가진 최고의 이론으로 받아들여졌다. 당시의 유명한 철학자인 칸트도 플로지스톤 이론에 대해 극찬했다. 그는 1787년에 출간한 《순수이성비판》 제2판의 서문에 다음과 같이 썼다. "슈탈이 금속에서 무언가를 빼내어 금속재로 변화시키고, 또 금속재에 그것을 다시 집어넣어 금속으로 되돌렸을 때, 자연을 연구하는 모든 사람들은 동이 트는 것과 같은 깨달음을 얻었다."

라부아지에는 1772~1774년에 자신의 가장 중요한 과학적 업적인 연소와 하소에 관한 일련의 실험을 했다. 그는 1772년에 라부아지에는 생성되는 기체의 무게까지 고려한 정밀한 실험을 통해 금속이 하소하거나 비금속 물질이 연소할 때 무게가 증가한다는 사실을 밝혀냈다. 다음 해에는 수은을 가열하여 수은의 금속재를 만드는 실험을 통해 그 과정에서 수

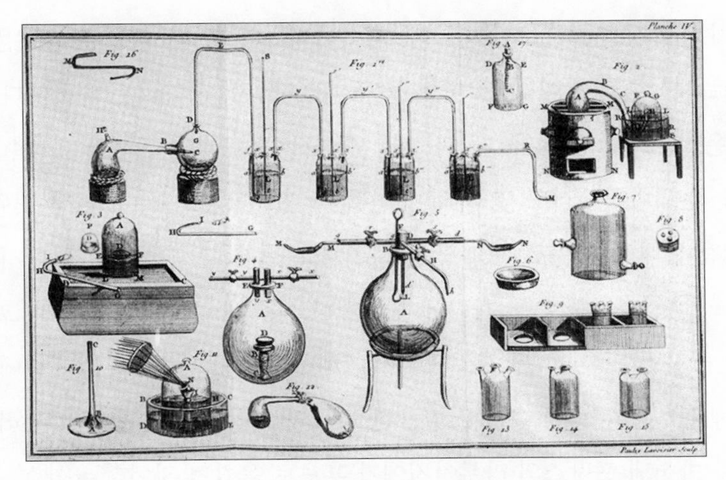

라부아지에의 실험실에는 당시 최고의 실험 장치가 마련되어 있었다. 제일 오른쪽 위에 있는 것이 라부아지에가 연소 실험을 위해 사용한 기구이다.

은이 공기의 특정한 부분과 결합한다는 사실을 알아냈다. 라부아지에는 자신의 발견이 “슈탈 이후에 가장 흥미로운 것”이라고 했지만 이러한 실험 결과를 어떻게 해석해야 할지 명확한 입장을 정하지 못했다. 연소 및 하소가 공기의 특정한 부분과 결합하는 현상인 것은 분명한 데 그 특정한 공기가 무엇인지 알 수 없었던 것이다.

그러던 중 1774년에 영국의 과학자인 프리스틀리가 파리를 방문하여 라부아지에에게 자신이 발견한 ‘새로운 공기’에 대해 이야기해 주었다. 프리스틀리는 라부아지에와는 정반대의 실험을 하였다. 수은의 금속재인 적색 산화수은을 매우 높은 온도로 가열하여 수은 금속과 새로운 공기를 얻어내었던 것이다(오늘날의 화학방정식으로 표현하면 $2HgO \rightarrow 2Hg + O_2$가 된다). 프리스틀리는 자신의 실험을 플로지스톤 이론을 통해 설명했다. 수은 금속재가 공기 중에 있던 플로지스톤을 흡수해서 수은이 되었다는 것이다. 그렇다면 새로운 공기는 전체 공기 중에서 플로지스톤이 빠져나가고 남은 부분이 될 것이고, 따라서 프리스틀리는 새로운 공기를 ‘플로지스톤이 없는 공기(dephlogisticated air)’라고 불렀다.

라부아지에는 플로지스톤이 없는 공기가 자신이 찾던 새로운 기체라는 점을 알게 되었고 실험을 통해 이를 입증하였다. 그 후 라부아지에는 그 기체가 비금속 물질과 반응해서 산(acid)을 만든다는 사실을 확인하였고, 1777년의 논문에서 ‘산을 만드는 원리’라는 뜻을 가진 ‘산소’라는 용어를 사용했다. 옥시(oxy)는 그리스어로 ‘산과 같이 강렬하다’는 의미를, 전(gen)은 ‘태어나다’는 의미를 가지고 있다. 이런 식으로 라부아지에에 의해 연소와 하소는 물질이 플로지스톤을 내놓는 과정이 아니라 산소와 결합하는 현상이 되었다. 새로운 연소이론이 만들어지는 과정은 참으로 흥미롭다. 라부아지에와 프리스틀리는 똑같은 실험을 전혀 다른 방식으로 해석했던 것이다. 토머스 쿤의 패러다임이 생각나는 대목이다.

이러한 점은 호프만(Roald Hoffmann)과 제라시(Carl Djerassi)가 만든 〈산소〉라는 연극에서 부각된 바 있다. 우리나라에서도 몇 차례 공연된 바 있는 〈산소〉는 노벨상 위원회에서 과거의 뛰어난 발견에 대해 ‘거꾸로 노벨상’을 주기로 하면서 그 후보를 찾아나서는 것에서 시작된다. 위원회는 산소를 발견한 사람에게 노벨상을 주기로 합의를 봤지만 그 이후가 문제였다. 1772년에 산소(불의 공기)를 처음으로 분리해낸 스웨덴의 셸레, 1775년에 산소(플로지스톤이 없는 공기)에 관한 논문을 처음으로 발표한 영국의 프리스틀리, 오늘날 우리가 알고 있는 산소의 정체를 밝혀낸 프랑스의 라부아지에가 후보로 올랐던 것이다. 〈산소〉는 세 명의 과학자 중 누구에게 산소 발견의 영예를 안겨주어야 하는지에 대해 묻고 있다. 그 질문은 발견이란 과연 무엇인가에 대한 철학적인 논쟁으로 이어진다. 이와 함께 〈산소〉는 자신이 속한 국가의 과학자가 상을 타기를 바라는 심사위원들 사이의 암투를 그리고 있으며, 세 과학자의 부인이나 여성 동료를 등장시켜 남성 중심의 과학에 대한 문제도 제기하고 있다.

라부아지에의 다양한 연구

라부아지에는 연소와 하소 이외에도 매우 다양한 주제에 대해 관심을 기울였다. 그는 라플라스(Pierre-Simon Laplace)와 함께 열에 따른 물질의 팽창 정도를 측정할 수 있는 기구를 고안하였고, 블랙(Joseph Black)의 얼음 열량계를 개선하기도 했다. 또한 라부아지에는 1783년에 제출한 〈열에 관한 보고〉라는 논문에서 물질이 고체, 액체, 기체의 세 가지 상태를 가지며, 물질의 상태는 물질입자들의 상호작용에 영향을 미치는 열의 양에 따라 결정된다고 주장하였다. 온도와 압력을 조절하면 기체를 액체 또는 고체로 만들 수 있다는 것이었다.

라부아지에는 생명체에서 일어나는 화학반응에 대해서도 연구했다. 그는 1775년에 밀폐된 공간에서 산소가 많이 포함되어 있을수록 동물이 더 오래 살아남으며 호흡 과정에서 산소가 흡수되고 이산화탄소가 방출된다는 사실을 알아냈다. 당시만 해도 라부아지에가 '산소' 대신에 '생명의 공기(vital air)'라는 용어를 사용했다는 점도 흥미롭다. 이어 라부아지에는 1783년의 논문에서 생체 내에서 발생하는 열에 대해 언급하면서 생명체가 들이마신 산소가 느린 연소반응을 일으킨다고 주장하였다. 그는 이러한 반응이 허파에서 일어나며 발생된 열이 혈액을 통해 몸 전체로 공급된다고 생각하였다. 오늘날의 관점에서 보면 생명체

라부아지에의 호흡에 대한 실험으로 그의 부인인 마리안 폴즈가 그렸다. 가운데에서 실험을 설명하고 있는 사람이 라부아지에, 오른쪽 의자에 앉아 실험 과정을 묘사하고 있는 사람이 마리안 폴즈이다.

내의 연소반응은 허파가 아닌 미토콘드리아에서 이루어지지만, 물질대사를 통해 생명체가 체온의 항상성을 유지할 수 있다는 라부아지에의 인식은 적절한 것이었다.

라부아지에는 1783년 6월에 가연성 공기(오늘날의 수소)를 연소시키면 물이 생성된다는 점에 대한 초보적인 실험을 수행했다. 비슷한 시기에 프리스틀리는 왕립학회에서 플로지스톤의 정체가 가연성 공기라고 보고했다. 그는 산화납을 가연성 공기와 함께 가열하는 실험을 했는데, 산화납이 납으로 환원되면서 가연성 공기가 사라졌다고 생각했고 이를 바탕으로 가연성 공기가 곧 플로지스톤이라고 주장했다. 이어 1784년 1월에는 캐번디시(Henry Cavendish)가 물의 정량적 조성에 대해 논의하면서 물의 분해와 합성에 대한 실험 결과를 보고했다. 하지만 캐번디시는 여전히 물을 원소로 간주했으며, 물의 조성에 대한 그의 설명도 플로지스톤 이론에 입각하고 있었다.

라부아지에는 1785년 2월 27일부터 3월 1일까지 물의 조성에 관한 실험을 실시했다. 그 실험은 30여 명의 과학자들이 입회한 가운데 공개적으로 진행되었다. 라부아지에는 고열을 이용하여 물을 수소와 산소로 분리했으며, 반대로 수소와 산소 기체를 이용하여 물을 합성하기도 했다. 이 실험을 통해 라부아지에는 물이 원소가 아니라 산소와 수소의 화합물이라는 점을 명확히 할 수 있었다. 당시에 그는 가연성 공기를 대신하여 '물을 만드는 원리'를 뜻하는 '수소'라는 용어를 사용했다. 이 실험을 계기로 라부아지에와 그의 추종자들은 자신들의 승리를 장담했고, 플로지스톤 화학을 박멸하는 캠페인을 벌이기 시작했다.

라부아지에는 과학연구 이외에도 많은 일에 관여하였다. 염색과 유리 제조를 효율적으로 하는 방법을 제안하였고, 그램과 미터를 통해 도량형을 통일하는 작업도 주도하였다. 파리 주민에게 양질의 식수와 식품을 공급하는 방안을 연구했으며, 고아 및 미망인을 위한 원호사업과 실업자를 위한 공공사업도 전개하였다. 그가 1775년부터 가졌던 공식적인 직함은 프랑스 정부의 화약국장이었고, 1785년부터는 프랑스 과학아카데미의 이사로 활동했다. 라부아지에는 1784년에 독일 의사인 메스머(Franz Mesmer)가 주장했던 자기 치료의 과학적 근거가 부족하다고 주장하는 바람에 논쟁에 휘말리기도 했다.

근대 화학의 기틀을 마련하다

라부아지에의 업적은 플로지스톤 이론을 대체하는 새로운 화학이론을 정립하는 것으로 국한되지 않았다. 그는 화학이 행해지던 방법과 체계를 세우는 데에도 크게 기여하였다. 무엇보다도 라부아지에를 매개로 화학은 정량적으로 변하기 시작했다. 그의 새로운 연소이론도 화학반응의 결과 생겨나는 기체의 무게까지 정확히 고려한 정량적 방법 덕분에 가능했다. 라부아지에는 이러한 생각을 일반화하여 1774년에 오늘날 질량보존의 법칙에 해당하는 물질 보존의 법칙을 제창했다. 화학반응에 참여하는 물질의 질량의 합은 생성된 물질의 질량의 합과 같다는 것이었다.

라부아지에는 새로운 명명법(사람이나 사물에 이름을 붙이는 방법)도 고안했다. 이전의 명명법에서는 화합물의 성질, 출처, 용도 등과 같은 다양한 요소들이 특별한 기준이 없이 사용되었지만 라부아지에는 화합물의 이름이 그것의 구성성분을 나타낼 수 있도록 했던 것이다. 이에 따라 고정된 공기는 이산화탄소로, 초석의 공기는 산화질소로, 홈베르크의 진정시키는 염은 붕산으로 바뀌었다. 화합물을 기호로 나타낸 후 화학반응을 방정식으로 표현하기 시작한 사람도 라부아지에였다. 린네가 생물학에서 명명법을 세웠다면 라부아지에는 화학에서 새로운 명명법을 개척했던 것이다. 그는 1787년에 모르보(Guyton de Morveau), 베르톨레(Claude-Louis Berthollet), 푸르크루아(Antoine François de Fourcroy)와 함께 《화학명명법》을 발간하였고, 이를 계기로 라부아지에의 명명법은 빠른 속도로 수용되기 시작했다.

더 나아가 라부아지에는 새로운 화학을 확산하고 정착시키기 위해 많은 노력을 기울였다. 그는 '연금술'이라는 용어를 버리고 '화학'이라는 용어를 전면에 내세워 자신의 주장을 전개했으며, 같은 분야를 연구하는 사람들과 '화학자'라는 동질감을 만들어내는 데도 열성적인 모습을 보였다. 새로운 화학의 정착에 필요한 교과서를 쓰고 학술지를 만든 사람도 라부아지에였다. 1789년에 출간된 《화학요론》은 모든 물질을 원소와 화합물로 체계적으로 정리하면서 다양한 실험 장치와 조작법도 소개하고 있다. 그 책은 "뉴턴이 100년 앞서 《프린키피아》로 역학에 기여한 바를 화학에서 이룩한 것"으로 평가된다. 또한 같은 해에 《화학연보(Annale de chimie)》라는 학술지가 창간되었다. 그것은 화학에 대한 최초의 전문학술지로서

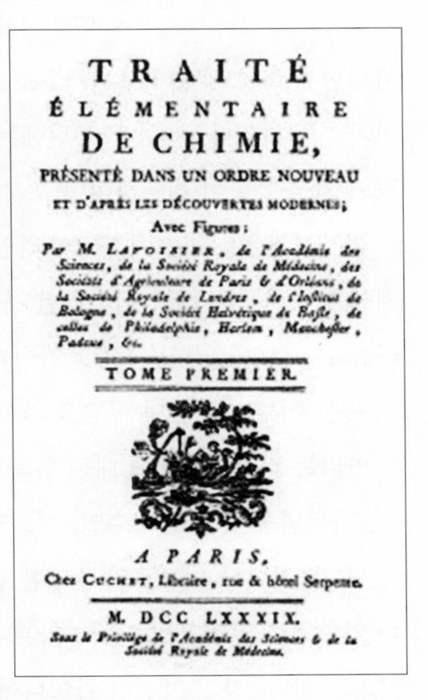

TRAITÉ
ÉLÉMENTAIRE
DE CHIMIE,
PRÉSENTÉ DANS UN ORDRE NOUVEAU
ET D'APRÈS LES DÉCOUVERTES MODERNES;
Avec Figures :
Par M. LAVOISIER, de l'Académie des Sciences, de la Société Royale de Médecine, des Sociétés d'Agriculture de Paris & d'Orléans, de la Société Royale de Londres, de l'Institut de Bologne, de la Société Helvétique de Basle, de celles de Philadelphie, Harlem, Manchester, Padoue, &c.

TOME PREMIER.

A PARIS,
Chez CUCHET, Libraire, rue & hôtel Serpente.

M. DCC LXXXIX.
Sous le Privilège de l'Académie des Sciences & de la Société Royale de Médecine.

근대화학에 대한 최초의 교과서로 평가되고 있는 《화학요론》

지금도 발행되고 있다.

이처럼 라부아지에는 화학의 내용, 방법, 위상 등의 모든 면에 걸쳐 화학을 근대화한 사람이었다. 그러나 과학의 역사가 잘 보여주듯이, 한 사람이 모든 면에서 완벽할 수는 없는 법이다. 라부아지에는 《화학요론》에서 33개의 화학적 원소들에 대해 보고했지만, 원소를 가리키는 용어는 여전히 '원리(principle)'에 머물러 있었다. 사실상 라부아지에는 오늘날과 같은 원자나 분자의 개념을 가지고 있지 않았으며, 그러한 한계는 19세기에 들어와 영국의 돌턴(John Dalton)과 이탈리아의 아보가드로(Amedeo Avogadro)에 의해 돌파되기 시작했다. 또한 당시에는 에너지에 대한 개념이 없었기 때문에, 라부아지에는 빛과 칼로릭(열)도 원소의 목록에 포함시켰다. 이와 함께 라부아지에는 모든 산이 산소를 함유하는 것으로 간주했지만, 1810년에 영국의 데이비(Humphry Davy)는 염산이 염소와 수소로 구성되어 있다는 점을 밝혀냈다.

"공화국에는 과학자가 필요 없다"

라부아지에가 학문적으로 정점에 도달했을 때 프랑스 사회는 예측이 불가능한 정치적 격랑에 휩싸였다. 《화학요론》이 출간된 1789년에 프랑스 혁명이 발발했던 것이다. 바스티유 감옥이 함락되면서 혁명 세력이 구체제(ancien régime)를 타파하였고 혁명 세력 내에서도 온건파와 급진파가 대립하였다. 특히 1793년에는 로베스피에르(Maximilien de Robespierre)가 이끄는 급진 세력인 자코뱅 당이 집권하여 공포정치가 시작되었다.

라부아지에는 과거에 세금관리인으로 활동했기 때문에 계속해서 비판을 받았다. 라부아지에를 비판하는 데 열심이었던 사람은 프랑스 혁명의 주동자이자 언론인 겸 의사였던 마라(Jean Paul Marat)였다. 그는 과학아카데미의 회원이 되고 싶었지만 라부아지에의 반대 때문에 뜻을 이루지 못했던 이력을 가지고 있었다.

마라는 라부아지에에 대해 다음과 같이 썼다. "협잡꾼들의 대표, 탐욕스러운 지주의 아들, 화학연구자, 세금징수인, 디스카운트 은행의 관리인인 라부아지에는 비난받아 마땅하다. … 연간 4만 리브르의 수입을 올리는 이 자그마한 신사는 파리의 관료로 선출되기 위해 악마처럼 날뛰고 있다. … 라부아지에는 해외에 널리 알려진 연구 결과가 모두 자기 것이라고 한다. 자기 자신의 아이디어는 전혀 없으면서 다른 사람들의 연구 결과를 훔친다."

1793년 8월 8일에는 프랑스 과학아카데미가 구체제의 상징으로 간주되어 폐쇄되는 비운을 맞이하게 되었다. 한 달 후 라부아지에의 집과 실험실이 수색을 당했다. 그의 편지와 원고들은 공안위원회의 검열을 받아야 했다. 라부아지에는 이러한 행위에 항의하면서 자신은 프랑스에 어떠한 해악도 가한 적이 없다고 설명했다. 그러나 같은 해 11월 말에 라부아지에는 장인과 함께 체포되어 감옥에 갇혔다. 과거에 세금징수원으로서 국민을 괴롭히고 치부했다는 것이 죄목이었다.

라부아지에가 체포되었다는 소식에 프랑스 과학계는 커다란 충격을 받았다. 그러나 말 한마디를 잘못했다가는 그대로 처형당할 수도 있는 상황이었기 때문에 아무도 입을 열지 않았다. 영국의 왕립학회는 1793년 코플리 메달을 라부아지에에게 수여할 예정이었지만 이를 취소하였다. 코플리 메달이 꼬투리가 되어 영국으로 불똥이 튈 가능성을 염려했던 것이다.

급기야 1794년 5월 2일에는 전직 세금징수원에 대한 처분 안이 혁명법원으로 넘겨졌고, 라부아지에는 5월 8일에 혁명 광장(현재의 콩코르드 광장)에서 51세의 나이로 단두대의 이슬로 사라졌다. 라부아지에의 많은 과학적 업적과 국가적 공헌이 거론되었지만, 재판장은 "공화국에는 과학자가 필요 없다"며 기각했다. 라부아지에는 마지막 순간까지 당당했던 것으로 전해진다. "나는 충분히 길고 행복한 삶을 살았다. 더 이상 무엇을 원할 수 있겠는가? … 나는 늙은이로 죽지 않을 것이고, 그것을 나에게 주어진 축복으로 생각한다."

라부아지에가 처형된 다음 날에 라그랑주(Joseph Louis Lagrange)는 다음과 같이 말했다. "그의 목을 자르는 데는 1초밖에 걸리지 않았지만, 그의 목을 만들려면 100년이 걸릴 것이다." 공교롭게도 라부아지에의 처형이 집행된 순간에 프리스틀리는 미국 망명길에 올라 대서양 한 가운데에 있었다. 그로부터 8년 뒤인 1802년, 한때 라부아지에의 조수로 일하다가 미국으로 망명한 엘뢰테르 듀폰(Eleuthère Irénée du Pont)은 유명한 화학업체인 듀폰 사를 설립했다.

©Book's-Hill

전기학 발전의 길을 열다
알레산드로 볼타

전기가 없다면 어떻게 될까?

2003년 8월 14일 오후 4시, 미국 동부와 캐나다 중부에 갑자기 전기 공급이 중단되었다. 뉴욕이나 토론토와 같은 대도시 시민들은 전기가 곧 들어올 것이라고 생각하였다. 그러나 30분이 지나고 1시간이 지나도 상황은 달라지지 않았다. 컴퓨터가 꺼지고, 신호등이 마비되고, 지하철이 정지하고, 방송국이 타격을 입고, 심지어 휴대전화마저 작동하지 않았다. 2~3일 동안 계속된 이러한 정전 사태는 우리가 얼마나 전기에 의존하고 있는가를 잘 보여준 사건이었다.

인류는 19세기말부터 전기를 실생활에서 사용할 수 있게 되었다. 여기에는 1879년에 에디슨이 전등을 상업화했던 것이 직접적인 계기로 작용하였다. 그러나 이와 같은 '전기의 시대'도 18세기 후반부터 본격적으로 시작된 전기현상에 대한 체계적인 탐구가 없었더라면 불가능했을 것이다. 당시의 많은 과학자 중에서 알레산드로 볼타(Alessandro Volta, 1745~1827)는 기전기(起電機), 전위계(電位計), 전지(電池) 등을 발명함으로써 전기학 발전의 길을 열었던 인물이다. 이 때문에 볼타는 후세의 역사가들에 의해 '전기학의 아버지'로 불리고 있다.

볼타는 1745년에 이탈리아 북부에 있는 코모라는 마을에서 태어났다. 그의 아버지는 11년 동안 예수회 수사를 지낸 뒤 매우 신앙심이 깊은 귀족 집안의 여성과 결혼한 사람이었다. 볼타의 삼촌 중에도 3명이 성직에 종사하였고, 볼타의 아홉 형제 중 5명이 교회와 관련되어 있었다.

볼타의 집안은 경건하면서도 명랑한 삶을 즐기는 풍조를 가지고 있었다. 볼타는 집안의 분위기에 비하면 약간 별종이었다. 그는 경건에는 별로 관심이 없고 명랑에만 관심이 많아서 다른 가족들에 비해 세속적인 생활을 즐기는 편이었다. 이러한 그의 성향은 이후에도 계속되어 그는 50세가 되어서야 노총각 딱지를 떼고 결혼식을 올릴 수 있었다.

볼타는 예수회 교육을 받으면서 성장했으며, 라틴어를 비롯한 언어와 시를 비롯한 문학을 주로 배웠다. 그가 어떤 계기로 과학에 관심을 가지게 되었는지는 분명하지 않다. 다만, 그의 청년 시절인 18세기가 전기현상에 대한 관심이 폭발적으로 증가했던 시기였음을 감안한다면, 볼타 역시 당시의 분위기에 따라 자연스럽게 전기에 관심을 가진 것으로 보인다. 18세기에는 전문적인 과학자는 물론 많은 아마추어들이 전기현상에 대해서 활발하게 논의하고 있었으며, 전기에 대한 공개 실험이 유행하여 많은 사람들이 비싼 관람료를 지불하면서도 이를 즐기곤 하였다.

볼타는 20대에 전기에 관한 책을 여러 권 읽었는데, 그중에는 영국의 신학자이자 과학자인 프리스틀리가 1767년에 출간했던 《전기학의 역사와 현황》이라는 책도 포함되어 있었다. 볼타는 공식적인 과학교육을 받지 않았음에도 불구하고 꾸준한 노력을 통해 전기량이나 전기용량과 같은 새로운 개념들을 정확하게 이해할 수 있었다. 어느 정도의 책읽기가 진척된 후 그는 스스로 실험실을 차리고 실험 장치를 만든 후 전기에 대한 연구를 수행하기 시작했다. 이러한 과정에서 볼타는 당대의 뛰어난 전기학자였던 베카리아(Giambatista Beccaria)와 편지를 주고받았는데, 베카리아는 전기에 대한 이론적 연구보다는 실험에 더욱 매진하라고 충고하기도 했다.

당시의 전기실험에서는 라이덴병(Leyden jar)이 널리 사용되고 있었다. 라이덴병은 원래 병 속에 있는 물에 전기를 저장하는 장치로 1845년경에 독일의 클라이스트(Ewald Jurgens von Kleist)와 네덜란드의 뮈스헨브루크(Pieter van Musschenbroek)에 의해 각기 독자적으로 발명되었다. 당시 라이덴 대학에서 활동하고 있었던 뮈스헨브루크가 그 장치를 널리 사용하고 설명도 잘했기 때문에 '라이덴병'이란 이름이 붙여졌다. 그 후 많은 과학자들은 유리로 된 병의 안과 밖에 주석판과 같은 얇은 금속판을 붙여 일상적인 공간에서도 전기

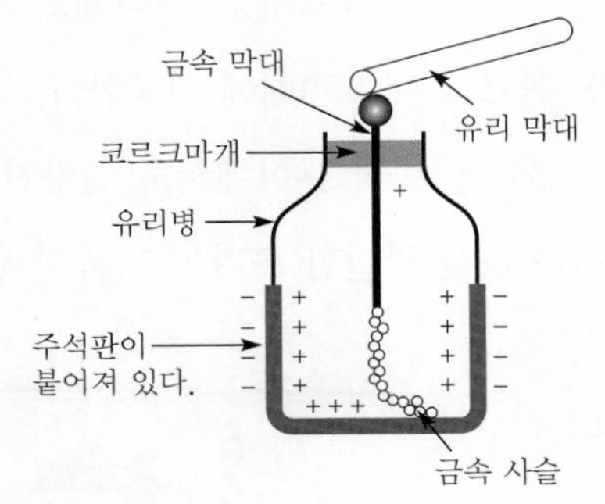

라이덴병의 원리를 설명한 그림. 예를 들어 명주 헝겊에 문지른 유리 막대를 금속 구에 접촉시키면 유리병 안쪽의 주석판에 퍼져 (+) 전기가 저장되고, 정전기 유도에 의해 안쪽 주석판에 모인 (+) 전기는 바깥쪽 주석판의 (–) 전기 때문에 도망칠 수 없게 되어 전기를 저장할 수 있다.

를 저장할 수 있는 장치로 개량하였다. 그러나 라이덴병은 순간적으로 발생하는 전기만 저장하는 단점을 가지고 있었다.

과학자로서 명성을 쌓다

볼타는 1775년에 '전기쟁반(electrophorus)'이라는 정전기 발생 장치를 발명하여 문제 해결의 길을 열었다. 그것은 에보나이트를 입힌 금속판과 절연된 손잡이가 달린 다른 금속판으로 이루어진 간단한 장치였다. 에보나이트를 마른 천에 비비면 음전기가 발생한다는 사실은 오래전부터 알려져 있었다. 에보나이트를 입힌 판을 마찰해서 대전시키고 그 위에 다른 금속판을 올려놓으면, 에보나이트의 음전기가 금속판 밑면의 양전하를 끌어당겨 윗면을 음전하로 만들었다. 이때 금속판의 윗면을 전깃줄을 통하여 땅과 연결시키면 양전하는 에보나이트의 음전기에 붙잡혀 있고 음전하만이 땅으로 흘러들어가 금속판은 모두 양전하로 바뀌게 된다. 이런 식으로 볼타는 계속해서 많은 양전하를 축적할 수 있었다. 볼타의 전기쟁반은 전하를 저장하는 최고의 장치로 떠올랐으며, 오늘날에도 큰 변화 없이 실험실에서 사용되고 있다.

볼타는 전기쟁반을 발명하면서 일약 스타로 부상하였다. 그는 코모의 여러 학교에서 물리 교사 혹은 강사로 활동하였다. 볼타의 명성은 이탈리아 밖으로도 퍼졌고, 취리히 물리학회는 그를 회원으로 선출하기도 했다. 전기쟁반을 발명하면서 전기량을 정량적으로 측정할 필요성을 느낀 볼타는 전위의 차이, 즉 전압을 반복적으로 측정할 수 있는 전위계도 고안하였다. 그리고 그는 전위계의 기준 눈금을 정했는데, 그 값은 오늘날 전압의 측정 단위인 볼트의 13,350배에 해당한다.

볼타는 화학 분야에서도 일가견이 있는 사람이었다. 1778년에 어떤 늪지대에서 거품이 이는 것을 관찰한 볼타는 거품의 원인을 규명하는 과정에서 메탄가스를 세계 최초로 발견

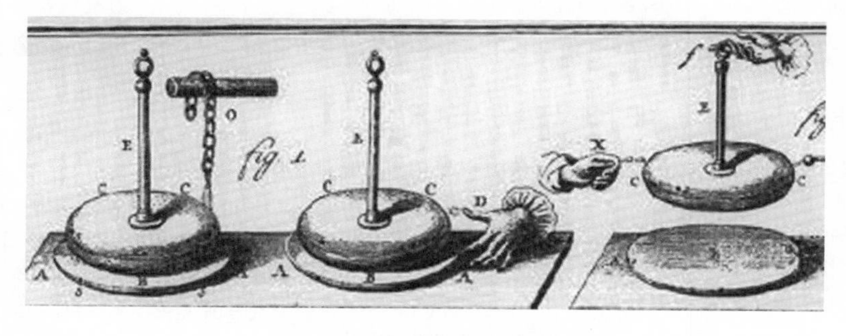

볼타의 전기쟁반에 대한 개념도

하기도 했다. 그는 이 연구 결과를 취리히 물리학회에서 발표하여 좋은 반응을 얻었다. 또한 볼타는 화학과 전기에 대한 흥미를 결합해서 밀폐된 공기 안에서 전기 불꽃을 일으켜 가스를 태우는 장치인 유디오미터(eudiometer)를 만들기도 하였다.

볼타가 과학적 업적을 쌓고 세계적 명성을 얻자 롬바르디아 왕국의 파비아 대학은 그를 실험물리학 교수로 임명하였다. 볼타는 1788년부터 1804년까지 파비아 대학에 재직하였다. 그는 1792년에 프랑스 과학아카데미의 통신회원과 영국 왕립학회의 외국인 회원으로 선출되기도 했다.

갈바니의 동물전기에서 출발한 볼타전지

1791년에 볼타는 이탈리아 볼로냐 대학의 해부학 교수인 갈바니(Luigi Galvani)의 논문을 읽고 자신의 가장 위대한 업적으로 평가받는 연구를 시작하였다. 1780년에 갈바니는 개구리의 다리에 있는 신경과 근육에 관한 실험을 하고 있었다. 한번은 죽은 지 얼마 되지 않은 개구리의 뒷다리 근육에 외과용 메스를 댔더니 놀랍게도 개구리의 다리가 움찔하면서 움직였다. 그것을 지켜보면서 깜짝 놀란 갈바니는 다른 곳도 찔러 보았는데, 결과는 마찬가지였다. 이후에 많은 연구를 거쳐 갈바니는 1791년에 죽은 개구리의 뒷다리가 움직인 것은 동물의 몸 안에 있는 전기 때문이라는 요지의 논문을 발표하였다. 갈바니의 '동물전기' 이론은 당대 과학계의 중요한 관심사로 떠올랐고 방법을 약간 달리한 실험이 여러 번 되풀이되었다.

처음에 볼타는 개구리를 라이덴병으로 보는 갈바니의 생각을 극찬했다. "전기에 관해서 그 당시까지 알려진 어떤 것보다도 월등하다"는 것이었다. 그러나 점차 볼타는 개구리 다리가 단지 전기가 있다는 것을 검출해 주는 검전기에 불과하며, 다른 곳에서 전기가 흘러들어오는 것이 아닐까 하고 생각하기 시작했다. 볼타는 자신이 직접 개구리를 가지고 수많은 실험을 해 보았다.

이를 통해 볼타는 다양한 금속을 개구리 다리에 접촉시켜 보면서 금속의 종류에 따라 반응의 정도가 달라진다는 점을 확인했다. 또한 한 종류의 금속만 닿으면 개구리의 근육이 잘 움직이지 않으며, 두 종류의 금속을 사용해야 개구리 다리의 반응이 현격해진다는 점을 발견했다. 이 과정에서 그는 개구리의 근육이 잘 움직이는 경우에는 서로 접촉시킨 두 종류의 다른 금속이 전위차를 가지고 있을 것이라는 가설을 세웠다. 더 나아가 서로 다른 두 가

볼타는 아연 금속판, 소금물로 적신 헝겊, 구리 금속판을 차례대로 여러 번 쌓아 세계 최초의 전지를 만들었다.

지 금속조각을 겹친 다음 그 사이에 액체로 젖은 천을 놓기만 하면 다른 동물이 없어도 전기를 만들어낼 수 있을 것이라고 생각했다.

이러한 볼타의 주장에 대해 동물전기를 지지하는 사람들은 반대 입장을 표명했다. 급기야 금속전기와 동물전기 옹호자들 사이에는 열띤 논쟁이 벌어졌고, 이 과정에서 매우 황당한 실험들이 행해지기도 했다. 갈바니의 조카인 알디니(Giovanni Aldini)는 동물전기 현상을 이용해 죽은 시체에 생명을 불어넣을 수 있다고 믿으면서 배터리를 이용해 죽은 생명체를 살리는 엽기적인 실험을 했다. 이를 위해 그는 동물의 사체는 물론 사형수의 시체를 사용하기도 했다. 이 실험은 상당한 반향을 불러 일으켰고, 영국의 왕립 익사사고 구조회는 알디니의 방법이 사망한 사람들을 살리는 응급수단으로 활용될 수 있을 것으로 생각했다. 전기를 이용해 생명을 불어넣는다는 발상은 1818년에 셸리(Mary Shelley)가 출간한 소설인 《프랑켄슈타인》에도 등장한 바 있다.

볼타는 금속전기의 문제를 더욱 깊이 연구하면서 두 종류의 금속을 짝지어 연결한 것을 여러 개 포개면 전위차가 더 커질 것이라는 점에 주목했다. 이와 함께 금속 중에서도 전위차가 큰 금속을 선택하면 더욱 탁월한 효과가 있을 것으로 생각했다. 결국 볼타는 거의 10년에 이르는 노력을 바탕으로 1799년에 아연 금속판, 소금물로 적신 헝겊, 구리 금속판을 차례대로 여러 번 쌓아 놓은 장치를 개발하는 데 성공하였다. 그는 이러한 장치를 '전퇴(電堆, electrical pile)'라고 불렀는데, 그것이 바로 '볼타전지(Voltaic pile)'이다. 여기서 아연과 구리는 오늘날 과학교과서의 전기분해 단원에 자주 등장하는 금속이며, 헝겊에 적신 물질은 전해질의 역할을 담당한다.

볼타는 자신의 전지를 대중 앞에 선을 보이면서 동물전기 옹호자들과의 논쟁에서 승리할 수 있었다. 볼타전지는 과학적 연구의 측면에서도 중요한 의미를 가지고 있었다. 그것은 축적된 전기를 한꺼번에 방전해 버리는 라이덴병과 달리, 역사상 최초로 안정된 전류를 제공해 주었다. 사실상 볼타의 발명 이전에 전기 연구는 기본적으로 정전기의 탐구에 국한되어 있었다. 그러나 볼타전지가 발명된 이후에 과학자들은 마음대로 켰다 껐다 할 수 있는 전류를 이용하여 연구할 수 있었고, 전지에 판을 추가하거나 제거하여 전류의 강도를 조절할 수 도 있었다. 볼타전지는 전류를 얻는 화학적인 방법을 세계 최초로 제공한 것으로서 이후에 나타난 모든 전지의 조상이자 지금도 전지를 만드는 토대로 작용하고 있다.

"인류가 발명한 가장 경이로운 장치"

1800년에 볼타는 〈종류가 다른 전도성 물질의 단순한 접촉에 의해서 생긴 전기에 관하여〉라는 논문을 영국 왕립학회로 보냈다. 당시 왕립학회 회장이었던 뱅크스는 볼타의 논문을 보고 깜짝 놀랐다. 원래 볼타의 논문은 불어로 적혀 있었는데, 뱅크스는 번역도 시키지 않고 제목만 영어로 붙인 채 급히 《철학회보》에 실었다. 프랑스의 천재 과학자로 칭송받고 있었던 아라고는 그 논문을 읽은 뒤 전퇴를 "인류가 지금까지 발명한 가장 경이로운 장치"라 격찬하기도 했다.

볼타가 전지를 만들 때에는 전기를 측정하는 장치가 없었다. 그렇다면 볼타는 어떻게 전지의 효과를 감지하고 측정을 했을까? 당시에는 자신의 몸에 충격을 주는 것이 가장 보편적인 방법이었다. 사실상 볼타의 1800년 논문은 20층 되는 전지를 만들어 한 손으로 바닥을 만지고 다른 손으로 꼭대기를 만짐으로써 손에 상당한 충격을 받았다고 보고하고 있다. 이와 함께 바닥과 3~4층 정도만 연결해도 충격을 느낄 수 있었고, 점점 더 높은 층과 연결할수록 충격이 더욱 심해졌다는 점도 언급되어 있다.

볼타는 1801년에 파리로 가서 나폴레옹이 참석한 가운데 프랑스 과학아카데미에서 자신의 전지를 선보였다. 볼타는 굉장한 갈채를 받았고 나폴레옹은 볼타에게 남작의 작위와 레지옹 도뇌르 훈장을 수여하였다. 급기야 롬바르디아 왕국에서도 볼타를 백작 겸 상원의원으로 추대하였다. 이처럼 볼타는 여러 권력자들로부터 후한 대접을 받았지만 정치에는 전혀 관심을 보이지 않고 오로지 연구에만 몰두하였다.

1801년에 프랑스 과학아카데미에서 자신의 전지를 선보이고 있는 볼타

볼타는 주로 혼자서 연구하는 스타일이었기 때문에 학파를 만들지는 못

했다. 여기에는 그가 과학에 대한 정규 교육을 받지 않았기 때문에 다른 과학자들과 적극적으로 교류하기 어려웠다는 점도 크게 작용한 것으로 보인다. 하지만 볼타가 전지를 발명한 이후에 전기에 관한 연구는 세계 각국의 과학자들을 통하여 크게 발전되었다. 영국의 니콜슨(William Nicholson)과 칼라일(Anthony Carlisle)은 물이 수소와 산소로 분해된다는 점을 밝혔고, 영국의 데이비는 처음으로 금속 나트륨을 얻었으며, 덴마크의 외르스테드는 전류의 자기 효과를 규명하였다. 볼타전지를 통하여 전기화학이나 전자기학과 같은 분야들이 모습을 드러내기 시작했던 것이다.

볼타는 1827년에 82세를 일기로 세상을 떠났다. 그의 업적은 1881년 국제전기학회가 전압의 단위를 볼트로 정함으로써 역사에 영원히 기록되고 있다. 갈바니의 이름도 검류계(galvanometer)와 전기도금(galvanization)을 통해 남아있다.

인류를 천연두에서 구하다
에드워드 제너

"저는 절대로 천연두에 걸리지 않아요"

"옛날 어린이에게는 호환, 마마, 전쟁 등이 가장 무서운 재앙이었다." 이것은 우리나라에서 1990년대 후반에 불법 비디오의 유해성을 경고하는 공익 광고로 사용되었던 문구이다. 여기서 '마마'로 칭해진 천연두(天然痘)는 300년 전만 하더라도 가장 무서운 질병 중의 하나였다. 천연두에 걸리면 대개는 죽었고 설사 살아남는다 해도 얼굴에 짙은 흉터가 남아 곰보로 취급되었다. 게다가 천연두는 전염성이 강해 한 번 유행하면 수천 혹은 수만 명의 사람들이 목숨을 잃는 일도 있었다. 이러한 상황은 18세기 말에 영국의 의사인 에드워드 제너(Edward Jenner, 1749~1823)가 소의 천연두인 우두(牛痘, cowpox)를 접종한다는 뜻의 종두법(種痘法)을 발견하고 실행함으로써 극복되기 시작하였다.

제너는 1749년에 잉글랜드의 글로스터셔 주 버클리라는 작은 마을에서 목사의 셋째 아들로 태어났다. 그는 어려서부터 생물을 관찰하는 것을 좋아하였고 나중에 의사가 되리라고 마음먹었다. 당시에는 의사가 되려면 경험이 풍부한 의사 밑에서 수습생활을 한 다음 의과대학에 진학하여 공부를 하는 것이 보통이었다. 제너도 13살 때부터 소드베리에서 루들로(Daniel Rudlo)라는 의사 밑에서 수습생활을 하면서 의사의 꿈을 키웠다.

수습생활을 하고 있었던 1766년 어느 날, 농장에서 소젖을 짜는 한 여자가 소드베리 의원에 진찰을 받으러 왔다. 마침 천연두 이야기가 나오자 그 여자는 다음과 같이 말했다. "저는 절대로 천연두에 걸리지 않아요. 우두에 걸렸으니까요." 우두는 암소의 유방에 생기는 병으로 그 병에 걸린 소의 젖을 짜는 사람에게 잘 옮는다. 우두에 걸리면 팔이나 손에 사마귀 같은 종기나 부스럼이 돋아났다가 사라진다. 그런데 이상하게도 우두를 앓고 난 사람은 일생 천연두에 걸리지 않았다. 당시에 15살이었던 제너는 그 여인이 한 말을 늘 머릿속에 새겼다.

21살 때 제너는 런던에 있는 성 조지 병원으로 가서 본격적인 의학 공부를 하였다. 그의 선생은 당시의 유명한 의사로서 많은 수술 도구를 개발하고 있었던 헌터(John Hunter)였다. 헌터는 모든 생물학적 현상에 대하여 끊임없는 탐구하는 정신과 냉철하게 연구하는 태도를 가지고 있었으며 그것은 젊은 제너에게 커다란 영향을 미쳤다. 특히 제너는 "생각하는 데 너무 많은 시간을 낭비하지 말고 직접 실험을 해보라"는 선생의 충고를 마음속에 깊이 간직했다.

제너는 런던에서의 공부를 마치고 1775년에 의사 자격을 얻어 고향으로 돌아왔다. 병원을 개업하자마자 제너는 유능하고 친절한 의사로서 명성을 얻었다. 특히 동네 어린이들에게 인기가 많아 제너가 산책이라도 하면 아이들이 "제너 선생님" 하면서 그의 뒤를 따라 오기도 했다. 당시에 제너는 환자들을 돌보면서 헌터 박물관을 위해 생물학 표본을 수집하는 일도 함께 하였다. 제너는 1789년에 영국 왕립학회의 회원이 되었고 1792년에는 성 앤드류 대학에서 의학박사 학위를 받았다.

종두 실험에 성공하다

의사로서의 생활이 안정되자 제너는 이전부터 관심이 많았던 천연두 예방법을 본격적으로 탐구하기 시작하였다. 당시에 알려진 천연두 예방법은 인두법(人痘法)이었다. 고대로부터 아시아 지역에서는 천연두가 걸린 사람의 부스럼에서 나온 액체로 예방접종을 하는 방법이 간헐적으로 사용되었다. 인두법은 1717년에 영국의 터키 주재 대사의 아내인 몬터규(Mary W. Montagu)에 의해 유럽으로 도입되었다. 그녀는 친구에게 보낸 편지에서 다음과 같이 썼다.

"우리들에겐 아주 흔하고 치명적인 천연두가 이곳에서는 전혀 발생하지 않아. 여기 사람들이 '접목'이라고 부르는 예방법이 있기 때문이야. … 천연두에 걸린 사람의 고름을 … '접목' 하겠냐고 물어보지. 그러고는 곧바로 큰 바늘로 사람들의 혈관을 째고, 바늘 끝에 얹을 수 있는 만큼의 고름을 집어넣어. … 이 유용한 방법을 영국에 확산시키기 위해서라면 어떤 어려움도 감수할 생각이야. … 내가 아는 모든 의사들에게 이 내용을 자세히 써 보낼 생각이야."

한때 사교계의 명사였지만 천연두로 얼굴이 망가져 인기가 떨어졌던 쓰라린 경험 때문인지, 몬터규는 인두 접종을 하면 "얼굴에 흉터가 나는 경우도 거의 없다"는 사실에 열광했다. 그녀는 자신의 아들과 딸에게 인두 접종을 실시했으며, 귀국 직후인 1721년에 영국에서 천연두가 유행하자 왕실에 접근하여 인두법을 적극 권유했다. 영국 정부는 우선 범죄자와 빈민을 대상으로 인두법을 실시했고, 효과가 좋은 것으로 나타나자 왕손들에게도 인두를 접종하였다. 그러나 인두법은 몇 달 동안이나 인간사회로부터 격리되어 시술되어야 했고, 예방을 위해 실시한 인두 접종 때문에 도리어 천연두에 걸려 죽는 사람도 종종 있었다.

제너는 15살 때의 대화를 상기하면서 인근 농장을 찾아가 소젖을 짜는 사람들이 천연두에 걸리지 않는다는 사실을 다시 확인하였다. 그런 다음 가축의 가벼운 질병이 인간의 무서운 질병을 예방해 주는 효과가 있을 것이라는 가설을 세웠고 이를 실험으로 입증하겠다고 마음먹었다.

그러나 실험을 자청하는 사람을 찾는 것은 매우 어려운 일이었다. 누가 무서운 천연두에 걸릴지도 모르는 실험을 자청할 것인가? … 실험이 실패할 경우에는 곰보가 되거나 죽음을 당하는 것을 각오해야 했던 것이다. 제너는 실험의 안전성을 강조하면서 많은 사람들에게 실험에 응해 줄 것을 요청했지만 그것은 헛수고였다. 그러던 중 제너의 정원사가 자신의 아들이 실험의 대상이 되는 것을 허락해 주었다. 그 아이는 핍스(James Phipps)라는 8살짜리 소년이었다.

실험 날짜는 1796년 5월 14일이었다. 제너는 손가락을 가시에 찔린 뒤에 소젖을 짜다가 우두에 걸린 한 농부의 딸 새러(Sarah Nelmes)의 손가락에 있는 우두의 부스럼에서 약간의 액을 채취했다. 그러고 나서 깨끗한 피침(披針)을 사용하여 핍스의 왼쪽 팔에 만든 두 개의 조그마한 상처로 옮겼다. 처음에 핍스는 미열 증상을 나타냈지만 소젖 짜는 여자들의 경우와 마찬가지로 며칠 후에 회복되었다. 그로부터 한 달이 조금 지난 뒤인 7월 1일에 제너는 일종의 결정적 실험을 했다. 그는 약간의 천연두를 포함한 액을 취하여 핍스에게 주입했다. 예상과 마찬가지로 핍스는 전혀 천연두의 증세를 나타내

제너가 소년에게 우두를 접종하고 있는 장면을 나타낸 조각상

지 않았다. 핍스의 몸에 천연두에 대한 면역이 생긴 것이었다.

제너는 인류에게 줄 커다란 축복의 선물을 발견했다고 확신하면서 자신의 발견에 대해 매우 즐거워했다. "우두 접종법을 발견한 것은 대단한 성과였다. 이를 이용해 세상의 큰 고통 가운데 하나를 없앨 수 있는 가능성이 눈앞에 펼쳐졌다. 나의 기쁨은 한이 없었다. 나는 좋아하는 초원을 거닐며 때로 즐거운 몽상에 빠져 있는 나 자신을 발견하곤 했다."

종두법을 둘러싼 논란

제너는 종두법에 관한 논문을 작성한 뒤 왕립학회에 검토를 요청했다. 그러나 왕립학회는 제너의 논문에 대해 부정적인 반응을 보였다. 왕립학회 회원들이 보기에, 동물의 질병을 이용하는 간단한 방법으로 천연두 같이 복잡하고 끔찍한 질병을 예방할 수 있다는 생각은 믿기 어려운 것이었다. 게다가 그와 같이 대범한 가설이 단 1회의 접종실험만으로 지지된다는 점은 더더욱 믿기 어려웠다. 당시에 왕립학회는 제너에게 "지금까지 받아들여진 생각과 상당히 다른 연구 결과를 발표함으로써 의사로서의 평판에 모험을 걸지 말라"고 충고하기도 했다.

제너는 접종실험을 더욱 확대해 보기로 마음먹었다. 그는 두 명의 소년에게 신선한 고름을 접종했다. 우두의 농포가 생기자 제너는 감염성 독소를 추출했고, 다시 다섯 명을 더 접종시켰다. 핍스의 경우처럼 접종 대상자들은 며칠 동안 국부적인 반응을 보였지만, 천연두의 증상은 보이지 않았다. 그러나 그중 한 명이 회복되는 듯했으나 곧바로 사망하고 말았다. 몇 년 뒤 제너는 그 소년의 죽음을 은폐했다는 이유로 심한 비난을 받았다. 당시에 제너는 다음과 같이 썼다. "그 소년은 접종에 적합하지 않았다. 빈민 수용소에서 전염성 열병을 옮았던 것으로 생각된다."

이러한 사고에도 불구하고 제너는 포기하지 않았다. 그는 계속된 실험을 통해 23명을 대상으로 우두 접종을 하였고 종두법을 효과적으로 시행하기 위한 방법을 찾았다. 특히 제너는 우두의 특정한 형태만이 천연두를 방지할 수 있으며, 유효한 형태의 우두도 특정한 시기에 접종하지 않으면 효력이 없다는 사실을 밝혀냈다. 그는 이러한 연구 결과를 토대로 1798년에 〈바리올라 바키내(Variolae vaccinae)의 원인과 효과에 대한 탐구〉라는 논문을 개인적으로 출간하였다. 바이올라 바키내는 소의 천연두를 뜻하는 의미의 라틴어로서 바키내는 이후에 백신(vaccine)과 예방접종(vaccination)이란 단어의 기원이 되었다.

그러나 우두를 통해 천연두를 예방할 수 있다는 제너의 주장에 대해 영국의 많은 의사들과 지식인들은 강한 의문점을 제기하였다. 비판자들의 주요 견해를 인용하면 다음과 같다. "소가 앓는 우두와 사람이 앓는 천연두는 전혀 다른 병이다. 그러므로 제너가 바리올라 바키내란 용어를 쓴 것은 잘못이다." "제너가 종두를 접종하여 걸리게 되는 우두는 천연두와 다름없이 더럽고 혐오스런 병이다." "인간의 피 속에 짐승의 균을 넣은 것은 구역질 날 만큼 불쾌한 일이다. 더욱이 정상적인 자연의 질서를 거스르는 행위는 하느님의 섭리에 대항하려는 불순한 짓이다."

제너의 종두법을 비아냥거리는 만화도 그려졌다. 종두를 맞은 후 머리에 뿔이 생긴 사람, 머리는 사람이고 몸은 소인 이상한 생명체, 사람들이 암소를 예배하는 모습 등은 그 대표적인 예이다. 심지어 "한 아이가 우두를 맞고 나서 황소처럼 네 발로 달려갔다"는 소문이 나돌기도 했다. 이러한 비난은 모두 같은 생각에서 나온 것이라고 볼 수 있다. 인간은 소와 비교될 수 없는 고등동물인데 어떻게 인간의 질병을 짐승을 통해 치료할 수 있겠는가? 비판자들에게는 짐승과 인간을 동일 선상에 놓고 논의하는 발상 자체가 이해할 수 없는 혐오스러운 것이었다.

이러한 비난에 대하여 제너를 지지하는 세력은 다음과 같은 반박 논리를 개진하였다. "인간은 몇천 년에 걸쳐 소고기나 양고기를 먹어 왔고, 또 셀 수 없을 만큼 많은 세대에 걸쳐 우유를 마셨으며, 온갖 동물의 고기를 먹어 왔다. 그래도 지금까지 어느 누구도 짐승이 된 일이 없었으며, 황소처럼 네 발로 달린 적도 없다."

어느 쪽이 진실인지를 가릴 수 있는 기회는 곧 다가왔다. 때마침 유럽 전역에 천연두가 유행했던 것이다. 제너는 자신의 친구인 클린치(John Clinch)와 조카인 조지(George Jenner)의 도움을 바탕으로 가난한 사람들에게 무료로 우두 접종을 실시하였다. 종두법의 효과는 곧 바로 나타났다. 우두 접종을 한 사람들은 아무도 천연두에 걸리지 않았던 것이다. 종두법의 효과가 입증되자 영국 정부는 1802년에 제너에게 1만 파운드의 보조금을 지급하였고, 1806에는 추가로 2만 파운드를 지원하였다. 1803년에는 제너협회가,

제너가 종두법을 개발하자 "소 고름을 맞으면 사람이 소로 변한다"는 헛소문이 돌기도 했다. 당시 사람들이 느낀 공포를 재치 있게 풍자한 1802년의 만평

1808년에는 국립종두연구소가 설립되었는데 제너가 회장과 소장을 맡았다. 1813년에 옥스퍼드 대학은 제너에게 명예 의학박사 학위를 수여하였다.

지구 상에서 천연두가 사라지다

종두법이 급속히 보급되면서 제너는 세계적으로 유명한 인사가 되었다. 1807년에는 독일의 바이에른 주가 종두를 세계 최초로 의무화했으며, 그 후 다른 지역과 국가도 이를 뒤따랐다. 러시아에서는 최초로 종두를 받은 어린이의 이름을 러시아어로 바키내에 해당하는 왁지노프(Vaccinov)로 지으면서 그 소년에게 장학금을 지급하기도 했다. 우리나라 사람으로는 1879년에 지석영(池錫永)에 의해 종두법이 처음으로 실시된 것으로 알려져 있다.

나폴레옹도 제너의 종두법에 매우 호의적인 태도를 보였다. 나폴레옹은 종두법이 프랑스 국민에게 커다란 가치가 있을 것으로 판단하였다. 그는 자신의 어린 자식들에게 종두를 실시하여 국민의 신뢰를 확보한 뒤 1809년에 종두를 의무화하는 칙령을 내렸다. 제너의 명성은 영국과 프랑스의 적대적인 감정을 완화하는 데에도 한 몫을 했다. 한번은 제너가 나폴레옹에게 영국인 포로를 석방해 달라고 요청하자 나폴레옹이 "제너의 이름으로는 어떤 일이라도 거절할 수 없다"고 했다는 것이다.

제너에게 보내진 찬사 중에서 가장 감동적인 것은 당시 미국의 대통령이던 제퍼슨이 1806년에 보낸 편지라 할 수 있다. "당신은 인류의 고통의 달력에서 가장 큰 것 중 하나를 지워버렸습니다. 우리는 당신과 함께 세상을 살았다는 사실을 결코 잊을 수 없을 것입니다. 당신을 생각하는 것은 참으로 기분 좋은 일입니다. 미래 세대는 역겨운 천연두가 존재했었다는 것을 과거의 역사로만 알게 될 것입니다."

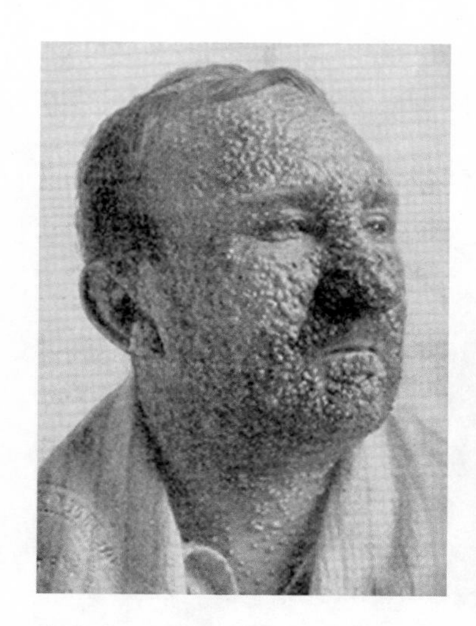

천연두는 치사율이 높을 뿐만 아니라 외모도 심하게 손상시키는 질병이었다. 그림은 1912년 미국의 천연두 환자를 보여주고 있다.

제퍼슨의 예언은 적중되었다. 종두법이 널리 보급되면서 천연두는 찾아보기 어려운 질병이 되었다. 급기야 세계보건기구(World Health Organization, WHO)는 1967년부터 천연두 근절계획을 시작하였고 1977년에는 "천연두가 지구 상에서 완전히 소멸되었다"고 발표하였다. 지금까지 천연두는 인류의 노력으로 사라진 유일한 질병에 해당한다.

제너는 1821년에 국왕 조지 4세의 특별 시의로 임명되는 영예를 누렸고, 고향 버클리에서는 시장과 치안판사를 역임했다. 그는 1823년에 갑작스런 뇌졸중으로 인해 73세를 일기로 세상을 떠났다. 제너 탄생 200주년에 즈음하여 1948년에 영국 왕립의사협회는 다음과 같이 평가하였다. "18세기 말은 예방의학에 있어서 결정적이며 획기적인 모험에 의해 뚜렷한 자취를 남겼다. 그 모험이란 바로 에드워드 제너가 우두를 사용한 실험이다."

과학과 정치의 줄타기

피에르시몽 라플라스

스스로 개척한 인생

17세기에 뉴턴이 과학혁명을 완성한 이후에 18세기에는 이를 정교화하고 보완하는 작업이 이루어졌다. 천문학 분야에서는 천체의 운동을 수학적으로 탐구하는 천체역학이 성립되었다. 여기에 크게 공헌한 사람은 프랑스의 수학자이자 천문학자인 라플라스(Pierre-Simon Laplace, 1749~1827)이다. 그의 이름은 오늘날 대학 교재에 자주 등장하는 '라플라스 변환'에도 남아있다. 동시에 그는 정치적 격변기 속에서 4명의 권력자를 섬긴 정치가이기도 했다. 그의 과학 성적과 정치 성적은 어느 정도였을까?

라플라스는 1749년에 프랑스 노르망디 지역의 작은 마을인 보몽에서 태어났다. 젊은 시절의 라플라스에 관한 행적은 확실하지 않다. 그가 자신이 가난한 농민 출신이라는 것을 필사적으로 숨기려 했기 때문이다. 라플라스는 어릴 때부터 재능이 뛰어나고 영리했지만 가난한 아버지는 그를 충분히 뒷받침하지 못했다. 라플라스는 이웃에 사는 부자의 지원 덕분에 베네딕트 교회가 경영하는 학교에 다닐 수 있었다. 그는 1766년에 칸 대학에 입학하여 신학과 과학을 공부했고 대학을 졸업한 후에는 보몽에서 수학 교사로 일하기도 했다.

라플라스는 19살이 되던 1768년에 당시 프랑스의 유명한 과학자로서 과학아카데미의 회원이던 달랑베르(Jean Le Rond d'Alembert)를 찾아갔다. 달랑베르는 처음에 라플라스를 만나주지도 않았다. 그러자 라플라스는 역학의 일반 원리에 관한 자신의 견해를 써서 달랑베르에게 보냈다. 그것을 보고 감탄한 달랑베르는 라플라스에게 화답했다. "당신은 자기 자신을 훌륭하게 소개했습니다. 이제부터 내가 당신의 뒤를 밀어드리겠습니다."

1769년에 라플라스는 달랑베르의 추천으로 군사학교(École Militaire)에서 수학을 담당하는 교관이 되었다. 파리에 정착한 후 라플라스는 수많은 논문을 작성하여 과학아카데미에 제출했다. 그가 제출한 논문은 과학아카데미가 일찍이 받아본 적이 없을 정도로 많은 양이었다. 그중에는 1773년에 제출된 행성들 사이의 섭동(攝動, 다른 천체의 인력 때문에 행성의 궤도가 변하는 현상)에 관한 논문도 포함되어 있었다. 행성과 태양의 평균 거리는 변화하지만 그 변화를 평균하면 일정하다는 것을 수학적으로 증명했던 것이다. 이 논문으로 라플라스는 24세의 젊은 나이에 과학아카데미의 준회원이 될 수 있었다. 2년 뒤에는 정회원으로 승진했다.

라플라스의 연구는 계속되었다. 그는 선배 과학자인 라그랑주(Joseph Louis Lagrange)와 함께 행성의 운동에 관한 여러 편의 논문을 발표했다. 두 사람은 목성과 토성의 궤도가 일치하지 않는 문제를 해결했고 달의 운동에 대한 지구 궤도의 영향을 밝혔으며 천체의 운동을 발견하기 위한 새로운 수식을 고안했다. 라플라스는 1784년에 《행성의 타원 수와 운동 이론》에서 행성의 궤도를 측정하는 새로운 방법을 소개함으로써 천문 역표를 더욱 정확하게 개선하는 데에도 크게 기여했다.

미터법 제정에 참여하다

라플라스는 1785년에 나폴레옹과 운명적인 만남을 가졌다. 나폴레옹은 포병장교를 지망하는 군사학교 생도였고, 라플라스는 나폴레옹의 면접을 담당한 시험관이었다. 당시 라플라스의 나이는 36세, 나폴레옹의 나이는 16세였다. 라플라스는 1788년에 마리 샤를로트(Marie-Charlotte de Courty de Romanges)라는 아름다운 여인과 결혼했다. 당시 라플라스의 나이는 39세였고 마리 샤를로트의 나이는 18세에 불과했다. 두 사람 사이에는 1남 1녀가 태어났다.

1789년 프랑스 혁명이 발발했을 때, 라플라스는 결코 다른 사람의 눈에 띌 만한 행동을 하지 않았다. 1793년에 과학아카데미가 폐지되고 과학자에 대한 탄압이 심해지자 그는 파리를 잠시 떠나 있기도 했다. 라플라스는 에콜 폴리테크니크(École polytechnique)를 설립하는 작업에도 참여했으며, 프랑스 학사원(Institut de France)이 출범하는 데에도 기여했다. 과학아카데미는 1795년에 프랑스 학사원의 일부로 편입된 후 1816년에 부활하게 된다.

혁명정부 시절에 라플라스는 도량형 위원회의 위원을 맡아 미터법을 제정하는 데 힘을 보탰다. 1790년 프랑스의 정치가 탈레랑(Charles Maurice de Talleyrand-Périgord)은 "미래에도 영원히 바뀌지 않을 것을 기초로 해서 새로운 단위를 만들자"고 제안하였다. 1791년에 프랑스 정부는 10만 리브르라는 엄청난 금액을 투입하였고, 과학아카데미에는 도량형 위원회가 설치되었다. 그 위원회의 위원장은 라그랑주가 맡았고, 위원으로는 라플라스, 몽주(Gaspard Monges), 콩도르세(Nicolas de Condorcet) 등이 참여하였다. 도량형 위원회는 "어떠한 국민도 자기들이 마음대로 선정한 도량형을 다른 국민에게 강요할 권리는 없다"는 인식을 바탕으로 모든 지구인이 공유할 수 있는 기준을 만들고자 했다. 당시의 과학아카데미는 지구의 둘레를 측정하기 위해 원정대를 파견하는 등 회원들을 총동원하여 미터법 제정을 위한 작업을 전개하였다.

미터법 제정 프로젝트는 과학아카데미가 폐쇄되면서 잠시 위기를 겪었지만 프랑스 학원이 출범한 이후에 다시 시작되었다. 과학자들은 매우 정밀한 기구를 제작해서 세밀한 측정을 했으며, 이를 토대로 길이, 무게, 부피의 표준을 도출하였다. 지구 자오선 전체 길이의 4,000만분의 1을 1미터로, 각 모서리의 길이가 10분의 1미터인 정육면체의 부피를 1리터로, 섭씨 4도의 물 1리터가 가진 질량을 1킬로그램으로 결정했던 것이다. 프랑스 정부는 1799년에 미터법을 정식으로 채택했으며, 그 후 나폴레옹은 자신이 정복한 유럽의 모든 나라에 미터법 사용을 강요하였다.

전문직업이 된 과학

과학은 18세기 말 프랑스에서 '전문직업화(professionalization)'된 것으로 평가되고 있다. 어떤 직업이 전문직업이 되기 위해서는 그 직업으로 생계를 유지할 수 있고, 그 직업에 필요한 지식을 공식적인 교육기관에서 습득할 수 있어야 하며, 그 직업에 자율적인 권한이 부여되어야 한다. 18세기 말까지 이러한 전문직업의 요건을 갖춘 분야는 의학, 법학, 신학뿐이었다. 과학은 여전히 개인적 후원에 많이 의존하고 있었고 전문적인 교육기관이 소수에 불과했으며 외부 사회에 대하여 독자적인 권한을 행사하지도 못했다.

프랑스는 1789년의 대혁명 이후에 수많은 전쟁을 치러야 했는데 그것은 과학이 전문직업으로 정착할 수 있는 계기가 되었다. 과학자들은 무기 개발, 정책 자문, 기술자 교육 등의 역할을 담당하면서 자신들의 능력을 유감없이 발휘하였다. 그들은 미터법의 창안이나 공중보건제도의 확립과 같은 대형 프로젝트에도 적극적으로 참여하였다. 아울러 과학자들은 시민의 눈에 잘 띄는 곳에서 공개적으로 작업을 함으로써 애국심을 고취시키는 역할을 담당하기도 했다. 결국 전쟁을 겪으면서 정부와 국민들은 과학자들의 능력을 인식하게 되었고 그것은 과학에 자율성을 부여할 수 있는 기반으로 작용하였다.

근대적 과학기술교육의 산실, 에콜 폴리테크니크의 로고

특히 18세기 말에는 과학을 전문적으로 교육할 수 있는 기관이 잇달아 설립되었다. 그 대표적인 예로는 1794년에 설립된 에콜 폴리테크니크와 1795년에 설립된 에콜 노르말(École normale)을 들 수 있다. 에콜 폴리테크니크는 기술자를, 에콜 노르말은 중등교사를 양성할 목적으로 설립되었지만, 점차 두 대학은 과학을 체계적으로 교육하는 공간으로 성장하였다. 특히 에콜 폴리테크니크는 라그랑주, 라플라스, 몽주, 베르톨레(Claude Louis Berthollet)를 비롯한 당대의 우수한 과학자들이 교수로 포진하고 있었으며 학생들은 이전과는 달리 교양으로서 과학이 아니라 전문지식으로서 과학을 본격적으로 배울 수 있었다. 에콜 폴리테크니크를 졸업한 학생들은 교수, 행정가, 기업가 등으로 성장하여 자신들의 네트워크를 구성하였고 그것은 과학이 자율적인 권한을 행사할 수 있는 기반으로 작용하였다.

줄을 타는 곡예사

1799년에 나폴레옹이 집권하자 라플라스는 나폴레옹에게 충성을 다짐하여 내무장관으로 기용되었다. 라플라스는 훌륭한 과학자이긴 했지만 행정가로서는 부적격이었다. 결국 그의 내무장관 시절은 6주일로 막을 내렸다. 나폴레옹은 자신의 회고록에서 다음과 같이 말했다. “제일급 수학자였던 라플라스는 취임 초에 행정관으로서 당당한 풍채를 보였다. 그러나 그가 집무를 하기 시작한 순간 나는 그를 등용한 것이 실패였구나 하고 생각했다. 그는 어떤 문제에 대해서도 핵심을 파악하지 못했다. 그는 자질구레한 일까지 간섭하려 들었다. 심지어 무한소(無限小)의 정신을 행정에까지 적용시키려 들었다.”

나폴레옹은 라플라스를 내무장관에서 물러나게 한 후 상원의원으로 삼았다. 라플라스가 1803년에 프랑스 상원의 부의장이 된 것을 보면 그의 정치적 수완은 상당했던 것 같다. 1804년에 나폴레옹을 황제로 추대하자는 의안이 상정되자 라플라스는 이에 적극 찬성하였다. 라플라스는 나폴레옹 1세에게 혁명력을 폐지할 것을 진언한 후 새로운 달력을 만드는 작업을 추진하였다. 나폴레옹은 그 공적을 감안하여 라플라스를 백작에 봉임하고 레지옹 도뇌르 훈장을 수여하였다.

라플라스의 주요 저서인 《천체역학》은 총 5권으로 이루어진 대작이다. 제1권과 제2권은 1799년에, 제3권은 1802년에, 제4권은 1805년에, 제5권은 1825년에 출간되었다. 그 책에서 라플라스는 천체의 형태와 운동을 수학적으로 체계화했으며 천체의 기원과 역사도 다루었다. 그의 천체에 대한 논의 중에서 지금도 자주 거론되고 있는 것은 원시태양 주변의 성운(星雲, nebula)이 수축되면서 행성들이 형성되었다는 '성운가설'이다. 성운가설은 스웨덴의 천문학자 스베덴보리(Emanuel Swedenborg)와 독일의 대철학자 칸트에 의해 이미 제기된 바 있지만, 그들과 달리 라플라스는 확률적인 추론을 통해 성운가설의 우수성을 강조하였다.

《천체역학》의 발간을 계기로 라플라스는 "우리 시대의 가장 위대한 과학자" 혹은 "프랑스의 뉴턴"이라는 평가를 받았다. 《천체역학》은 뉴턴의 《프린키피아》와 마찬가지로 매우 어려운 것으로도 유명하다. 미국의 과학자로서 《천체역학》의 1~4권을 번역하고 주석을 달았던 바우디치(Nathaniel Bowditch)는 다음과 같이 썼다. "라플라스는 곧잘 "쉽게 말해서 … " 라는 말로 설명을 압축했지만, 나는 그를 이해하기 위하여 얼마나 애를 먹었는지 생각하지 않을 수 없다."

라플라스는 《천체역학》을 나폴레옹에게 바쳤다. 라플라스는 서문에서 "이 책에서 언급되어 있는 일체의 진리 가운데서 저자에게 가장 가치가 있는 것은 유럽 평화의 강력한 보호자에 대한 충성 선언이다"고 썼다. 그러나 이 정도의 문구는 나폴레옹에게 부족했던 모양이다. 나폴레옹은 "당신은 우주의 체계에 대해서 이같이 거대한 저서를 저술하고 있는데도 어째서 우주의 창조자에 대해서는 한 마디도 언급하지 않고 있는가?"라고 물었다. 이에 라플라스는 "각하, 저에게는 그런 가설이 필요하지 않습니다"고 대답했다. 라플라스는 고개를 갸우뚱거리는 나

나폴레옹과 라플라스의 대화를 상상해서 그린 그림

폴레옹의 모습을 보고는 '창조자'의 의미를 뼛속 깊이 새겼다. 나폴레옹은 라플라스의 대답에 흥미를 느끼면서 그 대답을 라그랑주에게 전해 주었다. 이에 라그랑주는 "아, 그 가설은 좋은 가설입니다. 그것 하나만으로 많은 것이 설명되지 않습니까?"라고 말했다고 한다.

라플라스는 1812년에 《확률 해석론》을 출간하였다. 여기서 그는 확률이 가능한 모든 결과 대 유망한 결과의 효과라는 개념을 제시하였다. 그 책에서 라플라스는 과거의 실수를 만회하기 위해 나폴레옹 황제에게 바치는 헌사를 분명히 썼다. "《천체역학》을 바쳤을 때 보여주신 폐하의 호의 때문에 신은 확률 계산에 관한 이 저술도 폐하께 바치고자 하는 소망을 억누를 수 없습니다. 웬만한 것은 확률의 문제로 환원되며 이 정교하고 치밀한 계산은 생활의 중요한 모든 문제로 확장될 것입니다. 이 점 때문에 문명의 진보와 국가의 번영에 공헌하는 사람들을 충분히 평가하시고 충분히 격려하시는 천성을 지니신 폐하의 관심을 끌 수 있을 것으로 생각합니다. 부디 새로운 헌상물을 받아 주셨으면 합니다. 폐하의 더 없이 천하고 더 없이 유순한 종이자 충성되고 선량한 신하 라플라스로부터."

1814년에 나폴레옹이 라이프치히 전투에서 패배하고 동맹군이 파리로 입성했을 때 라플라스는 나폴레옹의 폐위에 찬성하였다. 루이 18세가 왕위에 오르자 라플라스는 재빨리 루이 18세에게 무릎을 꿇었다. 그 덕분에 라플라스는 상원 의원의 지위를 유지했으며 후작으로 추대될 수 있었다. 더 나아가 그는 나폴레옹에게 바친 《천체역학》의 서문을 지워버리고 《확률 해석론》의 헌사는 루이 18세에 바치는 것으로 바꾸었다. 1815년에 나폴레옹이 엘바섬을 탈출하여 100일 동안 프랑스를 다시 집권하자 라플라스는 "신은 그동안 폐하의 근황이 얼마나 걱정되었는지 모릅니다"고 머리를 조아리기도 했다.

이런 식으로 라플라스는 몇 번에 걸쳐 전임 군주를 배신하면서 새로운 군주에게 충성을 다짐했다. 명예욕으로 가득 찬 라플라스의 처세는 줄을 타는 곡예사를 연상하게 한다. 과학에는 100점을 주더라도 정치에는 많아야 50점을 주기 어려운 것이다.

라플라스 프로그램

라플라스의 절조 없는 행동은 많은 비난을 받았지만 그는 후배 과학자에 대해서는 관대했다. 한번은 비오(Jean Baptiste Biot)라는 수학자가 청년 시절에 학사원의 회합에서 자신의 연구에 대해 보고한 적이 있었다. 비오가 발표를 마친 후에 라플라스는 비오를 한 쪽 구석으로 데려가서 누렇게 바랜 자신의 원고를 보여주었다. 그것은 비오의 보고와 동일한 내용을 담고 있었으며 아직껏 라플라스가 발표하지 않았던 원고였다. 라플라스는 이 일을 절대로 남에게 알리지 말라고 당부하면서 비오가 자기보다 먼저 그 연구를 출판하도록 권고하였다. 라플라스는 "수학 연구에 입문하는 사람은 의붓자식과 마찬가지"라고 입버릇처럼 말하곤 했다.

라플라스는 프랑스 사회에서의 강력한 지위를 이용하여 자신의 학파를 형성하기도 했다. 1806년에 그는 파리 인근의 아르쾨유에 자택을 마련했는데, 그의 집은 베르톨레의 집 근처에 있었다. 라플라스와 베르톨레는 과학을 논의하기 위한 비공식적 모임으로 아르쾨유 연구회(Société d'Arcueil)를 만들었고, 그 모임을 통해 프랑스의 많은 과학자들을 결집시켰다.

라플라스는 자신이 천문학의 수학화에 기여한 것처럼 다른 분야에서도 수학적 방법이 적용될 수 있을 것이라고 생각했다. 이러한 생각을 바탕으로 그는 자신의 추종자들이 빛, 열, 전기, 화학 등의 분야를 수학적 방법으로 체계화할 수 있도록 유도하였다. 특히 그는 과학 아카데미나 학사원이 해마다 공모했던 과학 논문의 주제를 선정하는 과정에서 그러한 방침을 적용시켰다. 이러한 라플라스의 노력에 힘입어 19세기 초에는 광학과 열역학에서 빛 입자와 칼로릭(caloric) 입자라는 가정을 바탕으로 수학화된 체계가 구축되기도 했다. 물론 그러한 연구들은 오늘날의 입장에서는 잘못된 결과였지만 많은 과학 분야의 수학화를 촉진하는 데에는 크게 기여하였다.

과학사에서는 이처럼 라플라스를 중심으로 추진되었던 연구프로그램을 '라플라스 프로그램(Laplacian Program)'으로 부른다. 라플라스 프로그램은 나폴레옹의 적극적인 후원을 바탕으로 비오, 게이뤼삭(Joseph Louis Gay-Lussac), 말뤼(Etienne Malus), 푸아송(Siméon Denis Poisson) 등과 같은 쟁쟁한 과학자들이 참여하는 가운데 전개되었는데, 그들은 대부분 에콜 폴리테크니크 출신이었다. 당시에 나폴레옹은 과학을 프랑스 국민의 탁월성을 과시하는 중요한 요소로 생각했으며, 자신도 과학에 많은 관심을 가지고 있었다. 라플라스 프로그램은 1805년부터 본격화되었다가 나폴레옹이 실각한 1815년부터 쇠퇴하기 시작하여 1825년에는 거의 자취를 감추었다.

라플라스는 1827년에 78세의 나이로 세상을 떠났다. 임종 직전에 친구들과 추종자들이 모인 자리에서 그는 "우리가 알고 있는 것은 아주 사소합니다. 하지만 우리가 모르는 일은 무수히 많습니다"라고 말했던 것으로 전해진다. 이 말은 뉴턴의 "바닷가에서 조약돌을 줍는 소년"을 연상시킨다. 그러나 라플라스는 뉴턴과 마찬가지로 겸손하게 살았던 적이 거의 없었던 사람이다.

라플라스는 죽었지만 그의 이름은 곳곳에 남아 있다. 라플라스 변환(Laplace transform)과 라플라스의 악마(Laplace's demon)는 그 대표적인 예이다. 라플라스 변환은 어떤 함수를 다른 함수로 변환하여 어려운 미분방정식을 쉽게 풀이할 때 사용된다. 즉, 미분방정식의 해를 직접 구하는 대신 주어진 식을 간단한 식으로 변환한 뒤 변환된 식의 해를 구하고 그것을 다시 미분방정식의 해로 변환하는 것이다. 라플라스 변환은 대학 수학 및 물리학 교재에 자주 등장하며, 확률이론이나 신호해석에서 나타나는 응용문제를 해결하는 도구로 널리 사용되고 있다.

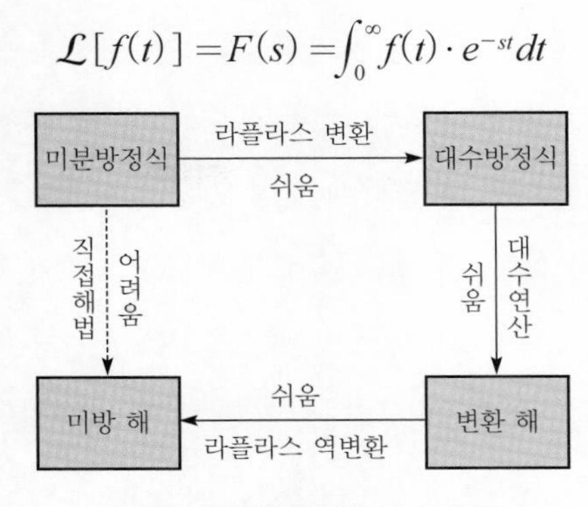

라플라스 변환을 정의한 식과 개념도

라플라스의 악마는 라플라스가 1814년에 고안한 가설에 등장하는 상상의 존재이다. 그는 우주에 있는 모든 원자의 정확한 위치와 운동량을 알고 있는 존재가 있다면, 뉴턴의 운동 법칙을 이용해 과거와 현재의 모든 현상을 설명하고 미래까지 예언할 수 있을 것이라고 생각했다. 후대의 사람들은 이러한 존재에 '라플라스의 악마'라는 이름을 붙였고, 그것은 주로 19세기에 풍미했던 결정론적 세계관을 표현할 때 자주 사용되고 있다. 라플라스에게 신은 더 이상 할 일이 없어졌던 것이다. 사실상 라플라스는 결정론을 신봉했지만 인간의 한계에 대해서도 고민했다. 그는 인간이 자연을 완벽히 이해할 수 있다고 해도 그 결과를 순식간에 계산해내는 것은 불가능하다고 여겼다.

3부

과학의 전문화, 19세기

© Book's-Hill

근대 원자론을 정립한 색맹의 화학자
존 돌턴

아마추어 과학자와 전문 과학자의 가교

우주의 만물을 구성하는 기본적인 단위는 무엇인가? 이 질문에 대한 해답을 찾는 작업은 아주 오래전부터 시작하여 지금도 전개되고 있다. 기원전 5세기에 데모크리토스는 더 이상 분할할 수 없는 입자란 뜻으로 원자(原子, atom)라는 개념을 제안하였다. 그것은 16~17세기의 과학혁명을 통해 부활된 후 18~19세기에 근대적인 원자론으로 발전하였다. 20세기부터는 원자가 궁극적인 단위가 아니라는 점이 밝혀지면서 물질의 기본단위에 대한 논의가 새로운 국면을 맞이하였다. 원자가 머릿속의 개념을 넘어 과학적 개념으로 자리 잡는 데에는 화학적 원자론을 정립한 돌턴(John Dalton, 1766~1844)의 역할이 컸다.

돌턴의 생애는 과학 활동이 본격적인 궤도에 올라 사회적으로 정착하는 시기와 비슷하게 맞아 떨어진다. 돌턴이 태어났던 18세기 중엽에는 전 세계를 통틀어 과학자라고 부를 만한 사람이 300명 정도에 지나지 않았다. 그러나 돌턴이 생을 마감한 19세기 중엽에는 그 수가 약 1만 명으로 늘어나 있었다. 돌턴은 캐번디시, 데이비, 패러데이, 윌리엄 톰슨 등의 활동을 목격하면서 아마추어 과학자들이 활동하던 시기에서 전문 과학자가 등장하는 시기까지의 변화를 함께 했던 것이다.

돌턴이 생존하는 동안 질량보존의 법칙, 샤를의 법칙, 일정성분비의 법칙, 배수비례의 법칙, 기체반응의 법칙, 아보가드로의 법칙 등과 같은 화학의 기본 법칙들이 속속 등장하였다는 점도 주목할 만하다. 질량보존의 법칙은 화학반응이 일어날 때 반응 전 각 물질의 질량의 합은 반응 후 각 물질의 질량의 합과 같다는 것으로 1774년에 라부아지에가 발견했다. 샤를의 법칙은 일정한 압력에서 기체의 부피가 온도의 변화에 비례한다는 법칙이다. 1802년에 게이뤼삭(Joseph Louis Gay-Lussac)이 처음 발표했는데, 그는 샤를(Jacques Charles)이 1787년경에 작성한 미발표 논문을 인용하면서 이 법칙을 샤를의 공으로 돌렸다. 일정성분비의 법칙은 어떤 화합물을 구성하는 원소의 질량 사이에 항상 일정한 비가 성립한다는 법칙으로 1799년에 프루스트(Joseph Proust)가 제창했다. 기체반응의 법칙은 같은 온도와 같은 압력에서 반응하는 기체와 생성되는 기체의 부피 사이에 간단한 정수비가 성립한다는 법칙으로 1805년에 게이뤼삭에 의해 발견되었다. 이어 아보가드로(Amedeo Avogadro)는 1811년에 같은 온도와 압력하에서 모든 기체는 같은 부피 속에 같은 수의 분자가 있다는 사실을 알아냈다. 돌턴도 1803년에 배수비례의 법칙을 발견함으로써 화학의 기본 법칙을 풍성하게 만들었다. 배수비례의 법칙은 두 종류의 원소가 여러 화합물을 만들 때, 한 원소의 일정량과 결합하는 다른 원소의 질량비는 항상 간단한 정수비를 나타내는 것을 의미한다.

기상학으로 시작된 과학 연구

돌턴은 1766년에 영국 컴벌랜드의 이글스필드에서 태어났다. 아버지가 직물공인데다 형제가 많아서 돌턴의 가정은 매우 가난하였다. 돌턴의 가족들은 모두 퀘이커 교도로서 평화롭고 청빈하며 성실하게 사는 것을 중요시하였다. 돌턴은 어린 시절에 퀘이커 교도들이 세운 학교를 다녔다. 그 학교의 교장 선생님은 종종 학생들에게 어려운 수학 문제를 내주었다. 대부분의 학생들은 단념하고 선생님에게 답을 가르쳐 달라고 요구했지만 돌턴은 끝까지 스스로의 힘으로 문제를 풀었다.

12살 때 돌턴은 "스스로 공부할 수 있는 기초교육은 충분히 받았으며 나 자신이 마을 사람들을 가르칠 수 있다"고 판단한 뒤 사설학원을 열기도 했다. 15살 때 돌턴은 학원 문을 닫고 삼촌의 농사일을 거들었다. 삼촌은 자식이 없어서 돌턴을 매우 아꼈지만 돌턴의 관심은 여전히 학생들을 가르치는 데 있었다. 곧 돌턴은 켄달이라는 이웃 마을로 가서 기숙학교를 운영하였다. 켄달에 있는 동안에 돌턴이 가장 많은 관심을 기울인 분야는 기상학이었다. 그는 거의 매 시간 날씨 상황을 측정하고 기록했으며 그것은 이후 57년간이나 계속되었다. 그의 측정이 얼마나 규칙적이었는지 그의 연구실 부근에 있는 사람들은 돌턴이 측정을 시작할 때 자신들의 시계를 맞추었다고 한다.

1793년에 맨체스터에는 "진리, 자유, 신앙"을 표방한 뉴 칼리지(New College)가 설립되었다. 돌턴은 그 대학의 강사직에 지원하여 합격하였고 자연철학과 수학에 대한 강의를 맡았다. 그는 수업 통하여 책에 있는 지식보다는 직접 관찰한 사실의 중요성을 강조했으며, 실생활에 적용할 수 있는 지식을 중시하였다. 돌턴은 강의를 잘 하기로 소문이 나서 가정교사 일도 병행할 수 있었고, 그 덕택에 제법 많은 돈을 벌어 과학 연구에 몰두할 수 있었다.

1793년에 돌턴은 자신의 첫 번째 저작인《기상학 관측》을 출간하였다. 그 책의 부록에서 돌턴은 수증기의 성질과 공기의 관계에 대해 논했다. 그는 수증기를 공기 입자 사이에 존재하는 입자라는 차원에서 설명했다. 주변에 있는 공기 입자들이 증기 입자에게 동일한 크기의 압력을 반대 방향으로 가하게 되면, 공기 입자들과 증기 입자는 더 가까워지지 않으며, 이럴 경우에는 액화가 일어나지 않는다는 것이었다. 이것은 훗날 돌턴이 근대적 원자론을 정립하는 데 중요한 출발점으로 작용하였다.

청록색으로 착각한 빨간색

1794년에 돌턴은 맨체스터 문학 및 철학협회(Manchester Literary and Philosophical Society)에 가입했다. 18세기 중반 이후 영국에서는 급속한 산업화를 배경으로 지방에서도 많은 과학단체들이 설립되었는데, 버밍엄의 루나 협회와 맨체스터의 문학 및 철학협회는 대표적인 예이다. 이러한 과학단체의 구성원들은 주로 당시에 세력이 커져가던 신흥 부르주아들로서 과학을 기술과 산업에 적용하려는 목적이나 과학에서 자신들의 문화적인 표현수단을 찾으려는 목적을 공유하고 있었다. 돌턴은 1800년 이후에 맨체스터 문학 및 철학협회의 서기, 부회장, 회장을 차례로 맡으면서 협회의 발전에 주도적인 역할을 담당하였다.

맨체스터 기간의 돌턴과 관련하여 빼놓을 수 없는 것은 색맹에 대한 일화이다. 어느 날 그는 어머니에게 드릴 선물로 미리 봐 두었던 비단양말 한 켤레를 샀다. 그가 어머니에게 그 양말을 드렸더니 어머니는 깜짝 놀라 소리쳤다. "존, 네가 근사한 양말을 사와서 기쁘긴 하지만 어쩌면 하필 이렇게 화려한 색깔을 골랐니? 이것을 신고는 모임에 나갈 수 없어." 돌턴은 어머니의 말씀에 당황하여 "이 양말은 푸르스름한 회색이어서 퀘이커에게는 안성맞춤으로 보입니다"고 대답했다. 어머니는 "뭐라고, 이 양말은 버찌처럼 빨간데, 존" 이라고 말했다.

이 사건을 계기로 돌턴은 자신이 빨간색을 청록색으로 착각하는 색맹임을 알게 되었고 색맹의 원인을 연구한 뒤 1794년에 〈색깔 인지에 관한 특별한 사실〉이란 논문을 발표하였다. 눈의 내부에 있는 액체가 스펙트럼의 빨간 끝 쪽을 흡수하기 때문에 색의 일부가 도중에 차단되어 망막에 이르지 못한다는 것이었다. 그리고 그는 이 생각을 실험하기 위하여 "내가 죽으면 내 눈을 조사해 달라"고 말했다. 이러한 돌턴의 주장은 틀린 것으로 판명되고 말았지만, 그의 연구를 기념하기 위하여 적록색맹은 '돌터니즘(Daltonism)'으로 불리고 있다.

돌턴은 실험과 연구에 몰두하느라 여자 사귀는 일을 뒷전으로 미루었다. 한번은 친구가 돌턴에게 "결혼할 생각이 없느냐"고 물었다. 그는 "시간이 없어. 내 머리 속에는 삼각형, 화학반응, 전기 실험 등의 문제로 가득 차 있어서 그런 쓸데없는 생각을 할 시간이 없다네"라고 대답했다. 한때 돌턴은 맨체스터에 사는 지적인 여인을 사랑했던 적이 있었으나 그것도 겨우 일주일가량이었던 것으로 전해진다. 돌턴은 평생을 독신으로 지냈는데, 역사상 독신으로 지낸 영국의 유명한 화학자로는 보일, 캐번디시, 돌턴 삼총사가 있다.

기체의 성질을 연구하다

돌턴은 기상학을 연구하던 도중 공기를 비롯한 기체의 성질에 관심을 갖게 되었다. 우선 돌턴은 온도가 상승함에 따라 기체의 부피와 압력이 증가하는 이유를 밝히려고 하였다. 이러한 사실은 이미 보일이 보고했었고 뉴턴은 이것을 원자들 사이의 반발로 설명했다. 여기서 돌턴은 라부아지에의 '칼로릭(caloric)'으로 반발을 설명했다. 라부아지에는 열이 칼로릭이라는 무게가 없는 유체라고 가정한 바 있었다. 돌턴에 의하면, 각 원자는 주위에 칼로릭 층을 가지고 있으며 물질이 가열되면 각 원자의 칼로릭 층이 커져서 원자의 부피가 증가한다. 또한 그는 각 기체 원자 주위의 칼로릭이 나머지 기체 원자 주위의 칼로릭과 반발하고 그것에 의해서 압력이 생성된다고 제안했다.

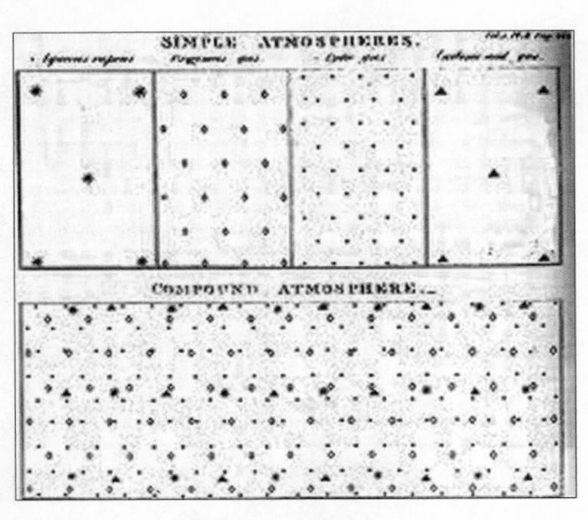

돌턴이 "여러 기체가 섞여 있을 때 전체 압력은 각 기체의 부분압력의 합과 같다"라는 기체의 분압 법칙을 설명하기 위해 1801년에 그린 그림

이러한 제안은 온도의 상승에 따른 기체의 압력 증가는 잘 설명할 수 있었지만 또 다른 문제를 유발하였다. 어떤 기체 원자가 다른 모든 기체 원자들과 반발한다면 원자들 사이에 공간이 생길 것이고, 공기와 같은 혼합물

의 경우에는 무거운 원자들이 가벼운 원자들 사이에서 아래로 떨어질 것이다. 그러므로 공기는 질소 층과 산소 층으로 갈라지게 될 것이다. 그러나 이것은 일어나지 않기 때문에 기체 원자들이 서로 반발한다는 간단한 발상은 옳지 않음이 분명하다. 여기서 돌턴은 산소 원자들이 질소 원자들과는 반발하지 않고 산소 원자들과만 반발한다는 생각을 하였다. 이러한 선택적 반발은 왜 공기라는 혼합물이 균일하며 층을 이루지 않는가를 설명할 수 있었다. 더 나아가 그는 원자들 간의 선택적 반발로부터 '분압 법칙'을 추론하였고 그것을 실험적으로 증명하였다. 여러 기체가 섞여 있을 때 각 기체는 다른 기체들이 전혀 존재하지 않는 것처럼 자신의 압력만을 나타낸다는 것이다.

돌턴은 헨리(William Henry)와 논의를 통해 관심을 물에 대한 기체의 상대적 용해도로 돌렸다. 헨리는 기체의 용해도가 압력에 비례하고 온도에 반비례한다는 법칙을 발견한 사람으로 유명하다. 당시에 헨리는 입자가 무겁고 복잡한 기체들이 물에 잘 녹는다고 생각하였고 이에 대한 증거를 찾기 위해 노력하고 있었다. 그러나 아직 원자량이나 분자식이 밝혀지지 않은 상태에서 헨리가 원하는 정보를 찾기는 매우 어려웠다. 이러한 상황은 다른 화학자들에게도 마찬가지였다. 여기서 물리학적 접근에 일가견이 있었던 돌턴의 진가(眞價)가 나타났다. 돌턴은 기체가 액체에 녹는 과정은 해당 입자들 사이의 기계적인 혼합에 불과하며 화학적 조합은 아니라고 주장했다. 이러한 가설은 물과 같은 액체가 모든 기체를 같은 정도로 녹여야 한다는 약점을 가질 수 있는데, 돌턴은 기체의 최종입자(원자)들이 서로 다른 크기와 무게를 가진다면 극복될 수 있을 것이라고 생각했다.

자연은 최대의 단순성을 따른다

이상의 연구들은 돌턴을 세계적인 과학자로 만든 원자론을 구상하는 것으로 이어졌다. 원자량을 정하기 위해서는 화합물 원자들의 조성에 대한 가정이 필요했는데, 돌턴은 "자연은 최대 단순성을 따른다"는 단순성의 원리(principle of simplicity)를 출발점으로 삼았다. "두 원자가 단 한 가지의 결합만 가능하다면 모순되는 다른 이유들이 존재하지 않는 이상 그것은 이원자로 된 것이라고 가정해야만 한다"고 생각했던 것이다. 예를 들어 물은 수소 원자 하나와 산소 원자 하나를 가진 HO가 될 것이었다.

이러한 돌턴의 주장은 다른 문제를 낳았다. 두 가지 원소가 둘 이상의 화합물을 형성하는 경우도 많기 때문이었다. 이에 대해 돌턴은 A와 B가 AB, A_2B, A_3B와 같은 화합물들을 형성한다면, B 1그램당 A의 무게는 1:2:3과 같은 간단한 정수들의 비를 형성한다고 주장했는데, 그것은 이후에 '배수비례의 법칙'으로 불리게 되었다.

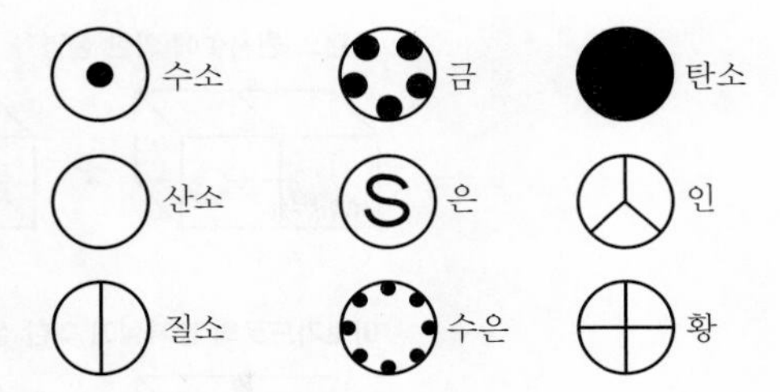

돌턴이 표현한 원자의 상징적 모형

돌턴은 이미 1803년에 원자설을 제안하고 원자량을 측정했으며, 그 결과는 1808년에 출판된 《화학철학의 새로운 체계(New System of Chemical Philosophy)》에서 집대성되었다. 그 책에 제안된 돌턴의 핵심 주장을 정리하면 다음과 같다. 첫째, 모든 물질은 한없이 쪼개어 가면 궁극에 가서는 더 이상 쪼갤 수 없는 가장 작은 입자로 되는데 이것을 옛날 사람들의 말대로 '원자'라고 부른다. 둘째, 원자에는 여러 가지 종류가 있는데 각 원소는 특유하고 독특한 원자로 이루어져 있으며, 같은 원소의 원자는 성질이 같고 다른 원소의 원자는 성질이 다르다. 셋째, 화합물은 그 성분의 원자가 모여서 이루어져 있는데, 어떤 한 가지 화합물에서 그 성분 원소의 원자 수는 항상 일정하며, 또한 그 수는 극히 간단한 정수이다.

이와 같은 원자설을 바탕으로 돌턴은 원자량에 대한 표를 만들기 시작했다. 당시에는 원자 하나하나의 정확한 무게를 잴 수 없었기 때문에 돌턴은 실험을 통해 원자들의 상대적인 무게를 알아내는 방법을 사용하였다. 그는 수소 원자를 표준으로 삼아 그 원자량을 1로 정한 다음 다른 원자의 원자량을 정했다. 돌턴이 제안한 원자량이 오늘날과 완전히 일치하는 것은 아니다. 돌턴은 물을 H_2O가 아니라 HO로 표시했기 때문에 산소의 원자량은 16이 아니라 8이 되었다. 암모니아의 경우에도 NH_3가 아닌 NH로 표시되었으며 이에 따라 질소의 원자량은 현재의 1/3으로 간주되었다. 과학의 역사에서 종종 나타나듯이, 과학의 획기적인 변혁을 시작한 인물일지라도 단숨에 모든 것을 해결할 수는 없었던 것이다.

이와 같은 돌턴의 한계는 이탈리아의 과학자인 아보가드로가 1811년에 분자설을 제창하면서 극복되기 시작하였다. 아보가드로는 돌턴의 원자설과 게이뤼삭의 기체반응의 법칙을 절충하는 과정에서 수소 기체의 성질을 나타내려면 원자 두 개를 붙여 하나의 단위입자(분자)를 만들면 되겠다고 생각하였다. 이를 바탕으로 아보가드로는 "기체 분자는 2개 또는 그 이상의 기본입자(원자)로 구성되어 있고, 같은 온도와 같은 압력에서 같은 부피 속에 존재하는 기체입자(분자)의 수는 기체의 종류에 상관없이 동일하다"는 가설을 제안하였다. 이러한 가설은 원자를 쪼개는 문제 없이 수증기가 생성되는 반응을 적절히 설명할 수 있었다.

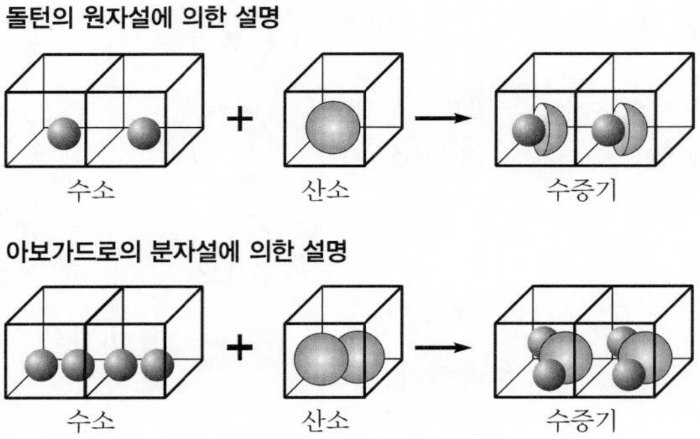

돌턴의 원자설에 의한 설명

수소 산소 수증기

아보가드로의 분자설에 의한 설명

수소 산소 수증기

수증기 생성 반응에 대한 원자설과 분자설의 설명

당시에는 분자가 매우 생소한 개념이었기 때문에 아보가드로의 주장은 상당 기간 동안 가설로만 취급되었다. 그러던 중 19세기 중반에는 유기화합물의 유형을 분류하는 작업이 전개되면서 물의 화학식이 H_2O라는 점이 점차적으로 수용될 수 있었다. 아보가드로의 주장이 인정받는 데에는 같은 이탈리아의 과학자인 칸니차로(Stanislao Cannizzaro)의 역할이 컸다. 칸니차로는 1858년에 펴낸 팸플릿에서 원자와 분자를 확실히 구분한 후 기체의 행동과 아보가드로의 가설이 원자량과 분자량을 계산하는 데 어떻게 활용될 수 있는가를 설명했다. 그 팸플릿은 1860년 독일의 카를스루에에서 개최된 국제화학자회의에서 널리 배포되었으며, 이를 계기로 아보가드로의 분자설이 과학계에서 널리 확산될 수 있었다. 이처럼 아보가드로의 주장이 인정되는 데에는 49년이란 긴 세월이 걸렸기 때문에 오늘날에도 아보가드로의 '가설'이란 용어가 아보가드로의 '법칙'보다 널리 사용되고 있다.

상류 사회에는 적합하지 않았던 돌턴

원자설을 발표한 후에 돌턴은 매우 유명한 사람이 되었다. 그는 1816년에 프랑스 과학아카데미의 특파원으로 추천을 받았고, 1822년에는 영국 왕립학회의 회원이 되었다. 원래 왕립학회의 회원이 되기 위해서는 다른 회원들의 지지를 받고 자신의 실력을 입증해야 했지만, 과학아카데미가 돌턴의 공로를 인정하자 왕립학회 회원들은 아무런 조건 없이 그를 회원으로 받아들였다. 이어 1830년에는 프랑스 과학아카데미에서 뽑는 8명의 해외 협력자 중의 한 사람으로 선정되었다.

돌턴은 영국의 각 지방을 순회하며 초청강연을 하였고, 파리, 베를린, 뮌헨, 모스크바에도 다녀왔다. 그러나 그는 곧 맨체스터로 돌아와 이전의 연구 생활로 복귀하였다. 청빈하게 살아왔던 돌턴에게 상류 사회는 적합하지 않았던 모양이다. 그는 레이스를 입고 가식적으로 행동하는 것을 참지 못했기 때문에 상류 사회의 인사들이 당혹감을 표시하기도 했다. 1833년에는 데이비가 왕을 대신하여 돌턴에게 훈장과 연금을 수여했는데, 돌턴이 답사를 제대로 준비하지 않은 바람에 장내의 분위기가 어색해진 적도 있었다.

화학의 왕자로 불렸던 베르셀리우스

말년에 돌턴은 맨체스터에서 고양이를 기르면서 개인 교습으로 조용히 여생을 보냈다. 그가 78세가 되었던 1844년에는 맨체스터 문학 및 철학협회가 그의 업적을 기념하기 위하여 대리석 상을 세웠다. 기념식장에서 돌턴은 건강 상태가 좋지 않아 손을 떨고 있었다. 돌턴은 비틀거리면서 간신히 자신의 실험실로 돌아와 예전과 같이 9시 15분에 그 날의 일기를 기록했다. "비가 약간 내리다. 오늘 … " 돌턴은 손에 힘이 없어서 잠시 기록을 중단했다. 곧 그는 온 몸을 흔들며 다시 정신을 차린 후 다음 단어를 썼다. "… 밤." 밤이 지나고 아침이 돌아왔다. 그러나 위대한 화학자 돌턴의 두 눈은 감긴 채로 있었다. 맨체스터 시민장으로 거행된 돌턴의 장례식에는 무려 4만 명이 조문을 다녀갔다고 한다.

돌턴의 생각을 발전시킨 주요 인물은 스웨덴의 화학자 베르셀리우스(Jöns Jakob Berzelius)였다. 그는 1810년대에 일련의 실험을 통해 원소들의 결합 비율을 측정했으며, 그것은 돌턴의 원자론을 지지하는 강력한 증거로 작용하였다. 베르셀리우스 당시에 알려져 있었던 40가지 원소들의 원자량을 매우 정확하게 측정하여 표로 만들었으며, 원소에 알파벳으로 된 이름을 붙이는 체계를 세우기도 했다. 또한 그는 타이타늄과 지르코늄을 분리했고, 세륨, 토륨, 셀레늄 등의 원소도 발견했으며, 할로젠(halogen) 족, 유기화학(organic chemistry), 촉매 현상(catalysis), 단백질(protein) 등과 같은 용어도 만들었다. 베르셀리우스가 1803년에 처음 내놓은 《화학 교과서(Textbook of Chemistry)》는 이후에 판을 거듭하면서 계속 발간되어 당시의 화학계에 매우 큰 영향을 미쳤다.

© Book's-Hill

비교해부학과 고생물학의
기초를 세우다

조르주 퀴비에

공무원이 될 뻔했던 사연

1800년경에는 거대한 파충류가 한때 지구 위를 걸어 다닌 적이 있었다고 생각한 사람이 거의 없었다. 그러나 19세기가 끝날 무렵에는 '공룡'이란 단어가 일상적으로 사용되었다. 이처럼 100년 사이에 상당한 변화가 있었던 것은 화석 조각에 남아 있는 희미한 흔적에서 자연의 비밀을 밝히려는 과학자들의 끈질긴 노력 덕분이었다. 그중에서 프랑스의 조르주 퀴비에(Georges Cuvier, 1769~1832)는 우여곡절 끝에 자수성가한 과학자로 비교해부학(해부를 통해 생물의 비슷한 점과 다른 점을 연구하는 학문)과 고생물학(화석을 대상으로 고생물의 역사적 변천을 연구하는 학문)의 기초를 반듯하게 닦았다.

퀴비에는 1769년에 스위스 국경 지대의 몽벨리아르에서 한 개신교 집안의 둘째 아들로 태어났다. 몽벨리아르는 당시에 뷔르템베르크 공국에 속해 있었지만, 1793년에 프랑스에 합병되었다. 퀴비에의 이름에도 사연이 있다. 그의 세례명은 장 레오폴드 니콜라 프레데릭 퀴비에(Jean Léopold Nicolas Frédéric Cuvier)이고, 조르주는 원래 형의 이름이었다. 그런데 형이 어린 나이에 죽으면서 조르주란 이름을 물려받게 되었고, 그 후 평생 동안 조르주 퀴비에로 불렸다.

퀴비에의 아버지는 프랑스 군대에서 용병 장교로 근무했지만, 퀴비에가 태어날 때에는 이미 은퇴한 상태였다. 부유한 집안은 아니었지만, 퀴비에는 늘 집안에서 좋은 대우를 받았다. 그는 10살 때 게스너(Conrad Gessner)의 《동물의 역사》를 읽고 동물학에 깊은 관심을 가지게 되었다. 12살 때부터 퀴비에는 목사인 삼촌의 집을 자주 방문했는데, 삼촌은 당시에 대중적 인기를 누리고 있었던 뷔퐁(Georger-Louis Buffon)의 《자연사》 44권을 모두 구비하고 있었다. 퀴비에는 《자연사》 전권을 열심히 탐독하면서 그 속에 나오는 다양한 동물들을 직접 그려 보았다. 퀴비에는 매우 뛰어난 그림 실력을 가지고 있었으며, 나중에 그의 책 속의 많은 그림들을 손수 그렸다.

퀴비에의 부모는 아들이 루터교의 목사가 되기를 원했지만, 아들의 수업료를 부담할 형편이 되지 못했다. 그 즈음 뷔르템베르크 대공인 샤를 유젠(Charles-Eugène)이 몽벨리아르를 방문했는데, 똑똑한 소년이 경제적 곤경에 처해 있다는 소문을 듣고 슈투트가르트에 있는 카롤리네 아카데미를 주선해 주었다. 덕분에 퀴비에는 15세가 되던 1784년에 아카데미에 무료로 입학할 수 있었다.

카롤리네 아카데미는 독일에 있는 많은 국가들의 효과적 운영을 위해 공무원을 양성하는 것을 목표로 삼고 있었다. 그 학교는 학생들에게 똑같은 제복을 입히고 엄격한 행동규율을 강요하는 등 군대와 비슷하게 운영되었다. 퀴비에는 카롤리네 아카데미를 다니면서 행정학, 경제학, 동물학, 해부학 등을 배웠고, 모든 과목에서 매우 우수한 성적을 보였다. 그런데 퀴비에가 졸업하던 1788년에는 공무원 수급에 문제가 생겼다. 이전에는 카롤리네 아카데미를 졸업하면 평생이 보장되는 공무원이 될 수 있었지만, 1788년부터는 수용할 수 있는 일자리보다 졸업생들이 더 많아진 것이다.

혁명 속에서 살아남기

이런 상황에서 퀴비에는 카롤리네 아카데미를 졸업한 후 프랑스로 다시 돌아올 수밖에 없었다. 그는 임시방편으로 노르망디의 귀족인 데리시(Marquis d'Héricy)의 아들을 가르치는 가정교사로 일하게 되었다. 프랑스 혁명이 임박한 시기에 부유한 귀족 집안에서 일한다는 것은 현명한 선택이 아닐 수도 있었다. 그러나 다행스럽게도 혁명의 물결이 프랑스 북쪽 끝에 있는 노르망디까지 밀려오는 데에는 시간이 좀 걸렸다. 덕분에 퀴비에는 혁명이 일어난 후에도 몇 년 동안 아무런 영향도 받지 않고 조용히 살 수 있었다.

당시에 퀴비에는 피캉빌 항구 주변에서 어류, 연체동물, 조류의 표본을 수집한 후 이를 해부하고 관찰한 기록과 스케치를 남겼다. 그는 카롤리네 아카데미 시절의 친구였던 파프(Christian Heinrich Pfaff)와 계속 편지를 주고받았는데, 그 속에는 나중에 퀴비에를 유명하게 만든 많은 과학적 아이디어가 들어있었다. 파프는 퀴비에의 연구를 널리 전파하였고, 이를 통해 퀴비에는 당시 과학자사회의 주목을 받을 수 있었다.

퀴비에가 자신의 이름을 알리기 시작했을 때, 프랑스는 혁명의 가장 격렬한 단계인 공포정치 기간으로 접어들었다. 1793년에 루이 16세와 마리 앙투아네트가 처형된 것이 그 서막이었다. 공포정치는 1년 넘게 지속되었고, 프랑스 전역에 영향을 미쳤다. 사람들은 자코뱅 당원인지, 그 반대자인지를 강요받았고, 자코뱅 체제를 반대한다는 명목으로 4만여 명이 처형을 당했다. 현명하게도 퀴비에는 피캉빌이 포함된 베콕스코시 코뮌에 동조적인 입장을 취했다. 그는 1793년 11월부터 1795년 2월까지 연간 30리브르의 봉급을 받고 베콕스코시 코뮌의 비서로 일했다. 퀴비에는 자신의 영향력을 활용하여 데리시 가문이 최악의 상태로 빠지는 것도 막을 수 있었다.

1795년에 공포정치가 잦아들자 퀴비에는 파리를 방문하여 국립자연사박물관에 일자리를 타진했다. 퀴비에는 정치적 결점도 없고 과학적 능력도 뛰어났기 때문에 국립자연사박물관에 어렵지 않게 입성할 수 있었다. 당시에 이미 자연사학자로 이름을 날리고 있었던 조프루아 생틸레르(Geoffroy Saint-Hilaire)도 퀴비에를 적극 도와주었다. 결국 퀴비에는 국립자연사박물관에서 비교해부학을 담당하는 조교 자리를 잡을 수 있었다. 같은 해에 그는 프랑스 학사원(Institut de France)의 창립회원으로 이름을 올렸으며, 다음 해에는 에콜 상트랄(École Central)에서 자연사를 가르치기 시작했다.

이빨만 봐도 어떤 동물인지 알 수 있다

퀴비에는 국립자연사박물관에 들어가자마자 비교해부학 전시관을 설립하는 데 많은 노력을 기울였다. 전시관은 강(綱)에 따라 동물을 배열하고 형태와 기능의 관계를 알려주는 식으로 구성되었다. 비교해부학 전시관은 16,000여 종의 동물표본을 선보이는 전시회를 열어 일반인에게 공개했으며, 얼마 지나지 않아 유럽 전역의 사람들이 방문하는 명소로 자리잡았다. 영국의 유명한 지질학자 라이엘(Charles Lyell)은 퀴비에의 전시관을 관람한 뒤 다음과 같은 찬사를 보내기도 했다. "나는 퀴비에가 정성을 다 바친 거룩한 곳에 갔다. 그곳은 그의 진면목을 보여 주었다." 영국의 해부학자인 오언(Richard Owen)은 1831년에 이 전시관을 둘러본 후 런던에 있는 왕립외과대학의 표본관을 새롭게 개편했고, 영국 자연사박물관의 설립에 대해 구상하기도 했다.

1796년에 퀴비에는 프랑스 학사원에 두 편의 논문을 제출했다. 첫 번째 논문에서 그는 새롭게 발굴된 화석에 대한 비교해부학적 분석을 통해 털 달린 매머드에 대해 보고하면서 '엘레파스 프리미게니우스'라는 이름을 붙였다. 그것은 아프리카산 코끼리와도 다르고 인도산 코끼리와도 다른 멸종된 존재였다. 두 번째 논문에서는 남아메리카 파라과이에서 발견된 화석 표본에 대해 다루었다. 퀴비에는 표본에 나타난 것이 나무늘보가 아니라 옛날에 살았던 또 다른 동물이라 결론짓고 '메가테리움'이란 이름을 붙여주었다. 이런 연구들은 퀴비에의 흥미를 북돋았고, 그는 동물 화석들을 집중적으로 연구하기 시작했다.

퀴비에는 1799년에 콜레주 드 프랑스(Collège de France)의 교수로 임명되었고, 1802년에 국립자연사박물관의 교수로 부임했으며, 1803년에는 프랑스 학사원 자연사부의 종신 간사가 되었다. 그는 1804년에 남편이 프랑스 혁명으로 희생당했던 과부와 결혼식을 올렸다. 처음에 혁명을 지지했던 퀴비에가 공포정치 기간에 자행된 잔인한 폭력을 목격한 후 혁명을 바라보는 시각을 바꾸었던 것이다. 두 사람 사이에는 4명의 자녀가 태어났지만, 안타깝게도 아이들 모두 퀴비에보다 먼저 세상을 떠났다.

퀴비에의 연구는 계속되었다. 그는 1800년에 시베리아에서 화석으로 발견된 매머드의 이빨과 현존하는 코끼리의 이빨이 서로 다르다는 사실에 주목하여 매머드가 멸종된 생명체라는 사실을 입증했다. 또한 파리 몽마르트르 언덕의 석고층에서 발굴된 동물들의 유해들 역시 멸종된 것으로 확인한 후 '팔레오테리움'과 '아노폴로테리움'으로 명명했다. 그리고 독일 바이에른 주에서 새롭게 발견된 작은 동물들이 하늘을 날아다니던 공룡이라는 사실을 밝혀내고 '익수룡'으로 명명했다.

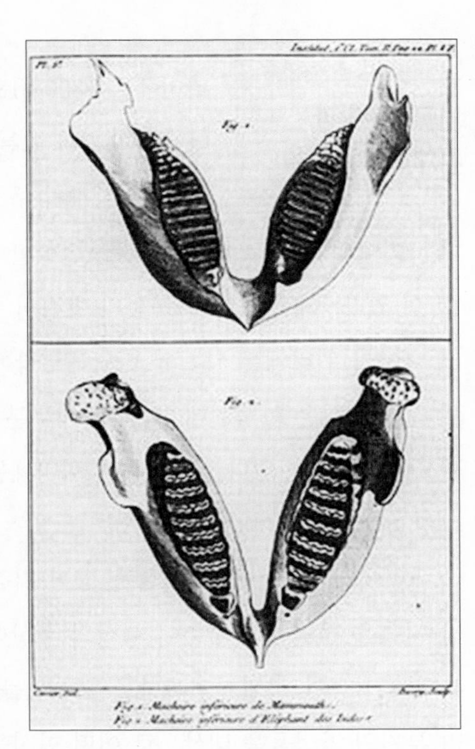
퀴비에가 인도산 코끼리와 매머드의 턱을 비교해서 그린 그림(1796년)

퀴비에는 동물의 특성을 비교하고 옛날 동물을 복원하는 데 탁월한 능력을 발휘했다. 몽마르트르 언덕에서 발견된 화석은 수량이 적고 깨지거나 흠집이 많아 연구가 쉽지 않아 보였지만,

그러한 화석 조각으로부터 퀴비에는 동물의 다른 부분을 추측해냈고 결국 동물의 완전한 형태를 복원했다. 한번은 이런 일도 있었다. 파리 교외에서 화석을 하나 수집했는데, 겨우 동물의 이빨 한 개만 겉으로 드러나 있었고, 다른 부분은 모두 암석으로 덮여 있었다. 퀴비에는 이빨 하나만 보고 그것이 주머니쥐의 화석이라는 점을 알아낸 후 바로 주머니쥐의 복원도를 그렸다. 얼마 뒤에 연구원들이 칼과 바늘로 조심스럽게 암석을 제거하자 그 안에서 완벽한 주머니쥐의 화석이 드러났다.

퀴비에에 대한 다른 일화를 소개하면 다음과 같다. 어느 날 밤에 퀴비에가 실험실에서 동물해부를 하고 있었는데, 느닷없이 문이 열리더니 괴물이 들이닥쳤다. 괴물은 머리에 달린 기다란 뿔을 들이밀면서 어금니를 드러내고 발톱을 휘두르며 퀴비에를 위협했다. 퀴비에는 괴물을 찬찬히 살펴보더니 곧 미소를 지으면서 외쳤다. "머리 위에 뿔이 달린 녀석이 풀을 먹어야지, 왜 나를 먹으려고 하느냐? 어서 저리 가거라!" 알고 보니 이것은 제자들이 벌인 우스꽝스러운 장난이었다. 퀴비에는 괴물의 머리 위에 있는 기다란 뿔을 보고 식물을 잘 소화하는 동물이라고 생각했던 것이다.

비교해부학과 고생물학의 접목

퀴비에는 1800~1805년에 《비교해부학 강의》를 총 5권으로 선보였다. 이 책에서 그는 동물의 각 기관이 아주 밀접하게 연관되어 있으므로 한 기관의 구조로 다른 기관의 구조를 추측할 수 있다고 주장했다. "이빨의 형태로 턱의 형태를 설명할 수 있으며, 견갑골의 형태로 발톱의 형태를 설명할 수 있다. 이것은 마치 곡선의 방정식 속에 그 곡선의 특성이 포함된 것과 마찬가지다." 더 나아가 퀴비에는 자신의 비교해부학에 대한 지식을 고생물학과 접목시켰다. 고생물학의 연구 대상은 화석인데, 화석은 대부분 흠집이 있어 완전하지 않으므로 비교해부학이 꼭 필요하다는 것이었다. 이를 통해 퀴비에는 멸종된 종들을 재구성하면서 거의 혼자 힘으로 고생물학을 만들어냈다.

퀴비에의 연구는 고생물학을 넘어 지질학으로 이어졌다. 화석들이 발견되는 순서에 따라 지층을 정렬하면 지층이 형성되는 상대적인 시기를 알 수 있었던 것이다. 그는 1804년부터 4년 동안 국립자연사박물관의 광물학 교수인 브롱냐르(Alexandre Brongniart)와 함께 파리 분지의 암석들을 대상으로 어떤 화석들이 어떤 지층에 존재하는지를 규명했다. 그들은 1808년에 공동 명의로 《파리 지역의 광물 지도》라는 예비 보고서를 프랑스 학사원에 제출했고, 그것은 이후에 《파리 지역의 지질학적 기록》으로 출판되었다.

퀴비에는 1812년에 《화석 골격에 관한 연구》를 펴냈다. 이 책에서 그는 고생물이 현존하는 생물과 똑같지는 않지만, 동물을 크게 네 개의 문(門)으로 분류할 수 있다고 주장했다. 척추동물, 연체동물, 절지동물, 방사대칭동물 등이 그것이다. 퀴비에는 주로 신경 계통을 바탕으로 동물을 분류했으며, 이것은 외형적인 특징에 근거한 분류법보다 훨씬 합리적이었다. 이와 함께 퀴비에는 아주 오래전부터 네 종류의 동물 문이 존재했으며, 환경 요인도 이를 바꾸지는 못했다고 주장했다. 여기서 동물계가 처음부터 4개의 문을 가진다는 생각은 존재의 대사슬(great chain of being)이란 개념을 부정하는 것이었고, 환경적 요인의 영향을 축소한 것은 모든 종이 불변한다는 생각을 표방한 것이었다.

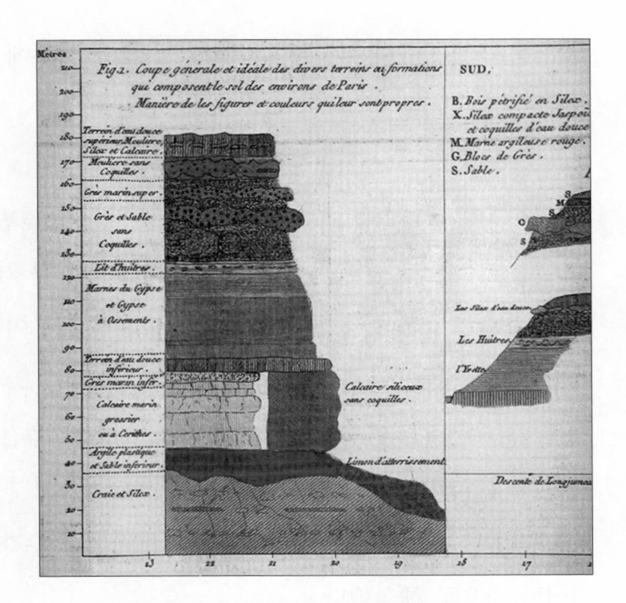

《파리 지역의 광물 지도》에 실린 층서단면도(1808년)

이 무렵에 퀴비에는 나폴레옹의 신임을 받기 시작했다. 퀴비에는 1809~1811년에 나폴레옹 제국의 장학관으로 임명되어 이탈리아와 네덜란드에 세운 교육기관을 감독하는 일을 맡았다. 이어 1811년에는 기사 작위를 받았고, 1814년에는 최고 행정재판소의 위원으로 선출되었으며, 1817년에는 내무부 장관의 자리에 올랐다. 이제 퀴비에는 학문적으로는 물론 정치적으로도 프랑스를 대표하는 중요한 인물이 되었다.

《비교해부학 강의》와 함께 퀴비에의 대표적인 저서로 손꼽히는 것은 《동물계》이다. 《동물계》는 1817년에 4권으로 출판된 뒤 1829~1830년에는 5권으로 증보되었다. 그 책은 린네의 《자연의 체계》와 맞먹는 중요한 작품으로 평가되고 있다. 퀴비에가 《동물계》를 저술한 목적은 동물계의 완벽한 목록을 작성하고 자신이 제안한 '부위의 상관관계 원리'와 쥐시외(Antoine-Laurent de Jussieu)가 제안했던 '특성의 종속 원리'를 바탕으로 새로운 분류체계를 정립하는 데 있었다. 부위의 상관관계 원리는 동물의 모든 부위가 기능적으로 서로 연관되어 있기 때문에 뼈 하나만 살펴보아도 동물 전체를 알 수 있다는 원리이고, 특성의 종속 원리는 생물의 특징마다 분류학적 가치가 다르기 때문에 오랫동안 변하지 않는 특징을 생물 분류의 중요한 기준으로 삼는다는 원리이다.

생물학의 독재자

1826년에 퀴비에는 《지구 표면의 격변에 관한 논의》를 출간했다. 이 책에서 그는 지층에 따라 화석의 종류가 큰 차이를 보이는 이유에 대해 하느님이 여러 차례 천재지변을 일으켰기 때문이라고 설명했다. 천재지변이 일어날 때마다 많은 종들이 멸종의 운명을 맞이하게 되며, 그때 하느님은 그 빈틈을 메우기 위해 새로운 종을 창조하거나 기존의 종을 다른 장소로 옮긴다는 것이었다. 이러한 주장은 천변지이설 혹은 격변설(catastrophism)로 불리는데, 기독교가 지배적이었던 당시의 사회에서 큰 환영을 받았다. 사람들은 성서에 기록된 노아의 홍수가 그러한 천재지변 중에서 가장 나중에 일어난 것으로 해석했다.

퀴비에의 마지막 과학적 업적은 발렌시엔느(Achille Valenciennes)와 공동으로 저술한 《어류의 자연사》였다. 그 책은 1828년에 첫 권이 출간되었으며, 퀴비에가 사망하기까지 8권이 더 출간되었다. 《어류의 자연사》는 어류학 분야의 모든 지식을 망라하고 있었으며, 이 책에 담긴 분류체계는 오늘날에도 널리 사용되고 있다.

퀴비에는 자신의 연구 결과에 확신을 가지고 있었기 때문에 다른 과학자들과 잦은 논쟁을 벌이기도 했다. 1809년에 라마르크(Jean-Baptiste de Lamarck)가 《동물철학》을 발간하면서 용불용설을 제창하자 퀴비에는 라마르크의 학설을 공개적으로 조롱했다. 동물의 종은 변형될 수 없기 때문에 각 동물 사이에 과도기적 형태가 존재한다는 생각은 터무니없다는 것이었다. 퀴비에는 1830년에 예전의 동료였던 생틸레르와도 공개적인 논쟁을 벌였다. 생틸레르는 동물의 해부학적 구조가 특정한 생활양식을 요구한다고 주장했던 반면, 퀴비에는 한 동물의 기능이 그 동물의 해부학적 특징을 결정한다고 보았다.

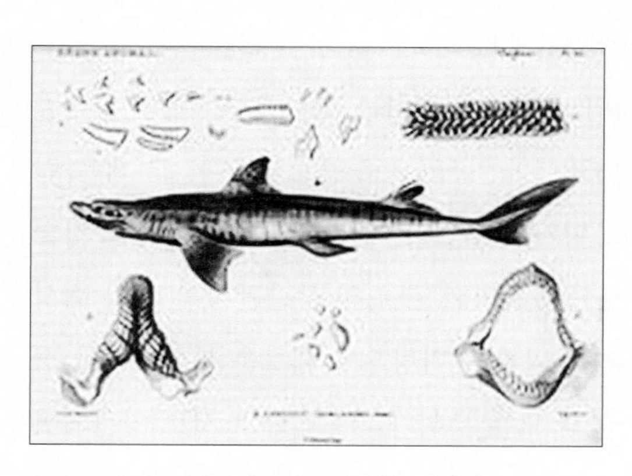

퀴비에가 어류에 대해 묘사한 그림(1828년)

오늘날의 관점에서 보면, 라마르크나 생틸레르의 주장에도 경청할 만한 것이 있었다. 라마르크의 학설은 그가 제안한 진화의 메커니즘에는 문제가 있었지만, 이후에 진화에 대한 많은 논의의 출발점으로 작용했다. 생틸레르와 퀴비에가 논쟁했던 형태와 기능의 문제는 양쪽 모두 일장일단이 있는 것으로 평가되고 있다. 예를 들어 새의 날개와 곤충의 날개는 모두 비행이라는 기능을 수행하지만 동일한 조상을 갖지 않으며, 새의 날개와 박쥐의 날개는 공통적인 구조적 조상을 가지고 있지만 다른 기능을 수행하고 있는 것이다. 그럼에도 불구하고 퀴비에는 자신의 독보적인 지위를 활용하여 상대방의 견해를 일축하였고, 이에 따라 그는 '생물학의 독재자'라는 별명을 얻기도 했다. 퀴비에는 1788년에 뷔퐁이 사망하자 "드디어 뷔퐁 백작이 죽었다"고 하면서 쾌재를 불렀지만, 그 자신도 어느새 독재자의 반열에 오르고 있었던 것이다.

퀴비에는 1831년에 그동안의 업적을 인정받아 남작 작위를 받았다. 당시 프랑스에서 개신교도에게 귀족 작위를 주는 것은 매우 드문 일이었다. 그는 1832년에 중풍에 걸리는 바람에 63세의 나이로 세상을 떠났다. 1830~1833년에 라이엘이 《지질학 원리》를 발간하고 1859년에 다윈이 《종의 기원》을 발표하면서 퀴비에의 명성은 시들해졌지만, 퀴비에는 비교해부학과 고생물학의 기초를 세우고 지질학과 생물학의 연결고리를 만드는 등 과학의 역사에서 뚜렷한 흔적을 남겼다.

특히 퀴비에가 창시한 고생물학을 매개로 19세기에는 수많은 멸종 동물이 보고되기 시작했다. 영국의 여성 과학자인 애닝(Mary Anning)은 1817년에 어룡 화석을, 1821년에 사경룡 화석을 발견했다. 이어 영국의 의사였던 맨텔(Gideon Mantell)은 1822년에 이구아노돈 화석을, 1832년에 갑옷공룡 화석을 발견했다. 이러한 성과를 바탕으로 오언은 1842년에 '공룡'이라는 용어를 처음 사용하면서 이에 대한 분류 체계를 만들었다. 급기야 1861년에는 독일의 바이에른 지방에서 파충류와 조류의 중간에 해당하는 시조새의 골격 화석이 발견되어 진화론 논쟁에 불을 지폈다.

과학과 탐험을 결합시킨 열정

알렉산더 폰 훔볼트

자연을 사랑한 법학도

과학계의 걸어 다니는 백과사전, 자연의 아름다움을 그린 파발꾼, 학자의 정신과 탐험가의 육체를 겸비한 사람, 19세기의 가장 위대한 정신의 소유자, 인간 무지의 정복자 … 놀랍게도 이상과 같은 수사는 모두 한 사람에게 주어졌다. 그 사람은 바로 알렉산더 폰 훔볼트(Alexander von Humboldt, 1769~1859)이다. 그는 당시에 잘 알려져 있지 않았던 지역들을 탐사했으며, 지형, 기후, 생명 등을 연결시키는 자연법칙을 탐구하였다. 그의 오랜 열망은 모든 자연현상의 연결고리를 발견하는 것이었다.

알렉산더는 1769년에 프로이센 왕국의 수도 베를린에서 태어났다. 그의 아버지는 프리드리히 대왕의 근위 장교였고, 어머니는 재력가인 위그노 가문의 딸이었다. 알렉산더는 둘째였는데, 그의 형은 훗날 훌륭한 언어학자로 성장한 후 교육부 장관까지 지낸 빌헬름 폰 훔볼트(Wilhelm von Humboldt, 1767~1835)이다. 알렉산더는 어린 시절을 테겔에 있는 저택에서 보냈는데, 정원에서 자라는 식물을 관찰하거나 아버지 서재에 있는 책을 읽는 것을 즐겼다.

알렉산더는 10살 때 아버지를 여의었다. 어머니는 두 형제를 우수한 인재로 키우기 위해 개인교사를 초빙하였다. 덕분에 훔볼트 형제는 일찍부터 고전, 역사, 언어, 수학, 정치학, 경제학 등 수많은 분야를 섭렵할 수 있었다. 어머니는 자식들이 성장하여 정부 관료가 되기를 바랐지만, 알렉산더는 자연사를 좋아했다. 그는 시간이 날 때마다 암석과 곤충을 채집하여 집으로 가져와서 관찰하고 스케치하는 일을 즐겼다.

알렉산더 훔볼트는 1787년에 프랑크푸르트 대학에 입학했으며, 1789년에는 괴팅겐 대학으로 자리를 옮겼다. 어머니의 소망대로 법학을 전공했지만, 지질학, 광물학, 광산학 같은 과목에 더 흥미를 느꼈다. 교수 중 한 사람이 그를 포르스터(Georg Forster)에게 소개했는데, 포르스터는 쿡(James Cook) 선장의 태평양 항해에 동행했던 학자이자 탐험가였다. 1790년에 포르스터는 훔볼트를 데리고 라인 강변을 따라 유럽 여행에 나섰으며, 많은 저명한 과학자들을 소개시켜 주었다. 훔볼트는 포르스터의 여행담에 매료되었고, 언젠가 자신만의 모험을 하리라 다짐했다. 훔볼트는 괴팅겐 대학 재학 중에 하르츠 산맥과 라인 강 계곡의 현무암에 관한 연구를 발표하여 학계의 주목을 끌기도 했다.

훔볼트는 1791년에 과학적 능력을 본격적으로 배양하기 위하여 프라이베르크 광산대학에 입학했다. 거기서 그는 당대의 유명한 지질학자인 베르너(Abraham Gottlob Werner) 밑에서 수학하였다. 그 학교의 교육과정은 육체적으로나 정신적으로 매우 혹독했다. 학생들은 오전에 광산에서 일했고, 오후에는 지질학과 광물학을 공부했다. 학업을 성공적으로 마친 후 훔볼트는 1793년에 광산감독관의 직책을 얻었다. 그는 광산 일에 열심히 종사하면서도 깊은 갱 속에 있는 식물과 광물을 조사하는 데 많은 노력을 기울였다. 훔볼트는 고갈될 것으로 여겨졌던 광산의 생산량을 6배나 증가시켰고 이로 인해 일약 스타로 부상하였다. 당시에 그는 자신의 사재를 털어 광부 훈련학교를 설립하여 운영하기도 했다.

과학탐사에 대한 열망

훔볼트는 1796년에 어머니마저 잃었다. 훔볼트의 어머니는 막대한 유산을 남겼다. 훔볼트는 미련 없이 광산 일을 그만두고 자신만의 과학탐사를 계획하기 시작했다. 이를 위하여 그는 육분의(수평선 위에 있는 천체의 고도를 측정하는 도구의 일종임)와 기압계를 비롯한 기자재를 구입하고 사용법을 익혔다. 그러나 나폴레옹 전쟁으로 인해 여행이 어려워져 그의 계획은 계속 연기되었다. 당시에 훔볼트는 괴테(Johann Wolfgang von Goethe)와 실러(Friedrich von Schiller)를 비롯한 독일의 지식인들과 폭넓게 교제하였다. 괴테는 훔볼트가 과학에 비상한 재주가 있다는 점을 알아차리면서 "만물은 분주하게 자연의 역사를 기록하고 있다"고 말했는데, 그 말은 훔볼트의 가슴 속에 깊이 새겨졌다.

훔볼트는 1799년에 봉플랑(Aimé Bonpland)이라는 프랑스 의사이자 식물학자를 만났다. 그들은 곧바로 의기투합하여 원대한 과학탐사의 꿈을 키웠다. 그때 훔볼트의 나이는 30세,

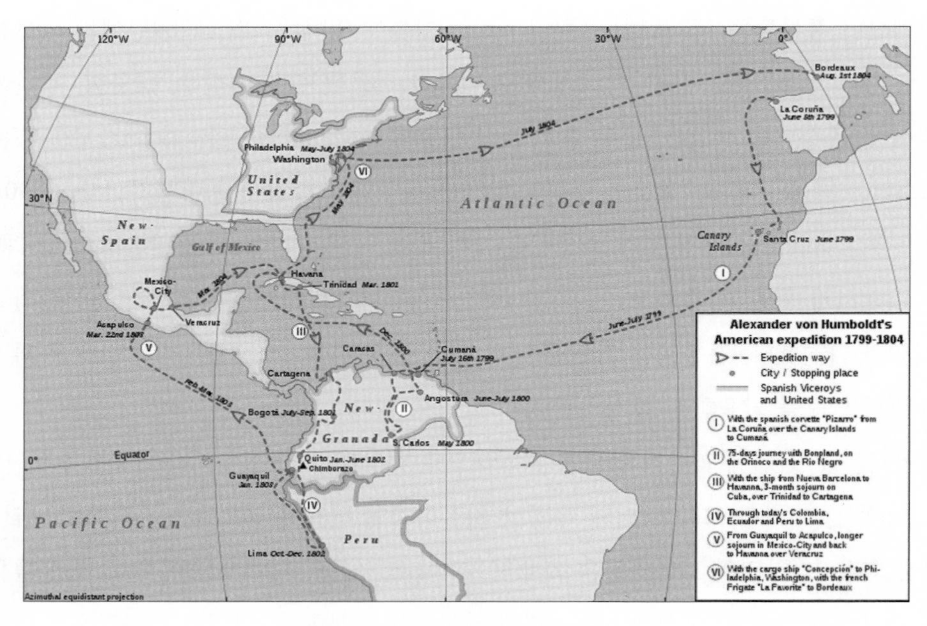

훔볼트의 남미대륙 탐험(1799~1804년)

봉플랑은 26세였다. 두 사람은 평생 절친한 친구로 지냈다.

드디어 훔볼트에게 좋은 기회가 왔다. 스페인 왕 카를로스 4세가 훔볼트에 대한 소식을 접하고는 자신이 지배하는 모든 지역에 대한 탐사를 허락했던 것이다. 카를로스 4세는 훔볼트가 광산 개발에 성공했다는 점을 높이 평가했으며, 훔볼트가 탐사를 통해 금과 다이아몬드를 발견해주기를 원했다. 그러나 훔볼트의 생각은 달랐다. "나는 캘리포니아에서 파타고니아(남미 최남단)까지 걸어갈 생각이다. 그 길에서 식물과 동물의 표본을 채집할 것이다. 산의 높이를 재고, 광물의 성분도 분석할 것이다. 그러나 나의 진정한 목표는 자연의 힘 상호간의 관계를 밝히는 일이다."

훔볼트와 봉플랑은 1799년 6월 5일에 피자로 호를 타고 스페인 라코루냐를 출발했다. 그들의 탐험은 1804년 8월 3일 프랑스 보르도에 도착하기까지 총 5년 2개월이 소요되었다. 중간 경유지에는 베네수엘라 쿠마나(1799년 7월), 베네수엘라 칼라보소(1800년 2월), 쿠바(1800년 11월), 콜롬비아 카르타헤나(1801년 3월), 콜롬비아 보고타(1801년 7월), 페루 칼라오(1802년 12월), 멕시코(1803년 3월), 미국 필라델피아(1804년 5월) 등이 있었다. 훔볼트가 실제로 탐험했던 곳은 대부분 지난 300년 동안 유럽인들에게 닫혀 있었던 지역이었다.

세계 최초로 남미대륙을 횡단하다

훔볼트의 탐험은 보통의 탐험과는 달랐다. 해안 지역을 주로 답사했던 기존의 탐험과 달리 훔볼트는 대부분 도보로 남미대륙을 탐사하였다. 사실상 훔볼트는 남미대륙을 탐험하면서 산을 넘고 강을 건너고 열대우림을 헤쳐나가는 일을 수없이 반복했다. 이러한 의미에서 훔볼트의 탐험은 세계 최초의 남미대륙 횡단 탐험으로 평가되기도 한다. 게다가 훔볼트의 탐험은 정치적이거나 상업적인 목적을 띠지 않았고, 오로지 학문적인 과업에만 사용되었다. 훔볼트는 남미대륙 탐험을 통해 6만 가지가 넘는 식물을 채집했으며, 3,600개에 달하는 새로운 종을 발견하였다.

베네수엘라에 머무는 동안 훔볼트는 엘도라도가 지배한 황금의 도시가 있었다고 전해진 오리노코 강 일대를 탐험하였다. "우리는 몇 시간 동안 완전히 다른 세계에 들어서 있다는 것을 알게 되었다. 저 멀리에는 호수처럼 엄청나게 큰 수면이 뻗어 있었다. 어디에서도 삼림들은 하상까지 돌출해 있지 않았다. 뙤약볕에 노출된 넓은 강가는 해안처럼 헐벗고 건조했다. 우리는 물결의 후미진 곳에서 수면을 비스듬히 헤치고 나아가는 커다란 악어를 거의 알아차리지 못했다. 이 흐드러진 경치, 적막함과 웅대함의 조화는 신세계에서 가장 큰 강의 하나인 오리노코 강에 대한 인상이었다." 훔볼트는 2,000킬로미터에 이르는 오리노코 강을 탐험하면서 그동안 지리학자들 사이에 많은 논란이 되어 왔던 카시키아레 운하의 존재를 발견하는 성과를 거두기도 했다.

훔볼트는 에콰도르에서 화산을 연구하던 중에 침보라소 산을 가장 높이 등반하는 기록도 세웠다. 침보라소 산은 안데스산맥의 최고봉으로 매우 험한 산이었다. 가파른 절벽, 얼음 사면, 그리고 앞이 보이지 않을 정도의 구름 때문에 안내인도 산 입구에서 되돌아가고 말았다. 침보라소 산을 오르는 동안 훔볼트는 원통형 기압계를 사용하여 여러 지점에서 고도를 측정했다. 5,700미터 지점을 통과하자 고산병이 심해졌다. 아프고 어지러울 뿐만 아니라 눈이 충혈되었고 입술과 잇몸에서 출혈이 심했다. 훔볼트는 계속해서 산을 올랐으나 눈까지 펑펑 내리기 시작하는 바람에 결국 등정을 멈추고 말았다. 그가 측정한 침보라소 산의 높이는 6,367미터였는데, 그것은 당시에 알려진 6,270미터보다 더 높은 수치였다.

페루에서는 두 가지 값진 성과를 이루어냈다. 훔볼트는 페루 사람들이 비료로 사용하고 있었던 새의 배설물인 구아노(guano)를 채집했다. 훔볼트는 화학분석을 위해 구아노의 일부를 유럽으로 보냈는데, 그것에 인이 풍부하다는 사실이 밝혀졌다. 이를 계기로 구아노는 유럽으로 수출되어 유럽의 식량 생산을 증가시키는 동시에 남미의 경제발전에 도움을 주었다. 또한 훔볼트는 페루의 카야오에서 에콰도르의 과야킬로 항해하는 동안 해수 온도와 해류의 이동을 관찰하였다. 이 과정에서 훔볼트는 해류의 안쪽과 바깥쪽의 온도 차가 크다는 사실을 주목하였고, 그것이 페루의 내륙지역을 건조하게 만드는 이유라는 사실을 발견했다. 오늘날 이 해류는 '페루 해류' 또는 '훔볼트 해류'로 불리고 있다.

훔볼트는 미국에서 제퍼슨 대통령을 만나기도 했다. 미국철학회의 회장을 역임했던 제퍼슨은 훔볼트의 과학적 탐구와 모험가로서 명성을 익히 알고 있었다. 두 사람은 좋은 우정을 맺었으며, 일생 연락을 주고 받았다.

모든 대학을 한 몸에 지닌 사람

1804년에 훔볼트는 긴 여정을 마치고 프랑스에 도착했다. 당시 프랑스에서는 훔볼트가 여행 도중 황열병에 걸려 죽었다는 소문이 돌고 있었는데, 이러한 소문은 훔볼트의 명성을 더욱 널리 퍼트리는 결과를 유발했다. 아마도 훔볼트는 프랑스에서 나폴레옹 다음으로 유명했던 것 같다. 나폴레옹은 훔볼트의 대중적 인기를 시기했으며, 그를 "화초 수집가"라고 부르면서 공공연히 깎아내렸다. 흥미롭게도 훔볼트와 나폴레옹은 동갑내기였다.

훔볼트는 남미대륙에 대한 탐험이 끝난 후에 파리에 정착했으며, 거기서 다른 과학자, 사서, 출판업자, 조각가와 교류하면서 원고를 작성하기 시작했다. 그는 자신이 수집한 방대한 양의 정보로 말미암아 이전에 그 어떤 학자도 누리지 못한 명성을 얻었다. 그는 진정한 박식가였고, 모든 것에 전문가였다. 훔볼트의 관심은 물리학, 지질학, 기상학, 기후학, 지리학, 광물학, 동물학, 식물학, 천문학, 인류학 등 거의 모든 학문에 걸쳐 있었다. 프랑스의 유명한 화학자인 베르톨레는 훔볼트에 관해서 "이 사람은 모든 대학을 한 몸에 지니고 있다"고 말하기도 했다.

훔볼트는 식물지리학이라는 새로운 분야를 개척한 사람으로 평가되고 있다. 식물지리학은 지구의 기후와 역사가 어떻게 식물군집의 서식 장소에 영향을 주는가를 다룬다. 특히 산맥의 서로 다른 고도에 나타나는 식물들에 대한 관찰로부터 훔볼트는 식물 군집이 기후와 고도에 따라 예측될 수 있다는 결론을 내렸다.

훔볼트는 지질학에서도 흥미로운 견해를 선보였다. 그는 자신의 스승인 베르너와 의견을 달리 하였다. 베르너는 모든 암석이 바다의 바닥에 퇴적되어 생긴 것이라고 믿는 수성

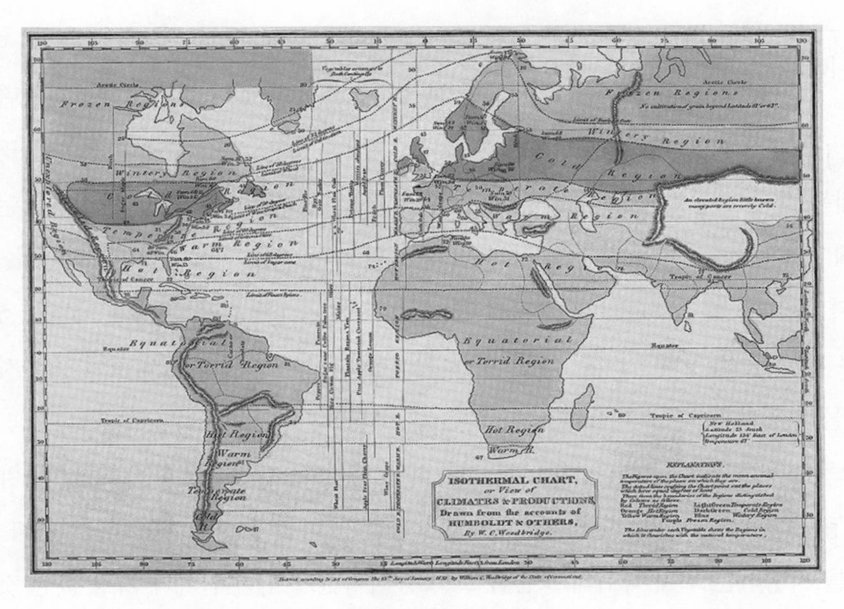

훔볼트의 연구를 바탕으로 미국의 지리학자 우드비리지(William Channing Woodbridge)가 작성한 등온지도

론자들의 우두머리였다. 이에 반해 훔볼트는 에콰도르 쿠이토 주변의 화산들에 대한 경험적 연구를 바탕으로 현무암이 화산 활동에 의해 생겨난다고 확신했다. 그는 화산 활동이 지구 형성에 중요한 역할을 하고 있다고 믿었으며, 화산의 배열과 지하의 균열에 상관관계가 존재한다고 생각했다.

지구의 자기장에 관해서 훔볼트는 극지방에서도 적도 쪽으로 강도가 약해지는 것을 발견했다. 기후와 기상학에 대한 탐구 역시 훔볼트의 노트에 많은 내용이 기록되어 있다. 그는 고도가 높아짐에 따라 기온이 전체적으로 감소한다는 사실을 발견했으며, 등온선과 등압선을 그려낸 최초의 인물이었다.

훔볼트가 남미대륙을 탐험하면서 조사한 내용은 1807~1839년에 총 30권의 시리즈로 발간되었다. 책 제목은 《1799년부터 1804년에 걸친 신대륙 적도지역으로의 항해》로 명명되었는데, 《남아메리카 여행기》로 줄여 불리기도 한다. 처음에 그는 5년 정도면 책을 집필할 수 있을 것으로 예상했지만, 실제로는 30년이 넘게 걸렸다. 그 책은 과학적 주제뿐만 아니라 정치사회적 에세이도 담고 있으며, 무려 1,400개가 넘는 그림을 싣고 있다. 출판 비용만 해도 탐험 자체의 비용보다 더 많이 들었고, 결국 어머니로부터 물려받은 유산을 다 써버리고 말았다.

중앙아시아 탐사

이제 훔볼트에게는 정기적인 수입이 필요했다. 그는 1827년에 대법관의 직책을 받아들여 고향인 베를린으로 돌아왔다. 훔볼트는 베를린에서 시민을 위한 〈코스모스 강의〉를 시작하였고, 그것은 큰 반향을 불러 일으켰다. 괴테는 다음과 같이 평가했다. "훔볼트는 나에게도 없는 다양성을 지니고 있는 사람입니다. 게다가 그는 사람들이 가는 곳 어디에나 있고 끊임없이 정신적인 보화(寶貨)를 풀어놓습니다. 아마도 훔볼트는 여기저기서 물이 솟아나는 샘물 같은 존재가 아닐까 생각됩니다. 아무 데나 통을 갖다 대기만 하면 항상 신선하고 시원한 물이 끊임없이 쏟아져 나오는 그런 샘물 말입니다."

훔볼트는 1828년에 《쿠바 섬에 대한 정치적 에세이》를 출간하였다. 오늘날 쿠바에서 필독서가 된 그 책은 식민지 통치자들의 마음을 언짢게 하는 글들로 가득 차 있었다. 훔볼트는 쿠바를 지탱하는 노예 착취의 모습을 보고 몸서리쳤으며, 인간에게 가장 값진 것은 자유의 감정이라는 점을 설파했던 것이다. 그 책은 당시 쿠바의 경제, 인구, 지리 등에 대한 유익한 정보를 담고 있는 것으로도 유명하다.

1829년에 훔볼트는 러시아 황제로부터 귀금속 광산을 찾아달라는 요청을 받고 우랄산맥을 탐사하게 되었다. 그는 환갑에 가까운 나이임에도 불구하고 미지의 땅을 탐사할 기회에 들떠 있었다. 훔볼트는 생물학자이자 의사였던 에렌베르크(C. G. Ehrenberg)와 화학자이자 광물학자인 로제(Gustav Rose)를 고용했으며, 기회가 있을 때마다 지구자기장의 세기를 측정하고 천체 관측을 실시했다. 훔볼트는 우랄산맥에 있는 마을인 에카테린부르크에 도착한 후 여러 광산을 돌아다니면서 철, 구리, 금, 백금 등의 시료들을 분석했다. 그는 예전의 경험으로 인해 금과 백금이 있는 장소에 다이아몬드가 종종 발견된다는 사실을 알고 있었다. 이를 바탕으로 훔볼트는 특정 지역에 대한 탐사를 제안했는데, 놀랍게도 거기에는 다량의 다이아몬드가 있었다. 결과적으로 훔볼트는 러시아에서 다이아몬드 산지를 처음 발견한 사람이 되었다.

훔볼트의 탐사는 우랄산맥에서 끝나지 않았다. 그는 시베리아의 대초원 지역을 건너 러시아와 중국의 국경에 이르렀다. 중앙아시아 탐사를 마친 후 훔볼트는 1843년에 3권으로 된 《중앙아시아》를 출판했다. 그 책의 1권과 2권은 아시아의 산맥 지역을 설명하고 있고, 마지막 권은 지구자기장과 기후에 대한 관찰을 기록하고 있다. 중요한 사실은 훔볼트가 러시아 정부로 하여금 지구자기와 기상을 관찰하기 위한 관측소를 설치하게 했다는 점이다.

나중에는 러시아에 이어 영국도 관측소를 설치했는데, 그것은 과학을 매개로 한 최초의 국제협력으로 평가되고 있다. 이러한 관측소들로부터 얻어진 정보를 바탕으로 훔볼트는 대륙도(어떤 지역의 기후가 대륙 내부의 기후를 대표하는 정도)의 원리를 정립하기도 했다.

1845년부터 훔볼트는 일반 대중에게 당시의 과학 전반을 소개할 목적으로 《코스모스》를 저술하기 시작하였다. 1862년까지 5권으로 출간된 그 책은 지구뿐만 아니라 천체와 모든 생명체에 대한 내용을 담고 있다. 훔볼트는 책의 서문에서 다음과 같이 썼다. "나는 화강암에 있는 선태류를 비롯한 지구의 생명체에 대한 현상은 물론 천문학, 지리학에 이르기까지 우리가 알고 있는 모든 것을 한 작품에 기술하겠다는 기발한 생각을 했다. 그것은 살아있는 언어로 감정을 자극하고 즐겁게 할 것이다. 이 모든 것은 우리가 일반적으로 말하는 물리적인 지구에 대한 묘사가 아니다. 그것은 하늘과 지구와 모든 창조물을 포함하고 있다."

훔볼트 대학에 있는 알렉산더 폰 훔볼트의 동상. 동상 밑에는 "쿠바를 두 번째로 발견한 사람"이라는 스페인어 문구가 새겨져 있다.

훔볼트는 《코스모스》 시리즈를 모두 완성하지 못한 채 1859년에 89세의 나이로 눈을 감았다. 그의 이름은 지금도 곳곳에 남아있다. 1810년에 설립된 베를린 대학은 1949년에 훔볼트 형제를 기념하여 훔볼트 대학으로 명칭을 바꾸었고, 1860년에 설립된 알렉산더 폰 훔볼트 재단은 독일 과학자와 해외 과학자 사이의 국제협력을 지원하고 있다. 멕시코시티에는 훔볼트가 1803년에 머물렀던 저택이 그대로 보존되어 있고, 2007년에 명품 필기구 회사인 몽블랑 사는 한정품으로 알렉산더 폰 훔볼트 펜을 내놓은 바 있다. 그 밖에 생물 종의 이름, 지리학적 특징을 나타내는 용어, 세계 각 지역의 명칭에서도 훔볼트를 어렵지 않게 발견할 수 있다.

©Book's-Hill

빛의 파동설을 제창한 재주꾼
토머스 영

탁월한 언어 능력

빛의 본성은 무엇일까? 빛에 대한 연구는 옛날부터 시작되었지만 오랫동안 분명한 답이 제시되지 못했다. 빛은 우리 주변에서 흔히 관찰할 수 있는 자연현상이기 때문에 오래전부터 많은 학자들의 주목을 받아왔다. 그러나 근대과학이 시작된 이후에도 빛의 본성을 명쾌하게 설명하는 것은 쉽지 않았다. 17~18세기에는 빛의 입자설이 지배적이었고, 19세기에는 빛의 파동설이 본격적으로 부상했으며, 20세기에는 빛이 파동과 입자의 이중성을 띤다는 학설이 등장하였다. 빛의 본성에 대한 논의가 반전에 반전을 거듭했던 것이다. 19세기에 빛의 파동설을 정립하는 데 크게 기여한 인물로는 영국의 천재과학자 토머스 영(Thomas Young, 1773~1829)을 들 수 있다.

영은 1773년 영국 남서부 서머싯 주의 밀버턴에서 태어났다. 10명의 자녀 중 장남이었다. 그의 집안은 은행업과 직물업을 가업으로 삼고 있었으며, 독실한 퀘이커 교도였다. 영은 전형적인 퀘이커 교도답게 정직하고 예의 바른 성품을 가지고 있었지만, 차가워 보일 정도로 말수가 적었다. 학문적인 논의를 할 때에도 추론 과정은 생략한 채 간결한 요점만 내놓았다. 이러한 점은 다른 사람들이 영의 주장을 받아들이는 데 걸림돌로 작용하기도 했다.

영은 어릴 때부터 신동 소리를 들었다. 2살에 글쓰기를 배웠고, 6살에는 성경을 처음부터 끝까지 두 번이나 읽었다. 특히 언어에 대한 감각이 탁월하여 14살 즈음에는 10여 가지의 언어에 숙달했다고 한다. 그 목록에는 그리스어, 라틴어, 프랑스어, 이탈리아어, 히브리어, 독일어, 시리아어, 아라비아어, 페르시아어, 터키어 등이 포함되어 있었다.

영의 탁월한 언어 능력을 보여주는 일화가 있다. 13살 때 친척을 따라 런던으로 갔던 영은 온갖 서점을 열심히 뒤지고 다녔다. 한번은 그가 아주 값비싼 학술서를 뒤적거리자 어린 소년이 읽기에는 그 책이 너무 어렵다고 생각한 서점 주인은 책을 제자리에 갖다 놓으라고 했다. 그러나 영은 조금도 당황하지 않았다. 그러자 주인은 빙그레 웃으며 만일 그 책에 실린 어려운 외국어를 제대로 번역한다면 책을 그냥 주겠다고 말했다. 결국 어린 소년은 그 책을 상으로 받아들고 집으로 돌아올 수 있었다.

영이 직업을 선택하는 데에는 저명한 의사였던 작은 할아버지의 영향이 컸다. 영은 1792~1794년에 런던과 에든버러에서 의학을 공부했다. 시체를 해부하여 실질적인 해부학을 배웠으며, 환자를 대상으로 눈의 특성을 연구하기도 했다. 그는 1795~1796년에 독일의 괴팅겐 대학에서, 1797~1799년에는 케임브리지 대학의 임마누엘 칼리지에서 의학과 함께 자연과학, 수학, 언어학 등을 공부했다.

20대 초반부터 영은 영국 학계의 유명한 인사로 부상하였다. 그는 1793년에 수정체의 변형에 따라 단거리, 중거리, 장거리의 시야가 생기며 눈이 그러한 변형에 저절로 적응한다는 점을 보였다. 그 연구로 영은 1794년에 21살의 나이로 왕립학회의 회원이 되는 영광을 누렸다. 1795년에는 세계 각국의 언어에 대한 분석을 바탕으로 16개의 모음과 자음으로 구성된 기호체계를 제안하기도 했다. 그는 여러 분야에서 놀라운 재주를 보였기 때문에 "비범한 영(Phenomenon Young)"이라는 별명을 얻었다.

1797년에는 작은 할아버지가 돌아가셨는데, 영은 런던에 있는 저택과 현금 1만 파운드를 유산으로 받았다. 이로 인해 영은 비록 부자는 아닐지라도 재정적으로 독립할 수 있었다. 그는 작은 할아버지의 유산을 바탕으로 1799년에 런던에서 병원을 열었다. 영은 의사 활동과 과학적 탐구를 병행했는데, 의사로서는 별다른 성공을 거두지 못했다. 다른 의사들에 비해 치료율이 훨씬 높았음에도 불구하고 너무 솔직한 나머지 환자를 다루는 전술이 부족했기 때문이었다.

소리와 빛에 관심을 기울인 의사

당시에 영은 여러 분야의 의학을 폭넓게 공부하면서 인간의 목소리와 시각에 관심을 기울였다. 그러한 과정에서 영은 소리와 빛이 근본적으로 비슷한 것이 아닌지 하는 의문을 가졌다. 그는 소리와 마찬가지로 빛도 파동으로 구성되는 것이라 생각했다. 그런데 그것은 기존의 이론에 배치되는 생각이었다. 당시 사람들은 뉴턴을 따라 빛이 조그만 입자들로 구성되어 있으며 그러한 입자들이 발광체에서 눈으로 전달된다고 믿고 있었다.

빛이 파동의 성격을 띤다는 점은 1660년대부터 여러 과학자들이 지적한 바 있었다. 이탈리아의 과학자 그리말디(Francesco Mario Grimaldi)는 빛이 벽에 난 좁은 틈을 지나면 환한 띠 모양이 나타나며 그 가장자리가 약간 뭉개져 보인다고 보고하였다. 빛이 슬릿 모서리를 지나면서 회절하거나 구부러진다는 증거였다. 뉴턴의 숙적인 훅(Robert Hooke)은 빛이 입자가 아닌 파동으로 이루어졌다고 가정하면 굴절 현상을 더욱 쉽게 설명할 수 있다고 주장했다. 덴마크 과학자 바르톨린(Thomas Bartholin)이 다루었던 복굴절이란 현상도 있었다. 1668년에 아이슬란드를 탐험했던 원정대는 특이한 빙주석을 발견했는데, 그 돌에 들어간 빛이 두 갈래로 갈라진 뒤 서로 다른 방향으로 진행했던 것이다.

17세기에 전개되었던 빛의 파동설은 네덜란드 과학자로서 프랑스 과학아카데미의 창립회원이었던 하위헌스(Christiaan Huygens)에 의해 체계화되었다. 그는 '하위헌스의 원리'를 통해 파동이 전해지는 방법을 설명한 것으로 유명한 사람이다. 하위헌스는 빛이 교차할 때 서로 방해를 받지 않고 투과한다는 이유로 빛의 파동설을 주장하였다. 만약 빛이 입자라면 충돌로 인해 반드시 빛이 흐트러질 것이기 때문이었다. 그의 《광학론》은 1678년에 완성된 뒤 1690년에 출판되었다. 하위헌스는 빛의 파동을 전하는 매질로 우주 전체에 정지한 상태로 퍼져있는 에테르라는 물질이 있다고 주장했다.

사실상 빛의 회절이나 굴절을 입자설로 설명하기는 매우 어려웠다. 그러나 당시의 과학자들은 그러한 현상들이 작은 것에 불과하다고 치부하면서 그냥 넘어가려고 했다. 그것들이 서로 연관된 현상인지, 연관되었다면 어떻게 설명할 수 있는지 확실히 알 도리가 없었던 것이다. 게다가 뉴턴은 파동설에 대항하는 반대 논지를 설득력 있게 펼쳤다. 그는 수많은 관찰 결과들이 파동설과 모순된다고 지적하면서 회절이나 굴절과 같은 이상 현상에 대해서는 다른 설명 방식이 존재할 수 있을 것으로 기대했다.

영은 1800년에 〈소리와 빛에 관한 실험과 탐구의 개요〉라는 논문을 발표했다. 그는 그 논문에서 '간섭(interference)'이라는 개념을 최초로 묘사하였다. 두 파동이 교차할 때 나타나는 결과는 파동들의 개별적인 운동 효과를 결합한 것과 같다는 것이었다. 영은 간섭이 파동 운동의 기본적인 속성임을 깨달았고, 파동이 교차하는 곳에서는 언제나 간섭이 나타난다고 주장했다. 그러나 영은 자신이 간섭을 최초로 발견한 사람이라고 내세우지 않았다. 겸손하게도 자신은 다른 과학자들의 작업을 다소 쉽게 수정했을 뿐이라고 했던 것이다.

1801년에 영은 의사 일을 그만두고 왕립연구소의 교수진에 합류하였다. 1799년에 세워진 왕립연구소는 과학을 실용적인 용도로 일상에 폭넓게 적용하자는 취지로 설립되었다. 영은 회원들을 대상으로 자연철학과 기계적 기술에 관한 연속 강의를 담당하였다. 그러나 영의 강의는 그다지 성공적이지 못했다. 그가 워낙 함축적으로 강의를 한데다 다루는 주제도 어마어마하게 넓었기 때문이었다.

이중슬릿 실험으로 밝힌 빛의 본성

1801년에 영은 간섭의 개념을 물과 빛에 적용하면서 보강간섭과 상쇄간섭에 대해 논의하였다. "호수 표면에 일정한 높이의 물결파가 지속적으로 일고 있다고 가정하자. 속도도 일정한 물결은 좁은 통로를 통해 호수를 빠져 나간다. 이제 비슷한 원인에 의해 또 하나의 일정한 물결파가 발생하여 첫 번째 물결파와 같은 속도로 진행한 뒤 바로 그 통로를 통해 동시에 도달한다고 생각하자. 두 연속 파동은 서로를 파괴하지 않을 것이며, 다만 둘의 효과가 중첩되어 나타날 것이다. 만약 양쪽 모두 파동의 마루인 상태일 때 통로에서 만난다면 그로 인해 더 높은 물 높이를 보일 것이다. 반대로 한쪽은 마루인데 다른 한쪽은 골인 상태일 때 만난다면 정확히 그만큼이 메워져 버려서 수면의 높이는 높낮이 없이 유지될 것이다. … 이제 나는 두 줄기의 빛이 이처럼 섞였을 때도 비슷한 효과가 나타난다고 주장하고자 한다. 이것을 빛의 간섭에 의한 일반 법칙이라 부르겠다."

영은 간섭이란 개념을 통해 그동안 혼란스럽게 여겨져 왔던 많은 현상들을 적절히 설명할 수 있었다. 가장 극적인 일은 뉴턴 링(Newton's ring)을 설명한 것이었다. 뉴턴 링이란 볼록렌즈를 유리판에 밀착시켰을 때 일련의 동심원이 띠로 형성되는 현상인데, 영은 띠 중에서

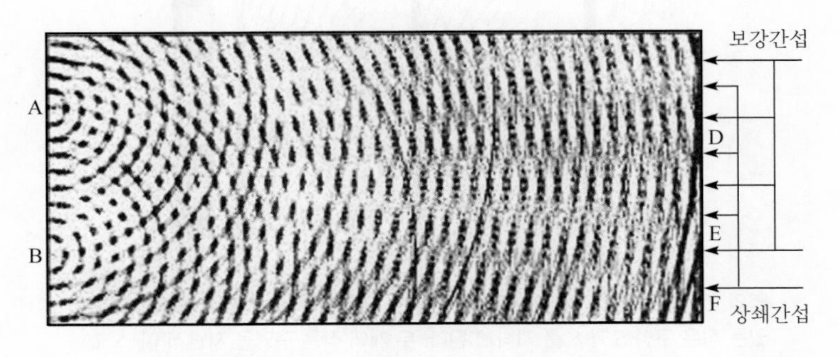

두 파원에서 발생한 일련의 파동들이 간섭하는 모양을 나타낸 영의 그림

어두운 부분을 상쇄간섭이 일어난 영역으로 해석했다.

1803년에 영은 〈물리광학에 관한 실험과 계산〉이라는 논문을 왕립학회에 제출했다. 그 논문에서 영은 "빛의 간섭 법칙을 증명해 줄 너무나 명료한 한 가지 현상을 발견했다"고 보고했다. 그는 바늘로 작은 구멍을 낸 두꺼운 종이로 창을 가린 다음 구멍을 통해 빛이 한줄기 새어 들어 반대편 벽에 떨어지게 했다. 그 뒤에 폭이 1/13인치 정도인 얇은 조각을 빛살 가운데 끼워 넣었더니 종이 때문에 생긴 작은 그림자 양 끝에 무지갯빛 줄무늬가 생겼을 뿐만 아니라 그림자 내부에도 흑백 띠가 교차된 줄무늬가 나타났다. 영은 이러한 줄무늬가 전형적인 간섭 패턴을 보여준다고 생각했다.

이어서 영은 간섭 현상에 대한 한 가지 시연을 고안하였다. "매우 작은 구멍 또는 슬릿이 두 개 있는 막에다가 단색광을 쏘아 보낸다. 그러면 두 슬릿은 빛이 발산하는 중심점으로 작용한다. 빛은 그로부터 온 방향으로 회절되어 나간다. … 이 경우에 가까이 형성된 두 빛줄기가 퍼져가는 중간에 그것을 막는 벽을 세운다면, 빛은 거의 일정한 간격마다 어두운 띠가 늘어선 줄무늬로 갈라진다. 벽을 구멍에서 먼 곳으로 세울수록 띠의 간격은 넓어지는데, 그때도 구멍으로부터 온 방향으로 거의 일정한 각도를 이루는 것은 변함없다. 또 구멍끼리의 거리를 가깝게 할수록 띠 사이의 간격은 마찬가지 비율로 넓어진다." 이것이 바로 우리에게 익숙한 영의 이중슬릿 실험(double slit experiment)이다.

역사는 반복된다고 했던가? 영의 이중슬릿 실험은 1927년에 극적으로 부활하였다. 당시에 벨연구소에서 근무하고 있었던 데이비슨(Clinton Davisson)과 저머(Lester Germer)가 전자를 대상으로 이중슬릿 실험을 하여 입자성과 파동성이 동시에 나타날 수 있다는 점을 보여주

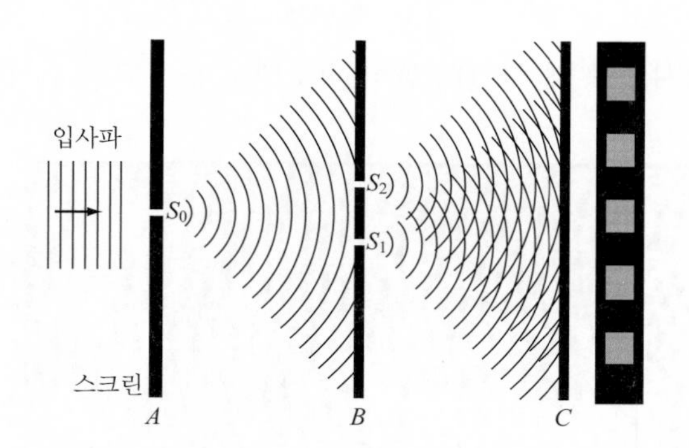

영의 이중슬릿 실험. 스크린 A의 작은 구멍 S_0에서 회절된 빛이 스크린 B에 있는 작은 구멍 S_1과 S_2를 지나게 된다. 두 개의 작은 구멍을 지난 빛이 스크린 B와 C사이에서 중첩되어 스크린 C에 간섭무늬를 만든다.

었던 것이다. 실험 방법은 영의 이중슬릿 실험과 동일했으나, 다만 단색광 대신에 전자빔을 쪼이는 차이가 있었다. 1927년의 이중슬릿 실험은 20세기에 양자역학이 발전하는 데 크게 기여하였다.

빛의 파동설이 수용되기까지

영의 실험은 빛의 파동설을 설득력 있게 제시한 것으로 평가되고 있다. 그러나 당시에 영의 실험은 빛의 입자설에 대한 파동설의 승리를 가져오지 못했다. 그것의 부분적인 이유는 영의 태도에서 찾을 수 있다. 영은 빛의 파동설이나 간섭의 개념에 대해 발견의 권리를 주장하지 않았다. 심지어 그는 "선배 뉴턴이야 말로 내가 열심히 주장하는 이론을 사실상 처음으로 제안한 사람"이라고 말하기도 했다. 이러한 영의 태도는 자신의 독창성을 무디게 보이게 하는 요인으로 작용하였다.

그보다 더욱 중요한 이유로는 뉴턴주의자들의 반격을 들 수 있다. 그들은 뉴턴이 틀릴 수도 있다는 점을 받아들이지 않았으며, 두 줄기의 빛을 서로 합치면 어두워질 수 있다는 영의 생각을 비웃었다. 당시에 유명한 작가였던 브룸(Henry Brougham)은 《에든버러 리뷰》에 다음과 같은 글을 썼다. "우리는 묻는다. 한때 뉴턴이 환하게 밝혔던 과학의 세계가 마치 패션의 세계처럼 유행에 따라 이리저리 바뀔 수 있는 것인가? … 왕립학회의 출판물들은 왕립연구소에 드나드는 청중들을 위해 새롭게 유행하는 이론들을 싣는 장으로 변질될 것인가? 이 무슨 수치인가! 영 교수는 무수한 흥밋거리들로 청중을 계속 현혹시키도록 하라. 다만, 유서 깊은 지식의 보고, 뉴턴, 보일, 캐번디시, 매스켈린, 허셜의 업적들을 간직하고 있는 소중한 보고에는 절대 발을 들이지 말도록 하라!"

이 글을 읽고 영은 무척 화가 났다. 그는 답신을 준비했는데, 당시의 관례에 따라 소책자로 출간했다. 그러나 영의 답신은 단조롭고 방어적이어서 세간의 주목을 받지 못했다. "직접 실험을 해본 다음에도 그런 말을 할 수 있다면 그때 결과를 부정하도록 하라"는 식이었다. 영의 소책자는 딱 한 부 팔렸다고 한다.

이처럼 영이 자신의 업적을 적절히 홍보하지 못한 탓에 빛의 파동설은 매우 느리게 전파되었다. 빛의 파동설은 영의 시연으로부터 15년이 지난 1818년에 재발견되었다. 그 해에 프랑스 과학아카데미는 빛의 회절을 설명하는 이론에 대한 현상 공모를 실시하였다. 과학아카데미는 입자설로 회절 현상이 설명되기를 바라고 있었지만, 뜻밖에도 파동설을 들고 나온 프레넬(Augustin Fresnel)이 수상자로 선정되었다. 그는 오늘날 '프레넬 겹프리즘'으로 불리는 납작한 두 개의 거울을 사용하여 훌륭한 간섭무늬를 얻었고, 빛의 파동설을 바탕으로 그 현상을 명쾌하게 설명하였다.

1850년에 푸코(Léon Foucault)에 의해 수행된 실험은 빛의 파동설을 더욱 유리하게 해 주었다. 당시에 아라고는 공기 중의 광속과 수중의 광속을 비교하여 공기 중의 광속이 크면 파동설이, 수중의 광속이 크면 입자설이 옳다고 주장했다. 이에 푸코와 피조(Armand Fizeau)는 광속을 측정하여 빛의 정체를 밝히려고 시도하였다. 그들은 처음에 회전하는 거울을 이용하여 광속을 측정하는 장치를 공동으로 개발하였다. 1847년에 두 사람이 결별한 뒤 피조는 회전 기어를 이용한 새로운 측정법을 개발하여 1849년에 광속이 초당 313,000킬로미터라는 결과를 얻었다. 반면 푸코는 회전 거울을 이용한 초기의 방법을 고집했으며, 1850년의 실험을 통해 공기 중의 광속이 수중의 광속보다 크다는 점을 보여 주었다. 이후에 푸코는 자신의 장치를 지속적으로 개량하여 1862년에 빛이 초당 298,500킬로미터로 움직인다고 측정했는데, 그것은 오늘날의 측정치인 초당 299,792킬로미터와 1퍼센트의 오차 범위에 드는 값이었다.

빛의 파동설은 맥스웰(James C. Maxwell)의 전자기학에 의해 더욱 확실한 토대를 다지게 되었다. 1862년에 그는 전기와 자기 사이의 상호작용으로 파장이 발생되고 전달되는 것을 알아낸 뒤 진공에서 전자기파의 속도를 계산한 결과 빛의 속도와 일치하는 것을 확인하였다. 이를 통해 맥스웰은 빛이 전자기파의 한 형태라는 결론을 내렸다. 그의 전자기학은 1864년에 맥스웰 방정식을 통해 집대성되었으며, 1887~1888년에 헤르츠(Heinrich Hertz)가 전기 스파크를 이용하여 전자기파를 발견하는 실험에 성공함으로써 널리 수용되기 시작하였다.

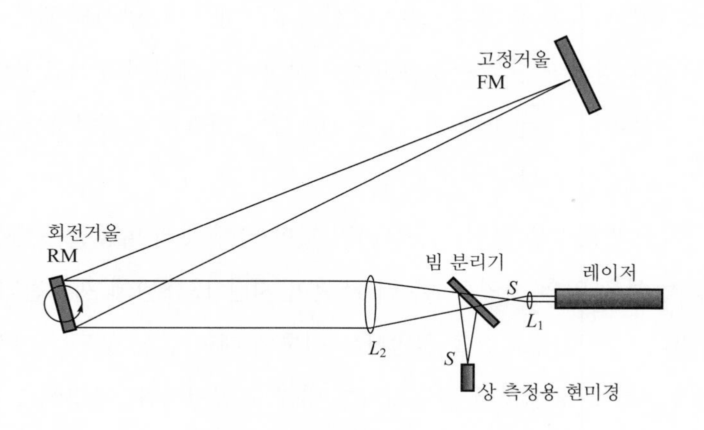

푸코의 광속 측정에 대한 개념도

꼬리에 꼬리는 무는 업적

영은 약 2년 동안 왕립연구소에서 일한 뒤 왕립학회의 외무 간사를 맡았으며 죽을 때까지 그 자리를 지켰다. 여러 언어에 통달한 그에게는 매우 적합한 자리였다. 영은 1807년에 자신이 왕립연구소에서 강의한 내용을 바탕으로 《자연철학과 기계적 기술에 관한 강의》라는 책자를 발간했다. 그 책에서 영은 기존의 살아있는 힘(vis viva) 대신에 에너지(energy)라는 새로운 개념을 제안하기도 했다. 에너지라는 용어는 '안에 있는 일'을 뜻하는 그리스어 에너곤(energon)에서 비롯되었다. 영은 과학적 개념으로 에너지를 제안하긴 했지만, 여전히 그 양은 $\frac{1}{2}mv^2$이 아닌 mv^2에 머물러 있었다.

영은 다재다능한 사람이었다. 그는 《브리태니커 백과사전》의 편찬에도 참여하여 매우 다양한 주제를 맡아 썼다. 그 목록에는 알파벳, 연금, 인력, 모세관, 응집력, 색, 이슬, 이집트, 눈, 초점, 마찰, 달무리, 상형문자, 수력학, 운동, 저항, 선박, 소리, 재료의 강도, 밀물과 썰물, 파동 등이 포함되어 있다. 흥미롭게도 이러한 주제들을 영이 직접 연구했거나 강의를 했던 것이었다.

과학의 역사에서 영의 이름은 곳곳에 남아 있다. 영-라플라스 방정식(Young-Laplace equation)은 정지된 두 유체 경계면에서 일어나는 모세관 압력의 차이를 설명하는 식이고, 영-듀프레 공식(Young-Dupré equation)은 고체 표면에 떨어지는 액체 방울의 접촉각도와 경계면 사이의 자유에너지를 표현한 공식이며, 영의 계수(Young's modulus)는 물체에서 일어나는 변형과 압력 사이의 관계를 나타내는 수이다. 심지어 영의 이름은 악기를 조율하는 방법에서도 찾아볼 수 있다.

영의 업적으로 빼놓을 수 없는 것은 로제타석(Rosetta Stone)에 새겨진 문자에 대한 해독이다. 로제타석은 이집트에 대한 연구를 촉발한 유물로 현재 대영박물관에 전시되어 있다. 그 돌은 1799년에 나폴레옹이 이집트를 원정할 때 발견되었으며, 최상단에는 이집트 상형문자, 중간에는 이집트 민간문자, 그리고 마지막에는 그리스어가 새겨져 있다. 여러 사람들이 로제타석을 연구했지만 별다른 성과가 없었고, 1814년에 영이 민간문자로 된 문구를 현대적인 용어로 번역함으로써 로제타석의 비밀이 풀리기 시작했다. 이러한 영의 작업을 계승하여 1822~1824년에는 프랑스의 언어학자인 샹플리옹(Jean-François Champollion)이 로제타석을 완전히 해독하였다.

영은 영국 사회의 현안을 다루는 각종 위원회에서도 두각을 나타냈다. 1814년에는 런던

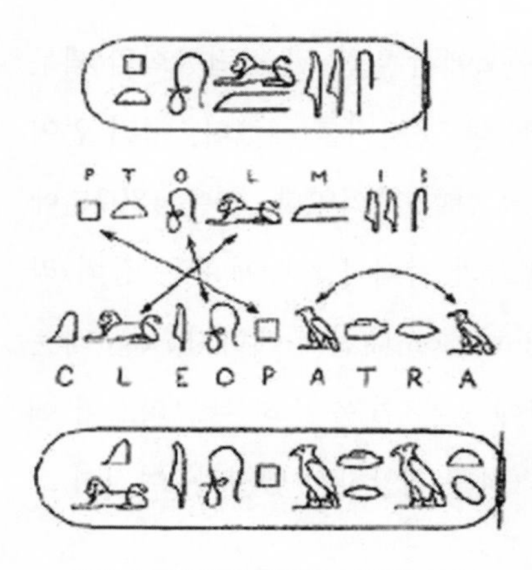

로제타석의 해독 과정을 표현한 그림

의 가스 도입으로 발생하는 위험성을 조사하는 위원이 되었고, 1816년에는 길이의 단위를 정하는 위원회에 참여하여 영국식 길이 단위인 1인치를 정하는 데 힘을 보탰다. 이후에 그는 생명보험의 문제를 다루기도 했으며, 천문학과 해난구조법을 개선하는 일에도 참여하였다.

이처럼 영은 매우 활동적인 인생을 살다가 1829년에 56세를 일기로 세상을 떠났다. 영과 같은 시대를 살았던 존 허셜은 영을 "진실로 진정한 천재"라고 불렀으며, 20세기의 대표적인 과학자 아인슈타인은 1931년에 〈뉴턴의 광학〉이란 글을 쓰면서 영의 업적을 크게 칭찬하였다. 영의 이름은 물질에 대한 모의실험을 연구하는 단체인 토마스 영 센터(Thomas Young Centre)에도 남아있다.

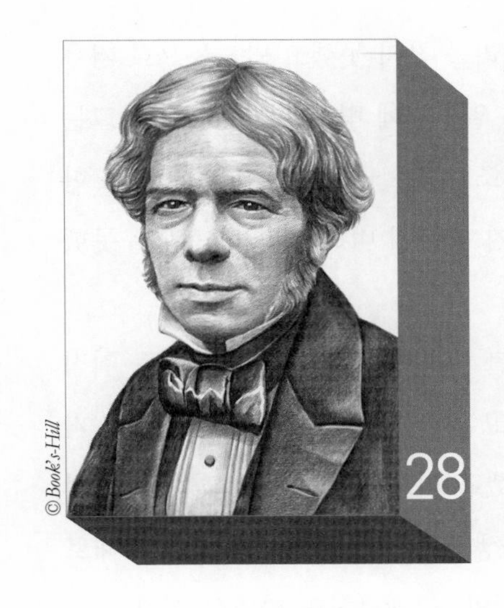

© Book's-Hill

제본공에서 일류 과학자로
마이클 패러데이

"평범한 마이클 패러데이로 남겠소"

마이클 페러데이(Michael Faraday, 1791~1867)는 19세기 물리학과 화학의 발전에 크게 기여한 인물이다. 그는 전자기 유도 현상을 발견하고 전기분해에 관한 법칙을 정립한 사람으로 유명하다. 1857년에 패러데이는 영국의 과학자가 현세에서 성취할 수 있는 최고의 자리를 제안 받았다. 당시 왕립학회의 핵심 멤버였던 틴달(John Tyndall)이 회원들의 뜻을 모아 패러데이에게 회장을 맡아 달라고 요청하였던 것이다. 그러나 패러데이는 이 영광스러운 자리를 사양하면서 다음과 같이 말했다. "틴달 선생, 나는 끝까지 평범한 마이클 패러데이로 남겠습니다."

이 말 한마디에서 우리는 패러데이의 성품을 알 수 있다. 그는 일생을 통하여 학문 연구에 대한 명예나 재정적인 보상을 뿌리쳤다. 그는 평범한 마이클 패러데이의 위치에서 다른 것에 구애받지 않고 자연의 신비를 자유롭게 탐구하려 했던 것이다.

실제로 패러데이는 지극히 평범한 가문에서 태어나 평범하게 자랐다. 그는 1791년에 영국 런던 근교의 서리에서 태어났다. 아버지는 대장장이였으며, 삼촌들은 식료품 장수, 구두 수선공, 농부, 서기였다. 어릴 때에도 그가 나중에 천재적 재능을 나타내리라는 조짐은 전혀 없었다. 그의 표현을 빌린다면, "보통 수준의 학생"으로서 그는 읽기와 쓰기, 그리고 산술의 기초를 겨우 배웠을 뿐이었다.

패러데이의 집안은 찢어지게 가난했다. 아버지는 가난에서 벗어나고자 패러데이가 11살 때 런던 시내로 이사했다. 그러나 아버지는 적당한 일거리를 찾지 못했고 막노동으로 겨우 생계를 이어갔다. 패러데이에게 지급될 수 있는 식량은 일주일에 빵 한 덩어리였다. 그는 매주 월요일 아침에 빵 한 덩어리를 받아 조심스럽게 14조각으로 나눈 후 아침저녁으로 한 조각씩 먹었다. 그는 매우 용의주도하게 식사를 관리했기 때문에 비록 배불리 먹지는 못했지만 결코 배를 곯지는 않았다.

패러데이는 13살 때 서점과 문방구를 경영하고 있었던 리보(George Riebau)의 조수로 취직하였다. 패러데이가 했던 일은 고객들에게 신문을 돌리고 그들이 다 보고 난 후에 다시 거두는 것이었다. 고객들은 패러데이의 서비스를 고마워했고 리보도 그렇게 생각하고 있었다. 덕분에 1년이 지난 후 패러데이는 제본 작업장 견습생으로 승진할 수 있었다. 이 새로운 일자리야말로 패러데이에게는 신이 내린 선물과도 같았다. 왜냐하면 한가한 시간을 이용하여 제본을 의뢰받은 온갖 종류의 책들을 읽을 수 있었기 때문이었다.

패러데이는《브리태니커 백과사전》을 제본하면서 과학의 세계에 이끌리기 시작했다. 특히 그는 전기에 관한 항목에 흥미를 느꼈고 실험 기구를 제작해서 책에 소개된 실험을 직접 해 보기도 했다. 패러데이는 화학도 좋아했다. 대부분의 책은 너무 어려웠지만, 1805년에 제인 마셋(Jane Marcet)이 발간한《화학에 대한 대화》는 패러데이에게 화학의 기초부터 최신 이론에 이르기까지 차근차근 가르쳐 주었다. 그 책에서 마셋은 왕립연구소에서 데이비(Humphry Davy)가 했던 강연을 바탕으로 일반 대중을 위해 대화체로 화학을 알기 쉽게 설명하였다. 이 책을 통해 패러데이는 미래의 스승이 될 데이비를 처음으로 접한 셈이었다.

1810년에 패러데이는 런던 시립철학회(City Philosophical Society)의 회원으로 가입하였다. 그 단체는 자기계발에 관심이 많은 젊은이들이 모여 과학적 발견을 포함한 당시의 주요 화제에 대해 토론하거나 강연을 듣는 식으로 운영되었다. 패러데이는 과학 강사이자 은 세공업자로 서점의 단골 고객이었던 테이텀(John Tatum)이 개설한 강연 코스에 참석했는데, 강연료는 회당 1실링밖에 되지 않았다. 패러데이는 테이텀의 강연을 열심히 들으면서 꼼꼼하게 기록했다. 뿐만 아니라 강연을 듣고 돌아온 즉시 처음의 필기를 고쳐 깔끔하게 정리한 후 설명을 덧붙여 완성도가 높은 노트를 만들었다.

데이비와의 만남

1812년 2월, 패러데이는 어떤 손님에게 이끌려 유명한 화학자인 데이비의 4회 연속 공개강의를 들으러 간 일이 있었다. 데이비는 왕립연구소에서 알기 쉽고 재미있는 화학 강의를 통해 청중을 매혹시키고 있었다. 데이비의 강연은 과학에 대한 패러데이의 동경심을 더욱 부추겼다. 그는 자신의 꿈을 실현하기 위해 매우 과감한 행동을 했다. 당시 왕립학회 회장이었던 뱅크스(Joseph Banks)에게 직접 편지를 보낸 것이었다. 작은 일이라도 좋으니 왕립학회에서 일을 시켜달라는 것이었다. 그러나 패러데이는 "할 말 없음(No Answer)"이라고 휘갈겨 쓴 답장을 받고 말았다.

패러데이는 이에 낙심하지 않고 데이비에게 접근했다. 데이비에게 일자리를 부탁하는 편지를 쓰면서 이전에 그의 강연을 들으면서 손수 필기한 노트를 정성껏 제본하여 함께 보냈던 것이다. 그 덕분인지 패러데이는 데이비와 면담하는 기회를 가질 수 있었다. 그러나 데이비는 "나중에 필요하면 부르겠으니 일단은 제본 일을 하고 있으라"고 하면서 패러데이를 돌려보냈다.

1812년 10월, 마침내 패러데이에게도 기회의 창이 열렸다. 데이비가 실험을 하다가 폭발 사고로 눈을 다치는 바람에 임시로 자신의 실험을 기록해 줄 사람으로 패러데이를 고용했던 것이다. 그러나 그 일은 오래가지 않았고 패러데이는 다시 제본공으로 돌아가야 했다. 1813년 2월, 페러데이에게 두 번째 행운이 찾아왔다. 왕립연구소에서 실험실 조수로 일하던 사람이 강연장에서 싸움을 하는 바람에 해고를 당했던 것이다. 왕립연구소는 데이비에게 적절한 인물을 찾아달라고 요청했고, 데이비는 다시 패러데이를 불러 들였다. 당시에 패러데이는 데이비와 다음과 같은 면담을 했던 것으로 전해진다.

패러데이의 스승인 데이비. 그는 1812년에 작위를 받았고, 1816년에 안전등을 발명했으며, 1820~1826년에는 왕립학회의 회장을 맡았다.

"저[패러데이]는 제가 몸담아 왔던 장사라는 것이 악덕하고 이기적인데 반해 과학은 그것을 추구하는 사람을 고매하고 자유롭게 만든다는 공상을 해 왔습니다. 그래서 저는 어떻게 해서라도 장사를 떠나서 과학에 몸을 담고 싶다는 희망을 가졌습니다. 결국 저는 감히 당신[데이비]

에게 편지로 저의 소망을 솔직히 피력하고 여건이 허락한다면 저의 부탁을 들어달라는 뜻을 밝혔던 것입니다."

"과학은 사나운 부인과 같은 것일세. 그녀에게 봉사하려는 사람이 있을 때 그녀는 오로지 그를 혹사할 뿐이야. 그녀가 지급하는 금전적 보수는 보잘 것이 없네. 또한 과학자의 도덕적 관념이 우월하다는 자네의 생각은 이후 수년 동안 자신의 경험을 통해 판단해야 할 것일세."

1813년 3월, 패러데이는 마침내 자신의 소박한 꿈을 이루었다. 왕립연구소의 화학 조수가 되었던 것이다. 그는 지하실험실에서 데이비의 실험을 도왔고, 1층 강연장에서 데이비의 강연을 보조했으며, 그 위층에서 잠을 잤다. 왕립연구소가 패러데이에게 직장이자 학교이자 집이 된 셈이었다. 데이비는 재미있는 일거리를 주거나 유명한 과학자들을 소개하여 패러데이의 과학에 대한 열정을 북돋았다.

패러데이에게 잊을 수 없는 경험은 1813년 10월부터 1년 반에 걸쳐 데이비 부부와 함께 유럽대륙을 순회했던 일이었다. 패러데이는 여행을 떠났던 날 아침의 일기에 "오늘 아침은 내 생애의 신기원을 이루는 순간이다"라고 적었다. 여행을 통하여 그는 앙페르와 게이뤼삭을 비롯한 유명한 과학자들을 만날 수 있었다.

여행에서 돌아온 패러데이는 데이비로부터 본격적인 훈련을 받으면서 화학연구와 강의에 전념하였다. 1816년에 패러데이는 자연산 가성석회에 대한 논문을 작성하여 영국 과학계의 주목을 받기 시작하였다. 1820년에는 탄소의 새로운 염소화합물 두 가지를 발견했으며 강철의 합금을 제조하기도 했다. 그의 과학적 업적은 계속해서 이어졌다. 1823년에는 염소의 액화에 대해 연구했고, 1825년에는 부틸렌과 에틸렌의 이성질체(분자식은 동일하나 구조가 다르기 때문에 물리화학적 성질을 달리 하는 물질)를 발견하였다. 1825년에 석유 가스 속에서 벤젠을 발견한 사람도 패러데이였다.

왕립연구소의 스타 강사

패러데이는 연구뿐만 아니라 강의에도 소질을 발휘하였다. 그는 1816년 1월 17일 〈물질의 일반적 성질〉이란 제목으로 왕립연구소에서 첫 강연을 했다. 첫 강연은 성공적으로 끝났고, 이내 그의 강연은 청중들로 장사진을 이루었다. 패러데이가 강연을 열심히 준비하기도 했지만, 그의 성품도 강연에 안성맞춤이었다. 패러데이는 쨍쨍한 목소리, 천진난만한 웃음, 털털한 인상을 모두 갖추고 있었던 것이다.

패러데이가 연구와 강의에서 뛰어난 능력을 발휘하자 급기야 "패러데이가 데이비보다 뛰어나다"는 소문이 퍼졌다. 패러데이는 한사코 소문을 부인했지만, 데이비는 패러데이를 질투하기 시작했다. 여기에 안전등 사건까지 터져 데이비의 질투는 증오로 바뀌었다. 데이비는 광산에서 사용하는 안전등을 발명했는데, 패러데이가 그것의 결함을 지적했던 것이다. 데이비는 몇 년 동안은 패러데이에 대한 나쁜 감정을 자제하고 있다가 드디어 보복할 기회를 잡았다.

1824년에 패러데이를 존경하는 사람들이 그를 왕립학회의 회원으로 추천했는데, 데이비는 반대표를 던졌다. 그러나 반대표는 단 한 표였기 때문에 패러데이는 왕립학회의 회원이 되었고 오히려 데이비의 명예만 훼손되었다. 그렇지만 패러데이는 여전히 자신의 스승인 데이비를 존경했다. 1829년에 데이비가 세상을 떠난 후 패러데이는 스승의 사진을 가리키며 감회어린 목소리로 말했다. "이 분은 참으로 위대하신 분이셨네." 데이비도 말년에 패러데이를 크게 칭송했다. "나는 과학적으로 많은 발견을 했다. 그러나 내 생애 최대의 발견은 패러데이를 발견한 것이다."

데이비와 패러데이를 비롯한 과학자들이 주도했던 왕립연구소의 대중 강연은 상당한 인기를 누렸다. 빅토리아 여왕의 남편인 앨버트 공(Prince Albert)과 세계 최초의 컴퓨터 프로그래머로 평가를 받는 에이다(Ada Byron)도 패러데이의 강연에 참여했다. 청중의 범위도 지식인 위주에서 서민층으로 확대되었으며, 청중 중에는 에이다와 같은 여성도 제법 있었다. 특히 1826년부터는 매년 크리스마스 시즌에 크리스마스 강연(Christmas Lecture)이 실시되었고 그것은 오늘날에도 이어지고 있다. 크리스마스 강연은 그 해의 과학적 쟁점을 주제로 하는 극장식 대중 강연으로서 1966년부터는 텔레비전을 통해 영국 전역에 방영되고 있다. 이와 함

패러데이가 1856년에 크리스마스 강연을 하는 모습

께 패러데이는 1826년부터 금요 저녁 담화(Friday Evening Discourse)를 개최하여 저명한 과학자들을 초빙하고 왕립연구소 회원들과 함께 대화를 갖는 시간도 마련했다.

패러데이는 과학에 대해 남다른 열정을 가지고 있었지만 이성에는 거의 관심이 없었다. 그는 친구에게 "사랑이란 당사자들을 빼고는 모든 이에게 폐를 끼치는 귀찮은 행위"라고 말한 적도 있었다. 그러나 같은 교회를 다니던 사라 버나드(Sara Bernard)의 매력에 끌리고 나서는 자신의 철학을 바꾸었다. 그녀에게 보냈던 편지에서 그는 다음과 같이 적었다. "표백분이나 기름이나 안전등이나 강철 등 내가 하는 일과 관계된 것들은 당신을 향한 사랑에 비하면 보잘 것 없는 것에 불과합니다."

패러데이는 1820년에 29세의 나이로 사라와 결혼했다. 그녀는 그가 바라고 있었던 소박한 생활에 곧 익숙해졌고 헌신적으로 그를 보필했지만, 두 사람 사이에는 자녀가 없었다. 패러데이는 결혼을 계기로 샌디먼파(Sandemanian)의 정회원이 되었다. 그 교파의 신자들은 청빈한 생활을 중시하고 돈을 남겨 저축하는 것을 무거운 죄로 생각하였다. 그것은 패러데이가 갖가지 유혹의 손길을 뿌리치고 왕립연구소에 평생을 바쳤던 동기로 작용했다. 런던 대학의 화학 교수직을 요청하는 사람도 있었고 과학 전문가로서 자문을 권하는 사람도 있었지만, 그는 왕립연구소에 끝까지 남았던 것이다. 왕립연구소는 기부금이나 회비로만 운영되었기 때문에 재정이 매우 궁핍하였다. 1833년 패러데이가 왕립연구소의 전임 교수가 되었을 때 받았던 대가는 연봉 100파운드와 조그만 주택에 불과했다.

전자기유도 현상을 발견하다

1820년은 전기와 자기에 관한 지식이 폭발적으로 증가한 해였다. 덴마크의 과학자인 외르스테드는 전류가 나침반의 자침을 움직이게 한다는 사실, 즉 전류의 자기 작용을 발견했다. 곧이어 프랑스의 앙페르는 두 개의 나란한 도선에 전기를 통해본 결과 전류의 방향이 같을 때에는 척력이, 전류의 방향이 반대일 때는 인력이 작용한다는 점을 발견했다. 같은 해에 프랑스의 비오(Jean Baptiste Biot)와 사바르(Felix Savart)는 주어진 전류가 생성하는 자기장이 전류에 수직이고 전류에서의 거리의 제곱에 반비례한다는 법칙을 알아냈고, 프랑스의 아라고는 철심 주위에 코일을 여러 겹 감은 전자석(電磁石)을 발명했다. 이어 1821년에는 독일의 과학자인 제벡(Thomas Seebeck)이 두 가지 금속을 접합시킨 후 열을 가하면 전류가 흐른다는 사실을 발견했다.

당시에 패러데이는 외르스테드와는 반대로 접근하면 어떨까 하는 생각을 했다. 자기 작용에 의해 전류를 만들어낼 수 있다는 것이었다. 이처럼 자기장을 변화시킬 때 전류가 흐르는 현상은 '전자기유도(electromagnetic induction)'로 불리는데, 그것을 활용한 대표적인 사례로는 발전기와 변압기를 들 수 있다. 발전기는 강한 자기장 안에서 도선을 감은 코일을 빠르게 회전시켜 전류를 생산하는 장치이다. 변압기는 전압을 높이거나 낮추는 장치이다. 1차 회로에서 전류가 변하면 자기장의 변화가 유발되고 그 자기장이 2차 회로에서 전압의 변화를 유도하는 것이다.

패러데이는 1825~1828년에 전자기유도를 확인하기 위해 몇 가지 실험을 시도했다. 이를 통해 그는 자신의 생각을 조금씩 발전시킬 수는 있었지만 측정 장치에 문제가 있어 원하는 결과를 얻는 데에는 실패했다. 전자기유도에 관한 실험은 계속되었다. 드디어 1831년에 패러데이는 오늘날의 변압기와 유사한 장치를 고안한 후 그것을 이용해서 더욱 정교한 실험을 함으로써 전자기유도 현상을 발견할 수 있었다. 패러데이는 자신의 실험 결과를 왕립학회에서 발표했는데, 전압에 의해 극성화된 입자선을 표현하기 위해 '유도역선(line of inductive force)'이라는 용어를 사용했다. 흥미롭게도 1831년은 패러데이의 뒤를 이어 전자기학을 정립한 맥스웰이 출생한 연도이기도 하다.

패러데이는 전자기의 여러 현상을 설명하기 위하여 독특한 상상력을 발휘하였다. 그는 전자기 현상을 수학적으로 기술하는 것에 회의적이었으며 역학적 모형으로 설명하는 것을 선호했다. 에테르로 가득 차 있는 모든 공간은 역선(力線, line of force) 또는 역관(力管, tube of force)으로 이루어져 있고, 역선이나 역관은 반대의 전하나 반대의 자극을 연결시켜 장(場, field)을 형성한다는 것이었다. 또한 역관의 단면적은 특정한 지점에서의 전기장과 자기장의 강도를 나타내는데, 역선의 수가 거리의 제곱에 반비례하므로 전기력과 자기력의 역제곱 법칙이 설명될 수 있었다. 패러데이는 역선을 단순한 설명의 도구가 아닌 물리적 실재로 믿었다.

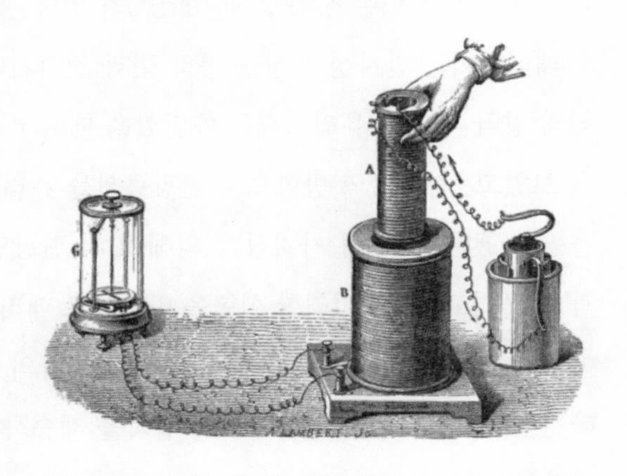
패러데이가 전자기유도를 발견할 때 사용했던 실험 장치

사실상 패러데이는 위대한 실험가였지만 수학적 재능은 거의 없었다. 이와 달

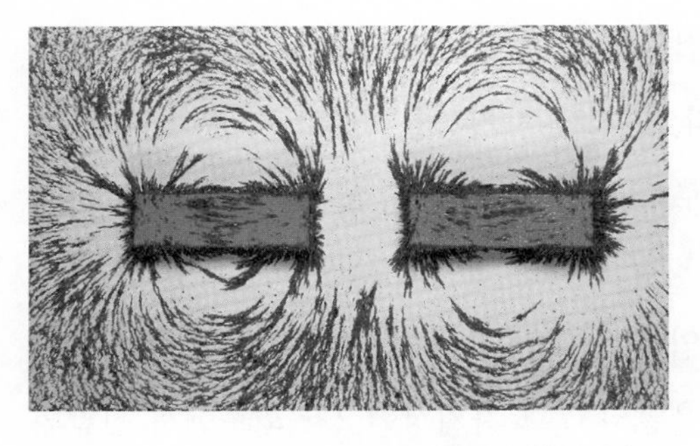

자기장을 형성하는 역선의 모양은 자침을 사용하거나 종이 위에 쇳가루를 뿌려보면 쉽게 알 수 있다. 이때 쇳가루는 자기력선을 따라 N극에서 S극으로 들어가는 폐곡선을 이루며, 서로 만나거나 끊어지지 않는다.

리 맥스웰은 수학적 이론으로 전자기학의 꽃을 피웠다. 1857년에 패러데이는 맥스웰에게 다음과 같은 편지를 썼다. "한 가지 묻고 싶은 것이 있습니다. 물리적 행동들에 대해 탐구하던 수학자가 자신만의 결론에 다다랐을 때, 그 결론을 수학 공식 못지않게 풍부하고 정확하고 완벽한 형태의 일상 언어로 표현하면 안 되는 것입니까? 그렇게 표현해 준다면 우리 같은 사람들에게는 대단히 고마운 일이 되지 않겠습니까? 그 결론을 어려운 기호들로부터 번역해준다면 우리 같은 사람들도 실험을 통해 그것에 대해 연구할 수 있을 것입니다."

전기화학의 기초를 닦다

패러데이는 전자기유도 현상을 발견한 뒤에도 계속해서 전기장과 자기장에 미치는 물체의 영향을 연구했다. 1837년에는 사용된 절연물질의 종류에 따라 축전기가 각기 다른 양의 전기를 받아들인다는 사실을 발견했다. 그는 진공일 경우와 특정한 절연물질을 사용할 경우에 축전기가 받아들인 전하의 비율을 그 절연물질의 '비유전용량(比誘電容量)'으로 정의했다. 1845년에 패러데이는 물체와 자기장 사이에도 비슷한 상호작용이 있다는 것을 발견했다. 물체 중에는 외부 자기장에 의해 자기장과 반대 방향으로 자기를 띠는 반자성체(反磁性體)와 자기장 안에 넣으면 자기장 방향으로 약하게 자기를 띠는 상자성체(常磁性體)가 있다는 것이다.

패러데이는 반자성 현상을 통해 빛과 전자기의 연관성을 연구하였다. 그는 강력한 전자석의 양극 사이에 유리조각을 매달았을 때 유리조각이 자기장에 대해 직각으로 향하는 것을 보았고, 자기장의 방향으로 편광광선을 유리조각에 비추었을 때 편광면이 회전하는 것을 발견했다. 이처럼 자기장에 의해 빛의 편광면이 회전하는 현상은 오늘날 '패러데이 효과'로 불리고 있다. 이러한 실험을 바탕으로 패러데이는 1846년에 〈빛의 진동에 관한 생각〉이란 논문을 썼다. 이 논문은 빛이 전자기파의 일종이라는 점을 처음으로 시사하고 있었다. 이후에 맥스웰은 패러데이의 업적을 계승하여 빛과 전자기장의 관계를 체계적으로 규명하였다.

패러데이는 1833년에 다양한 물질을 대상으로 전기분해 실험을 하면서 생성되는 물질의 양과 전류의 양 사이에 일정한 관계가 성립한다는 점을 발견했다. 전기분해를 통해 생성되는 물질의 양은 흘려보낸 전하량과 그 물질의 원자량을 전하수로 나눈 값에 비례한다는 것이다. 이것이 바로 전기화학의 기본 법칙인 '패러데이 법칙'이다. 이때 전자 1몰이 가진 전하량은 패러데이를 기념하여 패럿(farad)이란 단위로 표시한다. 1패럿은 약 96,485쿨롬에 해당하는데, 계산상의 편의를 위해서 96,500쿨롬으로 정의하는 경우도 있다.

이와 함께 패러데이는 당시의 유명한 과학자이자 철학자였던 휴얼과 협력하여 전기화학 분야에서 많은 학술용어를 제정하였다. 패러데이는 용매에 녹아서 전류를 흐르게 하는 물질을 전해질(electrolyte), 물질에 전류를 통하여 화학 변화를 일으키는 것을 전기분해(electrolysis), 양 끝의 연결점을 전극(electrode)이라고 불렀다. 전극에는 두 가지가 있는데, 양전하로 충전되면 양극(anode)이, 음전하로 충전되면 음극(cathode)이 된다. 전해질을 분해하여 얻어지는 결과물이 이온(ion, 이온은 여행자를 뜻하는 그리스어이다)인데, 이온에는 음이온(anion)과 양이온(cation)이 있다. 이런 식으로 패러데이가 전기화학에 관한 용어를 정비하였고, 그가 만들어낸 용어 체계는 오늘날에도 널리 사용되고 있다.

패러데이의 마지막 청원

패러데이는 자신의 연구 업적을 모아 책으로 발간하는 데에도 많은 노력을 기울였다. 그중 가장 유명한 것은 총 3권으로 되어 있는 《전기에서의 실험적 연구》인데, 1권은 1839년, 2권은 1844년, 3권은 1855년에 발간되었다. 이와 함께 1859년에는 주로 전기 이외의 분야를 다룬 《화학과 물리학에서의 실험적 연구》가 발간되었다. 패러데이는 정신없이 연구와 집필에 몰두하느라 체력이 점점 약해져서 현기증과 두통을 자주 앓았다. 말년에는 자연을 감상하고 음악과 미술을 즐겼으며 신앙생활에 더욱 정성을 기울였다.

패러데이는 어린이들을 위하여 과학 강연을 하거나 실험실 구경을 시켜주는 데에도 열정을 보였다. 특히 그는 1860년의 크리스마스 강연에서 양초의 화학이란 주제로 6번의 강연을 하였고, 그것은 1861년에 《양초 한 자루의 화학사(The Chemical History of a Candle)》라는 책으로 발간되었다. 그 책은 한 자루의 양초를 통해 화학의 토대를 이루는 물질의 특성과 상호작용을 재밌고 쉽게 풀어가고 있다. 《양초 한 자루의 화학사》는 당시 과학도를 꿈꾸는 어린이들의 필독서였다.

왕립연구소에 있었던 패러데이의 실험실(1819년)

양초의 화학에 대한 마지막 강연에서 패러데이는 다음과 같이 말했다. "저는 이 강연의 마지막 말로서 여러분의 생명이 양초처럼 오래 계속되어 이웃을 위한 밝은 빛으로 빛나고, 여러분의 모든 행동이 양초의 불꽃과 같은 아름다움을 나타내며, 여러분이 인류의 복지를 위한 의무를 수행하는 데 전 생명을 바쳐 주기를 간절히 바랍니다."

한번은 영국 정부가 패러데이의 업적을 치켜세우며 "웨스트민스터 사원에 묻힐 자격이 있다"며 당시 귀족들만 묻힐 수 있었던 묘지를 지정해 주었다. 그러나 패러데이는 작은 공동묘지에 묻히길 원한다며 이마저도 거절했다. 대신에 그는 "배우지 못해 꿈도 꾸지 못하는 아이들이 과학 강연을 들을 수 있게 지원해 달라"는 청원을 했다. 패러데이는 1867년에 76세의 나이로 생을 마감했다. "나는 만물의 조물주이신 하나님 앞에 엎드려 그 분이 나를 자신의 옆으로 불러줄 때까지 그 분의 거룩하신 뜻대로 살아왔네." 패러데이가 남긴 마지막 글이었다.

다음은 패러데이에 관한 흥미로운 일화이다. 그가 왕립연구소에서 전자기유도에 대한 실험을 할 때였다. 이때 어떤 부인은 "그런 실험이 무슨 쓸모가 있느냐?"고 따지듯이 물었다. 패러데이는 다음과 같이 대답했다. "부인, 갓난아기가 무슨 쓸 데가 있을까요?" … 패러데이가 세상을 떠났던 1867년까지도 전기는 아직 갓난아기에 지나지 않았다. 앞으로 이 갓난아기가 어떤 일을 하게 될지는 아무도 장담할 수 없었다. 그러나 19세기말부터 전기는 공장과 가정에 널리 보급되었고 인류는 이전과 현격히 다른 세상에서 살게 되었다. 기초과학이나 기초연구는 언제 상업화될지 모르지만 세상을 바꾸어놓을 만큼 큰 잠재력을 가지고 있는 것이다.

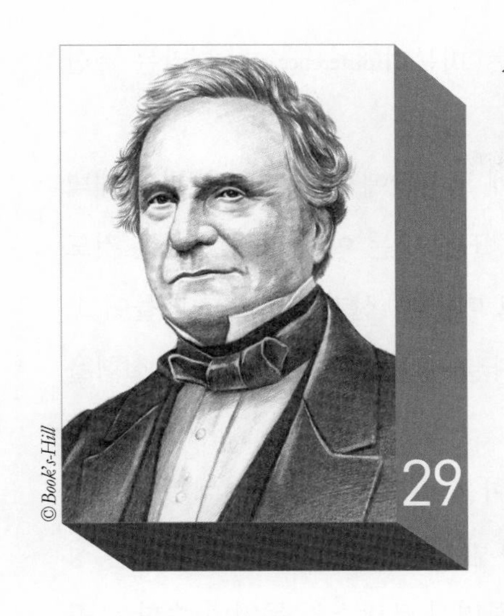

산업화 시대의 만능 과학자
찰스 배비지*

잘 놀아야 공부도 잘 한다

19세기는 산업화의 시대였다. 산업화가 본격적으로 전개되면서 해결해야 할 과제들도 많아졌다. 새로운 기술이 지속적으로 개발되어야 했고 산업사회에 적합한 교육제도가 정립되어야 했으며 경영관리의 방법도 체계화되어야 했다. 한 개인이 이러한 다양한 일에 모두 관여했다면 그것은 매우 놀라운 일임에 틀림없다. 찰스 배비지(Charles Babbage, 1792~1871)가 그런 사람이었다. 그는 계산기, 과학진흥, 경영관리 등을 매개로 당시 사회의 변화에 커다란 흔적을 남겼다.

배비지는 1792년에 영국의 데본셔에서 부유한 은행가의 아들로 태어났다. 어릴 적에 그는 모든 것에 대해 꼬치꼬치 캐물어 어른을 괴롭히는 악동이었다. 배비지가 장난감을 받으면 "엄마, 이 안에 뭐가 들어 있어요?"라고 물었고 만약 그 대답이 만족스럽지 못하면 계속해서 질문을 퍼부었다. 그래도 성이 차지 않으면 그 장난감을 부수어 열어 보았다. 배비지에게 한번 붙잡히면 한참 동안 곤욕을 치를 수밖에 없었기 때문에 그를 피하는 어른들도 많았다.

한번은 배비지가 어머니를 따라 어떤 기술자의 집을 방문한 적이 있었다. 그 기술자는 당시 영국에서 유행하고 있었던 자동인형을 만들고 있었다. 그 인형은 30센티미터 정도의 크기에 은으로 만들어진 것으로서 1미터 가량 미끄러져 나와 안경을 벗고는 인사를 하였다.

---

* 이 글은 송성수, 《사람의 역사, 기술의 역사》(부산대학교출판부, 2011), pp. 111~121을 부분적으로 보완한 것이다.

그 날의 경험으로 배비지는 큰 감동을 받았다. 훗날 그는 '미분기(difference engine)'라는 계산기를 발명하고서는 그 인형을 함께 전시하기도 했다.

배비지는 매우 끈질긴 아이였다. 이미 초등학교 시절에 도서관에서 수학 책을 빌려 새벽까지 공부에 몰두해 주위 사람들을 놀라게 하기도 했다. 또한 그는 여러 가지로 아는 것도 많고 사교적인 성격을 가지고 있어서 항상 친구들을 몰고 다녔다. 신기한 장치를 만들어 고약한 장난을 치는 데도 일가견이 있었다. 물 위를 걸어 다닐 수 있는 신발을 만들어 실험을 하다가 거의 빠져 죽을 뻔한 일도 있었다.

배비지는 1811년에 케임브리지 대학에 입학한 후 수학을 전공하여 1814년에 졸업하였다. 수업을 빼 먹고 요트를 타러 간다든지 카드를 치면서 밤을 새기도 했지만 항상 좋은 성적을 유지하였다. 그는 영국의 수학이 침체했다고 한탄하면서 프랑스와 독일의 수학을 공부하기 위해 '해석학회(Analytical Society)'라는 클럽을 조직하기도 했다. 거기에는 훗날 유명한 천문학자로 이름을 날린 존 허셜(John Herschel)도 참여하였다.

배비지는 대학을 졸업한 직후에 조지아나 휘트모어(Georgiana Whitmore)와 결혼하였다. 조지아나는 배비지보다 1살 어렸으며, 당시 케임브리지 대학 학생이었다. 배비지의 아버지는 재정적으로 기반을 닦을 때까지 결혼을 미루는 것을 원했지만, 성미가 급한 아들은 전혀 게의치 않았다. 배비지는 1815년에 함수이론에 관한 독창적인 논문을 작성하여 왕립학회가 발간하는 《철학회보》에 실었다. 1816년에 그는 24세의 나이로 왕립학회의 회원이 되었으며 이듬해에는 석사 학위를 받았다.

지루한 계산을 기계가 한다면?

계산기에 대한 배비지의 관심은 대학 시절부터 시작되었다. 당시에 수학과 천문학을 계산하는 데에는 복잡한 표가 사용되었다. 그것은 오늘날의 구구단처럼 여러 가지 계산의 결과를 담고 있었다. 그런데 계산표는 사람의 손으로 만들어졌기 때문에 항상 오류의 가능성을 가지고 있었다. 일일이 계산을 해서 오류를 확인하고 수정하는 것은 매우 지루한 일이었다. 한번은 배비지가 허셜에게 "이 지루한 계산을 기계에게 시킬 수는 없을까?"하고 물었고 허셜은 이에 맞장구를 쳤다.

배비지는 사람 대신 복잡한 계산을 할 수 있는 기계를 구상하기 시작했다. 그는 1820년부터 본격적인 작업을 추진하여 2년 후에 미분기의 모형을 만들었다. 그것은 숫자의 차이를 통해 계산 결과를 자동적으로 검산하고 계산과 동시에 인쇄를 할 수 있도록 고안되었다. 배비지의 미분기는 당시의 다른 계산기와 속도는 비슷했지만 정확도는 훨씬 뛰어났다. 그는 미분기를 고안한 공로로 1823년에 천문학회로부터 금메달을 받았다. 천문학회는 1820년에 설립되었으며 배비지는 창립 회원으로 활동하고 있었다.

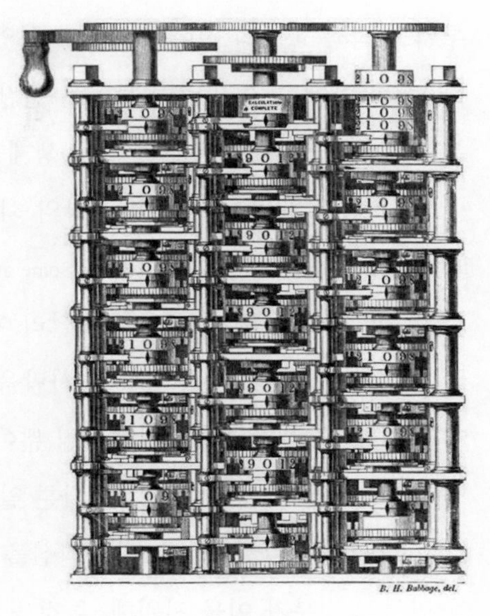

배비지의 미분기(1823년)

사실상 계산의 오차는 학문적 차원뿐만 아니라 실용적 차원에서도 심각한 문제였다. 특히 대영제국의 번영을 위해 중요한 역할을 했던 항해에서는 정확한 계산이 필수적이었다. 계산기의 가치를 잘 알고 있었던 배비지는 자신의 지위와 인맥을 활용하여 정부의 지원을 받고자 했다. 그는 1823년에 당시 왕립학회의 회장이었던 데이비(Humphry Davy)에게 미분기의 모형을 헌정했다. 데이비를 매개로 영국 정부도 계산기에 관심을 가지게 되었고 배비지를 지원하기 시작했다. 정부의 지원금은 처음에 1,500파운드로 시작되었으며 1842년에는 총 17,000파운드가 되었다. 아마도 영국 정부가 기술개발에 대한 자금을 지원한 것은 배비지의 사례가 처음일 것이다.

배비지는 정부의 지원금을 바탕으로 유능한 기술자들을 모아 밤낮을 가리지 않고 열심히 일했다. 그러나 본격적인 계산기를 만드는 일은 쉽지 않았다. 당시의 기술적 수준으로는 정교한 기계를 만들기 어려웠다. 배비지의 완벽주의적 기질도 문제가 되었다. 그는 계산기를 만들기 전에 정밀한 부품을 설계하고 제작하기를 고집하였다. 게다가 배비지는 계산기 제작에 필요한 도구만 만드는 것이 아니라 그와 관련된 다른 도구도 설계하고 실험하느라 많은 시간을 빼앗겼다. 많은 시간이 지나도 약속한 기계가 나오지 않자 영국 정부는 배비지를 의심하기 시작했다. 심지어는 공금을 유용했다는 소문이 돌기도 했다.

영국 과학의 진흥을 위하여

1827년에 배비지는 유럽을 여행하던 중에 케임브리지 대학의 루카스 석좌 교수로 임명되었다. 그 자리는 17세기에는 뉴턴(Isaac Newton)이, 20세기에는 호킹(Stephen Hawking)이 거쳐 간 바 있다. 배비지는 1839년까지

루카스 석좌 교수의 직함을 가지고 있었지만 학교에는 거의 가지 않았고 강의도 하지 않았다. 이 때문에 그가 받았던 봉급은 연간 80~90 파운드밖에 되지 않았다. 사실상 배비지는 부유한 부모를 둔 덕분에 한 번도 생계를 위해 일한 적이 없었다.

배비지는 1830년에 《영국 과학의 쇠퇴와 그것의 몇 가지 원인에 대한 반성(Reflections on the Decline of Science in England, and on Some of Its Causes)》이라는 문건을 발표하였다. 그는 "영국에서는 과학의 연구가 다른 국가와 달리 아직 확립된 직업이 되지 않았다"고 비판하였다. "영국에서는 법률가가 가장 유능한 사람을 끌어들이는 직업이기 때문에 유능한 과학자 대신에 그렇고 그런 법률가가 만들어질 뿐이다"고 꼬집었다. 이어서 그는 "이제 아마추어 과학자라는 전통은 적당하지 않으며 다른 일로 방해받지 않는 전문직업으로서의 과학이 필요하다"고 역설하였다. 그리고 이에 관심을 가진 사람들이 영국 과학을 진흥시키기 위한 조직을 만들고 정부가 이를 지원해 줄 것을 요청하였다.

배비지는 대학 시절에 해석학회를 결성할 때부터 영국의 과학에 문제가 있다고 생각했다. 수학의 경우에 영국은 19세기 초에도 뉴턴 시대의 수준을 능가하지 못했다. 영국은 뉴턴의 번거로운 기호법에 집착하고 있었던 반면, 대륙의 국가들은 라이프니츠(Gottfried Wilhelm von Leibniz)가 제안한 훨씬 간편한 기호법을 사용하고 있었던 것이다. 배비지와 허셜을 비롯한 해석학회의 회원들은 자신의 모임을 "점(點)주의(점은 뉴턴이 사용한 기호임)에 반대하고 전적으로 d주의(d는 라이프니츠가 사용한 기호임)를 권장하는 학회"로 규정하기도 했다. 그들은 사회에 진출한 후에 그러한 문제의식을 더욱 발전시켰다.

배비지가 1830년의 문건에서 날조(forging), 요리(cooking), 손질(trimming)과 같은 과학에서의 기만행위에 대해 다루었다는 점도 주목할 만하다. 날조는 실험이나 관찰의 결과를 임의로 만들거나 완전히 바꿔치기 하는 일이고, 요리는 가설에 들어맞지 않는 데이터를 제외하여 실험이나 계산의 결과를 조작하는 일이며, 손질은 측정한 데이터를 미리 기대했던 범위에 맞도록 다듬는 일이다. 배비지의 이러한 제안은 이후에 약간의 변화를 거쳐 오늘날 연구윤리의 주요한 개념으로 정착하였다. 오늘날 대표적인 연구부정행위(research misconduct)로는 위조(fabrication), 변조(falsification), 표절(plagiarism)이 거론되고 있는데, 날조는 위조에, 요리와 손질은 변조에 해당한다.

배비지의 문건은 커다란 반향을 불러 일으켰다. 같은 해에 《에든버러 과학연보》에는 영국 과학의 문제점에 관한 논문이 여러 편 실렸다. 프랑스 과학아카데미의 외국인 회원 중에서 영국 사람은 19명인데 아무도 대학에서 가르치고 있지 않다는 통계도 나왔다. 또한 프랑스 정부는 과학과 관련된 기관을 유지하기 위하여 매년 150만 프랑을 지출하고 있는데 영국 정부는 한 푼도 내지 않는다는 사실도 지적되었다. 그 잡지의 편집인은 배비지와 마찬가지로 영국 과학의 진흥에 관심이 있는 사람들이 조직을 만들어야 한다고 주장하였다.

영국과학진흥협회의 로고

이러한 배경에서 영국의 과학을 진흥시키기 위한 기관을 만들자는 운동이 대대적으로 전개되었다. 당시 영국의 지방학회 중에서 가장 큰 규모를 자랑하고 있었던 요크셔 과학학회를 중심으로 전국에 산재해 있는 '과학의 친구들'이 소집되었다. 그 결과 1831년에는 영국과학진흥협회(British Association for the Advancement of Science, BAAS)가 발족되었다. BAAS는 "과학연구에 보다 강력한 자극을 주고 보다 체계적인 방향을 제시하는 것, 과학의 목적에 대해 보다 깊은 국가적 관심을 불러일으키는 것, 과학의 진보를 가로막는 여러 장애물을 제거하는 것, 국내외 과학연구자들 사이의 상호교류를 촉진하는 것"을 목적으로 내걸었다.

BAAS는 영국 과학의 문제점을 개선하는 것은 물론 새로운 과학연구의 동향을 파악하고 과학에 대한 일반인의 관심을 촉진하는 활동을 활발히 전개해 왔다. BAAS는 1850년대 이후에 영국의 과학교육이 개혁되는 데 중요한 역할을 담당했으며, 지금도 영국의 과학자사회를 주도하는 기관으로 자리 잡고 있다. 영국의 선례를 따라 미국에서는 1848년에 미국과학진흥협회(American Association for the Advancement of Science, AAAS)가 설립된 바 있다.

경영관리에도 원리가 있다

배비지는 "성미가 급한 천재"로 평가된다. 그는 어떤 일을 시작하는 것은 좋아했지만 그것을 완성하는 데에는 관심이 없었다. 그는 초기의 호기심이 만족되면 그 일을 그만두고 다른 일을 벌리곤 했다. 그것은 천재들이 가지고 있는 유감스러운 경향이기도 하다.

배비지의 호기심에는 끝이 없었다. 그는 계산기를 개발하고 영국 과학의 개혁을 촉진하는 와중에 경영관리의 문제에도 관심을 기울였다. 그는 국내외의 여러 공장을 폭넓게 방문하면서 경영관리의 문제점을 분석하고 이를 개선하기 위한 방안을 강구했다. 그것은 1832년에 발간된 《기계와 제조의 경제에 관하여》에서 집대성되었다.

배비지는 아담 스미스(Adam Smith)와 마찬가지로 분업의 원칙에 매료되었다. 스미스는 1776년에 발간된 《국부론》에서 분업의 세 가지 이익을 제시한 바 있다. 특정 작업에 대한 노동자의 숙련이 증가하고, 한 작업에서 다른 작업으로 이동하는 동안에 낭비되는 시간이 절약되며, 생산성을 향상시킬 수 있는 기계의 발명이 촉진된다는 것이었다. 배비지는 여기에 한 가지를 더 추가했다. 분해된 요소로서 노동력을 구매하면 더욱 비용이 절감된다는 것이었다. 또한 그는 분업의 원리가 손으로 하는 활동뿐만 아니라 지능적인 활동에도 적용될 수 있다고 보았다.

배비지는 경영관리의 '기계적 원리'를 제안하기도 했다. 그것은 기계, 공구, 동력의 효과적 사용, 작업량을 측정하기 위한 계산기의 개발, 원재료의 효과적인 사용 등으로 구성되어 있다. 또한 그는 '공장관찰법'을 고안하여 작업량을 체계적으로 연구하는 것을 강조했으며, '이익분배계획'을 통해 생산성 향상에 기여한 노동자에게 보너스를 지급해야 한다고 주장하였다. 이러한 측면에서 배비지는 20세기 초에 미국의 기술자인 테일러(Frederick W. Taylor)가 제안했던 과학적 관리(scientific management)를 예견한 사람이라 할 수 있다.

배비지의 이러한 제안에는 자본가와 노동자는 공생의 관계에 놓여 있으며, 자본가가 노동자의 이익에 더욱 많은 관심을 기울여야 한다는 철학이 깔려 있었다. 그는 《기계와 제조의 경제에 관하여》에서 다음과 같이 썼다. "공장소유주의 번영과 성공은 노동자의 부에 필수적이다. 노동자들이 한 계급으로서 고용주의 번영으로부터 이익을 본다는 것은 완연한 사실이다. … 하지만 나는 각 사람이 그가 기여한 만큼 정확한 비율로 이익을 받고 있다고 생각하지는 않는다. 만약 임금 지불 방식이 그렇게 조정될 수 있다면, 고용된 모든 사람이 전체의 성공으로부터 이익을 얻을 수 있을 것이다."

에이다와의 우정

다시 계산기로 돌아가 보자. 배비지는 미분기를 개발하는 과정에서 더욱 성능이 우수한 기계를 생각하기 시작했다. "하나의 계산이 끝나면 그 결과가 저장되고 다음 계산에 필요한 공식을 넣어주면 자동적으로 다음 계산을 수행하고 잘못된 공식이 들어오면 큰 소리로 벨이 울리는 그런 계산기가 없을까?" 그는 이러한 기계에 '해석기관(analytic engine)'이라는 이름을 붙였다.

배비지는 1830년에 해석기관의 모형을 만드는 데 성공했다. 계산의 자동화를 위해서는 프랑스의 기술자인 자카르(Joseph-Marie Jacquard)가 직조기에 사용했던 펀치 카드를 채택하였다. 해석기관은 1분에 60회라는 빠른 속도로 계산을 했을 뿐만 아니라 기존의 계산기와 달리 계산 결과를 자동적으로 저장하고 명령에 따라 계산 과정을 바꿀 수 있었다. 훗날 배비

해석기관의 일부. 찰스 배비지가 죽은 후에 헨리 베비지(Henry Babbage)가 아버지의 연구실에서 발견한 부품을 사용하여 만들었다.

지는 "내가 설계했지만 나 자신도 그 기계의 엄청난 능력에 놀라지 않을 수 없었다"고 회고하기도 했다.

해석기관은 당시의 시대적 상황을 너무 앞선 기계였기 때문에 배비지를 이해해 주는 사람은 거의 없었다. 그를 진정으로 이해해 준 유일한 사람은 23살 연하의 여성인 에이다였다. 에이다는 당대의 유명한 시인이었던 바이런(George G. Byron)의 딸로서 수학에 많은 관심을 가지고 있었다. 배비지는 1832년에 에이다를 처음 만난 후 그녀가 죽을 때까지 우정을 나누었다. 그녀는 1835년에 러브레이스 백작과 결혼했기 때문에 에이다 러브레이스(Ada Lovelace, 1815~1852)로 알려져 있다.

오늘날 우리가 배비지의 해석기관에 대해 알 수 있는 것도 에이다 덕분이라 할 수 있다. 그녀는 이탈리아의 수학자인 메나브레아(Luigi Menabrea)가 배비지의 해석기관에 대해 쓴 논문을 영어로 번역했다. 그때 에이다는 배비지의 권유로 논문에 주석을 다는 일을 맡았다. 그녀의 주석은 'Ada'라는 이름만 표기한 채 어떤 논문집에 실렸다. 당시의 많은 과학자들은 에이다의 주석에 깊은 인상을 받았다. 그녀의 주석은 배비지도 할 수 없을 정도로 뛰어난 것이었다.

배비지는 1837년 말에 해석기관의 주요 요소를 입력, 저장, 방앗간, 출력으로 체계화하였다. 오늘날의 컴퓨터가 입력, 기억, 중앙처리장치, 출력으로 구성되어 있다는 점을 감안

에이다는 배비지를 진정으로 이해하면서 평생에 걸쳐 우정을 나누었다.

한다면 배비지는 해석기관은 컴퓨터의 기본적인 요소를 모두 갖추었다고 볼 수 있다. 더 나아가 그는 컴퓨터의 두 가지 주요한 기능을 수행할 수 있는 기계적 방법을 고안하기도 했다. 그것은 반복루프(어떤 특별한 조건이 만족될 때까지 같은 과정을 반복하는 프로그램)와 조건선택(여러 개의 대안 중에서 조건에 따라 하나를 선택할 때 사용하는 명령문)이었다.

에이다는 해석기관이 어떻게 작동하는지 보여주기 위해 직접 프로그램을 짰다. 이러한 측면에서 그녀는 "세계 최초의 컴퓨터 프로그래머"로 평가되기도 한다. 그녀는 1980년에 미국 국방부가 새로운 컴퓨터 프로그램의 이름을 'ADA'로 지음으로써 영원히 기억되고 있다. 영국의 컴퓨터협회도 매년 그녀의 이름으로 메달을 수여하고 있다.

끝내 이루지 못한 해석기관의 꿈

배비지는 생전에 해석기관을 완성하지 못했다. 그는 해석기관의 모형과 부품, 그리고 수많은 설계도만 남겼다. 영국 정부도 1842년에 배비지의 계산기 개발에 대한 지원을 그만두고 말았다. 1852년에 에이다가 죽자 배비지의 성격은 더욱 고약해졌다. 어느 새 그는 런던 거리에 악단이 나타나면 시끄럽다고 지팡이로 쫓아버리는 노인이 되어 있었다. 그는 등대에서 사용되는 명멸등(明滅燈), 의사들이 눈을 검사할 때 사용하는 검안경(檢眼鏡) 등을 만들면서 말년을 보냈다.

배비지는 1864년에 발간된 《어느 철학자의 일생에서 듣는 은밀한 이야기들》에서 다음과 같이 썼다. "해석기관의 토대가 되는 위대한 원리들은 검토되고 승인되고 기록되고 증명되었다. 그 메커니즘 자체는 매우 단순해졌다. 아마도 반세기는 지나야 내가 남겨둔 도움 없이도 누군가 작업에 착수할 것이다. 만일 수학적 분석의 실행 부분 전체를 나와는 다른 원리들을 토대로, 또는 나보다 더 단순한 기계적 수단에 의해 독자적으로 구현하여 실제로 구성하려 하고 또 성공한다면, 나의 명성을 그의 손에 맡긴다고 해도 아깝지 않다. 왜냐하면 그 사람만이 내 노력의 본성과 그 결과의 가치를 충분히 인정할 능력이 있는 사람이기 때문이다."

배비지는 1871년에 79세의 나이로 세상을 떠났다. 그는 누구보다도 뛰어난 천재였지만 자신의 꿈을 이루지 못한 채 쓸쓸한 최후를 맞이하였다. 그가 숨을 거둘 때 런던 시내의 악단들이 그의 집 앞에 모여 시끄럽게 북을 쳤다는 일화도 전해진다.

배비지는 자신의 뇌를 왕립의과대학에 맡긴다는 유언을 남겼다. 당시에는 인간의 지능이 뇌의 생리학적 차이에 의해 결정된다는 학설이 지배하고 있었으므로 천재로 인정을 받았던 배비지의 뇌는 좋은 실험의 대상이 되었다. 그러나 사체 검사의 결과는 배비지의 뇌가 크기나 구조에서 다른 사람과 특별히 다르지 않는 것으로 나왔다.

배비지는 생전에 "해석기관이 반드시 미래의 과학이 나아갈 길을 안내할 것이다"고 예언했다. 1880년에 미국의 통계학자였던 홀러리스(Herman Hollerith)가 인구조사의 결과를 분석하는 데 펀치 카드를 본격적으로 활용하였다. 그는 1896년에 태블레이팅 머신(Tabulating Machine Company)이라는 기업을 세웠는데, 그 기업은 1914년에 CTR(Computer Tabulating Recording)로, 1924년에는 IBM(International Business Machines)으로 바뀌었다. 이어 1944년에는 하버드 대학의 에이킨(Howard Aiken)과 IBM의 협동연구를 바탕으로 '하버드 마크 I'이라는 전기기계식 컴퓨터가 만들어졌다. 배비지의 예언이 적중되었던 셈이다.

근대 지질학을 정립한 영국 신사
찰스 라이엘

자연에 대한 흥미와 애정

서구 사회에서는 상당히 오랜 기간 동안 기독교가 지배해 왔으며 과학도 기독교의 영향력에서 자유롭지 못했다. 16~17세기의 과학혁명 이후에는 자연현상을 창조주의 개입 대신에 자연적 법칙을 통해 설명하는 시도가 본격화되었다. 물리학 분야에서는 17세기의 뉴턴이, 화학 분야에서는 18세기의 라부아지에가 이러한 일을 해냈다. 기독교가 가장 오랫동안 위력을 발휘했던 과학 분야는 지질학과 생물학이었다. 지질학을 종교와 다른 차원으로 분리하여 근대 지질학을 정립한 사람이 바로 19세기 영국의 과학자인 라이엘(Charles Lyell, 1797~1875)이다. 라이엘은 지질학을 종교에서 독립시켰지만 신의 존재를 부정하지는 않았다. 라이엘은 뉴턴과 마찬가지로 온건한 창조론자 혹은 이신론자(理神論者)였던 것이다.

라이엘은 1797년에 스코틀랜드의 키리뮈르에서 12남매 중 장남으로 출생하였다. 그의 가문은 3대째 해군에 관계하고 있는 영국의 신사 집안이었다. 아버지는 케임브리지 대학을 졸업하였고 단테의 저작을 번역했으며 희귀한 식물을 기르는 아마추어 과학자였다. 라이엘리아(Lyellia)라는 식물도 그의 이름에서 따온 것이다. 어린 라이엘은 아버지로부터 자연에 대한 흥미와 애정을 물려받았다. 특히 라이엘은 곤충 채집에 많은 관심을 가지고 있었으며, 10대에 이미 아마추어 과학자 정도의 실력을 갖추고 있었다고 한다.

1816년에 라이엘은 옥스퍼드 대학의 엑스터 칼리지에 입학하여 신사를 양성하기 위한 고전교육을 받았다. 당시에 옥스퍼드 대학에서는 영국 국교회 목사인 버클랜드(William

Buckland)가 광물학과 지질학을 가르치고 있었는데 우수한 강의로 소문이 자자하였다. 그 강의를 수강한 라이엘은 지질학에 깊은 관심을 가지게 되었다. 20살이 되었던 1817년에 라이엘은 아버지와 함께 스코틀랜드로 답사 여행을 갔는데 그 여행을 통해 평생 지질학을 공부하겠다고 마음먹었다.

신사의 학문, 지질학

라이엘은 전공으로 법학을 택했지만 과학에 더욱 많은 정열을 쏟았다. 그는 한 동안 법률가라는 직업을 버리지 않았다. 신사로서 적절한 사회적 책임을 수행해야 한다는 주변의 압력에서 자유로워지고 싶었기 때문이었다. 그는 법률가를 방패로 삼아서 보다 많은 시간을 지질학 연구에 할애하였다. 아버지도 아들의 입장을 잘 이해해 주었다. 사실상 라이엘은 집안이 부유한 편이었기 때문에 경제적 문제에 많은 신경을 쓸 필요가 없었다. 라이엘이 법률가를 포기한 것은 그가 30세가 되던 1827년의 일이었다.

라이엘의 경우에서 볼 수 있듯이, 당시 영국의 과학자들은 오늘날의 과학자들과 달리 과학 활동으로 생계를 유지하지 않았다. 과학 활동은 귀족이나 신사가 아마추어적인 관심과 흥미를 가지고 연구에 몰두하는 개인적 차원의 일이었다. 그들은 경제적 압력을 받지 않았으며 과학을 여가 선용의 수단으로 생각하였다. 이러한 경향은 생물학이나 지질학 분야에서 더욱 강했다. 당시의 생물학이나 지질학은 '신사의 학문'이었던 것이다.

19세기 영국에서 지질학이 발전하게 된 또 다른 배경으로는 산업혁명을 들 수 있다. 산업혁명이 진행되는 동안 주원료는 목탄에서 석탄으로 변경되었다. 1700년에 250만 톤에 불과했던 석탄 생산량은 1770년의 6백만 톤, 1800년의 1천만 톤을 거쳐 1830년에는 무려 3천만 톤으로 급증하였다. 탄광의 입지를 정하는 일, 석탄을 채굴하는 일, 새로운 지형이나 화석을 규명하는 일 등에는 지질학이 직간접적으로 활용되었다. 이를 배경으로 지질학은 단순한 기초학문이 아니라 경제적 가치를 지닌 응용학문으로 인식되기 시작하였다. 예나 지금이나 사회적 수요가 있는 곳에 새로운 학문이 발달하게 마련인 것이다.

라이엘은 1820년을 전후하여 본격적으로 지질학을 연구하기 시작하였다. 그는 1819년에 대학을 졸업한 후 런던 지질학회(Geological Society of London)의 회원이 되었다. 그 학회는 1807년에 창립된 후 당시 영국 과학계에서 가장 왕성한 활동을 벌이고 있었다. 그 학회는 1823년에 라이엘을 간사로 선출했는데, 그것은 그가 우수한 지질학자로 인정받았다는 점을 의미하였다.

라이엘은 1823년에 프랑스로 가서 암석을 연구하였고 이듬해에는 스승인 버클랜드와 스코틀랜드를 여행했다. 그 해 12월에 라이엘은 〈포어파셔에서 산출되는 담수 석회암의 최근 형성에 관하여〉라는 그의 첫 논문을 발표하였다. 이어서 그는 잉글랜드 햄프셔 해안의 제3기 암석층에 대한 일련의 논문들과 지질조사에 대한 주요 영역과 당시의 지식을 정리한 논문을 발표하였다. 라이엘은 1926년에 런던 지질학회의 평의원이 되었으며, 1928년에는 영국 왕립학회의 회원으로 선출되었다.

격변설에서 동일과정설로

당시의 과학계에서는 지질 현상을 설명하는 이론으로 '격변설(catastrophism)'이 지배하고 있었다. 격변설은 성서의 기록이 진실임을 입증하고자 하는 것이었다. 격변설을 본격적으로 제창한 사람은 독일의 광물학자인 베르너(Abraham Gottlob Werner)였다. 그는 1791년에 발간된 《광맥의 형성에 관한 새로운 이론》을 통해 지구의 환경이나 상태가 홍수와 같은 큰 사건에 의해 급격하게 변하게 되면서 오늘날에 이르렀다고 생각하였다. 격변론자 중에는 노아의 홍수에 대한 증거를 지질학적으로 찾으려는 사람들이 많았기 때문에 그들은 '홍수론자' 혹은 '수성론자'로 불리기도 했다.

이러한 상황에서 스코틀랜드의 지질학자인 제임스 허턴(James Hutton)은 1785년에 에든버러 왕립학회의 모임에서 '동일과정설(uniformitarianism)'을 내 놓았다. 동일과정설은 끊임없는 창조와 파괴를 가정하고 있었다. "태초의 징후는 발견할 수 없고 마지막의 징후도 볼 수 없다"는 것이었다. 허턴은 지구의 환경이나 상태는 계속해서 변화하지만 그러한 과정에는 동일한 법칙이 적용한다고 생각했다. 그는 먼 과거의 지구의 환경이나 상태가 현재와 그다지 다르지 않았으며 현재 지구 상에 작용하고 있는 힘과 법칙이 과거에도 그대로 작용했을 것이라고 믿었다. 그러나 허턴의 설명은 창조주의 존재를 흐리게 하는 위험한 생각으로 치부되어 당시에 널리 인정받지 못했다.

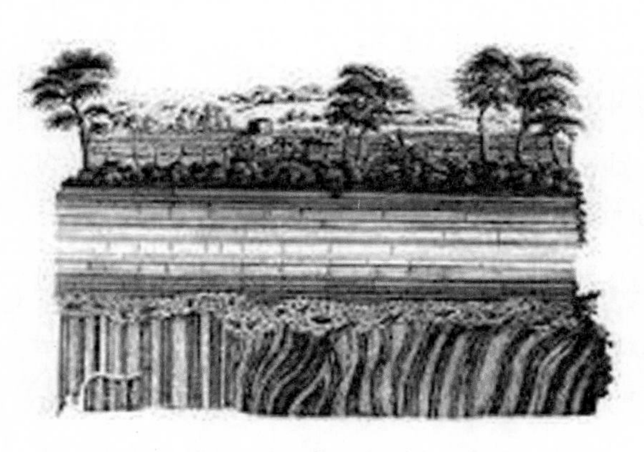
1795년에 발간된 허턴의 《지구의 이론》에 실린 삽화

라이엘도 처음에는 스승의 영향을 받아 격변설을 지지하는 입장을 보였다.

그러나 답사 여행과 연구가 축적되면서 라이엘은 동일과정설로 입장을 바꾸게 되었다. 동일과정설을 수용하면 과거에 있었던 변화가 오랜 시간에 걸쳐 누적됨으로써 오늘날의 지질 구조가 형성된다는 것을 이해할 수 있다. 또한 라이엘은 동일과정설을 통해 지질학이 종교로부터 벗어나 독립적인 과학이 될 수 있을 것으로 믿었다. 그는 풍부한 증거자료를 제시하고 엄밀한 추론과 설명을 통해 동일과정설을 체계화하고자 했다. 아울러 라이엘은 허턴의 견해가 가진 무신론적 경향을 극복하고자 했다. 라이엘은 비록 우주가 조물주에 의해 창조되었지만 태초에 자연법칙도 함께 만들어져 현재에 이르렀다고 생각하였다.

베스트셀러의 반열에 오른 《지질학 원리》

1820년대 후반부터 라이엘은 자신의 생각을 담은 책을 집필하기 시작했다. 책을 쓰면서 증거를 찾기 위해 답사 여행을 하는 생활이 반복되었다. 그러한 작업은 라이엘이 1831~1833년에 런던 대학 킹스 칼리지의 교수가 되면서 더욱 가속도가 붙었다. 그 결과 출간된 것이 "현재의 활동을 야기한 원인에 의해 지구 표면의 과거 변화를 설명하려는 시도"라는 부제가 붙은 《지질학 원리(Principles of Geology)》이다. 1830년에서 1833년까지 3권으로 발간된 그 책은 모두 1,200페이지에 달했고, 이후에 지속적인 보완을 거쳐 1875년에는 12판이 간행되었다. 라이엘은 《지질학 원리》에 거의 모든 인생을 걸었던 셈이다. 《지질학 원리》라는 제목도 뉴턴의 《프린키피아》를 모방해서 라이엘이 의식적으로 선택한 것이었다.

《지질학 원리》의 제1권은 지질학적 동역학에 관한 것이다. 라이엘은 허턴을 따라 과학자들이 현재의 과정과 조건들을 비교함으로써 지질학적 현상을 설명해야 한다고 주장했다. 현재 일어나고 있는 것들을 연구함으로써 과거에 대한 좀 더 나은 이해를 추구할 수 있다는 것이었다. 이어 라이엘은 풍화, 유수에 의한 침식, 화산 폭발, 지진 등의 누적적 효과에 의해 지표가 생성되고 변화하는 과정을 설명하였다.

제2권은 생물체의 점진적 변화에 초점을 맞추고 있다. 라이엘은 지질학적 시간 동안 생물체 집단에서 일어나는 변화를 다루면서 그 과정이 일정한 규칙을 보인다고 생각했다. 과거의 종들이 멸종함에 따라 새로운 종들이 나타나고 이를 통해 연속적이고 중립적인 균형을 이루게 된다는 것이었다. 처음에 라이엘은 다윈처럼 진화론을 전면에 내세우지 않았지만, 나중에는 생물체가 원시적인 것에서 좀 더 복잡한 형태로 진화한다는 다윈의 생각을 따랐다.

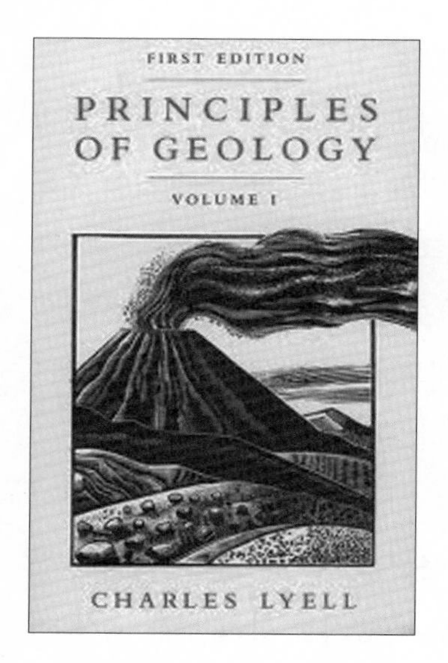

1830년에 발간되어 폭발적인 인기를 누린 《지질학 원리》 제1권의 표지

제3권은 라이엘이 가장 많은 노력을 기울인 부분이다. 그는 앞의 두 권에 대한 비평에 대해 언급한 후 퇴적층 아래에 놓여 있는 신생대 3기 지층에 대한 자신의 분류체계를 제시하였다. 라이엘은 조개 화석에 나타난 종들을 식별했고 얼마나 많은 종들이 멸종했는지 계산했으며 생물종의 함유율이 낮은 암석층이 높은 암석층보다 오래되었다고 주장했다. 이를 통해 그는 제3기 지층을 시신세(始新世), 중신세(中新世), 선신세(鮮新世) 등으로 구분하기도 했다. 제3권의 부록에는 3천 개가 넘은 조개 화석들을 정리한 표가 실렸다.

《지질학 원리》는 폭발적인 인기를 누렸다. 그 책은 유려한 문체와 설득력 있는 논조로 인하여 일반 지식인들 사이에서도 널리 읽혔다. 1840년대에 어떤 대중저술가는 "일반 중류 계층의 사람들은 당시의 유명한 소설보다 다섯 배나 비싼 지질학 책을 샀다"고 보고했다. 라이엘은 《지질학 원리》에서 나오는 수입 덕분에 아버지로부터 경제적으로 독립할 수 있었다. 라이엘은 과학저술로 생계를 유지한 최초의 인물로 평가되기도 한다.

다윈은 1859년에 발간된 《종의 기원》에서 다음과 같이 썼다. "미래의 역사가는 라이엘 선생의 이 위대한 저술이 자연과학에 혁명을 일으켰다는 사실을 깨달을 것이다. 이 책을 읽고도 여전히 과거의 시간이 얼마나 유구했는지를 인정하지 않는 사람은 즉시 이 책을 덮은 게 좋을 것이다." 《지질학 원리》가 발간된 후 많은 지질학자들이 라이엘의 제자를 자청하고 나섰으며, 동일과정설은 그들의 가장 중요한 연구 지침으로 자리 잡았다. 《지질학 원리》는 오늘날에도 지질학의 위대한 고전으로 평가되고 있다. 라이엘은 《지질학 원리》를 바탕으로 1838년에 《지질학 원론(Elements of Geology)》을 발간하기도 했는데, 그 책은 최초의 근대적 지질학 교과서로 평가 되고 있다.

지칠 줄 모르는 지질탐사가

당시의 모든 사람들이 라이엘의 주장을 받아들인 것은 아니었다. 거의 무한에 가까운 시간의 개념이나 그것이 암시하고 있는 진화론적 가설이 기독교와 위배된다고 우려한 학자들도 있었다. 또한 지구의 나이를 둘러싸고 19세기 후반에는 상당한 논쟁이 벌어지기도 했다. 1650년에 아일랜드의 주교 어셔(James Ussher)는 지구의 나이를 4,004년이라고 했지만, 라이엘을 비롯한 19세기 지질학자들은 지구의 나이를 수십 억 년으로 보았다. 이에 대해 영국의 유명한 물리학자인 윌리엄 톰슨은 지구가 태양에서 분리된 이후에 꾸준히 식었다는 가정을 바탕으로 지구의 나이가 1억 년이 되지 않는다고 추정했다. 톰슨의 주장은 20세기에 들어서 지구가 독자적인 방사능 원천을 가지고 있다는 사실이 발견됨으로써 잘못된 것으로 판명되었다. 오늘날의 과학자들은 지구의 나이를 대략 45~46억 년으로 잡고 있다.

《지질학 원리》가 출간되면서 라이엘은 영국을 대표하는 과학자로 부상했다. 그는 1834~1836년과 1849년에 런던 지질학회의 회장을 역임했으며, 1864년에는 영국과학진흥협회의 회장을 지냈다. 1858년에는 왕립학회의 코플리 메달을, 1866년에는 런던 지질학회의 월러스톤 메달을 받았다. 라이엘은 영국을 넘어 프랑스 학사원과 독일 과학아카데미의 회원으로 왕성한 활동을 벌이기도 했다. 그는 고전교육에 치우쳐 있었던 영국 대학의 교육을 실용적인 자연과학을 중심으로 개혁하는 데에도 힘을 보탰다.

라이엘은 1832년에 매리 호너(Mary Horner)와 결혼하였다. 그녀는 사회개혁가의 딸로서 지질학에 뛰어난 지식을 가지고 있었다. 매리는 남편과 수많은 지질탐사 여행을 함께 하였고 말년에는 시력이 약해진 남편의 눈이 되어주기도 했다.

사실상 라이엘은 지칠 줄 모르는 지질탐사가였다. 20살부터 시작되었던 지질탐사는 유럽은 물론 신대륙을 무대로 계속해서 이어졌다. 그는 1840년대에 미국과 캐나다를 탐사하면서 두 권의 대중용 저서를 발간하기도 했다. 1845년에 발간된 《북아메리카 여행》과 1849년에 발간된 《두 번째 미국 방문》이 그것이다.

지질탐사는 지질학을 지탱하는 중요한 활동이다. 그것은 강인한 체력과 끈질긴 인내를 요구한다. 특히 오늘날과 같이 교통수단이 발달하지 못했던 옛날에는 지질탐사가 더욱 어려웠을 것이다. 우리는 흔히 과학을 고상한 것으로 생각하고 있지만 의외로 과학 활동에는 상당한 육체적 노동이 포함되어 있는 것이다.

다윈 진화론의 요람

라이엘은 다윈에게 스승이자 친구로 많은 영향을 미쳤다. 다윈은 비글호를 여행하면서 《지질학 원리》를 탐독했고 영국으로 돌아온 후에 비글호 여행의 일지를 라이엘에게 주었다. 라이엘은 지질학적 환경과 생

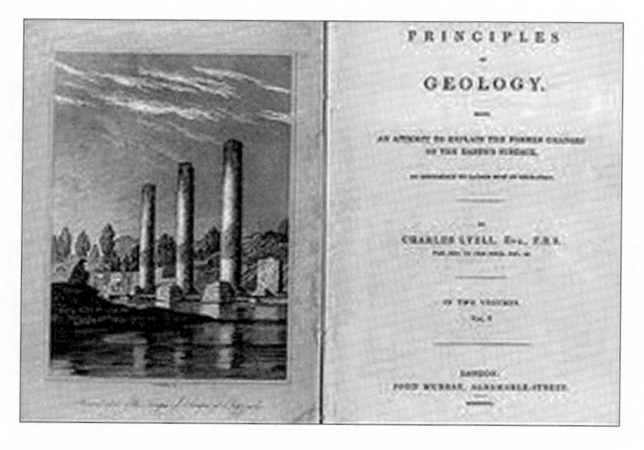

《지질학 원리》는 찰스 다윈이 1831년에 비글호에 승선하면서 챙겼던 재산목록 1호이기도 했다.

물 종이 모두 긴 시간을 통해 변동이 가능한 유동적인 존재로 파악했기 때문에 다윈과 매우 비슷한 생각을 가지고 있었다. 또한 라이엘의 동일과정설에 의해 지구의 나이는 매우 길어졌고 그것은 진화론에 유리한 배경으로 작용하였다. 다윈의 재능을 알아보고 《종의 기원》에 대한 집필을 독려한 사람도 라이엘이었으며, 다윈과 월리스(Alfred R. Wallace)를 중재하여 진화론을 두 사람의 공동발견이 되도록 중재했던 사람도 라이엘이었다.

라이엘은 명랑한 성격에 품위를 지킬 줄 아는 사람이었다. 그는 1848년에 기사 작위를 받았고 1864년에는 준(準)남작(baronet)이 되었다. 종교계와 다투는 일도 없었고 정계에서도 편안했다. 다윈은 라이엘에 대하여 “그는 아주 친절한 마음의 소유자였으며 어떤 신념에 대해서도 철저히 개방적이었다”고 말하기도 했다. 라이엘은 모든 생활에서 영국 신사다운 면모를 보였던 것이다.

라이엘은 말년에 시력을 거의 상실하면서도 활발한 연구 활동을 벌였다. 1873년에 그는《인류의 고대사에 대한 지질학적 증거》라는 책을 출간하였다. 그 책은 모든 종들의 진화에 대한 실제적인 자료를 요약하고 있으며, 인류가 오랜 기간에 걸쳐 다른 동물 종으로부터 진화했다는 다양한 증거를 제시하고 있다. 그 책은 인류의 진화에 대한 많은 논쟁을 불러 일으켰지만, 라이엘은 뚜렷한 결론을 유보한 채 독자들로 하여금 스스로 판단하게 했다.

라이엘은 1875년에 《지질학 원리》의 12번째 개정판을 손보다가 영원히 잠들고 말았다. 그는 영국 국민의 애도를 받으며 웨스트민스터 사원에 묻혔다. 라이엘의 비문에는 “자연의 질서에 대한 끈질긴 연구로 지식의 지평을 확장시키고 과학적 사고에 영원한 영향을 남기다”라는 문구가 새겨져 있다. 영국의 지질학회는 라이엘이 사망한 해인 1875년부터 우수한 업적을 남긴 지질학자에게 라이엘 메달을 수여하고 있다.

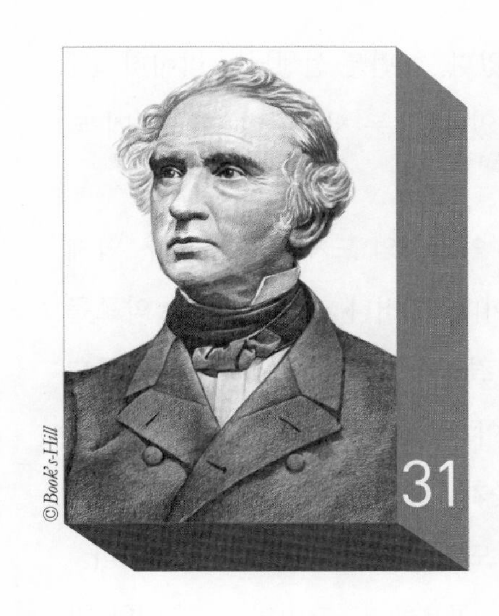

실험실을 개방한 카리스마 과학자
유스투스 리비히

화학을 좋아한 소년

오늘날의 과학은 제도화된 활동이다. 과학의 제도화란 과학 활동이 지속적이고 공식적인 지원을 통해 이루어지는 것을 뜻한다. 과학의 제도화는 19세기에 대학에서 시작되어 20세기에는 기업과 정부로 확대되었다. 과학사학자들은 19세기 초반에 프랑스에서 과학'교육'이 제도화되었으며 19세기 중엽에 독일에서 과학'연구'가 제도화되었다고 평가하고 있다. 대학에서 과학연구가 제도적으로 정착하는 데 크게 기여한 인물이 바로 독일의 화학자인 유스투스 리비히(Justus von Liebig, 1803~1873)이다.

리비히는 1803년에 프랑크푸르트의 근처에 있는 다름슈타트에서 10남매 중에서 둘째로 태어났다. 아버지는 식료품과 약품을 취급했던 사람으로 직접 제품을 만들어 팔기도 했다. 동시에 그는 화학실험을 좋아하여 기회가 있을 때마다 염료나 약제를 만드는 일에 도전하곤 했다. 리비히는 어릴 적부터 아버지의 일을 거들었고 이에 따라 자연스럽게 화학에 친숙해질 수 있었다.

10대 시절에 리비히는 아버지의 친구로부터 화학 책을 빌려 그 책에 있는 실험을 직접 해보기도 했다. 리비히는 훗날 자신의 과거를 회상하면서 다음과 같이 말했다. "무엇인가 새로운 사실이 발견될 때까지 나는 몇 번이고 반복하여 실험을 했다. 특히 다양한 물질들 사이의 비슷한 점과 다른 점을 찾아내는 것에 많은 흥미를 가졌다."

리비히는 지나치게 화학에 몰두한 나머지 다른 과목에서는 낙제 점수를 받았다. 성적이

최하위권을 맴돌자 선생님은 리비히를 좋게 생각하지 않았다. 한번은 선생님이 리비히에게 화를 내면서 "자네는 커서 무엇이 되려고 하는가"라고 물었다. 그는 서슴없이 "화학자가 되겠습니다"라고 답했고 교실은 온통 웃음바다가 되었다.

리비히는 14살이 되던 1817년에 가까운 동네에 있는 약제사의 도제로 들어갔다. 약제사의 일을 배워 나중에 독립하겠다는 포부를 가졌던 것이다. 그러나 리비히에게는 약초를 자르고 환약을 만들고 하는 단순한 일이 재미가 없었다. 결국 리비히는 도제 생활을 1년도 채우지 못한 채 다시 집으로 돌아와 아버지의 일을 도와야 했다. 리비히는 훗날 자신이 약제사 몰래 실험을 하다가 화학물질이 폭발하는 바람에 쫓겨났다고 했다. 그러나 최근의 전기에 따르면, 아버지가 수업료를 낼 수 없어서 리비히가 도제 생활을 그만두었다고 한다.

리비히는 아버지의 일을 도우면서도 계속해서 화학을 공부했다. 그러던 중 우연한 기회에 본 대학의 화학 교수였던 카스트너(Karl Wilhelm Kastner)를 알게 되었다. 카스트너는 리비히의 재능을 한 눈에 알아차렸고 리비히는 카스트너의 조수가 되었다. 리비히는 17살 때인 1820년에 본 대학에 입학했으며 1년 후에는 카스트너를 따라 에를랑겐 대학으로 자리를 옮겼다. 리비히는 대학 시절에 열심히 공부했지만, 당시에 유행하던 자연철학주의(Naturphilosophie)에는 상당한 불만을 가졌다. 리비히가 보기에, 자연철학주의는 추상적인 사변만으로 자연현상을 설명했으며 실험적 방법을 무시했던 것이다.

한번은 리비히가 카스트너에게 광물분석법을 가르쳐 달라고 요청했는데, 카스트너는 그것을 잘 모르겠다고 답했고 리비히는 크게 실망하였다. 리비히는 "독일에서 제일 훌륭하다는 화학 교수가 이 모양이니 독일에서는 나를 가르칠 선생이 없다"고 탄식하였다. 리비히는 실망과 낙담 속에서 다름슈타트의 집으로 돌아왔고 화학에 대한 서적을 읽거나 폭약에 대한 실험을 하면서 시간을 보냈다. 그럴수록 리비히에게는 당시의 화학 선진국이었던 프랑스나 스웨덴에서 공부하고 싶은 마음이 간절해졌다. 이러한 소문에 접한 다름슈타트의 대공 루돌프 1세는 자신이 장학금을 줄 테니 외국에 가서 공부를 계속하라고 격려하였다.

프랑스에서 배운 첨단 화학

리비히는 1822년에 국비 장학생으로 프랑스 유학길에 올랐다. 그는 파리에서 만난 알렉산더 훔볼트(Alexander von Humboldt)의 소개로 프랑스의 소르본 대학에 진학하여 게이뤼삭(Joseph Louis Gay-Lussac)의 특별 조교가 될 수 있었다. 훔볼트는 당시의 독일을 대표하는 과학자이자 지식인으로서 게이뤼삭의 절친한 친구였다. 훔볼트는 독일의 사변적 철학이 실험과학을 억압하고 있다는 점을 개탄하면서 "손을 적시지 않는 과학자"에 대한 경고도 서슴지 않았다. 훔볼트는 리비히와 같은 젊은 과학자들이 독일의 과학을 개혁해 줄 것을 기대했다. 리비히도 자연철학주의를 "19세기의 흑사병"으로 부르면서 이에 동조했다.

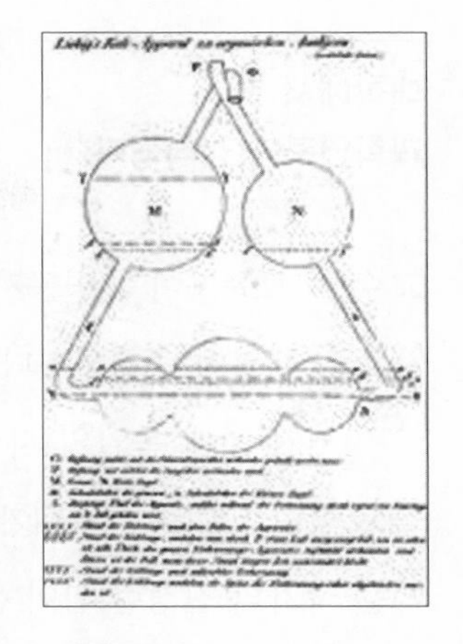

리비히가 그린 칼리 분석기구(Kali-Apparat)에 대한 개념도

리비히는 게이뤼삭의 지도 덕분에 정연한 이론과 풍부한 실험을 맛볼 수 있었다. 리비히는 소르본 대학에서 정량적인 화학분석법을 배우면서 프랑스에 온 것을 매우 만족스럽게 여겼다. 1824년에 그는 뇌산은의 조성을 분석하여 과학아카데미에 발표했다. 뇌산은은 19세기 초부터 알려져 있었지만 폭발성을 가진 위험한 물질이기 때문에 깊이 연구되지 않았다. 리비히는 신중한 실험을 바탕으로 뇌산은이 은, 산소, 질소, 탄소의 한 원자씩으로 이루어져 있다는 점을 명확히 하였다. 이에 대하여 에를랑겐 대학은 불과 19살이던 리비히에게 명예박사 학위를 수여하기도 했다.

리비히가 뇌산은의 조성을 분석하는 데 성공하자 게이뤼삭은 크게 기뻐하여 리비히와 함께 춤을 추었다. 당시의 상황에 대해 리비히는 다음과 같이 회고했다. "게이뤼삭의 연구실에서 보냈던 시간을 저는 결코 잊지 않고 있습니다. 우리가 성공적으로 분석을 했을 때면 게이뤼삭은 저에게 다음과 같이 말하곤 했습니다. '테나르(Louis Thénard, 게이뤼삭의 스승)와 내가 뭔가를 발견했을 때마다 같이 춤을 추었듯이 이제 나랑 춤을 추셔야 합니다.' 그래서 우리는 시간 가는 줄을 모르고 춤을 추곤 했습니다." 선생과 제자가 환희의 순간을 즐기는 장면이 상상되는 대목이다.

리비히가 뇌산은의 조성을 밝힌 직후에 독일의 뵐러(Friedrich Wöhler)는 뇌산은과 동일한 조성을 가졌지만 위험성이 전혀 없는 시안화은에 대해 보고하였다. 처음에 두 사람은 상대방의 실험에 잘못이 있다고 생각했다. 1826년에 리비히는 뵐러를 방문하여 충분히 의논하는 시간을 가졌다. 두 사람은 서로의 실험을 되풀이 했지만, 결과는 이전과 동일하였다. 결국 두 사람의 교류로 인해 이성질체(isomer, 분자식은 동일하나 구조가 다르기 때문에 물리화학적 성질을 달리 하는 물질)의 존재가 명확해질 수 있었다. 이 사건을 계기로 리비히와 뵐러는 매우 친해져서 평생 절친한 동료로 지냈다.

대학에서 과학연구가 정착되다

대학은 오랜 기간 동안 교육에 중점을 두어 왔다. 대학에서 교육이 아닌 연구가 조직적이고 체계적인 활동으로 자리 잡은 것은 19세기 중엽을 전후하여 독일에서 발생한 일이었다. 이를 통해 교수는 '교육자이자 연구자'라는 중의적 역할을 담당하게 되었고 '연구를 통한 교육'이라는 새로운 개념이 출현하였다. 이러한 현상은 '제1차 대학혁명'으로 불리기도 한다.

19세기 초에 독일의 지식인들은 '문화국가(Kulturstaat)'를 주창하면서 새로운 대학의 설립을 포함한 대대적인 대학개혁운동을 전개하였다. 나폴레옹 전쟁에서 패배한 이후에 독일에서는 국가의 진정한 힘이 문화의 영역에 있다는 분위기가 형성되었다. 특히 대학에서의 교육은 지적으로 활력 있는 독일을 만들고 독일 문화의 단일성을 확보하는 가장 중요한 수단으로 인식되었다. 독일의 지식인들은 대학의 의무를 단순한 지식의 전수가 아니라 적극적인 지식의 추구에서 찾아야 한다고 생각했다. 이를 배경으로 독일 대학에서는 자유로운 연구와 상호 비판을 중시하는 경향이 생겨났으며, 1850년대가 되면서 독일 대학이 전문적인 학문 연구의 전당으로 자리 잡게 되었다.

독일 대학에서 연구가 정착된 데에는 독일의 분권적 구조와 경쟁 체제도 중요한 배경으로 작용하였다. 프랑스의 대학은 파리를 중심으로 하는 중앙집권적인 구조를 이루고 있었고, 영국에서는 케임브리지와 옥스퍼드로 대표되는 소수의 대학에 지적 역량이 집중되어 있었다. 이에 반해 독일에서는 대학이 지역적으로 고르게 분산되어 있었으며, 지적 수준도 평준화되어 있었다. 더구나 독일에서는 대학 간에 교수의 이동이 자유로웠기 때문에 각 대학은 유능한 교수를 유치하기 위해 활발한 선의의 경쟁을 벌였다. 독일 대학의 교수들은 더욱 좋은 보수와 여건을 획득하기 위해서 대학이나 학생으로부터 인정을 받아야 했으며, 그들은 수준 높은 지식을 적극적으로 탐구하면서 학생을 훌륭한 연구자로 양성하는 데 많은 노력을 기울였다.

교수의 임용 기준이 변경된 것도 독일 대학에서 연구가 정착되는 것을 가속화시켰다. 18세기만 해도 교수는 해당 지역사회의 위신과 권위를 상징하는 존재였으며, 각 지역이 교수의 임용을 전적으로 담당했다. 전통적인 교수의 기능은 학생들에게 훌륭한 강의를 제공하고 지역사회의 발전에 기여하는 데 있었다. 그러나 19세기에 들어와 중앙정부가 교수의 임용권을 장악하게 되면서 그 기준을 우수한 강의를 중시하는 교육적 기준(pedagogical criteria)에서 독창적 연구에 초점을 두는 학문적 기준(disciplinary criteria)으로 변경했다. 이러한 배경에서 독일 대학에서는 연구 성과에 대한 압력이 강화되었고, '출판 아니면 퇴출(publish or perish)'이라는 용어가 유행하기도 했다.

독일에서 연구가 정착하는 과정을 잘 보여주는 사례가 바로 기센 대학의 리비히 실험실이다. 리비히 실험실의 성공은 19세기 후반에 모든 독일 대학이 화학실험실을 설립하는 계기로 작용했으며, 독일 대학의 모든 분야에서 연구를 통한 교육이 정착하는 데 크게 기여하였다.

기센 대학의 화학실험실

리비히는 1824년에 21세의 젊은 나이로 기센 대학의 교수가 되었다. 알렉산더 훔볼트의 추천에 의하여 헤세 대공이 전격적으로 리비히를 교수로 임명했던 것이다. 리비히는 교수가 되면서 실험 위주의 교육을 정착시키기 위하여 대학 당국과 싸워 가면서 실험실을 확충하였다. 특히 리비히는 다른 교수와 달리 실험실을 학생들에게 개방하였다. 학생들이 실험에 빨리 친숙해지고 스스로 탐구할 수 있는 여건을 조성하고자 했던 것이다.

리비히는 자신의 교육방법에 대하여 다음과 같이 말했다. "이곳의 학생들은 스스로 연구하면서 배우고 익힌다. 나는 문제를 주고 연구의 경과를 감독하는 데 그치며 결코 간섭하지 않는다. 나는 모든 학생으로부터 각자가 연구한 결과를 듣거나 이제부터 할 일에 대해서 의견을 듣는다. 그리고 나는 그것에 찬성하거나 반대한다. 각자는 스스로 연구를 해나갈 의무가 있다."

리비히는 매우 열정적인 사람이었다. 그는 강의할 때나 실험을 지도할 때나 학생들의 모든 이목을 자신에게 집중시켰다. 그는 유창하지는 못했지만 신들린 강의를 하여 학생들의 혼을 빼앗았다. 또한 그는 수시로 세미나(seminar)를 개최하여 학생들이 최신 연구 성과를 숙지하고 독창적인 연구의 방향을 잡도록 하였다. 학생들이 스스로 논문을 작성하고 자신의 이름으로 발표할 수 있도록 배려한 사람도 리비히였다. 이런 식으로 그는 학생들이 자신의 독특한 인격에 도취되도록 만들었고, 많은 학생들은 즐거운 마음으로 리비히를 따랐다.

어떤 제자는 리비히를 장군에 비유했다. "모든 위대한 장군이 그랬듯이, 그는 집단정신을 타고났고 그것을 지켰다. 리비히는 자신이 이끄는 군대의 지휘관이자 영혼이었다. 그를 진실로 따르는 이가 많았던 것은 그만큼 그가 존경받았고 그 이상으로 사랑받았기 때문이다." 리비히의 카리스마가 얼마나 강했던지 다음과 같은 일화도 전해지고 있다. 리비히가

19세기 중엽에 리비히 실험실을 표현한 그림

처음으로 무수산(無水酸)을 합성한 후에 제자 몇 명에게 소매를 걷고 팔을 내놓아 보라고 했더니, 그들은 순순히 그 부식성 액체를 살에 떨어뜨리게 했다는 것이다.

리비히의 실험실은 날로 번창했다. 1825년에는 약제학(藥劑學)에 필요한 기초 지식을 공부하려는 학생들이 대부분이었지만 1835년에는 화학을 본격적으로 연구하려는 학생들로 대체되었다. 자신의 전공을 바꾸어 리비히의 실험실에 온 학생들도 있었다. 예를 들어 호프만(August Wilhelm Hofmann)은 법학과에서 화학과로, 케쿨레(Friedrich August Kekule)는 건축과에서 화학과로 전공을 바꾸었다. 독일뿐만 아니라 유럽 전역에서 학생들이 모여들었다. 프랑스인 제자로는 뷔르츠(Charles A. Wurtz), 게르하르트(Charles Gerhardt), 영국인 제자로는 윌리엄슨(Alexander Williamson), 프랭클랜드(Edward Frankland), 러시아인 제자로는 슈미트(Carl Schmidt), 지닌(Nikolay Zinin)이 있었다.

그들은 리비히의 지도로 정량적인 실험 과정을 체계적으로 익히면서 독립적인 연구자로 성장할 수 있었다. 정부와 대학 당국도 리비히 실험실에 대한 지원을 아끼지 않았다. 리비히 실험실은 전문적인 화학자를 대량으로 배출하는 기관으로 자리 잡았고, 그곳을 거쳐 간 화학자는 대략 450명에 이르렀다. 리비히 실험실은 이후에 박물관으로 단장되어 영원히 보존되고 있다.

리비히는 유기화학을 중심으로 화학에 대한 학술지를 정비하는 작업도 추진했다. 그는 1832년부터 《약학 연보(Annalen der Pharmacie)》의 편집인을 맡았고, 1840년에는 그 명칭을 《화학 및 약학 연보(Annalen der Chemie und Pharmacie)》로 바꾸었다. 일명 '리비히 연보'로 불린

《화학 및 약학 연보》는 독일의 화학을 대표하는 학술지로 자리 잡았으며, 1875년에는 《화학 연보(Annalen der Chemie)》로 거듭났다. 특히 리비히는 학술지를 운영하면서 새로운 사람이나 업적에 매우 개방적인 자세를 보였다. 마이어(Robert Meyer)가 1842년에 에너지 보존 법칙에 대해 제출한 논문이 너무 사색적이라는 이유로 다른 학술지에 게재될 수 없게 되자 그것을 수용해 준 사람도 리비히였다.

유기화학에서 농화학으로

리비히는 생전에 300편이 넘는 논문을 썼다. 그는 뇌산 화합물을 시작으로 다양한 화합물을 연구하여 유기화학 분야에서 큰 업적을 남겼다. 특히 그는 뵐러와의 공동연구를 바탕으로 유기화합물이 산소, 수소, 질소, 탄소 등과 같은 몇몇 원소들의 무수한 결합에서 비롯된다는 점을 알아냈다. 그밖에 리비히는 마치 원소와 같이 화학반응을 하는 유기화합물인 기(基, radical)에 관한 이론적 토대를 구축하기도 했다. 리비히는 1831년경에 유기화합물의 조성을 알아내는 간단한 분석법을 정립했는데, 그것은 오늘날 '리비히 분석법'으로 불린다.

리비히는 1831년경에 유기화합물의 조성을 알아내는 간단한 분석법을 정립했는데, 그것은 오늘날 '리비히 분석법'으로 불린다. 당시만 해도 유기화합물의 조성을 알아내는 작업은 매우 복잡했으며 수많은 시간과 끈질긴 노력을 요구하였다. 리비히 분석법은 시료를 산화구리와 함께 연소관 내에서 가열하고, 그때 생기는 이산화탄소와 물의 중량으로 미지의 물질이 가진 조성을 알아내는 방법이었다. 리비히 분석법을 사용하면 몇 시간 내에 해당 물질의 정확한 조성을 분석할 수 있었다.

1838년경부터 리비히는 유기화학을 넘어 농화학으로 시야를 넓혔다. 그는 1840년에 발간한 《농업과 생리학에서의 유기화학의 응용》에서 식물이 화학반응을 통해 토양에서 광물질을 섭취한다는 점을 체계적으로 밝혀냈다. 그 책은 이후에 9판까지 간행되고 다른 나라의 말로 번역될 정도로 좋은 반응을 얻었다. 리비히는 "내가 농부들에게 식물의 영향, 토양 비옥화의 원리, 토양 고갈의 원인에 관한 인식을 심어 준다면 일생의 과업 한 가지는 이루는 것이다"고 말하기도 했다.

농화학 분야에서 리비히의 업적으로 자주 거론되는 것은 화학비료의 개발이다. 리비히는 질소, 인산, 칼륨이 식물의 성장을 촉진한다는 점에 주목했으며, 질소가 함유된 인공적인 비료를 개발하여 사용할 것을 강조했다. 리비히는 암모니아로부터 질소를 공급받을

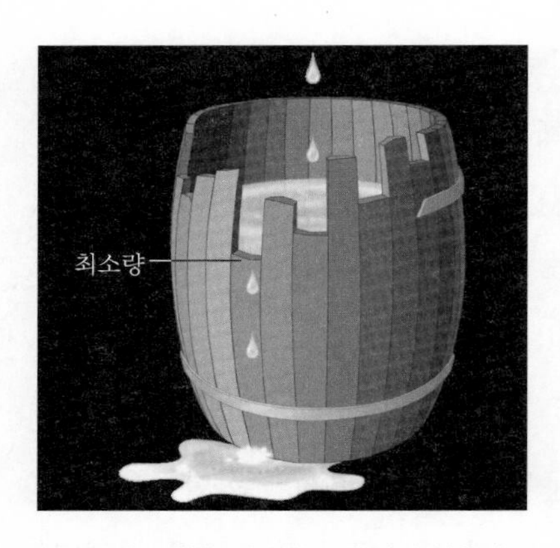

최소량의 법칙을 설명하는 데 널리 사용되고 있는 리비히의 물통(Liebig's barrel). 여러 개의 나무판을 잇대어 만든 나무 물통이 있을 때, 나무 물통에 채워지는 물의 양은 가장 낮은 나무에 의해 결정된다.

수 있다고 생각한 후 초보적인 화학비료를 개발하기도 했지만, 그것을 상업화하는 데는 성공하지 못했다. 리비히의 아이디어는 20세기에 들어서야 실현될 수 있었다. 1908년에 유태인 출신의 독일 화학자 하버(Fritz Haber)가 암모니아 합성법으로 공기 중의 질소를 고정시킴으로써 화학비료의 대량 생산을 가능하게 했던 것이다.

리비히는 독일의 식물학자 슈프렝겔(Carl Sprengel)이 제안한 '최소량의 법칙'을 대중화하는 데도 크게 기여했다. 식물 생장에 필요한 여러 원소 중 어느 하나라도 부족하면, 비록 다른 원소들이 충분해도 그 식물은 부족한 원소 때문에 제대로 성장하지 못한다는 것이었다. 가령 질소, 인산, 칼륨 중 어느 하나가 부족하면 다른 것이 아무리 많이 들어있어도 식물은 제대로 자랄 수 없다. 이 법칙은 조직학 분야에서 활용되기도 한다. 우수한 조직원들을 잘 활용하는 것보다는 소외된 조직원들을 잘 제어하는 것이 전체 조직의 성과에 더 큰 영향을 미친다는 것이다.

리비히는 1837년에 리버풀에서 열린 영국과학진흥협회(British Association for the Advancement of Science, BAAS)의 모임에서 농업에 대한 화학의 응용을 주제로 특별강연을 했다. 이어 1842년에 영국을 다시 방문하여 정치계와 농업계의 주요 인사를 만났는데, 그 만남을 계기로 영국에서는 화학에 특화된 대학을 설립하는 운동이 전개되었다. 결국 1845년에는 각종 기부금을 바탕으로 빅토리아 여왕의 남편을 학장으로 하는 왕립화학대학(Royal College of Chemistry)이 설립되었다. 리비히는 그 대학의 교수 한 명을 추천해 달라는 제안을 받았고, 자신의 유능한 제자인 호프만을 보냈다. 불과 20년 전만 해도 보잘 것 없었던 독일의 화학이 이제는 영국에 교수를 보낼 정도로 발전했던 것이다.

뵐러와의 돈독한 우정

리비히의 생애에서 빼 놓을 수 없는 것이 뵐러와의 우정이다. 그들은 비슷한 주제를 가지고 연구하면서 처음에는 싸우기도 했지만 나중에는 서로를 보완해 주는 관계를 이루었다. 리비히가 정열적이고 성질이 급한 사람이었다면 뵐러는 냉정하면서 세심한 사람이었다. 리비히의 제자인 호프만은 두 사람의 결합을 보색(補色)에 비유하곤 했다. 그들의 우정은 40년이 넘게 계속되었으며 1,500통에 넘는 편지를 교환했다. 독일 사람들은 문학자의 우정으로 괴테와 실러, 과학자의 우정으로 리비히와 뵐러의 경우를 들고 있다.

훗날 리비히는 뵐러에 대해 다음과 같이 회고했다. "나는 동일한 취미와 동일한 목적을 가진 친구가 있었다는 행운에 감사한다. 긴 세월이 지났지만 우리 두 사람은 따뜻한 우정으로 맺어져 있다. 나의 전공은 물질과 그 화합물의 유사점을 발견하는 데 있지만, 뵐러는 차이점을 발견하는 재능을 가지고 있다. 그에게는 예리한 관찰력과 누구에게도 뒤지지 않는 손재주가 있다."

한번은 리비히가 뵐러의 스승인 베르셀리우스(Jöns Jakob Berzelius)와 격렬한 논쟁을 벌인 적이 있었는데, 뵐러는 리비히에게 다음과 같은 편지를 보냈다. "지금을 1900년이라고 생각해 보라. 그때는 너도 나도 모두 [죽어서] 탄산가스, 암모니아, 물 등으로 변해버리지 않겠는가? 이때 과연 누가 너의 과학적인 논쟁을 알아주겠으며, 누가 과학을 위한 너의 희생을 알아주겠는가? 아무도 그렇게 해 줄 사람은 없을 것이다. … 당신들이 싸워서 절교하는 일이 있어도 나에게 한 사람은 은사요, 한 사람은 친구다. 당신들에 대한 나의 위치는 어제나 오늘이나 영원히 변함이 없을 것이다."

리비히는 독일의 과학과 농업 발전에 기여한 공로를 인정받아 1845년에 남작이 되었다. 1852년에 그는 막시밀리안 2세의 초청으로 27년 동안 살았던 기센을 떠나 뮌헨으로 갔다. 막시밀리안 2세의 과학 자문을 담당하면서 뮌헨 대학을 개혁하는 임무를 맡았던 것이다. 뮌헨 대학에서 리비히는 학생들에 대한 실험 지도는 하지 않고 강의를 주로 하였다. 당시에 그는 농업과 건강에 관한 책들을 집필하는 데 몰두했으며, 대중을 위한 특별강연도 많이 했다. 1858년에는 바바리아 과학 · 인문학 아카데미(Bavarian Academy of Sciences and Humanities)의 회장으로 선출되기도 했다.

리비히는 1873년에 갑작스러운 폐렴으로 70세의 삶을 마감했다. 많은 제자들이 그의 죽음을 애도했지만, 가장 슬퍼한 사람은 뵐러였다. 뵐러도 말년을 쓸쓸히 보내다가 1882년에 친구 곁으로 갔다. 뵐러의 관 위에는 고인의 희망에 따라 월계관을 쓴 리비히의 흉상이 놓여 있었다.

진화론으로 풍성한 식탁을 차리다
찰스 다윈*

부유한 집안의 생물학도

코페르니쿠스의 태양중심설, 프로이트의 무의식 이론과 함께 다윈의 진화론은 인류의 자존심에 상처를 입힌 3대 이론으로 평가되고 있다. 코페르니쿠스가 지구를 우주의 중심에서 밀어내고 프로이트가 인간의 이성에 대한 신뢰를 추락시킨 것처럼, 다윈은 인간이 신의 창조물이 아니라 진화의 산물에 불과하다고 주장했던 것이다.

찰스 다윈(Charles R. Darwin, 1809~1882)은 1809년 2월 12일에 영국의 서부 지방인 슈루즈버리에서 태어났다. 흥미롭게도 다윈은 미국의 16대 대통령인 링컨(Abraham Lincoln)과 똑같은 날에 태어났다. 이런 우연의 일치 때문에 어떤 전기 작가는 다음과 같이 썼다. "링컨이 노예제도의 속박으로부터 인간의 육체를 해방시킨 것과 마찬가지로 다윈은 무지의 속박으로부터 인간의 정신을 해방시켰다."

찰스 다윈의 아버지인 로버트 다윈(Robert Darwin)은 부유한 의사였으며, 어머니인 수재나 웨지우드(Susannah Wedgwood)는 유명한 도자기 업체를 설립했던 조사이어 웨지우드(Josiah Wedgwood)의 딸이었다. 할아버지인 에라스무스 다윈(Erasmus Darwin)은 의사이자 생물학자로 이름을 날렸으며, 라마르크(Jean B. Lamarck)에 동조하여 진화론을 받아들이기도 했다. 다윈 가문과 웨지우드 가문이 버밍엄의 루나 협회(Lunar Society)를 통해 인연을 맺었다는 점도 주

* 이 글은 송성수, 《과학기술의 개척자들: 갈릴레오에서 아인슈타인까지》 (살림, 2009), pp. 47~59를 보완한 것이다.

목할 만하다. 루나 협회를 매개로 버밍엄 주변의 과학자, 제조업자, 의사, 법률가 등은 보름달이 뜨는 날에 모여 당대의 온갖 문제에 대해 논의하면서 결속을 다졌던 것이다.

다윈은 8살 때 어머니를 여의었고 9살 때 슈루즈버리의 사립학교에 입학하였다. 그 학교는 라틴어와 그리스어를 중심으로 학생을 가르쳤으나 다윈은 공부에 별로 흥미를 느끼지 못했다. 다윈은 학교에서 주의가 산만하고 지능이 떨어지는 학생으로 여겨지기도 했다. 다윈 자신도 훗날 "내게 학교는 교육수단으로서 무의미했다"라고 회고했다. 그의 호기심을 자극한 것은 학교가 아니라 자연이었다. 그는 넓은 들판을 돌아다니며 각종 광물, 식물, 곤충을 열심히 수집하였다.

다윈이 16살이 되었을 때, 아버지는 그를 에든버러 대학의 의학부에 입학시켰다. 당시 에든버러 대학은 네덜란드의 라이덴 대학과 함께 유럽 의학의 중심지로 이름을 날렸다. 그러나 다윈은 의학에도 전혀 흥미를 느끼지 못했다. 특히 다윈은 두 번에 걸쳐 환자가 마취제 없이 수술을 받는 것을 보고는 공포에 휩싸이기도 했다. 당시의 상황에 대하여 다윈은 다음과 같이 썼다. "나는 수술이 끝나기도 전에 서둘러 나왔다. 그리고 다시는 수술 참관을 하지 않았다. 아무리 강제로 들어가라고 윽박질러도 다시는 수술을 참관하지 않을 작정이었다. 이것은 클로로포름 시대가 오기 훨씬 이전의 일이었다. 그 두 사건은 아주 오랫동안 날 괴롭히며 쫓아다녔다."

그 후 다윈은 겉으로는 의학 공부를 계속했지만 마음은 딴 곳에 두었다. 그는 유명한 비교해부학자이자 해양생물 전문가인 그랜트(Robert Grant) 교수의 자연사 수업을 들었으며, 식물을 채집하고 표본을 조사하는 데 많은 시간을 보냈다. 당시에 다윈은 그랜트로부터 라마르크의 진화론도 배울 수 있었다. 다윈은 열성적인 신자는 아니었지만 기독교 신앙을 가지고 있었기 때문에 진화론을 처음 접하고서는 매우 당황했다고 한다.

다윈이 의학에 흥미를 붙이지 못하자 아버지는 의사 대신에 목사를 권유하였다. 다윈도 목사를 희망하였고, 가정교사의 도움으로 입학시험을 준비하여 1827년에 케임브리지 대학에 입학하였다. 다윈은 1831년에 케임브리지 대학의 신학부를 졸업하긴 했지만 신학 공부를 열심히 하지는 않았다. 그는 낮에는 딱정벌레를 수집하면서 시간을 보냈고 밤에는 친구들과 술을 마시거나 카드놀이를 하였다. 케임브리지 대학에서 다윈을 사로잡았던 것은 헨슬로(John S. Henslow) 교수의 식물학 강의였다. 헨슬로는 다윈의 잠재력을 알아보았고 다윈은 헨슬로의 야외채집에 항상 따라다녔다. 그래서 학생들은 다윈에게 '헨슬로 교수의 그림자'라는 별명을 붙여주기도 하였다. 다윈은 대학 시절에 알렉산더 훔볼트의 《남아메리카 여행기》, 존 허셜의 《자연철학 입문》, 라이엘의 《지질학 원리》 등과 같은 과학서적을 탐독하기도 했다.

비글호 항해가 남긴 것은?

대학을 졸업한 직후인 1831년 8월 29일에 다윈은 자신의 운명을 바꾸어 놓을 한 통의 편지를 받았다. 헨슬로가 보낸 편지였다. 헨슬로는 다윈에게 영국 해군의 조사선인 비글(Beagle)호의 세계 여행에 동행하지 않겠느냐고 제안했다. 비글호의 선장인 피츠로이(Robert FitzRoy)는 지루한 여행을 함께 할 젊은 박물학자를 원했고, 헨슬로는 다윈을 적격자로 추천했던 것이다. 다윈은 아버지의 반대에도 불구하고 외삼촌의 도움으로 비글호에 오를 수 있었다. 그때가 1831년 12월 27일이었고, 비글호는 약 5년 뒤인 1836년 10월 2일에야 영국으로 돌아왔다. 다윈은 22세부터 27세까지 자신의 청춘을 비글호 항해에 바쳤던 것이다.

다윈은 비글호를 타고 여행하는 동안 계속해서 심한 뱃멀미에 시달렸다. 음식은 양도 적었고 소화도 잘 안 되는 것이었다. 견디기 어려운 추위와 더위도 빈번하게 닥쳐왔다. 늪지대를 헤쳐 나갈 때면 독충에 물려 고통을 받았고, 밀림 속에서 물이 떨어진 채 며칠 동안 견뎌야 하기도 했다. 비글호 항해를 하면서 다윈의 건강은 크게 나빠졌으며, 이로 인해 그는 후년에 각종 질병에 시달리게 되었다.

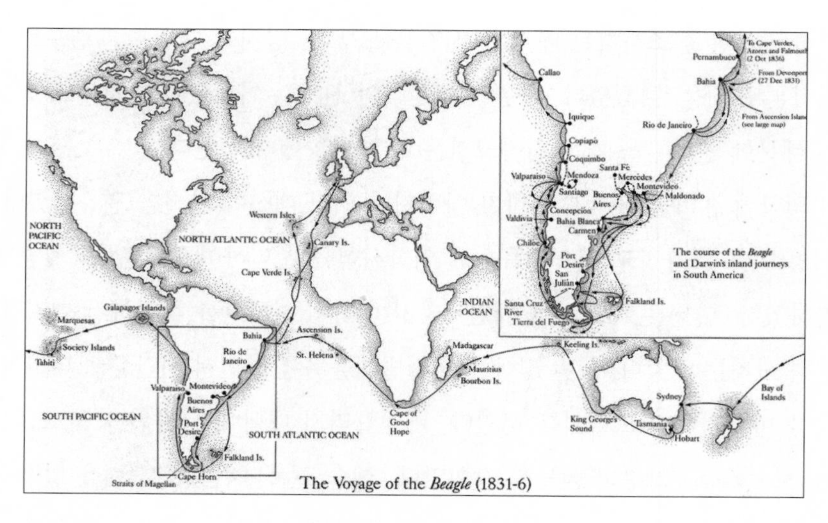

비글호 항해의 경로

다윈은 남미 대륙에서 노예들의 비참한 생활도 목격하였다. 노예에게 심한 욕설을 퍼붓고 때리거나 괴롭히는 광경을 목격했던 것이다. 심지어 나사못을 가지고 다니면서 여종들의 손가락을 으스러뜨리는 경우도 있었다. 다윈은 "당신의 아내와 자식들이 입찰자들에게 팔려나가는 것을 상상해 보라"고 주문하기도 했다. 다윈은 노예제도를 야만적이라 생각했기 때문에 노예제도를 일종의 자연적 질서라고 믿고 있었던 피츠로이와 격론을 벌였다.

비글호 항해는 다윈이 진화론을 정립하는 데 매우 가치 있는 경험을 선사하였다. 다윈은 비글호 항해를 통해 그동안 화석으로만 접했던 몇몇 동물들을 실제로 관찰할 수 있었다. 또한 지역에 따라서 같은 종들이 서로 차이가 나는 것을 보았다. 가장 중요한 것은 갈라파고스 군도에서의 관찰로서, 겨우 수십 마일 떨어진 여러 섬들에서 다른 종류의 동물상과 식물상이 분포하고 있음을 보았다. 특히 다윈의 흥미를 끈 것은 핀치(finch)라는 새의 모양이 섬에 따라 조금씩 달랐다는 점인데, 훗날 다윈의 후예들은 갈라파고스의 핀치에게 '다윈의 핀치'라는 별명을 붙여주기도 했다.

이러한 관찰로부터 다윈은 몇 가지 결론을 내릴 수 있었다. 우선 종이 시간과 지역에 따라 서로 다르다는 점을 계속해서 확인하였고 그것은 다윈으로 하여금 종의 진화를 사실로 받아들이게 했다. 그리고 지역에 따른 종의 차이는 진화가 주위환경에 적응하는 과정을 통해 일어난다는 점을 말해 주었다. 그러나 기후와 풍토가 거의 흡사한 섬들에 서로 다른 종들이 분포되어 있다는 사실은 종의 진화가 단순히 자연적 조건에 의해 기계적으로 정해지는 것은 아니라는 점을 암시하였다. 비글호 항해를 마친 다윈에게는 진화가 일어난다는 것은 수용할 만한 사실이 되었고, 진화가 어떻게 일어나는가, 즉 진화의 메커니즘이 문제가 되었다.

다윈은 비글호 항해 도중에 계속해서 연구 결과를 본국에 보고했기 때문에 귀국할 즈음에는 이미 상당히 유명해져 있었다. 그는 영국의 지식인들 사이에서 상당한 칭찬을 받았으며, 1838년에 라이엘의 지지를 바탕으로 지질학회의 간사가 되었다. 자식의 장래를 걱정하던 아버지가 다윈을 인정하게 된 것도 비글호 항해 덕분이었다. 다윈의 아버지는 아들을 과학자의 길로 인도해 준 헨슬로에게 감사의 편지를 썼다.

다윈은 1839년을 매우 특별한 해로 보냈다. 《비글호 항해기(The Voyage of the Beagle)》를 출간하였고, 영국 왕립학회의 회원으로 추대되었으며, 외사촌이던 엠마(Emma Wedgwood)와 결혼식을 올렸던 것이다. 엠마는 다윈이 갖은 육체적 · 정신적 고통을 감수하면서 자신의 사

다윈의 훌륭한 아내, 엠마

상을 펼쳐나갈 수 있도록 도와주었다. 다윈은 엠마에 대하여 "이 세상 아내들 중에서 가장 훌륭하고 자상한 아내"라고 극찬한 바 있다. 그들 사이에는 10명의 아이들이 태어났는데, 그중 3명은 일찍 죽었다.

《비글호 항해기》의 말미에 나오는 다음의 글귀도 주목할 만하다. "젊은 박물학자에게는 머나먼 이국으로의 여행이 스스로를 발전시킬 수 있는 가장 좋은 방법이라는 생각이 든다. … 새로운 사물을 만났을 때의 흥분과 성공할 수 있는 기회 때문에 더욱 활발히 움직이게 된다. 더구나 수많은 개별적인 사실에 대한 흥미는 금방 사라지므로, 비교하는 습관을 통해 일반화하게 된다. 반면에, 한곳에서 잠시밖에 머물지 않는 여행자의 묘사는 대게 세밀한 관찰이라기보다는 단순한 스케치에 그치고 만다. 따라서 … 지식의 크나큰 부족함을 부정확하고 피상적인 가설로 채우려는 끊임없는 경향이 생기게 된다."

진화의 메커니즘을 찾아서

다윈은 진화의 메커니즘을 찾기 위한 단서를 원예가와 동식물 사육가들의 경험에서 찾았다. 그들은 자신들이 기르는 동식물 중에서 원하는 성질을 지닌 것들만을 선택해서 번식시킴으로써 품종을 개량하는 일을 하고 있었다. 즉, 인위선택(artificial selection)을 통하여 인간의 필요에 적응하는 품종 쪽으로 종의 진화를 이루어낸 것이었다. 다윈은 이와 같은 인위선택에 대한 유비(analogy)로 진화의 메커니즘이 자연선택(natural selection)에 있다는 점에 주목하였다. 하지만 자연세계에는 인간 사회와 달리 특정한 목적에 따라 종을 선택하는 사육사가 존재하지 않는다. 이제 다윈에게는 자연세계에서 종의 선택이 어떻게 일어나는지를 설명하는 문제가 남았다.

다윈은 그 문제를 풀 수 있는 실마리를 맬서스(Thomas R. Malthus)가 1798년에 발간한 《인구론》에서 찾았다. 다윈은 1838년 10월에 맬서스의 《인구론》을 '흥미 삼아' 읽었다고 했지만, 당시에는 일반적인 지식인은 물론이고 과학자들도 정치경제사상에 상당한 관심을 기울이고 있었다. 맬서스는 인간 사회의 생존경쟁이 점점 치열해지고 있으며 이러한 환경에 잘 적응하는 사람만이 살아남는다고 주장하였다. 이러한 맬서스의 주장은 다윈에게 진화의 메커니즘으로서 경쟁의 중요성을 인식할 수 있게 하였다. 즉, 이와 같은 경쟁이 특정한 종의 여러 개체 중에서 환경에 잘 적응하는 성질을 가진 것만이 살아남게 하는 선택의 수단으로 작용한다는 것이었다.

더 나아가 다윈은 맬서스가 《인구론》에서 논의하고 있는 인간이라는 하나의 종 내부의 경쟁을 같은 지역 내에 존재하는 여러 종들 사이의 경쟁으로 확장하였다. 즉, 생존경쟁에서 살아남은 종들은 세대를 거듭하여 진화하게 되고, 그렇지 못한 종들은 멸종하게 된다는 것이었다. 기후나 풍토 등의 자연환경이 거의 비슷한 갈라파고스 군도의 다른 섬들에서 상이한 동식물 분포가 나타나는 것도 종들 사이의 경쟁에 의해서 설명될 수 있었다. 이런 식으로 다윈은 진화의 메커니즘이 생존경쟁에 의한 자연선택에 있다는 점을 알 수 있었다.

이처럼 다윈은 1830년대 말에 진화론의 핵심적 주장을 이미 완성해 놓고 있었다. 그는 1839년에 잠정적인 개요이긴 하지만 진화론을 수립하였고, 1842년에는 그것을 35페이지의 분량으로 정리했으며, 1844년에는 230페이지에 달하는 원고로 발전시켰다. 다윈은 1844년의 원고에 "이 시론(試論)은 나에게 예기치 않은 죽음이 찾아왔을 때 출판해 달라"고 썼다. 다윈은 약 20년 동안이나 자신의 주장을 공개하기를 꺼렸으며, 후커(Joseph D. Hooker)를 비롯한 주위의 몇몇 사람에게만 알렸다. 여기에는 자신의 주장이 가진 논리상의 단점을 보완하려는 학문적 신중함과 진화론이 야기할 종교적 차원의 논쟁에 대한 두려움이 중요한 원인으로 작용하였다. 특히 1844년에 스코틀랜드 출신의 언론인이자 출판인인 챔버스(Robert Chambers)가 익명으로 발간한 《창조의 자연사의 흔적》이 큰 파문을 불러일으키면서 다윈은 논쟁의 폭풍 속으로 뛰어들려면 진화론을 더욱 세부적으로 다듬어야 한다고 생각하였다. 1840년대와 1850년대에 다윈은 남아메리카의 지질학이나 갑각류의 일종인 따개비에 관한 논문을 발표하면서 진화론에 대한 연구를 보완하는 작업을 추진하였다.

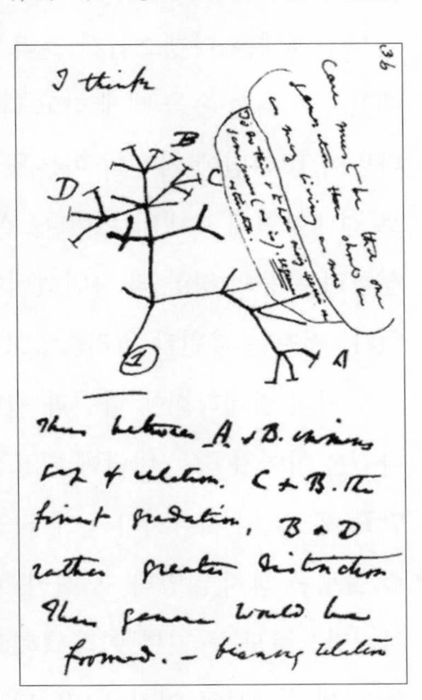

나무 모형의 진화에 대한 다윈의 첫 번째 스케치(1837년)

1842년에 다윈 가족은 런던 외곽의 켄트에 있는 다

운하우스(Down House)로 이사를 갔다. 다윈과 엠마는 오랫동안 행복한 결혼 생활을 했지만, 다윈의 건강이 종종 나빠지고 3명의 아이들이 일찍 죽는 바람에 상처를 받기도 했다. 다윈은 다운하우스에서 세계 각지의 과학자들과 매우 많은 편지를 주고받았다. 필요한 자료를 의뢰하는 경우도 있었고, 풀리지 않는 질문을 제기하는 경우도 있었다. 다윈은 이러한 네트워크를 잘 활용했기 때문에 런던에 거주하지 않으면서도 많은 과학적 업적을 낼 수 있었다.

《종의 기원》을 출간하기까지

그러던 중 1858년 6월 18일에 다윈은 당시에 말레이 군도의 생태계를 조사하고 있었던 월리스(Alfred R. Wallace)로부터 매우 충격적인 편지를 받았다. 월리스는 자신이 출간하려는 논문의 요지를 설명하면서 솔직한 논평을 보내달라고 요청했는데, 그 내용이 다윈의 생각과 놀랄 만큼 똑같았던 것이다. 곤혹스러운 상황에 빠진 다윈은 라이엘에게 다음과 같은 편지를 썼다. "제가 추월을 당할 것이라던 당신의 말이 글자 그대로 사실이 되어버렸습니다. … 이렇게 놀라운 우연의 일치를 본 적이 없습니다. 설사 내가 1842년에 쓴 원고를 월리스가 입수했다 해도 이보다 더 훌륭하고 간략하게 요약하지는 못했을 것입니다! … 물론 나는 [월리스의] 이 논문을 학술지에 보내라고 권하는 편지를 곧바로 쓰려고 합니다."

다윈에게는 다행스럽게도 라이엘과 후커가 중재에 나섰다. 그들은 다윈에게 우선권에 대한 문제에서 손을 떼게 하고 다윈은 그 문제를 기꺼이 그들에게 맡겼다. 라이엘과 후커는 다윈이 1844년에 자신의 이론을 정리해둔 것을 월리스의 논문과 함께 공동 출판물의 형태로 린네학회에 보내기로 했다. 결국 1858년 7월 1일에 개최된 린네학회에서는 〈변종을 형성하려는 종의 경향 및 자연선택에 의한 종과 변종의 영속성에 대하여〉라는 논문이 제출되었다. 저자는 다윈과 월리스였고, 전달자는 라이엘과 후커였다.

당시의 린네학회에 다윈과 월리스가 모두 참석하지 못했다는 점도 흥미로운 사실이다. 다윈은 아이가 죽는 바람에 발표장에 올 수 없었고, 월리스는 공동 발표가 있다는 사실조차 발표 후 3일이 지나서야 듣게 되었다. 월리스로서는 억울한 일일 수도 있었지만, 그는 아무런 불평을 하지 않았다. 오히려 "다윈 선생 같은 대가와 공동으로 논문을 발표할 수 있다는 사실만으로도 큰 기쁨"이라고 했다. 사실상 월리스는 이전부터 다윈과 교류해 오면서 다윈을 평생의 멘토로 여기고 있었다. 월리스는 1889년에 《다윈주의》라는 책을 통해 다윈에 대한 깊은 존경심을 표시했으며, 후대의 역사가들은 월리스에게 '다윈의 달(Darwin's moon)'이라는 별명을 붙여주기도 했다.

과학의 역사에는 수많은 동시발견이 있었고, 최초의 발견자가 누구인가를 둘러싸고 우선권 논쟁이 벌어지는 경우도 적지 않았다. 그런데 다윈과 윌리스의 동시발견은 별다른 우선권 논쟁 없이 매우 신사적으로 마무리될 수 있었다. 그것은 다윈과 윌리스가 같은 과학자사회에 속해 있었다는 점, 두 사람이 상대방의 권위와 기여를 인정해 주었다는 점, 몇몇 과학자들이 중개인의 역할을 지혜롭게 수행했다는 점 등이 어우러진 결과였다.

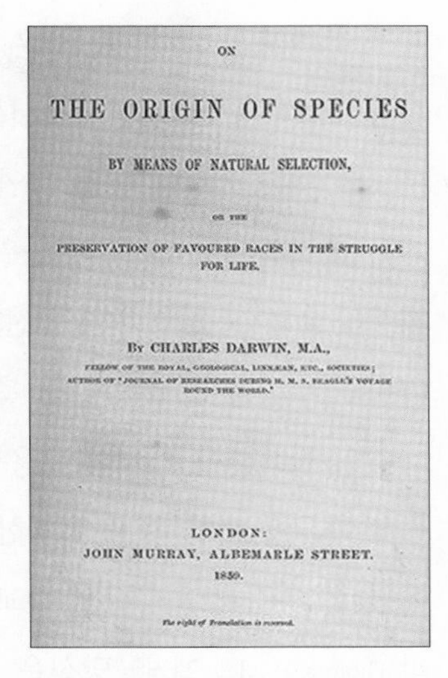
ON

THE ORIGIN OF SPECIES

BY MEANS OF NATURAL SELECTION,

OR THE

PRESERVATION OF FAVOURED RACES IN THE STRUGGLE FOR LIFE.

By CHARLES DARWIN, M.A.,

FELLOW OF THE ROYAL, GEOLOGICAL, LINNÆAN, ETC., SOCIETIES;
AUTHOR OF "JOURNAL OF RESEARCHES DURING H. M. S. BEAGLE'S VOYAGE ROUND THE WORLD."

LONDON:
JOHN MURRAY, ALBEMARLE STREET.
1859.

The right of Translation is reserved.

1859년에 발간된 《종의 기원》의 표지

1859년 11월 24일, 드디어 다윈은 우리에게 《종의 기원(The Origin of Species)》으로 알려져 있는 《자연선택에 의한 종의 기원, 또는 생존에서 선호되는 종의 보존에 관하여》라는 책자를 발간하였다. 《종의 기원》의 초판은 400페이지에 달하는 방대한 서적이었으며, 출간되자마자 절찬리에 판매되었다. 처음에 1,250부를 발간했지만 금새 바닥이 나는 바람에 1860년 1월에 3,000부를 더 찍었을 정도였다.

《종의 기원》은 과학의 역사에서 뉴턴의 《프린키피아》나 유클리드의 《기하학 원론》에 버금가는 지위를 인정받고 있다. 흥미롭게도 1859년에는 마르크스(Karl Marx)의 《정치경제학 비판》, 밀(John S. Mill)의 《자유론》, 바그너(Richard Wagner)의 《트리스탄과 이졸데》와 같은 불멸의 고전들이 쏟아져 나온 해이기도 했다. 《종의 기원》은 1872년까지 판본을 6번이나 바꾸었는데, 1869년에 발간된 5판부터 '적자생존(survival of the fittest)'이라는 용어가 사용되었다. 또한 다윈은 줄곧 '변형을 동반한 계통(descent with modification)'이란 표현을 써 오다가 6판에 가서야 '진화'로 대체하였다.

흥미롭게도 다윈은 《종의 기원》의 마지막 부분에서 다음과 같이 적었다. "나는 이 책에서 제시된 견해들이 진리임을 확신하지만, … 오랜 세월 동안 나의 견해와 정반대의 관점에서 보아 왔던 다수의 사실들로 머릿속이 꽉 채워진 노련한 자연사학자들이 이것을 믿어 주리라고는 전혀 기대하지 않는다. … 그러나 나는 확신을 갖고 미래를 바라본다. 편견 없이 이 문제의 양면을 모두 볼 수 있을 젊은 신진 자연사학자들에게 기대를 건다."

진화론의 파문

《종의 기원》은 출간과 동시에 큰 파문을 일으켰다. 종이 진화한다는 사실 자체는 당시로서는 상당히 퍼져 있었고 따라서 크게 새로울 것이 없었지만, 경쟁에 의한 자연선택이라는 진화의 메커니즘을 체계적으로 규명했다는 점이 이목을 집중시켰다. 특히 다윈은 《종의 기원》에서 종의 진화를 뒷받침하는 방대한 증거를 제시하였고 그것은 다윈의 진화론에 커다란 과학적 무게를 실어주었다. 거의 20년 전부터 다윈의 주장을 알고 있었던 측근들도 《종의 기원》이 제시한 방대한 증거에 접하고 나서야 다윈의 진화론을 기꺼이 수용할 수 있었다.

진화론에 대한 가장 유명한 논쟁은 1860년에 있었던 영국과학진흥협회의 모임에서 벌어졌다. 옥스퍼드 성당의 주교 윌버포스(Samuel Wilberforce)는 '다윈의 불도그'로 불렸던 헉슬리(Thomas Huxley)에게 "당신은 원숭이를 조상으로 믿는 모양인데, 그렇다면 그 원숭이는 할아버지 쪽입니까, 아니면 할머니 쪽입니까?"라고 물었다. 이에 대해 헉슬리는 "윌버포스 씨, 조상이 원숭이라는 것이 그렇게 부끄러운 일입니까? 그보다도 과학에 대해 알지도 못하면서 무식하게 고집만 부리는 인간을 조상으로 가진 쪽이 훨씬 더 부끄러운 것 같은데요"라고 응수하였다.

이처럼 《종의 기원》이 발간된 직후에는 진화론자와 창조론자 사이에 상당한 대립이 있었지만, 1870년대가 되면 대부분의 지식인들은 기독교 신자이건 아니건 간에 진화가 사실임을 받아들이기 시작하였다. 특히 진보적 성직자들은 성경을 글자 그대로 옹호할 필요가 없었기 때문에 진화론을 비롯한 새로운 과학을 비교적 쉽게 수용하였다. 물론 간헐적인 논쟁은 있었지만 1900년이 되면 진화와 종교의 갈등은 더 이상 중요한 문제로 다루어지지 않는 것처럼 보였다. 그것은 진화론과 같은 과학이 다루는 영역과 종교가 다루는 영역은 서로 다르다는 판단에 입각하고 있었다. 종교는 마음이나 양심과 같은 내적 증거를 다루며 자연의 외적 증거는 더 이상 종교의 영역이 아닌 것으로 간주되었던 것이다.

오히려 다윈의 진화론은 종교계보다는 과학계에서 더욱 큰 문제가 되었다. 다윈의 진화론에 대한 비판 중 하나는 화석상 증거를 볼 때 종과 종 사이의 중간적인 형태가 발견되지 않는 경우가 많다는 데 있었다. 이에 대하여 다윈은 명확하게 설명하지 못했지만, 굴드(Stephen Jay Gould)와 같은 후대의 학자들은 종이 비교적 오랫동안 안정적인 상태에 있다가 환경의 변화에 따라 갑자기 종 분화가 이루어진다고 봄으로써 중간 형태의 결여를 설명할 수 있었다. 또 다른 비판은 잘 발달된 기관이 초기에 어떻게 형성되었는지를 설명하기 어렵다는 것이었다. 예를 들어 깃털이 잘 발달되어 있을 때에는 그것의 유용성을 쉽게 설명할 수 있지만, 깃털이 처음에 불완전한 형태로 생겨나기 시작했을 때에는 오히려 깃털의 존재가 자연선택에 불리하게 작용한다는 것이다. 이에 대해 다윈은 깃털이 처음 생겼을 때에는 체온 조절과 같은 기능을 했을 것이며, 이후에 다른 용도가 우연하게 발견되었을 것이라고 설명하였다.

과학적 측면에서 가장 큰 문제는 변이가 어떻게 계승되는가 하는 유전의 문제였다. 다윈은 《종의 기원》에서 변이를 일으킬 수 있는 요인 중의 하나로 라마르크의 용불용설을 꼽았다. 아직 유전의 법칙이나 유전자의 존재가 알려지지 않았던 상태에서 다윈으로서도 변이가 어떻게 생기는지 달리 설명할 도리가 없었던 것이다. 특히 다윈이 1868년에 《사육 동식물의 변이》에서 제시한 판제너시스(pangenesis) 가설은 분명히 획득형질의 유전을 지지하고 있었다. 그 가설은 각 체세포에 퍼져 있는 제뮬(gemmule)이 체세포에서 떨어져 나가 정소나 난소에 모여 생식세포를 형성한다는 것으로서 체세포가 획득한 형질이 생식세포를 통해 유전된다는 의미를 함축하고 있었다.

그러나 다윈과 라마르크의 진화론은 여전히 커다란 차이를 가지고 있었다. 가장 큰 차이점은 라마르크가 생물은 하등한 것에서 고등한 것으로 일방적인 진화를 보인다는 목적론적 주장을 폈다는 데 있다. 이에 반해 다윈은 진화의 방향은 자연선택에 의해 결정될 뿐이며 나무에서 가지가 뻗어나가는 것처럼 하나의 공통 조상에서 여러 종이 진화되어 나간다고 생각하였다. 비유적으로 말하자면, 진화론의 모형이 사다리 모형에서 나무 모형으로 바뀐 것이다. 이로써 우리는 침팬지가 아무리 시간이 지나도 인간이 될 수 없다는 사실을 명확히 이해하게 되었으며, 가지의 끝에 있는 모든 종들은 자신의 서식지에서 잘 적응한 성공적인 존재들이라는 점을 인식할 수 있게 되었다.

다윈의 생물학적 진화론이 나온 시기에 스펜서(Herbert Spencer)는 사회진화론(Social Darwinism)을 제창하여 주목을 받았다. 스펜서는 모든 사회가 한 방향으로 진보하며 동일한 발전 단계를 거친다고 주장하였다. 사회진화론은 서구 사회가 가장 진보한 사회임을 주장함으로써 이후에 제국주의나 인종주의를 정당화하는 논거로 활용되기도 했다. 당시에는 다윈의 진화론이 사회진화론과 종종 혼동되기도 했지만 사실상 두 이론은 상당한 차이점을 가지고 있다. 다윈이 제창한 진화론은 정해진 방향으로 진화한다는 목적론적 진화론이 아니었고, 다윈은 자신의 이론이 인간 사회에 적용될 수 있다고 생각하지도 않았다.

대단한 열정의 소유자

다윈은 《종의 기원》을 출간한 이후에도 책을 무려 10권이나 더 냈을 정도로 대단한 열정을 가지고 있었다. 그중에서 유명한 것으로는 1871년에 발간된 《인간의 유래와 성선택》과 1872년에 발간된 《인간과 동물의 감정 표현》을 들 수 있다. 두 책은 《종의 기원》과 함께 '다윈 3부작'으로 평가되기도 한다.

다윈은 《인간의 유래와 성선택》에서 인류의 진화 문제와 성선택(sexual selection)의 의미에 대해 다루었다. 그는 인류가 현존하는 영장류에서 진화한 것이 아니라 과거의 영장류 조상으로부터 진화했다는 사실을 밝혔다. 성선택에 대해서는 짝짓기를 위한 경쟁이 생존을 위한 경쟁만큼이나 중요하다는 점을 설명했다. 생존경쟁에서 살아남았다 하더라도 짝짓기를 제대로 하지 못한다면 진화의 측면에서는 실패라는 것이었다. 이를 통해 다윈은 오랫동안 자신을 괴롭혀 왔던 소위 '공작새의 날개'에 대한 문제를 해결할 수 있었다.

《인간과 동물의 감정 표현》에서 다윈은 인간과 동물의 감정 표현이 어떻게 진화했는지에 대해 면밀히 검토했다. 그는 침팬지와 인간의 웃음, 찡그림, 화냄, 분노 등과 같은 감정 표들이 어떻게 서로 닮았고 다른지를 상세히 비교하기도 했다. 그 책은 당시의 첨단기술인 사진을 과학적 논의에 폭넓게 사용한 것으로 유명하며, 최근에 많이 논의되고 있는 진화심리학을 선구적으로 논의한 것에 해당한다.

다윈은 1882년 4월 19일에 73세를 일기로 세상을 떠났다. 《비글호 항해기》를 쓸 당시에는 유신론자였지만 나중에는 불가지론자가 되었다. 특히 다윈은 자신이 아끼던 딸 앤이 10살의 나이로 1851년에 세상을 떠나자 신의 존재에 강한 의문을 품었다. 그럼에도 불구하고 다윈은 기독교 의식으로 웨스트민스터 사원에 묻힐 수 있었다. 그것은 진화론에 대한 종교적 논쟁이 일단락되었음을 상징하는 사건이었다. 그로부터 52년이 지난 1934년에 식민지 조선의 지식인들은 다윈의 기일인 4월 19일을 '과학데이'로 정하면서 과학으로 조선을 부흥시키자는 대대적인 과학운동을 벌였다.

다윈이 《인간과 동물의 감정 표현》에서 공포와 고통을 표현하기 위해 사용한 사진

다윈의 약점으로 남아 있었던 유전의 문제는 1866년에 멘델이 완두콩 실험을 통해 정립한 유전의 법칙이 1900년에 재발견되고, 1915년에 모건이 초파리 실험을 통해 염색체가 유전정보를 전달한다

는 사실을 입증함으로써 해결되기 시작하였다. 이러한 유전학적 연구성과들은 처음에 다윈의 진화론과 대립하는 입장에 놓여 있었는데, 1930년대에 근대적 종합(modern synthesis)을 내세우며 등장한 신(新)다윈주의(Neo-Darwinism)가 진화론과 유전학을 통합하여 현대 진화론의 기반을 닦았다. 신다윈주의의 대표적인 인물로는 피셔(Ronald Fisher), 도브잔스키(Theodosius Dobzhansky), 마이어(Ernst Mayr) 등을 들 수 있다. 그들은 적응도에서 미세한 차이를 보이는 변이들이라 하더라도 그것들이 여러 세대를 거치면서 선택될 때에는 결국 매우 이질적인 것들로 변할 수 있다는 사실을 통계적 방법으로 보여주었다. 신다윈주의자들은 다윈과 달리 획득형질의 유전을 거부하고 유전자의 변화만이 자손에게 물려진다고 본다. 그러나 가장 중요한 진화의 원동력은 역시 자연선택에서 찾고 있기 때문에 다윈의 진화론에서 핵심적인 부분은 그대로 계승하고 있다.

1996년에 당시의 교황이었던 요한 바오로 2세는 기독교와 진화론이 상충되지 않는다고 선언함으로써 잔잔한 파문을 일으켰다. "오늘날 새로운 지식은 진화론을 하나의 가설 이상으로 인정하도록 하고 있다. … 서로 독자적으로 이루어진 작업의 결과가 수렴되는 것은 그 자체가 이 이론을 지지하는 의미심장한 증거이다. … 생명의 기원에 관해 과학적으로 도달된 결론들과 계시가 담고 있는 결론들이 서로 상충하는 것처럼 보이지만 결국 진리는 진리와 모순되지 않는다는 것을 우리는 알고 있다. … 진화의 이론들에는 유물론적이고 환원주의적인 해석도 있고 영적인 해석도 있다. … 영(靈)이 생명체의 힘으로부터 출현한다고 보거나 또는 이 생명체의 부수 현상이라고 보는 진화 이론들은 인간에 관한 진리와 양립할 수 없다."

헌신적인 아마추어 과학자
제임스 줄

과학에 눈을 뜬 소년

19세기의 많은 과학자들은 열과 일의 관계를 규명하는 데 몰두했다. 이를 위해서는 흩어지기 쉬운 열을 완벽하게 모아야만 했다. 지금의 과학 기술로도 쉽지 않은 일이니 당시로서는 오죽했으랴? 여기에 역사상 가장 헌신적인 과학자 중 한 사람으로 손꼽히는 제임스 줄(James P. Joule, 1818~1889)의 집념이 담겨져 있다. 줄은 열의 일당량(1칼로리의 열에 해당하는 일의 양)을 확정하기 위한 한 가지 목표를 달성하기 위해 적어도 30년 이상이나 실험을 했던 것이다.

줄은 정규 교육을 전혀 받지 못했으며 평생 교단에 서지도 못했다. 이처럼 그는 아마추어 과학자에 불과했지만 끈질기게 연구하는 좋은 습관을 가지고 있었기 때문에 전문 과학자에 못지않은 업적을 달성할 수 있었다.

줄은 1818년 크리스마스이브에 영국 맨체스터 근처인 샐퍼드에서 태어났다. 부유한 양조장 주인의 다섯 아이 중 둘째였다. 그는 어릴 적에 신체장애를 앓았다고 하는데, 어떤 장애였는지는 정확히 알려져 있지 않다. 아무튼 신체장애 때문에 줄은 사람들 앞에 나서기를 싫어했다. 이러한 대인공포증은 학교에 갈 나이가 되어도 나아지지 않았다.

줄은 학교에 다니지는 않았지만 넉넉한 재산을 가진 부모 덕분에 가정교사를 통해 기초학습을 할 수 있었다. 가정 교습은 학교처럼 엄격하지 않았기 때문에 줄은 자유분방한 성격의 소유자로 성장할 수 있었다.

줄은 16살 때 근대 원자론의 창시자인 돌턴을 가정교사로 맞이하였다. 돌턴은 줄의 아버지와 친구였고 아버지의 부탁으로 돌턴이 줄의 공부를 도와주게 되었던 것이다. 당시에 돌턴은 68세의 노인이었다. 늙은 과학자가 젊은이에게 과학의 정신을 이야기하고 그 이야기에 감동한 젊은이가 과학연구에 인생을 걸겠다고 결심하게 되는 과정은 어렵지 않게 상상할 수 있다. 줄은 맨체스터 문학 및 철학협회의 열성 회원이기도 했는데, 항상 돌턴의 옆에 앉아 발표나 강연을 들었다. 줄은 훗날 "내가 창의적 연구를 통해 내 지식을 증가시키고자 하는 열망을 처음으로 갖게 된 것은 돌턴의 교육 덕분이었다"고 회고한 바 있다.

양조공장에서 발견한 줄의 법칙

20세가 되던 1838년에 줄은 양조장 안에 커다란 실험실을 차렸다. 아버지는 공장의 경영을 형제에게 골고루 나누어 줄 속셈이었지만 줄은 생각은 달랐다. 줄은 형이 공장을 경영하고 자신은 과학실험에 전념했으면 좋겠다고 했다. 형은 동생의 요상한(?) 취미를 충분히 이해하지 못했지만 동생의 생각을 전폭적으로 지원하였다. 형의 물질적 · 정신적 지원이 없었더라면 줄이 위대한 과학자가 되기는 어려웠을 것이다.

양조장과 과학은 별다른 연관이 없어 보이지만 사실은 정반대였다. 당시의 양조장은 발효라는 화학 과정을 접할 수 있고 대량의 액체나 기체를 다루는 엔진이나 펌프가 설치되어 있는 보기 드문 장소였다. 게다가 줄은 양조장에서 오랫동안 일했기 때문에 측정의 문제를 매우 예민하게 받아들였다. 덕분에 그는 온도계 눈금의 1/20까지 읽어낼 정도로 매우 세밀한 측정을 할 수 있었다고 한다.

실험실을 차린 후 줄은 전기에 대한 연구를 시작했다. 제본공으로 시작하여 유명한 과학자로 성장한 패러데이가 줄의 우상이었다. 줄은 패러데이가 발견했던 전자기유도 현상에 자극을 받아 전류로부터 역학적 일을 발생시키는 장치를 발명하는 것을 목표로 연구에 전념하였다. 1840년에 줄은 전류에 의해 생기는 열량이 전류의 세기의 제곱, 도체의 전기저항, 전류가 흐른 시간에 비례한다는 사실을 알아냈다(식으로 표현하면 $W=I^2Rt$가 된다). 그것은 오늘날 '줄의 법칙'으로 불리고 있으며 그때 발생하는 열은 '줄 열'이라고 한다.

줄의 관심사는 줄은 일과 열의 관계를 규명하는 것으로 확장되었다. 마찰에 의해서 열이 지속적으로 발생하는 현상은 이미 18세기 말에 벤저민 톰프슨(럼퍼드 백작)에 의해 보고된 바 있었지만, 일과 열의 일반적인 관계를 정량적으로 규명하는 작업은 1830년대에도 거의 시도되지 못했다. 일과 열의 관계를 체계적으로 밝힌다면 당시에 미완성으로 남아 있었던 에너지 보존 법칙을 정립하는 것으로 나아갈 수 있었다. 뉴턴에 의해 역학적 에너지가 보존된다는 점은 밝혀져 있었지만 그것은 일의 개념이 결핍되어 있어서 종합적인 에너지 보존의 법칙이 되지는 못했다.

열과 일의 관계를 측정하여 정량화하는 작업은 당시로서는 매우 어렵고 지루한 작업이었다. 많은 과학자들이 이와 관련된 실험에 도전했지만 그 결과는 모두 실패였다. 그렇지만 그것을 체계적으로 규명한다면 과학자로서의 성공이 보장된 것이나 다름없었다. 줄은 자신의 길이 여기에 있다고 판단했으며 실험을 본격적으로 추진하겠다는 결단을 내렸다. 차분히 일하는 것을 좋아했고 공작 솜씨도 뛰어났으며 시간과 돈도 충분했다. 그러한 자신에게 이 주제만큼 적절한 것은 없다고 생각하자 오래 고민할 필요가 없었다.

36년 동안 계속된 실험

줄은 열의 일당량을 측정하기 위하여 1843년부터 1850년까지 집중적으로 실험을 했다. 이에 대한 그의 마지막 실험은 1878년에 이루어진 것으로 기록되어 있다. 장장 36년이라는 세월이 걸린 것이다.

역사상 한 가지 실험에 집중하여 성공한 사례는 손에 꼽을 수 있을 정도로 드물다. 줄 이외의 대표적인 과학자로는 빛의 속도를 측정한 마이컬슨(1907년 노벨 물리학상 수상자)과 전자의 기본 전하량을 측정한 밀리컨(1923년 노벨 물리학상 수상자)을 들 수 있다. 마이컬슨과 밀리컨이 모두 노벨 물리학상 수상자라는 점에 비추어 볼 때 줄이 20세기 사람이었다면 노벨상을 받았을 것이라는 상상도 가능하다.

줄은 열의 일당량을 측정하기 위해 다양한 실험 모델을 설계했다. 그중에서 가장 유명한 것은 수차(물레방아)를 추에 연결한 뒤 그 추를 떨어뜨리는 실험이었다. 추가 떨어지면 수차는 물속에서 날개가 돌아가는 운동을 하게 되고, 그 결과 물의 온도가 상승한다. 줄은 떨어지는 추의 질량과 높이에 따라 수차에 담긴 물의 온도가 얼마나 상승하는지를 측정하고자 했다. 이 실험은 오늘날 과학 교과서에도 실려 있으며 그때 사용한 실험 장치는 런던 과학박물관에 전시되어 있다.

열의 일당량을 도출하려면 우선 일(W)과 발열량(Q)을 정확하게 구해야 한다. 일은 역학적인 계산으로 비교적 쉽게 구할 수 있으므로 문제는 발열량에 있었다. 추의 질량을 m, 비열(어떤 물질 1그램의 온도를 1도 높이는 데 필요한 열량)을 c, 온도 변화를 Δt라고 하면, 발열량을 구하는 식은 $Q=mc\Delta t$가 된다. m은 주어진 값이고 c는 물의 경우에 1이기 때문에 Δt가 Q의 정밀도를 좌우하는 값이 된다. 결국 온도를 얼마나 정확하게 측정하느냐가 관건이 되는 것이다.

줄은 이 실험을 위해 높이가 1미터나 되는 온도계를 만들었다. 그 온도계의 측정 범위는 일반적인 온도계와 다를 바가 없었다. 그러나 눈금의 간격이 매우 세분화되어 있어서 작은 온도의 작은 변화라도 육안으로 쉽게 확인할 수 있었다. 그 온도계의 최소 눈금은 화씨 1/20도(섭씨로는 1/36도)였으며 돋보기를 사용하면 그것의 1/10인 화씨 1/200도까지 읽을 수 있었다. 또한 줄은 실험 장치를 세심하게 설계하여 실험에 영향을 미칠 만한 열의 전달을 최소화하고자 했다. 용기 아래쪽으로 열이 전달되는 것을 막기 위하여 아래에 나무토막을 깔았고 사람의 체온이 영향을 미치지 않도록 하기 위하여 나무 칸막이를 세웠다. 더 나아가 그는 공기의 온도가 안정되는 밤에만 실험을 함으로써 온도 측정의 정확성을 높이고자 했다. 밤에는 실험을 하고 아침에 그 결과를 정리하고 낮에 잠을 자는 생활이 계속되었다.

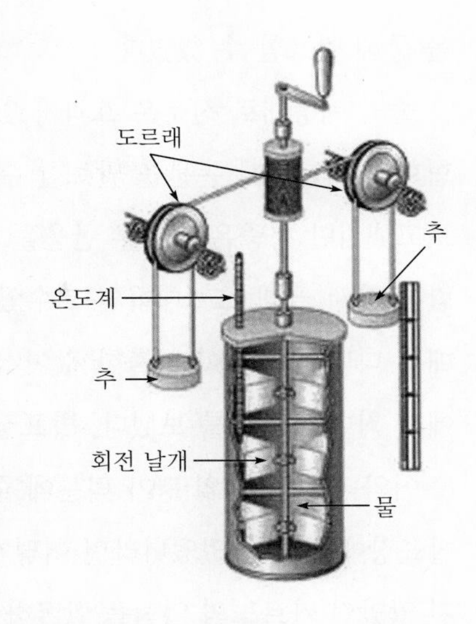

열의 일당량을 측정하기 위해 줄이 사용한 실험 장치의 개요

아는 만큼 보인다

줄은 29세가 되던 1847년에 아멜리아(Amelia Grimes)와 결혼했다. 당시에 줄은 열의 일당량에 대한 연구를 일단락하는 단계에 있었다. 그는 알프스 지방으로 신혼여행을 떠나면서도 1미터에 달하는 온도계를 가지고 갔다. 폭포를 발견하면 만사를 제쳐두고 폭포 위와 아래의 온도를 측정하였다. 아래쪽이 운동에너지가 큰 만큼 온도가 높을 것이라고 생각했던 것이다. 그러나 폭포의 물은 열용량이 크고 흐르는 상태에 있었기 때문에 유의미한 차이는 나타나지 않았다. 아마도 신혼여행에서도 과학탐구에 몰두하는 신랑을 좋아할 신부는 없을 것이다.

신혼여행을 다녀온 직후에 줄은 매우 정밀한 열의 일당량을 산출하여 그 결과를 학회지에 게재하려 했다. 그러나 당시에 줄은 유명하지 않은 아마추어 과학자에 불과했기 때문에 모든 학회지에서 논문 게재를 거부당했다. 줄은 이에 크게 낙심했지만 포기하지 않았다. 그는 형의 도움을 바탕으로 자신의 연구 결과를 《맨체스터 쿠리어(Manchester Courier)》라는 신문을 통해 발표할 수 있었다.

줄의 예상대로 신문은 효과가 있었다. 그는 1847년에 옥스퍼드에서 열린 영국과학진흥협회의 회합에서 논문을 발표할 수 있는 기회를 잡았다. 줄은 심혈을 다해서 실험 결과를 보고했지만 청중은 별다른 반응을 보이지 않았다. 침묵 중인 발표장에서 갑자기 일어난 사람은 당시 글래스고 대학의 교수였던 윌리엄 톰슨(켈빈 경)이었다. 톰슨은 줄의 실험방식이 매우 타당하며 줄이 산출한 값이 상당한 믿을만하다는 점을 논리정연하게 지적하면서 줄에게 최대의 찬사를 보냈다. 발표장의 분위기는 순식간에 변했다. 줄의 완전한 승리였다.

이와 같은 톰슨의 평가 덕분에 줄의 실험은 역사의 한 페이지를 장식할 수 있었다. 만약 발표장에 톰슨이 없었더라면 어떻게 되었을까? … 톰슨은 이전에도 과학계에서 잘 알려지지 않았던 카르노의 업적을 발굴하여 소개한 이력을 가지고 있었다. 위대한 과학자는 일반인들이 주목하지 못한 업적을 빨리 알아채는 데에도 일가견이 있는 모양이다. 세상은 아는 만큼 보이는 법이다.

톰슨과 줄의 우정은 계속되었다. 비록 톰슨이 줄보다 6살이나 어렸지만 두 사람은 서로를 존경하면서 친한 친구로 지냈다. 이러한 친분을 바탕으로 그들은 1852년에 공동연구를 하기도 했다. 그들은 다양한 기체를 소형 용기에 압축하여 넣은 뒤, 작은 구멍을 통해 그 기체가 한꺼번에 흘러나올 때의 온도를 측정했다. 압축된 기체가 팽창할 때 온도가 어떻게 변하는지 밝히려고 했던 것이다. 이러한 실험을 통해 그들은 1기압하의 상온에서 수소와 헬륨을 제외한 모든 기체는 팽창을 하면서 냉각된다는 사실을 확인하였다. 그것은 '줄-톰슨 효과'로 불리게 되었으며 이후에 냉동산업의 이론적 기초로 활용되었다.

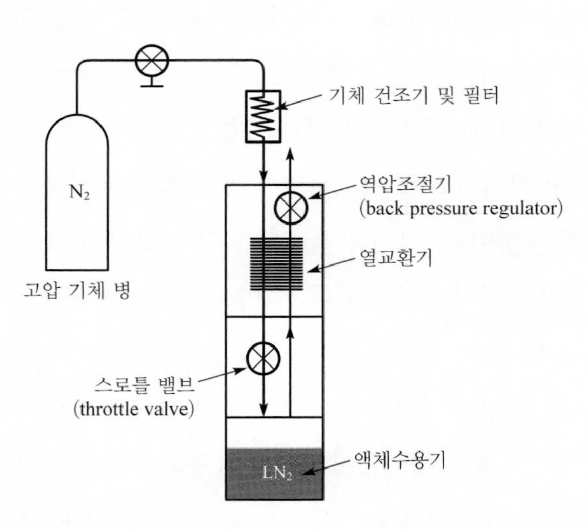

줄-톰슨 효과를 활용하여 저온 물질을 만드는 과정을 표현한 그림

줄은 1848~1850년에 정밀하게 열의 일당량을 결정하는 실험을 했다. 수차의 날개는 6개에서 8개로 늘어났고 실험 대상은 물에서 수은으로 확장되었다. 결국 줄은 1850년의 실험을 통해 열의 일당량으로 772.69파운드 · 피트

를 얻었다. 그 값을 오늘날의 단위로 환산하면 1칼로리가 4.15줄이 되는데 정확한 값은 4.19줄이다. 당시 실험 도구의 수준을 생각해 볼 때 매우 정확도가 높은 값이라 할 수 있다.

1850년에 줄은 영국 왕립학회의 회원이 되었고 그 학회가 발간하는 《철학회보》에 자신의 논문을 게재하였다. 당시 최고의 학회와 잡지에서 아마추어 과학자인 줄의 업적을 인정했던 것이다. 그때부터 줄은 과학자로서 누릴 수 있는 영예는 마음껏 누렸다. 1866년에는 당시 과학계의 최고 영예라고 할 수 있는 코플리 메달을 받았고 1872년과 1887년에는 영국과학진흥협회의 회장을 맡았다.

이처럼 줄의 명성은 높아져 갔지만 그의 체력은 한계를 보이기 시작했다. 줄은 1875년부터 시름시름 앓다가 1889년에 81세의 나이로 세상을 떠났다. 줄은 죽었지만 그의 이름은 일의 크기를 측정하는 단위로 영원히 남아 있다.

에너지 보존 법칙의 동시발견

줄은 마이어(Robert Meyer), 헬름홀츠(Hermann von Helmholtz) 등과 함께 열역학 제1법칙으로 불리는 에너지 보존 법칙을 비슷한 시기에 발견한 사람으로 평가받고 있다.

독일의 의사였던 마이어는 열대 지방에서 선상 근무를 하던 중에 열대인의 정맥피가 유럽인보다 훨씬 빨간 것에 주목하였다. 사람이 음식물을 먹으면 그것이 산소와 반응해서 열을 발생시키고 그 열이 다시 역학적 일로 소모되는데, 열대인들은 역학적 일의 소모가 적어서 정맥피 속에 산소가 더 남아 있기 때문에 정맥피가 더욱 빨갛게 된다. 이러한 관찰과 사색을 바탕으로 마이어는 1842년에 화학에너지, 열에너지, 역학적 에너지 등이 서로 같은 종류의 물리량이며, 자연에서 에너지는 사라지지 않고 보존된다는 결론을 내렸다.

독일의 과학자인 헬름홀츠는 마이어의 업적을 알지 못한 채 1847년에 동물이 가진 열의 근원을 탐구하는 과정에서 이와 비슷한 결론에 이르렀다. 헬름홀츠는 일련의 실험을 통해 동물의 열이 별도의 생명력에 의한 것이 아니라 음식물의 화학적 에너지에 의해 발생한다는 점을 확인하였다. 이를 바탕으로 그는 여러 형태의 에너지가 서로 변환될 수 있다는 점에 착안한 후 역학적 에너지에만 적용되던 에너지 보존 법칙을 다른 형태의 모든 에너지를 포함하는 것으로 확장시켜야 한다고 주장하였다. 특히 그는 에너지 보존 법칙을 수학적으로 정식화했으며, 영구기관이 존재할 수 없다는 점을 명확히 하였다.

에너지 보존 법칙은 과학의 역사에서 동시발견(simultaneous discovery) 혹은 복수발견(multiple

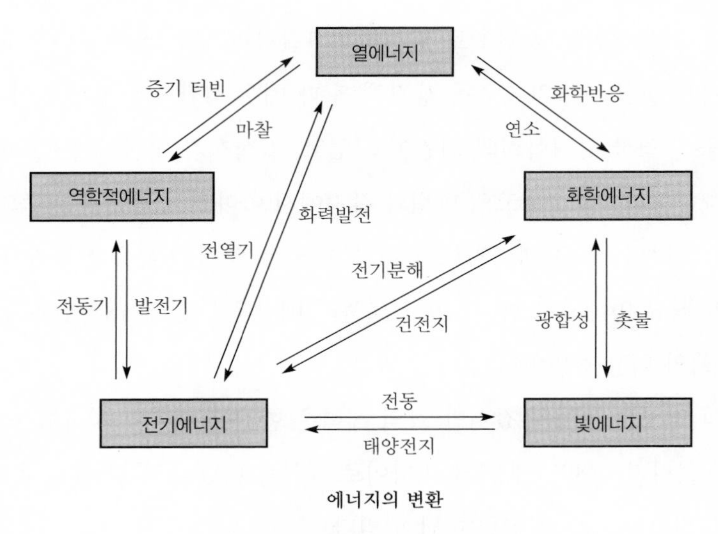

에너지의 변환

에너지는 변환될 뿐 총량은 보존된다.

discovery)의 대표적인 사례에 해당한다. 이에 대하여 토머스 쿤(Thomas S. Kuhn)은 1830~1850년에 에너지 보존 원리를 표방했던 사람이 적어도 12명이라고 지적하면서 그것이 가능했던 과학적, 기술적, 사상적 배경에 주목한 바 있다. 당시에는 다양한 변환과정에 대한 과학적 논의가 본격화되었고, 증기기관의 열효율을 개선하기 위한 작업이 다각도로 추진되었으며, 모든 자연현상에 적용되는 하나의 원리를 추구하는 자연철학주의(Naturphilosophie)가 널리 퍼져 있었다는 것이다.

이와 관련하여 과학사회학의 아버지로 불리는 머튼(Robert K. Merton)은 단독발견이 아닌 동시발견이 과학적 발견의 보편적인 유형이라고 주장한 바 있다. 우리는 어떤 역사적 사실을 두고 '시기가 무르익었다'는 말을 자주 쓰는데, 이러한 점이 과학적 발견에도 적용될 수 있다는 것이다. 사실상 과학적 발견은 과학자 개인의 천재성이나 행운에 의해서만 이루어지지는 않는다. 과학적 발견은 해당 시기까지 이루어진 과학 내부와 외부의 조건에 의해 상당한 규정을 받는다. 당시에 어떤 과학적 개념, 이론, 방법이 존재하고 당시에 어떤 경제적, 사회적, 사상적 배경이 존재하는지가 과학적 발견에 큰 영향을 미치는 것이다. 과학의 역사에서 적지 않은 발견들이 동시발견이었다는 사실은 이러한 점을 웅변해 주고 있다.

완두콩에서 유전법칙을 발견한 수도사

그레고어 멘델

죽은 뒤에 빛을 본 유전법칙

인류 사회는 오랫동안 유전을 지극히 당연한 현상으로 간주했으며, 유전에 대해 사람이 할 수 있는 일이라곤 아무것도 없다고 생각하였다. 엄마소가 얼룩소이면 송아지도 얼룩송아지인 것이 당연한 일이었고, 그것이 어떤 연유에서 비롯되었는지를 따져 보지 않았다. 때때로 예상 밖의 무늬를 가진 송아지가 나오면 신의 벌을 받은 것이라고 단정해 버렸다.

그러나 19세기 오스트리아에서 수도사로 일했던 그레고어 멘델(Gregor Johann Mendel, 1822~1884)은 유전 인자의 존재를 확신하고 유전 현상을 과학적으로 밝혀보려고 했다. 그는 완두를 재료로 하여 수많은 실험을 한 끝에 우열의 법칙, 분리의 법칙, 독립의 법칙으로 구성되어 있는 유전법칙을 정립하였다.

멘델의 유전법칙은 1865년에 발표되었으나 그 가치는 멘델이 죽은 지 16년 뒤인 1900년에야 인정받았다. 그것은 멘델이 은둔 생활을 한 수도사였기 때문에 공식적인 과학자사회에 널리 알려지지 못했기 때문이었다. 이와 함께 멘델이 당시 생물학자들의 일반적인 스타일과는 달리 통계학적인 방법을 사용했다는 점도 중요한 원인으로 작용하였다. 이처럼 멘델은 공식적인 과학자사회에 뿌리를 내리지 못했지만, 오히려 그랬기 때문에 매우 혁신적인 연구를 수행할 수 있었다.

요한에서 그레고어로

멘델이 1822년에 태어날 때의 이름은 요한(Johann)이었다. 아버지는 일주일에 사흘은 영주를 위해 일하는 농부였으며, 어머니는 정원사 집안 출신이었다. 멘델의 고향은 오늘날 체코공화국에 속해 있는 슐레지엔 지방의 하이첸도르프이다. 당시에 그 지방은 오스트리아 합스부르크 왕조의 통치를 받고 있었다. 하이첸도르프는 '다뉴브 강의 꽃'으로 불릴 정도로 아름다운 식물로 가득 찬 지역이었으며, 영주였던 백작 부인은 농업을 개선하기 위한 강의를 할 정도로 학문에 관심이 많았다.

멘델은 어린 시절에 교구 사제로부터 박물학과 농업 기술을 배웠고, 그의 추천으로 김나지움에 다니기도 했다. 그러나 멘델이 16살 때 아버지가 사고로 크게 다치는 바람에 생계가 막막해졌다. 그때부터 멘델은 가정교사로 일하면서 생활비를 벌어야 했다. 제대로 먹지 못해 영양실조로 앓아누운 적도 있었다. 그는 대학에 가고 싶었지만 그의 가정형편으로는 엄두를 낼 수 없었다. 공부를 계속할 수 있는 유일한 방법은 성직자의 길을 걷는 것뿐이었다.

멘델은 1843년에 브륀 지방에 있는 아우구스티누스 수도원(Augustinian Order)에 들어가 견습 수도사가 되었다. 다행스럽게도 수도원은 커다란 식물원을 운영하고 있었으며, 수도사들은 모두 훌륭한 교사였다. 특히 수도사들은 매일 저녁에 모여 신학과 철학뿐만 아니라 과학에서 정치학에 이르는 다양한 주제에 대해 토론을 벌였다. 멘델은 1848년까지 신학, 농업, 식물학 등을 공부한 다음 성직을 받고 그레고어(Gregor)라는 수도사 이름을 갖게 되었다.

멘델은 1850년에 두 번에 걸쳐 과학교사 국가자격시험에 응시했지만, 시험관들은 "명확성이 부족하다"는 이유로 합격시키지 않았다. "이 수험생은 전통적인 지식을 받아들이는 대신에 자기 나름대로의 용어나 생각을 써놓는다"는 것이었다. 멘델은 자연의 비밀이 교과서에 있는 것이 아니라 자연 그 자체에 있으며, 자연의 깊은 곳에서 비밀을 발굴해내는 것이 과학이라는 신념을 가지고 있었다. 그러한 신념이 담겨진 답안이 시험관들에게는 너무 낯설고 어려웠기 때문에 멘델은 시험에서 떨어졌던 것이다.

체코공화국의 브르노에 있는 멘델기념관

1851년에 멘델은 나프(Cecil Napp) 수도원장의 추천으로 빈 대학에서 공부할 기회를 갖게 되었다. 멘델은 빈 대학에서 주로 자연과학 과목들을 수강했는데,

자연사나 식물학뿐만 아니라 물리학과 수학도 착실하게 공부하였다. 그는 물리학적 방법을 식물학 연구에도 사용할 수 있다고 생각했으며, 당시의 한 서신을 보면 멘델이 스스로 "실험물리학자"로 간주하고 있었다는 점을 알 수 있다.

멘델은 1854년에 수도원으로 돌아와 식물학 연구를 본격적으로 추진하면서 수도원 부설 중학교에서 교편을 잡았다. 그의 강의는 학생들 사이에서 인기가 높았던 것으로 전해진다. 그는 수도원과 식물원에서 기르고 있었던 각종 생물들의 우스꽝스러운 몸짓에 대해서 재미있게 이야기했으며, 꿀벌, 새, 생쥐 들이 사는 모습을 직접 눈으로 보고 배울 수 있도록 배려하였다. 또한 시험에 실패해서 겪었던 자신의 고통을 생각하면서, 모든 학생들이 그러한 고통을 받지 않게 하려고 많은 애를 썼다. 성적이 뒤떨어지는 학생들은 식물원으로 불러서 추가적인 수업료를 받지 않고 특별 수업을 진행하기도 했다. 멘델의 강의는 그가 나프의 후임으로 수도원장에 선출되었던 1869년까지 계속되었다.

주름진 완두는 왜 나중에 나타날까?

멘델은 1856년부터 1863년까지 8년의 오랜 기간 동안 식용 완두를 가지고 지속적인 실험을 수행하였다. 그의 연구 결과는 1865년 브륀(현재는 체코공화국의 영토인 브르노)에서 열린 자연학 학회에서 〈식물 잡종에 관한 실험〉이라는 제목으로 두 번의 강연을 통해 발표되었다. 첫 번째 강연 원고에서 멘델은 식물을 교배하고 그 결과를 검사하는 방법을 서술한 후, 완두의 형질이 세대를 거듭하면서 어떻게 전달되는 것인지를 규명하였다. 두 번째 강연 원고에서는 잡종 세포의 형성을 생리학적으로 설명함으로써 유전의 메커니즘을 밝히려 하였다. 멘델의 강연은 학회에서 상당한 호평을 받았고, 1866년에 《브륀 자연학연합학회지》에 44쪽의 분량으로 출판되었다.

멘델이 잡종 실험을 통해 유전 현상을 이해하려 했던 최초의 과학자는 아니었다. 예를 들어 독일의 식물학자 개르트너(Joseph Gärtner)는 1849년에 출간된 논문을 통하여 멘델이 실험한 현상들을 거의 언급하고 있었다. 사실 멘델도 개르트너의 논문을 한 부 가지고 있었으며 그 논문의 여백에 노트를 해 가면서 자세히 공부하였다. 그런데 개르트너를 비롯한 이전의 과학자들은 하나의 개체에서 드러나는 여러 형질을 세부적으로 나누어 취급하지 않았다. 다만 그 개체의 특성을 전체적으로 관찰했을 뿐이었다.

이와 달리 멘델의 실험은 여러 형질들을 독립적으로 다루고 이를 수량적으로 분석했다는 특징을 가지고 있다. 특히 멘델은 관찰 대상을 늘릴수록 우연에 의한 효과가 줄어들어 보다 정확한 결과를 얻을 수 있다고 생각했다. 그는 약 29,000포기의 완두를 사용하였고, 그 가운데 12,835포기는 면밀하게 조사하여 실험 데이터로 활용하였다. 이러한 점에서 멘델은 생물학 연구에 통계학적 방법을 도입한 선구자라고 평가할 수 있다.

멘델도 자신의 실험이 매우 단조롭고 지루하다는 것을 잘 알고 있었다. 그는 다음과 같이 썼다. “이처럼 광범위한 작업에 착수하려면 얼마간 용기가 필요한 것이 사실이다. 그렇지만 이것이 유일하게 올바른 길인 것 같다. 생명체 진화의 역사와 관계가 있다고 해도 전혀 과장이 아닌 중요한 문제를 해결하자면 이 방법밖에 없다.” 멘델의 신념과 끈기가 아니었다면 인류가 유전 현상을 이해하는 데에는 훨씬 많은 세월이 소요되었을 것이다.

멘델은 완두의 대립 형질로, 씨의 모양이 둥근 것과 주름진 것, 씨의 색깔이 황색인 것과 녹색인 것, 꽃의 색깔이 붉은 것과 흰 것, 완두의 키가 큰 것과 작은 것 등을 고려하였다. 멘델의 첫 번째 강연 원고의 앞 부문에는 완두의 모양에 대한 실험이 자세히 서술되어 있다. 그는 둥근 형태의 완두(AA)를 주름진 형태의 완두(aa)와 교배시켜 잡종 1세대를 얻었는데, 그것은 모두 둥근 형태(Aa)를 띠었다. 잡종 1세대를 길러 다시 교배시킨 결과, 잡종 2세대에서는 둥근 형태의 완두(AA 및 Aa) 5,474개와 주름진 형태의 완두(aa) 1,850개를 얻을 수 있었다. 그 비율은 대략 3 : 1이었다.

멘델은 둥근 형태의 유전자를 우성 인자, 주름진 형태의 유전자를 열성 인자로 칭하면서 우성 인자를 대문자 A, 열성 인자를 소문자 a로 표시하였다. 그는 잡종 1세대에서 우성의 형질만 출현하는 것을 ‘우열의 법칙’으로 불렀다. 그는 잡종 1세대에서 표현상으로는 우성의 형질만 나타나지만 열성의 형질이 없어지는 것은 아니며 그것이 잠재한다고 간주하였다. 즉, 잡종 2세대에서 우성과 열성이 3 : 1의 비율로 발현되는 것이다. 이를 멘델은 ‘분리의 법칙’으로 명명했다.

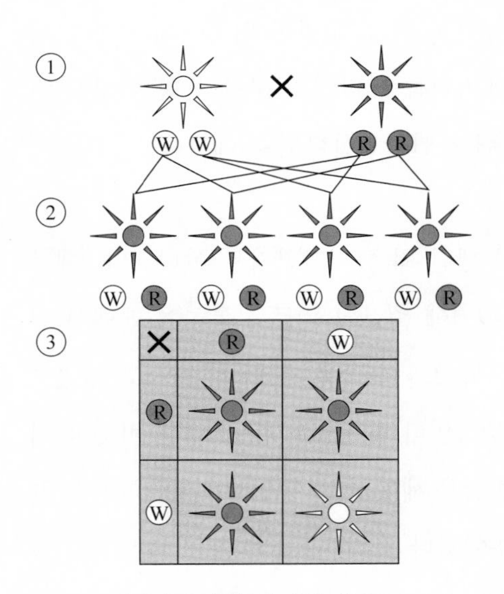

멘델의 유전법칙에 대한 개념도

그 다음에 멘델은 두 쌍의 대립 유전자에서도 같은 법칙이 나타난다는 점을 보이려고 했다. 이를 위하여 그는 둥근 것과 주름진 것, 그리고 황색인 것과 녹색인 것을 두 가지 대립 형질로 삼아 실험을 했다. 그 결과 잡종 2세대에서는 둥글고 황색인 것, 둥글고 녹색인 것, 주름지고 황색인 것, 주름지고 녹색인 것이 각각 9:3:3:1로 나타나서, 둥근 것과 주름진 것, 그리고 황색인 것과 녹색인 것은 각각 12:4, 즉 3:1의 비율을 보였다. 이처럼 대립 형질이 각각 독립적으로 유전된다는 것이 '독립의 법칙'이다.

멘델의 두 번째 강연 원고는 잡종의 종자와 꽃가루 세포의 구성에 초점을 맞추고 있다. 당시에는 식물의 수정 및 배아의 형성에 관한 문제를 둘러싸고 사변적인 차원의 논의가 전개되고 있었지만 이에 관한 실험적 증거가 부족한 상태였다. 멘델은 수많은 인공 수정 실험을 통해 수술에서 나온 꽃가루 세포 하나와 암술의 씨방 세포 하나가 결합하여 새로운 개체가 형성된다고 주장했다. 멘델의 실험은 잡종 세포가 형성되는 메커니즘을 최초로 규명한 것으로서 그로부터 약 20년 뒤에 현미경을 사용한 관찰을 통해 입증될 수 있었다.

사실 멘델의 논문에는 아직 '유전자(gene)'라는 용어가 사용되지 않았다. 그는 한 세대에서 다음 세대로 전달되는 형질 결정 인자를 '잠재적 형성 인자'로 불렀다. 유전자라는 용어는 탄생시킨다는 의미를 가진 그리스어에서 비롯되었으며, 1909년에 덴마크의 생물학자인 요한슨(Wilhelm L. Johannsen)에 의해 명명되었다. 멘델은 유전자의 존재를 물리적으로 보여줄 수도 없었고 유전자 발현의 메커니즘도 전혀 몰랐지만, 유전자의 존재를 확신하고 그것이 발현되는 현상을 통계학적인 방법을 통해 규명했던 것이다.

'멘델의 법칙'이 된 사연

그러나 멘델의 유전법칙은 그가 살아있는 동안에 과학자들 사이에서 그다지 커다란 주목을 받지 못했다. 우선 멘델은 당시의 과학자들과 별다른 교류가 없이 고립된 연구를 했던 수도사였다. 그는 과학교사가 되기 위해 두 번이나 국가시험에 응시했지만 합격하지 못했으며, 수도원 정원에서 생물학을 연구했지만 그 분야의 전문학자로는 인정을 받지 못했다. 멘델이 브륀이라는 소도시에서 별로 읽히지 않은 지방 학회지에 논문을 기고했던 것도 그의 연구 결과가 널리 확산되는 데 걸림돌로 작용했다. 멘델이 당시로서는 생소했던 통계적인 방법을 사용한 것도 학문적인 주목을 받지 못한 하나의 요인이 되었다. 사실상 멘델은 정원사들의 인위선택법에 대한 이론적 근거를 제시하기 위해 논문을 작성했으며, 이에 따라 그의 논문은 주로 농산물 육종 분야에서 인용되는 경향을 보였다.

멘델은 다른 사람이 자신을 알아주지 못하는 것에 대해 별다른 신경을 쓰지 않았다. 대신에 그는 후속 실험을 통해 완두 이외의 식물에서도 동일한 결과가 나타난다는 점을 확인하려 하였다. 그러나 멘델이 다음 실험 재료로 선택한 조팝나물은 완두와 달리 인공 수정에 실패하는 경우가 많아 원하던 실험 결과가 나오지 못했다.

멘델의 실험은 그가 1868년에 수도원장이 되면서 사실상 중단되었다. 당시의 복잡한 정치적 · 종교적 상황은 멘델을 가만히 두지 않았다. 반(反)봉건적인 성향을 가지고 있었던 멘델은 종종 보수적인 관례나 정책에 저항하였고, 이로 인해 그는 연구에 몰두할 시간을 확보하기 어려웠다. 특히 1874년에 오스트리아 의회가 교회에 세금을 징수한다는 법안을 통과시키자 멘델은 세금 대신에 기부금을 내는 방식으로 저항하였다. 세금 징수에 대한 문제는 점점 복잡한 논쟁으로 발전하였고 무려 9년 동안이나 멘델의 심신을 피로하게 했다. 멘델이 과학과 관련해서 할 수 있는 일은 틈틈이 새로운 꽃이나 유실수의 품종 개량에 관심을 기울이거나 양봉, 기상, 천문 등에 관한 과학서적을 읽는 것에 지나지 않았다.

수도원장으로서 멘델은 다른 사람에게 호의를 베푸는 일을 즐겼다. 그는 늘 주머니를 털어서 수도원의 동료들을 환대하였고 축제날에는 마을 사람들에게 재미있는 의식을 준비하였다. 멘델은 1884년에 신장염으로 61세의 생을 마감하였다. 수많은 사람들이 모두들 좋아했던 늙은 성직자의 죽음을 애도하였다. 그러나 위대한 과학자를 잃었다는 사실을 깨달은 사람은 그 많은 추모객 중에 단 한 사람도 없었다. 멘델은 평소에 입버릇처럼 "나의 시대는 곧 올 것이다"고 했지만, 멘델의 시대는 그가 살아있는 동안에는 오지 않았다.

멘델의 유전법칙을 재발견한 드브리스. 그는 달맞이꽃을 연구하다가 1866년에 돌연변이 현상을 발견하기도 했다.

멘델의 업적은 1900년에 네덜란드의 드브리스(Hugo de Vries), 독일의 코렌스(Carl Correns), 오스트리아의 체르마크(Erich Tschermak)와 같은 세 명의 생물학자들에 의해 다시 발견된 것으로 알려져 있다. 드브리스는 달맞이꽃, 양귀비, 옥수수 등에 대한 일련의 교배 실험으로 멘델의 유전법칙과 동일한 결과를 얻은 후 《독일식물학회보》에 〈교배의 분리 규칙에 관하여〉라는 논문을 게재했다. 드브리스는 이미 멘델의 논문을 읽은 상태였지만, 자신이 연구를 모두 마친 후에 우연히 멘델의 논문을 접하게 되었다고 말했다. "학자들이 이렇게 중요한 연구를 알아보지 못했다는 점이 놀랍다. 나 또한 실험을 시작하기 전에는 멘델의 논문이 존재한다는 것조차 몰랐다."

당시에 옥수수와 완두콩을 가지고 비슷한 연구를 했던 코렌스는 드브리스가 보낸 논문을 읽고 그의 의도를 간파했다. 코렌스는 자신의 연구를 잠시 중단한 후 〈잡종교배 행위에 관한 멘델의 법칙〉이라는 논문을 재빨리 작성하여 독일 식물학회에 보냈다. 이 논문에서 코렌스는 '멘델의 법칙'이란 용어를 사용함으로써 멘델의 기여를 치켜세웠다. "드브리스와 마찬가지로 나도 이 분야의 개척자라고 생각했다. 하지만 나는 멘델이 오랜 세월 광범위한 완두콩 실험에 일생을 바친 것을 알게 되었다. 드브리스와 나는 멘델과 같은 결과를 얻었을 뿐만 아니라 그와 같은 해석을 내렸다. 멘델의 논문은 교배에 관한 논문 중 가장 훌륭하다."

체르마크는 완두콩에 대한 실험을 하던 중에 멘델의 논문에 접했다. 체르마크는 멘델의 실험 결과와 이에 대한 해석이 자신보다 훨씬 뛰어나다는 데 놀랐다. 체르마크는 〈완두콩의 인공 교배〉라는 논문을 써서 자신이 강의하던 대학의 출판사에 인쇄를 부탁했다. 그러던 중 체르마크는 드브리스와 코렌스의 논문을 받았고, 급하게 자신의 논문을 인쇄해서 드브리스와 코렌스에게 보냈다. 결국 코렌스와 체르마크가 멘델을 지지하고 드브리스가 이를 수용함으로써 멘델이 유전법칙을 최초로 발견한 사람으로 공인되었다. 체르마크의 실험은 멘델의 실험에 훨씬 미치지 못하는 초보적인 것이어서 학계에서 종종 무시되기도 했다.

멘델은 유전학의 아버지로 불리지만 '유전학(genetics)'이란 용어는 그가 죽은 이후에 만들어졌다. 유전학이란 용어는 영국의 생물학자 베이트슨(William Bateson)이 1905년에 처음 사용하였다. 그는 1909년에 《멘델의 유전 원리》라는 책을 발간하여 멘델의 업적과 그 의미를 널리 알리기도 했다. 사실상 멘델이 재발견될 수 있었던 것도 베이트슨 덕분이었다. 베이트슨은 1900년에 멘델을 논문을 영어로 번역했는데, 그 과정에서 명료하지 않은 대목들을 손질하여 원문을 개선했다. 이에 따라 당시의 과학자들은 매우 탁월하게 보이는 멘델을 접할 수 있었고, 그를 유전학의 아버지로 받들 수 있었던 것이다.

멘델의 실험은 조작되었나?

멘델의 재발견으로 시작된 20세기는 멘델의 실험에 대해 의문이 제기되었던 시기이기도 했다. 한때 멘델의 열렬한 추종자였던 베이트슨은 점차 멘델의 실험이 논문에 설명된 대로 수행되지 않을 수도 있다고 생각했다. 베이트슨의 눈에는 "실험을 위해 나는 오직 한 가지 특징에서 차이가 나는 식물들을 썼다"는 멘델의 언급이 매우 미심쩍게 보였다. 멘델은 일곱 가지의 서로 다른 특징들을 연구했는데, 그것은 유전적 특징이 거의 동일한 완두를 일곱 종류나 썼다는 말이 된다. 그러나 완벽하게 순수한 완두를 구하고 그 완두가 유전법칙을 따를 수 있는 가능성은 너무나 어려운 일이기 때문에 멘델이 일곱 번씩이나 연속적으로 성공을 거두었으리라 상상하기는 어렵다.

1936년에 저명한 통계학자인 피셔(Ronald A. Fisher)는 멘델의 데이터가 놀라울 정도로 정확하다는 데 의심을 품고 멘델의 방법을 면밀하게 조사했다. 피셔는 멘델의 힘겨운 연구를 인정하면서도 무언가가 개입되어 있는 것이 분명하다는 결론을 내렸다. “전부는 아닐지라도 실험 데이터의 대부분이 멘델의 예상과 거의 일치하도록 조작되었다”는 것이었다. 그래도 피셔는 멘델에 대한 예의를 갖추었다. 피셔는 멘델이 직접 손을 대지는 않았을 것이고 “어떤 결과를 기대하는지 너무나 잘 알고 있었던 일부 조수들에 의해 조작”되었을 것이라고 썼다.

그러나 훗날 동일한 문제점을 발견한 유전학자들은 그렇게 친절하지 않았다. 예를 들어 1966년에 라이트(Sewall Wright)는 멘델이 서로 다른 형질을 가진 완두 수를 기록할 때 순진하게도 미리 예상된 결과에 맞추려는 경향을 보였다고 평가하였다. 라이트는 “유감스럽게도 나는 멘델이 자신의 예상과 맞아떨어져야 한다는 생각에서 무의식적인 실수를 저질렀다는 결론을 내려야 할 것 같다”고 썼다. 이와 관련하여 반 데어 바덴(Van der Waerden)은 1968년에 “완벽할 정도로 정직한 많은 과학자들도 이런 과정을 밟는 경향이 있다. 그들은 자신의 새로운 이론을 분명하게 확인시켜 주는 일련의 결과를 얻는 즉시, 의심스러운 것들을 배제한 채 그 결과만을 신속히 발표할 것이다”고 지적하기도 했다.

멘델은 실험 데이터를 조작했는가, 그렇지 않았는가? 만약 멘델이 데이터를 조작했다면 그것은 의도적인 것이었는가, 아니면 무의식적인 것이었는가? … 멘델의 실험을 둘러싸고 벌어진 논쟁은 분명하게 종결지을 수 없다. 왜냐하면 멘델이 사용한 원자료(raw data)가 남아 있지 않기 때문이다. 그러나 멘델이 무미건조한 수많은 숫자에서 유전법칙을 찾아낸 것은 매우 독창적인 기여임에 틀림없다. 또한 멘델이 똑같은 교배실험을 여러 차례 되풀이 한 것도 그의 성공에 큰 도움이 되었다고 평가할 수 있다.

과학자에게는 국적이 있다
루이 파스퇴르

"그냥 내버려 두세요"

루이 파스퇴르(Louis Pasteur, 1822~1895)는 어떤 유제품 회사가 요구르트 이름에 사용하면서 대중적으로 널리 알려진 과학자이다. 그것은 부패성 식품에 사용되는 저온살균법의 공식 명칭이 파스퇴르화 공정(Pasteurization process)이기 때문이다. 또한 파스퇴르는 "과학에는 국경이 없지만 과학자에게는 국적이 있다"라는 명언을 남긴 사람이다. 그의 이름은 1888년에 설립된 후 세계적인 미생물 연구기관으로 성장한 파스퇴르 연구소에도 남아 있다.

파스퇴르는 1822년에 프랑스 동부의 접경지대에서 대대로 가죽 무두질을 해오던 집안의 셋째 아들로 태어났다. 그는 어렸을 때부터 과학에 관심이 많았고 장래에 유명한 과학자가 되겠다고 마음을 먹었다. 당시 프랑스 사회에서는 과학자가 별로 신통하지 못한 직업으로 인식되고 있었다. "참 안 됐습니다. 그 쓸데없는 과학인가 하는 것에 그 애가 시간을 낭비하다니요." 그러나 아버지는 아들을 믿었다. "그는 그냥 두어도 자기 일을 잘 처리합니다."

파스퇴르는 학창시절에 별로 두각을 나타내지 못했다. 파리의 고등사범학교인 에콜 노르말(École normale)을 졸업할 때에도 그의 성적은 중간 정도에 불과했다. 파스퇴르는 박사과정에 진학하여 화학을 전공했다. 그는 1848년에 타르타르산과 라세미산의 결정을 조사했는데, 그것은 입체화학(stereochemistry)의 시초가 되었던 위대한 발견으로 이어졌다. 타르타르산의 반면상은 모두 같은 방향인데 비해 라세미산의 경우에는 어떤 것은 오른쪽에, 어떤 것은 왼쪽에 반면상이 나타났고, 좌선성(左旋性) 물질과 우선성 물질을 같은 비율로 혼합하

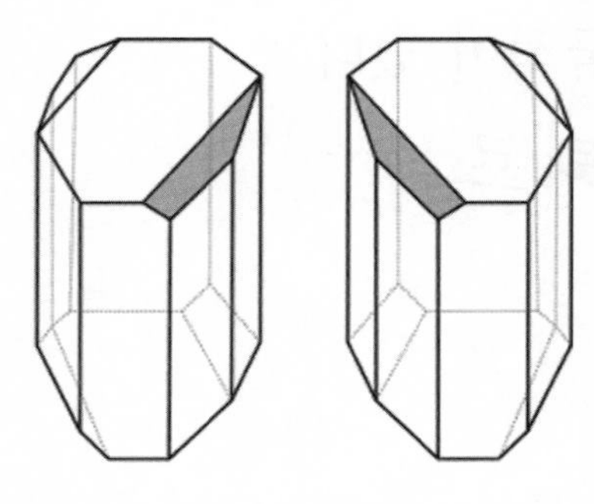

입체화학의 출발점이 되었던 라세미산의 결정 구조

면 편광 현상이 나타나지 않았다. 그때까지 라세미산은 편광성이 없는 것으로 알려졌으나 파스퇴르는 라세미산이 좌선성 물질과 우선성 물질로 이루어져 있음을 밝혀낸 것이다. 그것은 분자의 물성이 구성성분뿐만 아니라 구조에 의해서도 영향을 받는다는 점을 의미하였다.

박사 학위를 받은 후 파스퇴르는 에콜 노르말의 실험 조교에 임명되었고, 화학 물질의 결정 형태와 구조에 관한 연구에 몰두하였다. 1848년 혁명이 터지자 그는 자유 수호를 위한 재단에 가입하여 군주제 폐지 운동에 참여하기도 하였다. 1849년에 그는 비오(Jean Baptiste Biot)의 추천으로 스트라스부르 대학의 화학 교수가 되었다. 이때 그는 라세미산을 분해하는 새로운 방법을 발견하였다. 즉, 이전에는 기계적인 방법이나 용해도의 차이로 라세미산을 분리했으나 파스퇴르는 곰팡이를 사용하는 방법을 알아냈던 것이다.

곰팡이 사용법을 연구하고 있을 무렵 파스퇴르는 또 다른 연구에 몰두해 있었다. 그것은 스트라스부르 대학 총장의 딸인 마리 로랑(Marie Roran)에 대한 연구였다. 파스퇴르는 마리의 아버지, 어머니, 그리고 마리 본인에게 절절한 구혼의 편지를 보냈고, 결국 1849년에 결혼식을 올릴 수 있었다. 마리는 파스퇴르에게 최고의 아내였다. 그녀는 남편의 학문에 대한 열정을 깊이 이해했으며 남편이 연구를 하고 글을 쓰는 것을 적극적으로 도왔다. 그들은 슬하에 5명의 자녀를 두었는데, 안타깝게도 2명만이 성인이 될 때까지 살아남았다. 그 시절 사람들은 아직까지 전염병을 어떻게 예방해야 하는지를 몰랐던 것이다.

화학에서 미생물학으로

파스퇴르는 1854년에 신설된 릴 대학으로 초빙되어 자연과학대학장에 임명되었다. 이때부터 그는 주요 관심사를 결정화학에서 미생물학으로 바꾸었고, 상아탑에만 머물지 않았고 실용적인 문제에도 깊은 관심을 기울였다. "연구 결과가 실제적인 용도에 사용될 때 과학자의 기쁨은 가득 찬다"는 것이 그의 일관된 철학이었다. 한번은 양조업자가 사탕무에서 만든 알코올에 결함이 생기는 이유를 물어왔다. 같은 맥아즙에서 두 가지 시료를 채취하여 따로따로 발효시키면 때때로 전혀 다른 생성물이 생긴다는 것은 이전부터 알려져 왔다. 파스퇴르는 현미경으로 발효액을 관찰하여 작은 효모균이 존재하는 것을 밝혔고 효모의 품종이 다르면 생성물도 달라지는 것을 발견했다.

1857년에 파스퇴르는 자신의 모교인 에콜 노르말로 자리를 옮겼는데, 그곳에서 그는 평생을 보냈다. 처음에 파스퇴르가 에콜 노르말에서 본격적으로 연구한 주제는 자연발생설(abiogenesis)에 관한 것이었다. 푸세(Félix Pouchet)를 비롯한 당시의 많은 과학자들은 생명체가 생명이 없는 물질에서 자연적으로 발생한다고 믿었다. 이에 반해 파스퇴르는 부패나 발효에 관련된 미생물이 썩고 있는 물질에서 저절로 생기는 것이 아니라 공기 속의 먼지를 통해 묻어 왔다고 생각하였다. 1860년에 프랑스 과학아카데미는 자연발생설에 관한 훌륭한 실험을 한 사람에게 현상금을 주겠다고 발표하기도 했다.

파스퇴르는 20개의 플라스크를 아르브와 지방 근교에서 공기에 노출시키고 20개의 다른 플라스크는 몽블랑 산꼭대기의 차가운 공기에 노출시킨 다음, 플라스크들을 모두 밀봉해 연구실로 가져와서 배양하였다. 그 결과 아르브와에서 노출시킨 20개의 플라스크 중 8개에서 미생물이 번식해 플라스크가 흐려졌으나, 산꼭대기에서 노출시킨 것에서는 단 1개만 미생물이 번식하였다. 그러나 몇몇 사람들은 파스퇴르의 실험에 대하여 공기 중에 떠다니는 생명체가 있는 것이 아니라 공기 중에 생명을 일으키는 구성요소가 있을 것이라고 반박하였다. 그들은 플라스크를 가열하면 플라스크 안에 있던 공기가 가진 생명력이 사라진다고 생각하였다.

파스퇴르는 미생물이 배양배지에서 저절로 생기는 것이 아니라 기존에 존재하던 미생물

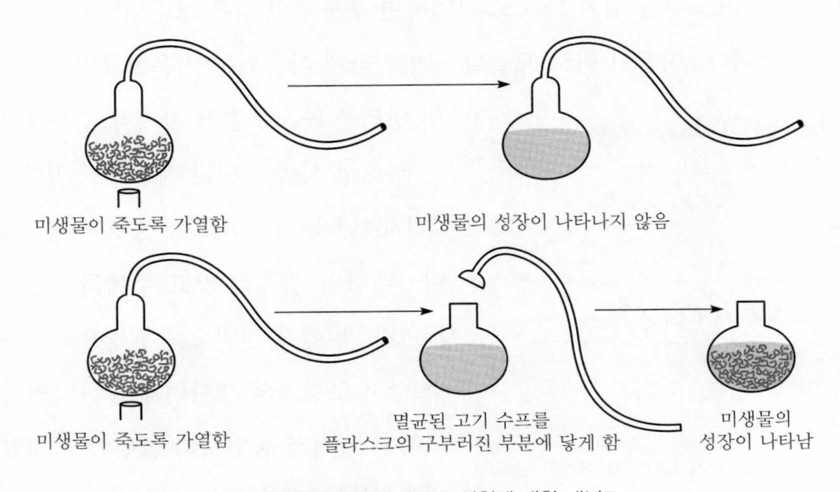

파스퇴르의 백조목 플라스크 실험에 대한 개념도

의 번식으로 생긴다는 것을 증명하기 위해 백조의 목처럼 가늘고 길게 구부러진 관을 단 플라스크를 사용하였다. 그 플라스크는 독특한 형태로 설계되었는데, 공기는 들어갈 수 있으나 먼지입자는 플라스크의 아랫부분까지 도달할 수 없었다. 파스퇴르는 이미 존재하고 있던 모든 미생물이 죽도록 플라스크와 그 안에 든 액체를 충분히 가열한 후 비판자들이 생각하는 것처럼 배양이 일어나도록 플라스크를 방치하였다. 그러나 플라스크 안에서는 파스퇴르의 생각대로 미생물의 성장이 나타나지 않았다. 이어 파스퇴르는 플라스크를 기울여 멸균된 고기 수프가 플라스크의 구부러진 부분에 닿게 했는데, 그러자 미생물의 성장이 곧 일어났다. 이를 통해 파스퇴르는 아무리 작은 미생물이라도 저절로 생겨나지 않는다는 사실을 보일 수 있었다. 19세기 후반에는 자연발생설이 점차적으로 과학계에서 자취를 감추었고, 파스퇴르가 제창한 생물속생설(biogenesis)이 지배적인 견해로 자리 잡게 되었다.

조국을 위한 실용적인 연구

파스퇴르의 그 다음 연구 주제는 포도주에 관한 것이었다. 당시에 프랑스의 양조산업은 포도주가 시어지는 현상으로 인해 1년에 수백만 달러의 손해를 입고 있었다. 변질된 포도주를 세밀히 조사한 결과, 그는 발효액에 있는 세균이 알코올을 젖산으로 변한다는 것을 알아냈다. 계속해서 그는 포도주의 질은 손상시키지 않고 세균만 죽이는 방법을 탐구하였다. 여러 종류의 살균제를 써 보았으나 원했던 효과를 얻지 못했다.

파스퇴르는 1863년에 온도를 달리하여 포도주를 가열하는 실험을 하면서 엄청난 사실을 발견하였다. 포도주를 섭씨 55도로 가열하면 포도주의 질은 보존되면서 세균의 독성은 파괴되었던 것이다. 이것이 바로 오늘날 광범위하게 사용되는 저온살균법의 시초였으며, 이 방법은 포도주뿐만 아니라 우유나 크림과 같은 부패성 식품에 널리 적용되고 있다.

저온살균법으로 파스퇴르가 1871년에 취득한 포도주 제조에 관한 특허

1864년에 파스퇴르는 정부의 농업부와 과학아카데미의 위촉을 받고 누에의 병을 연구하게 되었다. 누에가 원인모를 질병으로 죽어감에 따라 당시 프랑스의 생사업계는 몰락의 위기에 직면하고 있어서 농민들의 불평이 거세졌다. 누에병을 연구하면서 그는 감당하기 힘든 어려움을

이겨냈다. 그는 농민들이 비양거리는 것을 참아야 했고 셋째 아이의 죽음을 지켜보아야 했으며 마비성 뇌졸중으로 쓰러지기도 하였다. 결국 그는 누에병의 원인이 되는 두 가지 세균을 분리하는 데 성공하였다. 파스퇴르의 처방은 널리 활용되어 기대 이상의 성과를 거두었고 농민들은 파스퇴르의 동상을 세워 감사의 뜻을 전했다.

파스퇴르는 애국자였다. 1870년에 독일군이 프랑스를 침공하였을 때 그는 48세의 나이로 군대에 지원하였다. 마비증세 때문에 실격을 당하자 그는 자신의 의지를 보여주기 위한 방법을 찾기 시작했다. 1917년 1월, 파스퇴르는 3년 전에 독일의 본 대학으로부터 받았던 명예 의학박사 학위를 반납했다. "요즘에 학위 증서를 보는 것은 나에게 진실로 혐오감을 느끼게 한다. 나의 조국을 증오하고 있는 빌헬름 황제의 명령에 따라 과학자에게 수여되는 칭호를 받는 사람들 중에 나의 이름이 들어 있는 것은 참으로 불쾌하다. … 귀 대학의 기록에서 내 이름을 삭제할 것을 요청하며, 이 학위를 되돌려 보내니 받아들여주기 바란다."

보불전쟁은 프랑스의 패배로 끝났다. 파스퇴르는 우수한 과학연구체제를 가지고 있는 독일이 승리하고 과학정책이 빈곤한 프랑스가 패배한 것은 당연한 일이라고 생각하였다. 그는 1871년에 《프랑스 과학에 대한 성찰》이라는 소책자를 작성하였다. 그는 프랑스의 과학연구가 얼마나 열악한 조건에서 수행되고 있는가를 폭로한 후 이에 대한 해결책으로서 과학연구에 대한 지원의 강화, 젊은 연구자의 육성, 지방 대학의 발전 등을 제시하였다.

파스퇴르는 프랑스 과학의 진흥에 관여하면서도 자신의 연구를 게을리 하지 않았다. 포도주의 발효와 누에 전염병의 문제를 연구하면서 그는 한 가지 중요한 원칙을 발견하였다. 각종 질병은 해로운 미생물 혹은 세균 때문에 발생된다는 것이었다. 1873년 여름에 파스퇴르는 이러한 원칙을 확인할 수 있는 기회를 맞이할 수 있었다. 당시에 양계장에서 콜레라가 유행하여 닭 100마리 중에서 90마리가 죽는 바람에 농민들은 깊은 근심에 빠졌다. 파스퇴르는 병에 걸린 숫병아리의 피에서 닭 콜레라균을 채취하여 인공적으로 배양함으로써 병의 원인을 밝힐 수 있었다.

얼마 후 파스퇴르는 비슷한 실험을 하였는데 이번에는 따로 콜레라균을 배양하지 않고 먼저 쓰다 남은 것을 사용하였다. 그러나 암탉이 죽으리라는 예상과는 달리 암탉은 약간 아픈 듯 하더니 곧 원래의 상태로 회복되었다. 여기서 그는 제너의 종두법의 원리가 다른 감염에도 적용된다고 생각한 후 이를 확인하기 위한 실험에 착수하였다. 며칠 간격을 두고 배양균을 암탉에게 주입한 결과 배양균이 오래될수록 죽는 암탉의 수는 점점 줄어들고 마지막에는 암탉이 가벼운 병에만 걸린 후 곧 회복되었다. 또 다른 실험에서 그는 닭 콜레라 면역의 가능성을 타진하였다. 그는 암탉에게 오래된 배양균을 주입하여 면역을 얻게 한 다음 새로 만든 맹독 균을 주입하였다. 예상대로 암탉은 죽지 않고 살아남았다.

이처럼 파스퇴르의 실험은 제너의 업적에서 비롯되었고, 이러한 점을 감안하여 파스퇴르는 가벼운 병을 일으키고 면역을 얻게 하는 배양균을 '백신(vaccine)'이라고 불렀다. 제너는 천연두를 예방하기 위해서 암소의 고름을 사용했는데, 백신의 어원인 배카(vacca)는 라틴어로 암소를 지칭하는 것이었다. 그러나 파스퇴르의 업적이 제너의 종두법의 복사판이라고 할 수는 없다. 제너는 천연두라는 단 하나의 병을 막는 백신만을 발견한 데 비해 파스퇴르는 백신의 원리를 일반화하고 다른 전염병의 예방에도 확장시켰던 것이다.

프랑스의 파스퇴르화?

1873년부터 1881년까지 파스퇴르는 탄저병을 연구하였다. 당시에 프랑스에서는 탄저병이 발생하여 양과 소들이 떼죽음을 당하였다. 탄저병의 원인이 되는 세균은 1850년에 이미 죽은 양의 피에서 발견된 바 있었는데, 파스퇴르는 실험을 통하여 그 세균이 실제로 탄저병의 원인이었음을 밝혔고 탄저병을 예방할 수 있는 백신을 개발하였다. 파스퇴르는 푸이 르포르에서 대규모로 그 백신의 유용성을 검증하는 공개 실험을 하였다. 그 결과 백신을 접종한 동물들은 모두 건강했지만 그렇지 않은 동물들은 발열 상태를 보이거나 이미 죽어 있었다. 이제는 파스퇴르가 잘난 척한다고 비웃으며 비난했던 사람들도 새로운 백신의 놀라운 효과를 부인하기 어렵게 되었다.

이와 관련하여 유명한 과학기술사회학자인 라투르(Bruno Latour)는 1988년에 출간된 《프랑스의 파스퇴르화(The Pasteurization of France)》에서 독특한 해석을 내린 바 있다. 라투르는 파스퇴르가 세균에 대한 자신의 이론을 프랑스 전역에 확장시킨 사건은 단순히 세균에 대한 연구를 열심히 수행한 것만으로는 설명될 수 없다고 주장했다. 파스퇴르의 이론이 받아들여지고 백신이 만들어지고 접종이 실시되는 과정에서는

파스퇴르가 푸이 르포르 농장에서 공개 실험을 하는 모습

프랑스 사회를 일종의 실험실로 만들고 다양한 차원의 사람, 집단, 생명체, 사물 등을 동원하여 효과적인 행위자–연결망(actor-network)을 구성하는 작업이 필수적이었다는 것이다. 특히 라투르는 과학의 생산, 전파, 발전 과정을 이해하기 위해서는 관련된 과학자나 이해집단과 같은 인간 행위자(human actors)뿐만 아니라 병원균이나 교통수단과 같은 비(非)인간 행위자(non-human actors)도 동일한 비중으로 다루어야 한다고 역설하였다.

파스퇴르는 탄저병에 대한 대책을 세우기 위해 농촌으로 나가 현장연구를 하지 않았다. 파스퇴르가 한 일은 소들이 자유롭게 풀을 뜯는 들판에서 탄저병을 적절한 방식으로 채집하여 잘 통제된 자신의 실험실로 '번역'해 들여오는 것에서 시작되었다. 그리고 다양한 분석기법을 사용하여 탄저병의 특징을 추출해냄으로써 병을 통제 가능한 상태, 즉 백신의 형태로 만들 수 있는 방법을 알아냈다. 그런 다음에야 파스퇴르는 다시 소들과 축산업자들에게로 돌아갔는데, 그때 파스퇴르는 자신이 만든 통제된 탄저병을 플라스크에 안전하게 담아 프랑스 전역에 퍼뜨릴 준비가 되어 있었다.

파스퇴르는 자신의 이론과 플라스크가 제대로 작동하기 위해서는 프랑스의 농촌을 자신의 잘 통제된 실험실과 비슷해지도록 변화시켜야 한다는 점을 잘 알고 있었다. 놀라운 기능을 수행하는 인공물일수록 그것이 제 기능을 하기 위해서는 상대적으로 까다로운 작동환경을 보장해 주어야 하는 것이다. 이와 함께 파스퇴르는 프랑스 농촌의 변화를 실현하기 위해 인상적인 행사와 정치적인 수완을 발휘하여 수많은 이해 집단들을 적극적으로 설득해 나갔다. 이처럼 파스퇴르는 탄저균과 축산업자를 비롯한 다양한 행위자들을 동원하면서 과학적 지식이 적절히 작동할 수 있는 일종의 연합체를 만들어냄으로써 프랑스를 파스퇴르화하는 데 성공할 수 있었던 것이다.

라투르에게 실험실은 지렛대와 같은 추축점(樞軸點)의 역할을 하는 것이었다. 이와 관련하여 그는 1983년에 〈나에게 실험실을 달라, 그러면 세상을 들어 올리리라(Give Me a Laboratory, and I Will Raise the World)〉라는 논문을 출간하기도 했다. 라투르는 오늘날 과학의 막강한 힘이 실험실에서 비롯되고 있다고 진단했다. 세상을 바꾸는 전략적 장소가 중세 사회에서는 성당이었고, 근대 사회에서는 공장이었다면, 현대 사회에서는 실험실이라는 것이다. 이와 동시에 그는 실험실이 다른 사회적 공간과 달리 비인간 행위자로 가득 차 있다는 점에 주목하였다. 다시 말해서 라투르는 실험실에서 구성되는 인간 행위자와 비인간 행위자의 동맹이 오늘날 과학의 핵심적인 특징이며, 그것이 과학을 다른 활동과 구별해 주는 기준이 된다고 보고 있다. 라투르는 이와 같은 실험실의 기원을 파스퇴르의 사례에서 찾고 있는 셈이다.

위험을 무릅쓴 과학자의 인간적 승리

탄저병 다음의 연구 주제는 광견병이었다. 파스퇴르는 수많은 실험 끝에 광견병에 감염되는 것은 그 병에 걸린 짐승에게 물릴 때 침을 통해 전염되기 때문이고, 상처를 통해 들어온 광견병이 환자의 뇌를 공격한다는 점을 알아냈다. 파스퇴르는 광견병에 걸린 짐승의 뇌를 건조시킨 뒤 그것을 가루로 만들어 용액에 녹인 후 용액 속의 병원체를 약화시켜 개에게 주사했다. 그러한 시도는 개에게 효력이 있는 광견병 백신을 개발하는 것으로 이어졌다.

광견병을 연구하던 도중 파스퇴르는 자신의 일생에서 가장 극적인 사건들을 경험하였다. 그는 미친 개의 침을 건강한 토끼의 몸에 접종하는 실험을 하였는데, 한번은 몸집이 큰 불도그가 사납게 으르렁거릴 뿐 토끼를 물려고 하지 않았다. 그러자 그는 개를 탁자에 단단히 맨 후 개의 입 가까이로 몸을 굽혔다. 당시의 목격자는 "그때야말로 파스퇴르의 생명이 가장 위태로웠던 순간이었습니다"라고 말했다. 파스퇴르는 죽음의 위험에 직면하고 있다는 사실을 잊은 듯이 매우 침착하게 개의 침을 짜서 시험관에 받아냈다.

이와 같은 실험을 한 지 두 달이 가기도 전에 파스퇴르에게는 또 한 번의 위험스러운 과제가 다가왔다. 1885년 7월에 메스테르(Joseph Meister)라는 소년이 미친 개에게 물렸는데, 그의 어머니가 파스퇴르에게 치료를 부탁했던 것이었다. 파스퇴르는 주저했다. 자신의 치료법이 성공하리라고 어떻게 장담할 수 있을까? 개에게는 효력이 있지만 인간에게도 효력이 있으라는 보장이 있는가? 백신을 접종하는 것이 환자의 목숨을 구하기는커녕 더 지독한 균을 몸에 넣어 주는 결과가 되지는 않을까? … 파스퇴르는 모험을 택하기로 결심했다. 마지막 접종을 하던 날 밤 그에게는 잠을 이룰 수 없는 공포의 밤이었다. 그러나 한 달이 지나도 소년의 병은 재발하지 않았다. 위험을 무릅쓴 과학자의 인간 승리였던 것이다.

파스퇴르 연구소의 전경

1888년에는 파스퇴르 연구소가 파리에서 문을 열었다. 파스퇴르는 노구를 이끌고 죽을 때까지 그 연구소의 소장으로 일했다. 파스퇴르는 1895년에 전신마비로 세상을 떠났다. 향년 73세였다. 그를 위한 대규모의 공개 장례식이 베

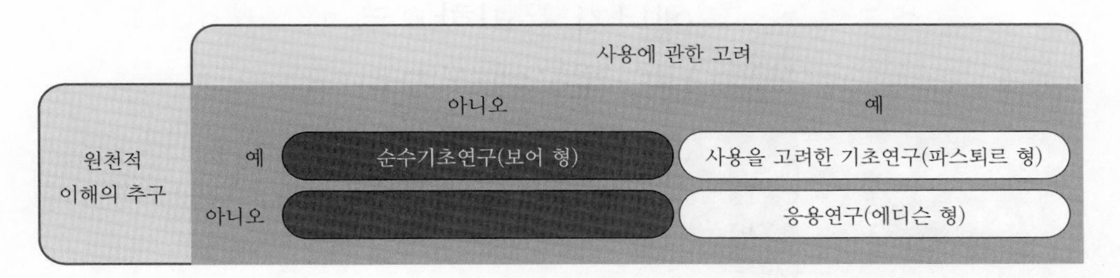

스토크스의 연구 활동의 유형에 관한 분류

르사유 궁전에서 열렸고, 그의 시신은 파스퇴르 연구소에 묻혔다. 파스퇴르 연구소는 이후에 세계적으로 확장되어 100여 곳의 연구소를 보유하고 있으며, 지금까지 8명의 노벨상 수상자를 배출하였다. 광견병 백신을 최초로 접종받았던 메스테르는 제2차 세계대전 중에 독일이 프랑스를 점령할 때까지 45년간 파스퇴르 연구소의 문지기로 근무하기도 했다.

미국의 과학정책에 오랫동안 관여했던 스토크스(Donald E. Stokes)는 1997년에 《파스퇴르 쿼드런트(Pasteur's Quadrant)》라는 요상한 제목의 책을 발간했다. 스토크스는 연구를 수행하는 동기로 원천적 이해의 추구를 한 축에 놓고 사용에 대한 고려를 다른 한 축에 놓은 후, 연구 활동의 유형을 순수기초연구(pure basic research), 사용을 고려한 기초연구(use-inspired basic research), 응용연구(applied research)로 구분하였다. 이를 바탕으로 그는 각 사분면의 영역에 해당하는 연구자 혹은 과학자의 유형을 보어 형, 파스퇴르 형, 에디슨 형으로 칭하고 있다. 보어 형은 아직까지 확실히 밝혀지지 않은 현상을 규명하는 것을 추구하고, 에디슨 형의 주된 연구 목적은 실생활의 문제를 해결하는 데 있는 반면, 파스퇴르 형의 경우에는 이해의 폭을 확장함과 동시에 실제적 사용도 염두에 두고 연구를 수행한다.

에너지 물리학으로
대영제국에 봉사하다
윌리엄 톰슨

"과학이 앞서 인도하는 곳에 오르라"

우리에게 켈빈 경(Lord Kelvin)으로 알려져 있는 윌리엄 톰슨(William Thomson, 1824~1907)은 19세기 후반의 영국 과학계를 대표했던 사람이다. 그는 절대온도 K를 제안한 것으로 유명하지만, 그보다 더욱 중요한 업적으로는 '에너지'라는 개념을 바탕으로 물리학의 체계를 정립했다는 점을 들 수 있다. 게다가 그는 대서양 횡단 전신사업을 성공리에 주관함으로써 영국 과학자로는 최초로 귀족 작위를 받았다. 이처럼 그는 과학과 기술을 넘나들면서 영국 특유의 실용적 과학을 발전시키는 데 크게 기여한 인물이었다.

윌리엄 톰슨은 1824년에 북아일랜드 지역의 벨파스트에서 태어났다. 아버지인 제임스 톰슨(James Thomson)은 미천한 출신으로 유명한 수학 교수가 된 입지전적 인물이었다. 윌리엄이 태어날 때 아버지는 벨파스트 왕립학교(Royal Belfast Academical Institution)의 수학 교수로 있었다. 윌리엄이 6살 때 어머니가 사망하자 아버지는 7명의 자식들을 직접 가르치는 열정을 보였다. 제임스는 매우 폭넓은 교육과정을 준비하여 자식들에게 창조자 숭배, 지적 만족, 실용적 이익의 중요성을 심어 주었다. 윌리엄은 형제들 중에서 공부를 가장 잘 했고 상상력도 뛰어났다.

1832년에 아버지는 글래스고 대학의 수학 교수가 되었고, 당시 8살이던 윌리엄은 형과 함께 그 대학의 강의를 들었다. 윌리엄은 10살 때 이미 입학허가를 받고 글래스고 대학에 최연소 학생으로 등록했다. 15살 때 윌리엄은 라그랑주의 《해석역학》과 푸리에의 《열의 해석적 이론》을 읽었으며, 수학에 관한 논문을 작성하기도 했다. 윌리엄은 16살 때 일기장에 십계명과 함께 다음과 같은 11번째 계명을 적었다. "과학이 앞서 인도하는 곳에 오르라. 가서 지구의 무게를 재고, 공기를 달고, 조수(潮水)에 대해서 알아보라. 행성들에게 운행 궤도를 알려 주며 태양의 여러 현상을 조절하라."

영국 최초의 교육용 실험실

윌리엄 톰슨은 17살이 되던 1841년에 케임브리지 대학의 피터하우스 칼리지에 들어갔다. 피터하우스 칼리지는 전통적으로 스코틀랜드 출신이 많이 다니는 곳이었다. 그는 케임브리지 대학에서 몇 편의 수학 논문을 작성하여 《케임브리지 수학 저널》에 싣기도 하고, 음악에 대한 취미도 가졌다. 당시 케임브리지 대학에서는 수학 트라이포스(Mathematical Tripos)라는 시험을 놓고 학생들이 경쟁을 벌이고 있었다. 톰슨은 1841년에 그 시험에 응시했는데, 수석을 할 것이라는 기대와 달리 차석에 머물고 말았다.

톰슨은 1845년에 케임브리지 대학을 졸업한 후 아버지의 권유로 파리로 갔다. 소르본 대학에서 뒤마(Jean-Baptiste Dumas)의 화학 강의를 들었고, 콜레주 드 프랑스에서 르뇨(Henri Victor Regnault)의 물리학 강의를 들었다. 톰슨은 파리에서 열역학 연구의 방법을 익히면서 저명한 프랑스 과학자들과 교류하는 데 많은 노력을 기울였다. 특히 그는 사디 카르노(Sadi Carnot)의 이론을 추적하고 그것을 소화하여 일련의 논문을 작성함으로써 그동안 과학계에서 잊혀져 갔던 카르노의 업적을 널리 알리는 데 크게 기여하였다.

카르노는 당시의 가장 흥미로운 문제였던 열기관의 열효율을 다루었다. 그는 우선 열기관과 수력기관의 유비관계를 사용하여 물이 높은 곳에서 낮은 곳으로 위치를 이동하면서 일을 하는 것처럼 열도 높은 온도에서 낮은 온도로 이동하면서 일을 한다고 설명하였다. 또한 그는 일정한 양의 물이 할 수 있는 일의 양이 두 위치에만 관련되어 있듯이, 일정한 열이 하는 일의 양도 열기관을 구성하는 두 온도만의 함수라고 생각하였다. 열기관의 열효율이 작용물질에 무관하다는 것을 받아들인 후 그는 이상적인 열기관의 모델을 만들었고 열의 보존을 원리로 삼아 가역반응(可逆反應)에 대한 사이클을 작성하였다.

1846년에 영국으로 돌아온 톰슨은 22세의 젊은 나이에 글래스고 대학의 자연철학 교수가 되었다. 교수가 되자마자 그는 자연철학과에 일대 혁명을 일으켰다. 신참 교수가 건방지게도 실험을 수행할 장소로서 강의실 이외의 방을 마련해 달라고 요청했던 것이다. 검

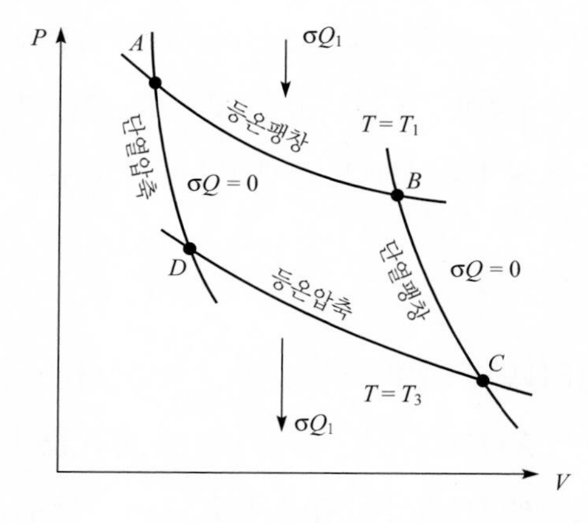

카르노 사이클의 개념도

소함을 미덕으로 여겨왔던 스코틀랜드 출신 교수들은 별도의 실험실을 가지고 있지 않았다. 고참 교수들은 적개심과 호기심을 동시에 느끼면서 오래된 포도주 저장 창고를 톰슨에게 사용하도록 하였다. 그곳은 훗날 영국 최초의 교육용 실험실로 발전하여 역사에 길이 기록되었다.

재치 있고 명랑한 교수인 톰슨은 학생들에게 항상 자극적인 존재였다. 그의 강의는 빈틈이 없었다. 매 학기 첫 강의 시간에 그는 학생들에게 다음과 같이 말했다. "나는 책을 읽어 주는 따위의 맥 빠진 강의는 하지 않습니다." 강의 시간에 그는 어떤 사소한 문제도 그냥 지나치지 않았고, 온갖 종류의 기구들을 가지고 묘기를 부렸다. 톰슨에게는 강의가 시작될 때 주제를 소개하는 버릇이 있었는데, 다음 시간에 그가 무엇을 강의할지는 아무도 몰랐다.

이러한 괴팍한 강의 덕분에 톰슨은 목숨을 잃을 뻔한 적도 있었다. 그는 속도의 원리를 설명할 때 장총을 꺼내어 흔들리는 추를 향해 사격을 하곤 하였다. 어느 날 그는 조교에게 화약 1드램(dram, 영국에서 사용하는 무게 단위로 1드램은 1.772그램에 해당한다)을 장전해 달라고 부탁했다. 그는 상용(常用) 드램으로 생각하여 말했는데 조교는 약국용 드램으로 알아들었다. 약국용 드램은 3.9그램으로서 상용 드램의 두 배가 넘었다. 조교는 교수의 머리를 날려 버릴 만큼 많은 양의 화약을 총에 장전했던 것이다. 톰슨이 방아쇠를 당기기 직전에 문제를 발견한 것은 참으로 다행스러운 일이었다.

열역학 제2법칙의 발견

윌리엄 톰슨의 가장 위대한 업적은 열역학 분야에서 이루어졌다. 사실 '열역학(thermodynamics)'이란 용어도 그가 1849년에 처음으로 사용하였다. 이에 앞선 1848년에 톰슨은 카르노의 원리를 연구하던 과정에서 절대온도 눈금을 만들었다. 당시에는 온도를 측정하는 수단으로 알코올이나 수은의 팽창을 이용한 액체 온도계가 주로 사용되었다. 그런데 액체 온도계는 온도를 측정하는 재료에 따라 조금씩 다른 눈금을 보였다. 그러나 카르노의 이상적인 열기관에 따르면, 작용물질의 종류에 관계없이 온도 차이만 같으면 열기관의 효율은 동일해야 했다.

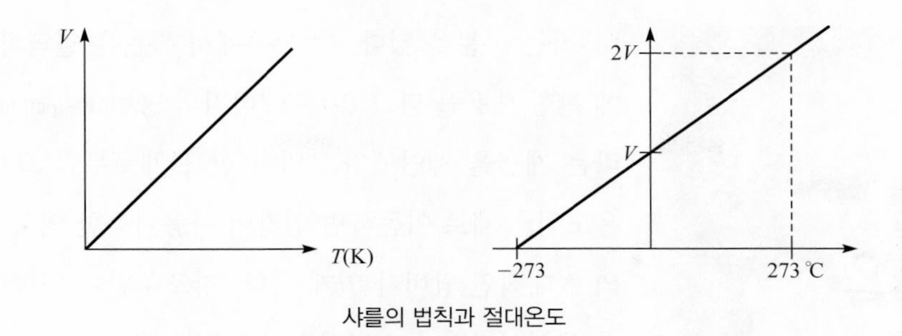

샤를의 법칙과 절대온도

이 문제를 연구하던 중 톰슨은 프랑스의 과학자인 샤를(Jacques Charles)이 발견했던 사실에 주목했다. 즉, 압력이 일정할 때 기체의 온도가 1도 떨어지면 부피는 1/273씩 줄어든다는 것이다. 이것은 −273도보다 낮은 온도가 없다는 점을 암시했다. 톰슨은 이 온도에서는 기체의 부피뿐만 아니라 기체의 분자를 구성하는 운동에너지도 0이 된다고 생각하였다. 그는 수많은 실험을 통해 자신의 가설이 모든 물질에서 성립한다는 점을 알아냈다. 그리고 −273도를 '절대 영도'라 부르면서 이 온도가 우주에서 존재할 수 있는 가장 낮은 온도라고 결론지었다. 오늘날 절대온도에 대한 눈금은 'K'로 표시되는데, 그것은 톰슨이 1867년에 귀족 작위를 받아 '켈빈 경'이 되었기 때문이다.

톰슨은 1847년에 영국과학진흥협회에서 열린 회합을 계기로 열역학 연구에 더욱 몰두하였다. 그때 줄은 열과 운동에너지가 서로 변환될 수 있다는 요지의 논문을 발표하였다. 당시 카르노의 업적에 심취하고 있었던 당시의 과학자들은 줄의 연구를 접하면서 매우 당혹스러워 했다. 카르노는 열기관에서 역학적 일이 생성될 때 열(칼로릭)이 보존된다고 생각했지만, 줄은 열과 일을 합친 양이 일정하게 보존되므로 일이 생성될 때에는 열이 소모된다고 주장하였던 것이다. 이러한 카르노와 줄의 모순을 해결하는 과정에서 톰슨과 클라우지우스(Rudolf Clausius)는 열역학 제2법칙을 발견할 수 있었다.

1850년 독일의 과학자 클라우지우스는 〈열의 기동력에 관하여〉라는 논문에서 카르노의 원리에서 열이 보존된다는 가정을 버리게 되면, 일이 열에 의해 생겨날 때마다 생성된 일에 비례하는 양의 열이 소모된다는 줄의 이론이 양립할 수 있다고 보았다. 톰슨은 1851년에 발표한 〈열의 동역학적 이론에 관하여〉라는 논문에서 열과 일이 동등하게 서로 변환될 수 있다는 줄의 학설을 받아들이면서 그것의 이론적 기초는 열이 물질 알갱이의 운동으로 이루어져 있다는 동역학적 이론에서 찾을 수 있다고 강조했다.

이어 톰슨은 1852년에 〈자연세계에서 역학적 에너지의 낭비를 향한 일반적 경향에 관하

엔트로피의 개념을 처음으로 제시한 클라우지우스

여〉라는 논문을 썼다. 이 논문에서 톰슨은 열역학 제2법칙에 관한 내용을 담고 있는 '에너지의 낭비(dissipation of energy)'라는 개념을 제안했다. "열이 한 물체로부터 그보다 낮은 온도의 물체로 이동하면 인간이 사용가능한 역학적 에너지의 절대적인 낭비가 있게 된다. 창조주만이 역학적 에너지를 생성시키거나 소멸시킬 수 있으므로, 낭비란 소멸일 수는 없으며 에너지의 변형일 수밖에 없다."

클라우지우스는 1852년에 톰슨의 논문에서 힌트를 얻은 후 열역학 제2법칙을 수학적으로 표현하는 데 오랫동안 몰두했다. 그 결과 그는 1865년에 우주의 두 가지 기본법칙을 정식화할 수 있었다. 첫 번째 법칙은 우주의 에너지가 일정하다는 것이었고, 두 번째 법칙은 우주의 엔트로피(entropy)는 항상 증가한다는 것이었다. 당시에 클라우지우스는 변환을 뜻하는 trope에 en과 y를 붙여 에너지와 짝이 되는 개념으로 엔트로피라는 용어를 만들었다.

하지만 클라우지우스의 엔트로피는 $dS = \int \frac{dQ}{T}$(S: 엔트로피, Q: 열의 양, T: 온도)와 같이 지극히 간접적으로 정의되고 있었다. 이러한 한계는 1877년에 볼츠만(Ludwig Boltzmann)에 의해 극복될 수 있었다. 그는 주어진 상태에 대한 엔트로피가 그 상태에 해당하는 분자들이 배열하는 방법의 수와 연관되어 있다는 점을 밝히고 $S = \kappa \log W$(S: 엔트로피, κ: 볼츠만 상수, W: 가능한 상태의 수)라는 공식을 도출하였다. 볼츠만에 따르면, 열이 높은 온도에서 낮은 온도로 흐르는 것은 그러한 방향으로 변화가 일어날 확률이 지극히 높기 때문이었다.

"에너지는 물리학의 토대"

톰슨은 1851년경부터 기존의 힘 대신에 에너지가 물리학의 가장 기본적인 개념이 되어야 한다고 생각했다. 에너지는 생성되거나 소멸되지 않고 변환만이 가능하기 때문에 모든 물리적 현상을 연결시킬 수 있는 통일적인 능력을 발휘할 수 있다는 것이었다. 이러한 주장에 따르면, 전통적인 역학의 문제들뿐만 아니라 열적, 전기적, 자기적, 광학적 현상들 모두가 에너지의 개념에 의해 연결될 수 있었다. 이와 함께 톰슨은 에너지를 정역학적(statical) 에너지와 동역학적(dynamical) 에너지로 구분할 수 있다고 제안했다. 높은 곳에 있는 추, 전기를 띤 물체, 일정량의 연료 등은 모두 정역학적 에너지를 가지고 있으며, 운동하고 있는 물질의 질량, 파동이 지나가는 일정 부피의 공간, 구성입자들이 열적으로 운동하고 있는 물체는 모두 동역학적 에너지를 저장하고 있다는 것이었다.

톰슨에 이어 에너지 물리학의 중요성을 강조한 사람은 테이트(Peter G. Tait)였다. 그는 1852~1855년에 발간된 일련의 논문을 통해 자연의 기본적 작인으로서 에너지의 위상을 강조하면서 역학, 열, 빛, 전기를 포함한 물리학을 에너지의 개념을 통해 정의했다. 그는 톰슨과 달리 에너지를 '잠재적인 혹은 숨은(potential or latent)' 에너지와 '활동적인 혹은 느낄 수 있는(actual or sensible)' 에너지로 나누었다. 급기야 톰슨은 1854년 영국과학진흥협회의의 연설에서 "열이 일로 변환한다는 줄의 발견은 뉴턴 이래 물리학이 경험한 가장 큰 개혁을 가져왔다"고 운을 뗀 뒤 "에너지는 물리학이 토대로 삼아야 할 가장 중요한 개념"이라고 역설하였다.

톰슨과 테이트는 약 8년 동안의 작업을 바탕으로 1867년에 《자연철학 논고(Treatise on Natural Philosophy)》를 발간했다. 그 책은 에너지를 물리학을 통합할 수 있는 기본 개념으로 채택했으며, 에너지의 유형을 위치에너지(potential energy)와 운동에너지(kinetic energy)로 구분하였다. 《자연철학 논고》는 통합적 물리학을 염두에 둔 최초의 서적으로서 당시 과학계에서 물리학의 교과서로 널리 사용된 바 있다. 1867년은 마르크스의 《자본론》 제1권이 출간된 연도이기도 하다.

대서양 횡단 전신사업을 주도하다

톰슨은 이론적 연구뿐만 아니라 실제적인 기구를 만드는 데에도 관심이 많았다. 온갖 종류의 기계 부속품들이 그의 책상 위에 쌓여 있거나 천정에 매달려 있었다. 그는 생전에 70여 개의 특허를 출원하였는데, 그것에는 전류계, 브리지, 전위계, 수심계, 컴퍼스 등이 포함되어 있었다. 그는 "인간은 특허를 통해 수익을 얻을 수 있는 합법적인 권리를 가지고 있으며, 특허는 건전한 경쟁 정신을 길러 주고 그 이익을 모든 사람이 공유할 수 있게 한다"고 생각했다.

톰슨의 실용적 관심과 소질이 가장 잘 드러났던 일은 대서양 횡단 전신사업이었다. 당시에 전신은 오늘날의 인터넷과 맞먹을 정도로 중요한 기술이었다. 대서양 횡단 해저전선은 화이트하우스(Wildman Whitehouse)라는 기술자의 주도로 1858년에 부설되었는데, 강한 전류를 통하는 바람에 약 700회의 통신으로 파괴되어 버렸다. 톰슨은 이미 1855년에 전신 신호가 지연되는 현상에 대한 과학적인 설명을 시도했지만, 처음에는 그의 권고가 받아들이

톰슨이 개발한 거울 검류계

지 않았다. 그것은 표면적으로는 화이트하우스와 톰슨 간의 불화 때문이었지만 궁극적으로는 기술자와 과학자 간의 권위 다툼에서 비롯되었다. 톰슨은 1896년 글래스고 대학 재직 50년 기념 강연에서 "자신의 인생이 실패"라고 말해 참석자들을 놀라게 했는데, 그 말은 "기술자가 생각하는 개념에 물리학을 충분히 접합시키지 못했다"는 의미의 발언이었다.

톰슨은 바닷물이 도체로 작용하는 데 비해 공기는 절연체이기 때문에 지상전선과 해저전선 사이에는 근본적인 차이가 있다고 지적하였다. 즉, 절연물질로 덮어씌운 해저전선과 바닷물은 일종의 축전기를 형성하기 때문에 전기를 보낼 경우에도 하전과 방전의 속도가 늦어진다는 것이었다. 톰슨은 해저전선에 강한 전류가 아닌 약한 전류를 흘려주어야 하며, 두꺼운 절연물질로 덮어씌운 고전도성의 굵은 전선을 사용해야 한다고 제안하였다. 그런데 약한 전류를 사용할 경우에는 그것을 판별할 수 있을 정도로 감도가 높은 기록 장치가 요구되었다. 이에 톰슨은 1858년에 거울 검류계를 설계하였고 1867년에는 자동 사이펀 기록기를 만들었다.

결국 두 번째 해저전선이 부설된 1866년에는 톰슨의 제안이 받아들여졌고 그는 그 사업을 주관하여 성공을 거두었다. 그 대가로 톰슨은 엄청난 부를 획득할 수 있었을 뿐만 아니라 1867년에 귀족 작위인 남작을 수여받아 '켈빈 경'으로 변모하였다. 켈빈이라는 이름은 글래스고 대학을 통과하여 흐르는 작은 강에서 따온 것이었다. 이후에 과학자들은 윌리엄 톰슨을 주로 켈빈 경이라 불렀는데, 그 이유 중 하나는 전자를 발견한 조지프 톰슨(Joseph John Thomson, J. J.라는 애칭으로 불리기도 한다)과 구별하기 위해서였다.

측정 단위의 통일을 위하여

대서양 횡단 전신사업에 참여하던 도중에 톰슨은 측정 단위를 통일하는 작업이 시급하다는 점을 뼈저리게 느꼈다. 그는 1857년에 전신사업과 관련된 실험을 하던 도중에 구리 도선 견본의 저항 값이 천차만별로 기록되어 있는 것을 알아냈다. 톰슨은 정량적인 측정의 중요성에 대해 다음과 같이 말했다. "자신이 말하고 표현하는 것을 숫자로 정확히 측정할 수 있을 때, 당신은 그것에 관해 뭔가를 아는 것이다. 그러나 그것을 측정할 수 없을 때, 그것을 숫자로 표현할 수 없을 때, 당신의 지식은 충분하지도 흡족하지도 않게 된다. 말이나 표현은 지식의 출발일 수는 있지만, 만약 그것으로 그친다면, 당신의 사고는 과학의 단계까지 발전하지 못한 것이다."

톰슨은 1차 사업의 실패 원인을 조사하고 개선 방향을 마련하기 위해 만들어진 청문회에서 아직 표준저항 코일이 없다는 문제점을 지적하였다. 이를 계기로 영국과학진흥협회는 1861년에 전기표준위원회(Committee on Electrical Standards)를 설치하였다. 위원회의 임무는 전기현상에서 나타나는 여러 가지 물리량의 단위를 정하고 그에 해당하는 물질적인 표준을 만드는 데 있었다. 전기표준위원회는 영국과학진흥협회가 운영한 위원회 중에서 가장 활발한 활동을 벌였으며 가장 오랫동안 존속하였고 가장 많은 과학자들이 참여했던 기록을 가지고 있다. 그 위원회가 약 50년에 걸쳐 만든 저항, 전류, 기전력, 전기용량 등의 단위와 표준물질은 영국의 표준이 되었을 뿐만 아니라 전 세계의 표준으로 사용되고 있다.

19세기 영국의 물리학은 전신이라는 매개체를 통해 대영제국의 팽창에 크게 기여하였다. 앞서 언급했듯이, 당시의 전신사업을 매개로 톰슨을 비롯한 영국의 물리학자들은 측정도구를 개발하고 표준단위를 정립하는 일에 적극적으로 참여하였다. 게다가 전신사업은 물리학 이론의 변화에도 상당한 영향을 미쳤다. 19세기 과학계에서는 전기력이 원거리 작용(action at a distance)에 의한 것인지, 전기장의 형성에 의한 것인지를 두고 상당한 논쟁이 있었다. 그러나 전신에서 발생하는 문제를 규명하거나 전신 기술을 개선하는 과정에서 장이론(field theory)이 널리 활용되면서 그것에 기반을 둔 물리학이 발전하게 되었다. 장이론에 따르면, 전기가 전달되기 위해서는 매질의 운동이 먼저 일어나야 하며 전기력은 일정한 시간이 지난 후에 전달될 수 있었다.

1864년에 톰슨은 지구의 나이에 대한 논쟁에도 끼어들었다. 그는 물리학적 원리를 바탕으로 지구의 나이를 계산하고자 했다. 태양이 현재와 같은 속도로 얼마나 오랫동안 열을 발산할 것인가에 대하여 당시 알려진 정보를 바탕으로 계산했던 것이다. 톰슨은 지구의 나이가 2~4천만 년이라는 의견을 제시하면서 새로운 열원이 존재한다면 자신의 계산을 수정하겠다는 단서를 달았다. 톰슨이 제안한 수천만 년은 1850년대에 지질학자들이 규정했던 것보다 훨씬 짧은 기간이었다. 덕분에 지질학에서 제시한 시간 규모와 물리학에서 제시한 시간 규모는 19세기 후반 내내 서로 삐걱거렸다. 지구의 나이에 대한 수수께끼는 20세기에 방사능이 발견되고 질량-에너지 등가원리가 제안되면서 해결될 수 있었다.

"연구 학생 켈빈 남작"

톰슨은 1899년에 주위의 만류에도 불구하고 53년 동안이나 몸담아 왔던 글래스고 대학의 교수직을 그만 두었다. 그러나 톰슨이 글래스고 대학과 인연을 완전히 끊은 것은 아니었다. 그는 76세의 나이로 학부 학생들 사이에 섞여 수강 신청을 했다. 등록생 명부에는 "연구 학생 켈빈 남작"이라고 적혀 있었다. 이로써 톰슨은 글래스고 대학의 최연소 학생이자 최고령 학생이라는 기록을 갖게 되었다. 그는 죽는 날까지 자신의 11번째 계명을 지키다가 1907년에 83세의 나이로 세상을 떠났다. 톰슨은 웨스트민스터 사원에 안치되었는데, 흥미롭게도 그의 묘 자리는 뉴턴의 옆으로 선정되었다.

톰슨은 일찍부터 과학자사회에 진입하여 두각을 드러냈고, 영국을 대표하는 훌륭한 과학자로 성장했다. 그는 1847년에 에든버러 왕립학회의 회원이 되었고, 1864년에 키스 메달(Keith medal)을 받았으며, 1873~1878년, 1886~1890년, 1895~1907년의 세 차례에 걸쳐 회장을 맡았다. 또한 1851년에 런던 왕립학회의 회원이 되었고, 1883년에 코플리 메달을 받았으며, 1890~1895년에 회장을 지냈다. 1902년에는 제1회 메리트 훈장(Order of Merit)을 수상하는 영예를 누렸고, 1905년에는 미국공학단체연합회가 주관하는 존 프리츠 메달(John Fritz medal)을 외국인으로서는 처음으로 받았다. 그 밖에 톰슨은 브라질, 프랑스, 러시아, 벨기에, 일본 등에서 훈장을 받기도 했다.

톰슨은 많은 제자들을 배출하기도 했는데, 그중에 윌리엄 에이튼(William Ayrton)은 일본에서 전기공학을 개척한 사람이다. 에이튼은 톰슨의 지도로 물리학과 전기공학을 공부한 후 1873년에 일본의 제국공과대학(1885년에 도쿄대학과 통합됨)에 부임하여 일본의 전기공학자 1세대를 양성하는 데 크게 기여하였다. 그는 1879년에 영국 런던에 설립된 핀즈베리 공과대학의 교수가 되었고, 1892년에 영국전기공학회의 회장을 역임하기도 했다. 그의 부인인 허싸 에이튼(Hertha Ayrton)은 아크등에 대한 연구로 1899년에 영국전기공학회 최초의 여성 회원이 되었다.

에든버러 왕립학회를 상징하는 문장(紋章). 에든버러 왕립학회는 1783년에 설립되었으며, 런던 왕립학회에 비해 더욱 다양한 분야를 포괄하는 특징을 보여 왔다.

말년에 톰슨은 물리학이 나아가야 할 방향을 제시하는 데에도 많은 관심을 기울였다. 예를 들어 그는 1900년에 미국 볼티모어에서 〈열과 빛에 관한 역학적 이론에 드리워진 먹구름〉이라는 제목의 강연을 했다. 톰슨은 물리학자의 하늘은 대체로 맑으며, 다만 에테르 속을 움직이는 지구의 운동을 설명하는 문제와 흑체복사를 체계적으로 설명하는 문제, 이 두 문제만이 작은 먹구름이라고 말했다. 하지만 작은 두 먹구름은 20세기에 큰 먹구름이 되어 이전과는 다른 새로운 물리학으로 자라났다.

© Book's-Hill

꿈에서 밝힌 유기화합물의 구조
프리드리히 케쿨레

건축학에서 화학으로

19세기에 들어와 다양한 원소들과 화합물들이 발견되고 그 특성이 규명되면서 화학은 중요한 과학 분야로 자리 잡았다. 그러나 화합물이 완전하게 분석될 수 있는지에 대해서는 상당한 의문이 제기되었고, 특히 유기화합물의 경우에는 더욱 그러했다. 이런 상황에서 독일의 화학자 케쿨레(Friedrich August Kekule, 1829~1896)는 유기물의 화학반응에서 탄소 분자가 핵심적인 역할을 담당한다는 점을 강조하면서 어떻게 탄소 분자가 여러 원소들과 결합하여 무수히 많은 물질들을 형성하게 되는지를 보여주었다. 이를 통해 화학자들은 유기화합물의 화학반응을 시각화하면서 이를 체계적으로 설명하고 예측할 수 있었다. 케쿨레의 업적을 매개로 오늘날과 같은 유기화학이 본격적으로 정립되기 시작했던 것이다.

케쿨레는 1829년에 독일 프랑크푸르트 근처에 있는 다름슈타트에서 태어났다. 그의 집안은 체코에서 이주해온 보헤미아의 귀족이었다. 그의 아버지는 헤세 대공국의 고등군사 참사관을 맡고 있었는데, 나폴레옹 통치기에 성(姓)의 e를 é로 바꾸었다. 어린 시절의 케쿨레는 천재 과학자의 이미지와는 멀었다. 전해지는 말을 종합해보면 케쿨레는 외향적인 성격으로 재치가 있고 붙임성이 좋았으며 운동을 유달리 즐겼던 소년이었다. 그는 다른 사람을 흉내 내는 데에도 일가견이 있었고 몇 가지 마술 시범을 보이기도 했다. 부모가 보기에 그것은 어린 아이들의 오락거리였지 과학의 재능을 암시하지는 않았다. 오히려 케쿨레의 부모는 아들의 스케치 솜씨를 더 진지하게 받아들였고, 아들이 장차 멋진 건물을 설계하는 건축가가 되리라고 기대했다.

케쿨레는 18살에 김나지움을 졸업한 후 아버지의 권유에 따라 기센 대학의 건축과에 입학하였다. 케쿨레는 우연한 기회에 화학과 교수인 리비히(Justus von Liebig)의 강의를 듣게 되었다. 리비히의 강의실과 연구실은 항상 만원이었으며, 그의 주변에는 세계 각국의 학생들이 모여들었다. 리비히의 강의와 인품에 매료된 케쿨레는 건축학을 그만두고 화학으로 전공을 바꾸었다. 흥미롭게도 리비히와 케쿨레는 고향이 같았다. 케쿨레의 부모는 건축학을 계속할 것을 권유했지만 자식의 고집을 꺾지는 못했다. 1849년부터 케쿨레는 리비히의 지도로 화학을 본격적으로 공부하기 시작하였다. 훗날 케쿨레는 자신이 대학 시절에 얼마나 열심히 공부했는가에 대해 다음과 같이 회고하였다.

"내가 리비히 선생님의 연구실에서 공부를 하고 있을 때 선생님께서는 만일 네가 화학자가 되고 싶으면 너의 건강을 해치지 않으면 안 된다고 말씀하셨습니다. 건강을 해칠 정도까지 공부를 열심히 하지 않으면, 화학에서는 아무런 성과를 거둘 수 없다고 하셨습니다. 그래서 저는 열심히 공부했습니다. 수년간 저는 하루 3~4시간의 수면으로 견뎌 나갔습니다. 책을 읽으며 밤을 새운 적이 한두 번이 아니며, 2~3일을 계속하기도 했습니다. 그 덕택으로 저는 성공할 수 있었다고 생각합니다."

막차를 타고 가던 어느 날

케쿨레는 이복형제가 돈을 대 주어 1851년에 프랑스 파리로 유학을 갔다. 거기서 케쿨레는 듀마(Jean B. Dumas) 교수에게 배우면서 뷔르츠(Charles A. Wurtz), 게르하르트(Charles Gerhardt), 르뇨(Henri V. Regnault) 등과도 친분을 맺었다. 케쿨레는 1년 동안의 프랑스 생활을 마친 후 독일로 돌아와 1852년에 박사 학위를 받았다. 박사 학위를 받은 후에 케쿨레는 리비히의 후원으로 스위스와 영국에서 5년 동안 박사후 과정을 밟았다. 영국 런던에서 케쿨레는 스텐하우스(John Stenhouse) 교수의 지도를 받으면서 윌리엄슨(Alexander Williamson)과 함께 연구하였다.

당시에 윌리엄슨은 유기화합물을 원자구조에 따라 분류하는 연구를 하고 있었는데, 케쿨레도 동일한 주제에 많은 관심을 가지고 있었다. 윌리엄슨이 씨름하던 문제는 수년간 과학자들을 괴롭혀왔던 것으로, 화학반응으로 물질이 녹는데도 왜 원자들의 배치가 변하지 않는가 하는 것이었다. 이러한 문제는 1854년 여름에 케쿨레가 퇴근길 버스 안에서 풀기 시작한 것으로 알려져 있다. 훗날 케쿨레는 당시의 상황에 대하여 다음과 같이 회고하였다.

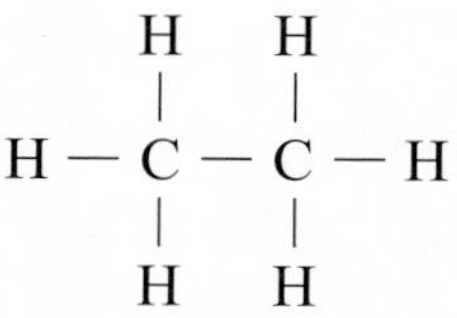

```
    H    H
    |    |
H — C —  C — H
    |    |
    H    H
```

에탄 분자의 구조

"화창한 어느 여름날 저녁, 평소와 마찬가지로 나는 막차를 타고 사람들이 썰물처럼 빠져나간 도심을 지나 귀가하고 있었다. 하루 종일 사람들로 북적거렸던 거리가 이제는 텅 비어 황량하기 그지없었다. 나는 꿈속으로 서서히 빠져 들어갔다. 그런데 어찌된 일인가! 원자들이 내 눈 앞에서 뛰놀고 있는 게 아닌가 … 나는 조그만 원자 두 개가 하나로 결합하고 커다란 원자 하나가 조그만 원자를 두 개, 세 개, 심지어 네 개까지 감싸 붙잡으며 어지러이 춤을 추는 것을 몇 번이고 반복해서 본 것이다. 커다란 원자들이 고리를 만들어 작은 원자들을 끌고 가는 모습도 보았다. "클래펌 가입니다"라는 차장의 고함 소리에 꿈에서 깨어났고, 그날 밤 내내 잠을 이룰 수가 없었던 나는 꿈에서 본 이 형상을 종이에 그렸다. 이렇게 해서 구조 이론이 시작된 것이다."

원자는 다른 원자와 결합하는 능력을 가지고 있으며, 어떤 원자가 갖는 결합선의 수를 원자가라고 한다. 예를 들면 수소와 염소의 원자가는 1이고, 산소의 원자가는 2이다. 수소와 염소가 각각 한 개씩의 결합선으로 연결되면 염화수소(HCl)가 된다. 산소 원자의 결합선은 2개인데, 왼쪽에 하나, 오른쪽에 하나의 결합선이 수소 원자에서 나오는 결합선과 만나면 물(H_2O)이 생성된다.

여기서 케쿨레에게 문제가 되었던 것은 에탄(C_2H_6)이었다. 에탄 분자는 탄소 2원자와 수소 6원자를 포함하고 있으므로 그 구조 속에 모두 8개의 결합선을 표시해야 한다. 그런데 수소 원자는 모두 6개이므로 결합선이 6개밖에 되지 않는다. 이에 대하여 케쿨레는 탄소 원자가 같은 탄소 원자끼리, 또는 다른 원자들과 결합하여 일종의 사슬을 형성한다는 점에 착안하였다. 2개의 탄소 원자를 잇는 결합선은 각 탄소 원자가 1개씩 제공하여 만들고, 각각의 탄소 원자로부터 위와 아래로 뻗은 2개의 결합선이 각각 하나씩의 수소와 결합한다는 것이다.

잊힌 화학자, 쿠퍼

그는 1856년에 독일로 돌아와 하이델베르크 대학의 사강사(Privatdozent)가 되었고, 1858년에는 벨기에의 겐트 대학에 초빙되어 정식 교수가 되었다. 1858년은 케쿨레가 〈화합물의 구조와 변태 및 탄소의 화학적 본성〉이란 논문을 발표하여 큰 반향을 불러 일으켰던 해였다. 그 논문에서 케쿨레는 탄소 구조론을 제창하면서 결합하는 원소들의 비율이 아니라 구조가 화합물의 본성을 결정한다는 점을 강조하였다. 그의 탄소 구조론은 다음의 세 가지로 요약할 수 있다. 첫째, 탄소 원자는 서로 결합해 길고도 복잡한 고리를 만들고, 둘째, 탄소의 원자가는 항상 4가이며, 셋째, 탄소를 포함한 화학반응의 결과를 연구함으로써 원소의 구조에 대한 정보를 얻을 수 있다.

과학의 역사에서는 동시발견 혹은 복수발견이 자주 등장한다. 서로 무관하게 연구를 했으면서도 거의 동시에 과학적 업적을 달성하는 경우가 적지 않은 것이다. 그러나 새로운 발견에 대한 명예가 한 사람에게만 돌아가는 사례도 많다. 탄소 구조론도 여기에 해당한다. 물론 케쿨레가 혼자서 연구하고 혼자서 그 결과에 도달했던 것은 분명하다. 그러나 탄소 분자의 결합에 대한 메커니즘을 최초로 제안한 사람이 케쿨레가 아니라 스코틀랜드 출신의 화학자인 쿠퍼(Archibald S. Couper, 1831~1892)라는 견해도 있다.

쿠퍼는 글래스고 대학에서 철학을 공부하다가 화학으로 전공을 바꾸었다. 그는 파리에 있는 뷔르츠의 실험실에서 일자리를 얻었다. 저명한 화학자였던 뷔르츠는 암모니아의 특성에 관심을 갖고 연구를 하고 있었다. 쿠퍼는 1858년 초에 〈새로운 화학이론에 대하여〉란 글을 썼는데, 그것은 4가 탄소와 탄소의 사슬 형성에 관하여 최초로 언급된 기록일 것이다. 특히 화학결합을 구름이나 소시지로 시각화시켰던 케쿨레와 달리 쿠퍼는 오늘날에도 사용되고 있는 표현법, 즉 곧은 점선으로 그것을 나타내 보였다. 쿠퍼는 "단 하나의 공식만이 화합물에 대해 합리적으로 설명할 수 있다. 그리고 화학구조의 특성을 지배하는 일반 법칙을 이끌어낼 수 있다면 이 법칙으로 이런 특성들 모두를 표현할 수 있을 것이다"라고 주장했다.

쿠퍼는 뷔르츠에게 프랑스 과학아카데미에서 자신의 논문을 발표할 수 있게 해달라고 요청했다. 그러기 위해서는 과학아카데미 회원의 추천을 받아야 했지만 불행히도 뷔르츠는 회원이 아니었다. 쿠퍼가 뷔르츠에게 목을 매달고 있었던 1858년 5월에 케쿨레는 탄소 구조론에 대한 역사적인 논문을 출간했다. 쿠퍼의 생각과 정확히 일치하는 내용을 담고 있는 논문이었다. 이에 비해 쿠퍼는 케쿨레보다 1달 늦은 1858년 6월에야 논문을 출간할 수 있었다. 쿠퍼는 뷔르츠가 의도적으로 자신을 파멸시켰다고 생각했으며, 실험실을 떠난 후 다시는 돌아오지 않았다. 그 후 쿠퍼는 신경쇠약으로 고통 받다가 나중에는 병원에 입원까지 하였다. 극심한 충격을 받은 그는 더 이상 연구를 지속할 수가 없게 되었다. 쿠퍼의 업적은 그가 죽은 후 10여 년이 지나서야 제대로 인정받기 시작했다.

뱀 꿈으로 알아낸 벤젠의 구조

케쿨레에게 겐트 대학은 과학의 낙원이었다. 그는 넉넉한 연구비를 지원 받았고 실험실을 설계할 수 있는 권리를 얻었으며 필요한 장비도 갖출 수 있었다. 그의 연구실은 자정이 넘도록 불이 꺼지지 않는 경우가 허다했다. 아마도 케쿨레는 화학계에서 성공을 거두려면 건강을 망칠 각오를 해야 한다고 말한 옛 스승 리비히의 충고를 단단히 새겨두고 있었던 것 같다.

케쿨레는 연구에 집중하는 가운데서도 틈틈이 시간을 내어 화학 교재를 집필하는 작업을 추진하였다. 그의 《유기화학 교과서》는 1859년에 초판이 발간된 후 유기화학 분야의 교재로 널리 사용되었다. 그 책은 이후에 지속적으로 보완되어 그가 사망할 때에는 2천 쪽을 넘어섰다. 또한 케쿨레는 체계적이고 합리적인 화학 용어를 정비하는 작업에 참여하면서 1860년 카를스루에에서 개최된 제1회 국제화학자회의를 조직하는 데에도 기여하였다.

그러나 이 모든 것이 급작스런 파국으로 중단되었다. 1862년에 사랑스런 아내가 아이를 낳던 도중 세상을 떠난 것이다. 케쿨레는 우울증에 빠져들었고 난생 처음으로 아무 일도 할 수 없게 되었다. 2년이 지나자 그는 연구를 다시 수행할 수 있을 정도로 상태가 호전되었다. 그때부터 케쿨레가 주의를 기울였던 것은 벤젠(C_6H_6)의 구조였다.

탄소 구조론이 확산되면서 사슬 모양으로 결합된 많은 유기화합물의 구조가 밝혀지기 시작하였다. 그러나 또 다른 유기화합물인 벤젠의 구조는 여전히 수수께끼로 남아있었다.

1860년 카를스루에에서 개최된 제1회 국제화학자회의에 모인 과학자들의 모습

1825년에 영국의 패러데이(Michael Faraday)는 고래 기름으로 만든 가연성 가스에서 벤젠을 발견했고, 1845년에 독일의 호프만(August von Hofmann)은 콜타르로부터 검출해낸 물질에 벤젠이라는 이름을 붙였다. 그 후 많은 과학자들은 벤젠의 구조에 관심을 보였지만, 어떻게 탄소 원자 4개와 수소 원자 6개로 벤젠이 형성되는지에 대해 매우 당혹스러워 했다.

이런 상황에서 케쿨레는 벤젠의 구조에 대해 흥미로운 답을 내놓았다. 벤젠이 각 탄소에 하나의 수소가 결합된 육각형 고리의 구조를 이룬다는 것이었다. 그는 벤젠의 구조에 대한 연구 결과를 두 개의 논문으로 만들었다. 1865년에 발표된 〈방향족 물질의 구성에 관하여〉와 1866년에 발표된 〈방향족 화합물에 관한 연구〉가 그것이다.

훗날 케쿨레는 벤젠 구조에 대한 해답도 꿈에서 얻었다고 주장했다. 케쿨레는 1865년 여름에 있었던 자신의 꿈을 다음과 같이 묘사했다. "나는 책상에 앉아 교재를 집필하려 했지만 도무지 일에 진척이 보이질 않았다. 생각이 엉뚱한 곳을 맴돌았다. 나는 의자를 난로가로 돌렸고 선잠에 설핏 빠져들었다. 내 눈 앞에 다시금 원자들이 나타나 장난을 치며 뛰놀았다. 작은 원자들은 뒤쪽에 쪼그리고 앉아 있었다. 이런 류의 형상을 몇 번이고 되풀이해 본 내 마음속의 눈은 좀 더 큰 다양한 구조들을 식별할 수 있었다. 이따금씩 원자들이 기다랗게 열을 지어 마치 뱀이 움직이듯 서로 꼬고 비틀면서 결합하고 있었다. 그런데 어라, 저것은 무엇인가? 그 뱀들 중 한 마리가 자신의 꼬리를 꽉 문 채 내 눈앞에서 조롱하듯 맴돌고 있었다. 머리에 번개를 얻어맞은 듯 나는 잠에서 깨어났고 이번에도 결론을 얻기 위해 꼬박 밤을 새울 수밖에 없었다."

이러한 꿈을 바탕으로 케쿨레는 파격적인 가설을 세웠다. 몇 가지 주요 유기화합물 분자는 그 구조가 개방된 것이 아니라 단일결합 또는 이중결합이 반복적으로 나타난 육각형 형태의 고리, 즉 자신의 꼬리를 물고 있는 뱀의 형태를 닮은 닫혀 있는 고리라는 것이었다. 이를 통해 케쿨레는 6개의 탄소 원자를 동그랗게 고리로 연결하여 벤젠의 구조식을 나타낼 수 있었다. 이러한 고리는 벤젠핵이라 불리며, 벤젠핵을 가진 화합물은 방향족 화합물로 분류되고 있다. 케쿨레의 뱀 꿈에 대하여 영국의 유명한 소설가이자 과학비평가인 케스틀러(Arthur Koestler)는 "뚱뚱한 소 일곱 마리와 야윈 소 일곱 마리의 꿈을 꾼

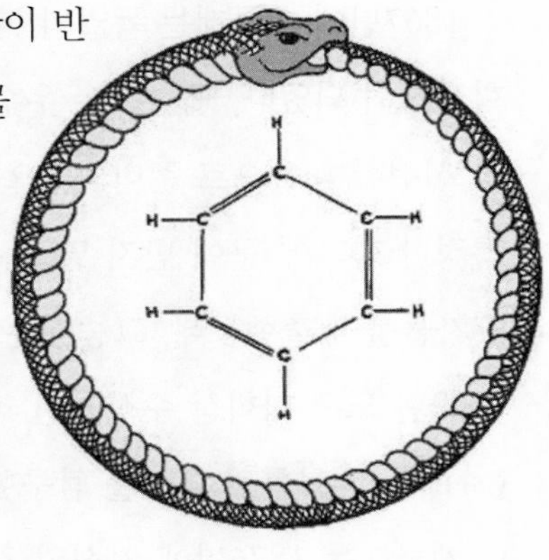

케쿨레의 꿈속에 등장한 꼬리를 문 뱀. 가운데는 벤젠의 분자 구조

《구약성서》의 요셉 이래로 역사상 가장 중요한 꿈일 것"이라고 평가하기도 했다.

케쿨레가 뱀 꿈으로 벤젠의 구조를 알아냈다는 점에 의문을 제기하는 사람들도 있다. 사실상 케쿨레가 자신의 꿈에 대해 처음 언급한 것은 벤젠의 구조에 대한 논문을 발표한 지 25년이 지난 후였다. 그동안 아무런 얘기도 없다가 갑자기 1890년에야 꿈에 대해 언급했던 것이다. 이 때문에 케쿨레가 실제로 뱀 꿈을 꾸지 않았다는 의혹이 제기되고 있다. 또한 케쿨레가 꿈을 꾸었는지의 여부와는 무관하게 왜 그가 1890년에 뱀 꿈에 대해 언급했을까 하는 의문도 생긴다. 이에 대한 대답으로는 발견의 우선권에 대한 논쟁이 거론되고 있다. 케쿨레는 1890년에 이르기까지 벤젠의 구조를 누가 먼저 발견했는가 하는 우선권 논쟁에 휘말려 있었는데, 1865년에 뱀 꿈을 꾸고 논문을 썼다고 주장함으로써 우선권 논쟁을 종식시켰다는 것이다.

후학의 양성에 힘쓰다

케쿨레는 벤젠의 구조를 밝힘으로써 '유기구조화학의 아버지'라는 명성을 얻었다. 그러나 당시의 화학자들이 하나같이 케쿨레의 벤젠 구조론을 환영한 것은 아니었다. 몇몇 화학자들은 케쿨레의 주장이 "공상에 불과하다"고 일축하였다. 특히 독일의 화학자 콜베(Hermann Kolbe)는 케쿨레를 신랄하게 비난했다. 콜베는 어떤 것도 우월적인 지위를 점하지 않는 '민주적인' 배열이란 존재하지 않는다고 주장했다. 사실상 당시에는 케쿨레의 벤젠 구조론에 대한 확실한 증거를 찾을 수 없었다. 20세기에 들어와 X선을 비롯한 다양한 검사법이 발달하면서 벤젠 분자 속에 6개의 탄소 원자가 6각형으로 배열되어 있다는 것이 입증되었다.

1867년에 케쿨레는 독일의 본 대학으로 자리를 옮겼다. 그는 호프만의 뒤를 이어 화학과 학과장이 되었다. 케쿨레는 우수한 연구자임과 동시에 뛰어난 교육자였다. 그의 강의는 항상 신선한 내용으로 준비되었으며 매우 명료하게 진행되었다고 한다. 그는 "젊은 시절에는 특정한 학파에 구애 받지 말고 폭넓은 재주를 키워야 한다"고 강조했다. 케쿨레는 수많은 제자들을 배출했는데, 그중에는 1901년 노벨 화학상 수상자인 반트호프(Jacobus H. van't Hoff), 1902년 노벨 화학상 수상자인 피셔(Emil Fischer), 1905년 노벨 화학상 수상자인 바이어(Adolf von Baeyer), 화학의 역사를 탐구했던 토르프(Thomas E. Thorpe)가 포함되어 있다.

케쿨레는 1876년에 자신의 집에서 가정부로 일하던 여자와 재혼하였다. 그 무렵에 케쿨레는 갑작스레 홍역을 앓았고 예전의 건강을 다시는 회복하지 못했다. 하지만 케쿨레는 생전에 높은 평가를 받았으며 상당한 영예도 누렸다. 그는 유기화학의 새로운 방향을 제시한 공로로 1885년에 영국 왕립학회의 코플리 메달을 수상하였다. 이와 함께 그는 1895년에 독일 황제인 빌헬름 2세로부터 귀족 작위를 받기도 했다. 이때 폰 슈트라도니츠(von Stradonitz)라는 이름이 추가되었고, 성(姓)에 있었던 é는 e로 바뀌었다.

케쿨레 탄생 150주년을 맞이하여 1979년에 독일에서 발행된 우표

케쿨레에게 가장 영광스러웠던 행사는 독일화학회의 주최로 1890년에 거행된 벤젠 고리 발견 25주년 기념식이었을 것이다. 기념식에서 케쿨레의 선배인 호프만은 "진실로 벤젠이야말로 과거 25년 동안 화학계의 길을 찾아 여행하는 사람들의 발걸음을 비추는 등불이었습니다"고 하면서 케쿨레를 추켜세웠다. 이에 케쿨레는 "우리들은 모두 선배들의 노력 위에 서 있다는 점을 잊어서는 안 됩니다"라고 화답하였다. 케쿨레가 자신의 뱀 꿈에 대해 언급한 것도 이 기념식을 통해서였다. 케쿨레는 1896년에 67세를 일기로 세상을 떠났다.

고전물리학의 최고봉
제임스 맥스웰

과학자로 둘러싸인 집안

"오늘 하루의 작업이 인생 전반의 작업과 연관되어 있으며 영원한 작업을 구현하는 과정이라는 사실을 알고 있는 사람은 행복하다. 이 사람이 서 있는 기초는 무너지지 않는다. 이미 영원성의 일부가 되어 있기 때문이다. 이 사람은 자신의 일상사를 줄기차게 수행한다. 현재는 이 사람의 소유물이기 때문이다." 이것은 20세기 물리학에 가장 큰 영향을 끼친 19세기 과학자로 평가되고 있는 제임스 클러크 맥스웰(James Clerk Maxwell, 1831~1879)이 쓴 글이다. BBC(British Broadcasting Corporation)는 2000년을 맞이하여 역사상 가장 큰 업적을 남긴 과학자 100명을 선정했는데, 맥스웰은 아인슈타인과 뉴턴에 이어 3위로 선정되었다. 맥스웰이 종합한 전자기학에 대한 방정식은 뉴턴의 운동법칙, 아인슈타인의 상대성이론과 함께 물리학의 역사를 바꾼 3대 공헌으로 평가되기도 한다.

맥스웰은 1831년에 스코틀랜드 에든버러 부근의 작은 마을에서 외동아들로 태어났다. 흥미롭게도 1831년은 패러데이가 전자기유도 현상을 발견한 해이기도 하다. 맥스웰의 아버지는 과학을 좋아하는 변호사였고 어머니는 독실한 그리스도인이었다. 맥스웰의 집안은 글렌레어에 광활한 부동산과 거대한 별장을 소유하고 있을 정도로 부유했다. 그의 집안은 원래 클러크 가문이었는데, 조상 가운데 한 사람이 맥스웰 가문의 영지도 함께 맡게 되면서 클러크 맥스웰 가문이 되었다.

맥스웰은 어릴 적부터 조숙하고 머리가 뛰어난 것으로 알려져 있다. 항상 "저것은 어떻게 된 거지?"라고 물었으며 웬만한 대답에는 만족하지 않았다고 한다. 8살이 되던 1839년에 성경에 나오는 시 119편을 암송했다는 일화도 전해지고 있다. 그러나 같은 해에 어머니가 돌아가시고 자질 없는 가정교사를 만나는 바람에 맥스웰은 자신의 인생에서 가장 큰 고통을 겪었다. 가정교사가 제대로 가르칠 줄도 모르면서 자신의 부족한 면을 심한 매질로 채우려 했던 것이다. 결국 맥스웰은 가정교사에게 반기를 들었고, 에든버러에 있는 고모네 집으로 가 인근에 있는 학교를 다녔다.

맥스웰은 10살이 되던 1841년에 스코틀랜드 지역의 최고 명문인 에든버러 아카데미에 입학하였다. 거기서 그는 평생 학문과 우정을 나누게 될 두 명의 친구를 만났다. 한 사람은 그의 전기를 쓴 캠벨(Lewis Campbell)이고, 다른 한 명은 그의 학문적 라이벌인 테이트(Peter G. Tait)이다. 캠벨은 당시의 맥스웰에 대해 다음과 같이 썼다. "맥스웰은 아주 독특하면서도 간단명료한 방법으로 기존의 상식을 뛰어 넘어 친구들 사이에 많은 논란을 불러일으키곤 했습니다. … 그리고 어떤 물건을 파괴하는 것에 대해, 심지어 공책 한 장을 찢어버리는 것에 대해서조차 거의 종교적 차원의 공포감을 보였습니다."

맥스웰은 에든버러 아카데미에 다니면서 그림 그리기를 즐겼다. 그는 예술가의 화려한 그림보다는 건축가나 엔지니어의 설계도에 가까운 그림을 좋아했다. 그는 수학에도 남다른 재능을 보였다. 수학의 경우에도 숫자나 기호만을 다루는 대수보다는 그림이나 기계적인 도구를 사용한 기하학을 더 좋아했다. 맥스웰은 14살의 어린 나이에 핀과 끈을 이용하여 계란형 타원을 작도하는 법에 대한 논문을 발표하기도 했다. 그림과 수학을 좋아한 맥스웰에게 안성맞춤인 연구주제였다.

맥스웰의 주변에는 유난히 과학자들이 많았다. 맥스웰의 아버지는 에든버러 대학의 자연철학 교수 포브스(James D. Forbes)와 친분이 두터웠다. 맥스웰이 14살 때 쓴 논문을 《에든버러 왕립학회 회보》에 실을 수 있게 해 준 사람도 포브스였다. 영국 조폐국장을 지냈던 삼촌은 아마추어 동물학자로 나중에 영국동물학회의 회장으로 선출되기도 했다. 사촌 매형 블랙번(Hugh Blackburn)은 글래스고 대학의 수학 교수였고, 맥스웰은 블랙번의 동료 교수인 윌리엄 톰슨(켈빈 경)과도 친분을 쌓았다.

맥스웰은 1847년에 16살의 나이로 에든버러 대학에 입학하였다. 친절하게도 포브스는 맥스웰에게 자신의 실험 장치를 마음대로 사용할 수 있도록 허락했고, 에든버러 대학을 마칠 무렵에 맥스웰은 실험 장치를 제작하거나 취급하는 데 전문가와 같은 기량을 보였다. 에든버러 대학을 다니는 동안 맥스웰은 두 편의 논문을 출간하기도 했다. 1848년에 발간한 〈회전 곡선 이론에 관하여〉와 1850년에 발간한 〈탄성 고체의 평형에 관하여〉가 그것이다.

케임브리지 대학의 랭글러

아버지는 맥스웰이 법조계에 진출하기를 희망했다. 그러나 맥스웰에게는 본격적으로 과학을 공부하고 싶은 마음이 간절했다. 포브스와 블랙번의 지원 사격 덕분에 맥스웰은 아버지를 설득하고 과학자의 길을 갈 수 있었다. 1850년에 맥스웰은 에든버러를 떠나 케임브리지 대학에 등록했다. 친구인 테이트가 먼저 가 있던 곳이었다. 처음에는 피터하우스 칼리지에 입학했으나 한 학기를 마치고는 트리니티 칼리지로 학적을 옮겼다. 거기서 그는 홉킨스(William Hopkins), 휴얼(William Whewell), 스토크스(George Stokes)와 같은 유명한 과학자들의 영향을 받으면서 대학 시절을 보냈다.

당시에 케임브리지 대학에는 수학 트라이포스(Mathematical Tripos)라는 우등 졸업 시험이 있었다. 수학 트라이포스의 우등 합격생들은 '랭글러(wrangler)'라는 칭호를 받았으며, 스미스 상 수상자를 가리는 또 한 차례의 시험을 쳐야 했다. 수학 트라이포스에 대한 시상식은 성대하게 치러졌고, 우등 합격생의 순위는 영국의 유력 일간지 《타임스》에 실렸다. 랭글러는 당시의 영국 사회에서 중요한 경력으로 인정받았기 때문에 학생들 사이의 경쟁이 매우 치열했다.

수학 트라이포스의 난이도는 1820년대부터 급격히 어려워지기 시작했다. 19세기 초에 휴얼을 비롯한 젊은 학자들은 영국의 과학 수준이 프랑스를 비롯한 대륙에 비해 뒤처져 가고 있다는 인식을 함께 했다. 그들은 이러한 상황을 타개하기 위해 대륙에서 고도로 발달한 미적분학과 해석역학을 영국에 수입해야 한다고 생각했다. 특히 휴얼은 대륙의 수학 기법이 다양한 물리적 문제를 푸는 데 유용하다고 확신했고, 1823년에는 역학적인 예제를 통해 수학 기법을 익힐 수 있는 《동역학 논고》를 출판했다. 휴얼은 1833년에 영국과학진흥협회를 통해 직업으로서의 과학을 강조하면서 '과학자(scientist)'라는 용어를 제안하였고, 1840년에 출간된 《귀납적 과학의 철학》에서 학문 분야를 더불어 넘나든다는 뜻에서 '통섭(consilience)'이란 용어를 사용하기도 했다.

케임브리지 대학의 학생들이 대륙의 수학 기법을 조금씩 익히기 시작하자 수학 트라이포스의 출제위원들은 더욱 까다로운 문제를 내기 시작하였고, 이를 준비하기 위해 과외 지도를 해 주는 코치도 생겨났다. 케임브리지의 코치들은 예상 문제를 뽑아 학생들을 훈련시키고 시험에서 좋은 점수를 얻는 데 필요한 팁을 알려주었다. 트라이포스를 준비하는 학생들은 명강사로 이름이 난 코치를 골라 대학 2학년 때부터 시험 준비에 돌입했다. 당시에 가장 유명한 코치는 '랭글러 제조기'라는 별명을 가진 홉킨스였다.

1842년에 있었던 케임브리지 대학의 랭글러 시상식

맥스웰은 1854년 1월에 있었던 수학 트라이포스에 응시하였다. 총 8일 동안 220개에 달하는 어려운 문제를 풀어야 했다. 시험을 준비하는 과정에서 과도한 스트레스로 인해 신경쇠약에 걸리거나 며칠 동안 계속되는 시험을 치르는 와중에 탈진하는 학생들도 있었다. 맥스웰도 시험을 준비하면서 받은 극도의 스트레스 때문에 밤마다 기숙사 복도를 뛰어 다녔다고 한다. 맥스웰은 그 시험에서 차석 랭글러이자 스미스 상 공동수상자가 되었다. 앞서 언급한 스토크스, 윌리엄 톰슨, 테이터도 랭글러 출신이었으며, 흥미롭게도 모두 홉킨스의 지도를 받았다. 또한 윌리엄 톰슨, 테이터, 맥스웰은 모두 스코틀랜드 출신이었기 때문에 스코틀랜드의 트리니티(Scottish Trinity)로 불리기도 한다.

수학적 방법으로 물리에 접근하다

맥스웰은 케임브리지 대학을 졸업한 후 모교의 특별연구원(fellow)으로 선출되어 학부생들을 지도하면서 자신의 연구도 병행하였다. 1856년에는 스코틀랜드 에버딘에 있는 매리셜 칼리지의 자연철학 교수로 부임하였다. 그때 맥스웰의 나이는 25세에 불과했다. 그는 학생 신분에서 교수 신분으로 바뀐 것을 다음과 같이 표현했다. "학생에서 교수로의 전환이 마침내 이뤄졌다. 신경의 뿌리를 조금씩 뽑아내는 것처럼 고통스러운 과정이었다. 하지만 전환 과정이 완료된 지금은 더 이상 고통이 없다. 뽑혀 나간 신경의 잔재가 남아 과거의 고통을 가끔 회상시켜 줄 따름이다."

1858년에 맥스웰은 매리셜 칼리지 학장의 딸인 캐서린 메리 듀어(Katherine Mary Dewar)와 결혼하였다. 그녀는 맥스웰보다 7살 연상이었지만, 키도 크고 상당히 매력적인 여성이었다. 맥스웰 부부에게겐 평생 아이가 없었지만, 캐서린은 맥스웰을 잘 이해했으며 기회가 있

서로에게 헌신했던 맥스웰 부부

을 때마다 남편의 연구를 도와주기도 했다. 맥스웰도 아내에게 헌신적인 자세를 보였다. 그는 혼자 여행할 때면 적어도 하루에 한 번 아내에게 편지를 쓰면서 자신의 활동을 상세히 알렸다. 캐서린이 심하게 아팠을 때에는 몇 주 동안 침대 옆에 앉아 성심껏 간호했다.

에버딘에서 맥스웰은 많은 과학자들의 수수께끼였던 토성의 고리에 관심을 가졌다. 그는 1858년에 발표한 〈토성 고리 운동의 안정성에 관하여〉에서 토성의 고리가 고체 판이나 유체 판이 아닌 작은 입자들로 이루어져야만 안정될 수 있다는 점을 수학적으로 증명하였다. 그 논문은 "물리학에 수학을 적용한 가장 훌륭한 사례"라는 평가를 받았으며, 맥스웰은 1859년에 애덤스 상을 수상함으로써 영국 과학계의 주목을 받기 시작하였다. 또한 맥스웰은 인간이 직접 인식하는 색은 빨강, 초록, 파랑의 세 가지 색뿐이라는 점을 실험적으로 증명한 후 이러한 삼원색이 혼합되는 비율에 따라 다양한 색채가 만들어진다는 점을 보였다. 그는 색채이론에 대한 연구로 1860년에 영국 왕립학회로부터 럼퍼드 메달을 받았다.

맥스웰의 에버딘 생활은 1860년에 예상치 못한 방식으로 마감되었다. 당시 에버딘에는 매리셜 칼리지와 킹스 칼리지가 있었는데, 두 대학이 통폐합되는 바람에 각 분야에서 한 명의 교수만 남게 되었고 자연철학의 경우에는 맥스웰이 면직되고 말았던 것이다. 뜻하지 않게 교수직을 잃어버린 맥스웰은 에든버러 대학에 지원했으나 그 자리는 친구인 테이트가 차지했다. 다행히도 맥스웰은 얼마 지나지 않아 런던의 킹스 갈리지에 임용될 수 있었다. 맥스웰은 킹스 칼리지에서 약 5년을 보낸 후 1865년에 교수직을 사임하고 글렌레어로 귀향했다.

맥스웰은 1861년에 런던의 한 강연회에서 세계 최초의 컬러 사진을 세상에 내놓았다. 스코틀랜드에서 유행하던 체크무늬가 있는 스커트에 대한 사진이었다. 그가 컬러 사진을 찍는 데 성공한 것은 운이 좋았기 때문이다. 맥스웰이 사용한 적색 필터는 자외선을 통과시켰고 스커트의 붉은 색이 자외선을 많이 반사했던 것이다.

강연이 끝나고 맥스웰은 패러데이와 함께 레스토랑에 갔다. 그들이 어떤 대화를 나누었는지는 알려져 있지 않지만, 두 사람의 만남은 매우 유익했을 것이다. 왜냐하면 패러데이와 맥스웰은 서로 보완적인 연구 스타일을 가지고 있었기 때문이다. 패러데이는 모든 것을 수학 없이 이해한 반면, 맥스웰은 모든 것을 수학으로 이해하였다. 두 사람 모두 위대한 통찰력을 가지고 있었지만 패러데이는 실험가였고 맥스웰은 이론가였다. 패러데이는 전기와 자기에 대한 다양한 실험을 했고, 맥스웰은 그것을 바탕으로 통합적인 전자기 이론을 정립할 수 있었다.

맥스웰은 케임브리지 대학 시절부터 패러데이에 대해 관심을 가졌고 1856년에는 〈패러데이의 역선에 관하여〉라는 논문을 발표하였다. 그때 맥스웰은 패러데이의 역선을 물리적 현상으로 보지 않고 단지 기하학적 표현으로 보았다. 반면 1861년과 1862년에 발표한 〈물리적 역선에 관하여〉에서는 역선을 가설적이고 유추적인 차원을 넘어 물리적이고 역학적인 관점에서 다루었다. 이 논문에서 그는 윌리엄 톰슨과 랭카인(William Rankine) 등에 의해 제안된 분자 소용돌이(molecular vortices) 모형을 도입했으며, 전기와 자기의 매질을 꿀벌집 모양의 세포 에테르로 묘사했다.

맥스웰은 전자기 현상을 연구하면서 빛이 전자기파의 일종이라는 생각에도 도달했다. 그는 패러데이를 따라 역선이 도중에 끊어지지 않고 계속해서 뻗어나간다고 생각했다. 만약 도선에 흐르는 전류의 방향을 바꾸면 역선의 좌우 운동의 상태가 달라지는데, 맥스웰은 이로 인해 역선이 마치 빨랫줄을 흔드는 것처럼 일종의 파동을 이루면서 일정한 속도로 앞으로 나아갈 것으로 예상했다. 이러한 파동의 전달 속도를 계산해 보니 빛의 속도와 거의 같았고, 그는 빛도 전자기장이 주재하는 파동의 일종이라고 주장하기에 이르렀다.

이처럼 맥스웰은 색채이론에서 전자기학에 이르는 매우 다양한 주제를 다루었다. 그것이 가능했던 이유는 그가 케임브리지에서 받았던 훈련에서 찾을 수 있다. 맥스웰의 연구는 물리적 대상에 대한 역학적인 모형을 만들고 그것의 수학적인 귀결을 찾아내는 방법을 따랐다. 즉, 당시에 맥스웰이 다루었던 물리학의 주제들은 역학적 모형과 수학적 표현으로 통합되어 있었던 것이다. 오늘날 전자기학, 광학, 열역학이 물리학이란 분야로 통합되어 있는 것도 맥스웰과 같은 연구 방식에서 비롯되었다고 평가할 수 있다.

전자기학의 집대성

맥스웰은 전자기 현상을 계속 연구하면서 하나의 현상을 설명하는 데에도 여러 가지의 역학적 모형이 존재할 수 있다는 점을 깨달았다. 그는 굳이 한 가지 모형을 끝까지 고집할 필요가 없다고 생각했고, 여러 모형들에 공통된 특성을 잘 표현하는 방정식을 만들어보고자 했다. "모형은 중요하고 유익하지만 진실은 아니며, 과학적 진실이 존재하는 한 그 모형은 방정식 안에 존재한다"는 것이 맥스웰의 생각이었다.

맥스웰은 이전에 썼던 논문들을 발전시켜 1864년에 〈전자기장에 대한 동역학적 이론〉을 발표하면서 전자기 현상을 설명하기 위한 일련의 방정식을 정립하였다. 맥스웰 방정식은 1864년 논문에서는 8개로 이루어져 있었지만 오늘날에는 1884년에 영국의 물리학자인 헤비사이드(Oliver Heaviside)가 4개의 방정식으로 정리한 형태가 널리 사용되고 있다. 또한 독일의 물리학자인 헤르츠(Heinrich Hertz) 역시 헤비사이드와 동일한 작업을 한 바 있기 때문에 맥스웰 방정식은 헤르츠-헤비사이드 방정식으로 불리기도 한다. 맥스웰 방정식은 모든 전자기 현상에 대한 이론적인 기반을 제공했기 때문에 19세기말의 많은 물리학자들이 거기에 매혹되었는데, 오스트리아 출신의 물리학자인 볼츠만(Ludwig Boltzmann)은 괴테의 구절을 인용해 "이런 부호를 쓴 사람은 신이 아닐까?"라는 찬사를 표시했다.

맥스웰 방정식은 다음과 같은 네 가지 법칙으로 이루어져 있다. 첫째는 전기에 대한 가우스의 법칙으로 전하에 의해 발생된 전기장의 크기를 설명한다. 가우스의 법칙은 본질적으로 쿨롱의 법칙과 같은 의미를 지닌다. 다만, 쿨롱의 법칙이 공간에 놓인 두 점전하 사이에서 발생하는 힘을 설명하는데 비해 가우스의 법칙은 하나의 전하로부터 발생하는 전기장의 세기가 거리에 따라 반감되는 이유를 설명한다. 둘째는 자기에 대한 가우스의 법칙으로 일정한 닫힌 공간에서 자속선의 합계는 0이 된다는 것이다. 전기와 달리 자기는 N극과 S극이 언제나 함께 존재하여야 한다. 이러한 자기의 성질 때문에 일정한 공간으로 들어오는 자기력선과 나가는 자기력선의 크기는 언제나 동일할 수밖에 없고, 따라서 서로 정반대의 방향으로 작용하는 같은 크기의 힘의 합계는 언제나 0이 된다.

$$\oint \vec{\mathbf{E}} \cdot d\vec{\mathbf{A}} = \frac{q}{\varepsilon_0}$$
$$\oint \vec{\mathbf{B}} \cdot d\vec{\mathbf{A}} = 0$$
$$\oint \vec{\mathbf{E}} \cdot d\vec{\mathbf{s}} = -\frac{d\Phi_B}{dt}$$
$$\oint \vec{\mathbf{B}} \cdot d\vec{\mathbf{s}} = \mu_0 I + \mu_0 \varepsilon_0 \frac{d\Phi_E}{dt}$$

전자기학을 집대성한 맥스웰 방정식

셋째는 패러데이의 유도 법칙으로 자속이 변

하면 그 주변에 전기장이 발생한다는 것이다. 고리 모양으로 만들어진 전선 가운데서 자석을 위 아래로 움직이면 전류가 발생하는 것을 예로 들 수 있다. 넷째는 맥스웰–앙페르 법칙이다. 앙페르의 회로 법칙은 전류가 흐르는 전선을 따라 자기장이 발생하는 것을 지칭한다. 맥스웰은 이를 확장하여 전선뿐만 아니라 전기장의 강도가 변하는 모든 곳에서 자기장이 발생함을 증명하였다. 예를 들어 콘덴서 자체는 전류를 이동시키지 못하지만 전기장의 변화를 전달하는데, 맥스웰은 콘덴서에서 전기장이 변할 때 자기장이 발생하는 현상을 측정했던 것이다. 이와 같이 외부 전기장의 변위에 따라 유전체 속을 흐르는 전류를 맥스웰은 '변위전류(displacement current)'로 칭했다.

맥스웰의 전자기 현상에 대한 연구는 1873년에 출간된 《전자기론(A Treatise on Electricity and Magnetism)》으로 종합되었다. 그 책은 뉴턴의 《프린키피아》와 함께 물리학의 역사를 바꾼 두 권의 책으로 평가되고 있다. 《프린키피아》와 《전자기론》은 일반인은 물론 과학자들도 이해하기 어려운 책이라는 공통점도 가지고 있다. 이에 따라 두 책에 대해서는 수많은 해설서가 발간되기도 했다.

맥스웰의 전자기학이 처음부터 호의적으로 수용된 것은 아니었다. 맥스웰에게 많은 영향을 주었던 윌리엄 톰슨은 맥스웰의 전자기학을 죽을 때까지 받아들이지 않았으며, 독일의 과학자들은 맥스웰의 이론과는 완전히 다른 전자기학 체계를 구축해 나가고 있었다. 특히 빌헬름 베버(Wilhelm Weber)는 쿨롱 법칙과 앙페르 법칙을 포괄하는 원격작용에 의한 전자기 역제곱 법칙을 제창하였고, 이에 영향을 받은 많은 독일 과학자들은 전자기력이 무한대의 속도로 전파된다고 생각하였다. 맥스웰의 전자기학은 헤르츠가 1887~1888년에 전기 스파크를 이용하여 전자기파를 발견하는 실험에 성공함으로써 널리 수용되기 시작하였다. 헤르츠는 전자기파가 빛의 속도로 이동하며 빛과 마찬가지로 반사, 굴절, 회절도 한다는 점을 보여주었던 것이다.

맥스웰의 도깨비

맥스웰의 또 다른 위대한 업적은 기체분자운동론에 관한 것이었다. 이미 18세기 중엽에 스위스의 과학자인 베르누이(Daniel Bernoulli)가 기체의 운동을 동역학적으로 설명한 일은 있었지만, 기체분자의 속도분포에 관한 문제는 오랫동안 미지의 영역으로 남아있었다. 눈으로 볼 수도 없고 실험 대상으로 삼기도 어려운 분자를 주제로 진지한 과학연구를 하기는 힘들었던 것이다. 그러던 중 1856년에 독일의 크뢰

니히(August Karl Krönig)는 기체가 진공 속을 운동하는 분자들로 이루어져 있다는 주장을 담은 논문을 발표하였다. 그런데 그의 주장은 모든 분자들이 서로 충돌하지도 않고 속도도 모두 똑같다는 터무니없는 가정을 기반으로 삼고 있었다. 이에 따라 그의 주장은 격렬한 반대에 부딪혔고 기체분자운동론은 제대로 된 물리이론이 아니라는 의견이 더욱 팽배해졌다.

당시에 기체분자운동론에 본격적인 주의를 기울였던 사람은 클라우지우스와 맥스웰이었다. 클라우지우스는 1857년에 분자들 사이의 충돌이 한 형태의 운동을 다른 형태의 운동으로 바꿀 수 있다는 점을 증명했으며, 이를 통해 같은 온도와 압력 아래서 같은 부피의 기체는 동일한 수의 분자를 포함한다는 아보가드로의 이론에 대한 첫 번째 역학적 사례를 제공하였다. 맥스웰은 토성의 고리에 대해 연구하는 동안 많은 물체들에 대한 상호작용을 다루었고, 그 과정에서 물리적 현상에 대한 통계적 접근의 필요성을 느끼게 되었다. 그는 1867년에 〈기체의 동역학적 이론에 관하여〉라는 논문에서 기체분자들이 서로 충돌하면서 속도와 방향을 바꿀 수 있다는 가정을 바탕으로 기체의 확산, 점성, 열전도 등과 같은 여러 성질을 설명하였다. 특히 그는 뜨거운 기체에도 아주 느린 분자가 있고 차가운 기체에도 아주 빨리 움직이는 분자가 있다는 점을 증명하였다. 맥스웰의 연구는 1871년에 볼츠만에 의해 분자들 사이의 에너지 분포를 나타낼 수 있도록 일반화되어 오늘날 통계역학에서 널리 사용되고 있는 맥스웰–볼츠만 통계로 발전되었다.

1867년에 맥스웰은 열역학 제2법칙의 성격에 대한 사고실험을 한 뒤 테이트에게 편지를 보냈다. 그 사고실험은 윌리엄 톰슨에 의해 '맥스웰의 도깨비(Maxwell's demon)'란 이름이 붙여졌고, 지금까지도 숱한 논의를 불러일으키고 있다. 맥스웰은 같은 온도의 기체로 차 있고 서로 옆에 있는 A와 B 두 방을 상상했다. 작은 도깨비가 두 방의 분자들을 보면서 그 문을 지키고 있다. 기체분자들의 평균속력보다 빠른 분자가 A방에서 문 쪽으로 오면 도깨비는 문을 열어 B방으로 넘어가게 한다. 같은 방식으로 B방에서는 느린 분자를 A방으로 이동시킨다. 이런 식으로 충분한 시간이 지나면 B방의 기체분자들의 평균속력은 증가하고 A방보다 커지며, 따라서 A방은 온도가 낮아지고 B방은 높아진다. 이처럼 뜨거운 쪽이

맥스웰의 도깨비를 형상화한 그림

더욱 뜨거워지고 차가운 쪽이 더욱 차가워지는 것은 열이 온도가 높은 곳에서 낮은 쪽으로만 흐른다는 열역학 제2법칙에 위배된다.

맥스웰이 도깨비에 대해 논의한 것은 다른 물리법칙과 달리 열역학 제2법칙은 통계적으로만 성립된다는 점을 보여주기 위해서였다. 그러나 맥스웰의 도깨비가 열역학 제2법칙을 실제로 깰 수 있는가 하는 문제는 오랫동안 물리학계의 골칫거리가 되었다. 실라르드(Leó Szilárd)를 비롯한 20세기의 물리학자들은 맥스웰의 도깨비에 의해서도 열역학 제2법칙이 깨지지 않는다고 결론지었다. 그들은 기체분자의 이동에 의해 감소하는 엔트로피보다 맥스웰의 도깨비가 분자를 분류하는 과정에서 발생하는 엔트로피가 더욱 크다는 점을 보였다. A와 B 사이의 온도차로 생긴 에너지보다 분자의 속력을 측정하고 기체분자를 선택하여 A와 B 사이의 문을 통과하게 만드는 데에 더 많은 일이 든다는 것이었다.

맥스웰은 1871년에 《열 이론》을, 1873년에는 《물질과 운동》을 출간함으로써 열역학과 기체분자운동론에 대한 자신의 생각을 정리하였다.

영국 최초의 물리학 교수

맥스웰은 1871년에 자신의 모교인 케임브리지 대학의 물리학 교수이자 캐번디시 연구소의 초대 소장으로 임용되었다. 당시에 그는 대영제국을 통틀어 유일한 물리학 교수였다. 당시까지 영국의 물리학자들은 수학 교수 혹은 자연철학 교수의 직함을 가지고 있었는데, 맥스웰이 처음으로 물리학 교수로 임용되었던 것이다. 덕분에 맥스웰은 종종 빅토리아 여왕에게 불려가 물리학에 대해 설명하는 일도 맡아야 했다. 또한 맥스웰은 캐번디시 연구소의 초대 소장으로서 연구소를 건설하고 관리하는 일에 많은 시간과 노력을 기울였다. 그는 1879년에 《헨리 캐번디시 경의 전기 연구》라는 자료집을 출간하기도 했다.

맥스웰이 영국 최초의 물리학 교수가 되었다는 사실은 19세기 중엽에 오늘날과 같은 물리학이 하나의 전문분야(discipline)로 성립되었다는 점을 상징하는 사건으로도 풀이할 수 있다. 사실상 오랜 기간 동안 물리과학에는 천문학과 역학을 포함한 수학적 전통과 빛, 열, 전기, 자기 등을 다루는 실험적 전통이 별개로 존재했다. 이와 관련하여 토머스 쿤은 수학적 전통의 물리과학을 고전과학(classical science)으로, 실험적 전통의 물리과학을 베이컨과학(Baconian science)으로 칭하면서 흥미로운 해석을 제안한 바 있다. 16~17세기 과학혁명은 고전과학에서 관념상의 혁명과 새로운 베이컨과학의 출현으로 특징지을 수 있고, 19세기 중엽에 물리학 분야가 형성된 것은 베이컨과학이 수학화되면서 고전과학과 연결된 현상으로 볼 수 있다는 것이다.

맥스웰은 케임브리지 대학에 부임한 이후에 연구소 운영, 학생 지도, 대중강연 등으로 매우 분주한 삶을 살았다. 그런 와중에도 맥스웰은《물질과 운동》과 같은 책자를 발간하는 한편 물리학에 관한 논문도 여러 편 발표하였다. 1870년대에 발표된 그의 논문은 주로 젊은 학자들이 진행 중인 연구의 의미를 밝히고 향후 발전 방향을 지적하는 성격을 띠고 있었다. 맥스웰은 1877년부터 몸이 많이 약해졌으며 아내의 극진한 간호에도 불구하고 1879년에 위암으로 생을 마감하였다. 그때 맥스웰의 나이는 48세에 불과했다. 공교롭게도 맥스웰은 어머니와 같은 나이에 같은 병으로 사망했다.

맥스웰이 사망한 해에 그의 업적을 계승함과 동시에 뛰어넘었던 아인슈타인이 태어났다. 아인슈타인은 맥스웰을 매우 존경하였다. 아인슈타인은 자신의 연구실 벽에 뉴턴과 패러데이의 초상화와 함께 맥스웰의 사진을 걸어두었다고 한다. 아인슈타인은 1931년에 맥스웰 탄생 100주년을 기념하여 “그의 업적은 뉴턴 이후 가장 심원하고 풍성한 물리학의 성과”라고 극찬하면서 다음과 같이 덧붙였다. “물리학은 맥스웰 이전과 이후로 나뉜다. 그와 더불어 과학의 한 시대가 끝났고 또 한 시대가 시작되었다.”

어머니에게 바친 주기율표
드미트리 멘델레예프

파란만장했던 학창 시절

물질의 기본적인 구성단위는 원소(element)이며 지금까지 발견된 원소는 117개에 달한다. 이렇게 많은 원소들을 어떤 기준에 의해 분류할 수 있다면 물질세계의 규칙성을 알 수 있을 뿐만 아니라 새로운 물질의 성질도 예측할 수 있다. 이러한 점 때문에 과학자들은 일찍부터 원소를 분류하려는 시도를 해왔다. 그러한 시도는 화학적 성질이 비슷한 원소가 주기적으로 나타나는 현상, 즉 주기율(週期律, periodic law)이 발견되면서 체계화될 수 있었다. 주기율을 발견하여 현대화학의 기초를 마련한 사람은 러시아의 과학자인 드미트리 멘델레예프(Dmitri Mendeleev, 1834~1907)이다.

멘델레예프는 시베리아의 동쪽에 있는 토볼스크라는 작은 마을에서 14명의 아이 중 막내로 태어났다. 그의 아버지는 덕망이 높은 교장 선생님이었고 어머니는 비교적 부유한 유리공장 주인의 딸이었다. 특히 어머니인 마리아는 당시 러시아에서는 보기 힘든 현명한 여성이었다. 그녀는 여자에게 교육을 시키지 않는 풍습을 통탄하면서 오빠가 공부하고 있는 것을 어깨 너머로 익혀온 사람이었다. 그녀는 "사람이 육신만을 돌보며 살아가는 것은 참으로 어리석은 일이다. 사람은 영혼과 정신을 위하여 하루 중 몇 시간이라도 자유로운 시간을 가져야 한다"고 말하곤 했다.

그러나 멘델레예프가 태어난 지 얼마 되지 않아 그의 가정에는 뜻하지 않은 비운이 찾아들었다. 아버지가 두 눈을 실명하여 교직에서 물러나게 되었던 것이다. 어머니는 가계를 꾸려가기 위해 친정에서 유리공장을 인수받았다. 그녀는 회사와 가정을 동시에 책임져야 하는 어려운 여건 속에서도 아이들이 자신의 개성을 따라 잘 성장할 수 있도록 뒷바라지하는 데 최선을 다했다. 특히 멘델레예프는 막내로서 어머니의 사랑을 독차지하였고 학교에서도 우등생으로 생활하였다.

멘델레예프의 가정은 어느 정도 안정을 찾는 듯 했으나 불행하게도 또 다른 비운이 다가왔다. 멘델레예프가 15살이던 1849년에 오랫동안 투병 생활을 했던 아버지가 사망하였고 공장마저 불의의 화재로 소실되었다. 가세는 급격히 기울었으며 멘델레예프의 성적도 나빠졌다. 수학과 과학은 보통, 라틴어는 최하의 성적을 기록하였다. 얼마나 라틴어를 싫어했으면, 고등학교를 졸업하던 날 친구들과 같이 학교 뒷산에 올라가 라틴어 교과서를 불로 태우면서 손뼉을 쳤다는 일화도 전해지고 있다.

어머니는 아들을 위해 결단을 내렸다. 얼마 남지 않은 가재도구를 정리하여 고향을 떠났던 것이다. 갖은 고생 끝에 험준한 우랄 산맥을 넘어 모스크바로 갔지만, 고등학교 성적이 나쁜 멘델레예프를 받아주는 대학은 없었다. 어머니는 다시 용기를 내어 페테르부르크로 갔다. 거기에는 남편의 모교인 페테르부르크 대학 부속 사범학교가 있었다. 다행히 그 학교의 학장이 아버지의 친구라서 멘델레예프는 이학부에 입학할 수 있었다.

멘델레예프는 대학에 진학하자마자 생애에서 가장 큰 슬픔을 맛보아야 했다. 오로지 자신을 위해 정성과 사랑을 아끼지 않으셨던 어머니가 세상을 떠나고 만 것이다. 그때가 1850년 9월이었다. 고아가 된 멘델레예프는 만리타향의 조그마한 묘 앞에서 엎드려 흐느꼈다. 그 날부터 멘델레예프는 완전히 새로운 사람으로 거듭났다. 그는 열심히 공부해서 성공하는 것만이 어머니의 은혜에 보답하는 길이라 생각하였다. 어찌나 공부를 열심히 했던지 폐병에 걸려 피를 토하기도 했다. 결국 고등학교 때 열등생이었던 멘델레예프는 대학을 수석으로 졸업하는 기염을 토했다.

어머니에게 바친 책

멘델레예프는 1855년에 대학을 졸업한 후 한적한 시골인 크리미아 지방으로 내려가 김나지움 교사로 근무하였다. 그는 건강을 회복한 후 1857년에 페테르부르크로 돌아왔고, 1859년에는 2년간 외국에서 연구할 수 있는 관비유학생으로 선발되었다. 멘델레예프는 프랑스로 건너가 화학을 공부한 후 다음 해에는 본격적인 연구를 위해 독일의 하이델베르크 대학으로 갔다. 독일에서 그는 유명한 화학자인 분젠(Robert Bunsen)과 키르히호프(Gustav Kirchhoff)의 지도를 받았으며,

특히 분광기를 활용하여 원소들을 색깔로 검출하는 실험을 했다. 1860년에는 독일 카를스루에에서 원자량 측정법을 주제로 한 제1차 국제화학자회의가 열렸다. 그 회의를 통해 원자량 측정법은 통일되지 못했지만, 멘델레예프는 원소의 화학적 특성에 대하여 깊은 관심을 가지게 되었다.

멘델레예프는 1861년에 귀국하여 페테르부르크 공업대학에서 공업화학을 담당하는 교수가 되었다. 같은 해에 그는 500페이지에 달하는 《유기화학》을 발간하여 러시아 정부가 수여하는 도미도프 상(Domidov Prize)을 수상하기도 했다. 1862년에는 28세의 나이로 결혼식을 올렸는데, 그의 결혼 생활은 그다지 성공적이지 못했다. 당시에 멘델레예프는 분광학에 대한 연구를 계속했으며, 1865년에는 알코올과 물의 결합에 대한 논문으로 박사 학위를 받았다. 같은 해에 그는 자신의 모교인 페테르부르크 대학의 교수로 임용되었고, 2년 뒤에 정년을 보장받았다. 멘델레예프는 1868년에 《화학의 원리》를 발간했는데, 그것은 《유기화학》과 함께 러시아에서 화학 분야의 대표적인 교과서로 사용되었다.

멘델레예프는 페테르부르크 대학에서 강의를 잘 하는 교수로 이름을 날렸다. 그는 다방면의 정보를 활용하여 매우 재미있는 화학 수업을 제공했다. 훗날 무정부주의의 지도자로 이름을 날린 크로포트킨(Peter Kropotkin)은 멘델레예프의 수업에 대해 다음과 같이 평가했다. "홀은 항상 200명 혹은 그 이상의 사람들로 가득 차 있었다. 멘델레예프의 강의는 우리에게 지성과 교훈을 주는 자극제가 되었다. 그의 강의는 학생들로 하여금 과학적 발전에 깊은 관심을 가지게 했으며, 그것은 나에게도 마찬가지였다."

멘델레예프는 러시아화학회를 설립하고 운영하는 데에도 크게 기여했다. 1861년에 제1차 세계화학자회의가 개최된 후 러시아 화학자들은 자기 나라에도 독자적인 학회를 구성하는 것이 필요하다는 데 의견을 모았다. 특히 1866년 이후에는 멘델레예프를 중심으로 젊은 화학자들이 집결하면서 러시아화학회를 설립하는 일이 본격적인 궤도에 올랐다. 드디어 1868년 10월 26일에 러시아화학회의 정관이 채택되었고, 11월 6일에는 첫 학술대회가 개최되었다. 러시아화학회의 초대 회장으로는 페테르부르크 대학의 유기화학자인 지닌(Nikolay Zinin)이 선출되었지만, 학회를 실질적으로 운영한 사람은 멘델레예프였다.

멘델레예프는 1887년에 《수용액의 연구》를 출간했는데, 책의 서문에는 다음과 같은 글이 실렸다. "이 연구는 어머니를 기념하기 위하여 당신의 막내아들이 삼가 드리는 것입니다. 어머님은 여성의 몸으로 공장을 경영하시고 그 피땀으로 저를 양육하셨습니다. 모든 일에 솔선수범하여 아들을 격려하셨으며 사랑과 자비로 엄하게 꾸짖어 주셨습니다. 이 아들을 과학의 발전에 바치시려고 시베리아로부터 수만 리를 걸으셨습니다. 이 아들을 위하여 모든 재산과 귀하신 몸을 희생하시고 끝내는 쓰러지시고 말았습니다. 죽음의 문턱에서 어머님께서는 '환상에 사로잡히지 마라. 믿을 수 있는 것은 단지 실행뿐이다. 거짓말에 속지 말라. 구해야 할 것은 신의 지혜와 진리의 지혜이니라'고 말씀하셨지요. … 이 모든 어머니의 유언을 거룩한 말씀으로 생각하고 밤낮으로 지키려고 노력하고 있습니다."

주기율을 발견하다

멘델레예프는 《화학의 원리》를 쓰기 위해 여러 가지 자료를 모아 연구하는 동안 화학원소의 성질 사이에 비슷한 양상이 존재한다는 점을 확신하게 되었다. 그는 《화학의 원리》 제1권이 출간된 1868년을 전후하여 이에 관한 연구를 본격적으로 추진하였다. 물론 이러한 생각을 멘델레예프가 처음으로 한 것은 아니었다. 이미 1789년에 라부아지에는 당시에 알려졌던 33개의 원소를 탐색적인 차원에서 분류한 바 있었으며, 1815년에는 프루스트가 모든 원소는 무게로 따져 수소의 정수 배가 된다는 가설을 발표하였다. 가깝게는 1862년에 프랑스의 광물학자 상쿠르투아(Alexandre de Chancourtois)가 원소를 나선형으로 배열하면 비슷한 성질의 원소가 수직으로 나열된다고 주장했고, 1864년에는 영국의 화학자 뉴랜즈(John Newlands)가 음표를 써서 원소를 배열하면 8개를 주기로 비슷한 원소들이 나타난다는 '옥타브의 법칙'을 발표하기도 했다.

멘델레예프는 당시에 알려진 63개의 원소를 카드로 만들어서 원소의 이름과 성질을 기록하였다. 이어 그 카드를 실험실의 벽에 핀으로 꽂아 모아 놓고 그가 모은 자료를 다시 검토했다. 그리고 원소들의 성질을 비교하여 비슷한 것을 골라 원소의 카드를 다시 벽에 꽂았다. 그랬더니 원소의 성질이 놀랄 만큼 원자량과 관련되어 있다는 점이 밝혀졌다. 멘델레예프는 같은 성질을 갖는 원소가 주기적으로 나타난다는 점을 확인한 후 원소의 성질을 원자량의 주기적인 함수라고 가정하였다. 그는 그것을 근거로 원소들을 원자량의 순서대로 배열하여 하나의 일람표를 만들기 시작했다.

멘델레예프는 위대한 발견에 가까이 다가가고 있다는 점을 직감했지만, 그것을 정확히 집어내는 데에는 많은 어려움이 뒤따랐다. 그는 "내 머릿속에는 모두 정리되어 있지만, 그것을 표현할 수가 없다"고 불평하면서 깊은 우울증에 빠지기도 했다. 그러던 중 1869년의 어느 날, 멘델레예프는 카드로 어질러져 있는 책상에서 연구를 하다가 깜빡 잠이 들었다.

그리고 꿈속에서 그토록 갈망하던 주기율표(periodic table)를 보았다. 당시 상황에 대해 그는 다음과 같이 회고했다. "나는 꿈속에서 모든 원소들이 정확히 있어야 할 위치에 자리 잡고 있는 표를 보았다. 꿈에서 깨어나자마자 나는 즉시 종이에 그것을 기록했다." 케쿨레가 1865년에 벤젠의 구조를 밝힌 것도 꿈 덕분이라고 하니, 화학의 역사에서 위대한 발견은 꿈과 연관이 많은 모양이다.

멘델레예프는 1869년 3월 6일에 러시아화학회에서 〈원소의 구성 체계에 대한 제안〉이라는 논문을 발표하였다. 그 논문은 원자량의 순으로 배열한 원소의 성질이 주기적으로 변한다는 가설을 바탕으로 당시 알려져 있던 원소들 사이의 관계를 명쾌하게 설명하고 있었다. 뿐만 아니라 그가 작성한 주기율표는 비록 빈칸과 의문 부호가 많긴 했지만, 아직 발견되지 않은 원소에 대해서도 예언하는 특성을 가지고 있었다.

멘델레예프와 비슷한 시기에 독일의 화학자인 마이어(Julius Meyer)도 화학원소의 주기율을 주창하였다. 과학의 역사에서 종종 나타나듯이, 마이어는 멘델레예프와 독립적으로 주기율표를 이용해 원소를 분류하였다. 누가 제대로 된 주기율표를 먼저 작성했는지에 대해서는 의견이 분분하지만, 주기율표에 관한 논문을 먼저 발표한 사람은 멘델레예프였다. 마이어는 1868년부터 주기율표를 준비하고 있었는데, 멘델레예프의 업적이 알려지자 서둘러 논문을 작성하여 1870년에 발표했다. 또한 마이어는 멘델레예프와 달리 주기율표로부터 발견 가능한 원소의 조성이나 성질을 예언하지는 못했다. 물론 멘델레예프가 예언한 것이 모두 입증되지는 않았지만, 그는 다른 사람과 달리 주기율표의 응용에 대한 확고한 전망을 가지고 있었다.

멘델레예프의 주기율표는 당시까지의 원소에 대한 분류법으로는 가장 합리적이고 포괄적인 것으로서 당대의 화학자들로부터 열렬한 환영을 받았다. 사실상 러시아어로 작성된 논문이 학문의 중심지인 서유럽 과학자의 손에 들어올 때까지는 적지 않은 세월이 걸리는 것이 보통이었다. 그러나 멘델레예프의 논문은 곧바로 독일어로 번역되었기 때문에 급속히 전파될 수 있었다. 그의 주기율표는 당시의 화학자들에게 나침반의 역할을 담당했고, 실제로 갈륨(Ga), 스칸듐(Sc), 저마늄(게르마늄, Ge) 등과 같은 새로운 원소들이 속속 발견되어 주기율표의 빈자리를 채웠다.

멘델레예프의 주기율표에는 불활성 기체에 대한 흥미로운 이야기도 숨겨져 있다. 그가 처음 주기율표를 만들었을 때에는 오늘날 주기율표의 제일 오른쪽 세로 줄에 있는 불활성

ОПЫТЪ СИСТЕМЫ ЭЛЕМЕНТОВЪ.

ОСНОВАННОЙ НА ИХЪ АТОМНОМЪ ВѢСѢ И ХИМИЧЕСКОМЪ СХОДСТВѢ.

			Ti=50	Zr=90	?=180.
			V=51	Nb=94	Ta=182.
			Cr=52	Mo=96	W=186.
			Mn=55	Rh=104,4	Pt=197,4.
			Fe=56	Rn=104,4	Ir=198.
			Ni=Co=59	Pl=106,6	O-=199.
H=1			Cu=63,4	Ag=108	Hg=200.
	Be=9,4	Mg=24	Zn=65,2	Cd=112	
	B=11	Al=27,4	?=68	Ur=116	Au=197?
	C=12	Si=28	?=70	Sn=118	
	N=14	P=31	As=75	Sb=122	Bi=210?
	O=16	S=32	Se=79,4	Te=128?	
	F=19	Cl=35,5	Br=80	I=127	
Li=7	Na=23	K=39	Rb=85,4	Cs=133	Tl=204.
		Ca=40	Sr=87,6	Ba=137	Pb=207.
		?=45	Ce=92		
		?Er=56	La=94		
		?Yt=60	Di=95		
		?In=75,6	Th=118?		

Д. Менделѣевъ

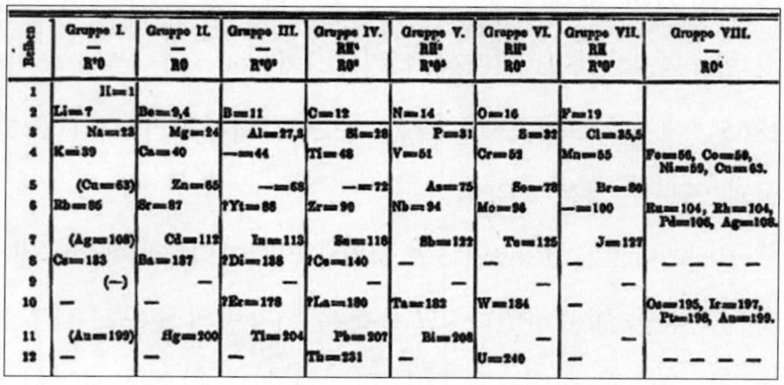

Reihen	Gruppe I. — R^2O	Gruppe II. — RO	Gruppe III. — R^2O^3	Gruppe IV. RH^4 RO^2	Gruppe V. RH^3 R^2O^5	Gruppe VI. RH^2 RO^3	Gruppe VII. RH R^2O^7	Gruppe VIII. — RO^4
1	H=1							
2	Li=7	Be=9,4	B=11	C=12	N=14	O=16	F=19	
3	Na=23	Mg=24	Al=27,3	Si=28	P=31	S=32	Cl=35,5	
4	K=39	Ca=40	—=44	Ti=48	V=51	Cr=52	Mn=55	Fe=56, Co=59, Ni=59, Cu=63.
5	(Cu=63)	Zn=65	—=68	—=72	As=75	Se=78	Br=80	
6	Rb=85	Sr=87	?Yt=88	Zr=90	Nb=94	Mo=96	—=100	Ru=104, Rh=104, Pd=106, Ag=108.
7	(Ag=108)	Cd=112	In=113	Sn=118	Sb=122	Te=125	J=127	
8	Cs=133	Ba=137	?Di=138	?Ce=140	—	—	—	— — — —
9	(—)	—	—	—	—	—	—	
10	—	—	?Er=178	?La=180	Ta=182	W=184	—	Os=195, Ir=197, Pt=198, Au=199.
11	(Au=199)	Hg=200	Tl=204	Pb=207	Bi=208	—	—	
12	—	—	—	Th=231	—	U=240	—	— — — —

멘델레예프의 주기율표. 왼쪽은 멘델레예프가 1869년에 작성한 최초의 주기율표이고, 오른쪽은 이를 보완하여 1871년에 만든 것이다.

기체에 대한 사항이 없었다. 그러던 중 1894년에 아르곤(Ar)이 발견되자 멘델레예프는 매우 당황스러워 했다. 처음에 그는 자신의 주기율표에 들어설 자리가 없는 아르곤이 원자가 아니라 질소원자 3개가 모여 이루어진 분자일 것이라는 억측을 부리기도 했다. 그 후 제논(Xe)이나 라돈(Rn)과 같은 새로운 불활성 기체들이 발견되자 멘델레예프는 마음을 고쳐먹었다. 자신의 주기율표에 새로운 세로 줄을 하나 더 만들어 불활성 기체를 수용했던 것이다.

노벨상과 인연이 없는 주기율

멘델레예프는 세계적으로 유명한 과학자가 되었다. 모스크바 대학은 그를 명예교수로 추대하였고, 영국의 왕립학회는 데이비 메달을, 영국 화학회는 패러데이 메달을 수여하였다. 그는 1906년 노벨 화학상 후보로도 올랐지만 수상의 영예는 누리지 못했다. 한 표 차이로 프랑스의 화학자인 무아상(Henri Moissan)에게 졌던 것이다. 무아상은 불소를 순수하게 정제한 공로로 노벨 화학상을 받았으며, 다이아몬드의 합성 가능성을 최초로 입증하기도 했다.

주기율에 업적을 남긴 사람은 노벨상과 인연이 없는 모양이다. 오늘날과 같은 주기율표를 만든 영국의 물리학자 모즐리(Henry Moseley)가 그 대표적인 예에 해당한다. 모즐리는 1913년에 X선 분석 실험을 통해 원자량이 아닌 원자번호에 입각한 새로운 주기율표를 만들었다. 그러나 그는 제1차 세계대전 중에 27세의 젊은 나이로 전사하는 바람에 노벨상을 받지 못했다.

멘델레예프의 화학에 대한 열정은 이론에만 국한되지 않았다. 그는 과학으로 세상사에 얽힌 문제를 해결하는 데에도 주의를 기울였다. 그는 농작물의 품질과 생산성을 높이려는 실험을 했고, 러시아의 소다산업과 석유산업을 현대화하는 계획도 세웠다. 그는 미국의 석유산업이 생산량을 늘리는 데만 국한되어 있지 석유의 질과 산업의 효율성에는 관심을 두지 않는다고 혹평했다. 러시아의 석유자원이 외국 자본에 의해 착취되고 있으며 러시아는 자국의 이익을 위해 석유자원을 개발해야 한다고 주장한 사람도 멘델레예프였다.

멘델레예프는 위대한 과학자였을 뿐만 아니라 평등주의자요 자유주의자였다. 그는 재정 러시아의 귀족들의 횡포를 증오했고 농민에게 부과되는 과중한 세금을 경감해 줄 것을 주장하였다. 멘델레예프는 러시아 정부의 학생에 대한 탄압을 비난하는 바람에 1890년에 교수직에서 해임되기도 했다. 그는 머리와 수염을 깎지 않았으며 여행을 할 때에는 꼭 3등 열차를 이용하는 습관을 가지고 있었다.

멘델레예프의 성품에 대해서는 다음과 같은 일화가 전해지고 있다. 한번은 페테르부르크 대학에서 교수회의가 진행되고 있을 때 주지사가 총장을 갑자기 호출하였다. 그때 멘델레예프는 총장에게 동행할 것을 제의하였다. 주지사는 총장과 멘델레예프 앞에서 학사 운영의 문제점을 거론하면서 큰 소리로 협박하였다. 멘델레예프는 분개하여 반격에 나섰다. "감히 당신이 어떻게 우리를 위협할 수 있단 말이요. 당신은 도대체 누구요? 당신은 군인 이외에 그 이상도 그 이하도 아니지 않소. 당신은 내가 누구인지 알고 있소? 멘델레예프는 과학의 역사에 영원히 남을 이름이요. 나는 주기율표를 만들어 화학에서 개혁을 이룬 사람이란 말이요. 주기율이 뭔지 대답해 보시오."

멘델레예프는 사생활에서 논란거리를 제공하기도 했다. 1882년에 그는 애정 없는 결혼생활을 접고 조카딸의 친구인 젊은 여인과 결혼을 하려고 했다. 불행히도 그는 교회의 반대에 부딪혔다. 러시아 정교회법은 이혼 후 7년 동안은 재혼을 금지하고 있었던 것이다. 그는 신부를 매수해 간단히 일을 해결했지만, 그 일로 신부는 성직을 박탈당하고 말았다. 정교회법상 멘델레예프는 아내가 둘 있는 중혼자가 되었던 것이다. 그러나 멘델레예프가 이미 상당한 권력을 가지고 있었기 때문에 러시아 정부는 더 이상 문제를 확대하려고 하지 않았다.

멘델레예프는 1893년에 러시아 도량형국의 국장으로 취임하여 러시아에 미터법을 도입하는 데 마지막 생애를 보내다가 1907년에 73세의 일기로 세상을 떠났다. 장례식은 국장으로 성대히 치러졌고 장례 행렬의 선두에는 두 명의 학생이 멘델레예프의 주기율표를 들고 있었다. 결국 멘델레예프는 자신이 평생 그리워했던 사랑하는 어머니 옆에 묻혔다.

슬로바키아 브라티슬라바에 있는 멘델레예프와 주기율표에 관한 조형물

주기율표는 멘델레예프가 발견한 이후에 한 세기가 넘는 수정과 재배열을 거쳐 왔다. 주기율표가 포함하고 있는 원소 수는 거의 배로 늘어났으며, 완전히 새로운 군도 생겨났다. 그러나 오늘날의 주기율표도 여전히 멘델레예프가 고안한 구조에 바탕을 두고 있다. 세계의 과학자들은 그의 업적을 기리기 위하여 1955년에 발견된 101번째 원소에 멘델레븀(mendelevium)이라는 이름을 붙였다. 또한 러시아화학회는 2년 마다 우수한 화학자에게 멘델레예프 메달을 수여하고 있다.

인공염료로 시작된 색깔의 시대 윌리엄 퍼킨*

화학실험에 매료된 소년

요즘 세상은 '색깔의 시대'라 해도 과언이 아니다. 여러 가지 아름다운 색깔들이 쏟아져 나와 많은 사람들이 즐기고 있다. 그러나 옛날에는 색깔이 귀족이나 성직자의 전용물이었다. 아름다운 색깔을 가진 옷은 희귀하고 값이 비싸서 일반 사람들이 그것을 입는다는 것은 상상도 할 수 없었다. 이러한 상황은 인공염료가 개발됨으로써 완전히 달라졌다. 역사상 최초로 상업적인 인공염료를 개발하여 색깔의 혁명을 가져온 사람이 바로 윌리엄 퍼킨(William H. Perkin, 1838~1907)이다.

퍼킨은 1838년 영국의 런던에서 태어났다. 그의 아버지는 건축업자로서 제법 큼직한 가게를 운영하고 있었다. 어린 시절에 퍼킨은 그림을 잘 그렸으며, 나중에 화가가 되겠다고 마음먹었다. 그는 아버지를 위해 종종 설계도를 그려주기도 했다. 화가가 되겠다는 그의 꿈은 12살 때 바뀌었다. 친구의 화학실험을 구경하다가 액체 물질이 결정화되는 광경에 묘한 흥미를 느꼈던 것이다. 퍼킨은 아버지를 설득하여 집 안에 화학실험실을 꾸몄고, 몇 가지 간단한 화학실험을 스스로 해 보았다.

퍼킨은 14살이 되던 1852년에 런던 시립학교에 입학했다. 당시에 영국의 학교에서는 과학이 정규 교육과정으로 자리 잡지 못한 상태였지만, 퍼킨이 다녔던 학교에는 과학에 재능이 있는 홀(Thomas Hall)이라는 교사가 있었다. 홀은 일주일에 두 번씩 점심시간을 활용하여

* 이 글은 송성수, 《사람의 역사, 기술의 역사》(부산대학교출판부, 2011), pp. 150~159를 부분적으로 보완한 것이다.

화학실험을 했다. 퍼킨이 화학에 관심이 많다는 사실을 알게 된 홀은 퍼킨을 자신의 조수로 임명하였다. 퍼킨은 홀 선생과 함께 화학실험을 준비하면서 즐거운 학창 시절을 보냈다.

퍼킨은 1853년에 왕립화학대학(Royal College of Chemistry, 1907년에 임페리얼 칼리지의 일부로 편입됨)에 입학했다. 그 대학은 영국의 과학교육을 개혁하기 위하여 1845년에 설립되었으며, 화학분야의 전문교육을 실시하면서 졸업생에게 자격증을 부여하였다. 그 대학의 학장은 독일 출신의 화학자인 호프만(August von Hofmann)이 맡고 있었다. 호프만은 당시 유럽에서 가장 유명한 화학자인 리비히(Justus von Liebig)의 제자였다. 호프만은 콜타르(coal tar)에서 새로운 화학물질을 합성하는 연구를 했으며, 당시로서는 드물게 실험 위주의 화학교육을 실시하였다.

당시의 화학자들이 실험 재료로 콜타르를 사용한 것도 주목할 만하다. 콜타르는 석탄가스의 부산물로 엄청나게 쏟아져 나온 폐기물이었다. 그중 일부는 배와 지붕을 방수 처리하거나 철도 침목을 방부 처리하는 데 사용되었지만, 그 대부분은 그냥 내버려지는 경우가 다반사였다. 호프만은 콜타르의 성분 중 일부가 파란색 천연염료인 인디고(indigo)에서 얻은 물질과 비슷하다는 점을 알아냈다. 콜타르에서 추출한 물질에는 인디고를 가리키는 포르투갈어인 아닐린(aniline)이라는 이름이 붙여졌다.

퍼킨은 대학에서 매우 열성적으로 공부했다. 호프만은 종종 실험에 대한 과제물을 주고는 결과를 수업 시간에 발표하도록 했다. 퍼킨은 과제를 완벽하게 수행하기 위해 학교에서는 물론 집에서도 계속 실험을 했다. 실험은 그에게 더할 수 없는 기쁨이었다. 그는 자신의 실험실에 대해 다음과 같이 회고한 바 있다. "나의 개인 실험실은 공간이 협소하여 몇 개의 선반과 한 개의 책상밖에 들어갈 수 없었지만 그곳에서 나는 밤과 휴일을 보냈다." 대학에 입학한 지 1년 만에 퍼킨은 두 가지 독창적인 실험을 수행했고 그 결과는 1857년의 《화학학회지》에 실렸다.

성공을 예고한 실패

1856년 부활절 휴가 때 퍼킨은 퀴닌(quinine)을 만들겠다는 계획을 세웠다. 퀴닌은 말라리아에 효과적인 물질로, 동인도에서 자라는 키나 나무의 껍질에서만 얻을 수 있었다. 호프만은 강의 중에 퀴닌을 인공적으로 합성할 수 있다면 인류의 질병 치료에 크게 기여할 것이라고 강조하였다. 이 말을 들은 퍼킨은 곧바로 새로운 물질을 합성하는 데 도전하였다.

퍼킨은 처음에 콜타르에서 나오는 톨루이딘(toluidine)을 원료로 하여 퀴닌을 합성하고자 했다. 그는 분자식에 대한 검토를 바탕으로 톨루이딘에 탄소, 수소, 산소 등의 원자들을 몇 개 첨가하면 퀴닌을 얻을 수 있으리라고 생각했다. 그는 3개의 탄소와 4개의 수소를 톨루이딘에 첨가한 후에 강력한 산화제인 중크롬산포타슘(중크롬산칼륨)으로 처리했다. 그러나 그 결과로 얻을 수 있었던 물질은 전혀 쓸모가 없는 적갈색의 진흙에 불과하였다. 퍼킨은 이에 굴하지 않고 원료를 아닐린으로 바꾸어 보았다. 이번에는 이전의 생성물보다 더 가망성이 없을 것 같은 새까만 고체가 나왔다. 그렇게 퀴닌을 합성하려는 퍼킨의 시도는 실패로 끝나고 말았다.

그런데 그 실패는 다른 성공을 예고하는 것이었다. 놀랍게도 새로운 생성물은 사람이 주물럭거려도 손가락에 달라붙지 않았다. 물질이 수용성이 아니라는 뜻이다. 퍼킨은 그것을 검증해보기 위해 알코올을 떨어뜨렸다. 그때 그의 눈앞에는 신기한 현상이 벌어졌다. 시험관 안의 물질이 밝은 보랏빛 광채를 내뿜는 액체로 변하는 것이었다.

의외의 결과에 흥미를 느낀 퍼킨은 보라색 용액을 조사한 뒤 그것이 천을 물들이는 데 매우 효과가 있다는 점을 알게 되었다. 더구나 그 용액이 묻은 작업복은 아무리 비누칠을 해도 지워지지 않았고 햇볕에 말려도 탈색되지 않았다. 계속적인 실험으로 퍼킨은 아닐린에서 보라색 염료를 추출하는 실용적인 방법을 발견하였다. 세계 최초의 인공염료가 탄생한 것이었다.

초기의 과학저술가들은 퍼킨이 실험 용액을 작업대에 엎지르면서 천에 색깔이 드는 것을 보고 인공염료를 발견했다고 추측하였다. 퍼킨이 인공염료에 대한 실마리를 우연한 과정을 통해 얻었다는 점을 강조하기 위해서였다. 그러나 더욱 중요한 점은 퍼킨이 유기화학에 대한 체계적인 교육을 받으면서 그것을 바탕으로 실험을 하는 과정에서 인공염료를 발명했다는 데 있다. 이전의 과학자들이나 기술자들이 새로운 발명을 하는 데에는 공식적인 교육이 거의 필요하지 않았지만, 퍼킨의 인공염료는 과학에 대한 교육을 바탕으로 새로운 기술을 발명한 사례에 해당하는 것이다.

퍼킨은 자신이 발견한 염료의 샘플을 스코틀랜드의 유명한 염색회사인 퍼스(Perth)로 보내 시험을 의뢰하였다. 그 회사의 경영자인 풀러(Robert Pullar)는 퍼킨에게 매우 고무적인 답신을 보냈다. "만약 당신의 발견이 제품을 대단히 비싸게 하는 것이 아니라면, 지금까지의 오랜 역사를 통해서 출현했던 염료 중에서 가장 가치 있는 것 중 하나라는 점은 의심할 여지가 없습니다." 유명한 회사에서 일개 대학생의 발명품이 가진 진가를 인정했던 것이다.

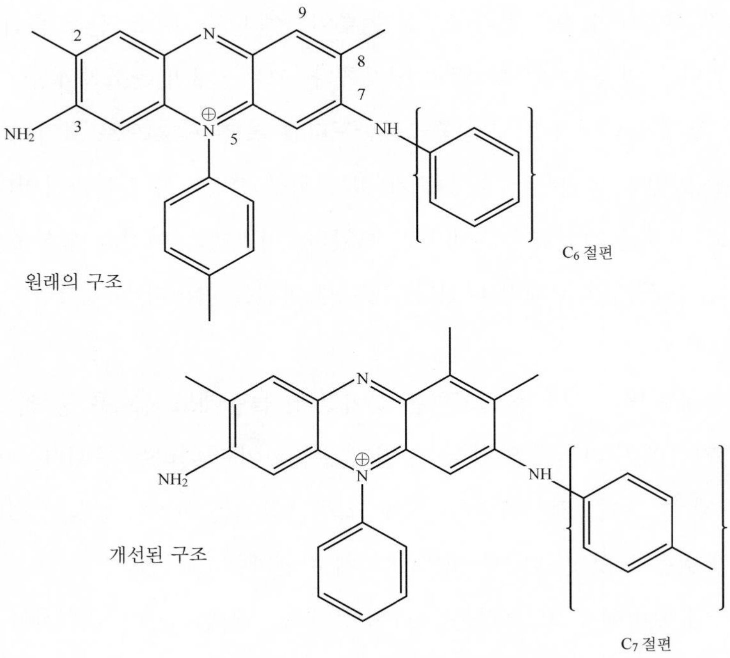
9
2
8
7
3
5
N
NH2
NH
C6 절편
원래의 구조
N
NH2
NH
개선된 구조
C7 절편

퍼킨이 발명한 아닐린 퍼플(모브)의 구조도

퍼킨은 새로운 인공염료의 이름을 '아닐린 퍼플(aniline purple)'로 정했다. 보랏빛이 나는 아닐린이라는 의미였다. 퍼킨은 동생인 토머스(Thomas D. Perkin)와 함께 소량의 정제된 아닐린 퍼플을 만든 후 1856년 8월 26일에 특허를 받았다.

사업에 투신하다

1856년 가을에 퍼킨은 흥분된 상태로 호프만을 찾아가 자신의 실험에 대해 얘기했다. 호프만은 매우 놀랍다는 반응을 보인 후 퍼킨이 연구를 계속해서 훌륭한 화학자가 되기를 권유했다. 그러나 퍼킨은 인공염료에 대한 사업을 벌이겠다는 계획을 밝혔다. 호프만은 퍼킨을 만류했지만 퍼킨은 대학을 그만두고 사업에 투신했다. 오늘날로 치면 벤처기업가가 된 것이었다. 그때 퍼킨의 나이는 18살에 불과했다.

인공염료를 만든다는 것은 퍼킨을 유혹하기에 충분했다. 당시에는 모든 염료가 식물이나 곤충에서 추출한 색소로 만들어졌기 때문에 가격이 매우 비쌌다. 특히 보라색 물감은 더욱 귀했다. 1그램의 보라색 물감을 만들기 위해서는 지중해에서 채취되는 조개가 9천 개나 소요되어야 했던 것이다. 당시에 프랑스 사람들은 분홍빛을 머금은 밝고 선명한 연보라색을 야생화 이름을 따서 '모브(mauve)'라고 불렀다. 특히 천연 모브는 주름 장식에 사용하기에 가장 우아한 색이었고 변색도 잘 되지 않아 사교계에서 큰 인기를 누리고 있었다. 이러한 점을 감안하여 퍼킨은 자신이 발명한 염료의 이름을 아닐린 퍼플에서 모브로 바꾸었다.

퍼킨은 가족을 설득하여 런던 교외에 염료공장을 세운 뒤 집안의 모든 재산을 모브를 제조하는 데 쏟아 부었다. 그러나 실험실에서의 발명과 사업상의 성공은 완전히 다른 차원의 문제였다. 오늘날의 벤처기업가들이 그렇듯이 퍼킨은 모든 문제를 스스로 해결해야 했다.

우선 아닐린을 대량으로 생산하는 방법이 필요했다. 아닐린을 생산하기 위해서는 벤젠에서 니트로벤젠을 만들고 그것을 질산으로 환원시켜야 한다. 이 과정에서는 많은 질산이 필요한데 당시에는 값이 무척 비쌌다. 그래서 퍼킨은 특별한 장치를 고안하여 칠레 초석과 황산을 반응시켜 질산을 생산하는 방법을 찾아냈다.

그보다 더욱 어려운 문제는 염색법이었다. 실크를 염색하는 것은 어렵지 않았지만 무명(면화로 짠 천연섬유)에는 전혀 염색이 되지 않았다. 수많은 시행착오 끝에 퍼킨은 탄닌 등을 매염제로 써서 무명을 염색하는 방법을 개발했다. 공업화학자들은 모브를 발명한 것보다 매염제를 개발한 것이 퍼킨의 더욱 중요한 업적이라고 평가하기도 한다.

이러한 후속 작업을 바탕으로 1859년부터는 모브가 본격적으로 생산되기 시작했고 1861년에는 대량생산의 단계에 접어들었다. 퍼킨은 이제 세일즈맨이 되어 영국 전역에 있는 염색업자들을 찾아다녔다.

1861년 5월 16일에 퍼킨은 영국화학회로부터 특별강연을 해 달라는 초청을 받았다. 패러데이를 비롯한 영국의 유명한 과학자들은 24세에 불과한 젊은이의 강연을 듣고 크게 탄복했다. 1년 후에는 런던에서 국제박람회가 열렸는데, 모브를 비롯한 각종 염료들은 군중을 사로잡기에 충분했다. 관람객들은 실크, 캐시미어, 타조 깃털 등이 담긴 유리 상자를 보

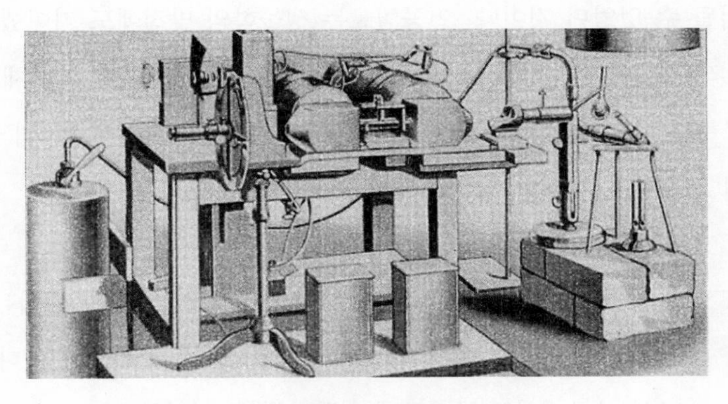

퍼킨이 모브의 제조법을 연구하는 데 사용한 기구

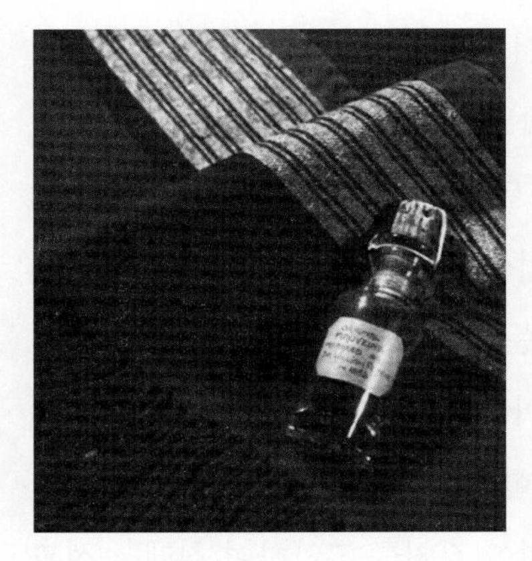
퍼킨이 생산한 모브와 모브로 염색된 숄

고 벌린 입을 다물지 못했다.

흥미롭게도 모브가 성공을 거두는 데에는 두 여인이 커다란 도움을 주었다. 한 사람은 영국의 빅토리아 여왕이다. 그녀는 1862년에 딸의 생일 파티에 퍼킨의 모브로 염색한 옷을 입고 나타났다. 수많은 잡지와 신문이 그 사건을 일제히 크게 보도했다. 다른 사람은 프랑스 나폴레옹 3세의 부인인 유제니 황후이다. 유행에 민감했던 그녀는 보랏빛이 자신의 눈 색깔과 잘 어울린다며 모브로 염색한 옷을 주문하였다.

이처럼 여왕이나 황후가 호의적인 반응을 보이면서 모브는 폭발적인 인기를 누렸다. 당시에는 왕이나 귀족이 새로운 패션을 이끄는 선도자였던 것이다. 모브는 유럽 전역에서 불티나게 팔렸으며 젊은 사업가인 퍼킨은 많은 돈을 벌었다. 그는 매우 유명한 인사가 되었고 1866년에 영국 왕립학회의 회원으로 추대되기도 했다.

당시에 모브가 얼마나 유행했는지를 잘 보여주는 기록이 있다. "이 시기를 살지 않은 사람은 이 염료가 콜타르로부터 얻어진다는 사실이 대중의 상상력을 얼마나 자극시키는지 이해할 수 없을 것이다. 그것은 어디서나 대화의 주제가 되었다. … 심지어 교통경찰까지도 요즘은 모브 온이라고 말한다." 여기서 모브 온(mauve on)은 무브 온(move on)을 연관시킨 재치 있는 말이다.

새로운 색깔이 섬유산업만을 변화시킨 것은 아니었다. 무엇보다도 석탄회사나 가스회사가 인공염료의 대량생산을 반겼다. 도처에서 생겨나는 타르 찌꺼기가 인공염료를 매개로 깨끗하게 처리될 수 있었던 것이다. 인공염료는 생물학의 발전에도 기여했다. 예를 들어 1882년에 독일의 생물학자인 발터 플레밍(Walter Flemming)은 퍼킨의 염료로 체세포를 채색하여 현미경으로 관찰하는 쾌거를 거두었다. 플레밍의 실험을 통해 세포핵의 구조가 처음으로 밝혀졌으며 그 안에 들어있는 염색체까지도 관찰할 수 있었던 것이다.

연구에 바친 열정

퍼킨의 성공에 자극을 받은 호프만도 인공염료를 개발하는 데 합세하여 1859년에 웅장한 빨간색을 띠는 마젠타(magenta)를 선보였다. 마젠타도 모브와 마찬가지로 콜타르에서 뽑아내 큰 인기를 얻은 인공염료이다. 모브와 마젠타가 개발되면서 유럽의 염료산업은 경쟁적으로 발전하기 시작했다. 특히 이후에 거대 화학업체로 성장하게 되는 호히스트(Hoechst), 바이에르(Bayer), 아그파(Agfa), 시바(Ciba), 가이기(Geigy), BASF(Badische Anilin und Sodafabrik) 등이 마젠타를 만들면서 기업 활동을 시작했다.

1868년에 퍼킨은 또 다른 인공염료에 도전했다. 그 해에 독일의 BASF에 근무하고 있었던 그래베(Karl Gräbe)와 리베르만(Karl Lieberman)은 브로민(브롬)을 사용하여 콜타르에서 알리자린(alizarine)을 합성하는 방법을 발견했다. 그들의 연구업적은 퍼킨의 흥미를 자극했다. 퍼킨은 1년도 되지 않아 값비싼 브로민을 사용하지 않고도 알리자린 레드(alizarine red)를 대량으로 생산하는 방법을 개발하는 데 성공했다. 퍼킨은 1869년 6월 26일에 알리자린 레드에 대한 특허를 신청했으나, 독일의 화학자들이 퍼킨보다 먼저 특허를 신청한 상태였다. 퍼킨은 특허를 얻는 경쟁에서는 졌지만, 독일 기업들은 퍼킨과 기술을 공유하면서 카르텔을 형성하기로 합의했다.

알리자린 레드는 모브나 마젠타보다 더욱 중요한 의미를 지니고 있었다. 모브와 마젠타가 천연물질과 완전히 다른 합성물질이었던 반면, 알리자린 레드는 천연물질과 거의 똑같은 물질을 인공적으로 대량생산한 최초의 사례였다. 모브와 마젠타에 이어 알리자린이 보급됨으로써 인공염료는 급속히 천연염료를 대체하기 시작했다. 급기야 1880년에는 독일 뮌헨 대학의 교수인 바이어(Adolf von Baeyer)가 천연 인디고의 색을 합성하는 데 성공함으로써 염료 산업은 절정에 달했다. 이로써 몇백 년 동안이나 사용되어 왔던 천연염료들이 값도 싸고 만들기도 쉬운 인공염료에 의해 하나 둘씩 자취를 감추었다.

퍼킨은 36세가 되던 1874년에 사업을 그만두었다. 사업의 시작도 빨랐지만 은퇴도 빨랐던 것이다. 퍼킨이 사업에서 물러난 주된 이유는 나머지 인생을 오로지 연구에 바치기 위해서였다. 스승인 호프만의 권유가 계속해서 부담이 되었는지도 모른다. 사실상 당시에 퍼킨이 가지고 있었던 재산은 10만 파운드를 넘어섰기 때문에 별다른 경제적인 수입이 없어도 평생 동안 연구하는 데 부족함이 없었다.

퍼킨은 연구에 복귀한 지 1년 후인 1875년에 인공적으로 제작된 세계 최초의 향수인 쿠마린(coumarin)을 합성하는 데 성공했다. 그것은 막 베어낸 풀의 수액에서 나오는 향을 풍겼으며 비누나 세제에 첨가하는 방향제로 사용되었다. 다음 해에 그는 불포화산을 합성하는 반응을 규명했는데 그것은 이후에 '퍼킨 반응'으로 불리게 되었다. 퍼킨이 1874년부터 죽을 때까지 발표한 과학논문은 60편을 넘어섰다. 그는 1883~1885년에 영국화학회의 회장으로 활동했으며 1889년에는 왕립학회가 주는 데이비 상을 수상했다.

1906년은 모브를 발명한 지 50년이 되는 해이다. 그 해에 퍼킨은 수많은 영예를 누렸다. 영국 왕실은 그에게 기사 작위를 하사했고, 옥스퍼드 대학을 비롯한 세계 각국의 8개 대학은 명예박사 학위를 수여했다. 독일 화학회의 호프만 상과 프랑스 화학회의 라부아지에 상도 퍼킨의 차지였다. 미국의 화학산업협회는 퍼킨 메달을 제정한 후 첫 번째 메달의 수상자로 퍼킨을 선정했다.

1907년에 퍼킨은 패러데이학회와 염료염색협회의 회장으로 선출되었다. 그러나 그 해에 그는 몇 년 전부터 앓아왔던 폐렴과 맹장염으로 세상을 떠나고 말았다. 향년 69세였다. 퍼킨의 장례식에 도착한 화환들은 대부분 모브 빛깔로 장식되어 있었다. 퍼킨은 데이비와 같은 명석한 두뇌와 패러데이와 같은 꾸준한 끈기를 겸비한 과학자로 칭송받았다.

퍼킨의 뒤를 이어 19세기 말과 20세기 초에는 수많은 인공염료들이 개발되었다. 여기서 한 가지 흥미로운 점은 인공염료가 영국에서 먼저 발명되었지만 나중에는 독일이 주도권을 잡았다는 사실이다. 독일 정부는 외국으로 건너간 과학자들을 적극적으로 유치했고 자국의 산업을 보호하기 위하여 특허법을 제정했다. 이를 배경으로 호프만을 비롯한 20~30명의 화학자들이 독일로 돌아왔으며 새로운 인공염료가 경쟁적으로 개발되었다. 특히 독일 대학에서는 과학연구가 제도적으로 정착되어 있어서 염료산업의 발전을 주도할 수 있는 전문 인력이 풍부했다. 이에 반해 영국의 과학교육은 체계적이지 못했고 정부의 역할도 미진하였다. 천재적 개인에 의존하는 영국과 조직적 활동을 중시하는 독일의 명암이 갈렸던 것이다.

전염병의 원인을 규명한 세균학의 아버지 로베르트 코흐

지금으로부터 100년 전에 선진 국가의 평균 수명은 40세 내외에 불과하였다. 70세가 넘는 오늘날에 비교해 보면 격세지감(隔世之感)이 들 정도이다. 그 만큼 전염병에 의한 사망률이 높았기 때문이었다. 지난 100년 사이에 인류의 수명이 2배 정도 증가한 주요한 원인은 전염병의 실체가 밝혀지고 그것을 치료할 수 있는 방법이 개발되었다는 점에서 찾을 수 있다. 바로 여기에 "세균학의 아버지"로 불리는 로베르트 코흐(Robert Koch, 1843~1910)의 노력이 배여 있다.

코흐는 1843년에 독일의 광산 지역인 클라우슈탈에서 태어났다. 코흐의 형제는 모두 13명이었는데, 그중 7명만이 성인이 될 때까지 살아남았다. 아버지는 광산 기술자였고 할아버지와 삼촌은 아마추어 지질학자였다. 덕분에 코흐는 어린 시절에 광석, 곤충, 이끼 등을 수집하면서 과학에 대한 꿈을 키울 수 있었다. 티롤 지방의 현악기인 치터를 연주하거나 카메라로 사진을 찍는 것도 코흐의 취미였다.

코흐는 19살이었던 1862년에 괴팅겐 대학에 입학하였다. 처음에는 자연과학을 공부했지만 의학으로 전공을 바꾼 뒤 1866년에 졸업했다. 괴팅겐 대학을 다니는 동안 코흐는 당시 독일의 유명한 해부학자이자 병리학자였던 헨레(Jacob Henle)의 지도를 받았다. 헨레는 파스퇴르보다 20년 정도 먼저 세균에 의한 전염을 생각했던 사람이었다. 또한 헨레는 1840년에 〈장기성(瘴氣性) 및 접촉성 질병〉이라는 논문에서 코흐의 공리와 비슷한 이론을 제창하기도 했다. 헨레와 코흐의 만남은 그들뿐만 아니라 과학의 발전에도 큰 축복이었다.

의과대학을 졸업한 후 코흐는 잠시 동안 함부르크 종합병원의 정신과에서 근무했지만, 정신과에는 별 흥미를 느끼지 못했다. 그는 여가가 생기면 함부르크 항구의 방파제를 산책하면서 어릴 적 소원이었던 항해사나 탐험가가 되어 세계 각처를 돌아다니는 생각에 잠기곤 했다. 함부르크에 있는 동안 그는 학창 시절부터 짝사랑했던 에미 프라츠(Emi Fratz)에게 청혼하였다. 에미는 "당신이 모험이나 탐험의 꿈을 접고, 평화롭고 선량한 개업의사가 되어 여유 있고 즐거운 미래를 약속한다면 결혼하겠다"고 대답했다. 코흐는 그녀의 조건을 수락하였고 두 사람은 1866년 말에 결혼했다.

그러나 약속과 달리 코흐는 몇 년 동안 안정적인 직장을 잡지 못했다. 그는 여러 병원과 보건소를 기웃거리면서 일감을 구했고, 그것으로 겨우 생계를 유지할 수 있었다. 결혼한 지 3년이 다 되어가는 1869년에 코흐는 지금은 폴란드 영토인 볼슈타인에 정착할 수 있었다. 거기서 그는 병원을 열어 환자들을 진료하면서 정부에 소속된 의료 담당 관리로 일했다. 1870년에 프랑스와 프로이센 사이에 전쟁이 벌어져 군의관으로 활동했던 몇 달을 제외하면, 코흐는 볼슈타인에서 개업의로서 제법 바쁘게 지냈고 수입도 꽤 올렸다. 에미는 당시의 생활에 매우 만족했다.

이별의 씨앗이 된 현미경

그러나 코흐는 그렇지 않았다. 그는 진료가 끝난 후 피곤한 몸을 침대에 내던지고는 천장을 멍하게 쳐다보면서 무엇인가 골똘히 생각하곤 하였다. 그런 모습을 보고 에미는 남편을 위로하기 위하여 1871년 코흐의 생일에 색다른 선물을 하기로 마음을 먹었다. 그녀는 마차로 할지 현미경으로 할지 마음을 정하지 못했다. 둘 다 비싼 물건이었다. 마차가 있으면 왕진을 갈 때 훨씬 편할 테고, 현미경은 의학을 연구하는 데 도움이 될 것이었다. 남편과 상의한 에미는 현미경을 선택했다. 이 현미경이 훗날 코흐에게는 인류에게 헌신할 수 있는 도구가 되었지만, 에미에게는 이혼이라는 눈물의 씨앗이 되고 말았다.

코흐는 말 잔등에 앉아 먼 길을 다녀야 했지만, 그래도 자신만의 현미경이 있어서 행복했다. 그는 현미경을 가지고 여가 시간에 틈틈이 미생물을 연구하면서 세균의 배양법, 고정법, 염색법 그리고 현미경 사진 촬영법을 익혔다.

코흐가 첫 연구 주제로 삼았던 것은 탄저병이었다. 당시 유럽의 여러 지역에서는 탄저병이 크게 유행하여 양과 소는 물론 사람이 죽는 사태도 발생하였다. 폴란드의 한 수의사는 탄저병으로 죽은 동물의 혈액에 작은 막대 모양의 간상체(桿狀體) 세균이 많이 들어 있다는 사실을 발견하였다. 그러나 그것이 탄저병의 원인인지 결과인지는 알 수 없었다. 흥미를 느낀 코흐는 탄저병에 걸린 동물의 혈액을 쥐에게 주사해 보았는데, 쥐가 다음 날 죽었다. 쥐의 혈액을 현미경으로 관찰했더니 간상체가 다수 발견되었다. 이어서 그는 탄저균을 직접 배양하여 그것을 다른 동물에 주입해 자신이 예상했던 대로 탄저병을 일으킬 수 있었다. 또한 그는 두 번째 동물에서 채취한 혈액을 세 번째 동물에게 주입해도 역시 탄저병이 발생하며 발병의 속도가 더욱 빨라진다는 사실을 발견했다. 이러한 과정을 거듭할수록 탄저균은 더욱 강해져 나중에는 탄저균이 혈액 속에 있는 다른 세균들을 거의 다 죽여 버린다는 것도 알게 되었다. 결국 코흐는 몇백 번에 걸친 실험 끝에 탄저병의 원인이 '바실루스 안트라시스(Bacillus anthracis)'라는 특정 세균이라는 점을 밝혀냈다.

코흐는 탄저병에 관한 연구결과를 정리하여 1876년에 〈세균에 관한 조사〉라는 논문으로 발간했다. 그 논문에서 코흐는 오늘날 세균학의 가장 기초적인 원리가 되는 '코흐의 공리(Koch's postulates)'를 확립했다. 특정한 세균이 특정한 질병을 일으킨다는 사실을 증명하기 위해서는 다음과 같은 네 가지 단계가 필요하다는 것이었다. 첫째, 문제시되는 질병의 모든 경우에 그 세균이 발견되어야 한다. 둘째, 실험실에서 그 세균을 배양할 수 있어야 한다. 셋째, 배양한 그 세균을 실험동물에 투입했을 때 똑같은 질병이 생겨야 한다. 넷째, 그 병에 걸린 실험동물에서 다시 그 세균을 분리할 수 있어야 한다.

코흐의 논문은 큰 반향을 불러일으켰지만 몇몇 생물학자들은 전염병의 원인이 세균에 있다는 세균병인설(細菌病因說)을 수용하는 데 주저하는 모습을 보였다. 코흐가 과학계에 전혀 이름이 알려져 있지 않았던 데다가 볼슈타인이라는 시골에 묻혀 살았기 때문인지도 모른다. 그는 이에 굴하지 않고 병에 걸린 동물로부터 세균을 분리하는 방법과 특정 종류의

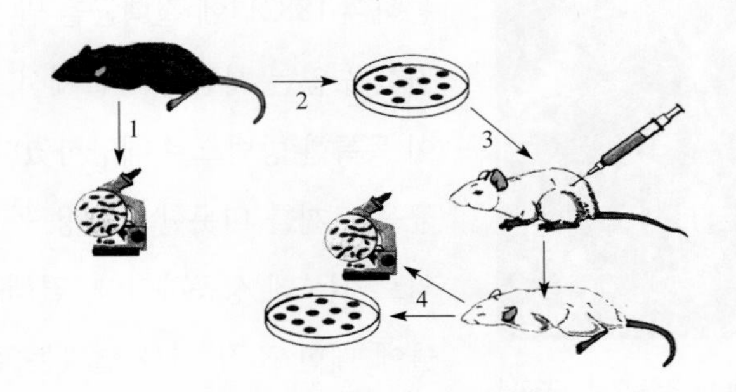

코흐의 공리에 대한 개념도

병원균만을 순수하게 배양하는 방법을 더욱 면밀히 다듬었다. 그 결과 코흐는 1878년에 포도상 구균과 연쇄상 구균을 분리해 내는 데 성공하였다.

이제 코흐에게는 환자를 진료할 시간도 부족했다. 그는 각종 병원균을 연구하는 데에만 몰두하였다. 부인 에미의 꿈을 충족시켜 주던 개업의로서의 평화스러운 생활은 다시 돌아올 수 없게 되었다. 에미는 절망한 나머지 하나뿐인 딸과 함께 코흐의 곁을 떠나고 말았다.

결핵균 발견에 대한 찬사

코흐의 연구는 많은 의학자들에게 훌륭한 지침으로 작용하였다. 탄저균은 탄저병만을 일으킬 뿐이지 다른 병은 일으키지 않는다. 그렇다면 각각의 전염병에도 각기 다른 원인균이 있다는 점을 쉽게 짐작할 수 있었다. 이에 따라 다양한 병원균의 발견이 잇따랐고 독일 정부도 코흐의 가치와 재능을 점차 인정하게 되었다. 결국 시골의 일개 개업의에 불과했던 코흐는 1880년부터 베를린에 있는 제국위생국의 자문역으로 활동하게 되었다.

코흐의 진두지휘하에 세계 각국의 연구자들이 그곳으로 모였으며 완벽한 시설과 지원 속에서 소위 '세균학의 시대'가 본격적으로 열리게 되었다. 코흐의 연구방법을 활용하여 1880년대 전반에는 디프리테리아균, 파상풍균, 폐렴균, 뇌척수막염균, 이질균 등이 속속 발견되었다. 코흐는 이를 토대로 전염병의 특징과 전파방법을 밝혀 나갔으며, 한 걸음 더 나아가 전염병의 예방법에 대해서도 연구하였다.

코흐의 업적 가운데서 인류 역사에 가장 크게 기여한 것은 결핵균의 발견이라 할 수 있다. 오랫동안 많은 학자들이 결핵에 대해서 연구했지만 신통한 대답을 내놓지 못했다. 코흐는 치밀한 실험을 통하여 1882년에 결핵균을 발견하였다. 우선 그는 결핵을 앓는 사람과 동물에서 분리한 세균을 자신이 독특한 방법으로 배양하였다. 그리고는 배양 세균을 토끼를 비롯한 실험용 동물에 주입해 결핵을 일으키는 데 성공하였다. 결핵을 일으킨 실험동물들에 대한 조직 검사 결과는 결핵의 주요 특징을 잘 나타내고 있었다. 마지막으로 코흐는 결핵에 걸

슈타인호프(Hans Steinhoff)의 감독으로 1939년에 제작된 영화, 〈로베르트 코흐, 죽음의 퇴치자〉

린 실험동물의 조직에서 결핵균을 분리하는 데 성공하였다. 이로써 코흐는 결핵균이 결핵이라는 특정 질병의 원인이라는 점을 명쾌하게 규명하였던 것이다.

1882년 3월 24일 베를린에서 개최된 병리학 학술대회에서 코흐는 그동안 주도면밀하게 수행했던 자신의 연구 결과를 발표했다. 그는 사람에게서 분리한 결핵균을 토끼에게 접종하면 토끼가 결핵에 걸린다는 사실과 결핵균은 허파뿐만 아니라 위장관과 뼈에도 침범한다는 사실을 명료한 어조로 밝혔다. 그때까지 결핵은 만성 영양실조 때문이라고 여겨져 왔기 때문에 학술회의장은 이내 흥분의 도가니로 변모하였다. 그 때 코흐가 얼마나 치밀한 발표를 했는지, 한 사람의 반론자도 없었을 정도였다.

1908년 노벨 생리의학상 수상자인 메치니코프(Ilya Illyich Mechnikov)는 당시의 상황을 다음과 같이 회고하였다. "코흐의 연구 결과는 글이나 말로는 표현하기 어려울 만큼 모든 사람들에게 불멸의 감동을 불러 일으켰다. 뿐만 아니라 코흐는 예상되는 모든 반론을 예상해서 그 반론에 대한 답변을 미리 마련해 놓았기 때문에 가장 강렬한 비판자들까지도 승복하지 않을 수 없었다." 메치니코프와 1908년 노벨 생리의학상을 공동으로 수상했던 에를리히(Paul Ehrlich)도 코흐의 발표에 매료되었다. "코흐의 강연을 들은 사람들은 모두 깊은 감명을 받았다. 나 역시 그날 밤의 추억을 내 인생의 위대한 과학적 체험으로 간직하고 있다."

결핵균을 발견한 후 코흐는 콜레라균을 연구했다. 콜레라는 19세기에 들어 세 번에 걸쳐 유럽에 대유행 하였는데, 1883년에는 이집트의 알렉산드리아에 콜레라가 퍼져 유럽에 전파될 가능성이 매우 많았다. 이에 코흐는 총애하는 제자 한 사람과 함께 직접 알렉산드리아로 가서 병원체를 탐구하였다. 당시에 코흐에 대해서 라이벌 의식을 가지고 있었던 파스퇴르도 제자를 파견함으로써 독일 원정대와 프랑스 원정대 사이에는 소위 '학문의 전쟁'이 벌어졌다. 그러나 프랑스 연구자는 그만 콜레라에 감염되어 목숨을 잃고 말았는데, 코흐는 그 사람의 빈소에 찾아가 꽃다발을 바치기도 했다. 베를린에 돌아온 코흐는 알렉산드리아에서 채취해 온 가검물을 면밀히 연구하여 콜레라균을 발견하고 콜레라균의 전파 과정을 규명하였다.

좌절을 딛고 일어서다

코흐는 1885년에 베를린 대학의 위생학 교수로 임명된 뒤 주로 결핵의 치료법을 발견하는 데 몰두하였다. 5년 뒤인 1890년에 코흐는 결핵균의 배양액으로부터 추출한 투베르쿨린(tuberculin)이 결핵의 특효약이라고 발표하였다. 많은 학자들이 기대를 가지고 임상실험을 했지만 그 결과는 부정적이었다. 투베르쿨린 주사액이 결핵의 진전을 막는 것이 아니라 오히려 증상을 악화시켰던 것이다. 사람들은 투베르쿨린에 '코흐의 독'이라는 별명을 붙였다. 투베르쿨린은 오늘날 결핵 감염의 여부를 검사하는 데 사용되고 있으며, 결핵 백신은 코흐가 죽은 후인 1924년에야 발견되었다.

투베르쿨린 사건을 계기로 코흐는 크게 낙담하였다. 그는 1891년에 베를린 전염병연구소 소장으로 부임했지만 별다른 연구업적을 내지 못했다. 그때 코흐에게 삶의 용기를 새로이 불어넣어 준 사람은 젊은 여배우 프라이베르크(Hedvig Freiberg)였다. 코흐와 프라이베르크의 관계는 많은 사람들의 입방아에 올랐지만, 코흐는 1893년 50세가 되던 해에 그녀와 재혼하였다. 어리지만 사려 깊은 아내의 배려로 코흐는 오랜만에 행복과 평안을 누릴 수 있었다.

코흐는 1896년에 남아프리카에서 우역(牛疫)에 대한 치료법을 연구하여 성공을 거두었다. 이어 그는 1897년에는 인도에서, 1898년 이후에는 아프리카에서 말라리아, 수면병, 흑수열, 페스트 등에 대하여 연구하였다. 이러한 코흐의 활동은 유럽의 팽창주의가 가진 아이러니를 보여준다. 그가 성년이 되었을 때 마침 독일에서는 통일국가가 탄생하여 세계열강의 하나로 성장하고 있었다. 코흐가 연구한 주제의 많은 부분이 새로이 발견된 외래의 질병들이었고, 그는 질병의 원인이 되는 세균을 찾기 위해 아프리카와 아시아 일대를 여행하였다. 유럽 팽창주의가 아니었더라면 그러한 질병들은 대부분 국지적 현상으로 남았을 것이고, 그만큼 폭넓게 전파되지도 이해되지 않았을 지도 모른다.

코흐(앉아 있는 사람 중 제일 오른쪽)가 군인 신분으로 1898년 콩고의 한 마을을 찾아 현지 풍토병의 원인을 찾는 실험을 하고 있다.

코흐는 1904년에 베를린 전염병연구소에서 은퇴하였고, 그 다음해인 1905년에 결핵에 대해 연구하고 결핵균을 발견한 공로로 노벨 생리의학상을 수상하였다. 당시 노벨상 수상 강연회의 좌장을 맡았던 스웨덴 카롤린스카 의과대학의 학장은 코흐의 업적을 다음과 같이 평가하였다. "한 사람의 인간이 혼자 힘으로 귀하가 행한 것처럼 그렇게도 많고 중요하고 또한 선구적인 발견을 한 예는 지금까지 없었습니다. 귀하는 그 선구적인 연구로 결핵의 세균학을 해명하고 나아가 의학의 역사에 길이 명성을 남기게 되었습니다."

코흐는 말년에 협심증으로 고생을 하다가 1910년에 67세의 나이로 세상을 떠났다. 그로부터 2년 뒤인 1912년 3월 24일에 베를린 전염병연구소는 로베르트 코흐 연구소로 개칭되었다. 3월 24일은 코흐가 1882년에 결핵균 발견을 발표한 날이었다.

4부

현대 과학의 길, 20세기 초

©Book's-Hill

미지의 광선으로 최초의 노벨상을 받다
빌헬름 뢴트겐

현대물리학의 시작, X선

현대물리학은 언제 시작되었을까? 많은 과학사학자들은 1895년을 현대물리학의 출발점으로 잡는다. 1895년은 독일의 과학자인 뢴트겐(Wilhelm Conrad Röntgen, 1845~1923)이 X선이라는 새로운 종류의 광선을 발견한 해이다. 뢴트겐이 X선을 발견한 뒤 1896년에는 베크렐이 방사선을, 1897년에는 조지프 톰슨이 전자를, 1898년에는 퀴리 부부가 라듐을 발견했다. 그리고 X선의 본성에 대한 논쟁을 매개로 빛은 파동과 입자의 이중성을 가지고 있다는 점이 밝혀졌으며, 그것은 양자역학의 성립으로 이어졌다. 결국 현대물리학은 X선의 발견을 계기로 그 모습을 드러내기 시작한 것이다.

X선은 눈에 보이는 빛보다 파장이 수천분의 1 정도로 짧은 전자기파이다. 전자기파를 파장이 긴 것부터 나열해 보면, 라디오파, 마이크로파, 적외선, 가시광선, 자외선, X선, 감마선 등이 있다. X선은 감마선과 함께 파장이 매우 짧은 전자기파에 해당하는 것이다.

X선은 X선관이라고 불리는 일종의 진공방전관을 사용하여 고전압하에서 가속한 전자를 금속판 표적에 충돌시킬 때 발생한다. X선의 가장 큰 특징은 물체를 투과하는 힘이 크다는 데 있다. 그래서 X선은 인간의 건강 상태를 진단하는 것은 물론 공항에서 짐을 검사하거나 건축물의 구조상 결함을 가려내는 데 유용하게 쓰인다. X선은 과학연구에도 없어서는 안 될 중요한 존재이다. 물질의 미시 구조를 알아내기 위한 연구와 단백질이나 효소의 움직임에 대한 연구도 X선의 도움이 없이는 불가능하다.

대학을 옮겨 다닐 수 있는 자유

뢴트겐은 1845년에 독일 프로이센 지역의 렌네프라는 작은 마을에서 직물 생산 및 판매업자의 외아들로 태어났다. 3년 뒤에 그의 가족은 네덜란드의 아펠도른으로 이사를 했다. 뢴트겐은 어머니로부터 글을 배운 후 아펠도른의 사립학교에서 기초 교육을 받았다. 그는 어린 시절에 그다지 두각을 드러내지 못했지만, 자연 속을 거닐고 기계를 만지작거리는 것을 유별나게 좋아했다.

뢴트겐은 1861년에 우트레히트 기술학교에 진학하였다. 3학년 때 그는 수업 개선을 요구 조건으로 내걸고 학교 측과 단체 교섭을 한 적이 있었다. 교사의 존엄이 절대로 침범할 수 없는 것으로 여겨지던 시대였기 때문에 그 사건은 큰 문제가 되었다. 뢴트겐은 선량한 학생들을 선동하여 학교와 교사를 비판했다는 이유로 퇴학 처분을 받았다. 다행스럽게도 한 교사가 뢴트겐의 행동이 정의감에 기초한 것이었으며 학교에 피해를 입히려는 의도는 없었다는 점을 인정하였다. 덕분에 뢴트겐은 고등학교를 정식으로 졸업하지는 못했지만 수료증은 받을 수 있었다.

뢴트겐은 정식 졸업장이 없어 종합대학에 진학할 수 없는 처지가 되었다. 그에게는 다행스럽게도 취리히에 있는 연방공과대학은 소정의 실력을 갖춘 학생들에게 대학의 문을 개방하고 있었다. 뢴트겐은 독학으로 입학시험에 합격한 뒤 1865년에 취리히 연방공과대학의 기계공학과에 등록하였다. 그 대학에서 뢴트겐은 당대의 유명한 물리학자였던 클라우지우스(Rudolf Clausius)와 쿤트(August Kundt)의 강의를 들으면서 기계공학보다는 물리학에 깊은 관심을 가지게 되었다. 특히 쿤트는 뢴트겐이 한 가지 일에 집중하면 놀랄 만한 탐구력을 발휘한다는 점을 간파하면서 자애로운 아버지처럼 뢴트겐을 지도하였다.

뢴트겐은 1868년에 취리히 연방공과대학을 졸업했으며 1869년에는 취리히 대학에서 물리학 박사 학위를 받았다. 그 후 그는 쿤트의 조교가 되어 뷔르츠부르크 대학과 슈트라스부르크 대학을 옮겨 다녔다. 1874년에는 국가교수자격(Habilitation)을 취득하였고 1875년부터는 호엔하임 농업대학, 슈트라스부르크 대학, 기센 대학, 뷔르츠부르크 대학 등에서 물리학 교수로 활동하였다. 뢴트겐은 X선을 발견하기 전까지 48편의 논문을 출간했는데, 그의 연구 주제는 기체의 비열, 결정의 열전도, 석영의 전자기적 성질, 액체의 압축률, 유전체에서 발생하는 전류 등을 포괄하고 있었다.

이와 같은 뢴트겐의 행적은 독일의 교육 시스템을 단적으로 보여준다. 즉, 실업계 대학과 종합대학 사이의 벽도 높지 않고, 박사 학위 이외에 교수 자격이 별도로 필요하며, 교수와 학생은 실질적인 이동의 자유를 누렸던 것이다. 특히 대학 이동의 자유는 과학자들 사이의 건전한 경쟁을 유발하여 독일이 19세기 후반부터 과학 연구의 세계적인 중심지로 성장하는 데 크게 기여한 것으로 평가되고 있다.

아내의 손가락뼈로 발견한 X선

X선이 발견된 1895년에 뢴트겐은 뷔르츠부르크 대학의 물리학과 주임교수로 봉직하고 있었다. 당시에 많은 과학자들은 전기를 진공에서 방전시켰을 때 발생하는 특이한 현상에 주의를 집중시키고 있었다. 1879년에 영국의 물리학자인 크룩스(William Crooks)는 방전 실험에 사용할 수 있는 고진공관인 크룩스관을 발명했는데, 그 관은 긴 원통 모양의 유리관에 두 개의 전극을 넣어 밀폐한 것이었다. 그는 저압의 기체를 넣은 관에 고압의 전류를 흘리면서 알 수 없는 선이 음극으로부터 방사되는 현상을 관찰하였다. 그는 이 선을 음극에서 방사되어 나오는 극히 작은 대전된 입자의 흐름이라고 생각하여 음극선(cathode ray)이라 불렀다.

이에 반해 독일의 과학자들은 음극선이 빛과 비슷한 것이라고 주장했다. 음극선을 집중적으로 연구한 독일의 과학자는 헤르츠의 제자였던 레나르트(Philipp Lenard)였다. 그는 크룩스관의 한쪽 끝에 얇은 알루미늄 판을 대고 여기에 음극선을 쏜 다음 그 판을 통과한 광선의 성질을 면밀하게 관찰하였다. 이 실험에서 그는 음극선에 관한 여러 가지 중요한 성질을 관찰했지만, 그의 스승인 헤르츠의 견해를 받아들여 음극선을 빛과 유사한 것으로 보았다. 음극선이 전자의 흐름이라는 사실은 1897년에 영국의 과학자인 조지프 톰슨에 의해 규명되었다.

1894년에 뢴트겐은 음극선을 금속박판에 쏘기 위한 실험 장치에 대해서 레나르트에게 문의하였다. 당시에 뢴트겐은 레나르트의 도움을 받아 레나르트의 실험을 반복해 볼 수 있었다. 그러나 이 실험을 하던 중 뢴트겐은 뷔르츠부르크 대학의 학장으로 선출되는 바람에 1년 뒤에야 음극선 실험을 본격적으로 진척시킬 수 있었다.

뢴트겐이 X선을 발견한 것은 그가 50세였던 1895년이었다. 그 해 11월 8일, 뢴트겐은 암실에서 크룩스관을 두꺼운 검은 마분지로 싸서 어떤 강력한 빛도 통과할 수 없도록 조치하였다. 그가 유도코일에 스위치를 넣자 이상하게도 몇 미터 떨어진 책상 위에 있는 형광 스크린이 밝게 빛나고 있었다. 크룩스관은 검은 종이로 싸서 음극선이 새나갈 이유가 없는데,

어떤 선이 관으로부터 스크린 쪽으로 직진해 나갔던 것이다. 뢴트겐은 관에서 형광을 발하는 새로운 종류의 선이 방출된다는 점에 주목하면서 그 선이 다른 물질도 통과할 수 있을 것이라고 생각하였다. 그는 관과 스크린 사이에 나무판자, 헝겊, 금속판 등을 대고 실험을 해 본 결과 그 선이 나무와 섬유 등은 통과하지만 금속은 통과하지 못한다는 사실을 밝혀냈다.

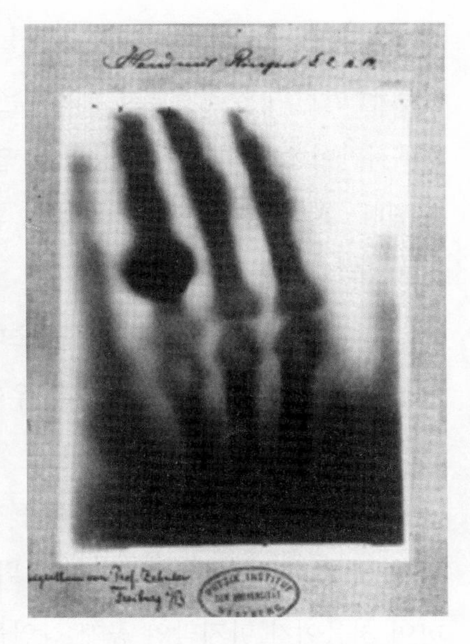

뢴트겐이 찍은 아내의 손가락뼈 사진

여기서 뢴트겐은 간단하지만 멋진 아이디어를 떠올렸다. 그는 보통 광선이 사진 건판에 작용하므로 아마 이 특이한 선도 사진 건판에 감광될 것이라고 생각했다. 뢴트겐은 이러한 가설을 검증하기 위하여 그 선이 통과하는 길에 사진 건판을 놓고 아내를 설득하여 손을 관과 건판 사이에 넣어보라고 했다. 스위치를 넣고 건판을 현상해 보니 뼈가 똑똑하게 나타났고 뼈 부근의 근육이 희미하게 그려져 있었다. 역사상 처음으로 살아있는 사람의 뼈가 사진에 찍힌 것이었다. 당시에 뢴트겐의 아내는 자신의 손가락뼈를 사진으로 보는 순간 "나의 죽음을 봤다"는 비명을 질렀다고 한다.

뢴트겐은 이 광선에 'X선(X-ray)'이라는 이름을 붙였다. 이 선에 대해서 아무런 지식을 가지고 있지 않았으므로 수학에서 미지수를 나타내는 X라는 문자를 사용했던 것이다. 뢴트겐은 X선에 대한 연구 결과를 〈새로운 종류의 광선에 관하여〉라는 논문으로 작성하여 1895년 12월 28일에 《뷔르츠부르크 물리 · 의학 학회지》에 제출하였다. 그의 논문 초고를 읽어 본 과학자들은 손을 찍은 X선 사진을 보고 흥분을 감추지 못했으며, 뢴트겐의 실험실로 와서 직접 사진을 찍어 보기도 했다. 때마침 1896년 1월 4일에는 독일 물리학회의 창립 50주년을 기념하는 행사가 개최되어 뢴트겐의 업적은 유럽의 수많은 과학자들에게 알려졌다. 뢴트겐은 이전까지 48편의 논문을 발표했지만 모두 본격적인 주목을 받지 못했는데, X선에 대한 단 한 편의 논문으로 일약 세계적인 과학자가 되었던 것이다.

당시에 세계 각국의 언론들은 X선의 발견을 대서특필하였고, 뢴트겐은 일약 세계적으로 유명한 인사가 되었다. 당시 한 언론은 다음과 같이 논평하기도 했다. "X선의 발견은 과학의 여러 경이로운 업적에 또 하나를 첨가하였다. 캄캄한 어둠 속에서 사진이 찍히는 것도 이해하기 어려운데 불투명한 물체를 통과한 사진을 찍는다는 것은 거의 기적에 가깝다."

X선 발견이 알려지면서 뢴트겐은 전 세계로부터 수많은 강연 초대를 받았다. 당시에 그는 "시간이 없어서 강연에 응할 수 없다는 것을 유감으로 생각한다"는 편지를 수도 없이 작성했다. 프랑스의 과학아카데미도 뢴트겐을 데려올 수 없어서 X선 사진을 회람하는 것으로 만족해야 했다.

그러나 뢴트겐도 독일 황제의 초대를 거절할 수는 없었다. 1896년 1월 9일에 카이저 빌헬름 2세는 뢴트겐에게 "본인은 우리의 조국 독일에 인류를 위한 커다란 축복이 될 새로운 과학의 승리를 안겨준 하느님을 찬양합니다"는 축전을 보냈다. 그로부터 4일 뒤에 뢴트겐은 궁전에서 X선에 대한 시범과 강연을 하였고 황제와 만찬을 함께 하면서 훈장을 받았다. 뢴트겐은 1896년 1월 23일에 뷔르츠부르크 물리학 · 의학 협회에서 자신의 발견에 대하여 처음이자 마지막인 공개 강연을 했다. 그때 청중들은 우레와 같은 기립 박수로 뢴트겐을 환영하였다.

레나르트의 과격한 민족주의

사실 X선의 발견은 뢴트겐이 아닌 다른 과학자도 할 수 있었다. 특히 크룩스나 레나르트는 가능성이 매우 큰 후보였다. 크룩스는 음극선 주변에서 사진 건판이 흐려지는 것을 불평하곤 했고, 레나르트는 크룩스관 부근에서 발생하는 발광현상을 목격하기도 했다. 그러나 그들은 음극선의 성질을 연구하는 데 관심을 집중했기 때문에 위대한 발견의 기회를 놓쳐 버리고 말았다. 또한 그들은 실험 장치에서 이상한 광선이 발생하면 그것을 깊이 탐구한 것이 아니라 실험 장치에 문제가 있는 것으로 판단하여 실험 장치를 만든 사람에게 항의하곤 하였다. 나중에 레나르트는 자신이 X선을 발견하지 못한 것을 매우 애석하게 생각했으며, 뢴트겐이 논문을 쓰면서 자신의 도움에 대해서 언급하지 않은 것을 무척 못마땅하게 여겼다.

레나르트도 음극선 연구에 기여한 공로로 1905년 노벨 물리학상까지 수상한 훌륭한 과학자이다. 그의 발견 가운데 하나인 '레나르트의 창'은 음극선으로 외부에 있는 과녁을 맞히는 방법을 제시한 것이었다. 그러나 그는 편협한 민족주의적 감정을 가지고 있었다. 레나르트는 음극선 연구에서 영국의 조지프 톰슨과 경쟁 관계에 있었는데, 톰슨이 비열하게도 자신의 이론을 도용해서 논문을 썼다고 생각했다. 이때부터 레나르트는 영국 과학자들이 부정확하고 불충분한 데이터로 남의 업적을 빼앗아 논문을 쓰는 데만 급급한 이기주의자들이라고 생각했다.

독일 과학만을 사랑했던 레나르트

제1차 세계대전이 터지자 레나르트는 이 전쟁을 공공선을 추구하는 독일인과 사리사욕에 빠져 있는 영국인 간의 전쟁이라고 생각했다. 전쟁이 독일의 패배로 끝난 뒤 그는 누구보다도 강한 충격을 받았다. 1919년 11월에 영국의 탐험대가 아인슈타인의 일반상대론을 입증하는 개기일식을 관측했다는 보도를 접하자 레나르트는 크게 격분하여 그 보도가 바로 영국인의 전형적인 사기수법이라고 생각했다. 또한 아인슈타인이 유태인이라는 이유로 레나르트의 감정은 영국을 반대하는 것을 넘어 유태인을 반대하는 것으로 발전하게 되었다. 게다가 바이마르 시대의 통화 팽창으로 자신이 보유하고 있었던 채권이 무용지물이 되자 그는 유태인들이 사기를 쳐 재산을 잃게 된 것이라고 확신하였다.

레나르트는 슈타르크(Johannes Stark, 1919년 노벨 물리학상 수상자)와 함께 독일 물리학(Deutsche Physik) 혹은 아리안 물리학(Aryan Physics)을 구축하는 데도 앞장섰다. 그들은 상대성이론과 같은 유태인의 과학은 도그마적인 과학인 반면에 독일의 과학은 실험 위주의 실제적인 과학이라고 주장했다. 그들은 독일 과학의 우수성에 관한 것이라면 어떠한 논쟁도 마다하지 않았고, 자신들의 견해에 반대하는 사람들을 계속해서 괴롭혔다. 흥미로운 점은 레나르트의 스승인 헤르츠가 절반은 유태인이라는 사실이었다. 이에 대해 레나르트는 헤르츠의 실험적 재능은 순전히 아리안인 어머니 덕이고, 헤르츠가 범한 실수는 유태인 아버지의 탓으로 돌렸다.

X선이 널리 사용되다

뢴트겐의 발견 이후 수많은 과학자들이 X선을 연구하는 데 달려들었다. 1896년 한 해만 해도 X선에 관한 논문이 1,000편 이상 출간될 정도였다. X선의 중요성을 제일 먼저 간파한 집단은 외과 의사들이었다. 1896년 1월 20일에 베를린의 어떤 의사는 손가락에 꽂힌 유리 파편을 X선으로 찾아냈고, 2월 7일에는 리버풀의 의사가 X선으로 환자의 머리에 박힌 탄환을 확인했다. 이처럼 뢴트겐의 X선은 외과 분야에서 효과적인 진단 방법으로 수많은 환자의 고통을 덜어주는 데 공헌했다. 전자의 발견자인 조지프 톰슨이 논평했던 것처럼, X선이 효과적인 진단 방법을 외과 의사에게 제공한 이상으로 물리학이 인류의 고통을 구하는 데 공헌한 경우는 드물었다.

X선의 정체는 1912년에 라우에(Max von Laue, 1914년 노벨 물리학상 수상자)에 의해 밝혀졌다. X선은 빛과 마찬가지로 전자기파의 일종이지만 파장과 진동수에 차이가 있을 뿐이라는 것이다. 영국의 브래그 부자(William Henry Bragg and William Lawrence Bragg, 1915년 노벨 물리학상 수상자)와 미국의 쿨리지(William D. Coolidge)는 X선이 본격적으로 활용될 수 있는 기반을 닦았다. 브래그 부자는 1913년에 X선을 이용해서 분자의 결정 구조를 밝혀내는 X선 결정학을 정립하였고, 쿨리지는 1927년에 X선의 양과 투과력을 늘리거나 줄일 수 있는 쿨리지관을 발명하였다. 그 후 X선은 원자의 비밀과 생물분자의 구조를 규명하고 철을 비롯한 공업 재료의 조직에 포함된 균열을 검출하는 데에도 널리 사용되었다. 최근에는 투과되지 않는 액체를 사용함으로써 위와 내장에 대한 사진도 찍을 수 있게 되었다.

이와 같이 X선의 물리적 성질과 효과가 밝혀지면서 X가 지칭하는 미지(未知)의 의미는 사라졌다. 그리고 발견자를 예우하는 문제도 있고 해서 X선 대신에 뢴트겐선이란 용어를 쓰자는 의견도 개진되었다. 그러나 뢴트겐선보다는 X선의 발음이 간편하여 X선이란 용어는 좀처럼 사라지지 않았고 오늘날에도 널리 사용되고 있다. 이와 관련하여 영국에서 과학 잡지를 발간했던 사람은 "발견자에게는 미안한 일이지만 뢴트겐이라는 발음이 영국인에게는 어감이 좋지 않다"는 글을 쓴 적도 있다고 한다.

뢴트겐은 X선을 발견하여 인류에게 커다란 혜택을 제공한 공로로 1901년에 제1회 노벨 물리학상을 받았다. 그러나 그는 X선에 의해 생겨나는 어떤 특허도 단호히 거절하였다. X선을 제대로 활용하기 위해서는 어느 특정인이 소유해서는 곤란하며 모든 인류가 공유해야

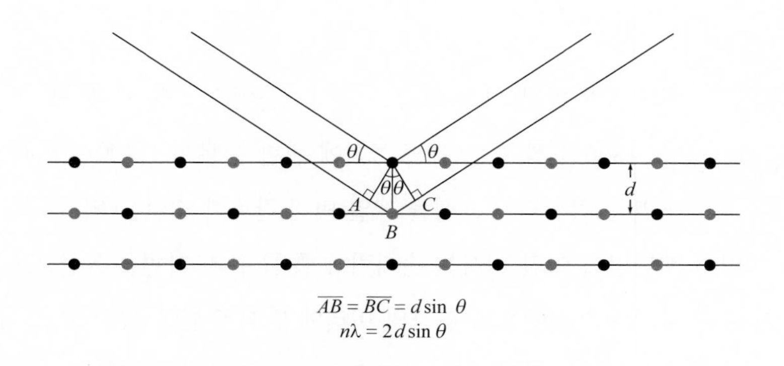

브래그의 법칙. 결정에서 반사하는 X선의 강도가 최대로 되기 위한 조건을 주는 법칙으로 λ를 X선의 파장, d를 결정면의 간격이라 하면, $n\lambda = 2d\sin\theta$로 주어진다.

한다는 것이 그의 신념이었다. 뢴트겐이 "왜 많은 돈을 벌 수 있는 특허를 신청하지 않았느냐"는 질문을 받았을 때, "학문은 모든 인류의 것이기 때문입니다"고 대답했다는 일화도 전해지고 있다.

뢴트겐은 1900년부터 뮌헨 대학의 물리학과 주임교수이자 실험물리학 연구소 소장으로 활동하였다. X선을 발견한 이후에 뢴트겐은 X선에 대한 논문 2편을 비롯하여 9편의 논문을 남겼다. 그는 1906년에 과학박물관의 건설을 제안한 후 최초의 X선 장치를 기증함으로써 이를 실현시키기도 했다. 1914년에는 군국주의 독일과 독일 과학자들의 연대성을 표방한 성명서에 서명했으나 나중에 그것을 후회하였다.

뢴트겐은 1919년에 모든 공직에서 은퇴하였다. 말년에는 모아둔 재산이 없는데다 극심한 인플레이션까지 겹쳐 크게 고생하였다. 그는 대장암으로 인해 1923년 뮌헨에서 78세를 일기로 세상을 떠났다.

발명왕의 등극과 몰락
토머스 에디슨*

제2차 산업혁명과 에디슨

오늘날의 기술시스템(technological system)을 촉발한 많은 발명들은 19세기 후반에서 20세기 초반에 출현하였다. 강철, 인공염료, 전기, 전신, 전화, 자동차 등은 그 대표적인 예이다. 이러한 기술혁신은 기존의 산업을 크게 변혁시키거나 염료 산업, 전기 산업, 통신 산업, 자동차 산업 등과 같은 새로운 산업을 창출함으로써 당대의 산업 발전과 경제 성장에 커다란 영향을 미쳤다. 이러한 변화는 대략 1760~1830년에 발생한 영국의 산업혁명에 대비하여 '제2차 산업혁명(The Second Industrial Revolution)'으로 불린다. 제2차 산업혁명을 계기로 대기업이 기술혁신의 핵심 주체로 부상하였으며, 기술의 주도권은 영국에서 독일과 미국으로 이동하였다. 특히 영국의 산업혁명에서는 기술혁신이 직접적인 영향력을 행사했다고 평가하기는 힘든 반면, 제2차 산업혁명은 새로운 기술혁신에서 비롯되었다고 해도 과언이 아닐 정도로 기술혁신이 당시의 경제와 사회의 변화에 커다란 영향을 미쳤다.

이와 같은 제2차 산업혁명의 중심에 있는 인물이 바로 토머스 에디슨(Thomas A. Edison, 1847~1931)이다. 에디슨은 우리에게 매우 친숙한 인물로 여러 이미지가 떠오른다. 달걀을 품었던 호기심 많던 소년, 초등학교를 중퇴한 철도 급사, 며칠 동안 밤샘을 할 정도로 발명에

---

* 이 글은 송성수, 《사람의 역사, 기술의 역사》 (부산대학교출판부, 2011), pp. 168~180을 보완한 것으로 몇몇 부분은 송성수, 〈에디슨의 사례를 통한 공학소양교육의 탐색〉, 《공학교육연구》 제13권 1호 (2010), pp. 17~22에 의존하고 있다.

몰입했던 사람, 떠돌이 기술자에서 대기업 경영진으로 자수성가한 사나이 등이 그것이다. 에디슨이 남긴 "천재는 99퍼센트의 노력과 1퍼센트의 영감"이라는 명언은 그것의 진정한 의미가 무엇인지를 놓고 많은 논쟁을 낳기도 했다.

에디슨은 미국에서 1,093개의 특허를 받았고, 다른 나라에서 1,239개의 특허를 받았다. 그는 역사상 가장 많은 특허를 받은 사람인 것 같다. 에디슨을 '발명왕'이라 부르는 이유도 여기서 찾을 수 있을 것이다. 양적인 면뿐만 아니라 질적인 면에서도 그의 발명은 중요하다. 에디슨의 대표적인 발명품인 백열등, 축음기, 영화 등은 오늘날 과학기술 문명을 열어주는 역할을 담당했다.

문제아에서 전신 기술자로

에디슨은 1847년 2월 11일에 미국 오하이오 주의 밀란에서 일곱 남매 중 막내로 태어났다. 아버지는 목수였고 어머니는 이전에 교사로 활동한 바 있었다. 어린 시절에 에디슨은 상상력이 매우 풍부하고 기발한 호기심을 가졌던 것으로 전해진다. 달걀을 품어 병아리를 만들려고 했다는 일화 이외에도 숱한 이야기가 에디슨과 결부되어 있다. 한번은 에디슨이 곡물 창고에 들어가 그 구조를 유심히 관찰하던 중에 스위치를 잘못 눌러 곡물에 깔려 죽을 뻔했다고 한다. 에디슨이 사람이 하늘을 날 수 있도록 하는 알약을 만들어 친구에게 먹게 했으나 그 친구가 하늘을 날기는커녕 며칠 동안 배가 아파 고생했다는 이야기도 있다.

이러한 에디슨에게 틀에 박힌 학교 교육은 별다른 의미가 없었다. 그는 수업 시간에 선생님의 말씀은 듣지 않고 갖은 공상의 나래를 펴면서 노트에다 이상한 기계를 그리곤 했다. 에디슨의 학교 성적은 밑바닥을 헤매고 있었고 그에게는 말썽꾸러기 혹은 문제아라는 낙인이 찍혔다. 에디슨의 학교 출석률은 점점 낮아졌고 결국 그는 5년간 초등학교를 다니다가 12살에 학교를 그만두고 말았다. 실제 에디슨이 초등학교에 열심히 출석한 기간은 3개월 정도에 지나지 않았다고 한다.

어린 시절의 에디슨은 오늘날 교육심리학에서 말하는 ADHD(attention deficient/ hyperactivity disorder) 아동(주의력이 결핍되어 있고 과잉 행동을 하는 장애를 가진 아동)으로 평가되기도 한다. 호기심이 왕성했지만 이상한 행동이 많았고 집단생활에 잘 적응하지 못했으며 정서불안의 증세를 보였던 것이다.

이처럼 정규 교육을 제대로 받지 못한 에디슨에게는 가정교육이 매우 중요한 역할을 담당하였다. 에디슨의 어머니는 자식이 흥미를 느끼는 분야를 중심으로 공부를 시키면서 점차 그 범위를 확장시켜 나갔다. 특히 에디슨은 9살 때 파커(Richard Parker)의 《자연 · 실험 · 철학》이라는 청소년용 과학 도서를 읽으면서 과학에 깊은 관심을 가지게 되었던 것으로 전해진다. 10살 때에는 집 지하에 실험실을 만들어 그 책에 소개되어 있는 실험을 모두 스스로 해 보기도 했다.

에디슨은 12살이 되던 1859년부터 실험 비용을 마련하기 위하여 철도 급사로 일했다. 철도 급사로 그가 한 일은 객차를 오가면서 신문과 음식물을 파는 것이었다. 곧이어 에디슨은 차장의 허락을 얻은 뒤 열차 뒤편에 실험실을 만들어 틈틈이 실험을 하였다. 1861년부터 미국에서 남북전쟁이 진행되면서 전쟁의 소식을 담은 신문이 불티나게 팔리자 에디슨은 헌 인쇄기를 구입한 후 신문을 스스로 제작하여 큰 수입을 올리기도 했다.

에디슨 신문의 인기가 점점 좋아지고 있을 때 에디슨의 열차 실험실에서 화재가 발생하는 사고가 발생하였다. 차장의 수습으로 불은 곧 꺼졌지만 차장은 에디슨의 실험용 기기와 약품을 모두 밖으로 던져버렸다. 이에 대하여 당시에 차장이 에디슨의 따귀를 심하게 때리는 바람에 에디슨에게 청각 장애가 생겼다는 얘기도 전해진다. 그러나 에디슨은 선천적으로 반고리관에 장애가 있었다. 게다가 어릴 때 여러 번 심한 감기에 걸려 만성적인 기관지염을 앓았다. 이것이 귀에도 영향을 미쳐 차츰 귀가 들리지 않게 되었던 것이다.

포트휴런의 철로 부근에 있는 젊은 에디슨 동상

1862년 어느 날, 에디슨은 탈선한 열차에 치일 뻔했던 한 남자 아이를 구해주었다. 그 아이의 아버지는 포트휴런과 디트로이트 사이에 자리한 마운트 클레멘스 역의 역장인 맥킨지(James MacKenzie)였다. 그 일로 에디슨에게 좋은 인상을 갖게 된 맥킨지는 에디슨에게 5개월 동안 전신 기술을 가르쳐 주었다. 당시에 맥킨지는 다른 소년에게도 전신기술을 가르치고 있었기 때문에 에디슨과 그 소년은 서로 전신을 주고받는 연습도 할 수 있었다. 에디슨은 자신의 실력이 향상되자 스스로 전신기를 만든 후 친구에게 전신 기술을 가르치기도 했다.

에디슨은 1863년부터 미국의 남부 및 중서부 지역을 떠돌아다니며 전신 분야의 견습 기술자로 활동했다. 에디슨은 당시의 과학과 기술에 대한 서적은 물론 정치사상이나 경제사상에 대한 서적도 즐겨 읽었다. 과학과 기술에 관한 서적에는 《화학분석의 기초》, 《정량화학의 분석》, 《전기학 실험연구》, 《전신》 등이 있었고, 정치사상이나 경제사상에 대한 서적에는 페인(Thomas Paine)의 《이성의 시대》, 우어(Andrew Ure)의 《예술, 제조업, 광산》 등이 있었다. 훗날 그는 "떠돌이 시절 도서관에 있는 모든 책들을 읽으려고 결심했지만, 그것을 이룰 수는 없는 것이었다"고 회고한 바 있다.

에디슨은 21살이 되던 1868년에 보스턴에 정착하였다. 그 해에 에디슨은 자신의 최초의 발명품인 전기 투표 기록기를 발명했는데, 그것은 투표자가 찬성 혹은 반대의 버튼을 누르면 투표 결과가 자동으로 기록되는 기계였다. 그러나 의회 직원들이 사용할 필요를 느끼지 못했기 때문에 전기 투표 기록기는 실패작으로 끝났다. 에디슨은 여기서 큰 교훈을 얻었다. "사람들이 필요로 하지 않는 발명에 연연하지 말라"는 것이었다.

멘로 파크의 마술사

에디슨은 1869년에 전업 발명가(full-time inventor)가 되겠다고 선언하였고 1870년에는 전신 장비를 만드는 공장을 차렸다. 1870년대 초반에 에디슨은 웨스턴 유니온 전신(Western Union Telegraph)을 비롯한 여러 기업의 의뢰를 받아 전신기의 발명이나 개량에 집중했는데, 그가 발명한 전신기에는 인쇄전신기, 자동전신기, 사중전신기 등이 있었다.

1871년에 에디슨은 한 여인을 보내고 다른 여인을 맞이하였다. 그 해 4월에는 아주 슬픈 소식이 날아왔다. 그것은 바로 자신을 그토록 아끼셨던 어머니의 죽음이었다. 같은 해 12월에 에디슨은 메리 스틸웰(Mary Stilwell)에게 사로잡혔고 열렬한 구애 작전을 펼쳤다. 그 해 크리스마스에 에디슨은 16살의 소녀인 메리와 결혼식을 올렸다. 에디슨 부부 사이에는 한 명의 딸과 두 명의 아들이 태어났다. 전신에 푹 빠져 있었던 에디슨은 첫 딸과 큰 아들에게 모스 부호의 점과 선에 해당하는 '도트'와 '대시'라는 애칭을 붙였다.

그러나 신혼 생활의 즐거움도 잠깐이었다. 메리는 연애 시절에 에디슨의 보여주었던 배려가 일단 결혼이라는 끈으로 묶이면서 사라졌음을 알고 크게 실망했다. 에디슨은 대부분의 시간을 작업장에서 보냈고 때로는 새벽까지 일하기도 했다. 남편의 사랑을 받지 못하고 외로움에 빠진 메리는 과소비로 마음을 달랬다. 에디슨이 터준 외상 거래 장부로 그녀는 여러 상점에서 사치품을 사 모으는 데 정신이 없었다. 두 사람의 결혼 생활은 행복하지 않았고 에디슨은 더욱더 일에 파묻히면서 문제를 회피했다.

에디슨은 1876년에 멘로 파크(Menlo Park)에 연구소를 차리면서 생애 최대의 전성기를 맞이하였다. 그는 연구소에 우수한 인력과 최신 장비를 결집시키는 데 많은 노력을 기울였다. 기계공, 도구제작자, 수학자 등 20여 명의 전문 인력을 고용하였고, 발명기구, 화학물질, 증기기관은 물론 도서실까지 구비했던 것이다. 에디슨이 총애했던 직원으로는 그의 오른팔 역할을 했던 배철러(Charles Batchelor), 수학과 물리학에 뛰어났던 업턴(Francis Upton), 기계설계에 일가견이 있었던 크레어시(John Kreusi), 연구소에 대한 회고록을 출판했던 제엘(Francis Jehl) 등이 있었다.

에디슨은 멘로 파크 연구소를 통해 개인 차원이 아닌 조직 차원의 발명을 시도하였다. 에디슨은 풀어야 할 문제에 대한 전체적인 개념을 규정했으며, 그의 직원들은 에디슨이 할당한 문제를 바탕으로 각종 실험과 계산을 담당했다. 그러나 멘로 파크 연구소를 오늘날과 같은 산업적 연구(industrial research)의 출발점이라 보기는 어렵다. 왜냐하면 멘로 파크 연구소에서는 기술자들이 활동을 주도했으며 과학자들은 이를 보조하는 데 머물렀기 때문이다. 사실상 에디슨 자신도 멘로 파크 연구소를 '발명 공장(invention factory)'으로 불렀다.

에디슨은 멘로 파크 연구소를 설립하면서 "열흘에 한 건씩 간단한 발명, 6개월에 한 건씩 굉장한 발명"을 해 낼 것이라고 선언하였다. 1876년에 에디슨은 자동전신에 사용될 수중 케이블을 시험하던 도중에 탄소의 전기저항과 전도성이 압력에 따라 변한다는 사실을 발견한 후 자석 대신 탄소를 사용하여 전류를 변화시키는 압력 계전기를 고안하였다. 1877년에는 탄소송화기를 발명함으로써 1년 전에 벨(Alexander G. Bell)이 선보인 전화기의 성능을 크게 향상시켰다. 같은 해에 에디슨은 전화에서 수신된 메시지를 사람의 음성으로 바꿀 수 있는 기구를 개발하던 중에 축음기(phonograph)를 발명했다. 특히 축음기의 경우에는 청력을 잃은 사람이 말하는 기계를 발명했다는 점에서 상당한 센세이션을 불러 일으켰다. 이러한 잇단 발명을 통해 에디슨은 "멘로 파크의 마술사"라는 칭호를 얻으면서 미국의 기술자사회를 주도하기 시작하였다.

멘로 파크 연구소의 모습

전기의 시대를 연 백열등

에디슨은 1879년에 백열등을 발명함으로써 전기의 시대를 개막한 사람으로 평가되고 있다. 당시의 공장이나 거리에서는 가스등이나 아크등이 사용되고 있었는데, 가스등은 불빛이 약하고 가격이 비쌌으며 아크등은 너무 밝고 폭발의 위험성을 가지고 있었다. 에디슨은 가정에서도 사용할 수 있는 전등 시스템을 구축한다는 목표하에 기존의 가스등 시스템과 경제적으로 경쟁하기 위한 목적을 가지고 전등의 개발에 착수하였다. 에디슨이 가스등을 염두에 두었다는 사실은 그가 전선을 땅 밑에 묻었다는 점, 전기 계량기의 설치를 요구했다는 점, 전구를 버너(burner)로 불렀다는 점 등에서 확인할 수 있다.

에디슨은 체계적인 비용 분석을 통하여 전도체에 사용되는 값비싼 구리가 전등 시스템의 개발에서 걸림돌이 된다는 것을 밝혀낸 후, 전등에 필요한 에너지를 충분히 공급하면서도 전도체의 경제성을 보장하는 것을 핵심적인 문제로 규정하였다. 그는 옴의 법칙($I=V/R$)과 줄의 법칙($W=I^2Rt$)을 활용하여 전도체의 길이를 줄이고 횡단면적을 적게 하는 방법을 탐색했으며, 결국 오늘날과 같은 1암페어 100옴짜리 고(高)저항 필라멘트라는 개념에 도달하였다. 이처럼 에디슨이 기존의 저(低)저항 전등 대신에 고저항 전등에 주목하게 된 것은 체계적인 비용 분석에서 비롯되었으며, 그러한 과정에서 그는 백열등을 발명하는 것은 물론 1암페어 100옴과 같은 기술 표준을 확립하는 성과를 거두었던 것이다.

사실상 에디슨이 백열등을 개발하는 데에는 수많은 시행착오가 수반되었다. 그가 백열등을 개발하는 과정에는 1,600가지가 넘는 금속선이 동원되었으며, 당시에 작성된 노트는 4만 페이지가 넘었다고 한다. 에디슨은 숱한 실패를 하면서도 낙담하지 않고 오뚝이처럼 계속 일어섰다. 훗날 에디슨은 당시의 상황에 대하여 다음과 같이 회고한 바 있다. "전구를 발명하기 위해 나는 9,999번의 실험을 했으나 잘 되지 않았다. 그러자 친구는 '1만 번씩이나 실패를 되풀이할 셈이냐'고 물었다. 그러나 나는 실패했던 게 아니고, 전구가 되지 못하는 것을 찾아냈을 뿐이다."

상업적으로 성공한 최초의 백열등 모델 (1879년)

에디슨은 기술을 선전하는 데에도 일가견을 가지고 있었다. 1879년 12월 31일에는 멘로 파크에서 요상한 송년 파티가 열렸다. 파티에 참석하기 위해 사람들이 멘로 파크까지 연결된 특별 기차를 타고 모였다. 멘로 파크 역에 도착한 사람들은 맨 먼저 백열등이 발산하는 빛의 인사를 받았다. 백열등은 역에서 에디슨의 연구소로 이어지는 길을 환하게 밝혔다. 연구소로 들어선 사람들은 백열등을 직접 보고 깜짝 놀랐다. 그들은 백열등이 부드러운 빛을 발산하기 때문에 눈이 피로하지 않다는 사실을 알 수 있었다.

그때 에디슨이 등장했다. 사람들은 그가 생각보다 젊다는 사실에 놀랐다. 당시에 에디슨은 겨우 32세에 불과했던 것이다. 에디슨은 느릿느릿한 말투로 백열등이 어떻게 작동하는지에 대해 간단히 설명했다. 에디슨의 설명이 끝나자 연구소의 직원들은 백열등 하나를 물이 가득 찬 그릇에 담았다. 백열등은 4시간 동안 한 번도 꺼지지 않고 계속 빛을 냈다. 에디슨은 또한 전기 모터를 사용하여 재봉틀과 펌프를 작동시키는 시범도 보였다.

그날 밤에는 예기치 않았던 몇 가지 사건이 발생하기도 했다. 어떤 여자가 발전기에 너무 가깝게 가는 바람에 머리에 꽂은 핀이 떨어져 나갔는데 그 일로 사람들은 자기장의 힘이 얼마나 센지 눈으로 직접 확인할 수 있었다. 가스등 회사에 근무했던 어떤 사람은 철선을 숨겨와 누전을 일으켜 행사를 방해하려고 했다. 그러나 에디슨의 전등에는 이미 안전 퓨즈가 설치되어 있었기 때문에 어떠한 사고도 일어나지 않았다. 다만 그 사람만 연구소 직원들에 의해 문 밖으로 끌려갔을 뿐이다.

시스템 구축가로서의 에디슨

에디슨이 백열등만을 발명한 것은 아니었다. 그는 발전, 송전, 배전에 필요한 모든 것을 만들었다. 거기에는 전기 모터, 발전소, 전선, 소켓, 스위치, 퓨즈, 계량기 등이 포함되어 있었다. 에디슨이 발명한 것은 하나의 기술이 아니라 여러 가지 기술이 결합된 시스템이었던 것이다. 미국의 소여(William E. Sawyer), 독일의 괴벨(Heinrich Göbel), 영국의 스완(Joseph W. Swan) 등과 같이 에디슨에 앞서 백열등을 발명한 사람은 많았지만, 에디슨을 진정한 백열등의 발명가로 평가하는 이유도 여기에 있다. 사실상 에디슨은 단순한 발명가가 아니라 백열등의 활용에 필요한 거의 모든 것을 개발한 '시스템 구축가(system builder)'로 볼 수 있다.

영국의 과학자이자 발명가인 스완도 에디슨에 앞서 전등을 연구한 사람이다. 스완은 1848년부터 전등에 관한 실험을 하였고 1860년에 기본적인 아이디어를 제출했으며 1879년 2월에 에디슨과 유사한 전등을 만들었다. 스완은 1880년에 특허를 받은 후 이듬해에 스완 유나이티드 전기 회사를 설립하여 사업을 시작하였다. 이에 에디슨은 영국 법정에 스완을 특허권 침해로 고소하였다. 그러나 홈 코트의 이점을 안고 있었던 스완을 꺾는 것은 쉽지 않았다. 사업 감각이 뛰어난 에디슨은 스완과 연합하는 쪽으로 방향을 바꾸었다. 결국 1883년에 탄생한 에디슨-스완 유나이티드 전기 회사는 에디스완(Ediswan)이라는 상표로 전등을 제작하여 판매하였다.

에디슨은 1883년에 전구에 전극을 추가적으로 삽입하는 실험을 하면서 이후에 '에디슨 효과(Edison effect)'로 불린 현상을 발견하기도 했다. 전구에 도선과 금속판을 투입하고 도선을 전지의 (+)극에 연결하면, 필라멘트에서 전자가 일부 빠져 나와 금속판으로 흘러 들어감으로써 투입한 도선에도 전류가 흐르게 된다는 것이었다. 에디슨은 이러한 전구를 전류 측정 장치로 활용할 수 있겠다고 생각했지만, 더 이상 자신의 아이디어를 발전시키지 않았다. 에디슨 효과는 20세기 초에 플레밍(John A. Fleming)이 플레밍 밸브(2극 진공관)를 발명하고, 드 포리스트(Lee de Forest)가 오디온(3극 진공관)을 개발하는 것으로 이어졌다.

에디슨은 전등을 시스템적 차원에서 개발했을 뿐만 아니라 전등의 상업화를 위한 활동도 시스템적으로 전개하였다. 즉, 전등의 연구개발을 담당하는 회사, 전력을 공급하는 회사, 발전기를 생산하는 회사, 전선을 생산하는 회사 등을 잇달아 설립하여 전기에 관한 한 모든 서비스를 제공해 줄 수 있는 에디슨 제국(Edison Empire)을 구성했던 것이다. 에디슨 제국은 1882년에 뉴욕 시에 세계 최초로 중앙 발전소를 설립하는 것을 계기로 미국의 전등 및 전력 산업을 석권하기 시작했으며, 에디슨 제국의 기업들은 1889년에 에디슨 제너럴 일렉트릭(Edison General Electric)으로 통합되었다.

웨스팅하우스와의 '전류 전쟁'

그런데 에디슨 제국은 직류 방식을 채택하고 있었기 때문에 발전소를 소비지역과 인접한 곳에 설치해야 하는 약점을 가지고 있었다. 이에 반해 교류 방식에서는 중앙 발전소에서 생산된 수천 볼트의 전기를 전송하면 각 소비지역에 설치된 전신주의 변압기에서 전압을 내리면 되기 때문에 석탄이나 물의 공급이 용이한 지역에 발전소를 설치할 수 있는 이점을 가지고 있었다. 급기야 전력 방식의 표준을 어떻게 정할 것인가 하는 문제를 놓고 에디슨 제국과 교류 방식의 대표 기업인 웨스팅하우스 전기회사(Westinghouse Electric Company)는 '전류 전쟁(current war)'이라 불릴 정도로 치열한 싸움을 전개하였다.

교류가 서서히 세력을 확장하자 에디슨은 교류의 흠집을 내기 위한 선전 공작을 벌렸다. 그는 1886년에 〈경고!(WARNING!)〉라는 팸플릿을 제작하여 웨스팅하우스를 살인자로 몰아세웠다. 팸플릿에는 고전압 교류 전선에 가까이 갔을 때 발생할 수 있는 위험을 경고하면서 고압 전류로 인해 전기 구이가 된 사람들의 명단까지 실었다. 팸플릿의 마지막 부분에서 에디슨은 "이렇게 무서운 교류를 가정에서 사용하시겠습니까?"는 질문을 던졌는데, 팸플릿을 정상적으로 읽은 사람이라면 당연히 "아니오"라는 대답이 나오게끔 되어 있었다.

그러나 곧이어 발생한 두 가지 사건은 웨스팅하우스를 유리하게 하였다. 프랑스의 구리 판매 기업들은 서로 연합하여 구리 가격을 3배로 인상했는데, 그것은 전류를 굵은 구리선을 통해 보내고 있었던 직류 방식의 경제성에 대한 의문을 증폭시켰다. 이보다 더욱 중요한 사건은 테슬라(Nikola Tesla)가 1888년에 교류 방식에 사용할 수 있는 유도 전동기(전기 에너지를 운동 에너지로 전환시키는 장치)를 발명했다는 점이었다. 유도 전동기가 발명되기 이전에는 교류로 전기를 생산하는 것이 경제적이라 하더라도 응용 범위가 제한되기 때문에 직류 방식을 대체하기 어려웠다.

궁지에 몰린 에디슨은 교류를 불법화하는 방법으로 문제를 해결하려고 하였다. 그때 에디슨의 대변인으로 나섰던 사람은 멘로 파크의 수석 엔지니어였던 브라운(Harold Brown)이었다. 브라운은 50여 마리의 개를 확보한 후 전기 충격 실험을 실시하였다. 전압을 일정한 단위만큼 차츰 증가시켜 개가 감전사를 당하는 수치를 '과학적으로' 밝힌다는 것이었다.

심지어 브라운은 《뉴욕 타임스》를 통해 공개적인 결투 신청서를 제출하기도 했다. "나는 전문가들이 지켜보는 자리에서 웨스팅하우스와 공정하게 겨뤄보고 싶다. 그의 몸에는 교류를, 내 몸에는 직류를 흘려보내면 된다. … 두 사람 모두 100볼트에서 시작해 50볼트씩 단계적으로 높여가면서 누가 오래 버티는지 겨뤄보자. 먼저 비명을 지르는 사람이 자신의 오류를 인정하고 그간의 주장을 철회하는 것으로 하자." 웨스팅하우스가 이를 무시해 버리자 에디슨은 공개적인 사형 집행을 위한 희생양을 찾기 시작했다.

때마침 뉴욕 주는 교수형을 대신할 새로운 사형 집행 방법을 찾고 있었다. 사형수를 처형할 때 목에 밧줄을 메는 것이 너무 잔인하다고 판단했던 것이다. 이에 에디슨은 전기가 가장 짧은 시간 안에 최소한의 고통으로 사형을 집행시켜 줄 최선의 방책이라고 주장하면서 사형 집행에 사용될 기구로 웨스팅하우스의 교류 발전기를 제안하였다. 웨스팅하우스가 발전기를 판매할 리는 만무했으므로 에디슨은 우회적인 방법으로 웨스팅하우스의 발전기를 구입하여 전기 사형이 집행될 형무소로 보냈다. 또한 그는 자신이 직접 전기의자를 설계하여 전기 사형을 도왔다.

1890년 8월 6일에 뉴욕 주의 오번 형무소에서는 세계 최초로 전기 사형이 실시되어 〈전기 구이가 된 사형수〉에 관한 기사가 언론에 대서특필되었다. 당시에 에디슨은 전기의자에 의한 사형에 대하여 '웨스팅하우스되다(Westinghoused)'라는 신조어를 제안하기도 했다. 그러나 에디슨의 기대와는 달리 전기 사형 작전도 교류의 상승세를 저지하는 데 아무런 역할도 하지 못했다. 결국 웨스팅하우스가 1893년 5월에 시카고에서 개최된 만국박람회에서 에디슨 진영을 제치고 전기시설 독점권을 따내면서 전류 전쟁은 일단락되었다.

세계 최초의 전기 사형에 대한 스케치(1890년)

전류 전쟁이 한참 전개되고 있었던 1892년에 에디슨 제너럴 일렉트릭은 톰슨-휴스턴 사(Thomson-Houston Company)와 합병되어 제너럴 일렉트릭(General Electric, GE)이 되었다. 두 회사는 모두 과도한 사업 확장으로 재정상의 어려움을 겪고 있었고 당시에 '금융왕'으로 불렸던 모건(John P. Morgan)의 개입으로 합병의 길을 택했던 것이다. 기업 경영의 주도 세력이 발명가에서 금융가로 대체되었던 셈이다. GE는 1893년에 슈타인메츠(Charles P. Steinmetz)가 근무하고 있었던 아이케마이어(Eickemeyer) 사를 합병하면서 교류 시스템에 투자하기 시작하였다.

전류 전쟁의 승자는 웨스팅하우스로 보이지만 사실은 그렇게 간단하지 않다. 당시만 해도 전기를 생산하는 일은 웨스팅하우스가 할 수 있었지만 전기를 공급하는 각종 설비는 에디슨 사의 후신인 GE가 독점하고 있었다. 이에 따라 1895년에 나이아가라 폭포에 수력 발전소를 건설하는 공사는 웨스팅하우스가 발주했던 반면, 나이아가라 발전소에서 버펄로 시로 전기를 공급하는 전선을 제작하는 일은 GE가 맡았다. 더 나아가 두 기업은 특허를 공유하는 방법을 통해 사업의 영역을 확장하였다. GE가 웨스팅하우스의 독점 분야였던 철도 장치의 제작에 참여하고 웨스팅하우스가 GE의 독점 분야였던 전등 및 전력 기기를 생산하기 시작했던 것이다.

축음기, 영화, 그리고 발명왕의 몰락

1880년대 초반에 에디슨은 한창 성공 가도를 달리고 있었지만 가정적인 면에서는 불행을 겪었다. 1882년부터 아내 메리의 건강이 급격히 나빠졌고 1884년에는 메리가 숨을 거두고 말았다. 그동안 에디슨은 발명과 사업으로 눈코 뜰 새 없이 바빴지만 아내와 많은 시간을 보내려고 애썼다. 메리가 죽은 지 2년이 지난 후에 에디슨은 20살의 매력적인 여성인 미나 밀러(Mina Miller)와 재혼을 했다. 그러나 에디슨과 미나의 결혼 생활도 첫 번째 부인 메리와의 결혼 생활과 크게 다르지 않았다. 결혼을 하고 나자 에디슨은 또다시 가정에는 무관심한 채 실험과 연구에만 몰두했다. 미나도 메리와 마찬가지로 남편을 실험실에 빼앗긴 채 외롭게 지냈다. 미나는 "에디슨은 온종일, 심지어는 꿈에서도 발명을 해요"라고 말하기도 했다.

1887년에 에디슨은 웨스트 오렌지(West Orange)에 멘로 파크 연구소보다 10배나 큰 연구소를 차렸다. 거기서 에디슨은 축음기를 상업화하는 작업을 추진했지만 별다른 재미를 보지 못했다. 축음기의 오락적 가능성을 알아차린 사람들은 축음기를 주크박스(jukebox)로 변경시켜 상당한 수익을 올렸다. 그러나 에디슨은 축음기를 속기사 없이 사람의 말을 받아쓰는 기계로 생각했지 음악 재생에는 큰 관심을 두지 않았다. 그는 1891년에 주크박스의 가치를 마지못해 인정하면서도 사무실에서 사용되어야 할 축음기가 왜곡되었다고 생각했다. 에디슨은 축음기를 개량할 때에도 그 목표를 정밀도가 더욱 뛰어난 구술 기록기를 제작하는 데 두었다. 이처럼 에디슨은 대중문화를 선도했던 축음기를 개발했음에도 불구하고 그것을 배경으로 성장한 새로운 문화를 이해하지 못했던 역설적인 삶을 살았다.

키네토스코프를 통해 영화를 보는 장면

에디슨의 이러한 면모는 영화사업의 사례에서도 잘 드러난다. 그는 1891년에 키네토스코프(kinetoscope)로 불린 활동 사진기를 개발하였다. 키네토스코프는 나무로 만든 작은 상자 안에 전기모터를 장착해 놓고 그 주변에 15미터짜리 필름을 돌돌 감아놓은 것이다. 모터가 회전하면 필름이 한쪽 방향으로 진행하면서 확대경을 통과하도록 되어 있었고, 상자에 나 있는 조그만 구멍을 통해 상자 위쪽에 맺힌 동영상을 감상할 수 있었다. 키네토스코프는 1893년에 개최된 시카고 만국박람회에서 상당한 인기를 누리기도 했다.

당시에는 영화에 대한 시장이 거의 형성되어 있지 않았다. 에디슨은 영화의 수요까지 창출하기로 마음을 먹고 키네토스코프에 사용될 필름을 제작하기 시작하였다. 그는 1893년에 세계 최초의 영화 스튜디오에 해당하는 검은 마리아(Black Maria)를 차렸고, 이듬해에는 영화사업을 담당하는 에디슨 제작사(Edison Manufacturing Company)를 설립하였다. 에디슨 제작사는 1894년 한 해 동안 75편이 넘는 단편영화를 제작했으며, 한 편당 25센트의 관람료를 받고 영업을 시작하였다. 에디슨의 극장에서 영화를 본 사람들은 입을 다물 줄 모를 정도로 에디슨의 영화사업은 앞날이 매우 밝은 듯이 보였다.

19세기가 저물 무렵에 미국의 영화산업은 다수의 관객을 동원하는 거대한 산업으로 발전하였다. 에디슨의 영화는 한 사람에게 서비스하는 형태를 띠고 있었지만, 영사기와 스크린이 널리 확산되면서 영화는 여러 사람이 동시에 관람하는 형태로 바뀌었다. 이를 배경으로 미국의 여러 지역에서는 5센트만 내면 영화를 관람할 수 있는 극장들이 번창하였다. 이러한 5센트 극장(nickelodeons)은 대중들이 흥미를 느낄 수 있는 영화를 만들고 스타를 키우는 일이나 화면을 크게 하는 일에 과감히 투자하였다.

이에 반해 에디슨은 오락적 가치가 있는 영화보다는 교육이나 과학과 관련된 영화를 제작하였고, 스타나 화면에 주의를 기울이는 대신 영사기의 성능을 개선하는 데 몰두하였다. 이와 관련하여 에디슨은 과학의 기본적 원리를 다룬 영화를 제작하면서 미국의 청소년들을 위해 "과학이 산업과 일상생활의 문제에 미치는 영향을 보여주고자 한다"고 술회한 바 있다. 심지어 그는 5센트 극장에서 상영되는 영화들이 선정적이고 폭력적이라고 비판하면서 검열 제도를 적극적으로 지지하였다. 이러한 에디슨의 사업 전략은 점점 소비자의 기호와 멀어지게 되어 에디슨은 '영화를 발명했지만 영화사업에서는 실패한 사람'이 되었다.

에디슨은 그가 10년 이상 동안이나 정력을 쏟았던 자석 광산에 대한 투자가 실패로 끝나고 제1차 세계대전 때 위원장을 맡았던 해군자문위원회(Naval Consulting Board)가 별다른 업적을 달성하지 못하면서 점차 미국 기술자사회에서 노인 취급을 받게 되었다. 1890년대 이후에는 전기산업에 대한 주도권이 에디슨과 같은 독립 발명가에서 점차 대학에서 정규 교육을 받은 과학기술자들의 손으로 넘어갔던 것이다.

에디슨은 말년에도 발명에 대한 의욕을 접지는 않았지만 크게 성공하는 발명이 없는 가운데 1931년 10월 18일에 84세를 일기로 세상을 떠났다. 그가 마지막으로 남긴 말은 "나는 아주 오래 살았다. … 신념을 가져라. 전진하라"였다. 그의 집과 연구소는 웨스트오렌지에 에디슨 국립 역사박물관으로 보존되어 있다.

1931년 10월 21일의 밤, 미국 전체의 전등이 1분 정도 꺼졌다. 에디슨이 사망한 3일 후 추도의 의미를 담은 행사가 이루어졌던 것이다. 그 행사는 엔지니어 출신으로 당시 미국 대통령이었던 후버(Herbert Hoover)의 요청으로 실현되었다. 이를 몰랐던 시민들은 대혼란에 빠졌다고 하지만, 만일 에디슨이 이 세상에 존재하지 않았다면 지금도 전 세계의 밤은 암흑이었을지도 모른다.

©Book's-Hill

조건반사를 발견한 신념의 과학자
이반 파블로프

우주선을 탄 개

1958년 11월 3일, 우주 궤도로 쏘아 올린 소련의 우주선 스푸트니크 2호에는 '라이카'라는 개가 타고 있었다. 인간이 직접 우주여행을 하기 전에, 무중력 상태가 생물에 미치는 영향에 대한 자료를 수집하기 위해서였다. 우주복을 입고 수많은 기기를 몸에 부착한 라이카는 8일 동안 우주에 머무르면서 때맞춰 나오는 먹이를 먹으며 별 탈 없이 지냈다. 갇혀 있었다고 하지만 개가 얌전히 우주 공간에 홀로 있을 수 있었던 것은 특수한 훈련 덕분이었다.

생물은 무생물과 달리 외부 환경의 변화에 대하여 적절하게 반응하는 특징을 가지고 있다. 그중에서 생물이 무의식적으로 나타내는 반응을 '반사(reflex)'라고 한다. 반사에는 선천적 행동인 무조건반사와 후천적 행동인 조건반사가 있는데, 조건반사는 러시아 생리학의 아버지로 불리는 이반 파블로프(Ivan Pavlov, 1849~1936)가 발견한 것으로 알려져 있다. 파블로프는 실험적 방법을 통해 반사이론을 정립함으로써 생물의 행동을 새로운 방식으로 이해할 수 있는 길을 열었다. 앞서 언급한 라이카의 훈련도 파블로프의 반사이론에 바탕을 둔 것이었다.

파블로프는 러시아 모스크바 근교의 작은 마을인 랴잔에서 태어났다. 할아버지는 교회지기였고 아버지는 목사였다. 이러한 환경에서 아버지는 아들이 자신의 업(業)을 이어줄 것을 기대했다. 파블로프는 초등학교를 졸업한 후 신학교에 입학하였다. 그러나 역설적이게도 신학교의 지도교사는 파블로프가 과학에 눈을 뜨게 해 주었다. 특히 그는 다윈의 진화론에 심취하면서 과학자가 되어야겠다는 마음을 가졌다.

1870년에 파블로프는 신학교를 중퇴하고 페테르부르크 대학(상트페테르부르크 대학의 전신)의 자연과학부에 입학했다. 파블로프는 그 대학에서 화학, 생리학, 심리학 등을 흥미롭게 공부할 수 있었다. 대학 시절에 그는 췌장 신경의 생리에 관한 논문을 발표하여 금메달을 받기도 하였다. 일찍부터 대학자의 가능성을 보였던 것이다. 파블로프는 페테르부르크 대학을 우수한 성적으로 졸업했지만 생리학을 더 공부하기 위해서는 의과대학에 가는 편이 좋겠다고 생각했다.

파블로프는 1875년에 임페리얼 의학아카데미로 진학하여 혈액과 소화의 문제를 집중적으로 탐구하였다. 1879년에 임페리얼 의학아카데미를 수석으로 졸업한 파블로프는 경쟁시험을 거쳐 특별 연구원의 자리를 얻었다. 특히 그는 저명한 임상의사 보트킨(S. P. Botkin)이 책임자로 있던 병동의 생리학실험실장이 되어 생리학 연구를 계속할 수 있었다. 호랑이에게 날개가 달린 셈이었다. 파블로프는 1881년에 교사인 세라피마와 결혼식을 올렸고, 그들 사이에는 3남 1녀가 태어났다.

파블로프는 1883년에 33세의 나이로 박사 학위를 받았다. 그는 학위논문에서 심실이 수축될 때 뿜어 나오는 혈액의 양이 일정한 것은 자율신경에 의해 조절되기 때문이라는 점을 처음으로 밝혔다. 신경이 생리적 기능을 조절한다는 신경설(nervism)을 제안했던 것이다.

소화생리학에서 조건반사로

파블로프는 박사 학위를 받은 후 당시 생리학 분야에서 세계 최고의 수준을 자랑하고 있었던 독일에 유학을 갔다. 그는 블레스라우의 하이든하인(Rudolf Heidenhein), 라이프치히의 루드비히(Carl Ludwig)와 같은 최고의 학자들과 교분을 쌓으면서 순환계 기능에 대한 독자적인 연구를 계속하였다. 특히 파블로프는 하이든하인으로부터 소화선 분비에 대한 연구법을 습득했는데, 그것은 이후에 파블로프가 조건반사이론을 정립하는 데 많은 도움이 되었다.

파블로프는 1890년에 페테르부르크 대학 실험의학연구소의 초청을 받았다. 거기서 그는 생리학 연구실의 설립을 주도하면서 그 연구실의 책임자로 일했다. 그때부터 페테르부르크 대학의 생리학 연구실은 파블로프가 세상을 떠날 때까지 러시아뿐만 아니라 세계적으로도 유명한 생리학 연구기관 중의 하나가 되었다. 이와 함께 파블로프는 1890년에 육군의과대학의 약리학 교수로 임명되었고, 1895년에 생리학 주임교수가 된 뒤 1925년까지 봉직하였다.

파블로프가 실험의학연구소에서 첫 번째 연구 주제로 삼았던 것은 소화생리학이었다. 그는 1891년부터 소화생리학에 대한 엄청난 연구를 수행했다. 특히 그는 누관을 이용하여 오랜 기간 동안 여러 장기의 기능과 그것이 조절되는 양상을 관찰할 수 있었다. 이를 통해 파블로프는 소화 과정을 조절하는 데 신경계가 가장 중요한 역할을 한다는 사실을 명확히 했으며, 그것은 20세기 소화생리학의 발전에 중요한 토대로 작용하였다. 그는 자신의 연구 결과를 1895년에 있었던 강연을 통해 발표하였고, 1897년에는 《소화샘 연구에 대한 강의》라는 제목의 책자를 발간하였다.

소화생리학에 대한 파블로프의 연구는 자연스럽게 조건반사에 대한 연구로 이어졌다. 1895년부터 그는 그동안 축적된 지식을 바탕으로 개를 가지고 일련의 실험을 하기 시작하였다. 파블로프는 음식물이 위로 내려가는 통로인 식도 중간에 관을 연결하였다. 그 작업은 다른 신경조직을 손상시키지 않은 상태에서 이루어져야 했기 때문에 상당한 어려움이 수반되었다. 오늘날의 동물 애호가들이 알았더라면 그의 연구실 앞에서 매일 팻말을 들고 시위를 벌였을 것이다.

파블로프는 개가 음식물을 먹은 후에 음식물이 관을 통해 몸 밖으로 나왔는데도 위에서 위액이 흘러나온다는 점을 알아냈다. 이번에는 위에 연결되어 있는 미세 신경의 줄기를 잘라낸 후 같은 실험을 했는데 위액이 전혀 분비되지 않았다. 이를 통해 파블로프는 위에 음식물이 들어 있기 때문에 위액이 분비되는 것이 아니라 신경 계통의 자극을 통해 분비된다는 사실을 밝혀냈다.

파블로프는 개를 실험 대상으로 하여 조건반사를 밝혀냈다.

러시아 최초의 노벨상 수상

파블로프의 연구는 계속되었다. 그가 먹이를 주면 개는 침을 흘리면서 먹이를 먹곤 했다. 한번은 그가 먹이를 줄 생각도 없이 개에게 다가갔는데도 개가 그의 얼굴을 보고 침을 흘리며 꼬리를 쳤다. 먹이를 주지 않는데도 개가 침을 흘리는 것을 보고 그는 이상하게 생각했다. 다시 한 번 먹이 없이 개에게 다가서자 개는 침을 흘리지 않았다.

파블로프는 그 이유를 곰곰이 생각했다. "그렇다! 처음에는 방울을 차고 있었고 두 번째에는 방울을 차지 않고 있었구나!" 당시의 농가에는 가축에게 먹이를 줄 때 방울을 울려서 가축들이 몰려들게 하는 관습이 있었고 가축들은 그러한 관습에 익숙해져 있었던 것이다. 파블로프는 그것을 염두에 두면서 먹이 없이 방울을 차고 개에게 다가갔다. 예상했던 대로 개는 침을 흘리면서 먹이를 재촉했다.

파블로프는 그러한 행동을 조건반사라고 불렀다. 개가 음식을 '먹을 때' 침을 흘리는 것은 선천적 행동에 해당하는 무조건반사임에 반해 개가 음식을 '보고' 침을 흘리는 것은 후천적으로 길들여진 조건반사라는 것이다. 그는 조건반사가 뇌에 있는 특정한 부분과 밀접하게 관련되어 있다고 생각했다. 그는 이러한 가정을 실험적으로 확인하기 위하여 대뇌 피질의 일부를 도려내는 수술을 했다. 그랬더니 방울 소리가 울려도 개는 침을 흘리지 않았다.

파블로프는 1903년에 스페인 마드리드에서 열린 제14차 세계의학회에서 〈동물의 실험심리학 및 병태생리학〉이란 논문을 발표하였다. 이 논문에서 파블로프는 조건반사와 무조건반사를 구분하여 정의했으며, 조건반사가 가장 기본적인 심리적 현상이자 생리적 현상이라고 주장했다. 또한 그는 조건반사 이론의 세 가지 원칙으로 결정론 원칙, 분석 및 종합 원칙, 구조 원칙을 제안했다. 파블로프의 논문은 학회 참석자들에게 강한 인상을 남겼다. 그때부터 많은 과학자들은 조건반사가 동물과 사람이 주변 환경에 대처하는 반응을 규명할 수 있는 핵심적인 열쇠가 될 수 있다고 여

무조건반사
① 먹이를 주면 침이 나온다.

무조건반사
② 종소리를 들려주어도 침은 나오지 않는다.

조건반사 준비
③ 먹이를 줄 때 종소리를 반복적으로 들려준다.

조건반사
④ 종소리만 들려주어도 침을 흘린다.

무조건반사와 조건반사를 설명한 개념도

기게 되었다.

파블로프는 조건반사를 발견하고 입증한 공로로 1904년에 노벨 생리의학상을 받았다. 러시아 사람으로서는 처음 받은 노벨상이었다. 파블로프가 노벨상을 받은 것은 단순히 조건반사라는 현상을 발견했기 때문만은 아니었다. 파블로프의 노벨상에는 실험적 방법을 사용하여 생명현상을 발견했다는 점에 더욱 큰 무게가 실려 있었다. "관찰은 자연이 제공하는 모든 것을 수집하지만 실험은 자연에서 필요한 것만을 선택한다"는 것이 그의 생각이었다. 특히 그는 현상이 복잡해지면 복잡해질수록 실험의 필요성이 더욱 커진다는 입장을 가지고 있었다. 물리학이나 화학의 경우보다 더욱 복잡한 현상을 다루는 생물학에서는 그만큼 실험의 위력이 커진다는 것이다. 이러한 점에서 파블로프의 연구 스타일은 19세기 후반을 전후로 하여 실험이 생물학의 연구 방법으로 자리 잡았다는 점을 잘 보여주는 사례라 할 수 있다.

조건반사와 후천적 학습

노벨상을 받은 후에 파블로프는 반사이론을 체계화하는 작업을 추진하였다. 그는 조건반사가 후천적으로 '학습'된다는 점에 주목하였다. 그렇다면 특정한 조건반사는 새로운 학습에 의해 조건 지워질 수 있을 것이다. 가령 방울 소리를 들려 줄 때 먹이를 주는 대신 전기 쇼크를 가하는 일을 반복해 보자. 이 경우에 개는 점차적으로 방울 소리가 울리게 되면 침을 흘리지 않고 몸을 움츠리게 된다. 이러한 현상을 파블로프는 '외부 억제'라고 불렀다.

외부 억제가 있다면 '내부 억제'도 있는 법이다. 그것은 방울 소리를 울리면서도 계속 먹이를 주지 않는다면 개가 그러한 현상에 적응되어 어느 순간에서 침을 흘리지 않게 되는 현상을 뜻한다. 개가 방울 소리가 나는 것과 먹이가 공급되는 것 사이에 인과관계가 없다는 점을 학습함으로써 스스로 그러한 반응을 내부적으로 억제한다는 것이다.

또한 파블로프는 조건반사를 하게 하는 뇌가 고도로 진화된 고등생물에서만 볼 수 있다고 생각했다. 사실상 조건반사는 두 사건 사이의 연관관계를 인식할 수 있을 때에만 보일 수 있는 행동이다. 예컨대 방울 소리와 먹이 공급의 관계를 인식할 수 있는 것은 개와 같은 고등동물에게서나 가능한 것이다. 이에 반해 단세포생물은 먼저 번 행동을 반복하거나 두 사건을 일시적으로 결합시키는 차원을 넘어서지 못한다.

이러한 생각은 조건반사를 인간에게도 적용할 수 있는 출발점이 되었다. 실제로 파블로프는 조건반사를 통해 정신이상이나 신경과민과 같은 현상을 설명하고자 하였다. 그는 정신질환자가 특정한 환경을 협박 혹은 가해와 연관시킬 경우 흥분 상태에 이른다고 생각했다. 이러한 메커니즘이 정확히 규명될 수 있다면 정신병을 치료할 수 있는 단서를 얻을 수 있을 것이다. 파블로프는 오늘날의 정신병리학에도 간접적으로 기여한 셈이다.

파블로프는 1912년에 영국 케임브리지 대학에서 명예박사 학위를 받고 1915년에 파리 의학아카데미의 추천으로 레종 도뇌르 훈장을 받는 등 수많은 명예를 누렸다. 아마도 러시아 과학자로서 과학의 주 무대인 서유럽에서 많은 찬사를 받은 경우는 파블로프가 처음일 것이다.

대담한 반체제 인사

파블로프의 일생에서 흥미로운 것은 소련 정부와의 관계라 할 수 있다. 이를 잘 보여주는 몇 가지 사건을 살펴보기로 하자.

파블로프는 1922년에 그의 연구소를 외국으로 옮기는 것을 허락해 달라고 레닌에게 요청했는데 그것은 당시의 사회 분위기로는 상상하기 어려운 일이었다. 레닌은 "러시아에 파블로프와 같은 과학자들이 필요하며 파블로프도 영광스러운 공산주의자들과 같은 식량 배급을 받을 것"이라고 말했다. 이에 파블로프는 "당신이 나의 동료들에게도 같은 특혜를 주지 않는다면 나는 이러한 특혜를 받아들이지 않을 것이다"고 응수했다. 또한 파블로프는 1923년에 미국을 방문하여 국제 마르크스주의는 실패했다고 주장했으며, "나는 당신들이 진행시키는 종류의 사회적 실험을 위해 개구리의 뒷다리를 희생시키지는 않을 것이다"는 발언도 서슴지 않았다.

1924년에 성직자의 자녀들이 레닌그라드의 군사의학 아카데미(임페리얼 의학아카데미의 후신)에서 축출되었을 때, 파블로프는 "나도 성직자의 아들이다. 만일 당신들이 나머지 사람들도 축출한다면 나도 떠날 것이다"고 말하고 교수직을 사임했다. 1927년에는 과학아카데미 내에서 새로 임명된 '적색교수'들에 대해 자신만이 유일하게 반대투표를 했다는 사실에 비탄하면서, 스탈린에게 "러시아 지식인들의 기를 꺾고 영혼을 말살하며 타락시키는 당신의 그러한 행동 때문에 나는 러시아인으로 불리는 것이 수치스럽다"는 항의의 편지를 보냈다. 당시에 그가 운영하고 있었던 실험의학연구소는 부하린(Nikolai Bukharin)이 관리하는 정부 보조금을 지원받았지만, 그는 공산주의자에 대한 일종의 반대행동으로 부하린이 연구소에 들어오는 것을 거부하였다.

생애의 마지막 2년 동안 파블로프는 점차로 이러한 비난을 중단하기 시작했으며 심지어 공산 정부가 조국을 통치하는 데 성공하는 것을 보고 싶다고 말하기도 했다. 그러나 파블로프는 공산주의자가 아니었으며 그의 책임으로 여겨지기도 하는 세뇌기술과도 아무런 관련이 없었다. 파블로프 본인의 의사와 무관하게 러시아 당국이 공산주의적 인간 개조에 조건반사이론이 도움이 될 것으로 판단했는지도 모른다.

대전차견(anti-tank dog)은 제2차 세계대전 때 소련이 나치군의 탱크를 무력화하기 위해 훈련시킨 개이다. 개의 등에 폭탄을 묶어 놓고 개가 적군의 탱크 밑으로 들어가면 폭탄이 터지도록 하는 것이다. 자폭견이라고도 한다. 그림은 대전차견 부대의 마크

파블로프는 시간에 대한 관념이 철저한 사람이었으며, 연구원들에게는 약속을 절대 어기지 말라고 강조하였다. 심지어 거리에서 혁명운동이 일어나도 연구소에는 제시간에 도착하라고 했다. 그는 과학뿐만 아니라 개인적인 삶에서도 대담한 반체제 인사여서 어떤 반대 압력에도 굴하지 않고 자신의 신념에 따라 행동하였다.

이처럼 파블로프는 자신이 진리라고 생각하는 것을 두려움 없이 말했고 매우 자유롭게 살았다. 여기에는 파블로프가 이미 노벨상을 수상한 세계적인 과학자라는 점 이외에도 그의 업적이 유물론적 해석으로 합리화될 수 있었다는 점이 중요한 배경으로 작용했던 것으로 보인다. 실제로 파블로프는 과학이라고 말할 수 있는 것은 반드시 객관적이고 측정 가능한 데이터와 유물론적 세계관을 기반으로 하지 않으면 안 된다고 믿었다.

파블로프는 장남을 일찍 여윈 일 말고는 가정적으로도 행복한 생활을 누리다가 1936년에 많은 사람의 애도 속에서 세상을 떠났다. 그는 마지막 유언에서도 과학적 사실의 중요성을 강조했다고 한다. "새의 날개가 완벽하다 할지라도, 공기가 없다면 날개는 결코 새를 들어 올릴 수 없다. 과학자에게는 사실이 그 공기에 해당한다. 사실 없이는 결코 날 수 없다. 사실이 없다면 이론은 헛된 시도에 불과하다."

파블로프의 조건반사에 대한 연구는 과학뿐만 아니라 대중문화에도 상당한 영향을 미쳤다. '파블로프의 개(Pavlov's dog)'라는 용어는 비판적인 사고는 하지 않고 상황에 따라 반응하기만 하는 사람을 표현하는 데 사용된다. 또한 파블로프의 조건반사는 올더스 헉슬리(Aldous Huxley)의 《용감한 신세계》와 토머스 핀천(Thomas Pynchon)의 《중력의 무지개》와 같은 소설에서도 중요한 주제로 다루어진 바 있다.

과도기에 탁월한 과학자

막스 플랑크

열역학을 고집한 학생

양자이론은 상대성이론과 함께 현대물리학의 두 기둥이 되는 이론이다. 양자이론은 1900년에 막스 플랑크(Max Planck, 1858~1947)가 빛 에너지가 불연속적인 값을 가진다는 가설을 발표하면서 시작되었다. 그것은 에너지가 연속적으로 변한다는 점을 전제로 하고 있던 고전물리학에 일대 혁명을 일으키기에 충분했다. 그러나 플랑크가 고전물리학을 무너뜨리고 새로운 물리학을 세우려 한 것은 아니었다. 다만 그는 당시에 물리학계에서 문제가 되고 있었던 흑체복사(black body radiation)를 포괄적으로 설명하려고 했을 뿐이다.

플랑크는 1858년에 독일의 북부 지방인 키일에서 태어났다. 플랑크의 집안은 법률가, 목사, 학자를 다수 배출했으며, 당시에 그의 아버지는 유명한 법학 교수로 독일의 민법을 만드는 데 참여하기도 했다. 플랑크의 집안은 좋은 의미에서 독일의 표본이었다. 그의 집안은 모든 일에 정직하고 자신에게 주어진 의무에 헌신하며 강인한 정신으로 갖은 어려움을 이겨내는 것을 중시했다. 독일의 전형적인 중산층 가정에서 자란 플랑크는 조국 독일에 대한 애국심과 독일 문화 및 학문에 대한 긍지를 키워 갔다.

플랑크는 학창 시절에 한 번도 수석을 차지한 적은 없었지만 성적은 상위권을 유지하였다. 그는 매우 부지런하고 책임감이 강한 학생이었으며, 어학, 수학, 역사, 음악 등 모든 과목을 골고루 잘 했다. 특히 그는 음악을 매우 좋아하여 피아노와 바이올린을 연주하는 것을 취미로 삼고 있었다. 한때는 음악에 일생을 바치기로 마음먹었다고 한다.

플랑크는 1874년에 막스밀리안 김나지움을 졸업한 뒤 뮌헨 대학에 입학하였다. 그는 물리학을 전공하여 학자가 되는 것이 좋겠다고 판단한 후 뮌헨 대학의 철학부에 등록하였다. 당시 뮌헨 대학의 경우에는 물리학이 자연철학의 일종으로 분류되어 철학부에 소속되어 있었던 것이다.

플랑크는 뮌헨 대학에서 열역학 이론을 열심히 공부했다. 그러나 지도교수였던 욜리(Philipp von Jolly)는 열역학이 별로 유망하지 않다고 말했다. 열역학의 기본 원리들이 모두 발견되었고 이론물리학도 거의 완성 상태에 도달했으므로 아마도 더 이상 연구할 만한 주제가 없다는 것이었다. 욜리는 플랑크에게 물리학 이외의 다른 전공을 택하는 편이 더 나을 것이라고 권유하기도 했다.

그러나 플랑크는 설득되지 않았다. 그는 1878년에 베를린 대학으로 옮겨 헬름홀츠(Hermann von Helmholtz)와 키르히호프(Robert Kirchhoff) 밑에서 배웠다. 두 교수는 당시 물리학의 대가였고 플랑크의 동급생 중에는 1887년에 전자기파의 존재를 실험적으로 증명했던 헤르츠도 있었다. 플랑크는 1년 반 동안 열역학 연구에 매진한 결과 1879년 6월에 〈열역학 제2법칙에 관하여〉란 논문으로 박사 학위를 받았다. 그것도 최우수 성적이었다.

플랑크는 1880년 6월에 교수자격시험을 통과한 뒤 뮌헨 대학의 사강사(Privatdozent)가 되었다. 5년 동안의 고생 끝에 그는 1885년에 자신의 고향인 키일 대학에서 수리물리학을 담당하는 부교수가 될 수 있었다. 그러던 중 1888년 가을에 키르히호프가 세상을 떠나자 베를린 대학은 후임자를 물색하였다. 대학 당국은 볼츠만과 헤르츠에게 접촉했으나 그것이 여의치 않자 플랑크를 부교수로 임용하기로 결정하였다. 플랑크는 베를린 대학으로 자리를 옮긴 후 1892년에 정교수로 승진하는 데 성공하였고, 1894년에는 헬름홀츠가 세상을 떠나면서 베를린 대학에서 독보적인 물리학 교수가 되었다. 플랑크가 1897년에 발간한 《열역학에 대한 강의》에는 열역학의 원리와 함께 삼투압, 끓는점, 어는점에 대한 연구 결과가 포함되어 있었다.

양자가설로 해결한 흑체복사 문제

19세기 말에 전기가 보급되면서 급속히 성장하고 있었던 독일의 조명산업은 전등의 필라멘트에서 방출되는 스펙트럼에 대해 보다 깊은 지식을 요구하였다. 금속 색깔이 온도에 따라 변하는 이유는 무엇이고 어떤 경우에 가장 최대의 에너지를 낼 수 있는가 하는 문제가 중요한 관심사로 떠올랐던 것이다. 이러한 산업계의 요구에 부응하여 1887년에 설립된 제국물리기술연구소(Physikalisch-Technische Reichsanstalt, PTR)에서는 물리학자들을 중심으로 복사 현상에 대한 집중적인 실험이 전개되었다. 이 연구소가 설립되고 운영되는 데에는 독일 전기산업의 개척자인 베르너 폰 지멘스(Werner von Siemens)의 역할이 컸다.

1893년에 제국물리기술연구소의 빈(Wilhelm Wien)은 세계 최초의 실용적인 방사장치를 개발한 후 그것을 가지고 실험을 했다. 그 장치는 속이 비어 있는 상자에 아주 작은 구멍을 뚫은 것으로 모든 빛을 흡수하는 이상적인 흑체(black body)와 비슷했다. 이 상자에 들어간 빛은 상자 내부에서 이리저리 반사되지만, 빛이 들어온 구멍을 다시 찾아서 나올 확률은 지극히 낮다. 사실상 흡수된 빛이 나오지 못하는 것이다.

빈은 이러한 흑체를 가지고 다양한 실험을 수행한 결과, 1896년에 물체가 내는 빛의 가장 강한 파장은 그때의 온도에 반비례한다는 법칙을 발표했다. 즉, 어떤 온도에서든지 물체는 여러 파장의 빛을 내지만, 전체 색깔은 가장 강한 빛의 파장으로 결정되며, 가장 강한 빛의 파장은 물체에 상관없이 온도에 의해 결정된다는 것이었다. 오늘날 이것은 빈의 법칙으로 불린다. 빈은 복사에 대한 과학적 법칙을 발견한 공로로 1911년 노벨 물리학상을 수상하게 된다.

플랑크는 빈이 흑체복사에 대한 실험을 수행했던 1893년부터 흑체복사의 문제에 본격적인 관심을 기울였다. 그의 접근은 실험적이지 않았고 철저하게 이론적이었다. 플랑크의 목표는 흑체복사의 수학적 모델을 찾아내는 데 있었다. 그는 1897~1899년에 5개의 논문을 잇달아 발표하면서 자신의 논의를 조금씩 발전시킬 수 있었다. 결국 그는 1899년 5월 18일에 베를린 과학아카데미에서 발표한 논문을 통해 열역학 제2법칙과 전자기학의 논의를 결합하여 빈의 법칙을 깔끔하게 유도하는 데 성공했다.

그러나 빈이 제안한 법칙은 짧은 파장의 빛에는 잘 들어맞았지만 긴 파장의 빛에는 적합하지 않았다. 이에 대응하여 영국의 물리학자인 레일리(John Rayleigh, 1904년 노벨 물리학상 수상자)는 1900년 6월에 긴 파장 쪽을 설명하는 식을 제안하였고, 그것은 이후에 진스(James H. Jeans)에 의해 더욱 체계화되었다. 레일리는 빛이 파동이라는 성질을 이용해 물결 모양 한 개마다 어떤 일정량의 에너지를 갖는다는 가정에서 출발했다. 그런데 레일리의 식은 긴 파장의 빛에는 잘 들어맞았지만, 빈이 설명한 짧은 파장의 빛이 어떻게 분포하는가에 대해 설명하지 못했다. 특히 빛의 파장이 짧아지면 상자를 채울 수 있는 물결 모양의 개수가 많아져 점점 많은 에너지가 필요하게 되는데, 상자 속에 있는 에너지가 무한정 많다고 생각할 수도 없는 노릇이었다. 당시에 이 문제는 '자외선 파탄(ultra violet catastrophe)'으로 불리기도 했다.

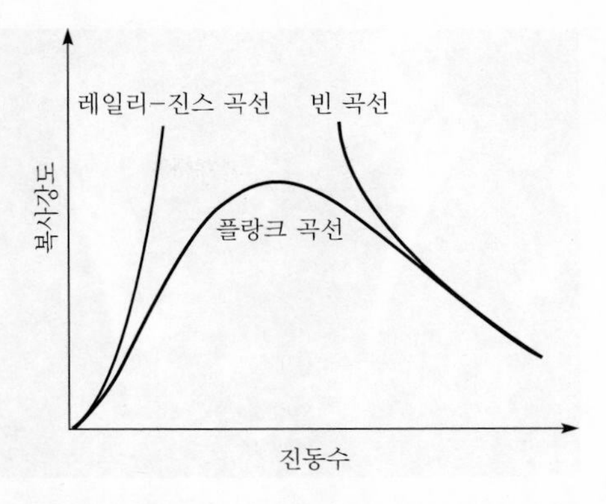

흑체복사에 관한 빈, 레일리-진스, 플랑크 곡선의 비교

이러한 상황에서 플랑크는 흑체복사와 관련된 각종 실험 데이터를 원만하게 설명할 수 있는 묘안을 찾으려고 했다. 숱한 고민 끝에 플랑크는 빛의 에너지가 연속적인 값이 아니라 어떤 단위 값의 정수 배가 되는 특정한 값만을 가진다는 가정을 세웠다. 당시에 그는 비례상수를 h로 두었는데, 그것은 나중에 '플랑크 상수'로 불리게 된다. 이러한 가정을 바탕으로 플랑크는 1900년 12월 14일에 개최된 독일물리학회에서 $E=h\nu$(E: 에너지, h: 플랑크 상수, ν: 진동수)라는 가설을 발표하였다. 플랑크의 제안은 흑체가 가진 파장의 크기에 관계없이 모든 영역에 적용될 수 있었다.

양자가설이 수용되기까지

플랑크는 복사 현상을 잘 설명할 수 있는 법칙을 만드는 과정에서 $E=h\nu$라는 공식을 도출했지만, 그 식이 가진 의미는 제대로 이해하지 못했다. 에너지가 연속적인 값을 가지지 않는다는 것은 당시로서는 이해하기 어려운 일이었다. 빛이 파동인 이상 에너지가 불연속이어야 하는 이유를 찾을 수 없었기 때문이었다. 불연속이라는 개념이 이상하지 않으려면 빛이 작은 에너지 덩어리의 모임, 즉 입자의 성격을 가진 것으로 간주되어야 했다.

플랑크가 제안한 가설의 의미는 1905년에 아인슈타인이 빛을 입자로 보는 양자(quantum) 개념을 사용하여 광전 효과(빛을 쪼였을 때 금속 내부의 전자가 방출되는 현상)를 설명함으로써 규명되기 시작하였다. 이로써 플랑크의 가설은 '양자가설'이란 호칭을 받게 되었다. 그러나 당시의 과학자들은 양자가설에 대해 그리 심각하게 반응하지 않았고, 플랑크도 자신의 이론에 함축되어 있는 양자 불연속성 개념에 대해 확실한 태도를 보이지 않았다.

그러던 중 제4차 수학자회의가 1908년에 로마에서 개최되었다. 1902년 노벨 물리학상 수상자로서 당시에 가장 권위가 있었던 물리학자인 로렌츠(Hendrik Lorentz)는 그 회의에서 전자기학 이론에 입각하여 레일리-진스 법칙을 완벽하게 유도한 논문을 발표하였다. 그때 로

플랑크와 아인슈타인. 두 사람은 서로의 업적을 인정해 주었고, 인격적으로 존경하는 사이였다.

렌츠는 빈-플랑크 식과 레일리-진스 식을 비교하면서 후자가 훨씬 우수하다고 말했다. 이에 대하여 빈을 비롯한 많은 실험물리학자들은 격렬하게 항의하였고 로렌츠도 자신의 주장을 공식적으로 철회하였다. 이와 같은 사건을 계기로 플랑크는 자신의 복사이론을 더욱 체계화하면서 양자 불연속 개념을 보다 분명하게 주장하기 시작하였다.

플랑크의 양자가설은 1913년에 제안된 보어의 원자 모형에서도 사용되었다. 급기야 1923년에 드브로이가 물질의 파동성을 주창하고 1926년에 하이젠베르크와 슈뢰딩거가 각각 양자현상을 설명하는 이론적 체계를 발표함으로써 양자역학이 물리학계에서 자리를 잡게 되었다. 여기서 언급된 물리학자들이 모두 노벨 물리학상을 수상하였고 자신들의 주요한 논의에 플랑크 상수를 사용했다는 점에 비추어 볼 때 플랑크의 양자가설은 새로운 과학의 세계를 열어준 출발점으로 작용했다고 볼 수 있다.

아인슈타인이 양자가설의 의미를 밝혔다면 플랑크는 아인슈타인의 상대성이론의 진가를 인정해 주었다. 아인슈타인은 1905년에 상대성이론을 발표했는데, 플랑크는 1906년에 이에 관해 해설하는 논문을 출판했던 것이다. 두 사람은 정치적인 측면에 있어서 상당한 차이를 보였지만 인격적으로 서로 존경하는 관계를 유지하였다. 이와 함께 두 사람은 음악에 대한 재주가 많아 같이 연주회를 개최하기도 했다.

악몽 같은 제1차 세계대전

플랑크는 독일 과학계에서 점점 지도적인 위치를 차지하게 되었다. 그는 1905~1909년에 독일물리학회의 회장으로 활동하였고, 1912년에는 베를린 아카데미의 상임 서기가 되었으며, 1913년에는 베를린 대학의 학장이 되었다. 플랑크는 1914년에 독일 최대의 연구기관인 카이저 빌헬름 협회(Kaiser Wilhelm Gesellschaft, 1911년에 설립됨)의 물리학연구소 소장으로 아인슈타인을 추천하여 이를 관철시키기도 했다. 당시에 아인슈타인은 34세의 젊은 과학자에 지나지 않았을 뿐만 아니라 독일의 민족주의적 색채에 반감을 가지고 있었다. 그런 아인슈타인을 파격적으로 등용한 데에서 플랑크가 남의 실력을 공정하게 평가하는 성품을 지닌 사람이라는 점을 알 수 있다.

제1차 세계대전은 플랑크에게 악몽 같은 기간이었다. 그의 두 아들이 전쟁터로 갔는데, 큰 아들은 심한 부상을 당해 결국 전사하고 말았고 둘째 아들도 프랑스군의 포로가 되어 오랫동안 고초를 겪었다. 불행은 계속되었다. 1917년에는 첫째 딸이 출산을 한 뒤 일주일 만에 죽었고, 언니의 아이를 돌보아주러 갔던 둘째 딸은 형부와 사랑에 빠져버렸다. 두 사람은 결혼을 했지만, 2년 뒤에 플랑크의 둘째 딸도 아이를 낳다가 죽고 말았다. 당시에 플랑크는 로렌츠에게 보낸 편지에서 다음과 같이 썼다. "지금 나는 극진히 사랑했던 아이들을 애도하면서 상실과 몰락을 느낍니다. 때때로 나는 삶 자체의 가치를 의심한 적도 있었습니다."

플랑크 자신도 1914년에 〈지식인 93인의 호소문〉에 서명함으로써 정치적인 일에 끼어들었다. 독일군이 벨기에를 침공했을 때 온갖 만행을 저질렀다는 서방의 언론에 대해, 독일 지식인들은 그것이 사실 무근이라고 주장하면서 독일군을 전폭적으로 지원한다고 선언했던 것이다. 그러나 이후에 언론 기사가 사실임을 확인하게 되자 플랑크는 자신이 선언문에 서명한 것을 사과하는 공개서한을 보내기도 했다.

플랑크가 숱한 불행에 빠져 있을 때 독일물리학회는 그의 업적을 기리기 위한 준비를 했다. 1918년에 독일물리학회는 플랑크 탄생 60주년을 기념하는 책자를 만들었는데, 당시에는 아인슈타인이 회장을 맡고 있었다. 이러한 행사 때문에 촉발되었는지는 모르겠지만, 플랑크에게 노벨 물리학상을 수여해야 한다는 여론이 형성되었다. 결국 플랑크는 양자론을 제창하여 물리학의 진보에 공헌했다는 이유로 1918년 노벨 물리학상을 받았다. 흥미롭게도 1918년에는 노벨 화학상 수상자로 독일의 화학자인 하버가 선정되었고 노벨 생리의학상은 수상자를 내지 못했다. 당시의 스웨덴 주재 독일 대사는 "노벨상 시상식과 축하 행사 전체가 독일 과학에 경의를 표하는 분위기였다"고 보고하였다.

독일 과학의 부흥을 위하여

제1차 세계대전 이후에 독일의 경제 사정은 매우 나빠졌다. 한번은 플랑크가 베를린 아카데미의 일로 유럽 여행을 했는데, 마르크 화폐의 가치가 하락하는 바람에 호텔비가 모자라 역구내에서 밤을 보내야 했다. 플랑크는 패전 후 절망적인 상황 속에서도 독일 지성계의 지적 활력을 회복하기 위해 많은 노력을 기울였다. 독일 과학자들이 지속적인 연구를 수행할 수 있도록 기부금을 모금하러 다녔던 사람도 플랑크였다. 그는 계속해서 베를린 아카데미의 상임서기로 활동하였고, 1930~1937년에 카이저 빌헬름 협회의 회장으로 재임하였다.

1933년에 히틀러가 집권하자 플랑크는 과학연구에 대한 지원을 놓치지 않기 위해 히틀러 정권에 협력하였다. 심지어 공식 석상에서 히틀러 식 인사를 하기도 했다. 그것은 플랑크의 개인적인 양심상 매우 어려운 일이었지만, 그는 조국 독일의 과학이 망하도록 내버려 둘 수 없었다. 다른 한편으로 독일 과학계에서 유태인 아인슈타인이 주창한 상대성이론을 거부하기 시작하자 플랑크는 토론회를 개최하여 간접적으로 상대성이론을 옹호하곤 하였다. 나치주의자들이 대학에서 유태인 과학자들을 쫓아낼 때에도 플랑크는 드러내놓고 반대하는 대신에 망명갈 차비를 마련해 주는 식으로 도왔다. 이러한 점에서 플랑크는 "과도기에 특히 탁월한 인물"로 평가되기도 한다.

1933년 봄에 플랑크는 카이저 빌헬름 협회 회장의 자격으로 히틀러에게 면담을 요청하였다. 유태인 화학자 하버의 거취에 대해 조언하기 위해서였다. 그때 히틀러는 "유태인은 모두 공산주의자이므로 모두 나의 적이다"라고 말했다. 이에 대해 플랑크는 "유태인도 제각각이며 적인지 동지인지 구별할 수 있습니다"고 대답했다. 히틀러는 "유태인은 밤송이처럼 꼬인 사람이다. 구별은 그들이 해야 하는데 이를 하지 않고 있으므로 모든 유태인에게 단호한 조치를 취해야 한다"고 말했고, 플랑크는 "학술 진흥에 필요한 유태인을 추방하면 국가에 이익이 되지 않을 것입니다"고 응수했다. 그러자 히틀러는 대답을 회피하면서 화제를 돌렸다. "내가 신경쇠약에 걸렸다고 거짓말을 하는 사람도 있지만 그것은 중상모략이다. 나는 강철과 같은 신경을 가진 사람이다." 히틀러가 말을 점차 빨리 하면서 흥분하자 플랑크는 입을 다물 수밖에 없었다.

이처럼 플랑크는 나치 정권에 대해 슬기롭게 처신했지만, 나치는 플랑크에게 하나 남은 아들마저 빼앗아갔다. 그의 아들이 히틀러 암살 음모에 연루되었다는 것이었다. 플랑크가 백방으로 손을 썼지만 아들은 결국 처형당하고 말았다. 게다가 제2차 세계대전이 끝나갈 무렵에 플랑크는 연합군의 공습으로 그나마 남아 있던 것을 모두 잃어버리고 말았다. 자신이 오랫동안 살았던 집과 귀중한 장서가 폭격으로 파괴되었던 것이다.

플랑크는 1945~1946년에 다시 카이저 빌헬름 협회의 회장을 맡아 독일 과학을 재건하는 데 마지막 남은 힘을 쏟았다. 말년에 그는 자서전을 준비하면서 다음과 같이 썼다. "새로운 과학적 진리는 반대자들을 납득시키고 그들을 이해시킴으로써 승리를 거두기보다는,

오히려 반대자들이 결국에 가서 죽고 그것에 익숙한 새로운 세대가 성장하기 때문에 승리하게 되는 것이다."

막스 플랑크 협회는 로마 신화에 나오는 지혜의 여신인 미네르바를 로고로 삼고 있다.

플랑크는 1947년에 89세의 나이로 쓸쓸히 세상을 떠났다. 플랑크의 무덤에는 그의 이름과 함께 '$h=6.62\times10^{-27}$erg · sec'이라는 식이 새겨져 있다. 독일 정부는 그의 업적을 기리는 뜻에서 1948년에 카이저 빌헬름 협회의 이름을 막스 플랑크 협회로 바꾸었다. 막스 플랑크 협회는 기초과학에 대한 세계적인 연구기관들을 포괄하고 있으며, "지원은 하되 간섭은 하지 않는다"는 철학을 바탕으로 운영되고 있는 것으로 유명하다.

아인슈타인은 플랑크에 대한 추모사에서 다음과 같이 말했다. "탁월한 창의력으로 이 세상에 많은 혜택을 준 사람은 후대의 찬사가 필요 없다. 그의 업적 자체가 이미 그에게 찬사를 웃도는 큰 선물을 안겨 주었기 때문이다. 그럼에도 오늘 진리와 지식을 탐구하는 사람들의 대표자들이 세계 도처에서 이 자리에 모인 것은 다행스럽고도 마땅한 일이다. 이들이 이 자리에 모인 것은 정치적 격정과 폭력이 사람들의 머리 위에 매달린 날카로운 칼날처럼 두려움과 고통을 안겨주는 이 시대에도 진리 탐구의 이상적 표준이 고고하게 빛나고 있다는 것을 증거하기 위함이다. 모든 시대와 세계 모든 지역의 과학자들을 영원히 하나로 묶는 이런 이상은 막스 플랑크란 인물 속에서 더 없이 완벽하게 구현되어 있었다."

© Book's-Hill

물리화학의 정원을 꾸미다
스반테 아레니우스

물리화학을 만든 삼총사

화학은 물질의 성질, 조성, 구조 및 변화를 다루는 학문이다. 화학의 주요 분야에는 유기화학, 무기화학, 분석화학, 물리화학, 생화학, 공업화학 등이 있다. 그중에서 물리화학은 물리학 이론 및 실험을 통해 얻은 결과를 이용하여 물질의 화학적 성질을 연구하는 분야이다. 물리화학은 물리학과 화학 사이에 있는 일종의 간학문(interdiscipline)에 해당한다. 물리화학과 같은 간학문은 한 가지 학문으로 규명하기 어려운 복잡한 현상을 규명하는 역할을 담당하고 있다.

물리화학은 19세기 후반에 세 명의 과학자들에 의해 형성된 것으로 평가되고 있다. 야코부스 반트호프(Jacobus van't Hoff, 1852~1911), 빌헬름 오스트발트(Wilhelm Ostwald, 1853~1932),

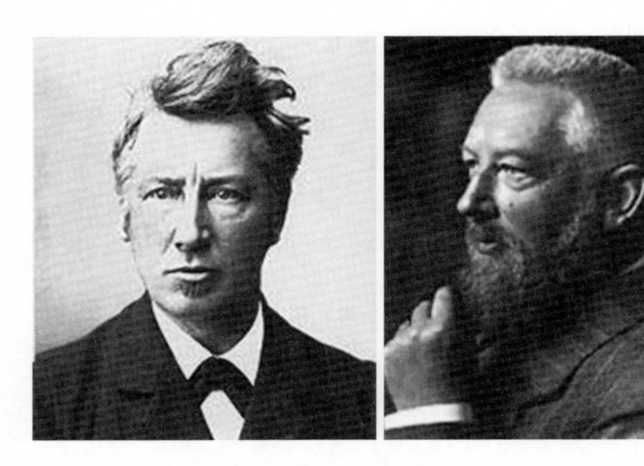

아레니우스와 함께 물리화학을 만든 네덜란드의 반트호프(왼쪽)와 러시아 출신의 오스트발트(오른쪽)

스반테 아레니우스(Svante Arrhenius, 1859~1927)가 그들이다. 흥미롭게도 그들은 영국, 프랑스, 독일과 같은 당시의 과학 선진국이 아닌 주변부에서 활동하였다. 반트호프는 네덜란드, 오스트발트는 러시아, 아레니우스는 스웨덴 출신이다. 역사상 많은 개혁의 움직임은 중심부가 아니라 주변부에서 싹텄던 것이다.

세 사람의 이름에는 그들의 주요 업적이 따라다닌다. 반트호프의 삼투압 법칙, 아레니우스의 전기해리이론 혹은 전리설(theory of electrolytic dissociation), 오스트발트의 묽힘 법칙 혹은 희석률(law of dilution)이 그것이다. 그들의 업적은 모두 전해질 속의 이온에 주목했기 때문에 세 사람은 '이온주의 3인방'으로 불리고 있다. 그리고 그들은 자신의 주요 업적을 바탕으로 모두 노벨 화학상을 수상하는 영광을 누렸다. 반트호프는 1901년, 아레니우스는 1903년, 오스트발트는 1909년에 각각 노벨 화학상을 받았던 것이다. 그중에서 막내인 아레니우스는 초창기 노벨 화학상이 물리화학에서 나오는 데 크게 기여한 인물이다.

신동인가, 문제아인가?

아레니우스는 1859년에 스웨덴 웁살라 부근의 비크라는 마을에서 태어났다. 그의 가문은 17세기 이래 대대로 농사를 하면서 가업을 이어왔다. 아버지인 구스타프(Gustaf Arrhenius)는 농사를 벗어나 측량기사로 일하면서 가계를 돌보았다. 이후 구스타프는 웁살라 대학의 직원으로 근무하다가 웁란드 지방의 오래된 성을 관리하는 일을 맡았다. 그는 자신이 충분한 교육을 받지 못했다는 점을 평생 아쉬워했고, 아들에게는 제대로 된 교육을 시키고자 했다.

아레니우스는 어릴 적부터 놀랄 만한 재능을 보였다. 3살 때 이미 덧셈을 혼자서 했다는 얘기도 전해진다. 그는 8살 때 학교에 입학한 후 1년 뒤에 곧바로 5학년이 되었다. 교장 선생님이 아레니우스가 신동(神童)이라는 점을 인정하여 특별하게 대우했던 것이다. 그러나 너무 급하게 승급을 했는지, 5학년에 들어서는 성적이 떨어졌다. 당시에 아레니우스는 "행동이 나쁘고 도무지 장래의 희망이 보이지 않는다"는 평가를 받기도 했다.

아레니우스는 17살이 되던 1876년에 웁살라 대학에 입학했다. 물리학을 전공으로 하면서 수학, 화학, 생물학도 열심히 공부했다. 다시 신동의 기질이 나타났는지, 아레니우스는 대학 3학년 때 벌써 박사 학위에 필요한 자격시험을 통과했다. 그는 박사 학위 논문을 쓰기 위해 희토류 원소에 대한 연구를 하고 있었던 화학과의 클레베(Per Teodor Cleve)를 지도교수로 삼았다. 그러나 이론을 무시하는 클레베의 교수법에 싫증을 느끼고, 분광학을 연구하고 있었던 물리학과의 탈렌(Tobias Robert Thalen) 교수에게로 갔다. 이번에도 별다른 흥미를 느끼지 못한 아레니우스는 웁살라 대학을 떠날 궁리를 하기에 이르렀다.

1881년에 아레니우스는 스톡홀름으로 가서 스웨덴 과학아카데미의 물리연구실 주임인 에드룬드(Erik Edlund)를 만났다. 처음에 에드룬드는 자신의 불꽃방전에 관한 연구를 임시로 거들게 했으나, 아레니우스의 자질을 알아본 뒤 독자적으로 연구하는 것을 허락하였다. 극도로 집중적인 연구 끝에 아레니우스는 1882년에 〈금속 전도체에 의한 분극 작용의 소멸〉이라는 논문을 발표하기에 이르렀다. 이처럼 아레니우스는 학문적 진로를 놓고 제법 방황했지만, 교수와 학생의 이동이 자유로운 스웨덴의 대학 시스템 덕분에 자신의 꿈에 다가갈 수 있었다.

겨우 통과한 박사 학위 논문

아레니우스는 전해질의 전기전도도를 박사 학위 논문의 주제로 선택했다. 용액의 성질에 대한 연구는 세계적인 화학자들이 시도하고 있었던 당시의 첨단 주제에 해당했다. 이러한 시대적 배경과 함께 개인적 동기도 아레니우스의 호기심을 불러 일으켰다. 웁살라 대학 시절에 클레베는 "휘발성이 없는 물질의 분자량을 구하는 것은 불가능하다"고 입버릇처럼 말했고, 아레니우스는 그것이 사실인지 아닌지는 "용액의 전기전도도를 측정하면 알 수 있을 것"으로 생각했다.

아레니우스는 1884년에 자신의 박사 학위 논문에서 전해질이 물속에서 이온으로 해리된다는 학설을 전개했는데, 그것은 전기해리이론 혹은 전리설로 불린다. 그는 염화나트륨과 같은 전해질을 물에 녹이면, 일부 분자들이 분해되어 자유로운 전하를 띤 입자인 이온을 생성하며, 용액이 묽어짐에 따라 용해되는 비율이 증가한다고 주장하였다. 이어 아레니우스는 전기전도도를 측정하여 분해 정도를 추정하였고, 이를 바탕으로 용해가 일어나지 않을 때 존재할 입자 수와 실제로 존재하는 입자 수의 비율을 계산할 수 있었다. 그리고 그 비율을 어는점 내림에 적용할 경우에도 잘 들어맞는다는 점을 밝혔다. 이처럼 아레니우스의 전리설은 이전과 달리 정량적인 근거를 바탕으로 전해질 용액의 성질을 규명하는 성격을 띠고 있었다.

그러나 당시의 나이든 심사위원들은 아레니우스의 생각을 거의 이단에 가깝다고 평가하였다. 그들은 전류가 전혀 없을 때에도 용액에 수많은 이온들이 떠다닌다는 점을 믿으려 하지 않았다. 몇몇 심사위원들은 염화나트륨이 왜 독성이 강한 염소와 반응성이 큰 나트륨을 함유하는지를 설명해야 한다는 문제를 제기했다. 아레니우스는 염소와 나트륨이 매우 다른 성질을 가진 하전 입자로 존재한다고 응답했는데, 이러한 답변은 이온의 전하들이 어디서 유래해야 하는지에 대한 추가적 설명을 요구하였다. 이는 원자들이 쪼개질 수 있다는 점을 의미하는 것으로, 당시에는 원자보다 작은 입자의 존재가 밝혀지지 않았기 때문에 아레니우스가 감당하기는 어려운 문제였다.

결국 심사위원들은 아레니우스의 혁신적인 논문을 제대로 이해하지 못했다. 그들은 아레니우스가 학문적 지위를 바라지 못할 정도의 낮은 등급으로 박사 학위 논문을 통과시키는 데 합의했다. 당시에 클레베는 아레니우스에게 박사 학위를 부여하는 것을 계속해서 반대했다.

아레니우스는 논문이 출판된 후 그 사본을 러시아의 오스트발트에게 보냈다. 당시에 오스트발트는 리가공업대학의 교수로 있으면서 산에 의한 반응속도를 연구하고 있었다. 그는 산 용액의 전도성이 매우 크면 많은 수의 수소 이온을 함유한다는 아레니우스의 제안에 흥미를 느꼈다. 오스트발트는 이것이 사실이라면 전도성이 뛰어난 산 용액이 화학반응을 위한 좋은 촉매가 될 것이라고 생각했다. 그는 30가지 이상의 서로 다른 산들을 촉매로 시도했고, 어느 경우에나 반응속도와 산의 전도도가 비례한다는 점을 알 수 있었다.

당시에 아레니우스는 웁살라 대학의 강사로 취직하려 했으나 보기 좋게 거절당하고 말았다. 박사 학위 논문도 변변치 않다는 평가를 받은 데다 나이도 너무 어렸기 때문이었다. 그때 오스트발트는 웁살라 대학을 방문하여 아레니우스의 논문이 매우 우수하다는 점을 역설했다. 심지어 오스트발트는 아레니우스에게 공동 연구와 직장을 제의하기도 했다. 사태가 이렇게 전개되자 웁살라 대학은 마지못해 아레니우스를 강사로 채용하기로 했다.

시너지 효과로 일군 물리화학

1886년에 아레니우스는 스웨덴 과학아카데미로부터 해외 박사후 연구원의 자격을 얻었다. 5년 동안 유럽 각지에서 자유롭게 연구할 수 있는 기회를 갖게 된 것이었다. 당시에 클레베는 기존의 입장을 바꾸어 아레니우스를 특별히 배려하는 모습을 보였다. 처음에 그는 러시아의 리가공업대학으로 가서 오스트발트와 함께 연구했다. 그 후 아레니우스는 독일 뷔르츠부르크 대학의 콜라우슈(Friedrich Kohlrausch), 오스트리아 그라츠 대학의 볼츠만(Ludwig Boltzmann) 등을 거쳐 네덜란드 암스테르담 대학의 반트호프에게로 갔다. 아레니우스는 외국의 선배 연구

오스트발트(왼쪽)와 아레니우스(오른쪽)가 함께 토론하는 모습

자들로부터 많은 자극과 격려를 받았고 자신의 연구를 더욱 발전시키는 계기로 삼을 수 있었다.

1887년에 아레니우스는 독일에 체류하면서 삼투압을 다룬 반트호프의 논문에 접했다. 그중에는 $PV=inRT$라는 식이 있었다. 그것은 이상기체상태방정식($PV=nRT$)이 전해질 물질에도 적용된다는 점을 보여주는 획기적인 제안이었다. 여기서 i는 용질에 따라 변하는 인자로 묽힘에 따라 증가했는데, 반트호프는 이에 대해서는 확실한 설명을 하지 못하고 있었다. 이 논문을 읽은 아레니우스는 반트호프에게 흥미로운 편지를 보냈다. "당신의 식 중 i라는 계수는 나의 생각에는 해리라는 개념으로 설명됩니다. 염화나트륨(NaCl)과 같은 것은 그 값이 2, 염화칼슘($CaCl_2$)과 같은 것은 그 값이 3에 가깝다고 생각합니다." 이렇게 하여 아레니우스가 주창한 전리설은 반트호프의 삼투압에 관한 실험식과 결합되어 한층 더 정교해졌다.

같은 해에 오스트발트는 반트호프, 아레니우스와 함께 《물리화학 잡지(Zeitschrift für physikalische Chemie)》를 창간했다. 창간호에는 아레니우스가 쓴 〈수용액 속에 있는 여러 물질의 해리에 관하여〉라는 논문이 실렸다. 당시에 오스트발트는 "우리 세 사람의 나이를 모두 더해도 100세가 되지 않는다"고 말했다. 반트호프는 35세, 오스트발트는 34세, 아레니우스는 28세였던 것이다. 그들은 상호간의 교류를 두텁게 하여 물리화학의 기초를 굳게 다지기로 마음을 모았다. 이어 1888년에 오스트발트는 《물리화학 잡지》를 통해 아레니우스의 전리설에 질량작용의 법칙을 적용하여 전해질 용액의 농도와 전리도의 관계를 설명하는 희석률을 제안하였다.

1889년에 아레니우스는 또 하나의 중요한 업적을 성취했다. 반트호프의 설탕에 대한 실험 결과를 바탕으로 화학반응의 속도와 온도의 관계를 나타내는 실험식인 아레니우스 식(Arrhenius equation)을 제창했던 것이다. 그는 화학반응의 속도가 온도에 지수함수적으로 비례한다는 점을 논의하면서 반응을 일으키기 위해 필요한 최소 에너지인 활성화에너지의 개념을 도입하였다. 아레니우스 식에서 k는 반응속도상수, T는 절대온도, R는 기체상수, A는 빈도계수 혹은 빈도인자, E_a는 활성화에너지에 해당한다.

$$k = Ae^{-E_a/RT}$$

화학반응에서 속도와 온도의 관계에 대한 아레니우스 식

박사후 연구원이 끝날 무렵 아레니우스는 독일의 기센 대학으로부터 교수 자리를 제안 받았다. 그러나 그는 조국인 스웨덴을 택했다. 아레니우스는 1891년에 스웨덴 왕립공과대학의 물리학 담당 조교수가 되었는데, 당시 그의 나이는 32세였다. 그는 1895년에 정교수가 되고 1896년에 학장을 맡는 등 왕립공과대학에서 승승장구했다.

아레니우스는 일생 동안 두 번 결혼하고 두 번 이혼했다. 1894년에 그의 제자인 루드벡(Sofia Rudbeck)과 결혼하여 아들을 한 명 낳은 뒤 1896년에 이혼했다. 두 번째 부인인 요한슨(Maria Johansson)과는 1905년에 결혼하여 1927년에 이혼했는데, 두 사람 사이에는 2녀 1남이 태어났다.

아레니우스의 다른 면모

20세기의 과학은 노벨상과 함께 시작되었다. 아레니우스는 노벨재단을 만들고 노벨상을 설계하는 데 적극 참여했으며, 1901년에는 스웨덴 과학아카데미의 회원으로 선출되었다. 이를 계기로 그는 계속해서 노벨 물리학상 위원회의 위원을 맡으면서 노벨 화학상 위원회에도 관여하였다. 이러한 지위를 이용하여 아레니우스는 자신과 친분이 많은 반트호프, 오스트발트, 리처즈(Theodore Richards)가 노벨상 수상자가 되도록 도와주었으며, 자신과 사이가 좋지 않았던 에를리히(Paul Ehrlich)와 멘델레예프가 노벨상을 받는 것을 방해했다.

아레니우스는 1902년에 영국 왕립학회가 수여하는 데이비 상을 받았으며, 1903년에는 노벨 화학상 후보로 올랐다. 아레니우스가 자신의 노벨상에는 관여할 수 없었고, 당시에 노벨 화학상 위원회의 위원장은 그의 스승인 클레베가 맡았다. 결국 아레니우스는 1903년에 스웨덴 사람으로서는 처음으로 노벨상을 받을 수 있었다. 그는 전리설을 확립한 공로로 노벨상을 받았는데, 그 출발점이 되었던 박사 학위 논문을 낮게 평가했던 클레베가 아레니우스의 노벨상을 지지했다는 점도 역사의 아이러니라 할 수 있겠다.

1905년에 독일 베를린 대학은 아레니우스에게 교수 자리를 제안했지만, 그는 애국적인 견지에서 거절하였다. 이 소식을 접한 스웨덴 국왕 오스카 2세는 아레니우스를 위하여 노

1922년에 개최된 제1차 솔베이 화학 회의. 앞줄 오른쪽에서 두 번째가 아레니우스이며, 가운데에 지팡이를 짚고 있는 사람이 솔베이이다.

벨물리연구소를 설립하고 그에게 소장 직을 맡겼다. 아레니우스는 1905년에 노벨물리연구소의 초대 소장이 된 후 1927년에 은퇴할 때까지 그 직위를 유지하였다. 그는 1910년에 영국 왕립학회의 회원이 되었으며, 1912년에는 미국 과학아카데미의 명예회원으로 선출되었다. 1922년에 벨기에 브뤼셀에서 화학에 대한 제1차 솔베이 회의가 열렸을 때 물리화학계의 대표로 참석한 사람도 아레니우스였다.

아레니우스는 전리설과 반응속도론 이외의 다른 과학적 주제에도 폭넓은 관심을 보였다. 면역 작용의 화학적 측면을 탐구하기도 했고, 화산활동의 원인에 대해 논의하기도 했으며, 오로라의 기원에 대한 가설을 세우기도 했다. 오늘날에 다시 주목받고 있는 아레니우스의 업적으로는 온실효과(greenhouse effect)에 대한 고찰을 들 수 있다. 그는 1896년에 대기 중 이산화탄소의 농도가 증가하면 전 세계적으로 온난화의 가능성이 생긴다는 논문을 발표했는데, 그것은 기후변화에 대한 최초의 과학논문으로 평가되고 있다.

말년에 아레니우스는 과학저술가로도 이름을 날렸다. 그가 1900년에 발간한 《전기화학 교과서》와 1903년에 발간한 《우주물리학 교과서》는 해당 분야의 입문서로 널리 사용되었다. 1906년에는 미국 캘리포니아 대학에서 6주간 체류하면서 강연한 내용을 모아 《화학과 면역화학의 이론》을 발간했다. 《세계의 형성》(1906년), 《우주 속의 인간》(1915년), 《별의 운명》(1915년)은 우주 문제에 관한 아레니우스의 3부작으로 불린다. 1919년에 출판된 《화학과 사생활》은 당시에 과학 분야의 베스트셀러로 큰 인기를 누렸다.

아레니우스는 1925년 가을부터 《세계의 발전》을 저술하기 시작했다. 이를 위하여 그는 새벽 4시에 일어나 도서 집필에 정성을 쏟았다. 그것이 치명상이 되었는지, 그 해 겨울부터 아레니우스의 건강은 극도로 쇠약해졌다. 그는 1927년 봄에 노벨물리화학연구소에서 사직한 후, 같은 해 9월에 급성 맹장염을 앓았고, 10월 2일에 다시는 돌아오지 못할 길을 떠났다. 아레니우스의 묘지는 자신의 모교인 웁살라 대학 부근에 마련되었다. 웁살라 대학 출신으로 과학의 역사에 이름을 남긴 사람으로는 아레니우스 이외에도 분류학의 아버지로 불리는 린네, 산소를 처음 발견한 셸레 등이 있다.

미국에서 꽃 핀 물리화학

반트호프가 물리화학의 씨를 뿌리고, 아레니우스가 물리화학의 정원을 꾸몄다면, 오스트발트는 물리화학의 정원을 멋지게 가꾸었다. 특히 오스트발트는 1887년에 독일의 라이프치히 대학에 부임한 후 네른스트(Walther Nernst), 노이즈(Arthur Noyes), 휘트니(Willis Whitney)를 비롯한 수많은 제자를 배출했다. 기센 대학의 리비히 실험실이 유기화학의 산실이었던 것처럼, 라이프치히 대학의 오스트발트 연구실은 물리화학의 중심지가 되었다. 다른 나라에서 물리화학으로 학위를 받았던 러처즈(1914년 노벨 화학상 수상자)와 루이스(Gilbert Lewis)도 오스트발트 연구실을 거쳐 갔다.

그러나 당시 유럽에서는 물리화학의 성장을 막으려는 세력이 만만치 않았다. 독일에서는 기존의 대학에서 막강한 힘을 행사하고 있었던 유기화학자들이 오스트발트가 주동이 된 물리화학을 곱지 않은 눈으로 보았고, 교육부 장관과 결탁해서 물리화학에 대한 교수 자리가 독일의 전 대학으로 확산되는 것을 방해했다. 영국에서는 유기화학자보다는 무기화학자의 저항이 심했으며, 프랑스에서는 독일과의 전쟁에서 패한 뒤 독일의 학위를 인정하지 않게 되면서 물리화학의 전파가 어려워졌다. 물리화학의 본 고장이었던 유럽 대학이 나중에는 물리화학의 확산에 장애로 작용했던 것이다.

이에 반해 대학이 급성장하고 있었던 미국은 물리화학이라는 새로운 분야가 자리를 잡는 데 상대적으로 유리한 곳이었다. 리처즈가 있었던 하버드 대학에 이어 노이즈가 자리를 잡았던 MIT와 칼텍, 루이스가 있었던 버클리 대학은 물리화학의 중심지로 성장할 수 있었다. 게다가 제1차 세계대전이 발발하면서 독일과의 교역이 끊어지자 미국의 산업체들은 독자적인 연구개발을 서두르기 시작했다. 이에 부응하여 물리화학을 전공한 사람들이 산업체에 진출하는 사례도 많아졌는데, 제너럴 일렉트릭 연구소의 휘트니와 랭뮤어(Irving Langmuir)는 그 대표적인 예에 해당한다. 이와 함께 카네기재단이나 록펠러재단과 같은 미국의 민간재단들은 미국 과학을 발전시키기 위한 전략으로 물리화학이나 분자생물학과 같은 간학문에 집중적으로 투자하였고, 이 역시 물리화학의 성장에 비옥한 토양으로 작용하였다.

초파리로 유전의 비밀을 밝히다
토머스 모건

자식이 부모를 닮는 까닭은?

어느 집안에서나 새 생명이 태어나는 경사를 맞이하면 아기가 부모를 얼마나 닮았는지 살피게 된다. 자식이 부모를 닮는 게 자연의 섭리이기 때문이다. 그렇다면 자식은 어떻게 해서 부모를 닮는 것일까? 이 문제의 해답을 찾기 위해 오랜 옛날부터 많은 사람들이 골머리를 앓아 왔다. 그러나 19세기만 해도 유전의 비밀은 좀처럼 풀리지 않았고 대부분의 과학자들은 유전 현상을 인간이 접근할 수 없는 신의 영역으로 간주하였다.

20세기의 생물학은 1900년에 멘델의 유전법칙이 재발견되면서 시작되었다. 많은 과학자들이 유전의 물질적 기초와 그 메커니즘을 해명하기 위해 집중적인 노력을 기울였다. 그중에서 가장 독보적인 존재는 초파리와 평생을 함께 한 토머스 모건(Thomas Hunt Morgan, 1866~1945)이라 할 수 있다. 모건은 초파리 연구를 통해 염색체가 유전정보를 전달한다는 사실을 실험적으로 입증함으로써 유전학을 튼튼한 반석 위에 올려놓았다.

모건은 1866년에 미국 켄터키 주 렉싱턴의 한 명문가에서 태어났다. 아버지는 한때 시칠리아 영사로 근무했으며 담배 공장을 경영하였고 유명한 금융가인 모건(J. Pierpont Morgan)과 친척이었다. 어머니는 미국의 국가(國歌)인 성조기여 영원하라(The Star Spangled Banner)를 작사한 프랜시스 스콧 키(Francis Scott Key)의 손녀였다. 또한 삼촌은 남북전쟁 때 '모건 돌격대'라는 이름의 남부 연합 기병대의 지휘관이었다.

모건은 삼촌의 무용담을 들으면서 자랐고 그것을 친구들에게 다시 전해주는 것을 자랑스럽게 생각했다. 그는 어릴 때부터 산과 계곡을 돌아다니며 자연을 탐구하는 것을 좋아했다. 친구들을 모아 나비, 새, 화석을 채집하는 여행을 가기도 했다. 모건의 방은 그가 수집한 요상한 생물과 광물로 가득 차 있었다.

실험과학의 신봉자로 성장하다

모건은 렉싱턴의 공립학교에 다니다가 16살 때 켄터키 대학에 입학했다. 당시에 같이 수업을 듣던 사람들이 대부분 남자 사관생도였던 탓에 수업 시간은 항상 딱딱했다고 한다. 모건은 자신이 좋아하는 과목인 생물학에서 두각을 나타냈으며, 미국지질조사단의 야외 조사에 참가하기도 했다. 그는 1886년에 대학을 수석으로 졸업한 뒤 보스턴 자연사학회에서 해양생물학을 연구하며 여름을 보냈다.

1886년 가을에 모건은 존스 홉킨스 대학에 진학하여 대학원 과정을 밟았다. 1876년에 설립된 존스 홉킨스 대학은 과학의 역사에서 특별한 위치를 차지하고 있다. 그 대학의 초대 총장이었던 길먼(Daniel C. Gilman)은 유럽을 여행하면서 독일 대학의 연구 활동에 강한 인상을 받았던 경험을 가지고 있었다. 그는 "연구에 대한 지원"을 존스 홉킨스 대학의 이념으로 내걸었으며, 특히 과학에 대한 연구를 강조했다. 또한 길먼은 '대학원 중심 대학'이라는 개념을 표방하면서 학부 과정을 만들지 않은 채로 존스 홉킨스 대학의 문을 열었다. 그리고 교수의 임용기준을 엄격하게 유지했을 뿐만 아니라 독일 대학과 같은 실험실과 세미나 중심의 교육을 선호했다. 이러한 조치를 바탕으로 존스 홉킨스 대학에서는 빠른 속도로 과학연구가 자리 잡게 되었으며, 그 대학의 이념과 교육방법은 미국의 다른 대학에도 좋은 모델로 작용하였다. 1920년까지 존스 홉킨스 대학에서는 약 1,400명의 박사가 배출되었고 그들이 다른 대학으로 진출하면서 20세기 초반에는 미국의 대학에서도 과학연구가 제도적으로 정착되었다.

미국은 다른 국가와 달리 독점적인 지위를 점하는 대학도 없었고 연방정부가 대학을 통제하지도 않았다. 이를 배경으로 미국에서는 전통적인 대학들뿐만 아니라 새로 설립된 대학들도 비교적 평등한 지위에서 경쟁을 할 수 있었다. 이러한 환경에서 미국의 각 대학은 자신의 자원을 이용하여 최고의 성과를 가져올 수 있는 분야에 집중하였다. 어떤 대학은 기초과학이나 인문학만을 포함하고 있었고, 어떤 대학은 학부 과정을 아예 없애기도 했던 것이다. 또한 미국 대학에서는 '학과(department)'가 학부와 대학원을 연결시키는 중요한 단위로 발전했으며, 이를 통해 연구와 교육을 효과적으로 통합시킬 수 있었다. 미국 대학의 학과는 새로운 주제를 포함할 만큼 유연하고, 교육과정의 구성과 교수의 임용을 자유롭게 할 만큼 독립적이며, 다양한 전문적 연구를 수행할 만큼 규모가 크다는 특징을 가지고 있었다.

모건이 대학원 과정에 진학했을 때 존스 홉킨스 대학은 미국에서 생물학을 집중적으로 연구하는 몇 안 되는 대학으로 명성을 날리고 있었다. 교수들은 학생들에게 현상에 의문을 가지는 자세와 실험실에서 직접 연구하는 생활을 강조했으며, 이를 통해 생물학은 단순히 관찰하고 결과를 기록하는 학문에서 실험적인 학문으로 변해갔다. 이러한 교육 덕분인지 모건은 실험 과학의 굳건한 신봉자가 되었다. 그는 간단한 관찰이나 실험을 통해 만들어진 단편적인 지식이 충분히 검증되지 않은 채 유포되는 것을 평생 염려했다고 한다.

모건은 대학원 과정을 밟는 동안 행태학자이자 발생학자인 브룩스(William K. Brooks) 밑에서 공부하였다. 모건은 동물의 발달 초기 단계와 배아를 다루는 발생학을 전공했는데, 그의 주된 연구 대상은 바다거미였다. 바다거미는 바다의 밑바닥에서 서식하는 동물로서 생김새나 구조로는 갑각류처럼 보였다. 모건은 발달 단계별 해부학적 연구를 통해 바다거미가 거미류에 더 가깝다는 결론을 내렸고, 1890년에 박사학위를 받았다.

모건은 1년간 박사후 과정을 거친 후 1891년에 펜실베이니아 소재 브린 모어 대학의 생물학 교수가 되었다. 학생들은 그의 수업을 아주 좋아하거나 싫어하는 등 극단적인 반응을 보였지만, 그는 항상 학생들이 질문을 하거나 도움을 청하는 것을 환영하였다. 당시에 모건은 성게 알이 수정된 후 분열하면서 여러 기관으로 분화된 성체로 발달하는 과정을 연구하였고, 생물의 기관이 발달하기 위해 필요한 과정이 내부에 프로그램화되어 있다는 사실을 발견했다.

모건은 책을 집필하는 데에도 많은 의욕을 보였다. 1897년에는 자신의 첫 번째 저서인 《개구리 알의 발달: 실험발생학 입문》을 썼다. 그 책에서 그는 실험과학의 신봉자답게 과학이론이 수많은 실험을 통해 검증된 사실을 바탕으로 형성되어야 한다는 의견을 피력했다. 이어 1901년에는 동물의 신체가 어떻게 새로운 조직으로 재생되는지에 관한 당시까지의 지식을 정리하여 《재생》이라는 책을 펴냈다. 1903년에는 《진화와 적응》을 통해 다윈이 주장한 자연선택에 의한 진화론이 수

모건의 박사학위 논문의 주제가 된 바다거미

많은 허점을 가지고 있다고 지적했다.

당시에 모건은 연구도 열심히 했지만 연애에도 열중하였다. 그는 브린 모어 대학의 졸업생인 릴리언 샘슨(Lillian Sampson)과 1904년에 결혼하였다. 그들 사이에는 4명의 자녀가 태어났다. 릴리언도 생물학을 전공했는데, 아이들이 학교에 다닐 무렵에는 다시 과학 연구에 복귀하여 유능한 세포생물학자로 활동하였다. 둘째 딸인 이사벨(Isabel Merrick Morgan)도 부모를 따라 훌륭한 과학자로 성장했으며, 1948년에 원숭이의 소아마비 백신을 개발하기도 했다.

초파리의 눈 색깔에 대한 집요한 실험

1904년에 모건은 컬럼비아 대학으로 자리를 옮겼으며 거기서 자신의 가장 중요한 업적인 노랑초파리(*Drosophila melanogaster*)에 대한 연구를 시작하였다. 당시 생물학자들의 최대 관심사는 1900년에 재발견된 멘델의 유전법칙이었다. 모건은 멘델의 연구업적을 보고 몹시 흥분하여 유전학에 깊숙이 빠져들었다. 그러나 그는 변이의 완만한 축적으로 진화를 설명할 수 있다는 주장에는 찬성하지 않았다. 대신에 모건은 네덜란드의 생물학자인 드브리스(Hugo de Vries)의 제안을 따라 돌연변이가 진화의 동력일 수 있다고 생각하였다.

모건이 초파리 실험을 본격적으로 시작한 것은 1908년의 일이었다. 그는 멘델과 마찬가지로 실험대상을 제대로 고르는 것이 중요하다는 점을 잘 알고 있었다. 모건이 초파리를 선택한 첫 번째 이유는 그 곤충의 생활사가 매우 짧기 때문이었다. 초파리는 성충이 된 지 나흘이면 짝짓기를 시작하는데, 그것은 일주일이 지나기 전에 새로운 세대를 얻을 수 있다는 것을 의미했다. 두 번째로 초파리는 한 번에 많은 알을 낳기 때문에 아주 짧은 기간 내에 많은 자손을 얻을 수 있었다. 세 번째로 초파리의 유전적 변이는 외형적으로 뚜렷이 볼 수 있기 때문에 어떤 형질이 새로운 세대에 전달되었는지의 여부를 쉽게 추적할 수 있었다. 초파리의 크기가 겨우 3밀리미터에 불과해 좁은 공간에서도 기를 수 있다는 점도 추가적인 이점이었다.

모건은 멘델의 실험을 따라 짝을 지을 수 있으면서도 쉽게 식별되는 형질들을 고른 뒤 10만 마리나 되는 초파리를 조사하여 형질 목록을 작성했다. 가장 흥미로운 것은 초파리의 눈 색깔이었다. 가끔 붉은 눈을 가진 계통에서 흰 눈을 가진 자손이 태어났던 것이다. 모건은 이 사실을 과학적으로 설명하기 위해 모든 에너지를 집중했다. 전하는 이야기에 따르면, 아내가 딸을 낳은 직후에 모건은 산모와 아기의 건강에 대해서는 묻지 않고 흰 눈을 가진

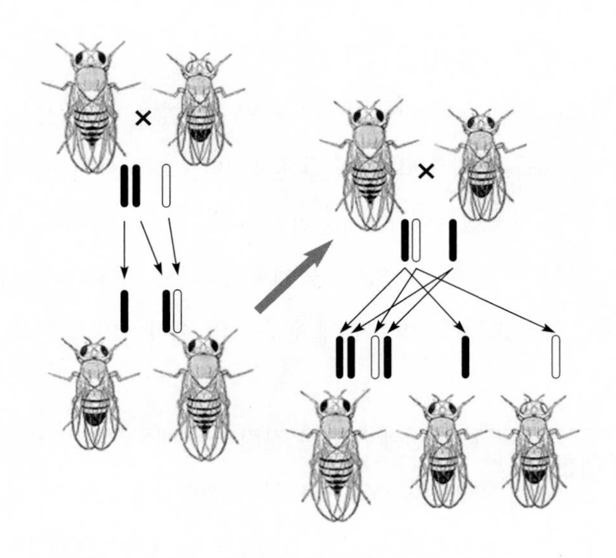

모건의 초파리 연구에 대한 개념도

초파리 이야기를 한참 늘어놓았다고 한다.

초파리의 눈 색깔이 가진 비밀을 풀기 위한 모건의 실험은 계속되었다. 그는 붉은 눈과 흰 눈의 초파리를 서로 교배시켜 자손들(F1)이 모두 붉은 눈이라는 점을 확인했다. 붉은 눈을 만드는 유전자가 우성인 것이다. 다음에 그는 F1 자손들을 자가 교배시켰다. 멘델의 법칙에 따르면, 흰 눈 초파리와 붉은 눈 초파리가 3 : 1의 비율로 나와야 했다. 그런데 실제로는 붉은 눈이 3,470마리, 흰 눈이 782마리로 4 : 1의 비율에 가까웠다. 또한 붉은 눈을 가진 초파리는 수컷이 1,011마리, 암컷이 2,459마리였지만 흰 눈의 경우에는 모두 수컷이었다.

모건은 이 수수께끼를 풀 수 있는 돌파구를 연관성에서 찾았다. 멘델은 모든 유전형질이 독립적으로 전달된다고 보았지만, 모건은 일부 유전형질이 서로 연관되어 있다고 생각했던 것이다. 모건은 자신의 실험을 꼼꼼히 분석하여 X염색체에 초파리 눈의 색깔을 결정하는 유전자가 있다는 결론을 내렸다. 오늘날에는 X염색체나 Y염색체에 있는 유전자를 '성 연관 유전자'라고 부른다. 수컷 초파리는 단 하나의 X염색체를 가지므로 열성 형질이 그대로 발현된다. 반면 암컷은 두 개의 X염색체를 가지므로 한 개가 열성 인자를 가지고 있더라도 나머지 정상 X염색체가 우성이면 우성 형질이 발현되는 것이다.

'파리 방'에 모여든 사람들

초파리의 눈에 대한 실험이 성공하면서 자신감을 얻게 된 모건은 지도학생들을 모아 더 많은 실험을 수행했다. 학부생인 스터트반트(Alfred H. Sturtevant)와 브리지스(Calvin B. Bridges), 그리고 대학원생인 멀러(Hermann J. Muller)는 매일 실험실에서 살다시피 했다. 사람들은 모건의 실험실을 '파리 방(fly room)'이라고 불렀다. 길이 7미터, 폭 5미터의 작은 방에는 8개의 책상이 다닥다닥 붙어 있었다. 초파리들은 대학 구내식당에서 빌린 우윳병에서 키워졌다. 초파리의 먹이는 바나나를 으깬 것으로서 바퀴벌레에게도 좋은 먹이었으므로 실험실에는 항상 바퀴벌레가 득실거렸다.

모건의 연구팀은 1912년까지 등이 굽은 형, 노란 몸, 작은 날개를 비롯한 40종류의 돌연변이를 발견했다. 모건 연구팀은 새롭게 발견한 돌연변이를 체계적으로 교배했으며, 교배된 자손들을 그들의 부모와 형제 혹은 다른 돌연변이들과 다시 교배했다. 이러한 실험을 통해 확보된 자료들은 한 형질이 다른 형질과 연계되어 유전된다는 가설을 뒷받침해 주었다. 이와 함께 연관된 유전형질들의 개수가 염색체의 길이와 관련되어 있다는 사실이 드러났다. 모건은 줄에 매달린 구슬처럼 유전자 역시 염색체에 직선형으로 놓여 있을 것으로 예상했다.

모건의 연구팀은 여러 형질들이 한 염색체 안에 들어 있다는 사실도 깨달았다. 그러나 같은 염색체 안에 있는 경우에도 각 형질이 따로 유전되는 현상과 몇몇 형질들이 같이 유전되는 현상이 동시에 관찰되었다. 어떻게 이런 일이 일어난 것일까? 조심스럽고도 집요하게 관찰한 결과, 모건은 감수분열을 할 때 염색체끼리 뭉쳐지는 현상을 발견하였다. 이와 관련하여 1909년에 벨기에의 세포학자 얀센(Frans Alfons Janssens)은 감수분열 때 염색체끼리 교차하는 현상을 발견한 뒤 염색체가 물리적으로 각 부분을 교환한다고 주장한 바 있었다. 모건은 이러한 현상을 '재조합(recombination)'으로 칭했다.

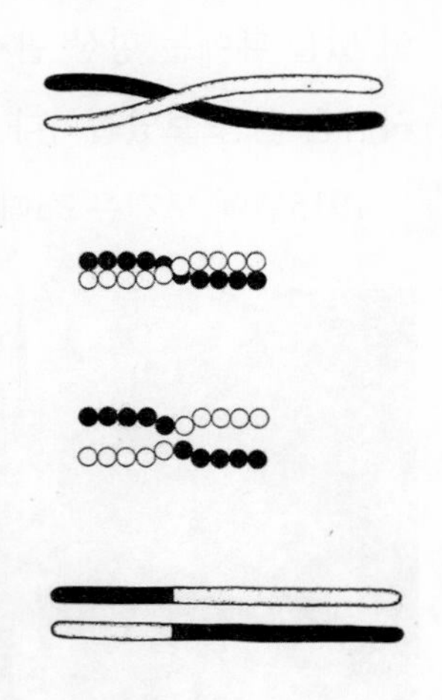
염색체의 교차 현상을 표현한 모건의 그림

스터트반트는 영리하게도 재조합되는 비율을 유전자 사이의 거리와 관련지어 생각했다. 염색체에서 유전자 사이의 거리가 멀수록 분리되어 유전되고 가까울수록 같이 유전되는 확률이 높다는 것이었다. 모건의 연구팀은 수많은 초파리들을 대상으로 실험을 수행하면서 재조합에 의해 형질이 발현되는 빈도를 바탕으로 염색체 내에 존재하는 유전자 사이의 거리를 측정하였다. 오늘날 유전자 사이의 거리를 재는 단위로 사용되고 있는 센티모건(centimorgan, cM)도 모건을 기념해 붙여진 이름이다. 모건은 유전자 지도를 작성하면서 염색체에 유전자가 일렬로 배열되어 있다고 확신했다.

유전학의 새로운 지평을 열다

이처럼 모건은 멘델에서 시작하여 멘델을 넘어선 과학자였다. 사실상 모건은 여러 면에서 멘델과 비교되는 사람이다. 모건은 고독했던 멘델과 달리 늘 많은 사람들에게 둘러싸여 있었다. 모건은 개방적이고 우호적이며 사교성이 뛰어난 사람이었다. 그는 웃기도 잘 하고 장난도 잘 쳤으며 음악과 미술에도 조예가 있었다. 모건이 제자들을 많이 양성할 수 있었던 것도 이러한 성품에서 비롯되었다고 볼 수 있다.

또한 모건은 멘델과 달리 꼼꼼한 것과는 거리가 멀었다. 그는 실험실에서 격식을 차리지 않았다. 방문객들은 난장판인 실험실을 보고 충격을 받았고 심지어 혐오스럽다고 말하는 사람도 있었다. 모건은 외모에 거의 신경을 쓰지 않았다. 허리띠를 차는 것을 잊어버려 밧줄로 바지를 동여맨 적도 종종 있었다. 한번은 중요한 강의를 앞두고 셔츠의 깃이 찢어지자 그냥 테이프로 붙인 채 강의를 했다.

모건은 자유로운 성격의 소유자였지만 시간을 관리하는 데에는 매우 엄격했다. 낮에는 실험실에서 일했고, 저녁이 되면 사람들을 만나거나 운동을 했으며, 밤에는 글을 썼다. 앉아 있을 때에는 항상 뭔가를 읽었다. 한 동료는 이렇게 말했다. "그렇게 시간을 아껴 쓰는 사람은 처음 보았습니다."

1915년에 모건은 스터트반트, 브리지스, 멀러와 함께 《멘델 유전의 메커니즘》이란 책을 펴냈다. 그들은 그 책을 통해 유전자가 물질적 실재로서 염색체 상에 존재한다는 것을 강조하면서 재조합, 분배, 분리 등과 같은 유전의 메커니즘을 체계적으로 설명하였다. 모건은 《멘델 유전의 메커니즘》 이외에도 발생, 유전, 진화 등과 같은 생물학의 여러 분야에서

'파리 방'에 모여 토론을 벌이고 있는 모건과 그의 제자들

훌륭한 저서들을 남겼다. 《진화론 비판》(1916년), 《유전의 물질적 기초》(1919년), 《진화와 유전학》(1925년), 《유전자이론》(1926년), 《실험생리학》(1927년), 《진화의 과학적 기초》(1932년), 《유전학과 발생학》(1934년) 등이 그것이다. 모건이 처음에는 다윈의 진화론을 비판하다가 나중에는 진화론을 인정한 후 유전과 진화를 접목시키려고 시도했다는 점도 흥미롭다.

1928년에 모건은 브리지스와 함께 캘리포니아 공과대학(칼텍)으로 자리를 옮겼다. 당시에 칼텍은 모건에게 생물학 분야를 새로 조직해 보라고 권유하였다. 그는 칼텍에 생물학과를 설치한 후 생물학자, 물리학자, 화학자의 상호협력을 촉진하고 우수한 과학자를 유치하거나 양성하는 데 많은 노력을 기울였다. 칼텍에서 모건의 연구는 발생에 관한 실험에 집중되었다. 그는 발생학으로 생물학에 입문한 후 중간에 유전학을 거쳐 결국 발생학으로 돌아왔던 것이다. 세상 사람들은 모건을 유전학자라고 생각했지만, 모건 자신은 협소한 유전학자가 아닌 보다 넓은 의미의 실험동물학자로 여겼다.

모건은 각종 과학단체의 회장을 역임하기도 했다. 1927~1931년에 미국 과학아카데미의 회장을 지냈으며, 1930년에는 미국과학진흥협회 회장, 1932년에는 국제유전학회 회장으로 활동했다. 1933년에 모건은 초파리에서 유전 전달의 메커니즘을 발견한 공로로 노벨 생리의학상을 수상하였다. 유전학에 주어진 최초의 노벨상이었다. 모건은 단독으로 노벨상을 수상했지만 제자들과 상금을 나누었다. 그의 제자인 멀러도 X선에 의한 인공 돌연변이에 대한 연구로 1946년 노벨 생리의학상을 받았다.

모건의 노벨상 수상이 지닌 의미는 단지 초파리에 대해 연구했다는 것에 국한되지 않는다. 그가 연구를 시작할 무렵에는 유전의 실재가 존재한다는 것 자체도 미궁에 빠져 있었다. 사실상 모건도 자신이 유전학을 체계화하는 데 기여했다는 것을 자랑스럽게 생각했다. "과거에는 인간의 유전이라는 주제 전체가 너무 모호하고 신비와 미신에 오염되어 있어서 그 주제를 과학적으로 이해하는 것이 최우선 목표였습니다."

모건은 1945년에 79세의 나이로 세상을 떠났다. 모건의 장례식은 그의 유언대로 가족들만이 참석한 가운데 조촐하게 치러졌다. 모건 덕분에 과학자들은 물리적 실체로서의 유전자에 대해 더 깊이 이해하게 되었으며, 유전자가 어떻게 한 세대에서 다음 세대로 전해지는지에 대해서도 알게 되었다. 유전병이 부모에서 자식으로 전달될 가능성을 설명하고 이에 대한 지도를 작성할 수 있는 것도 모건의 연구 덕분이라고 할 수 있다.

여성 과학자의 대명사
마리 퀴리*

식민지 조국의 설움

마리 퀴리(Marie S. Curie, 1867~1934)는 여성 과학자를 대표하는 인물이다. 그녀의 이름 앞에는 '최초'라는 단어가 늘 붙어 다닌다. 여성 최초의 노벨상 수상자, 최초로 노벨상을 두 번이나 받은 사람, 여성 최초의 소르본 대학 교수, 프랑스 의학아카데미 최초의 여성 회원 등등. 마리 퀴리 하면 떠오르는 유명한 이야기도 많다. 식민지였던 조국 폴란드에서 장학관이 학교를 순시할 때 보란 듯이 러시아어로 책을 낭독했던 어린이, 매우 어려운 여건 속에서도 우수한 성적으로 학업을 마쳤던 여대생, 방사능 연구에 미친 듯이 열심이었던 과학자, 그리고 결국은 방사능 때문에 병에 걸려 쓸쓸히 죽어 갔다던 순교자 등이 그것이다.

마리 퀴리는 1867년 폴란드의 바르샤바에서 태어났다. 그녀의 폴란드식 이름은 마리아 스크워도프스카(Maria Skłodowska)였다. 그녀의 아버지는 바르샤바 김나지움에서 수학과 물리학을 가르치는 교사였다. 당시 러시아가 지배하고 있었던 폴란드는 학교 교육에서 러시아어를 사용하도록 강요받았는데, 이러한 정책에 공공연히 반대했던 마리아의 아버지는 결국 교사직을 박탈당하고 말았다. 집안의 경제 사정은 더욱 악화되었고, 식구들은 치료도 제대로 받지 못했다. 어머니는 지병인 결핵으로 죽었고, 큰 언니는 장티푸스로 죽었으며, 마리아도 기관지염을 자주 앓았다.

---

* 이 글은 송성수, 《위대한 여성 과학자들》(살림, 2011), pp. 15~27을 부분적으로 보완한 것이다.

이렇게 어려운 환경에서도 마리아는 열심히 공부했고, 가장 우수한 성적을 보였다. 그래서 러시아 장학관이 순시를 올 때마다 마리아에게는 러시아어로 된 책을 크게 낭독하는 역할이 맡겨졌다. 마리아는 그 역할을 아주 완벽하게 해냈다. 그러나 그때마다 얼마나 긴장을 했던지 장학관이 떠나고 나면 "왁"하고 울음을 터트리곤 했다. 그때의 가슴 아픈 경험 때문에 마리아는 일생 사람들 앞에 서서 얘기할 때 침착하지 못했다고 한다.

중학교와 고등학교를 다닐 때에는 상황이 더욱 나빠졌다. 러시아인 선생들은 폴란드 학생들을 적으로 여기곤 했다. 오빠의 친구 중에는 정치적인 활동을 했다는 이유로 교수형에 처해진 사람도 있었다. 하지만 잡초는 밟을수록 강해지는 법이다. 1870년대에 폴란드에서는 러시아에 대항하기 위한 운동이 전국적으로 일어났다. 그중에는 농민들을 교육시켜 폴란드의 문화를 보존하기 위한 임시 대학 운동도 포함되어 있었다. 마리아도 고등학교를 졸업한 후에 그 운동에 적극적으로 가담한 적이 있었다.

마리아는 1883년에 고등학교를 모든 과목에서 1등으로 졸업하였다. 딸의 건강을 염려했던 아버지는 마리아를 요양차 시골로 보냈다. 그녀는 공부하는 것만큼이나 노는 것도 좋아했으며, 수영, 낚시, 폴란드 춤과 가벼운 독서로 시간을 보냈다. 마리아는 훗날 "그때가 결혼 전에 가장 행복했던 시절이었다"고 회고하기도 했다.

품앗이로 마친 대학

1년간의 요양 후 고향으로 돌아온 마리아는 수많은 서적을 탐독하다가 자신이 과학에 적성이 있음을 발견하였다. 그녀에게는 점점 대학에 진학하여 공부를 하고 싶은 생각이 간절해졌다. 그녀보다 2살 많은 언니인 브로니스와바(Bronisława)도 마찬가지였다. 그러나 집안 형편으로는 둘은 커녕 한 명이 대학에 진학하기도 곤란했다. 어느 날 마리아는 대담한 해결책을 찾았다. "내가 가정교사를 해서 언니의 대학 공부를 뒷받침해 줄께. 대신 언니가 박사 학위를 받으면 나를 도와주어야 돼."

브로니스와바는 의학을 공부하기 위해 파리의 소르본 대학에 진학했다. 덕분에 마리아는 5년 동안 가정교사 노릇을 했다. 마리아의 첫 직장 생활은 "내가 가장 미워하는 적이라도 그런 지옥 같은 곳에서 살라고 하지 않을 것이다"고 말할 정도로 매우 힘들었다. 다행히 두 번째 직장은 부인도 상냥하고 애들도 무난한 가정이었다. 그때 마리아는 그 집안의 장남과 사랑에 빠졌다. 그러나 그들은 결혼할 수 없었다. 부인은 자신이 결혼 전에 가정교사였다는 사실을 잊어버리고 여자 가정교사 따위를 가족으로 받아들이려고 하지 않았다. 한동안 마리아는 자살할 생각으로 고민하기도 했다.

힘들었던 나날은 지나고, 드디어 두 자매의 약속은 지켜졌다. 브로니스와바는 의사 자격을 취득하면서 대학 동창생과 결혼했다. 1891년에 마리아는 꿈에도 그리던 소르본 대학으로 유학을 갔다. 그때 마리아는 자신의 이름을 프랑스식으로 '마리'로 바꾸어 학교에 등록했다. "마리 스크워도프스카, 자연과학부 학생, 나이는 23세, 머리색은 회색이 섞인 금발, 성격은 과묵함, 재능은 탁월함."

마리는 언제나 강의실 제일 앞줄에 앉았고 강의가 끝나면 조용히 사라졌다. 4년 동안 마리는 월세가 15프랑(약 3달러)인 6층 집 다락방에서 살면서 궁핍한 수도승처럼 지냈다. 창문이라고는 작은 환기창밖에 없었으며 난방도 안 되고 수돗물도 나오지 않는 방이었다. 이런 공간에서 마리는 빵과 버터와 홍차로 끼니를 연명했으며 영양 부족으로 갖가지 병을 얻기도 했다. 가난, 굶주림, 병마에도 불구하고 그녀는 누구보다도 열심히 공부했다. 결국 마리는 1893년에 학급에서 1등을 하고 물리학에서 석사에 해당하는 학위를 취득했다. 다음 해에는 수학에서 같은 학위를 따고 2등으로 졸업하였다.

퀴리 부부의 방사능 연구

마리는 폴란드에서 잠시 휴가를 즐긴 뒤 곧 파리로 돌아왔다. 그리고 그녀에게는 두 번째 사랑이 싹트기 시작했다. 1894년 파리를 방문한 폴란드 물리학자 코발스키(Joseph Kowalski)가 그의 숙소에서 피에르 퀴리(Pierre Curie, 1859~1906)를 그녀에게 소개했다. 당시 피에르는 35세의 노총각으로 파리 소재 직업학교인 산업물리화학학교의 교수로 재직하고 있었다. 훗날 마리는 당시의 상황에 대해 다음과 같이 말했다. "내가 방으로 들어갔을 때 피에르 퀴리는 발코니로 통하는 문 옆의 창가에 있었다. 그때 그의 나이는 35살이었지만 내가 보기에는 아주 젊어 보였다. 나는 그의 큰 키와 솔직한 눈빛과 다소 조심성이 없는 듯한 태도에 감명을 받았다. 우리는 과학 이야기로 대화를 시작했고 어느새 친구가 되어버렸다."

피에르는 사람을 감동시키는 편지로 마리에게 구혼했고 마리도 사랑을 고백했다. 그들은 1895년 7월에 결혼식을 올렸다. 그들은 모두 자유사상가였으므로 변호사나 목사가 없는 결혼식을 올렸다. 그들은 결혼반지도 사지 않았을 뿐만 아니라 신혼용 장신구를 살 돈으로 자전거를 구입하였다. 그들은 자전거로 3주 동안 프랑스 시골을 여행하는 것으로 신혼여행을 대신했다. 그들은 일생 종종 자전거 여행을 통해 심신의 피로를 풀곤 하였다. 결혼 직전에 마리는 박사 학위 자격시험에 합격하였고 결혼 후에는 피에르의 실험실에서 일하게 되었다.

1897년 9월에는 첫 딸인 이렌(Irène)이 태어났다. 그러자 피에르의 아버지인 으젠 퀴리(Eugène Curie)는 마리가 일을 계속할 수 있도록 아기를 돌보기 위해 아들의 집으로 이사를 왔다. 당시 프랑스에서는 어린아이를 낳은 여자가 학업을 병행하는 것은 있을 수 없는 일같이 생각되고 있었다. 당시 유럽의 대학을 통틀어 박사과정을 밟는 여성은 단 두 명이었으며 마리가 그 가운데 한 명이었다고 한다. 시아버지의 도움이 없었더라면 아마도 우리는 마리 퀴리와 같은 위대한 여성 과학자를 볼 수 없었을지도 모른다.

이렌이 태어난 지 3개월이 되었을 때 마리는 박사 학위 논문을 위한 자료를 탐색하기 시작하였다. 그녀는 수많은 고민 끝에 프랑스의 물리학자인 앙리 베크렐(Antoine Henri Becquerel)이 발견한 '새로운 현상'을 연구 주제로 선정하였다. 베크렐은 형광 현상(어떤 물질에 빛을 비춘 뒤 그 빛을 없애도 그 물질로부터 빛이 나오는 현상)을 주로 연구하고 있었다. 1896년에 그는 우라늄 이황산염으로 실험을 하다가 이 결정체에서 나오는 강한 빛은 형광 현상과 무관하며, 우라늄 원소의 자연적인 성질에 의해 생성되는 것임을 발견하였다. 마리는 피에르가 고안한 검전기(檢電機)를 사용하여 우라늄 방사선의 강도는 화합물 속에 들어 있는 우라늄의 양에 비례하고 화합방식에는 무관하다는 베크렐의 발견을 확인하였다.

더 나아가 퀴리 부부는 베크렐과 달리 연구 대상을 우라늄에 국한시키고 않고 당시에 알려진 모든 원소를 조사해 본다는 거대한 계획을 세웠다. 그들은 곧 토륨도 우라늄에서 나오는 것과 같은 종류의 빛을 낸다는 사실을 새로이 발견하였다. 마리는 이처럼 투과력이 강한 빛을 내는 능력을 '방사능(radioactivity)'이라 명명하고, 방사능을 가진 물질에서 나오는 빛을 '방사선(radioactive rays)'으로 불렀다. 또한 그들은 화합물 속에 들어 있는 우라늄이나 토륨의 농도가 짙을수록 방사선의 세기가 증가하지만 단순히 농도에 비례하지는 않는다는 것을 알았다. 그것은 방사능 원소가 방출한 방사선들 중 일부가 이미 방사선을 방출한 다른 원소들에 의해 흡수되기 때문이었다.

그러나 이것은 연구의 시작에 불과했다. 우라늄이나 토륨의 화합물들을 조사하는 도중에 퀴리 부부는 이산화우라늄 광석이 같은 양의 순수한 우라늄이나 토륨보다 훨씬 큰 방사능을 가진다는 것을 알았다. 그렇다면 이 화합물에는 굉장한 방사능을 가진 원소가 틀림없이 있을 것이다. 그들은 이미 알려져 있는 모든 원소를 조사하였으나 해답을 얻을 수 없었다. 결국 그들은 새로운 원소를 찾는 길고도 힘든 작업에 착수하였다. 당시에 피에르는 자신의 결정학 연구를 그만두고 부인과 방사능 연구에 매진하기로 마음먹었다.

우선 퀴리 부부는 새로운 원소가 이산화우라늄 광석의 1퍼센트도 안 될 것이라고 추정했다. 실험을 위해서는 적어도 10톤의 광석이 필요했는데, 이 광석은 꽤 비싼 것이어서 퀴리 부부의 재정 형편으로는 광석 1톤도 감당하기 힘들었다. 그러나 그들은 곧 문제를 해결했다. "만일 찾고자 하는 새로운 원소가 이산화우라늄 광석에 들어 있으나 우라늄과는 다른 것이라면 우라늄을 추출해내고 남은 광석 찌꺼기로부터 그 원소를 분리해 낼 수 있을 것이다." 결국 그들은 45개월 동안의 실험을 통해 1898년에 두 종류의 새로운 방사능 원소를 찾아내었다. 그중 하나는 폴로늄(polonium)으로서 마리의 조국 폴란드를 기념하기 위해 붙여진 이름이었고, 다른 원소는 우라늄보다 15,000배나 강한 방사능을 가진 라듐(radium)이라는 원소였다.

퀴리 부부는 현대 설비를 갖춘 오늘날의 과학자들은 상상을 못할 열악한 조건에서 연구를 하였다. 실험실에는 여분의 공간이 없었기 때문에, 실험실 앞 뜰 건너편에 버려진 헛간에다 실험실을 꾸며야 했다. 그곳은 여름에는 찌는 듯이 덥고 겨울에는 꽁꽁 얼어붙도록 추운 곳이었다. 몇 톤에 달하는 광석을 낡은 난로에 삽질해서 집어넣으면 그들은 으레 숨을 헐떡거렸다. 뿐만 아니라 독한 열기를 뽑아 낼 환기 장치가 없어서 그들은 독한 연기에 시달리며 기침을 하였다. 독일의 현대식 실험실에서 일했던 어느 화학자는 그 건물을 "외양간이나 헛간 정도 되는 곳"이라고 표현하면서 "실험용 기구들이 놓인 실험대만 없었다면 그저 장난으로 만들어 놓은 곳으로 생각했을 것이다"고 했다.

실험실에서 퀴리 부부가 의논을 하고 있는 모습

이처럼 다 헐어 빠진 건물에서 퀴리 부부는 방사능 연구에 몰두하였다. 마리가 연구팀의 팀장으로서 연구와 토론을 이끌어 나갔다. 피에르는 주로 과학적 개념에 대하여 많은 도움을 주었다. 마리는 힘든 노동도 마다하지 않았다. 훗날 그녀는 다음과 같이 회고했다. "나는 가끔 내 키만큼이나 큰 철봉을 가지고 부글부글 끓는 광석을 하루 종일 젓고 있어야 했다. 그러다 저녁때가 되면 완전히 지쳐 녹초가 되었다. … 우리가 만약 좀 더 나은 실험실을 가지고 있었더라면 더 많은 발견을 했을 것이고 우리의 건강도 그렇게 악화되지 않았을 것이다."

여성 최초의 노벨상 수상

1900년에 마리는 세브르 소재 고등사범학교의 강사가 되어 처음으로 월급을 받는 직장을 가지게 되었다. 그녀는 프랑스에서는 거의 처음으로 실습을 강조하는 물리학과 화학 강의를 도입했다. 학교에서 강의도 하고, 피에르와 실험도 하고, 육아와 가사도 담당하는 등 시간은 숨 가쁘게 지나갔다. 그런 와중에도 마리는 박사 학위에 대한 꿈을 버리지 않았다. 사실상 마리는 박사 학위 논문을 위해서 방사능 연구를 시작했지만, 연구의 가치가 너무나 명백했기 때문에 소르본 대학에서는 공식적인 절차를 면제해 주었다. 그녀는 1903년 6월 박사 학위 취득시험을 치른 후 바로 학위를 받았다.

같은 해에 프랑스 과학아카데미는 방사능 연구에 대한 공로를 인정하여 베크렐과 피에르를 노벨 물리학상 수상자로 추천하였다. 사실상 가장 중요한 역할을 담당했던 마리가 제외되었던 것이다. 이 소식에 접한 피에르는 마리의 열렬한 지지자이자 스웨덴 과학아카데미의 회원이었던 미타크 레플러(Gösta Mittag-Leffler)에게 편지를 보냈다. 피에르는 마리가 방사능 연구에서 세운 공로를 자세히 지적하면서, "만약 나를 노벨상 수상 후보로 진지하게 생각하고 있는 것이 사실이라면, 나로서는 마리 퀴리와 함께 후보로 추천받고 싶습니다"고 부탁했다. 이런 우여곡절을 거쳐 마리는 베크렐, 피에르와 함께 1903년 노벨 물리학상을 받을 수 있었다. 만약 피에르의 편지가 없었다면, 마리는 과학의 역사에 자주 등장하는 '남편의 조력자' 정도로 기억되었을지도 모른다.

1903년 12월에 퀴리 부부는 몸이 너무 아파 노벨상을 타러 갈 수가 없었다. 노벨상 수상자에게 의무적이었던 강연은 그로부터 18개월이 지난 후에 피에르가 했다. 그는 노벨상 수상 기념 강연에서 다음과 같은 의미심장한 말을 남겼다. "범죄자의 손에 라듐이 들어가면 매우 위험하게 됩니다. 자연의 비밀을 알아내는 것이 인간들에게 이익을 줄지 재앙이 될지는 알 수 없습니다. 노벨의 발명이 이것을 단적으로 증명하고 있다 하겠습니다. 그의 발명이 위대한 일을 성취할 것인지 아니면 무서운 파괴의 수단이 되어 모든 국가를 전쟁으로 몰고 갈 것인지 알 수 없는 것입니다. 그러나 노벨과 함께 나도 이 새로운 발견이 인류를 더 좋은 상태로 끌고 가게 될 것으로 믿습니다."

노벨상을 받자 퀴리 부부는 곧 유명해졌다. 신문에 대문짝만한 기사가 실렸고 수천 통의 축하 편지가 도착했으며 강연회에 와 달라는 부탁도 수없이 받았다. 유명 상품 제조업자들은 마리의 이름을 상품에 넣게 해달라고 간청했으며, 말을 사육하는 사람들은 자신이 아끼는 말에 그녀의 이름을 달기를 원하였다. 퀴리 부부는 숱한 사람들의 면회 신청과 인터뷰 요청을 모두 어떻게 받아들여야 할지 엄두를 내지 못하고 있었다. "우리는 1년 동안 한 가지 일조차 제대로 할 수 없었으며, 한 순간도 내 시간을 가질 수 없었어요." 하고 불평할 정도였으니 말이다.

노벨상을 받은 후 퀴리 부부에게는 경사스러운 일이 계속 생겼다. 1904년에는 둘째 딸인 에브(Eve)가 태어났고, 피에르가 소르본 대학의 교수가 되었으며, 1905년에는 피에르가 과학아카데미의 회원으로 발탁되었던 것이다. 1906년에는 프랑스 정부의 교육부 장관이 피에르에게 프랑스의 최고 훈장인 레종 도뇌르를 수여하겠다는 의사를 표시했다. 피에르는 마리와 의논하여 훈장을 거절하기로 결정하고 소르본 대학 학장에게 편지를 썼다. "장관께 고맙다는 제 뜻을 전해 주시기 바랍니다. 그러나 저는 훈장을 받을 필요가 전혀 없다고 생각합니다. 단지 원하는 바가 있다면 실험실 하나가 절실히 필요하다는 점을 장관께 말씀드려 주십시오." 피에르가 소르본 대학의 교수가 되었지만, 아직 제대로 된 실험실을 가지고 있지 않았던 것이다.

남편이 사고로 갑작스런 사고로 죽었을 때 마리 퀴리의 두 딸은 아직 어렸다. 큰 딸은 8살, 작은 딸은 두 돌도 되지 않았다.

불행하게도 피에르는 새로운 지위를 1년 남짓밖에 누리지 못했다. 1906년 4월 19일, 폭풍우가 몹시 치던 날, 피에르는 길을 건너다 마차에 치여 죽고 말았다. 피에르의 죽음은 마리에게 깊은 충격을 주었다. 당시에 마리가 고인이 된 피에르에게 보낸 편지에는 깊은 슬픔과 좌절이 배어 있었다.

"피에르, 당신 없는 삶은 잔인합니다. 그것은 이름 없는 괴로움이며 끝도 없이 황폐합니다. 당신이 떠나고 18일이 지났지만, 잠들었을 때를 제외하면, 단 한순간도 당신 생각을 하지 않은 적이 없습니다. … 앞으로 당신 없이 살아가야 한다는 것이 이해가 되지 않아요. … 난 이제 일하기도 힘들어졌어요."

슬픔과 고통 속에서도 마리의 삶은 계속되었다. 소르본 대학은 약간 주저한 끝에 마리를 피에르의 후임으로 선택하였다. 피에르가 하던 연구와 강의를 이어가는 데 마리가 가장 적격이라고 판단했던 것이다. 여성이 소르본 대학의 교수가 되기는 그 대학의 650년 역사상 마리가 처음이었다. 마리가 처음으로 강의를 하던 날, 강의실은 소르본 대학의 첫 여성 교수를 구경하려는 사람들로 붐볐다. 마리는 별다른 말없이 남편이 강의를 마친 다음 부분부터 강의를 시작했다.

당시에 마리는 방사능에 대한 공식적인 표준을 정하는 일에도 힘을 쏟았다. 1906년부터 국제 학회에서 방사능을 측정하는 기준을 정하는 문제가 제기될 때마다 마리는 라듐을 기준 원소로 정해야 한다고 주장했다. 결국 1910년에 벨기에 브뤼셀에서 열린 방사능 대표자 회의에서는 방사능의 크기를 재는 단위를 '퀴리(Ci)'로 정했는데, 1퀴리는 라듐 1그램이 방출하는 방사능의 크기로 정의되었다(현재의 국제표준단위는 베크렐(Bq)로 1초에 방사성 붕괴가 1번 일어날 때 1베크렐이 된다). 같은 해에 프랑스의 교육부는 1910년에 마리에게 레종 훈장을 제의했으나 그녀는 거절하고 말았다.

노벨상보다 더 어려운 과학아카데미

1911년은 마리에게 악몽과 같은 한 해였다. 그녀는 동료들의 간청에 따라 과학아카데미의 회원 선거에 출마하였다. 그 선거에는 나이가 66세인 브랑리(Edouard Branly)라는 과학자도 지원하였다. 그는 무선전신의 개발에 크게 기여한 사람으로서 독실한 가톨릭 신자였다. 과학아카데미의 회원 선거는 저명한 학자들의 점잖은 과정에 따라 이루어지는 것이 아니었다. 정치적으로 자유주의적인 사람들과 여성의 권리를 높여야 한다는 사람들이 한 패가 되고, 다른 나라 출신의 사람을 배척하는 협소한 민족주의자들과 여성의 사회활동에 대해 보수적인 사람들이 한데 뭉쳐 전개된 치졸한 싸움이었다. 1911년 1월 23일 마리는 두 표 차이로 떨어졌다. 마리는 그 후 과학아카데미 회원 선거에 출마하지 않았으며, 10년 동안이나 과학아카데미에 논문을 싣지 않았다. 대신에 프랑스 의학아카데미는 1927년에 마리를 첫 번째 여성 회원으로 받아들였다.

마리를 더욱 곤란하게 했던 것은 랑주뱅(Paul Langevin, 1872~1946)과의 연애 사건이었다. 랑주뱅은 재능 있고 영향력이 큰 프랑스의 물리학자로서 마리보다 5살이나 젊은 매력적인 남자였다. 부인과 사이가 좋지 않았던 랑주뱅은 공교롭게도 마리의 실험실 근처에 방을 내었고, 마리는 가끔 그의 방을 방문하여 음식을 만들어 함께 먹기도 했다. 그러자 그 해 여름에는 랑주뱅의 책상에서 마리 퀴리에게 보내는 연애편지가 발견되었다는 소문이 퍼졌고, 가을에는 랑주뱅의 부인이 이혼을 요구하기에 이르렀다. 급기야 11월에는 마리와 랑주뱅이 몰래 만나 사랑을 나눈다는 신문 기사가 나기까지 했다. 어떤 프랑스 신문은 폴란드 출신의 늙은 과부가 프랑스의 젊은 남자를 유혹했다고 비꼬았다.

이에 대하여 마리는 자신의 입장을 다음과 같이 밝혔다. "나는 언론과 대중이 어떤 경우에라도 나의 사생활을 침범하는 것을 불쾌하게 생각합니다. … 이제부터 나는 나를 비난하는 모든 간행물에 강경한 조치를 취할 것입니다. 또한 내게는 피해에 대해 합당한 보상을 요구하여 과학연구에 사용할 권리가 있습니다." 아인슈타인은 마리에게 다음과 같은 편지를 보냈다. "내가 당신의 영혼, 당신의 에너지, 당신의 정직함을 얼마나 경모하고 있는지 꼭 알리고 싶습니다. … 어중이떠중이들이 당신의 마음을 계속 괴롭힌다면 하등 쓸모없는 그런 글들은 아예 읽지 마십시오. 그 독사들끼리 떠들도록 내버려 두세요."

마리는 랑주뱅과의 소문이 점차 커지고 있을 때 노벨상 재단으로부터 1911년 노벨 화학상 수상자로 결정되었다는 통지를 받았다. 퀴리 부부가 처음 발견한 라듐은 화합물이었고, 마리는 남편이 죽은 후 4년 동안의 노력 끝에 순수한 라듐 금속을 분리하는 데 성공했던 것이다. 이로써 마리는 역사상 두 개의 노벨상을 받은 최초의 인물이 되었다. 그녀는 노벨상 수락 연설에서 피에르와 함께 한 연구를 더듬어 나간 후 두 번째 노벨상을 "피에르 퀴리에 대한 추억에 표하는 경의"라고 표현했다. 마리는 그 상을 연구의 범위를 넓히는 계기로 받아들였고, 딸 이렌과 함께 방사능 물질의 화학적 성질과 그것의 의학적 활용가능성에 대한 연구에 몰두하였다.

방사능 연구의 리더로 우뚝 서다

1914년에 제1차 세계대전이 발발하자 마리는 부상병을 치료하기 위한 기금을 모집하고 X선 치료 부대를 조직하는 데 앞장섰다. 프랑스 적십자는 마리를 국방 방사능 부대 대장으로 임명하였고, 전쟁이 끝날 때까지 마리는 딸 이렌을 포함한 150명의 여성 X선 기술자를 양성하였다. X선 부대원들은 프랑스 및 벨기에 전선에서 200개의 이동 진료소를 개설하여 백만 명 이상의 부상병을 치료하였다. 마리는 1916년에 운전면허를 따서 X선 장비를 갖춘 앰뷸런스를 직접 운전하기도 했다. 전쟁의 경험을 바탕으로 마리는 《방사능 물질과 전쟁》이라는 책을 썼고, 1922년에는 전쟁을 반대하는 국제지식인연합회의 회원으로 활동하기도 했다.

동시에 마리는 라듐연구소를 설립하는 데 심혈을 기울였다. 얼마 되지 않는 모든 재산이 연구소를 세우는 데 사용되었다. 1914년에 위원회가 조직되었으며 그 해 말에 연구소 건물이 완성되었다. 연구소는 전쟁이 끝난 1918년에 활동을 시작했는데, 1930년대 초반에는 17개국의 연구원들이 모여들어 왕성한 연구활동을 벌였다. 라듐연구소는 파스퇴르 연구소와 협력하여 라듐의 의학적 활용에 관한 연구를 적극적으로 추진하였다. 또한 1921년에는 프랑스의 은행과 자선 재단의 도움으로 퀴리 재단이 설립되어 방사능 연구를 적극적으로 지원하였고, 프랑스 의회는 1923년에 마리에게 평생 보조금을 지급하기로 결정하였다. 1932년에는 그녀의 고향인 폴란드 바르샤바에 마리 스크워도프스카 퀴리 라듐연구소가 설립되기도 했다.

마리의 뛰어난 업적 중 하나는 질병 치료와 방사능 연구를 지원하기 위해 라듐을 축적할 필요성을 이해한 일이었다. 마리는 자신의 노력으로 0.5그램의 라듐을 모았지만, 본격적인 연구를 하기에는 턱없이 부족한 양이었다. 그러던 중 1921년에는 미국에서 모금운동이 전개되어 라듐을 구입하기 위한 자금이 모여졌다. 친구 소개로 만난 마리 멜로니(Marie Melonry)라는 저널리스트 덕분이었다. 그녀는 마리와 최초로 공식적인 인터뷰를 한 사람이 되었는데, 인터뷰의 대가로 마리에게 라듐 시료 1그램을 제공할 것이라고 제안했던 것이다. 드디어 그 해 말 미국의 하딩 대통령은 모금된 자금으로 구입한 라듐을 마리에게 기증하였다. 그것은 1930년에 입자 가속기가 출현할 때까지 핵물리학자들의 훌륭한 연구 수단이 되었으며, 실제로 딸 이렌과 사위 졸리오(Frédéric Joliot)가 인공방사능을 발견하는 데 크게 기여했다. 졸리오-퀴리 부부는 인공방사능 원소를 발견한 공로로 1935년에 노벨 화학상을 수상하였다.

그러나 날이 갈수록 마리의 건강은 점점 나빠지기만 했다. 백내장 수술을 네 번이나 받았고 1931년부터는 손가락도 제대로 쓸 수 없게 되었다. 백내장은 방사능 병이 생긴 후 나타나는 첫 징조이다. 퀴리 부부가 연구를 시작할 때만 해도 방사능의 위험은 알려지지 않은 상태였다. 심지어 피에르는 액체 상태의 라듐이 든 시험관을 주머니에 넣고 다녔으며, 마리는 방사능 물질

제1차 세계대전 때 X선 차량에 탑승한 마리 퀴리

을 두 사람의 침대 머리맡에 두기도 했다. 결국 마리는 1934년 알프스 산맥 밑에 있는 한 요양원에서 죽었다. 사위 졸리오가 마리의 실험 노트를 조사해 보니, 엄청난 양의 방사선으로 오염되어 있었다. 결국 마리는 자신의 연구에 대한 순교자가 되었던 것이다.

많은 사람들이 마리 퀴리의 죽음을 슬퍼하는 글을 썼다. 그중에서 아인슈타인이 쓴 글은 매우 감동적이다. "힘과 의지의 순수함, 자신에 대한 철저한 엄격함, 뚜렷한 주관, 그리고 흔들리지 않는 판단력 등 이 모든 것이 한 개인에게서 발견된다는 것은 극히 드문 일입니다. … 그녀가 위대한 과학적 업적을 성취할 수 있었던 것은 대담한 직관에 의지한 결과가 아니라 상상할 수조차 없을 정도의 어려움 속에서 헌신적으로 집요하게 파고든 노력의 결과인 것입니다."

© Book's-Hill

화학비료에서 독가스로
프리츠 하버

식량 위기에 부딪힌 인류

19세기 말 인류는 '식량부족'이라는 어두운 그림자에 둘러싸여 있었다. 세계 인구는 16억 정도로 크게 늘어났지만, 농업생산성은 더 이상 증가하지 않았던 것이다. "식량은 산술급수적으로 증가하는 반면 인구는 기하급수적으로 팽창한다"는 맬서스의 예언이 들어맞는 듯했다.

식량은 탄소, 수소, 산소, 질소, 인, 칼륨 등의 원소로 구성되어 있는데, 질소 성분을 충분히 획득할 수 있는 방법이 없었다. 당시에 질소 성분은 퇴비나 동물의 분뇨, 그리고 칠레에서 생산되는 초석을 통해 구할 수 있었으나, 그 양이 매우 적다는 문제점을 가지고 있었다. 이에 대한 근본적인 해결책은 공기의 78%에 해당하는 엄청난 양의 질소를 고정하는 방법을 개발하는 데 있었다.

이러한 배경에서 19세기 말의 과학계에서는 효과적인 질소 고정법을 개발하는 것이 중요한 과제로 떠올랐다. 유태인 출신의 독일 화학자인 프리츠 하버(Fritz Haber, 1868~1934)는 1908년에 공기 중의 질소로 암모니아를 합성하는 데 성공함으로써 화학비료를 만들 수 있는 새로운 지평을 열었고, 그 공로로 1918년 노벨 화학상을 수상했다. 그는 제1차 세계대전 때 독가스를 개발하여 조국 독일에 크게 봉사했지만, 히틀러가 집권한 이후에는 국외추방을 당해야 했던 비운의 경력을 지닌 사람이기도 하다.

하버는 1868년에 독일의 슐레지엔에서 안료와 염료를 취급하는 유복한 유태인 상인의 아들로 태어났다. 태어난 직후에 어머니를 잃었고 아버지의 영향을 크게 받으며 어린 시절을 보냈다. 하버가 어린 시절부터 상업에 익숙해져 있었기 때문에 순수과학과 응용과학을 적절히 결합하는 독특한 재능을 가질 수 있었다는 해석도 있다.

하버에게는 훌륭한 스승이 없었다. 그는 과학을 거의 독학으로 공부하였다. 그는 베를린 대학과 하이델베르크 대학을 옮겨 다니면서 과학을 공부하였고, 1891년에 베를린에 있는 차르로텐부르크 공과대학(오늘날의 베를린 공과대학)에서 박사 학위를 받았다. 그 후 그는 세 곳의 산업체에서 근무한 뒤 1894년에 카를스루에 공과대학에서 물리화학 분야의 강사 자리를 구했다. 화학반응의 물리적인 원리를 탐구하는 물리화학은 당시에 새롭게 부상하고 있었던 과학 분야이다. 그는 에너지 전달의 기본개념을 이용해 탄화수소의 분해에 관한 실험을 이론적으로 설명하는 데 큰 매력을 느꼈다. 2년간의 집중적인 연구 끝에 탄화수소의 분해 및 연소에 관한 책을 출간하였고, 그 책으로 하버는 유럽 화학계의 주목을 받기 시작하였다. 그는 1898년에 뮌헨 대학의 교수가 되었고 1901년에는 동료 화학자인 클라라 임머바르(Clara Immerwahr) 박사와 결혼하였다.

암모니아를 합성하기까지

하버의 가장 위대한 업적은 서두에서 언급한 암모니아 합성이었다. 그것은 화학평형에 관계되는 모든 조건을 완전히 이해해야만 가능한 일이었다. 20세기가 끝날 무렵 많은 화학자들은 암모니아 합성의 문제를 규명하려고 시도하였다. 1899년에 독일의 세계적인 화학업체인 BASF(Badische Anilin und Sodafabrik)에 근무하고 있었던 보슈(Carl Bosch)는 질소와 수소를 직접 반응시켜 암모니아를 합성하는 연구를 시작했지만 적절한 합성 조건을 찾지 못했다. 하버는 1904년에 빈에 있었던 어떤 실업가 형제의 지원으로 몇 가지 금속을 질소와 반응시켜 금속 산화물을 만든 뒤 수소와 반응시키는 실험을 시도했으나 성공하지 못했다. 한편, 당시 물리화학 분야의 대가였던 네른스트(Walter Herrmann Nernst, 1920년 노벨 화학상 수상자)는 1904년에 암모니아 합성 반응($N_2+3H_2=2NH_3$)의 평형상수를 도출했으나 이 반응에서 생성되는 암모니아의 양이 너무 적어 상업적으로 활용할 수는 없었다.

하버는 네른스트의 실험을 출발점으로 삼아 질소와 수소를 직접 반응시키는 실험에 도전하였다. 하버는 네른스트의 실험을 세심하게 반복하면서 그것이 가진 몇 가지 오류를 지적했으며, 특히 암모니아 합성 반응에서 고압의 중요성을 깨달을 수 있었다. "위의 화학반응에서 암모니아 쪽은 2개의 분자뿐이고 질소와 수소 쪽은 4개의 분자로 구성되어 있다.

따라서 압력을 증가시키면 압력이 줄어드는 방향, 즉 암모니아가 생성되는 방향으로 평형 이동이 일어나게 된다. 여기에다 만들어진 암모니아를 계속적으로 제거한다면 화학반응이 암모니아가 생성되는 방향으로 더욱 진전될 것이다."

그러나 이러한 반응에 필요한 압력은 당시에 사용되었던 화학반응 용기가 견딜 수 있는 정도를 넘어섰다. 하버는 영국 출신의 화학자인 르 로시뇰(Robert Le Rossignol)과 유능한 기계 기술자인 키르헨바우어(Friedrich Kirchenbauer)의 도움으로 필요한 압력을 얻을 수 있는 방법과 그런 압력에 견딜 수 있는 반응용기를 개발하였다. 훗날 하버는 노벨상 수상 연설에서 르 로시뇰과 키르헨바우어에게 감사를 나타냈고, 노벨상 상금을 두 사람에게 나누어 주기도 했다. 또 다른 과제는 고온에서도 효과적으로 작용할 수 있는 촉매를 찾는 데 있었다. 당시에 널리 사용되었던 촉매에는 철, 니켈, 망가니즈 등이 있었다. 그러나 그것들은 높은 온도에 이르면 기능이 크게 떨어졌기 때문에 암모니아 합성에는 사용할 수 없었다. 하버는 수많은 화학물질로 실험을 하여 결국 암모니아 합성에 사용할 수 있는 촉매로 오스뮴 가루를 찾아냈다.

수많은 시행착오 끝에 하버의 연구진은 실험에 착수한 지 4년이 지난 1908년에 섭씨 550도, 175기압의 조건에서 오스뮴과 우라늄을 촉매로 사용하면 암모니아의 수율을 8퍼센트로 높일 수 있다는 결론을 도출하였다. 그는 암모니아가 생성되는 것을 눈으로 직접 확인하기 위하여 반응기구에 냉각장치를 설치하였고, 실험이 성공하여 응축된 암모니아가 한 방울씩 떨어지기 시작하자 "떨어진다. 떨어진다"라는 환성을 지르기도 했다. 하버 연구진의 작업은 "대학교에서 공업적인 반응공정이 이처럼 완벽하게 개발된 경우는 없다"라는 찬사를 들었을 정도로 완성도가 높은 것이었다.

하버는 실험 결과를 상업화하기 위하여 1909년에 보슈와 협력하기로 하고 BASF로부터 재정적인 지원을 받아냈다. 하버가 처음에 사용한 촉매인 오스뮴은 구하기가 어려워 암모니아의 대량생산에는 적합하지 않았다. 보슈의 연구진은 가능한 모든 원소의 촉매 활성도를 조사한다는 야심 찬 계획 아래 약 2만 번의 실험을 수행한 결과 산화알루미늄이 소량 함유되어 있는

하버 연구진이 암모니아를 합성하는 실험에서 사용한 장치

산화철이 효과적인 촉매라는 점을 알아냈다. 1913년 9월, 드디어 세계 역사상 처음으로 하루에 20톤의 암모니아가 공업적으로 생산되기 시작했다. 이때 사용된 공정은 '하버-보슈 공정'으로 불린다. 하버와 보슈는 이 업적으로 각각 1918년과 1931년에 노벨 화학상을 수상하였다.

암모니아의 합성이라는 하버의 업적은 인류에게 엄청난 혜택을 가져다주었다. 만약 화학비료가 없었더라면 당시에 급격히 증가하고 있었던 인구를 먹여 살릴 식량을 충분히 제공할 수 없었을 것이다. 예를 들어 화학비료의 사용으로 미국의 옥수수 생산량은 이전에 비해 6배나 증가할 수 있었다. 오늘날에도 전 세계적으로 약 1억 7,500만 톤의 질소가 경작지에 뿌려지고 있는데, 그중 약 40퍼센트는 하버-보슈 공정을 통해 합성된 비료이다. 사람이 섭취하는 단백질의 약 75퍼센트가 농작물에서 직 · 간접적으로 얻어진다는 점을 감안한다면, 세계 인구가 섭취하는 단백질의 약 1/3이 질소비료에서 나오는 셈이다.

독가스 개발에 앞장서다

하버-보슈 공정이 개발된 1913년은 독일 정부에게도 매우 적절한 시기였다. 암모니아는 식량 증산에 필요한 비료뿐만 아니라 화약 제조에 필수적인 질산의 원료로도 중요한 물질이기 때문이었다. 1914년에 제1차 세계대전이 발발하자 연합군은 독일을 봉쇄하여 칠레로부터 초석을 수입할 수 없도록 만들었다. 만약 하버-보슈 공정이 조금이라도 늦게 개발되었다면 독일은 전쟁에 사용할 화약을 충분히 공급하지 못했을 것이며, 더 나아가 전쟁을 일으킬 생각도 하지 못했을지 모른다. 전쟁이 시작되기 직전에 BASF 공장의 생산 품목은 비료에서 화약으로 어렵지 않게 전환되었고, 독일에는 수많은 화약 공장이 건설되었다.

제1차 세계대전 때 방독면을 쓰고 있는 병사들

제1차 세계대전을 계기로 하버라는 화학자의 운명은 농업의 영역에서 전쟁의 영역으로 급속히 편입되어 갔다. 전쟁이 시작되기 전인 1911년부터 하버는 독일의 최대 연구기관인 카이저 빌헬름 협회의 물리화학 연구소를 이끌고 있었다. 전쟁이 발발하자 하버는 모든 독일인과 마찬가지로 군 복무의 의무를 수행해야 했다. 당시 독일 육군의 고위 간부들은 독가스의 개발을 강력히 추진하고 있었는데, 하버는 1914년 말에 네른스트의 뒤를 이어 독가스 연구의 책임자가 되었다. 하버의 연구진은 여러 물질을 다각도로 검토한 끝에 염소를 독가스의 원료로 선정하였다. 염소는 독성이 강력하고 공기보다 무거우며 운반이 편리한 특성을 가지고 있어서 독가스로 사용하기에 안성맞춤이었다. 하버의 연구진은 1915년 1월에 독가스를 시험적으로 생산하는 데 성공하였다.

1915년 4월 22일, 벨기에의 이프르 전선에서는 세계 최초로 독가스가 살포되었다. 당시 영국 합참본부의 발표에 따르면, 이프르에서 7천 명이 독가스 공격에 노출되어 그중 350명이 사망했다. 하버는 독가스를 개발한 공로를 인정받아 1916년에 예비역 중사에서 대위로 진급했는데, 그것은 독일 육군 역사상 유례가 없는 일이었다. 최초의 화학전이 있은 직후부터 참전국들은 독가스와 방독면 개발을 경쟁적으로 추진하였고, 방독면을 쓴 병사들의 모습은 전쟁의 무자비함과 비인간성을 보여주는 상징적인 존재가 되었다. 전쟁이 끝난 후에 하버에게는 전범이라는 낙인이 찍혔으며, 그가 노벨 화학상을 수상할 때에는 "전범에게 노벨상을 줄 수 없다"는 강력한 항의가 빗발치기도 했다. 그는 화학무기를 개발해 하루라도 빨리 전쟁을 종식시키는 것이 인류의 고통을 줄이는 길로 믿었다고 한다.

하버의 독가스 개발은 부인인 클라라와 불화가 심화되는 것으로 이어졌다. 클라라는 독가스와 같은 무기에 대한 연구가 과학 본연의 임무에서 크게 벗어난 것이라고 비판하였다. 이에 대해 하버는 그녀가 지나치게 이상적인 생각을 가지고 있으며, 독일이 커다란 곤경에 빠졌는데도 모른 체한다고 비난하였다. 클라라는 남편을 독가스 개발로부터 돌아서게 하려고 많은 노력을 했지만, 하버는 끝내 마음을 바꾸지 않았다. 1915년에 세계 최초의 독가스 공격이 성공적으로 끝나고 하버가 다른 사람들의 찬사를 받으며 개선장군처럼 돌아왔을 때 클라라는 더 이상 자신을 지탱할 수 있는 힘을 잃고 말았다. 결국 5월 2일 새벽에 그녀는 남편에게 마지막 작별의 글을 남긴 후 남편의 권총을 가지고 정원으로 나가 방아쇠를 당겼다.

하버의 부인인 클라라 임머바르의 모습

하버의 독가스 개발은 클라라를 죽음으로 몰아넣은 계기로 작용했지만, 사실상 하버와 클라라는 근본적으로 융화되기 어려운 성격을 가지고 있었다. 클라라는 순수하고 부드럽고 검소하고 총명했으며 완벽을 추구하는 사람이었다. 반면에 하버는 다양한 주제의 대화를 즐겼고 여러 여자들과 즐겁게 어울렸으며 돈 쓰는 것을 좋아했다. 하버에게 중요했던 것은 가정이 아니라 사회적 활동이었다. 실제로 하버가 새로운 명성을 얻을 때마다 그의 얼굴에는 생기가 넘쳤다. 그는 아내가 남들 앞에서는 귀품 있는 귀부인 티를 내고, 자기 앞에서는 애교스럽게 굴기를 원했다. 그러나 클라라는 남편의 마음에 드는 아내가 되기보다는 끝까지 자신의 고귀한 성품을 지키려 했다.

"내 평생에 지금처럼 유태인이었던 적은 없다"

하버는 자신을 유태인이 아닌 독일인으로 생각하면서 모든 열과 성을 다해 조국 독일에 봉사하는 애국자였다. 베를린에 있는 그의 집 책상 위에는 빌헬름 2세가 직접 서명한 초상화가 걸려 있었다. 독일이 패전하자 하버는 자신의 노력이 부족했기 때문에 조국이 패배했다고 여기면서 자신을 학대하기도 했다.

하버는 독일이 330억 달러라는 막대한 전쟁 배상금을 치를 능력이 없다는 점을 알고 바다에서 금을 찾는 작업에 착수했다. 연구소의 인원과 시설을 동원해 바닷물에 화학약품을 투척하여 금 이온을 침전시키는 대규모 프로젝트를 추진했던 것이다. 이를 위해 하버는 해운회사의 상선에 실험실과 추출 공장을 설치하기도 했으나, 바닷물에 녹아 있는 금의 함량이 생각했던 것보다 너무 적어서 프로젝트는 실패로 끝나고 말았다.

1933년에 히틀러의 나치 정권이 집권하면서 하버에게도 비운이 닥쳐왔다. 히틀러는 독일인이 세계의 주인이 될 민족이라고 부추기면서 아리안 족이 아닌 모든 인종을 박해하기 시작하였다. 특히 유태인은 이러한 인종박해의 중심에 놓여 있었다. 당시의 법률에 따르면 참전용사는 해고에서 제외되었기 때문에 하버는 연구소장의 직위를 계속 유지할 수 있었다. 그러나 연구소에 있는 유태인 동료들을 해고하도록 강요받게 되자 그는 정부의 시책에 강력히 항의하기 시작했다. "제가 40년 이상 동안 제 동료들을 선택한 기준은 지성과 성품이었지 그들의 어머니가 아니었습니다. 지금까지 옳다고 생각한 이 방법을 앞으로도 바꾸고 싶지 않습니다."

결국 하버는 1933년 4월에 연구소 소장 직을 사퇴하기로 결심했다. 당시의 하버는 독일의 화학자, 독일의 군인, 독일의 애국자도 아닌 '유태인 하버'에 지나지 않았던 것이다. 하버는 같은 해 8월에 유태인 출신의 유명한 과학자인 아인슈타인에게 "내 평생에 지금처럼 유태인이었던 적은 없다"라는 편지를 보내기도 했다. 하버가 독일에 완전히 동화되었을 뿐만 아니라 충성심이 극도로 강한 유태인의 면모를 보여주었다면, 독일인이면서도 자신의 나라에 항상 의문을 품었던 아인슈타인은 유태인의 또 다른 모습을 상징하였다.

유태인의 양 극단을 보여준 하버와 아인슈타인

하버는 1934년에 지리적으로는 그의 조국과 가깝지만 정신적으로는 아주 멀리 떨어진 스위스 바젤에서 심장마비로 죽었다. 그로부터 10년도 지나지 않아 유태인 수용소에서는 100만 명에 이르는 하버의 동족들이 독가스에 의해 무참히 죽어갔다. 하버의 극적인 인생은 과학기술이 가지는 양면성과 과학기술자의 사회적 책임에 대한 문제를 강력히 제기하고 있다.

세계적인 학파를 형성한
핵물리학의 아버지

어니스트 러더퍼드

성실하고 검소한 생활

어니스트 러더퍼드(Ernest Rutherford, 1871~1937)는 방사능 연구를 매개로 세계적인 학파를 만들었던 과학자이다. 그는 뉴질랜드에서 대학을 졸업한 후 영국의 캐번디시 연구소에서 유학을 했고, 이후에 캐나다의 맥길 대학 교수, 영국의 맨체스터 대학 교수, 캐번디시 연구소 소장 등을 지냈다. 러더퍼드는 대학 교수나 연구소 소장으로 있으면서 기라성 같은 과학자들을 양성하는 리더십을 발휘했다. 소디(Frederick Soddy)와 한(Otto Hahn)은 맥길 대학에서, 가이거(Hans Geiger), 마스던(Ernest Marsden), 보어(Niels Bohr), 모즐리(Henry Moseley) 등은 맨체스터 대학에서 러더퍼드와 인연을 맺었다. 캐번디시 연구소에서는 채드윅(James Chadwick), 블래킷(Patrick Blackett), 코크로프트(John Cockcroft), 월턴(Ernest Walton) 등이 러더퍼드의 지도를 받았다. 이처럼 러더퍼드는 20세기 초반의 물리과학계를 주도했는데, 그것은 그가 당시의 첨단 연구를 개척했을 뿐만 아니라 매우 훌륭하고 개방적인 인품을 가지고 있었기 때문이었다.

러더퍼드는 1871년에 뉴질랜드 넬슨 시 인근의 작은 마을인 브라이트워터에서 태어났다. 7남 5녀 중 넷째였다. 그의 부모는 젊었을 때 영국 스코틀랜드에서 뉴질랜드로 건너간 사람들이었다. 아버지는 재주가 많고 매우 정력적이었으며, 몇 번 직업을 바꾸기도 했다. 처음에는 아마를 재배하는 농부였고, 중간에는 차바퀴를 제작했으며, 나중에는 방앗간을 운영했다. 어머니는 학교 교사로서 피아노 연주에 뛰어났다. 러더퍼드의 부모는 부지런히 일했지만, 많은 자녀들을 부양한다는 것은 쉬운 일이 아니었다. 이에 따라 러더퍼드를 포함한 가족들은 성실하고 검소한 생활을 영위하는 것을 체득해야 했다.

뉴질랜드 브라이트워터에 있는 러더퍼드의 동상

러더퍼드는 아버지를 닮아 어릴 적부터 뛰어난 손재주를 보였다. 온갖 물건을 분해하고 다시 조립해 보는 것이 그의 취미였다. 러더퍼드는 이미 10살 때 대학생들이 사용하는 물리학 교재를 읽을 정도로 물리학에 소질을 보였다. 학교를 다닐 때에는 공부도 잘 하고 친구들과도 잘 어울리는 멋진 학생이었다. 러더퍼드는 학교를 다니면서 틈나는 대로 집안일을 거들기도 했으나, 교육을 중시했던 부모는 집안일보다는 공부에 집중하라는 반응을 보였다.

러더퍼드는 16살이 되던 1887년에 넬슨 칼리지에 입학했고, 3년 뒤에는 뉴질랜드 대학의 캔터베리 칼리지로 학적을 옮겼다. 두 대학 모두 장학금을 받아 입학했으며, 대학을 다닐 때에도 장학금을 독차지했다. 대학 시절에 그는 수학, 물리학, 화학은 물론 라틴어, 프랑스어, 역사 등에서도 우수한 성적을 보였다. 러더퍼드는 1892년에 학부를 수석으로 졸업한 뒤 1893년에 수학과 물리학에서 석사 학위를 받았고, 이듬해에 이학사 학위를 받았다.

캔터베리에서 러더퍼드는 고주파 방전을 통해 철을 자석으로 만드는 것에 대한 연구를 수행했다. 그는 이 지식을 활용하여 훗날 이탈리아의 마르코니가 무선전신을 개발한 것과 동일한 방법으로 전자기파 감지기를 고안하기도 했다. 1895~1898년에 러더퍼드를 지도했던 캐번디시 연구소의 조지프 톰슨(Joseph John Thomson; J. J. Thomson)은 러더퍼드가 만든 전자기파 감지기의 감지 범위와 감도에 깊은 인상을 받았다고 한다.

"내가 일생에서 캐는 마지막 감자"

1894년에 러더퍼드는 런던 박람회 장학생을 선발하는 시험에 응시했다. 그 제도는 1851년에 개최된 런던 박람회의 수익금을 바탕으로 만들어진 것으로 대영제국 국민들에게 다른 연구기관에서 공부할 수 있는 기회를 주었다. 러더퍼드는 2등이었지만, 1등이 거절하는 바람에 장학금을 수

혜할 수 있었다. 당시에 그는 집 밭에서 감자를 캐고 있었는데, 장학생 선정에 대한 통보를 받고는 "이 감자는 내가 일생에서 마지막으로 캐는 감자다"라고 말했다고 한다.

런던 박람회 장학금에 응모할 때, 러더퍼드의 지도교수였던 비커턴(Alexander Bickerton)은 다음과 같은 추천장을 썼다. "러더퍼드는 풍부한 창의력을 가졌고 해석학과 기하학에 뛰어나며 게다가 전기학과 물리량의 측정법에도 깊은 지식을 갖추고 있습니다. 사람됨은 대단히 친절해서 곤란한 친구들을 잘 도와주기 때문에 그를 아는 사람들은 모두 그를 좋아합니다. 나는 그가 뉴질랜드에서와 마찬가지로 영국에서도 성공할 것을 충심으로 원합니다."

1895년 9월에 러더퍼드는 여비를 마련하여 영국으로 건너갔다. 그는 톰슨을 중심으로 전자기 현상을 활발하게 연구하고 있던 케임브리지 대학의 캐번디시 연구소를 선택했다. 원래 케임브리지 대학은 다른 대학 출신을 대학원 과정에 받아들이지 않았다. 그러나 1895년부터는 규정이 바뀌었고, 덕분에 러더퍼드는 다른 대학 출신으로서는 캐번디시 연구소의 첫 번째 연구생이 될 수 있었다. 연구소의 한 학생은 러더퍼드에 대해 다음과 같이 평가했다. "지구의 반대편에서 토끼 한 마리가 왔다. 굴을 깊이 파고 들어앉은 힘 있는 토끼다."

1895년 말에 뢴트겐에 의해 X선이 발견되자 러더퍼드는 톰슨과 함께 X선 복사가 기체 방전에 미치는 영향을 연구하기 시작했다. 기체 방전 현상은 톰슨이 이전부터 연구해 온 주제였지만, 러더퍼드가 가세하면서 톰슨의 연구는 더욱 활기를 띠게 되었다. 결국 톰슨은 1897년 4월에 전자를 발견함으로써 1906년 노벨 물리학상을 수상하게 된다. 당시에 톰슨은 X선이 기체를 통과하면 양전하와 음전하를 운반하는 이온이 같은 수로 만들어진다고 생각했고, 러더퍼드는 다양한 실험을 통해 톰슨의 주장에 대한 근거를 제공하였다.

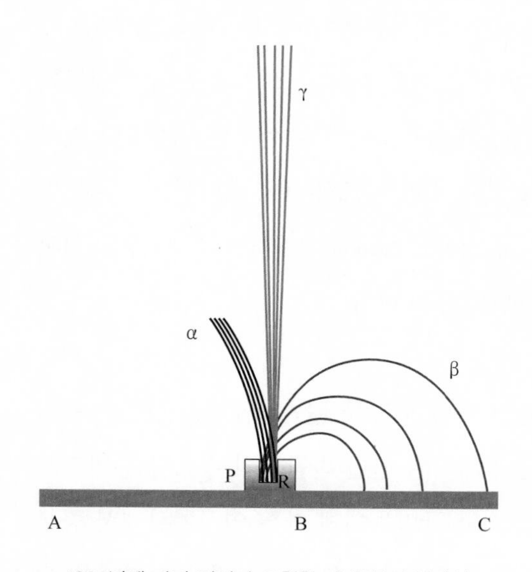

1904년에 마리 퀴리가 표현한 세 종류의 방사선

러더퍼드의 다음 연구주제는 방사능이었다. 훗날 그는 1897년에 방사성 현상을 연구하기로 마음먹은 것이 일생에서 가장 중요한 결정이었다고 회고한 바 있다. 러더퍼드는 꾸준한 실험을 바탕으로 1898년에 우라늄에서 두 종류의 방사선이 나온다는 점을 발견한 후 그것을 각각 알파선과 베타선으로 명명했다. 같은 해에 퀴리 부부는 라듐과 폴로늄을 발견하였고, 1910년에는 프랑스의 빌라드(Paul Villard)가 매우 강한 투과력을 가진 감마선을 발견하였다. 이처럼 방사능에 대한 연구가 집중적으로 수행되는 가운데 베타선은 음극선 혹은 전자와 동일하고, 감마선은 X선과 유사한 성질을 가진다는 점이 밝혀졌다. 그러나 알파선의 정체는 여전히 베일에 싸여 있었다.

현대판 연금술의 탄생

1898년에 러더퍼드는 27세의 나이로 캐나다 몬트리올에 있는 맥길 대학의 교수로 부임했다. 당시에 톰슨은 다음과 같은 추천서를 썼다. "러더퍼드 군보다 더 독창적인 연구에 대한 관심과 열정을 가진 학생을 본 일이 없습니다. 만일 그가 선발된다면 몬트리올에 뛰어난 물리학과를 건설할 수 있으리라고 확신합니다. 러더퍼드 군을 물리학과 교수로 채용하는 대학은 어느 곳이나 행운을 가질 것으로 나는 믿습니다."

러더퍼드는 대학 교수가 되면서 넬슨 칼리지 시절에 약혼했던 메리(Mary Georgina Newton)에게 편지를 보냈다. "사랑하는 이여, 함께 기뻐하고 싶은 것은 드디어 결혼의 전망이 보인다는 것입니다. … 아직 어린 내가 다른 사람들의 일을 관리해야 하는 직책을 맡게 되었지만, 나에게는 오히려 재미있게 여겨지며 충분히 해낼 것 같다는 생각이 듭니다. 연구소에는 네 사람 정도가 연구에 종사하는데, 대부분 나와 나이가 비슷해서 무슨 일이든지 웃는 얼굴로 처리해 나갈 수 있을 것 같습니다."

사실상 러더퍼드는 물리학의 중심지에서 변방으로 옮기는 것에 대해 약간의 두려움을 가지고 있었다. 다행히 맥길 대학은 매우 훌륭한 실험 장비를 구비하고 있었고, 물리학과 학과장인 콕스(John Cox)도 러더퍼드에게 많은 도움을 주었다. 특히 콕스는 러더퍼드의 천재성을 알아본 후 러더퍼드가 연구에 전념할 수 있도록 강의의 일부를 맡아주기도 했다. 1900년에는 러더퍼드에게 즐거운 일이 두 개나 있었다. 오랫동안 갈망했던 메리와의 결혼식이 거행되었고, 뉴질랜드 대학에서 박사 학위도 받았던 것이다.

맥길 대학에서 러더퍼드는 방사능 연구를 계속 추진했다. 그는 우라늄에 이어 토륨을 연구하면서 토륨에서 방사선뿐만 아니라 방사성 기체가 나온다는 점을 발견했다. 러더퍼드는 방사성 기체를 '에마나티온(emanation)'으로 명명했으며, 곧이어 라듐과 악티늄도 에마나티온을 방출한다는 점도 알아냈다. 더 나아가 그는 우라늄 에마나티온, 토륨 에마나티온, 라듐 에마나티온 등이 시간이 지나면 활성을 잃는다는 사실을 밝혀냈다. 게다가 에마나티온이 감소하는 비율은 각 방사성 원소마다 달랐기 때문에 그 비율을 방사성 원소를 구별하는 기준으로 사용할 수 있었다.

러더퍼드의 방사능 연구가 무르익고 있던 1900년에는 옥스퍼드 대학 출신의 화학자인 소디가 합류했다. 그 후 러더퍼드와 소디는 물리학과 화학이라는 서로 보완적인 전공을 바탕으로 매우 생산적인 공동연구를 수행했다. 이에 대하여 소디는 다음과 같이 회고했다. "러더퍼드는 나를 사로잡았다. 나는 그의 일을 위해 나의 모든 일을 버렸다. 러더퍼드와 함께 했던 2년은 과학자로서의 나의 생활에서 다시는 없을 정도로 열광적인 것이었다."

러더퍼드와 소디는 비활성이던 토륨 화합물에서 새로운 활성 물질을 분리해내고 거기에 '토륨X'라는 이름을 붙였다. 이어 그들은 토륨X의 활성이 시간이 지날수록 줄어든다는 사실도 발견했다. 결국 두 사람은 방사성 원소인 토륨이 정해진 비율을 따라 붕괴하면서 일련의 다른 원소들로 바뀐 후 납 형태로 안정화되는 과정을 확인할 수 있었다. 이를 통해 그들은 각각의 방사성 원소가 자신만의 반감기(방사능 원소가 붕괴되어 절반이 남는 데 걸리는 시간)를 가진다는 점도 알 수 있었다. 방사능의 기본 원리가 규명된 것이었다. 러더퍼드와 소디는 1902년에 두 편으로 발표된 〈방사능의 원인과 본성〉이라는 논문을 통해 자신들의 변환 이론을 선보였다. 이에 대해 당시의 과학자들은 "현대판 연금술이 탄생했다"는 반응을 보였다.

러더퍼드가 방사능 연구에서 우수한 성과를 거두자 영국 왕립학회가 나섰다. 왕립학회는 1903년에 러더퍼드를 회원으로 선출하였고, 1904년에는 러더퍼드에게 럼퍼드 메달을 수여했다. 같은 해에 그는 왕립학회가 주관하는 베이커 강연(Backerian Lecture)에 연사로 초빙되었다. 그 강연은 영국 과학계에서 대단한 영광으로 간주되고 있는데, 러더퍼드는 1920년에 두 번째 베이커 강연도 했다. 러더퍼드는 방사능에 대한 두 권의 책도 남겼다. 1904년에 발간된 《방사능》과 1906년에 발간된 《방사능 변화》가 그것이다. 그중 《방사능》은 많은 과학자들의 주목을 받으면서 핵물리학의 고전으로 자리 잡았으며, 러더퍼드는 그 책에

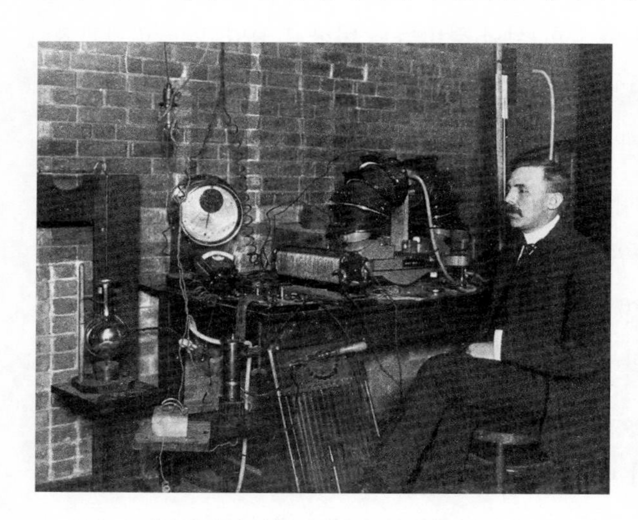
캐나다 맥길 대학 시절의 러더퍼드(1905년)

서 방사능을 이용하여 지구의 연대를 측정하는 방법에 대해 논의하기도 했다.

러더퍼드가 세계적인 과학자로 부상하면서 그에게는 강연 요청이 쇄도했다. 그는 자신의 명성도 느낄 수 있고 여행의 기회도 있는 강연을 즐기는 편이었다. 러더퍼드는 영국, 미국, 독일 등지에서 수많은 강연을 했는데, 아마도 1904년 봄에 있었던 영국 왕립연구소의 강연이 가장 흥미로웠을 것이다. 그는 역청 우라늄광 덩어리를 보여주면서 방사성 붕괴 이론에 대해 강연을 시작했다. 강연 도중에 그는 청중석에 과학계의 대선배인 켈빈 경(Lord Kelvin; William Thomson)이 앉아 있는 것을 발견했다. 켈빈은 1864년에 지구의 나이가 2~4천만 년이라는 의견을 제안하면서 새로운 종류의 열원이 존재한다면 자신의 계산을 수정할 것이라고 덧붙였다. 러더퍼드는 캘빈이 자신의 주장에 단서를 단 태도를 높이 평가한 후에 캘빈이 언급한 새로운 열원이 바로 방사능이라는 점을 강조했다. 켈빈은 러더퍼드의 예의 바른 발표를 주목하고 있었지만, 그 이후에도 자신의 원래 주장을 굽히지 않았다.

원자핵을 발견한 아름다운 실험

1907년에 러더퍼드는 영국의 맨체스터 대학으로 자리를 옮겼다. 그 대학의 실험물리학자인 슈스터(Arthur Schuster) 교수가 은퇴하면서 러더퍼드가 자신을 승계했으면 좋겠다는 의견을 강하게 피력했던 것이다. 당시 맨체스터 대학의 물리학 연구소는 영국에서 캐번디시 연구소 다음으로 유명한 연구소였다. 러더퍼드는 이미 방사능 연구로 명성을 떨치고 있었기 때문에 그의 지도를 받고자 하는 수많은 연구생들이 맨체스터에 몰려들기 시작했다.

1908년에 러더퍼드는 원소의 분해와 방사성 물질의 화학적 성질을 연구한 공로로 노벨 화학상을 받았다. 물리학자가 노벨 화학상을 받는 이변이 발생한 것이었다. 러더퍼드는 자신이 노벨 화학상 수상자로 선정되었다는 소식을 듣고, "내가 물리학자에서 화학자로 전환된 것은 원소의 변환보다 더욱 놀라운 일이다"고 말했다고 한다. 하지만 당시에는 물리학과 화학이 많이 겹쳐 있었고, 역사상 어느 시기보다 두 분야가 긴밀한 관계를 유지하고 있었다.

러더퍼드는 맨체스터 대학에 부임한 직후에 알파선을 집중적으로 탐구했다. 그는 독일 출신의 가이거와 함께 일련의 실험을 수행한 끝에 1909년에 알파입자가 두 개의 양전하를 가진 헬륨 원자와 같다는 사실을 밝혀냈다. 가이거는 원래 슈스터의 조교였는데, 러더퍼드가 부임한 이후에 러더퍼드의 조교로 활동했다. 당시에 가이거는 방출된 알파입자의 수를 세는 장치를 고안했고, 그것은 이후에 방사성 물질을 측정하는 가이거 계수기, 우주선 연구에 사용되는 가이거-뮐러 계수기 등으로 발전하였다.

맨체스터에서 이룬 러더퍼드의 가장 훌륭한 업적은 1910년에 있었던 알파입자 산란 실험이었다. 그 실험은 러더퍼드의 주관하에 가이거와 뉴질랜드 출신의 대학생 마스던이 참여하는 식으로 수행되었다. 그들은 아래 그림과 같은 실험 장치를 이용하여 방사성 원소인 라듐에서 나오는 알파입자를 얇은 금속박에 투과시키는 실험을 했다. 금속박에 알파입자를 투과시키면 산란이 일어나고 주변의 형광판에 부딪혀 섬광이 발생하게 된다. 산란된 알파입자 중에서 작은 각도로 회절된 것은 톰슨이 1904년에 제안한 건포도 푸딩 모형(plum pudding model)으로 설명될 수 있었다. 그 모형에서는 원자 전체에 양전하가 퍼져 있고 그곳에 음전하를 띤 전자가 마치 푸딩 속의 건포도처럼 박혀 있다. 이러한 모형을 사용하면, 알파입자가 표적 금속박과 여러 번 충돌한 이후에 작은 회절이 나타날 것으로 예측되었다.

그러나 알파입자 산란 실험의 결과는 이러한 예상을 벗어났다. 비록 숫자는 적었지만 90도보다 더 큰 각도로 산란되는 입자가 발견되었던 것이다. 당시의 상황에 대하여 러더퍼드는 다음과 같이 회고했다. "어느 날 가이거가 대단히 흥분하면서 말했다. 알파입자 중 몇 개가 뒤쪽으로 튕겨난 것을 확인했다는 것이었다. 그것은 내 생애에서 벌어진 사건 중 가장 믿기 힘든 일이었다. 35센티미터 정도 되는 포탄을 티슈 한 장에 대고 쏘았는데, 포탄이 되돌아와 당신을 때린 것처럼 있을 법하지 않은 일이었다."

이러한 현상이 발생하는 이유는 알파입자의 전하와 같은 종류인 양전하를 가진 입자가 전기력에 의하여 반발하기 때문이다. 특히 산란되는 알파입자의 분포를 엄밀히 계산해 보면, 원자의 질량의 대부분이 원자의 중심에 집중되어 있어야 한다. 러더퍼드는 이렇게 원자의 중심에 아주 적은 부피를 차지하고 원자의 전체 질량이 집중된 양전하의 입자를 원자핵으로 불렀다.

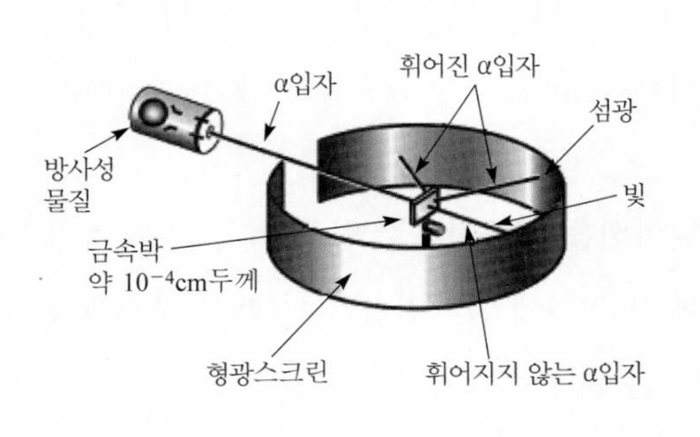

알파입자 산란 실험에 대한 개념도

러더퍼드는 자신의 연구 결과를 즉각 발표하지 않고 미적거렸다. 연구 결과가 자신의 스승인 톰슨의 견해에 정면으로 도전하는 것이기 때문이었다. 그러던 중 톰슨의 다른 제자인 크라우더(James Crowther)가 베타입자에 대한 실험을 발표하면서 원자의 양전하가 원자 전반에 균일하게 분포되어 있다는 주장을 내세웠다. 덕분에 러더퍼드는 톰슨과는 우호적인 관계를 유지한 채 크라우더의 주장을 비판하는 식으로 논쟁을 전개할 수 있었다.

러더퍼드는 1911년 5월에 〈물질에 의한 알파입자와 베타입자의 산란과 원자의 구조〉라는 논문을 발표했다. 그는 가이거와 마스던의 작업을 소개하고 크라우더의 실험을 언급한 후 다음과 같이 결론지었다. "이제까지의 증거들을 종합적으로 고려하자면, 원자의 한 가운데에 전하가 밀집되어 있는데 매우 적은 부피만을 차지하고 있다고 가정하는 것이 가장 간단한 설명으로 보인다." 이 논문에 대하여 러더퍼드의 동료인 안드라데(Edward Andrade)는 "기원전 400년 데모크리토스 시대 이래 가장 획기적으로 물질에 대한 우리의 생각을 바꿔 놓은 논문"이라고 극찬했다.

알파입자 산란 실험이 입자의 내부 구조를 파악하기 위한 실험의 표준으로 작용했다는 점도 주목할 만하다. 러더퍼드의 실험 이전에는 기본적인 입자를 찾기 위해 물질을 계속적으로 나누고 쪼개는 방법이 활용되었다. 이에 반해 러더퍼드는 원자의 내부구조를 알기 위해 알파입자를 원자에 충돌시켜 산란되는 결과를 분석했다. 즉, 보이지 않는 것의 생김새를 가정하고 충돌로부터 생성되는 입자들의 분포를 예측하는 모델링 기법을 사용한 셈이었다. 오늘날 고에너지 가속기에서 수행되고 있는 최첨단 입자충돌 실험도 원리적으로는 러더퍼드의 알파입자 산란 실험과 동일한 것이다.

새로운 원자모형을 찾아서

러더퍼드가 1911년 논문에서 제안한 새로운 원자모형은 행성 모형으로 불린다. 그것은 중심에 밀도가 높은 아주 작은 원자핵이 존재하고 전자들이 그 주위를 돌고 있는 모형이었다. 이에 앞서 일본의 물리학자인 나가오카 한타로(長岡半太郎)가 토성 모양의 원자모형을 제안했다는 점도 주목할 만하다. 수많은 소행성들이 띠 모양으로 토성 주위를 돌고 있는 것처럼, 양전하를 띠고 있는 덩어리 주위를 음전하를 가진 전자가 같은 속도로 돌고 있다는 것이었다. 나가오카는 도쿄 대학의 교수를 지내면서 독일의 베를린 대학과 뮌헨 대학에서 유학을 했던 인물이다. 그는 1903년 12월에 일본의 국내 학회에서 자신의 원자모형에 대한 강연을 했고, 1904년에는 영국과 독일의 학술지에 이에 관한 논문을 실었다. 나가오카는 1911년에 러더퍼드가 행성 모형을 발표하면서 세계적인 주목을 받았고, 1913년에는 동양인 최초로 노벨상 후보 추천에 대한 의뢰를 받았다.

러더퍼드의 원자모형은 자신의 실험 결과를 설명하는 데는 적합했지만, 전자기학과 모순되는 문제점을 가지고 있었다. 맥스웰의 전자기이론에 의하면, 원운동과 같은 가속운동을 하는 전자는 빛을 내면서 에너지를 잃기 때문에 순식간에 핵으로 빨려 들어가야 했던 것이다. 이러한 한계는 1913년에 덴마크의 보어에 의해 전자가 일정한 궤도를 따라 운동한다는 궤도 모형이 제안됨으로써 극복될 수 있었다. 보어도 1911~1912년에 맨체스터 대학으로 유학을 와서 러더퍼드의 지도를 받은 바 있었다.

맨체스터 대학에서는 원자핵에 대한 다른 중요한 연구도 잇달아 수행되었다. 1913년에 모즐리는 원자량이 아닌 원자번호에 입각한 새로운 주기율표를 제안했다. 여기서 원자번호는 원자핵의 전하수에 의존하는 것이므로 모즐리의 주기율표는 원자핵의 개념이 유용하다는 점을 보여주는 것이었다. 같은 해에 소디는 페이전(Kasimir Fajan)과 함께 알파입자를 방출한 원소는 주기율표에서 왼쪽으로 두 자리 옮겨가고, 베타입자를 방출한 원소는 오른쪽으로 한 자리 옮겨간다는 점을 발견했다. 이러한 연구를 발전시켜 소디는 방사성 동위원소(isotope)라는 개념에 도달했다. 예를 들어 어떤 원소에 두 번의 베타붕괴(베타입자는 −1의 전하를 가지며 질량은 없다)와 한 번의 알파붕괴(알파입자는 +2의 전하를 가지며 질량은 4이다)가 연달아 일어나면, 모즐리의 주기율표상으로는 같은 자리로 돌아가지만 원자량이 4만큼 감소한 원소가 만들어지는 것이다.

그러던 중 1913년 7월에 제1차 세계대전이 발발했다. 러더퍼드의 제자들은 모두 전쟁터에 나가고 연구실은 텅텅 비게 되었다. 러더퍼드도 해군 본부의 발명연구위원회에 소환되어 잠수함 탐지 장치에 대해 연구했다. 안타깝게도 제1차 세계대전에 참전했던 모즐리는 1915년에 27세의 젊은 나이로 전사하고 말았다. 그러나 유능한 젊은 과학자를 전선에 보내는 것은 사실상 제1차 세계대전이 마지막이었다. 제2차 세계대전을 계기로 젊은 과학자들을 전선으로 보내는 대신 무기개발을 포함한 전시연구에 활용하는 방식이 자리 잡았던 것이다.

넬슨의 러더퍼드 남작

1919년에 톰슨이 캐번디시 연구소의 소장에서 물러나자 러더퍼드가 그 자리를 이어받았다. 이로써 러더퍼드는 맥스웰, 레일리, 톰슨에 이어 캐번디시 연구소 제4대 소장이 되었다. 당시에 러더퍼드는 톰슨에게 연구소에 너무 큰 영향력을 행사하지 말 것을 주문했고, 톰슨은 러더퍼드의 요청을 깨끗이 받아들였다.

러더퍼드는 맨체스터 대학에서 함께 캐번디시 연구소로 온 채드윅과 가까이 지내면서 핵물리학에 대한 연구를 계속했다. 그들은 알파입자를 총알로 사용해 가벼운 여러 원소들을 분해할 수 있다는 사실을 알아냈다. 러더퍼드는 큰 에너지를 가진 알파입자를 질소 기체 사이로 통과시켰을 때 양성자가 나온다는 사실도 발견했다. 그는 알파입자가 질소 원자에 흡수되면서 양성자를 방출하고, 그에 따라 질소가 산소의 동위원소로 바뀐다고 추정했다. 질소의 원자번호는 7이기 때문에 2개의 양성자를 가지고 있는 알파입자를 흡수하고 하나의 양성자를 잃으면 원자번호가 8인 산소가 만들어진다는 것이었다. 이것은 핵분열을 통해 한 원소를 다른 원소로 변환시키는 데 성공한 최초의 실험이었다. 그 뒤 블래킷은 윌슨(Charles Wilson)의 구름상자를 활용하여 러더퍼드의 실험 결과를 확인하는 비적을 발견했다.

러더퍼드는 1920년대에 들어서도 연구를 계속했으나 그가 직접 실험을 하는 경우는 점차 줄어들었다. 하지만 그는 캐번디시 연구소에서 어떤 연구가 진행되고 있는지에 대해서는 소상히 알고 있었다. 러더퍼드는 연구원들에게 연구의 전체적인 방향을 결정하는 것은 물론 연구 수행에 관한 세세한 아이디어도 제공했다. 당시에 캐번디시 연구소에 몸담고 있었던 과학자들은 자신들의 중요한 연구가 사실상 러더퍼드의 직간접적인 지시나 조언에서 출발했다는 점을 흔쾌히 인정하고 있다.

1932년에는 캐번디시 연구소에서 두 가지 중요한 업적이 이어졌다. 코크로프트와 월턴은 양성자를 수십만 볼트로 가속시킬 수 있는 장치를 만든 후 리튬에 양성자를 쏘아 알파입자를 만들어내는 데 성공했다. 이어 그들은 해당 물질들의 에너지를 계산하여 아인슈타인의 유명한 식 $E=mc^2$을 실험적으로 입증했다. 두 번째 업적은 채드윅이 중성자를 발견한 것이었다. 중성자는 질량이 양성자와 거의 같지만 질량은 가지지 않는 존재로 양성자와 함께 원자핵을 구성하는 입자였다. 얼마 지나지 않아 페더(Norman Feather)는 중성자도 원자핵 분열을 일으킬 수 있다는 점을 알아냈다.

러더퍼드는 점점 유명해졌고 여러 직함들을 가지게 되었다. 그는 1921년부터 죽을 때까지 영국 왕립연구소의 자연철학 교수를 맡아 매년 몇 차례의 대중 강연을 했다. 1925~1930년에는 영국 왕립학회의 회장을 맡았고, 그 후에는 영국 정부의 과학산업연구부(Department of Scientific and Industrial Research)에서 자문회의 의장을 맡았다. 러더퍼드는 1933년에 나치가 집권하여 유태인들을 추방하기 시작하자 학문지원위원회(Academic Assistance Council)의 회장을

1932년 6월에 찍은 캐번디시 연구소의 관계자들에 대한 사진. 앞줄 왼쪽에서 5번째가 J. J. 톰슨이고, 그 오른쪽이 러더퍼드이다.

맡아 독일에서 망명한 과학자들이 외국에서 정착하는 데에도 힘을 보탰다.

러더퍼드에게 수여된 상도 무척 다양했다. 그는 럼퍼드 메달(1904년)과 노벨 화학상(1908년)에 이어 엘리엇 크레슨 메달(1910년), 코플리 메달(1922년), 프랭클린 메달(1924년), 메리트 훈장(1925년), 앨버트 메달(1928년), 패러데이 메달(1930년) 등을 받았다. 러더퍼드는 1914년에 기사 작위를 받았고, 1931년에는 귀족 작위를 받았다. 그의 귀족 작위명은 넬슨의 러더퍼드 남작(Baron Rutherford of Nelson)이었는데, 여기서 넬슨은 뉴질랜드에 있는 자신의 고향을 염두에 둔 것이었다. 남작이 되면서 러더퍼드는 뉴질랜드에 있던 90세 노모에게 "러더퍼드 경, 나 어니스트보다 더 많은 영예를 당신께"라는 전보를 치기도 했다.

러더퍼드는 1936년에 《새로운 연금술》이라는 마지막 저작을 남겼다. 그는 20세기와 함께 시작된 방사능과 핵물리학의 발전에 대해 정리하면서 책의 말미에 다음과 같이 썼다. "인공 핵변환을 통해 에너지를 회수하는 것은 중성자를 만들어내는 반응이 일어날 확률이 매우 낮기 때문에 실용적이라고 할 수 없다. 핵변환에 의해 에너지를 얻으려는 시도는 마치 달빛(moonshine)과 같은 것이다." 여기서 '달빛'이란 단어는 '바보스러운' 혹은 '거짓말'이라는 의미를 가지고 있다. 핵물리학을 개척했던 러더퍼드가 핵에너지의 이용에 대해 매우 보수적인 입장을 보였던 것이다.

러더퍼드는 1937년에 정원에 있는 나무를 손질하기 위해 나무로 올라갔다가 갑자기 떨어지는 바람에 복부를 크게 다쳤다. 그 후 이틀 동안 의식불명의 상태가 계속되었고, 러더퍼드는 66세의 나이로 세상을 떠나고 말았다. 그는 웨스트민스터 사원에 있는 뉴턴의 묘지 부근에 안치되었다. 당시에 보어는 이탈리아에서 열린 갈바니 탄생 200주년 기념학회에서 연설을 하던 도중에 눈물을 글썽이며 러더퍼드의 죽음을 전했다. 러더퍼드에게는 다음과 같은 감동적인 평가가 내려졌다. "러더퍼드에 관한 진실을 말한다면, 대부분의 사람들과 달리 그에게는 적이 하나도 없었다는 것입니다." 러더퍼드는 과학의 역사에서 패러데이와 함께 가장 걸출한 실험가로 꼽히고 있다.

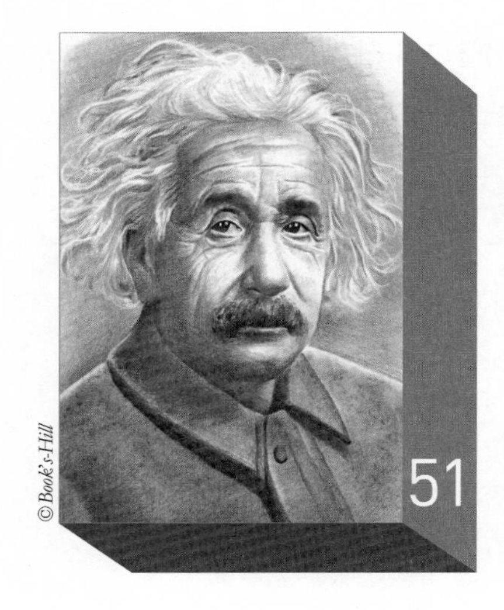

© Book's-Hill

현대물리학의 기반을 마련한
평화주의자
알베르트 아인슈타인*

학교에 잘 적응하지 못한 소년

과학의 역사에서 가장 중요한 두 공식으로는 $F=ma$와 $E=mc^2$이 꼽힌다. 두 공식을 만든 사람은 과학의 천재로 간주되고 있는 뉴턴과 아인슈타인이다. 두 사람이 중요한 과학적 업적을 이루었던 1666년과 1905년은 기적의 해(Annus mirabilis)로 불린다. 뉴턴은 1666년에 만유인력의 법칙, 미적분학, 색깔 이론을 고안하였고, 아인슈타인은 1905년에 특수상대성이론, 광전효과(photo-electric effect), 브라운 운동(Brownian motion) 등에 대한 논문을 잇달아 출간하였다. 천재는 과학적 업적도 한꺼번에 내놓는 모양이다.

아인슈타인(Albert Einstein, 1879~1955)은 1879년 3월 14일에 독일 울름의 유태인 집안에서 태어났다. 이듬해에 그의 가족은 뮌헨으로 이사를 갔고, 아버지인 헤르만 아인슈타인(Hermann Einstein)과 삼촌인 야코프(Jakob Einstein)는 조그마한 전기발전 공장을 차렸다. 어머니인 파울리네(Pauline Koch Einstein)는 음악적 소양이 풍부한 사람이었고 덕분에 아인슈타인은 6살 때부터 바이올린 교습을 받을 수 있었다. 아인슈타인은 나중에도 자주 바이올린을 연주했으며, 자신이 과학자가 되지 않았더라면 음악가가 되었을 것이라고 말한 적도 있다.

아인슈타인은 노년에 〈나의 부고〉라는 짤막한 글을 쓰면서 아버지가 나침반을 처음 보

* 이 글은 송성수, 《과학기술의 개척자들: 갈릴레오에서 아인슈타인까지》(살림, 2009), pp. 76~91을 보완한 것이다.

여주었던 때를 회상한 바 있다. 어느 쪽으로 돌려도 나침반 바늘이 항상 북쪽을 가리키는 모습이 어린 소년의 눈에는 무척 신기하게 보였던 모양이다. "나는 지금도 생생히 기억하고 있다. 그때 그 경험은 내게 영원히 사라지지 않을 깊은 인상을 심어주었다. 사물의 이면에는 반드시 깊숙이 감춰진 무언가가 있다."

14살 때 아인슈타인의 모습

초등학교 시절에 아인슈타인은 유럽인들의 뿌리 깊은 반유태주의(antisemitism)로 인해 큰 상처를 받았다. 어떤 선생이 수업 시간에 대못을 보여주며, 유태인은 예수를 죽인 민족이라고 말했던 것이다. 반유태주의는 아인슈타인이 존경 받는 과학자가 된 후에도 그를 괴롭혔다. 아인슈타인은 삼촌의 도움 덕택에 일찍부터 수학과 과학에 대한 좋은 서적을 접할 수 있었다. 아인슈타인은 12살 때 유클리드의 기하학을 접하면서 그것의 명확성에 강한 인상을 받았으며, 스스로 미적분학에 집중하여 공부하기도 했다.

아인슈타인은 1889년에 뮌헨의 루이트폴트 김나지움에 입학하였다. 그는 수학과 과학 수업은 좋아했지만, 라틴어와 그리스어에는 전혀 흥미를 느끼지 못했다. 게다가 그 학교는 엄격한 독일식 훈육을 표방하고 있어서 아인슈타인은 학교생활에 회의를 느꼈다. "뮌헨의 김나지움은 수업 방식에 문제가 있어요. 딱딱하고 무거운 수업 분위가 싫어요. 암기만을 강요하는 그런 학교에서 공부하고 싶지 않아요." 아인슈타인은 병원에 가서 신경쇠약이라는 진단을 받은 후에 진단서를 휴학원과 함께 학교에 제출하였다. 김나지움 시절에 그는 자신의 집에 머물던 의학도 탈미(Max Talmy)에게 칸트의 철학을 배웠고, 이를 통해 자연현상을 폭넓게 보는 방법을 익힐 수 있었다.

1894년에 아인슈타인은 김나지움을 졸업하지 못한 채 이탈리아의 밀라노로 갔다. 당시에는 독일에서 사업에 실패한 아버지가 가족을 데리고 이탈리아로 와서 재기의 기회를 엿보고 있었다. 아인슈타인은 가족의 권유를 받아들여 전기공학자가 되기 위해 대학에 진학하기로 마음을 먹었다. 그러나 김나지움의 졸업장이 없었기 때문에 독일의 대학에는 진학할 수가 없었고 독일어를 사용하는 스위스의 학교를 택해야 했다. 아인슈타인은 취리히에 있는 연방공과대학(Eidgenössische Technische Hochschule, ETH)에 진학하기 위해 입학시험을 쳤는데, 수학과 물리학 성적은 뛰어났으나 다른 과목에서는 낙제를 했다. 그는 교수의 권유로 불충분한 과목을 보충하기 위하여 스위스의 아라우에 있는 아르가우 칸톤 학교를 1년간 다녔다.

칸톤 학교에서 아인슈타인은 독일의 김나지움과는 아주 다른 인상을 받았다. 그 학교는 매우 민주적으로 운영되었고 고전어 교육보다는 수학과 실용적 학문을 강조하고 있었다. 칸톤 학교에서의 교육은 아인슈타인의 자유로운 사고를 형성하는 데 많은 영향을 미쳤다. 훗날 아인슈타인은 그 학교에 대해서 "유럽의 오아시스라 할 수 있는 스위스에서도 잊지 못할 오아시스였다"고 극찬하였다. 칸톤 학교에 다니면서 아인슈타인은 "내가 빛을 올라타고 갈 수 있다면 그 빛이 어떻게 보일까"에 대한 사고실험을 했고, 〈자기장 내 에테르의 상태에 관한 연구〉라는 제목의 첫 과학 에세이를 작성하기도 했다.

당시에 아인슈타인은 맥스웰의 전자기학을 공부하기 위해 푀플(August Föppl)이라는 공학자가 1894년에 발간한 《맥스웰의 전기이론 입문》을 읽었다. 그 책은 맥스웰의 전자기학을 요령 있게 설명하고 있었으며, 1924년까지 10만 부 이상이 팔릴 정도로 널리 읽혔다. 아인슈타인은 푀플의 책을 읽으면서 전자기 현상에 대한 동역학적 설명에 문제가 있다는 점을 깨달았다. 자석이 정지해 있고 도선이 움직이는 경우와 도선이 정지해 있고 자석이 움직이는 경우가 각각 다른 방식으로 설명되고 있었던 것이다. 자석이 움직이고 도체가 정지해 있으면 자석 주위에 전기장이 발생하고 그 전기장은 도체가 놓인 곳에 전류를 만들어내지만, 자석이 정지해 있고 도체가 움직이면 자석 주위에는 전기장이 발생하지 않으며 도체 내에서 기전력만 생성된다는 것이었다. 아인슈타인은 이 문제를 10년 동안 계속해서 고민했다. 푀플의 책 5장의 제목이 〈움직이는 도체의 전기역학〉이고, 1905년에 발표된 아인슈타인의 특수상대성이론에 관한 논문 제목이 〈움직이는 물체의 전기역학에 대하여〉라는 점도 흥미롭다.

학창 시절에 아인슈타인이 열등생이었다는 것은 근거 없는 소문에 불과하다. 그러한 오해가 생긴 것은 당시에 학교 성적을 표시하는 방식이 변경되었다는 점을 고려하지 않았기 때문이다. 스위스 학교의 성적 표시 방식은 1895년까지는 1을 최우수로 하는 6등급 체계였지만, 1896년부터는 6을 최우수로 하는 체계로 바뀌었다. 아인슈타인의 성적표는 1895년에 수학 1, 물리 1~2, 독일어 2~3이던 것이 1896년에는 수학 6, 물리 6~5, 독일어 4로 바뀌었다. 성적 표기법의 변화를 고려하지 않고 1896년 성적만 보게 되면, 아인슈타인은 열등생 혹은 낙제생이 되는 것이다. 사실상 아인슈타인의 성적은 대체로 우수했지만, 남보다 월등히 뛰어나지는 않았다.

"학자도 다른 직업을 갖는 것이 좋다"

아인슈타인은 1896년에 취리히 연방공과대학에 입학하였다. 그 해에 그는 독일 국적을 포기하고 무국적인이 되었다. 대학 시절에 아인슈타인은 민코프스키(Hermann Minkowski)와 같은 유명한 수학자로부터 수학을 배웠다. 그러나 민코프스키가 아인슈타인을 "수업 시간에 아주 게으른 학생"으로 평가했듯이, 아인슈타인은 그다지 성실한 학생이 아니었다. 급우인 그로스만(Marcel Grossman)이 노트를 빌려주지 않았다면 아인슈타인이 대학을 졸업하지 못했을 것이라는 의견도 있다.

그렇다고 해서 아인슈타인이 공부를 멀리 한 것은 결코 아니었다. 그는 물리실험 수업에는 아주 열심히 참여하였고, 학교 수업과는 별도로 물리학 대가들의 업적을 집중적으로 탐구했다. 아인슈타인은 헬름홀츠와 헤르츠의 책을 읽었고, 맥스웰의 전자기학에 대해 공부했으며, 볼츠만과 로렌츠의 논문도 읽었다. 또한 그는 연방공과대학의 철학 교수인 스태들러(August Stadler)의 칸트에 대한 수업과 과학적 사고에 대한 수업을 수강하기도 했다.

아인슈타인은 1900년에 연방공과대학을 졸업했지만, 시민권이 없어서 취직이 잘 되지 않았다. 그는 한동안 가정교사 생활을 했으며, 천문대의 계산 사무를 도와주는 보조원이나 직업학교의 물리 담당 임시 교사를 하기도 했다. 아인슈타인은 1901년에 스위스 시민권을 얻었고, 다음 해에는 절친한 친구이던 베소(Michele Besso)의 도움으로 베른에 있는 연방특허국의 서기로 취직할 수 있었다.

어느 정도 생활이 안정되자 아인슈타인은 대학 시절부터 사귀었던 4살 연상의 밀레바 마리치(Mileva Marić)와 1903년에 결혼식을 올렸다. 밀레바는 결혼 전인 1902년에 딸 리제를(Leserl)을 낳았고, 1904년에 첫째 아들인 한스 알버트(Hans Albert), 1910년에 둘째 아들인 에두아르트(Eduard)를 낳았다. 밀레바에 대해서는 그녀가 아인슈타인보다 더 똑똑했으며, 아인슈타인의 초기 업적이 원래는 그녀의 것이라는 주장이 제기되기도 한다.

아인슈타인의 첫 번째 부인 밀레바 마리치

아인슈타인은 특허국에서 5년 동안 근무하였다. 그는 특허국에서 근무하는 동안에도 물리학 연구를 계속했으며, 베쏘와 함께 올림피아 아카데미(Akademie Olympia)라는 모임을 운영하였다. 그 모임의 멤버들은 마흐의 《감각의 분석》과 《역학과 그 발전》, 피어슨의 《과학의 문법》, 푸앵카레의 《과학과 가설》, 밀의 《논리학》, 흄의 《인간의 본성에 대한 소고》 등을 읽고 토론했다. 올림피아 아카데미의 토론은 대개 저녁을 먹으면서 시작되었는데, 논쟁이 불이 붙으면 밤을 새는 일도 종종 있었다. 아인슈타인이 가족의 반대를 무릅쓰고 강행한 조촐한 결혼식에는 올림피아 아카데미의 친구들만이 증인으로 참석했다.

훗날 아인슈타인은 특허국 시절을 회상하면서 다음과 같이 말했다. "학문을 직업으로 가지면 아무래도 생활을 위한 학문이 되기 때문에 사무적이고 깊이가 없는 학문이 되기 쉽다. 또한 논문을 자주 발표해야 하므로 보잘 것 없는 논문을 써놓고도 발표한 논문의 숫자만을 자랑하게 되기 십상이다. 그렇기 때문에 진짜 재능이 있는 학자는 오히려 학문 이외의 다른 직업을 가지는 편이 더 좋다고 생각한다. 직업이 무엇이건 상관없다. 구두를 만드는 일도 좋을 것이다. 그 직업으로 생계를 유지하면서 근무 시간 외의 여가 시간에 자신이 정말 좋아하는 연구를 하게 되면, 세상 사람들의 눈치를 볼 필요도 없고, 또 자기 마음대로 독창적인 일을 할 수 있기 때문이다."

우리는 흔히 아인슈타인이 특허국에서 근무했음에도 불구하고 훌륭한 과학적 업적을 달성했다고 생각하는 경향이 있지만, 최근의 과학사 연구는 아인슈타인이 특허국에서 근무했기 때문에 특수상대성이론을 정립할 수 있었다는 점을 보여주고 있다. 예를 들어 갤리슨(Peter Galison)은 〈아인슈타인의 시계들〉이란 논문에서 당시에는 철도의 발전으로 시계의 동기화에 관한 관심이 고조되어 있었고, 아인슈타인은 그와 관련된 특허들에 둘러싸여 있었기 때문에 '동시성'이라는 독특한 개념에 착안할 수 있었다고 주장하고 있다. 아인슈타인의 특수상대성이론에 관한 논문에도 다음과 같은 구절이 나온다. "내가 '저 기차는 7시에 여기에 도착한다'고 말한다면, 이는 '내 시계의 작은 바늘이 7을 가리키는 사건과 기차가 도착하는 사건이 동시적 사건이다'는 점을 의미한다." 아인슈타인은 다른 사람과 달리 시간이 시계로 측정되는 것에 불과하다는 점에 주목함으로써 자신이 10여 년 동안 고민하던 문제를 해결할 수 있었던 것이다.

현대물리학의 기초를 닦다

1905년은 놀라운 해였다. 그 해에 아인슈타인은 다섯 편의 논문을 잇달아 발표하였다. 〈빛의 발생과 변화에 관련된 발견에 도움이 되는 견해에 대하여〉(3월), 〈분자 차원의 새로운 결정〉(4월), 〈정지 액체 속에 떠 있는 작은 입자들의 운동에 대하여〉(5월), 〈움직이는 물체의 전기역학에 대하여〉(6월), 〈물체의 관성은 에너지 함량에 의존하는가〉(9월) 등이 그것이다. 그중에서 4월 논문을 제외한 네 편의 논문은 저명한 학술지인 《물리학 연보(Annalen der Physik)》 제17권에 실렸다. 이에 대하여 1954년 노벨 물리학상 수상자인 막스 보른은 "모든 과학 문헌들 가운데 가장 주목할 만한 것을 추천하라고 한다면, 나는 《물리학 연보》 제17권을 택할 것이다"고 말했으며, 1929년 노벨 물리학상 수상자인 드브로이는 "한밤의 어둠 속에서 번쩍이는 로켓이 광대한 미지의 영역에 짧지만 강력한 광채를 드리웠다"고 술회하였다.

1905년 3월 논문은 광양자 가설에 관한 것이었다. 당시에는 빛의 파동설이 지배적이었지만, 아인슈타인은 빛을 포함한 전자기파가 에너지 덩어리와 같은 움직이는 입자라는 가설을 세웠고 이를 통해 금속에 빛을 쏘이면 전자가 튀어나와 전기가 흐른다는 광전효과를 설명하였다. 4월 논문에서는 원자나 분자가 과학자들의 상상에 불과하다는 마흐의 주장을 반박하면서 분자의 크기를 측정할 수 있는 새로운 방법과 방정식을 제안하였다. 아인슈타인은 이 논문을 바탕으로 1906년에 취리히 대학에서 물리학 박사 학위를 받았는데, 당시 연방공과대학은 박사 학위를 수여하지 않지만 졸업생들이 취리히 대학에 박사논문을 제출

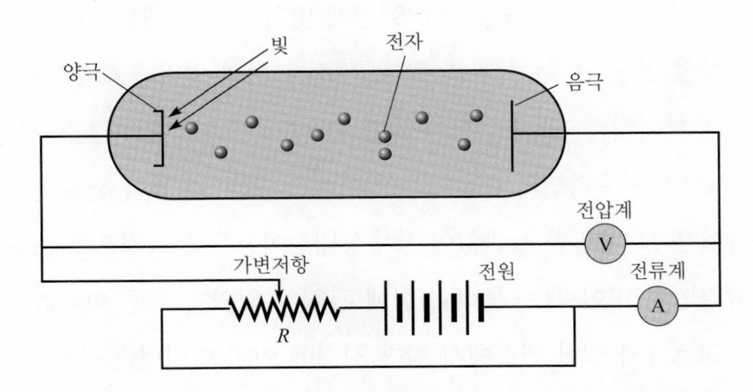

광전효과에 대한 실험의 개념도. 만약 적당한 크기의 진동수를 가진 단색광을 금속면(양극)에 비추면 금속면으로부터 전자가 방출되어 음극에 도달하며, 이것이 전류계에서 전류(광전류)로 측정된다. 이때 음극과 양극 사이에 역전압을 걸어 방출된 전자의 운동을 방해하면 역전압보다 큰 운동에너지를 가진 전자는 음극에 도달할 것이고, 역전압을 점점 증가시키면 음극에 도달할 수 있는 전자는 점점 줄어들어 마침내 전류는 흐르지 않을 것이다. 이 전압을 저지전압이라고 한다. 저지전압에 전하를 곱한 것이 가장 빨리 방출된 전자의 운동에너지와 같다.

할 수 있는 제도를 운영하고 있었다. 1905년 5월 논문은 물 위의 꽃가루가 마치 살아있는 것처럼 제멋대로 돌아다니는 브라운 운동을 설명한 것이었다. 아인슈타인은 브라운 운동이 수많은 물 분자가 꽃가루 입자에 부딪히기 때문에 나타난 현상이라고 설명하면서 통계분석을 이용하여 불규칙하게 움직이는 꽃가루의 이동 거리와 시간을 계산하였다.

1905년 6월 논문은 특수상대성이론에 관한 것이었다. 아인슈타인의 특수상대성이론은 고전역학과 전자기학의 불일치를 해결하는 과정에서 등장하였다. 즉, 등속운동을 하는 두 좌표계에서 관측되는 모든 역학법칙이 동일한 형태를 취한다는 갈릴레오의 상대성원리가 전자기학의 법칙에 대해서는 성립하지 않았던 것이다. 이에 대하여 아인슈타인은 광속 불변의 원리를 바탕으로 등속도로 움직이는 모든 관측자들에게 전자기학 법칙이 불변으로 유지될 수 있는 방법을 제안하였다. 그 결과 시간과 공간은 절대적인 것이 아니라 관측자에 따라 변하는 상대적인 성격을 띠게 되었고, 당시의 전자기학이 가정하고 있었던 에테르(ether)라는 가상적인 물질의 존재가 부정되었다. 9월 논문은 전자기학 이외의 다른 문제들에도 상대성이론을 적용한 것으로서 그 논문에서 아인슈타인은 질량-에너지 등가원리로 불리는 $E=mc^2$을 제안하였다.

수학적 표현인가, 물리적 실재인가?

아인슈타인의 특수상대성이론과 관련하여 자주 언급되는 것은 마이컬슨-몰리 실험이다. 미국의 마이컬슨(Albert Michelson)과 몰리(Edward Morley)는 1887년에 빛의 속도가 광원이나 관측자의 상대 속도에 관계없이 항상 일정하다는 실험을 했다. 광속 불변의 원리가 특수상대성이론의 출발점이 되기 때문에 마이컬슨-몰리 실험이 아인슈타인에게 영향을 미쳤을 가능성도 생각해 볼 수 있다. 그러나 아인슈타인의 논문에는 마이컬슨-몰리 실험이 전혀 언급되지 않고 있으며, 아인슈타인은 그 실험과 상관없이 특수상대성이론을 논리적으로 도출했다. 그렇다고 해서 아인슈타인이 마이컬슨-몰리 실험에 관심이 없었던 것은 아니다. 아인슈타인은 1922년에 일본 교토에서 행한 연설에서 학창 시절에 이미 마이컬슨-몰리 실험을 알고 있었다고 말한 바 있다. 다른 각도에서 보면, 마이컬슨-몰리 실험은 특수상대성이론이 만들어지는 과정보다는 수용되는 과정에 크게 기여했다고 평가할 수 있다.

로렌츠 변환식(Lorentz transformation)에 대해서도 비슷한 이야기를 할 수 있다. 네덜란드의 로렌츠(Hendrik A. Lorentz)는 마이컬슨-몰리 실험을 설명하기 위해 1892년에 운동하는 방향으로 길이가 수축한다는 가설을 세운 후 1904년에 이를 표현하기 위한 방정식을 만들었다. 아인슈타인은 로렌츠와는 별도로 시간과 공간의 상대성을 나타내는 방정식을 유도했으며, 사실상 두 사람의 방정식이 가진 의미에는 상당한 차이가 있었다. 로렌츠는 운동에 따라 시간의 흐름이 실제로 달라진다는 점을 받아들이지 않았으며, 운동하는 좌표계에서 변하는 시간을 단지 수학적인 가상의 시간으로 생각했다. 반면 아인슈타인에게 시간이 지연되는 현상은 단순한 수학적 표현이 아니라 물리적 실재에 해당했다. 또한 로렌츠의 수식은 전자와 에테르가 상호작용하는 경우에만 의미를 가질 수 있었지만, 아인슈타인의 상대성이론은 전자나 에테르가 있든 없든 모든 물리현상에 보편적으로 적용되는 것이었다. 하지만 로렌츠와 아인슈타인이 제안한 변환식의 형태는 동일한 것이고, 로렌츠가 아인슈타인에 앞서 발표했기 때문에, 오늘날 물리학 교과서에는 로렌츠 변환식이란 용어가 사용되고 있다.

아인슈타인의 상대성이론이 제기하는 시간 지연 현상을 설명하는 대표적인 논의로는 쌍둥이 역설(twin paradox)을 들 수 있다. 쌍둥이 역설은 아인슈타인이 1905년에 쓴 논문의 말미에서 언급되었고, 1911년에 프랑스의 물리학자 랑주뱅이 이를 더욱 구체화시켜 논의하였다. 이제 막 20살이 된 쌍둥이 A와 B가 있었는데, A가 $v=0.8c$ 인 속도로 날아가고 있는 우주선을 타고 16광년 떨어진 별로 향하고, B는 지구에 남아 있다고 가정하자. A가 별에 도착했을 때, A의 나이는 20살을 더 먹게 되었지만 B가 보았을 때 A의 시계는 12년밖에 흘러 있지 않게 된다. 그리고 A가 다시 지구로 돌아왔을 때, A는 역시 지구로 오는 데 20년의 시간이 걸렸지만 B가 볼 때에는 A가 올 때까지 12년밖에 걸리지 않은 것으로 생각하게 된다. 그러나 A가 정지해 있는 기준계라고 생각하고, B가 있는 지구가 v의 속도로 멀어져 가는 상황이라고 생각하자. A는 정지해 있고, B는 v의 속도로 운동을 하며 16광년 떨어져 있는 곳으로 운동하고 오게 된다. 그래서 B가 있는 지구가 16광년 떨어진 곳에 도착했을 때, A의 시계는 20년이 흘렀지만 A가 본 B의 시계는 12년밖에 흐르지 않았다. 지구가 다시 A가 있는 쪽으로 올 때까지 역시 A는 20년이 걸렸다고 생각했지만 A가 본 B의 시계는 12년밖에 흐르지 않았다. 즉, A의 입장에서 보면 자신은 60살이 되었는데 B는 44살이 된 것이며, B의 입장에서 보면 자신이 60살인데 A는 44살밖에 되지 않은 것이다.

이상의 업적으로 인하여 아인슈타인은 샛별과 같이 유망한 과학자로 떠올랐다. 그는 1909년에 취리히 대학의 이론물리학 특별교수가 되었고, 1911년에는 프라하 대학의 교수, 1912년에는 자신의 모교인 연방공과대학의 교수가 되었다. 아인슈타인의 상대성이론이 확산되는 데에는 독일 과학계의 거물인 플랑크의 역할이 컸다. 그는 아인슈타인이 논문을 발표했던 《물리학 연보》의 편집인이었고, 베를린 대학에서 자신의 제자들이 상대성이론을 주제로 공부를 하도록 했으며, 본인 스스로 상대성이론에 관한 해설 논문을 작성하기도 했다. 플랑크는 1913년에 아인슈타인을 찾아와 카이저 빌헬름 협회의 물리학연구소 소장직과 베를린 대학의 겸임교수직을 제안하였다. 아인슈타인은 스위스 국적을 버리지 않는다는 조건으로 1914년에 베를린으로 갔고 독일 시민권도 얻었다.

뉴턴주의는 무너졌다!

아인슈타인은 1907년부터 일반상대성이론에 도전하기 시작했다. 1905년의 상대성이론이 등속운동에 국한되었던 '특수'상대성이론이었던 반면, 1907년 이후에 아인슈타인이 집중적으로 탐구한 '일반'상대성이론은 등속운동뿐만 아니라 가속운동에도 적용할 수 있는 것이었다. 그는 일반상대성이론을 정립하기 위해서 리만(Georg Riemann)의 구면기하학을 공부하느라 엄청난 고생을 했는데, 대학 시절의 절친한 친구로 당시에 연방공과대학의 기하학 교수였던 그로스만이 아인슈타인을 성심성의껏 도와주었다. 아인슈타인은 약 9년에 걸친 꾸준한 노력을 바탕으로 1916년 3월에 〈일반상대성이론의 기초〉라는 논문을 《물리학 연보》에 게재했다. 논문을 투고하기 직전에 그는 조머펠트(Arnold Sommerfeld)에게 보낸 편지에서 다음과 같이 썼다. "지난 한 달 동안은 제 생애에서 가장 정신이 없고 스트레스를 받는 시기였습니다만, 가장 성공적인 시기이기도 했습니다."

일반상대성이론은 모든 가속계에서도 같은 물리법칙이 성립한다는 확장된 상대성원리와 중력질량(중력의 크기를 결정하는 질량)과 관성질량(가속도의 크기를 결정하는 질량)이 동등하다는 등가원리를 바탕으로 하고 있다. 예를 들어 어떤 사람이 우주선을 타고 우주공간을 여행한다고 가정해 보자. 우주선이 앞쪽으로 가속되고 있으면 우주선 안의 사람은 뒤쪽으로 힘을 받게 된다. 그런데 이 힘이 우주선 뒤쪽에 있는 물체의 중력에 의한 것인지 아니면 우주선의 가속에 의한 것인지는 구별할 수 없다. 다시 말해 어떤 계 내부에 작용하는 중력과 그 계의 가속으로 인한 관성력의 효과가 동일하다는 것이다. 이것은 중력질량과 관성질량이 동등하다는 점을 의미한다.

이러한 등가원리를 적용하면 서로 다른 가속도로 운동하고 있는 가속계를 다른 중력장에서 운동하고 있는 계로 나타낼 수 있다. 가속계와 관련된 관성력은 사라지고 모두 중력장으로 나타낼 수 있게 되는 것이다. 따라서 가속계에서의 모든 물리법칙은 이 계 안의 물체에 작용하는 중력장의 세기만 달라질 뿐 같은 형태로 성립하게 된다. 이것이 바로 확장된 상대성 원리이다. 그렇게 되면 가속계가 경험하는 중력장을 어떻게 나타내느냐 하는 문제가 남게 된다. 아인슈타인은 중력장의 세기를 휘어진 시공간의 곡률로 설명하고자 했다. 쉽게 말해 시공간을 부드러운 침대 매트리스, 중력을 가진 물체를 무거운 볼링공이라고 가정한다면, 볼링공이 떨어질 때 매트리스가 푹 꺼지듯이, 엄청난 중력을 가진 물체가 시공간을 휘게 한다는 것이다. 이렇게 휘어진 시공간은 빛의 경로에도 영향을 미치게 되며, 무거운 천체 주위에서 빛은 똑바로 진행하지 못하고 휘어지게 된다.

아인슈타인은 1916년의 논문에서 자신의 이론을 검증할 수 있는 사례로 수성의 근일점이 1세기에 43″만큼 궤도상에서 돈다는 점과 빛이 중력장 속에서 굴절되며 적색편이를 보인다는 점을 제시하였다. 이러한 사례를 제시하면서 아인슈타인은 그것이 반박될 경우에 자신의 이론을 버리겠다고 공언하기도 했다. 이에 큰 감명을 받았던 사람 중에는 유명한 과학철학자이자 정치철학자인 포퍼(Karl R. Popper)가 있었다. 포퍼는 반증가능성이 크지만 혹독한 시험에도 반증되지 않고 살아남는 이론을 우수한 이론이라고 보았다.

아인슈타인이 제시한 사례 중에서 수성의 근일점이 궤도상에서 돈다는 것은 이미 19세기 중반에 프랑스의 르베리에(Urbain Le Verrier)에 의해 관측된 바 있었지만, 다른 두 사례는 아직 확인되지 않은 상태였다. 태양 주변에서 빛이 휘는 현상은 1919년 5월 29일의 개기일식 때 영국의 탐사대에 의해 처음으로 관측되었다. 같은 해 11월 6일에 소집된 영국 왕립학회와 왕립천문학회의 합동회의에서 에딩턴(Arthur S. Eddington)을 비롯한 영국의 과학자들은 아인슈타인의 예언이 입증되었다고 발표하였다. 다음 날 런던의 《타임스》는 〈과학의 혁명－새로운 우주론－뉴턴주의는 무너졌다〉라는 제목의 기사를 내보냈고, 며칠 후에는 《뉴욕타임스》가 〈하늘에서 빛은 휘어진다: 아인슈타인 이론의 승리〉라는 기사를 다루었다.

일반상대성이론을 입증한 1919년의 개기일식

실제로는 관측오차가 너무 커서 아인슈타인의 이론이 맞다고 단언하기에는 곤란한 상황이었다. 하지만 에딩턴을 비롯한 영국 과학자들은 제1차 세계대전 동안 소원해진 독일학계와 영국학계의 관계를 회복하려는 의도를 가지고, 영국의 뉴턴이 이룩한 위대한 업적을 독일의 아인슈타인이 뛰어넘었다는 식으로 해석하였다. 어쨌든 1919년에 있었던 일련의 보도 덕분에 아인슈타인은 과학계를 넘어 일반인에게도 유명한 스타로 부상하였다. 한편, 중력장 속에서 빛이 적색편이를 보인다는 점은 1960년에 하버드 대학의 파운드(Robert V. Pound)와 레브카(Glen A. Rebka)에 의해 입증되었다.

유별난 노벨상 수상

1919년은 아인슈타인이 3살 연상의 사촌 누이인 엘자 뢰벤탈(Elsa Löwenthal)과 재혼한 해이기도 했다. 아인슈타인은 베를린에 정착했던 1914년부터 밀레바와 별거를 하다가 1918년에 이혼하였다. 아인슈타인과 엘자는 1912년에 처음 만났으며 5년 동안의 동거를 거쳐 결혼에 이르렀다. 아인슈타인의 말을 빌리자면, 엘자는 “뚱뚱하고 얼굴이 넓고 조심성 있는 아낙네”였다. 아인슈타인은 밀레바에게 이혼을 제의할 때 “나중에 노벨상 상금을 타면 위자료로 건네겠다”고 했고 그 약속을 지켰다.

아인슈타인은 일반상대성이론을 발표한 직후부터 엘자와 함께 숱한 강연을 다녔다. 아인슈타인은 유럽의 여러 도시를 다니면서 강연을 했는데, 주로 3등 열차를 이용했으며 항상 바이올린을 지니고 있었다고 한다. 아인슈타인의 여행지 목록에는 유럽은 물론이고 실론 섬, 일본, 팔레스타인 등도 포함되어 있었다. 아인슈타인이 1921년 노벨 물리학상 수상자로 결정되었다는 전보가 베를린의 집으로 전달되었을 때 아인슈타인과 엘자는 중국에서 강연을 마친 뒤 일본으로 향하고 있었다.

아인슈타인의 노벨상 수상도 유별났다. 그가 세계 순회강연을 하고 있었기 때문에 노벨상 수상식에는 스웨덴 주재 독일 대사가 대신해서 참석했다. 독일 대사는 아인슈타인이 1901년에 스위스 시민권을 받았다는 사실을 몰랐다. 이 때문에 아인슈타인이 독일 시민이냐 스위스 시민이냐를 놓고 상당한 논란이 벌어지기도 했다. 또한 아인슈타인의 노벨상은 “이론물리학에 기여하고, 특히 광전효과의 법칙을 발견한 공로로” 주어졌다. 당시의 노벨 물리학상은 이론보다는 실험을 강조하

아인슈타인과 두 번째 부인 엘자

고 있었고, 혁명적 이론에 대해서는 보수적인 태도를 보였던 것이다. 아인슈타인은 1923년에 노벨상 수상 기념 강연회를 위해 스웨덴을 방문하여 역설적이게도 광전효과가 아닌 상대성이론에 대해 강연하였다.

"신은 주사위 놀이를 하지 않는다"

아인슈타인이 독일로 건너왔던 1914년을 전후하여 세계 사회는 전쟁으로 얼룩지기 시작하였다. 그 해 10월에 아인슈타인은 독일의 군국주의와 제1차 세계대전을 막자고 유럽 사람들에게 보내는 성명서에 서명하였다. 아인슈타인의 전쟁에 대한 혐오감은 1920년대에 들어와 더욱 가시화되었다. 그는 다른 국가에서는 과학과 평화의 사도로 보였지만, 패전 직후의 독일에서는 반(反)독일적인 유태인의 대표로 간주되었다. 그러나 아인슈타인은 이에 굴하지 않았으며, 국제연맹의 지식인 협력위원회를 매개로 평화주의 운동을 지원하는 데 많은 노력을 기울였다.

그렇다고 아인슈타인이 과학 연구를 중단한 것은 아니었다. 그는 1920년대 중반에 인도 과학자인 보즈(Satyendra N. Bose)와 함께 보즈-아인슈타인 통계를 개발하였고, 드브로이의 물질파 이론과 슈뢰딩거의 파동역학을 적극적으로 지지하였다. 특히 아인슈타인은 전자기력과 중력 사이의 수학적 관계를 찾아내는 데 많은 노력을 기울였다. 아인슈타인은 그러한 작업이 우주 안에 있는 모든 것의 작용을 지배하는 일반 법칙을 발견하는 첫 단계가 된다고 믿었다. 그는 단일한 방정식으로 물질과 에너지의 보편적 속성들을 연관시키려고 했는데, 그것은 나중에 '통일장이론(unified field theory)'으로 불렸다.

아인슈타인은 양자역학의 탁월성을 인정했음에도 불구하고, 그 이론이 우연이나 확률을 도입하고 있기 때문에 만족스럽지 않다고 생각했다. 특히 1927년에 양자역학에 대한 코펜하겐 해석(Copenhagen interpretation)이 등장한 이후에 아인슈타인은 그것의 문제점을 계속해서 지적하였다. 아인슈타인은 1927년 10월에 개최된 제5차 솔베이 회의에서 보어를 만나 양자역학의 성격에 대하여 며칠 동안 집중적으로 논쟁을 벌이기도 했다. 이와 관련하여 아인슈타인은 "신은 주사위 놀이를 하지 않는다"는 유명한 말을 남기기도 했다. "신은 교묘하지만 심술궂지는 않다"는 것이었다. 이에 대해 보어는 "신이 어떻게 우주를 관장하는지를 규명하는 것은 우리의 일이 아니다"라고 반박했다고 한다. 1935년에 아인슈타인은 포돌스키(Boris Podolsky), 로젠(Nathan Rosen)과 함께 양자역학이 완전한 이론이 아님을 보이기 위해 EPR

1925년 12월에 보어와 아인슈타인이 라이덴에 있는 에렌페스트(Paul Ehrenfest)의 집에서 양자이론에 대해 토론하는 모습. 당시에 에렌페스트는 누구의 편을 들어야 할지 괴로워했다고 한다.

역설(EPR은 세 사람 이름의 머리글자를 딴 것이다)을 발표하기도 했지만, 기대했던 성과를 거두지 못하고 말았다. EPR 역설이 발표된 1935년에 '슈뢰딩거의 고양이(Schrödinger's cat)'로 불리는 사고실험이 제안되었다는 점도 흥미롭다.

1932년 12월 10일에 아인슈타인은 부인인 엘자와 함께 독일을 영원히 떠났다. 원래는 미국의 캘리포니아 공과대학을 둘러본 후에 다시 독일로 돌아오려고 했으나, 아인슈타인은 그것을 포기하고 말았다. 나치가 권력을 사실상 거머쥐면서 유태인들이 독일을 도망쳐 나오기 시작했던 것이다. 실제로 나치는 아인슈타인의 상대성이론을 '유태인의 물리학'이라고 폄하하였고, 그가 보유하고 있었던 책을 불사르기도 했다. 1933년 3월에는 나치 당원들이 무기를 찾는다는 명분을 내세워 독일의 카푸트에 있는 아인슈타인의 여름 별장을 급습했는데, 그들이 발견한 무기는 빵을 자르는 칼뿐이었다.

아인슈타인은 1933년부터 죽을 때까지 미국 프린스턴에 있는 고등연구소(Institute for Advanced Study)의 교수로 지냈다. 프린스턴에서 아인슈타인은 20년 이상을 거의 변화가 없는 생활을 유지했다. 그와 아내는 소박한 2층 목조 가옥에서 살았으며, 세계 각국에서 방문하는 손님들을 소박하게 대접하였다. 그의 연구실에는 칠판과 책상과 의자, 그리고 논문들이 쌓인 선반 이외에는 별다른 가구가 없었다. 그곳에서 아인슈타인은 통일장이론을 완성하기 위해 끊임없이 도전하였다. 한번은 어떤 사람이 아인슈타인에게 실험실을 보여 달라고 하자, 아인슈타인은 자신의 주머니에서 만년필을 꺼내며, "내 실험실은 여기에 있습니다"고 응답했다고 한다.

아인슈타인과 비슷하게 나치를 피해 미국으로 망명한 독일 과학자 중에는 파울리도 있었다. 파울리는 배타 원리(exclusion principle)를 제창하여 1945년 노벨 물리학상을 받았는데, 물리학에 대한 감각이 자기보다 떨어지는 사람들에게 신랄한 비판을 하는 것으로도 유명하였다. 하이젠베르크와 같은 당대의 천재들도 파울리로부터 수도 없이 "이 바보야"라는 소리를 들었다고 한다. 그런 파울리조차도 아인슈타인에게는 매우 조심스러웠다. 프린스턴 시절의 학생들의 회고에 따르면, 두 사람은 때때로 산책을 같이 하면서 물리학 이야기를 나누었는데, 아인슈타인이 한 마디를 하면 파울리가 한참을 생각한 후에 짧게 답하는 대화가 오갔다고 한다. 뒤따르는 학생들은 그들이 무슨 이야기를 하는지 쉽게 이해할 수 없었으며, 며칠씩 열심히 공부한 후에야 대화의 내용을 짐작할 수 있었다.

평화를 사랑한 과학자

아인슈타인은 미국에 있으면서 독일에서 벌어지는 비극적인 사건들을 하나하나 들었다. 그는 열정적으로 반전을 주장했으나 이제 전쟁에는 예외가 있다는 것을 인정하지 않을 수 없었다. 그 전쟁은 나치를 종식시키는 전쟁이었다. 아인슈타인은 히틀러 제국에서 탈출한 사람을 돕는 일에 헌신했다. 그는 미국에서 일자리를 구하려는 유태인과 망명자들을 위해 수많은 추천서를 썼다.

그러던 중 헝가리 출신의 유태인 물리학자인 실라르드(Leó Szilárd)가 아인슈타인을 찾아왔다. 실라르드는 나치가 원자탄을 먼저 만드는 것을 크게 우려하고 있었고, 미국 정부의 대책을 촉구하기 우해 아인슈타인을 찾아왔던 것이다. 실라르드가 작성하고 아인슈타인이 서명한 편지는 루스벨트 대통령에게 전해졌고, 이를 계기로 미국 정부는 원자탄 개발 사업을 추진하게 되었다. 1939년 8월 2일에 작성된 아인슈타인-실라르드 편지(Einstein-Szilárd letter)는 다음과 같이 시작하고 있다. "엔리코 페르미와 레오 실라르드의 최근 연구 논문을 보니, 머지않은 미래에 우라늄 원소가 새롭고 중요한 에너지원이 될 것으로 기대됩니다. 최근에 일어난 일들은 경각심을 요하며, 필요할 경우에 신속한 행정 조치를 취해야 할 것으로 보입니다."

1940년에 아인슈타인은 미국 시민권을 얻었지만, 자신을 항상 유럽인으로 생각하였다. 아인슈타인은 세계 평화를 유지하는 유일한 방법이 세계 정부에 있다고 믿었다. 개별 국가의 지도자들이 단 하나의 초국가적인 정부를 따를 때에만 세계 평화가 유지된다는 것이었다. 1947년에 아인슈타인은 모든 국제연합 대표들에게 편지를 보내기도 했다. "국제연합은 세계의 인민과 정부에게 단지 최종 목적을 이루기 위한 과도적인 체제일 뿐이라

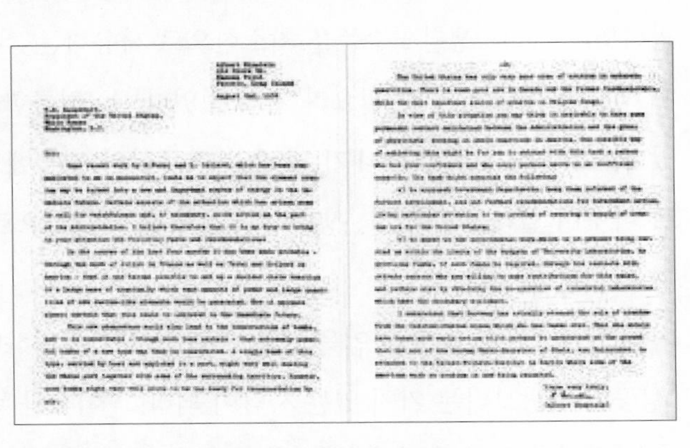

1939년에 실라르드와 아인슈타인이 루스벨트 대통령에게 보낸 편지

는 사실을 알게 해준다는 점에서 상당히 중요하고 유용한 기관입니다. 최종 목적은 충분한 합법성과 평화유지를 위한 실행력을 갖춘 초국가적인 권위 기구를 설립하는 것입니다."

1945년에 일본 히로시마에 원자탄이 투하되자 아인슈타인은 "오, 슬프도다"는 말로 자신의 심경을 토로하였다. 1946년에는 몇몇 과학자들과 함께 핵과학자 비상회의를 설립하여 핵무기의 국제적 통제가 필요하다는 점을 강조하였다. 1955년에는 영국의 수학자이자 철학자인 러셀(Bertrand Russell)과 함께 핵무기 폐기와 과학기술의 평화로운 이용을 호소한 선언문을 작성하였다. 아인슈타인은 "우리는 단지 의도만 해서는 안 되고, 세계 안전에 필요한 실제적인 조치를 취하는 데 적극적인 열성을 가져야 한다"고 역설하였다.

아인슈타인은 미국의 반공주의자들로부터 공산주의자라는 누명을 쓰기도 했다. 그들은 아인슈타인이 "수년 전부터 공산주의자로 활약해 왔으며, 지금 그가 퍼뜨리고 있는 허튼 소리는 공산당 노선의 이행일 뿐이다"며 비난하였다. 연방수사국(FBI)의 후버(John E. Hoover) 국장은 아인슈타인의 사상보고서를 작성하기도 했는데, 그 보고서에서 아인슈타인은 1947년부터 1954년까지 34개 공산주의 단체와 연관된 골수 공산주의자로 간주되었다. 심지어 그 보고서는 1923~1929년에 아인슈타인의 집이 독일 공산주의자들의 본거지이자 회합장소였다고 묘사하기도 했다.

아인슈타인은 1948년에 혈관확장증으로 인하여 복부의 정맥류가 터질 위험성이 있다는 진단을 받았다. 그러나 그는 수술을 거부했다. "내가 원할 때 가고 싶다. 생명을 억지로 연장하는 것은 재미없는 일이다." 아인슈타인은 1955년 4월 18일에 76세를 일기로 평화롭게 눈을 감았다.

아인슈타인은 1952년에 이스라엘의 대통령 후보로 거론되기도 했지만, 이를 정중히 사양하였다. 그는 생활필수품을 최소한으로 사용하는 것으로도 유명했다. 머리를 길게 기르고 있으니 이발소에 갈 필요가 거의 없었다. 늘 허름한 옷을 입었고 양말도 신고 다니지 않았다. 학자들이 욕심을 내기 마련인 연구실의 경우에도 넓은 것을 사양하면서 좁은 것으로 바꾸어 달라고 하였다. 생활상의 욕구를 최소한으로 줄임으로써 거기에 구속당하는 것을 피했던 것이다.

아인슈타인은 많은 명언을 남긴 사람으로도 유명하다. 몇 가지 예를 들면 다음과 같다. "성공한 사람보다는 가치 있는 사람이 되라." "어제와 똑같이 살면서 다른 미래를 기대하는 것은 정신병 초기 증세이다." "한 번도 실수를 해보지 않은 사람은 한 번도 새로운 것을 시도한 적이 없는 사람이다." "나는 똑똑한 것이 아니라 단지 문제를 더 오래 연구할 뿐이다." "지식보다 중요한 것은 상상력이다." "지혜는 학교에서 배우는 것이 아니라 평생 노력해 얻는 것이다." "인생은 자전거를 타는 것과 같다. 균형을 잡으려면 움직여야 한다." "제3차 세계대전에서 사람들이 어떤 무기로 싸우게 될지는 예측할 수 없어도 제4차 세계대전에서 사용될 무기는 확실히 알고 있다. 그것은 바로 돌멩이와 몽둥이이다."

아인슈타인은 노년 시절에 젊은 학생들과 토론을 하다가 상대성이론을 간단히 설명해 달라는 부탁을 받았다. 아인슈타인은 잠시 생각에 잠긴 후에 다음과 같은 흥미로운 비유를 들었다. "뜨거운 난로 위에 1분간 손을 올려 보세요. 마치 한 시간처럼 길게 느껴질 것입니다. 그런데 귀여운 아가씨와 함께 한 시간을 앉아있는다면 마치 1분처럼 빨리 지나갈 겁니다. 이것이 상대성이라는 것입니다."

학제적 연구로 핵분열 현상을 발견하다 오토 한

유기화학에서 방사화학으로

원자폭탄과 원자력 발전은 핵분열(nuclear fission) 현상을 기본 원리로 삼고 있다. 핵분열을 발견하는 데에는 독일의 화학자인 오토 한(Otto Hahn, 1879~1968)과 오스트리아 출신의 여성 물리학자인 리제 마이트너(Lise Meitner, 1878~1968)의 역할이 컸다. 그들은 화학과 물리학의 만남으로 상징되는 학제적 연구팀을 구성함으로써 핵분열 현상을 효과적으로 규명할 수 있었다. 그러나 핵분열 발견의 공로로 수여된 1944년 노벨 화학상은 한이 단독 수상함으로써 개운치 않은 뒷맛을 남겼다.

오토 한은 1879년에 독일 프랑크푸르트의 암마인에서 유리 세공업자의 막내아들로 태어났다. 어린 시절에는 아버지의 사업이 신통치 않아 한 침대에서 네 형제가 함께 자야 했고 목욕도 제대로 할 수 없었다. 아버지의 사업이 조금씩 나아지면서 한은 공부에 재미를 붙이기 시작했다. 한은 체육, 종교, 음악 등 다른 분야에도 소질이 있었지만 화학을 가장 좋아했다. 그는 초등학교 시절에 집안의 세탁실에 화학실험실을 차리고 혼자서 여러 가지 실험을 해 보기도 했다.

한은 1897년에 마르부르크 대학에 입학하여 화학과에 등록하였다. 한은 네 형제 중에 대학교육을 받은 유일한 사람이었다. 그는 화학에는 열성을 보였지만 수학과 물리학은 소홀히 했다. 화학 다음으로 열중한 과목은 철학과 예술이었다. 대학 시절에 맥주와 담배를 즐겼으며, 학생회 활동에도 적극적인 모습을 보였다. 한은 뮌헨 대학의 바이어(Adolf von Baeyer)의 지도를 받기도 했으며, 1901년에 감미제와 향료로 사용되는 이소유게놀(isoeugenol)에 대한 연구로 마르부르크 대학에서 박사 학위를 받았다. 그는 1년 동안 군대에 복무한 후 2년 동안 지도교수인 진크케(Theodor Zincke)의 조교로 일했다.

1904년에 한은 지도교수의 추천으로 영국 런던 대학의 램지(William Ramsay) 교수에게로 갔다. 램지는 불활성 기체의 대가로 이름을 날리고 있었지만 당시의 첨단과학 분야였던 방사능으로 연구방향을 바꾸고 있었다. 한은 원래 전공이 유기화학이었기 때문에 방사능을 연구하기 위해서는 모든 것을 새롭게 공부해야 했다. 램지는 "방사능에 대한 지식이 없는 것이 오히려 편견을 가지지 않아 더 좋다"고 하면서 한을 격려했다.

램지가 한에게 준 과제는 탄화바륨에서 라듐을 추출하는 일이었다. 한은 라듐을 추출하는 데 성공했으나 거기서 나온 방사선은 예상했던 것보다 2배나 많았다. 자신이 추출한 라듐이 순수하지 않았던 것이다. 한은 더욱 자세한 실험을 통해 라듐 덩어리 속에서 방사능을 띠는 토륨 원소를 다시 분리하였다. 당시까지 알려지지 않았던 토륨의 새로운 동위원소인 방사토륨(radiothorium)이 발견된 것이었다.

한이 주어진 과제를 성공적으로 마치자 램지는 베를린 대학의 피셔(Emil Fischer)를 통해 그 대학의 화학연구소에 자리를 구해 주었다. 한은 독일로 돌아가기 전에 캐나다 맥길 대학의 러더퍼드(Ernest Rutherford) 밑에서 1년을 더 연구하기로 마음먹었다. 당시에 한은 이미 토륨의 동위원소를 발견했기 때문에 방사화학 분야의 전문가로 대접받고 있었다. 한은 러더퍼드의 지도로 방사능에 대한 더욱 세련된 학식과 기술을 익힐 수 있었다. 한은 그곳에서도 방사악티늄을 발견하는 재능을 보였으며, 라듐, 토륨, 악티늄에서 나오는 방사선이 모두 알파입자라는 점을 알 수 있었다.

마이트너와의 만남

1906년에 한은 베를린 대학으로 돌아와 화학연구소 연구원이자 사강사(Privatdozent)로 일했다. 실험실은 지하에 있었고 실험설비들은 한이 직접 설계하였다. 한은 베를린에서도 메조토륨(mesothorium)을 분리해내는 등 방사화학에서 계속 좋은 연구업적을 냈다. 방사능에 대한 연구는 원자핵에 대한 지식을 요구했기 때문에 한은 물리학과의 콜로퀴움에도 부지런히 참석하였다. 거기서 그는 일생을 함께 할 좋은 동료를 만나게 되는데, 그 사람이 바로 마이트너였다.

마이트너는 오스트리아 비엔나 대학에서 볼츠만(Ludwig Boltzmann)의 지도로 박사 학위를 받았으며, 베를린 대학의 플랑크(Max Planck) 밑에서 조교로 일하고 있었다. 물리학자였던 마

30여 년을 함께 연구한 한과 마이트너

이트너는 당시 독일에서는 희귀했던 여성과학자였는데, 한과는 1907년부터 함께 연구했다. 마이트너는 한보다 한 살 연상으로 두 사람의 관계는 많은 주목을 끌었다. 그러나 그들은 함께 산책을 가지도 않았고 같이 저녁을 먹은 적도 없었다고 한다. 그들은 단순한 연구 동료로만 30여 년을 보냈던 것이다.

한은 1910년에 베를린 대학의 화학과 교수가 되었다. 1912년에는 베를린에 카이저 빌헬름 화학연구소(Kaiser Wilhelm Institut für Chemie)가 설립되었고, 한은 1913년부터 1944년까지 그 연구소의 방사능 분과를 이끌었다. 마이트너는 한의 연구실에서 방문연구원으로 일했다. 그들은 주로 방사능 물질에 복사선을 쏠 때 생기는 변환을 탐구하였다. 한은 1913년에 법률가의 딸로서 예술을 공부하고 있었던 에디스 융한스(Edith Junghans)와 결혼했으며, 1922년에 한노(Hanno)라는 외동아들을 낳았다.

제1차 세계대전이 발발하자 한은 군대에 들어가 전쟁과 관련된 연구를 수행했고, 마이트너는 오스트리아 육군의 X선 간호사로 지원하였다. 한은 카이저 빌헬름 화학연구소 소장이었던 하버(Fritz Haber)의 지휘하에 독가스에 관한 연구를 담당하였다. 당시에 한은 독가스로 인한 잔인한 살상에는 공포를 느꼈지만 전쟁이기 때문에 불가피한 것이라고 생각했다. 전쟁이 끝날 무렵 한과 마이트너는 다시 베를린에 모였고, 그들은 집요한 실험 끝에 프로트악티늄(protactinium)이라는 새로운 원소를 분리하는 데 성공하였다. 1917년에 마이트너는 카이저 빌헬름 연구소의 물리학과 주임이 되었고 1926년에는 플랑크의 뒤를 이어 베를린 대학의 물리학과 교수로 임용되었다.

화학자와 물리학자의 연합

1930년대 초는 핵과 방사능에 관한 과학이 극적으로 변화한 시기였다. 중성자, 양전자, 인공방사능이 각각 1932년부터 1년 간격으로 발견되었다. 또한 1934년에는 이탈리아의 과학자 페르미(Enrico Fermi)가 원소에 중성자를 쏘는 실험 기법을 선보였는데, 중성자는 질량만 있고 전하는 없으므로 방사능 추적자로 사용하기에 안성맞춤이었다. 마이트너는 한과 함께 페르미의 연구 결과를 검토하면서 폴로늄과 우라늄 사이의 모든 원소를 분리한다는 야심찬 계획을 세웠다. 여기에는 한의 제자로서 분석화학의 전문가였던 슈트라스만(Fritz Strassmann)도 가세하였다.

그러나 정치적 상황의 변화는 마이트너의 신변에 위협을 가하였다. 1932년 나치가 정권을 장악하자 그녀는 유태인 출신이라는 이유로 독일 경찰의 감시 대상이 되었다. 교수라는 신분이 그녀의 방패막이 되었지만 1938년에 오스트리아가 독일에 합병되자 문제는 더욱 커졌다. 급기야 한을 제외한 모든 과학자들은 마이트너에게 망명할 것을 권고하였다. 결국 한도 마이트너의 망명에 동조하였고, 어머니로부터 물려받은 다이아몬드 반지를 선물함으로써 오랜 우정을 기렸다. 마이트너는 네덜란드에서 잠시 머문 후 덴마크로 갔다가 스웨덴에 새로 설립된 노벨 물리 연구소에 정착하였다. 마이트너가 망명한 이후에도 한은 계속해서 편지로 연구 결과를 교환하고 상의했다.

한과 슈트라스만은 초우라늄 원소를 추출하는 과정에서 도저히 이해할 수 없는 현상을 발견하였다. 운반체로 사용했던 바륨과 란타넘이 방사성 원소로 변해 있는 것이었다. 한은 이에 대한 물리학적 이유를 설명해 달라며 마이트너에게 편지를 썼다. 당시에 마이트너는 조카 프리슈(Otto R. Frisch)와 함께 크리스마스 휴가를 보내고 있었다. 그들은 한과 슈트라스만의 실험에서 우라늄의 핵이 분열되었을 가능성을 제기하였다. 우라늄의 원자핵이 중성자를 얻어 질량이 비슷한 두 개의 원자핵, 즉 바륨과 란타넘의 원자핵으로 분열한 것이며, 방사선은 그러한 분열 조각에서 나온다는 것이었다.

마이트너의 편지를 받은 한은 슈트라스만과 함께 추가적인 실험을 실시한 후 핵분열에 관한 논문을 작성하여 1938년 12월 22일에 《자연과학(Naturwissenschaften)》에 투고하였다. 이어 1939년 1월 16일에는 마이트너가 프리슈와 함께 핵분열 반응의 물리적 특성을 규명한 논문을 《네이처(Nature)》에 발표하였다. 여기서 마이트너는 '핵분열(nuclear fission)'이란 용어를 처음으로 사용하였다. 급기야 프리슈의 스승인 보어(Niels Bohr)는 미국 물리학회에서 핵분열 반응의 존재를 공포하기에 이르렀다. 이로써 불과 한 달도 안 되는 사이에 핵분열 소식은 전 세계의 과학자들에게 알려졌다.

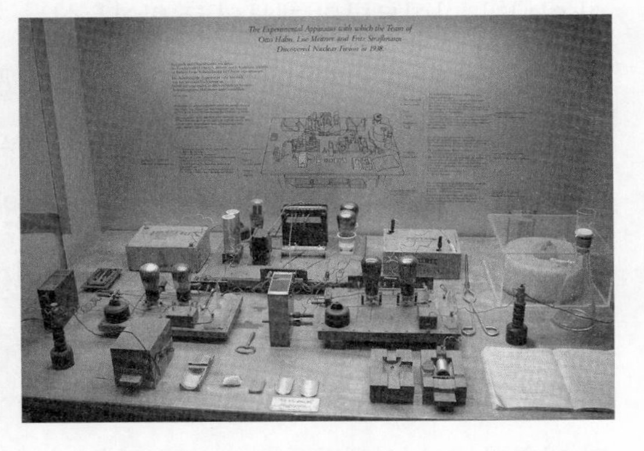
도이체스 박물관에 복원되어 있는 핵분열에 관한 실험 장치

1930년대에는 한, 마이트너, 슈트라스만 이외에도 우라늄을 연구하고 있었던 과학자들이 많았다. 대표적인 연구팀으로는 이렌 퀴리(Irène Joliot-Curie)와 졸리오퀴리(Frèdèric Joliot-Curie)가 이끌었던 파리 팀, 페르미가 이끌었던 로마 팀을 들 수 있다. 그렇다면 이와 같은 연구팀 중에 왜 하필이면 베를린 팀이 우라늄 핵분열을 먼저 발견하게 되었을까? 그 이유는 베를린 팀의 특이한 연구조직에서 찾을 수 있다. 파리 팀과 로마 팀은 주로 물리학자들로만 구성되어 있었던 반면에 베를린 팀은 물리학자와 화학자들로 구성된 학제적(interdisciplinary) 연구팀이었던 것이다.

독일 팀은 다른 팀에 비해 상보적인 성격이 강한 구성원들로 이루어져 있었다. 한은 주로 방사성 원소를 화학적으로 분석하는 작업을 맡았고, 마이트너는 방사능의 세기를 측정하는 것과 같은 물리학적 작업을 담당했다. 한이 꼼꼼한 성격으로 실험의 매 단계가 정확하게 이루어졌다는 것을 확인하면, 그러한 실험 데이터를 바탕으로 마이트너는 대담한 가설을 세우곤 했다. 또한 슈트라스만은 기존의 학자들이 가지고 있던 선입관이 없이 생성된 물질의 화학적 조성을 정확하게 분석하는 데 매진하였다. 이에 반해 파리 팀과 로마 팀의 경우에는 화학분석을 담당하는 전문가가 없다는 것이 결정적인 약점으로 작용하였다.

원자탄으로 이어진 핵분열

1939년 이후에 핵분열은 많은 과학자들의 이목을 집중시켰다. 특히 한이나 슈트라스만에 가까운 화학자들보다는 마이트너나 프리슈의 말을 이해할 수 있는 물리학자들이 핵분열에 더욱 많은 관심을 보였다. 물리학자들은 핵분열에 관해 논의하면서 화학자인 한과 슈트라스만보다는 같은 물리학자인 마이트너의 이름을 더 자주 언급했다. 한이 보기에 핵분열은 '한의 핵분열'이 아니라 '마이트너의 핵분열'로 받아들이는 것처럼 보였다.

설상가상으로 노다크(Ida Noddack)라는 독일 물리학자가 핵분열 연구에 대한 우선권을 주장하고 나섰다. 그는 자신이 1934년에 이미 우라늄 원소의 핵분열을 예견했음에도 불구하고 한이 자신의 연구를 언급하지 않고 있다면서 한을 비난하였다. 마이트너는 이 소식을 접한 후 매우 불쾌하게 여기면서 한에게도 전해 주었다. 이와 같은 상황 속에서 한은 수많은 노고 끝에 이루어낸 핵분열 발견이 제대로 인정받지 못하고 있다는 불안감을 느꼈다.

학문적 호기심에 지나지 않았던 핵분열은 1939년 4월에 졸리오퀴리를 비롯한 프랑스의 과학자들이 '연쇄반응(chain reaction)'을 발견한 후 뜨거운 감자로 떠올랐다. 핵이 분열하면 막대한 에너지뿐만 아니라 여분의 중성자들이 방출되며, 그것들이 또 다른 원자들을 분열시켜 점점 더 많은 에너지와 중성자들을 방출한다는 것이었다. 급기야 1939년 9월에 제2차 세계대전이 발발하면서 핵분열과 연쇄반응은 원자탄을 제조하는 과학적 기초로 작용하였다. 원자탄 개발 사업은 독일과 영국에서 시작되었으며, 1942~1945년에 미국에서 추진된 맨해튼계획을 통해 완료되었다.

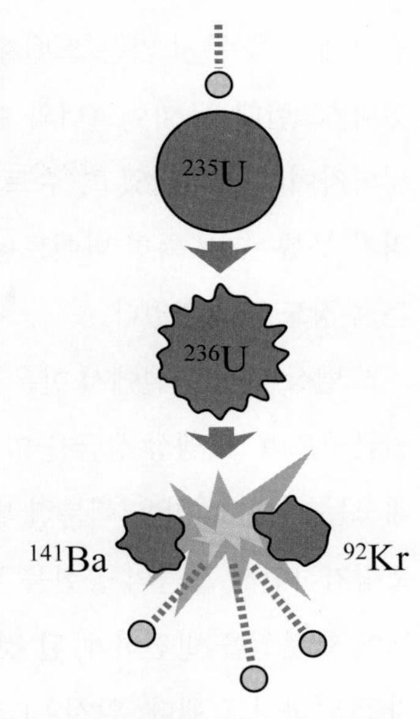

우라늄 핵분열 반응의 개념도

제2차 세계대전 중에 한은 독일을 떠나지 않았다. 망명의 기회가 여러 번 주어졌으나 독일을 사랑하는 마음으로 거절했던 것이다. 연합군의 폭격으로 자신의 연구소가 파괴되자 한은 가족을 데리고 남부 독일로 피난을 갔다. 독일이 항복한 뒤 연합국 정보요원들은 전쟁 중에 독일이 어느 정도까지 원자탄 개발을 진행시켰는지를 알아내기 위해 독일의 주요 과학자들을 영국 케임브리지 부근의 농가에 억류하였다. 여기에는 하이젠베르크(Werner Heisenberg), 라우에(Max von Laue), 보테(Walther Bothe), 바이츠재커(Carl von Weizsäcker), 한 등이 포함되어 있었다. 이른바 알소스 특명(Alsos Mission)을 통해 연합국 정보요원들은 독일 과학자들을 외부와 차단시켜 놓고 그들 사이에 오가는 대화를 비밀리에 조사했던 것이다.

영국에 억류되어 있는 동안 한은 히로시마와 나가사키에 원자탄이 투하되어 수많은 희생자가 발생했다는 소식을 접했다. 처음에는 믿기지 않았으나 자세한 내용이 보도되자 한은 심한 자책감을 느꼈다. 자신이 핵분열 현상을 발견하는 바람에 무고한 시민들이 사망하는 결과가 발생했다고 매우 괴로워했던 것이다. 이 때문에 한은 정신착란 증세를 보이기도 했지만, 함께 억류당했던 동료들의 위로로 점차 회복될 수 있었다.

단독으로 수상한 노벨 화학상

1945년 11월 16일에 한은 자신이 1944년 노벨 화학상 수상자로 선정되었다는 소식을 신문으로 알게 되었다. 그 상은 우라늄 핵분열을 발견한 공로로 주어졌는데, 공동 수상이 아니라 단독 수상이었다. 1944년 노벨 화학상에 대해서는 많은 논쟁이 있었다. 왜 한에게만 노벨 화학상을 주었는가? 세 사람밖에 상을 주지 않은 노벨재단의 규칙을 감안한다면 프리슈가 제외되는 것은 이해할 수 있다. 그런데 왜 마이트너와 슈트라스만은 제외되었는가? 마이트너는 화학자가 아니고 물리학자여서 제외되었고, 슈트라스만은 연구팀에 늦게 합류해서 노벨상 수상의 영광을 누리지 못했는가? 특히 마이트너에 대해서는 노벨상 심사위원들이 성차별을 한 것이 아니냐는 주장도 제기되었다.

노벨상 수상 연설에서 한은 우라늄 핵분열 발견에 마이트너와 슈트라스만이 기여한 바를 언급했으며, 노벨상 상금을 마이트너와 슈트라스만에게 나누어주었다. 그러나 이후에 한의 태도는 변했다. 한은 핵분열 발견 과정에서 마이트너와 슈트라스만이 담당했던 역할을 과소평가하면서 그들의 공헌을 무시하는 발언을 하곤 했다. 특히 마이트너가 독일을 떠난 이후에 핵분열을 발견하게 된 것을 근거로 "마이트너가 핵분열 발견에 방해가 되었을 뿐"이라고 말하기도 했다. 앞서 언급했듯이, 한은 자신의 핵분열이 아니라 마이트너의 핵분열로 인식되는 것을 경계했는지도 모른다.

한은 1946년 1월에 영국을 벗어나 독일로 귀환했다. 그는 카이저 빌헬름 협회의 회장으로 임명되어 1960년까지 15년 동안 독일 과학의 부흥에 총력을 기울였다. 한은 세계 도처의 대학에서 많은 명예박사 학위를 받았으며, 영국의 왕립학회와 프랑스의 과학아카데미를 비롯한 과학단체들은 한을 회원이나 명예회원으로 추대하였다. 그는 1955년에 노벨상 수상자들로 구성된 마이나우 선언(Mainau Declaration)에 서명하면서 핵무기의 사용이 가져올 인류의 미래를 걱정하기도 했다. 특히 1966년에 미국의 원자력위원회는 마이트너, 한, 슈트라스만에게 페르미상을 공동으로 수여하였고, 이를 계기로 한때 껄끄러워졌던 세 사람의 우정은 다시 회복되기 시작하였다.

그러나 한의 말년은 그다지 행복하지 못했다. 1951년에는 괴한의 권총에 등을 맞았고, 그 일로 부인이 정신착란 증세를 보이기도 했다. 1960년에는 외아들 부부가 프랑스에서 자동차 사고로 사망하는 바람에 손자를 맡아서 길러야 했다. 한 자신도 1968년에 자동차에서 내리다가 크게 다쳤고 그 해 7월에 사망하고 말았다. 그의 부인도 2주일 후에 죽었다. 우연의 일치인가? 마이트너도 같은 해 12월에 세상을 떠났다.

대륙을 이동시킨 떠돌이 과학자 알프레트 베게너

죽은 뒤에 빛을 본 대륙이동설

과학자가 매우 뛰어난 업적을 내놓고도 생전에 빛을 보지 못하는 경우가 종종 있다. 그 업적이 널리 알려지지 못해서 그런 경우도 있고 과학자가 일부러 자신의 주장을 발표하지 않는 경우도 있다. 제일 고약한 것은 과학자가 자신의 업적을 발표했는데도 인정 대신에 비난을 받다가 죽은 후에야 빛을 발하는 경우이다. 그 대표적인 예가 대륙이동설을 제창한 알프레트 베게너(Alfred L. Wegener, 1880~1930)이다.

세계지도를 보다가 바다를 사이에 둔 대륙의 해안선 형태가 비슷하다는 것을 느낀 적이 있는가? 영국의 철학자이자 과학자인 프란시스 베이컨은 이미 1620년에 남아메리카와 아프리카의 형상이 유사하다는 점을 지적하였고 이후에 다른 과학자들도 비슷한 생각을 가졌다. 그러나 몇 가지 가설이 난무했을 뿐 아무도 이를 체계적으로 설명하지는 못했다. 노아의 홍수로 지구 내부에 있던 물질이 밀려 올라와 대륙이 양쪽으로 쪼개졌다는 가설, 수억 년 전에 금성이 가까이 접근했을 때 대륙이 이동했다는 가설, 육교(land bridge)가 멀리 떨어진 대륙을 연결하고 있다가 가라앉았다는 가설 등이 간헐적으로 제기되고 있었던 것이다.

방대한 증거를 바탕으로 대륙이동설을 과학적 차원으로 승화시킨 사람은 20세기 독일의 과학자이자 탐험가인 베게너이다. 베게너는 1880년에 베를린에서 목사의 아들로 태어났다. 그는 어린 시절부터 운동을 매우 좋아했으며, 그것은 훗날 탐험을 나서는 데 큰 도움이 되었다. 그는 베를린 대학에 진학하여 천문학을 전공하였다. 1904년에 우등으로 박사

시험을 통과했으며 프톨레마이오스의 알폰소 목록(알폰소 10세를 위해 만든 천체 목록)에 대한 분석으로 박사 학위를 받았다.

베게너는 박사 학위를 받은 후에 기상학으로 관심을 돌렸다. 베게너는 린덴베르크의 항공학 관측소에서 직장을 구했다. 형인 쿠르트(Kurt)도 같은 연구소를 다니고 있었다. 베게너 형제는 주로 기구(氣球)와 연(鳶)을 통해 대기를 연구했다. 당시에 기상학은 신천지나 다름이 없었다. 미지의 세계를 탐험하는 것을 좋아했던 베게너에게 매우 어울리는 분야였다. 사실상 그의 인생에는 학문에 대한 관심과 탐험에 대한 도전이 섞여 있었다.

베게너 형제는 1906년에 기구를 타고 독일, 덴마크, 스웨덴 일대를 52시간 동안 여행했는데 그것은 당시의 세계 신기록에 해당하였다. 같은 해에 베게너는 덴마크 원정대의 일원으로 그린란드로 떠났고 거기서 2년 동안 기상 현상을 관측했다. 베게너는 독일로 돌아온 후 마르부르크 대학에서 기상학과 천문학을 강의했다. 그는 30세가 되던 1910년에 자신의 관측과 강의를 바탕으로 《대기의 열역학》이란 책을 집필하였다. 그 책은 독일의 여러 대학에서 교재로 널리 사용되었으며, 강수의 기원에 관한 현대적 이론의 기초가 되었다. 베게너는 《대기의 열역학》을 매개로 유능한 과학자로 주목받기 시작하였다.

퍼즐 맞추기

베게너가 훗날 회상한 바에 따르면, 그는 1910년부터 대륙이동설에 관심을 기울이기 시작했다. 당시에 마르부르크 대학의 동료가 새로운 세계지도를 받았는데 그것을 보면서 베게너는 남아메리카의 동해안이 아프리카의 서해안에 꼭 들어맞는다는 점에 주목했다. 그는 당시의 상황에 대하여 "마치 찢어진 신문지의 가장자리를 맞춰놓고 인쇄된 부분이 부드럽게 만나는지를 확인하는 것 같은 기분이었다"고 썼다.

이어 베게너는 1911년 봄에 브라질과 아프리카 지층의 고생물학적 유사성을 다룬 보고서를 보게 되었다. 그 보고서에는 양 대륙을 잇는 육교가 있었다는 생각을 뒷받침해주는 증거가 실려 있었다. "그 보고서를 읽고 나는 지질학과 고생물학 분야의 관련 연구를 서둘러 조사했다. 이를 통해 즉각 [대륙이동에 관한] 그 생각이 기본적으로 확실하다고 믿게 되었다."

베게너는 바다에 의해 분리되어 있는 여러 대륙들이 이전에 연결되어 있었다는 것을 보여주는 증거를 수집하기 시작하였다. 그는 지리학적 증거 이외에도 지질학적 성분에 관한 증거, 화석에 관한 증거, 종과 관련된 증거, 기후변동에 관한 증거 등을 광범위하게 수집하였다. 이러한 증거들은 각각 한 조각의 퍼즐이 될 수 있었다. 베게너는 퍼즐 조각을 충분히 모았으며 이제는 그것들을 맞추기만 하면 된다는 사실을 깨달았다. 그는 이 문제를 탐구하는 것이 마치 자신이 기구를 타고 높은 곳에서 아래를 내려다보는 것과 비슷하다는 느낌을 받았다.

베게너는 1912년 1월에 프랑크푸르트 지질학회에서 나중에 '대륙이동설'로 불리게 된 자신의 가설을 제안했다. 발표 논문의 제목은 〈지구물리학 관점에서 본 지각의 주요구조에 관한 새로운 생각들〉이었다. 그는 이 논문에서 오늘날 여러 조각으로 나누어져 있는 대륙들은 과거에 언젠가 하나의 대륙으로 묶여 있었으며 시간이 지난 후 그 대륙 조각들이 지구 표면 위로 이동하여 결국 현재의 모양이 되었다고 주장했다. 그러나 베게너의 논문에 대한 반응은 회의적이었다. 학회에 참가했던 지질학자들은 베게너가 기상학자라는 점을 들어 전문가도 아닌 사람이 어리석은 말을 한다고 비난했다.

베게너는 논문을 발표한 직후에 그린란드 탐사에 다시 나섰고, 탐사를 마친 후 1913년에 엘제 쾨펜(Else Köppen)과 결혼했다. 베게너는 연구에 전념하려고 했으나 제1차 세계대전이 발발하면서 상황이 달라졌다. 독일 육군의 중위로 참전했던 것이다. 불행인지 다행인지 그는 두 번의 부상을 당했고 이에 따라 병원에서 많은 시간을 보냈다. 병원에서는 별달리 할 일이 없었으므로 그는 대륙이동설에 대한 연구를 계속했다. 베게너는 1915년에 대륙이동에 관한 최초의 이론서인 《대륙과 대양의 기원》을 출간하였다. 그 책은 이후에 여러 번의 개정판이 나왔고 영어를 포함한 다른 언어로도 번역되었다.

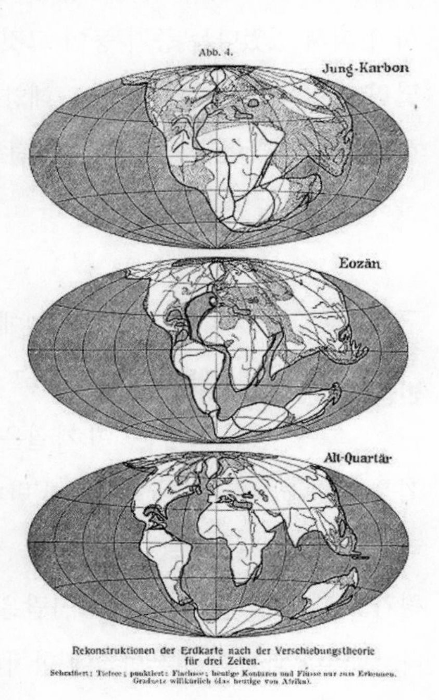

베게너가 《대륙과 대양의 기원》에서 제시한 대륙의 이동 과정

베게너는 《대륙과 대양의 기원》의 서문에서 다음과 같이 썼다. "지구의 초기 상태를 해명하기 위해서는 지구에 관련된 모든 분야의 과학적 증거를 이용해야 한다. 그러나 과학자들은 아직도 이 문제가 모든 증거를 통합해서 바라볼 때만 해결될 수 있다는 점을 충분히 이해하지 못하는 것 같다. 지구에 관련된 모든 과학 분야에서 제공되는 증거를 통합해야만

진실을 알 수 있다. 알려진 모든 사실을 가장 잘 설명할 수 있는 논리를 찾아내려면 그렇게 해야 한다. 또 우리는 새로운 과학적 증거를 발견하면 그것이 어떤 것일지라도 우리가 생각하고 있던 기존의 이론을 수정할 준비가 되어 있어야 한다."

그 책에서 베게너는 약 3억 년 전 석탄기가 될 때까지 지구가 하나의 거대한 대륙을 이루고 있었다고 주장했다. 그는 이와 같은 원시 대륙에 그리스어로 '모든'을 의미하는 판(pan)과 '땅'을 의미하는 가이아(gaea)를 합쳐 '판게아(Pangaea)'라는 이름을 붙였다. 베게너에 따르면, 남극 대륙, 오스트레일리아, 인도, 아프리카는 약 1억 5천만 년 전인 쥐라기에 분리되기 시작했다. 그 다음의 백악기에는 아프리카와 남아메리카가 분리되었고 약 100만 년 전인 빙하기에는 스칸디나비아, 그린란드, 캐나다가 분리되었다. 베게너는 인도, 마다가스카르, 아프리카가 연결되어 있었다고 가정하면서 이를 레무리아(Lemuria)라고 불렀다.

앞서 지적했듯이, 이러한 베게너의 주장은 단순한 추론이 아니라 방대한 증거에 바탕을 두고 있었다. 대양을 사이에 둔 서로 다른 대륙에 동일한 화석이 발견된 점, 두 대륙에 아주 밀접하게 관련된 종들이 분포하고 있다는 점, 석탄을 비롯한 여러 광물들이 동시에 매장되어 있다는 점, 북극 지방에 한때 열대 우림이 자랐다는 광범위한 증거, 적도 지방에 빙하가 퍼져 있었다는 증거 등이 그것이다. 이처럼 베게너는 당시의 일반적인 과학자들과는 달리 지질학, 생물학, 지리학, 해양학, 기상학 등 다양한 분야에서 자신의 주장을 뒷받침하는 증거를 찾아냈다. 베게너가 단순한 기상학자가 아니라 "최초의 진정한 지구과학자"로 불리는 까닭도 여기에 있다.

참담한 반응

베게너의 대륙이동설에 대한 반응은 대부분 적대적인 것이었다. 어떤 사람은 "비약적이고 이상하고 구차스런 사실로 묶은 가설"에 불과하다고 평가했다. 다른 사람은 "이 가설은 연구자가 아니라 종교 맹신자가 주장하는 것이라는 느낌을 준다"고 비꼬았다. "가설에 반대되는 사실은 무시하고 가설을 뒷받침하는 증거만 골라서 쓰고 있으며 주관적인 생각을 객관적 현실인 것처럼 다루는 자기당착에 빠져 있다"는 평가도 있었다. 좀 더 진지한 사람은 "이 가설은 우리들의 상상력을 자극할 만큼 도전적이다. 그러나 과학의 기본법칙에 합치하는 가설이라면 상상력에 호소할 것이 아니라 건전한 기초를 가지고 있어야 한다"고 지적했다.

비판자들이 지적한 가장 큰 문제점은 베게너가 대륙이 움직이는 이유를 제대로 설명하지 못했다는 것이었다. 베게너는 대륙이 지구의 원심력과 조력에 의해 마치 쇄빙선이 얼음을 가르고 나가듯이 지각을 헤치며 움직인다고 주장했다. 베게너의 반대자들은 그것이 불가능하다고 비판했다. 만약 그것이 사실이라면 대륙의 모양이 알아볼 수 없을 정도로 찌그러져 있어야 했다. 게다가 원심력과 조력은 대륙을 이동시키기에는 너무 약했다. 어떤 과학자는 대륙을 이동시킬 만큼 강력한 조력이라면 1년 이내에 지구가 자전을 멈출 것이라는 계산을 하기도 했다.

그러나 베게너의 고집은 꺾이지 않았다. "우리는 대답하기를 거부하는 피고와 마주 앉은 판사와 같다. 우리는 정황상의 증거를 참작해서 진실을 결정해야 한다. 어떤 판사가 오로지 자기가 현재 입수한 자료만 가지고 판단한다면 우리는 그를 어떻게 평가할 것인가?" 베게너는 죽기 직전에 "대륙이동설을 증명해 줄 뉴턴과 같은 존재는 아직 나타나지 않았다"고 말하기도 했다.

베게너는 대학에서 자리를 잡는 데에도 큰 어려움을 겪었다. 여러 대학에서 강의를 하기는 했지만 오랫동안 교수가 되지 못했던 것이다. 그의 동료 과학자인 게오르기(Johannes Georgi)는 다음과 같이 말했다. "베게너는 연구와 교육에 천부적인 소질을 가지고 있었지만 독일의 그 많은 대학과 폴리테크닉 중 어디에서도 정규 교수 자리를 얻을 수 없었다. 그가 일자리와 무관한 문제에 관심을 쏟고 있었기 때문에 거절당했다는 이야기가 계속 들렸다. 이런 사람은 과학계의 어떤 자리에도 쓸모가 없다는 것이었다." 베게너는 항공관측소나 해양관측소에서 근무하다가 44세가 되던 1924년에야 오스트리아 그라츠 대학의 기상학 및 지구물리학 교수로 임용되었다.

대륙이동설에서 판구조론으로

대륙이동설은 오랫동안 정설로 자리 잡지 못했으며, 대학 강의실에서 간혹 농담으로 언급되는 정도에 불과했다. 예외적으로 영국의 홈스(Arthur Holmes)는 베게너를 지지하면서 1929년에 베게너가 설명하지 못했던 대륙이동의 메커니즘을 제안하였다. 맨틀의 열대류로 인한 지각 운동이 대륙 이동에 원동력으로 작용한다는 것이었다. 그러나 홈스의 맨틀대류설도 경험적 증거가 부족하여 대부분의 지질학자들에게 수용되지 못했다. 베게너의 주장은 1950년대를 통하여 새로운 관측결과들이 지속적으로 등장하고 1960년대에 해저확장설과 판구조론이 제안됨으로써 널리 수용될 수 있었다.

우선 1950년대에는 세계 각국이 해양 탐사에 나서게 되었고, 이를 계기로 해저산맥이 지구 전체의 대양을 마치 야구공의 솔기처럼 뒤덮고 있다는 사실이 밝혀졌다. 해저산맥은 총길이가 5만 킬로미터가 넘었고, 평균 높이도 4,500미터에 달했다.

또한 1947년에 미국의 탐사선 아틀란티스 호에 승선했던 지진학자들은 대서양 해저에 가라앉아 있는 퇴적층이 예상했던 것보다 훨씬 얇다는 사실을 알아냈다. 대략 40억 년 전부터 지구상에 바다가 있었다는 점을 감안한다면 훨씬 두꺼운 퇴적층이 발견되어야 했지만, 실제로 측정된 퇴적층의 두께는 2억 년 정도 된 것이 고작이었다. 이러한 사실은 이후에 방사성 동위원소를 활용한 해저 퇴적물의 연대측정이 이루어지면서 다시금 확인되었다. 그것은 왜 대륙 지각과 달리 해양 지각의 나이가 훨씬 젊은가 하는 골치 아픈 문제를 낳았다.

1950년대는 해저에 대한 고지자기학(paleomagnetism) 연구가 새로운 성과를 내놓았던 시기이기도 했다. 당시의 과학자들은 자기계(magnetometer)라는 새로운 측정 장치를 가지고 해저의 자기 극성을 측정한 뒤 이를 지도로 만드는 작업을 추진했는데, 그 결과는 해저 자기의 극성이 마치 얼룩말 무늬와 같이 규칙적인 패턴을 보인다는 것이었다. 이러한 현상은 나중에 '자기 띠무늬(magnetic striping)'로 불리게 되었다.

광범한 해저산맥의 존재, 해저 지각의 젊은 나이, 자기 띠무늬 현상과 같은 새로운 증거들은 이를 일관되게 설명할 수 있는 새로운 이론을 요구했다. 1963년에 프린스턴 대학의 헤스(Harry Hess)는 해저확장설을 제시함으로써 하나의 이정표를 내놓았다. 그는 뜨거운 마그마가 해저산맥 혹은 해령에서 솟아올라 새로운 해양지각을 형성하며 해양지각은 해령을 중심으로 서로 반대 방향으로 멀어져 간다고 주장했다. 또한 해양지각이 형성되는 과정에서 지구자기의 극이 역전됨으로써 해저 암석의 고자기 기록에 남게 되었다고 생각했다.

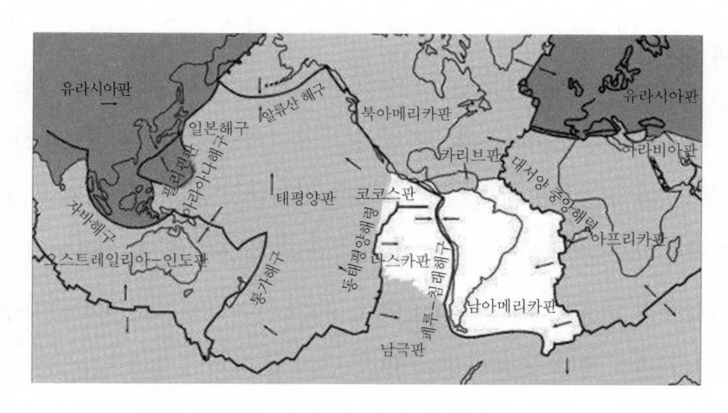

판구조론에서 논의되고 있는 판의 종류와 이동 방향

이어 1965~1968년에는 캐나다의 윌슨(J. Tuzo Wilson), 영국의 매켄지(Dan P. McKenzie), 미국의 모건(W. Jason Morgan) 등이 각각 판구조론(plate tectonics)을 제시함으로써 대륙이동설과 해저확장설을 종합하였다. 그들에 따르면, 지구의 표면은 각각 수백 킬로미터 정도의 두께를 가진 10여 개의 판으로 덮여 있고, 이러한 판들이 계속해서 이동하기 때문에 대륙과 해저도 함께 움직이게 된다. 각종 지질 현상도 판의 움직임에 의해 설명될 수 있었다. 예를 들어 두 개의 판이 갈라지거나 하나의 판이 다른 판 밑으로 끼어들어가는 곳에서는 지진이나 화산 활동이 활발하며, 두 개의 대륙판이 충돌하는 곳에서는 산맥이 형성된다는 것이었다. 판구조론은 지금도 지구의 진화를 설명하는 가장 체계적이고 포괄적인 이론으로 간주되고 있다.

베게너는 자신의 주장이 입증되는 것을 보지 못하고 눈을 감았다. 그는 1930년에 북극 지방의 기상 관측을 위해 구성된 그린란드 국제과학탐사대에 참여했다. 그의 그린란드 탐험은 네 번째였으며, 이번에는 대장의 역할을 맡았다. 그러나 계획은 처음부터 뒤틀리기 시작했고 폭풍 때문에 보급품을 운반하는 작업이 계속 미루어졌다. 베게너는 서쪽 관측소를 떠나 중간 기지에 보급품을 운반한 후 다시 서쪽 관측소로 돌아오다가 50세의 나이로 영원히 잠들고 말았다. 중간 기지에서 월동한 대원들은 이듬해 5월에 귀환하는 도중에 슬리핑백 안에서 숨져 있는 베게너를 발견했다. 그의 무덤 위에는 철로 만든 조그마한 십자가가 세워졌지만 그것도 눈에 파묻히고 말았다.

대륙이동설이 판구조론으로 발전하면서 오늘날과 같은 통합적 지구과학도 모습을 드러내기 시작했다. 이전에는 지질학, 해양학, 기상학 등으로 나뉘어져 성장해 왔지만, 1950년대가 되면 지구물리학을 매개로 기존을 분야들을 연결하는 작업이 시도되었던 것이다. 1957년 7월부터 1958년 12월에는 지구물리학 연구에 대한 세계적인 계획인 국제지구물리관측년(International Geophysical Year)이 수행되었고, 1960년대에 들어서는 기존의 지질학과가 지구과학과로 대체되는 경향을 보였다. 1970년에는 영국의 오픈 유니버시티가 《지구의 이해》라는 교재를 출간하면서 판구조론을 대륙이동에 관한 정설로 인정하였다.

1930년 11월 1일, 50세 생일 때 촬영된 베게너의 마지막 모습(왼쪽)

준비된 우연으로 페니실린을 발견하다 알렉산더 플레밍

의사가 된 농부의 아들

페니실린은 우리에게 잘 알려져 있는 약품으로서 폐렴이나 패혈증 등과 같은 전염병에 특효가 있다. 또한 심한 상처를 입은 환자나 악성 종기가 생긴 환자의 혈관에 페니실린을 주사하면 놀랄 정도의 좋은 효능을 보인다. 19세기 말에는 특정한 원인이 특정한 병을 일으킨다는 이론이 규명되었고, 이에 따라 특정한 병균을 제거할 수 있는 효과를 가진 약품을 개발하는 것이 중요한 과제로 떠올랐다. 이러한 약품은 당시에 '마법의 탄환(magic bullet)'으로 불렸는데, 페니실린은 널리 사용된 최초의 마법의 탄환이라 할 수 있다. 페니실린을 처음으로 발견한 사람은 영국의 의사인 알렉산더 플레밍(Alexander Fleming, 1881~1955)으로 알려져 있다.

플레밍은 1881년에 스코틀랜드 에어셔 지방의 로흐필드라는 마을에서 9남매 중 8번째 아이로 태어났다. 그의 아버지는 가난한 농부였다. 식구가 많아 집안 살림은 어려웠지만 집안 분위기는 화목했다. 플레밍은 시골에서 자란 덕분에 자연에 대한 예리한 관찰력을 얻을 수 있었다. 훗날 그는 "우리는 의식하지 못했지만 자연에서 많은 것을 배웠다. 도시 거주자들은 우리가 자연에서 배운 것들의 대부분을 알지 못 한다"고 썼다.

플레밍은 1889년에 이웃 읍내에 있는 초등학교에 입학했다. 학교에 가기 위해 6킬로미터가 넘는 거리를 걸어 다녀야 했지만, 플레밍은 항상 남들보다 앞섰다. 학교를 다닌 지 2주도 되지 않아 2년의 교육과정을 뛰어 넘을 정도였다. 아버지는 자신의 뒤를 이어 플레밍이 농부가 되기를 원했으나, 다른 가족들은 플레밍을 도시로 보내 공부를 시켜야 한다는 데 의견을 모았다.

플레밍은 13살에 런던으로 가서 상업학교를 다녔고 16살 때 선박회사에 취직했다. 그는 20살이 되던 1901년에 큰아버지의 유산을 나누어 받는 행운을 누릴 수 있었다. 큰아버지가 평생을 독신으로 살다가 세상을 떠났기 때문에 플레밍에게도 상속의 기회가 왔던 것이다. 플레밍은 형의 권유로 의사의 길을 가기로 작정하고 런던대학교의 세인트 메리 의과대학에 장학생으로 입학하였다. 1906년에 대학을 우수한 성적으로 졸업한 플레밍은 백신 치료법의 선구자로 이름을 날리고 있었던 라이트(Almorth Wright) 교수 밑에서 공부하면서 1909년에 석사 학위를 받았다.

1914년에 제1차 세계대전이 발발하자 플레밍은 국군 의료 부대로 지원하였다. 그는 프랑스로 파견되어 볼로뉴 부근의 병원에서 일했다. 거기서 그는 감염으로 죽어가는 많은 총상환자들을 접했다. 당시에 소독제로 사용되고 있었던 것은 석탄산이었는데, 그것은 세균과 싸우는 백혈구를 파괴하는 효과도 가지고 있어서 총상환자의 치료에 큰 도움이 되지 못했다. 플레밍은 일련의 실험을 통해 죽은 조직을 제거하고 상처를 무균 식염수로 씻어내면 감염을 최소화하는 동시에 백혈구를 대량으로 생성시킬 수 있다는 점을 알아냈다. 영국 육군의 강한 반대에도 불구하고 라이트가 플레밍의 시도를 지지함으로써 플레밍은 수천 명의 목숨과 팔다리를 구할 수 있었다.

제1차 세계대전 당시의 경험에 대해 플레밍은 다음과 같이 썼다. "나는 감염된 온갖 상처를 보았고 아무런 도움도 받지 못한 채 고통 속에서 죽어가는 많은 사람들에게 에워싸여 있었다. 나는 이 괴로운 시간이 끝난 뒤 문제의 미생물을 죽일 수 있는 어떤 것을 발견하고 싶다는 바람에 사로잡혔다."

플레밍은 1915년 휴가 중에 '사린'으로 불리기를 좋아했던 간호사 사라 맥엘로이(Sarah Marion McElroy)와 결혼했다. 사라는 내성적인 플레밍과는 정반대로 외향적인 성격의 소유자였고, 그녀의 쌍둥이 자매와 요양원을 운영하기도 했다.

이상적인 항생물질을 찾아서

1918년에 세인트 메리 병원으로 돌아온 플레밍은 소독제가 가진 문제점을 탈피한 이상적인 항생물질을 찾기 시작하였다. 그의 연구 습관은 매우 독특했다. 미생물을 연구하는 사람들은 누구나 실험한 배양접시를 즉시 세척하는 것을 규칙으로 삼고 있었으나, 플레밍은 배양접시를 2~3주간 방치한 후 이상 현상이 벌어지지 않았는가를 확인하곤 하였다. 이러한 습관 덕분에 플레밍은 다른 사람들에게 게으르고 지저분한 학자로 보였다.

1921년에 플레밍은 눈물, 콧물, 침을 박테리아와 함께 배양하면서 이러한 분비물 주변에 있는 박테리아가 죽어버린다는 사실을 발견하였다. 그는 일련의 실험을 통하여 계란의 흰자에도 박테리아를 녹여버리는 성분이 있다는 점을 알아냈다. 그는 이러한 효소를 '리소자임(lysozyme)'이라 명명하였다. 이 후 그는 리소자임의 작용 메커니즘을 규명하려고 했으나 별다른 성과를 올리지 못했다. 흥미롭게도 플레밍은 페니실린을 발견한 후에도 여전히 리소자임이 페니실린보다도 더 중요할 것이라고 생각했다고 한다.

플레밍은 1928년에 런던대학교 세인트 메리 의과대학 교수가 되었다. 그 해 여름에 그는 포도상 구균에 대한 연구를 진척시키고 있었다. 플레밍은 몇 종류의 균주를 배양하여 실험을 하다가 배양접시를 그대로 실험대 구석에 밀어 놓은 채 휴가를 떠났다. 당시에 바로 아래층 실험실에서는 다른 동료들이 곰팡이 알레르기를 치료할 방법을 연구하고 있었다. 그 실험실의 곰팡이 하나가 플레밍의 연구실 창문을 넘어와 배양접시를 오염시켰다. 이 푸른색 곰팡이는 잘 자라 나중에 페니실린으로 알려진 물질을 많이 만들었다. 휴가에서 돌아온 플레밍은 배양접시를 세척하려고 하다가 접시 주위의 세균의 한 부분이 녹은 것처럼 없어진 것을 발견하였다.

플레밍은 세인트 메리 의과대학의 동료들에게 자신이 새롭게 발견한 현상에 대해 침이 튀도록 얘기했지만, 그들은 이상한 눈으로 플레밍을 쳐다 볼 뿐이었다. 플레밍은 곰곰이 생각했다. 이처럼 세균이 깨끗이 녹아 없어진 것은 매우 강한 살균력을 가진 어떤 물질이 있기 때문이라고 믿었다. 그는 푸른곰팡이를 주범(?)으로 지목하고 그것을 본격적으로 연구하기 시작했다. 접시 속에 한천을 놓고 그 위에 푸른곰팡이의 포자를 가꾸었더니 얼마 지나지 않아 털 같은 곰팡이가 피어났다. 플레밍은 다른 접시에서 배양하고 있었던 포도상 구균을 한천의 푸른곰팡이 위에 놓아 보았다. 그러자 그 포도상 구균은 푸른곰팡이 근처에만 가도 봄눈 녹듯이 모두 죽어버리고 마는 것이 아닌가?

플레밍은 푸른곰팡이가 포도상 구균을 죽이는 약으로 사용될 수 있을 것이라고 확신하고 그 곰팡이가 어떤 종류인가를 알아보았다. 그것은 페니실륨 노타툼(Penicillium notatum)이라는 곰팡이였다. 그는 식물에서 얻어진 약에는 인(-in)으로 끝나는 이름을 붙이는 것이 관례였기 때문에 플레밍은 그 항생물질에 '페니실린'이라는 이름을 붙였다. 플레밍은 페니실린을 발견한 뒤 그것이 여러 종류의 세균에 대해 항균작용을 한다는 사실을 입증했다. 특히 그는 폐렴균, 수막염균, 디프테리아균, 탄저균, 가스괴저균 등 인간과 가축에게 무서운 전염병을 일으키는 병원균에 효과가 크다는 점을 밝혀냈다. 플레밍의 페니실린에 대한 연구 결과는 1929년에 《영국실험병리학회지》에 〈B-인플루엔자 분리에 이용된 페니실륨 곰팡이의 항세균 작용에 대하여〉라는 논문으로 발표되었다.

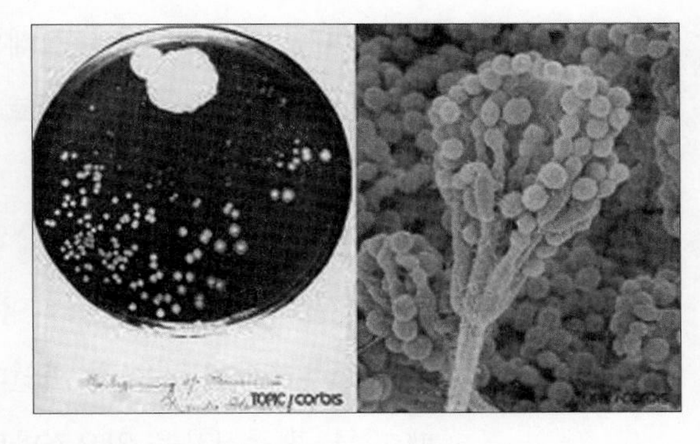

포도상 구균을 기르던 배양접시에서 곰팡이가 떨어진 부분 주위로 포도상 구균이 녹아 있다(왼쪽). 플레밍은 푸른 곰팡이(오른쪽)에서 나온 물질이 포도상 구균을 죽였다고 생각했다.

플레밍의 배양접시에 하필이면 그 많은 곰팡이 중에 페니실륨 노타툼이 떨어졌는지, 플레밍이 배양실험을 하고 있었던 세균이 하필이면 페니실린의 작용을 받는 세균이었는지, 그리고 왜 하필이면 다른 사람도 아닌 플레밍에게 이러한 사건이 발생했는지 등은 참으로 역사의 우연이라 아니할 수 없다. 훗날 플레밍은 후배 의사들에 대한 강연에서 다음과 같이 말했다.

"여러분, 우리가 한 평생을 살아가는 데 있어 '우연'이라는 것이 얼마나 중요한 자리를 차지하는가를 한번 생각해 보십시오. 그러면 놀라지 않을 수 없을 것입니다. 우리는 어쩌면 바둑판 위에서 이리저리 옮겨지는 바둑돌 같은 존재인지도 모릅니다. 내가 여러분에게 무언가 충고할 게 있다면 바로 이것입니다. 자기가 하는 일 가운데 조금이라도 이상한 것이 있으면, 주저 말고 열심히 파고들어 연구하라! … 그렇습니다. 나는 파스퇴르가 남긴 이 말을 믿습니다. 우연은 준비되어 있는 사람에게만 주어진다! 여러분, 열심히 공부하고 또 연구하십시오. 그리고 언제나 준비하고 있으십시오. 그래야 하늘이 주는 행운을 붙들 수가 있는 것입니다."

플레밍의 페니실린 발견은 '세렌디피티(serendipity)'를 잘 보여주는 사례에 해당한다. 세렌디피티는 사전적으로는 행운을 우연히 발견하는 능력으로 정의되고 있지만, 과학사에서는 우연으로 얻어지는 중대한 발견이나 발명을 뜻하는 말로 쓰인다. 과학적 발견이 언제나 합리적 추론의 결과로 얻어지지는 않는다는 것이다. 그러나 완전한 우연에 의해 과학적 세렌디피티가 이루어지는 경우도 없다. 세렌디피티가 일어나기 위해서는 준비되고 열린 마음이 전제되어야 하는 것이다. 과학사에서는 플레밍의 페니실린 발견 이외에도 노벨의 다이너마이트 발명, 케쿨레의 벤젠 구조 발견, 뢴트겐의 X선 발견 등이 세렌디피티의 대표적인 사례로 간주되고 있다.

페니실린의 상업화

그러나 페니실린을 약으로 사용하려면 더 많은 실험이 필요했다. 그 곰팡이가 아무리 병원균을 잘 죽인다 하더라도 동물이나 사람의 몸에 넣었을 때 다른 큰 부작용을 일으킨다면 약으로서의 가치가 없어지기 때문이다. 일련의 실험을 통하여 플레밍은 페니실린이 다른 약물들과는 달리 백혈구에 전혀 해를 끼치지 않는다는 점과 생쥐에 주사를 해도 부작용이 거의 없다는 점을 확인하였다. 그러나 플레밍이 사용한 페니실린 용액은 순도가 떨어졌기 때문에 상처 부위까지 완전히 침투하지 못하고 지나치게 빨리 항균력이 떨어진다는 단점을 가지고 있었다.

페니실린을 본격적인 치료약으로 개발하는 과정에서 결정적인 역할을 한 사람은 옥스퍼드 대학의 병리학자 플로리(Howard Florey)와 생화학자 체인(Ernest Chain)이었다. 그들은 이전에 플레밍과 교류한 적이 없었지만 학문적으로는 여러 면에서 플레밍을 계승하였다. 플로리는 1935년에 옥스퍼드 대학의 병리학 교수로 발령을 받으면서 체인을 실험강사로 채용했다. 그들은 눈물이나 침과 같은 점액에 들어있다는 리소자임에 관한 플레밍의 논문에 관심을 가졌다. 플로리와 체인은 1937년에 리소자임을 정제하는 데 성공했으며 1940년에는 이 효소의 작용을 받는 기질의 구조를 규명하기도 하였다.

그들은 리소자임을 연구하는 동안 항균물질에 대한 많은 자료를 섭렵했는데, 그중에는 페니실린에 관한 플레밍의 논문도 포함되어 있었다. 플로리와 체인은 1939년에 록펠러 재단에서 연구비를 받아 페니실린을 배양, 추출, 정제하는 작업에 착수하였다. 그들은 이전의 연구자들과 마찬가지로 생산량과 불안정성이라는 문제에 직면했지만, 유능한 생화학자인 히틀리(Norman Heatley)의 도움을 바탕으로 1940년 5월에 정제된 페니실린 분말을 얻는 데 성공하였다. 그것은 플레밍의 곰팡이 분비물보다 천 배나 강했다. 이어 플로리와 체인은 생체를 대상으로 정제된 페니실린을 실험해 보았다. 치명적인 연쇄구균을 주사한 8마리의 쥐 가운데 4마리에게 페니실린을 투약했다. 그 결과 페니실린을 투약하지 않은 쥐 4마리는 모두 죽었으나 페니실린을 투약한 나머지 4마리는 모두 멀쩡했다.

플로리와 체인은 1940년 8월에 〈페니실린에 대한 추가적 관찰〉이란 짧은 논문을 영국의 의학저널인 《랜싯(The Lancet)》에 발표했다. 페니실린이 강력한 전염병 치료 효과를 가지고 있다는 것이었다. 플레밍은 그 논문을 읽고 옥스퍼드에 있는 플로리와 체인을 방문하여 "당신들은 내가 발견한 물질로 대단한 것을 이루어내셨습니다"고 말했다. 훗날 플레밍은 플로리와 체인의 논문을 읽었을 때가 가장 놀랍고 행복한 순간이었다고 회상했다.

이제 남은 것은 임상실험이었다. 1941년 2월에 플로리와 체인은 패혈증으로 회복 가능성이 거의 없는 환자에게 페니실린을 투여하여 환자의 병이 빠른 속도로 회복되는 결과를 얻었다. 그러나 그러한 기쁨도 잠시뿐이었다. 충분한 양의 정제된 페니실린이 확보되지 않아 그 환자는 완전히 치료되지 못한 채 결국 사망하고 말았다.

플로리와 체인은 자신들이 당면한 문제를 해결하기 위하여 영국과 미국의 제약업체들에게 지원을 호소했다. 당시는 제2차 세계대전이 치열하게 벌어지고 있었는데, 전쟁터에서 창궐하는 전염병 때문에 각국 정부는 큰 골치를 앓고 있었다. 미국의 몇몇 기업들이 플로리에게 지원의 의사를 비치자 그는 히틀리와 함께 미국으로 건너가 페니실린 연구에 더욱 박차를 가하였다. 당시 영국의 기업들은 전쟁 물자를 생산하는 데 여념이 없어서 신약의 개발을 지원할 수 있는 형편이 되지 못했다.

플로리와 히틀리는 옥수수에서 얻은 배양액으로 실험을 시작했고, 마침내 플레밍의 최초 여과액보다 백만 배나 강력한 페니실린을 만들 수 있었다. 플로리 팀은 페니실린이 전 세계에서 자유롭게 쓰여야 한다고 믿었기 때문에 특허를 출원하지 않았다. 플레밍도 페니실린이란 단어가 상표권으로 쓰이는 일이 없도록 하기 위해 노력했다. 노르망디 상륙작전이 개시된 1944년 6월 6일에는 모든 연합군 부상자들을 치료할 수 있을 만큼 충분한 양의 페니실린이 생산될 수 있었다. 의사들은 이제 더 이상 부상을 입은 병사들이 무지막지한 감염증 때문에 죽어가는 모습을 무기력하게 보고만 있지 않게 되었다.

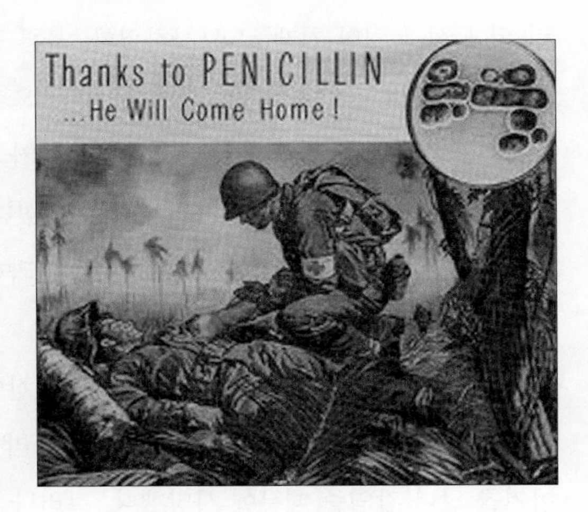

제2차 세계대전 때 제작된 페니실린에 대한 포스터. "페니실린 덕분에 그는 집으로 돌아갈 겁니다."

제2차 세계대전이 끝난 1945년에 노벨상위원회는 페니실린을 발견하고 개발한 공적을 높이 평가해 플레밍, 플로리, 체인 3명을 노벨 생리의학상의 공동수상자로 선정하였다. 플레밍은 1943년에 왕립학회의 회원이 되었고, 1944년에는 기사 작위를 받았다. 1946년에는 지도교수인 라이트의 뒤를 이어 세균학 교실의 책임자가 되었고, 1948년에는 라이트-플레밍 연구소의 소장을 맡았으며, 1951~1954년에 에든버러 대학의 학장을 역임하였다. 플레밍은 1955년에 심장마비로 사망한 뒤 런던 세인트 폴 대성당에 안치되었다.

플레밍 신화의 탄생

이상의 설명에서 보듯이, 플레밍의 업적도 대단한 것이었지만, 그가 페니실린에 대한 연구를 덮어둔 기간에 페니실린을 정제하고 그것을 사람에게 적용시키는 데 성공한 과학자는 플로리와 체인이었다. 그런데 왜 플레밍은 페니실린의 발견자로 주목을 받고 있는 데 반해, 플로리와 체인은 잘 알려져 있지 않은 것일까? 이에 대한 대답은 언론 플레이에서 찾을 수 있다.

1943년에 영국의 한 신문은 〈기적의 약 페니실린〉이라는 제목의 기사를 게재하면서 그것을 "플로리 팀의 개가"라고 표현하였다. 이 기사를 본 세인트 메리 병원의 원장은 신문사에 연락하여 페니실린의 발견자는 플레밍이라고 알려 주었다. 수많은 언론사들이 플레밍과 플로리의 실험실로 몰려가 취재경쟁을 벌였다. 이때 플레밍은 기꺼이 인터뷰에 응하고 멋진 사진용 포즈도 취했다. 이에 반해 플로리는 대학에서의 순수한 연구가 언론을 통해 광고되는 것을 싫어했기 때문에 기자들을 피해 다녔다. 당시에 그는 페니실린이 지나친 주목을 받게 되면 생산량에 비해 수요가 엄청나게 늘어난다는 점을 염려하기도 했다.

이에 따라 기자들은 플로리 팀에 대해서는 기사를 쓸 수 없었고 대신 플레밍을 "페니실린 뒤에 선 유일한 천재"로 묘사하였다. 물론 플레밍은 플로리와 체인의 역할에 대한 칭찬을 빼놓지 않았지만, 자신이 10여 년 동안 오리무중의 상태에 있었다는 점은 말하지 않았다. 자신도 믿기 어려울 정도의 갈채와 영예가 이어지자 플레밍은 처음에 의아해 하기도 했지만 이내 그러한 현상을 즐기는 사람이 되었다. 이러한 점에서 플레밍은 실제 업적보다도 과도하게 알려진 인물로 평가되고 있으며, 과학사 분야에서는 한 동안 '플레밍 신화'를 벗기기 위한 작업이 진행되기도 했다.

제2차 세계대전이 끝난 후 페니실린은 민간에서도 널리 사용되어 수많은 감염증 환자들의 생명을 지킬 수 있었다. 1940년만 해도 미국에서는 1만 명의 산모 가운데 60~70명이 아기를 낳다 감염증 때문에 사망했다. 그러나 페니실린이 널리 사용되면서 감염증으로 인한 사망자 수는 급속히 떨어졌다. 1960년에 이르면 아기를 낳다 죽은 산모는 1만 명 당 4명이하로 줄어들었다. 의학의 역사에서 산모의 감염증은 19세기 중엽에 제멜바이스(Ignaz Semmelweis)의 소독법 덕택에 1/20로 감소한 후 20세기 중엽에 페니실린 덕분에 또다시 1/20로 줄어든 기록을 가지고 있다.

페니실린이 만들어진 후 20세기 후반에는 수많은 항생제가 잇달아 개발되면서 이른바 "제약산업의 시대"가 개막되었다. 그러한 항생제들은 수많은 환자들의 생명을 구했지만 동시에 슈퍼 병균을 등장시키는 결과를 유발하기도 했다. 특정한 항생제에 내성을 가진 병균들이 등장하고 그것을 없애기 위해 또 새로운 항생제를 만들어야 하는 악순환이 계속되고 있는 것이다. 이에 따라 20세기 최고의 특효약이라는 페니실린이 이제는 거의 무용지물이 될 지경에 이르렀다. 페니실린의 발전과 쇠퇴의 역사는 약품의 적절한 사용이 얼마나 중요한지를 웅변해 주고 있다.

노벨상을 받은 기업체 연구원

어빙 랭뮤어

엘리트 과학자의 길

대학의 전유물이었던 과학연구는 20세기에 접어들면서 기업에서도 이루어지기 시작하였다. 기업이 과학자들을 고용하여 산업적 연구(industrial research)를 추진했던 것이다. 흥미롭게도 기업체 연구원 중에는 노벨상을 받은 사람도 제법 있다. 기업체 연구원으로서 노벨상을 최초로 수상한 사람은 어빙 랭뮤어(Irving Langmuir, 1881~1957)이다. 그는 제너럴 일렉트릭(General Electric)에서 근무하면서 계면화학(surface chemistry)을 발전시킨 공로로 1932년 노벨 화학상을 수상하였다.

랭뮤어는 1881년 미국 뉴욕 주의 브루클린에서 태어났다. 네 형제 중 셋째였다. 아버지는 뉴욕 생명보험회사의 이사였다. 아버지 덕분에 랭뮤어는 뉴욕과 파리로 학교를 옮겨 다녔다. 그는 어릴 적부터 과학에 소질을 보였다. 독학으로 6주 만에 미적분학을 습득하는가 하면, 혼자 폭탄을 만드는 실험도 하였다. 특히 화학자였던 큰 형은 랭뮤어에게 실험의 결과와 의문점, 그리고 떠오르는 아이디어 등을 날마다 기록하게 했다. 랭뮤어는 스키, 등산, 음악에도 취미를 붙여 평생 즐겼다.

랭뮤어는 1899년에 컬럼비아 광산대학에 입학하였다. 그 대학은 광산학과 금속학 분야에 특화된 대학으로 1864년에 설립되었다. 랭뮤어가 컬럼비아 광산대학을 선택한 이유는 그 대학이 수학, 물리학, 화학을 아우르는 우수한 수업을 제공하고 있었기 때문이었다. 1903년에 대학을 졸업한 후에 랭뮤어는 독일로 유학을 갔다. 그는 괴팅겐 대학에서 네른스트 교수의 지도로 최신 물리화학을 배웠으며 네른스트와 함께 전기 램프를 발명하기도 했다. 랭뮤어는 1906년에 〈냉각 중에 해리되는 기체 분자의 부분적 재결합〉이라는 논문으로 박사 학위를 받았다.

박사 학위를 받자마자 랭뮤어는 미국 뉴저지에 있는 스티븐스 공과대학(Stevens Institute of Technology)의 화학 교수로 초빙되었다. 불과 25세의 나이로 대학 교수가 된 것이다. 그는 연구하는 것을 매우 좋아했으며, 수업 준비에 많은 시간을 투자하는 것은 못마땅하게 여겼다. 랭뮤어는 교육자라기보다는 연구자에 적합한 스타일을 가지고 있었던 것이다. 당시에 그는 높은 온도의 용기를 통과하는 기체분자에서 일어나는 화학반응의 속도를 알아내는 실험을 하고 있었다.

산업적 연구의 출현

1909년에는 랭뮤어에게 새로운 운명의 손길이 뻗쳐 왔다. 뉴욕 주의 스키넥터디 소재 제너럴 일렉트릭의 연구소 소장인 휘트니(Willis R. Whitney)가 함께 일을 해 보자고 제안했던 것이다. 제너럴 일렉트릭은 1892년에 에디슨 제너럴 일렉트릭(Edison General Electric)과 톰슨-휴스턴 사(Thomson-Houston Company)가 합병되어 탄생한 기업이다. 두 회사는 모두 과도한 사업 확장으로 재정상의 어려움을 겪고 있었고 당시에 '금융왕'으로 불렸던 모건(John P. Morgan)의 개입으로 합병의 길을 택했던 것이다. 이러한 점에 비추어 볼 때 제너럴 일렉트릭을 에디슨이 설립했다고 하는 것은 잘못된 정보에 해당한다.

제너럴 일렉트릭은 과학의 역사에서 '산업적 연구'를 본격적으로 수행한 기업으로 평가되고 있다. 19세기까지 과학연구는 주로 대학에서 이루어진 '학문적 연구(academic research)'의 성격을 띠고 있었지만 20세기에는 많은 기업들이 사내 연구소를 설립함으로써 과학연구를 담당하는 새로운 제도적 공간을 창출했던 것이다. 그러나 모든 기업체 연구소가 성공적으로 운영된 것은 아니었고 과학과 기업이 동반자적 관계를 정립하는 데에는 오랜 기간이 소요되었다.

기업체 연구소의 초보적인 형태는 1870년대에 출현하였다. 그것은 화학산업이나 전기산업과 같은 과학기반산업(science-based industry)을 매개로 등장하였다. 1870년대에 독일의 화학염료업체들은 대학의 연구실을 본떠 기업체 내에 연구개발을 담당하는 조직을 설치하기 시작했고, 1891년에는 바이에르 사(Friedrich Bayer & Company)가 사내 연구소를 공식적으로 출범시켰다. 또한 1876년에 발명왕 에디슨은 개인 차원이 아닌 조직 차원의 발명을 추구하

제너럴 일렉트릭에서 랭뮤어가 휘트니와 함께 한 모습

기 위하여 멘로 파크(Menlo Park)에 '발명공장'으로 불린 연구소를 설립하였다. 그러나 독일의 기업체 연구소들은 신제품에 대한 연구보다는 품질검사에 초점을 두고 있었으며, 멘로 파크 연구소의 경우에는 기술자들이 활동을 주도하고 과학자들은 이를 보조하는 데 머물렀다. 이에 반해 1900년에 설립된 제너럴 일렉트릭 연구소는 과학자를 중심으로 새로운 제품이나 공정을 개발하는 연구를 추진하였다.

제너럴 일렉트릭은 우수한 과학자를 유치하기 위하여 대학 교수보다 훨씬 많은 급여, 자유로운 연구 시간, 그리고 연구 주제의 자율적 선택 등을 보장하였다. 초대 연구소 소장으로 영입된 휘트니는 MIT 화학 교수를 그만 두고 제너럴 일렉트릭으로 자리를 옮긴 사람이었다. 그는 과학의 효용성에 대한 신념을 바탕으로 연구소를 열정적이고 합리적으로 운영하였다. 그에게는 두 가지 상표가 있었다. 하나는 "재미 좋으십니까?" 라는 유쾌한 인사였고, 다른 하나는 항상 열려 있는 그의 방문에 붙어 있는 "언제라도 들어오십시오" 라는 팻말이었다.

평생직장이 된 제너럴 일렉트릭

랭뮤어는 1909년부터 1950년까지 거의 평생을 제너럴 일렉트릭에서 보냈다. 제너럴 일렉트릭에서 수행된 초창기 연구는 전구의 수명을 늘리는 데 집중되어 있었다. 1879년에 에디슨이 발명한 백열등은 탄소 필라멘트를 채택하고 있었는데, 1913년에 제너럴 일렉트릭의 쿨리지(William Coolidge)는 이보다 성능이 더욱 우수한 텅스텐 필라멘트를 상업화하는 데 성공했다. 그러나 오랫동안 뜨거운 열을 받으면 텅스텐이 점점 약해지고 전구의 유리도 까맣게 타버리는 문제점은 계속 남아있었다.

랭뮤어는 이러한 문제점을 해결하는 데 도전했다. 우선, 그는 높은 열을 발생하는 필라멘트에 의해 발생되는 기체의 양을 측정하여 그 양이 필라멘트 부피의 7,000배라는 점을 알아냈다. 이와 함께 진공 상태에서 뜨거운 열로 인해 텅스텐 금속이 증기가 되어 날아가

버리기 때문에 텅스텐 필라멘트가 점점 얇아지고 쉽게 끊어진다는 점도 밝힐 수 있었다. 이어 랭뮤어는 전구 속을 진공 상태로 두지 않고 적당한 기체를 넣어보기로 했다. 텅스텐과 화학적으로 반응하지 않는 안정된 기체를 전구 속에 넣고, 필라멘트 코일 모양으로 바꾸었더니 전구의 수명이 더욱 늘어났다. 그 때 사용한 것은 질소와 아르곤을 섞은 혼합기체였다. 이 혼합기체는 매우 안정된 성질을 갖고 있어서 높은 온도의 텅스텐에 반응하지 않았다. 결국 랭뮤어는 질소에 아르곤을 섞은 혼합기체를 사용하면 전구의 효율성과 수명이 늘어나는 것을 알아냈으며, 1916년에 혼합기체를 사용한 백열전구로 특허를 받았다.

랭뮤어가 혼합기체를 사용하여 개발한 백열전구

랭뮤어의 백열전구에 대한 연구는 자연스럽게 진공펌프에 대한 연구로 이어졌다. 1915년에 랭뮤어는 기존 펌프보다 성능이 약 100배 뛰어난 수은 압축 펌프를 개발하였다. 랭뮤어의 수은 압축 펌프로 대기압의 10억분의 1 정도의 압력을 만들 수 있었으며, 그 덕분에 라디오, 텔레비전, 사이클로트론 등과 관련된 기술이 개발될 수 있었다.

1912년에 랭뮤어는 메리언 메르세류(Marion Mersereau)와 결혼했다. 그녀는 랭뮤어의 과학 인생을 이해하면서 남편을 열심히 내조하였다. 랭뮤어는 제너럴 일렉트릭에서 바쁘게 생활하는 중에도 아내와 함께 종종 스키와 등산을 즐겼다. 그들은 딸과 아들을 입양하기도 했다.

계면화학의 발전과 노벨상

1916년에 미국의 화학자 루이스는 두 원자 간에 전자쌍을 공유하는 화학결합에 주목했다. 공유결합이라고 불리는 이 결합은 서로 연결되어 있는 원자들의 최외각 전자껍질에 각각 8개의 전자를 확보하고, 안정된 전자 배치를 갖기 위한 것이다. 반면에 이온결합에서는 전자를 공유하는 것이 아니라 금속 원자가 내놓은 전자를 비금속 원소가 받아들임으로써 결합이 이루어진다. 이와 같이 원소들 사이에 결합이 형성되는 것을 전자를 중심으로 간단하게 설명할 수 있는 방법을 '루이스 점 구조식'이라 한다. 이 방법으로 원자 사이의 구성을 표시하려면 먼저 각각의 원소 기호를 쓰고, 그 주위에 원자가 전자를 두 개씩 짝지어 표시한 후, 짝 짓지 못한 원자가 전자의 수만큼의 공유 전자쌍을 만들면 된다.

랭뮤어는 원자 구조에 대한 연구를 하면서 루이스의 이론을 보완하였다. 랭뮤어는 보어의 양자론적 원자모형을 받아들인 후 원자 내의 전자들이 원자핵을 중심으로 구형으로 모여 있으며, 모든 원자들은 최외각에 8개의 원자가 있을 때 가장 안정하다고 주장하였다. 이때 최외각전자 8개를 구성하려는 경향에 따라 각 원소의 반응성이 결정된다는 것이었다. 이러한 이론은 '루이스–랭뮤어 원자가이론'으로 불리고 있다. 1919년에 랭뮤어는 〈원자와 분자 내에서의 전자 배치〉라는 논문을 발표했는데, 당시의 청중들은 랭뮤어의 논문에 감동을 받아 발표하는 데 75분이나 걸리는 논문을 한 번 더 읽어달라고 했다고 한다.

랭뮤어가 가장 오랫동안 연구한 분야는 계면화학이었다. 계면화학은 성분이 서로 다른 두 물질의 경계면에서 작용하는 화학적 반응을 연구하는 분야이다. 랭뮤어는 한 물질의 표면을 그 물질의 끝이라고 보기보다는 다른 물질과의 경계로 보았다. 랭뮤어는 기름이 물과 섞이지 않기 때문에 어느 정도 번져나가다가 기름의 끈끈한 성질 때문에 멈출 것으로 예상했다. 그리고 물 위에 떠있는 기름막이 일정한 두께를 안정적으로 유지할 때까지 번져나가는 힘과 분자의 크기를 측정하는 방법을 알아냈다.

또한 랭뮤어는 물과 기름의 경계면에서 물 쪽으로 스며든 기름은 막을 형성하기보다는 작은 방울 상태로 되어 있으며, 이 작은 방울 상태의 기름 분자가 물 분자를 일으켜 세운다고 생각했다. 사용한 기름은 스테아르산이었는데, 스테아르산은 카르복시기를 가지고 있는 탄화수소이다. 스테아르산을 연구한 랭뮤어는 스테아르산 분자에 있는 카르복시기는 친수성이므로 물 분자와 잘 섞이고, 탄소가 길게 연결 되어 있는 소수성기는 물과 잘 섞이지 않는다는 것을 알았다. 즉, 랭뮤어는 카르복시기에 있는 이중 결합이 물 분자와 잘 결합하는 친화도 때문에 불포화지방산이 물에 더 잘 섞인다는 것을 증명했다.

랭뮤어의 계면화학에 대한 연구는 분자가 표면에서 흡수되지 않고 달라붙는 흡착현상을 연구하면서 절정에 달했다. 케임브리지 대학에서 물리학 박사 학위를 받은 여성 과학자인 블로젯(Katharine B. Blodgett)이 랭뮤어의 연구를 도왔다. 그들은 얇은 금속박을 스테아르산에 넣다 뺐다 하면서 금속박의 표면에 스테아르산의 단층 막을 씌우는 데 성공했다. 스테아르산의 단일 막은 친수성기가 금속면을 향하고 소수성기가 반대쪽, 즉 외부를 향해 배열되어 있다. 단일 막에 다시 한 층의 스테아르산의 막을 더하는 데도 성공한 그들은 친수성기와 소수성기가 서로 섞이지 않고 층층이 쌓이는 현상을 관찰할 수 있었다. 이 방법을 이용하여 랭뮤어와 블로젯은 유리 표면에 막을 씌우는 연구를 하였다. 그러한 연구는 바로 반사되지도 않고 비치지도 않는 유리를 발명하는 것으로 이어졌다.

이처럼 랭뮤어는 제너럴 일렉트릭 연구소에 근무하면서 수많은 특허를 출원함과 동시에 학술적 논문도 왕성하게 출판하였다. 그것은 랭뮤어가 기업체 연구원으로서는 세계 최초로 노벨상을 받는 것으로 이어졌다. 계면화학의 뛰어난 발견과 연구에 기여한 공로로 랭뮤어에게 1932년 노벨 화학상이 수여되었던 것이다. 이러한 과학적 업적에 못지않게 중요한 것은 랭뮤어가 산업적 연구와 학문적 연구를 훌륭하게 병행함으로써 기업체 연구원의 새로운 역할을 창출했다는 점에서 찾을 수 있다. 그것은 '랭뮤어 신화'로 불리면서 미국의 많은 기업체들이 산업적 연구를 강화하는 계기로 작용하였다.

랭뮤어와 함께 흡착현상을 연구한 블로젯. 그녀는 1926년에 케임브리지 대학에서 여성으로서는 최초로 과학 분야의 박사 학위를 받았다.

계속되는 연구와 영예

랭뮤어의 연구는 계속되었다. 그는 1928년에 전기방전 때 발생하는 이온화된 기체를 연구하면서 '플라스마(plasma)'라는 개념을 사용했는데, 플라스마는 고체, 액체, 기체에 이어 제4의 물질상태로 평가되고 있다. 랭뮤어는 1930년부터 기상학에도 관심을 가지고 연구했으며, 그것은 1946년에 아이오딘화은(요오드화은)과 드라이아이스를 구름에 뿌려 인공강우를 만드는 것으로 이어졌다. 그는 제2차 세계대전 중에 미 육군의 지원으로 연막탄의 성능을 개선하는 작업을 추진하기도 했다.

랭뮤어는 미국화학회의 니콜스 메달을 두 번이나 수상하는 것을 비롯하여 수많은 상을 받았으며, 컬럼비아 대학을 포함하여 모두 15개의 대학으로부터 명예박사 학위를 받았다. 그는 미국 국립과학아카데미의 회원이었으며, 영국 왕립학회의 국제 회원이기도 했다. 랭뮤어는 1929년에 미국화학회의 회장을 지냈고, 1941년에는 미국과학진흥협회의 회장을 맡은 바 있다.

국가역사지구로 선정된 랭뮤어의 자택

랭뮤어는 1950년에 제너럴 일렉트릭 연구소를 은퇴하면서 자신의 논문 20여 개를 모아 《현상, 원자 그리고 분자》라는 책자로 발간하였다. 1953년에는 '병리적 과학(pathological science)'이란 용어를 사용하면서 과학연구에서 윤리의 중요성을 설파하기도 했다. 그는 1957년에 몇 차례의 심장마비를 겪은 후 76세의 인생을 마감하였다. 랭뮤어에 대한 부고는 《뉴욕 타임스》의 첫 번째 페이지를 장식했다. 뉴욕의 스키넥터디 소재 그의 집은 1976년에 국가역사지구(National Historic Landmark)로 선정되었다. 미국화학회는 계면과학에 대한 저널의 이름을 《랭뮤어》로 하고 있다.

©Book's-Hill

서로 배타적인 것은 상보적이다 닐스 보어

독특한 답안지를 제출한 학생

"20세기 물리학에 기여한 보어의 업적은 마땅히 아인슈타인 다음으로 꼽혀야 한다." 《원자폭탄 만들기》로 퓰리처상을 받은 리처드 로즈(Richard Rhodes)가 닐스 보어(Niels Bohr, 1885~1962)의 업적을 평가하면서 쓴 문장이다. 아인슈타인이 현대물리학에서 차지하는 위치는 그 누구도 넘볼 수 없을 만큼 확고하다. 그렇다면 두 번째로 꼽힌 보어는 어떤 사람이며, 어떤 업적을 남겼을까?

보어는 1885년에 덴마크의 수도 코펜하겐에서 출생했다. 그의 아버지 크리스찬 보어(Christian Bohr)는 코펜하겐 대학의 생리학 교수였고, 어머니 엘런 아들러 보어(Ellen Adler Bohr)는 은행업을 하는 부유한 유태인 가문 출신이었다. 보어의 집안은 매우 화목하였고 교양이 넘쳤다. 어머니는 온화하고 총명했으며, 아버지는 닐스 보어가 훗날 회고했듯이 "내가 바라는 게 무언지" 알아주는 사람이었다. 동생인 하랄 보어(Harald Bohr)는 나중에 유명한 수학자가 되었으며 덴마크 국가대표팀의 풋볼 선수로 활약하기도 했다. 덕분에 닐스 보어는 풋볼을 열정적으로 좋아했다.

보어는 아버지의 영향을 받아 과학자가 되기로 마음먹었다. 그의 아버지는 동료들과 자유로운 분위기 속에서 토론하는 것을 즐겼다. 당시에 자주 토론하던 주제는 이전 세대에 팽배했던 기계적 물질관을 비판하는 것이었다. 닐스와 하랄은 아버지의 모임에 청중으로 참석해도 좋다는 허락을 받았고, 그 모임을 통해 생물학의 인식론적 문제를 처음으로 접했다. 닐스 보어는 겉으로 보기에는 모순되는 것처럼 보이는 견해들이 현상을 이해하는 데 똑같이 중요하다는 점을 깨달을 수 있었다.

보어는 1903년에 코펜하겐 대학에 입학하여 물리학을 전공했다. 그의 대학 시절에 대해서는 다음과 같은 흥미로운 일화가 전해지고 있다. 보어는 "기압계를 사용해 고층 건물의 높이를 재는 법을 논하라"는 문제로 교수와 실랑이를 벌였다. 교수는 기압이 높이에 따라 달라지기 때문에 이를 이용해 높이를 계산하라는 의도로 문제를 냈다. 그런데 판에 박힌 답을 하기 싫었던 보어는 "건물 옥상에 올라가 기압계에 줄을 매달아 아래로 늘어뜨린 뒤 줄의 길이를 재면 된다"고 답을 써 냈다. 중재를 맡은 다른 교수가 "6분을 줄 테니 물리학 지식을 이용해 답을 써내라"고 하자 보어는 즉석에서 "기압계를 가지고 옥상에 올라가 아래로 떨어뜨린 뒤 낙하 시간을 잰다. 그럼 건물의 높이는 $\frac{1}{2}gt^2$이다"고 답했다. 문제를 출제한 교수는 이 답안에는 높은 점수를 줬다. 교수가 "또 다른 방법을 생각하지는 않았는가"라고 묻자 보어는 5가지 다른 독창적인 방법을 제시해 교수를 놀라게 했다. 그중에는 "옥상에서 바닥까지 닿는 긴 줄에 기압계를 매달아 시계추처럼 움직이게 하고 그 주기를 측정하면 줄의 길이를 계산할 수 있다"는 답도 있었다. 보어 자신이 꼽은 가장 좋은 답안은 다음과 같았다. "기압계를 건물 관리인에게 선물로 주고 설계도를 얻는다."

이런 식으로 보어는 코펜하겐 대학에서 줄곧 화제의 인물이 되었다. 특히 그는 이론에도 밝고 실험도 잘하는 촉망받는 물리학도였다. 보어는 1906년에 이미 왕립과학아카데미에서 주는 황금 메달을 수상하기도 했다. 물의 표면장력을 정확히 측정해 냈기 때문이었다. 그의 연구는 실험적으로나 이론적으로나 매우 철저하고도 원숙하게 이루어졌다는 평가를 받았다.

러더퍼드와의 만남

보어는 1911년에 〈금속의 전자이론에 관한 연구〉라는 논문으로 박사 학위를 받았다. 그 논문은 철저하게 이론적인 것으로 보어가 금속의 전자이론에 정통해 있다는 점을 잘 보여주었다. 보어는 박사 학위를 받은 후에 전자의 발견자인 조지프 톰슨 밑에서 더욱 심도 있게 공부하겠다는 생각을 가지고 케임브리지 대학의 캐번디시 연구소로 갔다. 그러나 불행하게도 톰슨의 관심은 이미 다른 주제로 옮겨간 뒤였고, 보어도 언변이 서툴러 톰슨의 주목을 받을 수 없었다. 결국 보어는 톰슨과 같이 공부하고 싶다는 소망을 버려야 했다.

보어는 곧 러더퍼드가 있는 맨체스터 대학으로 자리를 옮겼다. 러더퍼드는 자신의 선생이었던 톰슨과는 여러모로 달랐다. 러더퍼드는 젊은 과학자들의 연구에 보다 직접적으로 관여하면서 적절한 조언을 했다. 또한 톰슨은 나이가 들면서 주로 혼자서 연구했지만 러더퍼드는 공동으로 연구하는 것을 매우 즐겼다. 내용적인 측면에서도 보어가 톰슨과 헤어지고 러더퍼드를 만난 것은 다행이었다. 러더퍼드의 원자모형을 바탕으로 보어가 새로운 원자모형을 제안했고 그 업적으로 노벨상까지 수상했으니 말이다.

1909년부터 러더퍼드는 원자구조에 대한 획기적인 인식을 낳았던 실험을 수행하고 있었다. 그의 실험은 알파입자(헬륨 핵)를 금박에 쏘는 것이었다. 대부분의 알파입자는 금박을 통과했지만, 종종 큰 각도로 비껴가거나 심지어는 반사되는 것조차 발견되었다. 금박을 이루는 원자의 특정한 부분과 알파입자 사이에 마치 강한 반발력이 존재하는 것 같았다. 러더퍼드는 1911년에 이러한 실험 결과를 설명하기 위해 원자의 중심에 태양계의 태양과 비슷한 원자핵이 있고, 행성이 태양 주위를 회전하듯이 핵 주위를 전자가 회전하는 원자모형을 주장했다.

러더퍼드의 원자모형은 자신의 실험 결과를 설명하는 데는 적합했지만, 또 다른 문제점들을 야기했다. 예를 들어 그 모형으로는 수소원자의 불연속적인 스펙트럼을 설명할 방법이 없었다. 그보다 더 큰 문제는 러더퍼드의 원자모형이 고전전자기학과 모순된다는 것이었다. 맥스웰의 전자기이론에 의하면, 원운동과 같은 가속운동을 하는 전자는 빛을 내면서 에너지를 잃어야 했으며, 그 결과 순식간에 핵으로 빨려 들어가야 했다. 따라서 러더퍼드의 모형이 수용되기 위해서는 전자가 왜 핵으로 빨려 들어가지 않고 안정한 상태에 머물러 있는지가 설명되어야 했다.

새로운 원자모형을 제안하다

보어는 맨체스터에서 러더퍼드와 공동연구를 하면서 물질을 구성하는 전자나 원자의 구조와 같은 보다 근본적인 문제에 흥미를 느끼게 되었다. 보어는 1912년 7월에 코펜하겐으로 돌아온 뒤 8월에 마르그리트(Margrethe Nørlund)와 결혼했다. 보어는 예민한 성품의 소유자였기 때문에 계속해서 그에게 공감과 이해를 보여주는 것이 필요했다. 다행히 그의 아내는 별로 어렵지 않게 안주인의 역할에 잘 적응했고, 보어는 매우 행복한 생활을 영위할 수 있었다. 두 사람 사이에는 여섯 자녀가 태어났는데, 그중 아게 보어(Aage Niels Bohr)는 아버지를 이어 훌륭한 이론물리학자로 성장해 1975년 노벨 물리학상을 수상했다.

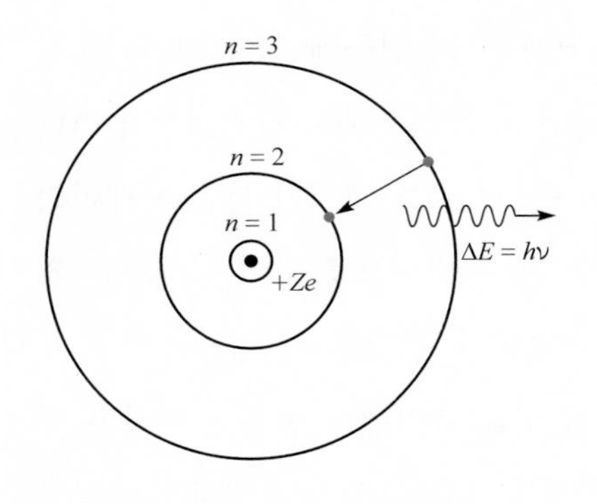

보어의 원자모형에 대한 개념도

1912년 가을에 보어는 코펜하겐 대학의 조교가 되었다. 당시에 그는 러더퍼드의 원자모형이 설명할 수 없었던 수소원자의 스펙트럼에 대한 연구를 진행시키고 있었다. 스위스의 물리학자인 발머(Johann Balmer)가 1885년에 제시한 수소의 선스펙트럼에 대한 공식을 수소의 원자구조로부터 설명할 수 있는 이론을 구축하는 것이 목적이었다. 처음에 보어는 고전물리학을 사용해서 러더퍼드의 원자모형의 문제를 해결하려고 했다. 이러한 시도가 성공을 거두지 못하자 보어는 플랑크의 가설을 사용해 보았다. 플랑크의 가설도 러더퍼드의 원자가 왜 안정한지를 설명하지 못했다. 두 가지 시도가 모두 실패하자 보어는 자신의 독자적인 이론을 고안하기로 했다.

보어의 설명은 다음의 두 가지 가설에 의존하고 있었다. 첫 번째 가설은 전자가 핵으로부터 일정한 거리만큼 떨어진 특정한 궤도상에만 존재한다는 것이었다. 두 번째 가설은 전자가 높은 에너지 궤도에서 낮은 에너지 궤도로 떨어지면서 빛을 방출하고, 낮은 에너지 궤도에서 높은 에너지 궤도로 올라가면서 빛을 흡수하며, 빛을 방출하거나 흡수하지 않으면 일정한 궤도에 머무른다는 것이었다. 그리고 보어는 전자가 높은 에너지(E_2)의 궤도에서 낮은 에너지(E_1)의 궤도로 전이할 때 방출되는 빛의 진동수(ν)는 $\nu=(E_2-E_1)/h$라는 관계를 만족시켜야 한다고 주장했다. 보어의 가설은 수소원자의 불연속적인 스펙트럼과 전자의 안정 상태 모두를 만족스럽게 설명할 수 있었다.

보어는 1913년에 〈원자 및 분자의 구성에 관하여〉라는 논문을 통해 자신의 원자모형을 세상에 알렸다. 같은 해에 보어는 또 하나의 성과를 냈다. X선 스펙트럼을 전자의 양자도약과 일치시켰던 것이다. 1914년에는 보어의 연구성과를 바탕으로 영국의 물리학자인 모즐리(Henry Moseley)가 주기율표의 정확한 배열을 알아냈다. 모즐리는 원소들을 X선 스펙트럼으로 분석한 결과를 산출한 뒤 그것을 바탕으로 각 원소에 원자번호를 배정했다.

고전물리학과 현대물리학의 가교

그러나 많은 물리학자들은 보어의 원자모형을 달갑게 여기지 않았다. 1913년 가을에 독일의 괴팅겐에서 머물고 있었던 하랄 보어는 형에게 다음과 같은 편지를 보냈다. “사람들은 형의 논문에 대해 많은 흥미를 느끼고 있습니다. 하지만 저는 대부분의 젊은 과학자들이 그것을 객관적 사실로 믿으려고 하지 않는다는 인상을 받았습니다. 그들은 형의 가정이 너무 대담하고 환상적이라고 생각하고 있습니다."

사실상 보어의 원자모형은 정량적이라기보다는 정성적인 성격이 강했고, 이에 따라 당시 대륙의 과학자들은 보어의 원자모형에 회의적인 반응을 보였다. 이러한 한계는 독일 뮌헨 대학의 이론물리학자인 조머펠트(Arnold Sommerfeld)에 의해 극복될 수 있었다. 그는 1916년에 타원 궤도를 가정하고 새로운 양자조건을 도입한 후 수소원자의 미세구조를 해명했으며, 그것을 바탕으로 수소 스펙트럼의 문제를 정확히 풀어냈다. 이와 같은 조머펠트의 개선이 있은 후에야 비로소 많은 과학자들은 '보어-조머펠트 원자모형'이라는 이름으로 보어의 견해를 수용할 수 있었다.

보어의 원자모형은 고전물리학과 미지의 새로운 물리학 사이에 어중간하게 걸친 타협안처럼 보이기도 했다. 전자가 원자핵 주변의 명확히 규정된 궤도를 선회한다는 점에서 보어의 모형은 고전적이었다. 고전물리학과의 차이는 전자들이 궤도를 바꿀 수 있다는 것뿐이었다. 이에 대하여 유명한 과학사학자이자 과학철학자인 토머스 쿤은 보어가 원자모형을 창안하는 과정에서 고전물리학과 현대물리학을 무의식적으로 넘나들었으며, 그것은 마치 16~17세기 과학혁명 때 케플러가 전통과 혁신 사이를 오간 것과 비슷하다고 주장한 바 있다.

오늘날의 원자모형은 보어의 원자모형에 기초를 두고는 있지만 조금 다르다. 보어의 원자모형은 전자가 입자의 성질만 가진다는 가정에서 성립한다. 그런데 이후에 전자의 파동

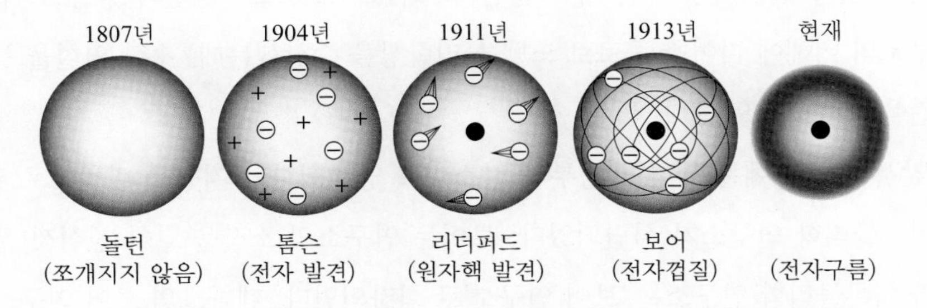

시대에 따른 원자모형의 변화. ① 돌턴에게 원자는 쪼개지지 않는 것이었다. ② 조지프 톰슨은 양전하와 음전하가 골고루 퍼져 있는 건포도 푸딩 모형을 제안했다. ③ 러더퍼드는 원자핵이 가운데 있고 전자가 핵 주위를 회전한다는 행성 모형을 제안했다. ④ 보어는 전자가 일정한 궤도를 따라 운동한다는 궤도 모형을 제안했다. ⑤ 오늘날에는 궤도가 전자구름의 형태를 띤다는 확률적 모형이 받아들여지고 있다.

성이 밝혀지면서 보어가 말한 것처럼 전자가 원자핵 주위를 원운동하지는 않는 것으로 밝혀졌다. 이 때문에 전자의 궤도나 에너지를 어느 하나의 값으로 정할 수는 없고, 다만 전자가 그 위치에 존재할 확률이 가장 높은 것으로 해석된다. 이에 따라 오늘날에는 양자역학의 확률적 해석에 입각하여 오비탈(orbital) 개념을 활용함으로써 원자모형을 나타낸다.

보어가 새로운 원자모형을 제안한 것은 이후에 제1차 양자혁명으로 불렸다. '제1차'라는 말은 아직 양자이론이 충분하지 않다는 의미였다. 양자이론에 대한 역학적 설명은 1926년에 하이젠베르크의 행렬역학과 슈뢰딩거의 파동역학을 통해 제시되었고, 그것은 제2차 양자혁명으로 불린다. 그 사이에 해당하는 기간인 1913~1925년은 고전양자론의 시기에 해당한다. 그 시기를 통하여 고전물리학에 몇 가지 새로운 가정을 끼워 넣는 정도가 아니라 고전적인 설명을 완전히 폐기하고 새로운 양자역학을 건설하는 작업이 전개되었던 것이다.

코펜하겐 정신

1914년 초에 코펜하겐 대학은 보어에게 교수직을 제안했다. 그때 러더퍼드는 맨체스터 대학에 2년 임기의 강사직을 맡아달라는 내용의 편지를 썼다. 학생들을 가르치거나 행정적인 업무 없이 자유롭게 연구할 수 있는 자리였다. 보어는 코펜하겐 대학의 양해를 얻어 다시 한 번 러더퍼드와 일할 기회를 잡았다. 보어는 아내와 함께 영국으로 건너간 후 2년 동안 맨체스터 대학에서 연구하였다.

1916년에 보어는 30세의 나이로 코펜하겐 대학의 교수가 되었다. 덴마크 최초의 이론물리학 교수였다. 그 후 몇 년 동안 보어는 여러 가지 성과를 얻어냈다. 예를 들어 보어는 1922년에 원자번호 72의 새로운 원자를 발견함으로써 자신의 이론을 더욱 굳건히 하였다. 그 원소는 코펜하겐에 대한 라틴 식 이름인 하프늄(hafnium)으로 명명되었다. 보어는 그 해에 원자구조의 이해에 기여한 공로로 노벨 물리학상을 수상했는데, 수상 연설을 통해 하프늄의 발견을 공표하기도 했다.

이에 앞서 1921년에는 덴마크 정부와 칼스버그 양조회사의 지원을 바탕으로 코펜하겐 대학에 이론물리학 연구소가 설립되었다. 보어는 연구소의 소장을 맡아 성심껏 운영했고, 이에 따라 이론물리학 연구소는 '보어 연구소'로 회자되었다. 덴마크의 보어 연구소는 독일의 괴팅겐 대학, 영국의 캐번디시 연구소와 함께 현대물리학의 산실이 되었다. 사실상 양자역학의 성립과 발전에 공헌했던 거의 모든 이론가들이 1920~1930년대에 코펜하겐을 거쳐갔다. 하이젠베르크의 행렬역학, 파울리의 배타 원리, 윌렌벡(George Uhlenbeck)과 호우트스미트(Samuel Goudsmit)의 스핀 개념 등이 보어 연구소에서 나왔으며, 불확정성 원리(uncertainty principle)와 상보성 원리(principle of complementarity)도 그 연구소에서의 토론에 근거한 것이었다.

당시 보어 연구소의 독특한 분위기를 나타내는 용어로는 '코펜하겐 정신(Copenhagen spirit)'이 자주 사용된다. 그것은 격식을 따지지 않는 자유분방한 분위기를 의미한다. 1928~1929년에 보어 연구소에 머물렀던 가모프(George Gamow)는 다음과 같이 썼다. "보어 연구소에서의 연구는 완전히 자유였다. 아침엔 원하는 대로 늦게 나올 수 있었고, 밤에도 원하는 만큼 늦게까지 머무를 수 있었다. 그곳에서는 연구소에 있는 동안 탁구를 치든, 물리학에 대해 토론을 하든, 그 밖에 무슨 일을 하든 아무도 상관하지 않았다."

보어는 자신의 주위에 몰려든 젊은 과학자들에게 선입관을 버리고 인간이 생각할 수 있는 모든 방법을 동원해 새로운 길을 찾도록 권고했다. 그리고 보어 자신은 무려 20년 연하인 젊은이들이 어떠한 의견을 내더라도 그것을 들을 준비가 되어 있었다. 또한 보어는 세미나에서 "어느 누구도 모국어만을 고집해서는 안 된다"는 규칙을 도입했다. 그 자신도 덴마크어, 독일어, 영어를 섞어 말했다. 산책을 하면서 젊은 과학자와 단 둘이서 자유로운 대화를 즐겼던 사람도 보어였다. 이 때문에 코펜하겐 집단은 '소요학파(逍遙學派)'라는 별명을 얻기도 했다.

보어 연구소를 거쳐 간 인물 중에는 일본 현대물리학의 아버지로 불리는 니시나 요시오(仁科芳雄)도 있었다. 그는 1923~1928년에 보어 연구소에서 공부한 후 일본으로 돌아가 코펜하겐 정신을 전파하는 데 크게 기여하였다. 니시나는 양자역학 분야에서 중요한 연구업적을 남겼고 이화학연구소(理化學硏究所, Riken)에서 핵심적인 관리자로 활동했으며 자유로운 토론과 적절한 격려로 후학을 양성하였다. 그는 일급 연구자, 뛰어난 관리자, 훌륭한 선생이라는 세 가지 역할을 성공적으로 수행함으로써 일본 과학자사회의 성장과 연구 수준의 향상에 크게 기여하였다. 1930년대 이후에 일본의 입자물리학이 세계적 수준으로 발전하고 1949년에 유카와 히데키(湯川秀樹)가 노벨 물리학상을 받을 수 있었던 것도 니시나 그룹의 연구전

가모프가 《물리학을 뒤흔든 30년》에서 보어와 란다우(Lev Landau)에 대해 풍자적으로 그린 그림. 러시아 출신의 과학자로서 1962년 노벨 물리학상을 수상한 란다우는 자신의 의견을 일방적으로 계속 얘기하는 것으로 유명했다. 란다우는 입에 재갈이 물렸고 손에는 수갑을 찼으며 몸이 의자에 묶였음에도 불구하고 무엇인가 얘기하려고 애쓰고 있다. 옆에 있는 보어는 "제발 란다우, 나도 한마디만 하자"라고 말하고 있다.

통에서 비롯되었다.

1920년대를 통하여 보어는 두 가지 원리를 제안함으로써 양자혁명을 성공적으로 이끄는 데 기여했다. 그중 하나는 1923년에 발표된 대응원리(correspondence principle)이다. 새로운 이론은 이전의 이론으로 설명이 가능했던 모든 현상을 다시 설명할 수 있어야 한다는 것이었다. 당시에는 새로운 이론이 필요는 하지만 그렇다고 해서 기존의 이론을 완전히 부정할 수도 없는 상황이었다. 보어는 이러한 고민을 해결하는 과정에서 원자 자체를 연구하기 전에는 고전물리학으로 여러 현상을 잘 설명해 왔다는 점과 새로운 이론은 미시적인 현상뿐만 아니라 통상적인 현상에도 적용될 수 있어야 한다는 점을 동시에 강조하였다. 대응원리는 양자이론뿐만 아니라 상대성이론에도 적용될 수 있으며, 결국 보어는 대응원리를 통해 고전물리학과 현대물리학의 소통가능성을 보여주었던 것이다.

보어는 1927년에 〈양자이론의 철학적 기초〉라는 제목의 강연에서 상보성 원리를 발표하였다. 그것은 행렬역학과 파동역학에서 발견된 계산 형식을 인식론적으로 어떻게 해석되어야 하는가에 대한 격렬한 토론을 바탕으로 제안되었다. 상보성 원리에 따르면, 파동 또는 입자라는 전혀 다른 배타적인 모델로 원자의 세계를 측정할 수 있지만 원자 차원의 현상을 완전하게 기술해 내기 위해서는 두 모델 모두가 반드시 필요하다. 다시 말해 모든 물리적 현상에는 양면성이 있으며 각자 다른 입장에서 관찰한 결과는 부분적으로는 옳지만 전체적으로는 그렇지 않다는 것이다. 보어는 상보성 원리를 "서로 배타적인 것은 상보적이다(Contraria sunt complementa)"란 말로 압축했다.

보어는 상보성 원리를 물리학뿐만 아니라 다른 과학 분야와 사상 전반에도 적용되는 원리로 이해했다. 그는 생명 현상을 설명하는 두 방식인 물리적 분석 방법과 기능적 분석 방법이 서로 정반대의 입장으로 이해되고 있지만 사실은 상보적으로 이해되어야 한다고 생각했다. 더 나아가 보어는 인류 사회를 발전시키기 위해서는 유전적 측면뿐만 아니라 역사적 전통도 중요하게 고려되어야 하며, 이 두 가지가 상보적인 것이라고 강조했다. 이러한 근거에서 그는 당시 독일에서 맹위를 떨치고 있었던 인종차별에 반대하는 입장을 취했다.

아인슈타인과의 논쟁

상보성 원리는 불확정성 원리와 함께 양자역학의 확률적 성격을 표현한 것으로서 양자역학에 대한 지배적인 해석, 즉 '코펜하겐 해석'으로 자리 잡았다. 그러나 양자역학은 여전히 하나의 수수께끼로 남아 있다. 1965년 노벨 물리학상을 수상한 파인먼(Richard Feynman)은 "나는 양자역학을 이해하는 사람은 아무도 없다고 말해도 좋으리라 생각한다"고 말했고, 1969년 노벨 물리학상을 수상한 겔만(Murray Gell-Mann) 역시 "양자역학은 우리 가운데 누구도 제대로 이해하지 못하지만 사용할 줄 아는 무척 신비하고 당혹스러운 것이다"고 했다.

이에 따라 양자역학의 성격을 놓고 수많은 논쟁이 벌어졌는데, 특히 솔베이 회의(Conseils Solvay)는 그러한 논쟁의 중심에 서 있었다. 솔베이 회의는 탄산나트륨의 공업적 제조법을 발명한 벨기에의 공업화학자 솔베이(Ernest Solvay)가 마련한 기금으로 운영되었으며, 1911년부터 1949년까지 두 차례의 세계대전을 제외하고 3년마다 한 번씩 브뤼셀에서 열렸다. 1927년에 코펜하겐 해석이 등장하는 것을 전후하여 솔베이 회의에서는 양자역학의 성격이 자주 다루어졌다. 가장 중요한 논객은 아인슈타인과 보어였다. 두 사람은 양자역학에 대해 많은 논쟁을 했는데, 그중에서 가장 극적인 논쟁은 1930년에 이루어졌다.

당시에 아인슈타인은 한 가지 사고실험을 제안했다. 그것은 광자(빛 입자)의 에너지뿐만 아니라 광자가 관여하는 시점도 정밀하게 결정하는 실험이었다. 아인슈타인이 만든 상황은 다음과 같다. 단순하게 생긴 상자가 하나 있다. 상자 안은 밝다. 다시 말해 그 안에는 광자(photon)가 있다. 상자 내부에는 시계가 하나 있는데, 그 시계는 빗장을 작동시켜 우선 한쪽 벽에 있는 작은 구멍을 잠그게 만든다. 빗장장치의 구멍이 뚫리면 바로 광자가 상자로부터 벗어날 수 있다. 이제 사람들은 상자를 열기 전에 전후의 무게를 잴 수 있다. 그럼으로써 광자의 무게, 따라서 광자의 에너지를 알게 된다. 그것도 정확하게 예정된 시점, 즉 시

1927년에 개최된 제5차 솔베이 회의 때 찍은 사진. 20세기 물리학을 이끌었던 플랑크, 마리 퀴리, 로렌츠, 디랙, 아인슈타인, 슈뢰딩거, 파울리, 보어 등이 모두 모여 있다. 참석자 29명 중 17명이 노벨상을 받았으며, 여성으로는 마리 퀴리가 유일하다.

계에 입력된 시점을 아는 것이다.

하이젠베르크의 불확정성 원리에 따르면 에너지와 시간은 동시에 결정될 수 없기 때문에 아인슈타인의 사고 과정에 문제가 없다면 코펜하겐 해석은 오류로 판명될 터였다. 보어는 아인슈타인의 논거가 가진 약점을 찾기 위해 브뤼셀에서 잠 못 드는 밤을 보냈다. 드디어 보어는 만족스러운 해결책을 찾아냈는데, 역설적이게도 아인슈타인의 일반상대성이론이 여기에 기여했다.

보어의 논변을 재구성해 보면 다음과 같다. 상자를 용수철저울에 매단다. 저울 바늘을 읽어 용수철의 상태와 상자의 무게를 알아낸다. 그리고 빗장이 열려 광자가 달아나면 용수철은 상승하게 되고 잠시 후 상자의 무게를 재면 광자의 무게를 알 수 있다. 그런데 용수철의 운동이 정지하기까지 약간의 시간이 소요된다. 그때 시계는 지구의 중력장 안에서 움직인다. 아인슈타인의 일반상대성이론에 따르면 중력은 시계의 작동에 변화를 준다. 그렇다면 광자가 상자를 떠난 시점을 정확하게 결정할 수 없는 문제점이 발생한다. 그것은 바로 코펜하겐 해석이 강조하는 불확정성에 다름 아니었다.

아인슈타인과 보어는 최고의 라이벌이었지만 양자역학의 발전을 이끈 선후배 사이이기도 했다. 그들은 1920년 베를린에서 처음 만났다. 당시에 두 사람은 마치 오래전부터 알던 사이처럼 양자역학에 대해 즐겁게 얘기를 나누었다고 한다. 두 사람에게는 노벨 물리학상을 같은 날에 수상한 인연도 있다. 아인슈타인은 1921년 노벨 물리학상 수상자였고 보어는 1922년 수상자였는데, 아인슈타인의 시상식이 1년 늦춰지면서 1922년에 보어와 함께 노벨 물리학상을 받았던 것이다. 당시에 보어는 매우 당황하여 자신은 이런 명예를 받을 자격이 없다고 전 세계에 알렸다. 그때 아인슈타인은 이렇게 답했다. "친애하고 또 친애하는 보어! 나는 당신의 우려를 매우 고무적으로 생각합니다. 정말 당신다운 일입니다. 당신의 새로운 연구 때문에 당신의 정신에 대한 나의 애정은 더욱 커졌습니다."

열린 세계를 위한 노력

보어의 연구는 계속되었다. 1936년에 그는 러시아 출신 과학자 가모프가 처음 주장했던 원자핵이 액체 방울과 비슷하다는 생각을 더욱 발전시켰다. 물방울을 구성하는 분자들 사이의 결합력이 달라짐에 따라 물방울의 모양이 변하듯이, 원자핵의 모양도 양성자와 중성자 사이의 상호작용에 따라 변해야 한다는 것이었다. 그 이론은 1939년에 발견된 핵분열 현상을 설명하는 데 사용되기도 했다.

제2차 세계대전은 보어의 인생에도 커다란 영향을 미쳤다. 1940년에 나치 독일은 덴마크를 침략했지만 보어는 계속해서 덴마크에 머물렀다. 당시에 그는 동료들이 나치의 박해를 피할 수 있도록 물심양면으로 도우는 일을 도맡아 했다. 그러나 보어가 유태인 혈통을 이어받았기 때문에 곧 투옥될 것이라는 소문이 퍼졌다. 결국 보어는 1943년에 가족과 함께 어선을 타고 덴마크를 탈출해 스웨덴으로 갔다. 보어는 다시 영국으로 건너가 원자탄을 제작하기 위한 프로젝트에 참여했다.

당시에 보어가 너무 큰 머리 때문에 생사의 고비에 처했다는 일화도 전해진다. 독일의 비밀경찰에 쫓기던 보어는 영국 폭격기를 타고 도주하던 중이었다. 그는 만일의 사태에 대비하여 폭탄 투하구 부근에 앉아 있었다. 보어에게는 조종사와 교신하도록 송수신기가 주어졌지만 보어의 머리에 헤드폰은 너무 작았다. 조종사는 높은 고도로 올라가면서 산소마스크를 착용하라고 송수신기를 통해 말했지만, 헤드폰을 끼지 못한 보어는 그 말을 들을 수 없었다. 결국 조종사는 폭탄 투하구에 누워 산소 부족으로 의식불명 상태가 된 보어를 발견했다고 한다.

보어는 영국에 몇 개월 동안 머문 뒤 미국의 로스알라모스로 갔다. 그는 맨해튼계획의 과학 고문이 되어 니콜라스 베이커(Nicholas Baker)라는 암호명으로 활동했다. 보어는 루스벨트와 처칠을 만나 연합국이 소련과 정보를 공유함으로써 핵무기 경쟁을 미리 막자고 설득하기도 했지만, 그러한 요청은 진지하게 받아들여지지 않았다. 보어는 원자탄과 같은 치명적인 무기가 존재한다는 사실이 모든 나라에 똑같이 위협이 되기 때문에 전 세계가 원자탄을 절대로 사용하지 않겠다는 합의에 도달하게 될 것으로 믿었다.

제2차 세계대전이 끝난 뒤에도 세계평화를 위한 보어의 노력은 계속되었다. 그는 1950년에 다음과 같은 공개서한을 유엔에 보냈다. "인류가 계속 생존하려면 분명히 국제사회의 철저한 대응이 필수적입니다. 과학의 진보는 오로지 인류를 위해서만 사용된다는 보증이 있어야 하겠습니다. … 최고의 목표는 열린 세계입니다. 이 열린 세계는 모든

1945년 2월 얄타 회담에 참석한 처칠, 루스벨트, 스탈린. 그들은 각각 무슨 생각을 하고 있었을까?

국가가 오로지 공동의 인류 문화에 공헌함으로써, 그리고 자신들의 경험과 수단으로 다른 국가에 도움을 줌으로써 가능할 것입니다. 완전한 개방만이 서로간 신뢰를 효과적으로 촉진하고 공동의 안위를 보장할 수 있습니다." 보어의 상보성 개념에 친숙한 사람이라면 누구나 쉽게 받아들일 수 있는 내용이었다.

보어는 세계 물리학계의 국제적 협력을 증진하는 데에도 적극적이었으며, 1954년에는 유럽입자물리연구소(Conseil Européen pour la Recherche Nucléaire, CERN)의 설립자 명단에 자신의 이름을 올렸다. 그는 1955년에 제네바에서 열린 제1회 원자에너지의 평화적 이용에 관한 국제회의에서도 핵무기 통제를 위해 국제적으로 노력할 것을 당부했으며, 1957년에는 평화를 위한 원자상(Atoms for Peace Award)의 첫 번째 수상자로 선정되기도 했다. 보어는 1962년에 77세를 일기로 세상을 떠났다. 아게 보어는 아버지의 뒤를 이어 코펜하겐 대학 이론물리학 연구소의 소장이 되었고, 1965년에는 연구소 이름을 닐스 보어 연구소로 바꾸었다.

조지프 톰슨의 아들로 1937년 노벨 물리학상을 수상했던 조지 톰슨(George Paget Thomson)은 보어가 과학계에 미친 공헌을 다음과 같이 요약했다. "출판된 논문만을 가지고 보어가 과학계에 끼친 영향을 전부 평가할 수는 없다. 그는 갈릴레오와 뉴턴 이래 가장 근본적인 과학의 변화를 앞장서서 이끌었다. 세계의 많은 과학자들이 보어의 뛰어난 업적에 무한한 찬사를 보냈으며, 누구와도 비교할 수 없을 만큼 큰 애정을 품었다. 그가 어떤 사람이었는가 하는 점이 그의 과학적 업적보다 더 중요하다." 보어는 세대 간에 다리를 놓고 다음 세대를 키웠던 훌륭한 스승이자 리더였다.

춤추는 물리학자 에르빈 슈뢰딩거

볼츠만을 존경한 물리학도

물리학에서 가장 아름다운 방정식 4개를 뽑는다면 어떻게 될까? 일단 $F=ma$와 $E=mc^2$이 생각날 것이다. $F=ma$는 뉴턴의 운동방정식이고, $E=mc^2$은 아인슈타인이 만든 질량-에너지 등가원리이다. 나머지 두 방정식으로는 맥스웰 방정식과 슈뢰딩거의 파동방정식이 꼽힌다. 맥스웰 방정식은 전자기학을 집대성한 것이고, 슈뢰딩거 방정식은 양자역학을 파동함수로 묘사한 식이다. 맥스웰 방정식과 슈뢰딩거 방정식은 상당히 복잡하고 까다롭지만, 많은 물리학자들은 두 방정식에서 자연현상의 아름다움을 느낀다고 한다.

슈뢰딩거(Erwin Schrödinger, 1887~1961)는 1887년에 오스트리아의 빈에서 중소기업가의 외아들로 태어났다. 화학을 전공했던 그의 아버지는 학자가 되고 싶었지만 가업으로 물려받은 공장을 맡아 운영하고 있었다. 미술과 생물학에도 상당한 조예를 가지고 있었고 빈 생물학회의 부회장을 지내기도 했다. 슈뢰딩거의 부모는 사이가 좋지 않았지만 아들의 교육에는 무한한 정성을 쏟았다. 그들은 모두 아들에게 예술의 묘미를 깨닫고 지식 자체를 추구하도록 가르쳤다.

슈뢰딩거는 1898년에 11살의 나이로 빈 김나지움에 입학했다. 그 학교는 빈에서 가장 덜 종교적이었으며, 슈뢰딩거가 존경했던 볼츠만도 거쳐 갔던 곳이었다. 슈뢰딩거는 암기식 공부를 좋아하지 않았기 때문에 자신의 취향에 맞도록 수강과목을 조절하였다. 김나지움 시절에 그는 1등을 독차지하는 수재로 두각을 드러냈다.

슈뢰딩거는 1906년에 빈 대학에 입학하였다. 당시 오스트리아 물리학의 수준은 빈 대학을 매개로 매우 높아져 있었다. 빈 대학에서 공부하고 가르쳤던 과학자로는 볼츠만, 마흐(Ernst Mach), 슈테판(Joseph Stefan), 엑스너(Franz Exner), 하젠뇌를(Friedrich Hasenrhrl) 등이 있었다. 볼츠만과 마흐는 주로 이론적 연구를 하면서 원자의 실재 여부를 놓고 격렬한 논쟁을 벌였고, 슈테판과 엑스너는 실험 물리학 연구의 대가였다. 슈뢰딩거는 볼츠만에게서 배울 기대에 부풀어 있었지만, 불행하게도 볼츠만은 슈뢰딩거가 입학하기 직전에 우울증으로 자살하고 말았다.

빈 대학에서 슈뢰딩거에게 많은 영향을 미쳤던 사람은 엑스너와 하젠뇌를이었다. 볼츠만의 제자였던 하젠뇌를은 역학, 전자기학, 열역학, 광학 등을 강의했으며, 슈뢰딩거는 그의 강의에 강한 매력을 느꼈다. 엑스너는 자연법칙을 통계적으로 바라보는 관점을 가지고 있었고, 그것은 슈뢰딩거의 지적 성장에 훌륭한 밑거름으로 작용하였다. 슈뢰딩거는 전기와 기체 사이의 관계에 대한 실험 논문으로 1910년에 박사 학위를 받았다. 그는 1년 동안 포병장교로 복무한 뒤 다시 빈 대학으로 돌아왔다.

당시에 슈뢰딩거가 빈 대학에서 한 일은 학생들이 사용하는 실험 장치를 만드는 것이었다. 슈뢰딩거는 그 일을 좋아하지 않았지만 다른 일자리가 없었기 때문에 자존심을 누를 수밖에 없었다. 그는 사실상 실험 조교의 노릇을 하면서도 통계역학 이론을 꾸준히 연구하였다. 슈뢰딩거는 1914년 1월에 교수 자격을 얻었고 같은 해 3월에는 물체의 자성을 통계적으로 다룬 논문을 《물리학 연보》에 게재하였다.

전쟁의 소용돌이 속에서

제1차 세계대전이 발발하자 슈뢰딩거는 이탈리아 전선에 소집되었다. 그가 배치된 곳은 트리에스테 지역을 방어하기 위한 포병부대였는데, 당시에 포를 제대로 쏠 줄 아는 장교는 슈뢰딩거 혼자밖에 없었다고 한다. 그는 1915년 가을에 있었던 이손초 전투의 승리에 기여한 공로로 무공훈장을 받기도 했다. 슈뢰딩거는 1917년 봄에 빈의 기상관측부대로 전속되어 장병들에게 기상학과 물리학을 가르쳤다. 부대를 옮기게 된 것은 슈뢰딩거에게 커다란 행운이었다. 왜냐하면 그가 떠난 후 트리에스테 지역은 헤밍웨이의 《무기여 잘 있거라》의 무대가 될 정도로 격전을 겪은 후 이탈리아로 넘어갔기 때문이다.

제1차 세계대전이 독일과 오스트리아의 패배로 끝나면서 사람들이 빈에서 생활하는 것은 매우 어려운 일이 되었다. 슈뢰딩거에게는 특히 그러했다. 1919년에 아버지가 사망했고 가업인 작은 공장도 망했다. 빈 대학의 조교수로 추천되었지만 보기 좋게 낙방하고 말았다. 여러 여자들과 연애를 하면서 결혼하고 싶은 사람을 만났지만 상대 집안의 반대로 뜻을 이루지 못했다. 결국 슈뢰딩거는 자신을 좇아다니던 안네마리(Annemarie Bertel)와 결혼했지만 두 사람의 결혼 생활도 순탄하지 못했다. 이런 처지 때문인지 그는 한동안 쇼펜하우어의 사상과 인도의 베단타 철학에 심취하기도 했다.

그러나 슈뢰딩거가 물리학에 대한 연구를 게을리 한 것은 아니었다. 그는 1920년에 색채 이론에 대한 세 편의 논문을 잇달아 발표하여 독일어권 물리학계의 주목을 받기 시작했다. 슈뢰딩거는 1920~1921년에 예나 대학의 조교, 슈투트가르트 대학의 조교수, 브레슬라우 대학의 정교수를 거쳐 취리히 대학의 정교수가 되었다. 그가 취리히 대학에 자리를 잡는 데에는 상당한 우여곡절이 있었다. 가장 강력한 후보자는 라우에(Max von Laue)였지만, 그는 취리히 대학이 감당하기에는 너무 높은 명성과 보수를 받고 있었다. 그 다음의 유력한 후보자는 취리히 대학의 강사였던 엡스타인(Lewis Epstein)이었는데, 그는 폴란드 촌티가 난다는 이유로 대학 교수들의 파벌 싸움에 희생양이 되고 말았다. 덕분에 원래는 별 가망이 없었던 슈뢰딩거가 취리히 대학의 교수가 되었다. 그때 슈뢰딩거의 나이는 34세였다.

파동방정식으로 접근한 양자역학

1924년에 프랑스의 물리학자 루이 드브로이(Louis de Broglie)는 물질파 이론을 제안했다. 그는 아인슈타인의 광양자 개념을 심각하게 받아들이고 그것을 거꾸로 적용했다. 드브로이는 다음과 같이 생각했다. "이전까지 파동이라고 인식되어 온 빛이 입자의 성질을 가지고 있다면, 이전까지 입자로 인식되어 온 전자와 같은 것들도 파동의 성격을 갖지 않겠는가?" … 그는 모든 물질이 파동의 성질을 갖는다고 주장하면서 입자의 파장과 운동량의 관계를 $\lambda=h/p$(λ: 파장, h: 플랑크 상수, p: 운동량)라는 식으로 제시했다. 이제 파동과 입자의 절대적인 구별은 의미를 찾을 수 없게 되었다. 모든 실체가 파동이자 동시에 입자인 이중성(wave-particle duality)을 지니게 되었던 것이다.

그러나 드브로이의 주장에 주목한 사람은 거의 없었다. 오직 아인슈타인만이 예외였다. 아인슈타인은 자신의 논문을 통해 드브로이의 생각을 소개하고 그것의 대담성과 독창성을 널리 선전하였다. 슈뢰딩거는 아인슈타인의 논문을 감명 깊게 읽고 드브로이의 개념을 받아들이게 되었다. 슈뢰딩거는 1925년 12월에 〈아인슈타인의 기체 이론에 관하여〉라는 논문을 기고한 후 크리스마스 휴가를 떠났다. 휴가 중에 슈뢰딩거는 파동이자 동시에 입자인 물체가 만족하는 운동방정식의 골격을 세웠고, 약간의 보완을 거친 후 1926년 1월에 훗날 '슈뢰딩거 방정식'으로 불리게 된 멋진 방정식을 발표하였다. 처음에 슈뢰딩거는 상대성이론까지 고려한 방정식에 도전했지만 그것이 당시의 실험과 일치하는 결과를 내놓지 못했기 때문에 비상대론적인 방정식을 만들었다.

$$\frac{\partial^2 \Psi}{\partial x^2} + \frac{8\pi^2 m}{h^2}[E - U(x)]\Psi = 0$$

1차원 운동의 슈뢰딩거 방정식

슈뢰딩거는 고전역학의 해밀턴 정리를 이용하여 파동을 나타내는 함수에 대한 방정식을 얻었고 여기에 드브로이의 물질파 조건을 적용하여 보어의 수소 원자모형이 제기했던 모든 현상을 설명하였다. 더 나아가 슈뢰딩거는 보어가 설명하지 못했던 문제, 즉 원자핵 주위의 전자 궤도의 반지름이 자연수의 제곱에 비례하는 이유도 설명할 수 있었다. 전자 궤도의 둘레가 전자에 대응하는 물질파 파장의 정수배가 아니면 그 물질파가 스스로 간섭을 일으켜 사라진다는 것이었다.

슈뢰딩거는 뉴턴의 역학체계가 입자의 운동에 초점을 둔 것에 대비하여 자신의 역학체계를 '파동역학(wave mechanics)'이라 명명했다. 슈뢰딩거는 1926년에 5편의 논문을 추가로 발표하여 파동역학의 적용 범위를 넓혔다. 슈뢰딩거의 파동역학과 드브로이의 물질파 이론은 1927년에 있었던 두 가지 실험에 의해 경험적인 근거를 확보할 수 있었다. 1927년 3월에 벨연구소에서 근무하고 있었던 데이비슨(Clinton Davisson)과 저머(Lester Germer)는 니켈 단결정을 이용하여 전자를 산란시키는 실험을 하였고, 1927년 11월에 조지프 톰슨의 아들인 조지 톰슨(George Thomson)은 알루미늄, 금, 셀룰로이드 등의 고체 표적에 음극선 빔을 발사해서 전자가 회절하는 모습을 사진 건판에 담는 데 성공했던 것이다.

슈뢰딩거와는 별도로 독일의 물리학자인 하이젠베르크는 1925년 7월에 행렬을 이용하여 전자의 운동을 기술하는 방법을 알아냈고, 이를 바탕으로 괴팅겐 대학의 보른, 요르단(Pascual Jordan)과 함께 1926년에 행렬역학(matrix mechanics)에 관한 3인 논문을 발표하였다. 하이젠베르크의 행렬역학은 곧 슈뢰딩거의 파동역학과 비교 · 검토되었으며, 1927년에 영국의 물리학자인 디랙(Paul Dirac)은 행렬역학과 파동역학이 실질적으로 동등하다는 사실을 증명하였다. 슈뢰딩거와 하이젠베르크가 원자의 실체에 도달하는 데 사용했던 구체적인 수학적 방법이 서로 달랐던 것뿐이었다. 두 사람의 이론은 결국 '양자역학(quantum mechanics)'이란 이름 아래에서 결합되었다.

이제 과학자들은 두 이론 중 하나를 선택하여 특정한 문제를 해결하는 데 사용할 수 있었다. 행렬보다 미분방정식이 수학적으로 간단하고 미분방정식은 매우 익숙한 것이었기 때문에 대부분의 과학자들은 파동역학을 선호했다. 오늘날 과학교과서가 양자역학을 설명할 때에 슈뢰딩거 방정식을 활용하는 것도 이러한 맥락에서 이해할 수 있다. 이와 관련하여 1954년 노벨 화학상과 1962년 노벨 평화상을 수상한 이채로운 경력을 가진 폴링은 젊은 시절에 친구에게 보낸 편지에서 다음과 같이 썼다. "나는 슈뢰딩거의 방법이 행렬 계산보다 훨씬 더 간단하다는 것을 알았네. 그리고 수학 뒤에 물리적 형상의 흔적이 최소한이라도 남아 있다는 점도 마음에 든다네."

그러나 해결되지 않은 문제가 하나 남아 있었다. 그 문제는 슈뢰딩거 방정식을 풀어 얻게 되는 파동함수(wave function)의 물리적 의미에 관한 것이었다. 이와 관련하여 하이젠베르크는 "슈뢰딩거 이론의 물리적 내용을 생각하면 할수록 점점 더 구역질이 난다"고 비꼬기도 했다. 당시에는 다음과 같은 짧은 시(詩)도 회자되고 있었다고 한다. "에르빈은 그의 프시(Ψ)로 많은 계산을 할 수 있었네. 그러나 아직도 아무것도 보이지 않네. 정말 프시가 무슨 뜻인지."

마침내 1926년 말에 보른이 그럴듯한 해석을 내놓았다. 그는 파동함수가 물리계에 고유한 상태함수이지만 물리적으로 의미 있는 것은 파동함수의 제곱 값이고 그 값이 단지 확률을 나타낸다고 주장했다. 슈뢰딩거의 파동은 물질의 파동이 아니라 물질을 실험적으로 발견할 수 있는 '확률의 파동'이라는 것이었다. 이러한 해석에 따르면, 물질파의 진폭이 큰 곳에서 실험을 해서 물질을 발견할 확률은 그렇지 않은 곳에 비해 커진다. 확률의 파동이라는 생각은 매우 놀라운 것이었다. 왜냐하면 역학이론이 확률로 주어져야 한다는 것은 너무나 생소했기 때문이었다. 이와 같은 보른의 해석에 보어와 하이젠베르크도 가세하였고, 양자역학에 대한 확률적 해석은 보어가 있었던 코펜하겐의 이름을 따 '코펜하겐 해석'으로 알려지게 되었다.

슈뢰딩거의 고양이

슈뢰딩거는 파동역학을 제창하면서 세계적인 물리학자의 반열에 올랐다. 그는 1927년에 독일 물리학계의 원로인 플랑크의 후임으로 베를린 대학의 물리학 교수가 되었다. 슈뢰딩거는 베를린 대학에서 6년 동안 근무하다가 1933년에 히틀러가 권력을 장악하자 영국의 옥스퍼드로 망명하였다. 슈뢰딩거는 유태인이 아니었으며 오스트리아 시민권을 가지고 있었으므로, 만일 독일 정부에 협조하기로 마음을 정했다면 매우 안락한 생활을 즐길 수도 있었다. 그러나 그는 많은 동료 과학자들이 나치의 인종차별 때문에 사실상 망명을 강요당하고 있었기 때문에 히틀러 치하의 독일에서 잘 지낼 수 있는지 의심스러워했다. 슈뢰딩거는 영국으로 망명한 직후인 1933년 말에 디랙과 함께 노벨 물리학상 수상자로 결정되었다는 소식을 들었다.

슈뢰딩거는 아인슈타인과 마찬가지로 양자역학에 대한 정통적인 해석으로 자리 잡은 코펜하겐 해석에 매우 비판적이었다. 1935년에 아인슈타인은 포돌스키(Boris Podolsky), 로젠(Nathan Rosen) 등과 함께 파동함수에 의해서 주어지는 물리적 실재에 대한 양자역학적 기술은 완전하지 않다고 주장했다. 그들은 코펜하겐 해석이 들어맞지 않을 것 같은 역설적인 상황을 만들어 냈는데, 그것은 세 사람 이름의 머리글자를 따 'EPR 역설'로 불린다. 같은 해에 슈뢰딩거는 EPR 역설에 자극을 받아 양자역학의 불안전함으로 보이기 위하여 독특한 사고 실험을 제안했다. 그것이 바로 오늘날 과학교과서에서 자주 언급되고 있는 '슈뢰딩거의 고양이(Schrödinger's cat)'이다.

슈뢰딩거의 사고 실험은 다음과 같다. 고양이가 외부 세계와 완전히 차단된 상자 속에 갇혀 있다. 그 상자에는 핵이 들어 있는 기계와 독가스가 들어 있는 통이 연결되어 있다. 실험을 시작할 때 1시간 안에 핵이 붕괴할 확률을 50퍼센트가 되도록 해 놓는다. 만약 핵이 붕괴하면 통이 붕괴한 핵에서 방출된 입자를 검출해서 독가스를 내놓아 고양이를 죽인다. 코펜하겐 해석에 따르면, 관측되지 않은 핵은 '붕괴한 핵'과 '붕괴하지 않은 핵'의 중첩으로 설명된다. 즉, 고양이는 반은 죽었고 반은 살아있는 상태가 된다. 그러나 1시간 후 관찰자가 볼 수 있는 것은 '붕괴한 핵과 죽은 고양이' 또는 '붕괴하지 않은 핵과 죽지 않은 고양이' 뿐이다. 이처럼 고양이의 삶과 죽음이 관찰자의 행동에 의해 정해진다는 것이 양자역학에 대한 코펜하겐 해석이었다. 그러나 이런 일이 실제 세계에도 일어날 수 있을까? … 코펜하겐 해석은 관찰자의 측정행위와 실제와의 관계에 대해 우리의 상식과는 다른 차원의 문제를 제기하고 있는 것이다.

슈뢰딩거와 보어의 만남도 흥미롭다. 슈뢰딩거는 파동역학을 제창한 지 얼마 되지 않아 코펜하겐의 보어를 찾아갔다. 두 사람은 양자이론의 철학적 함의에 대해 오래도록 토론했다. 슈뢰딩거는 다음과 같이 말했다. "양자도약의 개념이 꼭 필요하다면 내가 양자이론에 관여한 적이 있다는 것이 유감스럽군요." 보어는 이렇게 답했다. "하지만 우리로서는 당신이 양자이론을 연구한 것이 너무도 고마운 일입니다. 당신의 파동역학은 수학적으로 참으로 명쾌하고 단순하여 양자역학의 이전 형태를 모두 능가하는 거대한 진보를 보여 줍니다."

슈뢰딩거의 고양이에 대한 개념도. 산 고양이와 죽은 고양이가 상자 안에 공존할 수 있는가?

생명이란 무엇인가?

슈뢰딩거는 옥스퍼드에서 약 3년 동안 머문 후 1936년에 고국인 오스트리아로 돌아와 그라츠 대학의 교수가 되었다. 그러나 1938년에 히틀러가 오스트리아를 병합하면서 슈뢰딩거는 나치의 감시를 받는 처지가 되었다. 그는 "총통의 의지를 지지한다"는 각서까지 썼지만 나치는 슈뢰딩거의 일자리마저 박탈하고 말았다. 결국 슈뢰딩거는 부인과 함께 단돈 10마르크만 지닌 채 오스트리아를 떠난 뒤 이탈리아와 미국에서 잠시 머물렀다. 그는 1940년부터 아일랜드에 있는 더블린 고등연구소의 이론물리학 부장으로 활동했으며, 1956년에 은퇴한 후 오스트리아로 다시 돌아와 빈 대학의 명예교수가 되었다. 슈뢰딩거는 1961년에 73세를 일기로 세상을 떠났다.

만년의 슈뢰딩거는 물리학보다 생물학의 흐름에 커다란 영향을 미쳤다. 그는 1943년에 더블린에서 생물학에 대한 대중강연을 준비하였다. 처음에는 간단하게 할 생각이었지만 준비 도중에 강연 내용이 계속 불어났다. 결국 슈뢰딩거는 세 번에 걸쳐 〈생명이란 무엇인가〉라는 제목으로 강연을 했으며, 그 원고를 보완하여 1944년에 케임브리지 대학에서 같은 제목의 책으로 출판하였다.

《생명이란 무엇인가》는 물리학자가 바라본 생명현상에 대한 이해를 담고 있다. 책의 서문에서 슈뢰딩거는 다음과 같이 썼다. "과학자는 한 분야에 대해 완벽하고 철저한 지식을 가진 사람이고, 따라서 자신이 정통하지 않은 분야에 대해서는 글을 쓰지 않는다고 사람들

20세기의 가장 영향력 있는 생물학 서적으로 꼽히는 슈뢰딩거의 《생명이란 무엇인가》. 부제로 "살아있는 세포의 물리학적 측면"이 적혀 있다.

은 흔히 생각한다. 그것은 일종의 노블레스 오블리주(noblesse oblige)로 여겨진다. 나는 이 책을 위해 내가 가지고 있을지도 모르는 고귀한 지위(노블레스)를 기꺼이 포기하고 그에 따른 의무(오블리주)에서 벗어날 수 있기를 바란다."

슈뢰딩거의 가장 독창적인 기여는 유전자의 본질을 정보로 보았다는 점에서 찾을 수 있다. 그에게 생명의 핵심은 몸을 통제하고 유전을 관장하는 유전자였다. 유전자는 "법전이자 그 법을 수행하는 권력"이고 "건축가의 계획이자 그것을 짓는 건설자의 숙련을 하나로 담고 있는 것"이었다. 그리고 유전자의 핵심은 다름 아닌 정보였으며, 이제 생물학자들의 임무는 유전자에 프로그램된 정보를 해독하는 것이 되었다. 슈뢰딩거는 조그마한 유전자에 수많은 정보가 담길 수 있는 근거를 전신에서 모스 부호를 예로 들어 설명했다.

유명한 생물학자이자 과학사상가인 굴드(Stephen Jay Gould)는 슈뢰딩거의 《생명이란 무엇인가》가 20세기의 가장 영향력 있는 생물학 서적이라고 평가했다. 사실상 분자생물학의 새로운 장을 개척했던 젊은 과학자들은 슈뢰딩거의 책을 읽고 많은 영감을 얻었다. 흥미롭게도 DNA의 이중나선 구조를 밝혀 1962년 노벨 생리의학상을 수상한 사람들은 모두 《생명이란 무엇인가》에 큰 영향을 받았다. 윌킨스와 크릭은 이 책을 접한 후 자신의 전공을 물리학에서 생물학으로 바꾸었고, 왓슨도 대학 3학년 때 이 책을 읽은 뒤에 유전자를 연구하기로 결심했던 것이다.

슈뢰딩거는 여성 편력이 심했던 사람으로도 유명하다. 그는 총각 시절은 물론 결혼한 뒤에도 수많은 여인들과 염문을 뿌리고 다녔다. 그가 1925년 크리스마스 휴가를 보낼 때에도 다른 여인과 사랑을 나누었다. 슈뢰딩거의 첫 번째 딸을 낳았던 사람은 친구의 아내였다. 유명한 유부녀 배우였던 세일러 메이(Sheila May)도 슈뢰딩거의 대표적인 연인이었다. 심지어 슈뢰딩거는 같은 대학의 동료 교수 부인과도 공공연한 관계를 맺었다. 슈뢰딩거도 자신의 결혼 생활에 문제가 있다고 느꼈으며 몇 번이고 이혼을 생각했다. 그러나 부인인 안네마리는 자식이 없었음에도 불구하고 이혼을 하지 않은 채 평생 슈뢰딩거와 함께 살았다. 슈뢰딩거의 죽음을 지켜본 사람도 남편의 외도를 눈감아 주고 그를 결코 미워하지 않았던 안네마리였다.

슈뢰딩거의 일생은 서로 모순적으로 보이는 현상들로 가득 차 있다. 그에 관한 전기를 발간한 월터 무어(Walter Moore)는 다음과 같이 썼다. "에르빈 슈뢰딩거는 현대물리학의 위대한 창시자들 가운데 가장 복잡한 성격을 지닌 인물이었다. 그는 불의에 대해서는 열정적으로 싸웠지만, 모든 정치적 행동은 경멸적으로 바라보았다. 그는 허세와 형식을 혐오했지만, 영예를 얻고 상훈을 받는 것을 어린애처럼 즐겨했다. 그는 모든 사람들은 서로 동료라는 고대 인도의 베단타 철학 개념에 몰두했지만, 모든 종류의 협동적 작업을 멀리했다. 그의 지성은 명확한 추론에 바쳐졌지만, 그의 기질은 프리마돈나처럼 폭발적이었다. 그는 자신을 무신론자라고 공언하고 다녔지만, 항상 종교적 상징을 사용했으며 자신의 과학적 작업이 신성을 향해 다가가는 것이라고 믿었다. 모든 면에서 그는 진정한 오스트리아 사람이었다."

©Book's-Hill

우주는 끝없이 팽창한다
에드윈 허블

천문학으로 전공을 바꾼 법률가

끝없이 펼쳐진 우주! 우주는 언제 어떻게 생겨났으며, 그 크기는 도대체 얼마나 될까? 밤하늘에 반짝이는 수많은 별들의 정체는 뭘까? 혹시 우주의 저 한쪽 끝에 인간과 같은 고등 생명체가 있지는 않을까? … 이러한 궁금증을 가져 보지 않은 사람은 드물 것이다.

오늘날 우리는 우주에 관해 적지 않은 지식을 가지고 있다. 은하계 하나에는 수백억 혹은 수천억 개 이상의 별들이 모여 있고, 그러한 은하계들이 다시 그 이상의 개수만큼 모여 우주를 이루고 있다. 또한 지금으로부터 137억 년 전에 대폭발(big bang)로 인하여 고온 상태의 한 점에서 우주가 창조되기 시작했으며, 지금 이 순간에도 우주가 팽창하고 있다는 점도 알고 있다.

그러나 인류가 이러한 지식을 보유하기 시작한 것은 아직 100년도 되지 않는다. 우리가 알고 있는 우주에 관한 지식에는 현대 천문학을 개척한 수많은 과학자들의 땀과 노력이 배어 있다. 그중에서도 가장 빛나는 업적을 세운 사람으로는 미국의 천문학자인 에드윈 허블(Edwin Hubble, 1889~1953)을 들 수 있다.

허블은 1889년 11월 20일에 미국 미주리 주 마시필드에서 태어났다. 그는 변호사인 아버지를 둔 덕분에 유복한 환경에서 교육을 받을 수 있었다. 그는 어렸을 때, 동생이 자신의 장난 때문에 병을 앓고 있다고 생각하여 심리적인 문제를 가지고 있었다고 한다. 허블은 8살 때 할아버지로부터 망원경을 생일 선물로 받으면서 천문학에 관심을 가지게 되었다. 할아버지는 손자가 밤늦게 별을 관측할 수 있도록 허블의 부모를 설득했다.

허블은 고등학생 때 우주의 아름다움에 감동을 받고 화성에 관한 글을 썼고, 그 글이 지방 신문에 실리기도 했다. 당시에 허블을 가르쳤던 선생님은 "이 시대의 가장 위대한 사람이 되라"고 격려했다고 한다. 허블은 시카고 대학에서 천문학을 공부할 계획을 세웠다. 그러나 아버지는 아들의 경제적 독립을 위하여 법학을 공부하도록 강요했다.

허블은 1906년에 시카고 대학에 장학생으로 입학하였다. 그는 공식적으로는 법학을 전공하여 아버지의 요구를 만족시키는 한편, 물리학이나 천문학에 관한 과목을 수강하여 자신의 꿈을 키워가는 방법을 택했다. 시카고 대학에서 허블은 당대의 유명한 물리학자인 밀리컨(Robert Millikan)과 천문학자인 헤일(George Hale)의 강의에 매료되었다. 특히 밀리컨은 허블이 학부 학생이었을 때 그를 실험실 조교로 채용했고, 나중에 허블이 영국에 유학을 갈 때에도 장학금을 받을 수 있도록 도와주었다.

키가 188센티미터나 되고 몸집도 좋았던 허블은 권투에도 탁월한 소질을 보였다. 그를 유망한 프로 권투선수라고 생각한 어떤 중개인은 당시의 중량급 챔피언이었던 잭 존슨(Jack Johnson)과의 시합을 주선하기도 했다. 허블이 권투 선수가 되었을지도 모르는 그 계획은 그가 1910년에 옥스퍼드 대학으로부터 장학금을 받게 되면서 중단되었다.

허블은 옥스퍼드 대학에서 법학을 전공했다. 그는 영국에 매료되어 옷에서 악센트에 이르기까지 영국의 것이면 무엇이든 따라 했다. 그의 영국 생활은 1913년 1월에 아버지의 죽음으로 갑자기 끝나게 되었다. 허블은 다시 미국으로 돌아왔다. 잠깐 동안 고등학교 교사로 일한 후 18개월 동안 변호사 사무실에서 근무했다.

그러나 허블에게는 여전히 어린 시절의 꿈이 남아 있었다. 그는 1914년에 시카고 대학원의 천문학과에 입학했다. 그는 여키스 천문대의 연구원으로 일했으며 그때 헤일은 허블의 가능성을 확인하고는 격려를 아끼지 않았다. 허블은 1916년에 성운(星雲, 구름 모양으로 보이는 천체)에 대한 사진 조사를 주제로 하여 박사 학위를 받았다. 그 해 11월에 헤일의 추천으로 윌슨 산 천문대에서 근무할 수 있었지만, 미국이 제1차 세계대전에 참전하는 바람에 그의 꿈은 2년 더 연기되었다.

관측천문학을 이끈 여성들

17세기 초에 갈릴레오가 망원경으로 천체를 관측한 이후에 망원경은 관측천문학의 대명사가 되었다. 이후에 망원경은 더 커지고 정교해졌지만 망원경으로 본 우주의 모습은 활자나 그림을 통해서 전달될 수밖에 없었다. 이러한 상황은 프랑스의 화가인 다게르(Louis Daguerre)가 1839년에 사진술을 발명함으로써 돌파되기 시작했다. 그러나 천체 관측에 사진을 사용하는 것은 또 다른 문제를 낳았다. 천체에 대한 사진들은 무수히 늘어나는데 그것들을 분석하고 연구할 시간이 부족했던 것이다.

1877년에 하버드 천문대 대장이 된 피커링(Edward Pickering)은 이러한 문제를 해결하기 위해 조직적인 노력이 필요하다고 판단했다. 그는 쌓여 있는 사진들을 분류하기 위해 여성들을 고용하기 시작했다. 여성들은 낮은 임금에도 불평 없이 꼼꼼하게 분석 작업을 수행했다. 이런 여성 과학자들의 노력이 없었더라면 천문학의 역사는 다시 쓰여야 할는지도 모른다. 피커링의 분석 팀은 종종 '피커링의 하렘(Pickering's Harem)'으로 불리는데, 하렘은 한 마리의 수컷과 많은 암컷으로 구성된 집단을 뜻한다.

피커링의 팀원 중에서 가장 유명한 천문학자가 된 사람은 리비트(Henrietta Swan Leavitt, 1868~1921)이다. 그녀는 1892년에 하버드 대학의 래드클리프 칼리지를 졸업한 후 2년 동안 뇌막염 때문에 집에서 지냈다. 건강이 회복된 후 리비트는 피커링 분석 팀에 합류했다. 다른 시점에 찍은 두 장의 사진을 겹쳐 놓고 비교하면서 밝기의 변화를 추적하는 일이 계속되었다. 이를 통해 그녀는 2,400개의 변광성(變光星, 밝기가 주기적으로 변하는 별)을 찾아냈는데, 그것은 당시 알려진 변광성의 절반에 해당하였다.

20세기 관측천문학의 발전에 크게 기여한 피커링의 하렘

리비트는 세페이드 변광성에 특별한 관심을 가지고 그것의 주기와 밝기의 관계를 규명하고자 했다. 이를 위해서는 별의 실제 밝기를 알아야 하는데, 관측을 통해 알 수 있는 것은 거리에 따라 달라지는 겉보기 밝기뿐이었다. 리비트는 이 문제를 남반구에서 관측할 수 있는 소마젤란성운을 활용하여 해결했다. 지구에서 소마젤란성운까지 거리는 몰

랐지만, 소마젤란성운이 비교적 멀리 있고 그 속의 세페이드 변광성들은 가까이 있다고 생각했던 것이다.

리비트는 페루에 있는 하버드 남부 관측소에서 찍은 사진으로 소마젤란성운에서 25개의 세페이드 변광성을 찾아냈다. 그런 다음 세페이드 변광성들이 지구에서 대략적으로 같은 거리에 있다고 가정한 후 주기와 밝기를 비교하여 그래프로 나타내 보았다. 그녀의 연구 결과는 1912년에 〈소마젤란성운의 25개 변광성의 주기〉라는 논문으로 발표되었다. 이제 천문학자들은 세페이드 변광성의 밝기가 변하는 주기를 측정하면, 별의 실제 밝기를 알 수 있고 별까지의 거리도 계산할 수 있게 되었다.

성운의 정체를 밝힌 허블

다시 허블로 돌아가자. 그는 군 복무를 마친 후 1919년 8월부터 윌슨 산 천문대에서 일하게 되었다. 20세기 초반에는 성능이 뛰어난 망원경들이 속속 등장하여 천문학의 발전을 예고했다. 특히 카네기재단의 기부금으로 설립된 윌슨 산 천문대는 새로운 망원경을 설치하고 활용하는 데 민첩하게 대응하였다. 당시에 그 천문대는 60인치 망원경을 보유하고 있었고 100인치 후커 망원경을 시험적으로 작동하고 있었다. 허블은 성능이 뛰어난 망원경으로 우리 주위의 은하계를 사진으로 찍고 해석하는 작업을 지속적으로 수행하였다.

당시에 천문학자들이 가진 초미의 관심사는 성운의 정체에 관한 것이었다. 그것은 1920년 4월에 개최된 미국 국립아카데미의 토론회에서 핵심 주제로 선정되었다. 윌슨 산 천문대의 섀플리(Harlow Shapley)는 성운이 우리 은하 안의 천체라고 주장했고, 릭 천문대의 커티스(Heber Curtis)는 성운이 우리 은하 밖의 또 다른 은하라고 주장했다. 그러나 이 토론에서 확실한 승자는 없었다. 토론자들이 자신들의 주장을 증명하기 위해 사용한 자료들은 정확하지도 않았고 충분하지도 않았던 것이다.

1923년 10월 4일 저녁, 허블은 100인치 망원경으로 안드로메다성운을 관측하면서 그 성운 안에 40여 개의 세페이드 변광성이 있다는 사실을 발견했다. 그는 변광 주기와 실제 밝기에 일정한 관계가 있다는 점을 활용하여 세페이드 변광성을 통해 안드로메다성운까지의 거리를 계산하였다. 그때 밝혀진 거리는 약 90만 광년(광년은 빛이 진공 속을 1년 동안 가는 거리로 약 9조 5천억 킬로미터이다)이었다. 그것은 10만 광년 정도의 크기로 생각되고 있었던 우리 은하를 훨씬 벗어나는 것이었다. 오늘날에는 안드로메다까지의 거리가 220만 광년으로 알

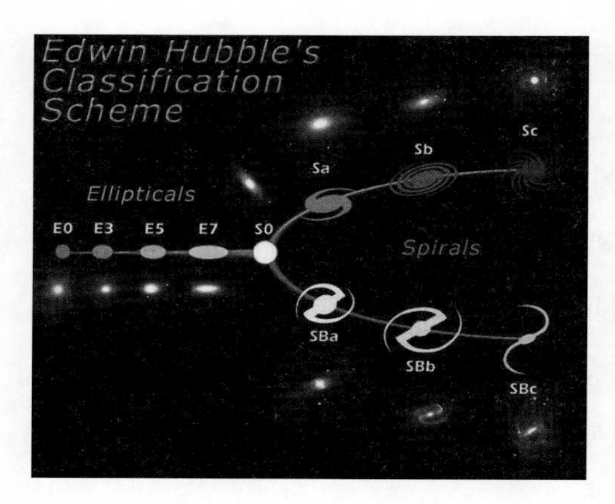

허블이 작성한 은하분류도

려져 있다.

허블은 자신의 관측 결과를 발표하기 전에 더 많은 증거를 찾기로 했다. 인내심을 가지고 안드로메다의 사진을 여러 장 더 찍었고, 이전보다 더 희미한 세페이드 변광성도 찾아냈다. 두 번째 변광성에 대한 관측 결과도 처음 것과 일치했다. 1924년 2월에 허블은 성운이 외부 은하에 해당한다는 편지를 섀플리에게 보냈다. 이로써 성운의 정체에 대한 토론은 종결될 수 있었다.

허블의 논문은 1925년 1월에 개최된 미국천문학회에서 발표되었다. 그는 가장 뛰어난 논문을 발표한 공로로 상금 1,000달러를 수상할 수 있었다. 당시의 한 심사위원은 허블의 연구가 가진 의미를 다음과 같이 기록했다. “그의 측정은 이미 알려진 물질세계를 100배나 확장시켰고, 성운이 우리 은하와 거의 같은 크기를 가지는 거대한 별들의 집단이라는 점을 보여주었다. 이로써 오랫동안 토론되어 온 나선 성운의 성격을 확실히 했다.”

나선 성운이 외부 은하라는 점이 밝혀짐으로써 성운의 의미도 변할 수밖에 없었다. 처음에 성운은 구름 모양의 천체를 의미했지만, 이제는 수많은 성운이 은하라는 사실이 밝혀졌다. 그러나 일부 성운은 여전히 우리 은하 안에 있는 먼지와 기체로 이루어져 있다. 이에 따라 오늘날 성운은 먼지와 기체로 이루어진 구름을 가리키는 용어로 정착되었다.

허블의 연구는 계속되었다. 그는 안드로메다성운보다 훨씬 멀리 떨어진 성운의 존재를 확인하였다. 결과적으로 허블은 우주의 크기를 거의 무한으로 넓혀 놓았다. 더 나아가 허블은 당시에 관측할 수 있었던 모든 은하들을 나선 은하, 타원 은하, 불규칙 은하로 분류하였다. 그의 분류 방식은 오늘날에도 유용하게 쓰이고 있다.

우주의 팽창에 관한 방정식

허블은 은하계의 운동을 연구하면서 우주론의 문제를 다시 생각하게 되었다. 우주가 안정되어 있는가 아니면 운동하고 있는가? 운동을 한다면 팽창하고 있는가, 수축하고 있는가? 우주가 안정되어 있다면 아무런 변화가 없는 것인가?

허블은 휴메이슨(Milton Humason)을 설득하여 은하계 운동에 대한 연구에 끌어들였다. 휴메이슨은 윌슨 산 천문대의 벨 보이로 일하다가 뛰어난 천체 사진가로 성장한 독특한 경력의 소유자였다. 그는 당시로서는 누구도 따라잡을 수 없는 최고의 관측 기술을 가지고 있었다. 허블은 당시의 상황에 대하여 다음과 같이 회고하였다. "휴메이슨은 성운의 스펙트럼 사진을 찍고 나는 그 성운의 거리를 측정 · 계산하였다. 그는 그야말로 타고난 천문학적 탐험가였다."

우주론의 문제를 해결하기 위한 변수는 먼 거리에 있는 우주가 방출하는 빛의 성질을 규명하는 데 있었다. 만약 우주가 팽창한다면 그 빛은 적색편이(赤色偏移) 효과를 나타내어야 했다. 적색편이란 어떤 물체에서 나온 빛이 원래의 파장보다 길어져서 빛의 스펙트럼이 적색 쪽으로 옮겨가는 현상으로서 물체가 관측자에게서 멀어질 때 나타난다. 반대로 어떤 물체가 관측자에게 가까워지면 원래의 파장보다 짧아져 청색편이 현상이 생긴다. 이처럼 빛의 파장이 원래보다 길어지거나 짧아지는 현상은 '도플러 효과(Doppler effect)'로 불린다.

허블과 휴메이슨은 1억 광년의 반경 이내에 존재하는 모든 은하계를 대상으로 관측한 결과 적색편이 현상이 나타난다는 점을 반복적으로 확인하였다. 우주가 팽창하고 있다는 사실을 확인한 셈이다.

더 나아가 허블은 은하의 거리와 멀어지는 속도 사이의 관계를 규명하였다. 그는 세페이드 변광성 중 하나를 기준점으로 사용하여 은하의 거리를 계산하였다. 이를 통해 그는 멀리 있는 은하들이 가까이 있는 은하들보다 더 빨리 우리로부터 멀어지고 있다는 사실을 발견하였다. 우주의 팽창은 기본적인 배치는 유지하면서 공간 자체가 팽창하는 식으로 이루어진다는 것이었다.

이러한 점은 간단한 비유를 통해 쉽게 알 수 있다. 예를 들어 우리나라가 한 시간 내에 두 배로 커진다고 가정해 보자. 서울에서 대구까지의 거리가 300킬로미터이면 1시간 뒤에는 600킬로미터가 될 것이다. 그리고 400킬로미터 떨어진 부산까지의 거리는 800킬로미터가 될 것이다.

허블은 우주의 팽창에 관한 간단한 방정식을 만들었다. 그것은 $V=Hr$로 표현된다. 이 방정식은 오늘날 '허블의 법칙'으로 불리며, H는 허블 상수에 해당한다. 은하까지의 거리(r)와 은하계가 바깥 방향으로 멀어지는 속도(V) 사이에는 비례관계가 성립한다는 것이다. 허블은 자신의 연구 결과를 1929년에 〈바깥 은하 성운의 거리와 기본 속도의 관계〉라는 논문으로 발표했다.

허블의 법칙은 우주가 팽창하고 있다는 사실을 밝혀낸 것 이외에도 또 다른 중요한 의미를 가지고 있다. 이전에는 리비트의 방법을 따라 세페이드 변광성의 주기를 이용해 멀리 있는 은하까지의 거리를 알아냈다. 이 방법은 거리가 너무 멀어 그 안의 세페이드 변광성을 찾아낼 수 없는 은하에는 적용될 수 없다. 이에 반해 허블의 법칙을 사용하면, 아무리 멀리 있는 은하라도 스펙트럼을 분석해 적색편이의 정도를 알면 은하까지의 거리를 계산할 수 있다. 허블의 법칙 덕분에 우리가 측정할 수 있는 우주가 훨씬 넓어진 것이다.

허블의 탄탄한 연구 결과가 확산되면서 팽창우주론은 천문학의 주요 학설로 자리 잡았다. 오랫동안 우주가 안정되어 있다고 생각했던 아인슈타인도 1931년에 윌슨 산을 방문해 허블을 만난 이후에는 입장을 바꾸었다. 아인슈타인은 "내가 한때 정적인 우주론을 지지한 것은 일생의 가장 심각한 실수"라고 했다. 세계에서 가장 유명한 과학자가 팽창우주론을 지지하자 많은 사람들이 이를 뒤따랐다. 당시의 한 언론은 "국제적인 명성이 허블에게 쏟아졌다"고 극찬하였다.

대중의 인기를 누리다

허블은 1935년에 예일 대학에서 대학생을 상대로 천문학 강연을 했다. 그의 강연은 흥미로운 내용으로 가득 차 있어서 학생들은 강연이 끝나도 자리를 뜰 줄 몰랐다. 학생과 강사 사이에는 세 시간 이상의 열띤 논쟁이 벌어졌다. 허블은 예일대 학생들을 향해 마지막으로 다음과 같이 선언했다. "팽창인지 정지인지는 고성능 망원경이 해결해 줄 것이다." 그는 천문학 논쟁의 해결책이 관측기구의 성능에 있다고 확신했던 사람이었다.

허블의 강연 내용은 1936년에 《성운의 영역》이란 책으로 출간되었다. 모두 8장으로 구성된 책에서 허블은 공간 탐구, 성운의 밝기, 크기, 모양, 성운의 분류, 성운의 거리 측정법, 성운의 속도와 거리의 관계 등을 다루었다. 관측에 초점을 둔 그 책은 매우 명쾌하게 설명되어 있어서 당시의 대중들에게 많은 인기를 누렸다. 허블은 모교인 옥스퍼드 대학에서도 강연을 했고 그것은 1937년에 《관측에 의한 우주론 접근》으로 출간되었다.

허블의 명성이 높아지자 수많은 사람들이 윌슨 산을 찾았다. 허블은 미국과 영국에서 숱한 강연을 했으며 과학자들은 물론 당대의 유명 인사들로부터 환대를 받았다. 그의 친구 중에는 할리우드에서 온 스타와 영화사 간부도 많았다. 허블은 1948년에 천문학자로는 최초로 《타임》의 표지 인물로 선정되기도 했다.

허블은 정치적으로는 보수적이었지만 전쟁에 대해서는 반대하였다. 그는 "전쟁은 일어나서는 안 된다"는 강연으로 제2차 세계대전이 인간을 파멸시킬 것이라고 경고하기도 했다. 허블이 과학과 인간에 대해 가졌던 다양한 생각은 그가 죽은 뒤 1954년에 《과학의 본질》로 출간되었다.

1948년 2월 9일 자 《타임》의 표지 인물로 선정된 허블

제2차 세계대전이 발발하자 허블은 천문학 연구를 일시 중단하고 애버딘에 위치한 초음속 풍동(風洞) 연구소의 소장을 맡아 1946년까지 일했다. 정부에 대한 봉사를 마친 후에 허블은 캘리포니아 공과대학이 팔로마 산 천문대에 설치할 200인치 반사망원경(물체에서 오는 빛을 대물렌즈인 오목반사경으로 반사시키고 접안렌즈로 상을 확대하여 보는 망원경)인 헤일 망원경의 제작을 도와주었다. 이 망원경은 1949년부터 가동되었는데 그것을 최초로 사용한 사람도 허블이었다.

허블은 마지막 순간까지도 은하계의 형성을 계속 관찰하다가 1953년에 갑작스런 뇌경색으로 캘리포니아의 산마리노에서 세상을 떠났다. 그는 자신의 성공을 선배 과학자들에게 돌렸다. "누군가가 첫 발을 들여놓은 다음에 그 길을 쫓아가기란 너무나 쉬운 일이 아니겠는가? 나 역시 선배들의 길을 따라갔을 뿐이다."

노벨상 대신에 망원경에 남긴 이름

허블은 생전에 많은 상을 받았지만 노벨상을 수상하지 못한 점에 대해 매우 아쉬워했다. 그가 노벨상을 받지 못한 이유는 업적이 부족해서가 아니라 오랫동안 천문학은 물리학의 일부로 생각되지 않았기 때문이었다. 급기야 노벨상위원회는 비밀리에 규칙을 바꾸어 허블을 노벨상 수상자로 결정했지만, 안타깝게도 그 사실이 발표하기 직전에 허블은 세상을 떠나고 말았다. 노벨상위원회의 토의 내용은 비밀에 부쳐졌지만, 몇몇 위원들은 허블의 위대한 업적이 결코 무시되지 않았음을 널리 알리고 싶었다. 결국 허블이 노벨상 수상자로 결정되었다는 사실은 그의 부인 그레이스(Grace Burke Hubble)에게 알려짐으로써 세상에 공개될 수 있었다.

허블이 우주가 팽창한다는 사실을 밝혀낸 뒤 우주론을 연구하는 과학자들은 왜 우주가 팽창하느냐에 대해 진지하게 탐구하기 시작했다. 이에 대한 대답으로 1948년에는 가모프

(George Gamow) 등의 빅뱅 이론(big bang theory)과 호일(Fred Hoyle) 등의 정상상태 우주론(steady-state cosmology)이 제안되었다. 가모프는 먼 옛날에 한 점이었던 우주가 대폭발을 일으킨 후 냉각되는 과정에서 팽창하게 되었다고 주장했으며, 호일은 우주가 팽창하는 가운데 지속적으로 새로운 물질이 탄생해서 일정한 평균밀도를 유지하고 있다고 반박하였다. 이러한 두 이론이 경쟁적으로 발전하는 가운데 1965년에 펜지아스(Arno Penzias)와 윌슨(Robert Wilson)이 우주배경복사(cosmic background radiation)를 발견함으로써 빅뱅 이론이 과학자사회의 폭넓은 지지를 받게 되었다. 빅뱅 이론은 우주 탄생 이전의 상태를 명확하게 해명하고 있지는 못하지만, 우주의 탄생 초기를 합리적으로 잘 설명해 주는 이론으로 간주되고 있다.

오늘날 허블의 이름은 적색편이에 관한 법칙뿐만 아니라 망원경의 이름에도 남아있다. 1990년부터 미국의 항공우주국(National Aeronautics and Space Administration, NASA)이 지구 궤도에서 우주에 대한 관측을 시작하면서 사용한 망원경의 이름이 바로 허블 망원경이다. 허블 망원경은 처음에는 기술적인 문제로 골치를 썩였지만 문제점이 개선된 이후에는 가장 성능이 우수한 망원경으로 자리 잡았다. 우리가 우주에 대한 영상을 손쉽게 접할 수 있는 것도 허블 망원경 덕분이라고 할 수 있다.

1990년에 우주왕복선 디스커버리 호로 지구 상공 610킬로미터 궤도에 올려져서 우주관측 활동을 시작한 허블 망원경

2008년 3월 6일에는 미국 우체국이 미국을 빛낸 4명의 과학자를 기념하는 우표를 발행했다. 거기에는 1947년 노벨 생리의학상을 수상한 여성 과학자 거티 코리(Gerty Cori), 1954년 노벨 화학상과 1962년 노벨 평화상을 수상한 폴링, 1956년과 1972년 노벨 물리학상을 수상한 바딘과 함께 허블이 포함되어 있었다.

당뇨병 치료의 길을 열다
프레더릭 밴팅

훈장을 받은 군의관

고혈압, 동맥경화증과 함께 3대 성인병의 하나이며, 한국인의 사망 원인 중 4위를 차지하고 있는 당뇨병! 당뇨병(糖尿病)은 이름 그대로 오줌에 당이 섞여 나오는 병이다. 당뇨병의 의학명인 diabetes mellitus도 소변을 뜻하는 그리스어인 diabetes와 달콤하다는 뜻을 가진 라틴어인 mellitus를 합친 것이다. 당뇨병은 몸에서 에너지로 쓰이는 포도당을 정상적으로 이용하지 못할 때 생긴다.

밥을 먹으면 탄수화물이 당으로 변해 피 속으로 보내진다. 이때 이자에서 분비되는 인슐린(insulin)이라는 호르몬이 세포가 당을 에너지로 사용하거나 저장하도록 도와준다. 그런데 이자가 망가져 인슐린이 제대로 나오지 않거나 나오기는 해도 그 효과가 적을 경우에 피 속의 당이 제대로 쓰이지 못하면서 여러 가지 장애가 나타난다. 피 속에 당이 넘쳐 소변으로 빠져나가고 갈증이 심해진다. 세포는 에너지를 공급받지 못해 오래 굶은 사람처럼 온 몸에 힘이 없어진다. 그러다 눈이 멀기도 하고 혼수상태에 빠지기도 하며 심할 경우 죽기까지 한다. 세포를 난로에, 포도당을 석탄에, 인슐린을 삽에 비유하면, 당뇨병은 석탄을 난로에 퍼 넣을 삽이 없어서 생기는 병에 해당한다. 난로는 열을 제대로 내지 못하고 주위의 석탄이 쌓여서 시커멓게 되는 것이다.

당뇨병과 인슐린의 관계는 세기 전환기의 여러 사람들에 의해 밝혀지기 시작하였다. 1889년에 독일의 의사인 민코브스키(Oscar Minkowski)와 메링(Joseph von Mering)은 개에서 췌장의 소화기능을 알아보는 실험을 수행하고 있었는데, 췌장을 제거한 개의 오줌에 당이 섞여 나와 파리가 모여든다는 점을 우연히 발견하였다. 1908년에 독일의 의사인 추엘처(Georg Ludwig Zülzer)는 췌장의 추출물을 당뇨병 환자에게 실험적으로 투여하여 효과를 보았지만 부작용이 나타나 치료를 곧 중단하고 말았다. 췌장에는 혈당을 줄이는 물질인 인슐린을 생성하는 β세포와 함께 반대로 혈당을 늘이는 물질인 글루카곤을 분비하는 α세포도 존재하기 때문이었다.

순수한 인슐린을 추출하고 그것의 임상 효과를 검증하는 데 주도적인 역할을 한 사람은 캐나다의 의사인 밴팅(Frederick G. Banting, 1891~1941)이다. 그는 1891년에 캐나다 온타리오 주 앨리스턴에서 태어났다. 근면한 농촌 가정의 6남매 중 막내였다. 학창 시절에 밴팅은 수줍음을 잘 타고 내성적인 학생이었지만, 철자법을 제외하고는 모든 과목에서 우수한 성적을 보였다.

밴팅은 1910년에 빅토리아 대학에 입학했지만, 그때까지도 자신의 진로를 결정하지 못했다. 부모는 아들이 목사가 되기를 원했지만, 밴팅은 의사가 되기로 결심했다. 그는 1912년에 토론토 대학교의 의과대학에 입학하여 의사가 되기 위한 준비를 착실히 하였다.

밴팅의 학업은 제1차 세계대전이 절정에 달했던 1916년에 중단되었다. 연합국은 부족한 의사들을 충원하느라 의과대학의 5학년과 6학년 과정을 한 번의 계절학기로 단축해 줄 것을 요청했다. 밴팅은 군의관으로 입대하여 제1차 세계대전의 격전지 중 하나였던 프랑스에서 활동하였다. 그는 포화가 빗발치는 상황에서도 전선으로 달려가 부상당한 병사들을 헌신적으로 치료하였다. 이 공로로 그는 1919년에 캐나다 정부로부터 철십자훈장을 받았다.

젊음과 사명감으로 연구에 매진하다

1919년에 다시 캐나다로 돌아온 밴팅은 토론토의 한 병원에서 정형외과 수련의로 일한 뒤 온타리오 주 런던에서 개업을 하였다. 그러나 밴팅의 병원에는 환자들이 많이 오질 않았다. 런던에는 연고도 없었을 뿐만 아니라 젊은 의사 혼자서 병원을 운영하는 것이 쉽지 않았던 것이다. 게다가 그는 병을 즉각적으로 치료하는 것보다는 병의 원인을 집요하게 탐구하려는 성향을 가지고 있었다.

밴팅은 의사보다 연구자에 적성이 있다는 점을 확신한 뒤 웨스턴 온타리오 대학의 생리학 연구실에 문을 두드렸다. 그는 신경생리학의 권위자였던 밀러(F. R. Miller) 밑에서 조교 및 강사로 활동하였다. 자신의 병원은 계속 유지하면서 시간제로 대학에서 활동하는 식이었다.

밴팅은 수많은 실험과 강의를 통해 1년 동안에 많은 지식을 획득할 수 있었다. 그는 밀러 교수의 주된 관심분야였던 소뇌의 피질에 대한 연구를 시작으로 점차 자신의 연구 영역을 확대하였다. 특히 그는 당뇨병에 많은 관심을 기울였다. 자신의 절친한 친구였던 죠(Joe)가 당뇨병으로 고생하고 있었기 때문이었다. 밴팅과 죠는 어렸을 때부터 단짝이었고 의과대학도 같이 다녔다. 그런 친구가 당뇨병으로 서서히 죽어가고 있는 것을 밴팅은 그냥 지나칠 수 없었던 것이다.

1920년 11월 초에 밴팅은 이자에 있는 랑게르한스섬에서 분비되는 물질이 당뇨병과 관련되어 있다는 요지의 논문을 읽었다. 그 논문을 읽으면서 밴팅은 '그 물질을 추출하기 어려운 이유가 추출하는 과정에서 이자액에 의해 분해되는 것은 아닐까?'라는 의문을 가졌다. 그 다음날 밴팅은 도서관으로 가 여러 문헌을 찾아본 뒤 이자에서 단백질을 분해하는 효소인 트립신이 분비된다는 점을 알아낼 수 있었다. 그때 밴팅은 예전에 의학 잡지에서 읽었던 기사를 떠올렸다. 여기서 밴팅은 '만일 이자관을 묶어 트립신의 분비를 막는다면 랑게르한스섬에서 분비되는 그 물질을 추출할 수 있지 않을까'라고 추론하였다. 밴팅은 세계에서 최초로 트립신과 인슐린을 연결시켜 사고했던 것이다.

밴팅은 밀러 교수와 상의하면서 자신의 가설이 새로운 시도라는 확신을 가졌다. 밴팅은 1920년 11월 6일에 밀러 교수의 소개로 탄수화물 신진대사의 권위자인 토론토 대학의 매클라우드(John Macleod) 교수를 찾아갔다. 당뇨병에 대해 관심을 가지고 연구를 해 본 경험이 있었던 매클라우드는 밴팅이 세운 가설의 의미를 곧바로 알아챘다. 매클라우드는 밴팅에

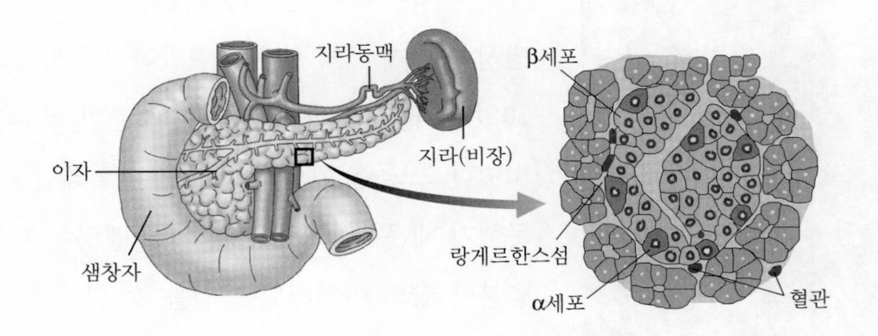

이자에 있는 랑게르한스섬과 그것을 확대한 모습. 랑게르한스섬은 1869년에 독일의 병리학자인 랑게르한스(Paul Langerhans)가 이자에 섬처럼 많은 점들이 존재한다는 것을 발견하면서 붙여진 이름이다. 인슐린은 랑게르한스섬의 α세포에서, 글루카곤은 β세포에서 분비된다.

게 "병원을 포기하고 5개월 정도 연구에 집중할 생각이 있으면 다시 연락하라"고 말했다.

한 달 동안의 고민 끝에 밴팅은 매클라우드에게 당뇨병 연구에 전념하겠다는 의사를 전달하고 병원을 정리하기 시작하였다. 학기가 끝난 1921년 5월 14일에 밴팅은 토론토로 가서 당뇨병 연구원으로 변신하였다. 매클라우드는 밴팅에게 실험실, 실험장비, 실험동물을 제공하는 것은 물론 이자를 떼어 내 당뇨병 개를 만드는 방법과 이자를 묶는 방법을 시범적으로 보여주었다. 이와 함께 매클라우드는 혈당 및 요당 측정에 경험이 있는 대학원생인 베스트(Charles H. Best)를 조수로 붙여 주었다. 그러나 밴팅과 베스트에게 별도의 급여나 연구비가 지급되지는 않았다. 오직 젊음과 사명감으로 뭉친 그들은 밤낮을 가리지 않고 열심히 연구에 매진하였다. 그때 밴팅의 나이는 30살이었고 베스트의 나이는 22살이었다.

밴팅과 베스트는 1921년 5월 16일부터 본격적인 연구에 착수하였다. 그들은 개의 이자관을 졸라맨 뒤 이자에서 생성되는 소화액과 세포가 퇴화될 때까지 몇 주일을 기다렸다가 랑게르한스섬의 반점이 남아있는 부분을 떼어서 분석했다. 그런 다음 그것을 얼음으로 냉각한 생리식염수에 갈아서 당뇨병 개에 주사하고 혈당의 변화를 관찰했다. 그들은 개 10마리를 가지고 실험을 시작했지만 실험용 개가 91마리가 되도록 별 진척을 보지 못했다. 1921년 7월 27일에 랑게르한스섬에서 추출한 물질을 92번째 당뇨병 개에 주사했다. 그랬더니 개의 혈당치가 떨어지면서 몇 시간 후에 그 개가 제 발로 일어서서 꼬리를 흔드는 것이 아닌가? 밴팅은 당뇨병의 치료제가 될 이 물질을 섬(랑게르한스섬)에서 생성되는 화학물질이라는 뜻에서 '아일레틴(isletin)'으로 명명하였다.

밴팅(오른쪽)과 베스트(왼쪽)가 인슐린 실험을 성공한 직후에 찍은 사진

젊은 두 과학자는 아일레틴을 지속적으로 주사하면서 92번째 개의 상태를 면밀히 관찰하였다. 그런데 20일이 채 되지 못해 그 개는 당분이 너무 많아 죽어버렸다. 그들은 개에게 충분한 아일레틴을 주사하지 못했기 때문이라고 결론지었다. 밴팅은 '어떻게 하면 충분한 양의 아일레틴을 얻을 수 있을까?'하고 고민하기 시작했다. 어느 날 그는 실험실에 앉아 온타리오에 있는 아버지 농장에서 지냈던 옛일을 회상하고 있었다. 그때 문득 그는 도살된 소로부터 충분한 아

일레틴을 얻을 수 있겠다고 생각하였다. 그의 예감은 적중했다. 밴팅은 소의 이자에서 당뇨병 개를 치료하는 데 충분한 아일레틴을 얻을 수 있었다.

매클라우드는 밴팅과 베스트가 실험에 성공했다는 소식을 듣자 만사를 제쳐 놓고 스스로 실험을 해 보았다. 그때 매클라우드는 밴팅의 허락을 받아 아일레틴과 뜻이 같은 라틴어인 '인슐린'으로 고쳤다. 밴팅과 베스트는 1921년 11월 중순에 그동안의 연구 결과를 생리학과 세미나에서 발표하였고, 매클라우드의 조언을 받아 논문으로 작성하기 시작하였다. 당시에 매클라우드는 논문이 두 사람의 연구 결과이므로 자신의 이름은 넣을 필요가 없다고 말했다. 때마침 12월에 미국생물학회가 뉴헤이븐에서 열리게 되었다. 초록을 제출하는 시점이 너무 임박했기 때문에 밴팅은 매클라우드에게 초록을 작성해 줄 것을 요청했고, 이에 따라 매클라우드의 이름도 논문에 실리게 되었다. 예상대로 인슐린에 대한 논문은 뉴헤이븐 학회에서 대단한 반향을 불러 일으켰다.

최연소로 받은 노벨 생리의학상

이제 밴팅의 연구팀에게는 당뇨병 환자에게 인슐린을 투여하여 그 효과를 검증하는 일이 남았다. 1922년 1월 11일에는 중증의 당뇨병으로 토론토 대학병원에 입원 중이었던 14세 소년 톰슨에게 소의 이자 추출물이 주사되었다. 처음에는 혈당과 요당이 일시적으로 감소했으나 주사 부위에 종기가 생겨 주사를 계속 놓을 수 없었다. 이 과정을 안타깝게 지켜보던 매클라우드는 추출물이 완전히 정제되지 않았기 때문이라고 판단하고, 생화학자인 콜립(James Collip)에게 추출물을 정제해 달라고 요청했다. 콜립은 밴팅과 베스트가 만든 물-알코올 추출액에 다시 몇 배의 순수 알코올을 가하여 정제된 인슐린을 만들었다. 콜립이 만든 인슐린을 톰슨에게 주사하자 소년의 병세는 급격히 호전되었다.

밴팅은 인슐린을 발견한 공로로 1922년 토론토 대학으로부터 금메달과 함께 의학박사 학위를 받았다. 밴팅의 연구팀은 토론토 대학병원에 입원하고 있었던 50명의 당뇨병 환자에게 인슐린을 주사하여 환자 46명의 증세가 호전되는 성과를 거두었다. 인슐린의 효과가 전해지자 당뇨병 환자들이 구름같이 몰려들었고, 밴팅의 연구팀은 불과 몇 달 동안에 수백 명에 달하는 환자의 생명을 구할 수 있었다. 그중에는 밴팅의 친구인 죠와 영국 왕 조지 5세가 포함되어 있었다.

인슐린의 임상효과가 밝혀지자 1923년 노벨상 위원회는 밴팅과 매클라우드에게 노벨 생리의학상을 수여하였다. 인슐린의 경우처럼 발견된 지 2년도 지나지 않아 노벨상을 수여한 것은 역사상 좀처럼 찾아보기 어려운 일이다. 더구나 밴팅은 당시로서는 가장 어린 32세의 나이로 노벨 생리의학상을 수상하는 영광을 누렸다. 그러나 밴팅은 매클라우드가 베스트 대신에 노벨상 수상자로 결정되었다는 사실에 분통을 터뜨렸고, 노벨상 상금을 받은 즉시 자신의 몫을 베스트와 나누었다. 매클라우드도 밴팅을 따라 추출물을 정제했던 콜립과 노벨상 상금을 나누어 가졌다.

노벨상을 받은 해에 밴팅은 토론토 대학의 교수로 임명되었고, 캐나다 의회는 밴팅이 연구에 전념할 수 있도록 1,500파운드의 연금을 지급하기로 결정하였다. 또한 1930년에는 토론토 시민들이 모은 기금으로 토론토 대학에 밴팅 연구소가 설립되었고, 1934년에는 영국왕 조지 5세가 밴팅에게 기사 작위를 내렸으며, 1935년에는 영국 왕립학회가 밴팅을 특별회원으로 선출하였다.

일찍 피는 꽃은 그만큼 일찍 지는 것일까? 밴팅은 말년에 암에 대한 연구에 손을 대었지만 별로 뚜렷한 업적을 남기지 못했다. 그는 제2차 세계대전이 일어나자 캐나다군와 영국군 의료진 사이의 협력을 증진하기 위한 위원회의 위원장을 맡았다. 1941년 2월 20일에 그는 영국 동료들과 연구 계약을 체결하기 위하여 비행기에 탑승하였다. 그러나 불운하게도 비행기가 추락하는 바람에 밴팅은 50세가 채 되지 않은 나이로 삶을 마감하고 말았다. 세계보건기구(WHO)는 밴팅의 생일인 11월 14일을 '세계 당뇨병의 날'로 정하여 그의 업적을 기리고 있다.

밴팅이 세상을 떠난 후에도 인슐린에 대한 연구는 계속되었다. 1936년에는 프로타민이 첨가된 인슐린이 만들어져 인슐린의 작용시간이 연장되었고, 1938년에는 프로타민 인슐린에서 아연을 제거한 1일 1회 주사용 인슐린도 개발되었다. 인슐린은 또 다른 노벨상으로 이어지기도 했다. 영국의 생화학자 프레더릭 생어(Frederick Sanger)가 1953년에 인슐린의 아미노산 배열을 밝혀 1958년에 노벨 화학상을 받았던 것이다. 이후에 생어는 DNA의 염기 해석법을 개발하여 1980년에 두 번째 노벨 화학상을 수상하기도 했다.

1980년대 이전에는 인슐린을 주로 소나 돼지의 이자에서 추출하는 방법이 사용되었다. 이 방법으로는 8킬로그램의 이자에서 1그램의 인슐린밖에 추출할 수 없었고, 이에 따라 많은 환자들이 당뇨병 치료의 혜택을 받기는 어려웠다. 게다가 소나 돼지의 인슐린이 사람의 인슐린과 동일하지 않아 예기치 않았던 부작용을 일으키기도 했다. 그러다 1980년대

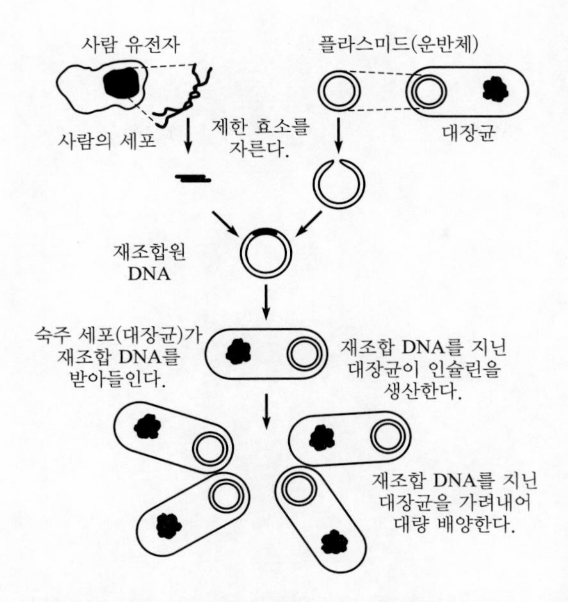

대장균을 이용해 인슐린을 대량으로 생산하는 방법. 대장균에 사람의 인슐린 유전자를 끼워 넣을 때 유전자재조합기술이 사용된다.

부터는 사람의 인슐린 유전자를 대장균 안에 끼워 넣은 뒤 유전자재조합기술을 통해 인슐린을 대량으로 생산할 수 있게 되었다. 인슐린은 유전공학의 문을 여는 계기로도 작용했던 것이다.

5부

논쟁하는 과학, 20세기 중 · 후반

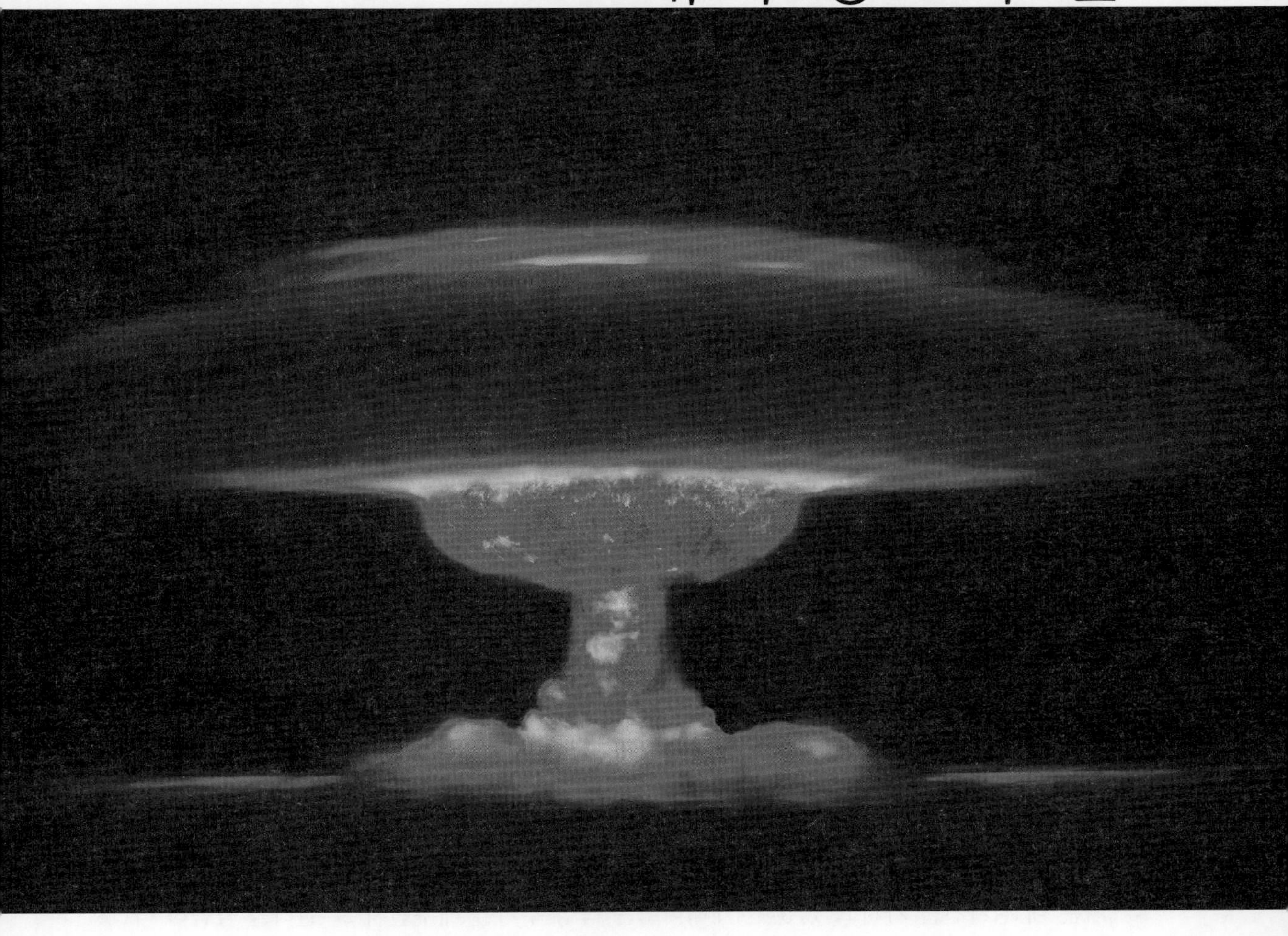

나일론에 바친 짧은 인생
월리스 캐러더스*

부기에서 화학으로

우리는 백화점이나 가게에서 수많은 옷을 만난다. 지천에 깔린 것이 옷이다. 따지고 보면 19세기만 해도 옷의 종류가 그렇게 많지 않았다. 대부분 천연섬유에 의존했기 때문이다. 그러나 20세기에는 다양한 인공섬유가 등장하면서 많은 사람이 저렴한 가격으로 옷을 즐길 수 있게 되었다.

인공섬유의 대명사는 나일론이다. 나일론은 1938년에 유명한 화학업체인 듀폰(Du Pont)에서 생산되었으며, 시장에 출시되자마자 선풍적인 인기를 끌었다. 그런데 나일론 개발의 주역인 캐러더스(Wallace H. Carothers, 1896~1937)는 이러한 장면을 볼 수 없었다. 그는 상사와의 갈등을 배경으로 나일론이 시판되기 1년 전에 41세의 젊은 나이로 자살하고 말았던 것이다.

캐러더스는 1896년에 미국 아이오와 주 버링턴에서 4명의 자녀 중 장남으로 태어났다. 그는 어릴 때부터 몸이 허약했고 가정 형편도 어려웠기 때문에 공부에 큰 뜻을 두지 않았다. 캐러더스는 1913년에 아버지가 근무하고 있었던 캐피탈 대학의 상과에 입학하였다. 그 대학은 우리나라로 따지면 전문대학에 해당하는 것으로서 상업 부기를 속성으로 가르치는 데 일가견을 가지고 있었다. 캐러더스는 속성 부기를 배우면서 그 원리를 꼼꼼히 따지는 학생으로 정평이 났고, 과학 서적을 읽으면서 점차 물질 현상의 원리를 탐구하는 데

* 이 글은 송성수, 《사람의 역사, 기술의 역사》(부산대학교출판부, 2011), pp. 285~294를 부분적으로 보완한 것이다.

빠져 들었다.

그러던 중 아버지가 캐피탈 대학의 부학장으로 승진하면서 캐러더스의 가정에도 여유가 생겼다. 캐러더스는 캐피탈 대학을 졸업한 후 타키오 대학에서 부기를 가르치는 교수를 보조하는 조교 자리를 얻었다. 그는 조교로 일하면서 이학부의 강의를 청강할 기회를 얻었다. 특히 공유결합론의 창시자로서 당대의 유명한 화학자였던 루이스(Gilbert Lewis)의 강의는 캐러더스의 학문적 관심을 자극하기에 모자람이 없었다.

캐러더스는 집념이 강한 청년이었다. 그는 19살이 되던 1915년에 타키오 대학의 화학과에 입학하였다. 그는 스스로 학비를 벌면서 타키오 대학을 5년 동안 다녔다. 타키오 대학의 상과에서 부기를 가르치기도 했고 영어과 조교로 일하기도 했으며 대학 총장의 비서로 타자를 치는 일도 했다. 캐러더스는 대학을 다니느라 애쓰는 동안 갑상선 기능에 장애를 느꼈다. 제1차 세계대전이 발발했을 때 미 육군은 부어오른 갑상선 때문에 손이 떨린다는 이유로 캐러더스의 입대를 거부하였다.

1920년에 캐러더스는 대학원 진학을 모색하면서 일리노이 대학을 선택하였다. 당시에 일리노이 대학은 미국에서 최고의 유기화학 중심지로 빠르게 부상하고 있었다. 일리노이 대학에서 배출된 대학원생들은 박사 학위를 따기 위해 독일 유학을 가지 않는 최초의 미국인 화학자 세대가 되었다. 캐러더스는 애덤스(Roger Adams) 교수의 지도로 분자결합론을 전공하여 1924년에 박사 학위를 받았다. 미국화학회 회장을 역임하기도 했던 애덤스는 200명이 넘는 제자를 양성했으며, 그중 많은 사람들이 산업계로 진출하였다.

박사 학위를 받은 후에 캐러더스는 애덤스의 권유로 연봉 1,800달러의 강사직을 맡았다. 캐러더스는 강의를 재미있게 하지는 못했지만 휴일을 반납하면서까지 학생들을 열심히 지도하였다. 그는 종종 대학원생들과 밀조 맥주를 마시며 화학 토론을 하는 비공식 세미나를 개최하기도 했다. 1925년에 캐러더스는 연봉 2,250달러의 조건으로 하버드 대학의 화학과 강사가 되었다. 하버드 대학에서 그는 코넌트(James B. Conant) 교수의 연구실에서 당시의 첨단 분야였던 중합체(polymer) 연구에 관심을 집중시키기 시작했다.

1925년만 해도 고무나 섬유와 같은 화합물의 화학적 특성이 분명하게 밝혀져 있지 않았다. 당대의 많은 화학자들은 수많은 저분자 물질이 불규칙하고 복잡하게 결합하여 고무나 섬유를 구성한다고 생각하고 있었다. 이에 반해 독일 프라이부르크 대학의 교수인 슈타우딩거(Hermann Staudinger)는 '고분자화학'이라는 새로운 영역을 개척하면서 고무나 섬유

미국의 교육개혁을 주도하여 《타임》의 표지 인물로 선정된 코넌트

는 고분자 물질이 중합되어 이루어진 고분자 화합물이라고 주장했다. 캐러더스는 슈타우딩거의 고분자설을 바탕으로 합성 고분자 물질을 효과적으로 만들어내는 방법을 연구하고 있었다.

하버드 대학에서 캐러더스를 지도했던 코넌트는 미국의 과학계와 교육계를 이끄는 엘리트였다. 코넌트는 하버드 대학에서 박사 학위를 받은 후 1919년부터 그 대학에서 화학을 가르쳤다. 그는 1933년에 불과 40세의 나이로 하버드 대학의 총장에 취임한 뒤 무려 20년 동안이나 그 자리를 지켰다. 맨해튼계획의 고문과 원자력위원회의 고문을 지냈으며, 1953~1957년에는 서독 주재 고등판무관(high commissioner)을 역임하였다. 코넌트는 1957년에 귀국한 후 대대적인 교육개혁 운동을 벌였다. 하버드 대학에 과학사를 교양필수과목으로 만들면서 《하버드 실험과학 사례사(Harvard Case Histories in Experimental Science)》를 출판했으며, 미국의 교육제도에 대한 광범위한 연구를 실시하여 《코넌트 보고서》를 발간하였다. 《과학혁명의 구조》로 유명한 토머스 쿤도 코넌트의 요청으로 하버드 대학에서 물리학사를 강의하면서 자신의 전공을 물리학에서 과학사 및 과학철학으로 바꾸었다.

나일론을 발명하기까지

캐러더스는 30대 초반에 자신의 경력에서 중요한 전환점을 맞이하였다. 1927년 가을에 지금도 화학 분야에서 최고 기업으로 손꼽히는 듀폰 사가 그에게 손길을 내민 것이다. 1802년에 화약을 생산하는 기업으로 출발한 듀폰은 무기, 염료, 약품 등으로 사업을 확대하였고 1920년대에 들어서는 고분자 화합물에 주목하기 시작하였다. 듀폰 중앙연구소 화학부서의 책임자였던 스타인(Charles Stein)은 1927년 초에 듀폰의 다양한 사업에 과학적 기초를 세워 줄 기초연구조직을 설립하자는 계획안을 제출했고, 듀폰의 경영진은 스타인의 계획을 승인하였다.

캐러더스는 코넌트 교수의 소개로 듀폰 사에 문을 두드렸다. "저는 돈 한 푼 안 되는 고분자화학을 전공하고 있습니다"고 무뚝뚝하게 자신을 소개한 캐러더스에게 듀폰의 경영진은 묘한 호감을 느꼈다. "꼭 입사해 주게나. 자네의 능력으로 고분자 연구를 발전시키고 싶군. 연구비는 아낌없이 지원해 주겠네."

캐러더스는 처음에 건강상의 이유를 들어 듀폰 사의 제의를 거절했지만, 스타인의 끈질긴 구애 끝에 1928년에 연봉 6천 달러의 조건으로 듀폰 중앙연구소의 기초연구부장으로 초빙되었다. 상업적 연구가 아닌 기초연구, 젊고 유능한 박사 학위 소지자로 구성된 팀, 최대한의 물질적 지원 … 그것은 캐러더스가 대학을 미련 없이 떠나기에 충분한 조건으로 작용했다.

스타인은 캐러더스에게 회사 측이 요구하는 것은 "새롭게 등장하고 있는 중합체의 세상을 여는 것"이라고 말했다. 캐러더스는 인공적으로 중합체를 만들면서 그 과정에서 분자를 결속시키는 힘이 무엇인지를 밝히려고 하였다. 그가 첫 번째 연구과제로 선택한 것은 당시에 경쟁적으로 연구되고 있었던 합성고무였다. 전기와 자동차의 대중화 시대가 열리면서 전선이나 타이어에 사용될 고무의 수요량이 급증하여 천연고무만으로는 그러한 수요를 감당할 수 없었던 것이다. 캐러더스는 1년이라는 짧은 기간에 석탄을 공기에 통하지 않고 가열하여 얻은 콜타르로 '네오플렌(neoprene)'이라는 인조고무를 만드는 데 성공하였다. 이 고무는 천연고무보다도 품질이 우수했고 대량생산이 가능했기 때문에 캐러더스는 듀폰은 물론 세계의 많은 화학자들로부터 주목을 받았다.

네오플렌을 만든 뒤 캐러더스는 연구 방향을 합성섬유로 전환하였다. 당시에도 '레이온(rayon)'이라는 인조섬유가 있었지만, 그것은 목재에 포함되어 있는 셀룰로오스로 만들었기 때문에 완전한 합성섬유가 아니었다. 게다가 레이온은 물에 젖으면 탄력이 떨어지고 대량으로 생산하기 어려운 한계를 가지고 있었다. 캐러더스는 셀룰로오스 성분을 화학적으로 합성하여 품질도 우수하고 대량생산도 가능한 합성섬유를 개발하는 것을 과제로 삼았다.

캐러더스는 분자의 형태와 반응성에 대한 이해를 바탕으로 중합체의 성질을 계통적으로 연구하였다. 그는 중합체의 녹는점이 인접한 고분자 물질의 교차결합의 패턴에 의해 결정된다는 점과 그 패턴은 고분자 물질이 가지고 있는 탄소원자의 상대적 숫자에 의존한다는 점을 밝혔다. 이러한 연구를 바탕으로 캐러더스는 천연물도 아니고 레이온도 아닌 순전한 화학약품에서 '폴리아미드(polyamide)'라는 새로운 물질을 만들었다. 그러나 폴리아미드는 녹는점이 너무 높아 섬유로 길게 뽑아낼 수 없었다. 캐러더스는 폴리아미드를 가지고 특허를 출원하는 것은 꿈에도 생각하지 않은 채 선반에 밀어 놓았다.

1932년 어느 여름날, 폴리에스테르를 연구하고 있었던 힐(Julian Hill)이라는 동료는 폴리에스테르를 비커에 담아 장난삼아 막대로 휘저었다. 그런데 폴리에스테르가 거미줄만큼이

캐러더스의 동료인 힐은 우연한 실험으로 나일론을 발명하는 계기를 제공했다.

나 가늘고 비단처럼 부드러운 실이 되어 나오지 않는가? 폴리에스테르의 이러한 특성은 캐러더스를 흥분시켰다. 캐러더스의 연구팀은 상온에서 잡아 늘이면 분자들이 한 방향으로 늘어서게 되어 폴리에스테르의 강도가 증가된다는 점을 체계적으로 밝혀냈다. 캐러더스는 폴리에스테르에 이러한 성질이 있다면, 자신이 "선반 위에 방치해 둔 폴리아미드에도 그런 성질이 있지 않을까"라고 생각했다. 그의 예상은 적중했다. 그것이 바로 나일론의 시작이었다.

당시에 캐러더스는 특유의 겸손한 태도를 잃지 않고 듀폰의 경영진에게 다음과 같이 보고했다. "비록 제가 중합체에 대한 일반 이론을 만들고 초(超)중합체를 얻는 방법을 제안하긴 했지만, 최초의 섬유는 힐의 발견에서 만들어졌다는 점을 밝히고자 합니다."

새로운 연구소장과의 갈등

중앙연구소에서 신제품 개발이 잇달아 성공하자 스타인은 듀폰사의 부회장으로 승진하였다. 스타인의 후임자는 볼튼(Elmer K. Bolton)이었는데, 그는 기초연구에 특권을 주었던 스타인과는 전혀 다른 스타일의 소유자였다. 볼튼은 상업적으로 활용 가능한 구체적인 성과를 중요하게 여겼던 사람으로서 예전에 스타인의 기초연구부 설립 계획을 반대했던 전력을 가지고 있었다. 볼튼은 캐러더스 연구팀에게 자유로운 기초연구보다는 상업성이 있는 연구를 할 것을 주문하였다. 볼튼은 캐러더스 팀이 발견한 나일론이 매우 불안정하다는 점을 지적하면서 상업적 가치가 있는 보다 안정된 섬유를 개발해 달라고 요청하였다.

캐러더스가 처음에 개발했던 나일론은 질기지 않아서 상업적 직물로는 적합하지 않았다. 나일론이 생성되는 과정에서는 물방울이 부산물로 나오는데, 그 물방울이 반응 용액으로 다시 들어가 중합작용을 억제했기 때문이었다. 캐러더스는 실험 장치를 다시 배열하여 물을 증발시킨 후 유리관으로 빼내고 이를 냉각시켜 제거하는 방법을 사용하였다. 드디어 1934년에 캐러더스 연구팀은 레이온 섬유를 가공하는 방법을 활용하여 방적돌기를 통해 폴리아미드를 압축시킴으로써 나일론실을 생산하는 데 성공하였다.

약간의 보완을 거친 뒤 1935년 봄에 캐러더스는 5-10 폴리아미드(구성하는 분자들의 탄소 수가 각각 5개와 10개인 폴리아미드)를 최적의 나일론 후보로 추천하였다. 그러나 볼튼은 5-10 폴리아미드를 만드는 데 필요한 중간물질의 값이 너무 비쌀 것 같아 캐러더스의 추천을 무시했다. 대신에 볼튼은 구하기 쉽고 가격이 저렴한 벤젠화합물로부터 나일론을 제조할 수 있는 6-6 폴리아미드를 선호하였다. 연구개발을 실제로 담당하는 사람과 연구개발을 관리하는 사람 사이에 갈등이 생긴 것이었다.

이와 같은 목적지향적인 연구는 캐러더스에게 흥미를 주지 못했다. 그는 6-6 폴리아미드를 마지못해 연구하긴 했으나, 스타인 시절에 했던 방식대로 여러 가지 주제를 탐색하기 시작하였다. 이에 볼튼은 6-6 폴리아미드에 대한 연구에 매진할 것을 강력히 요구하였다.

당시에 캐러더스는 한 친구에게 보낸 편지에서 자신을 '산업의 노예'로 칭하면서 다음과 같이 썼다. "나는 아직도 팀의 리더, 그러니까 일종의 사무관으로 버텨나가고 있다. 나는 사무적인 문제에 관해서는 아무런 재능도 없고, 그러한 방향으로 어떤 노력도 기울인 바가 없다. 최근에 했던 연구는 우울증 때문에 다소 엉망이었다." 이어서 그는 "하버드 대학처럼 정말 좋은 대학에서 제의가 온다면 듀폰을 떠나겠다"고 말했다.

원래부터 약간의 우울증이 있었던 캐러더스는 그때부터 2년 동안 여러 차례 우울증에 시달렸다. 그는 1936년 2월에 40세의 늦은 나이로 결혼했지만, 우울증이 더욱 심해져 신경쇠약으로 발전하였다. 더구나 누이의 갑작스런 죽음은 병세를 더욱 악화시켰다.

결국 1937년 4월 29일에 캐러더스는 필라델피아의 어느 호텔 방에서 청산가리를 먹고 자살하고 말았다. 나일론 6-6에 대한 특허를 신청한지 3주일이 지났을 때였고, 캐러더스가 42번째 생일을 맞이하기 이틀 전이었다. 슈타우딩거가 중합체에 관한 연구로 1953년 노벨 화학상을 받았다는 점에 비추어 볼 때, 캐러더스의 자살로 미국은 강력한 노벨상 후보를 잃어 버렸다고 할 수 있다.

전쟁 덕을 본 나일론

듀폰의 중앙연구소는 캐러더스가 개발한 나일론을 가지고 실제적인 옷감을 생산하는 데 주력하였다. 듀폰에는 고압합성을 전문적으로 수행하고 있었던 암모니아 부서와 섬유를 뽑아내는 기술을 축적하고 있었던 레이온 부서가 있었다. 이제 나일론 개발은 한 부서의 소관이 아니라 중앙연구조직에 의해 관리되는 거대한 규모의 협동연구개발의 형태를 띠게 되었다. 듀폰은 1938년에 나일론의 생산에 성공한 후 다음 해에 뉴욕 만국박람회를 통해 선보였다. 그 박람회에서 나일론은 "석탄, 물, 공기와 같이 매우 흔한 물질로 합성되었음에도 불구하고 어떤 천연섬유보다도 가늘면서 동시에 어떤 천연섬유보다도 탄력적이다"는 극찬을 받았다.

듀폰의 경영진은 나일론을 상품화하면서 여성용 블라우스에 사용되던 값비싼 비단을 대체하겠다는 전략을 내세웠다. 때마침 제2차 세계대전이 발발하여 일본으로부터의 비단 수입이 단절되는 바람에 듀폰은 나일론으로 여성용 고급의류 시장을 빠르게 잠식할 수 있었다. 더구나 나일론은 낙하산의 재료로도 사용되었으니 듀폰의 나일론이 초기에 성공할 수 있었던 것은 전쟁 덕이었다고 할 수 있겠다.

블라우스와 낙하산의 재료로 출발한 나일론은 점차 스타킹, 속옷, 혼방, 어망, 로프 등으로 그 영역을 점차 확대하였다. 1960년대 이후에 나일론은 나일론 페이퍼와 나일론 플라스틱으로 응용되어 포장지, 필터, 절연체 등과 같은 종이 제품과 베어링, 밸브, 패킹과 같은 기계부품을 제작하는 데 필수적인 재료로 자리 잡았으며, 동맥수술을 할 때 인공혈관으로도 사용되고 있다.

나일론 스타킹에 대해서는 흥미로운 일화가 있다. 1940년 5월 15일, 아침부터 미국 전역의 백화점에 여성들이 줄을 길게 늘어섰다. 실크보다 질기고 면보다 가벼우며 신축성이 뛰어난 나일론 스타킹의 판매 소식을 듣고 몰려온 것이었다. 많은 여성들은 집에 도착하기도 전에 길거리에서 치마를 올리고 나일론 스타킹을 신어 보았다. 나일론 스타킹이 시판된

나일론 스타킹에 대한 광고(왼쪽)와 나일론 스타킹을 즉석에서 신어보고 있는 여성(오른쪽)

지 4일 만에 400만 켤레가 팔려나갔으니 당시의 열기가 얼마나 대단했는지 상상할 만하다. 1940년대에는 여성의 권리가 점차 향상되고 나일론 스타킹이 널리 판매되면서 "요즘에 강해진 것은 여자와 양말"이라는 우스갯소리도 생겨났다.

캐러더스가 1929년부터 1936년까지 발표한 연구논문은 그가 세상을 떠난 지 3년 후에 《고분자 중합물에 관한 캐러더스 논문집》으로 출간되었다. 그 논문집은 네오프렌과 나일론의 특성 및 제조과정을 담고 있는 것으로서 향후 중합체 연구에 큰 영향을 미쳤다. 특히 캐러더스의 나일론 6-6에 관한 연구는 출발 물질을 달리한 나일론 6, 나일론 6-10, 나일론 11 등에 대한 연구를 자극하는 출발점으로 작용하였다.

캐러더스의 생애는 기업의 이해관계에 종속된 과학자의 운명을 보여주는 것 같아 씁쓸한 여운을 남긴다. 상사와의 갈등이 우울증을 촉진하여 결국 자살로 이어졌고 세계적인 연구 성과를 내고도 노벨상을 받지 못했기 때문이다. 그러나 캐러더스와 달리 기업체 연구소에 근무하면서 노벨상을 수상한 사람도 적지 않다. 예를 들어 제너럴 일렉트릭의 랭뮤어는 백열등을 개량하는 과정에서 기체를 충진하는 방법을 정립하여 1932년 노벨 화학상을 받았고, 벨연구소의 쇼클리, 바딘, 브래튼은 트랜지스터를 개발한 공로로 1956년 노벨 물리학상을 받았으며, 일본 시마즈(島津)제작소의 다나카 고이치(田中耕一)는 새로운 질량분석법을 고안하여 2002년 노벨 화학상을 받았다. 그것은 기업의 요구와 연구자의 관심이 조화를 이루었기 때문에 가능했으며 이러한 분위기를 조성하는 것은 연구를 관리하는 사람이 갖추어야 할 중요한 덕목이다. 그러나 그보다 더 중요한 요인은 이러한 과학자들의 끈질긴 노력에서 찾을 수 있다. 그들은 두 가지 사항을 조화시키고 이를 모두 충족시키기 위해 다른 사람들보다 적어도 2배 이상으로 일했던 것이다.

© Book's-Hill

프롤레타리아 과학의 꿈
트로핌 리센코

춘화처리법을 발견하다

리센코(Trofim Lysenko, 1898~1976)는 한 세대를 풍미한 소련의 생물학자이다. 그는 스탈린의 집권을 배경으로 과학에도 정치적 · 계급적 색깔이 있다고 주장했다. 자신의 생물학은 '프롤레타리아 과학'이며 서구의 생물학은 '부르주아 과학'이라는 것이었다. 리센코 생물학은 한동안 우세를 점했지만 이후의 역사에 의해 '사이비 생물학'이라는 평가를 받았다. 그의 삶은 불충분한 과학이 특정한 이데올로기와 결합될 때 어떤 결과를 유발하는지를 잘 보여주고 있다.

리센코는 1898년에 러시아 우크라이나 지방의 카를로프카에서 태어났다. 부모가 가난한 농민이었기 때문에 그는 13살이 되어서야 겨우 읽기와 쓰기를 배울 수 있었다. 이처럼 리센코는 늦게 교육을 받았지만 기억력이 좋아서 무엇이든지 빨리 배웠다고 한다. 그는 1917년에 정원사를 양성하는 풀타바 원예학교를 졸업하였고 1922년에 키에프 농업전문학교에 들어가 1925년에 졸업하였다. 그는 대학생이던 1923년에 토마토 품종 개량과 사탕무 접목법에 관한 두 편의 논문을 발표할 정도로 왕성한 학구욕을 가지고 있었다. 한때는 그가 박사 학위를 받았던 것으로 알려지기도 했지만 그의 실제적인 학력은 학사 학위였다.

리센코는 대학을 졸업한 후 아제르바이잔 중앙식물품종개량연구소에 근무했다. 처음에 그는 콩의 품종을 개량하는 일에 몰두하면서 새로운 몇 가지 품종을 소개했는데 그것이 언론의 주목을 받았다. 대중 잡지의 기자들은 그를 실질적인 연구에 종사하는 프롤레타리아 출신의 젊은 과학자로 추켜세웠다. 그는 어머니의 체리 푸딩을 생각할 때를 빼놓고는 절대로 웃지 않는 진지한 과학자로 묘사되었다. 1924년에 스탈린이 집권하면서 소련 정부는 프롤레타리아 출신의 과학자들을 발굴하는 데 많은 관심을 가지고 있었고 리센코가 그 중 한 명으로 지목되었다.

리센코가 우크라이나의 오데사 근처 농촌에서 밀 재배 실험을 하는 모습

리센코의 연구는 계속되었다. 그는 콩 작물의 파종기를 연구하여 식물이 생장 시기마다 필요로 하는 온도, 빛, 습도가 다르다는 사실에 주목하였다. 이러한 연구는 1929년에 '춘화처리(vernalization)'라는 작물재배법을 발견하는 것으로 이어졌다. 가을에 심는 작물의 종자를 인위적으로 저온에 저장한 후 봄에 심으면 작물의 생산량이 급속히 증가한다는 것이었다. 물론 이러한 방법은 농부들이 경험적으로 알고 있었지만 그것을 공식적인 과학적 방법으로 승화시켰던 사람은 리센코였다. 오늘날의 과학 교과서도 리센코를 춘화처리법의 발견자로 기록하고 있으며 작물은 물론 화초를 재배하는 데 춘화처리법이 널리 사용되고 있다.

리센코의 춘화처리법은 겨울이 많아 경작 기간이 짧은 소련에서 작물 생산량을 획기적으로 증가시킬 수 있는 방법이었다. 특히 당시 소련의 농업은 '관료들마저 넋을 놓았을 정도로' 거의 해체된 상태였다. 리센코는 우크라이나 지방에서 소맥을 재배하는 데 춘화처리법을 적용하여 상당한 효과를 보았다. 우크라이나 인민위원회의 보고에 따르면, "이 특별 재배법은 이웃 논밭에 뿌린 봄밀보다 3배나 증가한 수확을 내게 하였다." 그는 비슷한 방법으로 툰드라 지방에는 토마토를, 중앙아시아 지역에는 사탕무를 재배할 것을 제안하기도 했다.

프롤레타리아 과학의 전형

리센코는 춘화처리법을 발견했던 1929년에 오데사에 있는 유전육종학연구소의 소장이 되었다. 곧이어 그는 식물이 질적으로 다른 발전 단계를 거치며 각 단계마다 독특한 기관과 특성을 가진다는 발육단계설을 확립하였다. 1934년에 그는 우크라이나공화국 과학아카데미의 회원으로 선출되었고, 다음 해에는 레닌 농학아카데미의 회원이 되었다.

소련 학계 내에서 점점 위상이 높아지자 리센코는 자신의 생물학을 마르크스주의와 연관시키기 시작하였다. 사실상 마르크스주의자들은 유물론적 세계관을 바탕으로 자연과학의 성과를 해석하는 데 많은 노력을 기울여왔다. 예를 들어 엥겔스는 1873년과 1883년 사이에 《자연변증법》을 썼고, 레닌은 1908년에 《유물론과 경험비판론》을 출간했다. 당시 레닌은 감각을 일차적인 존재 형태로 간주한 마흐주의자들을 비판하면서, 과학의 최신 성과가 물질의 일차성을 전제로 삼는 변증법적 유물론의 타당성을 더욱 지지해준다고 강조하였다.

1920년대에 다시 시작된 자연과학과 변증법적 유물론에 대한 논쟁은 기계론자와 데보린주의자로 갈라져 진행되었다. 기계론자들은 생명 현상에 물리화학적 방법이 사용되는 현상에 주목하고 질적 현상이 양적 요소로 환원될 수 있다는 입장을 취하면서 변증법을 수정할 필요가 있다는 점을 조심스럽게 제기하였다. 데보린주의자들은 변증법이 개별 과학의 이론이나 법칙에 의해 수정될 수 없을 뿐만 아니라 과학자들의 활동을 지도하는 원리로 적용되어야 함을 강조하였다. 1929년의 논쟁을 계기로 데보린주의자들이 승리하면서 기계론자들은 수세에 몰리게 되었다.

여기서 한 가지 흥미 있는 사실은 생물학계의 경우에 라마르크주의자는 기계론에, 멘델주의자들은 데보린주의에 합류했다는 점이다. 라마르크주의자들에게 획득형질의 유전은 생물의 변화에 물리화학적 환경의 중요성을 부각시키는 것으로 보였지만, 그것이 멘델주의자들에게는 물질의 각 단계가 가지고 있는 자기 운동과 모순되는 것으로 비쳐졌다. 반면 멘델주의자들은 유전의 메커니즘으로 유전자의 변형을 들었지만, 라마르크주의자들은 유전자가 아직 발견되지 않은 비(非)과학적인 개념이라고 비판하였다.

소련의 사회적 분위기도 라마르크주의에 우호적이었다. 당시에는 소련식 공산주의의 발전을 위해서는 '소비에트형 인간'을 서둘러 만들어야 했다. 그런데 멘델의 유전학은 인간의 발달이 대부분 유전적 영향에 의한 것이라는 주장을 담고 있었다. 이를 따른다면 인간의 발달에 관여하는 모든 유전적 영향을 제거해야만 했는데, 그것은 거의 불가능한 일이었다. 이에 반해 라마르크주의는 획득형질의 유전이 가능하다고 보고 있었으므로 소련 사회에 필요한 인간을 양성할 수 있는 여지를 남겨 두고 있었다.

이러한 상황에서 혜성처럼 등장한 리센코의 춘화처리법은 라마르크주의자들에게 큰 힘을 실어 주었다. 그는 1935년에 발간한 《춘화의 이론적 원리》에서 환경을 조작하여 유전적인 변화를 인공적으로 만들 수 있다고 주장하였다. 또한 그는 멘델주의자들이 유전과 같은 복잡한 현상을 유전자로 환원하고 있다고 비판하면서 과학 활동은 관념적인 논의가 아닌 실제적인 결과에 의해 검증된다는 점을 강조하였다. 리센코는 "모두가 DNA에 관해 얘기하고 있지만 아무도 그것을 본 적이 없다"고 잘라 말했으며 아무런 효과를 보여주지 못하는 멘델주의를 '부르주아 과학'으로 공격하였다. 리센코는 자신의 접근법을 소련의 저명한 생물학자인 미추린(Ivan V. Michurin)을 좇아 '미추린주의'로 표현하기 시작하였다. 미추린은 레닌의 지원을 받아 품종 개량에 큰 성과를 보였던 사람이다.

1935년에 크레믈린 궁전에서 연설하고 있는 리센코의 모습. 제일 오른쪽에 서 있는 사람이 스탈린이다.

리센코의 주장은 당시에 급속한 산업화 정책을 추진했던 스탈린 정권의 호감을 받았다. 리센코는 다른 생물학자들이 가능하다고 믿는 것보다 더 많이 더 빠르게, 그리고 적은 비용으로 작물 생산을 증가시킬 수 있다고 공언하였다. 더구나 스탈린은 사회주의 사회에서는 자본주의와는 다른 유형의 과학이 필요하다고 주장한 바 있었다. 그에게 리센코 생물학은 과학자들의 실천과 사회주의 경제에 적합한 '프롤레타리아 과학'의 전형으로 비쳐졌다.

리센코의 희생양이 된 바빌로프

리센코의 등장은 니콜라이 바빌로프(Nikolai Vavilov)의 몰락으로 이어졌다. 바빌로프는 당시에 소련 최고의 생물학자로 인정되고 있던 인물이었다. 그는 1920년에 유전변이에 대한 상동계열의 법칙을 발표하고 1926년에 식물지리적 미분법을 정립하는 등 세계적인 명성을 지니고 있었다. 그가 1924년에 창설한 응용식물연구소는 해외의 많은 과학자들이 방문하는 장소이기도 했다. 바빌로프는 리센코의 주장에 의문을 품기도 했지만, 자신의 연구소를 지키기 위하여 리센코의 춘화처리법에 찬사를 보냈고 그가 농학아카데미의 회원이 되도록 도와주었다.

리센코가 점점 세력을 얻게 되면서 소련의 생물학계도 리센코를 비판하기 시작했다. 리센코가 생물학 연구에 대한 기본적인 훈련을 제대로 받지 못했으며, 그의 실험기술이 조잡하다는 것이었다. 바빌로프는 리센코가 육종 연구에 중요한 업적을 냈다는 점을 인정하면서도 그가 멘델주의를 충분히 이해하지 못한 채 너무 쉽게 단정하고 있다고 생각했다. 바

바빌로프, 리센코, 스탈린의 관계를 풍자한 그림

빌로프는 리센코를 비판했던 몇몇 생물학자들의 의견을 감안하여 리센코의 주장을 과학전문가의 입장에서 검증해 보자고 제안하였다.

그러나 리센코는 이러한 제안을 거부하면서 스탈린에게 바빌로프에 대한 불만을 노골적으로 털어놓았다. 리센코는 바빌로프를 내몰고 1938년에 농학아카데미의 회장이 되었으며, 1940년에는 유전연구소의 소장직도 맡았다. 이에 반해 바빌로프는 1940년에 재배식물의 종자를 채집하던 도중에 카루바치아 산맥에서 체포되었다. "국가의 권위를 훼손했다"는 죄목이었다. 처음에는 사형이 언도되었지만 소련 학계에 기여한 공로를 인정받아 사형을 면할 수 있었다. 그런데 바빌로프가 다른 감옥으로 이송될 때 감형결정서가 전달되지 않아 사형수의 감옥으로 잘못 이송되었다. 그는 불충분한 식사와 열악한 환경 때문에 괴혈병에 걸렸고, 1943년에 세상을 떠나고 말았다. 바빌로프의 비운을 알지 못하고 있었던 영국 왕립학회는 1942년에 그를 회원으로 선출하기도 했다. 바빌로프는 사망 후 12년이 지난 1955년에 명예가 회복되었으며, 소련 과학아카데미는 1965년에 바빌로프 상을, 1968년에 바빌로프 메달을 제정하였다.

리센코주의의 몰락

급기야 1948년에는 소위 '리센코 사건(Lysenko Affair)'이 발생하여 소련의 유전학자들이 본격적으로 추방되기 시작하였다. 리센코는 스탈린의 윤허를 바탕으로 "멘델의 부르주아 유전학을 추종하는 일단의 학자들과 진정한 사회주의적 생물학인 미추린 생물학을 지지하는 사람들 중에서 어느 하나만을 승인해 달라"고 당 중앙위원회에 요구하였다. 이에 대해 당 중앙위원회는 미추린 생물학만을 승인하였고, 그 여파로 소련의 유전학자들이 공식 기관에서 완전히 추방되었다.

당시에 스탈린은 리센코가 작성한 보고서인 《생물학적 과학의 상태》를 주의 깊게 읽으면서 직접 손질하기도 하였다. 그 보고서는 요란한 팡파르와 함께 소련의 주요 신문에 발표되었다. 리센코는 그 보고서에서 미추린주의를 "유일하게 승인할 만한 과학이다. 왜냐하면 미추린주의는 변증법적 유물론과 인민에게 이롭게 변화하는 자연이란 원칙을 바탕으로 하고 있기 때문"이라고 썼다. 리센코 사건을 계기로 소련의 생물학은 완전히 정치적이 되었고, 리센코는 소련의 생물학계는 물론 과학계에서 최고의 권위를 가진 인물로 부상하였다.

그러나 리센코의 학설과 주장은 춘화처리라는 특수한 기법을 유전이라는 일반적인 현상으로 확대한 것이었기 때문에 많은 문제점을 가지고 있었다. 이에 따라 리센코는 자신의 이론을 수시로 수정해야 했으며 이론과 실제가 일치하지 않는 경우도 종종 발생하였다. 예를 들어 그가 윤작의 방법으로 제시했던 초원 시스템 이론은 교묘하게 수정되어 무기비료 농법으로 바뀌었다. 또한 그는 이론적으로 동계교배(同系交配)를 완강히 반대했지만 식량 증산을 위해 미국식 옥수수 잡종 계획을 실행하기도 했다.

1953년에 발생했던 두 사건은 리센코주의가 몰락하는 계기로 작용했다. 우선 그 해에는 DNA 나선 구조가 해명됨으로써 멘델주의를 계승한 분자생물학이 세계 과학자사회에서 정통 과학으로 공인되었다. 또한 그 해에는 리센코의 가장 든든한 후원자인 스탈린이 죽었다. 스탈린 사후에 리센코에 대한 비판이 서서히 고개를 들면서 리센코에게는 '무식한 독단주의자'라는 낙인이 찍혔다. 결국 리센코는 1956년에 농학아카데미 회장직에서 물러났다.

리센코가 과학에 무지했다는 점에 대해서는 많은 일화가 전해지고 있다. 한번은 엥겔하르트(Vladimir Engelhardt)라는 과학자가 리센코에게 DNA 조제품을 보여주었을 때 리센코는 얼굴에 미소를 머금고 다음과 같이 말했다고 한다. "하! 무슨 엉뚱한 소리요. DNA(데옥시리보핵산, 디옥시리보핵산)는 산이요. 산은 액체인데, 이것은 가루잖소. 이게 DNA일 리가 없소!"

리센코는 스탈린 사후에 집권한 후르시초프의 지지를 얻어내어 일시적으로 재기하기도 했다. 그러나 리센코의 방법을 적용했던 밀의 수확량이 엄청나게 줄어들었다는 사실이 확인되면서 소련의 정치 지도부도 리센코의 약속을 믿지 않게 되었다. 또한 리센코는 우유에 든 지방의 양을 높이기 위한 젖소 사육법도 실험하고 있었는데, 다른 젖소들에 비해 리센코의 젖소들이 오히려 지방을 더 적게 함유한 것으로 나타났다. 소련 당국은 리센코에 대한 조사에 착수하였고, 그 결과 그가 실험 결과들을 체계적으로 조작했다는 사실까지 확인하였다.

급기야 러시아의 과학자들이 리센코주의의 비과학성과 리센코의 정적 탄압을 고발하고 나섰다. 예를 들어 러시아의 물리학자이자 1975년 노벨 평화상을 받았던 사하로프(Andrey Sakharov)는 1964년 소련 과학아카데미 총회에서 다음과 같이 말했다. "리센코는 소비에트 연방 생물학, 특히 유전학의 부끄러운 후진성에 대한 책임과 사이비 과학을 유포시킨 것,

모험주의, 학문의 격하, 그리고 수많은 진짜 과학자들의 명예를 훼손하고 해고하고 체포하고 심지어 죽인 데에 대한 책임이 있다."

결국 리센코는 1965년에 《과학과 생명》을 통해 공식적으로 비판을 당했다. 같은 해에 그는 유전연구소 소장 직에서 물러나면서 소련 과학계에서 매장당하고 말았다. 리센코는 말년을 쓸쓸히 보내다가 1976년에 78세를 일기로 세상을 떠났다.

돌이켜 보면, 리센코 사건은 사회주의의 급속한 건설과 정치화된 과학 활동이라는 배경에서 시대의 독재자 스탈린과 사이비 생물학자 리센코가 만들어낸 어처구니없는 사건이었다고 할 수 있다. 리센코가 권력에서 추방당한 이후에도 그의 추종자들은 오랫동안 소련 생물학계를 지배했으며 이에 따라 소련의 생물학은 정상적으로 발전할 수 없었다.

리센코 사건을 집중적으로 연구했던 조라브스키(David Joravsky)는 다음과 같은 결론을 내렸다. "리센코 사건은 어떻게 강제로 주입된 환상이 각종 모임과 여론 매체를 통해 자꾸 반복됨으로써 끝내 사람들의 마음속에 엄연한 실재로 자리 잡게 되는 과정을 보여준다." 영국의 물리학자이자 과학사회학자인 자이먼(John Ziman)은 리센코주의의 또 다른 측면에 주목했다. "리센코주의의 가장 끔찍한 특징은 잘못된 이론이 들어 있는 학문적 조직도 겉보기에는 정상 상태로 보인다는 사실이다. 진짜 비극은 학문답지 못한 폭력의 위협으로 침묵을 강요당한 몇 안 되는 사람들에게 있는 것이 아니라 … 그 독단적인 이론을 받아들이고 … 그것이 자신의 이성과 양심에 반하는지를 따져 보지 않은 많은 사람들에게 있다."

원자력 시대의 문을 열다
엔리코 페르미

과학에 대한 남다른 재능

인류의 역사는 에너지 활용의 역사라고도 할 수 있다. 인류는 처음에 인력과 축력에 의존하다가 점차 수력이나 풍력과 같은 자연에너지를 사용했다. 19세기 이후에는 증기력, 전력, 원자력과 같은 인공에너지가 주된 에너지원으로 활용되었다. 그중에서 원자력은 '제3의 불'로 간주될 정도로 인류 역사에 커다란 흔적을 남기고 있다. 이러한 원자력의 시대를 개막한 사람이 바로 엔리코 페르미(Enrico Fermi, 1901~1954)이다.

페르미는 이탈리아의 로마에서 철도청에 근무하는 아버지와 초등학교 교사인 어머니 사이에서 3남매의 막내로 태어났다. 그는 어린 시절부터 수학과 과학에 남다른 재능을 보였다. 10살 때 어른들의 얘기를 옆에서 듣고 원의 방정식($x^2+y^2=r^2$)이 의미하는 바를 혼자서 알아냈다고 한다. 또한 그는 스스로 전기모터를 만들어 가동시키기도 했고, 비행기 엔진의 모형을 그리기도 했다. 아버지의 친구는 페르미의 남다른 재능을 높이 평가하여 자신이 보유한 과학서적을 빌려주고 독서를 지도하기도 했다. 페르미는 학창 시절에 수석의 자리를 거의 놓치지 않았다.

페르미는 탁월한 기억력의 소유자이기도 했다. 단테의 《신곡》과 아리스토텔레스의 여러 작품을 대부분 암송했다고 한다. 페르미보다 4살 아래의 제자이자 동료인 세그레(Emilio Segrè, 1959년 노벨 물리학상 수상자)가 쓴 전기에 따르면, 페르미는 장문의 시(詩)를 금방 외울 뿐만 아니라 오랜 세월이 흐른 뒤에도 줄줄 낭송할 수 있었다. 1927년 여름에는 페르미가 어느 휴양지에 드러누워 깊은 지식과 뛰어난 기억력만으로《원자물리학 소개》라는 책을 집필했는데, 그 뒤 원고 중에 고친 곳이 단 한 군데도 없었다고 한다.

페르미는 1918년에 피사 대학 부속 고등사범학교에 입학했으며, 얼마 되지 않아 피사 대학으로 학적을 옮겼다. 페르미의 입학시험 답안지를 본 교수들은 그의 뛰어난 실력에 감탄했다. 오늘날 박사과정에 있는 학생도 즉석에서 그만한 답안지를 만들기 어려웠을 것이라고 한다. 페르미는 대학 시절 내내 장학생으로 선발되었고 어려운 질문으로 교수들을 당혹하게 했다. 사실상 그는 교수들보다도 당대의 물리학을 더 잘 알고 있었다. 21살이 되던 1922년에 그는 최연소 나이로 박사 학위를 받았다.

이탈리아 과학의 부활

박사 학위를 받은 후 페르미는 유학길에 올라 독일 괴팅겐 대학의 보른(Max Born), 네덜란드 라이덴 대학의 에렌페스트(Paul Ehrenfest) 등과 양자이론을 연구하였다. 페르미는 1922~1925년에 여러 대학에서 수학이나 물리학을 가르치는 강사로 활동하면서 이론물리학에서 세계적인 주목을 받을 만한 중요한 업적을 남겼다. 특히 그는 1925년에 파울리가 제안한 배타 원리를 기체 상태에서 원자들의 움직임을 설명하는 데 적용하였다. 그 원리는 원자핵 주위를 도는 전자의 위치 선택을 제한하는 원리로서 각 전자가 동일한 양자 상태에 있을 수 없다는 점을 밝히고 있었다. 페르미의 아이디어는 나중에 페르미-디랙 통계로 발전되어 양자통계학의 주요 수단으로 정착되었다.

페르미는 1926년에 로마 대학의 교수가 되었다. 이론물리학 분야의 첫 교수였다. 당시의 관례로 보면 50대 교수의 자리였는데, 페르미의 나이는 26세에 불과했다. 페르미가 교수로 임용되는 데에는 코르비노(Orso Mario Corbino)의 역할이 컸다. 코르비노는 로마 대학에서 실험물리학을 담당했던 원로 교수로서 대학 내·외부에 막강한 영향력을 행사하고 있었다. 그는 이론물리학을 얕잡아 볼 경우에 이탈리아의 미래가 암울하다고 생각했으며, 페르미의 재능을 한눈에 알아보고는 페르미의 후원자 역할을 자처하였다. 코르비노는 페르미가 1923~1924년에 로마 대학에서 물리학을 강의할 수 있게 했으며, 1926년에는 로마 대학에서 이론물리학 교수를 채용할 수 있는 기회를 마련했던 것이다.

페르미의 교수 임용은 이탈리아 과학의 부활을 예고하는 것이었다. 이탈리아에서는 볼타와 아보가드로의 시대에 과학이 크게 융성한 후 거의 백 년 동안 잠을 자고 있었다. 페르미는 코르비노의 지원을 바탕으로 로마 대학에 연구소를 만들어 유능한 물리학자들과 대학원생들을 집결시켰다. 앞서 언급한 세그레 이외에도 페르미의 대학 동창으로서 로마 대학의 교수가 된 라세티(Franco Rasetti), 로마 대학에서 공학을 공부하다가 물리학으로 전환한 아말디(Edoardo Amaldi) 등이 그 대표적인 예이다. 페르미를 위시한 소위 '로마 팀'의 연구원들은 모두 성실하였고 가족과 같은 팀워크를 발휘하였다. 그들은 당시의 첨단 분야였던 핵물리학에 초점을 두고 연구 주제를 탐색한 후 중성자를 탄환으로 사용하여 수많은 원자에 충돌시키는 실험을 진척시켰다. 그들이 발견한 새로운 방사성 물질은 40여 종을 넘어섰다.

페르미 연구팀의 가장 중요한 업적으로는 1933년에 정립한 베타붕괴에 관한 이론을 들 수 있다. 그들은 전자와 함께 방출되지만 실제로 검출하기 어려운 입자의 존재를 가정하여 베타붕괴를 명쾌하게 설명할 수 있었다. 그 입자는 나중에 페르미에 의해 '중성미자(neutrino)'로 칭해졌다(중성미자가 실험으로 확인된 것은 1956년의 일이다). 페르미는 중성미자에 의해 야기된 문제를 풀기 위해 소위 '약력(弱力)'으로 불리는 새로운 힘을 제안하였다. 페르미는 《네이처(Nature)》에 논문을 투고했으나 편집인은 "실재와 너무 먼 사변을 담고 있다"는 이유로 게재를 거절하였다. 이에 페르미는 이탈리아어와 독일어로 된 논문을 출간하였고, 그의 논문을 접한 물리학자들은 흔쾌히 약력을 자연계의 새로운 기본적인 힘으로 수용하였다. 《네이처》는 페르미가 노벨 물리학상을 수상한 직후인 1939년 1월에야 페르미의 논문을 게재하였다.

1934년에 페르미는 중성자 포격 실험을 하던 중에 속도가 빠른 중성자보다 느린 중성자

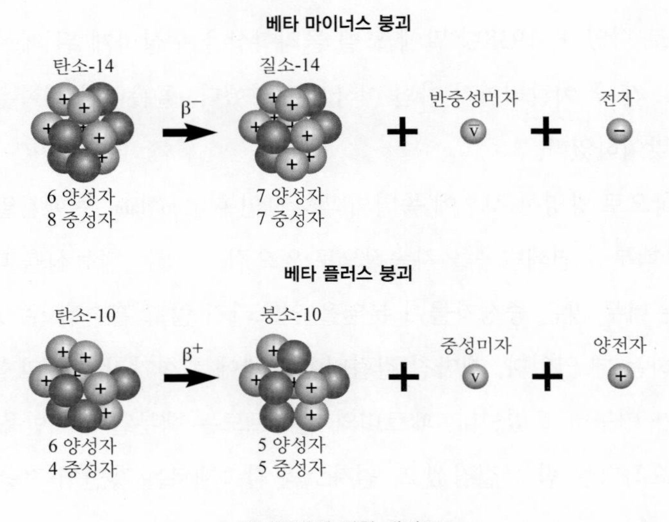

베타붕괴에 대한 개념도

가 새로운 방사성 핵을 만들 확률이 높다는 사실을 알아냈다. 당시의 많은 물리학자들이 납 용기를 사용하고 그 안에 중성자를 발사하는 장치를 집어넣었다. 이에 반해 페르미는 납 대신에 파라핀으로 실험을 했고 그 결과 10~100배 가량 더 많은 양의 방사능이 유도된다는 점을 알 수 있었다. 파라핀은 탄소와 수소 원자들로 구성된 유기물질인데, 빠른 중성자가 파라핀의 수소원자와 충돌하면서 속력이 떨어지는 바람에 느린 중성자로 바뀌었던 것이다.

페르미는 학생들을 가르치는 데에도 파격적인 모습을 보였다. 페르미는 공식적인 수업 이외에 매주 비공식 세미나를 열었는데, 그 내용은 미리 정해져 있지 않았다. 누군가 흥미로운 주제에 대해 질문을 하면 그것이 바로 세미나의 내용이 되었다. 그는 물리학을 두루 알고 있어서 어떤 주제가 되었든 간에 알기 쉽게 척척 얘기해 줄 수 있었다. 이에 감명을 받은 학생들은 페르미처럼 물리학에 열정을 가지게 되었고, 아무리 힘든 일도 마다하지 않았다고 한다. 그는 연구원들이나 학생들과 함께 하이킹이나 축구를 즐기기도 했다. 페르미는 학생들과 하이킹을 하다가 로라(Laura Capon)를 알게 되었으며 두 사람은 1928년에 결혼식을 올렸다.

미국으로의 망명

페르미의 연구가 점점 무르익고 있을 때 이탈리아의 총통인 무솔리니는 국민을 억압하기 시작하면서 독일의 히틀러와도 손을 잡았다. 1938년부터는 이탈리아에서도 유태인 배척운동이 전개되었다. 페르미는 별로 정치적인 인물은 아니었지만 유태인인 아내를 염려하지 않을 수 없었다. 그는 노벨상 시상식을 망명의 기회로 삼았다. 1938년 말에 노벨 물리학상을 수상하게 된 페르미는 가족과 함께 스톡홀름으로 간 후 이탈리아가 아닌 미국으로 향했다. 콜롬비아 대학은 그를 환영하여 물리학 교수로 맞이하였다.

페르미가 미국으로 망명한 직후에 독일의 과학자인 한(Otto Hahn)은 핵분열 현상을 발견하였다. 페르미는 핵분열 연쇄반응을 지속적으로 일으킬 수 있는 가능성을 타진하기 시작하였다. 그 열쇠는 너무 많은 중성자들이 분열을 일으키지 않고 흡수될 수 있도록 중성자의 속도를 느리게 하는 데 있었다. 때마침 컬럼비아 대학에는 헝가리 출신의 물리학자인 실라르드(Leó Szilárd)가 연구하고 있었다. 페르미와 실라르드는 핵분열 연쇄반응을 실험하기 위해 원자로가 필요하다는 점을 절감했고, 원자로의 감속재로는 흑연이 적당하다는 데 의견을 같이 했다.

1939년에는 실라르드와 아인슈타인이 루스벨트 대통령에게 편지를 보내는 것을 계기로 미국 정부에 우라늄위원회가 설치되었다. 우라늄위원회의 권고에 따라 컬럼비아 대학은 6천 달러의 예산을 지원받았고, 페르미는 연쇄반응에 대한 연구를 본격적으로 추진할 수 있었다. 페르미 연구팀은 1940년부터 높다란 흑연 파일을 만들고 여러 지점에서 중성자의 세기를 측정하는 실험을 진행하였다. 이에 대하여 페르미는 "나는 처음으로 높다란 장비의 꼭대기까지 기어 올라가야 하는 실험을 하기 시작했다"고 회고하기도 했다.

1941년 12월의 진주만 공습으로 미국이 본격적으로 참전하면서 사태는 더욱 급박하게 돌아가기 시작했다. 당시에 페르미는 적국 사람으로 분류되어 이동을 할 때마다 사전 허가를 받아야 했다. 1942년 3월부터는 연쇄반응에 대한 연구가 '야금연구소(Metallurgical Laboratory)'라는 암호명 아래 시카고 대학으로 통합되어 비밀 프로젝트로 진행되었다. 페르미는 마지못해 자신의 연구팀과 흑연 파일을 가지고 시카고 대학으로 갔다.

그러던 중 독일에서 원자폭탄이 개발되고 있다는 소식이 알려지면서 연합군도 이에 적극적으로 대응해야 한다는 주장이 설득력을 얻게 되었다. 연합군에서는 영국이 원자폭탄 개발을 시작했으나 영국은 적군의 공습이 가능한 지역이라는 약점을 가지고 있었다. 결국 영국의 연구 결과는 고스란히 미국으로 넘어갔고, 미국은 1942년 6월부터 맨해튼계획(Manhattan Project)을 본격적으로 추진하였다.

맨해튼계획에 참여하다

페르미는 1942년 11월부터 핵분열 반응을 안정적으로 실시할 수 있도록 원자로를 만드는 작업을 추진하였다. 처음에는 시카고 근교의 숲 속에 원자로를 건설할 계획이었지만 노동자들이 파업을 일으키는 바람에 시카고 대학의 풋볼 경기장 지하에 원자로를 설치하였다. 그것은 극반경 309센티미터, 적도반경 388센티미터의 타원형으로 제작되었다. 반응의 효과를 극대화하기 위하여 원자로를 흑연 벽돌로 만들었고, 카드뮴 막대로 빈틈을 채워 원자로를 통제하게 했으며, 반응 물질로는 순수 우라늄과 산화우라늄을 사용하였다. 그 원자로는 시카고파일 1호기(CP-1)으로 불렸다. CP-1을 통해 페르미는 세계 최초로 인위적으로 통제된 핵분열 연쇄반응을 연구할 수 있었다.

드디어 1942년 12월 2일 오후 2시 20분에 원자로를 가동하는 실험이 실시되었다. 매우 긴장된 순간이었다. 만약 실험이 불발로 끝난다면 시카고 전체가 잿더미가 될지도 모르는

페르미가 1942년에 제작한 세계 최초의 원자로인 시카고파일 1호기

일이었다. 원자로에서 카드뮴 막대를 인출하자 연쇄반응이 시작되었고 그 반응은 계획대로 조절될 수 있었다. 결과는 매우 성공적이었다. 원자력의 시대가 개막된 것이다. 당시 시카고 대학의 야금연구소는 미국 정부에게 "이탈리아 항해자가 방금 신세계에 상륙했습니다"는 비밀스러운 메시지를 보냈다.

이후에 페르미 연구팀은 더욱 성능이 우수한 원자로인 CP-2를 만들었다. CP-1에서 처음 얻은 출력은 0.5와트에 불과했지만, CP-2의 출력은 10만 와트에 이르렀다. 페르미는 원자폭탄 제조에 필요한 원자로를 건설하는 데에도 적극 참여하였다. 당시에 워싱턴 주의 핸퍼드에서는 맨해튼계획의 일환으로 거대한 원자로가 건설되었는데, 핸퍼드의 원자로 세 개는 각각 2억 5천 만 와트의 출력을 낼 수 있었다.

1944년 6월에 페르미는 미국의 시민권을 얻었고, 같은 해 9월에 시카고를 떠나 로스알라모스로 갔다. 맨해튼계획의 과학 부문 책임자로서 로스알라모스 연구소장을 맡고 있던 오펜하이머(Robert Oppenheimer)가 페르미를 불러들였던 것이다. 페르미는 연구소 부소장이 되어 오펜하이머에게 자문을 제공하는 한편, 자신의 이름을 딴 F부를 이끌었다. 당시 맨해튼계획에 참여했던 과학자들에게는 암호로 된 새 이름이 부여되었다. 닐스 보어의 암호명은 니콜라스 베이커(Nicholas Baker), 엔리코 페르미의 암호명은 유진 파머(Eugene Farmer)와 같은 식이었다. 페르미에게는 24시간 내내 경호원이 따라 붙었는데, 그들은 좋은 친구가 되어 기차 여행을 할 때마다 카드놀이를 즐기기도 했다.

1945년 2월에는 원자폭탄에 대한 설계가 확정되었고, 페르미는 원자폭탄에 대한 실험을 준비하는 일을 맡았다. 같은 해 7월 16일에는 뉴멕시코 주의 사막에서 원자폭탄에 대한 실험이 이루어졌다. 당시에 원자폭탄은 '가제트(gadget)'로 불렸고, 원자폭탄 실험과 그 장소에는 '트리니티(Trinity)'라는 암호가 붙여졌다. 원자폭탄이 폭발한 직후의 상황에 대해 페르미는 다음과 같이 썼다. "나는 그것을 똑바로 바라보지 않았지만, 주위가 갑자기 대낮보다 더 밝아진 것을 느꼈다. 보안경을 쓰고 있던 나는 무의식적으로 폭발이 일어난 곳을 바라보았다. 둥근 화염이 즉각 위로 치솟기 시작하는 것을 볼 수 있었다. 몇 초 후, 치솟던 불길이 빛을 잃고 우람한 연기 기둥이 되었다. 거대한 버섯 모양의 이 기둥은 구름을 뚫고 9킬로미터 높이로 치솟았다."

후학 양성에 바친 열정

1946년에 페르미는 시카고 대학으로 돌아와 새로 만든 핵물리학 연구소에서 일했다. 거기서 페르미는 이론과 실험 모두에서 뛰어난 재능을 유감없이 발휘했다. 그는 연구실에 항상 커다란 칠판을 설치해 두었다. 그는 복잡한 방정식을 풀 때나 방문객에게 뭔가를 설명해줄 때 이 칠판을 사용했다. 이와 함께 그는 연구실 옆에 좋은 장비를 갖춘 실험실을 두고 언제든지 필요한 실험을 해 보기도 했다.

당시에 페르미는 핵물리학에서 흥미로운 발견들이 이미 다 이루어졌다고 판단하면서 입자물리학으로 연구의 초점을 이동시켰다. 1940년대 이후에 새로운 입자들의 존재가 속속 밝혀졌고 그것들의 밑바탕에 깔린 규칙을 찾는 것이 중요한 과제로 부상했던 것이다. 그는 컬럼비아 대학 시절의 제자인 앤더슨(Herbert Anderson)과 맨해튼계획의 F부에서 함께 일했던 텔러(Edward Teller)를 시카고 대학으로 데려왔다. 페르미는 시카고 대학을 입자물리학의 중심지로 만들려는 야심찬 계획을 가지고 있었던 것이다.

페르미는 우수한 후학들을 양성하는 데에도 많은 노력을 기울였다. 그중에는 중국 출신의 물리학자인 양첸닝(楊振寧)과 리청다오(李政道), 미국의 물리학자인 겔만(Murray Gell-Mann)이 포함되어 있었다. 양첸닝과 리청다오는 페르미의 약력에 관한 연구를 더욱 발전시킨 공로로 1957년 노벨 물리학상을 수상하였다. 겔만은 모든 물질이 '쿼크(quark)'라는 기본입자로 이루어졌다는 이론을 제시함으로써 1969년 노벨 물리학상을 받았다. 겔만은 "양자역학은 우리 가운데 누구도 제대로 이해하지 못하지만, 우리가 사용할 줄은 아는 무척 신비스럽고 당혹스러운 학문이다"는 말을 남기기도 했다.

페르미가 강의하고 있는 모습

1947년에 원자력위원회가 발족하면서 페르

미는 일반자문위원회의 위원이 되었다. 일반자문위원회는 8명의 과학기술자로 이루어졌는데, 오펜하이머가 의장을 맡았다. 1949년 10월에 위원회는 수소폭탄의 문제를 다루면서 수소폭탄 개발에 반대하는 입장을 보였다. 1953년에 페르미는 미국 물리학회의 회장으로 선출되었다. 그가 회장이 되기로 마음먹은 것은 당시의 과학자들이 정치권으로부터 공격을 당하고 있었기 때문이었다. 페르미는 1954년 봄에 열린 오펜하이머 청문회에서 오펜하이머의 결백을 주장하기도 했다.

1950년 어느 날, 페르미는 동료 과학자들과 점심식사를 하던 중에 우연히 외계문명(extra-terrestrial civilization, ETC)에 대한 이야기를 나누었다. 그들은 외계 생명체가 존재할 것이라는 데 서로 의견을 같이 했는데, 그때 페르미가 갑자기 "그들은 어디에 있지?"라는 질문을 던졌다. 이 질문은 외계인이 없다는 것을 나타내는 말이 아니라 외계인을 볼 수는 없지만 그들이 어딘가에 존재한다는 의미를 담고 있다. 이후에 페르미의 질문에 대해서는 수많은 대답들이 제안되었고, 이에 따라 외계문명에 대한 논의는 '페르미 역설(Fermi paradox)'로 불리게 되었다. 우주의 크기나 그 속에 존재하는 별의 수, 우주 탄생 후의 긴 시간 등을 고려할 때 지구 이외의 외계문명이 존재하지 않을 리 없으므로, 그들이 왜 지구에 오지 않는지 혹은 어디에 있는지에 대한 의문은 계속 제기되고 있는 것이다.

가인박명(佳人薄命)이라 했던가? 1954년에 페르미는 위암 판정을 받았고 두 달 동안의 투병 끝에 53세를 일기로 세상을 떠났다. 그의 동료인 세그레가 병문안을 왔을 때 페르미는 정맥 주사관에서 방울방울 떨어지는 주사액을 초시계로 재고 있었다고 한다. 또한 그의 제자인 양첸닝은 당시에 페르미가 침대 곁에 있는 공책을 보여주며, 핵물리학에 대한 책을 집필할 의욕을 보였다고 회고했다. 이처럼 과학에 대한 그의 애정은 죽는 순간까지 이어지고 있었던 것이다.

페르미는 죽었지만 그의 이름은 영원히 기억되고 있다. '페르미'는 핵물리학에서 자주 사용되는 단위인 10^{-15}미터를 의미하고, '페르미온'은 페르미-디랙 통계를 따르는 입자를 지칭한다. 주기율표의 100번째 원소도 그가 죽은 후에 '페르뮴'으로 명명되었으며, 미국 에너지부는 에너지 분야에 기여한 우수한 과학자에게 '페르미상'을 수여하고 있다. 흥미롭게도 1963년 페르미상은 오펜하이머에게 돌아갔다. 그 밖에 페르미의 이름은 엔리코 페르미 연구소, 페르미 국립 입자가속기 연구소, 페르미 감사선 우주 망원경 등에 남아있다.

불확정성의 존재
베르너 하이젠베르크

문제의 본질을 파악하는 안목

멀리서 보면 잘 생긴 얼굴도 자세히 보면 울퉁불퉁하다. 거시 세계와 미시 세계에는 커다란 차이가 있는 것이다. 19세기만 해도 물리학은 육안이나 감각으로 직접 식별할 수 있는 거시 세계에 대한 탐구를 중심으로 발전하였다. 20세기에 들어와 물리학은 맨눈으로 볼 수 없는 미시 세계를 본격적으로 다루기 시작하였다. 미시 세계는 일상 세계와 달리 확정하기 어려운 점이 많아서 그것을 과학적으로 규명하기가 쉽지 않았다. 이러한 한계를 극복하면서 인간의 이해에 새로운 지평을 열어준 사람이 베르너 하이젠베르크(Werner K. Heisenberg, 1901~1976)이다.

베르너 하이젠베르크는 1901년 12월 5일에 독일의 뷔르츠부르크에서 태어났다. 아버지인 아우구스트 하이젠베르크(August Heisenberg)는 김나지움에서 고전어를 가르치는 선생이었다. 아우구스트는 1910년에 독일에서 유일한 문헌학 교수로 초빙되어 뮌헨 대학으로 자리를 옮겼다. 베르너는 어린 시절부터 줄곧 뮌헨에서 살았기 때문에 뮌헨 사람으로 알려져 있다.

1911년에 베르너는 독일의 명문학교인 막스밀리안 김나지움에 입학했다. 양자론의 창시자인 플랑크도 같은 학교를 다녔으니 그 학교는 20세기 독일의 물리학자와 특별한 인연이 있는 것 같다.

베르너는 당시에 10살의 소년에 불과했지만 세상을 보는 시야는 어른에 못지않았다. "이 소년은 본질적인 것을 보는 눈을 가지고 있고 하찮은 문제로 신경을 쓰거나 기운을 소모하는 일이 없다"는 것이 당시의 베르너에 대한 평가였다. 베르너가 좋아했던 과목은 물리학과 수학이었다. 그는 물리학을 공식적으로 배우기 전부터 관련 서적을 즐겨 읽었고 학교에서 배우는 수학만으로는 부족해서 스스로 고급 수학을 익혔다.

하이젠베르크를 가르친 스승들

1920년에 하이젠베르크는 장학생으로 뮌헨 대학에 진학하여 이론물리학자였던 조머펠트에게서 배웠다. 조머펠트는 보어와 함께 양자에 대한 가정을 토대로 원자모형을 세운 사람으로서 후학을 양성하는 데 뛰어난 능력을 가지고 있었다. 아인슈타인의 회고에 따르면, "조머펠트는 이야기를 듣는 학생들의 정신을 맑게 하고 활성화하는 천부적인 재능을 지니고 있었다."

조머펠트의 지도로 하이젠베르크의 천재성은 빛을 발하기 시작하였다. 조머펠트는 학기가 시작되면 학생들에게 자신이 다루어야 할 문제를 던져 주었다. 그리고 그는 독특한 대화식 교수법으로 학생들과 끊임없이 의견을 교환하면서 스스로 문제를 해결할 수 있도록 격려하였다. 놀랍게도 하이젠베르크는 조머펠트가 부과한 문제를 2주일 만에 완전히 풀어서 제출하였다. 조머펠트는 하이젠베르크의 자질을 알아보고는 곧바로 이론물리학의 최첨단 문제를 연구할 수 있도록 배려하였다.

하이젠베르크는 박사과정의 마지막 학기에 조머펠트의 권유로 실험물리학자 빈(Wilhelm Wien)의 연구소로 갔다. 박사 학위를 받기 위해서는 이론물리학 이외에 실험물리학 시험도 치러야 했기 때문이었다. 그러나 실험에 흥미를 느끼지 못한 하이젠베르크는 빈의 연구소에서도 이론물리학을 공부했다. 이 때문에 하이젠베르크는 빈에게 좋은 평가를 받지 못해 박사 학위를 받지 못할 위기에 몰렸다. 조머펠트는 자신의 제자를 구하기 위해 빈을 설득하였고 결국 하이젠베르크는 가장 낮은 합격 점수를 받아 1923년에 간신히 박사 학위를 받을 수 있었다.

박사 학위를 받은 후 하이젠베르크는 괴팅겐 대학의 막스 보른 밑에서 공부했다. 하이젠베르크는 독일의 국가교수자격에 해당하는 하빌리타치온(Habilitation)을 1년 만에 받았다. 그것은 매우 이례적인 일이었다. 하이젠베르크의 박사 학위 성적이 좋지 못했다는 점을 감안한다면 더욱 그러했다.

1924년 9월에 하이젠베르크는 록펠러 재단의 장학생으로 선발되어 코펜하겐으로 가서 보어와 함께 연구하는 기회를 가졌다. 하이젠베르크는 1922년에 보어를 만난 적이 있었다.

당시에 괴팅겐 대학에서는 '보어 축제'라는 강연이 열렸는데, 그때 하이젠베르크는 보어에게 흥미로운 질문을 던졌다. 그 만남이 인연이 되어 보어는 1924년에 하이젠베르크를 코펜하겐으로 초청했던 것이다. 하이젠베르크는 코펜하겐에서 6개월 동안 머물면서 전 세계에서 모여든 이론물리학자들과 열띤 토론을 벌이면서 양자론을 연구하였다.

이처럼 하이젠베르크는 당대의 일류 물리학자들을 스승으로 모시고 공부할 수 있는 행운을 누렸다. 그는 훗날 다음과 같이 술회하였다. "나는 뮌헨의 조머펠트에게는 물리학이 연구해 볼 만한 학문이라는 희망을 배웠고, 괴팅겐의 보른에게서는 수학을, 그리고 코펜하겐의 보어에게서는 철학을 배웠다." 하이젠베르크는 서로 다른 학문적 전통을 두루 섭렵한 결과 새로운 역학체계를 완성할 수 있었던 것이다.

독일에서 가장 젊은 교수

1925년에 하이젠베르크는 보어의 원자모형이 봉착한 문제를 해결함으로써 세계적인 물리학자로 부상하였다. 보어의 원자모형은 분자의 구조를 설명하거나 화학결합의 과정을 이해하는 데 편리한 수단으로 작용했지만 원자 스펙트럼의 상대적인 강도를 설명하지 못했기 때문에 만족스럽지 못했다. 하이젠베르크는 일단 가상진동자를 이용하여 고전적인 운동방정식을 만든 뒤 새로운 양자 법칙을 얻기 위해 기존의 역학체계에서 의도적인 일탈을 시도하였다. 이와 함께 그는 보어와 같이 직관적인 개념에 의존하는 방법을 지양하고 광도 및 진동수와 같은 관측 가능한 양을 고려하여 수학적 방정식으로 풀이하는 방법을 통해 문제를 해결하고자 했다.

결국 하이젠베르크는 1925년 7월에 상징적인 곱셈을 사용하여 새로운 역학체계의 기본적인 틀을 만들었다. 그러나 그는 자신이 사용한 상징적인 곱셈이 행렬의 곱에 해당한다는 점을 인식하지 못했다. 그것을 처음으로 알아낸 보른은 하이젠베르크의 새로운 역학체계에 '행렬역학'이란 이름을 붙였다. 1926년 초에 보른, 하이젠베르크, 요르단(Pascual Jordan)은 서로 힘을 합쳐 소위 '3인 논문'을 출간했으며, 이를 계기로 행렬역학이 세상에 널리 알려지게 되었다.

비슷한 시기에 오스트리아의 슈뢰딩거는 전자가 파동의 형태를 띠고 있다는 가정을 바탕으로 '파동역학'을 제안했다. 이어 1927년에 영국의 디랙(Paul Dirac)은 행렬역학과 파동역학이 실질적으로 동등하다는 사실을 밝혔다. 디랙의 변환 이론에 따르면, 양자역학의 체계를 행렬이라는 수학적 방법으로 구체화된 것이 행렬역학이었고, 미분방정식이라는 수학적 형식으로 표현된 것이 파동역학이었다. 그러나 행렬역학은 전자를 입자로, 파동역학은 파동으로 해석했기 때문에 두 이론 중 어느 쪽이 자연현상의 본질을 적절히 포착하고 있는지에 대해서는 쉽사리 합의되지 않았다.

하이젠베르크는 1927년에 불확정성 원리를 제창함으로써 이러한 모순을 해결하였다. 그는 전자의 운동량이 에너지와 마찬가지로 불확정한 것이며, 운동량과 위치의 곱은 $h/2\pi$(h는 플랑크 상수)보다 작지 않다는 것을 보여주었다. 불확정성 원리는 물질이 파동이자 입자라는 이중성에서 온 것으로서 어떤 물질을 관찰하는 동안에 그 물질의 특성이 불가피하게 변한다는 사실을 전제로 삼고 있다. 만일 전자의 위치를 측정하는 경우에는 극히 짧은 파장의 방사선을 사용해야 하지만 그것이 높은 에너지를 가지고 있기 때문에 전자의 운동량을 변화시키게 된다. 마찬가지로 전자의 운동량을 측정하는 경우에는 낮은 에너지의 방사선을 사용해야 하는데 방사선의 파장이 크기 때문에 전자의 위치가 확정되지 않는 것이다. 불확정성 원리는 보어가 제창한 상보성 원리와 함께 새로운 양자역학에 대한 표준적인 해석으로 자리 잡았다.

$$\Delta x \, \Delta p \geq \frac{h}{2\pi}$$

하이젠베르크의 불확정성 원리를 표현한 식

불확정성 원리를 발견한 1927년에 하이젠베르크는 26살의 젊은 나이로 라이프치히 대학의 물리학 정교수로 초빙되었다. 당시의 언론은 〈독일에서 가장 나이 어린 교수〉라는 제목으로 하이젠베르크의 교수 임용을 대서특필하였다.

한번은 하이젠베르크가 어떤 파티에서 친구들을 위해 베토벤의 마지막 피아노 소나타인 작품 제111번을 연주했다. 당시에 하이젠베르크는 자신의 연주에 푹 빠진 친구들에게 다음과 같이 얘기했다고 한다. "내가 태어나지 않았더라도 누군가는 불확정성 원리를 수립했겠지. 하지만 베토벤이 없었더라면 아무도 작품 제111번을 쓰지는 못했을 거네."

원자탄 개발에 참여하다

1932년에 하이젠베르크는 양자역학의 확립에 기여한 공로로 노벨 물리학상을 받았다. 노벨상 수상으로 그는 전 세계에서 주목받는 인물이 되었다. 그러나 1933년에 히틀러가 정권을 잡으면서 하이젠베르크에게도 고통의 나날이 시작되었다. 히틀러가 집권한 이후에 하이젠베르크는 '백색 유태인'이라는 인신공격을 받았다. 나치주의자들이 유태인의 학문으로 간주했던 상대성이론과 양자이론에 하이젠베르크가 호의적이었기 때문이었다. 1935년에 조머펠트는 뮌헨 대학에서 퇴임하면서 하이젠베르크를 후임자로 추천했지만, 그것은 나치주의자들의 반대로 무산되고 말았다.

제2차 세계대전 직전에 유럽의 많은 과학자들이 미국으로 망명했지만 하이젠베르크는 독일에 남아있기로 결정하였다. 그는 1939년에 미국을 방문하는 동안 망명을 권유받기도 했지만 이를 거절하기도 했다. 하이젠베르크는 1942년 7월에 카이저 빌헬름 물리학 연구소의 소장이 되었으며 같은 해 10월에는 베를린 대학의 정교수로 임명되었다. 당시에 그는 핵분열 현상을 연구하면서 독일의 원자탄 제조 계획인 '우라늄 계획'을 지휘하였다. 그러나 그 계획은 성공하지 못했다.

왜 그랬을까? 이에 대해서는 여러 가지 상반된 견해가 제기되고 있다. 하이젠베르크를 비롯한 독일의 과학자들은 자신들이 조국을 위해 군사무기를 개발하는 데는 참여했지만 나치가 원자탄을 보유하게 되면 불상사가 발생할지 모르기 때문에 고의적으로 태업을 벌였다고 증언한 바 있다. 나치가 핵무기를 만들지 못한 결정적인 이유는 양심적인 독일 과학자들의 방해공작 때문이었다는 것이다. 또한 많은 과학자들의 망명으로 연구능력이 크게 저하된 상태에서 독일이 원자탄 개발이라는 대규모 연구를 수행하기 어려웠다는 지적도 있으며, 독일의 연구팀은 이론물리학자들이 주도했기 때문에 우라늄 연구가 실험실 수준에 머물렀고 그것을 산업적 · 군사적 수준으로 발전시킬 수 없었다는 평가도 있다. 더 나아가 1942년 당시에 독일은 유리한 상황에 있었기 때문에 전쟁이 곧 끝나리라 생각했고 이에 따라 많은 시간과 자원이 요구되는 원자탄 개발에 적극적인 투자를 하지 않았다는 견해도 있다.

사실상 하이젠베르크는 원자탄을 만드는 것을 원하지도 반대하지도 않았다. 그는 원자탄 제조에는 엄청난 물적 · 인적 자원이 필요하기 때문에 우선 원자로 연구에 몰두하는 것이 좋겠다고 판단하면서 전쟁장관으로부터 승인을 받았다. 원자로 연구를 통해 우라늄 연쇄반응에 성공한 후에 무엇을 할 것인가 하는 문제는 나중에 결정할 문제였던 것이다. 제2차 세계대전은 독일 연구팀이 연쇄반응에 성공하기 전에 끝이 났고, 하이젠베르크로서는 그 후에 무엇을 연구할 것인가 하는 골치 아픈 고민거리가 없어졌다. 어쩌면 하이젠베르크

하이젠베르크와 보어가 함께 한 모습

는 원자로를 개발할 시점이 되면 원자탄을 적극적으로 연구하지 않아도 될 것이라고 기대했을 지도 모른다.

이와 관련하여 1941년에 하이젠베르크는 자신의 스승인 보어가 있는 코펜하겐에 갔다는 기록이 있다. 하이젠베르크는 보어가 감시를 받고 있다는 사실을 알고는 연구소에서 멀리 떨어진 후미진 곳에서 몰래 만나자고 했다. 그러나 보어는 하이젠베르크와 대화를 나눌 준비가 전혀 되어 있지 않았다. 하이젠베르크가 원자탄을 언급하는 순간 보어는 즉시 분노에 휩싸였다. 두 사람의 대화는 그렇게 끝나고 말았다.

왜 하이젠베르크는 1941년에 보어를 찾아갔는가? 이것은 유명한 과학연극 《코펜하겐》이 제기하고 있는 질문이다. 하이젠베르크는 보어를 통해 연합군이 원자탄 개발을 어느 정도 진척시켰는지 알고 싶어 했을까? 아니면 독일과 연합군의 양쪽 과학자들 모두가 원자탄을 만들지 않는다는 협정을 목표로 했을까? 그것도 아니면, 원자탄으로 숱한 고민을 하고 있었던 하이젠베르크가 스승으로부터 위안을 받고자 했던 것일까? 《코펜하겐》은 원자탄 연구에 대해 끊임없이 변호하는 하이젠베르크가 스스로의 정당성을 입증하려고 하면 할수록 오히려 더욱 혼란스러운 상황에 빠지고 만다는 점을 여실히 보여주고 있다. 그 연극이 말하는 것처럼, '나'는 '그들'을 관찰하지만 그 순간 '나'는 보지 못하기 때문이다. 결국 확실한 것은 뭔가 불확실하다는 것뿐인가?

그 후로 보어와 하이젠베르크는 끝까지 진정한 화해를 이루지 못했다. 어쩌다 만나게 되면 매우 친절하게 서로를 대했지만 오래전의 우정은 결코 회복되지 못했다. 보어와 하이젠베르크의 불편한 관계는 1956년에 융크(Robert Junk)가 발간한 《천 개의 태양보다 더 밝은》을 매개로 더욱 증폭되었다. 그 책이 독일의 원자탄 개발 계획을 설명하면서 하이젠베르크의 도덕성을 너무나 강조했기 때문이었다. 보어는 융크가 하이젠베르크에게 설득을 당해 이런 견해를 내놓았다고 믿었다. 그러나 보어는 전쟁 중 하이젠베르크와 나눈 대화에 대해 완전히 함구하였고, 그것의 진실을 밝히지 않은 채 1963년에 사망하고 말았다.

'양자 가족'에 대한 그리움

제2차 세계대전이 끝날 무렵에 하이젠베르크는 연합군에 체포되어 다른 과학자들과 함께 6개월 동안 영국에 억류되어 있었다. 전쟁이 끝난 후에 그는 고국으로 돌아와 황폐화된 독일 과학을 재건하기 위해 노력했다. 그는 20세기 중반의 시점에서 정치와 과학이 서로 독립적으로 수행되는 것은 불가능하며 국가와 과학이 서로 긴밀히 협조해야 한다는 입장을 가지고 있었다. 그는 독일연구협회 의장, 훔볼트 재단 이사장, 원자력자문위원회 위원 등을 역임하면서 전후 독일의 과학기술정책에 많은 영향을 미쳤다. 그는 유럽입자물리연구소(Conseil Européen pour la Recherche Nucléaire, CERN)가 설립되는 과정에도 참여하였다.

이러한 활동을 통해 하이젠베르크는 독일 정부와 밀접한 관계를 형성했지만 어떤 경우에는 비판적인 자세를 보이기도 했다. 예를 들어 그는 1957년에 아데나워 총리가 연방방위군을 핵무기로 무장하려는 북대서양조약기구(North Atlantic Treaty Organization, NATO)의 계획에 협력하려고 하자 괴팅겐에서 활동하고 있었던 17명의 물리학자들과 함께 '괴팅겐 선언'을 발표했다. 괴팅겐 선언에 참여했던 과학자들은 만약 연방방위군이 핵무기로 무장한다면 독일이 가장 먼저 방사능의 영향 아래 놓이게 된다는 점을 지적하였다. 이와 함께 그들은 원자로 건설에는 많은 예산을 지원하지 않으면서 핵무기 개발에 깊은 관심을 기울이는 독일 정부의 자세를 문제로 삼기도 했다.

하이젠베르크는 대중용 과학서적을 발간하는 데에도 많은 노력을 기울였고 그의 저작들은 20세기 과학사상을 이해하는 데 필수적인 고전으로 간주되고 있다. 그중에서 특히 유명한 것으로는 1959년에 발간된 《물리학과 철학》과 1969년에 발간된 《부분과 전체》가 있으며, 두 책은 모두 우리말로 번역되어 있다. 《물리학과 철학》은 현대물리학에 대한 자신의 인식론적 견해를 소개한 것으로서 하이젠베르크가 어릴 적부터 심취했던 플라톤주의에 대한 동경을 담고 있다. 《부분과 전체》는 하이젠베르크의 자서전에 해당하는 책으로서 과학자가 전체를 보지 못하고 부분에만 매몰되면 우물 안의 개구리가 된다는 메시지를 담고 있다.

과학교양서적으로 널리 읽히고 있는 《부분과 전체》

하이젠베르크의 마지막 연구는 물질의 통일 이론에 관한 것이었다. 그는 쿼크(quark)가 물질을 구성하는 궁극적인 소립자라는 겔만(Murray Gell-Mann)의 주장에 대해 회의적인 반응을 보였다. 하이젠베르크는 만약 궁극적인 것이 있다면 그것은 소립자가 아니라 물질의 대칭성이라는 입장을 가지고 있었다. 그는 그리스의 위대한 철학자인 플라톤과 마찬가지로 물질 뒤에 숨어 있는 수학적 원형을 찾으려고 하였다. 플라톤이 '이데아'라는 수학적 원형이 참된 실재라고 간주했듯이, 하이젠베르크는 대칭성에서 미시 세계의 궁극적 기초를 찾으려고 했던 것이다.

하이젠베르크는 말년을 쓸쓸하게 보내다가 1976년에 75세의 나이로 세상을 떠났다. 그는 임종하기 열흘 전에 자신을 방문한 바이츠재커(Carl von Weizsäcker)에게 다음과 같은 말을 남겼다. "이제 물리학은 더 이상 중요하지 않아. … 거기에 있었던 사람들. … 그들이 중요한 거야." 제2차 세계대전을 계기로 과학자들이 각자 자국의 승리를 위해 봉사하게 되면서 이전에 너무도 행복하게 물리학 연구를 수행했던 '양자 가족'이 산산이 부서졌다는 것이었다.

하이젠베르크는 양자역학을 체계화하고 불확정성 원리를 발견한 20세기의 위대한 과학자였다. 또한 그는 전쟁 중에도 조국인 독일을 끝까지 지켰으며 전후 독일 과학의 재건에 힘쓴 애국자였다. 동시에 그는 과학의 인식론적 · 윤리적 측면에 관한 저술을 통해 이후의 과학사상에 많은 영향력을 미친 철학자이기도 했다. 어쩌면 하이젠베르크 자신이 매우 다양한 재능을 가지고 있어서 한 가지로 규정할 수 없는 불확정성의 존재였는지도 모른다.

과학연구와 평화운동의 공존
라이너스 폴링

친구 덕분에 입문한 화학

라이너스 폴링(Linus C. Pauling, 1901~1994)은 20세기와 함께 한 대표적인 과학자이다. 그는 1954년 노벨 화학상과 1962년 노벨 평화상을 모두 단독으로 수상한 이채로운 경력을 가지고 있다. 과학의 역사상 한 과학자가 과학 분야의 노벨상과 다른 분야의 노벨상을 동시에 받은 경우는 폴링이 유일하다. 그만큼 그는 과학에서 남다른 능력을 발휘했을 뿐만 아니라 과학의 사회적 문제에 대해서도 적극적으로 대처하였다.

폴링은 1901년에 시멘트 생산지로 유명한 미국 오리건 주 포틀랜드에서 태어났다. 그의 집안에는 예사롭지 않은 사람들이 많았다. 약사였던 아버지는 신비한 약을 만드는 것을 좋아했는데 한번은 '창백한 사람들을 위한 분홍색 알약'을 만들어 선전했다고 한다. 폴링의 숙모는 유명한 금고털이였고 친척 중에는 심령술사도 있었다. 이러한 집안 내력은 폴링이 자유분방한 성격의 소유자로 성장하게 된 배경으로 작용했다.

어린 시절에 폴링은 길거리에서 알게 된 카우보이들과 어울려 지냈다. 폴링은 그들로부터 인디언 종족을 비롯하여 희귀한 식물과 도구에 대한 이야기를 들었다. 그러한 이야기 중에는 요긴한 것도 있었고 황당한 것도 있었다. 카우보이들과 대화를 나누면서 폴링은 두 가지 인상을 가졌다. 첫째는 지식이 일상생활에서 실제적인 도움을 주어야 한다는 점이었고, 둘째는 어떤 일을 하기 위해서는 정확한 지식을 가져야 한다는 점이었다.

1909년에 폴링의 가족은 시내로 이사하여 제법 큰 약국을 열었다. 그러나 중이 제 머리는 못 깎는다고 했는가? 1910년에 아버지는 33세의 젊은 나이에 위궤양으로 세상을 떠났다. 그 바람에 어머니는 하숙을 쳐서 생계를 유지해야 했고 어머니의 건강도 점점 나빠졌다. 이러한 상황에서 폴링은 과묵하고 수줍음을 잘 타는 성격으로 변하기 시작했다.

폴링이 화학에 관심을 가지게 된 것은 친구 덕분이었다고 한다. 한번은 제프리스(Lloyd Jeffress)라는 친구가 황산을 설탕으로 전환시키는 실험을 보여 주었는데, 그 실험이 얼마나 신기했는지 폴링이 화학자가 되기로 마음먹었다는 것이다. 그는 아버지가 남겨 놓은 낡은 화학책으로 공부를 하기 시작했다. 포틀랜드의 워싱턴 고등학교에 다닐 때에도 폴링은 가능한 한 과학 과목과 수학 과목을 많이 수강하는 자세를 보였다.

일하며 공부하는 야무진 대학생

1917년에 폴링은 고등학교를 이수한 후 오리건 농과대학(현재 오리건 주립대학)에 진학하여 화학공학을 전공하였다. 그는 미국사 과목에서 낙제했기 때문에 고등학교를 정식으로 졸업하지는 못했다. 워싱턴 고등학교는 폴링이 두 번째 노벨상을 수상한 1962년이 되어서야 명예졸업장을 수여했다. 그가 고등학교 졸업장 없이 대학에 입학할 수 있었던 것은 자신이 충분한 자격이 있다는 점을 대학 당국에 설득시켰기 때문이었다.

폴링은 경제적 어려움 때문에 가까스로 대학을 다녔다. 장작을 쪼개고 청소를 하고 고기를 써는 등 닥치는 대로 일을 하였다. 2학년 여름방학 때 아스팔트 성분을 시험하는 일자리를 구해 자신이 쓰고 남은 돈을 집으로 보내는 일도 있었다. 3학년이 시작될 무렵 어머니는 폴링에게 1년 동안 휴학을 하고 집안일을 도와달라고 했다. 다행히도 폴링의 딱한 사정을 알게 된 화학 담당 교수는 정량화학을 가르칠 수 있는 자리를 마련해 주었다. 폴링은 타고난 열정과 조직적인 접근방법으로 강의에 임했다. 학생들은 곧 폴링이 다른 교수들보다 더욱 훌륭한 강의를 한다고 생각했다.

대학 시절에 폴링은 초보적인 연구도 수행하였다. 특히 그는 루이스(Gilbert Lewis)와 랭뮤어(Irving Langmuir)를 비롯한 당대의 화학자들이 발표했던 화학결합에 대한 논문을 즐겨 읽었다. 폴링은 두 원자 사이에 공유 전자를 가진 화학결합이 생긴다는 사실에 매혹되었고, 원자들의 결합구조와 물리적 · 화학적 성질이 어떤 관계가 있는지를 탐구하기 시작하였다.

1922년 겨울학기에는 아바 헬렌 밀러(Ava Helen Miller)라는 여학생이 폴링의 수업을 들었다. 두 사람은 열정적인 사랑에 빠졌고 1923년에 결혼하였다. 그때 폴링은 22세, 아바는 20세였다. 그들 사이에는 네 명의 자녀가 태어났다. 아바는 폴링을 세심하게 배려했으며, 훗날 폴링이 정치 활동에 참여했을 때 가장 든든한 후원자가 되었다. 그녀는 시민들이 불의에 대하여 항의할 의무가 있다고 굳게 믿은 사람이었다.

폴링이 1954년 노벨상 연회에서 아바 헬렌과 춤추고 있는 모습

폴링은 1922년에 오리건 농과대학을 졸업한 후 캘리포니아 공과대학(칼텍)의 대학원에 진학했다. 당시 칼텍의 화학과 학과장은 유명한 물리화학자인 노이즈(Arthur A. Noyes)가 맡고 있었다. 그는 1919년에 MIT를 떠나 칼텍에 부임한 후 칼텍을 화학 연구의 중심지로 키우고자 했다. 노이즈는 화학과 학생들이 물리학, 수학, 생물학, 인문학을 모두 배울 수 있는 교과과정을 만들었다. 그리고 학생들이 최근의 연구 성과에 대한 소규모 세미나에 참여하도록 독려했다. 학생들은 이런 노이즈에게 애정을 담아 '아서 왕(King Arthur)'이라는 별명을 붙여 주었다.

칼텍의 화학과 교수진에는 노이즈 이외에도 이론물리학자인 톨먼(Richard C. Tolman), X선 회절의 권위자인 디킨슨(Roscoe G. Dickinson) 등이 있었다. 폴링은 노이즈의 권고에 따라 가장 젊은 교수인 디킨슨의 지도를 받았다. 폴링은 X선 장치를 사용하는 방법, X선 사진에서 회절 무늬를 파악하는 방법, 중요한 점들의 세기와 위치를 측정하는 방법, X선 회절 무늬를 수학적으로 분석하는 방법 등을 정교하게 배울 수 있었다. 그는 몰리브데넘(몰리브덴)의 결정 변화에 대한 논문을 작성하여 1925년에 최우수 성적으로 박사 학위를 받았다.

양자역학을 화학결합 현상에 적용하다

1920년대 중반은 양자역학이 체계화되어 원자의 구조를 더욱 잘 이해할 수 있게 된 시기였다. 폴링은 1926년에 박사 후 연구원으로 유럽에 가서 조머펠트, 보어, 하이젠베르크, 슈뢰딩거, 보른 등과 같은 양자역학의 주역들을 만났다. 그들과 폴링의 만남은 양자역학과 물리화학의 새로운 결합을 상징하는 것이었다. 폴링은 당시의 화학자들 중에 양자역학을 제대로 이해한 몇 안 되는 인물 중의 한 명이었다.

미국으로 전파된 양자역학이 독일을 비롯한 유럽과는 상당히 다른 형태로 발전했다는 점도 주목할 만하다. 미국의 과학자들은 유럽의 과학자들과 달리 양자역학의 철학적 의미에 대해서는 별다른 논쟁을 벌이지 않았다. 대신에 미국의 과학자들은 화학적 현상이나 고체의 물성에 양자역학을 적용하는 데 더욱 많은 관심을 기울였다. 그들은 양자역학에 대해서도 미국 특유의 실용주의적 태도를 견지했던 것이다. 특히 20세기 미국의 과학계에는 하버드 대학의 실험물리학자 브리지먼(Percy W. Bridgman)이 제창했던 조작주의(operationalism)가 상당한 영향력을 행사했던 것으로 평가되고 있다. 브리지먼은 "정의라고 하는 것은 객관적이고 관찰 가능한 용어로만 기술된다"고 주장하면서 모든 과학적 개념의 의미는 그 개념의 적용 기준을 마련해 주는 조작에 의해서만 명확해질 수 있다고 확신하였다.

폴링은 1927년에 칼텍의 화학과 조교수로 임용된 후 양자역학을 화학결합 현상에 적용시키는 연구를 본격적으로 추진하였다. 그는 여러 원자들의 고유한 성질이 양자역학적 해석과 어떻게 관련을 맺는지를 보였고, 화학결합의 형성에 대한 일련의 규칙들을 발전시켜 수학적 형태로 일반화하였다. 화학결합에 대한 폴링의 업적은 다음 세 가지로 요약할 수 있다.

우선, 폴링은 혼성오비탈(hybrid orbital)의 개념을 도입했다. 다른 종류의 오비탈을 섞은 새로운 함수를 정의하면 원자 간의 결합에 대한 설명이 훨씬 편리해진다는 것이었다. 예를 들어 탄소 원자는 1개의 $2s$ 오비탈과 3개의 $2p$ 오비탈을 가지고 있는데, 이러한 4개의 오비탈이 혼성화하면 4개의 동일한 오비탈(sp^3 혼성오비탈)을 만들게 된다. 메테인(메탄)과 같은 탄소 화합물에서 탄소가 4개의 결합을 형성하고 있는 현상이 설명되는 것이다. 또한 탄소의 4개 오비탈 중 1개의 $2s$ 오비탈과 2개의 $2p$ 오비탈이 혼성화하면 3개의 동일한 오비탈(sp^2 혼성오비탈)을 형성하고 $2p$ 오비탈 한 개는 혼성화하지 않은 채 남아있을 수 있는데, 이를 통해 에틸렌과 같은 불포화 탄소화합물의 결합도 설명할 수 있다.

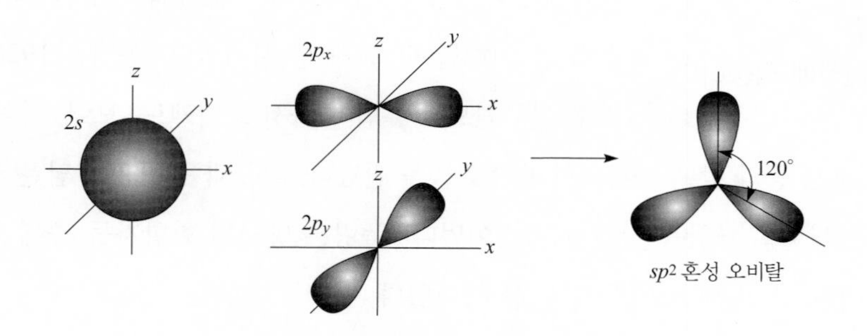

sp^2 혼성오비탈에 대한 개념도

폴링의 두 번째 업적으로는 이온결합과 공유결합의 관계를 규명했다는 점을 들 수 있다. 이온결합은 원자 간에 전자의 이동이 이루어지는 결합을 말하고, 공유결합은 전자의 균일한 분배가 이루어지는 결합을 뜻한다. 폴링은 실제적으로 이루어지는 대부분의 원자 간 결합은 이온결합과 공유결합 사이의 어딘가에 존재한다는 점을 보였다. 결합을 이루는 두 원자의 전기음성도 차이가 이온결합과 공유결합 중 어떤 결합과 더욱 비슷하게 존재할지를 결정한다는 것이었다. 이러한 기준은 오늘날 '폴링의 전기음성도'로 불린다.

화학결합에 관한 폴링의 세 번째 업적은 방향족 탄화수소의 구조를 규명한 데 있었다. 1857년에 독일의 화학자인 케쿨레는 벤젠 분자에서 탄소 원자 간의 결합은 단일결합과 이중결합이 빠르게 호환하는 고리 모양의 구조를 가진다고 설명했다. 처음에 단일결합이던 탄소 원자 간의 결합은 나중에 이중결합으로, 처음의 이중결합은 이후에 단일결합으로 바뀌면서 존재한다는 것이었다. 이에 대해 폴링은 벤젠 분자에서 탄소 원자 간의 결합은 이중결합과 단일결합의 중간쯤 되는 성격을 띠고 있다고 주장했고, 그러한 현상은 이후에 공명혼성(resonance hybrid)으로 불렸다.

폴링이 우수한 연구업적을 잇달아 발표하자 하버드 대학은 그에게 교수직을 제안했다. 그러나 그는 동부 지역에서는 편안함을 느낄 수 없다는 이유로 거절했다. "동부 지역에는 단지 동부에서 태어났다는 이유로 자신을 대단하게 생각하는 사람들이 너무 많아요. 그들은 자신들의 능력과는 상관없이 돈과 신분을 물려받은 사람들이지요. 나 같은 사람이 하버드에 가면 이류 시민이 될 거예요."

1931년은 폴링에게 특별한 해였다. 그는 자신의 연구 결과를 〈화학결합의 특징〉이란 논문으로 완성하여 《미국화학회지》에 실었다. 그 논문은 세계 과학계의 주목을 받았고 폴링은 일약 스타 과학자로 부상하였다. 폴링은 그 해 말에 미국에서 가장 우수한 젊은 화학자에게 주는 랭뮤어 상을 받았다. 칼텍은 폴링을 정교수로 승진시키면서 급여도 대폭 인상하였다. 당시 그의 나이는 30세에 불과했다. 이어 1933년에 폴링은 미국 과학아카데미의 최연소 회원으로 선출되었다. 이 무렵에 그는 유력한 노벨상 후보로 주목을 받기 시작했다.

이후에도 폴링은 우수한 논문을 지속적으로 발표했으며, 화학에 대한 책자를 발간하는 데에도 많은 노력을 기울였다. 그는 1939년에 《화학결합의 본질, 그리고 분자와 결정의 구조》를 출간했는데, 그것은 역사상 가장 영향력 있는 화학 서적이자 20세기에 가장 많이 인용된 과학책 중의 한 권으로 평가되고 있다. 그가 1947년에 발간한 《일반화학》도 여러 대학의 화학 교재로 널리 사용되었다.

생체 화합물에 대한 도전

1930년대 중반부터 폴링은 자신의 화학결합에 관한 지식을 생체 분자에 적용하기 시작했다. 그가 연구의 방향을 전환한 데에는 록펠러 재단의 지원이 중요한 배경으로 작용하였다. 당시 록펠러 재단에서 과학을 담당했던 위버(Warren Weaver)는 투자 우선순위를 생명 과정에 대한 학제적 연구(interdisciplinary research)에 두고 있었으며, 그 적임자로 폴링을 주목했던 것이다. 위버는 1938년에 '분자생물학(molecular biology)'이란 용어를 처음 사용한 사람으로도 유명하다.

폴링은 헤모글로빈에 산소가 결합되었을 때와 그렇지 않을 때에 자기적 성질이 다르다는 사실을 관찰한 후 헤모글로빈의 구조와 기능의 관계에 접근했다. 이를 통해 유전적인 이유로 헤모글로빈 분자의 모양이 일그러지게 되면 선천성 악성 빈혈이 나타나게 된다는 사실을 알아냈다. 또한 폴링은 항체와 항원 분자가 서로 상호보완적인 구조를 가지고 있기 때문에 생체의 면역 작용이 가능하게 된다는 사실도 밝혀냈다. 그의 항체-항원 반응 이론은 당대의 과학자들에게 많은 영향을 미쳤고 인공 항체의 생산에도 널리 활용되었다.

폴링은 단백질과 다른 생체분자 사이에 있는 수소결합의 중요성에도 주목했다. 그는 수소결합이 생체분자의 삼차원 구조를 지탱시킬 뿐만 아니라 생리적 기능을 나타내는 데 중요한 요인이 된다는 사실을 최초로 밝혔다. 더 나아가 폴링은 단백질 사슬에서 카르보닐기의 산소와 아미노기의 수소 사이에 수소결합이 형성되면 나선 모양으로 꼬인 구조가 될 수 있다는 사실에 착안하여 단백질의 알파 나선 구조를 처음으로 규명하였다. 그는 1950년에 코리(Robert Corey)와 함께 나선 구조에 관한 논문을 출간함으로써 DNA 구조를 규명하는 데 한 걸음 다가섰다.

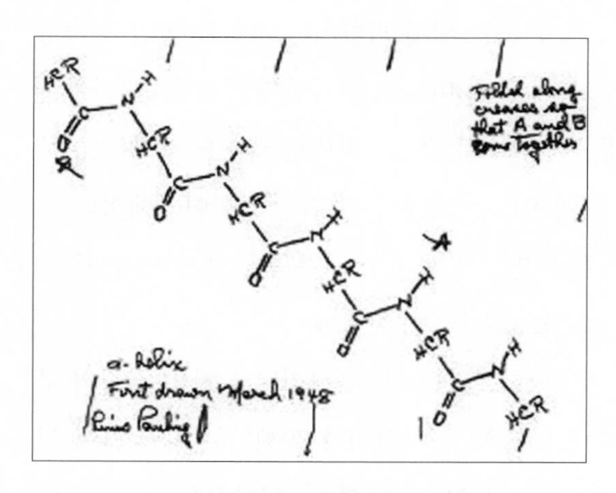

단백질의 알파 나선 구조에 대한 폴링의 스케치(1948년)

1952년에 폴링은 DNA 구조에 대한 연구를 진척시키기 위해 영국을 방문하여 윌킨스(Maurice Wilkins) 연구팀이 보유하고 있었던 X선 사진을 볼 계획이었다. 그러나 미국 국무성은 폴링의 정치적 견해가 위험하다는 이유로 출국을 금지시켰다. 결국 폴링은 1953년 2월에 발간된 논문에서 DNA 분자를 삼중나선 모형으로 서술하고 말았다. 그것은 틀린 것으로 판명되었고, 같은 해 4월에는 왓슨과 크릭이 이중나선 구조에 관한 논문을 발표하기에 이르렀다. 왓슨과 크릭은 윌킨슨과 함께 DNA 이중나선 구조를 발견한 공로로 1962년 노벨 생리의학상을 수상하였다. 만약 폴링이 1952년에 영국에 갈 수 있었다면 노벨상 3관왕이 되었을는지도 모른다.

폴링은 "화학결합의 본질에 대한 연구와 이를 복잡한 물질 구조의 규명에 적용한" 공로를 인정받아 1954년에 노벨 화학상을 받았다. 그는 노벨상 수상 연설에서 다음과 같이 말했다. "하찮은 늙은이가 당신에게 이야기할 때 존경심과 집중력을 가지고 들어라. 하지만 믿지는 말라. 절대 자신의 지식이 아닌 이상 어떤 말도 믿지 말라. 그 사람이 노벨상 수상자이든, 조상이든, 백발노인이든 그의 말은 틀릴 수 있다. 시간이 지나면 지날수록 젊은 세대는 그 전세대가 틀렸다는 점을 발견하게 된다. 그러므로 항상 의심해라."

전쟁은 이제 그만!

폴링은 제2차 세계대전을 전후하여 정치적 활동으로 더욱 두드러진 인물이 되었다. 그는 이미 1930년대에 싱클레어(Upton Sinclair)가 캘리포니아 주지사가 되기 위해 벌인 사회주의 캠페인을 지지한 바 있었다. 제2차 세계대전 때 오펜하이머는 폴링에게 맨해튼계획의 화학 부문 책임자를 맡아달라고 요청했지만, 폴링은 이를 거절하였다. 가족들과 멀리 떨어져 살기는 어렵다는 것이 그 이유였다. 제2차 세계대전이 끝난 뒤에 폴링은 아인슈타인이 의장을 맡았던 원자과학자 비상위원회(Emergency Committee of Atomic Scientists)에 가입해 전쟁과 핵무기에 대한 반대 의사를 적극적으로 표현하기 시작하였다.

이러한 폴링의 정치적 활동은 1954년 미국의 수소폭탄 실험 이후에 새로운 국면으로 접어들었다. 그는 1955년에 채택된 러셀-아인슈타인 선언에 11명의 과학자 중 한 사람으로 동참했다. 특히 낙진의 위험성에 대해 우려했던 폴링은 1957년에 미국을 비롯한 전 세계의 과학자들에게 핵실험 중단을 지지해 달라고 요청하는 서한을 발송하였다. 그는 불과 몇 달 만에 49개국 11,000여 명의 서명을 모아 추가적인 핵실험 중단을 요구하는 청원서를 유엔 사무총장에게 제출하였다.

당시에 폴링은 가장 위험한 방사성 핵종이 스트론튬-90이라는 과학계의 기존 견해에 맞서 탄소-14가 공공보건에 더욱 심각한 위협이 될 수 있다는 논문을 발표해 대중적 주목을 끌었다. 또한 그는 낙진에서 나타나는 저준위 방사능이 일정 수준 이하일 때는 아무런 피해도 생기지 않는다는 이른바 '문턱값 가설'을 비판하였다. 낙진으로 인해 배경 방사선량이 증가하였고, 이를 통해 이미 수만 명의 기형아가 출산되었다는 것이었다. 이러한 폴링의 주장은 저준위 방사능의 위험성을 둘러싼 불확실성 때문에 엄청난 논쟁을 야기했는데, 그 문제로 그는 공개석상에서 수소폭탄의 아버지로 불리는 텔러(Edward Teller)와 설전을 펼치기도 했다.

폴링은 1958년에 《전쟁은 이제 그만!(No More War!)》이라는 책을 통해 핵무기 실험과 관련된 방사선 노출이 유발할 수 있는 위험에 대해 깊은 우려를 표명했다. 심지어 그는 1962년에 케네디 대통령이 노벨상 수상자들을 위해 마련한 백악관 만찬에 참석하기 직전에도 "케네디 씨, 우리는 핵실험을 할 권리가 없습니다"라는 피켓을 들고 백악관 앞에서 시위를 벌였다. 폴링의 노력에 힘입어 1963년 8월에는 부분적 핵실험 금지 조약이 체결되었고 같은 해 10월에 미국, 영국, 소련은 이를 비준하기에 이르렀다.

이러한 활동 때문에 폴링은 좌익 급진주의자로 조사를 받았다. 미국 재향 군인회로부터 "공산주의 노선의 선동자"라는 비난을 들었으며 《뉴욕 헤럴드 트리뷴》이라는 잡지는 그를 가리켜 "회유하는 반전 운동가"라고 지칭했다. 폴링이 1962년 노벨 평화상 수상자로 결정되자 칼텍은 그것을 매우 부담스러워 했다. 폴링은 1963년에 민주주의제도연구센터(Center for the Study of Democratic Institutions)로 자리를 옮겨 반전운동에 더욱 깊숙이 관여하였다. 그는 베트남 전쟁 동안에도 대체로 신(新)좌파 정책을 지지하였고 그 쪽의 대변자 노릇을 했다.

반핵 시위를 벌이고 있는 폴링

폴링은 다양한 사회적 활동을 전개하면서 과학자들이 과학의 사회적 의미에 대해 관심을 가지고 책임의식을 지녀야 한다는 점을 강조하였다. "나는 과학자들에게 일반 시민으로서의 책임도 있지만, 동시에 과학을 이해하는 사람으로서 갖는 책임도 있다고 생각한다. 그것은 과학과 밀접하게 관련된 사회적 문제에 대해 동료 시민들에게 자신이 그러한 문제를 어떻게 이해하고 있는지를 설명할 책임이다. 그리고 그러한 문제에 대해 자신의 의견이 있다면 그것을 분명하게 밝힐 의무도 있다고 생각한다."

비타민 C에 집착한 폴링

폴링은 1967년에 샌디에이고의 캘리포니아 대학으로 갔고 1969~1974년에는 스탠퍼드 대학에서 일했다. 당시에 그는 비타민 C의 역할에 관한 연구에 집중했다. 건강한 두뇌는 필수적인 화학물질을 함유한 분자환경을 가지고 있으며, 비타민 C가 그러한 환경을 유지하는 데 중요한 역할을 담당한다는 것이었다. 더 나아가 폴링은 비타민 C가 감기와 암에 특별한 효과가 있다고 주장하면서 일일 권장량의 50배에 해당하는 3그램의 비타민 C를 매일 복용하기도 했다. 이와 같은 폴링의 주장은 비타민 C에 대한 수요를 증가시키긴 했지만 이를 뒷받침할 수 있는 과학적 증거는 지금도 밝혀지지 않고 있다. 폴링은 비타민 C와 관련된 저작으로 《비타민 C와 감기》(1970년), 《암과 비타민 C》(1979년), 《오래 살고 기분이 좋아지는 법》(1986년) 등을 남겼다.

폴링이 비타민 C에 집착했던 이유는 그의 개인적 경험에서 찾을 수 있다. 그는 1941년에 신장 만성질환인 브라이트 병으로 죽을 고비를 맞이한 적이 있었다. 그때 폴링은 애디스(Thomas Addis)라는 신장전문의의 치료를 받았다. 애디스는 동료 의사들과는 달리 단백질과 소금을 적게 섭취하고 그 대신 비타민과 무기질을 보충하는 식이요법으로 폴링을 치료했다. 당시에 폴링은 상당한 양의 비타민 C를 지속적으로 섭취했는데, 그때의 경험으로 인해 폴링은 비타민 C를 과도하게 신뢰했던 것으로 보인다.

오렌지와 분자모형을 들고 있는 폴링

폴링은 1973년에 멘로 파크에 분자교정의학연구소(Institute of Orthomolecular Medicine)를 설립했고, 그것은 곧 라이너스 폴링 과학 · 의학연구소(Linus Pauling Institute of Science and Medicine)로 변경되었다. 폴링은 1990년에 전립선암 선고를 받았고 그것이 점차 소장으로 번졌다. 결국 그는 1994년에 93세를 일기로 세상을 떠났다. 그로부터 2년 뒤 라이너스 폴링 과학 · 의학연구소는 팔로알토를 거쳐 코르발리스로 옮겨진 후 오리건 주립대학의 일부가 되었으며, 지금도 식물과 질병에 대한 화학적 연구의 중심지로 이름을 떨치고 있다.

폴링은 선구적인 과학자로서 다양한 분야를 섭렵했으며 반핵운동가로서 적극적인 사회활동도 벌였다. 그는 종종 "아무런 상상력이 없는 과학자는 아무런 결과도 얻을 수 없다"고 말했다. 자연세계와 인간세계에서 생산되는 숱한 자료는 상상력을 가진 사람에게만 원하는 결과를 준다는 것이었다. 사실상 그의 성공도 새로운 문제에 대한 빠른 통찰력, 상호관계를 인식하는 능력, 그리고 비정통적 생각을 내놓을 수 있는 용기에 바탕을 두고 있었다고 볼 수 있다.

핵무기가 바꾼 인생 로버트 오펜하이머*

천재 과학자로 성장하다

로버트 오펜하이머(Julius Robert Oppenheimer, 1904~1967)는 원자력 시대의 인물 중에서 가장 많은 토론의 대상이 되었던 과학자요 행정가이다. 그의 삶은 여러 권의 책에서 다루어졌고 텔레비전 시리즈로 제작되기도 했다. 그것은 그의 인생 경로가 마치 소설과도 같은 극적인 요소를 가지고 있기 때문이다. 오펜하이머는 제2차 세계대전 중 미국이 원자폭탄을 제조하는 데 가장 핵심적인 역할을 하였지만 수소폭탄의 제조에는 반대하여 간첩 혐의를 받았고 그 때문에 일생을 불행하게 마감했다. 그에 대한 평가는 매우 다양하다. 오펜하이머는 인류에게 재앙을 안겨다준 범죄자인가, 아니면 당시의 과학자로는 최선의 선택을 한 인물인가? 오펜하이머는 권력에 철저히 희생당한 인물인가, 아니면 단지 카리스마적이고 복잡한 성격의 소유자에 불과한가?

오펜하이머는 1904년에 미국 뉴욕에 있는 부유한 유태인 가정에서 태어났다. 그의 성장 과정은 천재가 걸어가는 전형적인 경로를 보여준다. 재능 있는 아이들이 그러하듯이, 오펜하이머는 자기 또래의 아이들보다는 어른들에게서 더 편안함을 느꼈다. 광물 수집에 취미가 많았던 그는 12살 때 뉴욕 광물학회에 가입했는데, 그의 편지를 받아 본 회원들은 편지를 쓴 사람이 어른일 것이라고 짐작했다. 오펜하이머는 비상한 기억력을 지녔고 다양한 언어를 배웠다. 그는 학교를 다닐 때마다 수석 자리를 놓치지 않았다.

* 이 글은 송성수, 《사람의 역사, 기술의 역사》(부산대학교출판부, 2011), pp. 295~306을 부분적으로 보완한 것이다.

1922년에 오펜하이머는 하버드 대학에 입학한 뒤 화학을 전공하여 3년 만에 졸업하였다. 물질의 성질에 관심이 많았던 그는 하버드 대학의 박사과정에 진학한 뒤 당시 이론물리학의 중심지였던 유럽으로 유학을 갔다. 1925년에 그는 케임브리지 대학의 캐번디시 연구소에서 전자의 발견으로 유명한 조지프 톰슨의 지도를 받으면서 원자물리학을 연구하였다. 1926년에는 양자역학의 탄생지였던 괴팅겐 대학으로 자리를 옮겨 파동함수를 확률적으로 해석했던 보른 밑에서 연구를 계속하여 1927년에 원자물리학에 대한 논문으로 박사학위를 받았다.

미국으로 돌아온 오펜하이머는 2년 동안 정부의 연구비를 받아 하버드와 캘리포니아 공과대학(칼텍) 등에서 연구 활동을 계속하였다. 그는 1929년에 버클리 대학과 칼텍 양쪽의 조교수로 임용되었고, 2년 뒤에는 부교수, 그리고 1936년에는 정교수로 승진하였다. 그야말로 승승장구였다. 오펜하이머는 미국에서 이론물리학에 대한 권위자로 인정을 받았고 많은 대학원생들과 연구원들이 선망하는 인물이 되었다. 그의 친구로서 당시에 칼텍에 재직했던 베테(Hans Bethe, 1967년 노벨 물리학상 수상자)에 따르면, "오펜하이머는 미국 역사상 가장 위대한 이론물리학 학파를 만들어냈다."

학업과 연구에 몰두할 때만 하더라도 오펜하이머는 정치에는 아무런 관심을 두지 않았다. 그는 스스로 이렇게 말한 적이 있었다. "나는 인간과 인간의 경험에 관심이 많다. 나는 또한 내 연구 분야에 흥미가 많다. 그러나 인간과 사회 사이에 어떤 관계가 있는지에 대해서는 전혀 이해하지 못하고 있다."

그러나 1930년대에 접어들면서 그는 대공황, 히틀러의 등장, 스페인 내란 등 세계정세의 변화를 민감하게 받아들였다. 특히 오펜하이머는 독일에 있는 친척들이 전해주는 소식에 접하면서 정치적인 사건이 얼마나 인간의 생활에 깊은 영향을 줄 수 있는가를 깨닫기 시작했다. 1936년에 그는 여자 친구인 태트록(Jean Tatlock)을 통해 캘리포니아 공산당과 관련을 맺기도 하였다. 당시 미국의 대학에서는 파시즘에 대항하는 가장 큰 희망은 공산주의라는 믿음이 유행하였고 오펜하이머도 이에 동조하였던 것으로 보인다. 그러나 그가 실제로 좌익 서클에 관여한 정도는 1년에 1천 달러의 기금을 내는 것에 지나지 않았다.

맨해튼계획의 주역

1939년에 제2차 세계대전이 발발하자 몇몇 과학자들은 1938년 말에 발견된 핵분열 현상이 군사적으로 중대한 의미를 가지고 있음을 인식하였다. 특히 나치를 피해 미국으로 망명하였던 실라르드는 히틀러가 원자탄을 먼저 개발할 위험을 걱정하여 페르미와 함께 핵분열에 관한 학술정보를 출간하는 것을 금지하자고 제안하였다. 또한 실라르드는 아인슈타인을 통해 루스벨트 대통령에게 편지를 보내어 미국 정부가 1939년 10월에 우라늄 위원회(Uranium Committee)를 발족하게 하는 데에도 힘을 보탰다.

한편, 영국에 망명하여 활동하고 있었던 프리슈(Otto Frisch)와 파이얼스(Rudolf Peierls)는 1940년 봄에 우라늄 235의 임계질량이 약 5킬로그램 정도임을 밝혀냈고 우라늄 235의 분리방법을 고안하기도 했다. 그들의 보고서에 자극을 받아 영국 정부는 원자폭탄을 개발하기 위한 기구인 모드 위원회(Maud Committee)를 설치하기에 이르렀다. 그러나 대부분의 과학자들은 원자폭탄의 제조가 당분간 어려울 것이라고 생각하였다. 그것은 천연 우라늄 중에서 우라늄 235와 우라늄 238의 비율이 1 : 140 정도였기 때문이었다.

이러한 한계는 1941년 3월에 미국의 젊은 화학자인 시보그(Glenn Seaborg)가 플루토늄을 추출하면서 극복되기 시작하였다. 그는 버클리에서 로렌스(Ernst O. Lawrence)가 만들었던 60인치 사이클로트론(cyclotron)으로 우라늄을 가속시키는 과정에서 우라늄 238이 플루토늄으로 변하게 되며 플루토늄은 우라늄 235와 같이 연쇄반응을 일으킨다는 점을 발견했던 것이다. 이 실험에는 오펜하이머도 관여하고 있었다.

1941년 여름에 로렌스는 부시(Vannevar Bush), 코넌트(James B. Conant) 등과 상의하여 원자탄 제조에 관한 연구의 필요성과 가능성을 이끌어냈다. 그들은 당시에 미국 사회를 이끌었던 엘리트 과학자들이었다. 특히 부시는 1940년 6월에 설립된 국방연구위원회(National Defense Research Committee, NDRC)와 그것이 확대되어 1941년 6월에 설립된 과학연구개발국(Office of Scientific Research and Development, OSRD)의 책임자로 활동하였다. 부시는 1941년 10월에 루스벨트 대통령을 설득하여 1942년 6월에 원자탄 개발 사업인 '맨해튼계획(Manhattan Project)'을 출범시키는 데 성공하였다.

맨해튼계획이 출범하면서 오크리지, 핸퍼드, 로스알라모스 등지에서는 우라늄 235와 플루토늄을 추출하고 폭탄을 설계, 제작하는 일이 진행되었다. 맨해튼계획에는 미국의 대학, 연구소, 산업체, 군대 등이 총동원되었으며, 3년이라는 짧은 기간 동안에 12만 5천 명의

그로브즈 장군(오른쪽)과 맨해튼계획에 대해 논의하고 있는 오펜하이머

인원과 20억 달러라는 자금이 소요되었다. 이러한 점에서 맨해튼계획은 군산학복합체(military-industrial-academic complex)에 의해 추진된 거대과학(big science)의 본보기로 평가되고 있다.

맨해튼계획의 총책임자는 그로브즈(Leslie R. Groves) 장군이 맡았으며 과학기술과 관련된 문제는 로렌스가 추천했던 오펜하이머가 담당하였다. 오펜하이머는 맨해튼계획의 물자와 인력을 배치하는 데 깊이 관여하였고, 1942년 11월에 준공된 로스알라모스 연구소의 소장으로 임명되었다.

맨해튼계획은 거의 완벽한 비밀유지, 막대한 예산 지원, 유능한 과학자의 참여를 통해 원자탄 개발과 관련된 많은 세부적인 문제들을 하나씩 해결해 나갔다. 1943년에는 영국이 모드 위원회의 자료 전부를 미국에 넘겨줌으로써 원자폭탄의 개발은 더욱 가속화되었다. 가장 어려운 과학적 문제 중의 하나는 폭탄 물질을 결합하는 방법이었는데, 그것은 1944년 4월에 네더마이어(Seth Neddermeyrer)가 내파에 의한 방법을 제안함으로써 해결될 수 있었다.

오펜하이머는 해박한 지식, 날카로운 통찰력, 탁월한 지도 능력을 바탕으로 원자탄 개발에 관한 연구를 착실히 진행시켰다. 그는 인간의 내부에 존재하는 환상을 일깨우고 그것을 구체적인 힘으로 전환시키는 능력을 가지고 있었다. 그가 얼마나 보안에 철저했던지, 많은 사람들은 자신이 하고 있는 일이 원자탄을 만드는 작업의 일부인지도 잘 몰랐다고 한다.

"나는 세상의 파괴자가 되었다"

1944년 여름에 미국은 원자탄을 직접 제조할 수 있는 준비를 모두 갖추었다. 그러나 그 해 5월에는 독일이 원자탄을 만들지 않고 있으며 제조할 능력도 결여되어 있고 독일의 연구는 로켓에 집중되어 있다는 사실이 알려졌다. 이에 따라 몇몇 과학자들은 원자탄을 반대하는 움직임을 보이기 시작했다. 보어는 원자탄 문제를 가지고 1944년 10월에 처칠 수상과 회담을 가졌으며 11월에는 루스벨트 대통령과 면담했다. 초기에 원자탄 개발을 적극 주장했던 실라르드도 이제는 원자탄 반대자가 되어서 1945년 봄에 트루먼 행정부와 접촉하였다. 그러나 이러한 시도들은 모두 실패로 돌아갔다.

실라르드와 프랑크(James Franck)를 비롯한 시카고 대학의 과학자들은 그 해 여름에 프랑크 위원회를 만들고 전후(戰後)의 핵 통제를 주제로 한 보고서를 제출했다. 프랑크는 전자 충돌에 관한 법칙을 발견한 공로로 1925년 노벨 물리학상을 수상했던 독일 출신의 과학자였다. 프랑크 보고서는 원자탄을 일본에 투하하지 말고 일본대표가 참관하는 사막이나 섬에서 폭파시킴으로써 일본의 항복을 받아내자는 주장을 담고 있었다. 이와 함께 그 보고서는 원자폭탄의 투하가 부추길 군비경쟁을 우려하면서 전후 원자폭탄에 대한 국제적 통제방안을 마련하자는 제안도 내놓았다.

1945년 8월 6일에 히로시마에 투하된 원자폭탄 꼬마(위)와 8월 9일에 나가사키에 투하된 원자폭탄 뚱보(아래)

그러나 워싱턴의 움직임은 원자탄을 반대하는 과학자들과는 전혀 달랐다. 국방성 장관은 대통령에게 일본에 대한 즉각적인 원자탄 투하를 종용하고 있었다. 원자폭탄 실험 전에 열린 국방성 회의에서는 일본에 대한 투하 여부는 토론의 대상도 되지 않았으며 예상되는 소련의 대응이나 추후 관리 등의 문제가 논의되었다. 원자폭탄의 투하가 기정 사실로 굳혀진 이유는 무엇일까? 아마도 원자탄을 사용하지 않는다면 맨해튼계획에 지출된 엄청난 예산의 효과를 검증할 수 없기 때문이었을 것이다.

원자폭탄 실험은 프랑크 보고서가 워싱턴에 도착하기 전인 7월 16일에 프로젝트 트리니티(Project Trinity)라는 이름으로 뉴멕시코 주 앨라모고도의 사막에서 실시되었고, 원자폭탄은 과학자들이 예측했던 것보다 훨씬 많은 TNT 2만 톤 수준의 폭발을 일으켰다. 당시에 오펜하이머는 힌두교 경전 《바가바드기타》를 인용하여 "나는 죽음의 신이요, 세상의 파괴자가 되었도다"라고 중얼거렸으며, 베인브리지(Kenneth Bainbridge)는 "음, 이제 우리는 모두 개자식들이야"하고 자책했던 것으로 전해진다.

원자폭탄 실험 후에 열린 대책 회의에서는 투하시간, 장소, 일정 등이 완전히 마련되었다. 결국 예정대로 8월 6일에는 농축우라늄으로 제조한 원폭 '꼬마(Little Boy)'가 히로시마에 투하되었고, 8월 9일에는 플루토늄 원폭 '뚱보(Fat Man)'가 나가사키에 투하되었다. 원자폭탄의 투하로 인한 사망자 수는 1945년에 약 14만 명이었으며 다음 5년 동안 6만 명이 더 생명을 잃었다. 원자폭탄의 개발과 투하는 '인류 역사상 최악의 과학기술 드라마'로 평가되고 있다.

원자탄이 과학에 미친 영향

원자탄의 개발과 투하는 과학의 역사에서 중요한 전환점으로 평가되고 있다. 우선, 맨해튼계획은 거대과학의 출현을 알리는 신호탄에 해당한다. 과거의 과학 활동이 몇몇 개인에 의존하는 산발적인 형태를 띠고 있었던 반면, 맨해튼계획에서는 원자탄 제조라는 단 하나의 목표를 향해 수많은 과학자들과 기술자들이 체계적으로 협동연구를 수행했던 것이다. 거대과학은 엄청난 자금과 인력을 필요로 하며 실험 장치에 대한 의존성을 크게 높이는 특성을 가지고 있다.

또한 원자탄 개발은 정부가 과학연구를 지속적으로 지원하는 계기로 작용하였다. 과학은 원자탄과 같은 국방연구를 매개로 정책적 차원에서 지원해야 할 중요한 대상으로 간주되었던 것이다. 특히 당시에 과학연구개발국을 맡았던 부시는 1945년에 《과학, 끝없는 프런티어(Science, the Endless Frontier)》라는 보고서를 작성하여 과학에 대한 정부의 강력한 지원책을 주문하였다. 부시의 제안은 연구 과제를 관리하는 주체를 놓고 많은 논란을 거친 후에 1950년에 국립과학재단(National Science Foundation, NSF)이 설립되는 것으로 이어졌으며, 20세기 후반에 다른 국가에서 과학기술정책을 수립하는 데에도 많은 영향을 미쳤다.

과학자의 사회적 책임을 중요한 화두로 만든 것도 원자탄이었다. 옛날의 과학자들은 자신이 수행하고 있는 연구가 사회적 책임과 어떤 관련성이 있는지 심각하게 생각할 필요가

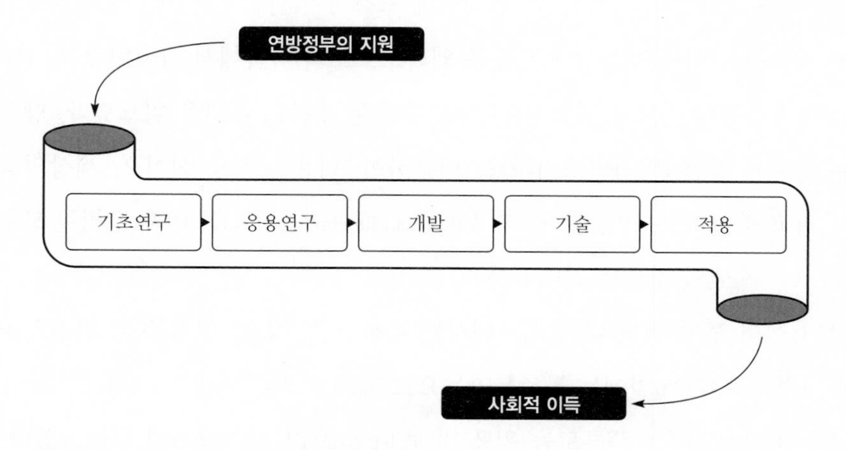

《과학, 끝없는 프런티어》에서는 과학기술정책이 기초연구 → 응용연구 → 개발 → 기술 → 적용으로 이어지는 선형 모델(linear model)에 입각하고 있었다.

거의 없었다. 그러나 원자탄을 둘러싼 연구 활동은 엄청나게 큰 위험과 결합하게 되었고, 이에 따라 과학자들은 사회적 책임이라는 문제에서 자유로울 수 없게 되었다. 과학자들의 사고방식과 행동패턴은 개인별로 상당한 차이를 보였지만, 어떤 식으로든 원자탄에 대한 자신의 입장을 밝혀야 하고 이에 대해 다른 사람의 평가를 받아야 한다는 점은 이전과는 크게 다른 것이었다.

원자탄을 매개로 과학에 대한 일반인들의 태도도 달라졌다. 원자탄 투하는 과학이 가진 위력이 얼마나 큰 것인가를 극적으로 보여준 사건이었다. 특히 원자탄 투하는 과학이 가진 양면성이 드러나는 중요한 계기가 되었다. 20세기 전반만 해도 과학은 진보의 상징이자 풍요의 원천으로 찬양되는 경향이 지배적이었지만, 원자탄을 비롯한 전쟁무기를 매개로 과학의 역기능이 본격적으로 인식되고 비판되기에 이르렀던 것이다.

수소폭탄의 개발에 반대하다

제2차 세계대전이 끝난 후 오펜하이머는 1945년 10월에 칼텍 교수로 복귀했으며, 1948년 8월에는 버클리 대학에도 복귀하였다. 또한 그는 1947년에 프린스턴 대학의 고등연구소 소장이 되었으며 1948년에는 미국 물리학회의 회장으로 선출되었다. 그는 원자력 분야의 대표자로서 학문적 영향력은 물론 정치적인 실력도 행사하였다. 1946년 3월에 그는 원자탄을 개발한 공로로 훈장을 받았고, 1947년에는 전후 원자력 관리를 위해 설립된 원자력위원회 산하 일반자문위원회의 의장으로 활동하였다. 어떤 사회학자는 이렇게 썼다. "오펜하이머는 미국 사회에서 새로운 과학의 위상을 상징한다. 그의 여의고 잘 생긴 얼굴과 풍모는 아인슈타인을 대신하여 천재의 공식적인 이미지가 되었다."

이처럼 오펜하이머는 화려한 경력을 지녔지만 이와 동시에 심한 도덕적 가책도 느꼈다. 오펜하이머는 1947년에 원자력의 적절한 관리와 평화적 이용을 강조하면서 다음과 같이 술회하였다. "[제2차 세계대전] 당시에는 폭탄을 사용하여 효과적으로 경고하면 더 많은 인명피해를 줄일 수 있지 않을까 하는 생각에서였다. 그러나 나는 당시에 우리가 좀 더 신중하게 문제를 고려했어야 했다고 믿는다. … 원자폭탄 투하 이후 과학자들은 죄악이 무엇인가를 깨달았다."

오펜하이머의 인생은 1949년 수소폭탄 개발을 계기로 또 다른 전환점을 맞이하였다. 1946년부터 소련은 미국의 핵무기 독점에 대항하여 원자폭탄의 개발을 서둘렀고 1949년 9월에 원자폭탄 실험에 성공하였다. 소련의 원자폭탄 개발에는 맨해튼 계획에 참여했던 푹스(Klaus Fuchs)라는 과학자에 의해 제공된 정보가 중요하게 작용했다고 한다. 소련이 원자폭탄을 개발했다는 소식에 충격을 받은 미국에서는 수소폭탄을 만들어 소련에 대한 힘의 우위를 유지해야 한다는 주장이 등장하였다.

수소폭탄 개발에 강한 의지를 보였던 사람은 텔러(Edward Teller)였다. 그는 로렌스와 함께 수소폭탄의 필요성과 제조가능성을 제안하였고, 이 제안을 검토하기 위하여 원자력위원회 자문회의가 소집되었다. 오펜하이머와 코넌트는 수소폭탄의 개발에 반대했으며, 자문회의는 수소폭탄을 만드는 대신 원자폭탄의 성능을 개선할 것을 권고하였다. 수소폭탄이 개발될 경우에는 끝없는 군비경쟁에 돌입하게 되며, 결국 인류의 문명 자체가 파괴될 수도 있다는 것이었다. 이와 함께 원자폭탄만으로도 미국의 우위를 지켜낼 수 있으며 수소폭탄 개발에는 엄청난 비용과 수많은 기술적 어려움이 따른다는 점도 제기되었다.

텔러는 수소폭탄을 개발하는 것이 과학을 발전시키는 계기가 될 수 있으며 미국의 절대적 우위를 바탕으로 세계평화를 유지할 수 있다고 반박하였다. 수소폭탄 개발을 둘러싸고 미국의 과학엘리트집단은 두 진영으로 갈려져 엄청난 격론에 휘말렸다. 특히 원자폭탄을 개발하는 과정에서 의견 대립을 보인 바 있었던 오펜하이머와 텔러는 거의 원수지간이 되었다. 이 논쟁은 결국 트루먼 대통령이 1950년 1월에 수소폭탄의 개발에 동의하는 것으로 일단락되었다. 텔러는 1980년대에 '별들의 전쟁(Star Wars)'으로 불린 전략적 방위 계획(Strategic Defence Initiative, SDI)의 책임자로 활동하기도 했다.

수소폭탄에 대한 회의에서 오펜하이머는 트루먼에게 더 이상의 핵무기 개발에 반대한다는 의견을 표명하였다. 당시에 오펜하이머는 "내 손에는 피가 묻어 있다"고 말하면서 울먹였던 것으로 전해진다. 이 일로 트루먼은 오펜하이머를 "울보 과학자"로 간주하면서 다음과 같이 비꼬았다. "다시는 그 얼간이를 이곳에 불러들이지 마라. 그가 폭탄을 폭발시킨 것은 아니다. 그 일을 한 사람은 나다. 이렇게 우는 소리를 하는 사람은 날 피곤하게 한다."

수소폭탄을 개발한다는 결정이 내려진 뒤에도 과학자들의 참여를 유도하는 것은 쉽지 않았다. 원자폭탄의 비극이 생생한데다가 텔러에 대한 과학자들의 지지도가 높지 않았기 때문이었다. 그때 텔러는 오펜하이머가 과학자들을 뒤에서 조종하고 있다고 주장하기도 했지만, 곧 사실이 아님이 밝혀졌다.

그러나 1950년 6월에 한국전쟁이 발발하면서 사태는 극적으로 역전되었다. 로스 알라모스에 과학자들이 다시 모였다. 가장 어려웠던 기술적 문제는 1951년 초에 텔러와 울람(Stanislaw M. Ulam)이 원자폭탄의 복사선을 이용하여 고밀도 수소폭탄을 만드는 방법을 개발함으로써 해결되었다. 또한 수소폭탄의 개발에는 '미친 사람(Maniac)'이란 별명이 붙은 컴퓨터가 동원되어 복잡한 수치를 신속하고도 정확하게 계산할 수 있었다.

수소폭탄 실험 광경

1952년 11월 1일에는 최초의 수소폭탄 실험인 마이크 실험이 태평양의 마샬 군도에서 실시되었다. 이어 1954년 3월 1일에는 비행기에 탑재하여 실전에 활용할 수 있는 수소폭탄에 대한 실험인 브라보 실험이 마샬 군도의 비키니(Bikini) 섬에서 실시되었다. 그것은 히로시마에 투하되었던 원자폭탄보다 천 배가 넘는 위력을 가지고 있었고, 이에 따라 비키니 섬에 있는 거의 모든 물체가 발가벗겨졌다. 비키니 수영복이란 명칭도 이 섬에서 유래된 것이다.

청문회를 선택한 바보

수소폭탄 개발에 끝까지 반대한 오펜하이머의 위치는 그가 미국과 소련 사이의 냉전에 반대하는 발언을 하면서 점차 위태롭게 되었다. 원자력위원회 위원이었던 윌리엄 보든(William Borden)은 신문기사와 매카시(Joseph McCarthy) 상원의원의 자료를 동원하여 1953년 11월에 오펜하이머가 소련의 간첩이라고 미국연방수사국(FBI)에 고발했다. 당시에 원자력위원회 위원장이었던 스트라우스(Lewis Strauss)는 오펜하이머에게 조용히 공직을 떠날 것을 권고했다. 그러나 오펜하이머는 자신의 누명을 벗기 위해 청문회를 선택했다.

1954년 4~5월에 4주일 동안 계속된 청문회에서 오펜하이머는 공개적으로 피고의 대접을 받았으며 기억하고 싶지 않은 사생활이 들춰지는 수모까지 당했다. 오펜하이머의 혐의사항은 24가지였는데, 그중 하나는 수소폭탄 개발에 반대한 것이었고 나머지는 모두 주변 인물들과의 관계나 과거의 행적에 대한 것이었다. 오펜하이머의 동생과 이전의 여자 친구가 공산주의자였다는 점이 문제가 되었고, 오펜하이머가 좌익 서클에 돈을 기부한 사실이 공산주의자를 지원한 것으로 매도되었다. 미국이 소련과 손잡고 히틀러에 대항하고 있었던 시절의 행적을 미국과 소련이 냉전관계로 돌입한 시기에 적용했던 것이다.

결국 청문회는 "직접적인 혐의 사실은 없지만 국가의 안보에 위협이 된다"는 애매한 판결로 막을 내렸다. 청문회를 마친 오펜하이머는 "나는 바보야" 라고 중얼거렸다. 막강한 권력에 순진하게 대항했던 자신의 어리석음을 자책하는 것이었다.

오펜하이머 청문회와 관련하여 한 가지 짚고 넘어갈 점은 이 사건에 매카시 상원의원이 관여한 사실이다. 그는 국회 연설 중에 한 장의 쪽지를 들고 나와 "여기에 외무성 공무원 중 소련의 스파이 노릇을 하는 사람 205명의 이름이 적혀 있다"고 선언하였다. 그는 이러한 수법을 사용하여 공무원들의 충성심을 심사하도록 하여 5천여 명의 사람이 공직에서 떠나게 했다. 오펜하이머는 수소폭탄 개발에 대한 반대로 정부의 고위정책에 맞섰기 때문에 제재를 받은 것이며, 그 구체적인 형태는 매카시즘의 선풍 속에서 간첩의 누명을 쓰는 식으로 나타났던 것이다.

공직을 박탈당한 오펜하이머는 프린스턴 대학의 이론물리학 교수로 여생을 보냈다. 그는 1954년에는 《과학과 상식》을, 1955년에는 《개방적인 정신》을 발간하기도 했다. 케네디 행정부와 존슨 행정부는 매카시즘의 희생자를 보상하려는 노력을 기울였고, 1963년에 오펜하이머는 명예회복과 함께 원자력위원회에서 수여하는 페르미상을 받았다. 존슨은 상을 수여하는 자리에서 "나 자신도 오펜하이머에 대한 동정과 이 상의 수여에 많은 용기가 필요했었다. 그러나 이것은 우리의 미래를 위해 필요한 것이다"고 술회하였다.

오펜하이머는 청문회를 계기로 두통을 자주 앓다가 1967년에 후두암으로 세상을 떠났다. 원자폭탄의 아버지이자 수소폭탄의 반대자라는 고뇌에 찬 일생을 마감했던 것이다. 오펜하이머의 추도식에서 그의 친구이자 유명한 외교관인 케넌(George F. Kennan)은 다음과 같이 말했다. "우리의 도덕적 지혜로는 도저히 감당할 수 없을 정도의 힘을 자연으로부터 뽑아내는 데 성공함으로써 인류는 딜레마에 빠지게 되었습니다. 이 딜레마는 그 누구보다도 더 오펜하이머의 어깨를 잔혹하게 짓눌렀습니다. … 1950년대의 암흑기에 논쟁의 중심에 있다는 이유로 그가 괴로움을 겪고 있을 때, 나는 그에게 마음만 먹으면 외국의 대학에서 그를 환영할 테니 외국에 나가서 살 생각은 해 보지 않았느냐고 물었습니다. 그는 눈물을 글썽이면서 대답했습니다. '제길, 나는 이 나라를 사랑한단 말야.'"

©Book's-Hill

빅뱅 이론을 제창한 대중적 과학자

조지 가모프

어수선한 학창시절

최근에 주목받고 있는 역사 중에 '빅 히스토리(big history)'가 있다. 그것은 자연과 인간의 모든 역사가 보여주는 커다란 흐름을 포착하려는 시도에 해당한다. 우주의 탄생(약 137억 년 전), 별과 원소의 출현(약 135억 년 전), 지구의 생성(약 45억 년 전), 생명의 탄생(약 38억 년 전), 현생 인류의 등장(약 20만 년 전), 농경의 시작(약 1만 년 전), 글로벌 네트워크의 출현(19세기) 등과 같은 식이다. 빅 히스토리의 출발점이 되는 우주의 탄생을 설명하는 가장 유력한 이론은 빅뱅 이론(big bang theory)이며, 그 이론을 제창한 사람이 바로 20세기 러시아 출신의 물리학자인 조지 가모프(George Gamow, 1904~1968, '가모브' 혹은 '가모'로 표기되기도 한다)이다.

가모프는 1904년에 《전함 포템킨》이라는 영화의 배경으로 유명한 러시아의 항구도시 오데사에서 태어났다. 그의 부모는 모두 중등학교 교사였다. 아버지는 언어와 문학을, 어머니는 지리와 역사를 가르쳤다. 가모프는 어릴 적부터 언어 감각이 뛰어나 러시아어 이외에도 프랑스어와 독일어를 익혔다. 그는 7살 때 공상과학소설의 원조로 평가되는 쥘 베른(Jules Verne)에 푹 빠져 달나라 여행을 꿈꾸기도 했다. 보통의 작은 종에 전지를 연결하는 실험을 하는 등 과학실험에도 관심이 많았다.

가모프의 학창시절은 매우 어수선했다. 1914년에 제1차 세계대전이 발발했고, 3년 후에는 러시아혁명과 내전이 일어났다. 이에 대하여 가모프는 자서전에서 다음과 같이 적었다. "당시 나는 학교에 다니던 학생이었고, 수업은 자주 중단되었다. 오데사는 외국 군함에서 많은 포격을 받았다. 그리스, 프랑스, 영국의 원정군이 총검으로 무장한 채 시내 중심가로 침입해서 러시아의 백위군, 적위군 또는 녹위군과 전투를 벌였다. 때로는 서로 다른 빛깔의 러시아군끼리 싸우기도 했다."

한번은 아버지가 가모프에게 작은 현미경을 사다 주었다. 가모프는 교회의 가르침이 옳은지 조사하기 위하여 중요한 실험을 하기로 마음먹었다. 그는 교회의 성찬식에서 받은 포도주와 빵 조각을 입 속에 넣은 채 급히 집으로 돌아왔다. 비교 실험을 위해 같은 종류의 빵 조각을 미리 포도주에 담가놓는 치밀함도 보였다. 그는 현미경으로 열심히 관찰했지만 두 빵 조각의 조직은 완전히 같았다. 가모프는 그 실험이 자신을 과학자로 만든 최초의 경험이라고 표현했다.

'세 명의 머스킷 총병'

가모프는 18살이 되던 1922년에 오데사에 있는 노보로시아 대학의 물리수학과에 진학했다. 그 대학에는 우수한 수학자들이 제법 있었는데, 가모프는 시차트노프스키(Samuil Shchatunovski) 교수의 강의를 좋아했다. 한번은 시차트노프스키가 칠판에 계산식을 쓰다가 실수를 저질렀다. 37×25=825라고 쓴 것이었다. 한 학생이 정확한 답은 925라고 지적했다. 그러자 교수는 버럭 소리를 질렀다. "그런 계산은 수학자가 할 일이 아니야. 계산을 정확히 하는 것은 은행의 경리원이 할 일이야!" 이 말은 가모프에게 깊은 인상을 주었고, 이후로 그는 조그마한 실수에는 별다른 신경을 기울이지 않게 되었다.

그러나 노보로시아 대학에는 제대로 된 물리학 강의가 없었다. 이에 실망한 가모프는 오데사를 떠나 레닌그라드로 유학을 가기로 결심했다. 그때 아버지는 집에 있는 은그릇을 팔아 아들의 여비를 마련했다고 한다. 가모프는 1923년에 레닌그라드 대학으로 가서 물리학과 수학을 집중적으로 공부했다. 당시에 그가 가장 관심을 기울인 주제는 아인슈타인의 상대성이론이었다. 가모프는 프리드만(Alexander Friedmann) 교수의 〈상대성이론의 수학적 기초〉라는 강의를 들으면서 이론물리학자의 꿈을 키웠다.

러시아의 물리학자이자 기상학자인 프리드만은 1922년에 아인슈타인의 일반상대성이론을 바탕으로 우주가 팽창한다는 모델을 수학적으로 도출하여 《물리학 저널(Zeitschrift für Physik)》에 발표하였다. 그 논문을 접한 아인슈타인은 프리드만의 동적인 우주가 수학적으로는 문제가 없지만 물리적으로는 옳지 않다고 생각했다. 프리드만은 자신의 팽창우주론을 발전시키기 위해 많은 노력을 기울였지만, 1925년에 37세의 나이로 갑작스러운 죽음을 맞이하였다. 기상관측용 대형 기구를 타고 비행을 하다가 지독한 오한에 겪었고, 결국 폐렴으로 세상을 떠나고 말았던 것이다. 1927년에는 벨기에의 신부이자 천문학자인 르메트르(Georges Lemaître)가 프리드만과 비슷한 과정을 거쳐 팽창우주론을 전개한 후 《브뤼셀 과학협회 연보》에 발표하였다. 그러나 르메트르의 논문은 벨기에 밖에서는 거의 읽히지 않았기 때문에 다른 과학자들의 별다른 주목을 받지 못했다.

팽창우주론의 창시자로 평가되는 알렉산드르 프리드만

프리드만의 갑작스런 죽음 때문에 상대론적 우주론을 연구하려던 가모프의 계획은 큰 타격을 입었다. 가모프는 지도교수를 바꾸어 진자의 단열 불변성에 관한 연구를 수행할 수밖에 없었다. 당시에 가모프가 가장 좋아했던 것은 최신 이론물리학을 공부하기 위해 만든 모임이었다. 그 모임은 가모프와 함께 란다우(Lev Landau)와 이바넨코(Dmitri Ivanenko)가 주관하였다. '세 명의 머스킷 총병(Three Musketeers)'으로 불린 그들은 보르그만 도서관에 주로 모여 매우 즐겁게 공부했는데, 당시에 한 친구는 다음과 같은 시를 쓰기도 했다. "이바넨코는 졸다가 사탕을 빨다가 발장단에 귀를 기울이네. 가모프는 책을 뒤적이다가 입을 우물거리며 초콜릿을 몽땅 먹어버리네. 아름다운 음악이라면 란다우의 재능이 으뜸이라네."

양자역학의 본 고장에서 연구하다

1928~1931년에 가모프는 양자역학의 본 고장에서 연구를 수행할 수 있는 좋은 기회를 얻었다. 1928년 여름 학기에 그는 레닌그라드 대학의 지원으로 막스 보른이 있던 독일의 괴팅겐 대학에서 연구할 수 있었다. 괴팅겐 대학에 머물면서 가모프는 코펜하겐 대학의 닐스 보어를 방문했는데, 고맙게도 보어는 덴마크 왕립과학아카데미의 칼스버그 장학금을 마련해 주었다. 덕분에 가모프는 보어가 운영하던 이론물리학연구소에서 10개월 동안 더 머물 수 있었다. 가모프의 연구가 가진 중요성을 간파한 보어는 영국 케임브리지 대학의 캐번디시 연구소 소장을 맡고 있었던 러더퍼드에게 편지를 보냈다. 덕분에 가모프는 캐번디시 연구소에 체류하면서 러더퍼드의 지도로 자신의 연구를 일단락 지을 수 있었다. 보어는 이후에

도 가모프에게 특별한 애정을 가지고 적극적으로 도와주었다.

당시에 가모프가 연구했던 주제는 방사능 붕괴에 대해 양자역학 이론을 적용하는 것이었다. 방사능 붕괴는 많은 과학자들의 관심을 사로잡고 있었지만, 그것이 왜 가능한지에 대한 문제는 쉽게 풀리지 않고 있었다. 이에 대해 가모프는 양자역학의 불확정성 원리 때문에 방사능 붕괴가 가능하다는 점을 알아냈다. 불확정성 원리에 의하면 입자의 위치와 속도는 동시에 정확히 결정될 수 없다. 바로 그 때문에 방사능이 핵력에 의한 장애를 뚫고 밖으로 유출될 수 있는 확률이 존재한다는 것이다. 이러한 현상은 오늘날 '터널효과(tunneling effect)'로 불리는데, 그것은 각종 전자장비의 기능이나 우주의 기원을 설명하는 데 널리 사용되고 있다.

가모프는 터널효과를 설명하면서 벽과 창살로 둘러싸인 감옥에 갇힌 죄수를 예로 들었다. 고전역학에 의하면, 이런 상황에서 탈옥은 절대로 불가능하다. 그러나 양자역학의 신비한 세계에서, 간수는 죄수가 어느 위치에서 어떤 속도로 움직이고 있는지 정확히 알 수 없다. 죄수가 자신의 몸을 날려 담벼락에 계속해서 충격을 주고 있다면, 고전역학의 세계에서는 참으로 딱하고 한심한 죄수가 되겠지만, 양자역학의 세계에서는 이처럼 미련한 행동으로 탈옥에 성공할 수 있다. 사람과 같이 커다란 물체가 담을 통과하는 사건이 발생할 확률은 아주 적지만, 미시세계에서는 소립자들이 엄청나게 큰 에너지로 벽을 두들기고 있기

케임브리지 대학에서 윌리엄 헨리 브래그(William Henry Bragg)의 연구팀과 함께 1931년에 찍은 사진. 브래그가 가운데 있고, 가모프는 오른쪽 제일 끝에 있다. 브래그 연구실에 여성 과학자들이 제법 많았다는 점도 눈에 띈다.

때문에 이런 기적 같은 사건들이 수시로 발생한다는 것이다.

1929년 여름, 가모프는 다시 러시아로 돌아왔다. 당시에 러시아 언론은 가모프에 대해 아낌없는 찬사를 보냈다. "노동계급의 한 아들이 세계에서 가장 작은 기계, 즉 원자핵을 설명하는 데 성공했다." "소비에트의 한 동포가 서구에 대해 러시아의 흙이 플라톤이나 뉴턴을 몇 사람이라도 낳을 수 있다는 것을 보여주었다." 가모프는 해외에서 수행한 연구 결과를 바탕으로 레닌그라드 대학에서 박사 학위를 받을 수 있었다.

1929년 9월에 가모프는 다시 캐번디시 연구소로 가서 1년 동안 더 연구할 수 있었다. 보어와 러더퍼드의 권고에 의해 신청했던 록펠러 장학금이 통과되었던 것이다. 이 시기에 가모프는 원자핵에 관한 액체 방울 모형(liquid drop model)을 제안하여 핵분열에 대한 이론적 기초를 마련해 주었을 뿐만 아니라 별 내부의 열핵 반응에도 관심을 가질 수 있게 되었다. 1930년 6월에는 대학 시절의 절친한 친구인 란다우가 케임브리지로 찾아와서 오랜만에 영국 전역을 돌아다니기도 했다. 같은 해 9월, 가모프는 보어의 도움으로 코펜하겐에서 6개월 더 머물 수 있었다.

미국으로 망명하기까지

1931년 봄, 가모프는 러시아로 귀국하여 레닌그라드에 있는 라듐연구소의 연구원으로 일했다. 같은 해에 그는 소련 과학아카데미의 회원으로 선출되었다. 당시 가모프의 나이는 28세였으며, 소련 과학아카데미 역사상 최연소 회원이었다.

그러나 1931년 러시아의 사회적 분위기는 2년 전에 비해 무척 달라져 있었다. 당시에 스탈린은 '자본주의 과학'에 대비되는 '프롤레타리아 과학'이라는 이념을 만들기 시작했다. 러시아의 과학자들이 자본주의 국가의 과학자들과 친밀한 교류를 나눈다는 것이 죄로 인식되었다. 한번은 가모프가 모스크바 대학의 친구를 방문했는데, 그 친구는 깜짝 놀라 "도대체 왜 돌아왔느냐"고 묻기도 했다.

1931년 10월 가모프는 로마에서 열리는 학회에 참석하기 위해 여권을 신청했으나 보기 좋게 거절당하고 말았다. 결국 그 회의는 가모프의 논문을 델브뤼크(Max Delbrück, 1969년 노벨 생리의학상 수상자)가 대독하는 식으로 진행되었다. 그러나 이 사건은 가모프에게 예상치 못한 결과를 가져왔다. 그는 여권 교부소에서 모스크바 대학 물리학과 졸업생인 류보프 보크민체바(Lyubov Vokhmintseva)를 만났고, 두 사람은 의기투합하여 결혼에 이르렀던 것이다.

가모프는 1932년 여름 학기에 미시건 대학에서 강의를 해 달라는 초대를 받았지만, 그때도 여권은 발부되지 않았다. 급기야 가모프 부부는 러시아를 탈출하기로 결정했다. 가모프 부부는 여름 휴가를 명목으로 과학자원조위원회가 운영하는 크림 휴양소로 갔다. 그들은 탈출용 배 한 척을 구한 후 흑해를 가로질러 터키를 향해 배를 저어갔지만, 뜻을 이루기에는 역부족이었다. 가모프 부부는 밤바람 때문에 배가 떠내려갔다고 설명했고, 다행히 그것은 공식 해명으로 승인되었다.

가모프는 1933년 초에 교육인민위원회로부터 한 통의 편지를 받았다. 거기에는 가모프가 그 해 10월에 브뤼셀에서 열릴 예정인 솔베이 회의에 참가하는 소련 정부의 대표로 선발되었다고 적혀 있었다. 당시에 보어는 프랑스 물리학자인 랑주뱅(Paul Langevin)에게 도움을 청해 가모프가 솔베이 회의에 참석할 수 있도록 배려하였다. 랑주뱅은 프랑스 공산당 당원으로 프랑스-러시아 과학협력위원회의 프랑스 측 위원장을 맡고 있었다. 가모프는 우여곡절 끝에 아내의 여권도 발부 받아 러시아를 벗어날 수 있었다.

솔베이 회의가 끝난 후 가모프 부부는 주변 과학자들의 도움으로 계속해서 외국에 머무를 수 있었다. 퀴리 연구소에서 2개월, 캐번디시 연구소에서 2개월, 보어 연구소에서 2개월과 같은 식이었다. 1934년 여름, 가모프 부부는 덴마크 선박을 타고 미국 뉴욕을 향해 출항했다. 조지 워싱턴 대학이 가모프에게 교수직을 제의했던 것이다.

빅뱅 이론을 제창하다

가모프는 조지 워싱턴 대학에 부임하는 조건으로 두 가지를 요구했다. 하나는 이론물리학에 대해 논의할 수 있는 동료 교수를 임용해달라는 것이었고, 다른 하나는 해마다 과학의 최신 주제에 대해 토론할 수 있는 국제학술대회를 열게 해달라는 것이었다. 그의 제안은 모두 수용되었다. 1935년에는 헝가리 출신의 이론물리학자로 영국 런던대학의 강사로 있던 텔러(Edward Teller)가 조지 워싱턴 대학에 자리를 잡았다. 같은 해에는 이론물리학 워싱턴회의(Washington Conference on Theoretical Physics)가 조지 워싱턴 대학과 카네기재단의 후원으로 발족되었다. 그 회의는 1935~1949년 전쟁기간을 제외하고 모두 10차례에 걸쳐 해마다 개최되었다.

가모프는 조지 워싱턴 대학에서 1934년부터 20년 동안 물리학과 교수를 맡았다. 가모프는 텔러를 영입한 후 그와 함께 베타붕괴에 대해 연구하였고, 1936년에는 '가모프-텔러 선택 법칙(Gamow-Teller selection rule)'을 발표하였다. 그 뒤 가모프는 별의 진화와 열핵 반응에 대해 연구했는데, 이후에 그것은 빅뱅 이론에 관한 연구로 이어졌다. 제2차 세계대전이 진행되는 동안 가모프는 원자탄을 개발하기 위한 맨해튼계획에 동원되지는 않았다. 러시아에서 한때 적색군의 대령으로 복무했다는 소문 때문이었다. 그는 조지 워싱턴 대학에서 연구와 강의를 계속하는 한편, 미국 해군성에서 고성능 폭약부의 고문으로 활동했다.

조지 워싱턴 대학에서 가모프가 강의하고 있는 모습

1945년에 가모프는 알퍼(Ralph Alpher)를 박사 과정 학생으로 받아들인 후 초기 우주에 대해 연구하기 시작했다. 허블(Edwin Hubble)에 의해 제안되었던 팽창우주론에 수학적 이론을 적용하여 초기 조건을 추정하는가 하면, 핵물리학을 적용하여 시간이 지남에 따라 우주가 어떻게 진화되는지를 알아보았다. 3년 동안의 연구 끝에 그들은 자연계에 존재하는 수많은 원자핵들은 특정한 온도와 밀도의 평형 상태에서 만들어졌다기보다는 원초적 물질이 팽창하고 냉각되는 연속적인 과정을 통해 단계적으로 만들어졌다는 주장을 내어놓았다. 특히 그들은 빅뱅 후 5분 동안에 10개의 수소 원자핵에 1개꼴로 헬륨 원자핵이 만들어진다는 점을 계산했는데, 그것은 관측천문학자들이 측정한 값과 일치했다.

빅뱅 이론의 출발점이 되는 이 논문은 가모프와 알퍼의 이름이 아니라 가모프, 베테(Hans Bethe), 알퍼의 이름으로 발표되었다. 가모프는 1952년에 출간한 《우주의 창조》에서 베테의 이름이 논문에 등장하게 된 경위를 다음과 같이 설명했다. "계산 결과는 1948년 4월 1일 〈화학 원소의 기원〉이라는 제목의 논문으로 《피지컬 리뷰》에 발표되었다. 그 논문은 알퍼, 베테, 가모프가 사인했기 때문에 '알파-베타-감마 논문'으로 불린다. 알퍼와 가모프의 이름만 들어가면 그리스 알파벳의 순서상 좋아 보이지 않았기 때문에 베테의 이름을 중간에 끼워 넣었던 것이다. 논문의 초고를 받아본 베테도 반대하지 않았을 뿐 아니라, 계산 결과에 대해 토론하는 등 도움을 주었다. … [나중에 우리 연구에 합류한] 헤르만(Robert Herman)은 자신의 이름을 델타(delta)로 바꾸겠다고 강력히 주장하기도 했다."

가모프와 알퍼의 연구는 곧 세상의 주목을 받았다. 알퍼는 박사 학위 논문을 제출하여 300명이나 되는 관중들 앞에서 발표했고, 1948년 4월 14일 《워싱턴 포스트》는 머리기사 제목으로 〈세상이 5분 만에 만들어졌다〉를 선택했다.

가모프 팀의 연구는 계속되었다. 알퍼는 새롭게 합류한 헤르만과 함께 우주의 진화과정을 추적했다. 우주가 팽창을 계속하여 열에너지가 전자와 원자핵의 결합을 방해할 수 없을 정도로 온도가 낮아지자 전자들은 원자핵과 결합하여 중성 원자인 수소와 헬륨을 형성했다. 알퍼와 헤르만은 그때의 온도가 대략 섭씨 3,000도이며, 우주가 팽창하여 그 온도에 이르는 데 약 30만 년이 걸렸을 것으로 추정했다. 그들은 이러한 계산이 옳다면 중성 원자가 만들어지던 시점에 존재했던 빛이 오늘날에도 우주를 달리고 있어야 한다고 생각했다. 이 빛의 파장은 약 3K(절대온도)인 물체가 내는 복사선의 파장인 1밀리미터 정도 될 것으로 예측되었다.

가모프 팀의 강력한 경쟁 상대는 영국의 호일(Fred Hoyle) 팀이었다. 1948년에 케임브리지 대학 트리니티 칼리지의 호일은 본디(Hermann Bondi), 골드(Thomas Gold)와 함께 정상상태 우주론(steady-state cosmology)을 제안했다. 우주가 팽창하는 가운데 지속적으로 새로운 물질이 탄생해서 일정한 평균밀도를 유지하고 있다는 것이었다. 이를 계기로 당시 과학자들은 두 그룹으로 나뉘어 격렬한 논쟁을 벌였다. 이러한 과정에서 가모프 팀의 연구 결과에는 '빅뱅'이라는 이름이 붙여졌다. 호일이 1950년에 영국방송공사의 라디오 방송에서 자신의 경쟁 이론을 조롱하기 위해 큰 소리로 나타나는 의성어인 빅뱅을 선택했던 것이다.

"두 이론 중 하나는 우주가 유한한 시간 전에 하나의 커다란 폭발과 함께 시작되었다고 가정하고 있습니다. 이 가설에 의하면, 오늘날의 팽창은 격렬한 폭발의 유물이라고 합니다. 나는 이 빅뱅 아이디어가 만족스럽지 않습니다. … 과학적인 근거로 볼 때 빅뱅 가설은 두 이론 중에 훨씬 가능성이 적은 이론입니다. … 철학적인 근거로 볼 때도 마찬가지입니다. 나는 빅뱅 가설을 선호해야 할 이유를 발견할 수 없습니다."

빅뱅 이론과 정상상태 우주론은 1948년부터 1953년까지 여러 관측 자료를 제시하면서 격렬한 논쟁을 벌였다. 그러다 1953년 가모프, 알퍼, 헤르만이 그때까지의 연구를 종합하는 마지막 논문을 출판한 후 우주론에 대한 논의가 갑자기 수그러들었다. 가모프는 자신의 연구주제를 유전정보에 관한 것으로 바꾸었고, 알퍼는 제너럴 일렉트릭의 연구소에, 헤르만은 제너럴 모터스의 연구소에 취직했던 것이다. 아마도 세 사람은 빅뱅 이론을 입증할 수 있는 확실한 증거가 나오기 전까지는 토론이 별 소용이 없다고 생각했을 것이다.

과학의 대중화에 앞장선 가모프

가모프는 자신의 분야를 물리학이나 천문학으로 한정짓지 않고 생물학이나 과학교육과 같은 다양한 영역으로 확장했다. 그는 1954년에 유전정보의 암호화 이론을 전개하여 DNA 분자에 있는 정보가 단백질을 형성하는 20종류의 아미노산으로 번역되는 문제를 해결하는 데 돌파구를 마련해주었다. 세 쌍의 염기서열이 결합하여 20개의 염기 삼중쌍(triplet)을 형성하고 이것이 20종류의 아미노산과 1대 1로 대응된다는 점을 처음으로 밝혔던 것이다. 같은 해에 가모프는 왓슨(James Watson)과 함께 유전암호의 문제를 다루기 위한 RNA 타이 클럽(RNA Ti Club)을 결성하기도 했다. 왓슨이 2002년에 자전적 에세이를 발간하면서 《유전자, 아가씨들, 그리고 가모프(Genes, Girls, and Gamow)》라는 제목을 붙인 것도 흥미롭다.

가모프는 1954년에 조지 워싱턴 대학에서 물러났고 1956년에 콜로라도 대학으로 자리를 옮겼다. 당시에 그는 물리과학연구위원회(Physical Science Study Committee, PSSC)의 창립 회원이 되어 중등학교의 물리교육을 개혁하는 데 앞장섰다. 1956년에 그는 첫 번째 부인과 이혼했고, 2년 뒤에 케임브리지 대학출판부에 근무하던 바바라 퍼킨스(Barbara Perkins)와 재혼했다. 가모프는 1959년에 매카시 선풍의 희생자였던 프랭크 오펜하이머(Frank Oppenheimer, 로버트 오펜하이머의 동생)를 콜로라도 대학으로 초빙했다. 프랭크는 가모프와 같이 지내면서 과학교육이나 대중과학에 많은 관심을 가졌고, 1969년에 체험하는 과학(hands-on science)을 표방한 익스플로러토리움(Exploratorium)을 설립하기도 했다.

가모프는 일반 대중을 위해 20권이 넘는 과학 도서를 출판하여 과학의 대중화에 크게 기여했다. 그중에 가장 많은 주목을 받은 것은 '미스터 톰킨스 시리즈'이다. 가모프는 1937년부터 케임브리지 대학출판부가 발간하는 《디스커버리》라는 잡지에 톰킨스 이야기를 연재했고, 그것을 바탕으로 1938년에 《신비한 나라의 톰킨스 씨(Mr. Tompkins in Wonderland)》를 출간했다. 그 후 1940년에는 《톰킨스 씨, 원자를 탐구하다(Mr. Tompkins Explores the Atom)》를 썼고, 두 책은 1965년에 《페이퍼백 속의 톰킨스 씨(Mr. Tompkins in Paperback)》로 합쳐졌다. 이 합본은 이후에도 몇 번의 개정을 거쳤으며, 우리말로는 《조지 가모브, 물리열차를 타다》로 변역되어 있다. 가모프는 1953년에 생물학 이야기를 다룬 《톰킨스 씨, 생명의 사실을 배우다(Mr. Tompkins Learns the Facts of Life)》를 발간하기도 했다.

가모프는 자신이 "나의 우주론 3부작"으로 칭한 책들을 통해 태양, 지구, 우주의 기원과 역사에 대해서도 지속적으로 논의했다. 《태양의 탄생과 죽음》(1940년), 《지구의 전

톰킨스 씨가 상대성이론에 따라 도시의 블록이 좁아지는 것을 느끼고 있다.

기(傳記)》(1941년), 《우주의 창조》(1952년)가 그것이다. 우주론 3부작은 새로운 과학적 논의를 반영하여 여러 차례에 걸쳐 개정되었으며, 《지구의 전기》는 1963년에 《지구로 불리는 행성》으로, 《태양의 탄생과 죽음》은 1964년에 《태양이라고 불리는 별》로 개칭되었다. 가모프는 3부작을 출간하면서 우주론에 관한 과학지식을 쉽게 풀어 일반인에게 전달하기 위한 목적을 내세웠지만, 우주론에 대한 여러 가설이 경쟁하는 상황에서 자신의 견해를 설득시키기 위한 의도도 가지고 있었다. 가모프에게 과학연구 활동과 대중저술 활동은 뚜렷이 구분하기 어려운 성격을 띠고 있었던 것이다.

가모프는 간결하고도 분명한 필체로 과학교과서를 쓰는 데에도 일가견을 가지고 있었다. 그중에서 유명한 것은 1958년에 발간된 《물질, 지구 그리고 하늘》과 1961년에 발간된 《원자와 원자핵》이다. 두 책의 주요 내용을 바탕으로 2005년에는 《톰킨스 씨, 시리즈를 얻다(Mr. Tompkins Gets Serious)》가 발간되었으며, 우리말로는 《조지 가모브의 즐거운 물리학》으로 번역되어 있다. 그 밖의 저서로는 양자역학의 역사를 생동감 있게 다룬 《물리학을 뒤흔든 30년》과 가모프의 자전적 에세이인 《나의 세계선(My World Line)》 등이 있는데, 두 책 역시 우리말로 번역되어 있다.

이상과 같은 다양한 책을 통해 가모프는 복잡한 과학적 개념을 대중에게 알기 쉽게 소개하는 데 많은 공헌을 했다. 그가 과학의 내용이나 과학자의 활동을 풍자적으로 설명하기 위해 흥미로운 삽화를 직접 그렸다는 점도 주목할 만하다. 우리나라를 포함한 전 세계의 수많은 사람들이 가모프의 책을 읽으면서 과학에 대한 관심을 가지거나 과학자를 향한 꿈을 키워왔다. 그는 과학의 대중화에 기여한 공로로 1956년 유네스코에서 수여하는 칼링가 상(Kalinga Prize)을 받았다.

가모프는 자서전에서 다음과 같이 썼다. "종종 나는 사람들로부터 어떻게 과학 대중화에 뛰어들게 되었느냐는 질문을 받곤 했다. 사실 나도 그 물음에 대한 정확한 답이 무엇인지 잘 모르겠다. 아마도 그 이유는 내가 사물을 명료하고 단순한 방식으로 보는 것을 좋아했기 때문일 것이다. 그리고 나 자신을 위해서 사물을 단순화하려고 시도하는 과정에서 다른 사람들에게도 그렇게 이해시키는 방식을 체득했기 때문일 것이다. 어쨌든 나는 학생 시절부터 복잡한 과학 문제에 대하여 대중에게 강연하는 것을 좋아했고, 가끔씩 시간을 틈타 대중과학 잡지에 글을 기고했다."

가모프의 저작들은 대중성은 물론 과학성에서도 찬사를 받았다. 예를 들어 1952년 7월 6일 자 《뉴욕 타임스》는 그에 대해 다음과 같이 평가했다. "가모프 선생은 솜씨 있고 재치 있는 과학대중화 인사이다. … 그는 분명히 과학적 시인으로 여겨질 만하다. 한 시간 만에 우주를 창조하는 것, 특히 과학적 이해의 방식으로 우주를 창조하는 것은 제일의 지적 성취이다. … 그는 제멋대로의 공상가가 아니다. 어느 누구도 그보다 핵물리학과 상대성을 더 잘 알지 못한다."

우주배경복사로 입증된 빅뱅 이론

가모프는 1968년에 64세의 나이로 세상을 떠났다. 콜로라도 대학은 그의 이름을 딴 탑을 세웠고, 조지 워싱턴 대학은 그를 기리기 위한 명판(名板)을 만들었다.

가모프는 '물리학계의 광대'로 통했다. 그는 격식에 얽매이는 것을 몹시 싫어했으며, 재기 넘치는 농담과 재미있는 그림으로 항상 주변 사람들을 즐겁게 했다. 가모프의 동료인 텔러는 다음과 같이 말했다. "가모프가 주장하는 이론의 90퍼센트는 틀린 이론이며, 틀렸다는 것을 증명하기도 아주 쉽다. 그러나 그는 이런 사실에 전혀 개의치 않는다. 그는 자신의 창조물에 대해 아무런 자부심도 가지지 않는다. 자신의 이론이 틀린 것으로 판명되면 가모프는 논문을 당장 휴지통에 버린 후 한물간 농담쯤으로 취급해버리곤 했다." 그러나 그가 제안했던 나머지 10퍼센트의 아이디어는 과학의 기초를 송두리째 바꾸었다.

가모프는 세상을 떠나기 전에 자신의 빅뱅 이론이 입증되는 것을 볼 수 있었다. 1965년에 전파천문학 분야에서 우주배경복사(cosmic background radiation)가 발견되었던 것이다. 당시에 미국 뉴저지 주 벨연구소에 근무하고 있었던 펜지어스(Arno Penzias)와 윌슨(Robert Wilson)은 극히 예민한 잡음을 제거하기 위하여 마이크로파 탐지 시험을 하던 도중에 우주의 모든 방향에서 밤낮이나 계절에 상관없이 관측되는 복사선을 발견했다. 우주가 대폭발을 하면서 발생한 빛이 우주가 지속적으로 팽창함에 따라 배경 복사로 남았던 것이다. 이러한 우주배경복사는 빅뱅 이론을 지지하는 결정적인 증거로 과학자들에게 받아들여졌다. 펜지어스와 윌슨은 1978년 노벨 물리학상을 받았고, 펜지어스는 노벨상 수상 기념 강연에서 가모프,

펜지어스와 윌슨이 우주배경복사를 발견하는 데 사용된 뿔 모양의 안테나

알퍼, 헤르만의 공로를 인정했다.

1998년에 미국과 오스트레일리아의 두 연구팀은 서로 독립적으로 우주가 가속적으로 팽창한다는 놀라운 결과를 발표했다. 미국의 펄머터(Saul Perlmutter)가 이끄는 연구팀과 오스트레일리아의 슈미트(Brian Schmidt)가 이끄는 팀이 우주의 팽창률이 작아지는 것이 아니라 약간 가속되고 있다는 점을 발견했던 것이다. 우주가 이렇게 가속적으로 팽창하는 이유는 우주에 아직 우리가 모르는 엄청난 에너지원이 있기 때문으로 추정할 수 있다. 이러한 수수께끼를 설명하기 위하여 암흑 에너지(dark energy)나 암흑 물질(dark matter)과 같은 개념이 제기되고 있다. 우리가 우주에 대해 아는 것보다 모르는 것이 더욱 많은 셈이다.

봄이 침묵하는 까닭은?
레이첼 카슨*

영문학에서 생물학으로

과학의 발전이 우리의 삶을 더욱 편리하게 하는 것만은 아니다. 수많은 과학적 성과가 전쟁에서 사용되는가 하면 지구환경의 오염원으로 작용하기도 한다. 인류가 과학의 부정적인 측면을 심각하게 깨닫기 시작한 것은 매우 최근의 일이다. 전쟁이나 핵무기에 반대하는 운동이나 자연환경의 보존을 촉구하는 운동은 제2차 세계대전 이후에 본격적으로 전개되기 시작했다. 특히 환경운동의 경우에는 "환경운동의 어머니"로 불리는 레이첼 카슨(Rachel L. Carson, 1907~1964)의 활동이 중요한 역할을 담당하였다.

카슨은 1907년 5월 27일에 미국 펜실베이니아 주의 스프링데일에서 태어났다. 그녀의 아버지는 여러 사업에 손을 대었지만 별로 성공하지 못했다. 어머니는 장로교 목사의 딸로서 고등교육을 받았고 결혼 전에 교사로 활동하기도 했다. 어머니의 영향을 많이 받은 카슨은 어린 시절부터 음악과 독서를 좋아했으며, 다른 아이들에 비해 정신적으로 조숙했다. 무엇보다도 두 모녀는 자연 세계의 아름다움과 신비로움을 잘 알고 있었다. "나는 항상 자연 세계에 관심을 가졌어요. 나는 다소 경건한 아이로서 많은 시간을 숲과 냇물 가에서 보내면서 새, 곤충, 꽃을 배웠지요."

학창 시절을 우수한 성적으로 마친 카슨은 1925년에 장학금을 받아 펜실베이니아 여자

* 이 글은 송성수, 《위대한 여성 과학자들》(살림, 2011), pp. 61~72를 부분적으로 보완한 것이다.

대학에 진학하였다. 집필에 관심이 많았던 그녀는 영문학을 전공하는 것이 좋겠다고 판단하였다. 그러나 3학년 때 그녀는 매혹적인 교수 스킨커(Mary S. Skinker)의 생물학 강의를 들으면서 전공을 바꾸었다. "나는 항상 글 쓰는 걸 좋아했어요. 그러나 집필을 위해서는 부족한 상상력을 메워야 했지요." 그녀에게 생물학은 글쓰기의 풍부한 소재를 제공할 수 있었다.

카슨이 "대학 당국은 여성 과학 전공자가 없기를 바랬다"고 회고할 정도로 당시 미국 사회에서는 여전히 과학과 여성이 어울리지 않는다는 관념이 지배적이었다. 그러나 그녀는 스킨커 교수의 도움에 힘입어 생물학 전공으로 대학을 당당히 졸업하였고, 장학금을 받아 존스 홉킨스 대학의 대학원 과정에 진학할 수 있었다. 카슨은 대학원 과정을 통해 새로운 유전학 지식을 습득하면서 메기의 신장에 대한 논문을 작성하여 1932년에 석사 학위를 받았다. 학위를 준비하는 동안 그녀는 우즈 홀의 해양생물학 연구소(Marine Biological Laboratory)에서 1년 남짓 일했는데, 거기서 그녀는 이후에 자신이 오랫동안 다루게 될 해양생물을 연구할 수 있었다.

바다 3부작의 출간

카슨은 박사과정에 진학한 후 해양생물학 연구에 더욱 매진했지만, 1934년에 학업을 중단하고 말았다. 아버지에 이어 언니가 세상을 떠났고, 카슨과 어머니는 언니의 두 딸을 양육하게 되었던 것이다. 경제 사정이 급격히 나빠지자 카슨은 직장을 수소문하였다. 다행히도 그녀는 허긴스(Elmer Huggins)라는 남성 생물학자의 도움으로 1936년에 워싱턴의 미국 어업국(U.S. Bureau of Fisheries)에 연구원으로 취직할 수 있었다. 그곳에는 여성 직원이 두 명 있었는데, 한 명은 사무원이었고 한 명은 카슨이었다. 카슨은 해양생물에 대한 라디오 프로그램의 원고를 작성하는 일을 맡았다.

1937년에 카슨은 해양생태에 관한 첫 번째 에세이인 〈해저(Undersea)〉를 작성하여 미국의 유명한 시사월간지인 《월간 애틀랜틱(Atlantic Monthly)》에 실었다. 그 글을 읽은 한 출판사 편집인은 카슨에게 그것을 책으로 확장하여 발간할 것을 권유하였고, 그 결과 1941년에는 《바닷바람 아래서(Under the Sea Wind)》가 출판되었다. 비평가들의 찬사에도 불구하고 카슨의 첫 번째 책은 많이 팔리지는 않았다. 출판된 지 6년 동안 1,600부만이 판매되었던 것이다.

카슨은 1939년에 어업국이 어류 및 야생생물청(Fish and Wildlife Service)으로 확대 · 개편되면서 홍보를 담당하게 되었고 이후에는 편집장으로 승진하였다. 그녀의 동료에 의하면,

"카슨은 정부 기관의 관료적인 절차와 편집 관행에 감각과 흥미를 불어넣는 기막힌 재주를 가지고 있었다." 전쟁 후에 그녀는 현장 실사를 바탕으로 미국의 수렵금지 지대에 대한 12권의 안내 책자를 쓰고 편집했는데, 그것은 "정부 간행물의 새로운 표준"으로 평가받았다.

가족들의 생계를 담당해야 했던 카슨은 퇴근 후의 시간과 휴가 기간에도 글을 써서 돈벌이를 해야 했다. 1951년에 그녀는 여러 잡지에 연재한 글들을 보완하여 두 번째 책인 《우리를 둘러싼 바다(The Sea Around Us)》를 출간하였다. 이 책은 첫 번째 책과는 달리 커다란 반향을 불러 일으켰다. 《우리를 둘러싼 바다》는 무려 86주 동안이나 베스트셀러 목록에 올랐고, 1952년에는 《뉴욕 타임스》가 선정하는 전국 도서 상(National Book Award)을 수상했으며, 나중에는 32개 언어로 번역되었다. 카슨은 유명한 사람이 되었고 팬레터도 쏟아졌다. 그녀는 《우리를 둘러싼 바다》에 대한 성공을 바탕으로 《바닷바람 아래서》를 다시 출간하여 큰 성공을 거두기도 했다.

그러나 카슨은 독창적인 작품을 내지 못하는 신세를 늘 한탄하였다. "나에게 이상적인 환경을 선택할 수 있는 기회가 주어진다면 나는 서슴지 않고 전문 작가의 길을 택하겠다." 드디어 카슨에게도 기회가 왔다. 구겐하임 재단으로부터 1년간의 지원금을 받았던 것이다. 그녀는 직장을 그만두고 메인 주의 해변에 오두막집을 지어 집필에 몰두하였다. 이때 나온 작품이 1955년에 출판된 《바다의 가장자리(The Edge of the Sea)》인데, 그 책에서 그녀는 《우리를 둘러싼 바다》에서 소홀히 했던 바닷가 생물의 자연사를 다루었다. 《바다의 가장자리》에서 그녀는 "바다를 감상의 차원이 아니라 삶의 차원에서 접근"했으며, "생태학적 개념이 책 전체를 지배할 것이다"고 밝혔다. 항상 자연을 자신의 생활 속에서 느끼고 연구해 온 카슨은 생태학을 매우 자연스럽게 받아들였다. 그 책으로 카슨은 이전보다 훨씬 많은 상을 받았고 "대중을 위한 과학자"라는 별명도 얻게 되었다.

카슨이 현장 실사를 하는 모습(1955년)

조카 한 명이 죽고 어머니의 노쇠 현상이 뚜렷해지자 카슨은 1957년에 고향으로 돌아왔다. 고향에서 카슨은 나머지 한 명의 조카와 많은 시간을 보냈다. 그녀에 의하면, "그 시기는 어린 아이의 감각에 대해서 깊이 체험하고 생각할 수 있는 좋은 기회였다." 특히 카슨은 어린 시절이 아니면 감수성과 상상력이 발달할 수 있는 기회가 제약된다는 점을 실감하였다. 이때 그녀는 〈당신의 자녀가 놀라도록 도와주시오〉라는 글을 썼는데, 그것은 카슨이 죽은 후에 《경이의 감각》으로 출간되었다.

살충제 남용을 고발하다

1957년을 계기로 카슨의 관심사도 서서히 바뀌었다. 그녀는 해양의 자연사에 관한 연구에서 방향을 바꾸어 살충제에 관한 문제에 본격적인 관심을 기울이기 시작했다. 그녀는 어류 및 야생생물청에서 근무하는 동안에 이미 해양 어류에 잔존해 있는 DDT에 관한 글을 읽고 살충제의 오염을 염려한 바 있었다. 1945년 7월에 그녀는 《리더스 다이제스트》에 DDT와 같은 살충제가 남용될 때 생길 수 있는 위험성에 대해 글을 쓰려고 하였다. 그러나 잡지사로부터 그녀의 제안은 보기 좋게 거절당했다. DDT를 생산하거나 판매하는 기업들이 DDT 사용에 반대하는 사람들의 활동을 막았던 것이다.

1950년대 말 미국에서는 살충제의 공중 살포와 관련된 몇몇 사건이 발생하였다. 1957년과 1958년에 미국 농무부는 1920년대 이후에 남부 미국에서 서식하고 있었던 남아메리카 불개미를 없애기 위하여 살충제를 쓰려고 했다. 불개미는 인간에게 그다지 큰 피해도 주지 않았고, 경제적 활동을 크게 방해한 것도 아니었다. 하지만 미국 농무부는 DDT보다 독성이 40배나 강한 디엘드린을 무차별적으로 살포하였다. 몇몇 생물학자들은 살충제가 살포된 지역에서 몸집이 큰 야생동물들이 피해를 입었다고 보고하였다. 농무부는 이러한 의견을 받아들이지 않았지만, 환경보호론자들은 살충제 살포 계획을 당장 그만두라고 강하게 요구하였다.

또한 1957년 여름에 매사추세츠 주정부는 '모기 박멸 프로그램'을 내걸고 북부 해안 지역의 모기를 죽이기 위해 DDT를 대량으로 뿌렸다. 이 살충제는 바람을 타고 인근 마을로 퍼져 나갔다. 유감스럽게도 DDT로 인해서 모기는 박멸되지 않았고, 오히려 새, 방아깨비, 벌과 같은 해로움이 없는 동물들이 마구 죽어나갔다. 이에 카슨의 오랜 친구이자 조류학자였던 허킨스(Olga O. Huckins)는 주정부에 항의하였다. 그러나 주정부 당국은 DDT가 인간에게 살포해도 피해가 없을 정도로 아주 안전하다고 주장하였다. 이러한 주장을 믿을 수 없었던 허킨스는 자신이 조사한 내용을 바탕으로 1958년에 《헤럴드》라는 잡지에 편지를 보내기에 이르렀다.

허킨스는 1958년 1월에 그 편지를 카슨에게 보여 주었다. 카슨은 친구의 편지를 받고 '그동안 방치해 두었던 일을 본격적으로 시작해야 겠다'고 결심하였다. 카슨은 '자연 속에는 어떠한 것도 홀로 존재하지 못 한다'는 굳은 신념을 다지고 있었고, '내가 침묵한다면 나는 어떤 평화도 누릴 수 없을 것이다'고 생각했다. 그녀는 해양생물에 대한 다른 책을 집필할 계획을 가졌지만, 그것을 미련 없이 포기하였다. 카슨은 책을 쓰기 전에 4년 동안 미국 전 지역을 돌아다니며 자료를 수집하고 피해자들과 과학자들의 의견을 수집하였다.

DDT의 폐해를 고발한 《침묵의 봄》. 카슨의 고발정신, 과학적 지식, 문학적 재주가 한데 어우러진 작품으로 평가되고 있다.

카슨의 연구 결과는 1962년 9월 27일에 《침묵의 봄(Silent Spring)》이라는 책으로 발간되었다. 이 책의 요약본은 책이 출판되기 전인 6월 16일에 《뉴요커》에 연재되었다. 그 기사가 나오자마자 시민들과 몇몇 과학자들은 카슨의 글에 열렬히 환호하였다. 케네디 대통령도 카슨의 용감한 행동에 관심을 보였다. 같은 해 7월에 그는 자신의 과학 자문이었던 와이즈너(Jerome Weisner)에게 살충제의 사용 실태를 조사하기 위하여 대통령 과학자문위원회에 특별 팀을 구성하도록 지시하였다. 곧 이어 케네디는 8월 29일에 있었던 기자 회견에서 카슨이 지적한 문제점에 대해서 더욱 철저히 조사할 것을 다짐하였다. 카슨의 경고에 대한 대통령의 관심으로 카슨의 책은 더욱 큰 영향력을 가지게 되었다.

그러나 카슨이 살충제의 좋지 않은 측면만을 과도하게 부각시켰다는 비판도 잇따랐다. 농무부의 관료들은 카슨의 공격에 대하여 매우 분개했으며, 어떤 사람은 "카슨이 아마 공산주의자일 것"이라고 말하기도 했다. 살충제를 생산하는 기업체들도 카슨의 주장이 아직 검증되지 않은 편파적인 것이라고 맹렬히 비난했다. 급기야 8월 초에 살충제 제조 회사 벨시콜(Velsicol)은 만약 카슨의 책을 출판할 경우에 명예훼손으로 고소하겠다는 내용의 편지를 출판사로 보냈다. 몇몇 과학자들은 석사 학위밖에 없는 카슨이 자신들도 아직 완전히 합의하지 못한 내용을 일반인을 상대로 선전하는 것을 못마땅하게 여겼다. 이러한 논란을 반영하듯, 당시의 《뉴욕 타임스》는 〈이제 침묵의 봄은 시끄러운 여름이 되어 버렸다〉는 머리기사를 싣기도 했다.

《침묵의 봄》에 나타난 카슨의 견해

카슨의 《침묵의 봄》은 이전의 책에 비해 고발의 성격이 짙다. 카슨은 이 책에서 "만약 우리가 현재의 문제를 정확하게 알고 느끼지 못한다면 미래의 지구에 어떤 사태가 닥쳐올지 모른다"고 경고하였다. 탁월한 저술가답게 카슨은 자신의 책을 다음과 같은 흥미로운 이야기로 시작하고 있다. "옛날 한때 미국의 어느 산간지방에 생명력을 지닌 모든 사물들이 주변 환경과 조화를 잘 이루며 살아가는 마을이 있었다. … 그런데 웬일인지 원인을 알 수 없는 불길한 그림자가 이 마을을 덮으면서 모든 것이 변하기 시작했다. … 이 마을은 어떤 나쁜 마술적 주문에 걸린 것 같았다. 병아리 떼가 원인 모를 병에 걸렸고, 소나 양들이 죽어갔다. 사방이 죽음의 장막으로 덮였다. … 그리하여 자연은 소름이 끼칠 정도로 이상하리만큼 조용해졌다. 그처럼 즐겁게 재잘거리며 날던 새들은 다 어디로 갔는가? … 봄은 왔는데 침묵만이 감돌았다. … 이처럼 참혹하게 찌들어진 세계, 새로운 생명이 탄생하는 소리를 들을 수 없게 된 침묵의 세계는 어떤 마술의 장난도 아니고 적의 침입 때문도 아니며 바로 인간들 자신이 그렇게 만든 것이다. … 미국이 수없이 넓은 땅에서 살아 움직이는 봄의 소리를 침묵시킨 것은 무엇일까? 그 이유를 파헤쳐 설명하는 것이 이 책의 목적이다."

《침묵의 봄》은 카슨의 고발정신, 과학적 지식, 문학적 재주가 한데 어우러진 작품이다. 그녀는 책에서 느릅나무에게 피해를 주는 해충을 잡으려고 뿌린 DDT가 먹이사슬을 통해 어떻게 종달새 소리가 사라진 침묵의 봄을 가져왔는가를 생생하게 묘사하였다. 느릅나무에 뿌려진 DDT는 여러 곤충과 거미를 죽였다. 그 과정에서 DDT가 나뭇잎에 붙어 버렸고 가을에 떨어진 썩은 이파리를 지렁이가 먹었다. 그중에서 살아남은 지렁이는 겨울을 넘기고 봄에 날라 온 종달새에게 먹혔다. 그 결과 DDT를 뿌린 지 2년 만에 어떤 지역에서는 400마리에 달했던 종달새가 20마리로 줄어들었다. 이처럼 DDT는 생태계의 먹이사슬을 따라 생산자, 1차 소비자, 2차 소비자, 최종 소비자의 순으로 이동하며, 뒤로 갈수록 축적된 오염물질의 농도가 높아져 심한 경우에는 생명을 잃기도 하는 것이다.

《침묵의 봄》에 나타난 카슨의 견해 중에서 주목할 만한 사항으로는 다음의 세 가지를 들 수 있다. 우선, 카슨은 살충제가 원자폭탄에 못지않은 파괴력을 가진다고 지적하였다. 원자폭탄은 생명의 존엄성을 위협하는 한 사례에 불과하며, 분해되지 않는 새로운 살충제가 보다 교묘하게 생명을 파괴한다는 것이었다. "핵전쟁에 의해 인류가 완전히 멸망할 가능성도 있지만, 현대 사회에는 그와 마찬가지로 시급한 또 다른 문제가 있다. 우리가 믿기 어려울 정도로, 인간의 생존 환경은 각종 해로운 물질에 의해 전면적으로 오염되고 있다. 그러한 물질은 동물과 식물의 조직 속에 축적되고 생식세포에까지 침투하여 자손의 형질을 좌우하는 유전물질까지도 파괴하거나 변화시킨다."

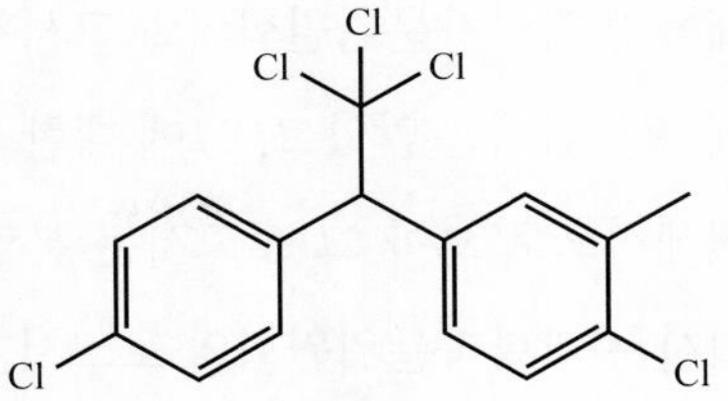

Cl Cl Cl Cl Cl

DDT(dichloro-diphenyl-trichloroethane)는 염소를 한 개씩 달고 있는 벤젠 고리 2개와 3개의 염소가 결합한 형태의 유기화합물이다.

두 번째 사항은 앞서 언급했던 불개미 박멸 계획과 관련되어 있다. 카슨은 불개미 박멸 계획을 강력히 비판했지만, 해로운 곤충을 없애는 것 자체를 반대하지는 않았다. 그녀는 해로운 곤충을 조절할 경우에 거미와 같이 다른 해충을 잡아먹는 이로운 천적을 이용하는 방법을 활용할 것을 제안하였다. 독성이 강한 살충제를 무분별하게 살포하는 대신에 안전성이 높은 생물학적인 방법을 써야 한다는 것이다.

세 번째는 산업화와 자연에 대한 카슨의 철학적 입장을 들 수 있다. 책을 준비하면서 카슨은 점점 DDT와 같은 독성 물질의 문제가 무분별한 산업화와 연결되어 있다는 점을 깨닫게 되었다. 그녀는 산업 사회가 자연으로부터 많은 이득을 얻고 있지만 책임을 지지는 않는다고 말했다. 이와 관련하여 카슨은 산업화를 남성에, 자연을 여성에 비유하였다. 인간에게 생존을 허락해 준 자연은 고향의 어머니와 같은 분인데, 자식이 어머니의 품을 벗어나 오히려 어머니를 학대하고 있다는 것이었다.

환경운동의 어머니

《침묵의 봄》은 출판되자마자 미국 전역을 떠들썩하게 하였다. 정부의 살충제 살포 계획에 대한 항의 편지가 쇄도하였고 많은 사람들이 환경단체에 회원으로 가입했다. 그 책은 1962년 12월까지 10만 부가 넘게 팔렸으며, 1963년 1월에 50만 부를 돌파하면서 베스트셀러 1위에 올랐다. 1962년 말에는 컬럼비아방송사(Columbia Broadcasting System, CBS)가 돌아오는 봄에 카슨의 책에 대한 특별 프로그램을 방영할 것이라고 발표하였다. 그러자 그 계획을 철회하도록 협박하는 정체불명의 편지가 CBS로 날아오는가 하면, 마지막 순간에는 몇몇 후원 기업이 빠져나가기도 했다. 우여곡절 끝에 1963년 4월 3일 CBS의 황금 시간대에 〈레이첼 카슨의 침묵의 봄〉이 방영되었다.

방송이 나간 다음 날에 어떤 상원의원은 연방 정부의 살충제 통제 계획에 관한 의회의 조사를 시작하겠다고 발표하였다. 또한 1963년 5월 15일에는 사람들이 오랫동안 기다려 왔던 대통령 과학자문위원회의 보고서가 발표되었다. 그 보고서는 살충제 사용의 문제점을 강하게 지적하지는 않았고, 그에 대한 과학적 판단에 있어서도 상당히 조심스러워 했다. 그러나 전체적으로 보아 그 보고서는 분명히 카슨의 견해를 옹호하고 있었다. 그 날 발행된 신문기사는 과학자문위원회의 보고서가 카슨의 입장을 지지하였다고 보도하였다.

CBS의 특별 프로그램이 방영되고 과학자문위원회의 보고서가 발표되면서 살충제의 위험성에 관한 논쟁은 카슨 쪽으로 유리하게 기울기 시작하였다. 이전에 카슨의 책을 "부정확하고 감정적인 의견에 지나지 않는 것"으로 평가했던 잡지들도 각자 입장을 바꾸었다. 카슨의 입장이 받아들여지면서 그녀는 전 세계의 학술, 문예, 과학 단체로부터 수많은 상과 훈장을 받았다. 더 나아가 1964년에 미국 의회는 야생보호법을 제정하여 무절제한 개발로부터 자연을 보호하는 정책을 펴 나가기 시작했다. 그때 카슨은 연방의회 청문회에 초청되어 야생보호법을 즉시 제정할 것과 보다 종합적인 환경정책을 펴 나갈 것을 요구하였다.

그러나 청문회에 출석할 때 카슨의 건강은 이미 많이 악화되어 있었다. 그녀는 "《침묵의 봄》의 마지막 장을 쓸 때부터 기력이 약해지는 것"을 느꼈으며 "기회가 되면 옛날에 살던 해변의 오두막집으로 돌아가고 싶다"고 말하곤 하였다. 관절염으로 다리를 절기 시작하더니 유방암까지 겹쳤고 급기야 휠체어에 몸을 의지하게 되었다. 결국 그녀는 1964년 4월 14일에 57세의 열정적인 삶을 마감하고 말았다. 1980년에 미국 정부는 카슨에게 민간인으로서는 가장 영예로운 상인 자유 훈장을 수여하였다.

《침묵의 봄》은 환경정책과 환경운동을 태동시킨 기폭제로 작용했다. 1969년 1월에는 국가환경정책법이 미국 의회를 통과하여 살충제, 제초제, 살균제 등이 물고기와 야생동물에게 미치는 영향을 지속적으로 조사하기 위한 체제가 갖추어졌다. 또한 초음속 항공기의 운항에 수반되는 엄청난 폭발음과 오존층 파괴가 알려지면서 1971년에 미국 의회는 초음속 여객기 개발 프로젝트를 취소하였다. 더 나아가 미국 정부는 1972년과 1974년에 DDT와 디엘드린의 사용을 금지했으며, 1975년에는 분해가 잘 되지 않는 농약의 사용을 금지하였다.

이에 앞서 1970년 4월 22일에는 제1회 지구의 날 행사가 개최되어 미국 역사상 최대 규모인 2천만 명 이상이 참여했으며, 같은 해 12월에는 환경문제를 전담하는 연방기구인 환경보호청(Environmental Protection Agency, EPA)이 설립되었다. 1972년에는 스톡홀름에서 제1회 유엔 환경회의가 소집되었고, 로마클럽은 《성장의 한계(The Limits to Growth)》라는 보고서를 제출하였다. 그 후 환경운동은 다양한 입장과 활동영역을 가진 수많은 환경운동단체에 의해 전개되었으며, 오존층 파괴, 지구온난화, 산성비, 기상이변 등의 새로운 환경문제가 알려지게 되었다. 이에 대응하여 1992년에 리우데자네이루에서 열린 유엔 환경개발회의는 '지속가능한 발전(sustainable development)'이라는 개념을 제시함으로써 인류가 추구해야 할 목표를 분명히 하였다.

환경운동가들은 매년 5월 27일을 '카슨 데이'로 정해 환경오염의 심각성을 널리 알리고 있다. 5월 27일은 카슨의 생일이다.

카슨의 일생을 돌이켜보면, 과학과 문학이라는 두 분야를 하나로 결합시킨 사람이라는 평가가 가장 잘 어울릴 것이다. 그녀는 수많은 저술을 통해 과학이 인간의 일상생활과 분리된 특수한 분야라는 생각을 바꾸어 놓았다. 카슨은 1952년에 《우리를 둘러싼 바다》로 전국 도서 상을 수락하는 연설에서 다음과 같이 말했다.

"많은 사람들은 과학 작품이 대중적으로 크게 팔린 사실에 대해 언급합니다. 그러나 저는 과학이 자신과는 동떨어진 영역에 속한 것이고 일상과는 거리가 먼 것이라는 개념을 바꾸고자 합니다. 우리는 과학의 시대에 살고 있지만, 아직까지 과학을 몇몇 사람들의 특권이라고 생각합니다. 과학자들이 실험실에 고립되어 있거나 성직자처럼 산다는 것입니다. 그러나 이것은 사실이 아닙니다. 과학의 재료는 삶 그 자체의 재료들입니다. 과학은 살아있는 실재의 일부분입니다. 무엇이, 어떻게, 왜라는 것이 매일 우리의 경험 속에 있습니다. 자신의 환경에 대한 이해 없이, 육체적으로나 정신적으로 자신을 형성하는 힘에 대한 이해 없이 인간을 이해한다는 것은 불가능합니다. 과학의 목적은 진실을 설명하고 발견하는 데 있습니다. 문학의 목적도 이와 같습니다. 과학과 저술은 분리되어 있지 않습니다. … 제 책에 아름다운 부분이 있다면, 그것은 제가 일부러 집어넣은 것이 아니라 지금까지 아무도 자연세계를 진실하게 표현하지 못했기 때문입니다."

©Book's-Hill

반도체에서 초전도체까지
존 바딘

두 번이나 받은 노벨 물리학상

20세기 고체물리학 분야의 획기적인 업적 두 가지를 꼽으라면 반도체(semiconductor)와 초전도체(superconductor)를 들 수 있다. 도체와 부도체의 중간에 해당하는 물질인 반도체는 외부의 조건에 따라 그 특성이 민감히 변화하기 때문에 다양한 용도로 사용된다. 초전도체는 글자 그대로 전도성이 특별히 뛰어난 물질 혹은 전기 저항이 특별히 적은 물질을 뜻한다. 반도체와 초전도체는 이미 언론매체를 통해 우리에게 매우 친숙해진 용어이다. 반도체의 일종인 D램(우리가 사용하는 PC에는 모두 D램이 들어있다)에서 우리나라는 세계 최고의 생산량과 기술을 자랑하고 있으며, 초전도체는 고속전철사업을 매개로 유명해진 자기부상열차에 사용되는 물질이다.

그렇다면 반도체는 누가 발명했으며 초전도체의 성질은 누가 규명했는가? 흥미롭게도 이 두 가지 업적은 모두 미국의 물리학자인 존 바딘(John Bardeen, 1908~1991)과 밀접히 관련되어 있다. 바딘은 1956년에 트랜지스터(transistor)를 발명한 공로로 브래튼(Walter Brattain), 쇼클리(William Shockley)와 함께 노벨 물리학상을 받았으며, 1972년에는 쿠퍼(Leon N. Cooper), 슈리퍼(John R. Schrieffer)와 함께 초전도체에 관한 BCS 이론(BCS는 바딘, 쿠퍼, 슈리퍼 세 사람의 첫 글자를 딴 것임)을 정립한 공로로 노벨 물리학상을 수상하였다.

지금까지 노벨상을 두 번 수상한 과학자는 바딘을 제외하면 세 명뿐이다. 마리 퀴리는 1903년 물리학상과 1911년 화학상을 받았고, 폴링은 1954년 화학상과 1962년 평화상을 수상했으며, 생어는 1958년과 1980년에 화학상을 받았다. 특히 바딘은 한 분야에서 두 번의 노벨상을 최초로 수상하는 영광을 누렸다. 바딘이 두 번이나 노벨 물리학상을 받았던 것은 그가 실험물리학자가 아니라 이론물리학자였기 때문에 가능했다는 지적도 있다. 이론의 경우에는 실험보다 덜 분화되어 있어서 여러 방면에 걸친 연구가 가능하다는 것이다.

이론물리학자로의 성장

바딘은 1908년에 미국 위스콘신 주 메디슨 시의 유복한 가정에서 태어나 행복한 성장기를 보냈다. 그의 아버지는 존스 홉킨스 의과대학의 1회 졸업생으로서 위스콘신 의과대학의 창립자였고, 어머니는 동양미술을 전공한 인테리어 디자이너였다. 바딘은 위스콘신 대학에 입학해 전기공학을 전공했는데, 대학 시절에는 수영 선수로 활약하기도 했다. 그는 1929년에 석사 학위를 받은 뒤 피츠버그에 있는 걸프 연구소에 취직하여 3년 동안 석유 매장량을 전기 탐사하는 방법을 연구하였다.

바딘은 1933년에 대공황이 발생하자 과감히 일자리를 버리고 프린스턴 대학의 박사과정에 들어갔다. 거기서 그는 고체물리 이론에 관심을 가지고 금속 내부에서의 전자의 성질에 대하여 본격적으로 연구하였다. 그는 헝가리 출신의 물리학자인 위그너(Eugene P. Wigner, 1963년 노벨 물리학상 수상자)의 지도를 받아 1936년에 이론물리학 전공으로 박사 학위를 받았다. 바딘은 박사 학위를 받은 뒤에 하버드 대학에서 박사후 연구원을 밟았고, 1938년에는 미네소타 대학의 조교수가 되었다. 제2차 세계대전 중에는 워싱턴 시의 해군병참연구소에서 근무하면서 어뢰에 대항하는 수단을 개발하는 데 힘을 보탰다.

전쟁이 끝난 뒤 바딘은 대학으로 돌아가지 않고 걸프 연구소 시절에 사귄 쇼클리의 설득을 받아들여 미국전신전화회사(American Telephone & Telegraph, AT&T)의 벨연구소(1925년에 설립됨)로 자리를 옮겼다. 당시 AT&T의 경영진은 통신 시스템의 획기적인 발전을 위해서는 신소재 개발이 필수라고 생각했다. 벨연구소는 고체연구부를 독립 부서로 격상시키고 그 밑에 자기, 압전기, 반도체 등의 여러 소그룹을 두는 조직개편을 단행하였다. 특히 벨연구소는 새로운 분야에 대한 연구를 추진하면서 여러 학문분야에 걸친 다양한 인력으로 팀을 구성하는 융통성을 보였다. 1946년 초에 조직된 반도체연구팀의 경우에는 쇼클리 및 바딘과 같은 이론물리학자, 브래튼 및 피어슨(Gerald Pearson)과 같은 실험물리학자, 숙련된 물리화학자인 기브니(Robert Gibney), 전자공학 전문가인 무어(Hilbert Moore), 그리고 두 명의 기술공으로 구성되었다.

반도체의 기본 원리

벨연구소 반도체연구팀의 활동을 살펴보기에 앞서 반도체의 기본 원리부터 간단히 알아보자. 전기전도도는 원자핵의 제일 바깥 궤도를 돌고 있는 자유전자의 숫자가 결정한다. 반도체에 전지를 연결하면 (−)전기를 띤 자유전자가 (+)전극으로 빨려 들어가서 전기가 흐르게 되고, 자유전자가 이동하고 남은 자리에는 (+)전기를 띤 구멍이 생기게 된다. 이것을 홀(hole)이라 부른다. 홀은 주변에 있는 전자들을 끌어당겨서 안정된 상태를 이루려 한다. 이때 끌려 들어간 전자가 있던 자리에는 다시 홀이 생긴다. 결국 홀이 이동한 셈이다. 이렇게 전자가 (+)쪽으로 이동할 때 홀은 (−)쪽으로 움직이게 된다.

이러한 현상에 관심을 가졌던 과학자들은 반도체에서 자연스럽게 발생하는 전자와 홀의 수에 만족하지 않고, 다른 불순물을 넣어 전자 혹은 홀의 수를 늘리는 방법을 고안하였다. 대표적인 반도체인 실리콘(Si)과 저마늄(게르마늄, Ge)은 4족 원소로서 4개의 최외각전자를 가지고 있다. 여기에 비소(As)와 같은 5족 원소를 섞으면 최외각전자는 모두 9개가 된다. 이 중에서 8개는 안정된 결합을 이루고, 전자 하나가 남게 된다. 이 전자는 자유전자로 전기를 운반한다. 음전하를 띤 전자가 전기를 나른다는 뜻에서 이것을 n(negative)형 반도체라고 한다. 이와 달리 3족 원소인 인듐(In)을 불순물과 섞으면, 최외각전자는 모두 더해도 7개밖에 되지 않는다. 8개의 안정된 결합에서 1개가 모자라기 때문에 그곳에는 홀이 생긴다. 이 홀은 자유전자와 반대 방향으로 움직여 마치 양전하가 움직이는 것과 같은 효과를 낸다. 그래서 이것을 p(positive)형 반도체라 한다.

n형 반도체와 p형 반도체를 붙여 놓을 경우 순방향으로 전압을 걸면 전류가 흐르고 역방향으로 전압을 걸면 전류가 흐르지 않는다. n형 반도체에 (−), p형 반도체에 (+)가 되도록 전압을 걸어주면(순방향 전압), n형 반도체에 있는 전자는 (+)극으로, p형 반도체에 있는 홀은 (−)극으로 이동하여 전류가 흐르게 된다. 그러나 반대로 n형 반도체에 (+), p형 반도체에 (−)가 되도록 전압을 걸어주면(역방향 전압), 홀은 (−)극으로, 전자는 (+)극으로 끌려가 전류가 흐르지 않게 된다. 이와 같이 두 종류의 반도체를 붙여서 한쪽 방향으로만 전류가 흐르도록 만든 것을 다이오드(diaode)라 한다. 다이오드는 교류를 직류로 바꾸는 데 사용된다.

여기서 더 나아가 매우 얇은 p형 반도체를 두 개의 n형 반도체 사이에 끼워 넣으면 npn형 트랜지스터가 되고, 반대로 두 개의 p형 반도체 사이에 n형 반도체를 끼워 넣으면 pnp형 트랜지스터가 된다. npn형 트랜지스터에서 처음 n은 이미터(emitter, E), 그 다음의 p는 베이스(base, B), 마지막의 n은 컬렉터(collector, C)로 불린다. 이미터와 베이스 사이에 순방향 전압을 걸고 베이스와 컬렉터 사이에 역방향 전압을 걸어 주면, 이미터의 전자가 베이스로 들어오게 되며 그중 일부는 컬렉터에 이르게 된다. 베이스에 홀을 몇 개 집어넣으면 홀은 전자를 잡아먹게 되고 이것을 보충하기 위하여 이미터에서 수많은 전자가 들어오게 된다. 이것이 바로 작은 신호를 크게 만드는 증폭의 원리이다.

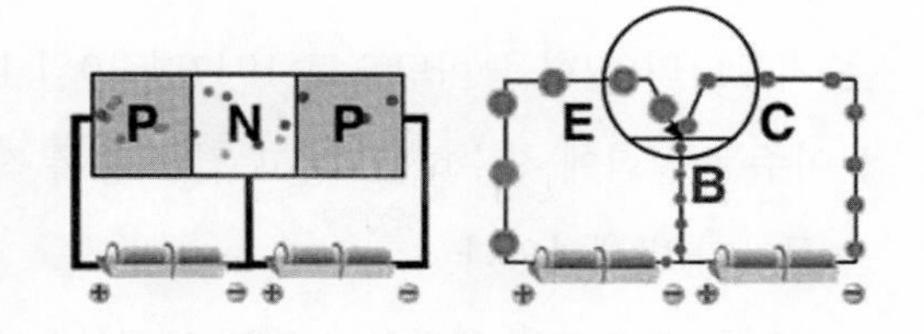

pnp형 트랜지스터의 개념도

트랜지스터를 향한 기적의 한 달

벨연구소 반도체연구팀이 연구의 출발점으로 삼았던 것은 제2차 세계대전 중에 사용된 레이더 검파기였다. 레이더 검파기는 '고양이의 수염(cat's whisker)'으로 불렸던 초기 라디오 검파기를 개량한 것으로 저마늄을 원료로 사용하면서 인을 불순물로 첨가하고 있었다. 레이더 검파기를 통해 당시의 과학자들은 저마늄과 같은 4족 원소가 반도체의 원료로 적절하며, 인과 같은 5족 원소를 도핑하면 전류의 운반체(carriers)가 증가한다는 점을 명확히 인식할 수 있었다. 문제의 핵심은 전류의 운반체가 되는 전자나 홀의 수를 적절히 제어함으로써 전기 신호의 진폭을 증대시키는 증폭 효과를 얻어내는 데 있었다.

쇼클리는 저마늄 반도체의 박판에 수직으로 전기장을 걸어서 운반체의 수를 제어하는 방식을 고안하였다. 실험 장치로는 엷은 석영판의 윗면에 반도체 박막을 붙이고 아래 면에 금속막을 증착시킨 후 반도체막과 금속막 사이에 전극을 부착시킨 것이 사용되었다. 그는 두 막 사이에 걸린 전압을 매개로 운반체의 수, 즉 전류를 제어할 수 있다고 생각하였다. 그의 가설에 따르면 이 방법을 사용하면 증폭 작용이 일어나야 했으나 실험은 번번이 실패로 끝나고 말았다.

쇼클리는 바딘에게 자신의 실험이 실패한 원인을 분석해 달라고 요청하였다. 거의 1년 동안의 연구 끝에 바딘은 미세한 증폭 효과가 나타나긴 하지만 반도체의 표면 상태에 문제가 있어 그것을 관찰할 수 없다고 평가하였다. 즉, 운반체의 대부분이 반도체의 표면에 잡혀 버려 반도체의 내부는 전기장에서 차단되어 버렸다는 것이다. 이러한 바딘의 가설은 브래튼의 실험에 의해 확인되었다. 반도체 표면상의 문제를 회피하기 위하여 바딘과 브래튼은 기브니의 실험을 바탕으로 1947년 10월 17일부터 반도체를 전해액에 담근 뒤 전압을 걸어주는 실험에 착수하였다. 그 결과 증폭 작용을 얻을 수 있었으나 그 효과가 너무 적다는 문제가 발생하였다.

이러한 문제점을 해결하기 위해 브래튼은 플라스틱 칼을 금박으로 싼 뒤 그것을 면도날로 가느다랗게 베어 2개의 슬릿을 만들었다. 이 금박을 저마늄 본체(베이스)에다 붙인 뒤 하나의 슬릿(이미터)에는 작은 (+)전압을 걸고 다른 하나의 슬릿(컬렉터)에는 큰 (−)전압을 걸었더니 증폭 전류가 흐르는 현상이 나타났다. 바딘과 브래튼은 이러한 장치를 개량하여 금박 슬릿 대신에 금속 칩을 사용하여 반응물 사이의 거리를 더욱 가까이 접근시켰다. 이것이 1947년 12월 16일에 역사상 최초로 발명된 점접촉 트랜지스터(point contact transistor)이다.

이상과 같은 1947년 말의 사건을 쇼클리는 "기적의 한 달"로 표현하였다. 점접촉 트랜지스터가 발명되자 1947년 크리스마스 당시의 벨연구소는 축제의 분위기로 가득 찼다. 그러나 그러한 분위기에서 소외된 사람이 한 명 있었다. 바로 쇼클리였다. 그는 반도체연구팀의 팀장을 맡았고 연구의 방향을 제시하긴 했지만, 점접촉 트랜지스터를 발명하는 데 실제로 기여한 바는 거의 없었다. 그는 시카고 호텔에서 은둔한 채 연말을 보내면서 오늘날 트랜지스터의 기본모형이 되는 접합 트랜지스터(junction transistor)의 개념을 정립하였다. 이 이론을 토대로 만든 것이 앞서 언급한 pnp형 트랜지스터와 npn형 트랜지스터이다.

바딘과 브래튼이 트랜지스터를 발명할 당시에는 적절한 이름은 없어 "그 장치(the device)"라고 불렀다. 트랜지스터라는 용어는 전달(transfer)과 저항(resistance)을 함께 묶은 것으로 벨연구소의 전기기사인 피어스(John Pierce)가 붙인 이름이다. 트랜지스터라는 이름과 관련해서는 흥미로운 일화가 있다. 1956년에 바딘, 브래튼, 쇼클리가 노벨 물리학상 수상자로 결정되었을 때, 벨연구소는 브래튼의 집에 전화를 걸어 "브래튼에게 트랜지스터가 노벨상을 받았다고 전해주시오"라고 말했는데, 전화를 받았던 브래튼의 아버지는 "브래튼의 여동생이 노벨상을 수상했다"는 말로 잘못 들었다.

벨연구소에서 연구 중인 쇼클리(앞줄), 바딘(뒷줄 왼쪽), 브래튼(뒷줄 오른쪽)

transistor의 뒷부분인 sistor가 sister로 들렸던 것이다. 아이러니컬하게도 1956년은 벨연구소가 노벨상 수상자를 배출한 해이자 반(反)독점법에 의해 트랜지스터에 대한 특허권을 상실한 해이기도 하다.

바딘의 노벨상 시상식에도 흥미로운 일화가 있다. 그는 1956년 노벨상 시상식에 아내와 딸만 데리고 참석했다. 하버드 대학에 다니는 두 아들은 공부에 방해될까 데려가지 않았던 것이다. 시상식 뒤 기념 만찬장에서 스웨덴 국왕 구스타브 6세가 "왜 가족들을 다 데리고 오지 않았느냐"고 물었다. 그러자 얼떨결에 "다음번 시상식엔 꼭 같이 오겠다"고 답했다. 그런데 그 말이 사실이 됐다. 바딘은 1972년에 또 한 번 노벨 물리학상을 수상하게 된다.

실리콘밸리에 모여든 사람들

트랜지스터는 당시에 신호 증폭용으로 널리 사용되었던 진공관보다 훨씬 간단하고 재빨리 작동되는 특성을 가지고 있어서 매우 적은 전력과 공간으로도 작동될 수 있었다. 이처럼 트랜지스터의 가치는 분명했지만 상업적 제품으로 개발하는 데에는 적지 않은 노력이 뒤따라야만 했다. 저마늄의 순도(純度)를 높이기 위하여 불순물을 제거하는 것을 비롯하여 트랜지스터의 작동이 가능할 정도로 단단하면서도 적당한 크기의 결정체를 생산해야 했기 때문이었다.

게다가 저마늄은 전 세계적으로 연간 13파운드밖에 생산되지 않았으므로 이를 대체할 수 있는 물질이 필요했다. 가장 이상적인 후보로는 실리콘이 떠올랐으며, 실리콘이 저마늄과 같은 기능을 갖도록 하는 방법을 개발하는 데 엄청난 노력이 기울여졌다. 벨연구소의 거의 모든 인력이 총동원되어 5년이라는 세월이 소요된 후에야 오늘날과 유사한 트랜지스터가 개발될 수 있었다.

트랜지스터가 개발되자 수많은 과학자들이 '마법의 돌'인 반도체에 인생을 걸기 시작했다. 1955년에 쇼클리는 캘리포니아 팔로알토에 쇼클리 반도체 연구소(이후에 쇼클리 트랜지스터 주식회사로 변경됨)를 설립했다. 그러나 그는 기업을 독재적으로 운영하는 모습을 보였고, 노이스(Robert Noyce)와 무어(Gordon Moore)를 비롯한 '8인의 배신자들'은

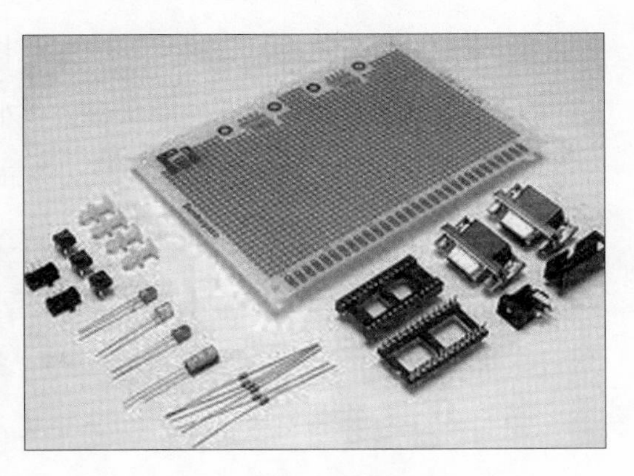

컴퓨터 기판에 사용되는 트랜지스터와 집적회로

1957년에 쇼클리의 회사를 떠나 페어차일드(Fairchild)를 설립했다. 8인의 배신자들은 이후에 인텔(Intel)을 포함한 65개의 기업을 만들어 전자산업의 새로운 시대를 이끌었다. 이러한 기업들이 모여 있는 곳이 지금도 반도체 선구자들의 숨결이 느껴지는 실리콘밸리(Silicon Valley)이다.

실리콘밸리에서 과학자들이 시도한 최초의 작업은 트랜지스터를 하나씩 따로 만들어서 납땜으로 연결하는 대신에 여러 개의 트랜지스터를 동시에 넣은 기판들을 연결하여 회로까지 만드는 일이었다. 이것이 바로 집적회로(Integrated Circuits, IC)이다. 집적회로는 1958년에 텍사스 인스트루먼트(Texas Instruments)의 킬비(Jack Kilby)와 페어차일드의 노이스가 거의 동시에 발명하였다. 그 공로로 킬비는 2000년 노벨 물리학상을 수상했지만, 노이스는 1990년에 사망하는 바람에 수상의 기회를 놓치고 말았다. 집적회로의 개발을 계기로 반도체산업은 본격적인 성장 궤도에 진입하였으며, 그 용도는 전자기기를 비롯하여 통신장비, 산업용기기, 군수용장비 등으로 확대되었다. 그 뒤 집적회로는 지속적으로 개선되어 고밀도 집적회로(Large Scale Integration, LSI), 초고밀도 집적회로(Very Large Scale Integration, VLSI), 극초고밀도 집적회로(Ultra Large Scale Integration, ULSI)로 발전하였다.

초전도 현상을 발견하다

트랜지스터의 개발을 목전에 두고 있던 1951년에 바딘은 벨연구소를 떠나 일리노이 대학의 전기공학 및 물리학 교수로 자리를 옮겼다. 그는 전기공학 교수로서 반도체에 관한 연구 프로젝트를 주도하였고, 물리학 교수로서는 양자현상에 관한 이론적 연구를 수행하였다. 1956년 노벨 물리학상 수상자로 결정되었다는 발표가 났을 때 그는 초전도체에 대한 연구를 수행하고 있었다.

일반적으로 금속은 온도를 낮출 때 전기저항이 작아지지만 그 값이 0으로 되지는 않는다. 그러나 어떤 물질은 절대온도 0도에 가까운 극저온으로 냉각시키면 전기저항이 전혀 없는 상태가 된다. 이것을 '초전도 현상'이라고 하며 그 물질은 '초전도체'라고 한다. 초전도 현상은 1911년에 네덜란드의 과학자인 오네스(Heike K. Onnes, 1913년 노벨 물리학상 수상자)에 의해 우연히 발견되었는데, 그 뒤 40여 년이 흘렀지만 여전히 풀리지 않는 수수께끼로 남아 있었다. 많은 물리학자들은 고전역학으로는 초전도 현상을 설명할 수 없다는 점을 인식하고 양자역학적 설명을 시도했지만 그 누구도 성공하지 못하고 있었다. 이런 연유로 당대의 유명한 물리학자인 파인먼(Richard Feynman, 1965년 노벨 물리학상 수상자)은 초전도 현상을 "양자역학의 마지막 가시"라고 불렀다.

1972년 노벨상 시상식에 함께 한 바딘, 쿠퍼, 슈리퍼(왼쪽부터)

바딘은 실험실의 연구원인 쿠퍼, 박사과정 학생인 슈리퍼와 함께 초전도 현상을 연구하였다. 바딘은 금속 내부 원자배열의 성질에 대해, 쿠퍼는 두 전자가 마치 한 덩어리처럼 작용하는 현상에 대해 연구하였고, 슈리퍼는 바딘과 쿠퍼의 연구에서 도출된 방정식을 풀이하는 역할을 맡았다. 1957년에 바딘은 팀원들과 함께 초전도 현상을 설명하는 BCS 이론을 제안하였다. 그러나 그 이론이 완전히 인정을 받는 데에는 15년의 세월이 걸렸다. 1972년에야 비로소 BCS 이론은 초전도 현상을 설명하는 탁월한 이론으로 각광을 받았고, 바딘은 두 번째 노벨 물리학상을 수상하는 영광을 누렸다.

일반적으로 도체 내부에서 움직이는 전자 사이에는 서로 밀어내는 반발력이 작용한다. 두 전자가 모두 동일한 전하, 즉 (−)전하를 띠기 때문이다. 그러나 BCS 이론은 두 전자 사이에 반발력뿐만 아니라 서로 당기는 인력이 작용할 수 있다는 획기적인 사실을 밝혔다. 이러한 인력 때문에 두 개의 전자가 하나의 쌍을 이루게 되어 초전도 현상이 생긴다는 것이다. 즉 전자가 지나갈 때 도체 내부의 양이온들이 전기력의 작용으로 전자 쪽으로 약간 끌리는데, 다른 전자가 보기에는 마치 그 전자가 (+)전하를 띤 것으로 보여 그 쪽으로 끌리게 된다. 그리하여 두 전자는 마치 하나의 쌍을 이루는 것처럼 운동하게 되고 전자의 움직임을 방해하는 양성자의 인력(전기저항)을 물리친다. 이와 같은 전자쌍은 '쿠퍼 전자쌍(Cooper pairs)'으로 불린다. BCS 이론은 초전도 현상을 설명하는 것은 물론 기본입자, 원자핵, 액체 헬륨, 중성자별 등의 운동을 설명하는 데에도 활용된다.

바딘은 학자로서의 연구활동은 물론 교육활동, 기술자문, 공공활동에도 활발히 참여하였다. 그는 1991년에 사망할 때까지 약 40년 동안 일리노이 대학의 교수로 있었는데, 학생들의 창의력을 자극하는 강의로 명성을 날렸다. 또한 그는 제록스, 제너럴 일렉트릭을 비롯한 수많은 기업들에게 기술자문을 해 주었고, 1961년부터 14년 동안은 제록스의 이사를, 1983년부터 8년 동안은 고전압 반도체 전문기업인 슈퍼텍스(Supertex)의 이사를 맡았다. 바딘은 아이젠하워 대통령, 케네디 대통령, 레이건 대통령의 과학자문을 맡아 미국의 국가정책에 상당한 영향력을 행사하기도 했다.

바딘은 1991년에 83세를 일기로 세상을 떠났다. 그는 1986년 5월에 한국물리학회의 초청으로 우리나라를 방문한 적이 있다. 당시에 바딘은 “연구는 그 자체가 흥미롭기도 하고 새로운 것에 도전하는 것이 나의 취미다”고 말했다. 이어 그는 “트랜지스터의 발명이 좋은 예가 되듯이, 기초과학과 기술은 항상 서로 미비한 점을 보완해가면서 발전해 왔다. 기초과학은 기술개발의 뿌리 역할을 한다”고 하면서 기초과학에 대한 관심과 투자를 주문했다.

평생을 로켓과 함께 베르너 폰 브라운*

공상과학소설로 키운 꿈

인류의 역사는 탐험의 역사라 해도 과언이 아니다. 수많은 탐험을 통해 인류는 공간적 · 시간적 지평을 확장해 왔다. 인류의 탐험은 바야흐로 지구를 넘어 태양계와 은하계에 이르고 있다. 인류의 본격적인 우주탐험은 제2차 세계대전을 매개로 시작되었으며, 그 중심에는 브라운(Wernher von Braun, 1912~1977)이라는 과학자가 놓여 있다. 그는 제2차 세계대전 때 독일에서 세계 최초의 장거리 로켓인 V-2의 개발을 주도하였고, 냉전 시대에는 미국에서 우주개발 계획을 추진하는 데 중요한 역할을 담당하였다.

브라운은 1912년에 독일 포젠 지방(지금은 폴란드 영토임)의 비르지츠에서 태어났다. 아버지는 귀족 출신으로서 바이마르 공화국 시절에 농림부 장관을 역임하기도 했다. 어린 브라운에게 많은 영향을 미친 사람은 아마추어 천문가인 어머니였다. 그녀는 아들에게 망원경으로 하늘을 보여주면서 달과 별에 관한 이야기를 들려주었다. 브라운이 글자를 읽을 수 있게 되자 어머니는 기다렸다는 듯이 공상과학소설을 사다 주었다. 거기에는 수많은 우주개발의 선구자들이 즐겨 읽었던 쥘 베른(Jules Verne)의 《달나라 여행》도 포함되어 있었다.

브라운은 12살 때 큰 사고를 저질렀다. 창고에서 못 쓰는 자동차를 끌고 나와 폭죽을 자동차에 붙이고는 시내 중심가로 끌고 나왔던 것이다. 자동차는 큰 폭음과 함께 화염을 뒤로

---

* 이 글은 송성수, 《사람의 역사, 기술의 역사》(부산대학교출판부, 2011), pp. 317~324를 부분적으로 보완한 것이다.

오베르트와 함께 한 브라운. 브라운은 오베르트의 《행성 공간을 향한 로켓》을 읽고 우주를 개척하는 과학자가 되기로 결심했다.

뿜으며 거리를 누볐다. 사람들은 피하기에 바빴고 브라운은 겁에 질려 얼굴이 파래졌다. 결국 자동차는 공원의 나무에 부딪친 후에야 멈출 수 있었다. 브라운은 아버지에게 인계되어 심한 꾸중을 듣고 외출 금지령을 받아야 했다.

청소년 시절에 브라운은 오베르트(Hermann Oberth) 박사의 《행성 공간을 향한 로켓》을 읽었다. 그는 오베르트의 책에서 큰 감명을 받아 우주를 개척하는 과학자가 되기로 결심한 뒤 수학과 과학을 열심히 공부하기 시작했다. 그의 수학 실력은 타의 추종을 불허했다. 결근한 선생님을 대신해서 수학 수업을 진행한 경우도 있었다. 그는 16살 때 천체를 관측하기 위한 모임을 조직하기도 했다.

브라운은 1930년에 베를린의 로덴부르크 공과대학에 입학하여 기계공학을 전공하였다. 그는 대학을 다니면서 오베르트가 이끌고 있었던 우주여행협회의 핵심 회원으로 활동하였다. 우주여행협회에서 브라운은 “키 큰 꼬마”로 불렸다. 키는 큰 편이었지만 나이가 제일 어렸기 때문이었다. 당시에 그는 우주공간에서 생명체가 어떻게 반응하는지에 대한 의문을 풀기 위해 자전거 바퀴를 원심분리기처럼 활용하여 흰 쥐를 가지고 실험을 해 보기도 했다.

1932년에 우주여행협회는 군 관계자들을 모아 놓고 액체연료 로켓 발사 실험을 준비했다. 로켓이 불안정하고 가열되는 문제점을 보였기 때문에 실험은 성공적이지 못했지만, 브라운은 독일군의 로켓 개발 프로그램을 추진하고 있었던 도른베르거(Walter Dornberger) 대위에게 강한 인상을 심어 주었다. 도른베르거는 브라운에게 대학원 과정을 지원하는 조건으로 로켓 개발에 참여할 것을 제안하였다.

브라운은 1932년에 로덴부르크 공과대학을 졸업한 뒤 곧바로 베를린 대학에 진학하여 물리학 전공으로 1934년에 박사 학위를 받았다. 대학에 진학한 후 4년 만에 박사 학위를 받았으니 천재라고 해도 과언이 아닐 것이다. 당시 브라운의 나이는 22세에 불과했다.

로켓 개발에 바친 청춘

독일 군부가 로켓 개발에 관심을 가진 것은 역사의 아이러니였다. 제1차 세계대전이 끝난 뒤 체결된 베르사유조약은 독일의 군사력을 제한하는 조치를 담고 있었다. 독일군의 병력은 물론 비행기, 함정, 대포의 수까지 제한되었다. 그러나 로켓은 포함되지 않았기 때문에 독일의 로켓 개발을 제한할 도리가 없었다.

독일 육군은 1930년부터 로켓 개발 프로그램을 추진하기 시작했다. 브라운은 1932년부터 도른베르거의 권유로 로켓 개발에 참여하였다. 독일 육군은 1933년과 1934년에 각각 A-1 로켓과 A-2 로켓을 만들었다. A-1은 실패였고 A-2는 성공이었다. 로켓 명칭으로 사용된 A는 복합기계를 뜻하는 독일어인 Aggregat의 머리글자이다. 브라운은 로켓의 개발에 필요한 데이터를 분석하는 데 뛰어난 능력을 발휘하였다.

A-2 로켓이 성공하자 독일 정부는 로켓 개발을 본격적으로 지원하기 시작하였다. 1936~1937년에는 발트 해안에 있는 페네뮌데에 로켓 연구소가 건설되었다. 그 지역은 기상 조건이 양호하고 인적이 드물어서 로켓 실험을 하기에는 매우 적합한 장소였다.

브라운은 페네뮌데 연구소에서 팀장이 되어 로켓 개발을 주도하였다. 1936년에 발사된 A-3 로켓은 뛰어난 성능의 엔진을 부착하고 있었지만 제어장치와 안전날개에 문제가 생겨 곧바로 추락하고 말았다. 이후에는 A-3 로켓의 엔진을 바탕으로 A-4 로켓을 개발하는 과제가 추진되었고, 유도장치를 집중적으로 연구하기 위해 A-5 로켓을 개발하는 작업도 병행되었다. 브라운은 A-5 로켓의 개발을 맡았으며, 1938년에 발사 시험을 성공리에 마쳤다. 그것은 독일의 로켓으로는 처음으로 분출가스의 흐름 속에 날개를 집어넣어 진로를 자유롭게 조종하는 실험이었다.

A-5 로켓이 성공한 뒤 브라운은 A-4 로켓을 다시 설계하는 작업을 맡았다. A-4 로켓은 A-3 로켓에 비해 길이가 2배, 무게가 15배나 되는 거대한 로켓이었다. A-4 로켓을 개발하기 위해 브라운은 6만 5천 번이나 설계도를 그렸다고 한다. A-4 로켓에 대한 실험은 세 번의 실패를 거친 후 1942년 10월 3일에 성공적으로 수행되었다. A-4 로켓이 60킬로미터의 고공으로 올라간 뒤 189킬로미터를 날아 목표 지점에서 겨우 4킬로미터에 떨어진 지점에 꽂혔던 것이다. 발사 실험이 성공한 날에 브라운은 "오늘 우리들이 해낸 것이 무엇인지 알겠습니까?"라는 도른베르거의 질문에 "오늘은 우주선이 탄생한 날입니다"라고 대답했다고 한다.

"6개월만 빨랐으면 세계 역사가 바뀌었다"

A-4 로켓 실험이 성공했을 때에는 제2차 세계대전이 무르익고 있었다. 그러나 독일 군부 내부의 갈등으로 A-4의 생산은 상당 기간 동안 미루어졌다. 1943년 7월 7일에야 도른베르거와 브라운은 히틀러에게 A-4 로켓에 대해 보고하였다. 보고를 받은 히틀러는 A-4 로켓을 '보복의 무기'로 사용할 것을 결정했다. 그때부터 A-4 로켓은 V-2 로켓으로 불렸는데, V는 독일어로 보복을 뜻하는 Vergeltung의 머리글자를 딴 것이다.

당시에 영국은 V-2 로켓에 대한 정보를 입수한 뒤 페네뮌데를 폭격했다. 이에 따라 V-2 로켓을 생산하는 공장은 미텔베르크라는 비밀 장소로 옮겨졌다. V-2 로켓은 강제 노동을 통해 생산되었는데 미텔베르크의 환경은 아우슈비츠에 필적할 정도로 열악했다. 약 6만 명으로 추산되는 러시아인, 폴란드인, 프랑스인, 유태인 수용자 중 절반이 그곳에서 일하다가 죽었다. 그 수는 로켓 폭격으로 인해 죽은 사람보다 더 많았다.

V-2 로켓은 1944년 9월 8일에 런던을 향해 처음으로 발사되었다. 제2차 세계대전이 끝날 때까지 약 4,320발의 V-2 로켓이 발사되었다. 특히 런던은 약 1,200발의 폭격을 받아 치명적인 피해를 입었다. 제2차 세계대전이 끝난 뒤 아이젠하워 사령관은 다음과 같이 말했다. "만일 V-2가 6개월만 먼저 나왔어도 세계의 역사는 달라졌을 것이다."

브라운은 나치와 미묘한 관계를 유지하였다. 브라운은 1937년에 나치에 입당하라는 명령을 받고 당원이 되었으며 나치의 친위대인 SS에도 가입했다. 당시의 분위기에서 나치의 명령을 거부하는 것은 있을 수 없는 일이었다. 1944년 9월에 V-2 로켓이 런던을 폭격하자 브라운은 동료들과의 파티에서 "그 로켓은 잘못된 행성에 착륙한 것을 제외하고는 완벽하게 작동했다"는 발언을 하여 반역혐의로 기소되기도 했다. 브라운은 도른베르거 덕분에 간신히 풀려났지만 엄격한 감시를 받아야만 했다.

보복의 무기, V-2 로켓이 발사되는 장면

1945년에 접어들어 독일의 패전을 직감한 브라운은 선택의 순간이 다가왔다고 느꼈다. 폐허로 변한 독일에서 고통을 받을 것인가? 아니면 연합군과 거래를 할 것인가? … 브라운은 히틀러가 자살한 다음 날인 1945년 5월 2일에 미국에 투항했다. 브라운은 소위 '페이퍼클립 작전(Operation Paperclip)'을 통해 은밀히 미국으로 보내졌다. 미국은 제2차 세계대전의 전범(戰

犯)을 교묘하게 빼돌려 자국의 과학기술을 발전시키는 데 활용했는데, 거기에는 항공실험 연구소 소장이었던 슈트루크홀트(Hubertus Strughold)와 731 부대장이었던 이시히 시로(石井四郎)도 포함되어 있었다.

미국 우주개발의 영웅

미국으로 건너 간 브라운 팀은 텍사스 주의 포트블리스에 머물렀다. 그들은 미군의 허가 없이는 포트블리스를 떠날 수 없었기 때문에 스스로를 "팝스(Prisoners for Peace, PoPs)"라고 불렀다. 그곳에서 브라운은 로켓에 대한 교육을 담당하면서 V-2 로켓을 개량하는 일을 추진하였다. 브라운은 35살이 되던 1947년에 18살의 여인인 마리아(Maria von Quirstorp)와 결혼하였다.

브라운은 1950년부터 미국 육군의 탄도미사일 계획에 참여하여 1953년에 미국 최초의 장거리 탄도미사일인 레드스톤을 개발하였다. 그러나 레드스톤은 해군이 개발한 뱅가드에 밀려 미국의 표준 로켓이 되지 못했다. 당시의 미국에서는 육군, 해군, 공군이 로켓 개발을 경쟁적으로 추진하는 바람에 육군의 연구는 단거리 로켓으로 국한되어 있었다. 게다가 브라운이 과거에 히틀러에 협력했던 경력을 가지고 있어서 레드스톤의 진가가 충분히 인정받지 못했다.

1950년대부터 브라운은 미국의 우주개발 계획을 선전하는 단골 모델로 활동했다. 그는 많은 대중 잡지에 우주개발의 미래에 대한 감동적인 글들을 썼는데, 특히 1952년에는《콜리어스》를 통해 우주정거장에 대한 개념을 제안했다. 그는 월트 디즈니 쇼에 정기적으로 출현하는가 하면 디즈니랜드의 기술자문을 맡기도 했다. 1964년에 개봉된 영화인《닥터 스트레인지 러브》에 나오는 천재 과학자도 브라운을 모델로 한 것이다. 이처럼 브라운은 미국의 우주개발 계획에 대한 전도사를 자청함으로써 나치에 협력했던 과거의 경력을 덮으려 했다.

브라운을 모델로 하여 1964년에 개봉된 영화《닥터 스트레인지 러브》

1957년 10월 4일, 소련이 세계 최초의 인공위성인 스푸트니크 1호를 발사하자 미국은 큰 충격을 받았다. 원자폭탄에서는 4년이나 앞섰고 수소폭탄에서는 2년 앞섰는데 인공위성에서는 뒤졌던 것이다. 이에 자극을 받은 미국은 뱅가드의 발사를 서둘러 추진했으나 실패하고 말았다. 다시 미국 정부의 주목을 받게 된 브라운은 레드스톤을 개량하여 주피터 로켓을 설계하였다. 1958년 1월에 주피터 로켓은 미국 최초의 인공위성인 익스플로러 1호를 발사하는 데 성공하였다. 익스플로러 1호는 지구 주위에 강한 방사능대가 이중 도넛의 모양으로 에워싸고 있다는 점을 발견했는데, 그 지역은 '반 알렌(Van Allen) 대'로 불리고 있다.

1958년 7월 29일, 미국 정부는 기존의 항공자문위원회(National Advisory Committee for Aeronautics, NACA)를 확대하여 항공우주국(National Aeronautics and Space Administration, NASA)을 설립한 후 우주개발 계획을 적극적으로 추진하기 시작했다. 브라운은 1960년부터 NASA의 하부 조직인 마셜 우주비행센터의 소장이 되어 우주비행사를 운반할 수 있는 로켓을 개발하는 일을 맡았다.

그러던 중 1961년 4월 12일에는 소련이 우주로 사람을 보내는 데 성공했다고 발표하여 미국을 다시 한 번 경악케 했다. 인류 최초의 우주인 가가린(Yuri Gagarin)이 보스토크 1호를 타고 1시간 48분 동안 지구를 한 바퀴 도는 데 성공했던 것이다. 미국도 5월 5일에 브라운이 개량한 레드스톤 로켓을 활용하여 우주비행사 셰퍼드(Alan Shepard)를 대기 상층으로 올려 보내는 데 성공했다. 그러나 셰퍼드는 15분 동안 비행하는 데 그쳤고 우주 궤도에 도달하지도 못했다.

1961년 5월 25일, 케네디 대통령은 우주경쟁에서 승리하는 것이 미국의 최우선 과제라는 성명을 발표했다. "나는 이 나라가 10년 안에 사람을 달에 착륙시키고 무사히 지구로 귀환하도록 하는 목표를 완수할 것으로 믿습니다." 케네디 대통령의 이 몇 마디 말로 250억 달러라는 거금이 소요된 아폴로 계획(Apollo Project)이 시작되었다. 브라운 팀의 연구는 아폴로 계획을 통해 더욱 본격적으로 추진되었다. 브라운 팀이 개발한 110미터 높이의 대형 로켓인 새턴은 1969년에 아폴로 11호가 세계 최초로 달에 착륙하는 데 사용되었다. 아폴로 11호에 탑승했던 암스트롱(Neil Armstrong)은 "한 개인에게는 작은 한 걸음이지만 인류에게는 큰 도약이다"는 말을 남기기도 했다.

새턴 로켓과 함께 한 브라운

1970년에 아폴로 계획이 끝난 후 브라운은 가족과 함께 워싱턴으로 이사했다. 워싱턴에서 브라운은 NASA 본부의 전략계획부에서 2년 동안 일했다. 그는 1972년에 NASA에서 은퇴한 뒤 페어차일드의 공학 담당 부회장으로 자리를 옮겼고, 1974년에는 국립우주연구소(현재의 국립우주학회)를 설립하여 우주공학의 발전을 도모하였다. 브라운은 1976년에 페어차일드에서 은퇴했으며, 1977년에 신장암으로 세상을 떠났다. 향년 65세였다.

평생을 로켓과 함께 살아온 브라운에 대한 평가에는 상당한 간극이 있다. 우주개발을 향한 소년 시절의 꿈을 꾸준히 실천한 사람이라는 평가가 있는가 하면, 자신의 출세를 위해 정치적 소신을 지키지 못한 파렴치한 인간이라는 평가도 있다. 과연 어떤 것이 진실일까?

분자생물학의 살아있는 신화

제임스 왓슨

20세기 생물학의 키워드, 유전

20세기 생물학은 유전에 대한 관심과 함께 시작되었다. 1900년에 멘델의 유전법칙이 재발견되었던 것이다. 이후 많은 과학자들은 유전의 물질적 기초와 그 메커니즘을 해명하기 위해 집중적인 노력을 기울였다. 1910년대에는 모건(Thomas H. Morgan)이 초파리 연구를 통해 눈 색깔과 날개 모양을 비롯한 초파리의 여러 특징들이 유전자에 의해 전달되며, 유전자는 초파리의 염색체 위에 있다는 점을 밝혀냈다. 1927년에는 멀러(Hermann J. Muller)가 방사선을 쬔 초파리에서 돌연변이가 유발됨을 보임으로써 유전자가 일종의 물질적 실체라는 설득력 있는 증거를 제시했다. 이어 1935년에 델브뤼크(Max Delbrück)는 유전자가 상대적으로 안정된 고분자로서 물리적 · 화학적 방법을 사용해 분석될 수 있음을 보여 주었다. 특히 그는 루리아(Salvador Luria)와 함께 박테리오파지(박테리아를 공격하는 바이러스)를 주된 연구대상으로 삼으면서 '파지 그룹(phage group)'으로 불린 연구집단을 주도하였다.

1940년대 초만 해도 대다수의 생물학자들은 유전자가 단백질이라고 생각하고 있었다. 그러나 1944년에 에이버리(Oswald Avery)는 인체에 무해한 박테리아를 감염성 박테리아로 바꿔놓는 형질전환 요인이 단백질이 아닌 DNA라는 사실을 밝혀냈다. 그것은 파지 그룹의 일원이었던 허시(Alfred D. Hershey)와 체이스(Martha Chase)가 1952년에 방사성 동위원소 추적자를 이용한 실험을 수행함으로써 다시 확인되었다. 이에 앞서 1950년에는 샤가프(Erwin Chargaff)가 DNA를 이루는 염기는 아데닌(A), 구아닌(G), 시토신(C), 티민(T)의 네 종류이며, 아데닌과 티민, 구아닌과 시토신의 비율이 동일하다는 점을 알아냈다.

DNA가 유전정보를 가지고 있는 물질이라는 점이 분명해지자 많은 과학자들이 DNA의 정확한 구조를 알아내는 데 도전했다. 그러한 경쟁은 1953년에 미국의 왓슨(James D. Watson, 1928~)과 영국의 크릭(Francis Crick, 1916~2004)이 세계적인 학술지인 《네이처》에 논문을 발표함으로써 일단락되었다. 그 논문은 데옥시리보핵산(deoxyribonucleic acid, DNA)의 이중나선(double helix) 구조를 제안한 것으로 생물학의 역사에서 가장 중요한 논문 중 하나로 평가되고 있다.

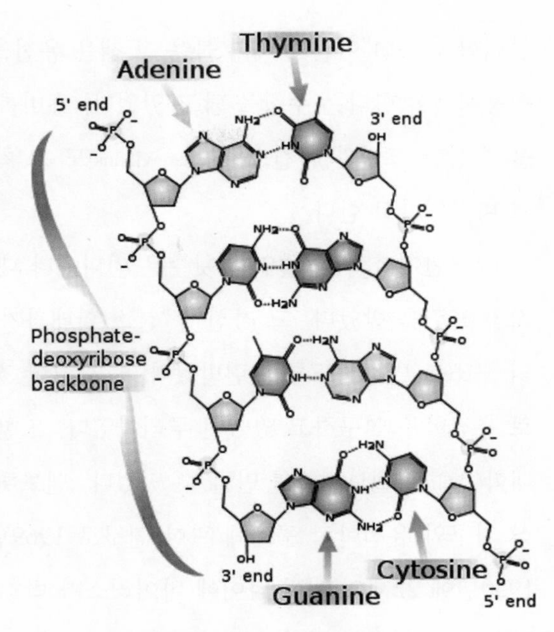

DNA 이중나선 구조의 개념도

유전학자를 위한 최고의 훈련

왓슨은 1928년에 미국 시카고에서 태어났다. 아버지는 채무 수금원이었고 어머니는 시카고 대학의 사무원이었다. 왓슨의 부모는 경제적으로 넉넉하지는 못했지만 지적이고 세련된 품위를 갖춘 사람들이었다. 아버지는 조류 관찰에 남다른 취미를 가지고 있었는데, 덕분에 왓슨은 어려서부터 생물학에 많은 관심을 기울일 수 있었다. 어머니는 정당 활동에도 적극 참여한 맹렬 여성으로 왓슨과 다양한 주제로 논쟁을 벌이는 것을 즐겼다.

왓슨은 어려서부터 두뇌가 명석하였고 기억력이 매우 뛰어났다. 그는 특이한 재능을 지닌 어린이들을 출연시키는 인기 라디오 프로그램인 〈어린이 퀴즈 왕〉에 나가기도 했다. 왓슨은 1943년에 고등학교를 수석으로 졸업한 후 시카고 대학에 장학생으로 입학하여 동물학을 전공하였다. 대학을 다닐 때에도 그는 교수들을 놀라게 할 정도의 뛰어난 능력을 발휘하였다.

왓슨은 오스트리아의 물리학자인 슈뢰딩거가 1944년에 출간한 《생명이란 무엇인가》라는 책을 읽고 당시의 첨단 학문인 유전학에 관심을 기울이기 시작했다. "살아있는 세포의 물리학적 측면"이란 부제가 붙은 그 책은 유전을 비롯한 생물학적 현상에 물리학의 방법을 적용시켜야 한다는 주장을 담고 있었다. 흥미롭게도 왓슨과 함께 1962년 노벨 생리의학상을 수상한 크릭과 윌킨스(Maurice Wilkins)도 그 책을 읽으면서 전공을 물리학에서 생물학으로 바꾸었다고 한다.

1947년에 학부를 졸업한 왓슨은 인디애나 대학의 대학원 과정으로 진학하여 매우 이상적인 훈련을 받았다. 그 자신이 "찰스 황태자가 왕이 되는 훈련을 받은 것처럼 나는 DNA의 구조를 발견하도록 훈련받았다"고 회고할 정도였다. 왓슨의 지도교수는 박테리오파지로 유전학을 연구하고 있었던 루리아였다. 또한 왓슨은 루리아의 소개로 캘리포니아 공과대학(칼텍)의 델브뤼크를 만날 수 있었다. 델브뤼크와 루리아는 허시와 함께 바이러스의 증식 기구와 유전학적 구조에 관한 연구로 1969년 노벨 생리의학상 수상자가 된다. 왓슨은 1950년에 22세의 어린 나이에 바이러스가 박테리오파지의 증식에 미치는 영향에 관한 연구로 박사 학위를 받았다.

왓슨과 크릭의 만남

1950년 9월에 왓슨은 루리아의 권유로 코펜하겐 대학으로 가서 박사후 과정을 밟았다. 왓슨은 생화학을 전공한 칼카르(Herman Kalckar)와 함께 연구를 시작했으나 두 사람의 관심사에는 약간의 차이가 있었다. 그러던 중 1951년 5월에 왓슨은 이탈리아 나폴리의 동물학 연구소에서 개최된 고분자에 관한 학술회의에 참가하여 영국의 유명한 과학자인 윌킨스의 강연을 들었다. 윌킨스는 핵물리학자였다가 생물학으로 방향을 바꾼 후 X선 결정학을 활용하여 DNA 분자를 연구하고 있었다. 그때 윌킨스가 제시했던 DNA 분자의 X선 회절 무늬는 왓슨에게 깊은 인상을 남겼다.

왓슨은 《이중나선》이라는 자신의 회고록에서 다음과 같이 적었다. "윌킨스의 강연을 듣기 전에는 유전자가 지독하게 불규칙적이면 어쩌나 걱정이 되었다. 하지만 이제는 유전자도 결정화할 수 있다는 것을 알았다. 틀림없이 유전자는 간단한 방식으로 풀 수 있는 규칙적인 구조를 지니고 있다." 왓슨은 자신의 전공 분야인 박테리아파지 이론에다 X선 결정학을 결합시키는 것이 DNA 구조를 분석하는 데 반드시 필요하다는 점을 깨달을 수 있었다.

1951년 여름에 왓슨은 X선 회절상의 해독법과 단백질의 3차원 구조를 연구하기 위해 케임브리지 대학의 캐번디시 연구소로 갔다. 당시 캐번디시 연구소의 소장이던 로렌스 브래그(William Lawrence Bragg)는 장래가 유망한 세계 각국의 과학자들을 초빙하여 선도적인 연구를 추진하였다. 왓슨은 그곳에서 박사 학위 논문을 준비하고 있었던 크릭을 만나는 행운도 누릴 수 있었다.

DNA의 구조에 대해 토론하고 있는 왓슨과 크릭

왓슨과 크릭의 관계는 많은 사람들의 입에 오르내려 왔다. 두 사람은 서로 보완적인 경력을 가지고 있어서 서로에게 많은 도움이 되었다. 왓슨은 생물학을 전공했던 반면 크릭은 물리학을 전공했고, 두 사람 모두 상대방의 학문을 열심히 배우겠다는 진지한 자세를 가지고 있었다. 더 나아가 그들은 금세 사무실을 함께 사용할 정도로 성격이 잘 맞았다.

저드슨(Horace F. Judson)은 유전자 연구의 역사를 흥미롭게 검토한 《창조의 제8일》에서 다음과 같이 썼다. "크릭 씨가 35세, 왓슨 박사가 23세였다. … 왓슨은 전에 루리아 및 델브뤼크와 함께 했던 것처럼 다시 한 번 뛰어난 재능을 가진 선배 과학자와 거의 순식간에 지적인 신뢰 관계를 만들어낼 수 있었다. 그것은 자기 나이 또래의 동료들이 느낀 가혹한 경쟁심과는 거리가 멀었다." 크릭은 왓슨과 처음 만났을 때를 다음과 같이 회상했다. "그와 나는 쉽게 친해졌다. 서로 관심 분야가 놀라울 정도로 비슷했고, 우리 둘 다 천성적으로 너절한 생각을 참지 못하는 냉정함과 성급함, 다시 말해 젊은이다운 오만함을 갖고 있었던 것 같다. 나는 우리가 만난 첫 순간을 정확히 기억하지는 못하지만 처음 2~3일 동안 무척 많은 대화를 나누었다는 기억은 분명하다."

DNA의 다크 레이디, 로절린드 프랭클린

당시 DNA 연구의 중심지는 런던에 있는 킹스 칼리지의 생물물리학 연구소였다. 윌킨스가 이끌었던 그 연구소에는 로절린드 프랭클린(Rosalind E. Franklin)이라는 여성 과학자가 있었다. 프랭클린은 X선 결정학의 권위자로 '로지'라는 애칭으로 불렸다. 그녀는 주로 혼자서 연구하는 스타일이었고, 자신의 연구가 완전하다는 확신이 들 때까지 그 결과에 대한 발표를 꺼리는 사람이었다. 이러한 프랭클린의 성향은 윌킨스가 연구실을 운영하는 방식에는 맞지 않았다. 왓슨의 회고에 따르면, 윌킨스와 프랭클린은 서로 긴장하는 사이였고 조그만 일에도 사사건건 부딪쳤다.

그러는 와중에도 성과는 조금씩 나타났다. 프랭클린은 미세한 DNA 가닥을 묶은 뒤 그것을 X선으로 촬영하는 방법을 통해 DNA에 두 가지 형태가 있다는 것을 발견했다. 하나는 A형으로 불린 마른 표본이었고, 다른 하나는 B형으로 불린 젖은 표본이었다. 프랭클린은 DNA 표본이 살아있는 세포와 같은 구조를 유지하려면 물의 함유량이 높아야 한다고 생각했다. DNA 표본이 말라버린다면 그 구조가 변할 것이 분명해 보였다. 그런데 마른 표본은 사진을 찍기가 쉬웠으나 젖은 표본은 필름에 선명하게 나타나지 않았다. 혼란스럽게 교차되어 있는 선만을 보여줄 뿐이었다. 교차된 선은 DNA 분자가 나선형 구조로 되어 있음을 보여주는 표시였다.

그런데 나선형은 X선 사진을 촬영하는 각도에 따라 나타나기도 하고 나타나지 않기도 했다. 긴 축을 위에서 바라보면서 촬영을 했을 때는 통이나 관 모양이 나타났고 사진상의 회절 무늬로 보아서는 그것이 실제로 나선형인지 알 수 없었다. 반면 옆에서 촬영했을 때는 DNA 분자가 지그재그 형태나 십자형 무늬였는데, 그것은 나선 구조가 보여주는 특징에 해당한다. 게다가 X선은 인산기가 DNA 분자의 중심부에 위치하고 있다는 점을 드러내 주었다. 1951년 11월에 프랭클린은 연구소의 내부 세미나에서 자신이 지금까지 알아낸 사실을 발표했는데, 청중 가운데는 왓슨도 있었다.

1952년 5월에 프랭클린은 DNA의 B형에 대한 선명한 사진을 찍는 데 성공하였다. 그 사진은 DNA가 나선 구조로 되어 있음을 명확하게 보여주었다. 그러나 늘 완벽을 추구했던 그녀는 A형에 대한 정보를 좀 더 얻기 전에는 자료를 공개하지 않으려고 했다. 프랭클린은 A형 역시 나선형 구조를 띠고 있는지를 알아내는 데 많은 노력을 기울이기 시작했다. 그녀에게 절망을 느낀 동료 과학자 고슬링(Raymond Gosling)은 "빌어먹을 A-나선형"이라는 메모를 칠판에 남기기도 했다.

로절린드 프랭클린이 1962년에 살아 있었다면 노벨상을 받을 수 있었을까?

이처럼 프랭클린은 DNA의 구조를 해명할 수 있는 문턱에 도달했음에도 불구하고 포괄적이고 엄밀한 실험을 고집한 나머지 그 문턱을 넘지 못했다. 사실상 왓슨과 크릭이 DNA의 구조를 규명하기 할 수 있었던 것도 프랭클린의 X선 회절 사진 덕분이었다고 할 수 있다. 그러나 왓슨, 크릭, 윌킨스가 공동으로 수상했던 1962년 노벨 생리의학상의 명단에 프랭클린은 빠져 있었다. 불행히도 그녀는 1958년에 38세의 젊은 나이로 세상을 떠났기 때문에 노벨상 수상의 영광을 누리지 못했던 것이다. 이런 점에서 프랭클린은 "DNA의 다크 레이디"로 불리기도 한다.

"우리는 생명의 신비를 풀었어"

케임브리지 연구팀과 킹스 칼리지 연구팀은 서로 다른 방법을 택하고 있었지만 그들이 도달하고자 하는 목표는 동일하였다. 왓슨은 1951년 11월에 킹스 칼리지의 세미나에서 프랭클린의 강연을 들은 후 곧바로 케임브리지로 돌아와 크릭에게 강연 내용을 전해 주었다. 왓슨과 크릭은 공과 막대기를 구입한 뒤 DNA 모형을 만들기 위한 작업에 착수했다. 그들은 현재까지 알려진 정보를 모두 활용하려면 물리적인 모형을 만들어보는 것이 가장 효과적이라고 생각했다.

그러나 왓슨과 크릭은 커다란 문제점에 부딪혔다. 뉴클레오티드(핵산을 구성하는 단위체로서 염기–당–인산의 결합으로 이루어져 있다) 가닥이 두 개 이상이라면 그 가닥들을 이어주는 것이 있어야 하는데 그것이 무엇인지는 알 수 없었다. 그들은 이것저것을 땜질해 본 끝에 마분지로 세 가닥의 사슬로 된 모형을 하나 만들었다. 그리고 왓슨과 크릭은 자신들의 삼중나선 모형을 윌킨스와 프랭클린에게 보여 주었다. 당시에 프랭클린은 그 모형이 DNA 분자에 비해 1/10에 불과한 물 함량을 가지고 있다고 지적하면서 왓슨과 크릭이 잘못된 길을 택하고 있다고 충고했다.

이런 상황에서 캐번디시 연구소의 브래그 소장은 왓슨과 크릭에게 DNA 연구를 중단하라고 지시했다. 브래그는 같은 연구를 킹스 칼리지에서 이미 하고 있을 뿐만 아니라 케임브리지보다 킹스 칼리지가 앞서 있다는 이유를 들었다. 영국 신사다운 페어플레이 정신을 구현하자는 것이었다. 게다가 당시 영국 정부는 연구비의 낭비를 막고자 영국 내의 두 연구소에서 같은 연구를 경쟁적으로 수행하는 것을 달갑게 여기지 않고 있었다. 이에 왓슨은 담배모자이크 바이러스의 구조를 탐구하기 시작했지만 DNA 모형에 대한 미련을 버리지는 못했다.

당시에 DNA 구조를 밝히는 데 깊은 관심을 가지고 있었던 과학자 중에는 미국의 유명한 화학자인 폴링(Linus Pauling)도 있었다. 그는 1950년에 자신의 X선 자료를 바탕으로 그럴듯한 단백질 분자모형을 만들었고, 1952년 5월 영국에서 열리는 과학자회의에 참석하기 위해 여권을 신청했다. 그러나 그는 공산주의에 동조하고 있다는 이유로 인해 여권을 발급받을 수 없었다. 만약 폴링과 프랭클린이 만나 서로 아이디어를 나누었다면 그들이 먼저 DNA 구조를 밝혀냈을 가능성도 있었을 것이다.

1953년 1월에 폴링은 DNA 구조에 대해 서술한 논문 초안을 캐번디시 연구소에서 공부하고 있었던 아들 피터(Peter Pauling)에게 보냈다. 이 소식에 왓슨은 눈앞이 깜깜해졌지만, 폴링의 논문을 보는 순간 무엇인가 잘못되었다는 점을 직감할 수 있었다. "이내 폴링의 모형에서 각각의 인산기들이 이온화되지 않고 수소원자와 결합하고 있어서 전기적으로 중성을 띠고 있다는 것을 알 수 있었다. 이렇게 되면 폴링의 핵산은 전혀 산이 아닌 셈이었다. 인산기가 이온화되지 않은 것은 그 자체로서는 대수로운 일이 아닐지 몰라도 폴링의 모형에서는 중요한 의미를 지니고 있었다. 이온화된 인산기여야 수소결합에 의해 세 가닥의 나선을 붙잡아둘 수 있기 때문이다."

왓슨은 런던으로 가서 프랭클린에게 폴링의 논문을 보여주었다. 왓슨이 되풀이하여 나선구조에 대해 말하자 프랭클린은 불쾌한 기색을 드러냈다. 왓슨에 따르면, 프랭클린은 "입으로만 떠들지 말고 자신이 찍은 X선 사진을 관찰한다면 그 따위 잠꼬대 같은 소리는 하지 않을 것"이라고 말했다. 다행이 윌킨스가 프랭클린의 연구실로 들어왔고, 왓슨과 윌킨스는 연구실 밖으로 나왔다. 그때 윌킨스는 프랭클린이 공들여 찍은 B형 구조에 대한 X선 사진을 왓슨에게 보여주었다. 왓슨은 경악했다. 훗날 그는 "그 사진을 보는 순간 내 입은 다물어질 줄 몰랐고 내 심장은 고동치기 시작했다"고 회상한 바 있다. 왓슨은 케임브리지로 돌아오는 열차에서 DNA의 구조에 대해 곰곰이 생각했고, 결국 DNA 구조가 두 가닥이라는 확신을 가지게 되었다.

드디어 1953년 2월 28일, 두 가닥 DNA 모형에 대한 실체가 드러나기 시작했다. 왓슨과 크릭은 아데닌과 구아닌은 이중수소 결합으로 연결되고 시토신과 티민은 삼중수소 결합으로 연결된다는 점을 깨달았던 것이다. 그 날 오후에 그들은 케임브리지의 이글 주점에 들렀고, 크릭은 "우리는 생명의 신비를 풀었어"라고 외쳤다. 이러한 통찰력을 얻은 지 한 달도 되지 않아 왓슨과 크릭은 길고 우아하며 둘둘 말린 사다리꼴의 이중나선 모형을 만들었다. 당-인산의 두 뼈대는 분자의 바깥쪽에 서로 꼬여 있고 그 속에 수소결합으로 연결된 염기쌍이 들어 있는 구조였다. 그것은 윌킨슨이 제공한 프랭클린의 X선 사진과도 부합하는 것이었다.

세상을 바꾼 1쪽 분량의 논문

이로써 왓슨과 크릭은 오랫동안 베일에 싸여 있던 DNA 구조를 해명하였다. 이전에는 DNA의 구조를 추측할 수 있는 정도였던 데 반해 왓슨과 크릭은 염기의 배열, 사슬의 수, 결합의 형태 등을 모두 포괄적으로 설명할 수 있는 이중나선 구조를 제안했던 것이다. 이러한 구조는 당대의 모든 물리화학적 증거와 일치하였고, 생명복제가 어떻게 일어나는지에 대해서도 잘 설명해 주었다. 또한 왓슨과 크릭이 유전자의 기능을 분자구조를 통해 규명함으로써 생명현상에 대한 환원주의적 설명을 가능하게 했다는 점도 지적되어야 할 것이다.

왓슨과 크릭의 논문은 1953년 4월 25일 자 《네이처》에 〈핵산의 분자 구조(Molecular Structure of Nucleic Acids)〉라는 제목으로 실렸다. 그 논문은 737쪽과 738쪽의 2쪽에 걸쳐 있지만, 전체 분량은 1쪽에 불과하다. 그들은 "우리는 데옥시리보핵산(DNA) 염의 구조를 제시하고자 한다. 이 구조는 새로운 특징들을 가지고 있는데, 생물학적으로 상당히 흥미롭다"는 수수한 말로 논문을 시작했다. 이어 왓슨과 크릭은 "DNA의 두 가닥은 오른쪽 방향을 따라 나선형으로 꼬여 있지만 각 가닥을 구성하는 원자들이 상대편 가닥의 원자들과 상보적 관계를 이루기 때문에 각 가닥의 원자 배열은 상대편 가닥의 배열과 반대 방향이다"고 자신들이 발견한 바를 요약했다. 그 논문의 말미에는 윌킨스와 프랭클린에 대한 감사의 뜻이 표시되어 있다. "런던 킹스 칼리지의 M. H. F. 윌킨스 박사, R. E. 프랭클린 박사 및 동료들의 발표되지 않은 실험 결과를 알게 된 것이 본 작업을 크게 고무했다." 1953년 4월 25일자 《네이처》에는 왓슨과 크릭의 논문에 이어 윌킨스의 논문과 프랭클린의 논문도 실렸다.

April 25, 1953 NATURE

MOLECULAR STRUCTURE OF NUCLEIC ACIDS

DNA 이중나선 구조에 관한 왓슨과 크릭의 논문(1953년)

왓슨과 크릭은 1953년 5월 30일에 〈데옥시리보핵산 구조의 유전학적 함의〉라는 후속 논문을 《네이처》에 게재했다. 이 논문에서 그들은 DNA 이중나선 구조의 몇 가지 의미를 설명하면서 배열된 염기의 순서가 바로 유전의 암호라는 점을 암시했다. "그 구조 안으로는 염기쌍들이 어떤 순서로 들어가도 된다. 긴 분자 안에서는 수많은 서열이 가능하며, 따라서 염기의 정확한 순서가 유전 정보를 지니는 부호인 것 같다."

이어 크릭은 1958년에 분자생물학의 중심원리를 뜻하는 '센트럴 도그마(central dogma)'를 제안하였다. 유전 암호는 CTA나 GGC처럼 세 개의 염기를 한 단위로 하여 구성되어 있으며, 이러한 단위인 코돈(codon)이 리보핵산(ribonucleic acid, RNA)으로 전사(轉寫)된 후 특정한 단백질을 구성하는 일련의 아미노산 합성을 지시하게 된다는 것이다. 센트럴 도그마에 따르면, DNA의 유전정보는 RNA를 거쳐 단백질로 전달되며, 그 반대 방향으로는 전달되지 않는다.

도마에 오른 《이중나선》

1953년에 논문을 발표한 직후에 크릭은 뉴욕 브루클린 폴리테크닉으로 갔고 왓슨은 캘리포니아 공과대학(칼텍)으로 갔다. 이후 그들은 한 번도 같은 기관에서 연구한 적이 없었지만, 계속 서신 왕래를 하면서 주로 학회에서 만나 친분을 유지해 나갔다. 왓슨은 1953~1955년에 칼텍의 주임연구원으로 활동한 후 1956년에 하버드 대학 생물학과의 조교수가 되었다. 그는 하버드 대학에서 부교수와 정교수로 잇달아 승진하면서 생물학과를 개혁하기 위해 많은 노력을 기울였다. 생태학, 발생학, 분류학, 생리학 등과 같은 고전적 생물학 대신에 분자생물학이나 생화학을 옹호했던 것이다.

왓슨과 크릭은 핵산의 분자구조와 생체에서 정보전달의 역할에 관한 연구로 1962년 노벨 생리의학상을 수상했다. 폴링이 같은 해 노벨 평화상의 수상자로 선정되었다는 점도 흥미롭다. 더욱 중요한 점은 1962년 노벨 생리의학상 공동수상자의 명단에 윌킨스는 포함되었지만 프랭클린은 빠졌다는 사실이다. 이에 대해 프랭클린이 여성이라는 이유로 차별을 받았다는 의견도 있지만 이는 사실과 다르다. 노벨상은 죽은 사람에게는 수여되지 않는 것이 원칙인데, 앞서 언급했듯이 프랭클린은 1958년에 38세의 젊은 나이로 세상을 떠났던 것이다. 그렇다면 "프랭클린이 살아있었다면 노벨상을 받았을까?" 하는 것이 제대로 된 질문이 된다. 노벨상은 공동 수상자를 3명으로 제한하는 것을 규칙으로 삼고 있는데, 세 번째 공동수상자를 윌킨스와 프랭클린 중에 누구로 정할 것인가 하는 문제가 남는 것이다.

왓슨은 하버드 대학에 있는 동안 두 권의 영향력 있는 책을 집필하기도 했다. 1965년에는 최초의 분자생물학 교과서로 평가되는 《유전자의 분자생물학》을 발간했는데, 이 책은 현재 5판까지 나와 있다. 1968년에 발간된 《이중나선》은 DNA 발견의 경위와 그 뒷얘기를 다룬 것으로 과학도서로는 드물게 베스트셀러의 영광을 누렸다. 《이중나선》은 우리말로도 번역되어 많은 사람들의 주목을 받은 바 있다.

《이중나선》에서 왓슨이 프랭클린을 묘사한 부분은 계속해서 도마에 올랐다. 1953년 1월에 왓슨이 프랭클린의 연구실을 방문했을 때의 일은 그 대표적인 예이다. 당시의 상황에 대해 왓슨은 다음과 같이 적었다. "나는 위험을 무릅쓰고 그녀와 한바탕 논쟁을 벌이기로 작정했다. 나는 주저 없이 그녀가 혹시 X선 사진을 잘못 해석할 수도 있지 않겠느냐고 말해버렸다. … 이 말을 들은 로지가 실험대를 돌아 내 쪽으로 다가왔다. 나는 그녀가 화를 참지 못하고 나를 때리기도 할 것 같아서 겁에 질린 채, 폴링의 논문을 움켜지고 허둥대며 출입문으로 얼른 빠져 나가려고 했다." 사실상 이 상황을 상상해 보면 우습기 짝이 없다. 프랭클린은 날씬한 체격에 보통의 키를 가진 여성이었고 왓슨은 180센티미터가 넘는 장신에 늠름한 체격을 가지고 있었으므로, 왓슨이 프랭클린한테 신체적 위협을 느꼈다는 것은 이해하기 쉽지 않다.

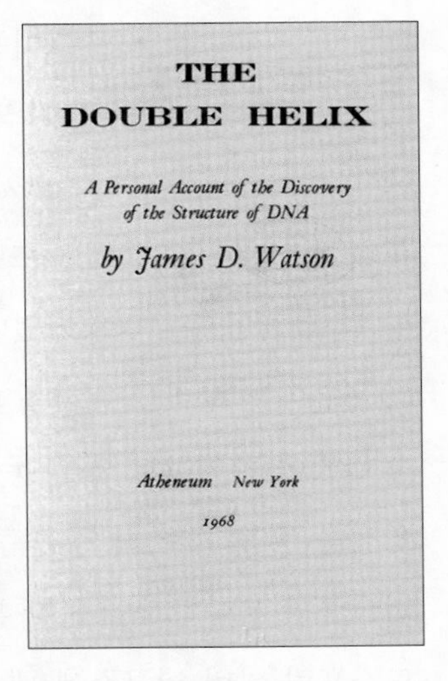

왓슨이 1968년에 발간한 《이중나선》. 'DNA 구조의 발견에 대한 개인적 해명'이란 부제가 붙어 있다.

때마침 윌킨스가 프랭클린의 연구실로 왔고, 왓슨과 윌킨스는 연구실에서 빠져 나왔다. 왓슨의 회고는 다음과 같이 이어진다. "나는 윌킨스와 같이 복도를 걸어가면서, 로지에게 정말 맞을 뻔한 상황이었는데 덕분에 간신히 피할 수 있었다고 말했다. 윌킨스는 나의 말에 충분히 일어날 수 있는 일이라며 동의를 표했다. 몇 달 전에 윌킨스도 그녀에게 꼭 같은 일을 당했다는 것이었다. 윌킨스와 로지가 윌킨스의 연구실에서 의논을 하다가 거의 주먹다짐 직전까지 가는 험악한 상황이 연출되었다는 것이다." 이런 식으로 왓슨은 프랭클린을 주먹다짐까지 하는 여자로 만들어 버리고 말았다. 비록 《이중나선》의 말미에서 왓슨은 프랭클린을 "성실하고 고매한 인품"을 가진 과학자로 묘사했지만, 그것이 책 전체에서 풍기는 그녀의 나쁜 이미지를 뒤바꿔 놓기에는 역부족이었다. 프랭클린에 대한 전기를 쓴 매독스(Brenda Maddox)는 프랭클린이 죽은 후에 그녀를 부정적으로 묘사하는 것은 신사답지도 않고 정당하지도 않다고 비판했다.

인간유전체계획의 산파

《이중나선》이 발간된 1968년은 왓슨의 개인적 생애에서도 전환점이 되는 해였다. 그 해에 왓슨은 40세의 나이로 엘리자베스 루이스(Elizabeth Lewis)와 결혼했다. 두 사람 사이에는 두 아들이 태어났다. 또한 왓슨은 1968년에 콜드스프링 하버 연구소(Cold Spring Harbor Laboratory, CSHL)의 정량생물학 담당 책임자로 임명되었다. 그로부터 8년 동안 왓슨은 연구소와 하버드 대학을 오갔고, 1976년에는 하버드 대학을 떠나 연구소 일에 전념하였다.

왓슨이 책임자로 있는 동안 콜드스프링 하버 연구소는 암을 유전학적으로 연구하는 데 초점을 두었다. 특히 그 연구소는 1981년에 발암 유전자인 라스(ras)를 세계 최초로 추출해냄으로써 생화학과 유전학 분야에서 세계적인 연구소로 자리 잡기 시작하였다. 왓슨은 콜드스프링 하버 연구소에 대해 다음과 같이 회고하였다. "이곳에는 굉장한 사람들만 있었다. 게다가 그들의 야망이라곤 돈벌이가 아니라 유전자란 무엇인가라는 한 가지 문제에 답을 구하는 것뿐이었다. … 바로 과학자의 천국이었다!"

왓슨은 1988년 10월부터 1992년 4월까지 인간의 모든 유전정보를 밝히려는 인간유전체계획(Human Genome Project, HGP)의 책임자로 활동하였다. 그는 탁월한 기획력과 조직력을 바탕으로 인간유전체계획이 실질적으로 추진되는 데 크게 기여하였다. 인간유전체계획의 책임자로 임명된 것에 대해 왓슨은 다음과 같이 썼다. "콜드스프링 하버 연구소만 해도 이미 할 일이 꽉 차 있었다. 만일 내가 유전체 연구를 맡는다면, 너무 힘든 두 일을 맡는 셈이었다. 하지만 내가 그 일을 거절한다면, 아직 현장에서 일하고 있는 저명한 과학자 중 누가 그 과제를 맡을지 걱정이 아닐 수 없었다. 그래서 국립보건원(National Institutes of Health, NIH)이 내게 부탁을 했을 때, 나는 받아들일 수밖에 없었다. 그때쯤 나는 이중나선에서 인간 유전체의 30억 계단까지 이르는 길을 끝까지 걸을 수 있는 내 과학 인생에서 단 한 번의 기회가 오리라는 것을 느꼈다."

인간유전체계획의 윤리적 · 법적 · 사회적 함의(Ethical, Legal, and Social Implications, ELSI)에 대한 연구를 강조한 사람도 왓슨이었다. "우리는 과거 우생학이 잘못 사용된 예를 잘 살펴보아야 합니다. 바로 미국과 독일에서 불완전한 지식이 거만하고 끔찍하게 사용되었습니다. 우리는 사람들에게 자신의 DNA가 개인적인 것이며, 아무도 그것을 손에 넣을 수 없다는 점을 확신시켜야 합니다. 우리는 그것을 보장할 법률을 제정해야 합니다. 그 법률은 많은 진지한 토론을 거친 뒤에 제정되어야 할 것입니다."

그러나 자신의 예상과 달리 왓슨은 인간유전체계획이 본격적인 궤도에 진입할 무렵에 책임자의 자리에서 물러나고 말았다. 1991년에 국립보건원 원장으로 힐리(Bernadine Healy)가 부임하면서 마찰을 빚었던 것이다. 두 사람의 주된 분쟁 원인은 DNA의 특허에 관한 문제였다. 힐리는 국립보건원의 연구자들이 분석한 DNA 서열을 가지고 특허 취득에 나서겠다고 결정했다. 이에 대해 왓슨은 불확실한 유전자에 특허를 내줄 경우 장기적으로 유전자를 이용한 의학의 발전이 매우 지체될 것이라고 반박했다. 두 사람의 대립은 여러 과학자들이 관여하는 공개적인 논쟁으로 발전하였고, 결국 왓슨이 사직서를 제출하는 것으로 마무리되었다.

왓슨은 1994년부터 2007년까지 콜드스프링 하버 연구소의 소장으로 봉직했다. 그는 콜드스프링 하버 연구소를 세계 최고의 생명과학 연구기관으로 발전시키기 위해 많은 노력을 기울였으며, 연구소 일 이외에 정부 정책에 대한 자문도 지속적으로 수행해 왔다. 1998년에는 연구소 내에 박사 학위를 수여하는 기관으로 왓슨 생명과학학교가 설립되기도 했다. 오늘날 콜드스프링 하버 연구소는 매년 7천 명이 넘는 과학자들이 거쳐 가는 생명과학 연구의 메카로 자리 잡고 있다.

왓슨은 종종 위험한 발언을 해서 구설수에 오르내리기도 했다. 2000년에는 피부 색깔과 성욕 사이의 관계를 발표하여 논란을 야기했으며, 2007년에는 "인종 간 지능의 우열을 가리는 유전자가 앞으로 10년 안에 발견될 수 있을 것"이라고 말해 파문을 일으켰다. 이러한 점은 평소의 잘난 척하는 태도와 결부되어 왓슨의 이미지에 상당한 타격을 입혔다.

2000~2008년에 왓슨은 네 권의 책을 출간하는 노익장을 과시하기도 했다. 《DNA를 향한 열정》(2000년), 《유전자, 여자, 가모브》(2002년), 《DNA, 생명의 비밀》(2003년), 《지루한 사람과 어울리지 마라》(2008년) 등이 그것이다. 왓슨의 책은 세계적으로 널리 읽힐 정도로 인기가 대단하며, 우리나라에서도 위의 네 책이 번역되어 있다.

왓슨이 콜드스프링 하버 연구소에서 강연을 하는 모습(2007년)

왓슨은 《지루한 사람과 어울리지 마라》를 통해 자신의 생애를 되돌아보면서 과학자의 성장 단계별로 어떤 처세술이 필요한지에 대해 논하고 있다. 그중 몇 가지를 소개하면 다음과 같다.

어린 시절에는 닮고 싶은 영웅을 정해라. 대학 시절에는 '왜'를 아는 것이 '무엇'을 외우는 것보다 중요하다. 대학원 시절에는 논문 주제가 아닌 다른 분야의 지적 호기심도 충족시켜라. 연구원 시절에는 시대에 앞선 과학의 목표를 선택하라. 교수 시절에는 학생들을 가르치면서 자신이 더욱 발전하는 것을 느껴야 한다. 연구소를 경영하는 시절에는 과학자들을 야구팀처럼 관리해야 한다. 말년에 대한 충고이자 모든 시기에 대한 충고는 책 제목이다. 지루한 사람과 어울리지 마라!

에필로그
20세기 과학기술에 대한 지극히 짧은 역사

20세기는 '과학기술의 세기'였다. 20세기에는 수많은 과학적 지식과 기술적 인공물이 꼬리에 꼬리를 물고 출현했다. 과학과 기술의 관계도 밀접해졌으며 과학기술 활동도 제도화되었다. 과학기술이 인간의 일상생활에 미치는 영향도 본격화되기 시작했다. 이제는 과학기술이 없는 세상을 상상하기 어려울 정도이다.

20세기 초반의 30년 동안 고전물리학은 현대물리학으로 바뀌었다. 특히 양자론은 물리학 분야뿐만 아니라 다른 과학 분야와 철학 분야에도 큰 영향을 미쳤다. 플랑크(Max Planck)의 흑체복사 이론에서 시작된 양자론은 아인슈타인(Albert Einstein)의 광양자 가설, 러더퍼드(Ernest Rutherford)의 원자 모형, 보어(Niels Bohr)의 양자론적 원자론을 거치면서 고전물리학을 위기로 몰아넣었다. 그것은 1920년대에 하이젠베르크(Werner Heisenberg)가 행렬역학을, 슈뢰딩거(Erwin Schrödinger)가 파동역학을 제안하면서 새로운 양자역학의 체계가 정립되는 것으로 이어졌다.

양자역학이 정립되면서 이에 대한 해석을 놓고 수많은 논쟁이 벌어졌다. 양자역학은 보른(Max Born)의 통계적 해석, 하이젠베르크의 불확정성의 원리, 보어의 상보성 원리에 의해 계속해서 재해석되었다. 그것은 비(非)결정론적 세계관을 표방한 코펜하겐 해석으로 이어졌다. 이에 아인슈타인은 "신은 주사위 놀이를 하지 않는다"는 말로 양자역학이 불완전하다고 비판했다. 양자역학이 제시한 세계관에 대한 논쟁은 지금도 계속되고 있다.

현대물리학의 출현에 기여한 또 다른 이론은 상대성이론이다. 아인슈타인은 1905년에 등속운동을 대상으로 한 특수상대성이론을 발표했다. 빛의 속도는 변하지 않으며, 물체의 속도가 증가함에 따라 질량이 증가하고 길이는 수축되며 시간은 지연된다는 것이었다. 이어 1916년에는 가속운동까지 포함하는 일반상대성이론을 발표했다. 중력 효과와 가속도 효과가 본질적으로 동일하고, 4차원 구조를 가지는 시공간 자체가 휘어질 수 있다는 것이었다.

상대성이론은 우주론의 발전으로 이어졌다. 아인슈타인이 염두에 두었던 정적인 우주는 팽창우주론으로 대체되었다. 허블(Edwin Hubble)은 100인치 망원경을 이용하여 팽창우주론에 대한 중요한 관측 자료를 제공했고, 가모프(George Gamow)는 137억 년 전에 점과 같은 상태였던 우주가 폭발하면서 지속적으로 팽창해 왔다는 대폭발(big bang) 이론을 제안했다. 이에 대해 정상상태 우주론이 제기되기도 했지만 1965년에 우주배경복사가 발견되면서 대폭발 이론이 지배적인 학설로 자리 잡았다.

많은 과학자들이 20세기를 통해 갈구했던 것은 통일이론이었다. 자연에 존재하는 모든 힘, 즉 중력, 전자기력, 강력, 약력을 하나의 원리에 의해 설명한다는 것이다. 아인슈타인이 중력과 전자기력을 포괄하는 이론을 제시한 이래 다양한 통일이론이 제시되었다. 전자기력과 약력을 통일한 전기약력이론, 강력까지 포함한 초대칭이론, 우주의 모든 힘과 입자를 통일하려는 초끈이론 등이 그것이다. 아직까지 실험적 증거가 미약하지만 단순성과 정합성을 추구하려는 노력은 계속될 것이다.

20세기 과학이 자연에 대한 통일적 이해만을 추구한 것은 아니었다. 예를 들어 "나비효과"로 상징되는 카오스 이론은 초기 조건의 미세한 차이가 나중에는 엄청난 차이로 이어진다는 점을 보여주었다. 또한 프리고진(Ilya Prigogine)은 불안정한 비평형 상태에서 미시적인 요동의 효과로 거시적인 안정된 구조가 나타날 수 있다는 비평형 통계역학을 제창하였다. 이러한 복잡계 과학들은 환원주의적 접근에 반대하며 유기체적 접근을 중시한다.

20세기 중반 이후에 부상한 과학 분야로는 분자생물학을 들 수 있다. 1953년에 왓슨(James Watson)과 크릭(Francis Crick)이 DNA 이중나선의 모형을 발표한 이래 분자생물학은 급속히 성장했다. 특히 1973년에 DNA 재조합 실험이 성공적으로 수행되면서 분자생물학은 생명공학기술에 본격적으로 활용되기 시작했다. 1990년대에는 인간유전체계획(Human Genome Project)이 수행되는 가운데 다양한 유전자변형생물체(Genetically Modified Organisms, GMO)가 개발되었고 복제양 돌리로 대표되는 생명복제기술이 현실화되기 시작하였다.

20세기에는 오늘날 우리에게 익숙한 기술도 계속해서 모습을 드러냈다. 1903년에 라이트 형제(Wright brothers)는 인류 최초로 동력 비행에 성공하였고 1908년에 포드(Henry Ford)는 모델 T를 개발하여 자동차 대중화의 시대를 열었다. 20세기 초반에는 냉장고, 세탁기, 진공청소기를 비롯한 가사기술도 보급되었다. 통신기술은 19세기 말에 전신과 전화를 매개로 출현한 후 20세기에는 라디오와 텔레비전의 개발로 이어졌다. 제2차 세계대전 중에는 '인류 최악의 드라마'로 불리는 맨해튼계획(Manhattan Project)을 통해 원자탄이 출현하였다. 이와 함께 제2차 세계대전은 항공기와 로켓의 개발을 촉진시켰고, 컴퓨터와 반도체의 출현에도 많은 영향을 미쳤다.

정보통신기술은 생명공학기술과 함께 오늘날의 기술변화를 주도하고 있다. 통신기술과 컴퓨터기술의 결합은 모뎀에서 시작되었지만 1980년대 이후에는 인터넷이 이를 대체하였다. 인터넷은 다양한 지역적인 네트워크를 서로 연결시킨 것을 뜻한다. 인터넷은 전자우편의 등장과 표준 프로토콜의 채택을 통해 지속적으로 발전하였다. 급기야 1990년대 중반 이후에는 인터넷이 모든 사람들의 필수품으로 정착하기 시작하였다.

20세기에는 과학기술의 내용은 물론 과학기술이 수행되는 방식에도 많은 변화가 있었다. 기술개발에도 과학적 이론이 필요하게 되고 과학에 대한 태도도 실용적인 것으로 바뀌어 가면서 과학과 기술의 관계가 점점 밀접해졌다. 대학은 기술혁신에 많은 관심을 기울이게 되었고 기업체도 과학연구에 투자하기 시작했다. 제너럴 일렉트릭을 비롯한 많은 기업들이 연구소를 설립했으며 MIT를 비롯한 많은 대학들은 산학협동을 강조하고 나섰다.

20세기에는 그 이전과는 비교도 되지 않는 거대한 규모의 과학기술이 등장하였다. 맨해튼계획, 아폴로계획, 인간유전체계획 등은 그 대표적인 예이다. 이제 과학기술자들은 옛날처럼 독자적으로 연구하는 것이 아니라 수백 명이 팀을 짜서 연구하게 되었다. 이러한 거대과학(big science)의 등장으로 연구를 직접 수행하는 것뿐만 아니라 연구를 관리하는 것도 중요한 일로 부상하였다.

20세기에는 과학기술에 대한 인간의 태도에도 변화가 있었다. 1920년대만 해도 과학기술이 풍요의 원천이자 진보의 상징으로 찬양되었지만 1960년대에 이르면 전쟁무기와 환경오염을 매개로 과학기술의 역기능이 본격적으로 비판되기에 이르렀다. 또한 과학기술의 역기능에 대한 인식도 1960년대에는 대체로 사후적인 것에 불과했지만, 최근의 정보통신기술이나 생명공학기술을 둘러싼 논쟁은 과학기술의 경로가 가시화되기 전에 이에 관한 문제점이 지적되고 있는 양상을 보이고 있다.

과학기술은 21세기에도 지속적으로 발전할 것이다. 그러나 과학기술의 발전이 우리에게 항상 밝은 미래를 보장하는 것은 아니다. 어떻게 하면 과학기술의 긍정적 측면을 최대화하고 부정적 측면을 최소화할 것인가? 이것은 21세기를 살아가고 있는 우리 모두가 풀어야 할 숙제이다. 과학기술자는 연구개발에 총력을 기울이는 것을 넘어 과학기술과 관련된 사회적 · 윤리적 차원의 문제에 적극적으로 대처해야 하며, 일반 시민은 과학기술에 대한 맹목적인 찬양이나 반대와 같은 극단적인 태도를 버리고 보다 세련된 입장을 가질 수 있도록 노력해야 한다. 이러한 과정을 통해 인간이 만들어가는 것이 미래의 과학기술문명이라 할 수 있다.

참고문헌

국내 서적

과학동아 편집부, 《인물과학사》 (동아일보사, 1988).
과학동아 편집부, 《노벨상 따라잡기》 (아카데미서적, 1999).
과학철학교육위원회 편, 《이공계 학생을 위한 과학기술의 철학적 이해》 제5판 (한양대학교 출판부, 2010).
곽영직, 《과학기술의 역사》 (북스힐, 2009).
곽영직, 《교양 과학 고전》 (팬덤북스, 2013).
구자현, 《쉬운 과학사》 (이담, 2009).
김명자, 《현대사회와 과학》 (동아출판사, 1992).
김명진, 《야누스의 과학: 20세기 과학기술의 사회사》 (사계절, 2008).
김영식, 《과학혁명: 전통적 관점과 새로운 관점》 (아르케, 2001).
김영식 편, 《역사 속의 과학》 (창작과 비평사, 1982).
김영식 편, 《과학사개론》 개정증보판 (다산출판사, 1986).
김영식 편, 《근대사회와 과학》 (창작과 비평사, 1989).
김영식 · 박성래 · 송상용, 《과학사》 개정판 (전파과학사, 2013).
김영식 · 임경순, 《과학사신론》 제2판 (다산출판사, 2007).
김태호, 《아리스토텔레스 & 이븐 루시드: 자연철학의 조각그림 맞추기》 (김영사, 2007).
김정률, 《선구자들이 남긴 지질과학의 역사》 (춘광, 1997).
김학수, 《말로 물을 끓인 사람: 열의 탐구》 (부산대학교 출판부, 1998).
박민아, 《뉴턴 & 데카르트: 거인의 어깨에 올라선 거인》 (김영사, 2006).
박민아, 《퀴리 & 마이트너: 마녀들의 연금술 이야기》 (김영사, 2008).
박민아 · 김영식 편, 《프리즘: 역사로 과학 읽기》 (서울대학교 출판부, 2007).
박병소, 《원자력 시대를 연 과학자들》 (한국원자력문화재단, 2001).
박성래, 《과학사 서설》 (한국외국어대학교 출판부, 1997).
박성래, 《인물과학사》 총2권 (책과 함께, 2006).
박성래, 《친절한 과학사》 (문예춘추사, 2006).

손영운, 《청소년을 위한 서양과학사》 (두리미디어, 2004).
송상용, 《서양과학의 흐름》 (강원대학교 출판부, 1990).
송상용 편저, 《교양과학사》 (우성문화사, 1984).
송성수, 《청소년을 위한 과학자 이야기》 (신원문화사, 2002).
송성수, 《과학기술의 개척자들: 갈릴레오에서 아인슈타인까지》 (살림, 2009).
송성수, 《위대한 여성 과학자들》 (살림, 2011).
송성수, 《사람의 역사, 기술의 역사》 (부산대학교 출판부, 2011).
송성수 · 손영란 외, 《과학 이야기 주머니: 인물로 보는 서양과학사》 총2권 (녹두, 1994).
오조영란 · 홍성욱 엮음, 《남성의 과학을 넘어서: 페미니즘의 시각으로 본 과학 · 기술 · 의료》 (창작과 비평사, 1999).
오진곤, 《과학사총설》 (전파과학사, 1996).
오진곤, 《틀을 깬 과학자들》 (전파과학사, 2002).
이길상, 《화학사상사》 (연세대학교 출판부, 2009).
이면우, 《천문학 탐구자들》 (살림, 2003).
이세용, 《문명의 불을 밝힌 과학의 선구자들》 (겸지사, 1993).
이종호, 《천재를 이긴 천재들: 세계를 바꾼 불멸의 아이디어》 총2권 (글항아리, 2007).
이향순, 《우주의 신비를 캔 천문학자들》 (현암사, 1994).
이현경, 《아인슈타인 & 보어: 확률의 과학, 양자역학》 (김영사, 2006).
임경순, 《현대 물리학의 선구자들》 (다산출판사, 2001).
임경순 · 정원, 《과학사의 이해》 (다산출판사, 2014).
장대익, 《다윈 & 페일리: 진화론도 진화한다》 (김영사, 2006).
장하석, 《과학, 철학을 만나다》 (이비에스미디어, 2014).
정동욱, 《패더레이 & 맥스웰: 공간에 펼쳐진 힘의 무대》 (김영사, 2010).
홍성욱, 《생산력과 문화로서의 과학기술》 (문학과 지성사, 1999).
홍성욱, 《그림으로 보는 과학의 숨은 역사》 (책세상, 2012).
홍성욱 편역, 《과학고전선집: 코페르니쿠스에서 뉴턴까지》 (서울대학교 출판부, 2006).
홍성욱 · 이상욱 외, 《뉴턴과 아인슈타인, 우리가 몰랐던 천재들의 창조성》 (창비, 2004).
황상익, 《인물로 보는 의학의 역사》 (여문각, 2004).

번역 서적

가모브, 조지, 김정흠 옮김, 《물리학을 뒤흔든 30년》 (전파과학사, 1975).
가모브, 조지, 김동광 옮김, 《조지 가모브 자서전》 (사이언스북스, 2000).
가필드, 사이먼, 공경희 옮김, 《모브》 (웅진닷컴, 2001).

고어츨, 테드, 벤 고어츨, 박경서 옮김, 《라이너스 폴링 평전》 (실천문학사, 2011).
굴드, 스티븐, 홍욱희 · 홍동선 옮김, 《다윈 이후》 (사이언스북스, 2009).
그리빈, 존, 강윤재 · 김옥진 옮김, 《과학, 사람이 알아야 할 모든 것》 (들녘, 2004).
그리빈, 존, 메리 그리빈, 이충호 옮김, 《말랑하고 쫀득한 과학 이야기》 (푸른숲, 2007).
길리스피, 찰스, 이필렬 옮김, 《객관성의 칼날: 근대 과학사상의 역사》 (새물결, 1999).
다무라 사부로, 손영수 · 성영곤 옮김, 《프랑스혁명과 수학자들》 (전파과학사, 1991).
데스먼드, 에이드리언, 제임스 무어, 김명주 옮김, 《다윈 평전: 고뇌하는 진화론자의 초상》 (뿌리와 이파리, 2009).
듀런트, 윌, 정영목 옮김, 《철학이야기》 (봄날의 책, 2013).
디어, 피터, 정원 옮김, 《과학혁명: 유럽의 지식과 야망, 1500~1700》 (뿌리와 이파리, 2011).
드라이, 사라, 자비네 자이페르트, 최세민 옮김, 《마리 퀴리》 (시아출판사, 2005).
라슨, 에드워드, 이충 옮김, 《진화의 역사》 (을유문화사, 2006).
라이세스터, 헨리, 이길상 · 양정성 옮김, 《화학의 역사적 배경》 (학문사, 1994).
렌, 다니엘, 양창삼 옮김, 《현대경영학사: 경영사상의 발전》 (대영사, 1987).
로랜드, 웨이드, 정세권 옮김, 《갈릴레오의 치명적 오류: 과학만큼 돈과 명예를 사랑한 지식인》 (MEDIAWILL M&B, 2003).
로빈스, 루이즈, 이승숙 옮김, 《미생물의 발견과 파스퇴르》 (바다출판사, 2003).
로젠, 윌리엄, 엄자현 옮김, 《역사를 만든 위대한 아이디어》 (21세기북스, 2011).
로즈, 리처드, 문신행 옮김, 《원자폭탄 만들기》 총2권 (사이언스북스, 2003).
말론, 존, 홍수연 옮김, 《아마추어 과학자》 (생각의 나무, 2003).
매독스, 브렌다, 나도선 · 진우기 옮김, 《로잘린드 프랭클린과 DNA》 (양문, 2004).
매즐리시, 브루스, 김희봉 옮김, 《네 번째 불연속》 (사이언스북스, 2001).
맥그레인, 섀론, 이충호 옮김, 《화학의 프로메테우스》 (가람기획, 2002).
맥그레인, 섀론, 윤세미 옮김, 《두뇌, 살아있는 생각: 노벨상의 장벽을 넘은 여성 과학자들》 (룩스미아, 2007).
맥라클란, 제임스, 브루스 콜리어, 이상헌 옮김, 《컴퓨터의 아버지, 배비지》 (바다출판사, 2006).
맥커천, 스콧, 바비 맥커천, 김충섭 옮김, 《천재들의 과학노트 7: 천문우주과학》 (일출봉, 2007).
머튼, 로버트, 석연호 · 양종회 · 정창수 옮김, 《과학사회학》 총2권 (민음사, 1998).
멀케히, 로버트, 강윤재 옮김, 《질병: 천연두에서 에이즈까지》 (지호, 2002).
메이슨, 스티븐, 박성래 옮김, 《과학의 역사》 총2권 (까치, 1987).
메이헌, 바실, 김요한 옮김, 《모든 것을 바꾼 사람: 맥스웰의 생애와 업적》 (지식의 숲, 2008).
모런, 브루스, 최애리 옮김, 《지식의 증류: 연금술, 화학 그리고 과학혁명》 (지호, 2006).
모츠, 로이드, 제퍼슨 위버, 차동우 · 이재일 옮김, 《물리이야기》 (전파과학사, 1992).
무어, 월터, 전대호 옮김, 《슈뢰딩거의 삶》 (사이언스북스, 1997).
바이스, 리차드, 김옥수 옮김, 《빛의 역사》 (이끌리오, 1999).

버드, 카이, 마틴 셔윈저, 최형섭 옮김, 《아메리칸 프로메테우스: 로버트 오펜하이머 평전》(사이언스북스, 2010).
버크, 제임스, 장석봉 옮김, 《우주가 바뀌던 날 그들은 무엇을 했나》(궁리, 2010).
벨, 에릭, 안재구 옮김, 《수학을 만든 사람들》 총2권 (미래사, 2002).
보드니스, 데이비드, 김명남 옮김, 《일렉트릭 유니버스》(생각의 나무, 2005).
보더니스, 데이비드, 최세민 옮김, 《마담 사이언티스트: 에밀리와 볼테르, 열정의 과학 로맨스》(생각의 나무, 2006).
보울러, 피터, 한국동물학회 옮김, 《찰스 다윈》(전파과학사, 1999).
보울러, 피터, 이완 모러스, 김봉국 · 서민우 · 홍성욱 옮김, 《현대과학의 풍경》 총2권 (궁리, 2008).
뵌트, 랄프, 배명자 옮김, 《마이클 패러데이: 전기로 세상을 밝힌 남자》(21세기북스, 2011).
브라이슨, 빌, 이덕환 옮김, 《거의 모든 것의 역사》(까치, 2003).
브라이언, 데니스, 채은진 옮김, 《아인슈타인, 신이 선택한 인간》(말글빛냄, 2006년).
브로노우스키, 제이콥, 김은국 · 김현숙 옮김, 《인간 등정의 발자취》(바다출판사, 2004).
브로노우스키, 제이콥, 브루스 매즐리시, 차하순 옮김, 《서양의 지적 전통》(학연사, 1988).
브로드, 윌리엄, 니콜라스 웨이드, 김동광 옮김, 《진실을 배반한 과학자들》(미래M&B, 2007).
사마키 다케오 외, 윤명현 옮김, 《과학자의 진실, 그리고 뒷모습》(글담, 2001).
샐츠버그, 휴, 고문주 옮김, 《화학의 발자취》(범양사출판부, 1993).
섀핀, 스티븐, 한영덕 옮김, 《과학혁명》(영림카디널, 2002).
섯클리프 부부, 박택규 외 옮김, 《과학사의 뒷얘기》 총4권 (전파과학사, 1996).
세그레, 에밀리오, 박병소 옮김, 《X선에서 쿼크까지》(교통신문, 1994).
세그레, 에밀리오, 노봉환 옮김, 《고전물리학의 창시자를 찾아서》(전파과학사, 1996).
쉐켈포드, 졸, 강윤재 옮김, 《현대 의학의 선구자, 하비》(바다출판사, 2006).
쉬어, 윌리엄, 마리아노 아르티가스, 고종숙 옮김, 《갈릴레오의 진실》(동아시아, 2006).
슈뢰딩거, 에르빈, 서인석 · 황상익 옮김, 《생명이란 무엇인가》(한울, 2011).
스미스, 피터, 최진성 옮김, 《인간 아인슈타인》(시아출판사, 2005).
스토크스, 도널드, 윤진효 외 옮김, 《파스퇴르 쿼드런트》(북앤월드, 2007).
스트레턴, 폴, 예병일 옮김, 《멘델레예프의 꿈》(몸과 마음, 2003).
시몬스, 존, 여을환 옮김, 《사이언티스트 100》(세종서적, 1997).
쑨이린, 송은진 옮김, 《생물학의 역사》(더숲, 2012).
아데어, 진, 장석봉 옮김, 《위대한 발명과 에디슨》(바다출판사, 2002).
아셍, 네이선, 이한음 옮김, 《유전자: 진화론에서 DNA 지도까지》(지호, 2002).
아인슈타인, 알베르트, 홍수원 외 옮김, 《아인슈타인의 나의 세계관》(중심, 2003).
아인슈타인, 알베르트, 김대웅 옮김, 《아인슈타인의 명언》(보누스, 2009).
애들러, 로버트, 송대범 옮김, 《사이언스 퍼스트》(생각의 나무, 2003).

애들러, 로버트, 조윤정 옮김, 《의학사의 터닝 포인트 24》 (아침이슬, 2007).
애셜, 프랑크, 구자현 옮김, 《놀라운 발견들》 (한울, 1996).
야마다 히로타가, 이면우 옮김, 《천재 과학자들의 숨겨진 이야기》 (사람과 책, 2002).
에델슨, 에드워드, 이한음 옮김, 《DNA 구조의 발견과 왓슨 · 크릭》 (바다출판사, 2002).
오센, 린, 이혜숙 외 옮김, 《수학을 빛낸 여성들》 (경문사, 2007).
왓슨, 제임스, 최돈찬 옮김, 《이중나선》 (궁리, 2006).
웨스트폴, 리차드, 정명식 · 김동원 · 김영식 옮김, 《근대과학의 구조》 (민음사, 1992).
웨스트폴, 리차드, 최상돈 옮김, 《프린키피아의 천재》 (사이언스북스, 2001).
저드슨, 호레이스, 하두봉 옮김, 《창조의 제8일: 생물학 혁명의 주역들》 (범양사출판부, 1984).
존스, 질, 이충환 옮김, 《빛의 제국: 에디슨, 테슬라, 웨스팅하우스 그리고 전류전쟁》 (양문, 2006).
존슨, 스티븐, 박산호 옮김, 《공기의 발명: 과학자 조지프 프리스틀리와 미국의 탄생에 관한 비밀》 (비즈앤비즈, 2010).
창클, 하인리히, 도복선 · 김현정 옮김, 《과학의 사기꾼》 (시아출판사, 2006).
카슨, 레이첼, 김은령 옮김, 《침묵의 봄》 (에코리브르, 2002).
콘웰, 존, 김형근 옮김, 《히틀러의 과학자들: 과학, 전쟁 그리고 악마의 계약》 (크리에디트, 2008).
쿠싱, 제임스, 송진웅 옮김, 《물리학의 역사와 철학》 (북스힐, 2006).
쿠퍼, 댄, 송영조 옮김, 《현대물리학과 페르미》 (바다출판사, 2002).
쿤, 토머스, 김명자 · 홍성욱 옮김, 《과학혁명의 구조》 제4판 (까치, 2013).
쿨렌, 캐서린, 황신영 옮김, 《천재들의 과학노트 1: 생물학》 (일출봉, 2007).
쿨렌, 캐서린, 최미화 옮김, 《천재들의 과학노트 2: 화학》 (일출봉, 2007).
쿨렌, 캐서린, 곽영직 옮김, 《천재들의 과학노트 3: 물리학》 (일출봉, 2007).
쿨렌, 캐서린, 좌용주 옮김, 《천재들의 과학노트 4: 지구과학》 (일출봉, 2007).
쿨렌, 캐서린, 윤일희 옮김, 《천재들의 과학노트 6: 대기과학》 (일출봉, 2007).
쿨렌, 캐서린, 박진주 옮김, 《천재들의 과학노트 8: 과학기술사회》 (일출봉, 2007).
퀴리, 에브, 조경희 옮김, 《마담 퀴리》 (이룸, 2006).
크루이프, 폴, 이미리나 옮김, 《미생물 사냥꾼 이야기》 (몸과 마음, 2005).
크리즈, 로버트, 김명남 옮김, 《세상에서 가장 아름다운 실험 열 가지》 (지호, 2006).
클라인, 모리스, 심재관 옮김, 《수학의 확실성》 (사이언스북스, 2007).
클라크, 데이비드, 스티븐 클라크, 이면우 옮김, 《독재자 뉴턴》 (몸과 마음, 2002).
펜스터, 줄리, 이경식 옮김, 《의학사의 이단자들》 (휴먼앤북스, 2004).
포터, 로이 엮음, 조숙경 옮김, 《2500년 과학사를 움직인 인물들》 (창작과 비평사, 1999).
피셔, 에른스트, 이민수 옮김, 《과학혁명의 지배자들》 (양문, 2002).
피셔, 에른스트, 김수은 옮김, 《청소년을 위한 과학인물사전》 (열대림, 2009).
하만, 피터, 김동원 · 김재영 옮김, 《에너지, 힘, 물질》 (성우, 2000).

하이젠베르크, 베르너, 김용준 옮김, 《부분과 전체》 (지식산업사, 2005).

하일브론, 존, 고문주 옮김, 《핵물리학과 러더퍼드》 (바다출판사, 2006).

해밀턴, 앨리스, 우종민 옮김, 《닥터 앨리스 해밀턴》 (한울, 1996).

핸킨스, 토머스, 양유성 옮김, 《과학과 계몽주의》 (글항아리, 2011).

허드슨, 존, 고문주 옮김, 《화학의 역사》 (북스힐, 2005).

헉슬리, 로버트, 곽명단 옮김, 《위대한 박물학자》 (21세기북스, 2009).

헤이거, 톰, 고문주 옮김, 《화학혁명과 폴링》 (바다출판사, 2003).

헤이르, 마르흐레이트, 김성훈 옮김, 《과학이 된 무모한 도전들: 만화로 보는 과학이란 무엇인가》 (원더박스, 2014).

헨리, 존, 예병일 옮김, 《왜 하필이면 코페르니쿠스였을까》 (몸과 마음, 2003).

호비츠, 레슬리, 박영준 · 이동수 옮김, 《유레카: 세상을 바꾼 12명의 과학자와 위대한 깨달음의 순간들》 (생각의 나무, 2003).

화이트, 마이클, 이상원 옮김, 《에디슨은 전기를 훔쳤다》 (사이언스북스, 2003).

화이트, 마이클, 이상원 옮김, 《과학자 빌 게이츠, 부자가 되다》 (사이언스북스, 2003).

화이트, 마이클, 김명남 옮김, 《갈릴레오: 교회의 적, 과학의 순교자》 (사이언스북스, 2009).

외국 서적

Ben-David, Joseph, *The Scientists' Role in Society: A Comparative Study* (Englewood Cliff, NJ: Prentice-Hall, 1971).

Biagioli, Mario, *Galileo, Courtier: The Practice of Science in the Culture of Absolutism* (Chicago: University of Chicago Press, 1993).

Biagioli, Mario (ed.), *The Science Studies Reader* (London and New York: Routledge, 1999).

Brock, William H., *The Fontana History of Chemistry* (London, Fontana Press, 1992).

Bunch, Bryan and Alexander Hellemans, *The Timetables of Technology* (New York: Touchstone, 1993).

Burke, John G. (ed.), *Science & Culture in the Western Tradition: Sources abd Interpretation* (Scottsdale, Arizona: Gorsuch Scarisbrick, 1987).

Cohen, I. Bernard, et al. (eds.), *Album of Science*, 5 vols. (New York: Charles Scribner's Sons, 1978~1989).

Gillispie, Charles C. (ed.), *Dictionary of Scientific Biography*, 18 vols. (New York: Charles Scribner's Sons, 1970~1990).

Hellemans, Alexander and Bryan Bunch, *The Timetables of Science* (New York: Simon & Schuster, 1988).

Hessenbruch, Arne (ed.), *Reader's Guide to the History of Science* (Chicago: Fitzroy Dearborn Publishers, 2000).

Israel, Paul, *Edison: A Life of Invention* (New York: John Wiley & Sons, 1998).

Joravsky, David, *The Lysenko Affair* (Chicago: University of Chicago Press, 1986).

Kuhn, Thomas S., *Copernican Revolution: Planetary Astronomy in the Development of Western Thought* (Cambridge, MA: Harvard University Press, 1957).

Lindberg, David C. and Ronald L. Numbers (eds.), *The Cambridge History of Science*, 7 vols. (Cambridge: Cambridge University Press, 2002~2009).

Lindberg, David C. and Robert S. Westman (eds.), *Reappraisals of the Scientific Revolution* (Cambridge: Cambridge University Press, 1990).

Latour, Bruno, *The Pasteurization of France* (Cambridge, MA: Harvard University Press, 1988).

Magner, Lois N., *A History of the Life Sciences*, third edition (New York: Marcel Dekker, 2002).

Marsden, Ben, *Watt's Perfect Engine: Steam and the Age of Invention* (New York: Columbia University Press, 2004).

Olby, Robert C. et al. (eds.), *Companion to the History of Modern Science* (London and New York: Routledge, 1990).

Popkin, Richard H., *The History of Skepticism from Erasmus to Spinoza* (Berkeley, CA: University of California Press, 1979).

Ruse, Michael, *The Darwinian Revolution: Science Red in Tooth and Claw*, 2nd ed. (Chicago: University of Chicago Press, 1999).

Servos, John W., *Physical Chemistry from Ostwald to Pauling: The Making of a Science in America* (Princeton: Princeton University Press, 1990).

Shapin, Steven and Simon Schaffer, *Leviathan and Air-Pump: Hobbes, Boyle, and the Experimental Life* (Princeton: Princeton University Press, 1985).

인터넷 자료

http://en.wikipedia.org/wiki/ (Wikipedia, The Free Encyclopedia)

http://navercast.naver.com/ (네이버캐스트)

http://nobelprize.org/nobel_prizes/ (Nobel Laureates)

http://www.almaz.com/nobel/ (The Nobel Prize Internet Archive)

http://www.time.com/time/time100/scientist/ (Scientists and Thinkers)

http://www.todayinsci.com/ (Today in Science History)

찾아보기

ㅇ

ㅎ

제2판 **한 권으로 보는 인물과학사**
코페르니쿠스에서 왓슨까지

지은이 | 송성수
펴낸이 | 조승식
펴낸곳 | (주)도서출판 북스힐
등록 | 제22-457호
주소 | 142-877 서울시 강북구 한천로 153길 17
www.bookshill.com
E-mail | bookswin@unitel.co.kr
전화 | 02-994-0071(代)
팩스 | 02-994-0073

2012년 3월 5일 1판 1쇄 발행
2015년 6월 1일 2판 1쇄 발행

값 28,000원
ISBN 978-89-5526-972-7